《现代声学科学与技术丛书》编委会

现代声学科学与技术丛书

声学原理

(第二版·上卷)

程建春 著

科学出版社

北京

内 容 简 介

本书系统介绍了流体介质中声波的激发、传播、接收和调控的基本原理和分析方法. 主要内容包括：理想流体中声波的基本性质；声波的辐射、散射和衍射；管道和腔体中的声场；非理想介质中的声波；层状和运动介质中的声传播以及有限振幅声波的传播及其物理效应.

本书分上下两卷，上卷第 1 ~ 4 章，下卷第 5 ~ 10 章.

本书可作为理工科高年级学生和研究生的教材，也可作为声学研究工作者和技术人员的参考书，希望本书能够对读者的科研工作提供帮助.

图书在版编目(CIP)数据

声学原理. 上卷/程建春著. —2 版. —北京：科学出版社，2019.5
(现代声学科学与技术丛书)
ISBN 978-7-03-061213-7

Ⅰ. ①声… Ⅱ. ①程… Ⅲ. ①声学 Ⅳ. ①O42

中国版本图书馆 CIP 数据核字(2019) 第 090010 号

责任编辑：刘凤娟 / 责任校对：彭珍珍
责任印制：吴兆东 / 封面设计：陈 敬

科学出版社 出版
北京东黄城根北街 16 号
邮政编码：100717
http://www.sciencep.com
北京建宏印刷有限公司印刷
科学出版社发行 各地新华书店经销
*
2019 年 5 月第 一 版 开本: 720 × 1000 1/16
2025 年 1 月第五次印刷 印张: 37 1/4
字数: 710 000

定价: 199.00 元

(如有印装质量问题，我社负责调换)

第二版前言

与第一版相比，第二版主要有三个方面的变化：错误修改，小节的名称变化，增加内容. 增加的内容大致分两部分：融入近年来新的科研工作，相关章节的延伸和扩展. 详细说明如下 (括号内的数字为出现的小节数).

新增加的科研工作包括：人工结构表面及广义 Snell 定律 (1.4.5)，周期分层结构与能带特性 (1.5.6)，声束的聚焦和声棱镜聚焦 (2.2.3)，任意弯曲声束的形成 (2.2.4)，Airy 声束和能量有限的 Airy 束 (2.2.5)，螺旋波模式及其相控阵生成方法 (2.3.6)，表面散射和声景的设计 (3.2.6)，刚性地面上的有限屏及数值计算 (3.4.5)，低频有效声速和各向异性 (3.5.2)，二维固体周期结构中的弹性波 (3.5.3)，一维均质化近似的多尺度展开理论 (3.5.4)，高维均质化近似和各向异性 (3.5.5)，周期旁支结构的管道和能带结构 (4.4.5)，扩散体和 Schroeder 扩散体 (5.3.5)，长房间的声场分布问题 (5.3.6)，阻抗型边界的层状波导 (7.1.5)，径向连续分布介质中的声线方程 (7.5.1)，幂次分布结构中的声线和声黑洞 (7.5.2)，基于波动方程的严格解 (7.5.3)，Gauss 声束入射时空间声场的分布 (7.5.4)，球坐标中径向分布的折射率 (7.5.5) 等.

延伸和扩展的内容包括：曲线坐标系中的声波方程 (1.1.6)，N 层结构的传递矩阵法 (1.5.4)，N 层结构的阻抗率传递法 (1.5.5)，声学中的随机信号和相关函数 (1.6.5)，圆锥区域内波动方程的解 (2.4.5)，平面上非相干源的辐射 (2.5.7)，散射的积分方程方法 (3.2.2)，有限长管道中的驻波和非均匀阻抗的反射 (4.2.6)，简正模式的微扰近似方法 (5.2.5)，障板上的 Helmholtz 共振腔阵列 (5.4.4)，微穿孔板的共振吸声及共振频率 (6.3.3)，能量守恒、流反转定理和修正的互易原理 (8.1.6)，径向分布的轴向流介质中的波动方程 (8.3.3)，非稳定流动介质中的近似波动方程 (8.3.4)，运动界面的声散射和 FW-H 方程 (8.4.3)，广义 Lighthill 理论及其积分解 (8.4.4)，微扰的重整化解和多尺度微扰展开 (9.2.6)，非生物介质中的温度场方程 (10.4.1)，温度场的 Green 函数解 (10.4.2)，生物介质中的温度场方程 (10.4.3)，生物传热的 Pennes 方程及其解析解 (10.4.4) 等.

总之，第二版继续保持第一版的基本结构，新增加的内容自然嵌入各个章节. 本书分上下两卷：上卷为第 1~4 章，下卷为第 5~10 章. 下卷的页码与章节顺接上卷，上卷的封底二维码内有全书的参考文献、附录、索引等内容.

本书第二版的出版得到南京大学物理学院和中国科学院噪声与振动重点实验室的资助.

作　者

2018 年 10 月

第一版前言

声学是研究声波的产生、传播、接收及其效应的科学，属于物理学的一个分支. 声学具有极强的交叉性与延伸性，它与现代科学技术的大部分学科发生交叉，形成了若干丰富多彩的分支. 近年来，声学的研究与新材料、新能源、医学、通信、电子、环境以及海洋等学科紧密结合，取得了巨大的进展. 可以说声学在现代科学技术中起着举足轻重的作用，对当代科学技术的发展、社会经济的进步、国防事业的现代化，以及人民物质精神生活的改善与提高，发挥着极其重要甚至不可替代的作用. 因此，声学学科已经大大超越了物理学的经典范畴，而成为包括信息、电子、机械、海洋、生命、能源等学科在内的充满活力的多学科交叉科学.

声音是人类最早研究的物理现象之一，声学是经典物理学中历史最悠久，并且当前仍处于前沿地位的物理学分支学科. 现代声学可以追溯到 1877 年瑞利出版的《声学原理》，该书总结了 19 世纪及以前三百年的大量声学研究成果，集经典声学的大成，开创了现代声学的先河. 20 世纪，由于电子学的发展，使用电声换能器和电子仪器设备可以产生、接收和利用各种频率、波形、强度的声波，大大拓展了声学研究的范围.

现代声学中最初发展的分支是建筑声学和电声学以及相应的电声测量；随着频率范围的扩展，又发展了超声学和次声学；由于手段的改善，进一步研究了听觉，发展了生理声学和心理声学；由于对语言和通信广播的研究，发展了语言声学；在第二次世界大战中，开始把超声广泛用于水下探测，促使水声学得到很大的发展；20 世纪初以来，特别是 20 世纪 50 年代以来，由于工业、交通等事业的巨大发展，出现了噪声环境污染问题，从而促进了噪声、噪声控制、机械振动和冲击研究的发展. 随着高速大功率机械的广泛应用，非线性声学受到普遍重视. 此外还有音乐声学、生物声学. 这样，逐渐形成了完整的现代声学体系. 现代声学是科学、技术，也是艺术的基础.

今天，人们研究的声波频率范围已从 10^{-4}Hz 到 10^{13}Hz, 覆盖 17 个数量级. 根据人耳对声波的响应不同，把声波划分为次声 (频率低于可听声频率范围，大致为 10^{-4} ~20Hz)、可听声 (频率在 20Hz~20kHz，即人耳能感觉到的声) 和超声 (频率在 20 kHz 以上的声). 根据声学与不同学科的交叉，声学又可分为若干个不同的分支，如水声学和海洋声学 (与海洋科学的交叉)、生物医学超声学 (与医学的交叉)、超声电子学 (与电子科学的交叉)、超声检测和成像技术 (与多学科的交叉)、通信声学和心理声学 (与生命科学、通信学科的交叉)、生物声学 (与生物学的交叉)、环

境声学 (与环境科学的交叉)、地球声学与能源勘探 (与地球科学的交叉)、语言声学 (与语言学、生命科学的交叉)，等等.

总之，声学的内容十分广博，各个学科分支也有其独特的研究方法和手段，以及研究对象. 因而本书写作的关键是内容的选择，通过分析现有 “声学基础” 和 “理论声学” 教材，作者仍然循着 “传播 — 辐射 — 散射 — 接收” 这个基本思路来选择内容. 但与传统的声学教材不同，本书忽略了振动部分的内容 (这部分的内容往往占到 “理论声学” 的三分之一)，而把所有的篇幅都用在讲述声学理论和方法上. 另外值得一提的是，本书完全没有涉及固体介质中的声场与波.

本书是为南京大学物理学院声学专业研究生开设 “理论声学” 课程而编写的，为了达到提高的目的，选择内容有一定深度. 此外，为了方便阅读，数学推导尽量详细. 主要内容叙述如下.

第 1 章讲述理想流体中声波的基本性质，介绍声波方程、声场的基本性质、行波解和平面波展开、平面界面上声波的反射和透射，以及声波的度量和分析方法；第 2 章讲述无限空间中声波的辐射，介绍多极子展开方法、柱和球状声源的辐射、界面附近的声源辐射、有限束超声场和非衍射波，以及声波与声源的相互作用；第 3 章讲述声波的散射和衍射，介绍柱体和球的散射、非均匀区域的散射、屏和楔的声衍射，以及逆散射和衍射 CT 理论；第 4 和第 5 章讲述管道和腔体中的声场，介绍等截面波导中声波的传播和激发、突变截面波导及平面波近似、缓变截面管道中平面波的传播、腔体中的模式展开理论、扩散声场、Helmholtz 共振腔，以及二个腔的耦合；第 6 章讲述非理想介质中的声波，介绍非理想流体中的声波方程、耗散介质中的声波、管道和狭缝中的平面波、黏滞对声辐射的影响，以及流体和生物介质中声吸收；第 7 章讲述层状介质中的声波，介绍平面层状波导、连续变化层状波导、WKB 近似方法，以及几何声学；第 8 章讲述运动介质中的声波，介绍匀速流动介质中的声波、运动声源激发的声波、缓变非均匀流动介质中的声波，以及不稳定流产生的声；第 9 和第 10 章讲述有限振幅声波的传播及其产生的物理效应，介绍理想介质中的有限振幅平面波、黏滞和热传导介质中的有限振幅波、色散介质中的有限振幅声波，有限振幅声束的传播. 物理效应主要介绍声辐射压力和声悬浮、声流理论以及声空化效应.

本书的出版得到南京大学 985(III) 工程、国家自然科学基金委员会和江苏高校优势学科建设工程资助项目的资助.

作　者

2011 年 12 月

目　　录

(上　卷)

(下 卷)

第 1 章　理想流体中声波的基本性质

理想流体是指可以忽略诸如黏滞、热传导和弛豫等不可逆过程的流体. 与黏滞流体或者固体不同，理想流体内任意一个曲面上的作用力 (邻近流体质点的压力) 平行于这个曲面的法向，而与流体的运动无关. 在声波频率不太高或者远离边界处 (见第 6 章讨论)，大部分流体 (例如纯净的水和干燥的空气) 可看作理想流体. 本书主要围绕理想流体中声波的激发、传播和接收展开. 因此，我们在本章中首先介绍理想流体中声波的基本性质，主要包括：声波方程，导出理想流体中小振幅声波传播的方程; 声场的基本性质，介绍声场的能量关系、叠加原理和互易原理；行波解和平面波展开，初步介绍声波方程的行波解，重点在平面波展开方法；声波在平面界面上的反射和透射，关注的重点是瞬态或者有限宽波束声波的反射和透射；隔声和离散分层介质，重点介绍分层介质的传递矩阵法和阻抗传率递法, 并简单介绍分层周期介质中的能带特性. 最后一节介绍声波的度量和分析方法.

1.1　理想流体中的声波方程

当流体中某个流体元 Q 受到外界的扰动 (如受到周期性外力的作用) 而压缩和膨胀时 (引起流体元的压力、密度或者温度的变化)，由于流体的压缩性，与 Q 毗邻的流体元 W 必定作相反的运动 (膨胀和压缩)，W 的膨胀和压缩又引起与其毗邻的点 H 的压缩和膨胀，等等. 这样，流体元 Q 受到的扰动 (压力、密度或者温度的变化) 就以波动的形式向外传播，形成所谓**声波**. 因此，声传播过程是流体运动的特殊形式，其运动方程完全由流体力学方程简化而来. 值得指出的是，流体元在数学上是一个几何点，可以用空间坐标表示，但在物理上仍然包含 10^{23} 个分子，以至宏观的热力学关系在流体元 Q 中成立. 这样的近似称为**连续介质近似**. 本节我们首先讨论流体运动的二种基本的描述方法，然后导出声波传播和激发所满足的方程. 最后，给出曲线坐标中的波动方程，特别是关注声波方程的坐标变换不变性.

1.1.1　Lagrange 坐标下的波动方程

理想流体的宏观运动状态由流体元的密度、速度矢量 (或者位移矢量)、所受到的压力 (或者压强) 和所具有的温度 (或者熵) 完全确定. 寻找这些物理量随时间和空间的变化规律是流体力学的基本任务. 为了寻找这些变化规律，首先介绍流体运动的二种描述方法，即 **Lagrange 方法**和 **Euler 方法**.

Lagrange 方法　如图 1.1.1, 以流体元的初始坐标 $\boldsymbol{R}_0=(a,b,c)$ 来识别一个特定流体元 Q，在时刻 t，该流体元 Q(注意：同一个流体元) 运动到位置 $\boldsymbol{R}=(X,Y,Z)$，其中 (X,Y,Z) 是建立在空间的坐标系统 (注意：坐标系统 (X,Y,Z) 可以完全不同于坐标系统 (a,b,c)). 显然，$\boldsymbol{R}=(X,Y,Z)$ 应该是 (a,b,c) 和 t 的连续函数，即

$$X=X(a,b,c,t);\ Y=Y(a,b,c,t);\ Z=Z(a,b,c,t) \tag{1.1.1a}$$

因此，该流体元不管什么时候、运动到哪里，它的 Lagrange 坐标 (a,b,c) 是不变的，故该流体元的速度矢量为

$$\boldsymbol{v}(a,b,c,t)=\lim_{\Delta t\to 0}\frac{\boldsymbol{R}(a,b,c,t+\Delta t)-\boldsymbol{R}(a,b,c,t)}{\Delta t}=\frac{\partial \boldsymbol{R}}{\partial t} \tag{1.1.1b}$$

同样，其他物理量也是 (a,b,c) 和 t 的函数，如流体元的密度可表示为

$$\rho=\rho(a,b,c,t) \tag{1.1.2}$$

其意义为：初始时刻 $(t=0)$ 位于 (a,b,c) 的流体元，经 $t>0$ 时间，当它运动到 $\boldsymbol{R}=(X,Y,Z)$ 时的密度. 如果 $\mathrm{d}\rho/\mathrm{d}t>0$，表明流体元受到压缩；反之，如果 $\mathrm{d}\rho/\mathrm{d}t<0$，表明流体元膨胀. 因此，在 Lagrange 坐标下，独立变量可取为坐标 (a,b,c) 和时间 t.

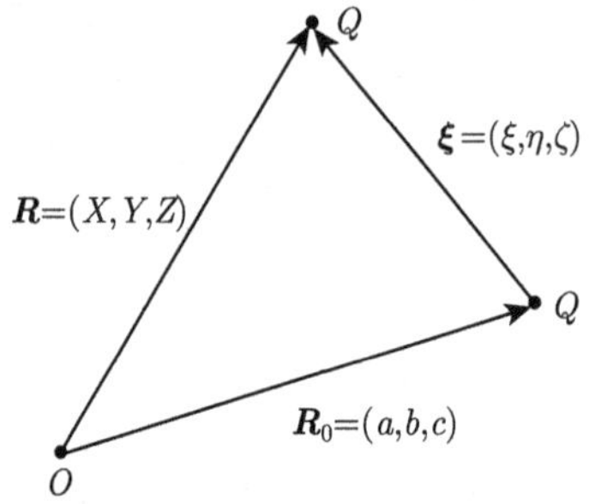

图 1.1.1　Lagrange 方法

质量守恒方程　设流体元 Q 偏离平衡位置的矢量为 $\boldsymbol{\xi}=(\xi,\eta,\varsigma)$(如图 1.1.1)，则

$$X=a+\xi;\ Y=b+\eta;\ Z=c+\varsigma \tag{1.1.3a}$$

(ξ,η,ς) 也是 (a,b,c) 的函数. 设初始时刻，Q 点的流体元占据的小体积为平行于坐标轴的长方体，边长分别为 $\mathrm{d}a$, $\mathrm{d}b$ 和 $\mathrm{d}c$，体积为 $\varDelta_0\equiv \mathrm{d}a\mathrm{d}b\mathrm{d}c$，长方体中心坐标为 (a,b,c)；当 $t>0$ 时, 由于流体的运动，原来平行于坐标轴的长方体变成平行六面

体，中心坐标为 (X,Y,Z)，三条边在坐标轴上的投影分别为

$$\begin{array}{lll} \dfrac{\partial X}{\partial a}\mathrm{d}a, & \dfrac{\partial Y}{\partial a}\mathrm{d}a, & \dfrac{\partial Z}{\partial a}\mathrm{d}a \\ \dfrac{\partial X}{\partial b}\mathrm{d}b, & \dfrac{\partial Y}{\partial b}\mathrm{d}b, & \dfrac{\partial Z}{\partial b}\mathrm{d}b \\ \dfrac{\partial X}{\partial c}\mathrm{d}c, & \dfrac{\partial Y}{\partial c}\mathrm{d}c, & \dfrac{\partial Z}{\partial c}\mathrm{d}c \end{array} \tag{1.1.3b}$$

因此平行六面体的体积为

$$\varDelta \equiv \begin{vmatrix} \dfrac{\partial X}{\partial a} & \dfrac{\partial Y}{\partial a} & \dfrac{\partial Z}{\partial a} \\ \dfrac{\partial X}{\partial b} & \dfrac{\partial Y}{\partial b} & \dfrac{\partial Z}{\partial b} \\ \dfrac{\partial X}{\partial c} & \dfrac{\partial Y}{\partial c} & \dfrac{\partial Z}{\partial c} \end{vmatrix} \mathrm{d}a\mathrm{d}b\mathrm{d}c \tag{1.1.3c}$$

设流体元初始时刻和 t 时刻的密度分别为 ρ_0 和 ρ，质量守恒要求 $\rho\varDelta = \rho_0\varDelta_0$，因此质量守恒定律的 Lagrange 形式为

$$\rho \begin{vmatrix} 1+\dfrac{\partial \xi}{\partial a} & \dfrac{\partial \eta}{\partial a} & \dfrac{\partial \varsigma}{\partial a} \\ \dfrac{\partial \xi}{\partial b} & 1+\dfrac{\partial \eta}{\partial b} & \dfrac{\partial \varsigma}{\partial b} \\ \dfrac{\partial \xi}{\partial c} & \dfrac{\partial \eta}{\partial c} & 1+\dfrac{\partial \varsigma}{\partial c} \end{vmatrix} = \rho_0 \tag{1.1.3d}$$

得到上式，利用了方程 (1.1.3a) 的关系.

运动方程 根据牛顿第二定律，位于点 $\boldsymbol{R} = (X,Y,Z)$ 的流体元 Q 的运动方程为

$$\begin{aligned} \rho\frac{\partial^2 X}{\partial t^2} &= -\frac{\partial P}{\partial X} + \rho F_X \\ \rho\frac{\partial^2 Y}{\partial t^2} &= -\frac{\partial P}{\partial Y} + \rho F_Y \\ \rho\frac{\partial^2 Z}{\partial t^2} &= -\frac{\partial P}{\partial Z} + \rho F_Z \end{aligned} \tag{1.1.4a}$$

其中，(F_X, F_Y, F_Z) 是外力密度 (单位质量流体受到的力) 的三个分量，P 为流体元受到的压强，当流体元位于 (X,Y,Z) 点时，受到的压力为 $P(X,Y,Z,t)$. 方程 (1.1.4a) 中包含对 (X,Y,Z) 的偏导数，而我们希望像方程 (1.1.3d) 那样用独立变量 (a,b,c,t) 表示. 注意到

$$\begin{aligned}\frac{\partial P}{\partial a}&=\frac{\partial P}{\partial X}\frac{\partial X}{\partial a}+\frac{\partial P}{\partial Y}\frac{\partial Y}{\partial a}+\frac{\partial P}{\partial Z}\frac{\partial Z}{\partial a}\\\frac{\partial P}{\partial b}&=\frac{\partial P}{\partial X}\frac{\partial X}{\partial b}+\frac{\partial P}{\partial Y}\frac{\partial Y}{\partial b}+\frac{\partial P}{\partial Z}\frac{\partial Z}{\partial b}\\\frac{\partial P}{\partial c}&=\frac{\partial P}{\partial X}\frac{\partial X}{\partial c}+\frac{\partial P}{\partial Y}\frac{\partial Y}{\partial c}+\frac{\partial P}{\partial Z}\frac{\partial Z}{\partial c}\end{aligned}\tag{1.1.4b}$$

分别用三组系数 $(\partial X/\partial a,\partial Y/\partial a,\ \partial Z/\partial a)$, $(\partial X/\partial b,\ \partial Y/\partial b,\ \partial Z/\partial b)$ 以及 $(\partial X/\partial c,\ \partial Y/\partial c,\ \partial Z/\partial c)$ 乘方程 (1.1.4a) 并把所得方程相加得到

$$\left(\frac{\partial^2 X}{\partial t^2}-F_X\right)\frac{\partial X}{\partial \gamma}+\left(\frac{\partial^2 Y}{\partial t^2}-F_Y\right)\frac{\partial Y}{\partial \gamma}+\left(\frac{\partial^2 Z}{\partial t^2}-F_Z\right)\frac{\partial Z}{\partial \gamma}=-\frac{1}{\rho}\frac{\partial P}{\partial \gamma}\tag{1.1.5a}$$

其中，分别取 $\gamma=a,b,c$. 由方程 (1.1.3a)，方程 (1.1.5a) 变成 (为了方便，假定外力密度为零)

$$\frac{\partial^2\xi}{\partial t^2}\left(1+\frac{\partial\xi}{\partial a}\right)+\frac{\partial^2\eta}{\partial t^2}\frac{\partial\eta}{\partial a}+\frac{\partial^2\varsigma}{\partial t^2}\frac{\partial\varsigma}{\partial a}=-\frac{1}{\rho}\frac{\partial P}{\partial a}\tag{1.1.5b}$$

$$\frac{\partial^2\xi}{\partial t^2}\frac{\partial\xi}{\partial b}+\frac{\partial^2\eta}{\partial t^2}\left(1+\frac{\partial\eta}{\partial b}\right)+\frac{\partial^2\varsigma}{\partial t^2}\frac{\partial\varsigma}{\partial b}=-\frac{1}{\rho}\frac{\partial P}{\partial b}\tag{1.1.5c}$$

$$\frac{\partial^2\xi}{\partial t^2}\frac{\partial\xi}{\partial c}+\frac{\partial^2\eta}{\partial t^2}\frac{\partial\eta}{\partial c}+\frac{\partial^2\varsigma}{\partial t^2}\left(1+\frac{\partial\varsigma}{\partial c}\right)=-\frac{1}{\rho}\frac{\partial P}{\partial c}\tag{1.1.5d}$$

这就是 Lagrange 坐标下的运动方程. 可见，在 Lagrange 描述中，我们跟踪每个流体元的运动，物理意义很明显，根据牛顿第二定律容易写出流体元的运动方程. 但是，Lagrange 描述最大的缺点是：$\boldsymbol{R}=(X,Y,Z)$ 随流体元一起运动 (因而是非惯性参考系)，我们无法知道流体中某一特定点 (如点 M)、在特定时刻 (如时刻 t) 的运动状态. 因为，我们很难知道 M 点的流体在 t 时刻是从哪里流过来的. 而且 Lagrange 坐标下的运动方程 (1.1.5b)~(1.1.5d) 非常复杂.

但在处理一维非线性声学问题时，方程 (1.1.3d) 和 (1.1.5b) 变得非常简单. 在一维情况下，方程 (1.1.3d) 和 (1.1.5b) 分别简化为

$$\rho\left(1+\frac{\partial\xi}{\partial a}\right)=\rho_0\tag{1.1.6a}$$

$$\frac{\partial^2\xi}{\partial t^2}\left(1+\frac{\partial\xi}{\partial a}\right)=-\frac{1}{\rho}\frac{\partial P}{\partial a}\tag{1.1.6b}$$

即

$$\frac{\partial^2\xi}{\partial t^2}=-\frac{1}{\rho_0}\frac{\partial P}{\partial a}\tag{1.1.7a}$$

显然，两个方程 (1.1.6a) 和 (1.1.6b) 包含三个场量 P，ρ 和 ξ，另外一个方程是流体介质的状态方程，即 $P=P(\rho,s)$(其中 s 为单位质量的熵)，在等熵条件下 (见 1.1.2 小节讨论)，压力 P 可以看作密度 ρ 的单变量函数 $P=P(\rho)$，方程 (1.1.7a) 变成

$$\frac{\partial^2\xi}{\partial t^2}=-\frac{1}{\rho_0}\frac{\mathrm{d}P}{\mathrm{d}\rho}\frac{\partial\rho}{\partial a}=\frac{\mathrm{d}P}{\mathrm{d}\rho}\left(1+\frac{\partial\xi}{\partial a}\right)^{-2}\frac{\partial^2\xi}{\partial a^2} \tag{1.1.7b}$$

得到上式，利用了关系

$$\frac{\partial\rho}{\partial a}=-\rho_0\left(1+\frac{\partial\xi}{\partial a}\right)^{-2}\frac{\partial^2\xi}{\partial a^2} \tag{1.1.7c}$$

该式由方程 (1.1.6a) 求导得到.

理想气体 绝热过程的状态方程为 $P/\rho^\gamma=P_0/\rho_0^\gamma$(其中 P_0 和 ρ_0 分别为平衡时的压强和密度，γ 为比热比)，结合方程 (1.1.6a)，我们可以得到

$$\frac{\mathrm{d}P}{\mathrm{d}\rho}=\frac{\gamma P_0}{\rho_0^\gamma}\rho^{\gamma-1}=\frac{c_0^2}{(1+\xi_a)^{\gamma-1}} \tag{1.1.8a}$$

其中，$\xi_a\equiv\partial\xi/\partial a$,$c_0^2\equiv\gamma P_0/\rho_0$ 为声速的平方. 上式代入方程 (1.1.7b) 就得到 Lagrange 坐标中的一维波动方程

$$\frac{\partial^2\xi}{\partial t^2}=\frac{c_0^2}{(1+\xi_a)^{\gamma+1}}\frac{\partial^2\xi}{\partial a^2} \tag{1.1.8b}$$

注意：上式对理想气体是严格的.

一般流体 对一般的流体，写出函数关系 $P=P(\rho)$ 是困难的，但可以在平衡点附近作展开，近似到二阶为

$$P-P_0=c_0^2(\rho-\rho_0)+\frac{1}{2}\left(\frac{\partial^2P}{\partial\rho^2}\right)_s(\rho-\rho_0)^2+\cdots \tag{1.1.9a}$$

于是，保留至 $(\partial\xi/\partial a)$ 的二阶近似

$$\frac{\mathrm{d}P}{\mathrm{d}\rho}\approx c_0^2+\left(\frac{\partial^2P}{\partial\rho^2}\right)_{s,0}(\rho-\rho_0)=c_0^2-\rho_0\left(\frac{\partial^2P}{\partial\rho^2}\right)_{s,0}\frac{\partial\xi}{\partial a}\left(1-\frac{\partial\xi}{\partial a}\right) \tag{1.1.9b}$$

上式代入方程 (1.1.7b) 并且利用方程 (1.1.6a) 得到一维非线性波动方程

$$\frac{\partial^2\xi}{\partial a^2}-\frac{1}{c_0^2}\frac{\partial^2\xi}{\partial t^2}=\frac{\beta}{2}\cdot\frac{\partial\xi}{\partial a}\cdot\frac{\partial^2\xi}{\partial a^2} \tag{1.1.9c}$$

其中，β 称为**非线性参数**

$$\beta\equiv1+\frac{\rho_0}{2c_0^2}\left(\frac{\partial^2P}{\partial\rho^2}\right)_{s,0} \tag{1.1.9d}$$

注意：非线性方程 (1.1.9c) 是状态方程 (1.1.9a) 展开后保留二阶项得到的，故称为**二阶非线性波动方程**.

1.1.2　Euler 坐标下的守恒定律

在声学中，特别是在线性声学中，基本上用流体的 Euler 描述方法. 因此，我们详细讨论流体在 Euler 坐标下运动的基本规律. 如图 1.1.2，在流体中建立空间固定的坐标系 (x,y,z)，空间某点 M 的坐标为 $M(x,y,z)$. 与 Lagrange 描述不同，我们不追究流体元的初始位置是什么，也不管它是从哪里来的，而是分析流体元到达 M 点时具有的物理性质，如流体的速度、密度或者温度等. 也可以这样来理解：在空间建立一个物理场 (速度、密度或者温度场等)，以速度场 $\boldsymbol{v}(x,y,z,t)$ 为例，不管从哪里来的流体元，当在 t 时刻、经过 $M(x,y,z)$ 点时，该流体元即具有速度 $\boldsymbol{v}(x,y,z,t)$.

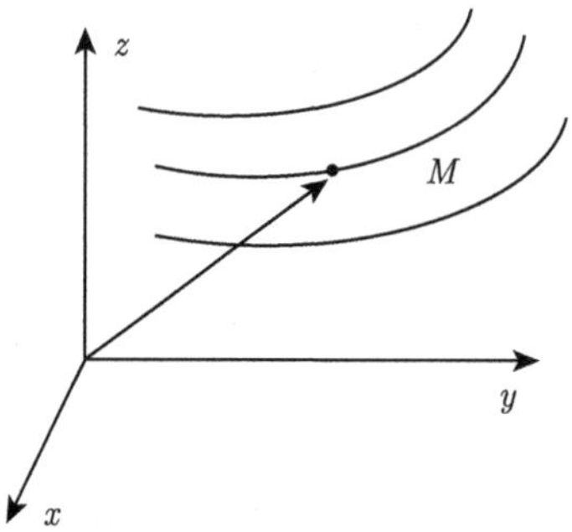

图 1.1.2　Euler 方法

在 Euler 描述中，不同时刻，如 t 时刻与 $t+\Delta t$ 时刻流经 $M(x,y,z)$ 的流体元不是同一个流体元. 因此，流体元的加速度不是简单地对速度场求偏导数：$\partial\boldsymbol{v}(x,y,z,t)/\partial t$. 如图 1.1.3，$t$ 时刻流体元位于 $\boldsymbol{r}$ 处，具有速度 $\boldsymbol{v}(\boldsymbol{r},t)$，经过 Δt 时间后，该流体元位于 $\boldsymbol{r}+\Delta\boldsymbol{r}$ 处, 具有速度 $\boldsymbol{v}(\boldsymbol{r}+\Delta\boldsymbol{r},t+\Delta t)$, 故该流体元的加速度为

$$\boldsymbol{a}\equiv\frac{\mathrm{d}\boldsymbol{v}}{\mathrm{d}t}=\lim_{\Delta t\to 0}\frac{\boldsymbol{v}(\boldsymbol{r}+\Delta\boldsymbol{r},t+\Delta t)-\boldsymbol{v}(\boldsymbol{r},t)}{\Delta t}=\frac{\partial\boldsymbol{v}}{\partial t}+\left(\lim_{\Delta t\to 0}\frac{\Delta\boldsymbol{r}}{\Delta t}\cdot\nabla\right)\boldsymbol{v}\tag{1.1.10a}$$

而上式第二个极限是流体元速度的定义，故得到

$$\boldsymbol{a}\equiv\frac{\mathrm{d}\boldsymbol{v}}{\mathrm{d}t}=\frac{\partial\boldsymbol{v}}{\partial t}+(\boldsymbol{v}\cdot\nabla)\boldsymbol{v}\tag{1.1.10b}$$

因此，流体元的加速度由二项组成：第一项是由于速度场随时间变化而引起，称为**本地加速度**，第二项称为**对流加速度**. 事实上，在 Euler 描述的框架内，流体元的任何物理量 $f(\boldsymbol{r},t)$ 随时间的变化都可以写成

$$\frac{\mathrm{d}f}{\mathrm{d}t}=\frac{\partial f}{\partial t}+(\boldsymbol{v}\cdot\nabla)f\tag{1.1.11a}$$

证明：如图 1.1.3，设 t 时刻流体元位于 $\boldsymbol{r}$ 处，具有物理量 $f(\boldsymbol{r},t)$(如压强、密度、熵、温度)，经过 Δt 时间后，该流体元位于 $\boldsymbol{r}+\Delta\boldsymbol{r}$ 处, 具有物理量 $f(\boldsymbol{r}+\Delta\boldsymbol{r},t+\Delta t)$, 故该流体元物理量 $f(\boldsymbol{r},t)$ 的时间变化率为

$$\frac{\mathrm{d}f}{\mathrm{d}t}=\lim_{\Delta t\to 0}\frac{f(\boldsymbol{r}+\Delta\boldsymbol{r},t+\Delta t)-f(\boldsymbol{r},t)}{\Delta t}=\frac{\partial f}{\partial t}+(\boldsymbol{v}\cdot\nabla)f \tag{1.1.11b}$$

如流体元的密度随时间变化率为

$$\frac{\mathrm{d}\rho}{\mathrm{d}t}=\frac{\partial\rho}{\partial t}+(\boldsymbol{v}\cdot\nabla)\rho \tag{1.1.11c}$$

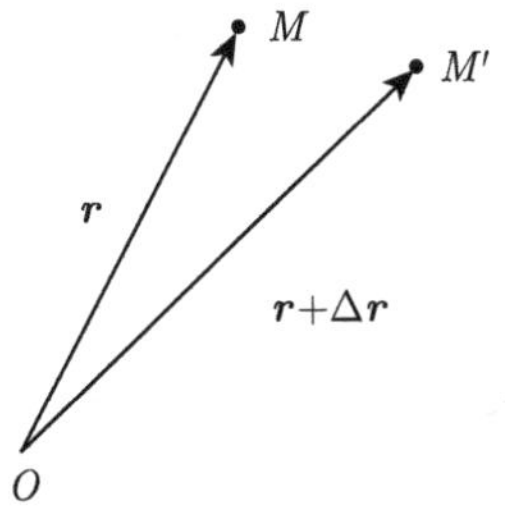

图 1.1.3 流体元的速度

流体的运动必须遵守的基本定律包括：质量守恒定律、动量守恒定律、能量守恒定律 (热力学第一定律) 和熵不等式 (热力学第二定律)，其中前二个是力学定律，后二个是热力学定律. 由于流体运动常常有热过程参与 (例如黏滞流体中的声传播问题，见第 6 章)，涉及热力学量，故要用到后二个定律. 另外，为了从这些基本定律完全确定流体的运动状态，还必须增加描写具体流体特性的方程，即本构方程或者状态方程.

质量守恒方程 在流体中任取空间固定的体积 V，其面为 S，法向为 $\boldsymbol{n}$ (注意：在 Euler 坐标系中，V 是空间固定的体积)，如图 1.1.4，体积 V 中总质量的变化率应该等于 S 面上流出的流体，即

$$\frac{\partial}{\partial t}\int_V \rho\mathrm{d}^3\boldsymbol{r}=-\iint_S \boldsymbol{j}\cdot\mathrm{d}\boldsymbol{S}+\int_V \rho q\mathrm{d}^3\boldsymbol{r} \tag{1.1.12a}$$

其中，$\boldsymbol{j}$ 为质量流矢量：$\boldsymbol{j}=\rho\boldsymbol{v}$(见 6.1.5 小节讨论)，$q$ 为单位时间、单位质量的体积源. 利用 Gauss 定理 (假定在 V 内，$\boldsymbol{j}$ 是连续可微的，本书以后的讨论相同，不再特别指出. 如果在 V 内存在不连续的面，将在 6.1.5 小节讨论)，上式变成

$$\int_V\left(\frac{\partial\rho}{\partial t}+\nabla\cdot\boldsymbol{j}-\rho q\right)\mathrm{d}^3\boldsymbol{r}=0 \tag{1.1.12b}$$

由体积 V 的任意性，得到微分形式的质量守恒方程

$$\frac{\partial \rho}{\partial t}+\nabla\cdot\boldsymbol{j}=\rho q \tag{1.1.13a}$$

或者利用方程 (1.1.11c)

$$\frac{\mathrm{d}\rho}{\mathrm{d}t}+\rho\nabla\cdot\boldsymbol{v}=\rho q \tag{1.1.13b}$$

注意：在方程 (1.1.12a) 和 (1.1.12b) 中，我们用偏导数，而不是全导数，这是因为我们考察的是空间固定的体积 V 中的流体质量的变化 (不管它是从哪里来，也不管它流到哪里去)，而不是分析固定的流体元的密度变化.

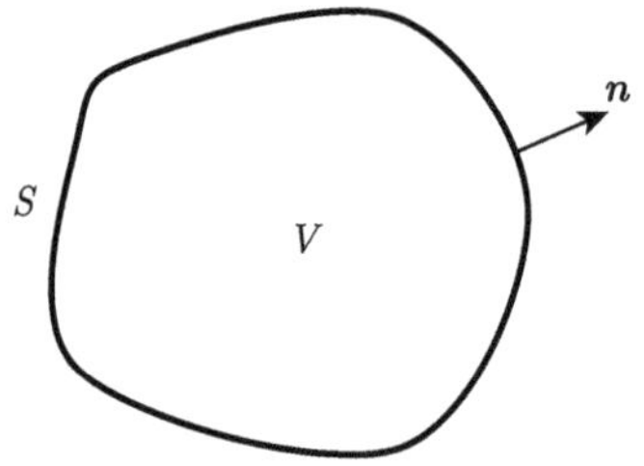

图 1.1.4　流体中任取体积为 V 的流体

动量守恒方程　假定流体受到外力作用，单位质量受到的力密度为 $\boldsymbol{f}$，体积 V 内的总动量变化率应该等于流出的动量与合力 (外力和表面 S 上的压力) 之和

$$\frac{\partial}{\partial t}\int_V \rho\boldsymbol{v}\mathrm{d}^3\boldsymbol{r}=-\iint_S \boldsymbol{J}\cdot\mathrm{d}\boldsymbol{S}-\iint_S P\mathrm{d}\boldsymbol{S}+\int_V \rho\boldsymbol{f}\mathrm{d}^3\boldsymbol{r}+\int_V \rho\boldsymbol{v}q\mathrm{d}^3\boldsymbol{r} \tag{1.1.14a}$$

式中，右边第二项面积分为体积 V 的流体表面 S 上受到其他流体的压力，方向与曲面法向相反，故为负；右边第四项为由于质量 q 的注入，引起体积 V 的动量增加；$\boldsymbol{J}=(\rho\boldsymbol{v})\boldsymbol{v}$ 为动量流张量(见 6.1.5 小节讨论)，写成矩阵形式，它的元素为

$$(\boldsymbol{J})_{ij}=\rho v_i v_j \quad (i,j=1,2,3) \tag{1.1.14b}$$

注意：标量的流为矢量，矢量的流一定是张量，张量的这一形式也称为**并矢**. 方程 (1.1.14a) 中面积分化成体积分

$$\int_V\left[\frac{\partial(\rho\boldsymbol{v})}{\partial t}+\nabla\cdot\boldsymbol{J}\right]\mathrm{d}^3\boldsymbol{r}=\int_V(\rho\boldsymbol{f}+\rho\boldsymbol{v}q-\nabla P)\mathrm{d}^3\boldsymbol{r} \tag{1.1.15a}$$

由体积 V 的任意性，得到微分形式动量守恒方程

$$\frac{\partial(\rho\boldsymbol{v})}{\partial t}+\nabla\cdot\boldsymbol{J}=\rho\boldsymbol{f}+\rho\boldsymbol{v}q-\nabla P \tag{1.1.15b}$$

注意到微分关系

$$\frac{\mathrm{d}(\rho\boldsymbol{v})}{\mathrm{d}t}=\frac{\partial(\rho\boldsymbol{v})}{\partial t}+(\boldsymbol{v}\cdot\nabla)\boldsymbol{j}=\boldsymbol{v}\frac{\mathrm{d}\rho}{\mathrm{d}t}+\rho\frac{\mathrm{d}\boldsymbol{v}}{\mathrm{d}t} \tag{1.1.15c}$$

并且利用张量运算恒等式 $\nabla\cdot\boldsymbol{J}=(\boldsymbol{v}\cdot\nabla)\boldsymbol{j}+\boldsymbol{j}\nabla\cdot\boldsymbol{v}$ 和方程 (1.1.13b)，方程 (1.1.15b) 可改为

$$\rho\frac{\mathrm{d}\boldsymbol{v}}{\mathrm{d}t}=-\nabla P+\rho\boldsymbol{f} \tag{1.1.16a}$$

显然，该式就是流体元的运动方程，也可直接从牛顿第二定律得到. 值得注意的是，方程 (1.1.16a) 并不出现 q，因为运动方程是对固定的流体元而言的，与注入的质量无关, 而方程 (1.1.15b) 表征的是小区域里的动量守恒，小区域里的总动量与注入的动量有关.

利用方程 (1.1.10b)，方程 (1.1.16a) 可变成

$$\rho\left[\frac{\partial\boldsymbol{v}}{\partial t}+(\boldsymbol{v}\cdot\nabla)\boldsymbol{v}\right]=\rho\boldsymbol{f}-\nabla P \tag{1.1.16b}$$

再利用 $(\boldsymbol{v}\cdot\nabla)\boldsymbol{v}=\nabla(v^2/2)-\boldsymbol{v}\times(\nabla\times\boldsymbol{v})$ 得到

$$\frac{\partial\boldsymbol{v}}{\partial t}+\frac{1}{\rho}\nabla P+\nabla\left(\frac{1}{2}v^2\right)-\boldsymbol{v}\times(\nabla\times\boldsymbol{v})=\boldsymbol{f} \tag{1.1.16c}$$

称为流体动力学的 **Euler 方程**. 注意：由于存在非线性对流项 $\boldsymbol{v}\cdot\nabla\boldsymbol{v}$，Euler 方程是非线性方程. 把 $(\boldsymbol{v}\cdot\nabla)\boldsymbol{v}$ 写成三个分量形式

$$[(\boldsymbol{v}\cdot\nabla)\boldsymbol{v}]_j=\sum_{i=1}^{3}v_i\frac{\partial v_j}{\partial x_i}\quad(j=1,2,3) \tag{1.1.16d}$$

式中，为了方便，把 (x,y,z) 写成了 (x_1,x_2,x_3)，在涉及求和时，以后我们经常这样，不再说明. v_i 和 v_j 分别表示流体元在 i 和 j 方向的流动速度分量，不同方向的流动通过项 $(\boldsymbol{v}\cdot\nabla)\boldsymbol{v}$ 耦合，故称 $(\boldsymbol{v}\cdot\nabla)\boldsymbol{v}$ 为**对流项**.

能量守恒方程 流体元的能量密度包括二部分：单位质量的内能 u(流体元内分子间的平均相互作用势能和作无序热运动的平均动能之和)、单位质量的动能 $v^2/2$(流体元作宏观的有序运动的动能). 体积元的总能量变化率应该等于：①面上流出的能量；②合力 (外力和表面 S 上的压力) 作功；③外界输入给单位质量流体元的热量 h(如由于激光照射等)；④由于质量的注入，使体积 V 内的能量增加，即

$$\begin{aligned}\frac{\partial}{\partial t}\int_V\rho\varepsilon\mathrm{d}^3\boldsymbol{r}=&-\iint_S\boldsymbol{j}_\varepsilon\cdot\mathrm{d}\boldsymbol{S}-\iint_S P\boldsymbol{v}\cdot\mathrm{d}\boldsymbol{S}+\int_V\rho\boldsymbol{f}\cdot\boldsymbol{v}\mathrm{d}^3\boldsymbol{r}\\&+\int_V\rho h\mathrm{d}^3\boldsymbol{r}+\int_V(\rho\varepsilon+P)q\mathrm{d}^3\boldsymbol{r}\end{aligned} \tag{1.1.17a}$$

其中，$\boldsymbol{f}$ 为单位质量的外力合力 (包括重力) 密度，$\boldsymbol{j}_\varepsilon=\rho\varepsilon\boldsymbol{v}$ 为能量流矢量 (见 6.1.5 小节讨论)，单位质量的能量密度 ε 为

$$\varepsilon=u+\frac{1}{2}v^2 \tag{1.1.17b}$$

方程 (1.1.17a) 中右边面积分化成体积分

$$-\iint_S \boldsymbol{j}_\varepsilon\cdot\mathrm{d}\boldsymbol{S}-\iint_S P\boldsymbol{v}\cdot\mathrm{d}\boldsymbol{S}=-\int_V[\nabla\cdot\boldsymbol{j}_\varepsilon+\nabla\cdot(P\boldsymbol{v})]\mathrm{d}^3\boldsymbol{r} \tag{1.1.18a}$$

由体积 V 的任意性，得到微分形式的能量守恒方程

$$\frac{\partial(\rho\varepsilon)}{\partial t}+\nabla\cdot(\boldsymbol{j}_\varepsilon+P\boldsymbol{v})=\rho\boldsymbol{f}\cdot\boldsymbol{v}+\rho h+(\rho\varepsilon+P)q \tag{1.1.18b}$$

利用质量守恒方程 (1.1.13a), 上式可以改写为全导数形式

$$\rho\frac{\mathrm{d}\varepsilon}{\mathrm{d}t}=-\nabla\cdot(P\boldsymbol{v})+\rho\boldsymbol{f}\cdot\boldsymbol{v}+\rho h+Pq \tag{1.1.18c}$$

注意：上式也与注入质量 q 有关，这是不难想象的，因为全导数表示跟随一个特定的流体元来考察，这个特定的流体元的能量变化当然与注入的质量有关.

热力学方程和状态方程 原则上，介质中的声波过程是一个非平衡过程. 但是, 由于声过程变化的时间远比介质由非平衡态趋向于平衡态的弛豫时间长得多，可以把声过程看作准静态过程，介质中各处的流体元处于局部平衡态，对每个流体元，平衡态的热力学关系仍然成立. 由热力学关系

$$\mathrm{d}u=T\mathrm{d}s-P\mathrm{d}v=T\mathrm{d}s-P\mathrm{d}\left(\frac{1}{\rho}\right)=T\mathrm{d}s+\frac{P}{\rho^2}\mathrm{d}\rho \tag{1.1.19a}$$

其中，s 是单位质量的熵 (specific entropy). 因此

$$\frac{\mathrm{d}u}{\mathrm{d}t}=T\frac{\mathrm{d}s}{\mathrm{d}t}+\frac{P}{\rho^2}\frac{\mathrm{d}\rho}{\mathrm{d}t} \tag{1.1.19b}$$

上式结合方程 (1.1.17b) 和 (1.1.18c) 得到

$$\rho T\frac{\mathrm{d}s}{\mathrm{d}t}+\frac{P}{\rho}\left(\frac{\mathrm{d}\rho}{\mathrm{d}t}+\rho\nabla\cdot\boldsymbol{v}\right)+\boldsymbol{v}\cdot\left(\rho\frac{\mathrm{d}\boldsymbol{v}}{\mathrm{d}t}+\nabla P-\rho\boldsymbol{f}\right)=\rho h+Pq \tag{1.1.19c}$$

由方程 (1.1.13b) 和 (1.1.16a) 得到

$$\rho T\frac{\mathrm{d}s}{\mathrm{d}t}=\rho h \tag{1.1.20a}$$

上式是能量守恒方程的另一种形式. 值得一提的是：上式左边是对熵的全导数，时间变化是指对一个特定的流体元的熵的变化，那么这种变化为何与注入质量 q 无

关呢？事实上，应该从熵的物理意义来考虑：熵是无序度的度量，注入质量不影响特定流体元的无序度，(1) 上式右边项表明，热量的注入使熵增加，系统变得更为无序.

(2) 如果在远离声源的位置：$h=0$，那么

$$\rho T\frac{\mathrm{d}s}{\mathrm{d}t}=\rho T\left(\frac{\partial s}{\partial t}+\boldsymbol{v}\cdot\nabla s\right)=0 \tag{1.1.20b}$$

因此，在准静态条件下，理想流体在运动中保持流体元的熵不随时间变化，是一个等熵过程. 实验事实证明，在感兴趣的频率范围内，声波在自由空间中的传播过程都可以近似为等熵过程.

在以上的讨论中，涉及温度、压强和密度 (与流体的体积有关) 等宏观参量. 在平衡态，这些宏观参量有一定的内在联系，称为**状态方程**(状态方程的建立必须通过实验确定或者由统计物理学从理论上推导出来)，如 $\rho=\rho(P,T)$, $\rho=\rho(P,s)$, $s=s(P,T)$，或者 $T=T(P,s)$.

注意：①在热力学中，压强 P 和温度 T 称为**强度量**，与流体元的体积大小无关 (当然，流体元必须足够小)，而流体元内的流体质量和熵与流体元的体积有关，称为**广延量**，但密度 ρ 和单位质量的熵 s 与流体元的体积大小无关，也是强度量；②选择 (P,T) 还是 (P,s) 作为独立变量，有一定的任意性，一般根据方便而定，如在讨论理想流体中的声波传播时，因 s 是守恒量，故用 (P,s) 作为独立变量比较方便. 但温度变量 T 比较直观，在讨论非理想流体中的声波传播时，我们选择 (P,T) 作为独立变量，见 6.1 节讨论.

1.1.3 小振幅声波方程和线性化条件

在声振动过程中，流体质点偏离平衡位置的幅度很小，令 $\rho=\rho_0+\rho'$, $P=P_0+p'$, $\boldsymbol{v}=\boldsymbol{v}_0+\boldsymbol{v}'$ 和 $s=s_0+s'$，其中，ρ_0, P_0, $\boldsymbol{v}_0\equiv 0$ (运动介质将在第 8 章讨论) 和 s_0 分别是平衡点的密度、压强、速度和熵，假定它们与空间坐标无关 (非均匀介质的讨论见 3.2 节). 由方程 (1.1.13a) 和 (1.1.16b)

$$\frac{\partial\rho'}{\partial t}+\rho_0\nabla\cdot\boldsymbol{v}'+\nabla\cdot(\rho'\boldsymbol{v}')=(\rho_0+\rho')q \tag{1.1.21a}$$

$$(\rho_0+\rho')\frac{\partial\boldsymbol{v}'}{\partial t}+(\rho_0+\rho')(\boldsymbol{v}'\cdot\nabla)\boldsymbol{v}'=(\rho_0+\rho')\boldsymbol{f}-\nabla p' \tag{1.1.21b}$$

在小扰动条件下，p', $\boldsymbol{v}'$ 和 ρ' 是一阶小量，而 $\rho'\boldsymbol{v}'$, $\boldsymbol{v}'\cdot\nabla\boldsymbol{v}'$ 是二阶小量，如果

$$\rho'\ll\rho_0;\ |\rho_0(\boldsymbol{v}'\cdot\nabla)\boldsymbol{v}'|\ll\left|\rho_0\frac{\partial\boldsymbol{v}'}{\partial t}\right| \tag{1.1.22}$$

那么，在一阶近似下，忽略二阶小量，方程 (1.1.21a) 和 (1.1.21b) 可线性化为

$$\frac{\partial\rho'}{\partial t}+\rho_0\nabla\cdot\boldsymbol{v}'\approx\rho_0 q \tag{1.1.23a}$$

$$\rho_0\frac{\partial \boldsymbol{v}'}{\partial t}+\nabla p'\approx \rho_0\boldsymbol{f} \tag{1.1.23b}$$

以上二式消去 $\boldsymbol{v}'$ 得到

$$\frac{\partial^2\rho'}{\partial t^2}-\nabla^2 p'=\rho_0\frac{\partial q}{\partial t}-\rho_0\nabla\cdot\boldsymbol{f} \tag{1.1.24a}$$

其中，∇^2 为 Laplace 算子，在三维直角坐标系 (x,y,z) 中的形式为

$$\nabla^2=\frac{\partial^2}{\partial x^2}+\frac{\partial^2}{\partial y^2}+\frac{\partial^2}{\partial z^2} \tag{1.1.24b}$$

在一般曲线坐标系及正交曲线坐标系中的形式见 1.1.6 小节讨论.

另一方面，方程 (1.1.20a) 线性化得到

$$\rho_0 T_0\frac{\partial s'}{\partial t}\approx \rho_0 h \tag{1.1.24c}$$

方程 (1.1.24a) 和 (1.1.24c) 中的 ρ', p' 和 s' 由热力学关系 $P=P(\rho,s)$ 联系, 在平衡点附近作展开并保留一阶小量得到

$$p'\approx\left(\frac{\partial P}{\partial\rho}\right)_{s,0}\rho'+\left(\frac{\partial P}{\partial s}\right)_{\rho,0}s'\equiv c_0^2\rho'+\left(\frac{\partial P}{\partial s}\right)_{\rho,0}s' \tag{1.1.25a}$$

其中，$c_0^2\equiv(\partial P/\partial\rho)_{s,0}$. 上式二边对时间求导数并利用方程 (1.1.24c) 得到

$$\frac{\partial p'}{\partial t}=c_0^2\frac{\partial\rho'}{\partial t}+\left(\frac{\partial P}{\partial s}\right)_{\rho,0}\left(\frac{h}{T_0}\right) \tag{1.1.25b}$$

代入式 (1.1.24a) 得到

$$\frac{1}{c_0^2}\frac{\partial^2 p'}{\partial t^2}-\nabla^2 p'=\Im(\boldsymbol{r},t) \tag{1.1.26a}$$

其中，源函数为

$$\Im(\boldsymbol{r},t)\equiv\rho_0\frac{\partial q}{\partial t}-\rho_0\nabla\cdot\boldsymbol{f}+\frac{1}{T_0c_0^2}\left(\frac{\partial P}{\partial s}\right)_{\rho,0}\frac{\partial h}{\partial t} \tag{1.1.26b}$$

方程 (1.1.26a) 为流体中小扰动的传播方程，即**声波方程**，压强差 $p'=P-P_0$ 称为**声压**, c_0 称为**等熵声速**，或者简称为**声速**. 注意：方程 (1.1.25a) 表示在平衡点附近对 $P=P(\rho,s)$ 作 Taylor 展开，下标 “0” 表示在平衡点取值，一般 $(\partial P/\partial\rho)_s$ 仍然是 ρ 和 s 的函数. 利用热力学关系

$$\begin{gathered}\left(\frac{\partial\rho}{\partial P}\right)_s\left(\frac{\partial P}{\partial s}\right)_\rho\left(\frac{\partial s}{\partial\rho}\right)_P=-1;\quad\left(\frac{\partial s}{\partial\rho}\right)_P=\left(\frac{\partial s}{\partial T}\right)_P\left(\frac{\partial T}{\partial\rho}\right)_P\\ c_P=T\left(\frac{\partial s}{\partial T}\right)_P;\ \beta_P=-\frac{1}{\rho}\left(\frac{\partial\rho}{\partial T}\right)_P\end{gathered} \tag{1.1.27a}$$

其中，c_P 和 β_P 分别为流体的**等压热容量**和**体膨胀系数**，我们得到

$$\left(\frac{\partial P}{\partial s}\right)_\rho = -c_0^2\left(\frac{\partial \rho}{\partial s}\right)_P = -\frac{Tc_0^2}{c_P}\left(\frac{\partial \rho}{\partial T}\right)_P = \frac{T\rho c_0^2\beta_P}{c_P} \tag{1.1.27b}$$

代入方程 (1.1.26b) 得到

$$\frac{1}{c_0^2}\frac{\partial^2 p'}{\partial t^2} - \nabla^2 p' = \rho_0\frac{\partial q}{\partial t} - \rho_0\nabla\cdot\boldsymbol{f} + \frac{\rho_0\beta_P}{c_P}\frac{\partial h}{\partial t} \tag{1.1.28a}$$

对水介质, $\beta_P \sim 10^{-5}/\text{K}$ 和 $c_P \sim 10^3\text{J/kg}\cdot\text{K}$, $\beta_P/c_P \sim 10^{-8}\text{kg/J}$；但对空气介质，近似利用理想气体的关系 $c_P - c_V = nk_B$(其中 c_V 是等容比如，n 是单位质量气体内的粒子数，k_B 为 Boltzmann 常数)，$\gamma = c_P/c_V \approx 1.402$, $\beta_P \sim 1/T_0$ 以及 $P/\rho T \approx nk_B$ 得到

$$\frac{\beta_P}{c_P} \approx \frac{\rho_P}{P_0}\left(1-\frac{1}{\gamma}\right) \sim 0.34\times 10^{-5}\text{kg/J} \tag{1.1.28b}$$

由此可见：由于空气的体膨胀系数远大于水，而等压比如远小于水，在相同的 h 条件下，热源的激发效率更高.

声速 由 $c_0^2 \equiv (\partial P/\partial\rho)_{s,0}$ 不难得到声速与绝热压缩系数$\kappa_s = -\dfrac{1}{V}\left(\dfrac{\partial V}{\partial P}\right)_s$(或者绝热体弹性模量 $E_s \equiv 1/\kappa_s$) 和密度 ρ 的关系

$$c_0 = \sqrt{\left(\frac{\partial P}{\partial \rho}\right)_{s,0}} = \sqrt{\left(\frac{\partial P}{\partial V}\right)_{s,0}\left(\frac{\partial V}{\partial \rho}\right)_0} = \sqrt{\frac{1}{(\kappa_s\rho)_0}} = \sqrt{\left(\frac{E_s}{\rho}\right)_0} \tag{1.1.28b}$$

其中，下标 “0” 表示在平衡态取值.

声源 由方程 (1.1.28a) 可见，声压场 p' 由质量源和热源的时间变化，以及力源的空间变化产生. 在实际情况中，声源往往是物体的固体表面振动，其物理过程是振动引起与固体表面相接触的流体的压缩膨胀交替变化，从而向空间辐射声波，表面振动源可等效于体质量源. 而刚性体在平衡位置的振动相当于对流体介质施加一个力源，详细讨论见第 2 章.

速度场满足的波动方程 由方程 (1.1.25b) 消去方程 (1.1.23a) 中的 ρ' 得到

$$\frac{\partial p'}{\partial t} + \rho_0 c_0^2\nabla\cdot\boldsymbol{v}' \approx \rho_0 c_0^2 q + \left(\frac{\partial P}{\partial s}\right)_{\rho,0}\left(\frac{h}{T_0}\right) \tag{1.1.28c}$$

上式结合方程 (1.1.23b) 消去 p' 得到速度场满足的波动方程

$$\frac{1}{c_0^2}\frac{\partial^2 \boldsymbol{v}'}{\partial t^2} - \nabla^2\boldsymbol{v}' = \frac{1}{c_0^2}\frac{\partial \boldsymbol{f}}{\partial t} - \nabla\left[q + \frac{\beta_P}{c_P}h\right] \tag{1.1.28d}$$

得到上式，利用了热力学关系式 (1.1.27b). 可见速度场 $\boldsymbol{v}'$ 是由质量源和热源的空间变化，以及力源的时间变化产生.

密度场满足的波动方程　由方程 (1.1.24a) 和 (1.1.25b)

$$\frac{\partial}{\partial t}\left(\frac{\partial^2\rho'}{\partial t^2}-c_0^2\nabla^2\rho'\right)=\Im(\boldsymbol{r},t) \tag{1.1.28e}$$

其中，源项为

$$\Im(\boldsymbol{r},t)\equiv\rho_0\frac{\partial^2 q}{\partial t^2}-\rho_0\frac{\partial}{\partial t}(\nabla\cdot\boldsymbol{f})+\frac{\rho_0 c_0^2\beta_P}{c_P}\nabla^2 h \tag{1.1.28f}$$

比较方程 (1.1.28a), (1.1.28e) 和 (1.1.28f) 可见，声压场、速度场和密度场满足的方程是不一样的. 只有在源项为零时，三者统一，例如在考虑声波的传播问题中，在声源区域外可取 $q=0$, $h=0$ 和 $\boldsymbol{f}=0$，于是存在简单的关系 $p'=c_0^2\rho'$，以及

$$\rho'=-\rho_0\int\nabla\cdot\boldsymbol{v}'\mathrm{d}t;\ \boldsymbol{v}'=-\frac{1}{\rho_0}\int\nabla p'\mathrm{d}t \tag{1.1.28g}$$

温度场变化　在远离声源的区域，声波在自由空间中的传播过程都可以近似为等熵过程，即 $s'=0$. 取状态方程为 $s=s(P,T)$，则

$$s'\approx\left(\frac{\partial s}{\partial P}\right)_{T,0}p'+\left(\frac{\partial s}{\partial T}\right)_{P,0}T'=-\frac{\beta_{P0}}{\rho_0}p'+\frac{c_{P0}}{T_0}T'\approx 0 \tag{1.1.28h}$$

故流体元的温度变化为

$$T'\approx\frac{T_0\beta_{P0}}{c_{P0}\rho_0}p' \tag{1.1.28i}$$

因此，声压场与温度场的变化总是关联的 (其意义的讨论见 6.1.4 小节). 对水介质，$\beta_P\sim10^{-5}/\mathrm{K}, c_P\sim10^3\mathrm{J/K}$, $\rho_0\sim10^3\mathrm{kg/m^3}$，$T'\approx3.0\times10^{-9}p'$, 因此，即使声压很高，如 $p'\sim1\mathrm{MPa}$，温度变化也非常小. 只有当考虑介质的声吸收且声压足够高时，才能引起明显的温度变化, 见 10.4 节讨论.

线性化近似条件　我们进一步来讨论近似条件方程 (1.1.22) 中第二式的意义：假定声波运动的空间和时间特征长度分别为 L 和 T(对平面波，即为声波波长和周期)，那么空间和时间导数分别可用 $1/L$ 和 $1/T$ 代替，得到

$$|\boldsymbol{v}'|\ll\frac{L}{T} \tag{1.1.29a}$$

另一方面，由方程 (1.1.23b)(忽略体力 $\boldsymbol{f}$) 得到 $|p'|\sim\rho_0|\boldsymbol{v}'|(L/T)$，于是要求

$$|p'|\ll\rho_0\left(\frac{L}{T}\right)^2 \tag{1.1.29b}$$

同样，方程 (1.1.25a) 成立的条件为

$$\frac{\rho'}{\rho_0}\ll\frac{2c_0^2}{\rho_0(\partial^2P/\partial\rho^2)_{s,0}} \tag{1.1.29c}$$

对频率一定的平面波，$L/T = c_0$，方程 (1.1.29a) 和 (1.1.29b) 要求 $|\boldsymbol{v}'| \ll c_0$ 和 $|p'| \ll \rho_0 c_0^2$，一般强度的声波都能够满足这二个条件. 但在声源附近或者在声场的焦点 (见 7.4 节讨论) 附近，声场随空间变化起伏很大，判据方程 (1.1.29a) 和 (1.1.29b) 不一定成立 (但线性化方程仍然适合). 反之，由于声场的积累效应 (见第 9 章讨论)，即使上述判据满足，当声波传播较大距离后，也必须考虑非线性. 至于条件 (1.1.29c)，与具体的流体介质有关. 一般，称由运动方程的对流项引起的非线性为**运动非线性**，而由状态方程引起的非线性称为**本构非线性**.

1.1.4 速度势和二阶非线性方程

对方程 (1.1.23b) 两边求旋度且注意到 $\nabla \times (\nabla p') \equiv 0$, 可得

$$\frac{\partial(\nabla \times \boldsymbol{v}')}{\partial t} = \nabla \times \boldsymbol{f} \tag{1.1.30a}$$

如果仅考虑声的传播，即考虑体力为零 ($\boldsymbol{f} = 0$) 的区域，或者体力是无旋的，$\nabla \times \boldsymbol{f} = 0$，那么 $\nabla \times \boldsymbol{v}' =$ 常数，即流体中旋量保持不变. 如果假定初始时刻旋量为零，那么 $\nabla \times \boldsymbol{v}' \equiv 0$，故存在标量函数 $\varPhi(\boldsymbol{r}, t)$(称为**速度势**) 使

$$\boldsymbol{v}' = \nabla \varPhi(\boldsymbol{r}, t) \tag{1.1.30b}$$

代入方程 (1.1.23b) 得到

$$\nabla \left[\rho_0 \frac{\partial \varPhi(\boldsymbol{r}, t)}{\partial t} + p'\right] \approx \rho_0 \boldsymbol{f} \tag{1.1.30c}$$

根据矢量场的 Helmholtz 分解定理，外力密度 $\boldsymbol{f}$ 可表示为 $\boldsymbol{f} \equiv \nabla \times \boldsymbol{A}_f + \nabla \phi_f$(其中 $\boldsymbol{A}_f$ 和 ϕ_f 是力密度的矢量势和标量势)，在体力无旋情况下，$\boldsymbol{f} = \nabla \phi_f$，于是，方程 (1.1.30c) 简化为

$$\nabla \left[\rho_0 \frac{\partial \varPhi(\boldsymbol{r}, t)}{\partial t} + p' - \rho_0 \nabla \phi_f\right] = 0 \tag{1.1.30d}$$

因此

$$\rho_0 \frac{\partial \varPhi(\boldsymbol{r}, t)}{\partial t} + p' - \rho_0 \nabla \phi_f = \varTheta(t) \tag{1.1.31a}$$

考虑到无限远处，声场为零，故取 $\varTheta(t) = 0$. 于是

$$p' = -\rho_0 \frac{\partial \varPhi(\boldsymbol{r}, t)}{\partial t} + \rho_0 \nabla \phi_f \tag{1.1.31b}$$

显然，在无力源区域 ($\boldsymbol{f} = 0$)

$$p' = -\rho_0 \frac{\partial \varPhi(\boldsymbol{r}, t)}{\partial t} \tag{1.1.31c}$$

速度势也满足波动方程

$$\nabla^2\varPhi-\frac{1}{c_0^2}\frac{\partial^2\varPhi}{\partial t^2}=\left(1-\frac{P_0\beta_P}{\rho_0 c_P}\right)q+\frac{\rho_0\beta_P}{c_P}h \tag{1.1.31d}$$

速度势的概念尽管比较抽象，但其优点是：从单一的标量函数可以求出所有的场量，即声压和流体元的速度，在流体流动的情况下，引进速度势的概念是非常有用的 (见第 8 章讨论).

事实上，在理想流体的运动中，只要熵等于常数 (与空间和时间无关)，那么运动就是无旋的，可以引进速度势. 由 Euler 方程 (1.1.16c)(假定体力也无旋，$\nabla\times\boldsymbol{f}=0$)，两边求旋度且注意到 $\nabla\times(\nabla v^2)\equiv 0$ 和 $\nabla\times(\nabla P)\equiv 0$，得到

$$\frac{\partial\boldsymbol{\omega}}{\partial t}-\nabla\times(\boldsymbol{v}\times\boldsymbol{\omega})=\frac{1}{\rho^2}\nabla\rho\times\nabla P \tag{1.1.32a}$$

其中，$\boldsymbol{\omega}$ 为旋量 $\boldsymbol{\omega}\equiv\nabla\times\boldsymbol{v}$. 利用矢量恒等式，上式化成

$$\frac{\mathrm{d}\boldsymbol{\omega}}{\mathrm{d}t}+\boldsymbol{\omega}\nabla\cdot\boldsymbol{v}-(\boldsymbol{\omega}\cdot\nabla)\boldsymbol{v}=\frac{1}{\rho^2}\nabla\rho\times\nabla P \tag{1.1.32b}$$

另一方面，因为假定流体运动中熵等于常数，由状态方程 $P=P(\rho,s)$ 得到 $\nabla P=(\partial P/\partial\rho)_s\nabla\rho$(注意：利用了等熵条件)，即矢量 ∇P 与 $\nabla\rho$ 同向：$\nabla\rho\times\nabla P=0$，于是方程 (1.1.32b) 简化为

$$\frac{\mathrm{d}\boldsymbol{\omega}}{\mathrm{d}t}+\boldsymbol{\omega}\nabla\cdot\boldsymbol{v}-(\boldsymbol{\omega}\cdot\nabla)\boldsymbol{v}=0 \tag{1.1.32c}$$

上式意味着：旋量是无源的，只要初始时刻旋量为零 ($\boldsymbol{\omega}=\nabla\times\boldsymbol{v}=0$)，那么以后旋量恒为零 $\boldsymbol{\omega}=\nabla\times\boldsymbol{v}\equiv 0$. 于是，可以引进速度势. 因此，即使保留 Euler 方程 (1.1.16c)(假定体力无旋，$\nabla\times\boldsymbol{f}=0$) 中的非线性对流项，仍然可以引进速度势 $\boldsymbol{v}=\nabla\varPhi(\boldsymbol{r},t)$，代入方程 (1.1.16c)(假定体力为零，$\boldsymbol{f}=0$)

$$\nabla\frac{\partial\varPhi(\boldsymbol{r},t)}{\partial t}+\frac{1}{\rho}\nabla P+\nabla\left[\frac{1}{2}(\nabla\varPhi)^2\right]=0 \tag{1.1.33}$$

在二阶近似下

$$P=P_0+c_0^2\rho'+\frac{1}{2}\left(\frac{\partial^2 P}{\partial\rho^2}\right)_s\rho'^2+\cdots \tag{1.1.34a}$$

故

$$\begin{aligned}\frac{1}{\rho}\nabla P&=\frac{1}{\rho_0(1+\rho'/\rho_0)}\left[c_0^2\nabla\rho'+\frac{1}{2}\left(\frac{\partial^2 P}{\partial\rho^2}\right)_s\nabla\rho'^2\right]\\&\approx\frac{c_0^2}{\rho_0}\nabla\rho'+\frac{c_0^2}{2\rho_0^2}\left[\frac{\rho_0}{c_0^2}\left(\frac{\partial^2 P}{\partial\rho^2}\right)_s-1\right]\nabla\rho'^2\end{aligned} \tag{1.1.34b}$$

代入方程 (1.1.33) 得到

$$\frac{\partial \Phi}{\partial t}+\frac{c_0^2}{\rho_0}\rho'+\frac{c_0^2}{2\rho_0^2}\left[\frac{\rho_0}{c_0^2}\left(\frac{\partial^2 P}{\partial \rho^2}\right)_s-1\right]\rho'^2+\frac{1}{2}(\nabla\Phi)^2=0 \tag{1.1.35a}$$

方程二边对时间求导得到

$$\frac{\partial^2 \Phi}{\partial t^2}+\frac{c_0^2}{\rho_0}\frac{\partial\rho'}{\partial t}+\frac{c_0^2}{2\rho_0^2}\left[\frac{\rho_0}{c_0^2}\left(\frac{\partial^2 P}{\partial \rho^2}\right)_s-1\right]\frac{\partial\rho'^2}{\partial t}+\frac{1}{2}\frac{\partial}{\partial t}(\nabla\Phi)^2=0 \tag{1.1.35b}$$

另一方面，由方程 (1.1.13a)，二次近似的质量守恒方程为 (取源项 $q=0$)

$$\frac{1}{\rho_0}\frac{\partial\rho'}{\partial t}+\nabla^2\Phi-\frac{1}{2\rho_0^2}\frac{\partial\rho'^2}{\partial t}+\frac{\nabla\Phi\cdot\nabla\rho'}{\rho_0}=0 \tag{1.1.35c}$$

方程 (1.1.35b) 与 (1.1.35c) 消去 $\partial\rho'/\partial t$ 得到

$$\frac{\partial^2 \Phi}{\partial t^2}-c_0^2\nabla^2\Phi+\frac{1}{2\rho_0}\left(\frac{\partial^2 P}{\partial \rho^2}\right)_s\frac{\partial\rho'^2}{\partial t}+\frac{1}{2}\frac{\partial}{\partial t}(\nabla\Phi)^2-c_0^2\frac{\nabla\Phi\cdot\nabla\rho'}{\rho_0}=0 \tag{1.1.36a}$$

上式非线性项中 ρ' 可以利用 ρ' 与 Φ 的线性关系消去 (这样仍然不影响二次非线性近似关系)：由线性质量守恒关系、方程 (1.1.30b)，(1.1.30c) 以及关系 $p'\approx c_0^2\rho'$ 不难得到

$$\rho'\approx-\frac{\rho_0}{c_0^2}\frac{\partial\Phi}{\partial t};\ \frac{\partial\rho'}{\partial t}+\rho_0\nabla^2\Phi\approx 0 \tag{1.1.36b}$$

代入方程 (1.1.36a)

$$\frac{\partial^2 \Phi}{\partial t^2}-c_0^2\nabla^2\Phi+2(\beta-1)\frac{\partial\Phi}{\partial t}\nabla^2\Phi+\frac{\partial}{\partial t}(\nabla\Phi)^2=0 \tag{1.1.36c}$$

其中，β 为非线性参数 (见方程 (1.1.9d))

$$\beta\equiv 1+\frac{B}{2A};\ \frac{B}{A}\equiv\frac{\rho_0}{c_0^2}\left(\frac{\partial^2 P}{\partial \rho^2}\right)_s \tag{1.1.36d}$$

方程 (1.1.36c) 就是速度势满足的非线性方程. 方程 (1.1.36c) 的第三项再运用线性关系 $c_0^2\nabla^2\Phi-\partial^2\Phi/\partial t^2\approx 0$ 得到对称形式的速度势非线性方程

$$\frac{\partial^2 \Phi}{\partial t^2}-c_0^2\nabla^2\Phi+\frac{\partial}{\partial t}\left[\frac{(\beta-1)}{c_0^2}\left(\frac{\partial\Phi}{\partial t}\right)^2+(\nabla\Phi)^2\right]=0 \tag{1.1.36e}$$

另一方面，由方程 (1.1.33) 得到

$$(\rho'+\rho_0)\nabla\frac{\partial\Phi}{\partial t}+\nabla P+(\rho'+\rho_0)\nabla\left[\frac{1}{2}(\nabla\Phi)^2\right]=0 \tag{1.1.37a}$$

忽略三阶量

$$\nabla\left[P+\rho_0\frac{\partial\Phi}{\partial t}+\rho_0\frac{1}{2}(\nabla\Phi)^2\right]+\rho'\nabla\frac{\partial\Phi}{\partial t}=0 \tag{1.1.37b}$$

上式中，非线性项的 ρ' 可以利用 ρ' 与 Φ 的线性关系消去 (这样仍然不影响二次非线性近似关系)，利用方程 (1.1.36b)

$$\nabla\left[P+\rho_0\frac{\partial\Phi}{\partial t}+\rho_0\frac{1}{2}(\nabla\Phi)^2-\frac{\rho_0}{2c_0^2}\left(\frac{\partial\Phi}{\partial t}\right)^2\right]=0 \tag{1.1.37c}$$

上式积分得到压强与速度势的关系为

$$P+\rho_0\frac{\partial\Phi}{\partial t}+\rho_0\frac{1}{2}(\nabla\Phi)^2-\frac{\rho_0}{2c_0^2}\left(\frac{\partial\Phi}{\partial t}\right)^2=\Theta(t) \tag{1.1.37d}$$

其中，$\Theta(t)$ 为任意与空间无关的函数. 在无限远处，声场为零而压强 $P=P_0$，故可以取 $\Theta(t)\equiv P_0$. 于是，声压与速度势的关系修正为

$$p'=-\rho_0\frac{\partial\Phi}{\partial t}-\rho_0\frac{1}{2}(\nabla\Phi)^2+\frac{\rho_0}{2c_0^2}\left(\frac{\partial\Phi}{\partial t}\right)^2 \tag{1.1.37e}$$

一旦求得速度势，可以由 $\boldsymbol{v}=\nabla\Phi$ 以及上式求出速度场和声压场，但必须注意的是，上式在二阶近似下成立. 对理想气体，$\beta=(\gamma+1)/2$.

1.1.5　Lagrange 坐标与 Euler 坐标的关系

在 Lagrange 坐标中，任何物理量都是特定流体元的物理量，具体来说，速度 $\boldsymbol{U}=(\partial X/\partial t,\partial Y/\partial t,\partial Z/\partial t)$ 是 t 时刻位于 $\boldsymbol{R}=(X,Y,Z)$(初始时刻位于点 (a,b,c)) 特定流体元的速度；压强 P 也是该流体元受到的压强；而在 Euler 坐标中，$\boldsymbol{v}(x,y,z,t)$ 是空间的速度场分布，不管何处的流体元，只要在 t 时刻流经点 (x,y,z)，它就具有速度 $\boldsymbol{v}(x,y,z,t)$；同样，$P(x,y,z,t)$ 是空间的压强场分布，不管何处的流体元，只要在 t 时刻流经点 (x,y,z)，它就受到一个压力 $P(x,y,z,t)$. 此外，在 Lagrange 坐标中，我们定义了流体元的位移 (X,Y,Z) 或者偏离平衡点的位移 $\boldsymbol{\xi}=(\xi,\eta,\varsigma)$，而在 Euler 坐标中，没有定义位移这个相应的物理量. 因此，在二个坐标系统中，描述流体元物理量的方法是不同的，我们分别用上标"L" 和"E" 表示 Lagrange 坐标和 Euler 坐标中的物理量，即用 $q^{\mathrm{L}}(a,b,c,t)$ 和 $q^{\mathrm{E}}(x,y,z,t)$ 表示.

设在 Lagrange 坐标中，初始时刻位于 (a,b,c) 的流体元，在 t 时刻流经点 $\boldsymbol{r}=(x,y,z)$，那么 $q^{\mathrm{L}}(a,b,c,t)$ 与 $q^{\mathrm{E}}(x,y,z,t)$ 描写同一个流体元的同一个物理量，二者应该相等：$q^{\mathrm{L}}(a,b,c,t)=q^{\mathrm{E}}(x,y,z,t)$，而且该流体元的空间坐标和初始位置坐标满足关系

$$x=a+\xi;\ \ y=b+\eta;\ \ z=c+\varsigma \tag{1.1.38a}$$

其中，$\boldsymbol{\xi}=(\xi,\eta,\varsigma)$ 为流体元偏离平衡位置的位移矢量. 于是

$$q^{\mathrm{L}}(a,b,c,t)=q^{\mathrm{E}}(x,y,z,t)|_{\boldsymbol{r}=\boldsymbol{a}+\boldsymbol{\xi}} \tag{1.1.38b}$$

为了方便，用矢量表示 $\boldsymbol{r}=(x,y,z)$，$\boldsymbol{a}=(a,b,c)$ 和 $\boldsymbol{\xi}=(\xi,\eta,\varsigma)$. 当 $\boldsymbol{\xi}=(\xi,\eta,\varsigma)$ 较小时，上式展开并且保留一阶

$$q^{\mathrm{L}}(a,b,c,t)=q^{\mathrm{E}}(x,y,z,t)|_{\boldsymbol{r}=\boldsymbol{a}}+\boldsymbol{\xi}\cdot\nabla q^{\mathrm{E}}(x,y,z,t)|_{\boldsymbol{r}=\boldsymbol{a}}+\cdots \tag{1.1.38c}$$

上式表明：①如果 $\boldsymbol{\xi}=(\xi,\eta,\varsigma)$ 很小，则 $q^{\mathrm{L}}(a,b,c,t)\approx q^{\mathrm{E}}(x,y,z,t)|_{\boldsymbol{r}=\boldsymbol{a}}$，即当流体元偏离平衡位置很小时，Lagrange 坐标和 Euler 坐标给出近似相等的结果，这就是线性声学情况；②当 $\boldsymbol{\xi}=(\xi,\eta,\varsigma)$ 不是很小，则由方程 (1.1.38c)，从 Euler 坐标中的量可以求出 Lagrange 坐标系中的量，在第 10 章中，我们经常利用这个关系. 反过来，从 Lagrange 坐标中的量可以求出 Euler 坐标系中的量

$$q^{\mathrm{E}}(x,y,z,t)=q^{\mathrm{L}}(a,b,c,t)|_{\boldsymbol{a}=\boldsymbol{r}}-\boldsymbol{\xi}\cdot\nabla q^{\mathrm{L}}(a,b,c,t)|_{\boldsymbol{a}=\boldsymbol{r}}+\cdots \tag{1.1.38d}$$

例如，如果我们需要求特定流体元的速度而不是速度场分布，则由方程 (1.1.38c)

$$\boldsymbol{U}^{\mathrm{L}}(a,b,c,t)=\boldsymbol{v}^{\mathrm{E}}(x,y,z,t)|_{\boldsymbol{r}=\boldsymbol{a}}+(\boldsymbol{\xi}\cdot\nabla)\boldsymbol{v}^{\mathrm{E}}(x,y,z,t)|_{\boldsymbol{r}=\boldsymbol{a}}+\cdots \tag{1.1.39a}$$

而 Lagrange 坐标中压强与 Euler 坐标中压强的关系为

$$P^{\mathrm{L}}(a,b,c,t)=P^{\mathrm{E}}(x,y,z,t)|_{\boldsymbol{r}=\boldsymbol{a}}+(\boldsymbol{\xi}\cdot\nabla)P^{\mathrm{E}}(x,y,z,t)|_{\boldsymbol{r}=\boldsymbol{a}}+\cdots \tag{1.1.39b}$$

再以一维密度为例，由方程 (1.1.6a)，Lagrange 坐标中密度为

$$\rho^{\mathrm{L}}(a,t)=\rho_0\left(1+\frac{\partial\xi}{\partial a}\right)^{-1}=\rho_0\left[1-\frac{\partial\xi}{\partial a}+\left(\frac{\partial\xi}{\partial a}\right)^2-\cdots\right] \tag{1.1.40a}$$

由方程 (1.1.38d) 得到 Euler 坐标中的密度

$$\begin{aligned}\rho^{\mathrm{E}}(x,t)=&\rho_0\left(1+\frac{\partial\xi}{\partial a}\right)^{-1}_{a=x}-\rho_0\xi\left[\frac{\partial}{\partial a}\left(1+\frac{\partial\xi}{\partial a}\right)^{-1}\right]_{a=x}+\cdots\\=&\rho_0\left[1-\frac{\partial\xi}{\partial x}+\left(\frac{\partial\xi}{\partial x}\right)^2-\cdots+\xi\frac{\partial^2\xi}{\partial x^2}\left(1-2\frac{\partial\xi}{\partial x}\right)+\cdots\right]\\=&\rho_0\left[1-\frac{\partial\xi}{\partial x}+\left(\frac{\partial\xi}{\partial x}\right)^2+\xi\frac{\partial^2\xi}{\partial x^2}+\cdots\right]\end{aligned} \tag{1.1.40b}$$

同样，Lagrange 坐标和 Euler 坐标中一维质点速度分别为

$$v^{\mathrm{L}}(a,t)=\frac{\partial\xi}{\partial t};\ v^{\mathrm{E}}(x,t)=\frac{\partial\xi}{\partial t}-\xi\frac{\partial^2\xi}{\partial x\partial t} \tag{1.1.40c}$$

由方程 (1.1.40a), (1.1.40b) 和 (1.1.40c) 可见，在一阶近似下密度和速度都有相同的形式，而二阶近似则区别较大，也就是说，在线性声学中，不必考虑 Lagrange 坐标和 Euler 坐标的差别，而在非线性声学中则必须考虑.

再一次强调: ①$\rho^{\mathrm{L}}(a,b,c,t)$ 和 $\boldsymbol{v}^{\mathrm{L}}(a,b,c,t)$ 分别表示初始位置在 (a,b,c) 点、t 时刻位于 $(a+\xi,b+\eta,c+\varsigma)$ 的流体元具有的密度和速度；而 $\rho^{\mathrm{E}}(x,y,z,t)$ 和 $\boldsymbol{v}^{\mathrm{E}}(x,y,z,t)$ 分别表示 t 时刻流经 (x,y,z) 点的流体元具有的密度和速度；②在 Lagrange 坐标中，$\boldsymbol{v}^{\mathrm{L}}(a,b,c,t)$ 和 $\boldsymbol{v}^{\mathrm{L}}(a,b,c,t+\Delta t)$ 是同一个流体元在不同时刻的速度，因此流体元的加速度简单为 $\partial\boldsymbol{v}^{\mathrm{L}}(a,b,c,t)/\partial t$；而在 Euler 坐标中，$\boldsymbol{v}^{\mathrm{E}}(x,y,z,t)$ 和 $\boldsymbol{v}^{\mathrm{E}}(x,y,z,t+\Delta t)$ 表示不同时刻流经 (x,y,z) 点的流体元，它们当然不是同一个流体元，而加速度是针对同一个流体元而言的.

1.1.6　曲线坐标系中的声波方程

曲线坐标系　为了方便，用坐标系 (x_1,x_2,x_3) 代替直角坐标系 (x,y,z). 作任意曲线坐标变换 $\boldsymbol{r}=\boldsymbol{r}(q_1,q_2,q_3)$，或者分量形式

$$x_j=x_j(q_1,q_2,q_3)\quad (j=1,2,3) \tag{1.1.41a}$$

其中，$\boldsymbol{q}\equiv(q_1,q_2,q_3)$ 为新的坐标系统. 为了保证变换的可逆性，要求变换的 Jacobi 矩阵的行列式 $\det(\boldsymbol{A})\neq 0$，其中，$3\times 3$ 矩阵 $\boldsymbol{A}$ 的元 a_{ij} $(i,j=1,2,3)$ 为

$$a_{ij}=\frac{\partial x_i}{\partial q_j}\quad (i,j=1,2,3) \tag{1.1.41b}$$

注意到微分关系

$$\mathrm{d}x_k=\sum_{j=1}^{3}\frac{\partial x_k}{\partial q_j}\mathrm{d}q_j\quad (k=1,2,3) \tag{1.1.41c}$$

线元的平方为

$$(\mathrm{d}s)^2=\sum_{k=1}^{3}\mathrm{d}x_k\mathrm{d}x_k=\sum_{i,j=1}^{3}g_{ij}\mathrm{d}q_i\mathrm{d}q_j \tag{1.1.41d}$$

其中，g_{ij} 称为**度规张量**

$$g_{ij}\equiv\sum_{k=1}^{3}\frac{\partial x_k}{\partial q_i}\frac{\partial x_k}{\partial q_j} \tag{1.1.41e}$$

注意：度规张量描述了空间的基本性质，如果度规张量的每个元是常量，方程 (1.1.41a) 是线性变换，把直角坐标系 (x_1,x_2,x_3) 变换到另一个直角坐标系 (q_1,q_2,q_3) (即平动和转动)；如果度规张量的每个元与坐标有关，我们说空间是弯曲的.

声波方程的坐标变换不变性 在曲线坐标系 $\boldsymbol{q} \equiv (q_1, q_2, q_3)$ 中，由张量分析，Laplace 算子具有形式

$$\nabla^2 = \frac{1}{\sqrt{g}} \sum_{i,j=1}^{3} \frac{\partial}{\partial q_i}\left(\sqrt{g} g^{ij} \frac{\partial}{\partial q_j}\right) \tag{1.1.42a}$$

其中，g 为度规张量矩阵 $\boldsymbol{g} = [g_{ij}]$ 的行列式，即 $g = \det(g_{ij})$，而 g^{ij} 是度规张量矩阵的逆矩阵 $\boldsymbol{g}^{-1}$ 的元，即 $\boldsymbol{g}^{-1} = [g^{ij}]$. 于是，由方程 (1.1.26a) 得到声波方程在一般的曲线坐标中的形式为 (为了方便，省略了上标 “$\prime$”)

$$\frac{1}{\sqrt{g}} \sum_{i,j=1}^{3} \frac{\partial}{\partial q_i}\left(\sqrt{g} g^{ij} \frac{\partial p}{\partial q_j}\right) - \frac{1}{c_0^2}\frac{\partial^2 p}{\partial t^2} = -\Im[\boldsymbol{r}(q_1, q_2, q_3), t] \tag{1.1.42b}$$

上式写成算子矩阵的形式为 (其中上标 “t” 表示矩阵的转置)

$$\nabla^q \cdot \left[\boldsymbol{\rho}^{-1} \cdot (\nabla^q)^t p\right] - \kappa_s^q \frac{\partial^2 p}{\partial t^2} = -\frac{\sqrt{g}}{\rho_0}\Im[\boldsymbol{r}(q_1, q_2, q_3), t] \tag{1.1.42c}$$

其中，∇^q 写成矩阵算子的形式

$$\nabla \equiv \begin{pmatrix} \dfrac{\partial}{\partial q_1} & \dfrac{\partial}{\partial q_2} & \dfrac{\partial}{\partial q_3} \end{pmatrix} \tag{1.1.42d}$$

$\boldsymbol{\rho}^{-1}$ 称为**密度倒数矩阵**，其矩阵元定义为

$$(\boldsymbol{\rho}^{-1})_{ij} = \frac{1}{\rho_0}\sqrt{g} g^{ij} \quad (i, j = 1, 2, 3) \tag{1.1.42e}$$

曲线坐标系 (q_1, q_2, q_3) 中的**等效压缩系数**为 $\kappa_s^q = \sqrt{g}\kappa_{s0}$；等效声源为

$$\Im^q(q_1, q_2, q_3, t) \equiv \frac{\sqrt{g}}{\rho_0}\Im[\boldsymbol{r}(q_1, q_2, q_3), t] \tag{1.1.42f}$$

另一方面，在坐标系 (x_1, x_2, x_3) 中，也可以定义密度倒数矩阵为

$$\boldsymbol{\rho}_0^{-1} = \begin{bmatrix} 1/\rho_0 & 0 & 0 \\ 0 & 1/\rho_0 & 0 \\ 0 & 0 & 1/\rho_0 \end{bmatrix} \tag{1.1.43a}$$

则方程 (1.1.26a) 可以写成 (其中上标 “t” 表示矩阵的转置)

$$\nabla \cdot \left(\boldsymbol{\rho}_0^{-1} \cdot \nabla^t p\right) - \kappa_{s0}\frac{\partial^2 p}{\partial t^2} = -\frac{1}{\rho_0}\Im(\boldsymbol{r}, t) \tag{1.1.43b}$$

其中，∇ 写成矩阵算子的形式

$$\nabla \equiv \begin{pmatrix} \dfrac{\partial}{\partial x_1} & \dfrac{\partial}{\partial x_2} & \dfrac{\partial}{\partial x_3} \end{pmatrix} \tag{1.1.43c}$$

比较方程 (1.1.43b) 与方程 (1.1.42c)，显然，二者具有相同的形式，这一性质称为声波方程的**坐标变换不变性**.

正交曲线坐标系　在曲线坐标系 $\boldsymbol{q}\equiv(q_1,q_2,q_3)$ 中，位移矢量的微分元 $\mathrm{d}\boldsymbol{r}$ 为 $\mathrm{d}\boldsymbol{r}=\sum\limits_{j=1}^{3}\dfrac{\partial\boldsymbol{r}}{\partial q_j}\mathrm{d}q_j$，注意到在直角坐标系 (x_1,x_2,x_3) 中，$\boldsymbol{r}=\sum\limits_{i=1}^{3}x_i\boldsymbol{e}_i$，因而

$$\frac{\partial\boldsymbol{r}}{\partial q_j}=\sum_{i=1}^{3}\frac{\partial x_i}{\partial q_j}\boldsymbol{e}_i,\quad \left|\frac{\partial\boldsymbol{r}}{\partial q_j}\right|=\sqrt{\sum_{i=1}^{3}\left(\frac{\partial x_i}{\partial q_j}\right)^2}\equiv H_j \tag{1.1.44a}$$

其中，$(\boldsymbol{e}_1,\boldsymbol{e}_2,\boldsymbol{e}_3)$ 为坐标系 (x_1,x_2,x_3) 中正交的单位基矢量. 定义曲线坐标系 (q_1,q_2,q_3) 中的单位基矢量 $(\boldsymbol{e}_1^q,\boldsymbol{e}_2^q,\boldsymbol{e}_3^q)$(不一定相互正交)

$$\boldsymbol{e}_1^q=\frac{1}{H_1}\frac{\partial\boldsymbol{r}}{\partial q_1};\ \boldsymbol{e}_2^q=\frac{1}{H_2}\frac{\partial\boldsymbol{r}}{\partial q_2};\ \boldsymbol{e}_3^q=\frac{1}{H_3}\frac{\partial\boldsymbol{r}}{\partial q_3} \tag{1.1.44b}$$

于是微分元 $\mathrm{d}\boldsymbol{r}$ 可表示为 $\mathrm{d}\boldsymbol{r}=\sum\limits_{j=1}^{3}H_j\mathrm{d}q_j\boldsymbol{e}_j^q$，微分元 $\mathrm{d}\boldsymbol{r}$ 在二个坐标系中应该相等，即 (利用方程 (1.1.41c))

$$\mathrm{d}\boldsymbol{r}=\sum_{j=1}^{3}\mathrm{d}x_j\boldsymbol{e}_j=\sum_{i=1}^{3}\left(\sum_{j=1}^{3}\frac{\partial x_j}{\partial q_i}\boldsymbol{e}_j\right)\mathrm{d}q_i=\sum_{i=1}^{3}H_i\mathrm{d}q_i\boldsymbol{e}_i^q \tag{1.1.44c}$$

因此，基矢量的变换为

$$\boldsymbol{e}_i^q=\frac{1}{H_i}\sum_{k=1}^{3}\frac{\partial x_k}{\partial q_i}\boldsymbol{e}_k\quad (i=1,2,3) \tag{1.1.44d}$$

一般情况下，基矢量 $(\boldsymbol{e}_1^q,\boldsymbol{e}_2^q,\boldsymbol{e}_3^q)$ 不正交，事实上

$$\boldsymbol{e}_i^q\cdot\boldsymbol{e}_j^q=\frac{1}{H_iH_j}\sum_{k=1}^{3}\frac{\partial x_k}{\partial q_i}\frac{\partial x_k}{\partial q_j}=\frac{1}{H_iH_j}g_{ij} \tag{1.1.44e}$$

因此，当 $g_{ij}=0\ (i\neq j)$ 时，曲线坐标系 (q_1,q_2,q_3) 称为**正交曲线坐标系**. 在正交曲线坐标系中，$g_{ii}=H_i^2$; $g=H_1^2H_2^2H_3^2\equiv H^2$; $g^{ii}=H_i^{-2}$, $g^{ij}=0\ (i\neq j)$，于是方程 (1.1.42b) 简化成

$$\frac{1}{H}\sum_{i=1}^{3}\frac{\partial}{\partial q_i}\left(\frac{H}{H_i^2}\frac{\partial p}{\partial q_i}\right)-\frac{1}{c_0^2}\frac{\partial^2 p}{\partial t^2}=-\Im[\boldsymbol{r}(q_1,q_2,q_3),t] \tag{1.1.45}$$

二个最简单的正交曲线坐标是柱坐标和球坐标，另一个常用的正交曲线坐标系是椭圆柱坐标.

柱坐标 取 $(q_1, q_2, q_3) = (\rho, \varphi, z)$，变换关系为

$$x = \rho\cos\varphi, y = \rho\sin\varphi, z = z \tag{1.1.46a}$$

其中，变量范围为 $(0 \leqslant \rho < \infty, 0 \leqslant \varphi \leqslant 2\pi,\ -\infty < z < \infty)$. 于是

$$H_\rho = 1,\ H_\varphi = \rho,\ H_z = 1,\ H = \rho \tag{1.1.46b}$$

Laplace 算子为

$$\begin{aligned}\nabla^2 &= \frac{1}{H}\left[\frac{\partial}{\partial\rho}\left(\frac{H}{H_\rho^2}\frac{\partial}{\partial\rho}\right) + \frac{\partial}{\partial\varphi}\left(\frac{H}{H_\varphi^2}\frac{\partial}{\partial\varphi}\right) + \frac{\partial}{\partial z}\left(\frac{H}{H_z^2}\frac{\partial}{\partial z}\right)\right]\\ &= \frac{1}{\rho}\frac{\partial}{\partial\rho}\left(\rho\frac{\partial}{\partial\rho}\right) + \frac{1}{\rho^2}\frac{\partial^2}{\partial\varphi^2} + \frac{\partial^2}{\partial z^2}\end{aligned} \tag{1.1.46c}$$

球坐标 取 $(q_1, q_2, q_3) = (r, \vartheta, \varphi)$，变换关系为

$$x = r\sin\vartheta\cos\varphi,\ y = r\sin\vartheta\sin\varphi,\ z = r\cos\vartheta \tag{1.1.47a}$$

其中，变量范围为 $(0 \leqslant r < \infty, 0 \leqslant \vartheta \leqslant \pi, 0 \leqslant \varphi \leqslant 2\pi)$. 于是

$$H_r = 1,\ H_\vartheta = r,\ H_\varphi = r\sin\vartheta,\ H = r^2\sin\vartheta \tag{1.1.47b}$$

Laplace 算子为

$$\begin{aligned}\nabla^2 &= \frac{1}{H}\left[\frac{\partial}{\partial r}\left(\frac{H}{H_r^2}\frac{\partial}{\partial r}\right) + \frac{\partial}{\partial\vartheta}\left(\frac{H}{H_\vartheta^2}\frac{\partial}{\partial\vartheta}\right) + \frac{\partial}{\partial\varphi}\left(\frac{H}{H_\varphi^2}\frac{\partial}{\partial\varphi}\right)\right]\\ &= \frac{1}{r^2}\frac{\partial}{\partial r}\left(r^2\frac{\partial}{\partial r}\right) + \frac{1}{r^2\sin\vartheta}\frac{\partial}{\partial\vartheta}\left(\sin\vartheta\frac{\partial}{\partial\vartheta}\right) + \frac{1}{r^2\sin^2\vartheta}\frac{\partial^2}{\partial\varphi^2}\end{aligned} \tag{1.1.47c}$$

椭圆柱坐标 取 $(q_1, q_2, q_3) = (\xi, \eta, z)$，变换关系为

$$x = a\cosh\xi\cos\eta,\ y = a\sinh\xi\sin\eta,\ z = z \tag{1.1.48a}$$

其中，变量范围为 $(0 \leqslant \xi < \infty, 0 \leqslant \eta \leqslant 2\pi,\ -\infty < z < \infty)$. 于是

$$H_\xi^2 = H_\eta^2 = H = a^2(\cosh^2\xi - \cos^2\eta),\ H_z = 1 \tag{1.1.48b}$$

Laplace 算子为

$$\begin{aligned}\nabla^2 &= \frac{1}{H}\left[\frac{\partial}{\partial\xi}\left(\frac{H}{H_\xi^2}\frac{\partial}{\partial\xi}\right) + \frac{\partial}{\partial\eta}\left(\frac{H}{H_\eta^2}\frac{\partial}{\partial\eta}\right) + \frac{\partial}{\partial z}\left(\frac{H}{H_z^2}\frac{\partial}{\partial z}\right)\right]\\ &= \frac{1}{a^2(\cosh^2\xi - \cos^2\eta)}\left(\frac{\partial^2}{\partial\xi^2} + \frac{\partial^2}{\partial\eta^2}\right) + \frac{\partial^2}{\partial z^2}\end{aligned} \tag{1.1.48c}$$

柱坐标和球坐标的图示见 1.3 节，椭圆柱坐标见 4.1.5 小节. 柱坐标和球坐标中标量场的梯度和矢量场的散度见附录 **B**.3, 这里不再进一步讨论.

1.2 声场的基本性质

1.1 节中，我们已经导出了声场满足的偏微分方程，方程 (1.1.28a) 表明：空间分布的质量源、力源或者热源都能激发空间声场. 然而，给定源分布还不足以决定空间声场. 具体来说，声场分布还与初始条件和边界条件有关，其物理含义是明显的：一般我们只能从某一时刻 (如 t_0 时刻) 开始测量或者观测声学系统，t_0 时刻以前系统的行为一定影响 t_0 时刻以后的情况，因此初始条件反映了系统的历史；而边界条件则反映了所观测系统与外界的相互作用. 因为，我们能够观测的系统毕竟只能有限大小，声学系统与外界之间的分界面称为**边界**. 事实上，边界面的振动也能激发空间声场 (见 2.5 节讨论). 此外，必须给出什么样的初始条件和边界条件，才能唯一地决定空间声场？实际问题中又如何？一般声源激发的空间声场有什么性质？本节在具体求解声场分布前讨论这些问题.

1.2.1 声场的能量关系和 Lagrange 密度

由方程 (1.1.20b)，在远离声源的位置，声波过程是等熵过程，于是，由方程 (1.1.19a)，$\mathrm{d}u = -P\mathrm{d}v$，因此声波通过时，流体元内能的变化是由于压缩和膨胀而具有的势能. 注意：这里压强 $P = P_0 + p'$ 是流体元受到的总压强 (静态压强与声压之和). 利用 $p' = c_0^2\rho'$ 得到

$$\mathrm{d}u \approx \frac{P}{\rho_0^2}\mathrm{d}\rho' = \frac{1}{\rho_0^2 c_0^2}(P_0 + p')\mathrm{d}p' \tag{1.2.1a}$$

假定声压为零时是势能的零点，那么

$$u = \frac{1}{\rho_0^2 c_0^2}\int_0^{p'}(P_0 + p')\mathrm{d}p' = \frac{1}{\rho_0^2 c_0^2}\left(P_0 p' + \frac{1}{2}p'^2\right) \tag{1.2.1b}$$

可见，由于声波的存在，流体元的势能由二项组成：第一项与声压成正比，是一阶小量；而第二项与声压的平方成正比，是二阶小量. 尽管第一项比第二项大一个量级，但如果我们对整个空间积分求总势能的话，由于声场中流体元交替压缩和膨胀，声压值正负交替，第一项积分为零，而有意义的是第二项的二阶小量. 由方程 (1.1.17b)，流体元的能量密度为

$$\rho\varepsilon \approx \frac{1}{2}\left(\frac{2}{\rho_0 c_0^2}P_0 p' + \rho_0 v^2 + \frac{1}{\rho_0 c_0^2}p'^2\right) \equiv \rho\varepsilon_1 + w \tag{1.2.2a}$$

其中，$\rho\varepsilon_1$ 和 w 分别是能量密度的一级和二级小量

$$\rho\varepsilon_1 = \frac{1}{\rho_0 c_0^2}P_0 p';\ w = \frac{1}{2}\left(\rho_0 v^2 + \frac{1}{\rho_0 c_0^2}p'^2\right) \tag{1.2.2b}$$

总能流密度随时间的变化率为

$$\frac{\partial(\rho\varepsilon)}{\partial t} \approx \rho_0 \boldsymbol{v} \cdot \frac{\partial \boldsymbol{v}}{\partial t} + \frac{1}{\rho_0 c_0^2}(P_0 + p')\frac{\partial p'}{\partial t} \tag{1.2.3a}$$

把方程 (1.1.23a) 和 (1.1.23b) 代入上式得到 (注意到 $\nabla p' = \nabla(P - P_0) = \nabla P; \boldsymbol{v} = \boldsymbol{v}'$)

$$\begin{aligned}\frac{\partial(\rho\varepsilon)}{\partial t} &\approx -(\boldsymbol{v}\cdot\nabla p' + p'\nabla\cdot\boldsymbol{v}) - P_0\nabla\cdot\boldsymbol{v} + \rho_0\boldsymbol{v}\cdot\boldsymbol{f} + (P_0 + p')q \\ &= -\nabla\cdot(p'\boldsymbol{v}) - P_0\nabla\cdot\boldsymbol{v} + \rho_0\boldsymbol{v}\cdot\boldsymbol{f} + (P_0 + p')q \\ &= -\nabla\cdot(P\boldsymbol{v}) + \rho_0\boldsymbol{v}\cdot\boldsymbol{f} + Pq\end{aligned} \tag{1.2.3b}$$

写成守恒定律的形式

$$\frac{\partial(\rho\varepsilon)}{\partial t} + \nabla\cdot(P\boldsymbol{v}) = \rho_0\boldsymbol{v}\cdot\boldsymbol{f} + Pq \tag{1.2.3c}$$

这是能量守恒方程展开到二阶小量的形式，也可由能量守恒方程 (1.1.18b) 展开到二级项得到. 同样，对能量密度的一阶量

$$\frac{\partial(\rho\varepsilon_1)}{\partial t} = \frac{1}{\rho_0 c_0^2}P_0\frac{\partial p'}{\partial t} = \frac{1}{\rho_0}P_0\frac{\partial \rho'}{\partial t} = -P_0\nabla\cdot\boldsymbol{v} + P_0 q \tag{1.2.4a}$$

写成守恒定律的形式

$$\frac{\partial(\rho\varepsilon_1)}{\partial t} + \nabla\cdot(P_0\boldsymbol{v}) = P_0 q \tag{1.2.4b}$$

方程 (1.2.3c) 减去 (1.2.4b) 得到

$$\frac{\partial w}{\partial t} + \nabla\cdot(p'\boldsymbol{v}') = \rho_0\boldsymbol{v}'\cdot\boldsymbol{f} + p'q \tag{1.2.4c}$$

方程 (1.2.4b) 和 (1.2.4c) 表明：能流密度的一阶和二阶小量分别满足能量守恒定律.

事实上，方程 (1.2.4c) 也可以直接从三个线性化方程得到

$$\rho_0\frac{\partial \boldsymbol{v}'}{\partial t} + \nabla p' = \rho_0\boldsymbol{f};\ \frac{\partial \rho'}{\partial t} + \rho_0\nabla\cdot\boldsymbol{v}' = \rho_0 q;\quad p' = c_0^2\rho' \tag{1.2.5a}$$

上式第一个方程左边点乘 $\boldsymbol{v}'$

$$\rho_0\boldsymbol{v}'\cdot\frac{\partial \boldsymbol{v}'}{\partial t} + \boldsymbol{v}'\cdot\nabla p' = \rho_0\boldsymbol{v}'\cdot\frac{\partial \boldsymbol{v}'}{\partial t} + \nabla\cdot(p'\boldsymbol{v}') - p'\nabla\cdot\boldsymbol{v}' = \rho_0\boldsymbol{v}'\cdot\boldsymbol{f} \tag{1.2.5b}$$

利用方程 (1.2.5a) 的第二、三个方程得到

$$\frac{\partial w}{\partial t} + \nabla\cdot\boldsymbol{I} = S_w \tag{1.2.6a}$$

因此，声场的能量密度为 w

$$w = \frac{1}{2}\rho_0 v'^2 + \frac{1}{2}\frac{p'^2}{\rho_0 c_0^2} \tag{1.2.6b}$$

声场的能流矢量 $\boldsymbol{I}$ 称为**瞬态声强**

$$\boldsymbol{I} = p'\boldsymbol{v}' \tag{1.2.6c}$$

声能量产生源为

$$S_w \equiv \rho_0 \boldsymbol{v}' \cdot \boldsymbol{f} + p'q \tag{1.2.6d}$$

注意：①对非理想的流体 (考虑热传导和黏滞后)，能流矢量 $\boldsymbol{I}$ 不仅仅包含表征声场部分 (即 $p'\boldsymbol{v}'$ 部分)，见 6.1.4 小节讨论；②如果流体具有流的背景，能量密度和能流矢量的定义见第 8 章讨论，只有在特殊情况下 (无旋流和等熵过程)，才能明确定义能流矢量$\boldsymbol{I}$ 和能流密度w 且满足能量守恒方程，一般情况下 (例如有旋流、非等熵过程和非稳定介质)，仅仅通过一阶的声场 p' 和 $\boldsymbol{v}'$，很难得到相应的能量守恒关系，因为由于声场与流的相互作用，一阶声场的能量向高价声场转移，故在线性声学范畴内，不可能仅仅通过一阶声场量来定义能量密度和能流矢量，见 8.1.6 小节讨论.

平均声强 在频率域，声压场和速度场一般表示成复数的形式

$$\begin{aligned} p'(\boldsymbol{r},t) &= p(\boldsymbol{r},\omega)\exp(-\mathrm{i}\omega t) \\ \boldsymbol{v}'(\boldsymbol{r},t) &= \boldsymbol{v}(\boldsymbol{r},\omega)\exp(-\mathrm{i}\omega t) \end{aligned} \tag{1.2.6e}$$

但声强是双线性的，故瞬态声强表达式应该为

$$\boldsymbol{I}(\boldsymbol{r},t) = \mathrm{Re}(p')\mathrm{Re}(\boldsymbol{v}') \tag{1.2.6f}$$

把方程 (1.2.6e) 代入上式得到

$$\begin{aligned} \boldsymbol{I}(\boldsymbol{r},t) =& \mathrm{Re}(p)\mathrm{Re}(\boldsymbol{v})\cos^2(\omega t) + \mathrm{Im}(p)\mathrm{Im}(\boldsymbol{v})\sin^2(\omega t) \\ &+ \frac{1}{2}[\mathrm{Re}(p)\mathrm{Im}(\boldsymbol{v}) + \mathrm{Im}(p)\mathrm{Re}(\boldsymbol{v})]\sin(2\omega t) \end{aligned} \tag{1.2.6g}$$

上式在一个周期 ($T = 2\pi/\omega$) 内作时间平均

$$\bar{\boldsymbol{I}}(\boldsymbol{r}) \equiv \frac{1}{T}\int_0^T \boldsymbol{I}(\boldsymbol{r},t)\mathrm{d}t = \frac{1}{2}[\mathrm{Re}(p)\mathrm{Re}(\boldsymbol{v}) + \mathrm{Im}(p)\mathrm{Im}(\boldsymbol{v})] = \frac{1}{2}\mathrm{Re}(p^*\boldsymbol{v}) \tag{1.2.6h}$$

其中，$\bar{\boldsymbol{I}}(\boldsymbol{r})$ 称为**平均声强**，也直接称为**声强**.

热力学关系导出 我们也可以由热力学关系导出方程(1.2.6b). 由方程(1.1.17b)，流体元的能量密度为 $e \equiv \rho\varepsilon = \rho(u + v^2/2)$，或者对理想流体 $e = e(\rho, s, \boldsymbol{v})$，故存在声波后能量密度的变化为

$$\begin{aligned}\delta e=&\frac{\partial e}{\partial\rho}\delta\rho+\frac{\partial e}{\partial s}\delta s+\sum_{i=1}^{3}\frac{\partial e}{\partial v_i}\delta v_i\\&+\frac{1}{2}\frac{\partial^2 e}{\partial\rho^2}(\delta\rho)^2+\frac{1}{2}\frac{\partial^2 e}{\partial s^2}(\delta s)^2+\frac{1}{2}\sum_{i=1}^{3}\frac{\partial^2 e}{\partial v_i^2}(\delta v_i)^2\\&+\frac{\partial^2 e}{\partial\rho\partial s}\delta\rho\delta s+\sum_{i=1}^{3}\frac{\partial^2 e}{\partial\rho\partial v_i}\delta\rho\delta v_i+\sum_{i=1}^{3}\frac{\partial^2 e}{\partial s\partial v_i}\delta s\delta v_i\end{aligned}\tag{1.2.7a}$$

设流体初始速度为零，$v_{01}=v_{02}=v_{03}=0$，且声过程中流体元的熵不变 $\delta s=0$，于是

$$\begin{aligned}&\frac{\partial e}{\partial\rho}=\left(u+\frac{1}{2}v_0^2\right)+\rho\frac{\partial u}{\partial\rho}=u+\rho\frac{\partial u}{\partial\rho}\\&\frac{\partial^2 e}{\partial\rho^2}=2\frac{\partial u}{\partial\rho}+\rho\frac{\partial^2 u}{\partial\rho^2};\ \frac{\partial e}{\partial v_i}=\rho v_{0i}=0\\&\frac{\partial^2 e}{\partial\rho\partial v_i}=v_{0i}=0;\ \frac{\partial^2 e}{\partial v_i^2}=\rho\end{aligned}\tag{1.2.7b}$$

上式代入方程 (1.2.7a) 得到

$$\delta e=\left(u+\rho\frac{\partial u}{\partial\rho}\right)\delta\rho+\frac{1}{2}\left(2\frac{\partial u}{\partial\rho}+\rho\frac{\partial^2 u}{\partial\rho^2}\right)(\delta\rho)^2+\frac{1}{2}\sum_{i=1}^{3}\rho(\delta v_i)^2\tag{1.2.7c}$$

注意到热力学关系

$$\left(\frac{\partial u}{\partial\rho}\right)_s=-\frac{1}{\rho^2}\left(\frac{\partial u}{\partial v}\right)_s=\frac{P}{\rho^2}\tag{1.2.8a}$$

$$\left(\frac{\partial^2 u}{\partial\rho^2}\right)_s=\frac{\partial}{\partial\rho}\left(\frac{P}{\rho^2}\right)=\frac{1}{\rho^2}\left(\frac{\partial P}{\partial\rho}\right)_s-\frac{2P}{\rho^3}\tag{1.2.8b}$$

上二式代入方程 (1.2.7c) 并且注意到 $\delta\rho=p'/c_0^2$ 和 $\delta\boldsymbol{v}=\boldsymbol{v}'$，在平衡态取值得到

$$\delta e=\left(u_0+\frac{P_0}{\rho_0}\right)\frac{1}{c_0^2}p'+\frac{1}{2\rho_0c_0^2}p'^2+\frac{1}{2}\sum_{i=1}^{3}\rho_0v'^2\tag{1.2.8c}$$

上式第一项正比于 p'，时间平均为零 $\langle\delta e\rangle=0$，而第二、三项就是声能密度.

Lagrange 密度 流体元的动能减势能就是流体元的 Lagrange 密度函数，由方程 (1.2.1b)

$$\ell\approx\frac{1}{2}\rho_0v'^2-\left(\frac{1}{2\rho_0c_0^2}p'^2+\frac{1}{\rho_0c_0^2}P_0p'\right)\tag{1.2.9a}$$

整个流体的 Hamilton 作用量S 为

$$S\equiv\int_{t_0}^{t_1}\int_V\ell\mathrm{d}^3\boldsymbol{r}\mathrm{d}t\tag{1.2.9b}$$

利用方程 (1.1.30b) 和 (1.1.31c)，Lagrange 密度函数用速度势表示为

$$\ell \approx \frac{1}{2}\rho_0(\nabla\Phi)^2 - \frac{\rho_0}{2c_0^2}\left(\frac{\partial\Phi}{\partial t}\right)^2 + \frac{P_0}{c_0^2}\frac{\partial\Phi}{\partial t} \tag{1.2.9c}$$

因此，速度势相当于广义坐标. Hamilton 作用量的一阶变分为

$$\delta S \equiv \int_{t_0}^{t_1}\int_V \left[\rho_0(\nabla\Phi)\cdot(\nabla\delta\Phi) - \frac{\rho_0}{c_0^2}\frac{\partial\Phi}{\partial t}\frac{\partial\delta\Phi}{\partial t} + \frac{P_0}{c_0^2}\frac{\partial\delta\Phi}{\partial t}\right]\mathrm{d}^3\boldsymbol{r}\mathrm{d}t \tag{1.2.9d}$$

利用恒等式 $\nabla\cdot(\delta\Phi\nabla\Phi) = (\nabla\Phi)\cdot(\nabla\delta\Phi) + \delta\Phi\nabla^2\Phi$，上式变成

$$\begin{aligned}\delta S =& \rho_0\int_{t_0}^{t_1}\int_V [-\delta\Phi\nabla^2\Phi + \nabla\cdot(\delta\Phi\nabla\Phi)]\mathrm{d}^3\boldsymbol{r}\mathrm{d}t \\ &- \frac{\rho_0}{c_0^2}\int_V\left(\int_{t_0}^{t_1}\frac{\partial\Phi}{\partial t}\frac{\partial\delta\Phi}{\partial t}\mathrm{d}t\right)\mathrm{d}^3\boldsymbol{r} + \frac{P_0}{c_0^2}\int_V\left(\int_{t_0}^{t_1}\frac{\partial\delta\Phi}{\partial t}\mathrm{d}t\right)\mathrm{d}^3\boldsymbol{r}\end{aligned} \tag{1.2.9e}$$

对时间变量，$\delta\Phi(\boldsymbol{r},t_1) = \delta\Phi(\boldsymbol{r},t_0) \equiv 0$，故

$$\int_{t_0}^{t_1}\frac{\partial\Phi}{\partial t}\frac{\partial\delta\Phi}{\partial t}\mathrm{d}t = -\int_{t_0}^{t_1}\delta\Phi\frac{\partial^2\Phi}{\partial t^2}\mathrm{d}t;\quad \int_{t_0}^{t_1}\frac{\partial\delta\Phi}{\partial t}\mathrm{d}t = \delta\Phi(\boldsymbol{r},t)|_{t_0}^{t_1} \equiv 0 \tag{1.2.9f}$$

而对空间部分，利用 Gauss 公式可以得到

$$\int_V [-\delta\Phi\nabla^2\Phi + \nabla\cdot(\delta\Phi\nabla\Phi)]\mathrm{d}^3\boldsymbol{r} = -\int_V \delta\Phi\nabla^2\Phi\mathrm{d}^3\boldsymbol{r} + \iint_S \delta\Phi\frac{\partial\Phi}{\partial n}\mathrm{d}^2\boldsymbol{r} \tag{1.2.9g}$$

假定整个流体体积足够大，表面积分为零, 则上式右边的面积分为零. 把以上二式代入方程 (1.2.9e) 得到

$$\delta S = -\rho_0\int_{t_0}^{t_1}\int_V\left(\nabla^2\Phi - \frac{1}{c_0^2}\frac{\partial^2\Phi}{\partial t^2}\right)\delta\Phi\mathrm{d}^3\boldsymbol{r}\mathrm{d}t \tag{1.2.10a}$$

由 Hamilton 原理 $\delta S = 0$ 得到

$$\nabla^2\Phi - \frac{1}{c_0^2}\frac{\partial^2\Phi}{\partial t^2} = 0 \tag{1.2.10b}$$

即为波动方程 (1.1.31d)(无源情况 $q = 0$和$h = 0$). 值得指出的是：势能的一级小量 $\rho\varepsilon_1$，即方程 (1.2.9a) 的第三项，对由 Hamilton 原理得到波动方程不起作用.

1.2.2　初始条件、边界条件以及局部反应界面

初始条件　波动方程 (1.1.28a) 改写成

$$\frac{1}{c_0^2}\frac{\partial^2 p}{\partial t^2} - \nabla^2 p = \Im(\boldsymbol{r},t) \tag{1.2.11a}$$

其中，源项为

$$\Im(\boldsymbol{r},t)\equiv\rho_0\frac{\partial q}{\partial t}-\rho_0\nabla\cdot\boldsymbol{f}+\frac{\rho_0\beta_P}{c_P}\frac{\partial h}{\partial t} \tag{1.2.11b}$$

为了方便，在不至于引起混淆的情况下，忽略场量的 “r”. 因方程 (1.2.11a) 关于时间是二阶的，故需要二个初始条件，例如，给定时刻 (如 $t=t_0$) 的声压分布 $p(\boldsymbol{r},t_0)$ 和声压的一阶导数 $p_t(\boldsymbol{r},t_0)$，求 $t>t_0$ 的声场分布 $p(\boldsymbol{r},t)$. 但这样的问题没有实际意义，因为给定声压的一阶导数 $p_t(\boldsymbol{r},t_0)$ 的物理意义不明确. 事实上，声波方程 (1.2.11a) 是由一阶方程 (1.1.23a) 和 (1.1.23b)，即 (忽略声源项)

$$\frac{\partial p}{\partial t}=-\rho_0c_0^2\nabla\cdot\boldsymbol{v};\ \rho_0\frac{\partial\boldsymbol{v}}{\partial t}=-\nabla p \tag{1.2.11c}$$

通过微分而来的，初始条件只要给出 $\boldsymbol{v}(\boldsymbol{r},t_0)$ 和 $p(\boldsymbol{r},t_0)$. 由上式，给出 $t=t_0$ 时刻的 $\boldsymbol{v}(\boldsymbol{r},t_0)$ 或者 $p(\boldsymbol{r},t_0)$，就能得到 $p_t(\boldsymbol{r},t_0)$ 或者 $\boldsymbol{v}_t(\boldsymbol{r},t_0)$. 因此，方程 (1.2.11a) 的初始条件应该是：给出初始时刻的声场和速度场的分布. 这样的问题称为**瞬态问题**.

Helmholtz 方程 但我们更愿意在频率空间中讨论问题，设声场的频谱 $p(\boldsymbol{r},\omega)$ 为

$$p(\boldsymbol{r},\omega)=\frac{1}{2\pi}\int_{-\infty}^{\infty}p(\boldsymbol{r},t)\exp(\mathrm{i}\omega t)\mathrm{d}t \tag{1.2.12a}$$

逆 Fourier 变换为

$$p(\boldsymbol{r},t)=\int_{-\infty}^{\infty}p(\boldsymbol{r},\omega)\exp(-\mathrm{i}\omega t)\mathrm{d}\omega \tag{1.2.12b}$$

代入方程 (1.2.11a) 得到

$$\int_{-\infty}^{\infty}\left[\nabla^2p+\frac{\omega^2}{c_0^2}p(\boldsymbol{r},\omega)\right]\exp(-\mathrm{i}\omega t)\mathrm{d}\omega=-\Im(\boldsymbol{r},t) \tag{1.2.12c}$$

故频域的波动方程为

$$-\left(\nabla^2+\frac{\omega^2}{c_0^2}\right)p(\boldsymbol{r},\omega)=\Im(\boldsymbol{r},\omega) \tag{1.2.13a}$$

其中，$\Im(\boldsymbol{r},\omega)$ 为声源的谱

$$\Im(\boldsymbol{r},\omega)\equiv\frac{1}{2\pi}\int_{-\infty}^{\infty}\Im(\boldsymbol{r},t)\exp(\mathrm{i}\omega t)\mathrm{d}t \tag{1.2.13b}$$

当源项 $\Im(\boldsymbol{r},\omega)=0$ 时，方程 (1.2.13a) 称为 **Helmholtz 方程**，或者**约化波动方程**. 通过 Fourier 变换，我们把含时间的波动方程 (为双曲正形方程) 简化成了非含时的 Helmholtz 方程 (为椭圆形方程). 后者解的性态要大大优于前者，讨论更为容易. 然而，时域波动方程解的唯一性由于这种变换而受到破坏 (见 1.2.3 小节讨论)，为

了保证约化波动方程解的唯一性: ①在无限空间的声辐射问题中，必须要求解满足 Sommerfeld 辐射条件 (见 2.1.5 小节讨论)；②而在有限空间的声场激发中，必须要求边界满足一定的条件 (见 1.2.3 小节讨论).

注意: 在本书中，一般把时间域信号 $f(t)$ 的 Fourier 变换对写成

$$f(t)=\int_{-\infty}^{\infty}f(\omega)\exp(-\mathrm{i}\omega t)\mathrm{d}\omega;\ f(\omega)=\frac{1}{2\pi}\int_{-\infty}^{\infty}f(t)\exp(\mathrm{i}\omega t)\mathrm{d}t \tag{1.2.13c}$$

而把空间域信号 $f(x)$ 的 Fourier 变换对写成

$$f(x)=\int_{-\infty}^{\infty}f(k)\exp(\mathrm{i}kx)\mathrm{d}k;\ f(k)=\frac{1}{2\pi}\int_{-\infty}^{\infty}f(x)\exp(-\mathrm{i}kx)\mathrm{d}x \tag{1.2.13d}$$

时间–空间域信号 $f(\boldsymbol{r},t)$ 的四维 Fourier 变换对可以写成

$$\begin{aligned}f(\boldsymbol{r},t)&=\iint_{-\infty}^{\infty}f(\boldsymbol{k},\omega)\exp[\mathrm{i}(\boldsymbol{k}\cdot\boldsymbol{r}-\omega t)]\mathrm{d}^3\boldsymbol{k}\mathrm{d}\omega\\ f(\boldsymbol{k},\omega)&=\frac{1}{(2\pi)^4}\iint_{-\infty}^{\infty}f(\boldsymbol{r},t)\exp[-\mathrm{i}(\boldsymbol{k}\cdot\boldsymbol{r}-\omega t)]\mathrm{d}^3\boldsymbol{r}\mathrm{d}t\end{aligned} \tag{1.2.13e}$$

这样写的好处是，相当于把 $f(\boldsymbol{r},t)$ 展开成 $\boldsymbol{k}$ 方向传播的平面波，谐波的时间部分取为 $\exp(-\mathrm{i}\omega t)$，而不是 $\exp(\mathrm{i}\omega t)$.

流体介质界面边界条件　考虑如图 1.2.1 情况，密度和声速分别为 (ρ_1,c_1) 的流体介质 1 和 (ρ_2,c_2) 的流体介质 2 紧密接触而形成无限薄的边界面 B. 当声波从介质 1 传播到介质 2(或者反之)，应该满足什么样的边界条件呢？

假定两种流体介质是不可穿透的 (如空气和水界面)，由于介质 1 与介质 2 紧密接触不可分开，故在界面上，流体质点的法向速度应该相等，即

$$v_{1n}|_B=v_{2n}|_B \tag{1.2.14a}$$

或者，严格地讲，应该是法向位移相等 (其区别见 8.1.2 小节讨论). 需要说明的是，在界面上，对切向速度没有要求，界面二侧的切向速度可以不同. 也就是说界面可以切向滑动，一个典型例子是，如果界面一侧是刚性的，那么，另一面的流体可以沿刚性界面切向流动 (如果考虑流体的黏滞，情况就完全不同，见 6.1.5 小节讨论).

另一方面，设想在界面上取面积为 ΔS(其方向为界面法向)、厚度为 Δh 的质量元 ΔM，如图 1.2.1，质量元的两个面分别在介质 1 与介质 2 中. 在声压的作用下，质量元 ΔM 满足的运动方程为

$$\Delta M\frac{\mathrm{d}u_n}{\mathrm{d}t}=[P(1)-P(2)]\Delta S \tag{1.2.14b}$$

其中，u_n 是质量元的法向速度. 当 $\Delta h \to 0$ 时，$\Delta M \to 0$，而质量元的加速度不可能无限，只有 $P(1) - P(2) = 0$. 假定介质 1 与介质 2 在界面处的静压强相等为 P_0，那么 $P(1) = P_0 + p_1$ 和 $P(2) = P_0 + p_2$. 因此在界面上声压连续，即

$$p_1|_B = p_2|_B \tag{1.2.14c}$$

方程 (1.2.14a) 和 (1.2.14c) 分别称为**运动学边界条件**和**动力学边界条件**.

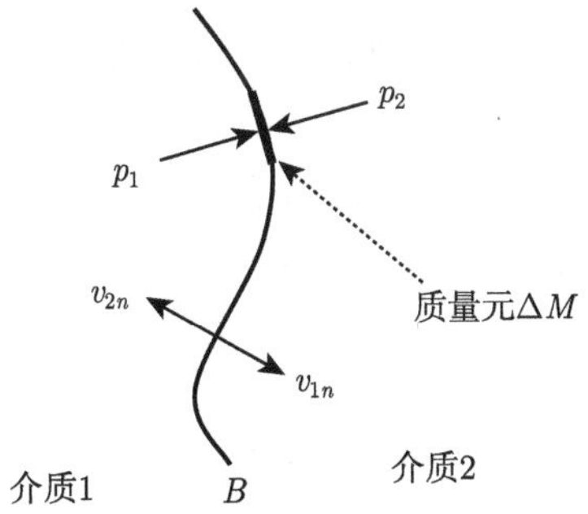

图 1.2.1 两种不同介质紧密接触形成边界面

刚性界面和压力释放界面 二种极端情况是刚性界面和压力释放界面 (或者称为**软界面**). 设介质 2 的密度和声速远远大于介质 1 的密度和声速，声波由介质 1 传播到界面上，这时介质 2 可看作刚性界面，其速度恒为零，即 $\boldsymbol{v}_2 \equiv 0$，故 $v_{1n}|_B = 0$. 声波由空气中入射到空气–水界面就是这种情况. 这时作为刚性体的介质 2 内不可能传播声波，而只能传递静态压力，故条件方程 (1.2.14c) 不能给出声场的任何信息，界面处的 p_1 是未知量. 这种界面称为**刚性界面**. 当声场作简谐振动时

$$p(\boldsymbol{r},t) = p(\boldsymbol{r},\omega)\exp(-\mathrm{i}\omega t);\ \boldsymbol{v}(\boldsymbol{r},t) = \boldsymbol{v}(\boldsymbol{r},\omega)\exp(-\mathrm{i}\omega t) \tag{1.2.15a}$$

由方程 (1.2.11c)

$$\boldsymbol{v}(\boldsymbol{r},\omega) = \frac{1}{\mathrm{i}\rho_0\omega}\nabla p(\boldsymbol{r},\omega) \tag{1.2.15b}$$

因此边界条件 $v_{1n}|_B = 0$ 也就是

$$\boldsymbol{n}\cdot\nabla p_1(\boldsymbol{r},\omega)|_B = \left.\frac{\partial p_1(\boldsymbol{r},\omega)}{\partial n}\right|_B = 0 \tag{1.2.15c}$$

故刚性边界条件就是**第二类边界条件**，或者称为 **Neumann 边界条件**.

相反的情况是，声波由介质 2 传播到界面上，这时介质 1 可看作是压力释放的，也就是说介质 1 不能承受任何压力，即 $p_1 \equiv 0$，因此

$$p_2|_B = 0 \tag{1.2.15d}$$

声波由水中入射到水–空气界面就是这种情况. 同样，此时条件方程 (1.2.14a) 不能给出声场的任何信息，界面处的 v_{2n} 是未知量. 方程 (1.2.15d) 称为**压力释放边界条件**，或者称为**第一类边界条件**，或者称为 **Dirichlet 边界条件**.

局部反应界面　刚性边界和压力释放边界是二种特殊的边界，这时声波只能在界面的一侧介质中传播，而不能传播到另一种介质. 在声学的实际问题中，界面不能完全看作刚性边界或者压力释放边界，声波能够透射过界面，但我们又不想仔细追究界面后声波的情况 (如图 1.2.2)，或者界面后声波的传播过于复杂，我们无法追究. 这时我们引进界面阻抗来描写界面对声波的作用. 界面阻抗定义为界面上声压 $p(\boldsymbol{r},\omega)|_B$ 与界面法向速度 $v_n(\boldsymbol{r},\omega)|_B$ 之比

$$z_n(\boldsymbol{r},\omega)\equiv\left.\frac{p(\boldsymbol{r},\omega)}{v_n(\boldsymbol{r},\omega)}\right|_B=\left.\frac{p(\boldsymbol{r},\omega)}{\boldsymbol{n}\cdot\boldsymbol{v}(\boldsymbol{r},\omega)}\right|_B=\left.\frac{p(\boldsymbol{r},\omega)}{-\boldsymbol{n}_S\cdot\boldsymbol{v}(\boldsymbol{r},\omega)}\right|_B \tag{1.2.16a}$$

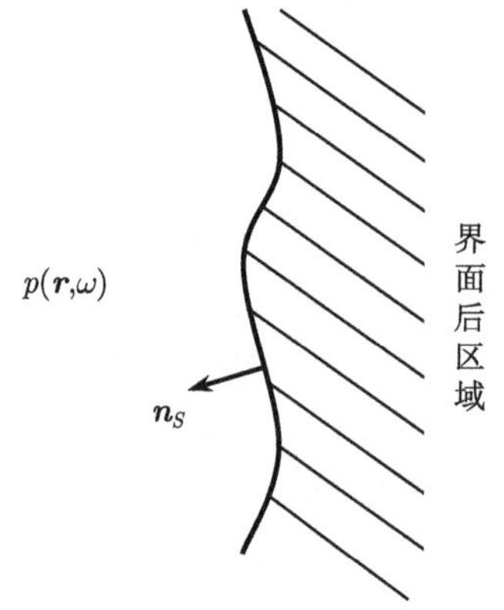

图 1.2.2　局部反应界面

其中，$z_n(\boldsymbol{r},\omega)$ 称为界面的**法向声阻抗率**. 注意: 上式中 $\boldsymbol{n}_S$ 是界面的法向，与界面包围的区域的法向相反 $\boldsymbol{n}=-\boldsymbol{n}_S$，故增加一个负号. 我们知道，即使对固定的点 (即 $\boldsymbol{r}$ 一定) 和给定的频率，界面上的声压 $p(\boldsymbol{r},\omega)|_B$ 和法向速度 $-\boldsymbol{n}_S\cdot\boldsymbol{v}(\boldsymbol{r},\omega)|_B$ 的值与界面上以及界面后声波的传播状况密切相关. 一般来说，界面上声压 $p(\boldsymbol{r},\omega)|_B$ 与法向速度 $-\boldsymbol{n}_S\cdot\boldsymbol{v}(\boldsymbol{r},\omega)|_B$ 之比不可能是定值，而与界面以及界面后材料的性质有关. 但在一定的条件下 (见 1.4.2 小节讨论)，界面 $\boldsymbol{r}$ 点的法向速度 $-\boldsymbol{n}_S\cdot\boldsymbol{v}(\boldsymbol{r},\omega)|_B$ 正比于 $\boldsymbol{r}$ 点的声压 $p(\boldsymbol{r},\omega)|_B$，即 $z_n(\boldsymbol{r},\omega)$ 对固定的点和给定的频率是常数. 这种界面称为**局部反应界面**，或者称为**阻抗界面**. 对这种阻抗界面，由方程 (1.2.15b)，方程 (1.2.16a) 可写成

$$\left[\frac{\partial p(\boldsymbol{r},\omega)}{\partial n_S}+\mathrm{i}k_0\beta(\boldsymbol{r},\omega)p(\boldsymbol{r},\omega)\right]_B=0 \tag{1.2.16b}$$

其中，$\beta(\boldsymbol{r},\omega)$ 称为**比阻抗率** (无量纲参数)

$$\beta(\boldsymbol{r},\omega)=\frac{\rho_0 c_0}{z_n(\boldsymbol{r},\omega)} \tag{1.2.16c}$$

对均匀的界面，$z_n(\boldsymbol{r},\omega)$ 与界面上位置无关，故 $z_n(\boldsymbol{r},\omega)=z_n(\omega)$，但一般与频率有关.

注意: ①如果用区域的法向 $\boldsymbol{n}$，则方程 (1.2.16b) 变成

$$\left[\frac{\partial p(\boldsymbol{r},\omega)}{\partial n}-\mathrm{i}k_0\beta(\boldsymbol{r},\omega)p(\boldsymbol{r},\omega)\right]_B=0 \tag{1.2.16d}$$

这样的边界条件称为**第三类边界条件**，或者称为 **Robin 边界条件**; ②方程 (1.2.16b) 给出了频率域的阻抗边界条件, 两边乘 $\exp(-\mathrm{i}\omega t)$ 并且对频率积分得到

$$\left[\frac{\partial p(\boldsymbol{r},t)}{\partial n_S}+\frac{1}{2\pi c_0}\int_{-\infty}^{\infty}\frac{\partial\beta(\boldsymbol{r},t-t')}{\partial t'}p(\boldsymbol{r},t')\mathrm{d}t'\right]_B=0 \tag{1.2.17a}$$

其中，$\beta(\boldsymbol{r},t)$ 是 $\beta(\boldsymbol{r},\omega)$ 的逆 Fourier 积分

$$\beta(\boldsymbol{r},t)=\int_{-\infty}^{\infty}\beta(\boldsymbol{r},\omega)\exp(-\mathrm{i}\omega t)\mathrm{d}\omega \tag{1.2.17b}$$

方程 (1.2.17a) 也可以写成

$$\left[\frac{\partial p(\boldsymbol{r},\omega)}{\partial n_S}+\frac{1}{2\pi c_0}\int_{-\infty}^{\infty}\beta(\boldsymbol{r},t'')\frac{\partial p(\boldsymbol{r},t-t'')}{\partial t''}\mathrm{d}t''\right]_B=0 \tag{1.2.17c}$$

上式表明，尽管阻抗的定义在频率域很明显，但在时域，其物理意义不明显.

为了看清法向声阻抗率 $z_n(\omega)$ 的物理意义，我们来计算声波入射到阻抗界面时界面吸收的声能量. 由方程 (1.2.6c), 在一个周期 $T=2\pi/\omega$ 内，面积为 ΔS 的界面上吸收的声能量为

$$\Delta E=\Delta S\int_0^T\boldsymbol{I}\cdot\boldsymbol{n}\mathrm{d}t=\Delta S\int_0^T\mathrm{Re}(p\mathrm{e}^{-\mathrm{i}\omega t})\mathrm{Re}(\boldsymbol{v}\cdot\boldsymbol{n}\mathrm{e}^{-\mathrm{i}\omega t})\mathrm{d}t \tag{1.2.17d}$$

由方程 (1.2.16a)，在界面上 $\boldsymbol{v}\cdot\boldsymbol{n}=p/z_n(\omega)$，代入方程 (1.2.17d) 得到

$$\Delta E=\frac{\Delta S}{2\rho_0 c_0}\cdot\frac{\mathrm{Re}(z_n)}{|z_n|^2}|p|^2 \tag{1.2.17e}$$

因为界面总是吸收声能量，故 $\Delta E>0$，即 $\mathrm{Re}(z_n)>0$，故界面的法向声阻抗率的实部一定大于零. 一般来说，对低频声波，任何材料构成的界面都有 $|z_n|\to\infty$，也就是说界面不吸收能量，或者说是完美的刚性反射面；相反，对高频声波，任何材

料构成的界面都有 $\mathrm{Re}(z_n)\to 1$ 和 $\mathrm{Im}(z_n)\to 0$，也就是说界面吸收全部入射的声能量，或者说是完美的吸收面.

当必须考虑介质的耗散时, 边界条件较为复杂, 我们将在 6.1.5 小节中进一步详细讨论. 注意：从算子理论的角度讲，即使对非耗散介质，Helmholtz 算子 $\boldsymbol{L}\equiv -(\nabla^2+k_0^2)$(其中 $k_0=\omega/c_0$ 是实数) 在第三类边界条件下，仍然是非 Hermite 对称的算子, 详细讨论见第 4 和 5 章.

1.2.3　时域和频域声场的唯一性

闭空间的时域声场　考虑如图 1.2.3 所示的封闭空间 V(其界面为 S) 中的声场分布, 我们来证明: 只要给定界面上的法向速度 (或者声压分布)，那么空间 V 内的声压分布是唯一的，即证明下列边–初值问题的解唯一

$$\begin{gathered}\frac{1}{c_0^2}\frac{\partial^2 p}{\partial t^2}-\nabla^2 p=\Im(\boldsymbol{r},t)\quad(\boldsymbol{r}\in V,t>0)\\ p(\boldsymbol{r},t)|_{t=0}=p_0(\boldsymbol{r},0);\ \boldsymbol{v}(\boldsymbol{r},t)|_{t=0}=\boldsymbol{v}_0(\boldsymbol{r},0)\quad(\boldsymbol{r}\in V)\end{gathered}\tag{1.2.18a}$$

以及

$$v_n(\boldsymbol{r},t)|_S=v_0(\boldsymbol{r},t)\quad(\boldsymbol{r}\in S,t>0)\tag{1.2.18b}$$

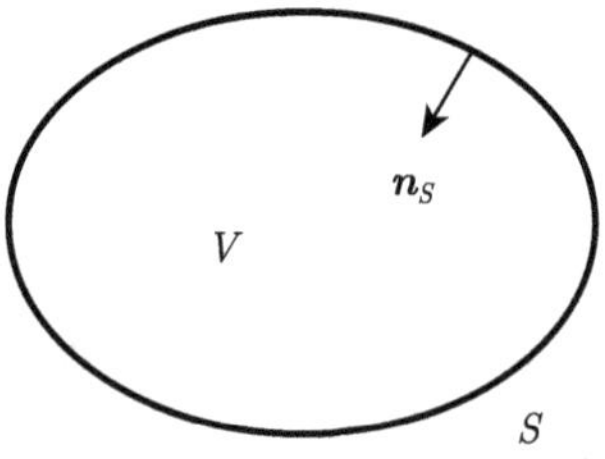

图 1.2.3　封闭空间 V 内声场的分布

对给定界面上的声压分布，方程 (1.2.18b) 改为 $p(\boldsymbol{r},t)|_S=p_0(\boldsymbol{r},t)(\boldsymbol{r}\in S,t>0)$. 用反证法，设方程 (1.2.18a) 和 (1.2.18b) 的解不唯一，存在二个解 $p_1(\boldsymbol{r},t)$ 和 $p_2(\boldsymbol{r},t)$ 都满足方程 (1.2.18a) 和 (1.2.18b)，令 $\tilde{p}(\boldsymbol{r},t)=p_1(\boldsymbol{r},t)-p_2(\boldsymbol{r},t)$，那么 $\tilde{p}(\boldsymbol{r},t)$ 满足下列齐次边–初值问题

$$\begin{gathered}\frac{1}{c_0^2}\frac{\partial^2 \tilde{p}}{\partial t^2}-\nabla^2 \tilde{p}=0\quad(\boldsymbol{r}\in V,t>0)\\ \tilde{p}(\boldsymbol{r},t)|_{t=0}=0;\ \tilde{\boldsymbol{v}}(\boldsymbol{r},t)|_{t=0}=0\quad(\boldsymbol{r}\in V)\\ \tilde{v}_n(\boldsymbol{r},t)|_S=0\text{或者}\tilde{p}(\boldsymbol{r},t)|_S=0\quad(\boldsymbol{r}\in S,t>0)\end{gathered}\tag{1.2.18c}$$

由方程 (1.2.6b)，声场 $\tilde{p}(\boldsymbol{r},t)$ 的总能量为

$$E(t)=\frac{1}{2}\int_V\left(\rho_0\tilde{v}^2+\frac{\tilde{p}^2}{\rho_0 c_0^2}\right)\mathrm{d}^3\boldsymbol{r}\tag{1.2.19a}$$

总能量随时间变化为

$$\begin{aligned}\frac{\mathrm{d}E(t)}{\mathrm{d}t}&=\int_V\left(\rho_0\tilde{\boldsymbol{v}}\cdot\frac{\partial\tilde{\boldsymbol{v}}}{\partial t}+\frac{\tilde{p}}{\rho_0c_0^2}\frac{\partial\tilde{p}}{\partial t}\right)\mathrm{d}^3\boldsymbol{r}\\&=-\int_V(\tilde{\boldsymbol{v}}\cdot\nabla\tilde{p}+\tilde{p}\nabla\cdot\tilde{\boldsymbol{v}})\mathrm{d}^3\boldsymbol{r}=-\int_V\nabla\cdot(\tilde{p}\tilde{\boldsymbol{v}})\mathrm{d}^3\boldsymbol{r}\\&=-\iint_S\tilde{p}\tilde{\boldsymbol{v}}\cdot\boldsymbol{n}\mathrm{d}S=\iint_S\tilde{p}\tilde{\boldsymbol{v}}\cdot\boldsymbol{n}_S\mathrm{d}S\end{aligned}\tag{1.2.19b}$$

得到上式利用了方程 (1.2.11c). 因为 $\tilde{v}_n(\boldsymbol{r},t)|_S=0$ 或者 $\tilde{p}(\boldsymbol{r},t)|_S=0$ $(\boldsymbol{r}\in S,\ t>0)$，故

$$\frac{\mathrm{d}E(t)}{\mathrm{d}t}=0\tag{1.2.19c}$$

即 $\tilde{v}$ 和 $\tilde{p}$ 为常数. 由初始条件：$\tilde{v}\equiv 0$ 和 $\tilde{p}\equiv 0$，故 $p_1(\boldsymbol{r},t)=p_2(\boldsymbol{r},t)$，唯一性得证.

闭空间的频域声场 设封闭空间 V 的界面 S 由 S_1 和 S_2 二部分组成，只要给定部分界面 S_1 上的法向速度或者声压分布，而另外一部分界面 S_2 的阻抗满足 $\mathrm{Re}z_n(\boldsymbol{r},\omega)>0$ 以及 $|z_n(\boldsymbol{r},\omega)|<\infty$(有限)，那么空间 V 的声压分布是唯一的，即证明下列边值问题

$$\begin{gathered}\nabla^2p(\boldsymbol{r},\omega)+k_0^2p(\boldsymbol{r},\omega)=-\Im(\boldsymbol{r},\omega)\quad(\boldsymbol{r}\in V)\\v_n(\boldsymbol{r},\omega)|_{S_1}=v_0(\boldsymbol{r},\omega);\ \text{或者}\ p(\boldsymbol{r},\omega)|_{S_1}=p_0(\boldsymbol{r},\omega)\\\mathrm{Re}z_n(\boldsymbol{r},\omega)|_{S_2}>0\ \text{以及}\ |z_n(\boldsymbol{r},\omega)|_{S_2}<\infty\end{gathered}\tag{1.2.20a}$$

的解唯一. 仍然用反证法: 假定存在二个解 $p_1(\boldsymbol{r},\omega)$ 和 $p_2(\boldsymbol{r},\omega)$ 都满足方程 (1.2.20a)，令 $\tilde{p}(\boldsymbol{r},\omega)=p_1(\boldsymbol{r},\omega)-p_2(\boldsymbol{r},\omega)$，那么 $\tilde{p}(\boldsymbol{r},\omega)$ 满足下列齐次边值问题

$$\begin{gathered}\nabla^2\tilde{p}(\boldsymbol{r},\omega)+k_0^2\tilde{p}(\boldsymbol{r},\omega)=0\quad(\boldsymbol{r}\in V)\\\tilde{v}_n(\boldsymbol{r},\omega)|_{S_1}=0;\ \text{或者}\ \tilde{p}(\boldsymbol{r},\omega)|_{S_1}=0\\\mathrm{Re}z_n(\boldsymbol{r},\omega)|_{S_2}>0\ \text{以及}\ |z_n(\boldsymbol{r},\omega)|_{S_2}<\infty\end{gathered}\tag{1.2.20b}$$

由频率域方程

$$\mathrm{i}\omega\tilde{p}=\rho_0c_0^2\nabla\cdot\tilde{\boldsymbol{v}};\ \mathrm{i}\omega\rho_0\tilde{\boldsymbol{v}}=\nabla\tilde{p}\tag{1.2.21a}$$

不难得到

$$\nabla\cdot[\mathrm{Re}(\tilde{p}^*\tilde{\boldsymbol{v}})]=\frac{1}{2}\nabla\cdot(\tilde{p}^*\tilde{\boldsymbol{v}}+\tilde{p}\tilde{\boldsymbol{v}}^*)=0\tag{1.2.21b}$$

上式在 V 内作体积分，并利用 Gauss 定理得到

$$\begin{aligned}\int_V \nabla\cdot[\mathrm{Re}(\tilde{p}^*\tilde{\boldsymbol{v}})]\mathrm{d}^3\boldsymbol{r} &= \frac{1}{2}\nabla\cdot\iint_S(\tilde{p}^*\tilde{\boldsymbol{v}}+\tilde{p}\tilde{\boldsymbol{v}}^*)\cdot\boldsymbol{n}\mathrm{d}S\\ &= \iint_{S_1}\mathrm{Re}(\tilde{p}^*\tilde{\boldsymbol{v}}\cdot\boldsymbol{n})\mathrm{d}S+\iint_{S_2}\mathrm{Re}(\tilde{p}^*\tilde{\boldsymbol{v}}\cdot\boldsymbol{n})\mathrm{d}S\\ &= \iint_{S_2}\mathrm{Re}(\tilde{p}^*\tilde{\boldsymbol{v}}\cdot\boldsymbol{n})\mathrm{d}S=0\end{aligned}\tag{1.2.21c}$$

因为在 S_1 面上，$\tilde{v}_n(\boldsymbol{r},\omega)|_{S_1}=0$ 或者 $\tilde{p}(\boldsymbol{r},\omega)|_{S_1}=0$，故上式中在 S_1 面上的积分为零. 由方程 (1.2.16a)，方程 (1.2.21c) 变化成

$$\iint_{S_2}\mathrm{Re}[z_n^*(\boldsymbol{r},\omega)|\boldsymbol{n}\cdot\tilde{\boldsymbol{v}}(\boldsymbol{r},\omega)|^2]\mathrm{d}S=0\tag{1.2.22a}$$

或者

$$\iint_{S_2}\mathrm{Re}\left[\frac{|\tilde{p}(\boldsymbol{r},\omega)|^2}{z_n(\boldsymbol{r},\omega)}\right]\mathrm{d}S=0\tag{1.2.22b}$$

由方程 (1.2.22a), 因 $\mathrm{Re}z_n(\boldsymbol{r},\omega)|_{S_2}>0$，故 $\boldsymbol{n}\cdot\tilde{\boldsymbol{v}}(\boldsymbol{r},\omega)|_{S_2}\equiv 0$，并且由方程 (1.2.16a)，在 S_2 面上，声压也为零；由方程 (1.2.22b), 因 $\mathrm{Re}z_n(\boldsymbol{r},\omega)|_{S_2}>0$ 和 $|z_n(\boldsymbol{r},\omega)|_{S_2}<\infty$，故 $\tilde{p}(\boldsymbol{r},\omega)|_{S_2}\equiv 0$，同样由方程 (1.2.16a)，在 S_2 面上，速度也为零.

注意到方程 (1.2.21a)，界面法向速度为零，意味着沿着法向，声压的一阶导数为零；界面声压为零，意味着沿着法向，声压的二阶导数为零 (因为 $\nabla^2\tilde{p}=-k_0^2\tilde{p}$)；而声压的一阶导数为零，又意味着沿着法向，声压的三阶导数为零 (因为 $\nabla(\nabla^2\tilde{p})=-k_0^2\nabla\tilde{p}$)；等等. 因此，在界面附近，声压恒为零. 利用同样的外推方法，可以得到在 V 内，$\tilde{p}$ 恒为零：$\tilde{p}\equiv 0$. 对 $\tilde{\boldsymbol{v}}$ 可以得到相同的结论. 故唯一性得证.

实际上，条件 $\mathrm{Re}z_n(\boldsymbol{r},\omega)|_{S_2}>0$ 意味着界面的声吸收，如果反之，则声波反而在界面放大，这是非物理的；而条件 $0<|z_n(\boldsymbol{r},\omega)|_{S_2}<\infty$ 意味着边界不能是刚性或者压力释放边界. 事实上，当边界是刚性或者压力释放的理想边界时，Helmholtz 方程的解是不唯一的，因为齐次 Helmholtz 方程及齐次理想边界条件存在非零解，这个非零解就是简正模式和简正频率，我们将在第 5 章中讨论. 现举例说明：考虑刚性的长方体房间 $(0<x<l_x;0<y<l_y;0<z<l_z)$ 中的声场激发

$$\begin{gathered}\frac{\partial^2 p}{\partial x^2}+\frac{\partial^2 p}{\partial y^2}+\frac{\partial^2 p}{\partial z^2}+k_0^2 p=-\Im(x,y,z,\omega)\\ \left.\frac{\partial p}{\partial x}\right|_{x=0,l_x}=\left.\frac{\partial p}{\partial y}\right|_{y=0,l_y}=\left.\frac{\partial p}{\partial z}\right|_{z=0,l_z}=0\end{gathered}\tag{1.2.22c}$$

由 5.2.1 节讨论，显然，当频率 $\omega = c_0 k_0$ 取下列值 (即简正频率) 时

$$\omega = c_0\sqrt{\left(\frac{l\pi}{l_x}\right)^2 + \left(\frac{m\pi}{l_y}\right)^2 + \left(\frac{n\pi}{l_y}\right)^2} \quad (l, m, n = 0, 1, 2, \cdots) \tag{1.2.22d}$$

齐次方程

$$\begin{gathered}\frac{\partial^2 \tilde{p}}{\partial x^2} + \frac{\partial^2 \tilde{p}}{\partial y^2} + \frac{\partial^2 \tilde{p}}{\partial z^2} + k_0^2 \tilde{p} = 0 \\ \left.\frac{\partial \tilde{p}}{\partial x}\right|_{x=0,l_x} = \left.\frac{\partial \tilde{p}}{\partial y}\right|_{y=0,l_y} = \left.\frac{\partial \tilde{p}}{\partial z}\right|_{z=0,l_z} = 0\end{gathered} \tag{1.2.22e}$$

存在非零解

$$\tilde{p}(x, y, z, \omega) = a_{lmn} \cos\left(\frac{l\pi}{l_x} x\right) \cos\left(\frac{m\pi}{l_y} y\right) \cos\left(\frac{n\pi}{l_z} z\right) \tag{1.2.22f}$$

其中，a_{lmn} 为常数. 对方程 (1.2.22c) 决定的声压场 $p(x, y, z, \omega)$，当 k_0^2 满足式 (1.2.22d) 时，$p(x, y, z, \omega) + \tilde{p}(x, y, z, \omega)$ 也是方程 (1.2.22c) 的解，而且这样的解有无限多.

以上的结论也可以推广到图 1.2.4 的情况，即 S_1 面包含 S_2 面，那么唯一性意味着：S_1 面和 S_2 面之间的声场由 S_1 上的声压或者法向速度唯一决定，只要 $\mathrm{Re} z_n(\boldsymbol{r}, \omega)|_{S_2} > 0$ 以及 $|z_n(\boldsymbol{r}, \omega)|_{S_2} < \infty$. 注意：由方程 (1.2.21a)，给定法向速度，就是给定声压的法向导数.

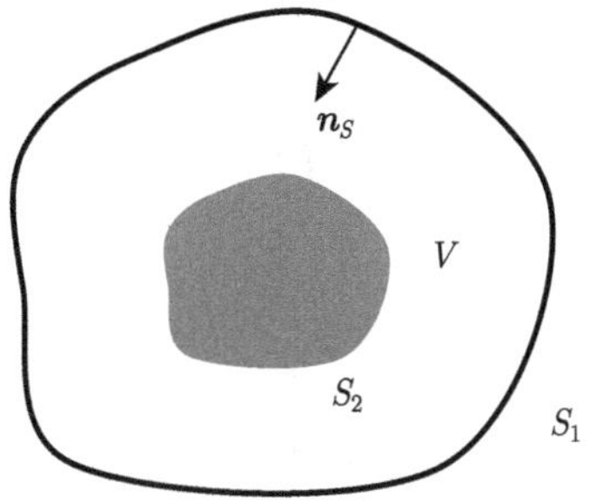

图 1.2.4 封闭空间为 S_1 与 S_2 之间的区域，而 S_1 包含 S_2

开空间的时域声场 如图 1.2.5, 闭区域 V 的表面法向振动速度已知

$$v_n(\boldsymbol{r}, t)|_S = v_0(\boldsymbol{r}, t) \quad (\boldsymbol{r} \in S, t > 0) \tag{1.2.23a}$$

向闭区域 V 外的空间 (用 $\bar{V}$ 表示) 辐射声波，同时 $\bar{V}$ 内还存在声源 $\Im(\boldsymbol{r}, t)$. 我们来证明空间声场是唯一的. 设在 $\bar{V}$ 内存在二个声场 $p_1(\boldsymbol{r}, t)$ 和 $p_2(\boldsymbol{r}, t)$，令 $\tilde{p}(\boldsymbol{r}, t) =$

$p_1(\boldsymbol{r},t)-p_2(\boldsymbol{r},t)$，那么 $\tilde{p}(\boldsymbol{r},t)$ 在 $\bar{V}$ 内满足齐次初–边值问题. 取 $\bar{V}$ 内半径为 R 的大球，球面 S_R 与 S 包围成封闭空间 $\bar{V}_R$. 在 $\bar{V}_R$ 内声场 $\tilde{p}(\boldsymbol{r},t)$ 的总能量为

$$E(t)=\frac{1}{2}\int_{\bar{V}_R}\left(\rho_0\tilde{v}^2+\frac{\tilde{p}^2}{\rho_0c_0^2}\right)\mathrm{d}^3\boldsymbol{r} \tag{1.2.23b}$$

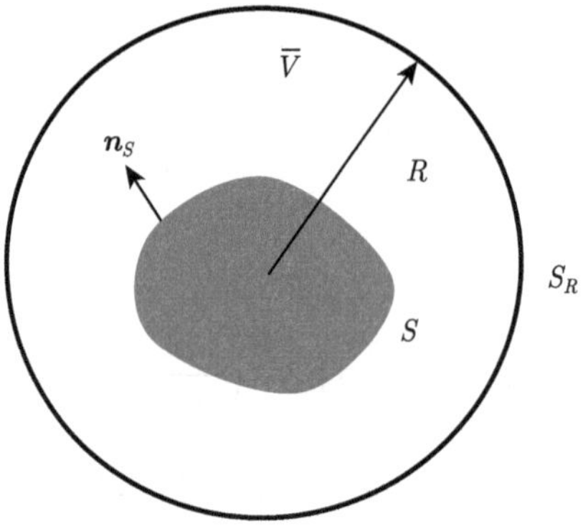

图 1.2.5　开区域 $\bar{V}$ 中的声场

与得到方程 (1.2.19b) 过程类似，我们得到

$$\frac{\mathrm{d}E(t)}{\mathrm{d}t}=-\iint_S\tilde{p}\tilde{\boldsymbol{v}}\cdot\boldsymbol{n}\mathrm{d}S+\iint_{S_R}\tilde{p}\tilde{v}_r\mathrm{d}S=\iint_{S_R}\tilde{p}\tilde{v}_r\mathrm{d}S \tag{1.2.23c}$$

得到上式，注意到: 球面 S_R 的法向为 $\boldsymbol{e}_r$. 令球面 S_R 上能流积分 (即通过球面 S_R 的总能流) 为

$$I_R(t)\equiv\iint_{S_R}\tilde{p}\tilde{v}_r\mathrm{d}S \tag{1.2.24a}$$

上式对时间求导得到

$$\frac{\mathrm{d}I_R(t)}{\mathrm{d}t}\equiv-\frac{1}{2}\iint_{S_R}\frac{\partial}{\partial r}\left[\rho_0c_0^2(\tilde{v}_r)^2+\frac{1}{\rho_0}(\tilde{p})^2\right]\mathrm{d}S \tag{1.2.24b}$$

得到上式，注意到：当 $r\to\infty$ 时，$\partial\tilde{p}/\partial t=-\rho_0c_0^2\nabla\cdot\tilde{\boldsymbol{v}}\approx-\rho_0c_0^2\partial\tilde{v}_r/\partial r$，即在远场，速度场的径向变化远大于 φ 和 ϑ 的变化 (在球坐标中). 如果 $\tilde{p}\sim1/R$ 和 $\tilde{v}_r\sim1/R(R\to\infty)$，而球面面积 $S_R\sim4\pi R^2$，故 $\mathrm{d}I_R(t)/\mathrm{d}t\to1/R\to0(R\to\infty)$，即 $\tilde{p}$ 和 $\tilde{v}_r$ 与时间无关，而初始时刻 $\tilde{p}|_{t=0}=0$ 和 $\tilde{v}_r|_{t=0}=0$，故在球面 S_R 上 $\tilde{p}\equiv0$ 和 $\tilde{v}_r\equiv0$. 因此 $\mathrm{d}E(t)/\mathrm{d}t\equiv0$，于是唯一性得证. 证明过程也表明：当 $r\to\infty$ 时，$p\sim1/r$ 和 $v_r\sim1/r$，而且 $v_r\gg v_\varphi,v_\vartheta$. 注意：这里没有用到 Sommerfeld 辐射条件 (见方程 (2.1.47b))，仅要求 p 和 v_r 衰减足够快.

开空间的频域声场 为了简单，以具体例子来说明开空间中频域声场的非唯一性. 考虑半径为 π/k_0 球的声波辐射问题: 在球面 $|\boldsymbol{r}| = \pi/k_0$ 上给定声压 $p(\boldsymbol{r},\omega)|_{|\boldsymbol{r}|=\pi/k_0} = p_0(\boldsymbol{r},\omega)$, 求球外开空间的辐射声场. 显然，$p(\boldsymbol{r},\omega)$ 满足

$$\begin{gathered}\nabla^2 p(\boldsymbol{r},\omega) + k_0^2 p(\boldsymbol{r},\omega) = 0 \quad (|\boldsymbol{r}| > \pi/k_0) \\ p(\boldsymbol{r},\omega)|_{|\boldsymbol{r}|=\pi/k_0} = p_0(\boldsymbol{r},\omega)\end{gathered} \tag{1.2.24c}$$

因齐次问题 $w(\boldsymbol{r},\omega)|_{|\boldsymbol{r}|=\pi/k_0} = 0$ 存在非零解

$$w(\boldsymbol{r},\omega) = A\frac{\sin k_0|\boldsymbol{r}|}{4\pi|\boldsymbol{r}|} \tag{1.2.24d}$$

其中，A 为任一常数，故对方程 (1.2.24c) 的解 $p(\boldsymbol{r},\omega)$，$p(\boldsymbol{r},\omega) + w(\boldsymbol{r},\omega)$ 也是解，而且这样的解有无穷多. 为了保证辐射解的唯一性，必须增加无限远处的边界条件(声场在无限远处的渐近性质)，即 Sommerfeld 辐射条件，详细见 2.1.5 小节讨论.

1.2.4 叠加原理和反演对称性

叠加原理是线性系统的基本性质. 设 $p_1(\boldsymbol{r},t)$ 和 $p_2(\boldsymbol{r},t)$ 分别是声波方程初–边值问题的解

$$\begin{gathered}\frac{1}{c_0^2}\frac{\partial^2 p_j(\boldsymbol{r},t)}{\partial t^2} - \nabla^2 p_j(\boldsymbol{r},t) = \Im_j(\boldsymbol{r},t) \quad (\boldsymbol{r}\in V, t>0) \\ p_j(\boldsymbol{r},t)|_{t=0} = \phi_j(\boldsymbol{r});\ \boldsymbol{v}_j(\boldsymbol{r},t)|_{t=0} = \psi_j(\boldsymbol{r}) \quad (\boldsymbol{r}\in V) \\ \boldsymbol{B}[p_j(\boldsymbol{r},t)] = b_j(\boldsymbol{r},t) \quad (\boldsymbol{r}\in S, t>0)\end{gathered} \tag{1.2.25a}$$

其中，下标 $j=1$ 和 2，$\boldsymbol{B}$ 是任意线性边界算子. 那么 $p(\boldsymbol{r},t) = p_1(\boldsymbol{r},t) + p_2(\boldsymbol{r},t)$ 是下列声波方程初–边值问题的解

$$\begin{gathered}\frac{1}{c_0^2}\frac{\partial^2 p(\boldsymbol{r},t)}{\partial t^2} - \nabla^2 p(\boldsymbol{r},t) = \Im(\boldsymbol{r},t) \quad (\boldsymbol{r}\in V, t>0) \\ p(\boldsymbol{r},t)|_{t=0} = \phi(\boldsymbol{r});\ \boldsymbol{v}(\boldsymbol{r},t)|_{t=0} = \psi(\boldsymbol{r}) \quad (\boldsymbol{r}\in V) \\ \boldsymbol{B}[p(\boldsymbol{r},t)] = b(\boldsymbol{r},t) \quad (\boldsymbol{r}\in S, t>0)\end{gathered} \tag{1.2.25b}$$

其中，声源项和初–边值是二个声源项和初–边值的线性叠加

$$\begin{gathered}\Im(\boldsymbol{r},t) = \Im_1(\boldsymbol{r},t) + \Im_2(\boldsymbol{r},t);\ \phi(\boldsymbol{r}) = \phi_1(\boldsymbol{r}) + \phi_2(\boldsymbol{r}) \\ \psi(\boldsymbol{r}) = \psi_1(\boldsymbol{r}) + \psi_2(\boldsymbol{r});\ b(\boldsymbol{r},t) = b_1(\boldsymbol{r},t) + b_2(\boldsymbol{r},t)\end{gathered} \tag{1.2.25c}$$

证明是容易的：只要把方程 (1.2.25a) 中取 $j=1$ 和 $j=2$ 的方程相加就得到方程 (1.2.25b) 和 (1.2.25c). 叠加原理看上去简单，但实际问题中非常有用，例如，如果问题中包括多个声源，只要求出每个单独声源的声场，然后把它们相加就可以了. 对单频问题，叠加原理同样成立.

时间反演对称性　考虑下列初值问题

$$
\begin{aligned}
&\frac{1}{c_0^2}\frac{\partial^2 p(\boldsymbol{r},t)}{\partial t^2}-\nabla^2 p(\boldsymbol{r},t)=0 \quad (t>0)\\
&p(\boldsymbol{r},t)|_{t=0}=\phi(\boldsymbol{r});\ \boldsymbol{v}(\boldsymbol{r},t)|_{t=0}=\psi(\boldsymbol{r})
\end{aligned}
\tag{1.2.26a}
$$

作时间反演变换：$t=-t'$，代入方程 (1.2.26a) 得到相应的初值问题

$$
\begin{aligned}
&\frac{1}{c_0^2}\frac{\partial^2 p(\boldsymbol{r},t')}{\partial t'^2}-\nabla^2 p(\boldsymbol{r},t')=0 \quad (t'<0)\\
&p(\boldsymbol{r},t')|_{t'=0}=\phi(\boldsymbol{r});\ \boldsymbol{v}(\boldsymbol{r},t')|_{t'=0}=\psi(\boldsymbol{r})
\end{aligned}
\tag{1.2.26b}
$$

显然，方程 (1.2.26a) 和 (1.2.26b) 中波动方程的形式不变，而且方程 (1.2.26b) 的解也是唯一的 (只要 $\phi(\boldsymbol{r})$ 和 $\psi(\boldsymbol{r})$ 满足一定条件). 这一特性称为波动方程的时间反演对称性，其物理本质是在忽略耗散条件下，波动方程描写的是可逆的物理过程. 如果考虑介质的耗散和非线性 (见第 6 章讨论)，时间反演对称性就不成立了.

对存在体源情况，时间反演变换 $t=-t'$ 后的场满足

$$
\frac{1}{c_0^2}\frac{\partial^2 p(\boldsymbol{r},t')}{\partial t'^2}-\nabla^2 p(\boldsymbol{r},t')=\Im(\boldsymbol{r},-t') \quad (t'<0)
\tag{1.2.26c}
$$

相应的频域波动方程为

$$
-\left(\nabla^2+\frac{\omega^2}{c_0^2}\right)p(\boldsymbol{r},\omega)=\Im^*(\boldsymbol{r},\omega)
\tag{1.2.26d}
$$

其中，$\Im^*(\boldsymbol{r},\omega)$ 是声源的谱 $\Im(\boldsymbol{r},\omega)$ 的共轭 (注意：$\Im(\boldsymbol{r},t)$ 总是实函数)

$$
\Im^*(\boldsymbol{r},\omega)=\frac{1}{2\pi}\int_{-\infty}^{\infty}\Im(\boldsymbol{r},t)\exp(-\mathrm{i}\omega t)\mathrm{d}t
\tag{1.2.26e}
$$

因此，时域上的时间反演，相当于频域的相位共轭.

1.2.5　声学中的互易原理

设空间 V 存在由质量源 q_1 和力源 $\boldsymbol{f}_1$ 产生声场 $(p_1,\boldsymbol{v}_1)$，即

$$
\begin{aligned}
&-\mathrm{i}\rho_0\omega\boldsymbol{v}_1+\nabla p_1=\rho_0\boldsymbol{f}_1\\
&-\frac{\mathrm{i}\omega}{\rho_0c_0^2}p_1+\nabla\cdot\boldsymbol{v}_1=q_1
\end{aligned}
\tag{1.2.27a}
$$

以及由质量源 q_2 和力源 $\boldsymbol{f}_2$ 产生声场 $(p_2, \boldsymbol{v}_2)$，即

$$\begin{aligned} -\mathrm{i}\rho_0\omega\boldsymbol{v}_2 + \nabla p_2 &= \rho_0\boldsymbol{f}_2 \\ -\frac{\mathrm{i}\omega}{\rho_0 c_0^2}p_2 + \nabla\cdot\boldsymbol{v}_2 &= q_2 \end{aligned} \tag{1.2.27b}$$

由于线性叠加原理，总声场为 $(p_1+p_2, \boldsymbol{v}_1+\boldsymbol{v}_2)$，因此，这些场量之间一定存在关联. 用 $\boldsymbol{v}_2$ 点乘方程 (1.2.27a) 的第一式，而用 $-p_2$ 乘方程 (1.2.27a) 的第二式，并把所得二式相加 (二式的量纲相同才能相加) 得到

$$-\mathrm{i}\rho_0\omega\boldsymbol{v}_2\cdot\boldsymbol{v}_1 + \boldsymbol{v}_2\cdot\nabla p_1 + \frac{\mathrm{i}\omega}{\rho_0 c_0^2}p_2 p_1 - p_2\nabla\cdot\boldsymbol{v}_1 = \rho_0\boldsymbol{v}_2\cdot\boldsymbol{f}_1 - p_2 q_1 \tag{1.2.28a}$$

同样，用 $\boldsymbol{v}_1$ 点乘方程 (1.2.27b) 的第一式，而用 $-p_1$ 乘方程 (1.2.27b) 的第二式，并把所得二式相加得到

$$-\mathrm{i}\rho_0\omega\boldsymbol{v}_1\cdot\boldsymbol{v}_2 + \boldsymbol{v}_1\cdot\nabla p_2 + \frac{\mathrm{i}\omega}{\rho_0 c_0^2}p_1 p_2 - p_1\nabla\cdot\boldsymbol{v}_2 = \rho_0\boldsymbol{v}_1\cdot\boldsymbol{f}_2 - p_1 q_2 \tag{1.2.28b}$$

方程 (1.2.28a) 与 (1.2.28b) 相减得到

$$\nabla\cdot(p_1\boldsymbol{v}_2 - p_2\boldsymbol{v}_1) = (p_1 q_2 + \rho_0\boldsymbol{v}_2\cdot\boldsymbol{f}_1) - (p_2 q_1 + \rho_0\boldsymbol{v}_1\cdot\boldsymbol{f}_2) \tag{1.2.29a}$$

上式在体积 V 上作体积分并利用 Gauss 定理得到

$$\begin{aligned} &\int_V (p_1 q_2 + \rho_0\boldsymbol{v}_2\cdot\boldsymbol{f}_1)\mathrm{d}^3\boldsymbol{r} - \int_V (p_2 q_1 + \rho_0\boldsymbol{v}_1\cdot\boldsymbol{f}_2)\mathrm{d}^3\boldsymbol{r} \\ &\quad = \iint_S (p_1 v_{2n} - p_2 v_{1n})\mathrm{d}S \end{aligned} \tag{1.2.29b}$$

分三种情况讨论上式.

(1) 无限空间：$r\to\infty$，利用 Sommerfeld 辐射条件，即方程 (2.1.45b)(见 2.1.4 小节讨论)

$$p_1 \sim \frac{1}{\mathrm{i}k_0}\frac{\partial p_1}{\partial r};\ p_2 \sim \frac{1}{\mathrm{i}k_0}\frac{\partial p_2}{\partial r} \tag{1.2.30a}$$

方程 (1.2.29b) 中右边的面积分项

$$\iint_S (p_1 v_{2n} - p_2 v_{1n})\mathrm{d}S \sim \frac{1}{\mathrm{i}k_0}\iint_S \left(\frac{\partial p_1}{\partial r}v_{2n} - \frac{\partial p_2}{\partial r}v_{1n}\right)\mathrm{d}S \sim \frac{1}{r} \to 0 \tag{1.2.30b}$$

故由方程 (1.2.29b) 得到

$$\int_V (p_1 q_2 + \rho_0\boldsymbol{v}_2\cdot\boldsymbol{f}_1)\mathrm{d}^3\boldsymbol{r} = \int_V (p_2 q_1 + \rho_0\boldsymbol{v}_1\cdot\boldsymbol{f}_2)\mathrm{d}^3\boldsymbol{r} \tag{1.2.30c}$$

(2) 有限空间且理想边界：对刚性边界，$v_{1n}=v_{2n}=0$；或者对软边界，$p_1=p_2=0$，因此方程 (1.2.29b) 中面积分项总为零，方程 (1.2.30c) 也成立.

(3) 有限空间且阻抗边界：由方程 (1.2.16a)，方程 (1.2.29b) 中面积分项为

$$\iint_S (p_1 v_{2n} - p_2 v_{1n})\mathrm{d}S = \iint_S z_n(v_{1n}v_{2n} - v_{2n}v_{1n})\mathrm{d}S = 0 \tag{1.2.31}$$

因此，方程 (1.2.30c) 也成立.

方程 (1.2.30c) 就是**互易原理**(reciprocal theorem) 的数学表达式 (实际上是空间反演的对称性). 为了明确方程 (1.2.30c) 的物理意义，考虑强度为 q_{01} 的质量源位于 $\boldsymbol{r}_1$ 处，即 $q_1(\boldsymbol{r},\omega)=q_{01}\delta(\boldsymbol{r},\boldsymbol{r}_1)$，而强度为 q_{02} 的质量源位于 $\boldsymbol{r}_2$ 处，即 $q_2(\boldsymbol{r},\omega)=q_{02}\delta(\boldsymbol{r},\boldsymbol{r}_2)$，而力源 $\boldsymbol{f}_1=\boldsymbol{f}_2=0$，代入方程 (1.2.30c) 得到

$$\frac{p_1(\boldsymbol{r}_2,\omega)}{q_{01}} = \frac{p_2(\boldsymbol{r}_1,\omega)}{q_{02}} \tag{1.2.32a}$$

当 $q_{01}=q_{02}$ 时，上式简化为 $p_1(\boldsymbol{r}_2,\omega)=p_2(\boldsymbol{r}_1,\omega)$，即位于 $\boldsymbol{r}_1$ 处的点质量源在 $\boldsymbol{r}_2$ 处产生的场 $p_1(\boldsymbol{r}_2,\omega)$ 等于位于 $\boldsymbol{r}_2$ 处的点质量源在 $\boldsymbol{r}_1$ 处产生的场 $p_2(\boldsymbol{r}_1,\omega)$.

如果 $q_1(\boldsymbol{r},\omega)=q_2(\boldsymbol{r},\omega)=0$，$\boldsymbol{f}_1=\boldsymbol{f}_{01}\delta(\boldsymbol{r},\boldsymbol{r}_1)$ 和 $\boldsymbol{f}_2=\boldsymbol{f}_{02}\delta(\boldsymbol{r},\boldsymbol{r}_2)$，则代入方程 (1.2.30c) 得到

$$\boldsymbol{v}_1(\boldsymbol{r}_2,\omega)\cdot\boldsymbol{f}_{02} = \boldsymbol{v}_2(\boldsymbol{r}_1,\omega)\cdot\boldsymbol{f}_{01} \tag{1.2.32b}$$

考虑特殊情况：$\boldsymbol{f}_1=f_0\boldsymbol{e}_x\delta(\boldsymbol{r},\boldsymbol{r}_1)$ 是 x 方向的点力源，而 $\boldsymbol{f}_2=f_0\boldsymbol{e}_y\delta(\boldsymbol{r},\boldsymbol{r}_2)$ 是 y 方向的点力源，则方程 (1.2.32b) 给出

$$v_{1y}(\boldsymbol{r}_2,\omega) = v_{2x}(\boldsymbol{r}_1,\omega) \tag{1.2.32c}$$

即位于点 $\boldsymbol{r}_1$, x 方向点力源在 $\boldsymbol{r}_2$ 点产生的 y 方向速度 $v_{1y}(\boldsymbol{r}_2,\omega)$ 等于位于点 $\boldsymbol{r}_2$, y 方向点力源在 $\boldsymbol{r}_1$ 点产生的 x 方向速度 $v_{2x}(\boldsymbol{r}_1,\omega)$.

值得说明的是，互易原理对非均匀介质、固体中声场以及流–固相互作用系统都成立 (但形式有可能不同). 事实上，这是线性物理系统的基本性质. 然而，当空间存在外场时 (例如，声波在运动介质中的传播, 流速分布可看作外场)，外场破坏了系统的空间对称性 (从物理上讲)，而从数学上讲，由于波动算子没有了 Hermite 对称性，表达互易原理的方程 (1.2.30c) 已不成立，而需更复杂的方程表示互易原理，详细见第 8 章讨论.

1.3　行波解和平面波展开

当声波遇到不同性质的介质时 (或者界面)，将引起声波的散射 (或者反射，见 1.4 节讨论)，空间的声场变得非常复杂. 一种比较简单但理想化的情况是：声源向

无限的开空间辐射声波，声传播的路径上没有不同的介质或者界面，这样的波称为**行波**. 实际上，无限大的开空间是不存在的，只要声波波长远小于空间线度 (或者时域脉冲宽度远小于脉冲从声源到边界的传播时间)，而且观察点 (即测量点) 远离边界，则该空间可看成是无限大的开空间. 开空间中最简单的行波是平面波 (等振幅面为三维空间的平面，见 1.3.1 小节讨论)；更为重要的是，平面波是无限大空间上平方可积函数的基函数，或者简单地说就是三维 Fourier 变换的核函数. 因此，任意空间波形都可以展开为平面波，这一展开技术在求解波动方程中是行之有效的方法. 本节特别感兴趣的是球面或柱面行波用平面波展开的表达式.

1.3.1 直角坐标中的平面行波和驻波场

首先考虑最简单的一维、无界情况，在没有质量源和体源的区域 ($q = 0$ 和 $\boldsymbol{f} = 0$)，由方程 (1.1.26a)，一维波动方程为

$$\frac{\partial^2 p}{\partial x^2} - \frac{1}{c_0^2}\frac{\partial^2 p}{\partial t^2} = 0, \quad x \in (-\infty, \infty),\ t > 0 \tag{1.3.1a}$$

其中，在不引起混淆的情况下，省略 p' 的上标. 作变换

$$\xi = x - c_0 t;\ \eta = x + c_0 t \tag{1.3.1b}$$

方程 (1.3.1a) 变成简单的形式

$$\frac{\partial^2 p}{\partial \xi \partial \eta} = 0 \tag{1.3.1c}$$

积分二次，得到方程 (1.3.1c) 的解

$$p(x,t) = f(\xi) + g(\eta) = f(x - c_0 t) + g(x + c_0 t) \tag{1.3.1d}$$

其中，f 和 g 是满足一定可微性条件的任意函数. 为了看清楚 f 和 g 的意义，取 f 和 g 为二个 Gauss 函数

$$\begin{aligned} f(x - c_0 t) &= 2.0\exp[-(x - c_0 t)^2] \\ g(x + c_0 t) &= \exp[-(x + c_0 t)^2] \end{aligned} \tag{1.3.1e}$$

图 1.3.1 表明三个时刻 p 的图像：$t = 0$s(曲线 1)，0.005s(曲线 2)，0.03s(曲线 3), 计算中取 $c_0 = 334$m / s. 随着 t 增加，Gauss 函数 $g(x + c_0 t)$ 向左运动，而 $f(x - c_0 t)$ 向右运动，运动的速度即为 c_0. 因此，$g(x + c_0 t)$ 表示向左传播的波；而 $f(x - c_0 t)$ 表示向右传播的波. 对不同的时刻 $t = t_i$ ($i = 1, 2, 3, \ldots$)，等值面为 $x \pm c_0 t_i =$ 常数，即 $x =$ 常数 $\mp c_0 t_i$. 在三维空间看来，$x =$ 常数 $\mp c_0 t_i$ 是平行于 x 轴的一系列平面，该平面以速度 $\mp c_0$ 向左 (取负) 或者向右 (取正) 传播，故称为**平面波**. 方程

(1.3.1d) 是一维声波方程 (1.3.1a) 的平面行波解的一般形式，其中函数 f 和 g 由初始声压场和初始速度场决定，而由方程 (1.2.11c)，给出初始速度场，可以求得声压场对时间的一阶偏导数，因此，函数 f 和 g 的决定方程为

$$p(x,t)|_t=\phi(x);\quad \left.\frac{\partial p}{\partial t}\right|_{t=0}=\psi(x);\quad x\in(-\infty,\infty) \tag{1.3.2a}$$

其中，$\phi(x)$ 和 $\psi(x)$ 为满足一定可微性条件的任意函数. 上式代入方程 (1.3.1d) 得到

$$f(x)+g(x)=\phi(x);\quad -c_0f'(x)+c_0g'(x)=\psi(x) \tag{1.3.2b}$$

从上式不难求得函数 f 和 g

$$g(x)=\frac{1}{2}\left[\phi(x)+\frac{1}{c_0}\int_{x_0}^{x}\psi(\eta)\mathrm{d}\eta\right];\ f(x)=\frac{1}{2}\left[\phi(x)-\frac{1}{c_0}\int_{x_0}^{x}\psi(\eta)\mathrm{d}\eta\right] \tag{1.3.2c}$$

代入方程 (1.3.1d) 得到

$$p(x,t)=\frac{1}{2}[\phi(x-c_0t)+\phi(x+c_0t)]+\frac{1}{2c_0}\int_{x-c_0t}^{x+c_0t}\psi(\eta)\mathrm{d}\eta \tag{1.3.2d}$$

注意：积分下限 x_0 不出现在最后的结果中. 上式称为 **d′Alembert 解**. 值得一提的是，在实际的声学问题中，由波动方程的通解 (含有任意函数) 而求满足初始条件的特解是比较困难的，而且没有必要，尤其是当问题还包含边界条件时，求通解更困难. 我们往往直接求满足初始条件和边界条件的特解.

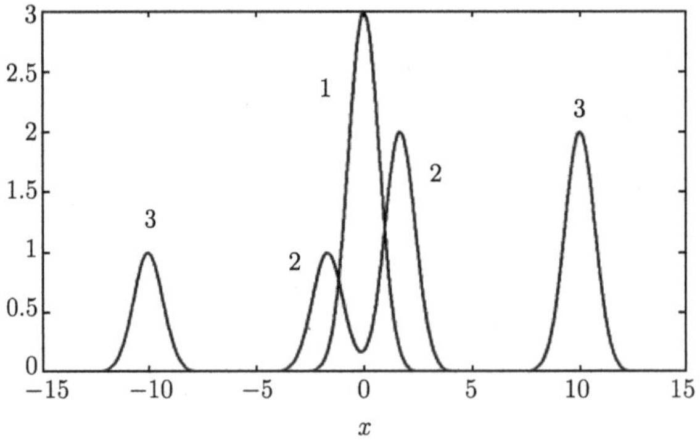

图 1.3.1　三个不同时刻的波形

关于方程解的说明　显然，为了使方程 (1.3.2d) 满足原始的波动方程 (1.3.1a)，$\phi(\xi)$ 和 $\psi(\eta)$ 分别必须存在连续的二阶和一阶导数 (这就是 $\phi(\xi)$ 和 $\psi(\eta)$ 的可微性要求)，这样的解称为波动的**古典解**. 然而，在实际的波动问题中，不是所有的函数

$\phi(\xi)$ 和 $\psi(\eta)$ 都满足这一可微性要求，但有物理意义. 例如，考虑如下形式的 $\phi(\xi)$ 和 $\psi(\eta)$

$$\phi(\xi)=\begin{cases}2(\xi^2-1)^2, & |\xi|\leqslant 1\\ 0, & |\xi|>1\end{cases};\ \psi(\xi)=0 \tag{1.3.3a}$$

显然，$\phi(\xi)$ 在 $\xi=\pm 1$ 处一阶导数连续，但二阶导数间断，故在整个 $x\in(-\infty,\infty)$ 区域，波动方程的古典解不存在. 但把方程 (1.3.3a) 代入方程 (1.3.2d)

$$p(x,t)=p_1(x,t)+p_2(x,t) \tag{1.3.3b}$$

其中，为了方便定义

$$\begin{aligned}p_1(x,t)&\equiv\begin{cases}2[(x-c_0t)^2-1]^2, & |x-c_0t|\leqslant 1\\ 0, & |x-c_0t|>1\end{cases}\\ p_2(x,t)&\equiv\begin{cases}2[(x+c_0t)^2-1]^2, & |x+c_0t|\leqslant 1\\ 0, & |x+c_0t|>1\end{cases}\end{aligned} \tag{1.3.3c}$$

在 (x,t) 平面上，除四条直线 $|x\pm c_0t|=1$ 外 (实际上为波阵面)，方程 (1.3.3b) 和 (1.3.3c) 处处满足波动方程 (1.3.1a)，因此，可以看作是波动方程的一种**广义解**. 由于在 $|x\pm c_0t|=1$ 上，$p(x,t)$ 的一阶导数连续，但二阶导数间断，故这种广义解也称为**弱间断解**，$|x\pm c_0t|=1$ 为解的弱间断线 (三维为面). 如果函数 $\phi(\xi)$ 和 $\psi(\eta)$ 不满足可微性要求，可以用多种不同的方法定义广义解，有兴趣的读者可以参考主要参考书目 6.

单频平面声波 取 $p(x,t)$ 的形式

$$p(x,t)=p_0\exp\left[\mathrm{i}\frac{\omega}{c_0}(x\pm c_0t)\right] \tag{1.3.4}$$

显然，$\mathrm{Re}[p(x,t)]=p_0\cos[\omega(x\pm c_0t)/c_0]$ 和 $\mathrm{Im}[p(x,t)]=p_0\sin[\omega(x\pm c_0t)/c_0]$ 都是以频率 ω 振动的单频声波，称为**单频平面声波**，注意：我们把方程 (1.3.4) 中的函数写成复数的形式，其实部和虚部都是波动方程 (1.3.1a) 的解，这是因为波动方程 (1.3.1a) 是线性方程，叠加原理成立，对非线性方程，必须进行实数运算.

三维情况 我们寻求三维声波方程

$$\frac{\partial^2 p}{\partial x^2}+\frac{\partial^2 p}{\partial y^2}+\frac{\partial^2 p}{\partial z^2}-\frac{1}{c_0^2}\frac{\partial^2 p}{\partial t^2}=0 \tag{1.3.5a}$$

的平面行波解，为此令

$$\xi=\boldsymbol{n}\cdot\boldsymbol{r}-c_0t;\ \eta=\boldsymbol{n}\cdot\boldsymbol{r}+c_0t \tag{1.3.5b}$$

其中，$\boldsymbol{n}$ 是单位矢量 $\boldsymbol{n}=(\cos\alpha,\cos\beta,\cos\gamma)$，$\alpha$，$\beta$ 和 γ 分别是 $\boldsymbol{n}$ 与 x，y 和 z 轴的夹角，满足关系

$$\cos^2\alpha+\cos^2\beta+\cos^2\gamma=1 \tag{1.3.5c}$$

方程 (1.3.5b) 代入方程 (1.3.5a) 并利用方程 (1.3.5c) 得到

$$\frac{\partial^2 p}{\partial\xi\partial\eta}=0 \tag{1.3.5d}$$

因此，三维声波方程 (1.3.5a) 的平面行波解的一般形式为

$$p(\boldsymbol{r},t)=f(\xi)+g(\eta)=f(\boldsymbol{n}\cdot\boldsymbol{r}-c_0t)+g(\boldsymbol{n}\cdot\boldsymbol{r}+c_0t) \tag{1.3.5e}$$

与方程 (1.3.1d) 的意义相同，$f(\boldsymbol{n}\cdot\boldsymbol{r}-c_0t)$ 和 $g(\boldsymbol{n}\cdot\boldsymbol{r}+c_0t)$ 分别表示沿 $\boldsymbol{n}$ 方向和 $-\boldsymbol{n}$ 方向传播的波，如图 1.3.2. 对不同时刻 t，等值面为平面 $\boldsymbol{n}\cdot\boldsymbol{r}\pm c_0t=$ 常数，该方程二边对时间求导得到

$$\frac{\mathrm{d}x}{\mathrm{d}t}\cos\alpha+\frac{\mathrm{d}y}{\mathrm{d}t}\cos\beta+\frac{\mathrm{d}z}{\mathrm{d}t}\cos\gamma=\mp c_0 \tag{1.3.6a}$$

而平面的运动速度为

$$\boldsymbol{u}=\left(\frac{\mathrm{d}x}{\mathrm{d}t},\frac{\mathrm{d}y}{\mathrm{d}t},\frac{\mathrm{d}z}{\mathrm{d}t}\right) \tag{1.3.6b}$$

故方程 (1.3.6a) 可写成

$$\boldsymbol{u}\cdot\boldsymbol{n}=u=\mp c_0 \tag{1.3.6c}$$

因此，平面运动速度在平面法向的投影即为声速, 而平面运动速度方向即为平面法向，故等值平面运动的速度即为声速.

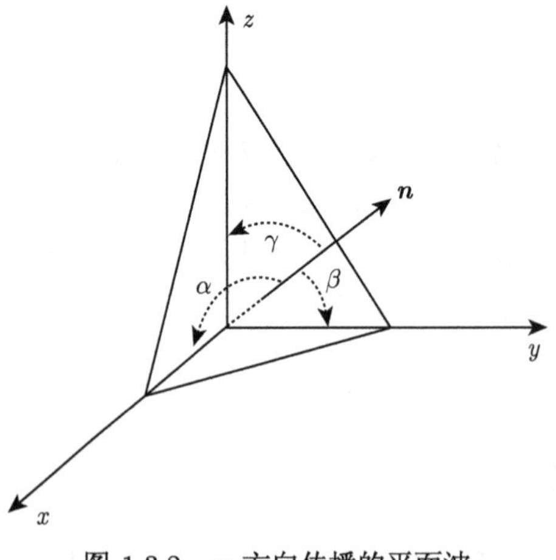

图 1.3.2　$\boldsymbol{n}$ 方向传播的平面波

单频平面波 取 $p(\boldsymbol{r},t)$ 形式

$$p(\boldsymbol{r},t) = p_0 \exp\left[\mathrm{i}\frac{\omega}{c_0}(\boldsymbol{n}\cdot\boldsymbol{r} \pm c_0 t)\right] \tag{1.3.7a}$$

就得到三维单频平面波. 令 $\boldsymbol{k} = \boldsymbol{n}\omega/c_0 = (k_x, k_y, k_z)$，那么上式可写成

$$p(\boldsymbol{r},t) = p_0 \exp[\mathrm{i}(\boldsymbol{k}\cdot\boldsymbol{r} \pm \omega t)] \tag{1.3.7b}$$

其中，$\boldsymbol{k}$ 称为**波矢量**或者**波矢**, $k = |\boldsymbol{k}| = \sqrt{k_x^2 + k_y^2 + k_z^2}$ 称为**波数**.

声阻抗率 由方程

$$\rho_0 \frac{\partial \boldsymbol{v}}{\partial t} = -\nabla p \tag{1.3.8a}$$

对单频平面波得到

$$\boldsymbol{v}(\boldsymbol{r},t) = -\frac{1}{\rho_0}\int \nabla p \mathrm{d}t = \mp \frac{p(\boldsymbol{r},t)}{\rho_0 c_0}\boldsymbol{n} \tag{1.3.8b}$$

可见，流体元速度方向与平面波的法向一致，它们的比值

$$z_n \equiv \frac{p(\boldsymbol{r},t)}{v_n(\boldsymbol{r},t)} = \mp \rho_0 c_0 \equiv \mp z_0 \tag{1.3.8c}$$

称为**声阻抗率**，而 $z_0 = \rho_0 c_0$ 与波的传播方向无关，称为介质的**特性声阻抗率**. 上式中 “$\mp$” 号表明了波传播的方向 (负号和正号分别对应声波向 $-\boldsymbol{n}$ 和 $+\boldsymbol{n}$ 传播)，可见声阻抗率与波传播的方向有关.

注意: ①空间一点的声阻抗率反映了声压场与速度场的关系，但流体元速度是一个矢量，只有当声压场的传播方向与速度场的方向一致时，声阻抗率的定义才有意义; ②而界面的法向声阻抗率定义 (见方程 (1.2.16a)) 总是有意义的.

能量密度 由方程 (1.2.6b), 平面波的能量密度为 (注意，能量密度是非线性的，故声压和速度必须取实部)

$$w(\boldsymbol{r},t) = \frac{1}{2}\left[\rho_0(\mathrm{Re}v)^2 + \frac{(\mathrm{Re}p)^2}{\rho_0 c_0^2}\right] = \frac{|p_0|^2}{\rho_0 c_0^2}\cos^2[(\boldsymbol{k}\cdot\boldsymbol{r} \pm \omega t)] \tag{1.3.8d}$$

在实际问题中，更感兴趣的是在一段时间内的平均. 对圆频率为 ω、周期为 $T = 2\pi/\omega$ 的简谐波，在一个周期内平均已足够了, 时间平均后的能量密度

$$\bar{\varepsilon} = \frac{1}{T}\int_0^T w(\boldsymbol{r},t)\mathrm{d}t = \frac{|p_0|^2}{2\rho_0 c_0^2} = \frac{p_{\mathrm{rms}}^2}{\rho_0 c_0^2} \tag{1.3.8e}$$

其中，p_{rms} 是声压的均方平均 $p_{\mathrm{rms}} = |p_0|/\sqrt{2}$.

声能流矢量　由方程 (1.2.6c)，声能流矢量 (注意，能流矢量是双线性的，故声压和速度必须取实部) 为

$$\begin{aligned}\boldsymbol{I}&=\mathrm{Re}(p)\mathrm{Re}(\boldsymbol{v})=\mp\frac{|p_0|^2}{\rho_0c_0}\cos^2(\boldsymbol{k}\cdot\boldsymbol{r}\pm\omega t)\boldsymbol{n}\\&=\mp\frac{|p_0|^2}{2\rho_0c_0}[1+\cos2(\boldsymbol{k}\cdot\boldsymbol{r}\pm\omega t)]\boldsymbol{n}\end{aligned}\tag{1.3.9a}$$

上式已假定 p_0 是实的 (并不失一般性). 由于 $-1\leqslant\cos x\leqslant+1$，尽管声能流矢量随时间和空间交流变化，但存在一个直流分量，表明声能流确实沿 $+\boldsymbol{n}$ (或者 $-\boldsymbol{n}$) 方向传播. 在一个周期内平均已足够了

$$\bar{\boldsymbol{I}}=\frac{1}{T}\int_0^T\mathrm{Re}(p)\mathrm{Re}(\boldsymbol{v})\mathrm{d}t=\mp\frac{|p_0|^2}{2\rho_0c_0}\boldsymbol{n}=\mp\frac{p_{\mathrm{rms}}^2}{\rho_0c_0}\boldsymbol{n}\tag{1.3.9b}$$

其中，$\bar{\boldsymbol{I}}$ 称为**声强**. 需要指出的是：声强为矢量，故不仅表征声场的强度，而且表征声波的传播方向，而空间固定一点的声压是标量，不能反映声波的传播方向.

注意：如果 p_0 也是复数，可以写成 $p_0=|p_0|\mathrm{e}^{\mathrm{i}\phi}$，于是

$$p(\boldsymbol{r},t)=|p_0|\exp[\mathrm{i}(\boldsymbol{k}\cdot\boldsymbol{r}\pm\omega t)+\mathrm{i}\phi]\tag{1.3.9c}$$

相应的瞬态声强为

$$\boldsymbol{I}=\mathrm{Re}(p)\mathrm{Re}(\boldsymbol{v})=\mp\frac{|p_0|^2}{2\rho_0c_0}\{1+\cos2[(\boldsymbol{k}\cdot\boldsymbol{r}\pm\omega t)+\phi]\}\tag{1.3.9d}$$

时间平均后就得到方程 (1.3.9b).

由方程 (1.3.8e) 和 (1.3.9b)，平面波的声强矢量与能量密度关系为

$$\bar{\boldsymbol{I}}=\mp c_0\bar{\varepsilon}\boldsymbol{n}\tag{1.3.9e}$$

驻波场　与行波对应的是所谓**驻波场**，在有限空间内，由于界面的反射，入射波与反射波叠加而形成的声压场分布存在空间位置不变的波腹 (质点振动的极大位置) 和波节 (质点保持不动的位置)，能量以质点的动能与势能形式交互储存，不向外辐射声能量，声强为零 (因而，用声强来表征驻波声场的特性是不恰当的，但是在扩散场中还是有意义的，见 5.3.2 小节讨论). 例如，对一维驻波场

$$\begin{aligned}p(x,t)&=p_0\cos\left(\frac{\omega}{c_0}x\right)\exp(-\mathrm{i}\omega t)\\v(x,t)&=-\frac{p_0}{\mathrm{i}\rho_0c_0}\sin\left(\frac{\omega}{c_0}x\right)\exp(-\mathrm{i}\omega t)\end{aligned}\tag{1.3.9f}$$

瞬态能量密度为

$$w(x,t)=\frac{p_0^2}{2\rho_0c_0^2}\left[\sin^2\left(\frac{\omega}{c_0}x\right)\sin^2(\omega t)+\cos^2\left(\frac{\omega}{c_0}x\right)\cos^2(\omega t)\right] \tag{1.3.9g}$$

式中，第一、二项分别是动能密度和势能密度. 可见，当动能极大时，势能极小，反之亦然. 声能流矢量为

$$\boldsymbol{I}=\mathrm{Re}(p)\mathrm{Re}(\boldsymbol{v})=-\frac{p_0^2}{4\rho_0c_0}\sin\left(\frac{2\omega}{c_0}x\right)\sin(2\omega t) \tag{1.3.9h}$$

显然，平均声强 $\bar{\boldsymbol{I}}=0$，而声场的时间平均能量密度 $\bar{\varepsilon}=p_0^2/(4\rho_0c_0^2)$ 不为零.

线性化条件 对平面行波 (1.3.7b)，近似条件方程 (1.1.22) 中第二式变成 $|\boldsymbol{v}|\ll c_0$，或

$$|p|\ll\rho_0c_0^2 \tag{1.3.10a}$$

对一般的声波，上式总是成立的. 例如，大声说话时的声压约为 $|p|=0.1\mathrm{Pa}$，那么

$$|\boldsymbol{v}|=\frac{|p|}{z_0}\sim 2.5\times10^{-4}\mathrm{m\ /\ s}\ll c_0 \tag{1.3.10b}$$

可见平面波条件一般是满足的. 注意：流体元振动速度与声速完全是两回事，前者表示流体元在平衡点附近作振动的速度，而后者是振动传播的速度.

质点的位移 在流体运动的 Euler 描述中，我们较少关心流体的位移场，为了有一个数量级的概念，仍然考虑空气中 $|p|=0.1\mathrm{Pa}$ 的声压，在频率 $f=1000\mathrm{Hz}$ 时，质点的位移大致为

$$|\boldsymbol{\xi}|=\frac{|p|}{2\pi z_0f}\sim 4\times10^{-8}\mathrm{m}\sim 4\mathrm{nm} \tag{1.3.10c}$$

可见，流体元的位移是很小的.

声速 由方程 (1.1.25a)，声速 (也称为**等熵声速**) 为 $c_0=\sqrt{(\mathrm{d}P/\mathrm{d}\rho)_{s,0}}$. 对理想气体，绝热状态方程为 $PV^\gamma=P_0V_0^\gamma$，即 $P/\rho^\gamma=P_0/\rho_0^\gamma$，因此声速为 $c_0=\sqrt{\gamma P_0/\rho_0}$，其中，$\gamma=c_P/c_V$ 为定压与定容比热之比. 对单原子理想气体 (如氦气)，$\gamma=5/3$；对双原子理想气体 (如氢气)，$\gamma=7/5=1.4$；多原子理想气体，$\gamma=4/3$. 对空气，$\gamma=1.402$. 在标准大气压 $P_0=1.013\times10^5\mathrm{Pa}$，温度为 0°C时，空气的密度 $\rho_0=1.293\mathrm{kg/m^3}$，计算得到空气中的声速 $c_0(0°\mathrm{C})=331.6\mathrm{m\ /\ s}$. 利用理想气体的状态方程 $PV=MRT/\mu=Nk_\mathrm{B}T$(其中 P，V，T 和 N 分别为 M 千克气体的压强、体积、绝对温度和分子数，$k_\mathrm{B}\approx1.38\times10^{-23}\mathrm{J\ /\ K}$ 为 Boltzmann 常数，$\mu=29\times10^{-3}\mathrm{kg\ /\ mol}$ 为空气摩尔量，$R=8.31\ \mathrm{J/K\cdot mol}$ 为气体常数)，空气中声速与温度的关系为

$$c_0=\sqrt{\frac{\gamma RT}{\mu}}=\sqrt{\frac{\gamma R}{\mu}(273+t)}\approx 331.6+0.6t\ (\mathrm{m\ /\ s}) \tag{1.3.10d}$$

其中，t 为摄氏温度. 例如，$t = 20°C$时，声速 $c_0(20°C) = 334\text{m / s}$，密度 $\rho_0 = 1.21\text{kg/m}^3$, 故空气的特性阻抗率为 $\rho_0 c_0 \approx 415\text{N} \cdot \text{s/m}^3$.

注意到气体分子的能量均分定理 $k_B T = m\langle v^2 \rangle /3$(其中 m 是气体分子的质量)，声速与气体分子运动的均方平均速度 $v_{平均} \equiv \sqrt{\langle v^2 \rangle}$ 的关系为

$$c_0 = \sqrt{\frac{\gamma k_B T}{m}} = \sqrt{\frac{\gamma \langle v^2 \rangle}{3}} = \sqrt{\frac{\gamma}{3}} v_{平均} \tag{1.3.10e}$$

可见，声速与气体分子运动的均方平均速度大致在一个量级.

对非理想气体或流体，不可能写出绝热状态方程. 这时通常用介质的绝热压缩系数

$$\kappa_s = -\frac{1}{V}\left(\frac{dV}{dP}\right)_s \tag{1.3.11a}$$

来表达声速 $c_0 = 1/\sqrt{\kappa_s \rho_0}$. 对温度 $t = 20°C$ 的水，$\rho_0 = 998\text{kg/m}^3$, $c_0 \approx 1487\text{m / s}$，故水的特性阻抗率为 $\rho_0 c_0 \approx 1.48 \times 10^6 \text{N} \cdot \text{s/m}^3$. 当水温在 $0 \sim 20°C$，压力在 1~100atm (10^5 ~10^7Pa) 时，水中声速的经验公式为

$$c_0 = 1447 + 4.0(t - 10) + 1.6 \times 10^{-6} P_0 \ (\text{m / s}) \tag{1.3.11b}$$

其中，P_0 的单位为 Pa. 在理论估算中，经常取 $c_0 \approx 1500\text{m / s}$，就可以得到较高的精度. 注意：在海水中，声速还与海水中盐的含量有关，设盐浓度 (salinity) 为 S (g/kg) (每 kg 海水中所含固体物质的克数)，当 $S \sim 35$ 左右时 (99.5%的海水的盐度在 33~37)，海水中声速的经验公式为

$$c_0 = 1490 + 3.6(t - 10) + 1.6 \times 10^{-6} P_0 + 1.3(S - 35) \ (\text{m / s}) \tag{1.3.11c}$$

1.3.2　角谱展开、倏逝波和能量关系

频域展开　忽略时谐变化部分，把平面波解写成

$$p(x, y, z, \omega) = A \exp[i(k_x x + k_y y + k_z z)] \tag{1.3.12a}$$

必须注意的是：上式对任意的 k_x,k_y 和 k_z 都成立，只要满足 $k_x^2 + k_y^2 + k_z^2 = (\omega/c_0)^2$. 事实上，即使 k_x 和 k_y 取得足够大，使

$$k_z = \pm\sqrt{\frac{\omega^2}{c_0^2} - k_x^2 - k_y^2} = \pm i\sqrt{k_x^2 + k_y^2 - \frac{\omega^2}{c_0^2}} = \pm i\gamma \tag{1.3.12b}$$

为纯虚数，方程 (1.3.12a) 仍然是波动方程的解. 根据叠加原理，方程 (1.3.12a) 的积分仍然是波动方程的解

$$p(x, y, z, \omega) = \iint A(k_x, k_y, \omega) \exp[i(k_x x + k_y y \pm \beta_z z)] dk_x dk_y \tag{1.3.12c}$$

其中，令 $k_z = \pm\sqrt{\omega^2/c_0^2 - k_x^2 - k_y^2} \equiv \pm\beta_z$. 上式相当于把任意声压用平面波展开. 注意：因为 $k_x^2 + k_y^2 + k_z^2 = k^2 = \omega^2/c_0^2$，$(k_x, k_y, k_z)$ 中只有二个是独立的，取哪二个由具体问题决定.

角谱展开 我们的问题是：已知平面 $z = z_0$ 上的声压分布 $p(x, y, z_0, \omega)$，求空间任意一点的声压 $p(x, y, z, \omega)$. 过程如下：通过求二维 Fourier 变换得到平面 $z = z_0$ 上的二维 Fourier 谱 $p(k_x, k_y, z_0, \omega)$

$$
\begin{aligned}
p(k_x, k_y, z_0, \omega) &= \frac{1}{(2\pi)^2} \iint p(x, y, z_0, \omega) \exp[-\mathrm{i}(k_x x + k_y y)] \mathrm{d}x \mathrm{d}y \\
p(x, y, z_0, \omega) &= \iint p(k_x, k_y, z_0, \omega) \exp[\mathrm{i}(k_x x + k_y y)] \mathrm{d}k_x \mathrm{d}k_y
\end{aligned}
\tag{1.3.13a}
$$

而由方程 (1.3.12c)

$$
p(x, y, z_0, \omega) = \iint A(k_x, k_y, \omega) \exp(\pm \mathrm{i}\beta_z z_0) \exp[\mathrm{i}(k_x x + k_y y)] \mathrm{d}k_x \mathrm{d}k_y \tag{1.3.13b}
$$

比较上式与方程 (1.3.13a)，显然

$$
A(k_x, k_y, \omega) = p(k_x, k_y, z_0, \omega) \exp(\mp \mathrm{i}\beta_z z_0) \tag{1.3.13c}
$$

代入方程 (1.3.12c)，可得到任意平面上的声压分布

$$
p(x, y, z, \omega) = \iint p(k_x, k_y, z_0, \omega) \mathrm{e}^{\pm \mathrm{i}\beta_z (z - z_0)} \exp[\mathrm{i}(k_x x + k_y y)] \mathrm{d}k_x \mathrm{d}k_y \tag{1.3.14a}
$$

可见：因子 $\exp[\pm\mathrm{i}\beta_z(z - z_0)]$ 相当于把 $z = z_0$ 平面上的谱 $p(k_x, k_y, z_0, \omega)$ 传播到任意平面上. 关于方程 (1.3.14a) 中 “±” 的讨论：显然，在以 $k_0 = \omega/c_0$ 为半径的圆外 $\beta_z^2 = k_0^2 - (k_x^2 + k_y^2) < 0$，因此, 当 $z - z_0 > 0$ 时，取 “+”；否则，当 $z - z_0 \to \infty$ 时，出现指数增长，而这是非物理的；同理，如果 $z - z_0 < 0$，取 “−”. 因此，方程 (1.3.14a) 可以统一写成

$$
p(x, y, z, \omega) = \iint p(k_x, k_y, z_0, \omega) \exp[\mathrm{i}(k_x x + k_y y + \beta_z |z - z_0|)] \mathrm{d}k_x \mathrm{d}k_y \tag{1.3.14b}
$$

上式把空间任意一点的声压用 $z = z_0$ 平面上的谱 $p(k_x, k_y, z_0, \omega)$ 表示，称为**角谱展开**，$p(k_x, k_y, z_0, \omega)$ 称为**角谱**(angular spectrum, 不同方向的空间谱，故称为**角谱**).

注意：角谱展开方程 (1.3.14b) 实际上是下列 Helmholtz 方程边值问题的解

$$
\begin{aligned}
&\frac{\partial^2 p}{\partial x^2} + \frac{\partial^2 p}{\partial y^2} + \frac{\partial^2 p}{\partial z^2} + \frac{\omega^2}{c_0^2} p = 0 \\
&p(x, y, z)|_{z=z_0} = p(x, y, z_0)
\end{aligned}
\tag{1.3.14c}
$$

其中，变量范围为 $-\infty<(x,y)<\infty$，而 $z>z_0$ 或者 $z<z_0$.

倏逝波　方程 (1.3.14b) 中的二重积分可分成二部分：半径 ω/c_0 的圆内和圆外. 圆外的积分部分为

$$p_{\text{圆外}}(x,y,z,\omega)=\iint_{\text{圆外}}p(k_x,k_y,z_0,\omega)\mathrm{e}^{-\gamma|z-z_0|}\exp[\mathrm{i}(k_xx+k_yy)]\mathrm{d}k_x\mathrm{d}k_y \quad (1.3.14\mathrm{d})$$

式中，令 $\beta_z=\sqrt{k_0^2-k_x^2-k_y^2}=\mathrm{i}\sqrt{k_x^2+k_y^2-k_0^2}\equiv\mathrm{i}\gamma$. 显然，这部分的贡献随 z 衰减——称为**倏逝波**(evanescent wave).

复波矢量　方程 (1.3.12a) 是 Helmholtz 的解，而且仅仅要求满足关系

$$k_x^2+k_y^2+k_z^2=\left(\frac{\omega}{c_0}\right)^2 \quad (1.3.15\mathrm{a})$$

其中，波矢量 $\boldsymbol{k}$ 的分量之一或者二个完全可以是虚数. 设 $\boldsymbol{k}=(k_x,k_y,k_z)=\boldsymbol{k}_\mathrm{R}+\mathrm{i}\boldsymbol{k}_\mathrm{I}$ 为复波矢量，代入上式得到

$$(\boldsymbol{k}_\mathrm{R}\cdot\boldsymbol{k}_\mathrm{R}-\boldsymbol{k}_\mathrm{I}\cdot\boldsymbol{k}_\mathrm{I})+2\mathrm{i}\boldsymbol{k}_\mathrm{R}\cdot\boldsymbol{k}_\mathrm{I}=\left(\frac{\omega}{c_0}\right)^2 \quad (1.3.15\mathrm{b})$$

比较二边得到

$$(\boldsymbol{k}_\mathrm{R}\cdot\boldsymbol{k}_\mathrm{R}-\boldsymbol{k}_\mathrm{I}\cdot\boldsymbol{k}_\mathrm{I})=\left(\frac{\omega}{c_0}\right)^2;\ \boldsymbol{k}_\mathrm{R}\cdot\boldsymbol{k}_\mathrm{I}=0 \quad (1.3.15\mathrm{c})$$

显然第二式要求 $\boldsymbol{k}_\mathrm{R}$ 与 $\boldsymbol{k}_\mathrm{I}$ 垂直. 矢量形式的**复波矢量**平面波为

$$p(\boldsymbol{r},\omega)=A(\omega)\mathrm{e}^{-\boldsymbol{k}_\mathrm{I}\cdot\boldsymbol{r}}\exp(\mathrm{i}\boldsymbol{k}_\mathrm{R}\cdot\boldsymbol{r})\quad(\boldsymbol{k}_\mathrm{R}\cdot\boldsymbol{k}_\mathrm{I}=0) \quad (1.3.15\mathrm{d})$$

因此，等相位面与等波幅面是二个相互垂直的平面，在 $\boldsymbol{k}_\mathrm{I}$ 平面的法向，$p(\boldsymbol{r},\omega)$ 就是倏逝波. 但对全空间问题，上式在 $\boldsymbol{k}_\mathrm{I}$ 平面中 $\boldsymbol{r}$ 相反的方向发散，故一般取 $A(\omega)\equiv0$，但对半空间或者有限空间问题，为了满足边界条件，在边界附件，倏逝波是十分重要的，见 1.4.2 小节的讨论.

平面波展开的能量关系　对任意瞬态声场的空间部分作平面波展开

$$p(\boldsymbol{r},t)=\int q(\boldsymbol{k},t)\exp(\mathrm{i}\boldsymbol{k}\cdot\boldsymbol{r})\mathrm{d}^3\boldsymbol{k} \quad (1.3.16\mathrm{a})$$

相应的速度场为

$$\boldsymbol{v}=-\frac{1}{\rho_0}\int\nabla p\mathrm{d}t=-\frac{\mathrm{i}}{\rho_0}\int\boldsymbol{k}Q(\boldsymbol{k},t)\exp(\mathrm{i}\boldsymbol{k}\cdot\boldsymbol{r})\mathrm{d}^3\boldsymbol{k} \quad (1.3.16\mathrm{b})$$

其中，为了方便定义

$$Q(\boldsymbol{k},t)\equiv\int q(\boldsymbol{k},t)\mathrm{d}t \quad (1.3.16\mathrm{c})$$

因此

$$\int_V |\boldsymbol{v}|^2 \mathrm{d}^3\boldsymbol{r} = \frac{(2\pi)^3}{\rho_0^2} \int |\boldsymbol{k}|^2 Q(\boldsymbol{k},t) Q^*(\boldsymbol{k},t) \mathrm{d}^3\boldsymbol{k} \tag{1.3.16d}$$

得到上式，利用了正交性关系

$$\delta(\boldsymbol{k}' - \boldsymbol{k}) = \frac{1}{(2\pi)^3} \int_V \exp[\mathrm{i}(\boldsymbol{k}' - \boldsymbol{k}) \cdot \boldsymbol{r}] \mathrm{d}^3\boldsymbol{r} \tag{1.3.17}$$

同理得到

$$\int_V |p|^2 \mathrm{d}^3\boldsymbol{r} = (2\pi)^3 \int q(\boldsymbol{k},t) q^*(\boldsymbol{k},t) \mathrm{d}^3\boldsymbol{k} \tag{1.3.18a}$$

注意到在无源空间，把方程 (1.3.16a) 代入方程 (1.3.5a)，则 $q(\boldsymbol{k},t)$ 必须满足

$$\ddot{q}(\boldsymbol{k},t) + c_0^2 |\boldsymbol{k}|^2 q(\boldsymbol{k},t) = 0 \tag{1.3.18b}$$

故存在简单关系

$$Q(\boldsymbol{k},t) = -\frac{1}{c_0^2 |\boldsymbol{k}|^2} \dot{q}(\boldsymbol{k},t) \tag{1.3.18c}$$

因此，由方程 (1.3.16d) 和 (1.3.18a) 得到声场总能量为

$$\begin{aligned} E(t) &= \frac{(2\pi)^3}{2\rho_0 c_0^2} \int \left[\frac{1}{c_0^2 |\boldsymbol{k}|^2} \dot{q}(\boldsymbol{k},t) \dot{q}^*(\boldsymbol{k},t) + q(\boldsymbol{k},t) q^*(\boldsymbol{k},t) \right] \mathrm{d}^3\boldsymbol{k} \\ &= \frac{1}{2\rho_0 c_0^2} \int \left[\frac{1}{c_0^2 |\boldsymbol{k}|^2} \left| \dot{\tilde{q}}(\boldsymbol{k},t) \right|^2 + |\tilde{q}(\boldsymbol{k},t)|^2 \right] \mathrm{d}^3\boldsymbol{k} \end{aligned} \tag{1.3.18d}$$

其中，$\tilde{q}(\boldsymbol{k},t) \equiv (2\pi)^{3/2} q(\boldsymbol{k},t)$. 上式表明，声场总能量是各个平面波能量的叠加，每个平面波是相互独立的.

1.3.3 有源问题的平面波展开法和三维 Green 函数

考虑无限空间中由声源 $\Im(\boldsymbol{r},t)$ 激发的声场，声场满足

$$\frac{1}{c_0^2} \frac{\partial^2 p}{\partial t^2} - \nabla^2 p = \Im(\boldsymbol{r},t) \tag{1.3.19a}$$

我们把空间声场用平面波来展开，即表示为方程(1.3.16a) 的形式，代入方程(1.3.19a) 得到

$$\int \left[\frac{1}{c_0^2} \frac{\mathrm{d}^2 q(\boldsymbol{k},t)}{\mathrm{d}t^2} + k^2 q(\boldsymbol{k},t) \right] \exp(\mathrm{i}\boldsymbol{k} \cdot \boldsymbol{r}) \mathrm{d}^3\boldsymbol{k} = \Im(\boldsymbol{r},t) \tag{1.3.19b}$$

因此 $q(\boldsymbol{k},t)$ 满足的方程为

$$\frac{1}{c_0^2} \frac{\mathrm{d}^2 q(\boldsymbol{k},t)}{\mathrm{d}t^2} + k^2 q(\boldsymbol{k},t) = \Im(\boldsymbol{k},t) \tag{1.3.19c}$$

其中，$\Im(\boldsymbol{k},t)$ 为 $\Im(\boldsymbol{r},t)$ 的空间谱

$$\Im(\boldsymbol{k},t)=\frac{1}{(2\pi)^3}\int\Im(\boldsymbol{r},t)\exp(-\mathrm{i}\boldsymbol{k}\cdot\boldsymbol{r})\mathrm{d}^3\boldsymbol{r} \tag{1.3.19d}$$

方程 (1.3.19c) 的特解 (零初始条件)

$$q(\boldsymbol{k},t)=\frac{c_0}{k}\int_0^t\Im(\boldsymbol{k},\tau)\sin[c_0k(t-\tau)]\mathrm{d}\tau \tag{1.3.20}$$

因此，由方程 (1.3.16a)，(1.3.19d) 和 (1.3.20) 得到空间声场分布为

$$p(\boldsymbol{r},t)=\int_0^\infty\int\Im(\boldsymbol{r}',\tau)H(t-\tau)G(\boldsymbol{r}-\boldsymbol{r}',t-\tau)\mathrm{d}^3\boldsymbol{r}'\mathrm{d}\tau \tag{1.3.21a}$$

其中，$\boldsymbol{k}$ 空间积分为

$$G(\boldsymbol{r}-\boldsymbol{r}',t-\tau)\equiv\frac{1}{(2\pi)^3}\int\frac{c_0\sin[c_0k(t-\tau)]}{k}\exp[\mathrm{i}\boldsymbol{k}\cdot(\boldsymbol{r}-\boldsymbol{r}')]\mathrm{d}^3\boldsymbol{k} \tag{1.3.21b}$$

由于积分过程中 $(\boldsymbol{r}-\boldsymbol{r}')$ 是常矢量，故取 $(\boldsymbol{r}-\boldsymbol{r}')$ 为 k_z 方向，于是

$$\int_0^\pi\exp[\mathrm{i}k|\boldsymbol{r}-\boldsymbol{r}'|\cos\vartheta]\sin\vartheta\mathrm{d}\vartheta=\frac{2\sin(k|\boldsymbol{r}-\boldsymbol{r}'|)}{k|\boldsymbol{r}-\boldsymbol{r}'|} \tag{1.3.21c}$$

方程 (1.3.21b) 成为

$$\begin{aligned}G(\boldsymbol{r}-\boldsymbol{r}',t-\tau)&=\frac{1}{4\pi^2}\frac{c_0}{|\boldsymbol{r}-\boldsymbol{r}'|}\int_{-\infty}^\infty\sin(k|\boldsymbol{r}-\boldsymbol{r}'|)\sin[c_0k(t-\tau)]\mathrm{d}k\\&=\frac{1}{4\pi|\boldsymbol{r}-\boldsymbol{r}'|}\left[\delta\left(\frac{|\boldsymbol{r}-\boldsymbol{r}'|}{c_0}-t+\tau\right)-\delta\left(\frac{|\boldsymbol{r}-\boldsymbol{r}'|}{c_0}+t-\tau\right)\right]\end{aligned} \tag{1.3.22a}$$

得到上式，利用了关系

$$\delta(x)=\frac{1}{2\pi}\int_{-\infty}^\infty\cos(kx)\mathrm{d}x \tag{1.3.22b}$$

方程 (1.3.21a) 中要求 $\tau<t$，故方程 (1.3.22a) 中只能取第一个 Dirac Delta 函数，即

$$\begin{aligned}G(\boldsymbol{r}-\boldsymbol{r}',t-\tau)&=\frac{1}{4\pi|\boldsymbol{r}-\boldsymbol{r}'|}\delta\left[\tau-\left(t-\frac{|\boldsymbol{r}-\boldsymbol{r}'|}{c_0}\right)\right]\\&=\frac{1}{4\pi|\boldsymbol{r}-\boldsymbol{r}'|}\delta\left[t-\left(\tau+\frac{|\boldsymbol{r}-\boldsymbol{r}'|}{c_0}\right)\right]\end{aligned} \tag{1.3.22c}$$

得到上式的第二个等式，利用了 δ 函数的偶函数性质，即 $\delta(-t)=\delta(t)$. 上式的物理意义很明显：$G(\boldsymbol{r}-\boldsymbol{r}',t-\tau)$ 表示位于 $\boldsymbol{r}'$ 的点源，在 τ 时刻发出一个 δ 脉冲，即 $\delta(t-\tau)$，故满足方程

$$\nabla^2G-\frac{1}{c_0^2}\frac{\partial^2G}{\partial t^2}=-\delta(\boldsymbol{r},\boldsymbol{r}')\delta(t-\tau) \tag{1.3.22d}$$

因此，称 $G(\boldsymbol{r}-\boldsymbol{r}',t-\tau)$ 为方程 (1.3.19a) 的**含时 Green 函数**. 把方程 (1.3.22c) 代入方程 (1.3.21a) 得到

$$p(\boldsymbol{r},t)=\frac{1}{4\pi}\int\frac{1}{|\boldsymbol{r}-\boldsymbol{r}'|}\Im\left(\boldsymbol{r}',t-\frac{|\boldsymbol{r}-\boldsymbol{r}'|}{c_0}\right)\mathrm{d}^3\boldsymbol{r}' \tag{1.3.23a}$$

上式表明: $\boldsymbol{r}$ 点、t 时刻的声场 $p(\boldsymbol{r},t)$ 是 $\boldsymbol{r}'$ 点较早时刻源的贡献，$(t-|\boldsymbol{r}-\boldsymbol{r}'|/c_0)$ 称为**推迟时间**.

频域 Green 函数 求方程 (1.3.23a) 的 Fourier 变换，可以得到频域解

$$\begin{aligned}p(\boldsymbol{r},\omega)&=\frac{1}{2\pi}\int_{-\infty}^{\infty}p(\boldsymbol{r},t)\exp(\mathrm{i}\omega t)\mathrm{d}t\\&=\frac{1}{8\pi^2}\int\left[\int_{-\infty}^{\infty}\frac{1}{|\boldsymbol{r}-\boldsymbol{r}'|}\Im\left(\boldsymbol{r}',t-\frac{|\boldsymbol{r}-\boldsymbol{r}'|}{c_0}\right)\exp(\mathrm{i}\omega t)\mathrm{d}t\right]\mathrm{d}^3\boldsymbol{r}'\end{aligned} \tag{1.3.23b}$$

令 $t'=t-|\boldsymbol{r}-\boldsymbol{r}'|/c_0$，上式变成

$$p(\boldsymbol{r},\omega)=\int\Im(\boldsymbol{r}',\omega)\frac{\exp(\mathrm{i}k_0|\boldsymbol{r}-\boldsymbol{r}'|)}{4\pi|\boldsymbol{r}-\boldsymbol{r}'|}\mathrm{d}^3\boldsymbol{r}' \tag{1.3.23c}$$

其中，$\Im(\boldsymbol{r}',\omega)$ 为频谱

$$\Im(\boldsymbol{r}',\omega)\equiv\frac{1}{2\pi}\int_{-\infty}^{\infty}\Im(\boldsymbol{r}',t')\exp(\mathrm{i}\omega t')\mathrm{d}t' \tag{1.3.23d}$$

当 $\Im(\boldsymbol{r}',\omega)=\delta(\boldsymbol{r}'-\boldsymbol{r}_0)$ 时，由方程 (1.3.23c)

$$p(\boldsymbol{r},\omega)=\frac{\exp(\mathrm{i}k_0|\boldsymbol{r}-\boldsymbol{r}_0|)}{4\pi|\boldsymbol{r}-\boldsymbol{r}_0|}\equiv g(|\boldsymbol{r}-\boldsymbol{r}_0|) \tag{1.3.24a}$$

显然，$g(|\boldsymbol{r}-\boldsymbol{r}_0|)$ 满足 Helmholtz 波动方程

$$\nabla^2 g+k_0^2 g=-\delta(\boldsymbol{r}-\boldsymbol{r}') \tag{1.3.24b}$$

故称 $g(|\boldsymbol{r}-\boldsymbol{r}_0|)$ 为**自由空间的单频 Green 函数**，或者简称为**频域 Green 函数**.

1.3.4 球面行波、平面波展开和 Weyl 公式

如图 1.3.3，球坐标与直角坐标的变换关系为

$$x=r\sin\vartheta\cos\varphi;\ y=r\sin\vartheta\sin\varphi;\ z=r\cos\vartheta \tag{1.3.25a}$$

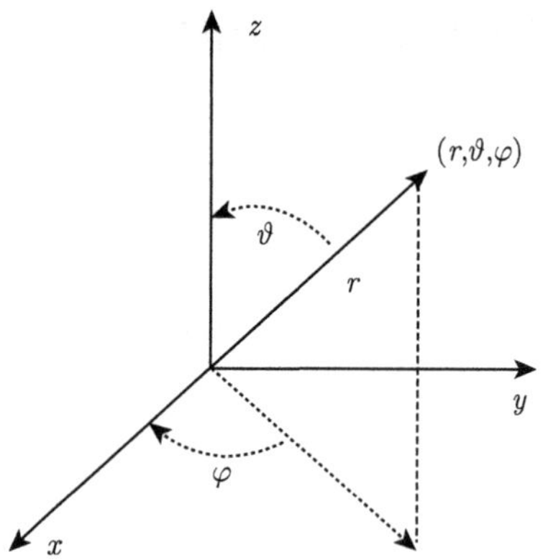

图 1.3.3　球坐标系

在球坐标 (r,ϑ,φ) 中，声波方程为

$$\nabla^2 p - \frac{1}{c_0^2}\frac{\partial^2 p}{\partial t^2} = 0 \tag{1.3.25b}$$

其中，球坐标中 Laplace 算子为

$$\nabla^2 \equiv \frac{1}{r^2}\frac{\partial}{\partial r}\left(r^2\frac{\partial}{\partial r}\right) + \frac{1}{r^2\sin\vartheta}\frac{\partial}{\partial\vartheta}\left(\sin\vartheta\frac{\partial}{\partial\vartheta}\right) + \frac{1}{r^2\sin^2\vartheta}\frac{\partial^2}{\partial\varphi^2} \tag{1.3.25c}$$

设 $p(r,\vartheta,\varphi,t) = p(r,t)$ 与极角 ϑ 和方位角 φ 无关 (与极角和方位角有关的一般情况见 2.4 节讨论)，方程 (1.3.25b) 简化为

$$\frac{1}{r^2}\frac{\partial}{\partial r}\left(r^2\frac{\partial p}{\partial r}\right) - \frac{1}{c_0^2}\frac{\partial^2 p}{\partial t^2} = 0 \tag{1.3.25d}$$

令变换 $p(r,t) = \psi(r,t)/r$，代入上式得到

$$\frac{\partial^2 \psi}{\partial r^2} - \frac{1}{c_0^2}\frac{\partial^2 \psi}{\partial t^2} = 0 \tag{1.3.25e}$$

上式与方程 (1.3.1a) 完全一样，故方程 (1.3.25d) 的行波解为

$$p(r,t) = \frac{1}{r}[f(r-c_0t) + g(r+c_0t)] \tag{1.3.25f}$$

显然，等值面方程为 $r \pm c_0 t =$ 常数. 对固定的时间 t_i $(i=1,2,3,\cdots)$，$r =$ 常数 $\mp c_0 t_i$ 是三维空间一系列球面方程. 当取 "+" 号时，球面半径随时间增加而变大，因此 $f(r-c_0t)/r$ 表示由原点向外传播的扩散波；反之，当取 "−" 号时，球面半径随时间增加而变小，故 $g(r+c_0t)/r$ 表示由远处向原点传播的会聚波. 这样的波称为**球面波**.

单频球面行波 取 $p(r,t)$ 的形式

$$p(r,t)=\frac{p_0}{r}\exp\left[\mathrm{i}\frac{\omega}{c_0}(r\pm c_0t)\right]=\frac{p_0}{r}\exp[\mathrm{i}(k_0r\pm\omega t)] \tag{1.3.26a}$$

其中，$k_0=\omega/c_0$，称为**单频球面波**. 由方程 (1.3.8a) 得到流体元的速度

$$\boldsymbol{v}(r,t)=\mp\frac{1}{\rho_0}\frac{1}{\mathrm{i}\omega}\frac{\partial p}{\partial r}\boldsymbol{e}_r=\mp\frac{1}{\rho_0c_0}\left(1+\frac{\mathrm{i}}{k_0r}\right)p(r,t)\boldsymbol{e}_r \tag{1.3.26b}$$

其中，$\boldsymbol{e}_r$ 为径向单位矢量. 可见，流体元速度只有径向分量，但速度与声压存在相位差，只有在远场，声压与速度同相.

注意: 如果我们把声速定义为速度场等相位面传播的速度，那么把方程 (1.3.26b) 改写成

$$\boldsymbol{v}(r,t)=\mp\frac{p_0}{\rho_0c_0r}\sqrt{1+\frac{1}{(k_0r)^2}}\exp[\mathrm{i}(k_0r\pm\omega t+\varphi)]\boldsymbol{e}_r \tag{1.3.26c}$$

其中，$\tan\varphi=1/(k_0r)$. 故速度场的等相位面为 $k_0r\pm\omega t+\varphi=$ 常数, 二边对时间求导得

$$k_0\frac{\mathrm{d}r}{\mathrm{d}t}\pm\omega+\frac{\mathrm{d}\varphi}{\mathrm{d}t}=k_0\frac{\mathrm{d}r}{\mathrm{d}t}\pm\omega+\frac{\mathrm{d}\varphi}{\mathrm{d}r}\frac{\mathrm{d}r}{\mathrm{d}t}=0 \tag{1.3.26d}$$

故速度场的相速度为

$$c_0^v\equiv\frac{\mathrm{d}r}{\mathrm{d}t}=\mp c_0\left(1+\frac{1}{k_0}\frac{\mathrm{d}\varphi}{\mathrm{d}r}\right)^{-1}=\mp c_0\left[1+\frac{1}{(k_0r)^2}\right] \tag{1.3.26e}$$

可见，$|c_0^v|>c_0$，特别是在声源处，速度场的相速度远大于声压场的相速度, 只有在远场条件下，二者才相等.

声阻抗率 显然单频球面波的声阻抗率为

$$z_n=\frac{p(r,t)}{v_r(r,t)}=\mp\rho_0c_0\frac{k_0r}{k_0r+\mathrm{i}} \tag{1.3.27}$$

远场 $k_0r\gg1$，$z_n\approx\mp\rho_0c_0$，与平面波类似. 比较上式与方程 (1.3.8c) 可知，声阻抗率不仅与声波传播方向有关，而且与声波波型也有关.

能流矢量 由方程 (1.2.6c)，声能流矢量为

$$\boldsymbol{I}=\mathrm{Re}(p)\mathrm{Re}(\boldsymbol{v})=\mp\frac{|p_0|^2}{\rho_0c_0r^2}\left[\cos^2(k_0r\pm\omega t)-\frac{1}{2k_0r}\cos2(k_0r\pm\omega t)\right]\boldsymbol{e}_r \tag{1.3.28a}$$

分二种情况讨论.

(1) 远场 $k_0r\gg1$

$$\boldsymbol{I}\approx\mp\frac{|p_0|^2}{\rho_0c_0r^2}\cos^2(k_0r\pm\omega t)\boldsymbol{e}_r \tag{1.3.28b}$$

(2) 近场 $k_0r \ll 1$

$$\boldsymbol{I} \approx \pm \frac{|p_0|^2}{\rho_0 c_0 r^2} \cdot \frac{1}{2k_0 r} \cos 2(k_0 r \pm \omega t)\boldsymbol{e}_r \tag{1.3.28c}$$

由以上二式可看出：在远场，能流矢量存在直流项，时间平均为

$$\bar{\boldsymbol{I}} \approx \mp \frac{|p_0|^2}{2\rho_0 c_0 r^2}\boldsymbol{e}_r = \mp \frac{p_{\mathrm{rms}}^2}{\rho_0 c_0}\boldsymbol{e}_r \tag{1.3.28d}$$

其中，$p_{\mathrm{rms}}^2 \equiv |p_0|/\sqrt{2}r$. 对近场能流矢量作时间平均，$\bar{\boldsymbol{I}} \approx 0$. 但是，如果直接对方程 (1.3.28a) 作时间平均，远场和近场的平均能流矢量都由方程 (1.3.28d) 表示. 可见，方程 (1.3.28a) 右边第二项并不向外辐射声能量.

声功率 声强 $\bar{\boldsymbol{I}}$ 为单位时间内、通过单位面积的声能量. 因此，通过半径为 r 的球面 S 的声能量为

$$\overline{W} = \iint_S \bar{\boldsymbol{I}} \cdot \boldsymbol{n}\mathrm{d}S \approx \mp \frac{|p_0|^2}{2\rho_0 c_0} \int_0^{\pi} \sin\vartheta \mathrm{d}\vartheta \int_0^{2\pi} \mathrm{d}\varphi = \mp 4\pi \frac{|p_0|^2}{2\rho_0 c_0} \tag{1.3.28e}$$

称为**声功率**. 可见声功率与球面半径无关. 特别要注意的是：在球坐标中，面积元为 $\mathrm{d}S = r^2 \sin\vartheta \mathrm{d}\vartheta \mathrm{d}\varphi$，出现半径 r 的平方，为了保证声功率与半径 r 无关，声压随距离必须是 $1/r$ 衰减的.

球面波用平面波展开 首先考虑简单的球面波

$$p(\boldsymbol{r}, \omega) = g(|\boldsymbol{r}|) = \frac{1}{4\pi|\boldsymbol{r}|} \exp(\mathrm{i}k_0|\boldsymbol{r}|) \tag{1.3.29a}$$

由方程 (1.3.24b)，$p(\boldsymbol{r}, \omega)$ 在直角坐标中满足非齐次波动方程

$$\left(\frac{\partial^2}{\partial x^2} + \frac{\partial^2}{\partial y^2} + \frac{\partial^2}{\partial z^2} + k_0^2\right) p(x, y, z, \omega) = -\delta(x)\delta(y)\delta(z) \tag{1.3.29b}$$

为了把球面波用平面波展开，令方程 (1.3.29b) 的解为平面波展开形式

$$p(x, y, z, \omega) = \int_{-\infty}^{\infty} \int_{-\infty}^{\infty} A(k_x, k_y, z) \exp[\mathrm{i}(k_x x + k_y y)] \mathrm{d}k_x \mathrm{d}k_y \tag{1.3.30a}$$

上式代入方程 (1.3.29b)，并注意到 (对 $\delta(y)$ 也有相同的关系)

$$\delta(x) = \frac{1}{2\pi} \int_{-\infty}^{\infty} \exp(\mathrm{i}k_x x) \mathrm{d}k_x \tag{1.3.30b}$$

方程 (1.3.30a) 变成

$$\begin{aligned} &\int_{-\infty}^{\infty} \int_{-\infty}^{\infty} \left\{[k_0^2 - (k_x^2 + k_y^2)] A(k_x, k_y, z) + \frac{\mathrm{d}^2 A(k_x, k_y, z)}{\mathrm{d}z^2}\right\} \mathrm{e}^{\mathrm{i}(k_x x + k_y y)} \mathrm{d}k_x \mathrm{d}k_y \\ &\quad = -\frac{1}{(2\pi)^2} \int_{-\infty}^{\infty} \int_{-\infty}^{\infty} \mathrm{e}^{\mathrm{i}(k_x x + k_y y)} \mathrm{d}k_x \mathrm{d}k_y \delta(z) \end{aligned} \tag{1.3.30c}$$

故 $A(k_x,k_y,z)$ 满足的方程为

$$\frac{\mathrm{d}^2A(k_x,k_y,z)}{\mathrm{d}z^2}+\xi^2A(k_x,k_y,z)=-\frac{1}{(2\pi)^2}\delta(z) \tag{1.3.30d}$$

其中，$\xi\equiv\sqrt{k_0^2-(k_x^2+k_y^2)}$. 上式的解可表示为

$$A(k_x,k_y,z)=\begin{cases}A\exp(+\mathrm{i}\xi z) & (z>0)\\ B\exp(-\mathrm{i}\xi z) & (z<0)\end{cases} \tag{1.3.31a}$$

显然，上式中 $z>0$ 为向上传播的平面波，而 $z<0$ 为向下传播的平面波. 决定系数 A 和 B 的连接条件

$$\begin{gathered}A(k_x,k_y,z)|_{z=0-0}=A(k_x,k_y,z)|_{z=0+0}\\ \left.\frac{\mathrm{d}A(k_x,k_y,z)}{\mathrm{d}z}\right|_{z=0+0}-\left.\frac{\mathrm{d}A(k_x,k_y,z)}{\mathrm{d}z}\right|_{z=0-0}=-\frac{1}{(2\pi)^2}\end{gathered} \tag{1.3.31b}$$

即 $A=B=\mathrm{i}/(8\pi^2\xi)$，代入方程 (1.3.31a)

$$A(k_x,k_y,z)=\frac{\mathrm{i}}{8\pi^2\xi}\exp(\mathrm{i}\xi|z|) \tag{1.3.32a}$$

上式代入方程 (1.3.30a)

$$p(x,y,z,\omega)=\frac{\mathrm{i}}{8\pi^2}\int_{-\infty}^{\infty}\int_{-\infty}^{\infty}\frac{1}{\xi}\exp[\mathrm{i}(k_xx+k_yy+\xi|z|)]\mathrm{d}k_x\mathrm{d}k_y \tag{1.3.32b}$$

由方程 (1.3.29b) 解的唯一性，方程 (1.3.29a) 与 (1.3.32b) 右边应该相等

$$\frac{\exp(\mathrm{i}k_0|\boldsymbol{r}|)}{4\pi|\boldsymbol{r}|}=\frac{\mathrm{i}}{8\pi^2}\int_{-\infty}^{\infty}\int_{-\infty}^{\infty}\frac{1}{\xi}\exp[\mathrm{i}(k_xx+k_yy+\xi|z|)]\mathrm{d}k_x\mathrm{d}k_y \tag{1.3.33a}$$

上式就是球面波用平面波展开的公式，称为 **Weyl 公式**. 当上式中点 (x,y,z) 到原点的距离 $|\boldsymbol{r}|=\sqrt{x^2+y^2+z^2}$ 改为任意二点 (x,y,z) 和 (x',y',z') 的距离 $|\boldsymbol{r}-\boldsymbol{r}'|$，展开式改为

$$\frac{\exp(\mathrm{i}k_0|\boldsymbol{r}-\boldsymbol{r}'|)}{4\pi|\boldsymbol{r}-\boldsymbol{r}'|}=\frac{\mathrm{i}}{8\pi^2}\iint\frac{1}{\xi}\mathrm{e}^{\mathrm{i}[\boldsymbol{k}_\rho\cdot(\boldsymbol{\rho}-\boldsymbol{\rho}')+\xi|z-z'|]}\mathrm{d}^2\boldsymbol{k}_\rho \tag{1.3.33b}$$

其中，$\boldsymbol{k}_\rho=(k_x,k_y)$，$\boldsymbol{\rho}=(x,y)$ 以及 $\boldsymbol{\rho}'=(x',y')$.

1.3.5 柱面行波、二维 Green 函数及其平面波展开

如图 1.3.4, 柱坐标与直角坐标的变换关系为

$$x=\rho\cos\varphi;\ y=\rho\sin\varphi;\ z=z \tag{1.3.34}$$

在柱坐标 (r,φ,z) 中，声波方程为

$$\left[\frac{1}{\rho}\frac{\partial}{\partial\rho}\left(\rho\frac{\partial}{\partial\rho}\right)+\frac{1}{\rho^2}\frac{\partial^2}{\partial\varphi^2}+\frac{\partial^2}{\partial z^2}\right]p-\frac{1}{c_0^2}\frac{\partial^2 p}{\partial t^2}=0 \tag{1.3.35a}$$

设 $p(\rho,\varphi,z,t)=p(\rho,t)$ 与方位角 φ 和 z 无关 (与方位角和 z 有关的一般情况见 2.3 节讨论)，方程 (1.3.35a) 简化为

$$\frac{1}{\rho}\frac{\partial}{\partial\rho}\left(\rho\frac{\partial p}{\partial\rho}\right)-\frac{1}{c_0^2}\frac{\partial^2 p}{\partial t^2}=0 \tag{1.3.35b}$$

因为在柱坐标系中，柱面面元为 $\mathrm{d}S=\rho\mathrm{d}\varphi\mathrm{d}z$，由此提示我们，柱面波应该随 $1/\sqrt{\rho}$ 衰减. 为此作变换 $p(\rho,t)=\psi(\rho,t)/\sqrt{\rho}$ 代入方程 (1.3.35b) 得

$$\frac{\partial^2\psi}{\partial\rho^2}+\frac{1}{4\rho^{5/2}}\psi-\frac{1}{c_0^2}\frac{\partial^2\psi}{\partial t^2}=0 \tag{1.3.35c}$$

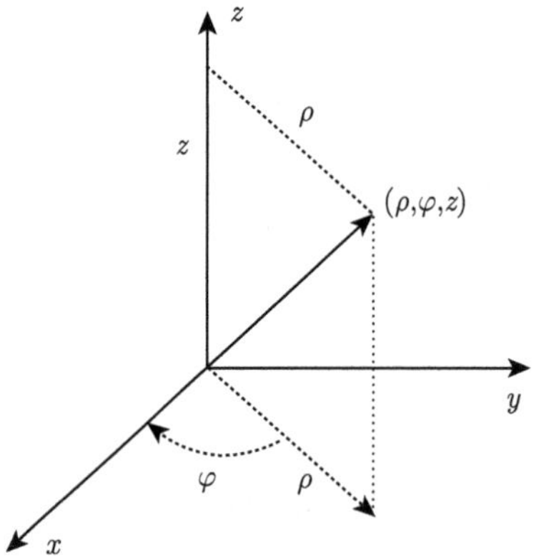

图 1.3.4　柱坐标系

比较方程 (1.3.25e)，方程 (1.3.35c) 要复杂得多，增加了一项变系数项. 因此，我们不可能得到如式 (1.3.25f) 那样简单的柱面行波. 但是，在远场 $\rho\to\infty$，忽略方程 (1.3.35c) 的中间一项得到

$$\frac{\partial^2\psi}{\partial\rho^2}-\frac{1}{c_0^2}\frac{\partial^2\psi}{\partial t^2}\approx 0 \tag{1.3.35d}$$

此时，存在标准的柱面行波

$$p(\rho,t)=\frac{\psi(\rho,t)}{\sqrt{\rho}}=\lim_{\rho\to\infty}\frac{1}{\sqrt{\rho}}[f(\rho-c_0t)+g(\rho+c_0t)] \tag{1.3.36a}$$

为什么在二维情况下，近场 (即 z 轴附近) 不存在如方程 (1.3.25f) 所表示的行波解呢？事实上，球面行波解，即方程 (1.3.25f) 中左边的第一项 $f(r-c_0t)/r$ 表

示原点存在点源 $4\pi\delta(\boldsymbol{r})f(t)$ 时向外辐射的声波，而在二维情况下，实际上是求 z 轴上存在无限长线源时向外辐射的声波, 无限长线源可看成一系列点源的叠加. 显然，z 轴上位于 $(0,0,z)$ 处 $\mathrm{d}z$ 段源 $f(t)$ 在 xOy 平面某点 $Q(x,y)$ 产生的声场为 (如图 1.3.5)

$$\mathrm{d}p=\frac{\mathrm{d}z}{\sqrt{\rho^2+z^2}}f\left(\sqrt{\rho^2+z^2}-c_0t\right) \tag{1.3.36b}$$

无限长线源在点 $Q(x,y)$ 产生的声场为

$$p(\rho,t)=\int_{-\infty}^{\infty}\frac{1}{\sqrt{\rho^2+z^2}}f\left(\sqrt{\rho^2+z^2}-c_0t\right)\mathrm{d}z \tag{1.3.36c}$$

令 $\sqrt{1+z^2/\rho^2}=\cosh u$，上式积分可化为

$$p(\rho,t)=2\int_0^{\infty}f(\rho\cosh u-c_0t)\mathrm{d}u \tag{1.3.36d}$$

显然，上式积分一般很难得到形式 $p\sim f_1(\rho-c_0t)/\sqrt{\rho}$ 的结果. 为了简单，设 $f(t)=A\delta(t)$(其中 A 为量纲常数)，代入方程 (1.3.36c)

$$p(\rho,t)=\int_{-\infty}^{\infty}\frac{A}{\sqrt{\rho^2+z^2}}\delta\left(\sqrt{\rho^2+z^2}-c_0t\right)\mathrm{d}z \tag{1.3.36e}$$

利用 δ 函数的性质

$$\delta[g(z)]=\sum_n\frac{1}{|g'(z_n)|}\delta(z-z_n) \tag{1.3.36f}$$

其中，z_n 是 $g(z)=0$ 的第 n 个实根. 当 $g(z)=\sqrt{\rho^2+z^2}-c_0t=0$ 时，只有二个根，它们为 $z_{\pm}=\pm\sqrt{c_0^2t^2-\rho^2}$. 当 $c_0t<\rho$ 时，方程 $g(z)=0$ 不存在实根，故式 (1.3.36e) 的积分为零；当 $c_0t>\rho$ 时，二个根 $z_{\pm}$ 为实的，不难求得式 (1.3.36e) 的积分. 于是

$$p(\rho,t)=\begin{cases}\dfrac{2A/c_0}{\sqrt{t^2-\rho^2/c_0^2}}, & t>\rho/c_0\\[2ex] 0, & t<\rho/c_0\end{cases} \tag{1.3.36g}$$

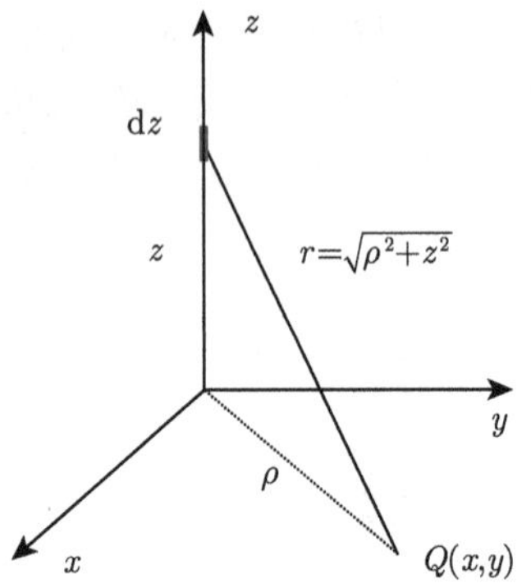

图 1.3.5　点源在 xOy 平面内产生声场

二维含时 Green 函数　事实上，上式乘以 $c_0/4\pi A$ 后 (注意：上式是源 $4\pi A\delta(\boldsymbol{\rho})\delta(t)$ 产生的声场，比 Green 函数的定义多一个 4π 因子) 就是二维含时 Green 函数，$G_{2\mathrm{D}}(\boldsymbol{\rho},\boldsymbol{\rho'},t,\tau)$ 满足的方程是

$$\left[\frac{1}{\rho}\frac{\partial}{\partial\rho}\left(\rho\frac{\partial}{\partial\rho}\right)+\frac{1}{\rho^2}\frac{\partial^2}{\partial\varphi^2}-\frac{1}{c_0^2}\frac{\partial^2}{\partial t^2}\right]G_{2\mathrm{D}}=-\delta(\boldsymbol{\rho},\boldsymbol{\rho'})\delta(t-\tau) \tag{1.3.37a}$$

其中，$\boldsymbol{\rho}=(x,y)$ 和 $\boldsymbol{\rho'}=(x',y')$, 在二维极坐标下，$\delta$ 函数表示为

$$\delta(\boldsymbol{\rho},\boldsymbol{\rho'})=\frac{1}{\rho}\delta(\rho-\rho')\delta(\varphi-\varphi') \tag{1.3.37b}$$

根据叠加原理，二维含时 Green 函数是三维含时 Green 函数对 z' 的积分，即

$$\begin{aligned}G_{2\mathrm{D}}(\boldsymbol{\rho},\boldsymbol{\rho'},t,\tau)&=\int_{-\infty}^{\infty}G(\boldsymbol{r}-\boldsymbol{r'},t-\tau)\mathrm{d}z'\\&=\int_{-\infty}^{\infty}\frac{1}{4\pi|\boldsymbol{r}-\boldsymbol{r'}|}\delta\left[\tau-\left(t-\frac{|\boldsymbol{r}-\boldsymbol{r'}|}{c_0}\right)\right]\mathrm{d}z'\end{aligned} \tag{1.3.37c}$$

作变换 $s=z-z'$, 则 $|\boldsymbol{r}-\boldsymbol{r'}|=\sqrt{|\boldsymbol{\rho}-\boldsymbol{\rho'}|^2+s^2}$, 故

$$\frac{\mathrm{d}s}{|\boldsymbol{r}-\boldsymbol{r'}|}=\frac{\mathrm{d}|\boldsymbol{r}-\boldsymbol{r'}|}{s}=\frac{\mathrm{d}|\boldsymbol{r}-\boldsymbol{r'}|}{\sqrt{|\boldsymbol{r}-\boldsymbol{r'}|^2-|\boldsymbol{\rho}-\boldsymbol{\rho'}|^2}} \tag{1.3.37d}$$

上式代入方程 (1.3.37c) 得到 (利用偶函数积分性质)

$$G_{2\mathrm{D}}(\boldsymbol{\rho},\boldsymbol{\rho'},t,\tau)=\frac{1}{2\pi}\int_0^{\infty}\delta\left[\tau-\left(t-\frac{\sqrt{|\boldsymbol{\rho}-\boldsymbol{\rho'}|^2+s^2}}{c_0}\right)\right]\frac{\mathrm{d}s}{|\boldsymbol{r}-\boldsymbol{r'}|} \tag{1.3.37e}$$

即

$$\begin{aligned}G_{\rm 2D}(\boldsymbol{\rho},\boldsymbol{\rho}',t,\tau)&=\frac{1}{2\pi}\int_{|\boldsymbol{\rho}-\boldsymbol{\rho}'|}^{\infty}\delta\left[\frac{|\boldsymbol{r}-\boldsymbol{r}'|}{c_0}-(t-\tau)\right]\frac{{\rm d}|\boldsymbol{r}-\boldsymbol{r}'|}{\sqrt{|\boldsymbol{r}-\boldsymbol{r}'|^2-|\boldsymbol{\rho}-\boldsymbol{\rho}'|^2}}\\&=\frac{c_0}{2\pi}\int_{|\boldsymbol{\rho}-\boldsymbol{\rho}'|}^{\infty}\delta[|\boldsymbol{r}-\boldsymbol{r}'|-c_0(t-\tau)]\frac{{\rm d}|\boldsymbol{r}-\boldsymbol{r}'|}{\sqrt{|\boldsymbol{r}-\boldsymbol{r}'|^2-|\boldsymbol{\rho}-\boldsymbol{\rho}'|^2}}\end{aligned}\tag{1.3.37f}$$

分析积分：①如果 $|\boldsymbol{\rho}-\boldsymbol{\rho}'|>c_0(t-\tau)$，$\delta$ 函数不包含零点，故积分为零；②如果 $|\boldsymbol{\rho}-\boldsymbol{\rho}'|<c_0(t-\tau)$，则 δ 函数包含零点，积分不为零. 因此，上式积分为

$$G_{\rm 2D}(\boldsymbol{\rho},\boldsymbol{\rho}',t,\tau)=\begin{cases}\dfrac{1}{2\pi\sqrt{(t-\tau)^2-|\boldsymbol{\rho}-\boldsymbol{\rho}'|^2/c_0^2}}, & (t-\tau)>|\boldsymbol{\rho}-\boldsymbol{\rho}'|/c_0\\ 0, & (t-\tau)<|\boldsymbol{\rho}-\boldsymbol{\rho}'|/c_0\end{cases}\tag{1.3.37g}$$

上式与三维含时 Green 函数 (即方程 (1.3.22c)) 不同的是：只有当 $t=\tau+|\boldsymbol{r}-\boldsymbol{r}'|/c_0$ 时刻，$\boldsymbol{r}$ 点的声场才不为零；而在二维情况，只要 $t>\tau+|\boldsymbol{\rho}-\boldsymbol{\rho}'|/c_0$ 后，声场就不为零，因为在二维情况下，点源实际上是三维情况下的线源, 离 $\boldsymbol{r}$ 点最近的点源距离为 $|\boldsymbol{\rho}-\boldsymbol{\rho}'|$，该点源产生的声波到达后，其他位置的点源产生的声波也不断到达到 $\boldsymbol{r}$ 点.

降维法 以上从三维含时 Green 函数 $G(\boldsymbol{r}-\boldsymbol{r}',t-\tau)$ 得到二维含时 Green 函数 $G_{\rm 2D}(\boldsymbol{\rho},\boldsymbol{\rho}',t,\tau)$ 的方法称为**降维法**. 对单频情况，也可以从三维自由空间 Green 函数 $g(|\boldsymbol{r}-\boldsymbol{r}_0|)$ 用降维法得到二维自由空间 Green 函数 $g_{\rm 2D}(|\boldsymbol{r}-\boldsymbol{r}_0|)$

$$g_{\rm 2D}(|\boldsymbol{\rho}-\boldsymbol{\rho}'|)=\int_{-\infty}^{\infty}g(|\boldsymbol{r}-\boldsymbol{r}'|){\rm d}z'=\int_{-\infty}^{\infty}\frac{\exp({\rm i}k_0|\boldsymbol{r}-\boldsymbol{r}'|)}{4\pi|\boldsymbol{r}-\boldsymbol{r}'|}{\rm d}z'\tag{1.3.38a}$$

由方程 (1.3.37d)，上式可以化成

$$\begin{aligned}g_{\rm 2D}(|\boldsymbol{\rho}-\boldsymbol{\rho}'|)&=\frac{1}{2\pi}\int_{|\boldsymbol{\rho}-\boldsymbol{\rho}'|}^{\infty}\frac{\exp({\rm i}k_0|\boldsymbol{r}-\boldsymbol{r}'|)}{\sqrt{|\boldsymbol{r}-\boldsymbol{r}'|^2-|\boldsymbol{\rho}-\boldsymbol{\rho}'|^2}}{\rm d}|\boldsymbol{r}-\boldsymbol{r}'|\\&=\frac{1}{2\pi}\int_1^{\infty}\frac{\exp({\rm i}k_0|\boldsymbol{\rho}-\boldsymbol{\rho}'|\beta)}{\sqrt{\beta^2-1}}{\rm d}\beta\end{aligned}\tag{1.3.38b}$$

得到上式的第二个等式，作了积分变换：$\beta=|\boldsymbol{r}-\boldsymbol{r}'|/|\boldsymbol{\rho}-\boldsymbol{\rho}'|$. 利用积分关系

$${\rm H}_{\nu}^{(1)}(x)=-\frac{2{\rm i}(x/2)^{-\nu}}{\sqrt{\pi}\Gamma(1/2-\nu)}\int_1^{\infty}\frac{{\rm e}^{{\rm i}x\eta}}{(\eta^2-1)^{\nu+1/2}}{\rm d}\eta\tag{1.3.38c}$$

其中，$\mathrm{H}_\nu^{(1)}(x)$ 为第一类 Hankel 函数 (详细讨论见 2.3.1 小节). 取 $\nu = 0,\ x = k_0|\boldsymbol{\rho}-\boldsymbol{\rho}'|$，并且注意到 $\Gamma(1/2)=\sqrt{\pi}$，方程 (1.3.38b) 简化成

$$g_{2\mathrm{D}}(|\boldsymbol{\rho}-\boldsymbol{\rho}'|) = \frac{\mathrm{i}}{4}\mathrm{H}_0^{(1)}(k_0|\boldsymbol{\rho}-\boldsymbol{\rho}'|) \tag{1.3.38d}$$

注意：只有当 $k_0\rho\to\infty$ 时，利用 $\mathrm{H}_0^{(1)}(k_0\rho)$ 的渐近表达式 (见 2.3.1 小节讨论) 才有 $\exp(\mathrm{i}k_0\rho)/\sqrt{k_0\rho}$ 形式的解. 当然，上式也可以直接从二维含时 Green 函数 $G_{2\mathrm{D}}(\boldsymbol{\rho},\boldsymbol{\rho}',t,0)$ 的 Fourier 变换得到

$$\begin{aligned}g_{2\mathrm{D}}(|\boldsymbol{\rho}-\boldsymbol{\rho}'|) &= \int_{-\infty}^{\infty} G_{2\mathrm{D}}(\boldsymbol{\rho},\boldsymbol{\rho}',t,0)\mathrm{e}^{\mathrm{i}\omega t}\mathrm{d}t\\ &= \int_{|\boldsymbol{\rho}-\boldsymbol{\rho}'|/c_0}^{\infty} \frac{1}{2\pi\sqrt{t^2-|\boldsymbol{\rho}-\boldsymbol{\rho}'|^2/c_0^2}}\mathrm{e}^{\mathrm{i}\omega t}\mathrm{d}t\end{aligned} \tag{1.3.39a}$$

显然，上式可以变换成与方程 (1.3.38b) 一样的积分形式.

注意：根据我们的约定 (即方程 (1.2.13c))，上式前面应该有一个因子 $1/(2\pi)$，但在本问题中则没有. 事实上，对方程 (1.3.37a) 两边乘 $\mathrm{e}^{\mathrm{i}\omega t}$ 并且对时间积分得到 (取 $\tau=0$)

$$\frac{1}{\rho}\frac{\partial}{\partial\rho}\left(\rho\frac{\partial}{\partial\rho}\right)\int_{-\infty}^{\infty} G_{2\mathrm{D}}\mathrm{e}^{\mathrm{i}\omega t}\mathrm{d}t - \frac{1}{c_0^2}\int_{-\infty}^{\infty}\mathrm{e}^{\mathrm{i}\omega t}\frac{\partial^2 G_{2\mathrm{D}}}{\partial t^2}\mathrm{d}t = -\delta(\boldsymbol{\rho},\boldsymbol{\rho}') \tag{1.3.39b}$$

第二项利用 Fourier 积分的微分性质，上式变成

$$\frac{1}{\rho}\frac{\partial}{\partial\rho}\left(\rho\frac{\partial}{\partial\rho}\right)\int_{-\infty}^{\infty} G_{2\mathrm{D}}\mathrm{e}^{\mathrm{i}\omega t}\mathrm{d}t + \frac{\omega^2}{c_0^2}\int_{-\infty}^{\infty} G_{2\mathrm{D}}\mathrm{e}^{\mathrm{i}\omega t}\mathrm{d}t = -\delta(\boldsymbol{\rho},\boldsymbol{\rho}') \tag{1.3.39c}$$

由此可见, 如果取

$$g_{2\mathrm{D}}(|\boldsymbol{\rho}-\boldsymbol{\rho}'|) = \int_{-\infty}^{\infty} G_{2\mathrm{D}}(\boldsymbol{\rho},\boldsymbol{\rho}',t,0)\mathrm{e}^{\mathrm{i}\omega t}\mathrm{d}t \tag{1.3.39d}$$

则 $g_{2\mathrm{D}}(|\boldsymbol{\rho}-\boldsymbol{\rho}'|)$ 满足 Green 函数的定义，否则，方程 (1.3.39c) 右边的 δ 函数就要乘一个因子 $1/(2\pi)$，这不符合我们对 Green 函数的习惯定义.

单频柱面行波　在远离原点条件下，取 $p(\rho,t)$ 的形式

$$p(\rho,t)\approx\frac{p_0}{\sqrt{\rho}}\exp\left[\mathrm{i}\frac{\omega}{c_0}(\rho\pm c_0t)\right] = \frac{p_0}{\sqrt{\rho}}\exp[\mathrm{i}(k_0\rho\pm\omega t)] \tag{1.3.40a}$$

其中，$k_0=\omega/c_0$，称为**单频柱面波**. 流体元的速度

$$\boldsymbol{v}(\rho,t)\approx\mp\frac{1}{\rho_0}\frac{1}{\mathrm{i}\omega}\frac{\partial p}{\partial\rho}\boldsymbol{e}_\rho\approx\mp\frac{1}{\rho_0c_0}p(\rho,t)\boldsymbol{e}_\rho \tag{1.3.40b}$$

其中，$\boldsymbol{e}_\rho$ 是径向单位矢量. 可见，流体元速度只有径向分量 (在远场条件下).

声阻抗率 显然，单频柱面波的声阻抗率为 (远场条件下)

$$z_n = \frac{p(\rho,t)}{v_\rho(\rho,t)} \approx \mp\rho_0 c_0 \tag{1.3.40c}$$

即在远场条件下与平面波类似.

能流矢量 声能流矢量为

$$\boldsymbol{I} = \mathrm{Re}(p)\mathrm{Re}(\boldsymbol{v}) \approx \mp\frac{|p_0|^2}{\rho_0 c_0 \rho}\cos^2(k_0\rho \pm \omega t)\boldsymbol{e}_\rho \tag{1.3.41a}$$

时间平均为

$$\bar{\boldsymbol{I}} \approx \mp\frac{|p_0|^2}{2\rho_0 c_0 \rho}\boldsymbol{e}_\rho = \mp\frac{p_{\mathrm{rms}}^2}{\rho_0 c_0}\boldsymbol{e}_\rho \tag{1.3.41b}$$

其中，$p_{\mathrm{rms}} \equiv |p_0|/\sqrt{2\rho}$.

声功率 通过半径为 ρ、单位长度的柱面 S 的声能量，即声功率 $\overline{W}$ 为

$$\overline{W} = \iint_S \bar{\boldsymbol{I}}\cdot\boldsymbol{n}\mathrm{d}S \approx \mp\frac{|p_0|^2}{2\rho_0 c_0}\int_0^{2\pi}\mathrm{d}\varphi = \mp 2\pi\frac{|p_0|^2}{2\rho_0 c_0} \tag{1.3.41c}$$

可见声功率与柱面半径无关. 同样要注意的是，在柱坐标中，面积元为 $\mathrm{d}S = \rho\mathrm{d}z\mathrm{d}\varphi$ (对单位长度 $\mathrm{d}z = 1$)，出现半径 ρ 的一次方，为了保证声功率与半径 ρ 无关，声压随距离必须是 $1/\sqrt{\rho}$ 衰减的.

柱面波用平面波展开 与球坐标情况类似，首先考虑位于原点、沿 z 方向无限长的线源发出的声波

$$p(\rho,\omega) = g_{2D}(|\boldsymbol{\rho}|) = \frac{\mathrm{i}}{4}\mathrm{H}_0^{(1)}(k_0|\boldsymbol{\rho}|) \tag{1.3.42a}$$

在平面直角坐标内满足的非齐次波动方程为

$$\left(\frac{\partial^2}{\partial x^2} + \frac{\partial^2}{\partial y^2} + k_0^2\right)p(x,y,\omega) = -\delta(x)\delta(y) \tag{1.3.42b}$$

另一方面，用平面展开法，设方程 (1.3.42b) 的解为

$$p(x,y,\omega) = \int_{-\infty}^{\infty}\int_{-\infty}^{\infty} A(k_x,k_y,\omega)\exp[\mathrm{i}(k_x x + k_y y)]\mathrm{d}k_x\mathrm{d}k_y \tag{1.3.43a}$$

代入方程并利用方程 (1.3.30b)

$$\begin{aligned}&\int_{-\infty}^{\infty}\int_{-\infty}^{\infty}[k_0^2 - (k_x^2 + k_y^2)]A(k_x,k_y,\omega)\exp[\mathrm{i}(k_x x + k_y y)]\mathrm{d}k_x\mathrm{d}k_y \\ &\quad = -\frac{1}{(2\pi)^2}\int_{-\infty}^{\infty}\int_{-\infty}^{\infty}\exp[\mathrm{i}(k_x x + k_y y)]\mathrm{d}k_x\mathrm{d}k_y\end{aligned} \tag{1.3.43b}$$

因此我们有

$$A(k_x, k_y, \omega) = -\frac{1}{(2\pi)^2} \cdot \frac{1}{k_0^2 - (k_x^2 + k_y^2)} \tag{1.3.43c}$$

代入方程 (1.3.43a)

$$p(x, y, \omega) = -\frac{1}{(2\pi)^2} \int_{-\infty}^{\infty} \int_{-\infty}^{\infty} \frac{\exp[\mathrm{i}(k_x x + k_y y)]}{k_0^2 - (k_x^2 + k_y^2)} \mathrm{d}k_x \mathrm{d}k_y \tag{1.3.44a}$$

由方程 (1.3.42b) 解的唯一性和方程 (1.3.42a) 得到

$$\mathrm{H}_0^{(1)}(k_0 \rho) = \frac{\mathrm{i}}{\pi^2} \int_{-\infty}^{\infty} \int_{-\infty}^{\infty} \frac{\exp[\mathrm{i}(k_x x + k_y y)]}{k_0^2 - (k_x^2 + k_y^2)} \mathrm{d}k_x \mathrm{d}k_y \tag{1.3.44b}$$

上式就是用平面波展开的柱面波形式. 进一步，可以把上式的一个积分求出，如对 k_y 的积分，注意到

$$I(k_x) \equiv \int_{-\infty}^{\infty} \frac{\exp(\mathrm{i}k_y y)\mathrm{d}k_y}{(k_0^2 - k_x^2) - k_y^2} = \frac{\pi}{\mathrm{i}} \cdot \frac{\exp(\mathrm{i}\gamma|y|)}{\gamma} \tag{1.3.45a}$$

其中，$\gamma = \sqrt{k_0^2 - k_x^2}$. 方程 (1.3.44b) 变成

$$\mathrm{H}_0^{(1)}(k_0 \rho) = \frac{1}{\pi} \int_{-\infty}^{\infty} \frac{\exp[\mathrm{i}(k_x x + \gamma|y|)]}{\gamma} \mathrm{d}k_x \tag{1.3.45b}$$

显然，当上式中点 (x, y) 到原点的距离 $\rho = \sqrt{x^2 + y^2}$ 改为任意二点 (x, y) 和 (x', y') 的距离 $|\boldsymbol{\rho} - \boldsymbol{\rho}'|$ 时，展开式为

$$\mathrm{H}_0^{(1)}(k_0|\boldsymbol{\rho} - \boldsymbol{\rho}'|) = \frac{1}{\pi} \int_{-\infty}^{\infty} \frac{\exp\{\mathrm{i}[k_x(x - x') + \gamma|y - y'|]\}}{\gamma} \mathrm{d}k_x \tag{1.3.45c}$$

1.4　平面界面上声波的反射和透射

声波在传播途中遇到平面界面的反射是常见的情况. 所谓平面界面是指平面两侧的介质具有不同的声学特性，如空气与水的界面. 严格意义上的无限大平面是不存在的，实际情况的近似是：①只要反射物的横向 (切向) 几何线度比声波波长大得多；②纵向 (法向) 几何线度远远小于声波波长，则这样的几何面可近似为平面. 当声波遇到平面界面时，一部分能量反射回来，而另一部分能量透射到平面的

另一个侧面. 能量反射或透射的比率由平面二侧的声学性质决定. 必须指出的是，对单频的稳态声波，多层平面声学系统的反射和透射特性是由整个系统的特性决定的，与每一层介质的声阻抗率有关. 本节主要讨论稳态平面波在平面界面上的反射和透射，而实际上，①得到单一频率的波是困难的；②实验中，只有在管道中才能得到纯平面波 (见第 4 章). 因此，我们进一步讨论瞬态平面波和有限宽波束声波的反射和透射. 最后，在 1.4.5 小节中介绍近年发展起来的热点课题，即声人工表面结构和广义 Snell 定律.

1.4.1 介质界面上的反射、透射及零折射率

如图 1.4.1, 设密度和声速分别为 ρ_0 和 c_0 的介质 0 与密度和声速分别为 ρ_1 和 c_1 的介质 1 由界面 $z=0$ 分开. 设入射、反射和透射平面波分别为 (为了简单，假定平面波在 xOz 平面内传播，与 y 无关；忽略时间因子)

$$\begin{aligned}
p_{\mathrm{i}}(x,z,\omega) &= p_{0\mathrm{i}}(\omega)\exp[\mathrm{i}k_0(x\sin\vartheta_{\mathrm{i}}+z\cos\vartheta_{\mathrm{i}})]\\
p_{\mathrm{r}}(x,z,\omega) &= p_{0\mathrm{r}}(\omega)\exp[\mathrm{i}k_0(x\sin\vartheta_{\mathrm{r}}-z\cos\vartheta_{\mathrm{r}})]\\
p_{\mathrm{t}}(x,z,\omega) &= p_{0\mathrm{t}}(\omega)\exp[\mathrm{i}k_1(x\sin\vartheta_{\mathrm{t}}+z\cos\vartheta_{\mathrm{t}})]
\end{aligned} \tag{1.4.1a}$$

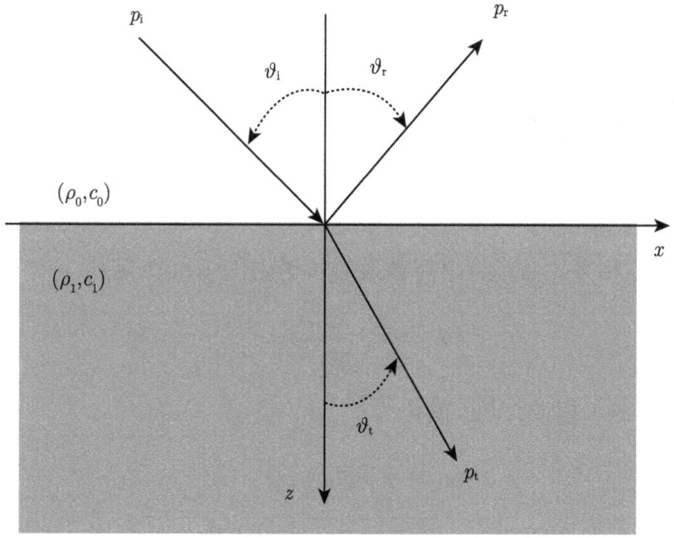

图 1.4.1 二种不同的介质，分界面为 $z=0$ 平面

其中，$k_0=\omega/c_0$ 和 $k_1=\omega/c_1$ 分别是介质 0 和介质 1 中的波数. 注意：反射波波矢在 z 轴的投影是负的. 相应的 z 方向速度场为 (注意：平面的法向为 z 方向)

$$v_{\mathrm{i}z}(x,z,\omega)=\frac{1}{\mathrm{i}\rho_0\omega}\frac{\partial p_{\mathrm{i}}(x,z,\omega)}{\partial z}=\frac{\cos\vartheta_{\mathrm{i}}}{\rho_0c_0}p_{\mathrm{i}}(x,z,\omega)$$

$$v_{\mathrm{r}z}(x,z,\omega)=\frac{1}{\mathrm{i}\rho_0\omega}\frac{\partial p_{\mathrm{r}}(x,z,\omega)}{\partial z}=-\frac{\cos\vartheta_{\mathrm{r}}}{\rho_0c_0}p_{\mathrm{r}}(x,z,\omega) \tag{1.4.1b}$$

$$v_{\mathrm{t}z}(x,z,\omega)=\frac{1}{\mathrm{i}\rho_1\omega}\frac{\partial p_{\mathrm{t}}(x,z,\omega)}{\partial z}=\frac{\cos\vartheta_{\mathrm{t}}}{\rho_1c_1}p_{\mathrm{t}}(x,z,\omega)$$

在分界面 $z=0$ 处，应满足法向速度和声压连续，即

$$\begin{gathered}p_{\mathrm{i}}(x,0,\omega)+p_{\mathrm{r}}(x,0,\omega)=p_{\mathrm{t}}(x,0,\omega)\\ v_{\mathrm{i}z}(x,0,\omega)+v_{\mathrm{r}z}(x,0,\omega)=v_{\mathrm{t}z}(x,0,\omega)\end{gathered} \tag{1.4.2a}$$

由方程 (1.4.1a) 和 (1.4.1b), 上式给出

$$\begin{gathered}p_{0\mathrm{i}}(\omega)\exp(\mathrm{i}k_0x\sin\vartheta_{\mathrm{i}})+p_{0\mathrm{r}}(\omega)\exp(\mathrm{i}k_0x\sin\vartheta_{\mathrm{r}})\\ =p_{0\mathrm{t}}(\omega)\exp(\mathrm{i}k_1x\sin\vartheta_{\mathrm{t}})\end{gathered} \tag{1.4.2b}$$

$$\begin{gathered}\frac{\cos\vartheta_{\mathrm{i}}}{\rho_0c_0}p_{0\mathrm{i}}(\omega)\exp(\mathrm{i}k_0x\sin\vartheta_{\mathrm{i}})-\frac{\cos\vartheta_{\mathrm{r}}}{\rho_0c_0}p_{0\mathrm{r}}(\omega)\exp(\mathrm{i}k_0x\sin\vartheta_{\mathrm{r}})\\ =\frac{\cos\vartheta_{\mathrm{t}}}{\rho_1c_1}p_{0\mathrm{t}}(\omega)\exp(\mathrm{i}k_1x\sin\vartheta_{\mathrm{t}})\end{gathered} \tag{1.4.2c}$$

上二式恒成立的条件是

$$k_0\sin\vartheta_{\mathrm{i}}=k_0\sin\vartheta_{\mathrm{r}}=k_1\sin\vartheta_{\mathrm{t}} \tag{1.4.3a}$$

即 x 方向的波数相等，上式给出声波反射和透射的 **Snell 定律**

$$\vartheta_{\mathrm{i}}=\vartheta_{\mathrm{r}};\ \frac{\sin\vartheta_{\mathrm{i}}}{\sin\vartheta_{\mathrm{t}}}=\frac{c_0}{c_1} \tag{1.4.3b}$$

于是，方程 (1.4.2b) 和 (1.4.2c) 简化为

$$\begin{gathered}p_{0\mathrm{i}}(\omega)+p_{0\mathrm{r}}(\omega)=p_{0\mathrm{t}}(\omega)\\ \frac{\cos\vartheta_{\mathrm{i}}}{\rho_0c_0}[p_{0\mathrm{i}}(\omega)-p_{0\mathrm{r}}(\omega)]=\frac{\cos\vartheta_{\mathrm{t}}}{\rho_1c_1}p_{0\mathrm{t}}(\omega)\end{gathered} \tag{1.4.4a}$$

从上式得到声压反射系数$r_p\equiv p_{0\mathrm{r}}(\omega)/p_{0\mathrm{i}}(\omega)$ 和透射系数$t_p\equiv p_{0\mathrm{t}}(\omega)/p_{0\mathrm{i}}(\omega)$ 分别为

$$r_p=\frac{\rho_1c_1\cos\vartheta_{\mathrm{i}}-\rho_0c_0\cos\vartheta_{\mathrm{t}}}{\rho_1c_1\cos\vartheta_{\mathrm{i}}+\rho_0c_0\cos\vartheta_{\mathrm{t}}}=\frac{m\cos\vartheta_{\mathrm{i}}-\sqrt{n^2-\sin^2\vartheta_{\mathrm{i}}}}{m\cos\vartheta_{\mathrm{i}}+\sqrt{n^2-\sin^2\vartheta_{\mathrm{i}}}} \tag{1.4.4b}$$

$$t_p = \frac{2\rho_1 c_1 \cos\vartheta_{\rm i}}{\rho_1 c_1 \cos\vartheta_{\rm i} + \rho_0 c_0 \cos\vartheta_{\rm t}} = \frac{2m\cos\vartheta_{\rm i}}{m\cos\vartheta_{\rm i} + \sqrt{n^2 - \sin^2\vartheta_{\rm i}}} \tag{1.4.4c}$$

其中，$m \equiv \rho_1/\rho_0$ 和 $n \equiv c_0/c_1$(称为**折射率**). 下面讨论几个特殊情况.

垂直入射 $\vartheta_{\rm i} = 0$, 声压反射系数和透射系数分别为

$$r_p = \frac{\rho_1 c_1 - \rho_0 c_0}{\rho_1 c_1 + \rho_0 c_0};\ t_p = \frac{2\rho_1 c_1}{\rho_1 c_1 + \rho_0 c_0} \tag{1.4.5a}$$

而声强反射系数 r_I(反射波声强与入射波声强之比) 和透射系数 t_I(透射波声强与入射波声强之比) 为

$$\begin{aligned} r_I &\equiv \frac{|p_{0\rm r}|^2/2\rho_0 c_0}{|p_{0\rm i}|^2/2\rho_0 c_0} = \left(\frac{\rho_1 c_1 - \rho_0 c_0}{\rho_1 c_1 + \rho_0 c_0}\right)^2 \\ t_I &\equiv \frac{|p_{0\rm t}|^2/2\rho_1 c_1}{|p_{0\rm i}|^2/2\rho_0 c_0} = \frac{4\rho_0 c_0 \rho_1 c_1}{(\rho_1 c_1 + \rho_0 c_0)^2} \end{aligned} \tag{1.4.5b}$$

当 $\rho_1 c_1 > \rho_0 c_0$ 时，$r_p > 0$，即在界面上，反射波与入射波声压的相位相同，这样的边界称为**硬边界**. 当 $\rho_1 c_1 \gg \rho_0 c_0$ 时，$r_p \approx 1$ 和 $t_p \approx 2$，即在界面上，反射波与入射波声压大小相等且相位相同, 这样的边界称为**刚性边界**. 声波从空气中入射到水面就是这种情况，当温度 $t = 20°\text{C}$ 时，$(\rho_0 c_0)_{\rm air} = 415\text{N}\cdot\text{s/m}^3$，$(\rho_1 c_1)_{\rm water} = 1.48\times 10^6\text{N}\cdot\text{s/m}^3$，声强透射系数 $t_I \approx 1.12\times 10^{-3}$，可见只有千分之一的声能量能透过界面进入水中. 至于 $t_p \approx 2$，实际上是边界面处声压 $2p_{\rm i}$ 的静态传递，因为刚性介质只能传递静态压强而不能传播声波.

当 $\rho_1 c_1 < \rho_0 c_0$ 时，$r_p < 0$，即在界面上，反射波与入射波声压的相位相反，这样的边界称为**软边界**. 当 $\rho_1 c_1 \ll \rho_0 c_0$ 时，$r_p \approx -1$ 和 $t_p \approx 0$，即在界面上，反射波与入射波声压大小相同但相位相反 (以保证介质 1 压力释放)，这样的边界称为**压力释放边界**. 声波从水中入射到水面就是这种情况，此时 $(\rho_1 c_1)_{\rm air} = 415\text{N}\cdot\text{s/m}^3$，$(\rho_0 c_0)_{\rm water} = 1.48\times 10^6\text{N}\cdot\text{s/m}^3$，由于声强透射公式中，即方程 (1.4.5b) 的第二式，$\rho_1 c_1$ 和 $\rho_0 c_0$ 的出现是对称的，故声强透射系数不变，也只有千分之一的声能量能透过界面进入空气中 (这一对称性也是互易原理的另外一种表达方式).

全透射 当 $\vartheta_{\rm i}$ 满足

$$m\cos\vartheta_{\rm i} - \sqrt{n^2 - \sin^2\vartheta_{\rm i}} = 0 \tag{1.4.6a}$$

时，$t_p = 1$ 以及 $r_p = 0$, 即声波全部透射. 因此全透射时的入射角满足

$$\sin\vartheta_{\rm ic} = \sqrt{\frac{m^2 - n^2}{m^2 - 1}} \tag{1.4.6b}$$

入射角 $\vartheta_{\rm ic}$ 称为**全透射角**. 由条件 $0 \leqslant \sin\vartheta_{\rm ic} \leqslant 1$ 得到

$$\begin{aligned}&\text{当}m>1\text{时},\ m>n>1\\&\text{当}m<1\text{时},\ m<n<1\end{aligned}\tag{1.4.6c}$$

第一式相当于 $\rho_1 c_1 > \rho_0 c_0$ 并且 $c_0 > c_1$(即介质 1 有小的声速，而大的密度)；而第二式相当于 $\rho_1 c_1 < \rho_0 c_0$ 并且 $c_0 < c_1$(即介质 1 有大的声速，而小的密度). 对天然的材料，一般材料的声速大，密度也大; 声速小，密度也小. 因此，要满足全透射角的存在条件，只有人工材料才能实现.

全反射　由于当 $0 < x < \pi/2$ 时，$\sin(x)$ 是单调的增函数，由 Snell 定律，即方程 (1.4.3b), 当 $c_0 > c_1$ 时，入射角大于透射角：$\vartheta_{\rm i} > \vartheta_{\rm t}$；反之，当 $c_0 < c_1$ 时，透射角大于入射角：$\vartheta_{\rm t} > \vartheta_{\rm i}$. 可以想象：当入射角从零度增加时，透射角也从零度增加而且保持大于入射角，当入射角增加到某一个角度时，透射角恰好为 $\vartheta_{\rm t} = \pi/2$，这时的反射系数为 $r_p = 1$，即发生全反射, 这样的入射角称为**临界角**，显然临界角 $\vartheta_{\rm ic}$ 满足：$\sin\vartheta_{\rm ic} = c_0/c_1$. 注意：此时 $t_p = 2$，而 $k_{1z} \equiv k_1\cos\vartheta_{\rm t} = 0$，故透射波不是真正的声波，而是静态压力的传递，与声波遇到刚性界面的透射类似. 此时透射波实际为零.

当入射角从临界角 $\vartheta_{\rm ic}$ 进一步增加时，$\sin\vartheta_{\rm i} > c_0/c_1$ 或者 $(c_1/c_0)\sin\vartheta_{\rm i} > 1$，因此，透射波在 z 方向的波数

$$\begin{aligned}k_{1z} &\equiv k_1\cos\vartheta_{\rm t} = k_1\sqrt{1-\sin^2\vartheta_{\rm t}} = k_1\sqrt{1-\left(\frac{c_1}{c_0}\sin\vartheta_{\rm i}\right)^2}\\&= {\rm i}k_1\sqrt{\left(\frac{c_1}{c_0}\sin\vartheta_{\rm i}\right)^2-1} \equiv {\rm i}\alpha_1\end{aligned}\tag{1.4.7a}$$

为虚数. 透射系数为复数

$$t_p = \frac{2\rho_1 c_1\cos\vartheta_{\rm i}}{\rho_1 c_1\cos\vartheta_{\rm i} + {\rm i}\rho_0 c_0\sqrt{(c_1/c_0)^2\sin^2\vartheta_{\rm i}-1}} \equiv |t_p|{\rm e}^{{\rm i}\varphi_t}\tag{1.4.7b}$$

其中，$\varphi_{\rm t}$ 是透射系数 t_p 的相角. 透射波声压场的实数形式为

$$\begin{aligned}p_{\rm t}(x,z,t) &= |t_p|p_{0\rm i}(\omega){\rm Re}\left\{{\rm e}^{{\rm i}\varphi_t}\exp[{\rm i}(k_{1x}x+k_{1z}z-\omega t)]\right\}\\&= |t_p|p_{0\rm i}(\omega){\rm e}^{-\alpha_1 z}\cos(k_{1x}x-\omega t+\varphi_{\rm t})\end{aligned}\tag{1.4.8a}$$

其中，$k_{1x} = k_0\sin\vartheta_{\rm i}$ 为 x 方向的波数 (与入射波相同)，上式已假定入射声压的振幅 $p_{0\rm i}(\omega)$ 为实数 (不失一般性). 故此时的透射波为 z 方向的倏逝波. 倏逝波相应的

速度场为

$$v_{tx}(x,z,t) = -\frac{1}{\rho_1}\int \frac{\partial p_t(x,z,t)}{\partial x}dt = \frac{k_{1x}}{\rho_1\omega}|t_p|p_{0i}(\omega)e^{-\alpha_1 z}\cos(k_{1x}x - \omega t + \varphi_t)$$

$$v_{tz}(x,z,t) = -\frac{1}{\rho_1}\int \frac{\partial p_t(x,z,t)}{\partial z}dt = -\frac{\alpha_1}{\rho_1\omega}|t_p|p_{0i}(\omega)e^{-\alpha_1 z}\sin(k_{1x}x - \omega t + \varphi_t) \tag{1.4.8b}$$

可见，质点运动的轨迹为一个椭圆，其长、短轴随 z 指数衰减，椭圆两轴之比为 (如图 1.4.2)

$$\frac{k_{1x}}{\alpha_1} = \frac{k_0\sin\vartheta_i}{k_1\sqrt{(c_1/c_0)^2\sin^2\vartheta_i - 1}} \tag{1.4.8c}$$

由方程 (1.4.8a)，透射波在 x 方向的相速度为

$$c_p = \frac{\omega}{k_{1x}} = \frac{c_0}{\sin\vartheta_i} > c_0 \tag{1.4.8d}$$

另一方面，此时 $k_{1x} = \sqrt{k_1^2 - k_{1z}^2} = \sqrt{k_1^2 + \alpha_1^2} > k_1$，$c_p < \omega/k_1 = c_1$，因此，$c_0 < c_p < c_1$.

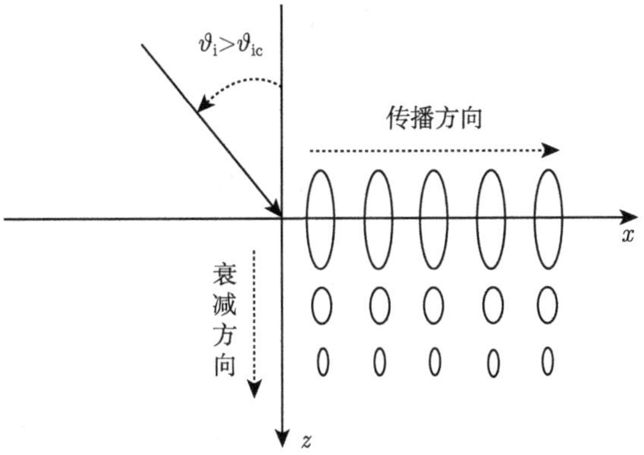

图 1.4.2 入射角大于临界角时，透射波为倏逝波

透射的倏逝波能流矢量为

$$\begin{aligned}\boldsymbol{I}_t &= p_t\boldsymbol{v}_t = p_t v_{tx}\boldsymbol{e}_x + p_t v_{tz}\boldsymbol{e}_z \\ &= \frac{|t_p|^2 p_{0i}^2(\omega)}{\rho_1\omega}e^{-2\alpha_1 z}\left[\boldsymbol{e}_x k_{1x}\cos^2(k_{1x}x - \omega t + \varphi_t) - \boldsymbol{e}_z\frac{\alpha_1}{2}\sin 2(k_{1x}x - \omega t + \varphi_t)\right]\end{aligned} \tag{1.4.9a}$$

故平均能流只有 x 方向分量

$$\bar{\boldsymbol{I}}_t = k_{1x}\frac{|t_p|^2 p_{0i}^2(\omega)}{2\rho_1\omega}e^{-2\alpha_1 z}\boldsymbol{e}_x \tag{1.4.9b}$$

另一方面，倏逝波的能量密度为

$$\begin{aligned}\varepsilon_{\rm t}=&\frac{1}{2}\rho_1 v_{\rm t}^2+\frac{1}{2}\frac{p_{\rm t}^2}{\rho_1 c_1^2}=\frac{1}{2\rho_1}|t_p|^2 p_{0\rm i}^2(\omega){\rm e}^{-2\alpha_1 z}\\&\times\left[\left(\frac{k_{1x}^2}{\omega^2}+\frac{1}{c_1^2}\right)\cos^2(k_{1x}x-\omega t+\varphi_{\rm t})+\frac{\alpha_1^2}{\omega^2}\sin^2(k_{1x}x-\omega t+\varphi_{\rm t})\right]\end{aligned}\tag{1.4.10a}$$

平均能量密度为

$$\begin{aligned}\bar{\varepsilon}_{\rm t}&=\frac{1}{4\rho_1\omega^2}|t_p|^2 p_{0\rm i}^2(\omega){\rm e}^{-2\alpha_1 z}(k_1^2+k_{1x}^2+\alpha_1^2)\\&=\frac{1}{2\rho_1\omega^2}k_{1x}^2|t_p|^2 p_{0\rm i}^2(\omega){\rm e}^{-2\alpha_1 z}\end{aligned}\tag{1.4.10b}$$

因此，由方程 (1.4.9b) 和 (1.4.10b) 得到能流速度

$$\boldsymbol{c}_{\rm g}=\frac{\bar{\boldsymbol{I}}_{\rm t}}{\bar{\varepsilon}_{\rm t}}=\frac{\omega}{k_{1x}}\boldsymbol{e}_x=\frac{c_0}{\sin\vartheta_{\rm i}}\boldsymbol{e}_x\tag{1.4.10c}$$

可见倏逝波的能流速度等于相速度.

掠入射　当入射角 $\vartheta_{\rm i}\to\pi/2$(但不可能等于 $\pi/2$) 时，由方程 (1.4.4b)，得到声压的反射系数 $r_p\approx-1$，即声波全反射，这一性质与界面二侧介质的密度和声速无关. 分二种情况讨论：①$c_0<c_1$，存在临界角，此时入射角一定大于临界角，上面已详细研究了声场；②$c_0>c_1$，不存在临界角，此时透射角为 $\sin\vartheta_{\rm t}=c_1/c_0$，但 $t_p\approx 0$.

垂直透射　由 Snell 定律，当 $c_0\gg c_1$ 时，$\vartheta_{\rm t}\approx 0$，即总是垂直透射，声波入射到多孔吸声材料或者雪地就是这种情况.

界面的能量关系　由方程 (1.4.4b) 的第二式，当入射角为临界角时，$\vartheta_{\rm t}\to\pi/2$，声压透射系数为 $t_p=2$，似乎是不合理的结果. 这一结果可以从声波斜入射时界面的能量关系得到解释. 由方程 (1.4.4b) 和 (1.4.4c)，声强反射系数和透射系数为

$$\begin{aligned}r_I&\equiv\frac{|p_{0\rm r}(\omega)|^2/2\rho_0 c_0}{|p_{0\rm i}(\omega)|^2/2\rho_0 c_0}=\frac{(\rho_1 c_1\cos\vartheta_{\rm i}-\rho_0 c_0\cos\vartheta_{\rm t})^2}{(\rho_1 c_1\cos\vartheta_{\rm i}+\rho_0 c_0\cos\vartheta_{\rm t})^2}\\t_I&\equiv\frac{|p_{0\rm t}(\omega)|^2/2\rho_1 c_1}{|p_{0\rm i}(\omega)|^2/2\rho_0 c_0}=\frac{4\rho_0 c_0\rho_1 c_1\cos^2\vartheta_{\rm i}}{(\rho_1 c_1\cos\vartheta_{\rm i}+\rho_0 c_0\cos\vartheta_{\rm t})^2}\end{aligned}\tag{1.4.11a}$$

显然，$r_I+t_I\neq 1$. 事实上，由于声波斜入射到界面时面积变窄了，而声强是通过单位面积 (在单位时间内) 的声能量，这时用声强来刻画能量的守恒关系显然是不合适的. 考虑图 1.4.3，在入射波中取垂直于入射波传播方向的面积 $S_{\rm i}$，该面积内的声波投射到界面上的面积为 S，经过界面透射后，声束宽度变成 $S_{\rm t}$，显然存在几何

关系：$S_{\rm i}=S\cos\vartheta_{\rm i}$ 和 $S_{\rm t}=S\cos\vartheta_{\rm t}$，因此平均声能量流透射系数为

$$t_W\equiv\frac{I_{\rm t}S_{\rm t}}{I_{\rm i}S_{\rm i}}=t_I\frac{\cos\vartheta_{\rm t}}{\cos\vartheta_{\rm i}}=\frac{4\rho_0c_0\rho_1c_1\cos\vartheta_{\rm i}\cos\vartheta_{\rm t}}{(\rho_1c_1\cos\vartheta_{\rm i}+\rho_0c_0\cos\vartheta_{\rm t})^2} \tag{1.4.11b}$$

而由于反射角等于入射角，反射声束宽度不变化，故 $r_W=r_I$. 不难证明 $t_W+r_W=1$, 即能量守恒. 回到入射角为临界角情况，$\vartheta_{\rm t}\to\pi/2$，故 $t_W=0$，即没有能量透射，这一结果就合理了.

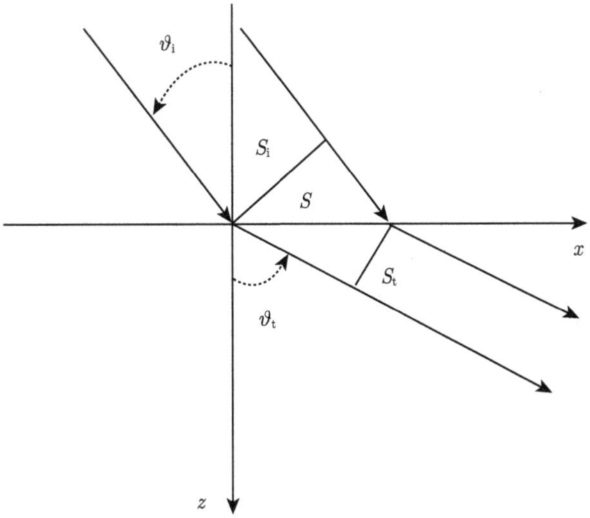

图 1.4.3 声束透过界面时变窄

界面法向声阻抗率 界面法向声阻抗率为

$$z_n=\frac{p(x,0,\omega)}{v_z(x,0,\omega)}=\frac{p_{\rm i}(x,0,\omega)+p_{\rm r}(x,0,\omega)}{v_{{\rm i}z}(x,0,\omega)+v_{{\rm r}z}(x,0,\omega)}=\frac{p_{\rm t}(x,0,\omega)}{v_{{\rm t}z}(x,0,\omega)} \tag{1.4.11c}$$

由方程 (1.4.1b) 的第三式

$$z_n=\frac{\rho_1c_1}{\cos\vartheta_{\rm t}}=\frac{\rho_1c_1}{\sqrt{1-(c_1/c_0)^2\sin^2\vartheta_{\rm i}}} \tag{1.4.11d}$$

由上式可见，界面法向声阻抗率一般与入射角或透射角有关，不能看作局部反应界面，但当 $c_0\gg c_1$ 时，$z_n\approx\rho_1c_1$ 为常数，故界面可视为局部反应界面. 此时，$\vartheta_{\rm t}\approx0$，即垂直透射时，界面可视为局部反应界面.

近零折射率 如果 $n\equiv c_0/c_1\ll1$ 和 $m\equiv\rho_1/\rho_0\ll1$，并且保持 $m/n\equiv\rho_1c_1/\rho_0c_0\approx1$(这样的材料称为**近零折射率材料**，一般只有在人工材料中实现)，则

由方程 (1.4.4b) 和 (1.4.4c)

$$
\begin{aligned}
r_p &\approx \frac{\cos\vartheta_{\rm i}-\sqrt{1-\sin^2\vartheta_{\rm t}}}{\cos\vartheta_{\rm i}+\sqrt{1-\sin^2\vartheta_{\rm t}}}=\frac{\cos\vartheta_{\rm i}-\sqrt{1-(c_1^2/c_0^2)\sin^2\vartheta_{\rm i}}}{\cos\vartheta_{\rm i}+\sqrt{1-(c_1^2/c_0^2)\sin^2\vartheta_{\rm i}}}\\
t_p &\approx \frac{2\cos\vartheta_{\rm i}}{\cos\vartheta_{\rm i}+\sqrt{1-\sin^2\vartheta_{\rm t}}}=\frac{2\cos\vartheta_{\rm i}}{\cos\vartheta_{\rm i}+\sqrt{1-(c_1^2/c_0^2)\sin^2\vartheta_{\rm i}}}
\end{aligned}
\tag{1.4.11e}
$$

当 $n\equiv c_0/c_1\ll 1$ 时，只要 $\vartheta_{\rm i}\neq 0$，则 $\sqrt{1-(c_1^2/c_0^2)\sin^2\vartheta_{\rm i}}\approx\sim {\rm i}\sin\vartheta_{\rm i}/n$，于是

$$
\begin{aligned}
r_p &\approx \frac{\cos\vartheta_{\rm i}-{\rm i}\sin\vartheta_{\rm i}/n}{\cos\vartheta_{\rm i}+{\rm i}\sin\vartheta_{\rm i}/n}\sim-\frac{{\rm i}\sin\vartheta_{\rm i}/n}{{\rm i}\sin\vartheta_{\rm i}/n}\sim-1\\
t_p &\approx \frac{2\cos\vartheta_{\rm i}}{\cos\vartheta_{\rm i}+{\rm i}\sin\vartheta_{\rm i}/n}\sim-{\rm i}\frac{2n\cos\vartheta_{\rm i}}{\sin\vartheta_{\rm i}}\sim 0
\end{aligned}
\tag{1.4.11f}
$$

即声波遇到这样的界面时，透射系数近似为零，发生类全反射 (但是相位相反)，而且当这一性质与入射角无关，只要入射角足够大. 但当 $\vartheta_{\rm i}=0$ 时，$r_p=0$ 和 $t_p=1$，图 1.4.4 给出了 r_p 和 t_p 随 $\vartheta_{\rm i}$ 的变化，计算中取 $m=n=1/100$. 图中极大值出现在全反射角处 $\sin\vartheta_{\rm ic}=1/100$.

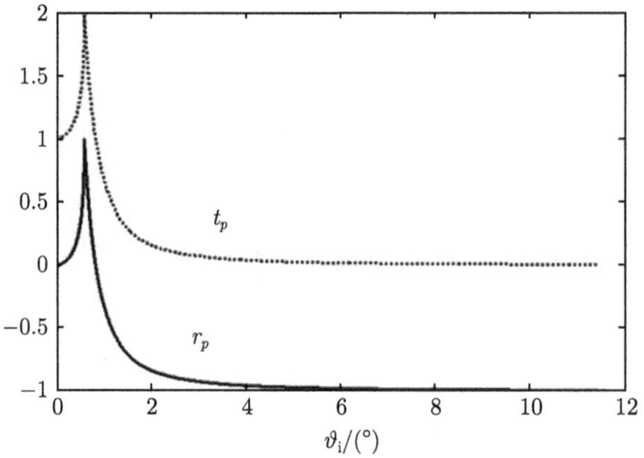

图 1.4.4　声压反射系数 r_p 和透射系数 t_p 随 $\vartheta_{\rm i}$ 的变化

1.4.2　阻抗界面上的反射和吸声系数以及蠕行波

如图 1.4.5，声波斜入射到法向声阻抗率为 $z_n(\omega)$ 的均匀平面，由于平面界面可用阻抗来描述，我们无需讨论 (或者透射介质过于复杂，我们没有办法讨论) 透射波的具体情况，设入射波与反射波的声压场和速度场分别为方程 (1.4.1a) 和 (1.4.1b)

的前二式，在边界面上

$$\begin{aligned} z_n(\omega) &= \frac{p_{\rm i}(x,0,\omega)+p_{\rm r}(x,0,\omega)}{v_{{\rm i}z}(x,0,\omega)+v_{{\rm r}z}(x,0,\omega)} \\ &= \rho_0 c_0 \frac{1+r_p\exp[{\rm i}k_0x(\sin\vartheta_{\rm r}-\sin\vartheta_{\rm i})]}{\cos\vartheta_{\rm i}-\cos\vartheta_{\rm r} r_p \exp[{\rm i}k_0x(\sin\vartheta_{\rm r}-\sin\vartheta_{\rm i})]} \end{aligned} \tag{1.4.12a}$$

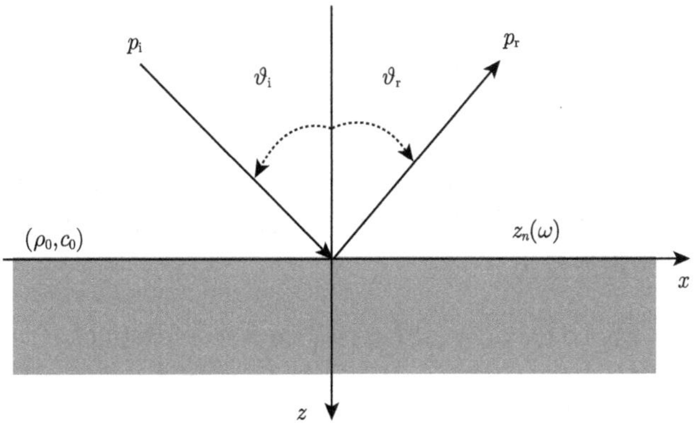

图 1.4.5 平面波在阻抗界面 ($z=0$) 上的反射

其中，$r_p\equiv p_{0{\rm r}}(\omega)/p_{0{\rm i}}(\omega)$ 为声压反射系数. 由 x 的任意性：$\vartheta_{\rm r}=\vartheta_{\rm i}$，即反射定律照样成立. 于是，声压反射系数为

$$r_p=\frac{z_n(\omega)\cos\vartheta_{\rm i}-\rho_0c_0}{z_n(\omega)\cos\vartheta_{\rm i}+\rho_0c_0}=\frac{\cos\vartheta_{\rm i}-\beta(\omega)}{\cos\vartheta_{\rm i}+\beta(\omega)} \tag{1.4.12b}$$

其中，$\beta(\omega)\equiv\rho_0c_0/z_n(\omega)$ 为界面的比阻抗率. 上式与方程 (1.4.4b) 比较，当 $\vartheta_{\rm t}\approx 0$ 时 (即垂直透射)，二个式子类似. 可见，当 $c_0\gg c_1$ 时，材料的表面可用局部反应阻抗来近似. 另外一个有趣的例子是声波入射到具有周期狭缝 (二维情况为周期孔) 的金属表面 (不一定要求是金属，只要材料声阻抗率远大于狭缝中介质的声阻抗率)，如图 1.4.6，假定狭缝宽度足够窄且远小于半波长，在狭缝中只能传播 z 方向的波，相当于声波只能垂直透射. 注意：严格来说，等效表面阻抗与 x 或者 (x,y) 有关，是一个表面的声散射问题，见 3.2.6 小节讨论; 当声波波长远大于狭缝或者孔的半径 (称为微穿孔板或微缝板) 时，可以用近似理论来讨论，见 6.3.2 小节和 6.3.4 小节讨论.

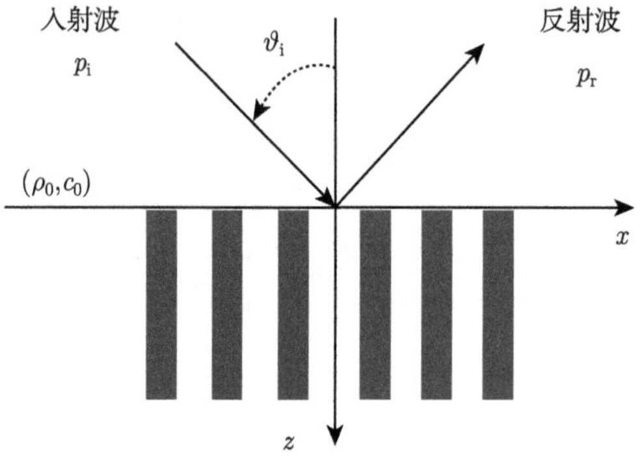

图 1.4.6　平面波入射到具有多个狭缝的金属表面

吸声系数　吸声材料 (一般为多孔材料，如玻璃纤维) 具有局部反应表面性质，透入材料的声波可认为被基本吸收. 参考图 1.4.3，在入射波中取垂直于入射波传播方向的面积 $S_{\rm i}$，该面积内的声波投射到界面上的面积为 S，故单位时间内投射到 S 面上的平均声能量为

$$\begin{aligned}\bar{E}_{\rm i}&=S\bar{\boldsymbol{I}}_{\rm i}\cdot\boldsymbol{e}_z=\frac{1}{2}S{\rm Re}(p_{\rm i}\boldsymbol{v}_{\rm i}^*\cdot\boldsymbol{e}_z)=\frac{1}{2}S{\rm Re}(p_{\rm i}v_{{\rm i}z}^*)\\&=\frac{1}{2}S\left|p_{0\rm i}(\omega)\right|^2\frac{\cos\vartheta_{\rm i}}{\rho_0c_0}\end{aligned}\tag{1.4.13a}$$

其中，$\boldsymbol{e}_z$ 为 S 面的法向. 同样，单位时间内从 S 面上反射的平均声能量为

$$\begin{aligned}\bar{E}_{\rm r}&=-S\bar{\boldsymbol{I}}_{\rm r}\cdot\boldsymbol{e}_z=-\frac{1}{2}S{\rm Re}(p_{\rm r}\boldsymbol{v}_{\rm r}^*\cdot\boldsymbol{e}_z)=\frac{1}{2}S{\rm Re}(p_{\rm r}v_{{\rm r}z}^*)\\&=\frac{1}{2}S|r_p|^2\cdot\left|p_{0\rm i}(\omega)\right|^2\frac{\cos\vartheta_{\rm i}}{\rho_0c_0}\end{aligned}\tag{1.4.13b}$$

注意：上式中加符号是因为反射波离开 S 面，声能流方向 $\bar{\boldsymbol{I}}_{\rm r}\cdot\boldsymbol{e}_z$ 与 $\bar{\boldsymbol{I}}_{\rm i}\cdot\boldsymbol{e}_z$ 方向相反，而声能量是不应该有方向的. 因此，单位时间内被吸收的平均声能量为 $\Delta\bar{E}=\bar{E}_{\rm i}-\bar{E}_{\rm r}$，声吸收系数定义为

$$\alpha(\omega,\vartheta_{\rm i})\equiv\frac{\Delta\bar{E}}{\bar{E}_i}=1-|r_p|^2\tag{1.4.14a}$$

设比阻抗率为 $\beta(\omega)=\sigma(\omega)+{\rm i}\delta(\omega)$，把方程 (1.4.12b) 代入上式得到

$$\alpha(\omega,\vartheta_{\rm i})=\frac{4\sigma(\omega)\cos\vartheta_{\rm i}}{[\cos\vartheta_{\rm i}+\sigma(\omega)]^2+\delta^2(\omega)}\approx\frac{4\sigma(\omega)\cos\vartheta_{\rm i}}{[\cos\vartheta_{\rm i}+\sigma(\omega)]^2}\tag{1.4.14b}$$

得到上式第二个等式，已假定比阻抗率的实部远大于虚部. 当 $\vartheta_{\rm i}=0$ 时 (即垂直入射)

$$\alpha(\omega,\vartheta_{\rm i}=0)=\frac{4\sigma(\omega)}{[1+\sigma(\omega)]^2+\delta^2(\omega)}\approx\frac{4\sigma(\omega)}{[1+\sigma(\omega)]^2}\tag{1.4.14c}$$

称为**法向吸声系数**. 因此，声吸收系数与声波入射方向密切相关 (所谓吸声，就是当声波进入吸声介质后声能量转化成无规的热能，由图 1.4.1 可见，透射到吸声介质的透射波与入射角有关，故吸收系数也必定与入射方向有关)，一般对无规入射的噪声或者扩散声场，必须对所有的入射方向作平均，见 5.3.4 小节讨论.

掠入射和蠕行波　当 $\vartheta_{\rm i} \to \pi/2$ 时，由方程 (1.4.14b)，$\alpha(\omega, \pi/2) = 0$，而这时声波沿吸声材料的界面传播，其声压变化必引起材料内部质点的运动，因而应该有能量传入材料而被材料吸收，吸收系数不可能为零. 这个矛盾是怎么来的? 事实上，当 $\vartheta_{\rm i} \to \pi/2$ 时，声的传播模式完全变了. 界面上空 $(z < 0)$ 的波已不能简单地看作是入射波与反射波之和.

注意到 Helmholtz 方程存在由方程 (1.3.15d) 表示的倏逝波，设界面上空 $(z < 0)$ 的总声波为

$$p(x, z, \omega) = A(\omega)\exp[{\rm i}k_0(x\sin\psi + z\cos\psi)] \tag{1.4.15a}$$

注意：式中 ψ 已经没有入射角的概念了 (此时入射角近似为 $\pi/2$)，而是为了满足 Helmholtz 方程而假定的量: $\sin^2\psi + \cos^2\psi = 1$，而材料中的透射波近似为垂直透射. 在界面上，入射波声压与法向速度之比应该为界面的声阻抗率，或者 $v_z|_{z=0} = p(x, 0, \omega)/z_n(\omega)$，即

$$v_z|_{z=0} = \frac{p(x, 0, \omega)}{z_n(\omega)} = \frac{A(\omega)\exp({\rm i}k_0 x\sin\psi)}{z_n(\omega)} = \frac{\cos\psi}{\rho_0 c_0}A(\omega)\exp({\rm i}k_0 x\sin\psi) \tag{1.4.15b}$$

即

$$\cos\psi = \frac{\rho_0 c_0}{z_n(\omega)} = \beta(\omega) \equiv \sigma(\omega) + {\rm i}\delta(\omega) \tag{1.4.16a}$$

因此得到

$$\sin\psi = \sqrt{1 - \cos^2\psi} \equiv \xi_{\rm R} + {\rm i}\xi_{\rm I} \tag{1.4.16b}$$

由 $\sin^2\psi + \cos^2\psi = 1$，$\xi_{\rm R}$ 和 $\xi_{\rm I}$ 满足

$$(\xi_{\rm R})^2 - (\xi_{\rm I})^2 = 1 - \sigma^2 + \delta^2;\ \xi_{\rm R}\xi_{\rm I} + \sigma\delta = 0 \tag{1.4.16c}$$

把方程 (1.4.16a) 和 (1.4.16b) 代入方程 (1.4.15a) 得到界面上部 $(z < 0)$ 的声场

$$p(x, z, \omega) = A(\omega)\exp[{\rm i}k_0(\xi_{\rm R}x + \sigma z)]\exp[-k_0(\xi_{\rm I}x + \delta z)] \tag{1.4.17a}$$

上式中，等相位和等振幅平面的法向矢量分别为 $\boldsymbol{k}_{\rm R} = k_0(\xi_{\rm R}, \sigma)$ 和 $\boldsymbol{k}_{\rm I} = k_0(\xi_{\rm I}, \delta)$，由方程 (1.4.16c)，显然有 $\boldsymbol{k}_{\rm R} \cdot \boldsymbol{k}_{\rm I} = 0$ 以及

$$\boldsymbol{k}_{\rm R} \cdot \boldsymbol{k}_{\rm R} - \boldsymbol{k}_{\rm I} \cdot \boldsymbol{k}_{\rm I} = k_0^2[(\xi_{\rm R})^2 - (\xi_{\rm I})^2 + \sigma^2 - \delta^2] = k_0^2 \tag{1.4.17b}$$

即满足方程 (1.3.15c)，方程 (1.4.17a) 确实是波动方程的解. 有意思的是，由方程 (1.4.17a)，入射波一定存在 z 方向的传播波数 (即 $k_0\sigma$)，而 x 方向的波数为 $k_0\xi_R \equiv k_0\sin\vartheta_i$，即入射角 ϑ_i 不可能为 $\pi/2$，而总要保持一个小的角度 $\vartheta_i = \arcsin(\xi_R)$. 从波动方程的角度看，在界面上空的区域，我们没有考虑波的耗散，要形成一个衰减的波，等相位和等振幅平面的法向必须垂直, 如图 1.4.7.

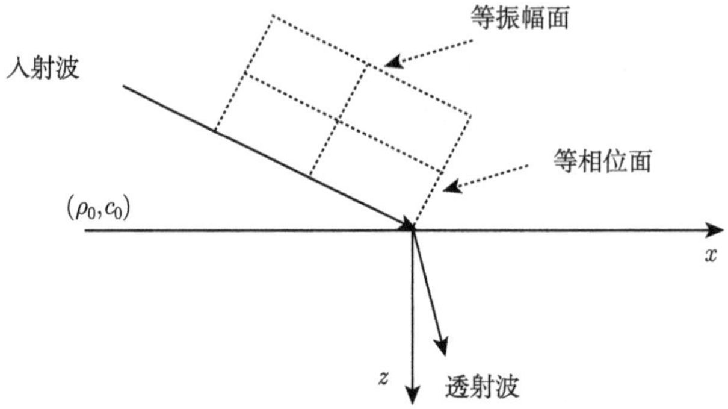

图 1.4.7　掠入射时，阻抗平面上空的波

在界面上 ($z=0$)，由方程 (1.4.17a)

$$p(x,0,\omega) = A(\omega)\exp(-k_0\xi_I x)\exp(ik_0\xi_R x) \tag{1.4.17c}$$

这是一个沿界面传播，但有一定衰减的波，传播速度为 $c_{creep} = \omega/(k_0\xi_R) = c_0/\xi_R$. 这个波称为**蠕动波**(creeping wave). 蠕动波在传播过程中保持与界面的接触，不断把一小部分能量传入材料. 注意: 蠕动波与倏逝波的衰减方向不同.

1.4.3　瞬态平面波的反射和透射

如图 1.4.1, 设入射波是瞬态平面波

$$p_i(x,z,t) = f\left(t - \frac{x\sin\vartheta_i + z\cos\vartheta_i}{c_0}\right) \tag{1.4.18a}$$

利用 Fourier 变换，上式可展开为稳态平面波之积分

$$p_i(x,z,t) = \int_{-\infty}^{\infty} p_i(x,z,\omega)\exp(-i\omega t)d\omega \tag{1.4.18b}$$

式中，$p_i(x,z,\omega)$ 为谱函数

$$\begin{aligned} p_i(x,z,\omega) &= \frac{1}{2\pi}\int_{-\infty}^{\infty} f\left(t - \frac{x\sin\vartheta_i + z\cos\vartheta_i}{c_0}\right)\exp(i\omega t)dt \\ &= \frac{1}{2\pi}\int_{-\infty}^{\infty} f(t')\exp(i\omega t')dt'\exp[ik_0(x\sin\vartheta_i + z\cos\vartheta_i)] \\ &= A(\omega)\exp[ik_0(x\sin\vartheta_i + z\cos\vartheta_i)] \end{aligned} \tag{1.4.18c}$$

其中，为了方便定义

$$A(\omega) \equiv \frac{1}{2\pi}\int_{-\infty}^{\infty} f(t')\exp(\mathrm{i}\omega t')\mathrm{d}t' \tag{1.4.18d}$$

把方程 (1.4.18c) 代入 (1.4.18b)，入射脉冲可表示为

$$p_{\mathrm{i}}(x,z,t) = \int_{-\infty}^{\infty} A(\omega)\exp\left[\mathrm{i}\frac{\omega}{c_0}(x\sin\vartheta_{\mathrm{i}} + z\cos\vartheta_{\mathrm{i}})\right]\exp(-\mathrm{i}\omega t)\mathrm{d}\omega \tag{1.4.19a}$$

必须注意的是：负的频率没有物理意义，因此上式通过积分变换得到

$$\begin{aligned} p_{\mathrm{i}}(x,z,t) = &\left[\int_0^{\infty} A^*(-\omega)\exp\left[\mathrm{i}\frac{\omega}{c_0}(x\sin\vartheta_{\mathrm{i}} + z\cos\vartheta_{\mathrm{i}})\right]\exp(-\mathrm{i}\omega t)\mathrm{d}\omega\right]^* \\ &+ \int_0^{\infty} A(\omega)\exp\left[\mathrm{i}\frac{\omega}{c_0}(x\sin\vartheta_{\mathrm{i}} + z\cos\vartheta_{\mathrm{i}})\right]\exp(-\mathrm{i}\omega t)\mathrm{d}\omega \end{aligned} \tag{1.4.19b}$$

为了保证 $p_{\mathrm{i}}(x,z,t)$ 是实的，要求满足：$A(\omega) = A^*(-\omega)$(即实部是偶函数，虚部是奇函数). 于是

$$p_{\mathrm{i}}(x,z,t) = 2\mathrm{Re}\int_0^{\infty} A(\omega)\exp\left[\mathrm{i}\frac{\omega}{c_0}(x\sin\vartheta_{\mathrm{i}} + z\cos\vartheta_{\mathrm{i}})\right]\exp(-\mathrm{i}\omega t)\mathrm{d}\omega \tag{1.4.19c}$$

显然，方程 (1.4.19a) 表示一系列不同频率、相同 ϑ_{i} 方向入射的稳态平面波的叠加. 由方程 (1.4.4b) 和 (1.4.4c)，相应的反射波和透射波分别为

$$\begin{aligned} p_{\mathrm{r}}(x,z,t) &= \int_{-\infty}^{\infty} B(\omega)\exp\left[\mathrm{i}\frac{\omega}{c_0}(x\sin\vartheta_{\mathrm{i}} - z\cos\vartheta_{\mathrm{i}})\right]\exp(-\mathrm{i}\omega t)\mathrm{d}\omega \\ p_{\mathrm{t}}(x,z,t) &= \int_{-\infty}^{\infty} C(\omega)\exp\left[\mathrm{i}\frac{\omega}{c_1}(x\sin\vartheta_{\mathrm{t}} + z\cos\vartheta_{\mathrm{t}}z)\right]\exp(-\mathrm{i}\omega t)\mathrm{d}\omega \end{aligned} \tag{1.4.20a}$$

其中，反射系数和透射系数分别为

$$B(\omega) = r_p A(\omega);\ C(\omega) = t_p A(\omega) \tag{1.4.20b}$$

反射系数 r_p 和透射系数 t_p 分别由方程 (1.4.4b) 和 (1.4.4c) 决定. 同样，为了保证 $p_{\mathrm{r}}(x,z,t)$ 和 $p_{\mathrm{t}}(x,z,t)$ 是实的，$B(\omega)$ 和 $C(\omega)$ 也必须满足条件：$B(\omega) = B^*(-\omega)$ 以及 $C(\omega) = C^*(-\omega)$(即实部是偶函数，虚部是奇函数). 具体分二种情况讨论.

入射角小于临界角情况：显然，当入射角 ϑ_{i} 小于临界角 $\vartheta_{\mathrm{ic}} = \arcsin(c_0/c_1)$ 时 (当临界角不存在时也相当于这种情况)，反射系数 r_p 和透射系数 t_p 都是实常数，当 $A(\omega) = A^*(-\omega)$ 时, 必定有 $B(\omega) = B^*(-\omega)$ 以及 $C(\omega) = C^*(-\omega)$. 因为 r_p 和 t_p 与频率无关 (一个界面情况，如果存在二个界面，反射和透射系数与频率的关系较

复杂，见 1.5.1 小节)，可以移出方程 (1.4.20a) 中的积分号，于是

$$
\begin{aligned}
p_{\mathrm{r}}(x,z,t) &= r_p f\left(t-\frac{x\sin\vartheta_{\mathrm{i}}-z\cos\vartheta_{\mathrm{i}}}{c_0}\right)\\
p_{\mathrm{t}}(x,z,t) &= t_p f\left(t-\frac{x\sin\vartheta_{\mathrm{t}}+z\cos\vartheta_{\mathrm{t}}}{c_1}\right)
\end{aligned}
\tag{1.4.21}
$$

可见：当入射角 ϑ_{i} 小于临界时 (或者不存在临界角时)，反射波和透射波相当简单，而且保持入射波的波形.

入射角大于临界角情况：当入射角 ϑ_{i} 大于临界角 $\vartheta_{\mathrm{ic}}=\arcsin(c_0/c_1)$ 时，由方程 (1.4.4b) 和 (1.4.3b)

$$
r_p=\frac{\rho_1c_1\cos\vartheta_{\mathrm{i}}-\mathrm{i}\rho_0c_0\sqrt{[(c_1/c_0)\sin\vartheta_{\mathrm{i}}]^2-1}}{\rho_1c_1\cos\vartheta_{\mathrm{i}}+\mathrm{i}\rho_0c_0\sqrt{[(c_1/c_0)\sin\vartheta_{\mathrm{i}}]^2-1}}\equiv a+\mathrm{i}b \tag{1.4.22a}
$$

其中，为了方便定义

$$
a\equiv\frac{m^2\cos^2\vartheta_{\mathrm{i}}-s^2}{m^2\cos^2\vartheta_{\mathrm{i}}+s^2};\ b\equiv-\frac{2ms\cos\vartheta_{\mathrm{i}}}{m^2\cos^2\vartheta_{\mathrm{i}}+s^2} \tag{1.4.22b}
$$

其中，$s\equiv\sqrt{\sin^2\vartheta_{\mathrm{i}}-n^2}\geqslant 0$，$m\equiv\rho_1/\rho_0$ 和 $n\equiv c_0/c_1$. 尽管反射系数 r_p 也与频率无关，但此时是复常数, 不可能满足关系 $B(\omega)=B^*(-\omega)$. 注意到方程 (1.4.22a) 表示的反射系数 r_p 是在 $\omega>0$ 情况下得到的，为了满足 $B(\omega)=B^*(-\omega)$，我们必须把 r_p 延拓到 $\omega<0$ 区域，显然，由 $B(\omega)=B^*(-\omega)$ 和 $A(\omega)=A^*(-\omega)$，要求反射系数 r_p 也满足

$$
r_p(-\omega)=r_p^*(\omega) \tag{1.4.23a}
$$

即延拓成：反射系数 r_p 的实部是关于 $\omega=0$ 对称的 (偶函数)，虚部是关于 $\omega=0$ 反对称的 (奇函数)

$$
\begin{aligned}
\mathrm{Re}[r_p(-\omega)] &= \mathrm{Re}[r_p(\omega)]\\
\mathrm{Im}[r_p(-\omega)] &= -\mathrm{Im}[r_p(\omega)]
\end{aligned}
\tag{1.4.23b}
$$

因此要求 $\mathrm{Im}[B(-\omega)]=-\mathrm{Im}[B(\omega)]$，故方程 (1.4.20a) 中 $B(\omega)$ 的虚部部分积分 (实部部分无需变化，因为 $\mathrm{Re}[r_p(\omega)]$ 延拓到负频率时不变化) 为

$$\begin{aligned}
&\int_{-\infty}^{\infty} \mathrm{Im}[B(\omega)] \exp(-\mathrm{i}\omega\xi)\mathrm{d}\omega \\
&= \int_{-\infty}^{0} \mathrm{Im}[B(\omega)] \exp(-\mathrm{i}\omega\xi)\mathrm{d}\omega + \int_{0}^{\infty} \mathrm{Im}[B(\omega)] \exp(-\mathrm{i}\omega\xi)\mathrm{d}\omega \\
&= \int_{0}^{\infty} \mathrm{Im}[B(-\omega)] \exp(\mathrm{i}\omega\xi)\mathrm{d}\omega + \int_{0}^{\infty} \mathrm{Im}[B(\omega)] \exp(-\mathrm{i}\omega\xi)\mathrm{d}\omega \qquad (1.4.23\text{c}) \\
&= \int_{0}^{\infty} -\mathrm{Im}[B(\omega)] \exp(\mathrm{i}\omega\xi)\mathrm{d}\omega + \int_{0}^{\infty} \mathrm{Im}[B(\omega)] \exp(-\mathrm{i}\omega\xi)\mathrm{d}\omega \\
&= -2\mathrm{i}\int_{0}^{\infty} \mathrm{Im}[B(\omega)] \sin(\omega\xi)\mathrm{d}\omega
\end{aligned}$$

于是，方程 (1.4.20a) 的第一式变成

$$p_{\mathrm{r}}(x,z,t) = \int_{-\infty}^{\infty} \mathrm{Re}[B(\omega)] \exp(-\mathrm{i}\omega\xi)\mathrm{d}\omega + 2\int_{0}^{\infty} \mathrm{Im}[B(\omega)] \sin(\omega\xi)\mathrm{d}\omega \qquad (1.4.23\text{d})$$

其中，$\xi \equiv t - (\sin\vartheta_{\mathrm{i}}x - \cos\vartheta_{\mathrm{i}}z)/c_0$. 注意，上式的积分中 $\mathrm{Re}[B(\omega)]$ 是偶函数，在 $\omega = 0$ 点连续，而 $\mathrm{Im}[B(\omega)]$ 是奇函数，在 $\omega = 0$ 点不连续.

对透射波，由方程 (1.4.7b)

$$t_p = \frac{2\rho_1 c_1 \cos\vartheta_{\mathrm{i}}}{\rho_1 c_1 \cos\vartheta_{\mathrm{i}} + \mathrm{i}\rho_0 c_0 \sqrt{[(c_1/c_0)\sin\vartheta_{\mathrm{i}}]^2 - 1}} = (a+1) + \mathrm{i}b \qquad (1.4.24\text{a})$$

式中，a 和 b 由方程 (1.4.22b) 决定. 与方程 (1.4.23d) 类似，我们得到透射波的表达式

$$p_{\mathrm{t}}(x,z,t) = \int_{-\infty}^{\infty} \mathrm{Re}[C(\omega)] \exp(-\mathrm{i}\omega\zeta)\mathrm{d}\omega + 2\int_{0}^{\infty} \mathrm{Im}[C(\omega)] \sin(\omega\zeta)\mathrm{d}\omega \qquad (1.4.24\text{b})$$

其中，为了方便定义

$$\zeta \equiv t - \frac{x\sin\vartheta_{\mathrm{t}} + z\cos\vartheta_{\mathrm{t}}}{c_1} = \begin{cases} t - \dfrac{x\sin\vartheta_{\mathrm{i}}}{c_0} - \mathrm{i}\dfrac{s}{c_0}z & (\omega > 0) \\ t - \dfrac{x\sin\vartheta_{\mathrm{i}}}{c_0} + \mathrm{i}\dfrac{s}{c_0}z & (\omega < 0) \end{cases} \qquad (1.4.24\text{c})$$

上式中区分 $\omega > 0$ 或者 $\omega < 0$ 是为了保证当 $\omega < 0$ 时，不出现指数发散项 (注意: 透射波位于 $z > 0$ 区域)，故在求方程 (1.4.7a) 的平方根时，作了这样的选择.

作为例子，考虑具有下列形式的瞬态波

$$f(t) = \frac{A\tau}{\tau^2 + t^2} \qquad (1.4.25\text{a})$$

式中，A 是振幅常数，$\tau>0$ 表征脉冲宽度. 由方程 (1.4.18d)，入射波的频谱为

$$A(\omega)\equiv\frac{A\tau}{2\pi}\int_{-\infty}^{\infty}\frac{\exp(\mathrm{i}\omega t')}{\tau^2+t'^2}\mathrm{d}t' \tag{1.4.25b}$$

上式积分可以由复变函数积分方法完成，注意到：当 $\omega>0$ 时，取上半平面的积分围道，围道内存在一个一阶极点 $t'=\mathrm{i}\tau$；而当 $\omega<0$ 时，取下半平面的积分围道，围道内存在一个一阶极点 $t'=-\mathrm{i}\tau$，于是

$$A(\omega)=\frac{1}{2}A\exp(-|\omega|\tau) \tag{1.4.25c}$$

入射脉冲为

$$p_{\mathrm{i}}(x,z,t)=\frac{A\tau}{\tau^2+[t-(x\sin\vartheta_{\mathrm{i}}+z\cos\vartheta_{\mathrm{i}})/c_0]^2} \tag{1.4.26a}$$

当入射角 ϑ_{i} 小于临界角时，反射和透射脉冲分别为

$$\begin{aligned}p_{\mathrm{r}}(x,z,t)&=\frac{r_pA\tau}{\tau^2+[t-(x\sin\vartheta_{\mathrm{i}}-z\cos\vartheta_{\mathrm{i}})/c_0]^2}\\ p_{\mathrm{t}}(x,z,t)&=\frac{t_pA\tau}{\tau^2+[t-(x\sin\vartheta_{\mathrm{t}}+z\cos\vartheta_{\mathrm{t}})/c_1]^2}\end{aligned} \tag{1.4.26b}$$

其中，反射系数 r_p 和透射系数 t_p 由方程 (1.4.4b) 和 (1.4.4c) 决定.

当入射角 ϑ_{i} 大于临界角时，反射脉冲由方程 (1.4.23d) 决定，注意到方程 (1.4.22a)

$$\mathrm{Re}\,[B(\omega)]=\frac{1}{2}aA\exp(-|\omega|\tau);\mathrm{Im}\,[B(\omega)]=\frac{1}{2}bA\exp(-|\omega|\tau) \tag{1.4.27a}$$

代入方程 (1.4.23d) 得到

$$p_{\mathrm{r}}(x,z,t)=\frac{1}{2}aA\int_{-\infty}^{\infty}\mathrm{e}^{-|\omega|\tau-\mathrm{i}\omega\xi}\mathrm{d}\omega+bA\int_0^{\infty}\mathrm{e}^{-|\omega|\tau}\sin(\omega\xi)\mathrm{d}\omega \tag{1.4.27b}$$

完成积分后得到

$$p_{\mathrm{r}}(x,z,t)=\frac{aA\tau}{\tau^2+(t-t_{\mathrm{R}})^2}+\frac{bA(t-t_{\mathrm{R}})}{\tau^2+(t-t_{\mathrm{R}})^2} \tag{1.4.27c}$$

其中，$t_{\mathrm{R}}\equiv(x\sin\vartheta_{\mathrm{i}}-z\cos\vartheta_{\mathrm{i}})/c_0$ 为延时. 可见，反射波由二部分构成：第一项与入射波形状一样，而第二项是由反射系数 r_p 的虚部引起的. 当 $\tau\to0$ 时，方程 (1.4.27c) 简化成

$$p_{\mathrm{r}}(x,z,t)=\pi aA\delta(t-t_{\mathrm{R}})+\frac{bA}{t-t_{\mathrm{R}}} \tag{1.4.27d}$$

有趣的是：上式第二项表明，在任何时刻，介质 0 中的反射波不为零，甚至在入射脉冲到达界面前，就已经存在声场. 这一结果似乎不符合因果关系. 其实不然，这

是因为我们考虑的是波阵面无限大的平面波，它始终与界面存在接触点 T. 在接触点，入射波进入高速介质 (在全反射条件下)，形成所谓侧向波高速传播的波 (称为**侧向波**，见 2.5.3 小节讨论)，又在 B 点折射进入低速介质，而这一过程早于入射脉冲到达 P 点，如图 1.4.8. 如果我们考虑有限宽度的波束，就不会发生这一情况.

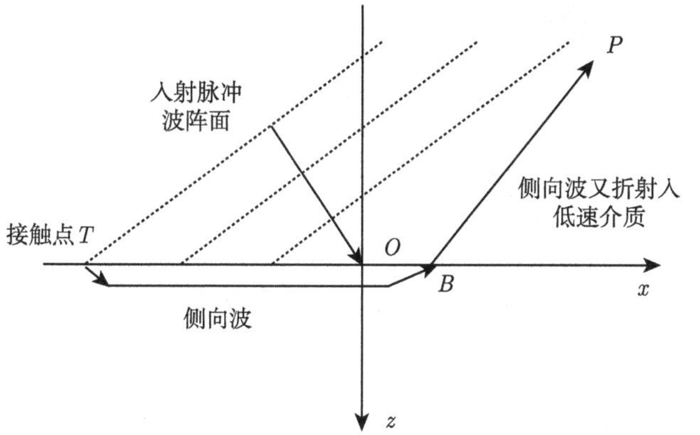

图 1.4.8 无限大平面波脉冲始终与界面有接触点，在高速介质中形成侧向波

由方程 (1.4.24b) 和 (1.4.24c)，介质 1 中的透射波为

$$p_{\mathrm{t}}(x,z,t)=\frac{1}{2}(a+1)A\int_{-\infty}^{\infty}\exp\left[-|\omega|\left(\tau+\frac{s}{c_0}z\right)+\mathrm{i}\omega g\right]\mathrm{d}\omega \\ +bA\int_{0}^{\infty}\exp\left[-\omega\left(\tau+\frac{s}{c_0}z\right)\right]\sin(\omega g)\mathrm{d}\omega \tag{1.4.28a}$$

其中，$g\equiv x\sin\vartheta_{\mathrm{i}}/c_0-t$. 完成上式积分后，方程 (1.4.28a) 变成

$$p_{\mathrm{t}}(x,z,t)=A\frac{(a+1)(\tau+sz/c_0)+b[(x/c_0)\sin\vartheta_{\mathrm{i}}-t]}{(\tau+sz/c_0)^2+[(x/c_0)\sin\vartheta_{\mathrm{i}}-t]^2} \tag{1.4.28b}$$

当入射波为 δ 脉冲 (即 $\tau\to 0$)，上式简化为

$$p_{\mathrm{t}}(x,z,t)=A\frac{(a+1)sz/c_0+b[(x/c_0)\sin\vartheta_{\mathrm{i}}-t]}{(sz/c_0)^2+[(x/c_0)\sin\vartheta_{\mathrm{i}}-t]^2} \tag{1.4.28c}$$

可见：①透射波形与入射脉冲波形已完全不同；②透射波沿界面传播，等振幅面的传播速度为 $c=c_0/\sin\vartheta_{\mathrm{i}}$;③在等振幅面 $(x/c_0)\sin\vartheta_{\mathrm{i}}-t=0$ 上，$p_{\mathrm{t}}(x,z,t)=A(a+1)/(sz/c_0)$，即幅度随 z 增加而下降，即在界面 $(z=0)$ 上极大；当 $z\to\infty$ 时，$p_{\mathrm{t}}(x,z,t)\approx A(a+1)/(sz/c_0)$，也是随 z 增加而下降.

1.4.4 有限宽波束的反射和透射

入射波 设入射到界面 $(z=0)$ 的稳态波有一定的宽度，如图 1.4.9，我们用

包络函数 $\Phi_\mathrm{i}(x,z)$ 来描述 (为了简单，仍然设问题与 y 轴无关)

$$p_\mathrm{i}(x,z,\omega)=\Phi_\mathrm{i}(x,z)\exp[\mathrm{i}k_0(x\sin\vartheta_0+z\cos\vartheta_0)] \tag{1.4.29a}$$

注意: 包络函数 $\Phi_\mathrm{i}(x,z)$ 的选择不是任意的，一定要保证 $p_\mathrm{i}(x,z,\omega)$ 满足 Helmholtz 方程，即要求 $\Phi_\mathrm{i}(x,z)$ 满足

$$\nabla^2\Phi_\mathrm{i}(x,z)+2\mathrm{i}\boldsymbol{k}_0\cdot\nabla\Phi_\mathrm{i}(x,z)=0 \tag{1.4.29b}$$

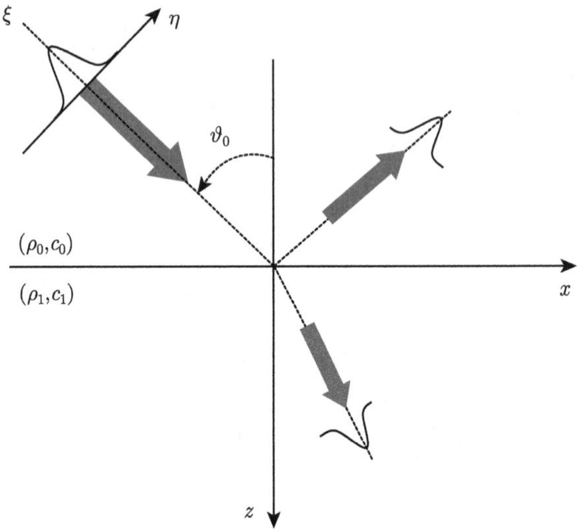

图 1.4.9　入射波是有限宽度的稳态波

利用方程 (1.3.14b)，并且取参考平面 $z=z_0=-h(h>0)$，可以把 $p_\mathrm{i}(x,z,\omega)$ 展开成平面波的叠加

$$p_\mathrm{i}(x,z,\omega)=\int_{-\infty}^{\infty}p_\mathrm{i}(k_x,-h,\omega)\exp\{\mathrm{i}[k_xx+\beta_{0z}(h+z)]\}\,\mathrm{d}k_x\quad(|z|<h) \tag{1.4.30a}$$

注意: ①$z<0$，$|z-z_0|=h+z$；②问题与 y 轴无关，相当于取 $p_\mathrm{i}(k_x,k_y,k_z,\omega)=p_\mathrm{i}(k_x,k_z,\omega)\delta(k_y)$，即 k_y 只有零分量. 式中 $\beta_{0z}=\sqrt{\omega^2/c_0^2-k_x^2}$，$p_\mathrm{i}(k_x,-h,\omega)$ 是参考平面 $z=-h$ 的谱，即

$$\begin{aligned}p_\mathrm{i}(k_x,-h,\omega)&=\frac{1}{2\pi}\int_{-\infty}^{\infty}p_\mathrm{i}(x,-h,\omega)\exp(-\mathrm{i}k_xx)\mathrm{d}x\\&=\frac{1}{2\pi}\mathrm{e}^{-\mathrm{i}k_0h\cos\vartheta_0}\int_{-\infty}^{\infty}\Phi_\mathrm{i}(x,-h)\exp[-\mathrm{i}(k_x-k_0\sin\vartheta_0)x]\mathrm{d}x\\&\equiv\exp(-\mathrm{i}k_0h\cos\vartheta_0)\Phi_\mathrm{i}[(k_x-k_0\sin\vartheta_0),-h]\end{aligned} \tag{1.4.30b}$$

其中，包络的谱为

$$\Phi_{\mathrm{i}}(k_x,-h)\equiv\frac{1}{2\pi}\int_{-\infty}^{\infty}\Phi_{\mathrm{i}}(x,-h)\exp(-\mathrm{i}k_x x)\mathrm{d}x \tag{1.4.30c}$$

设包络函数的谱由半宽度为 w 的 Gauss 函数描述

$$\Phi_{\mathrm{i}}(k_x,-h)=\frac{A_0}{2\sqrt{\pi}w}\exp\left(-\frac{k_x^2}{4w^2}\right) \tag{1.4.31a}$$

上式代入方程 (1.4.30a)，入射波可以表示为

$$\begin{aligned}p_{\mathrm{i}}(x,z,\omega)=&\frac{A_0}{2\sqrt{\pi}w}\mathrm{e}^{-\mathrm{i}k_0 h\cos\vartheta_0}\int_{-\infty}^{\infty}\exp\left[-\frac{(k_x-k_0\sin\vartheta_0)^2}{4w^2}\right]\\&\times\exp\left\{\mathrm{i}[k_x x+\beta_{0z}(h+z)]\right\}\mathrm{d}k_x\end{aligned} \tag{1.4.31b}$$

上式就是入射方向为 ϑ_0 的 Gauss 束用平面波展开的表达式. 当 $w\to 0$ 时，利用关系

$$\lim_{w\to 0}\frac{1}{2\sqrt{\pi}w}\exp\left(-\frac{k_x^2}{4w^2}\right)=\delta(k_x) \tag{1.4.31c}$$

方程 (1.4.31b) 简化成 ϑ_0 方向传播的平面波

$$p_{\mathrm{i}}(x,z,\omega)\to A_0\exp[\mathrm{i}k_0(x\sin\vartheta_0+z\cos\vartheta_0)] \tag{1.4.31d}$$

由于方程 (1.4.31b) 中积分上、下限为 $-\infty\sim\infty$，当 $|k_x|>k_0$ 时，$\beta_{0z}=\mathrm{i}\sqrt{k_x^2-\omega^2/c_0^2}$，积分中的每一项表示参考平面 $z=-h$ 附近的倏逝波，基本到不了反射界面 (只要取 h 足够大).

反射波和包络位移 由方程 (1.4.4b), 相应的反射波为

$$\begin{aligned}p_{\mathrm{r}}(x,z,\omega)=&\frac{A_0}{2\sqrt{\pi}w}\mathrm{e}^{-\mathrm{i}k_0 h\cos\vartheta_0}\int_{-\infty}^{\infty}r_p(k_x)\exp\left[-\frac{(k_x-k_0\sin\vartheta_0)^2}{4w^2}\right]\\&\times\exp\left\{\mathrm{i}[k_x x-\beta_{0z}(h+z)]\right\}\mathrm{d}k_x\end{aligned} \tag{1.4.32a}$$

式中，反射系数用 k_x 表示为

$$r_p(k_x)=\frac{m\sqrt{k_0^2-k_x^2}-\sqrt{k_1^2-k_x^2}}{m\sqrt{k_0^2-k_x^2}+\sqrt{k_1^2-k_x^2}} \tag{1.4.32b}$$

得到上式利用了关系 $\sin\vartheta_{\mathrm{t}}=(c_1/c_0)\sin\vartheta_{\mathrm{i}}=k_x/k_1$ 和 $\sin\vartheta_{\mathrm{i}}=k_x/k_0$. 严格求出方程 (1.4.32a) 中积分很困难，因为 $\pm k_0$ 和 $\pm k_1$ 是积分的分支点，方程 (1.4.32a) 是具有分枝点的积分. 但对 Gauss 束，积分的主要贡献在 $k_x=k_0\sin\vartheta_0$ 的附近，为此，

把入射波和反射波改写成 (分别乘以和除以相同的传播因子 $\mathrm{e}^{\mathrm{i}k_0[x\sin\vartheta_0+(h+z)\cos\vartheta_0]}$ 和 $\mathrm{e}^{\mathrm{i}k_0[\sin\vartheta_0 x-(h+z)\cos\vartheta_0]}$)

$$p_{\mathrm{i}}(x,z,\omega)=\frac{A_0k_0}{2\sqrt{\pi}w}\mathrm{e}^{-\mathrm{i}k_0h\cos\vartheta_0}\mathrm{e}^{\mathrm{i}k_0[x\sin\vartheta_0+(h+z)\cos\vartheta_0]}\int_{-\infty}^{\infty}\exp\left[-\frac{k_0^2(q-q_0)^2}{4w^2}\right]\times\exp\left\{\mathrm{i}k_0\left[(q-q_0)x+\left(\sqrt{1-q^2}-\sqrt{1-q_0^2}\right)(h+z)\right]\right\}\mathrm{d}q \tag{1.4.33a}$$

以及

$$p_{\mathrm{r}}(x,z,\omega)=\frac{A_0k_0}{2\sqrt{\pi}w}\mathrm{e}^{-\mathrm{i}k_0h\cos\vartheta_0}\mathrm{e}^{\mathrm{i}k_0[\sin\vartheta_0 x-(h+z)\cos\vartheta_0]}\int_{-\infty}^{\infty}r_p(k_0q)\exp\left[-\frac{k_0^2(q-q_0)^2}{4w^2}\right]\times\exp\left\{\mathrm{i}k_0\left[(q-q_0)x-\left(\sqrt{1-q^2}-\sqrt{1-q_0^2}\right)(h+z)\right]\right\}\mathrm{d}q \tag{1.4.33b}$$

其中，已令 $k_x\equiv k_0q$ 和 $q_0\equiv\sin\vartheta_0$，以及 $\beta_{0z}=k_0\sqrt{1-q^2}$. 由于积分的主要贡献在 $k_x=k_0\sin\vartheta_0$ 的附近，积分中因子近似为

$$r_p(k_0q)\equiv|r_p(k_0q)|\exp[\mathrm{i}\varphi(q)]\approx|r_p(k_0q_0)|\exp[\mathrm{i}\varphi(q)] \tag{1.4.33c}$$

其中，$\varphi(q)$ 是 $r_p(k_0q)$ 的相位因子，但在相位上不能简单地用 q_0 代替 q，因为尽管 q 只有小的变化，但相位 k_0q 可能变化很大，因此，把 $\varphi(q)$ 和 $\sqrt{1-q^2}$ 在 q_0 点作展开，并取级数的前二项得到

$$\begin{aligned}&\varphi(q)\approx\varphi(q_0)+\varphi'(q_0)(q-q_0)+\cdots\\&\sqrt{1-q^2}\approx\sqrt{1-q_0^2}-\tan\vartheta_0(q-q_0)+\cdots\end{aligned} \tag{1.4.33d}$$

注意：$\varphi'(q_0)=-\tan\vartheta_0$. 于是，方程 (1.4.33a) 和 (1.4.33b) 近似为

$$p_{\mathrm{i}}(x,z,\omega)=\frac{A_0k_0}{2\sqrt{\pi}w}\mathrm{e}^{\mathrm{i}k_0(x\sin\vartheta_0+z\cos\vartheta_0)}\int_{-\infty}^{\infty}\exp\left[-\frac{k_0(q-q_0)^2}{4w^2}\right]\times\exp\{\mathrm{i}k_0(q-q_0)[x-\tan\vartheta_0(h+z)]\}\mathrm{d}q \tag{1.4.34a}$$

以及

$$p_{\mathrm{r}}(x,z,\omega)\approx k_0r_p(k_0q_0)\mathrm{e}^{-\mathrm{i}k_0h\cos\vartheta_0}\mathrm{e}^{\mathrm{i}k_0[\sin\vartheta_0x-(h+z)\cos\vartheta_0]}\int_{-\infty}^{\infty}\frac{A_0k_0}{2\sqrt{\pi}w}\exp\left[-\frac{k_0^2(q-q_0)^2}{4w^2}\right]\times\exp\left\{\mathrm{i}k_0(q-q_0)\left[x+\frac{\varphi'(q_0)}{k_0}+(h+z)\tan\vartheta_0\right]\right\}\mathrm{d}q \tag{1.4.34b}$$

对照方程 (1.4.29a) 与 (1.4.34a)，显然，入射波的包络函数为

$$\begin{aligned}\Phi_{\mathrm{i}}(x,z)&=\frac{A_0k_0}{2\sqrt{\pi}w}\int_{-\infty}^{\infty}\exp\left[-\frac{k_0^2(q-q_0)^2}{4w^2}\right]\mathrm{e}^{\mathrm{i}k_0(q-q_0)[x-(h+z)\tan\vartheta_0]}\mathrm{d}q\\&=A_0\Phi[x-(h+z)\tan\vartheta_0]\end{aligned}\tag{1.4.35a}$$

其中，$\Phi(x)$ 为 Gauss 函数

$$\Phi(x)\equiv\frac{1}{2\sqrt{\pi}w}\int_{-\infty}^{\infty}\exp\left(-\frac{k_x^2}{4w^2}\right)\exp(\mathrm{i}k_xx)\mathrm{d}k_x=\frac{1}{\sqrt{2\pi}}\exp(-w^2x^2)\tag{1.4.35b}$$

而对反射波，即方程 (1.4.34b), 可写成

$$\begin{aligned}p_{\mathrm{r}}(x,z,\omega)\approx{}&A_0r_p(k_0q_0)\mathrm{e}^{-\mathrm{i}k_0h\cos\vartheta_0}\exp\left\{\mathrm{i}k_0[\sin\vartheta_0x-(h+z)\cos\vartheta_0]\right\}\\&\times\Phi\left[x+\frac{\varphi'(q_0)}{k_0}+(h+z)\tan\vartheta_0\right]\end{aligned}\tag{1.4.36a}$$

因此，反射波的包络函数为

$$\Phi_{\mathrm{r}}(x,z)\equiv A_0\Phi\left[x+\frac{\varphi'(q_0)}{k_0}+(h+z)\tan\vartheta_0\right]\tag{1.4.36b}$$

现在分析界面 $z=0$ 上入射波与反射波包络特征，可以取参考平面 $h=0$，于是

$$\Phi_{\mathrm{i}}(x,0)=A_0\Phi(x);\ \Phi_{\mathrm{r}}(x,0)\equiv A_0\Phi\left[x+\frac{\varphi'(q_0)}{k_0}\right]\tag{1.4.37a}$$

显然，两者具有相同的形状，但反射波包络有一个位移

$$\Delta(\vartheta_0)\equiv-\left.\frac{1}{k_0}\frac{\mathrm{d}\varphi}{\mathrm{d}q}\right|_{q=q_0}=-\left.\frac{1}{k_0\cos\vartheta_0}\frac{\mathrm{d}\varphi}{\mathrm{d}\vartheta}\right|_{\vartheta=\vartheta_0}\tag{1.4.37b}$$

透射波和包络位移 由方程 (1.4.4c), 相应的透射波为

$$\begin{aligned}p_{\mathrm{t}}(x,z,\omega)={}&\frac{A_0}{2\sqrt{\pi}w}\mathrm{e}^{-\mathrm{i}k_0h\cos\vartheta_0}\int_{-\infty}^{\infty}t_p(k_x)\exp\left[-\frac{(k_x-k_0\sin\vartheta_0)^2}{4w^2}\right]\\&\times\exp\left\{\mathrm{i}[k_xx+\beta_{1z}(h+z)]\right\}\mathrm{d}k_x\end{aligned}\tag{1.4.38a}$$

其中，$\beta_{1z}=\sqrt{\omega^2/c_1^2-k_x^2}$. 式中，透射系数用 k_x 表示为

$$t_p(k_x)=\frac{2m\sqrt{k_0^2-k_x^2}}{m\sqrt{k_0^2-k_x^2}+\sqrt{k_1^2-k_x^2}}\tag{1.4.38b}$$

方程 (1.4.38a) 乘以和除以相同的传播因子 $\exp\{\mathrm{i}k_1[x\sin\vartheta_\mathrm{t}+(h+z)\cos\vartheta_\mathrm{t}]\}$(其中 ϑ_t 是透射角)，可以改写成

$$p_\mathrm{t}(x,z,\omega)=\frac{A_0k_0}{2\sqrt{\pi}w}\mathrm{e}^{-\mathrm{i}k_0h\cos\vartheta_0}\mathrm{e}^{\mathrm{i}k_1[x\sin\vartheta_\mathrm{t}+(h+z)\cos\vartheta_\mathrm{t}]}\int_{-\infty}^{\infty}t_p(k_0q)\exp\left[-\frac{k_0^2(q-q_0)^2}{4w^2}\right]$$
$$\times\exp\left\{\mathrm{i}k_0\left[(q-q_0)x+\left(\sqrt{n^2-q^2}-\sqrt{n^2-q_0^2}\right)(h+z)\right]\right\}\mathrm{d}q \tag{1.4.39a}$$

得到上式利用了关系: $\cos\vartheta_\mathrm{t}=\sqrt{1-\sin^2\vartheta_\mathrm{t}}=(k_0/k_1)\sqrt{n^2-q_0^2}$ 和 $\beta_{1z}=k_0\sqrt{n^2-q^2}$. 与方程 (1.4.33b) 同样的分析，我们有

$$\begin{aligned}\sqrt{n^2-q^2}&\approx\sqrt{n^2-q_0^2}-(q-q_0)\tan\vartheta_\mathrm{t}+\cdots\\ \psi(q)&=\psi(q_0)+\psi'(q_0)(q-q_0)+\cdots\end{aligned} \tag{1.4.39b}$$

其中，$\psi(q)$ 为透射系数的相角:$t_p(k_0q)\equiv|t_p(k_0q)|\exp[\mathrm{i}\psi(q)]$. 上式代入方程 (1.4.39a) 得到

$$p_\mathrm{t}(x,z,\omega)=\frac{A_0k_0t_p(k_0q_0)}{2\sqrt{\pi}w}\mathrm{e}^{-\mathrm{i}k_0h\cos\vartheta_0}\mathrm{e}^{\mathrm{i}k_1[x\sin\vartheta_\mathrm{t}+(h+z)\cos\vartheta_\mathrm{t}]}\int_{-\infty}^{\infty}\exp\left[-\frac{k_0^2(q-q_0)^2}{4w^2}\right]$$
$$\times\exp\left\{\mathrm{i}k_0(q-q_0)\left[x+\frac{\psi'(q_0)}{k_0}-\tan\vartheta_\mathrm{t}(h+z)\right]\right\}\mathrm{d}q \tag{1.4.40a}$$

与方程 (1.4.36a) 类似，透射波可以写成

$$p_\mathrm{t}(x,z,\omega)=A_0t_p(k_0q_0)\mathrm{e}^{-\mathrm{i}k_0h\cos\vartheta_0}\exp\{\mathrm{i}k_1[x\sin\vartheta_\mathrm{t}+(h+z)\cos\vartheta_\mathrm{t}]\}$$
$$\times\varPhi\left[x+\frac{\psi'(q_0)}{k_0}-(h+z)\tan\vartheta_\mathrm{t}\right] \tag{1.4.40b}$$

因此，透射波的包络函数为

$$\varPhi_\mathrm{t}(x,z)\equiv A_0\varPhi\left[x+\frac{\psi'(q_0)}{k_0}-(h+z)\tan\vartheta_\mathrm{t}\right] \tag{1.4.40c}$$

故在界面上，透射波包络与反射波包络都有位移.

值得指出的是: ①当入射角 ϑ_0 小于临界角时，反射和透射系数都是实数，即 $\psi(q)=\varphi(q)=0$，故包络位移为零，只有当入射角 ϑ_0 大于临界角时，才有包络位移; ②由以上推导可知，尽管我们假定了方程 (1.4.31a) 形式的空间谱分布，但在具体的运算中，只用到一个性质，即假定方程 (1.4.33a)，(1.4.33b) 和 (1.4.39a) 中积分的贡献主要来自极大点附近，也就是说，方程 (1.4.30c) 中 $\varPhi_\mathrm{i}(k_x,-h)$ 存在且仅存在一个极大. 一个相反的例子是: $\varPhi_\mathrm{i}(x,-h)$ 是宽度为 $2H$ 的矩形，即

$$\varPhi_\mathrm{i}(x,-h)=\begin{cases}A_0, & |x|<H\\ 0, & |x|>H\end{cases} \tag{1.4.41a}$$

其 Fourier 谱为

$$\Phi_{\mathrm{i}}(k_x,-h)=\frac{A_0}{2\pi}\int_{-H}^{H}\exp(-\mathrm{i}k_x x)\mathrm{d}x=\frac{A_0}{\pi}\frac{\sin(k_x H)}{k_x} \tag{1.4.41b}$$

显然，$\Phi_{\mathrm{i}}(k_x,-h)$ 有多个次极大，次极大对方程 (1.4.33a)，(1.4.33b) 和 (1.4.39a) 中积分的贡献也不能忽略. 这将导致反射波包络的形状与入射波包络明显不同；③如果入射波为界面附近的点质量源发出的球面波，它既含有入射角小于临界角的入射波成分，又包含入射角大于临界角的入射波成分，问题稍为复杂，我们将在 2.5.3 小节中详细讨论.

1.4.5 人工结构表面及广义 Snell 定律

在以上的讨论中，我们假定分界面是纯平面且无限大，当平面波入射到这样完美的界面时，入射波、反射波和透射波必须遵循 Snell 定律. 然而，通过人工设计材料的界面，使反射波和透射波满足所谓的**广义 Snell 定律**，就可以达到控制反射波和透射波的目的，其基本原理叙述如下.

在材料的表面设计特殊的人工结构，使声波入射到表面后，形成的反射波或透射波有一个相位突变，而且这样的突变与位置有关. 表面人工结构的厚度一般远远小于波长，这样的表面称为**超表面**(metasurface). 如图 1.4.10, 设材料表面位于 $z=0$ 平面，则入射波经表面反射后 (或透射波透过表面后) 附加一个相位变化 $\Phi(x,y)$(二维) 或者 $\Phi(x)$(一维). 我们根据 Fermat 原理 (见 7.4.2 小节) 来导出一维情况的反射角和透射角满足的关系. Fermat 原理指出，声线从 A 点经反射面传播到 B 点 (或者 C 点，见图 1.4.10) 的真实路径使声程取极小. 从波动的观点来看，声程反映相位的变化，因此 Fermat 原理也可以陈述为：声线从 A 点经反射面传播

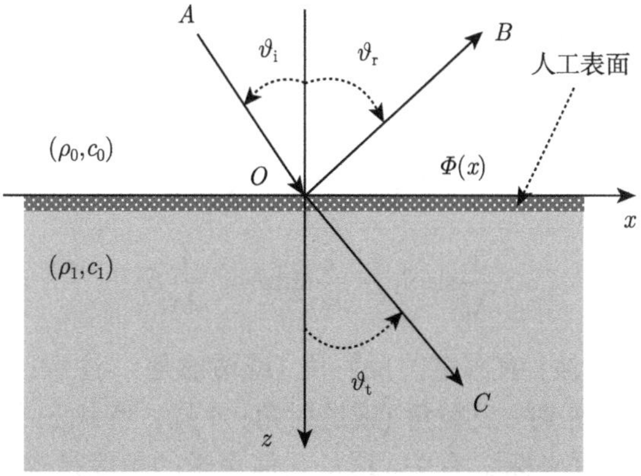

图 1.4.10 界面 $z=0$ 平面有一个相位突变

到 B 点的真实路径使相位变化取极小. 设 A 点和 B 点的坐标分别为 (x_A, z_A) 和 (x_B, z_B)，声线从 A 点发出后入射 (入射角为 ϑ_i) 到表面 O 点 (坐标为 $(x, 0)$) 经反射 (反射角为 ϑ_r) 后达到 B 点，相位变化为

$$\psi_\mathrm{r}(x) = \Phi(x) + k_0\sqrt{(x - x_A)^2 + z_A^2} + k_0\sqrt{(x_B - x)^2 + z_B^2} \tag{1.4.42a}$$

其中，$\Phi(x)$ 是声线在人工表面的相位突变. 于是，O 点坐标满足

$$\frac{\mathrm{d}\psi_\mathrm{r}(x)}{\mathrm{d}x} = \frac{\mathrm{d}\Phi(x)}{\mathrm{d}x} + \frac{k_0(x - x_A)}{\sqrt{(x - x_A)^2 + z_A^2}} - \frac{k_0(x_B - x)}{\sqrt{(x_B - x)^2 + z_B^2}} = 0 \tag{1.4.42b}$$

即

$$\frac{\mathrm{d}\Phi(x)}{\mathrm{d}x} + k_0(\sin\vartheta_\mathrm{i} - \sin\vartheta_\mathrm{r}) = 0 \tag{1.4.42c}$$

因此，入射角 ϑ_i 和反射角 ϑ_r 满足所谓**广义 Snell 定律**

$$\sin\vartheta_\mathrm{r} - \sin\vartheta_\mathrm{i} = \frac{\lambda_0}{2\pi}\frac{\mathrm{d}\Phi(x)}{\mathrm{d}x} \tag{1.4.42d}$$

其中，$\lambda_0 = c_0/f$ 为入射介质中的波长. 对透射波，相位变化为

$$\psi_\mathrm{t}(x) = \Phi(x) + \frac{2\pi}{\lambda_0}\sqrt{(x - x_A)^2 + z_A^2} + \frac{2\pi}{\lambda_1}\sqrt{(x_C - x)^2 + z_C^2} \tag{1.4.43a}$$

其中，(x_C, z_C) 为 C 点坐标，$\lambda_1 = c_1/f$ 为透射介质中的波长. 于是, 入射角 ϑ_i 和透射角 ϑ_t 满足

$$\frac{\mathrm{d}\psi_\mathrm{t}(x)}{\mathrm{d}x} = \frac{\mathrm{d}\Phi(x)}{\mathrm{d}x} + \frac{2\pi}{\lambda_0}\sin\vartheta_\mathrm{i} - \frac{2\pi}{\lambda_1}\sin\vartheta_\mathrm{t} = 0 \tag{1.4.43b}$$

即

$$\frac{1}{\lambda_1}\sin\vartheta_\mathrm{t} - \frac{1}{\lambda_0}\sin\vartheta_\mathrm{i} = \frac{1}{2\pi}\frac{\mathrm{d}\Phi(x)}{\mathrm{d}x} \tag{1.4.43c}$$

当 $\Phi(x)$ 与 x 无关时，方程 (1.4.42d) 和 (1.4.43c) 给出普通的 Snell 定律; 当 $\Phi(x)$ 随 x 线性变化 (设为 $\Phi(x) = \beta x$) 时，方程 (1.4.42d) 和 (1.4.43c) 简化为

$$\begin{aligned} \sin\vartheta_\mathrm{r} - \sin\vartheta_\mathrm{i} &= \frac{\lambda_0}{2\pi}\beta \\ \frac{1}{\lambda_1}\sin\vartheta_\mathrm{t} - \frac{1}{\lambda_0}\sin\vartheta_\mathrm{i} &= \frac{1}{2\pi}\beta \end{aligned} \tag{1.4.43d}$$

因此，反射波 (或透射波) 有固定的反射角 (或透射角). 注意：对广义 Snell 定律，当入射角为 $+\vartheta_\mathrm{i}$ 和 $-\vartheta_\mathrm{i}$ 时，反射角 (或透射角) 不同; 当 $\Phi(x)$ 随 x 非线性变化时，反射角和透射角与位置坐标 x 有关，这从几何声学的角度是容易理解的. 因此，通过控制 $\Phi(x)$ 随 x 的非线性变化，可以实现对反射或透射波束的控制.

在声学中，设计对反射波相位突变 $\Phi(x)$ 的人工表面是容易的, 最简单的方法是仿照 Schroeder 扩散体 (见 5.3.5 小节)，把材料表面分割成比波长小得多的空气窄井 (二维为条状井). 下面我们从波动声学的观点来进行讨论.

由 5.3.5 小节的点源再辐射模型，根据方程 (5.3.41d)，散射场满足

$$p_{\mathrm{s}}(x,z,\omega)=\frac{1}{2}\rho_0c_0k_0\int_{-\infty}^{\infty}v(x')\mathrm{H}_0^{(1)}\left[k_0\sqrt{(x-x')^2+z^2}\right]\mathrm{d}x' \tag{1.4.44a}$$

其中，$v(x')$ 是材料表面的法向振动速度的分布. 利用 Hankel 函数的展开方程 (2.3.12b) 得到远场散射波为

$$p_{\mathrm{s}}(x,z,\omega)=\frac{1}{2}\rho_0c_0k_0\sqrt{\frac{2}{\pi k_0\rho}}\mathrm{e}^{\mathrm{i}(k_0\rho-\pi/4)}\int_{-\infty}^{\infty}v(x')\exp(-\mathrm{i}k_0x'\sin\alpha)\mathrm{d}x' \tag{1.4.44b}$$

其中，$\rho=\sqrt{x^2+z^2}$ 是观察点 $\boldsymbol{r}=(x,z)$ 到坐标原点的距离，α 是观察点矢径与表面法向的夹角. 设入射场为 ϑ_{i} 方向传播的平面波 (注意: 图 1.4.10 与图 5.3.7(a) 的 z 方向相反；此外，5.3.5 小节仅考虑垂直入射)

$$p_{\mathrm{i}}(\boldsymbol{r}',\omega)=p_{0\mathrm{i}}(\omega)\exp[\mathrm{i}k_0(x'\sin\vartheta_{\mathrm{i}}+z'\cos\vartheta_{\mathrm{i}})] \tag{1.4.45a}$$

则激发的窄井表面 $(z=0)$ 空气振动速度应该为

$$v(x')=|v(x')|\mathrm{e}^{\mathrm{i}k_0x'\sin\vartheta_{\mathrm{i}}}\exp[\mathrm{i}\phi(x')] \tag{1.4.45b}$$

其中, $\phi(x')$ 是声波在空气窄井中来回一次引起的相位差，与井深度 $d(x')$ 的关系为

$$\phi(x')=2k_0d(x')=\begin{cases}\phi_n & (x'\in 第n个井口)\\ 0 & (x'\in 刚性处)\end{cases} \tag{1.4.45c}$$

方程 (1.4.45b) 代入方程 (1.4.44b) 得到

$$p_{\mathrm{s}}(x,z,\omega)=\frac{1}{2}\rho_0c_0k_0\sqrt{\frac{2}{\pi k_0\rho}}\mathrm{e}^{\mathrm{i}(k_0\rho-\pi/4)}\int_{-\infty}^{\infty}|v(x')|\mathrm{e}^{-\mathrm{i}k_0x'(\sin\alpha-\sin\vartheta_{\mathrm{i}})+\mathrm{i}\phi(x')}\mathrm{d}x' \tag{1.4.46a}$$

当每个窄井宽度相同 (为 w) 并且远小于波长时，井口的速度近似为常数 $|v_0|$，即

$$|v(x')|=\begin{cases}|v_0| & (x'\in 第n个井口)\\ 0 & (x'\in 刚性处)\end{cases} \tag{1.4.46b}$$

于是，方程 (1.4.46a) 近似成

$$p_{\mathrm{s}}(x,z,\omega)\approx\frac{1}{2}\rho_0c_0k_0w|v_0|\sqrt{\frac{2}{\pi k_0\rho}}\mathrm{e}^{\mathrm{i}(k_0\rho-\pi/4)}\sum_{n=0}^{N-1}\mathrm{e}^{-\mathrm{i}k_0x_n(\sin\alpha-\sin\vartheta_{\mathrm{i}})+\mathrm{i}\phi_n(x_n)} \tag{1.4.46c}$$

其中，N 为窄井个数，$x_n = nw\ (n = 0, 1, \cdots, N-1)$ 为第 n 个窄井中心的坐标.

当窄井深度 d_n 离散线性变化时 (即 $d_n \equiv gx_n$, $g > 0$)，$\phi_n(x_n) = 2k_0 d_n = 2k_0 g x_n \equiv \beta x_n$，方程 (1.4.46c) 简化成

$$p_{\mathrm{s}}(x,z,\omega) \approx \frac{1}{2}\rho_0 c_0 k_0 w|v_0|\sqrt{\frac{2}{\pi k_0 \rho}}\mathrm{e}^{\mathrm{i}(k_0\rho-\pi/4)}\sum_{n=0}^{N-1}\mathrm{e}^{-\mathrm{i}[k_0(\sin\alpha-\sin\vartheta_{\mathrm{i}})-\beta]x_n} \tag{1.4.47a}$$

上式的角度部分变成

$$D_N(\alpha,\vartheta_{\mathrm{i}}) \equiv \frac{1}{N}\mathrm{e}^{-\mathrm{i}(N-1)w[k_0(\sin\alpha-\sin\vartheta_{\mathrm{i}})-\beta]/2}\frac{\sin\{[k_0(\sin\alpha-\sin\vartheta_{\mathrm{i}})-\beta]Nw/2\}}{\sin\{[k_0(\sin\alpha-\sin\vartheta_{\mathrm{i}})-\beta]w/2\}} \tag{1.4.47b}$$

显然，上式的主极大出现在 $k_0(\sin\alpha - \sin\vartheta_{\mathrm{i}}) - \beta = 0$ 方向，意味着散射波集中的 α 方向满足

$$\sin\alpha - \sin\vartheta_{\mathrm{i}} = \frac{\lambda_0}{2\pi}\beta \tag{1.4.47c}$$

上式恰好是方程 (1.4.43d) 的第一式. 因此，表面相位突变 $\varPhi(x)$ 就是声波在窄井中来回传播引起的相位差. 把 $\beta = 2k_0 g$ 代入上式得到反射角满足的方程

$$\alpha = \arcsin[\sin\vartheta_{\mathrm{i}} + 2g] \tag{1.4.48a}$$

有趣的是，上式与入射波的频率无关，因此，窄井对声波的操控有较好的宽带效果.

注意：①在实际问题中，窄井宽度不能太小，否则必须考虑窄井的声吸收，这个条件给出了高频限制; 另外，井的深度也不是任意的，声波在井中来回必须产生 2π 范围内的相位差，这个条件给出了低频限制. ②以上讨论的是远场特性，在近场，声场分布满足方程 (5.3.42b)，即

$$p_{\mathrm{s}}(x,z,\omega) = \frac{1}{2}\rho_0 c_0 k_0 w|v_0|\sum_{n=0}^{N-1}\exp(\mathrm{i}\phi_n)\mathrm{H}_0^{(1)}(k_0\rho_n) \tag{1.4.48b}$$

其中，ρ_n 是第 n 个井表面到观察点的距离. ③当 $\phi(x')$ 非线性变化时，方程 (1.4.46a) 中的积分，或者方程 (1.4.46c) 的求和只能数值完成.

1.5 隔声和离散分层介质

为了控制声波的传播 (例如隔声)，声学工程和技术中经常使用离散分层的介质系统. 最简单的例子是双层玻璃的隔声窗，其效果就远优于单层玻璃窗. 双层玻璃窗的目的是隔声，相反，B 超或工业无损探伤中用耦合剂的目的是增强透声. 如果把离散分层介质构成周期结构，声波在其中的传播又呈现出更为丰富的现象，如能带特征，在一个较宽的频带内能实现隔离声波的目的.

1.5.1 隔声的基本规律和质量作用定律

考虑如图 1.5.1 的三层介质结构，中间层模拟厚度为 D 的隔声墙. 在讨论墙体的隔声问题时，墙体绝大部分为固体. 严格地讲，应该考虑固体中的声传播问题，但在垂直入射时，墙体中只有纵波传播，故固体中间层可以看作流体讨论；或者即使是声波斜入射，只要墙的厚度远小于声波波长 (注意：我们更感兴趣的是低频声波的隔离)，墙体振动近似为薄板的弯曲振动，此时只要考虑声波与弯曲振动的耦合，而无须考虑固体中的声传播问题, 详见 1.5.2 节讨论.

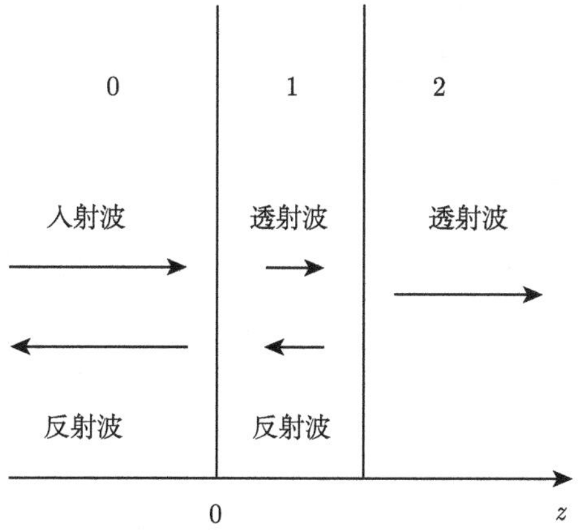

图 1.5.1 三层介质中声波的入射、反射和透射

设介质 0，1 和 2 的特征声阻抗率分别为 ρ_0c_0，ρ_1c_1 和 ρ_2c_2，介质 0 中的声波垂直入射到介质 0 与 1 的界面 $(z=0)$，介质 0，1 和 2 中的声压场分别为

$$\begin{aligned}&p_{\mathrm{i}}^{(0)}(z,\omega)=p_{0\mathrm{i}}^{(0)}(\omega)\exp(\mathrm{i}k_0z);\ p_{\mathrm{r}}^{(0)}(z,\omega)=p_{0\mathrm{r}}^{(0)}(\omega)\exp(-\mathrm{i}k_0z)\\&p_{\mathrm{t}}^{(1)}(z,\omega)=p_{0\mathrm{t}}^{(1)}(\omega)\exp(\mathrm{i}k_1z);\ p_{\mathrm{r}}^{(1)}(z,\omega)=p_{0\mathrm{r}}^{(1)}(\omega)\exp(-\mathrm{i}k_1z)\\&p_{\mathrm{t}}^{(2)}(z,\omega)=p_{0\mathrm{t}}^{(2)}(\omega)\exp[\mathrm{i}k_2(z-D)]\end{aligned}\tag{1.5.1a}$$

以及相应的 z 方向速度场分别为

$$v_{\mathrm{i}z}^{(0)}(z,\omega)=\frac{1}{\rho_0c_0}p_{\mathrm{i}}^{(0)}(z,\omega);\ v_{\mathrm{r}z}^{(0)}(z,\omega)=-\frac{1}{\rho_0c_0}p_{\mathrm{r}}^{(0)}(z,\omega)\tag{1.5.1b}$$

$$v_{\mathrm{t}z}^{(1)}(z,\omega)=\frac{1}{\rho_1c_1}p_{\mathrm{t}}^{(1)}(z,\omega);\ v_{\mathrm{r}z}^{(1)}(z,\omega)=-\frac{1}{\rho_1c_1}p_{\mathrm{r}}^{(1)}(z,\omega)\tag{1.5.1c}$$

$$v_{\mathrm{t}z}^{(2)}(z,\omega)=\frac{1}{\rho_2c_2}p_{\mathrm{t}}^{(2)}(z,\omega)\tag{1.5.1d}$$

其中，$k_j=\omega/c_j\ (j=0,1,2)$ 分别为三种介质中的波数. 边界条件为 $z=0$ 和 D 界

面上声压和法向速度 (z 方向) 连续，可以得到

$$
\begin{aligned}
&p_{0\mathrm{i}}^{(0)}(\omega)+p_{0\mathrm{r}}^{(0)}(\omega)=p_{0\mathrm{t}}^{(1)}(\omega)+p_{0\mathrm{r}}^{(1)}(\omega)\\
&p_{0\mathrm{i}}^{(0)}(\omega)-p_{0\mathrm{r}}^{(0)}(\omega)=R_{01}[p_{0\mathrm{t}}^{(1)}(\omega)-p_{0\mathrm{r}}^{(1)}(\omega)]\\
&p_{0\mathrm{t}}^{(1)}(\omega)\exp(\mathrm{i}k_1D)+p_{0\mathrm{r}}^{(1)}(\omega)\exp(-\mathrm{i}k_1D)=p_{0\mathrm{t}}^{(2)}(\omega)\\
&p_{0\mathrm{t}}^{(1)}(\omega)\exp(\mathrm{i}k_1D)-p_{0\mathrm{r}}^{(1)}(\omega)\exp(-\mathrm{i}k_1D)=R_{12}p_{0\mathrm{t}}^{(2)}(\omega)
\end{aligned}
\tag{1.5.2a}
$$

其中，为了方便令常数

$$
R_{01}\equiv\frac{R_0}{R_1}\equiv\frac{\rho_0c_0}{\rho_1c_1};\ R_{12}\equiv\frac{R_1}{R_2}\equiv\frac{\rho_1c_1}{\rho_2c_2}
\tag{1.5.2b}
$$

不难从方程 (1.5.2a) 的第 3 和 4 式得到

$$
\begin{aligned}
p_{0\mathrm{t}}^{(1)}(\omega)&=\frac{1}{2}(1+R_{12})p_{0\mathrm{t}}^{(2)}(\omega)\exp(-\mathrm{i}k_1D)\\
p_{0\mathrm{r}}^{(1)}(\omega)&=\frac{1}{2}(1-R_{12})p_{0\mathrm{t}}^{(2)}(\omega)\exp(+\mathrm{i}k_1D)
\end{aligned}
\tag{1.5.2c}
$$

上二式代入方程 (1.5.2a) 的第 1 和 2 式得到

$$
\begin{aligned}
p_{0\mathrm{i}}^{(0)}(\omega)+p_{0\mathrm{r}}^{(0)}(\omega)&=\frac{1}{2}[(1+R_{12})\mathrm{e}^{-\mathrm{i}k_1D}+(1-R_{12})\mathrm{e}^{+\mathrm{i}k_1D}]p_{0\mathrm{t}}^{(2)}(\omega)\\
p_{0\mathrm{i}}^{(0)}(\omega)-p_{0\mathrm{r}}^{(0)}(\omega)&=\frac{1}{2}R_{01}[(1+R_{12})\mathrm{e}^{-\mathrm{i}k_1D}-(1-R_{12})\mathrm{e}^{+\mathrm{i}k_1D}]p_{0\mathrm{t}}^{(2)}(\omega)
\end{aligned}
\tag{1.5.2d}
$$

上二式相加即得到介质 2 中透射系数为

$$
\frac{p_{0\mathrm{t}}^{(2)}(\omega)}{p_{0\mathrm{i}}^{(1)}(\omega)}=\frac{4}{(1+R_{01})(1+R_{12})\mathrm{e}^{-\mathrm{i}k_1D}+(1-R_{01})(1-R_{12})\mathrm{e}^{\mathrm{i}k_1D}}
\tag{1.5.2e}
$$

因此，声压透射系数为

$$
t_p\equiv\left|\frac{p_{0\mathrm{t}}^{(2)}(\omega)}{p_{0\mathrm{i}}^{(0)}(\omega)}\right|=\frac{2}{\sqrt{(1+R_{02})^2\cos^2(k_1D)+(R_{12}+R_{01})^2\sin^2(k_1D)}}
\tag{1.5.3a}
$$

其中，$R_{02}=R_{01}R_{12}=\rho_0c_0/\rho_2c_2$. 相应的声强透射系数为

$$
t_I\equiv\frac{\left|p_{0\mathrm{t}}^{(2)}(\omega)\right|^2/2\rho_2c_2}{\left|p_{0\mathrm{i}}^{(0)}(\omega)\right|^2/2\rho_0c_0}=\frac{4R_{02}}{(1+R_{02})^2\cos^2(k_1D)+(R_{12}+R_{01})^2\sin^2(k_1D)}
\tag{1.5.3b}
$$

注意：方程 (1.5.3a) 和 (1.5.3b) 表明：与仅存在一个界面的二种介质情况不同，即方程 (1.4.4c)，三层介质的透射系数 (或者反射系数) 与频率密切相关.

匹配作用 这种情况介质 0 和介质 2 的阻抗不同，中间层起阻抗匹配作用. 方程 (1.5.3b) 改写成

$$t_I = \frac{4R_0R_2}{(R_2+R_0)^2+[(R_1+R_0R_2/R_1)^2-(R_2+R_0)^2]\sin^2(k_1D)} \tag{1.5.4a}$$

详细分析上式发现：当 $k_1D=(2n-1)\pi/2\ (n=1,2,\cdots)$，即中间层的厚度为 1/4 波长的奇数倍 $(D=(2n-1)\lambda_1/4)$ 时，如果设计中间层阻抗满足 $R_1=\sqrt{R_0R_2}$，那么 $t_I\approx 1$，这样中间层就起到了阻抗匹配作用. 这就是超声技术中常用的 $\lambda/4$ 波片全透射技术.

隔声作用 这种情况介质 0 和 2 相同，例如，都为空气，$\rho_0c_0=\rho_2c_2$，故 $R_{02}=1$, 中间层起隔声作用. 方程 (1.5.3b) 简化为

$$t_I = \frac{1}{1+[(R_{10}+R_{01})^2-4]\sin^2(k_1D)/4} \tag{1.5.4b}$$

因 $(\sqrt{R_{10}}-\sqrt{R_{01}})^2=R_{10}+R_{01}-2>0$，即 $(R_{10}+R_{01})^2>4$，故 $t_I\leqslant 1$，这是我们要求的结果.

分析讨论三种特殊情况.

(1) 低频：$k_1D\ll 1$(注意：是介质 1 中的波数)，故 $t_I\approx 1$, 即声波全透射. 电声器件中常利用这一原理，在振膜前加一层薄膜材料来保护振膜，又不影响声波的透入；

(2) 当 $k_1D=n\pi(n=1,2,\cdots)$，即中间层的厚度为半波长的整数倍，$D=n\lambda_1/2$(注意：是介质 1 中的波长)，透射系数 $t_I\approx 1$.

(3) 当 $k_1D=(2n-1)\pi/2\ (n=1,2,\cdots)$，即中间层的厚度为 1/4 波长的奇数倍，$D=(2n-1)\lambda_1/4$，透射系数极小

$$t_I\approx\frac{4}{(R_{10}+R_{01})^2} \tag{1.5.4c}$$

如果此时还有 $R_{01}\gg 1$ 或者反过来 $R_{01}\ll 1$，那么 $t_I\approx 0$，即该频率的声波被完全隔离. 图 1.5.2 给出了铝板和有机玻璃插入水中的声透射系数随 k_1D(厚度–波长比) 的变化关系，对水–有机玻璃，$R_{01}=\rho_0c_0/(\rho_1c_1)=0.454$；而对水–铝，$R_{01}=\rho_0c_0/(\rho_1c_1)=0.094$.

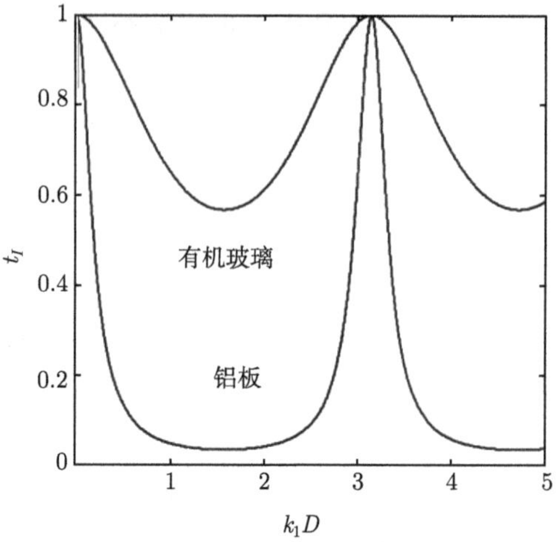

图 1.5.2 铝板和有机玻璃插入水中的声透射系数随 k_1D (厚度–波长比) 的变化关系

质量作用定律 建筑工程中常用 $1/t_I$ 的对数 (分贝数) 来描述墙体的隔声本领

$$\mathrm{TL} = 10\log\frac{1}{t_I}\ (\mathrm{dB}) \tag{1.5.5a}$$

其中，TL 称为**隔声量**. 把方程 (1.5.4b) 代入上式

$$\mathrm{TL} = 10\log\left\{1 + [(R_{10} + R_{01})^2 - 4]\frac{\sin^2(k_1D)}{4}\right\} \tag{1.5.5b}$$

对一般的建筑墙体 $R_{01} \ll 1$，同时如果隔墙厚度满足 $k_1D = 2\pi D/\lambda_1 < 0.5$，$\sin(k_1D) \approx k_1D$，上式简化为

$$\mathrm{TL} \approx 10\log\left\{1 + \left(\frac{\omega M}{2\rho_0c_0}\right)^2\right\}(\mathrm{dB}) \tag{1.5.5c}$$

其中，$M \equiv D\rho_1$ 是单位面积隔墙的质量. 对重墙 (如砖墙)，一般满足 $\omega M \gg 2\rho_0c_0$，方程 (1.5.5c) 可进一步近似为 (取 $\rho_0c_0 \approx 400\mathrm{N\cdot s/m^3}$)

$$\mathrm{TL} \approx 20\log\left(\frac{\omega M}{2\rho_0c_0}\right) = -42 + 20\log f + 20\log M\ (\mathrm{dB}) \tag{1.5.5d}$$

上式就是建筑声学中常用的**质量作用定律**(注意：质量定律必须满足低频和重墙二个条件). 例如，假定砖墙的厚度 $D = 0.1\mathrm{m}$，密度为 $\rho_1 = 2000\mathrm{kg/m^3}$，则对 $f = 1000\mathrm{Hz}$ 的声波，可求得 $\mathrm{TL} \approx 64\mathrm{dB}$，这样的墙已经能满足通常的隔声要求. 对均匀的单层墙体，由质量作用定律，对固定的频率和材料密度，只有增加墙的厚度才能增加隔声量.

1.5.2 薄板的隔声和“吻合”效应

设墙的厚度远小于声波波长 (低频情况，如果这一条件不满足，则必须把墙体作为固体材料来考虑，当声波斜入射时，存在纵波模式向横波模式的转换)，墙体振动近似为薄板的弯曲振动，如图 1.5.3， 在入射波一侧 (左)，斜入射的声波激发墙体 (假定墙体厚度远小于入射波波长) 的弯曲振动，弯曲振动继而向左、右侧辐射声波，分别形成反射和透射波. 假定入射声波在 xOz 平面，由方程 (2.7.38a)，墙体的弯曲振动的运动方程为 (见 2.7.4 小节讨论)

$$-\omega^2\sigma_P u_z(x,\omega)+D\frac{\partial^4 u_z(x,\omega)}{\partial x^4}=p_{\rm i}(x,0)+p_{\rm r}(x,0)-p_{\rm t}(x,0) \tag{1.5.6a}$$

式中，σ_P 是墙体的面密度，D 的定义见式 (2.7.40c)(注意：D 不是墙体厚度)，入射波、反射波和透射波仍然由方程 (1.4.1a) 表示，代入方程 (1.5.6a)

$$\begin{aligned}&-\omega^2\sigma_P u_z(x,\omega)+D\frac{\partial^4 u_z(x,\omega)}{\partial x^4}\\&=p_{0\rm i}\exp({\rm i}k_0x\sin\vartheta_{\rm i})+p_{0\rm r}\exp({\rm i}k_0x\sin\vartheta_{\rm r})-p_{0\rm t}\exp({\rm i}k_0x\sin\vartheta_{\rm t})\end{aligned} \tag{1.5.6b}$$

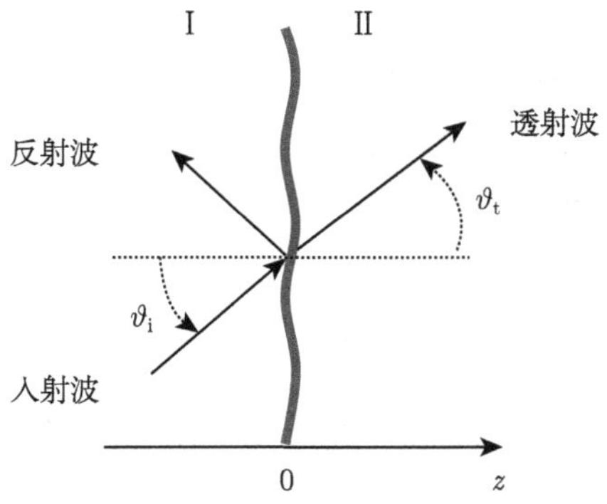

图 1.5.3 斜入射声波与弯曲振动的耦合

由上式得到弯曲振动的位移

$$\begin{aligned}u_z(x,\omega)=&\frac{p_{0\rm i}}{-\omega^2\sigma_P+D(k_0\sin\vartheta_{\rm i})^4}\exp({\rm i}k_0x\sin\vartheta_{\rm i})\\&+\frac{p_{0\rm r}}{-\omega^2\sigma_P+D(k_0\sin\vartheta_{\rm r})^4}\exp({\rm i}k_0x\sin\vartheta_{\rm r})\\&-\frac{p_{0\rm t}}{-\omega^2\sigma_P+D(k_0\sin\vartheta_{\rm t})^4}\exp({\rm i}k_0x\sin\vartheta_{\rm t})\end{aligned} \tag{1.5.6c}$$

薄板左、右边的速度连续条件是

$$-\mathrm{i}\omega u_z(x,\omega)=\frac{1}{\mathrm{i}\rho_0\omega}\left.\frac{\partial[p_{\mathrm{i}}(x,z,\omega)+p_{\mathrm{r}}(x,z,\omega)]}{\partial z}\right|_{z=0-}=\frac{1}{\mathrm{i}\rho_0\omega}\left.\frac{\partial p_{\mathrm{t}}(x,z,\omega)}{\partial z}\right|_{z=0+} \tag{1.5.7a}$$

把方程 (1.4.1a) 和 (1.5.6c) 代入上式可以得到决定反射波和透射波振幅的方程，该方程恒成立的条件是 $\vartheta_{\mathrm{i}}=\vartheta_{\mathrm{r}}=\vartheta_{\mathrm{t}}\equiv\vartheta$，因此

$$\frac{-\mathrm{i}\omega}{-\omega^2\sigma_P+D(k_0\sin\vartheta)^4}(p_{0\mathrm{i}}+p_{0\mathrm{r}}-p_{0\mathrm{t}})=\frac{\cos\vartheta}{\rho_0c_0}p_{0\mathrm{t}}=\frac{\cos\vartheta}{\rho_0c_0}(p_{0\mathrm{i}}-p_{0\mathrm{r}}) \tag{1.5.7b}$$

于是得到

$$\frac{p_{0\mathrm{i}}}{p_{0\mathrm{t}}}=1-\mathrm{i}\frac{\omega\sigma_P\cos\vartheta}{2\rho_0c_0}\left(1-\frac{c_{\mathrm{f}}^4}{c_0^4}\sin^4\vartheta\right) \tag{1.5.8a}$$

其中，弯曲波的相速度为 $c_{\mathrm{f}}\equiv(D\omega^2/\sigma_P)^{1/4}$. 因此，声强透射系数的倒数为

$$A(\vartheta)\equiv\left|\frac{p_{0\mathrm{i}}}{p_{0\mathrm{t}}}\right|^2=1+\left[\frac{\omega\sigma_P\cos\vartheta}{2\rho_0c_0}\left(1-\frac{c_{\mathrm{f}}^4}{c_0^4}\sin^4\vartheta\right)\right]^2 \tag{1.5.8b}$$

注意：σ_P 与方程 (1.5.5c) 中的 M 类似. 当频率较低时，因 $c_{\mathrm{f}}^4\sim D\omega^2/\sigma_P$，故方程 (1.5.8b) 近似为

$$A(\vartheta)\approx1+\left(\frac{\omega\sigma_P\cos\vartheta}{2\rho_0c_0}\right)^2 \tag{1.5.9a}$$

当垂直入射时，上式结果与方程 (1.5.5c) 一致，故上式也就是低频近似条件下，声波斜入射到隔声墙的透射系数的倒数 (见 1.5.1 小节)；当频率较高时 (但薄板近似仍然成立)，薄板的隔声量为

$$\mathrm{TL}=10\log\left\{1+\left[\frac{\omega\sigma_P\cos\vartheta}{2\rho_0c_0}\left(1-\frac{c_{\mathrm{f}}^4}{c_0^4}\sin^4\vartheta\right)\right]^2\right\} \tag{1.5.9b}$$

显然，当 $1-c_{\mathrm{f}}^4\sin^4\vartheta/c_0^4=0$ 时，隔声量为 $\mathrm{TL}=0$，此时入射波频率为

$$f_{\mathrm{c}}\equiv\frac{c_0^2}{2\pi\sin^2\vartheta}\cdot\sqrt{\frac{\sigma_P}{D}} \tag{1.5.9c}$$

这一效应称为 **“吻合” 效应**(coincidence effect)，相应的频率称为 **“吻合” 频率**. 当声波垂直入射时，“吻合” 频率 $f_{\mathrm{c}}\to\infty$，即不存在 “吻合” 效应；当声波掠入射时 ($\vartheta=\pi/2$)，“吻合” 频率最小. 利用 $\lambda=c/f$ 关系，“吻合” 条件可写成：$\lambda_{\mathrm{f}}=\lambda/\sin\vartheta$(其中 $\lambda_{\mathrm{f}}=c_{\mathrm{f}}/f$ 为弯曲波的波长)，$\lambda/\sin\vartheta$ 可看作入射波在一个波长内相邻二个等相面与薄板的交点间距 (见图 1.5.4)，当这一间距与弯曲波波长相等，发生 “吻合” 效应. “吻合” 效应对薄墙的隔声是不利的.

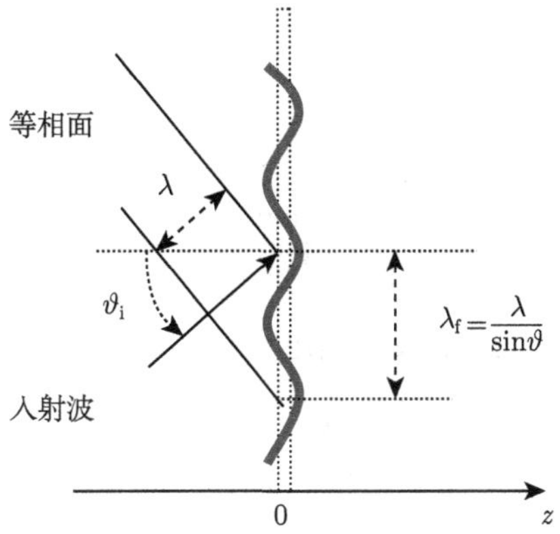

图 1.5.4 “吻合” 效应

1.5.3 薄板对瞬态波和球面波的透射

瞬态波的透射 由方程 (1.5.8a), 单频的透射系数为 (注意: 对薄板而言，入射角、反射角以及透射角三者相等)

$$p_{0t}(\omega)=\frac{p_{0i}(\omega)}{1-\mathrm{i}(\omega\sigma_P/2\rho_0c_0)\cos\vartheta[1-(c_f^4/c_0^4)\sin^4\vartheta]} \tag{1.5.10}$$

设入射波是 ϑ_i 方向传播的平面波时域 δ 脉冲

$$p_i(x,z,t)=A\delta\left[t-\frac{1}{c_0}(x\sin\vartheta_i+z\cos\vartheta_i)\right] \tag{1.5.11a}$$

故单频分量为

$$\begin{aligned}p_{0i}(x,z,\omega)&=\frac{1}{2\pi}\int_{-\infty}^{\infty}p_i(x,z,t)\exp(\mathrm{i}\omega t)\mathrm{d}t\\&=\frac{A}{2\pi}\exp[\mathrm{i}k_0(x\sin\vartheta_i+z\cos\vartheta_i)]\end{aligned} \tag{1.5.11b}$$

透射波为下列 Fourier 变换

$$\begin{aligned}p_t(x,z,t)&=\int_{-\infty}^{\infty}p_t(x,z,\omega)\exp(-\mathrm{i}\omega t)\mathrm{d}\omega\\&=\frac{A}{2\pi}\int_{-\infty}^{\infty}\frac{\exp(-\mathrm{i}\omega t')}{1-\mathrm{i}(\omega/\omega_c)[1-(\omega^2/\omega_P^2)\sin^4\vartheta_i]\cos\vartheta_i}\mathrm{d}\omega\end{aligned} \tag{1.5.11c}$$

其中，$t'=t-(x\sin\vartheta_i+z\cos\vartheta_i)/c_0$, $\omega_P^2\equiv\sigma_Pc_0^4/D$ 和 $\omega_c\equiv\sigma_P/(2\rho_0c_0)$. 上式整理

后为

$$p_{\mathrm{t}}(x,z,t)=-\frac{\mathrm{i}A\omega_{\mathrm{c}}\omega_P^2}{2\pi\cos\vartheta_{\mathrm{i}}\sin^4\vartheta_{\mathrm{i}}}\times\int_{-\infty}^{\infty}\frac{\exp(-\mathrm{i}\omega t')}{\omega^3-(\omega_P^2\ /\ \sin^4\vartheta_{\mathrm{i}})\omega-\mathrm{i}\omega_{\mathrm{c}}\omega_P^2/\cos\vartheta_{\mathrm{i}}\sin^4\vartheta_{\mathrm{i}}}\mathrm{d}\omega \tag{1.5.11d}$$

上式积分用复变函数完成，三个极点满足方程

$$\omega^3-\omega\left(\frac{\omega_P}{\sin^2\vartheta_{\mathrm{i}}}\right)^2-\mathrm{i}\frac{\omega_{\mathrm{c}}\omega_P^2}{\cos\vartheta_{\mathrm{i}}\sin^4\vartheta_{\mathrm{i}}}=0 \tag{1.5.12a}$$

令 $\omega=\mathrm{i}\omega'$，上式变成实系数 3 次代数方程

$$\omega'^3-\left(\frac{\omega_P}{\sin^2\vartheta_{\mathrm{i}}}\right)^2\omega'-\frac{\omega_{\mathrm{c}}\omega_P^2}{\cos\vartheta_{\mathrm{i}}\sin^4\vartheta_{\mathrm{i}}}=0 \tag{1.5.12b}$$

有一个实根和一对共轭复根：$\omega'_{1,2}=V\pm\mathrm{i}W$ 和 $\omega'_3=-2V$(根据三次代数方程根的性质得到这个关系). 故方程 (1.5.12a) 的 3 个根可以写成

$$\omega_+=\mathrm{i}\omega'_2=W+\mathrm{i}V;\ \omega_-=\mathrm{i}\omega'_1=-W+\mathrm{i}V;\ \omega_{\mathrm{s}}=\mathrm{i}\omega'_3=-2\mathrm{i}V \tag{1.5.13a}$$

由三次代数方程根与系数的关系得到 (作为习题)

$$W^2-3V^2=\frac{\omega_P^2}{\sin^4\vartheta_{\mathrm{i}}};\ V(V^2+W^2)=\frac{\omega_{\mathrm{c}}\omega_P^2}{2\cos\vartheta_{\mathrm{i}}\sin^4\vartheta_{\mathrm{i}}} \tag{1.5.13b}$$

如果 $W\gg V$，则取上式中 $V^2\approx0$，于是近似解为

$$W\approx\frac{\omega_P}{\sin^2\vartheta_{\mathrm{i}}};\ V\approx\frac{\omega_{\mathrm{c}}}{2\cos\vartheta_{\mathrm{i}}} \tag{1.5.13c}$$

显然，近似成立的条件为 $\omega_{\mathrm{c}}/\omega_P\ll2\cos\vartheta_{\mathrm{i}}/\sin^2\vartheta_{\mathrm{i}}$，如果这一条件不满足，必须严格求解方程 (1.5.12a). 因为入射角 $0<\vartheta_{\mathrm{i}}<\pi/2$，故 W 和 V 总是大于零的. 于是根 $\omega_{\mathrm{s}}=-2\mathrm{i}V$ 在下半平面，而 ω_+ 和 ω_- 在上半平面. 当 $t'>0$ 时，方程 (1.5.11d) 中积分围道必须取在下半平面；而当 $t'<0$ 时，积分围道取在上半平面，最后得到 (作为习题)

$$p_{\mathrm{t}}(x,z,t)=\frac{A\omega_{\mathrm{c}}\omega_P^2}{\cos\vartheta_{\mathrm{i}}\sin^4\vartheta_{\mathrm{i}}}\begin{cases}\left(\cos Wt'-3\dfrac{V}{W}\sin Wt'\right)\exp(Vt') & (t'<0)\\ \dfrac{1}{W^2+9V^2}\exp(-2Vt') & (t'>0)\end{cases} \tag{1.5.14}$$

可见：①在 $t'<0$ 就存在透射波，好像不符合因果关系，其讨论与图 1.4.8 所示类似，因为 δ 脉冲平面波具有无限大的波阵面，与薄板恒有接触点，而弯曲波传播速

度 $c_{\mathrm{f}}=(D\omega^2/\sigma_P)^{1/4}$，故高频部分的速度远大于流体的声速，薄板就类似于高速介质；②在 $t'<0$, “听” 到的声波频率为 $W\sim 1/\sin^2\vartheta_{\mathrm{i}}$.

注意：由方程 (1.5.10)，薄板的透射系数一定满足关系 $t_p(-\omega)=t_p^*(\omega)$. 故方程 (1.5.11c) 与方程 (1.4.24b) 是不矛盾的.

球面波的透射 考虑图 1.5.3 的薄板，设左侧的入射波是由位于 $(x_{\mathrm{s}},y_{\mathrm{s}},z_{\mathrm{s}})=(0,0,-l_z)$ 的点质量源 (在 z 轴上) 产生，其强度为 $q_0(\omega)$. 则入射波为

$$p_{\mathrm{i}}(x,y,z,\omega)=-\frac{\mathrm{i}\rho_0\omega q_0(\omega)}{4\pi R}\exp(\mathrm{i}k_0R) \tag{1.5.15a}$$

其中，R 是空间观测点 (x,y,z) 到源点 $(x_{\mathrm{s}},y_{\mathrm{s}},z_{\mathrm{s}})=(0,0,-l_z)$ 的距离. 由方程 (2.3.47e)，入射波在柱坐标中用 Bessel 函数展开为

$$p_{\mathrm{i}}(\rho,z,\omega)=\frac{\rho_0\omega q_0(\omega)}{4\pi}\int_0^\infty\frac{1}{\sigma}\mathrm{J}_0(\lambda\rho)\exp[\mathrm{i}\sigma|z+l_z|]\lambda\mathrm{d}\lambda \tag{1.5.15b}$$

其中，$\sigma=\sqrt{k_0^2-\lambda^2}$. 注意：取薄板面为 xOy 平面，薄板左、右面分别为 $-z$ 和 $+z$ 方向. 由于入射波的对称性，激发的薄板内弯曲波仅与 ρ 有关，由方程 (2.7.49a) 的第一式得到

$$-\omega^2\sigma_Pu_z(\rho,\omega)+D\nabla^4u_z(\rho,\omega)=[p_{\mathrm{i}}(\rho,z)+p_{\mathrm{r}}(\rho,z)-p_{\mathrm{t}}(\rho,z)]|_{z=0} \tag{1.5.16a}$$

其中，在极坐标中对称情况下的双 Laplace 算子由方程 (2.7.49b) 表示. 由于入射波，薄板内激发的弯曲波、反射波以及透射波都与角度 φ 无关，故取它们的 Hankel 变换式

$$u_z(\rho,\omega)=\int_0^\infty A(\lambda)\mathrm{J}_0(\lambda\rho)\lambda\mathrm{d}\lambda \tag{1.5.16b}$$

$$p_{\mathrm{r}}=\int_0^\infty B(\lambda)\mathrm{J}_0(\lambda\rho)\exp(-\mathrm{i}\sigma z)\lambda\mathrm{d}\lambda\quad(z<0) \tag{1.5.16c}$$

$$p_{\mathrm{t}}=\int_0^\infty C(\lambda)\mathrm{J}_0(\lambda\rho)\exp(\mathrm{i}\sigma z)\lambda\mathrm{d}\lambda\quad(z>0) \tag{1.5.16d}$$

系数的决定为：①以上三式必须满足方程 (1.5.16a)，把它们代入方程 (1.5.16a)，并注意到双 Laplace 算子的 Hankel 变换相当于乘 λ^4，得到

$$(-\omega^2\sigma_P+D\lambda^4)A(\lambda)=\frac{\rho_0\omega q_0(\omega)}{4\pi\sigma}\exp\left(\mathrm{i}\sigma l_z\right)+B(\lambda)-C(\lambda) \tag{1.5.17a}$$

②薄板左、右面 $z=0_-$ 和 $z=0_+$ 速度连接条件为

$$\frac{1}{\mathrm{i}\rho_0\omega}\left.\frac{\partial(p_{\mathrm{i}}+p_{\mathrm{r}})}{\partial z}\right|_{z=0_-}=-\mathrm{i}\omega u_z(\rho,\omega)=\frac{1}{\mathrm{i}\rho_0\omega}\left.\frac{\partial p_{\mathrm{t}}}{\partial z}\right|_{z=0_+} \tag{1.5.17b}$$

于是得到

$$\frac{1}{\mathrm{i}\rho_0\omega}\left[(-\mathrm{i}\sigma)B(\lambda)+\frac{\rho_0\omega q_0(\omega)}{4\pi\sigma}(\mathrm{i}\sigma)\mathrm{e}^{\mathrm{i}\sigma l_z}\right]=-\mathrm{i}\omega A(\lambda)=\frac{1}{\mathrm{i}\rho_0\omega}(\mathrm{i}\sigma)C(\lambda) \tag{1.5.17c}$$

联立方程 (1.5.17a) 和 (1.5.17c) 得到

$$C(\lambda)=-\frac{\rho_0\omega q_0(\omega)}{2\pi D}\frac{\mathrm{i}\rho_0\omega^2}{(\lambda^4-\omega^2\sigma_P/D)\sigma^2-2\mathrm{i}\rho_0\omega^2\sigma/D}\exp(\mathrm{i}\sigma l_z) \tag{1.5.17d}$$

故透射波为

$$p_{\mathrm{t}}(\rho,z,\omega)=-\frac{\rho_0\omega q_0(\omega)}{2\pi D}\int_0^{\infty}\frac{\mathrm{i}\rho_0\omega^2\mathrm{e}^{\mathrm{i}\sigma(z+l_z)}\mathrm{J}_0(\lambda\rho)\lambda\mathrm{d}\lambda}{(\lambda^4-\omega^2\sigma_P/D)\sigma^2-2\mathrm{i}\rho_0\omega^2\sigma/D}\ (z>0) \tag{1.5.18a}$$

类似于从方程 (2.3.47e) 得到方程 (2.3.47f)，我们得到

$$p_{\mathrm{t}}(\rho,z,\omega)=-\frac{\rho_0\omega q_0(\omega)}{4\pi D}\int_{-\infty}^{\infty}\frac{\mathrm{i}\rho_0\omega^2\mathrm{e}^{\mathrm{i}\sigma(z+l_z)}\mathrm{H}_0^{(1)}(\lambda\rho)\lambda\mathrm{d}\lambda}{(\lambda^4-\omega^2\sigma_P/D)\sigma^2-2\mathrm{i}\rho_0\omega^2\sigma/D}\ (z>0) \tag{1.5.18b}$$

上式的优点是 $\mathrm{H}_0^{(1)}(\lambda\rho)$ 描述行波形式的解. 方程 (1.5.18b) 的积分较复杂，我们不进一步讨论, 见主要参考书目 10.

1.5.4 *N* 层结构的传递矩阵法

如图 1.5.5, 厚度为 $L=L_N$ 的介质分成 N 层，第 j 层的密度和声速分别为 ρ_j 和 c_j $(j=1,2,\cdots,N)$. 在 $z<0$ 半无限介质 (密度和声速分别为 ρ_0 和 c_0) 传播的平面波 p_0^+ 以角度 ϑ_0 斜入射到介质表面 (第 1 层的前表面)，反射波为 p_0^-. 一部分能量经 N 层介质后以角度 ϑ_{N+1} 透射到 $z>L$ 的半无限介质 (密度和声速分别为 ρ_{N+1} 和 c_{N+1})，透射波为 p_{N+1}^+. 为了求声压反射系数 $r_p\equiv p_0^-(\omega)/p_0^+(\omega)$ 和透射系数 $t_p\equiv p_{N+1}^+(\omega)/p_0^+(\omega)$，考虑第 $j-1$ 和 j 层介质中的声波，每一层中的声波由二部分斜向传播的平面波叠加而成：①传播波矢量在 z 轴方向投影大于零的 p_{j-1}^+ 和 p_j^+；②传播波矢量在 z 轴方向投影小于零的 p_{j-1}^- 和 p_j^-.

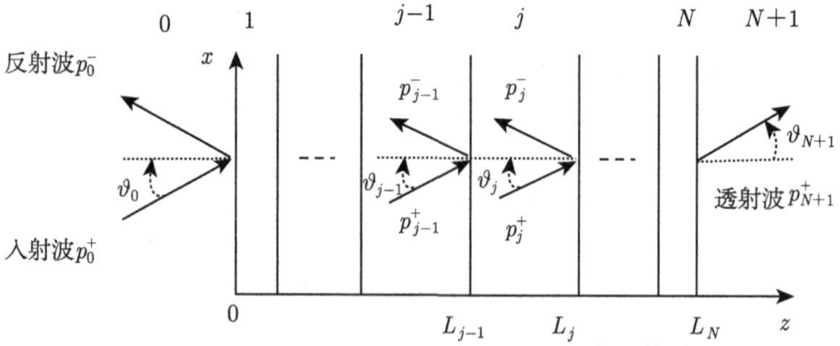

图 1.5.5 *N* 层介质中声波的入射、反射和透射

根据 1.4.1 小节的分析，第 j 层的入射角 ϑ_j 就是第 $j-1$ 层透射到第 j 层的透射波的透射角 (图 1.5.5 中未画出)，故由 Snell 定律 (即方程 (1.4.3b) 的第二式)

$$\frac{\sin\vartheta_{j-1}}{c_{j-1}}=\frac{\sin\vartheta_j}{c_j} \tag{1.5.19a}$$

传递矩阵法 第 $j-1$ 和 j 层介质中的声压场可以写成

$$\begin{aligned}
&p_{j-1}^{+}(x,z,\omega)=p_{j-1}^{+}(\omega)\exp\{\mathrm{i}k_{j-1}[x\sin\vartheta_{j-1}+(z-L_{j-1})\cos\vartheta_{j-1}]\}\\
&p_{j-1}^{-}(x,z,\omega)=p_{j-1}^{-}(\omega)\exp\{\mathrm{i}k_{j-1}[x\sin\vartheta_{j-1}-(z-L_{j-1})\cos\vartheta_{j-1}]\}\\
&p_{j}^{+}(x,z,\omega)=p_{j}^{+}(\omega)\exp\{\mathrm{i}k_{j}[x\sin\vartheta_{j}+(z-L_{j})\cos\vartheta_{j}]\}\\
&p_{j}^{-}(x,z,\omega)=p_{j}^{-}(\omega)\exp\{\mathrm{i}k_{j}[x\sin\vartheta_{j}-(z-L_{j})\cos\vartheta_{j}]\}
\end{aligned} \tag{1.5.19b}$$

其中，波数 $k_{j-1}=\omega/c_{j-1}$ 和 $k_j=\omega/c_j$. 注意：由于

$$k_j\cos\vartheta_j=k_j\sqrt{1-\sin^2\vartheta_j}=k_1\sqrt{1-\left(\frac{c_j}{c_{j-1}}\sin\vartheta_{j-1}\right)^2} \tag{1.5.19c}$$

因此，当 $c_j\sin\vartheta_{j-1}<c_{j-1}$ 时，第 j 层介质中是二个斜向传播的平面波叠加；而当 $c_j\sin\vartheta_{j-1}>c_{j-1}$(入射角 ϑ_{j-1} 大于临界角 $\vartheta_{j-1}^{\mathrm{c}}=\arcsin(c_{j-1}/c_j)$) 时，第 j 层介质中是随 z 指数衰减和增加的二个非均匀平面波的叠加. 不难得到第 $j-1$ 和 j 层介质中的速度场的 z 分量为

$$\begin{aligned}
&v_{j-1}^{z+}(x,z,\omega)=\frac{\cos\vartheta_{j-1}}{(\rho c)_{j-1}}p_{j-1}^{+}(x,z,\omega);\ v_{j-1}^{z-}(x,z,\omega)=-\frac{\cos\vartheta_{j-1}}{(\rho c)_{j-1}}p_{j-1}^{-}(x,z,\omega)\\
&v_{j}^{z+}(x,z,\omega)=\frac{\cos\vartheta_{j}}{(\rho c)_{j}}p_{j}^{+}(x,z,\omega);\ v_{j}^{z-}(x,z,\omega)=-\frac{\cos\vartheta_{j}}{(\rho c)_{j}}p_{j}^{-}(x,z,\omega)
\end{aligned} \tag{1.5.19d}$$

其中，为了方便，令 $(\rho c)_{j-1}\equiv\rho_{j-1}c_{j-1}$ 和 $(\rho c)_j\equiv\rho_jc_j$. 由界面 $z=L_{j-1}$ 的声压和 z 方向速度连续条件得到

$$\begin{aligned}
&p_{j-1}^{+}(\omega)+p_{j-1}^{-}(\omega)=p_j^{+}(\omega)\mathrm{e}^{-\mathrm{i}k_jd_j\cos\vartheta_j}+p_j^{-}(\omega)\mathrm{e}^{\mathrm{i}k_jd_j\cos\vartheta_j}\\
&\frac{1}{z_{j-1}}[p_{j-1}^{+}(\omega)-p_{j-1}^{-}(\omega)]=\frac{1}{z_j}[p_j^{+}(\omega)\mathrm{e}^{-\mathrm{i}k_jd_j\cos\vartheta_j}-p_j^{-}(\omega)\mathrm{e}^{\mathrm{i}k_jd_j\cos\vartheta_j}]
\end{aligned} \tag{1.5.20a}$$

其中，$d_j\equiv L_j-L_{j-1}$ 为第 j 层的厚度，$z_{j-1}\equiv(\rho c)_{j-1}/\cos\vartheta_{j-1}$ 和 $z_j\equiv(\rho c)_j/\cos\vartheta_j$. 由方程 (1.5.20a) 不难得到

$$\begin{aligned}
&p_{j-1}^{+}(\omega)=\frac{1}{2}\left(1+\frac{z_{j-1}}{z_j}\right)\mathrm{e}^{-\mathrm{i}k_jd_j\cos\vartheta_j}p_j^{+}(\omega)+\frac{1}{2}\left(1-\frac{z_{j-1}}{z_j}\right)\mathrm{e}^{\mathrm{i}k_jd_j\cos\vartheta_j}p_j^{-}(\omega)\\
&p_{j-1}^{-}(\omega)=\frac{1}{2}\left(1-\frac{z_{j-1}}{z_j}\right)\mathrm{e}^{-\mathrm{i}k_jd_j\cos\vartheta_j}p_j^{+}(\omega)+\frac{1}{2}\left(1+\frac{z_{j-1}}{z_j}\right)\mathrm{e}^{\mathrm{i}k_jd_j\cos\vartheta_j}p_j^{-}(\omega)
\end{aligned} \tag{1.5.20b}$$

写成矩阵的形式

$$\begin{bmatrix} p_{j-1}^{+}(\omega) \\ p_{j-1}^{-}(\omega) \end{bmatrix} = \boldsymbol{M}_j \begin{bmatrix} p_j^{+}(\omega) \\ p_j^{-}(\omega) \end{bmatrix} \tag{1.5.20c}$$

其中，$\boldsymbol{M}_j$ 称为**传递矩阵** (2×2 矩阵)，其 4 个矩阵元分别为

$$(m_{11})_j \equiv \frac{1}{2}\left(1 + \frac{z_{j-1}}{z_j}\right)\mathrm{e}^{-\mathrm{i}k_j d_j \cos\vartheta_j};\ (m_{12})_j \equiv \frac{1}{2}\left(1 - \frac{z_{j-1}}{z_j}\right)\mathrm{e}^{\mathrm{i}k_j d_j \cos\vartheta_j}$$

$$(m_{21})_j \equiv \frac{1}{2}\left(1 - \frac{z_{j-1}}{z_j}\right)\mathrm{e}^{-\mathrm{i}k_j d_j \cos\vartheta_j};\ (m_{22})_j \equiv \frac{1}{2}\left(1 + \frac{z_{j-1}}{z_j}\right)\mathrm{e}^{\mathrm{i}k_j d_j \cos\vartheta_j} \tag{1.5.20d}$$

对矩阵方程 (1.5.20c) 作递推运算得到

$$\begin{bmatrix} p_0^{+}(\omega) \\ p_0^{-}(\omega) \end{bmatrix} = \boldsymbol{M}_1 \begin{bmatrix} p_1^{+}(\omega) \\ p_1^{-}(\omega) \end{bmatrix} = \boldsymbol{M}_1\boldsymbol{M}_2 \begin{bmatrix} p_2^{+}(\omega) \\ p_2^{-}(\omega) \end{bmatrix} = \cdots = \boldsymbol{M}_1\boldsymbol{M}_2\cdots\boldsymbol{M}_N \begin{bmatrix} p_N^{+}(\omega) \\ p_N^{-}(\omega) \end{bmatrix} \tag{1.5.21a}$$

即

$$\begin{bmatrix} p_0^{+}(\omega) \\ p_0^{-}(\omega) \end{bmatrix} = \boldsymbol{M} \begin{bmatrix} p_N^{+}(\omega) \\ p_N^{-}(\omega) \end{bmatrix} \tag{1.5.21b}$$

其中，$\boldsymbol{M} = \boldsymbol{M}_1\boldsymbol{M}_2\cdots\boldsymbol{M}_N$ 为 N 个 2×2 矩阵连乘，仍然为 2×2 矩阵. 当 $j = N+1$ 时，因在 $z > L_N$ 的半无限介质不存在反射波, 递推关系式 (1.5.20c) 已不成立了，必须单独讨论. 设第 N 和 $N+1$ 层介质中的声压场为

$$\begin{aligned} &p_N^{+}(x,z,\omega) = p_N^{+}(\omega)\exp\{\mathrm{i}k_N[x\sin\vartheta_N + (z-L_N)\cos\vartheta_N]\} \\ &p_N^{-}(x,z,\omega) = p_N^{-}(\omega)\exp\{\mathrm{i}k_N[x\sin\vartheta_N - (z-L_N)\cos\vartheta_N]\} \\ &p_{N+1}^{+}(x,z,\omega) = p_{N+1}^{+}(\omega)\exp\{\mathrm{i}k_{N+1}[x\sin\vartheta_{N+1} + (z-L_N)\cos\vartheta_{N+1}]\} \end{aligned} \tag{1.5.22a}$$

其中， ϑ_{N+1} 由式 $\sin\vartheta_{N+1} = (c_{N+1}/c_N)\sin\vartheta_N$ 决定，即 $\cos\vartheta_{N+1} = \sqrt{1-(c_{N+1}/c_N)^2\sin^2\vartheta_N}$. 由界面 $z = L_N$ 的声压和 z 方向速度连续条件不难得到

$$\begin{bmatrix} p_N^{+}(\omega) \\ p_N^{-}(\omega) \end{bmatrix} = \begin{bmatrix} (m_{11})_{N+1} \\ (m_{21})_{N+1} \end{bmatrix} p_{N+1}^{+}(\omega) \tag{1.5.22b}$$

其中，为了方便定义

$$(m_{11})_{N+1} \equiv \frac{1}{2}\left(1 + \frac{z_N}{z_{N+1}}\right);\ (m_{21})_{N+1} \equiv \frac{1}{2}\left(1 - \frac{z_N}{z_{N+1}}\right) \tag{1.5.22c}$$

把方程 (1.5.22b) 代入 (1.5.21b)

$$\begin{bmatrix} p_0^{+}(\omega) \\ p_0^{-}(\omega) \end{bmatrix} = \boldsymbol{M} \begin{bmatrix} (m_{11})_{N+1} \\ (m_{21})_{N+1} \end{bmatrix} p_{N+1}^{+}(\omega) \tag{1.5.22d}$$

设矩阵 $\boldsymbol{M}$ 的 4 个元为 M_{11}, M_{12}, M_{21} 和 M_{22}，则由上式得到

$$
\begin{aligned}
p_0^+(\omega) &= [M_{11}(m_{11})_{N+1} + M_{12}(m_{12})_{N+1}]p_{N+1}^+(\omega) \\
p_0^-(\omega) &= [M_{21}(m_{11})_{N+1} + M_{22}(m_{12})_{N+1}]p_{N+1}^+(\omega)
\end{aligned}
\tag{1.5.23a}
$$

于是得到 N 层介质的声压透射系数和反射系数为

$$
\begin{aligned}
t_p &\equiv \frac{p_{N+1}^+(\omega)}{p_0^+(\omega)} = \frac{1}{M_{11}(m_{11})_{N+1} + M_{12}(m_{21})_{N+1}} \\
r_p &\equiv \frac{p_0^-(\omega)}{p_0^+(\omega)} = \frac{M_{21}(m_{11})_{N+1} + M_{22}(m_{12})_{N+1}}{M_{11}(m_{11})_{N+1} + M_{12}(m_{21})_{N+1}}
\end{aligned}
\tag{1.5.23b}
$$

对 1.5.1 小节讨论的三层结构 $(N=1)$，不难得到声压透射系数为

$$
t_p = \frac{p_2^+(\omega)}{p_0^+(\omega)} = \frac{4}{\left(1+\dfrac{z_0}{z_1}\right)\left(1+\dfrac{z_1}{z_2}\right)\mathrm{e}^{-\mathrm{i}k_1 d_1 \cos\vartheta_1} + \left(1-\dfrac{z_0}{z_1}\right)\left(1-\dfrac{z_1}{z_2}\right)\mathrm{e}^{\mathrm{i}k_1 d_1 \cos\vartheta_1}}
\tag{1.5.23c}
$$

如果声波垂直界面入射，则 $z_0/z_1 = R_{01}$ 和 $z_1/z_2 = R_{12}$，上式与方程 (1.5.2e) 给出完全一样的结果 (取 $d_1 = D$).

1.5.5 N 层结构的阻抗率传递法

注意到透射系数关系

$$
t_p = \frac{p_{N+1}^+(\omega)}{p_0^+(\omega)} = \frac{p_{N+1}^+(\omega)}{p_N^+(\omega)} \cdot \frac{p_N^+(\omega)}{p_{N-1}^+(\omega)} \cdots \frac{p_1^+(\omega)}{p_0^+(\omega)} = \frac{p_{N+1}^+(\omega)}{p_N^+(\omega)} \prod_{j=1}^{N} \frac{p_j^+(\omega)}{p_{j-1}^+(\omega)}
\tag{1.5.24a}
$$

其中，$p_j^+(\omega)/p_{j-1}^+(\omega) \equiv t_{j-1}(\omega)$ 为界面 $z = L_{j-1}$ $(j = 1, 2, \cdots N)$ 的透射系数. 注意: 在界面 $z = L_N$ 上，透射系数 $p_{N+1}^+(\omega)/p_N^+(\omega)$ 必须单独导出. 下面分 4 步讨论.

(1) 透射系数 $p_{N+1}^+(\omega)/p_N^+(\omega)$: 界面 $z = L_N$ 上声压和 z 方向速度连续，由方程 (1.5.22a) 得到

$$
\begin{aligned}
p_N^+(\omega) + p_N^-(\omega) &= p_{N+1}^+(\omega) \\
\frac{1}{z_N}[p_N^+(\omega) - p_N^-(\omega)] &= \frac{1}{z_{N+1}} p_{N+1}^+(\omega)
\end{aligned}
\tag{1.5.24b}
$$

从而

$$
\frac{p_{N+1}^+(\omega)}{p_N^+(\omega)} = \frac{2z_{N+1}}{z_N + z_{N+1}}
\tag{1.5.24c}
$$

(2) 用界面阻抗率来表示 $t_{j-1}(\omega)$: 仍然考虑图 1.5.5 的第 $j-1$ 和 j 层介质，设在界面 $z = L_{j-1}$ 的声阻抗率为 Z_{j-1}(注意: 界面阻抗率 Z_{j-1} 包含了界面后区域

$(z>L_{j-1})$ 的介质特性，因此必须由第 $N+1$ 层介质递推而来). 界面 $z=L_{j-1}$ 的声阻抗率为

$$Z_{j-1}=\frac{p_{j-1}^{+}(\omega)+p_{j-1}^{-}(\omega)}{[p_{j-1}^{+}(\omega)-p_{j-1}^{-}(\omega)]/z_{j-1}} \tag{1.5.24d}$$

由上式得到

$$p_{j-1}^{-}(\omega)=\frac{Z_{j-1}-z_{j-1}}{Z_{j-1}+z_{j-1}}p_{j-1}^{+}(\omega) \tag{1.5.24e}$$

代入方程 (1.5.20a) 后不难得到

$$t_{j-1}(\omega)=\frac{p_{j}^{+}(\omega)}{p_{j-1}^{+}(\omega)}=\frac{Z_{j-1}+z_{j}}{Z_{j-1}+z_{j-1}}\mathrm{e}^{\mathrm{i}k_{j}d_{j}\cos\vartheta_{j}} \tag{1.5.25a}$$

代入方程 (1.5.24a)，我们得到 N 层介质的透射系数

$$t_{p}=\frac{p_{N+1}^{+}(\omega)}{p_{0}^{+}(\omega)}=\frac{2z_{N+1}}{z_{N}+z_{N+1}}\prod_{j=1}^{N}\frac{Z_{j-1}+z_{j}}{Z_{j-1}+z_{j-1}}\mathrm{e}^{\mathrm{i}k_{j}d_{j}\cos\vartheta_{j}} \tag{1.5.25b}$$

(3) 阻抗率传递公式：设界面 $z=L_{j}$ 的声阻抗率为 Z_{j}，则

$$Z_{j}=\frac{p_{j}^{+}(\omega)+p_{j}^{-}(\omega)}{[p_{j}^{+}(\omega)-p_{j}^{-}(\omega)]/z_{j}} \tag{1.5.26a}$$

另一方面，由方程 (1.5.24d) 和 (1.5.20a)

$$Z_{j-1}=\frac{p_{j}^{+}(\omega)\mathrm{e}^{-\mathrm{i}k_{j}d_{j}\cos\vartheta_{j}}+p_{j}^{-}(\omega)\mathrm{e}^{\mathrm{i}k_{j}d_{j}\cos\vartheta_{j}}}{[p_{j}^{+}(\omega)\mathrm{e}^{-\mathrm{i}k_{j}d_{j}\cos\vartheta_{j}}-p_{j}^{-}(\omega)\mathrm{e}^{\mathrm{i}k_{j}d_{j}\cos\vartheta_{j}}]/z_{j}} \tag{1.5.26b}$$

结合方程 (1.5.26a) 和 (1.5.26b) 且消去系数 $p_{j}^{-}(\omega)/p_{j}^{+}(\omega)$ 得到**阻抗率传递公式**

$$Z_{j-1}=z_{j}\frac{Z_{j}-\mathrm{i}z_{j}\tan(k_{j}d_{j}\cos\vartheta_{j})}{z_{j}-\mathrm{i}Z_{j}\tan(k_{j}d_{j}\cos\vartheta_{j})} \tag{1.5.26c}$$

如果已知 $z=L_{N}$ 的界面阻抗率 Z_{N} 就可以由上式传递出 $Z_{N-1},Z_{N-2},\cdots,Z_{0}$.

(4)$z=L_{N}$ 界面的声阻抗率：事实上，在 $z>L_{N}$ 区域没有反射波，由方程 (1.5.22a) 的第三式

$$Z_{N}=\left.\frac{p_{N+1}^{+}(x,z,\omega)}{v_{N+1}^{z+}(x,z,\omega)}\right|_{z=L_{N}}=\frac{\rho_{N+1}c_{N+1}}{\cos\vartheta_{N+1}}=\frac{\rho_{N+1}c_{N+1}}{\sqrt{1-(c_{N+1}/c_{N})^{2}\sin^{2}\vartheta_{N}}}=z_{N+1} \tag{1.5.26d}$$

在阻抗率传递法中，容易得到反射系数，由方程 (1.5.24e)，取 $j=1$ 得

$$r_p = \frac{p_0^-(\omega)}{p_0^+(\omega)} = \frac{Z_0 - z_0}{Z_0 + z_0} \tag{1.5.26e}$$

对 1.5.1 节讨论的三层结构 ($N=1$)，声压透射系数为

$$\frac{p_2^+(\omega)}{p_0^+(\omega)} = \frac{2z_2}{z_1+z_2}\frac{Z_0+z_1}{Z_0+z_0}\mathrm{e}^{\mathrm{i}k_1 d_1\cos\vartheta_1} \tag{1.5.27a}$$

其中，Z_0 是 $z=0$ 处界面的声阻抗率

$$Z_0 = z_1\frac{Z_1 - \mathrm{i}z_1\tan(k_1 d_1\cos\vartheta_1)}{z_1 - \mathrm{i}Z_1\tan(k_1 d_1\cos\vartheta_1)} \tag{1.5.27b}$$

式中，Z_1 是 $z=d_1$ 处界面的声阻抗率

$$Z_1 = \frac{\rho_2 c_2}{\sqrt{1-(c_2/c_1)^2\sin^2\vartheta_1}} \equiv z_2 \tag{1.5.27c}$$

把方程 (1.5.27b) 和 (1.5.27c) 代入方程 (1.5.27a) 得到

$$t_p = \frac{p_2^+(\omega)}{p_0^+(\omega)} = \frac{4}{\left(1+\dfrac{z_0}{z_1}\right)\left(1+\dfrac{z_1}{z_2}\right)\mathrm{e}^{-\mathrm{i}k_1 d_1\cos\vartheta_1} + \left(1-\dfrac{z_0}{z_1}\right)\left(1-\dfrac{z_1}{z_2}\right)\mathrm{e}^{\mathrm{i}k_1 d_1\cos\vartheta_1}} \tag{1.5.27d}$$

上式与方程 (1.5.23c) 完全一致.

由此可见，阻抗率传递法比传递矩阵法相对简单，但在某些方面传递矩阵法有它的优势，如 1.5.6 小节中讨论周期结构的能带特性时，必须用传递矩阵法.

1.5.6 周期分层结构与能带特性

Bloch 定理 在一维周期结构中，由于系统的平移对称性，声场满足 Bloch 定理

$$p(z+d,\omega) = \mathrm{e}^{\mathrm{i}kd}p(z,\omega) \tag{1.5.28a}$$

其中,d 为周期，k 称为 **Bloch 波数**, 是一个待定的参数. Bloch 定理表明，在无限的周期介质中，z 点的声场 $p(z,\omega)$ 与平移一个周期 d 后相应点 $z+d$ 的场 $p(z+d,\omega)$ 至多差一个相位因子. 在声学中，Bloch 定理可以这样简单理解：由于平移对称性，显然要求 z 点与 $z+d$ 点具有相同的声能量，即 $|p(z+d,\omega)|^2 = |p(z,\omega)|^2$，故 $p(z,\omega)$ 与 $p(z+d,\omega)$ 必须满足方程 (1.5.28a). 在周期结构中，声场一定可以写成形式

$$p(z,\omega) = \mathrm{e}^{\mathrm{i}kz}u_k(z,\omega) \tag{1.5.28b}$$

其中，$u_k(z,\omega)$ 是周期函数，即 $u_k(z+d,\omega)=u_k(z,\omega)$. 上式一定满足 Bloch 定理，事实上

$$\begin{aligned}p(z+d,\omega)&=\mathrm{e}^{\mathrm{i}k(z+d)}u_k(z+d,\omega)=\mathrm{e}^{\mathrm{i}kd}[\mathrm{e}^{\mathrm{i}kz}u_k(z+d,\omega)]\\&=\mathrm{e}^{\mathrm{i}kd}[\mathrm{e}^{\mathrm{i}kz}u_k(z,\omega)]=\mathrm{e}^{\mathrm{i}kd}p(z,\omega)\end{aligned}\tag{1.5.28c}$$

由方程 (1.5.28b) 可见，周期结构中的声波场是一个调幅平面波,Bloch 波数 k 就是平面波传播的波数, 波数 k 与频率 ω 的关系就是通常的**色散关系**.

如图 1.5.6, 考虑由密度和声速分别为 $(\rho_{j-1},c_{j-1})=(\rho_1,c_1)$ 和 $(\rho_j,c_j)=(\rho_2,c_2)$ 二种材料组成的层状周期结构，二种材料的厚度分别为 $d_1\equiv d_{j-1}=L_{j-1}-L_{j-2}$ 和 $d_2\equiv d_j=L_j-L_{j-1}$，周期为 $d=d_1+d_2$(注意：周期单元为 d_1+d_2). 设声波仅沿 $\pm z$ 方向传播 (注意：仅考虑沿 $\pm z$ 方向传播的声波时，二种材料可以是固体)，在第 $j-1$ 层和第 j 层, 则由方程 (1.5.20c)，声场传递关系为

$$\begin{bmatrix}p_{j-1}^{+}(\omega)\\p_{j-1}^{-}(\omega)\end{bmatrix}=\boldsymbol{M}_j\begin{bmatrix}p_j^{+}(\omega)\\p_j^{-}(\omega)\end{bmatrix}\tag{1.5.29a}$$

其中，传递矩阵 $\boldsymbol{M}_j$ 的 4 个矩阵元分别为

$$\begin{aligned}&(m_{11})_j=\frac{1}{2}\left(1+\frac{z_1}{z_2}\right)\mathrm{e}^{-\mathrm{i}k_2d_2};\ (m_{12})_j=\frac{1}{2}\left(1-\frac{z_1}{z_2}\right)\mathrm{e}^{\mathrm{i}k_2d_2}\\&(m_{21})_j=\frac{1}{2}\left(1-\frac{z_1}{z_2}\right)\mathrm{e}^{-\mathrm{i}k_2d_2};\ (m_{22})_j=\frac{1}{2}\left(1+\frac{z_1}{z_2}\right)\mathrm{e}^{\mathrm{i}k_2d_2}\end{aligned}\tag{1.5.29b}$$

其中，$k_2\equiv k_j=\omega/c_2$, $z_1\equiv z_{j-1}=\rho_1c_1$ 和 $z_2\equiv z_j=\rho_2c_2$. 再利用方程 (1.5.20c) 得到第 $j-1$ 层与第 $j+1$ 层的声场传递关系

$$\begin{bmatrix}p_{j-1}^{+}(\omega)\\p_{j-1}^{-}(\omega)\end{bmatrix}=\boldsymbol{M}_j\boldsymbol{M}_{j+1}\begin{bmatrix}p_{j+1}^{+}(\omega)\\p_{j+1}^{-}(\omega)\end{bmatrix}\tag{1.5.29c}$$

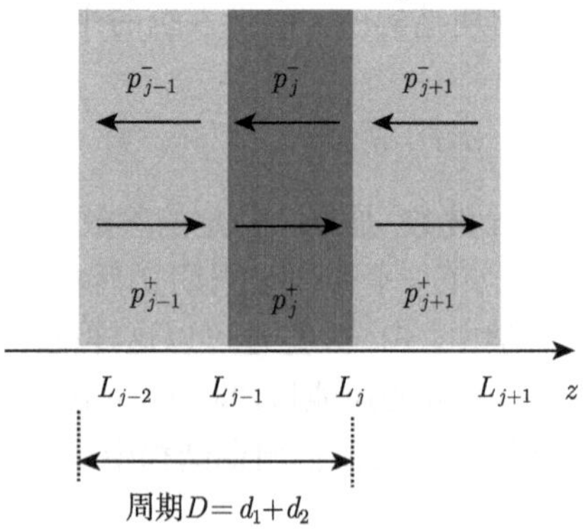

图 1.5.6 周期层状介质中的入射波和反射波

注意到第 $j+1$ 层与第 $j-1$ 层材料性质相同并且 $d_1=L_{j-1}-L_{j-2}=L_{j+1}-L_j$，于是传递矩阵 $\boldsymbol{M}_{j+1}$ 的 4 个矩阵元分别为

$$\begin{aligned}(m_{11})_{j+1}&=\frac{1}{2}\left(1+\frac{z_2}{z_1}\right)\mathrm{e}^{-\mathrm{i}k_1d_1};\ (m_{12})_{j+1}=\frac{1}{2}\left(1-\frac{z_2}{z_1}\right)\mathrm{e}^{\mathrm{i}k_1d_1}\\(m_{21})_{j+1}&=\frac{1}{2}\left(1-\frac{z_2}{z_1}\right)\mathrm{e}^{-\mathrm{i}k_1d_1};\ (m_{22})_{j+1}=\frac{1}{2}\left(1+\frac{z_2}{z_1}\right)\mathrm{e}^{\mathrm{i}k_1d_1}\end{aligned}\tag{1.5.29d}$$

其中，波数 $k_1=\omega/c_1$. 另一方面，由 Bloch 定理，第 $j+1$ 与第 $j-1$ 层的声场存在关系

$$p_{j+1}(z,\omega)=\mathrm{e}^{\mathrm{i}kd}p_{j-1}(z-d,\omega)\quad(L_j<z<L_{j+1})\tag{1.5.30a}$$

即 (注意关系：$z-d-L_{j-1}=z-(d+L_{j-1})=z-L_{j+1}$)

$$\begin{aligned}&p_{j+1}^{+}(\omega)\mathrm{e}^{\mathrm{i}k_1(z-L_{j+1})}+p_{j}^{-}(\omega)\mathrm{e}^{-\mathrm{i}k_1(z-L_{j+1})}\\&=\mathrm{e}^{\mathrm{i}kd}[p_{j-1}^{+}(\omega)\mathrm{e}^{\mathrm{i}k_1(z-L_{j+1})}+p_{j-1}^{-}(\omega)\mathrm{e}^{-\mathrm{i}k_1(z-L_{j+1})}]\end{aligned}\tag{1.5.30b}$$

由 z 的任意性, 显然存在关系

$$\begin{bmatrix}p_{j+1}^{+}(\omega)\\p_{j+1}^{-}(\omega)\end{bmatrix}=\mathrm{e}^{\mathrm{i}kd}\begin{bmatrix}p_{j-1}^{+}(\omega)\\p_{j-1}^{-}(\omega)\end{bmatrix}\tag{1.5.30c}$$

上式代入方程 (1.5.29c) 得到方程

$$[\mathrm{e}^{\mathrm{i}kd}\boldsymbol{M}_j\boldsymbol{M}_{j+1}-\boldsymbol{I}]\begin{bmatrix}p_{j-1}^{+}(\omega)\\p_{j-1}^{-}(\omega)\end{bmatrix}=0\tag{1.5.31a}$$

上式是 $p_{j-1}^{+}(\omega)$ 和 $p_{j-1}^{-}(\omega)$ 满足的齐次线性代数方程，存在非零解的条件是

$$\det[\mathrm{e}^{\mathrm{i}kd}\boldsymbol{M}_j\boldsymbol{M}_{j+1}-\boldsymbol{I}]=0\tag{1.5.31b}$$

上式就是决定 Bloch 波数 k 的方程. 经过繁复的计算 (作为习题)，我们得到由二种材料构成一个周期单元的层状周期结构中 Bloch 波数 k 满足的方程

$$\cos[k(d_1+d_2)]=\cos(k_1d_1)\cos(k_2d_2)-\frac{1}{2}\left(\frac{z_1}{z_2}+\frac{z_2}{z_1}\right)\sin(k_1d_1)\sin(k_2d_2)\tag{1.5.31c}$$

为了看清楚 k 的意义，下面我们考察特殊情况.

声阻抗率相同 即 $z_1=z_2$(注意：声阻抗率相等并不意味材料相同)，上式简化为

$$\cos[k(d_1+d_2)]=\cos(k_1d_1+k_2d_2)\tag{1.5.32a}$$

即 $k=\omega/\bar{c}$ 为线性色散关系，其中，有效声速 $\bar{c}$ 满足 “并联” 公式

$$\frac{1}{\bar{c}}\equiv\frac{f}{c_1}+\frac{1-f}{c_2};\ f\equiv\frac{d_1}{d_1+d_2} \tag{1.5.32b}$$

式中，f 是材料 1 的占有比. 进一步，如果 $c_1=c_2=c_0$, 则 $k=\omega/c_0$，即 Bloch 波数 k 就是通常意义的波数.

低频近似 利用三角函数的展开关系，方程 (1.5.31c) 简化成

$$1-\frac{1}{2}k^2(d_1+d_2)^2\approx\left(1-\frac{1}{2}k_1^2d_1^2\right)\left(1-\frac{1}{2}k_2^2d_2^2\right)-\frac{1}{2}\left(\frac{z_1}{z_2}+\frac{z_2}{z_1}\right)(k_1d_1)(k_2d_2) \tag{1.5.33a}$$

整理后得到线性色散关系 $k^2\approx\omega^2/\bar{c}^2$，其中，有效声速为

$$\frac{1}{\bar{c}^2}\equiv\frac{f^2}{c_1^2}+\frac{(1-f)^2}{c_2^2}+\left(\frac{z_1}{z_2}+\frac{z_2}{z_1}\right)\frac{f(1-f)}{c_1c_2} \tag{1.5.33b}$$

上式用材料的绝热压缩系数 κ_s 表示 (注意: 关系 $1/c^2=\rho\kappa_s$)

$$\frac{1}{\bar{c}^2}=[\rho_1f+\rho_2(1-f)][\kappa_{s1}f+\kappa_{s2}(1-f)] \tag{1.5.33c}$$

因此，低频等效密度和绝热压缩系数近似满足 “串联” 公式

$$\bar{\rho}\equiv\rho_1f+\rho_2(1-f);\ \bar{\kappa}_s=\kappa_{s1}f+\kappa_{s2}(1-f) \tag{1.5.33d}$$

注意: ①如果二种材料都是固体，因 $c^2=E/\rho$(其中 E 为弹性常数)，由方程 (1.5.33b)

$$\frac{1}{\bar{c}^2}=[\rho_1f+\rho_2(1-f)]\left[\frac{f}{E_1}+\frac{(1-f)}{E_2}\right] \tag{1.5.34a}$$

所以低频等效密度近似仍然满足串联公式，但弹性常数近似满足 “并联” 公式

$$\bar{\rho}=[\rho_1f+\rho_2(1-f)];\ \frac{1}{\bar{E}}=\frac{f}{E_1}+\frac{(1-f)}{E_2} \tag{1.5.34b}$$

②如果一种材料是流体 (例如材料 1)，另外一种材料是固体 (例如材料 2), 则

$$\frac{1}{\bar{c}^2}=[\rho_1f+\rho_2(1-f)]\left[\kappa_{s1}f+\frac{(1-f)}{E_2}\right] \tag{1.5.34c}$$

能带结构 对一般情况，必须严格求解方程 (1.5.31c). 由于 Bloch 波数 k 必须是实数，否则相应的 Bloch 波不能在周期介质中传播，因此要求 $|\cos(kd)|\leqslant 1$.

方程 (1.5.31c) 是频率的函数，只有频率满足条件 $|\cos(kd)| \leqslant 1$ 的波才能在周期介质中传播, 数值计算表明，并不是所有的频率都满足 $|\cos(kd)| \leqslant 1$，满足该条件的频率形成带状结构，称为**通带**，反之则称为**禁带**. 图 1.5.7 计算了水 (材料 1)–玻璃 (材料 2) 周期系统的能带结构, 计算参数为：$\rho_1 = 998\text{kg / m}^3$, $c_1 = 1483\text{m / s}$, $\rho_2 = 2767\text{kg/m}^3$ 和 $c_2 = 5784\text{m / s}$, 以及 $d_1 = d_2 = 10^{-4}\text{m}$.

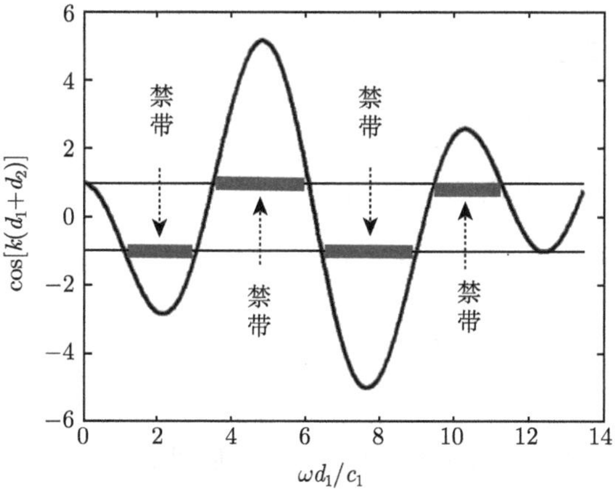

图 1.5.7 周期结构的能带图，在研究的频率范围内有 4 条禁带

事实上，只要排列有限个周期，禁带特性就非常明显了, 图 1.5.8 是水中排列 3 层玻璃 (即 3 个周期单元) 的透射系数 (由阻抗传递法公式 (1.5.25b) 计算得到，参数与图 1.5.7 相同)，由图 1.5.7 和图 1.5.8 比较可见，在同样的频率范围内，图 1.5.8 中出现禁带的位置与图 1.5.7 中透射系数极小 (几乎为零) 的位置是相同的.

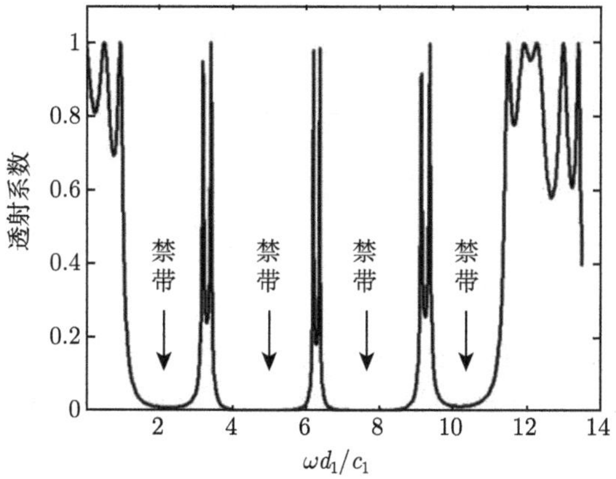

图 1.5.8 仅有 3 个周期的透射系数

注意：以上我们讨论的周期单元由二种材料组成，比较简单. 如果一个周期单元由厚度分别为 d_j $(j=1,2,\cdots,p)$ 的 p 种材料组成，则在一个周期单元内有 $p-1$ 个界面，运用递推方程 (1.5.29a)

$$\begin{bmatrix} p_{j-1}^{+}(\omega) \\ p_{j-1}^{-}(\omega) \end{bmatrix} = \boldsymbol{M}_j\boldsymbol{M}_{j+1}\cdots\boldsymbol{M}_{j+p-1}\begin{bmatrix} p_{j+p-1}^{+}(\omega) \\ p_{j+p-1}^{-}(\omega) \end{bmatrix} \tag{1.5.35a}$$

而方程 (1.5.30c) 修改成

$$\begin{bmatrix} p_{j+p-1}^{+}(\omega) \\ p_{j+p-1}^{-}(\omega) \end{bmatrix} = \mathrm{e}^{\mathrm{i}kd}\begin{bmatrix} p_{j-1}^{+}(\omega) \\ p_{j-1}^{-}(\omega) \end{bmatrix} \tag{1.5.35b}$$

其中，周期为 $d=d_1+d_2+\cdots+d_p$. 于是，决定色散关系的方程 (1.5.31b) 修改为

$$\det[\mathrm{e}^{\mathrm{i}kd}\boldsymbol{M}_j\boldsymbol{M}_{j+1}\cdots\boldsymbol{M}_{j+p-1}-\boldsymbol{I}]=0 \tag{1.5.35c}$$

1.6　声波的度量、测量和分析

声波是压力 (或者压强) 随时间和空间的变化，声压的绝对测量是困难的，必须转化成电信号，故声信号测量的是相对大小. 因为人耳感觉一个声音的 “响” 与 “不响” 与声信号强度的对数成正比 (而且与声信号的频率有密切关系)，故声信号大小的度量用声压的对数来表征，即**声压级**. 由于实际测量中用声压级来表征一个声信号的强度，当空间存在二个声信号时，它们如何相加？对一个长时声信号 (例如一段语言信号或者音乐信号)，常用的分析方法是 Fourier 分析或者频率分析 (即分析声信号包含的频率成分)，而简单的频率分析是难以表征一个长时声信号的，故我们在 1.6.4 节中简单介绍短时 Fourier 变换概念.

1.6.1　声压级、加权声压级和倍频程带

时间平均　设空间存在圆频率为 ω 的稳态声场

$$p(\boldsymbol{r},t)=p(\boldsymbol{r},\omega)\exp(-\mathrm{i}\omega t) \tag{1.6.1a}$$

$\mathrm{Re}[p(\boldsymbol{r},t)]$ 称为**瞬态声压**. 由于$\mathrm{Re}[p(\boldsymbol{r},t)]$ 随时间快速变化，人耳不可能感觉到这种快速变化，只能感觉它的时间平均. 但是，在一个周期内的声压时间平均显然为零，即

$$\overline{\mathrm{Re}[p(\boldsymbol{r},t)]}=\frac{1}{T}\int_{t_c}^{t_c+T}\mathrm{Re}[p(\boldsymbol{r},t)]\mathrm{d}t=0 \tag{1.6.1b}$$

其中，$T=2\pi/\omega$ 为周期，t_c 为任意选择的时间点. 这与人耳能听到声音的事实不符. 于是，我们定义时间均方平均根

$$p_{\rm rms}(\boldsymbol{r})\equiv\sqrt{\frac{1}{T}\int_{t_c}^{t_c+T}\{\mathrm{Re}[p(\boldsymbol{r},t)]\}^2\,\mathrm{d}t} \tag{1.6.1c}$$

来描述声压的时间平均效果. 把方程 (1.6.1a) 代入上式得到

$$p_{\rm rms}(\boldsymbol{r})=\frac{|p(\boldsymbol{r},\omega)|}{\sqrt{2}} \tag{1.6.1d}$$

时间均方平均 $p_{\rm rms}(\boldsymbol{r})$ 称为**有效声压**，或者简称为**声压**.

声压级 在实际问题中，用声压 $p_{\rm rms}(\boldsymbol{r})$ 来描述声音的强弱不方便. 因为声压的变化范围较大，比如，在频率为 1kHz 时，人耳能感觉到声音存在的声压为 2×10^{-5}Pa，而在同样的频率，人耳感到疼痛的声压为 20Pa，两者相差 10^6，而在导弹发射基地，可以检测到 10^3Pa 的强声波. 另一方面，人耳对声波强弱的主观感觉也不是与声压成正比，而是几乎与声压的对数成正比，这是人类听觉器官非常有趣的性质. 因此，我们用声压的对数来定量描述声音的强弱

$$L_p\equiv20\log\frac{p_{\rm rms}}{p_{\rm ref}}\ \text{(dB)} \tag{1.6.2}$$

其中，L_p 称为**声压级**，单位为**分贝**(用 dB 表示). 系数 20 的定义有一定的任意性，$p_{\rm ref}$ 称为**参考声压**. 在空气中，取人耳能感觉到声音存在的声压为参考声压 $p_{\rm ref}=2\times10^{-5}$Pa(频率为 1kHz)，显然，当 $p_{\rm rms}=p_{\rm ref}$ 时，$L_p=0$. 这样定义声压级后，人耳对 1kHz 声音的可听阈约为 0dB(注意：声压不为零，而是 $p_{\rm rms}=p_{\rm ref}$)，微风吹动树叶的声音约为 14dB，交响乐队的演奏约为 84dB (相距 5m)，而飞机发动机的声音 (相距 5m) 大致为 140dB. 注意：在水中，习惯取 $p_{\rm ref}=10^{-6}$Pa 作为参考声压.

注意：我们以声压级来表征声波的强弱，这在物理上是有道理的. 设声波的有效声压从 $p_{\rm rms}$ 增加到 $p_{\rm rms}+\Delta p_{\rm rms}$，则主观感觉的变化 ΔL_p 正比于 $\Delta p_{\rm rms}$，而反比于原来的声压强度 $p_{\rm rms}$(这一点可以从极端情况来理解：当 $p_{\rm rms}$ 很大时，$\Delta p_{\rm rms}$ 引起的主观感觉变化 ΔL_p 应该很小)，即 $\Delta L_p=C\Delta p_{\rm rms}/p_{\rm rms}$，因此，$L_p=C\ln(p_{\rm rms}/p_{\rm ref})$，其中，比例常数 C 和积分常数 $p_{\rm ref}$ 可由实验决定，比如，我们取 $C=20$ 和 $p_{\rm ref}=2\times10^{-5}$.

周期信号 设到达空间 $\boldsymbol{r}$ 点的声压信号周期变化 $p(\boldsymbol{r},t)=p(\boldsymbol{r},t+T)$，那么

$p(\boldsymbol{r},t)$ 可以展开成 Fourier 级数

$$\begin{aligned}p(\boldsymbol{r},t) &= \sum_{n=-\infty}^{\infty} q_n(\boldsymbol{r})\exp(-\mathrm{i}n\omega_0 t)\\ &= \sum_{n=0}^{\infty} q_n(\boldsymbol{r})\exp(-\mathrm{i}n\omega_0 t) + \left[\sum_{n=0}^{\infty} q_n(\boldsymbol{r})\exp(-\mathrm{i}n\omega_0 t)\right]^*\\ &= \mathrm{Re}\sum_{n=0}^{\infty} p_n(\boldsymbol{r})\exp(-\mathrm{i}n\omega_0 t)\\ &= \sum_{n=0}^{\infty} \mathrm{Re}[p_n(\boldsymbol{r})]\cos(n\omega_0 t) + \mathrm{Im}[p_n(\boldsymbol{r})]\sin(n\omega_0 t)\end{aligned} \tag{1.6.3a}$$

其中，$\omega_0 = 2\pi/T$ 为信号的基频，$p_n(\boldsymbol{r}) \equiv 2q_n(\boldsymbol{r})$，$q_n(\boldsymbol{r})$ 为 Fourier 级数展开系数

$$q_n(\boldsymbol{r}) = \frac{1}{T}\int_0^T p(\boldsymbol{r},t)\exp(\mathrm{i}n\omega_0 t) \tag{1.6.3b}$$

得到方程 (1.6.3a)，利用了 $p(\boldsymbol{r},t)$ 的实数性质，即 $q_n(\mathbf{r}) = q_{-n}^*(\boldsymbol{r})$. 由方程 (1.6.3a)，声压的时间均方平均为

$$p_{\mathrm{rms}}^2(\boldsymbol{r}) = \frac{1}{T}\int_{t_{\mathrm{c}}}^{t_{\mathrm{c}}+T} p^2(\boldsymbol{r},t)\mathrm{d}t = \sum_{n=0}^{\infty}\frac{|p_n(\boldsymbol{r})|^2}{2} \tag{1.6.3c}$$

其中，t_{c} 是求时间平均的起点. 得到上式利用了正交关系

$$\begin{aligned}&\int_{t_{\mathrm{c}}}^{t_{\mathrm{c}}+T}\cos(n\omega_0 t)\sin(m\omega_0 t)\mathrm{d}t = 0\\ &\int_{t_{\mathrm{c}}}^{t_{\mathrm{c}}+T}\cos(n\omega_0 t)\cos(m\omega_0 t)\mathrm{d}t = \frac{1}{2}T\delta_{nm}\\ &\int_{t_{\mathrm{c}}}^{t_{\mathrm{c}}+T}\sin(n\omega_0 t)\sin(m\omega_0 t)\mathrm{d}t = \frac{1}{2}T\delta_{nm}\end{aligned} \tag{1.6.3d}$$

方程 (1.6.3c) 意味着：声压的均方平均是每个频率分量的均方平均之和.

非周期长时信号 对非周期长时信号 $p(\boldsymbol{r},t)$, 求时间的均方平均时，如何选择时间点 t_{c} 和平均时间长度 T? 一般，均方平均与 t_{c} 和 T 的值有关. 由 Fourier 变换

$$\begin{aligned}p(\boldsymbol{r},t) &= \int_{-\infty}^{\infty} p(\boldsymbol{r},\omega)\exp(-\mathrm{i}\omega t)\mathrm{d}\omega\\ p(\boldsymbol{r},\omega) &= \frac{1}{2\pi}\int_{-\infty}^{\infty} p(\boldsymbol{r},t)\exp(\mathrm{i}\omega t)\mathrm{d}t\end{aligned} \tag{1.6.4a}$$

根据 Parseval 定理

$$\int_{-\infty}^{\infty}|p(\boldsymbol{r},t)|^2\mathrm{d}t=2\pi\int_{-\infty}^{\infty}|p(\boldsymbol{r},\omega)|^2\mathrm{d}\omega \tag{1.6.4b}$$

如果声能量有限，那么

$$\lim_{T\to\infty}\frac{1}{T}\int_{-\infty}^{\infty}|p(\boldsymbol{r},t)|^2\mathrm{d}t=0 \tag{1.6.4c}$$

故这时直接取均方平均来表征声信号的平均作用是不恰当的. 通常的方法是: 让信号通过一个一定带宽 $(\omega_{\mathrm{L}},\omega_{\mathrm{H}})$ 的带通滤波器 (假定通带内信号振幅不变)，生成包含频率范围 $(\omega_{\mathrm{L}},\omega_{\mathrm{H}})$ 的新的信号

$$p_b(\boldsymbol{r},t)=\mathrm{Re}\int_{\omega_{\mathrm{L}}}^{\omega_{\mathrm{H}}}p_b(\boldsymbol{r},\omega)\exp(-\mathrm{i}\omega t)\mathrm{d}\omega \tag{1.6.5a}$$

其中，$p_b(\boldsymbol{r},\omega)$ 表示频率在区间 $(\omega_{\mathrm{L}},\omega_{\mathrm{H}})$ 内取值. 当信号包含的低频 $(\omega<\omega_{\mathrm{L}})$ 和高频 $(\omega>\omega_{\mathrm{H}})$ 成分可忽略不计，这种近似是可以的. 于是

$$[p_b(\boldsymbol{r})]_{\mathrm{rms}}^2=\frac{1}{T}\int_{t_{\mathrm{c}}}^{t_{\mathrm{c}}+T}p_b^2(\boldsymbol{r},t)\mathrm{d}t \tag{1.6.5b}$$

其中，平均时间可以取 $T=2\pi/\omega_{\mathrm{L}}$. 如果 $[p_b(\boldsymbol{r})]_{\mathrm{rms}}^2$ 与时间起点 t_{c} 的选择无关，这样的信号称为**稳态信号**(注意：与稳态声场的区别)，一般的声信号满足这一条件. 方程 (1.6.5a) 代入方程 (1.6.5b) 可以得到近似关系

$$[p_b(\boldsymbol{r})]_{\mathrm{rms}}^2\approx\frac{1}{2}\int_{\omega_{\mathrm{L}}}^{\omega_{\mathrm{H}}}|p_b(\boldsymbol{r},\omega)|^2\mathrm{d}\omega \tag{1.6.5c}$$

在实际测量中，把 $(\omega_{\mathrm{L}},\omega_{\mathrm{H}})$ 设计成邻近的一系列带通滤波器 $(\omega_{\mathrm{L}}^b,\omega_{\mathrm{H}}^b)$，$(b=1,2,\cdots,M)$. 其中，$\omega_{\mathrm{L}}^1=\omega_{\mathrm{L}}$ 和 $\omega_{\mathrm{H}}^M=\omega_{\mathrm{H}}$，即第 1 个通带的低频为最低频率，而第 M 个通带的高频为最高频率. 为了完全覆盖 $(\omega_{\mathrm{L}},\omega_{\mathrm{H}})$，要求 $\omega_{\mathrm{H}}^b=\omega_{\mathrm{L}}^{b+1}$. 于是方程 (1.6.5a) 可表示成各个子带信号之和

$$p(\boldsymbol{r},t)\approx\sum_{b=1}^{M}p_b(\boldsymbol{r},t);\ p_b(\boldsymbol{r},t)\equiv\int_{\omega_{\mathrm{L}}^b}^{\omega_{\mathrm{H}}^b}p_b(\boldsymbol{r},\omega)\exp(-\mathrm{i}\omega t)\mathrm{d}\omega \tag{1.6.6a}$$

因此，非周期长时信号 $p(\boldsymbol{r},t)$ 的时间均方平均可近似为各个子带上时间均方平均的和

$$[p(\boldsymbol{r})]_{\mathrm{rms}}^2\approx\sum_{b=1}^{M}[p_b(\boldsymbol{r})]_{\mathrm{rms}}^2;\ [p_b(\boldsymbol{r})]_{\mathrm{rms}}^2\equiv\frac{1}{2}\int_{\omega_{\mathrm{L}}^b}^{\omega_{\mathrm{H}}^b}|p_b(\boldsymbol{r},\omega)|^2\mathrm{d}\omega \tag{1.6.6b}$$

注意：方程 (1.6.6b) 第一式实际上表示总的声能量等于各个子带声能量之和 (而不是简单的有效值相加). 如果定义每个子带的声压级为

$$L_p^b = 20\log\frac{[p_b(\boldsymbol{r})]_{\mathrm{rms}}}{p_{\mathrm{ref}}} \tag{1.6.6c}$$

那么总声压级为

$$L_p = 20\log\frac{[p(\boldsymbol{r})]_{\mathrm{rms}}}{p_{\mathrm{ref}}} = 10\log\left(\sum_{b=1}^{M}10^{L_p^b/10}\right) \tag{1.6.6d}$$

注意：绝对不是简单的声压级相加.

谱密度　由方程 (1.6.6b)，$[p_b(\boldsymbol{r})]_{\mathrm{rms}}^2$ 是第 b 个子带对均方声压 $[p(\boldsymbol{r})]_{\mathrm{rms}}^2$ 的贡献，设第 b 个子带的带宽为 $(\Delta f)_b$，则带内每个频率分量对均方声压 $[p(\boldsymbol{r})]_{\mathrm{rms}}^2$ 的平均贡献为 $[p_b(\boldsymbol{r})]_{\mathrm{rms}}^2/(\Delta f)_b$，定义谱密度 $[p_f(\boldsymbol{r})]_{\mathrm{rms}}^2$ 为

$$[p_f(\boldsymbol{r})]_{\mathrm{rms}}^2 \equiv \lim_{(\Delta f)_b\to 0}\frac{[p_b(\boldsymbol{r})]_{\mathrm{rms}}^2}{(\Delta f)_b} \tag{1.6.7a}$$

如果给出了谱密度 $[p_f(\boldsymbol{r})]_{\mathrm{rms}}^2$，则第 b 个带对均方声压 $[p(\boldsymbol{r})]_{\mathrm{rms}}^2$ 的贡献为

$$[p_b(\boldsymbol{r})]_{\mathrm{rms}}^2 = \int_{f_{\mathrm{L}}^b}^{f_{\mathrm{H}}^b}[p_f(\boldsymbol{r})]_{\mathrm{rms}}^2\mathrm{d}f \tag{1.6.7b}$$

倍频程带　声学测量中常用的是所谓比例带. 设第 b 个频带的低频和高频分别为 $f_{\mathrm{L}}(b)=\omega_{\mathrm{L}}^b/2\pi$ 和 $f_{\mathrm{H}}(b)=\omega_{\mathrm{H}}^b/2\pi$. 当 $f_{\mathrm{H}}(b)/f_{\mathrm{L}}(b)=$ 常数 2^N 时，这样的频带称为**比例带**. 当 $N=1$ 时，称为 **1 倍频程带**；当 $N=1/3$ 时，称为 1/3**倍频程带**，余类推. 带的中心频率 $f_{\mathrm{c}}(b)$ 定义为 $f_{\mathrm{L}}(b)$ 和 $f_{\mathrm{H}}(b)$ 的几何平均, 即 $f_{\mathrm{c}}(b)=\sqrt{f_{\mathrm{L}}(b)f_{\mathrm{H}}(b)}$，几何平均总小于算术平均. 给定了中心频率，那么

$$f_{\mathrm{L}}(b)=2^{-N/2}f_{\mathrm{c}}(b);\ \ f_{\mathrm{H}}(b)=2^{N/2}f_{\mathrm{c}}(b) \tag{1.6.8a}$$

在比例带中，第 b 个频带的绝对带宽 $f_{\mathrm{H}}(b)-f_{\mathrm{L}}(b)=\left(2^{N/2}-2^{-N/2}\right)f_{\mathrm{c}}(b)$ 与中心频率成正比，中心频率越高，第 b 个频带的绝对带宽越大，故高频的绝对带宽远远大于低频的绝对带宽，这与人耳对声音的响应是符合的. 表 1.1 给出了工程测量中常用的 1/3 倍频程各个子带的中心频率、低频和高频 (音频范围内).

表 1.1 常用的 1/3 倍频程子带的中心频率、低频和高频

子带序号	中心频率/Hz	子带低频/Hz	子带高频/Hz
13	20	18.0	22.4
14	25	22.4	28.0
15	31.6	28.0	35.5
16	40	35.5	45
17	50	45	56
18	63	56	71
19	80	71	90
20	100	90	112
21	125	112	140
22	160	140	180
23	200	180	224
24	250	224	280
25	315	280	355
26	400	355	450
27	500	450	560
28	630	560	710
29	800	710	900
30	1,000	900	1,120
31	1,250	1,120	1,400
32	1,600	1,400	1,800
33	2,000	1,800	2,240
34	2,500	2,240	2,800
35	3,150	2,800	3,550
36	4,000	3,550	4,500
37	5,000	4,500	5,600
38	6,300	5,600	7,100
39	8,000	7,100	9,000
40	10,000	9,000	11,200
41	12,500	11,200	14,000
42	16,000	14,000	18,000
43	20,000	18,000	22,400

白噪声和粉红噪声 这是二个有特殊谱密度的噪声信号，是在声学测量中常用的信号. 对白噪声 (类比于白光，故称为**白噪声**)，谱密度 $[p_f(\boldsymbol{r})]_{\text{rms}}^2 = C$(常数)，即所有频率分量对均方声压 $[p(\boldsymbol{r})]_{\text{rms}}^2$ 的贡献相同. 由于在比例带中，第 b 个频带的绝对带宽 $f_{\text{H}}(b) - f_{\text{L}}(b) = \left(2^{N/2} - 2^{-N/2}\right) f_{\text{c}}(b)$ 与中心频率成正比，中心频率越高，

第 b 个频带的绝对带宽越大，故在比例带中，不同带对均方声压 $[p(\boldsymbol{r})]^2_{\mathrm{rms}}$ 的贡献不相同，显然，第 b 和 $b+1$ 相邻二个带对均方声压 $[p(\boldsymbol{r})]^2_{\mathrm{rms}}$ 的贡献分别为

$$
\begin{aligned}
[p_b(\boldsymbol{r})]^2_{\mathrm{rms}} &= C\left(2^{N/2}-2^{-N/2}\right)f_{\mathrm{c}}(b)\\
[p_{b+1}(\boldsymbol{r})]^2_{\mathrm{rms}} &= C\left(2^{N/2}-2^{-N/2}\right)f_{\mathrm{c}}(b+1)
\end{aligned}
\tag{1.6.8b}
$$

故相邻二个带的声压级差为 (注意：$f_{\mathrm{L}}(b+1)=f_{\mathrm{H}}(b)$)

$$
L_{b+1}-L_b = 10\log\frac{[p_{b+1}(\boldsymbol{r})]^2_{\mathrm{rms}}}{[p_b(\boldsymbol{r})]^2_{\mathrm{rms}}} = 10\log\frac{f_{\mathrm{c}}(b+1)}{f_{\mathrm{c}}(b)} = 10N\log 2 \approx 3N(\mathrm{dB}) \tag{1.6.8c}
$$

因此，对 $N=1/3$ 倍频程带，白噪声在相邻二个带的声压级差 1dB.

对粉红噪声(在光学中，红光的频率较低，故称为**粉红噪声**)，谱密度$[p_f(\boldsymbol{r})]^2_{\mathrm{rms}}=K/f$(其中 K 为比例常数)，即低频分量对均方声压 $[p(\boldsymbol{r})]^2_{\mathrm{rms}}$ 的贡献大于高频分量. 在比例带中，第 b 个带对均方声压 $[p(\boldsymbol{r})]^2_{\mathrm{rms}}$ 的贡献为常数，即

$$
[p_b(\boldsymbol{r})]^2_{\mathrm{rms}} = K\int_{f_{\mathrm{L}}^b}^{f_{\mathrm{H}}^b}\frac{1}{f}\mathrm{d}f = K\ln\frac{f_{\mathrm{H}}(b)}{f_{\mathrm{L}}(b)} = K\ln 2^N \tag{1.6.8d}
$$

因此，粉红噪声在比例带中的每个带对均方声压 $[p(\boldsymbol{r})]^2_{\mathrm{rms}}$ 的贡献相同.

因此，在以对数为横坐标的谱密度图中，白噪声是一条上升的直线，而粉红噪声是与横轴平行的直线.

瞬态声压信号　瞬态信号持续时间极短，如撞击声，这种信号含有丰富的频率成分，用以上讨论的方法是不适合的. 此时，我们直接用方程 (1.6.4b) 定义声辐照量 E 以及相应的 “声辐照” 级 L_{E}

$$
E \equiv 2\pi\int_{-\infty}^{\infty}|p(\boldsymbol{r},\omega)|^2\mathrm{d}\omega;\ L_E = 10\log\frac{E}{t_{\mathrm{ref}}p^2_{\mathrm{ref}}} \tag{1.6.8e}
$$

其中，参考时间取为 $t_{\mathrm{ref}}=1\mathrm{s}$.

声强级和声功率级　设稳态 (时间谐变化) 声场和相应的速度场分布为

$$
p(\boldsymbol{r},t)=p(\boldsymbol{r},\omega)\exp(-\mathrm{i}\omega t);\ \boldsymbol{v}(\boldsymbol{r},t)=\boldsymbol{v}(\boldsymbol{r},\omega)\exp(-\mathrm{i}\omega t) \tag{1.6.9a}
$$

声强矢量的时间平均 $\bar{\boldsymbol{I}}$ 及通过曲面 S 的平均声功率 $\overline{W}$ 分别为

$$
\begin{aligned}
\bar{\boldsymbol{I}}(\boldsymbol{r}) &\equiv \frac{1}{T}\int_{t_{\mathrm{c}}}^{t_{\mathrm{c}}+T}\mathrm{Re}[p(\boldsymbol{r},t)]\mathrm{Re}[\boldsymbol{v}(\boldsymbol{r},t)]\mathrm{d}t = \frac{1}{2}\mathrm{Re}[p(\boldsymbol{r},\omega)\boldsymbol{v}^*(\boldsymbol{r},\omega)]\\
\overline{W} &= \iint_S \bar{\boldsymbol{I}}(\boldsymbol{r})\cdot\mathrm{d}\boldsymbol{S} = \frac{1}{2}\iint_S \mathrm{Re}[p(\boldsymbol{r},\omega)\boldsymbol{v}^*(\boldsymbol{r},\omega)]\cdot\mathrm{d}\boldsymbol{S}
\end{aligned}
\tag{1.6.9b}
$$

对非周期长时信号 $p(\boldsymbol{r},t)$ 和 $\boldsymbol{v}(\boldsymbol{r},t)$，同样有近似关系

$$\begin{aligned}&\bar{\boldsymbol{I}}(\boldsymbol{r})\equiv\sum_{j=1}^{M}\bar{\boldsymbol{I}}_b(\boldsymbol{r});\ \bar{\boldsymbol{I}}_b(\boldsymbol{r})=\frac{1}{2}\mathrm{Re}[p_b(\boldsymbol{r},\omega)\boldsymbol{v}_b^*(\boldsymbol{r},\omega)]\\&\overline{W}=\iint_S\bar{\boldsymbol{I}}(\boldsymbol{r})\cdot\mathrm{d}\boldsymbol{S}=\sum_{j=1}^{M}\overline{W_b};\ \overline{W_b}=\iint_S\bar{\boldsymbol{I}}_b(\boldsymbol{r})\cdot\mathrm{d}\boldsymbol{S}\end{aligned}\tag{1.6.9c}$$

定义平均声强级 L_I 以及通过曲面 $\boldsymbol{S}$ 的平均声功率级 L_P 分别为

$$L_I=10\log\frac{|\bar{\boldsymbol{I}}(\boldsymbol{r})|}{I_{\mathrm{ref}}};\ L_P=10\log\frac{\overline{W}}{W_{\mathrm{ref}}}\tag{1.6.10a}$$

其中，参考声强和参考声功率分别为：$I_{\mathrm{ref}}=10^{-12}\mathrm{W/m^2}$ 和 $W_{\mathrm{ref}}=10^{-12}\mathrm{W}$. 对简单的平面行波、远场球面及柱面行波，由方程 (1.3.9b)，(1.3.28d) 以及 (1.3.41b) 可知 $\bar{I}=p_{\mathrm{rms}}^2/(\rho_0c_0)$，声强级与声压级有简单的关系

$$L_I=10\log\frac{p_{\mathrm{rms}}^2}{\rho_0c_0I_{\mathrm{ref}}}=L_p+10\log\frac{p_{\mathrm{ref}}^2}{\rho_0c_0I_{\mathrm{ref}}}\tag{1.6.10b}$$

由于当 $\rho_0c_0=400\mathrm{N\cdot s/m^3}$ 时，$I_{\mathrm{ref}}=p_{\mathrm{ref}}^2/\rho_0c_0$，故 $L_I\approx L_p$，对 $\rho_0c_0\neq400\mathrm{N\cdot s/m^3}$，声强级与声压级有小的不同. 必须指出的是，声强级的引入失去了声强的矢量特性，声强级相比声压级而言并不能给出声场更多的信息.

加权声压级 人耳对不同频率成分的声音敏感度不同，例如，对频率分别为 100Hz 和 1000Hz 的二个纯音，当声压级都为 40dB 时，人耳感觉到 1000Hz 的声音更“响”，只有当 100Hz 声音的声压级提高到 45dB(左右) 时，人耳才感觉到这二个声音差不多同样“响”；当 1000Hz 声音的声压级为 70dB 时，100Hz 声音的声压级必须提高到 75dB(左右)，人耳才感觉到这二个声音差不多同样“响”，等等. 为了确定某声音的“响”与“轻”的程度，国际上采用统一的方法，即与 1000Hz 的纯音进行比较，调节 1000Hz 纯音的声压级，使其与该声音有同样“响”的感觉，此时 1000Hz 纯音的声压级就定义为该声音的**响度级**，响度级的单位为方 (phon). 例如，100Hz 纯音的声压级分别为 45dB 和 75dB 时，其响度级分别为 40 方和 70 方. 不同声压级的纯音，其响度级与频率的关系曲线称为**等响曲线**，如图 1.6.1，图中数值表示相应曲线的响度级 (单位为方)，根据定义，它也是频率为 1000Hz 时的声压级.

因此，在一个声环境中，人耳对不同频率成分的声音敏感度是不一样的. 故在噪声测量中，对不同频率成分的噪声必须做加权处理，即

$$[p(\boldsymbol{r})]_{\mathrm{rms},W}^2\approx\sum_{b=1}^{M}W(f_{\mathrm{c}}^b)[p_b(\boldsymbol{r})]_{\mathrm{rms}}^2\tag{1.6.10c}$$

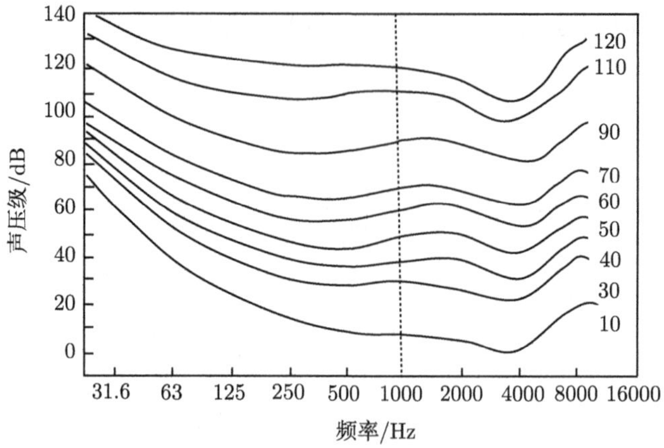

图 1.6.1　等响曲线图，图中数值表示相应曲线的响度

其中，$W(f_{\mathrm{c}}^{b})$ 为中心频率 f_{c}^{b} 子带的加权函数. 如果加权函数也用分贝数来表示

$$W(f_{\mathrm{c}}^{b})=10^{\Delta L_W(f_{\mathrm{c}}^{b})/10} \tag{1.6.10d}$$

则加权后总的声压级为

$$L_p^W=20\log\frac{[p(\boldsymbol{r})]_{\mathrm{rms},W}}{p_{\mathrm{ref}}}=10\log\left(\sum_{b=1}^{M}10^{[L_p^b+\Delta L_W(f_{\mathrm{c}}^{b})]/10}\right) \tag{1.6.10e}$$

其中，$\Delta L_W(f_{\mathrm{c}}^{b})$ 称为**加权修正值**. 根据等响曲线，对不同强度的噪声，可以设计出不同的加权函数. 如图 1.6.2，根据 40 方、70 方和 100 方响度曲线设计的加权函数

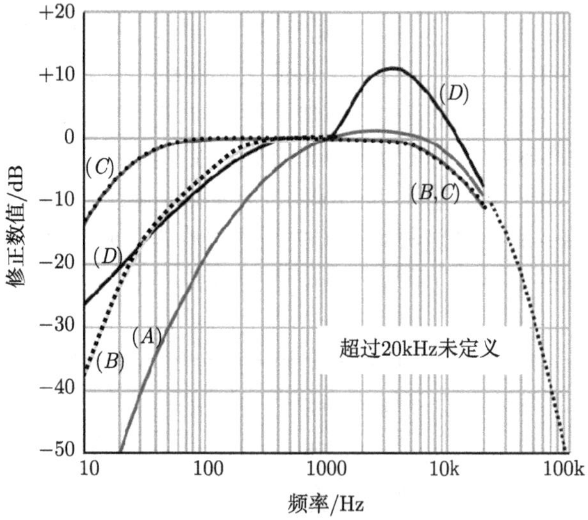

图 1.6.2　四种加权曲线

分别称为 A 加权、B 加权和 C 加权，相应的声压级称为 **$\boldsymbol{A}$加权声压级**(适用于低强度噪声测量)、**$\boldsymbol{B}$加权声压级**(适用于中等强度噪声测量) 和 **$\boldsymbol{C}$ 加权声压级**(适用于中高等强度噪声测量). 此外，还有适用于航空噪声 (甚高强度噪声) 测量的 D 加权修正. 最常用的是 A 加权声压级，其 1/3 倍频程各子带的加权修正值 $\Delta L_W(f_c^b)$ 如表 1.2.

表 1.2 常用的 1/3 倍频程 $\boldsymbol{A}$加权修正值

中心频率/Hz	加权修正值/dB	中心频率/Hz	加权修正值/dB
25	−44.7	800	−0.8
31.6	−39.4	1,000	0
40	−34.6	1,250	+0.6
50	−30.2	1,600	+1.0
63	−26.2	2,000	+1.2
80	−22.5	2,500	+1.3
100	−19.4	3,150	+1.2
125	−16.1	4,000	+1.0
160	−13.4	5,000	+0.5
200	−10.9	6,300	−0.1
250	−8.6	8,000	−1.1
315	−6.6	10,000	−2.5
400	−4.8	12,500	−4.3
500	−3.2	16,000	−6.6
630	−1.9	20,000	−9.3

1.6.2 声波的相干性和拍的概念

考虑空间存在二列稳态波, 频率分别为 ω_1 和 ω_2

$$\begin{aligned} p_1(\boldsymbol{r},t) &= p_1(\boldsymbol{r},\omega_1)\exp[-\mathrm{i}(\omega_1 t-\varPsi_1)] \\ p_2(\boldsymbol{r},t) &= p_2(\boldsymbol{r},\omega_2)\exp[-\mathrm{i}(\omega_2 t-\varPsi_2)] \end{aligned} \tag{1.6.11a}$$

其中，引进了相位因子 $\varPsi_1=\varPsi_1(\boldsymbol{r},\omega)$ 和 $\varPsi_2=\varPsi_2(\boldsymbol{r},\omega)$，可以假定 $p_1(\boldsymbol{r},\omega_1)$ 和 $p_2(\boldsymbol{r},\omega_2)$ 是实数. 由声场的叠加原理，总声场是二个声场之和

$$p(\boldsymbol{r},t)=p_1(\boldsymbol{r},\omega_1)\exp[-\mathrm{i}(\omega_1 t-\varPsi_1)]+p_2(\boldsymbol{r},\omega_2)\exp[-\mathrm{i}(\omega_2 t-\varPsi_2)] \tag{1.6.11b}$$

故空间一点的均方平均为

$$p_{\mathrm{rms}}^2(\boldsymbol{r})=\frac{1}{T}\int_{t_c}^{t_c+T}[p_1(\boldsymbol{r},\omega_1)\cos(\omega_1 t-\varPsi_1)+p_2(\boldsymbol{r},\omega_2)\cos(\omega_2 t-\varPsi_2)]^2\mathrm{d}t \tag{1.6.11c}$$

其中，平均时间 T 可选周期 $T_1=2\pi/\omega_1$ 和 $T_2=2\pi/\omega_2$ 的公倍数 (当然，如果

ω_1/ω_2 是无理数，公倍数不存在，但实际测量总有一定的误差，ω_1/ω_2 不会刚好是无理数的)，或者 T 足够大，以至包含多个振荡周期.

分几种情况讨论方程 (1.6.11c).

频率相同 $\omega_1=\omega_2=\omega$，方程 (1.6.11c) 变成

$$p_{\mathrm{rms}}^2(\boldsymbol{r})=\frac{1}{2}[p_1^2(\boldsymbol{r},\omega)+p_2^2(\boldsymbol{r},\omega)+2p_1(\boldsymbol{r},\omega)p_2(\boldsymbol{r},\omega)\cos(\Psi_2-\Psi_1)] \tag{1.6.12a}$$

根据不同的相位差，讨论特殊情况如下.

(1) 如果 $\Psi_2-\Psi_1=0$，即到达 $\boldsymbol{r}$ 点的声波同相

$$p_{\mathrm{rms}}(\boldsymbol{r})=p_{1\mathrm{rms}}(\boldsymbol{r},\omega)+p_{2\mathrm{rms}}(\boldsymbol{r},\omega) \tag{1.6.12b}$$

其中，$p_{1\mathrm{rms}}(\boldsymbol{r},\omega)\equiv p_1(\boldsymbol{r},\omega)/\sqrt{2}$ 和 $p_{2\mathrm{rms}}(\boldsymbol{r},\omega)\equiv p_2(\boldsymbol{r},\omega)/\sqrt{2}$ 分别是二个波列的有效声压；

(2) 如果 $\Psi_2-\Psi_1=\pi$，即到达 $\boldsymbol{r}$ 点的声波反相

$$p_{\mathrm{rms}}(\boldsymbol{r})=|p_{1\mathrm{rms}}(\boldsymbol{r},\omega)-p_{2\mathrm{rms}}(\boldsymbol{r},\omega)| \tag{1.6.12c}$$

(3) 如果 $\Psi_2-\Psi_1=\pi/2$，即到达 $\boldsymbol{r}$ 点的声波相位相差 90°

$$p_{\mathrm{rms}}(\boldsymbol{r})=\sqrt{p_{1\mathrm{rms}}^2(\boldsymbol{r},\omega)+p_{2\mathrm{rms}}^2(\boldsymbol{r},\omega)} \tag{1.6.12d}$$

可见，当二个声波信号到达 $\boldsymbol{r}$ 点同相时，总有效声压是它们各自有效声压的简单相加；反相时，简单相减 (取绝对值)；而当相位相差 $\pi/2$ 时，总有效声压的平方是它们各自有效声压的平方和. 对稳态平面波, 声场的平均能量密度 $\bar{w}=p_{\mathrm{rms}}^2(\boldsymbol{r})/(\rho_0c_0^2)$. 假定二列声波振幅相等，即 $p_1(\boldsymbol{r},\omega)=p_2(\boldsymbol{r},\omega)\equiv p(\boldsymbol{r},\omega)$，同相时，总声场的平均能量密度是单列声波时能量密度的 4 倍 (注意: 这点似乎与能量守恒矛盾，实际上，无限大平面波是不存在的)；反相时，总声场的平均能量密度为零；而只有当相位相差 $\pi/2$ 时，总声场的平均能量密度是二列声波能量密度之和. 这种现象称为**声波的干涉**.

相干性 假定二列声波由二个不同的声源 (如振动面) 发出，要保持不同声源振动的位相一致是困难的，因此相位差 $(\Psi_2-\Psi_1)$ 是随机变化的，故对方程 (1.6.12a) 的 $(\Psi_2-\Psi_1)$ 平均，应该有 $\overline{\cos(\Psi_2-\Psi_1)}=0$，即如果二列声波的相位随机变化，那么

$$p_{\mathrm{rms}}^2(\boldsymbol{r})=p_{1\mathrm{rms}}^2(\boldsymbol{r},\omega)+p_{2\mathrm{rms}}^2(\boldsymbol{r},\omega) \tag{1.6.13a}$$

总有效声压的平方是它们各自有效声压的平方和, 我们称这二列声波是不相干的，反之，如果二列声波的相位差 $(\Psi_2-\Psi_1)$ 保持恒定，称二列声波是相干的. 这一结果可以推广到 N 列不相干声波的叠加

$$p_{\mathrm{rms}}^2(\boldsymbol{r})=p_{1\mathrm{rms}}^2(\boldsymbol{r},\omega)+p_{2\mathrm{rms}}^2(\boldsymbol{r},\omega)+\cdots+p_{N\mathrm{rms}}^2(\boldsymbol{r},\omega) \tag{1.6.13b}$$

对平面波，上式用平均能量密度表示

$$\bar{w} = \bar{w}_1 + \bar{w}_2 + \cdots + \bar{w}_N \tag{1.6.13c}$$

一个具有实际意义的例子是高速公路上汽车产生的噪声问题，如图 1.6.3，作为简单的物理模型，我们假定每辆汽车相距 b，发出相同功率 $\overline{W}$ 的噪声，汽车有无限多辆. 设 P 点到高速公路的垂直距离为 ρ，第 n 辆车与 P 点的距离为 $l_n = \sqrt{\rho^2 + (nb)^2}$ $(n = 0, \pm1, \pm2, \cdots)$. 由方程 (1.3.28d) 和 (1.3.28e)，第 n 辆车在 P 点产生的均方平均声压满足

$$p^2_{n\text{rms}} = \frac{\alpha\rho_0 c_0 \overline{W}}{4\pi[\rho^2 + (nb)^2]} \tag{1.6.14a}$$

其中，系数 α 是为了计及地面的影响，如果假定地面是刚性的，那么 $\alpha = 4$，见第 2 章讨论. 由于每辆汽车产生的噪声不相干，于是，由方程 (1.6.13b)，P 点总声压的均方平均满足

$$p^2_{\text{rms}} = \sum_{n=-\infty}^{\infty} \frac{\rho_0 c_0 \overline{W}}{4\pi[\rho^2 + (nb)^2]} = \frac{\alpha\rho_0 c_0 \overline{W}}{4\pi}\left[\frac{1}{\rho^2} + \frac{2}{b^2}\sum_{n=1}^{\infty}\frac{1}{(\rho/b)^2 + n^2}\right] \tag{1.6.14b}$$

利用求和关系，即方程 (5.4.14b)，上式简化为

$$p^2_{\text{rms}} = \frac{\alpha\rho_0 c_0 \overline{W}}{4b\rho}\coth\left(\pi\frac{\rho}{b}\right) \tag{1.6.14c}$$

一般，$\rho/b \gg 1$，$\coth(\pi\rho/b) \approx 1$，因此从上式近似得到 P 点总声压的均方平均为

$$p_{\text{rms}} \approx \frac{1}{2}\sqrt{\frac{\alpha\rho_0 c_0 \overline{W}}{4b\rho}} \tag{1.6.14d}$$

可见，P 点总声压随距离是 $1/\sqrt{\rho}$ 衰减的，而不是像点声源那样随距离 $1/r$ 衰减，前者衰减速度 (距离增加 1 倍，声压级下降 3dB) 比后者 (距离增加 1 倍，声压级下降 6dB) 要慢得多，这无疑给高速公路的噪声治理增加了困难.

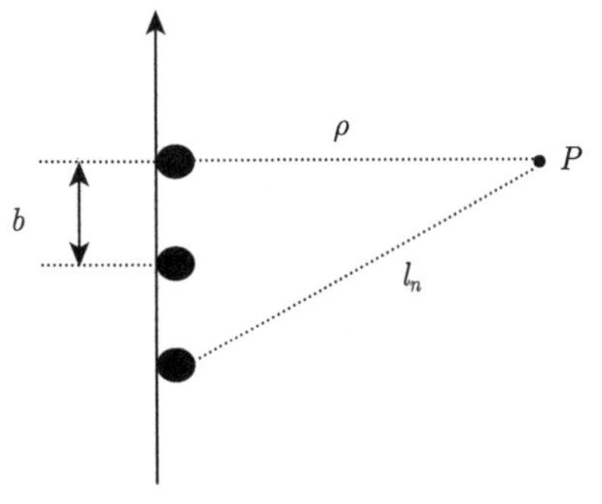

图 1.6.3 高速公路上汽车在 P 点产生的噪声

频率不同　由方程 (1.6.11c)，空间一点的均方平均声压为

$$\begin{aligned}p_{\mathrm{rms}}^2(\boldsymbol{r})=&\frac{1}{2}[p_1(\boldsymbol{r},\omega_1)]^2+\frac{1}{2}[p_2(\boldsymbol{r},\omega_2)]^2+2p_1(\boldsymbol{r},\omega_1)p_2(\boldsymbol{r},\omega_2)\\&\times\frac{1}{T}\int_{t_c}^{t_c+T}\cos(\omega_2t-\varPsi_2)\cos(\omega_1t-\varPsi_1)\mathrm{d}t\end{aligned}\tag{1.6.15a}$$

交叉项积分为

$$\begin{aligned}&\frac{1}{T}\int_{t_c}^{t_c+T}\cos(\omega_2t-\varPsi_2)\cos(\omega_1t-\varPsi_1)\mathrm{d}t\\=&\frac{1}{2T}\int_{t_c}^{t_c+T}\cos[(\omega_2+\omega_1)t-(\varPsi_2+\varPsi_1)]\mathrm{d}t\\&+\frac{1}{2T}\int_{t_c}^{t_c+T}\cos[(\omega_2-\omega_1)t-(\varPsi_2-\varPsi_1)]\mathrm{d}t\end{aligned}\tag{1.6.15b}$$

当 ω_1 和 ω_2 不十分接近时，差频部分在平均时间 T 内仍然有多个振荡周期，只要平均时间 T 足够长，例如 $\omega_1=2000\mathrm{rad/s}$ 和 $\omega_2=2100\mathrm{rad/s}$，那么 $\omega_2-\omega_1=100\mathrm{rad/s}$. 因此，交叉项积分仍然为零，于是

$$p_{\mathrm{rms}}^2(\boldsymbol{r})=p_{1\mathrm{rms}}^2(\boldsymbol{r},\omega)+p_{2\mathrm{rms}}^2(\boldsymbol{r},\omega)\tag{1.6.15c}$$

然而，当 ω_1 和 ω_2 十分接近时，差频部分的振荡周期 $2\pi/(\omega_2-\omega_1)$ 可能远远大于平均时间 T，这时对差频部分 (慢变化) 在时间 T 内作平均没有意义. 故总声压的均方平均为

$$\begin{aligned}p_{\mathrm{rms}}^2(\boldsymbol{r})\approx&\frac{1}{2}[p_1(\boldsymbol{r},\omega_1)]^2+\frac{1}{2}[p_2(\boldsymbol{r},\omega_2)]^2\\&+2p_1(\boldsymbol{r},\omega_1)p_2(\boldsymbol{r},\omega_2)\cos[(\omega_2-\omega_1)t-(\varPsi_2-\varPsi_1)]\end{aligned}\tag{1.6.15d}$$

其中，保留了随时间慢变化的差频部分. 如果相位差 $(\varPsi_2-\varPsi_1)$ 是随机变化的，仍然有 $\overline{\cos[(\varPsi_2-\varPsi_1)]}=\overline{\sin[(\varPsi_2-\varPsi_1)]}=0$，方程 (1.6.15c) 仍然成立. 但如果相位差 $(\varPsi_2-\varPsi_1)$ 固定，那么总声压的均方平均随时间缓慢变化，听到的声音有一个低频调制. 这就是**拍(Beats)** 的概念. 为了进一步理解拍形成的过程，我们考虑空间存在二列等幅的稳态平面波，频率和传播方向分别为 $(\omega_1,\boldsymbol{k}_1)$ 和 $(\omega_2,\boldsymbol{k}_2)$

$$\begin{aligned}p_1(\boldsymbol{r},t)=p_0\exp[\mathrm{i}(\boldsymbol{k}_1\cdot\boldsymbol{r}-\omega_1t+\varPsi_1)]\quad(\omega_1=c_0k_1)\\p_2(\boldsymbol{r},t)=p_0\exp[\mathrm{i}(\boldsymbol{k}_2\cdot\boldsymbol{r}-\omega_2t+\varPsi_2)]\quad(\omega_2=c_0k_2)\end{aligned}\tag{1.6.16a}$$

总声场为二个稳态平面波之和，稍为整理后得到

$$
\begin{aligned}
p(\boldsymbol{r},t) = &2p_0\cos\left[\frac{(\boldsymbol{k}_2-\boldsymbol{k}_1)\cdot\boldsymbol{r}}{2}-\frac{(\omega_2-\omega_1)t}{2}+\frac{(\varPsi_2-\varPsi_1)}{2}\right]\\
&\times\exp\left\{\mathrm{i}\left[\frac{(\boldsymbol{k}_1+\boldsymbol{k}_2)\cdot\boldsymbol{r}}{2}-\frac{(\omega_1+\omega_2)t}{2}+\frac{(\varPsi_1+\varPsi_2)}{2}\right]\right\}
\end{aligned}
\tag{1.6.16b}
$$

可见，总声场由快速振荡和慢速振荡包络二部分合成，包络也是向某个方向传播的，而且与快速振荡传播的方向不一致.

1.6.3 声波接收的基本原理和声强计

一般常见的声接收器 (称为**传声器**)接收声场中的声压，主要有三种，即压强式传声器、压差式传声器以及多声道干涉传声器. 此外，还有测量声场方向特性的声强计. 本节在不考虑传声器对入射声波的散射情况下，对传声器的测量原理作一简单介绍. 由于传声器一般具有复杂的形状，对入射声波的散射非常复杂. 我们一般把传声器等效成球或者柱来对测量结果作相应的修正 (见 3.1 节讨论). 当然，传声器的线度较小，只有当频率较高时，修正是必要的.

压强式传声器 如图 1.6.4，声波入射到振膜 (通常是半径为 a 的圆膜，面积为 $S=\pi a^2$) 上，引起振膜的振动，把振动信号转换成电压信号，而电压信号与声压成正比. 为了使腔内压力与腔外的大气压保持平衡，在腔的侧面开有泄露小孔. 这就是压强式传声器的基本原理. 设入射声波是平面波 (当传声器远离声源时，入射声波可近似为平面波)

$$
p(x,z,\omega)=p_0\exp[\mathrm{i}k_0(x\sin\vartheta+z\cos\vartheta)] \tag{1.6.17a}
$$

其中，ϑ 是振膜法向与入射波方向的夹角 (为了简单，假定 y 方向是均匀的). 那么圆膜上受到的力为

$$
F=\iint_S p(x,z,\omega)|_{z=0}\mathrm{d}S=p_0\iint_S\exp(\mathrm{i}k_0x\cos\vartheta)\mathrm{d}x\mathrm{d}y \tag{1.6.17b}
$$

在极坐标中，上式化为

$$
F=p_0\int_0^{2\pi}\int_0^a\exp(\mathrm{i}k_0\rho\cos\psi\sin\vartheta)\rho\mathrm{d}\rho\mathrm{d}\psi \tag{1.6.17c}
$$

注意到 Bessel 函数的展开关系

$$
\exp(\mathrm{i}k_0\rho\sin\vartheta\cos\psi)=\mathrm{J}_0(k_0\rho\sin\vartheta)+2\sum_{n=1}^{\infty}\mathrm{i}^n\mathrm{J}_n(k_0\rho\sin\vartheta)\cos(n\psi) \tag{1.6.18a}
$$

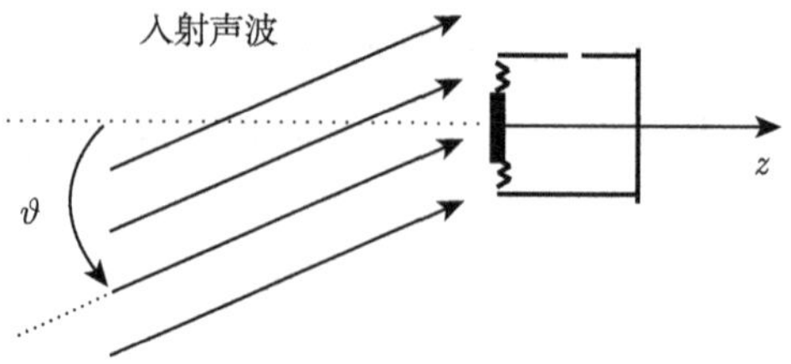

图 1.6.4　压强式传声器

方程 (1.6.18a) 代入方程 (1.6.17c)

$$F = 2\pi p_0 \int_0^a \mathrm{J}_0(k_0\rho\sin\vartheta)\rho\mathrm{d}\rho = p_0 S\frac{2\mathrm{J}_1(k_0 a\sin\vartheta)}{k_0 a\sin\vartheta} \tag{1.6.18b}$$

得到上式利用了 Bessel 函数的微分关系 $x^n\mathrm{J}_{n-1}(x) = \mathrm{d}[x^n\mathrm{J}_n(x)]/\mathrm{d}x$ $(n \geqslant 1)$. 可见，振膜受到的力与声波入射的方向有关. 当频率较低或者振膜半径较小时，$k_0 a = 2\pi a/\lambda \ll 1$, $F \approx p_0 S$，方向性消失. 因此，低频时压强传声器没有方向性，称为**全向传声器**. 例如，当 $a = 0.02\mathrm{m}$ 时，低频条件为 $f < c_0/(2\pi a) \sim 2700\mathrm{Hz}$. 当频率进一步提高或者振膜较大时，压强传声器还是有方向的. 常用的动圈传声器和电容传声器就是压强传声器.

压差式传声器　如图 1.6.5，振膜的两个面都曝露在声场中，设振膜的厚度为 d，振膜半径远小于波长，则振膜受到的作用力为 $F = S[p(1) - p(2)]$，其中，$p(1)$ 和 $p(2)$ 分别是振膜前、后表面处的声压. 当 d 较小时

$$F = -Sd\left[\frac{p(2) - p(1)}{d}\right] \approx -Sd\frac{\partial p}{\partial z} \tag{1.6.19a}$$

首先，考虑平面波作用下的作用力，由 (1.6.17a)

$$F = -Sd\left[\frac{p(2) - p(1)}{d}\right] \approx -\mathrm{i}\frac{Sd\omega p}{c_0}\cos\vartheta \tag{1.6.19b}$$

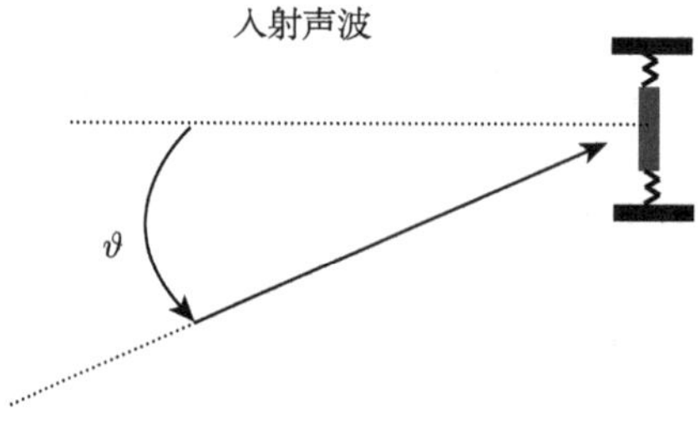

图 1.6.5　压差式传声器

其中，p 是传声器处的声压. 可见，声压差是由平面波的相位差引起的，振膜受到的力与声波频率有关，低频作用力很小，灵敏度很低.

设声波是位于原点发出的球面波

$$p(r,\omega)=\frac{p_0}{4\pi r}\exp(\mathrm{i}k_0r) \tag{1.6.20a}$$

代入方程 (1.6.19a)

$$F\approx -Sd\frac{\partial p}{\partial z}=-Sd\frac{\partial p(r,\omega)}{\partial r}\cos\vartheta=-Sd(\mathrm{i}k_0r-1)\frac{p_0}{4\pi r^2}\exp(\mathrm{i}k_0r)\cos\vartheta \tag{1.6.20b}$$

故在球面波情形，压差由二部分组成：相位引起的压差，与频率成正比；距离引起的压差，与频率无关. 作用力的振幅

$$|F|\approx k_0Sd\frac{\sqrt{(k_0r)^2+1}}{4\pi k_0r}|p|\cos\vartheta \tag{1.6.20c}$$

其中，$|p|$ 是传声器处的声压. 在近场情况下，$k_0r_{\mathrm{N}}\ll 1$，故作用力与频率无关

$$|F|_{\mathrm{N}}\approx\frac{Sd|p|_{\mathrm{N}}}{4\pi r_{\mathrm{N}}}\cos\vartheta \tag{1.6.21a}$$

远场：$k_0r_{\mathrm{F}}\gg 1$，球面波近似为平面波，故

$$|F|_{\mathrm{F}}\approx\frac{1}{4\pi}k_0Sd|p|_{\mathrm{F}}\cos\vartheta \tag{1.6.21b}$$

二者比值

$$\frac{|F|_{\mathrm{N}}}{|F|_{\mathrm{F}}}\approx\frac{c_0|p|_{\mathrm{N}}}{\omega r_{\mathrm{N}}|p|_{\mathrm{F}}}\gg 1 \tag{1.6.21c}$$

因此，压差式传声器的近场灵敏度远好于远场，低频灵敏度好于高频. 另一方面，不管是近场还是远场，压差式传声器的指向性为 $\cos\vartheta$. 故常应用于强噪声背景下的通话. 这是因为：①通话者可以把传声器置于嘴巴的正前方，使 $\vartheta=0$，而噪声的方向是无规的，传声器对噪声的灵敏度相当来说就较低；②通话者可以把传声器贴近嘴巴，对通话者而言，传声器处于近场，但对噪声而言，传声器处于远场，这样大大遏制了低频噪声的灵敏度，而噪声主要由低频成分构成. 压差式传声器的这种抗噪效果称为“**近讲效应**”.

值得指出的是，由于振膜的厚度 d 一般较小，故相比压强式传声器而言，压差式传声器的灵敏度较小. 另外，因为质点速度正比于声压的梯度，故方程 (1.6.19a) 中 F 正比于 z 方向的速度分量，故压差式传声器也称为**速度传声器**.

压强式传声器和压差式传声器可以复合使用，构成心形指向性的传声器，原理是：把二个传声器放在十分靠近的地方，二者的输出电压分别为 $V_1=H_1p$ 和

$V_2 = H_2 p\cos\vartheta$(其中 H_1 和 H_2 为反映二个传声器灵敏度的常数，p 为待测点的声压，这里假定压强式传声器工作在低频，是全向传声器)，把二个传声器串联，那么总电压输出为

$$V = V_1 + V_2 = p\left(1 + \frac{H_2}{H_1}\cos\vartheta\right) \tag{1.6.22a}$$

设计放大器电路，使 $H_1 = H_2$，则总输出电压为

$$V = V_1 + V_2 = p(1 + \cos\vartheta) \tag{1.6.22b}$$

可见，复合传声器对 $\vartheta = 0$ 入射的声波，灵敏度最高；而对 $\vartheta = \pi$ 入射的声波，灵敏度几乎为零，故这种复合传声器称为是**单指向传声器**.

多声道干涉仪　如图 1.6.6, 把传声器做成多个入声口的长管，管口 $(x = l)$ 是振膜，当声波由多个入声口进入管中，由于各个入声口与振膜的距离不同，声波在管中就要产生干涉. 取远离振膜的入声口为 $x = 0$，在 0 到 l 间开有 N 个入声口. 设有一球面声波从远处传来，取 $x = 0$ 处的入声口为参考点，则到达第 j 个入声口的声压为

$$p_j = p_0 \exp[\mathrm{i}(k_0 r + x_j\cos\vartheta)] \tag{1.6.23a}$$

其中，r 是声源到第一个入声口的距离，p_0 是第一个入声口处声压的振幅. 这个声压激发起管道中沿 x 方向传播的平面波 (见第 4 章讨论)，该平面波传播到振膜处为

$$p_j' = Ap_0 \exp\{\mathrm{i}k_0[r + x_j\cos\vartheta + (l - x_j)]\} \tag{1.6.23b}$$

其中，A 为比例系数. 对 N 个入声口，振膜处的总声压为

$$p_d = Ap_0 \exp(\mathrm{i}k_0 r)\sum_{j=1}^{N}\exp\{\mathrm{i}k_0[x_j\cos\vartheta + (l - x_j)]\} \tag{1.6.23c}$$

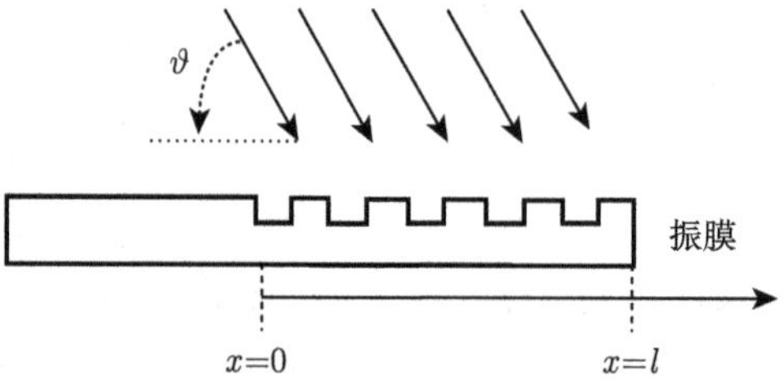

图 1.6.6　多声道干涉仪

设入声口很小，并且相邻二个入声口的间距更小，故入声口可认为是连续分布的，上式求和近似为积分

$$\begin{aligned}p_d &\approx Ap_0\exp[\mathrm{i}k_0(r+l)]\int_0^l \exp[-\mathrm{i}k_0x(1-\cos\vartheta)]\mathrm{d}x\\&=\mathrm{i}Ap_0\exp[\mathrm{i}k_0(r+l)]\frac{\exp[-\mathrm{i}k_0l(1-\cos\vartheta)]-1}{k_0(1-\cos\vartheta)}\\&=Ap_0l\exp[\mathrm{i}k_0(r+l)]\mathrm{e}^{\mathrm{i}k_0l(1-\cos\vartheta)/2}\frac{\sin[k_0l(1-\cos\vartheta)/2]}{k_0l(1-\cos\vartheta)/2}\end{aligned} \tag{1.6.24a}$$

作用在振膜上的力为 $F=p_dS$(其中 S 为管的截面积). 因此多声道干涉仪的方向性因子为

$$D(\vartheta)\equiv\left|\frac{\sin[k_0l(1-\cos\vartheta)/2]}{k_0l(1-\cos\vartheta)/2}\right| \tag{1.6.24b}$$

显然，方向性因子与管长和声波波长之比密切相关，当 $k_0l\ll 1$ 时，$D(\vartheta)\approx 1$，即低频没有指向性；随着 k_0l 变大，指向性越来越显著，对高频指向性更尖锐. 传声器具有强的指向性意味着强的抗噪声能力，因此多声道干涉仪特别适合于在强噪声环境下提取远距离的声信号.

声强计 由于声压是标量场，测量一点的声压无法给出声波传播方向这一至关重要的特征. 在噪声测量中，我们往往需要确定噪声主要来自哪个方向，提供声压场的数据是无济于事的，但若知道声强的分布就能有效地提供噪声主要来源的信息.

声强可以通过测量声场中的声压及某一待测方向的质点速度分量来确定. 如图 1.6.7, 设有二只压强传声器，它们的背面向背而置，相距为很小距离 $\varDelta$，由此构成声强计的基本结构. 设有一平面波 $p=p_0\exp(\mathrm{i}k_0z)$(取声强计中心位置为参考点) 入射到声强计，接收面 1 和接收面 2 接收到的声压分别为

$$p_1=p_0\exp\left[\mathrm{i}k_0\left(z-\frac{\varDelta}{2}\right)\right];\ p_2=p_0\exp\left[\mathrm{i}k_0\left(z+\frac{\varDelta}{2}-\varPsi\right)\right] \tag{1.6.25a}$$

其中, $\varPsi$ 是接收面 1 和接收面 2 的不完全相同 (包括放大电路等的不完全相同) 引起的相位差. 因为 $\varDelta$ 很小，近似有

$$p=\frac{1}{2}(p_1+p_2);\ v_z=\frac{1}{\mathrm{i}\rho_0\omega}\frac{\partial p}{\partial z}=\frac{1}{\mathrm{i}\rho_0\omega}\cdot\frac{p_1-p_2}{\varDelta} \tag{1.6.25b}$$

故测量得到的平均声强 $[\bar{I}_z]_{\mathrm{M}}$ 为

$$[\bar{I}_z]_{\mathrm{M}}=\frac{1}{2}\mathrm{Re}(pv_z^*)=[\bar{I}_0]_{\mathrm{R}}\cdot\frac{\sin(k_0\varDelta-\varPsi)}{k_0\varDelta} \tag{1.6.25c}$$

其中，$[\bar{I}_0]_{\mathrm{R}}\equiv p_0^2/2\rho_0c_0$ 为实际的声强.

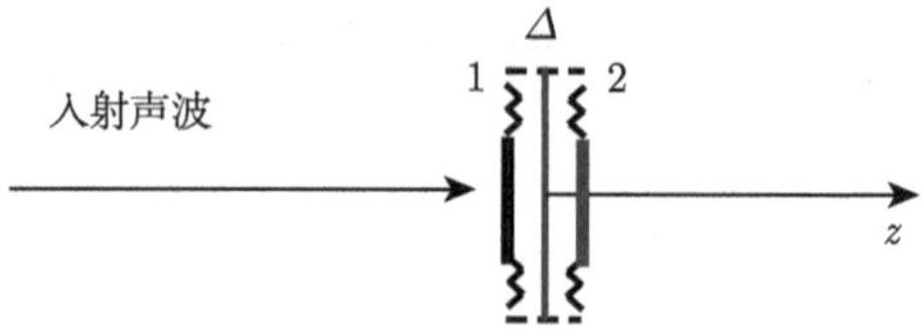

图 1.6.7　二只压强式传声器组成声强计

由此可见，测量得到的声强与实际的声强相差一个因子 $\sin(k_0\varDelta-\varPsi)/(k_0\varDelta)$，如果二只传声器的接收面完全相同且相距很小，则 $\varPsi\to 0$. 当 $k_0\varDelta\to 0$ 时，$\sin(k_0\varDelta)/(k_0\varDelta)\to 1$，测量声强与实际声强近似相等. 对低频，$k_0\varDelta\to 0$，故 $\sin(k_0\varDelta-\varPsi)/(k_0\varDelta)\approx -\varPsi/(k_0\varDelta)$，所以相位差 $\varPsi$ 对低频影响很大，频率越低，误差越大；对高频，$\sin(k_0\varDelta-\varPsi)/(k_0\varDelta)\approx\sin(k_0\varDelta)/(k_0\varDelta)$，所以高频误差主要是 $\varDelta$ 引起的. 可见，声强的测量比较困难.

在实际测量中，利用质点速度与声压的瞬态关系

$$v_z=-\frac{1}{\rho_0}\cdot\int\frac{\partial p}{\partial z}\mathrm{d}t\approx-\frac{1}{\rho_0}\cdot\int\frac{p_1-p_2}{\varDelta}\mathrm{d}t \tag{1.6.26a}$$

则

$$I_z=-\frac{1}{2\rho_0\varDelta}\cdot\overline{(p_1+p_2)\int(p_1-p_2)\mathrm{d}t} \tag{1.6.26b}$$

可以利用电子电路来实现两路信号的加、减法以及积分和平均.

1.6.4　时频分析和声学中的不确定关系

设在空间某一点 $\boldsymbol{r}$ 测量得到声压信号 $p(\boldsymbol{r},t)$，它的最基本特征是频谱，由方程 (1.6.4a) 给出，或者分析声信号的功率谱，即 $|p(\boldsymbol{r},\omega)|^2$. 但是，频谱或功率谱并不能给出声音信号的时间特征. 一个众所周知的例子是：在一段足够长的时间内，采集音乐厅的演奏，其中包括小提琴、号等多种乐器的演奏. 如果分析这段音乐，可以知道多种乐器的存在，但无法给出某种乐器在什么具体的时间演奏，也就是说，信号的功率谱完全损失了信号的时间特征.

短时 Fourier 变换　为了克服 Fourier 变换的缺点，提出了所谓短时 Fourier 变换，即在长时采集的声信号上加窗函数 $w(t-b)$ 截取一段时间内 (短时) 的声信号 (如图 1.6.8) 进行 Fourier 分析 (为了方便，略去空间坐标)

$$p(\omega,b)=\frac{1}{2\pi}\int_{-\infty}^{\infty}p(t)w(t-b)\exp(\mathrm{i}\omega t)\mathrm{d}t \tag{1.6.27a}$$

当 b 平移时，覆盖整个采集的长时信号. 这样得到的频谱是 b(时间) 和 ω(频率) 的二维函数，一般用灰度表示 $|p(\omega,b)|^2$ 的大小，分别以 ω 和 b 为纵轴和横轴，

所得到的灰度图称为**声谱图**. 短时 Fourier 变换对色散介质或者系统中声信号传播的时频分析也很有用.

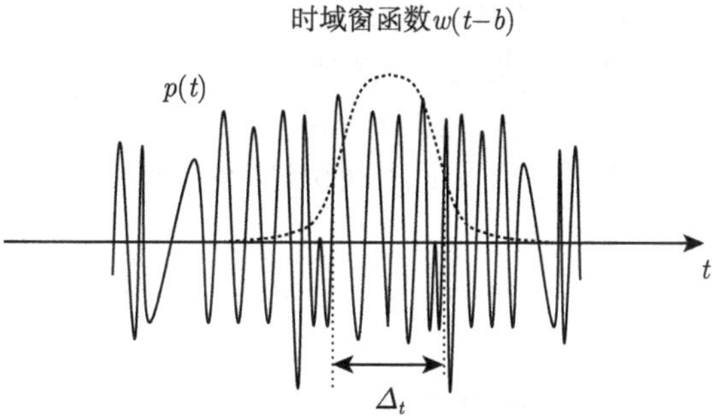

图 1.6.8 短时 Fourier 变换: 时域窗函数 $w(t-b)$

不是任意函数都可以作窗函数的. 我们不仅要求 $w(t)$ 在时域具有窗函数能力 (即衰减足够快), 而且要求 $w(t)$ 的谱 $w(\omega)$ 在频域也具有窗函数能力 (频域也衰减足够快. 如图 1.6.9), 这样才能既分辨时域的信息, 又分辨频域的信息. 设 $p(t)$ 和 $w(t)$ 的 Fourier 谱分别为 $p(\omega)$ 和 $w(\omega)$, 逆 Fourier 变换给出

$$\begin{aligned} p(t) &= \int_{-\infty}^{\infty} p(\omega)\exp(-\mathrm{i}\omega t)\mathrm{d}\omega \\ w(t) &= \int_{-\infty}^{\infty} w(\omega)\exp(-\mathrm{i}\omega t)\mathrm{d}\omega \end{aligned} \tag{1.6.27b}$$

上式代入方程 (1.6.27a)

$$\begin{aligned} p(\omega,b) &= \int_{-\infty}^{\infty} p(\omega')\mathrm{d}\omega' \int_{-\infty}^{\infty} w(\omega'')\exp(\mathrm{i}\omega'' b)\delta(\omega''+\omega'-\omega)\mathrm{d}\omega'' \\ &= \int_{-\infty}^{\infty} p(\omega')w(\omega-\omega')\exp[\mathrm{i}(\omega-\omega')b]\mathrm{d}\omega' \end{aligned} \tag{1.6.28a}$$

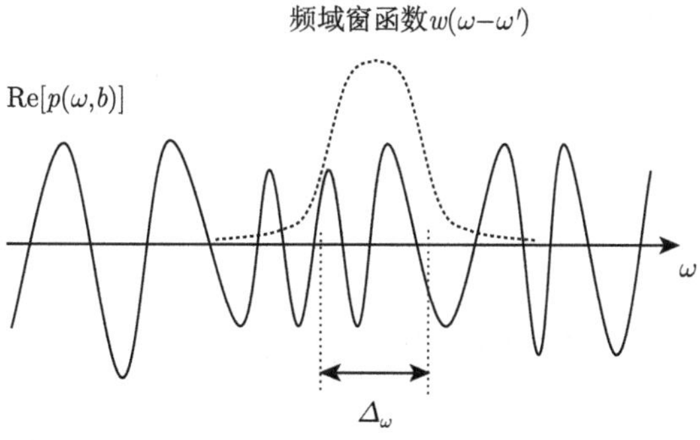

图 1.6.9 短时 Fourier 变换: 频域窗函数 $w(\omega-\omega')$

除相位因子 $\exp(-\mathrm{i}\omega' b)$ 外，方程 (1.6.27a) 与方程 (1.6.28a) 几乎完全类似. 如果我们选择这样的函数: 不仅在时域上 $w(t)$ 局域，而且在频域上 $w(\omega)$ 也局域，那么这样的函数在时–频域上都有局部化能力 (如图 1.6.10). 数学上，要求 $tw(t)$ 和 $\omega w(\omega)$ 都平方可积，我们知道速降函数具有这样良好的性质. 最简单的例子是 Gauss 函数，它的 Fourier 变换仍然是 Gauss 函数，故 Gauss 函数可作为窗函数. 事实上，Gauss 函数是 "最优"(含义见下面讨论) 的窗函数

$$w_a(t) = \frac{1}{(2\pi a^2)^{1/4}} \exp\left(-\frac{t^2}{4a^2}\right) \tag{1.6.28b}$$

这样的短时 Fourier 变换称为 **Gabor 变换**，其中参数 a 可用来调节 Gauss 窗函数的宽度. 注意: 上式的系数保证 Gauss 窗函数平方归一化

$$\int_{-\infty}^{\infty} |w_a(t)|^2 \mathrm{d}t = \frac{1}{(2\pi a^2)^{1/2}} \int_{-\infty}^{\infty} \exp\left(-\frac{t^2}{2a^2}\right) \mathrm{d}t = 1 \tag{1.6.28c}$$

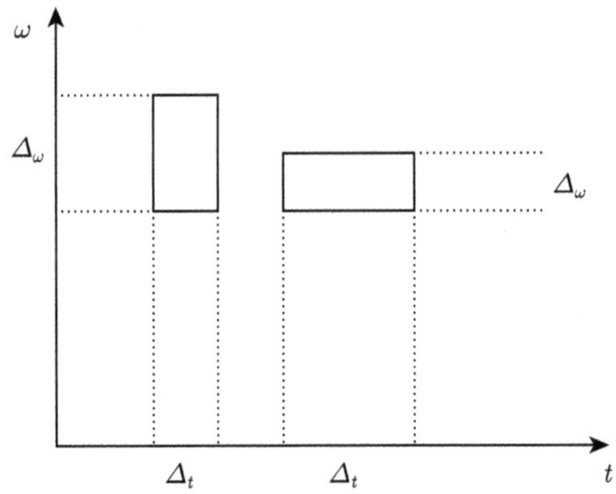

图 1.6.10　时域窗函数与频域窗函数的关系

窗函数宽度的选择不是越小越好. 事实上，时域窗宽度表示时域的分辨能力，而频域窗宽度表示频域的分辨能力，它们之间存在一定的关系. 一般，时域窗宽度越窄，频域窗宽度越大，反之亦然, 如图 1.6.10. 为了定量描述它们之间的关系，我们首先给出窗宽度的数学定义. 对任一时域窗函数 $w(t)$ 和频域窗函数 $w(\omega)$, 窗宽度定义为均方平均

$$\begin{aligned}(\Delta_t)^2 &\equiv \frac{1}{E_1} \int_{-\infty}^{\infty} (t-\bar{t})^2 |w(t)|^2 \mathrm{d}t = \frac{1}{E_1} \left[\int_{-\infty}^{\infty} t^2 |w(t)|^2 \mathrm{d}t - (\bar{t})^2\right] \\ (\Delta_\omega)^2 &\equiv \frac{1}{E_2} \int_{-\infty}^{\infty} (\omega-\bar{\omega})^2 |w(\omega)|^2 \mathrm{d}\omega = \frac{1}{E_2} \left[\int_{-\infty}^{\infty} \omega^2 |w(\omega)|^2 \mathrm{d}\omega - (\bar{\omega})^2\right]\end{aligned} \tag{1.6.29a}$$

其中，平均时间 $\bar{t}$ 和平均频率 $\bar{\omega}$ 定义为

$$\bar{t}=\frac{1}{E_1}\int_{-\infty}^{\infty}t|w(t)|^2\mathrm{d}t;\ \bar{\omega}=\frac{1}{E_2}\int_{-\infty}^{\infty}\omega|w(\omega)|^2\mathrm{d}\omega \tag{1.6.29b}$$

E_1 和 E_2 为信号的总能量

$$E_1=\int_{-\infty}^{\infty}|w(t)|^2\mathrm{d}t;\ E_2=\int_{-\infty}^{\infty}|w(\omega)|^2\mathrm{d}\omega \tag{1.6.29c}$$

这样定义窗宽度的物理意义是非常明显的：不同时刻我们接收到的信号幅度不一样，因此，信号的平均持续时间应该是加权平均. 对 $\varDelta_\omega$ 有类似的解释. 不失一般性，可假定 $\bar{t}=0$ 和 $\bar{\omega}=0$，否则只要作位移 $t'=t-\bar{t}$ 和 $\omega'=\omega-\bar{\omega}$，对函数 $w(t')=w(t'+\bar{t})$ 和 $w(\omega')=w(\omega'+\bar{\omega})$ 进行讨论就可以了. 不难证明时域窗宽度和频域窗宽度满足关系

$$\varDelta_t\varDelta_\omega\geqslant\frac{1}{4} \tag{1.6.30a}$$

上式称为**不确定关系**. 证明是直接的, 由方程 (1.6.29a)

$$(\varDelta_t)^2(\varDelta_\omega)^2=\frac{1}{E_1E_2}\left[\int_{-\infty}^{\infty}t^2|w(t)|^2\mathrm{d}t\right]\cdot\left[\int_{-\infty}^{\infty}\omega^2|w(\omega)|^2\mathrm{d}\omega\right] \tag{1.6.30b}$$

把积分关系 (作为习题)

$$\begin{gathered}\int_{-\infty}^{\infty}\omega^2|w(\omega)|^2\mathrm{d}\omega=\frac{1}{2\pi}\int_{-\infty}^{\infty}|w'(t)|^2\mathrm{d}t\\ \int_{-\infty}^{\infty}|w(\omega)|^2\mathrm{d}\omega=\frac{1}{2\pi}\int_{-\infty}^{\infty}|w(t)|^2\mathrm{d}t\end{gathered} \tag{1.6.30c}$$

代入方程 (1.6.30b) 得到

$$(\varDelta_t)^2(\varDelta_\omega)^2=\frac{1}{E_1^2}\left[\int_{-\infty}^{\infty}t^2|w(t)|^2\mathrm{d}t\right]\left[\int_{-\infty}^{\infty}|w'(t)|^2\mathrm{d}t\right] \tag{1.6.31a}$$

另一方面，利用微分关系

$$\frac{\mathrm{d}}{\mathrm{d}t}[tw^2(t)]=w^2(t)+2tw(t)\frac{\mathrm{d}w(t)}{\mathrm{d}t} \tag{1.6.31b}$$

对上式积分得到

$$\frac{1}{2}\int_{-\infty}^{\infty}w^2(t)\mathrm{d}t=\int_{-\infty}^{\infty}tw(t)w'(t)\mathrm{d}t \tag{1.6.31c}$$

因此，由积分不等式我们得到

$$\begin{aligned}\left[\frac{1}{2}\int_{-\infty}^{\infty}w^2(t)\mathrm{d}t\right]^2&=\left[\int_{-\infty}^{\infty}tw(t)w'(t)\mathrm{d}t\right]^2\\ &\leqslant\left[\int_{-\infty}^{\infty}t^2|w(t)|^2\mathrm{d}t\right]\cdot\left[\int_{-\infty}^{\infty}|w'(t)|^2\mathrm{d}t\right]\end{aligned} \tag{1.6.31d}$$

上式代入方程 (1.6.31a) 就得到方程 (1.6.30a). 显然，方程 (1.6.31d) 中等号成立的条件是 $w'(t) \sim tw(t)$，设比例系数为 $-1/2a^2$，则 $w'(t) = -tw(t)/2a^2$，那么 $w(t) = A\exp(-t^2/4a^2)$，这就是 Gauss 函数. 因此，我们说 Gauss 函数是 “最优” 窗函数.

Gabor 变换的逆变换　对 Gabor 变换，容易证明其逆变换为

$$p(t) = \int_{-\infty}^{\infty}\int_{-\infty}^{\infty} p(\omega, b)w(t-b)\exp(-\mathrm{i}\omega t)\mathrm{d}\omega\mathrm{d}b \tag{1.6.32a}$$

事实上，由方程 (1.6.27a)，上式右边的积分可以改变为

$$右边 = \frac{1}{2\pi}\int_{-\infty}^{\infty} p(t')\left[\int_{-\infty}^{\infty} w(t'-b)w(t-b)\mathrm{d}b\right]\left[\int_{-\infty}^{\infty}\exp[\mathrm{i}\omega(t'-t)]\mathrm{d}\omega\right]\mathrm{d}t' \tag{1.6.32b}$$

利用 Dirac Delta 函数的积分关系

$$\delta(t'-t) = \frac{1}{2\pi}\int_{-\infty}^{\infty}\exp[\mathrm{i}\omega(t'-t)]\mathrm{d}\omega \tag{1.6.32c}$$

因此，式 (1.6.32b) 简化为

$$右边 = p(t)\int_{-\infty}^{\infty} w^2(t-b)\mathrm{d}b = p(t) = 左边 \tag{1.6.32d}$$

故方程 (1.6.32a) 得证.

1.6.5　声学中的随机信号和相关函数

声学中经常遇到随机过程，例如 2.5.7 小节中讨论的平面上随机振动引起的声辐射和 3.3.4 小节中讨论的湍流引起的声散射，5.3 节中讨论的扩散场，最简单的例子是交通噪声. 随机过程的物理量 (下面以声压 p 为例，可以是声压、振动速度或者其他物理量) 是时间 (或者空间，或者时间–空间，为了叙述方便，下面以时间变量为例) 的函数 $p(t)$, 但是在某一个固定时刻 t，测量 p 的值却是随机的 (无限多个，而不是确定的一个). 所以形式上，我们可以把声压表示成一系列时间曲线 $p_k(t)$ $(k = 1, 2, \cdots, \infty)$. 用统计学的术语，每一条曲线构成随机变量 p 的一个样本，所有的样本集合称为**统计系综**. 所谓 p 的**系综平均**是指固定某一个时刻 t，对所有可能的测量值 $p_k(t)$ $(k = 1, 2, \cdots, \infty)$ 的平均 (一般用 $\langle p\rangle$ 表示).

声学中遇到的随机过程一般假定是各态历经的平稳随机过程, 所谓平稳是指随机过程 $p(t)$ 的系综平均与时间无关，而所谓各态历经是指随机过程 $p(t)$ 的系综平均等于单一样本的时间平均 (用 $\overline{p}$ 表示)，也就是说在任意时刻，测量 p 的一切可能值 (在物理上可允许范围内) 是等概率的. 在各态历经的平稳随机过程假定下，随机信号 $p(t)$ 的三个基本的统计量 (时间平均、均方平均和方差) 如下.

(1) 时间平均

$$\langle p\rangle = \bar{p} = \lim_{T\to\infty}\frac{1}{T}\int_{-T/2}^{T/2} p(t)\mathrm{d}t \tag{1.6.33a}$$

其中，T 是测量时间长度 (对周期随机信号，T 就是周期)，时间平均给出了随机信号 $p(t)$ 的直流部分，或者说涨落中心，随机信号 $p(t)$ 围绕 $\bar{p}$ 随机涨落，对声信号而言，一般 $\bar{p}=0$.

(2) 均方平均

$$\langle |p|^2\rangle = \overline{|p|^2} = \lim_{T\to\infty}\frac{1}{T}\int_{-T/2}^{T/2} |p(t)|^2\mathrm{d}t \tag{1.6.33b}$$

其物理意义是明显的，表示随机信号 $p(t)$ 的平均强度或者平均功率. 注意：与 1.6.1 小节的非周期长时信号略有不同，这里的随机信号 $p(t)$ 是指从 $t\in(-\infty,\infty)$ 范围内 p 都随机变化，因而，随机信号 $p(t)$ 不是平方可积的，也就说能量无限大，但定义平均功率是有意义的.

(3) 方差

$$\langle |p(t)-\bar{p}|^2\rangle = \overline{|p(t)-\bar{p}|^2} = \lim_{T\to\infty}\frac{1}{T}\int_{-T/2}^{T/2} |p(t)-\bar{p}|^2\mathrm{d}t \tag{1.6.33c}$$

其物理意义是描述随机信号 $p(t)$ 围绕涨落中心 (时间平均) 的涨落、起伏程度. 显然，时间平均、均方平均和方差的关系为

$$\overline{|p(t)-\bar{p}|^2} = \overline{|p|^2} - |\bar{p}|^2 \tag{1.6.33d}$$

或者写成 $\overline{|p|^2} = \overline{|p(t)-\bar{p}|^2} + |\bar{p}|^2$，也可以简单理解为信号的总功率等于交流功率与直流功率之和.

自相关函数　分析随机信号 $p(t)$ 的一个非常有用的函数是它的**自相关函数**，它给出了 t 时刻与 $t+\tau$ 时刻，随机信号 $p(t)$ 的关联程度, 其定义为

$$R(\tau) \equiv \lim_{T\to\infty}\frac{1}{T}\int_{-T/2}^{T/2} p(t)p^*(t+\tau)\mathrm{d}t \tag{1.6.34a}$$

上式也称为**功率型自相关函数**，是时间平均意义上的自相关函数. 对平方可积的函数 $p(t)$，自相关函数定义为 (称为**能量型相关函数**)

$$R(\tau) = \int_{-\infty}^{\infty} p(t)p^*(t+\tau)\mathrm{d}t \tag{1.6.34b}$$

但随机信号样本一般不是平方可积的，因此功率型自相关函数更有意义. 自相关函数的基本性质包括: ①对称性，即 $R(\tau)=R^*(-\tau)$，故对实信号，$R(\tau)$ 是偶函数; ②零点的值 $R(0)=\overline{|p|^2}$，即随机信号自相关函数在零点的值就是它的均方平均;

③不等式 $|R(\tau)| \leqslant R(0)$, 即零点的值最大 (但不排除其他点也出现最大)；④周期性，即周期随机信号的自相关函数也是周期函数且其周期与原信号相同.

功率谱密度　由于随机信号 $p(t)$ 的样本无限，故不是平方可积的，其 Fourier 变换不存在, 但平均功率 $\overline{W}$ 是有限的，即

$$\overline{W} = \lim_{T\to\infty} \frac{1}{T}\int_{-T/2}^{T/2} |p(t)|^2 \mathrm{d}t < \infty \tag{1.6.35a}$$

令

$$p_T(t) = \begin{cases} p(t), & |t| \leqslant T/2 \\ 0, & |t| > T/2 \end{cases} \tag{1.6.35b}$$

则信号 $p_T(t)$ 的 Fourier 积分存在，且其 Fourier 变换对为

$$\begin{aligned} p_T(t) &= \int_{-\infty}^{\infty} p_T(\omega)\exp(-\mathrm{i}\omega t)\mathrm{d}\omega \\ p_T(\omega) &= \frac{1}{2\pi}\int_{-\infty}^{\infty} p_T(t)\exp(\mathrm{i}\omega t)\mathrm{d}t \end{aligned} \tag{1.6.35c}$$

上式代入方程 (1.6.35a) 得到

$$\begin{aligned} \overline{W} &= \lim_{T\to\infty}\frac{1}{T}\int_{-T/2}^{T/2}|p_T(t)|^2\mathrm{d}t = \lim_{T\to\infty}\frac{1}{T}\int_{-\infty}^{\infty}|p_T(t)|^2\mathrm{d}t \\ &= \lim_{T\to\infty}\frac{1}{T}\int_{-\infty}^{\infty}\int_{-\infty}^{\infty} p_T(\omega)p_T^*(\omega')\left[\int_{-\infty}^{\infty}\exp[-\mathrm{i}(\omega-\omega')t]\mathrm{d}t\right]\mathrm{d}\omega\mathrm{d}\omega' \\ &= 2\pi\int_{-\infty}^{\infty}\left[\lim_{T\to\infty}\frac{1}{T}|p_T(\omega)|^2\right]\mathrm{d}\omega \end{aligned} \tag{1.6.36a}$$

令

$$G(\omega) \equiv \lim_{T\to\infty}\frac{2\pi}{T}|p_T(\omega)|^2 \tag{1.6.36b}$$

则方程 (1.6.36a) 简化为

$$\overline{W} = \int_{-\infty}^{\infty} G(\omega)\mathrm{d}\omega \tag{1.6.36c}$$

故称 $G(\omega)$ 为随机信号 $p(t)$ 的**功率谱密度**.

维纳–辛钦定理　(Wiener-Khinchin theorem) 把方程 (1.6.35c) 的第二式代入方程 (1.6.35b) 得到

$$G(\omega) = \frac{1}{(2\pi)^2}\lim_{T\to\infty}\frac{2\pi}{T}\int_{-\infty}^{\infty} p_T^*(t')\left\{\int_{-\infty}^{\infty} p_T(t)\exp[\mathrm{i}\omega(t-t')]\mathrm{d}t\right\}\mathrm{d}t' \tag{1.6.37a}$$

由于对 t 积分时 t' 是常量，故令 $t-t'=\tau$，上式变成

$$\begin{aligned}G(\omega)&=\frac{1}{2\pi}\lim_{T\to\infty}\frac{1}{T}\int_{-T/2}^{T/2}p_T^*(t')\left\{\int_{-\infty}^{\infty}p_T(t'+\tau)\exp(\mathrm{i}\omega\tau)]\mathrm{d}\tau\right\}\mathrm{d}t'\\&=\frac{1}{2\pi}\int_{-\infty}^{\infty}\left[\lim_{T\to\infty}\frac{1}{T}\int_{-\infty}^{\infty}p_T^*(t')p_T(t'+\tau)\mathrm{d}t'\right]\exp(\mathrm{i}\omega\tau)\mathrm{d}\tau\\&=\frac{1}{2\pi}\int_{-\infty}^{\infty}R(\tau)\exp(\mathrm{i}\omega\tau)\mathrm{d}\tau\end{aligned}\tag{1.6.37b}$$

因此，随机信号的功率谱密度等于自相关函数的 Fourier 变换, 即存在 Fourier 变换对

$$\begin{aligned}R(\tau)&=\int_{-\infty}^{\infty}G(\omega)\exp(-\mathrm{i}\omega\tau)\mathrm{d}\omega\\G(\omega)&=\frac{1}{2\pi}\int_{-\infty}^{\infty}R(\tau)\exp(\mathrm{i}\omega\tau)\mathrm{d}\tau\end{aligned}\tag{1.6.37c}$$

注意：由于 $\overline{W}$ 有限，功率谱 $G(\omega)$ 在 $\omega=0$ 点也有限，$\omega=0$ 表示随机信号 $p(t)$ 的直流分量，如果 $p(t)$ 的直流分量不为零，则频谱上在零点出现 Dirac Delta 函数 $\delta(\omega)$，$G(\omega)$ 在 $\omega=0$ 点有限意味着随机信号 $p(t)$ 不含有直流分量. 如果含有直流分量，则 $G(\omega)$ 应该是随机信号 $p(t)-\bar{p}$ 的功率谱密度.

关联长度 一个随机信号在 t 时刻与 $t+\tau$ 时刻总有一定的关联，当 $\tau=0$ 时，$R(0)=\overline{|p|^2}$，可以说是完全相关的，当 τ 足够大时，相关性变弱，即 $\lim\limits_{\tau\to\infty}R(\tau)=0$. 因此, 可以定义关联长度 τ_c 这个量来描述随机信号的关联性. 一个常用的自相关函数是 Gauss 型函数

$$R(\tau)=\overline{|p|^2}\exp\left(-\frac{\tau^2}{2\tau_c^2}\right)\tag{1.6.38a}$$

其功率谱密度为

$$G(\omega)=\frac{1}{2\pi}\overline{|p|^2}\int_{-\infty}^{\infty}\exp\left(-\frac{\tau^2}{2\tau_c^2}\right)\exp(\mathrm{i}\omega\tau)\mathrm{d}\tau=\frac{1}{\sqrt{2\pi}}\tau_c\overline{|p|^2}\exp\left(-\frac{\omega^2\tau_c^2}{4}\right)\tag{1.6.38b}$$

即 Gauss 型自相关函数的功率谱密度也是 Gauss 型函数. 如果取自相关函数为调制 Gauss 型函数

$$R(\tau)=\overline{|p|^2}\exp\left(-\frac{\tau^2}{2\tau_c^2}\right)\exp(-\mathrm{i}\omega_c\tau)\tag{1.6.38c}$$

则功率谱密度为

$$\begin{aligned}G(\omega)&=\overline{|p|^2}\int_{-\infty}^{\infty}\exp\left(-\frac{\tau^2}{2\tau_c^2}\right)\exp[\mathrm{i}(\omega-\omega_c\tau)]\mathrm{d}\tau\\&=\frac{1}{\sqrt{2\pi}}\tau_c\overline{|p|^2}\exp\left[-\frac{(\omega-\omega_c)^2\tau_c^2}{4}\right]\end{aligned}\tag{1.6.38d}$$

显然，上式在 $\omega=\omega_{\rm c}$ 时达到极大，可以用来描述具有中心频率 $\omega_{\rm c}$ 的随机信号.

作为例子，再考虑三个简单情况.

(1) 单频随机振动，即振动为

$$v_{0z}(t)=v_{0z}\exp[-{\rm i}(\omega_{\rm c}t+\Theta)] \tag{1.6.39a}$$

其中，$\omega_{\rm c}$ 是振动圆频率 (常数)，v_{0z} 是振幅 (常数)，$\Theta\in(-\pi,\pi)$ 随机变化，因此这一振动可以看作随机振动. 该振动过程的自相关函数

$$\begin{aligned}R(\tau)&=|v_{0z}|^2\int_{-\pi}^{\pi}\exp[-{\rm i}(\omega_{\rm c}t+\Theta)]\exp\{{\rm i}[\omega_{\rm c}(t+\tau)+\Theta)\}{\rm d}t\\&=2\pi|v_{0z}|^2\exp(-{\rm i}\omega_{\rm c}\tau)\end{aligned} \tag{1.6.39b}$$

功率谱密度

$$G(\omega)=\frac{|v_{0z}|^2}{2\pi}\int_{-\infty}^{\infty}\exp[{\rm i}(\omega-\omega_{\rm c})\tau]{\rm d}\tau=|v_{0z}|^2\delta(\omega-\omega_{\rm c}) \tag{1.6.39c}$$

(2) 白噪声，即功率谱密度 $G(\omega)$ 为常数 G_0，自相关函数为

$$R(\tau)=G_0\int_{-\infty}^{\infty}\exp(-{\rm i}\omega\tau){\rm d}\omega=2\pi G_0\delta(\tau) \tag{1.6.40a}$$

(3) 带状白噪声，即功率谱密度

$$G(\omega)=\begin{cases}\dfrac{W}{2\Omega}, & \omega_{\rm c}-\Omega\leqslant\omega\leqslant\omega_{\rm c}+\Omega\\ 0, & \text{其他}\end{cases} \tag{1.6.40b}$$

其中，Ω 是带宽，W 是功率. 自相关函数为

$$R(\tau)=\frac{W}{2\Omega}\int_{\omega_{\rm c}-\Omega}^{\omega_{\rm c}+\Omega}\exp(-{\rm i}\omega\tau){\rm d}\omega=W\frac{\sin(\Omega\tau)}{\Omega\tau}\exp(-{\rm i}\omega_{\rm c}\tau) \tag{1.6.40c}$$

第 2 章　无限和半无限空间中声波的辐射

声源是把其他能量形式 (振动能、电磁能、热能等) 转化成声能量的系统，主要由二种形式：体源和面源; 从辐射的声波特征来看，声源又可分为单极子源、偶极子源和多极子源等. 体源又可以分为三种，即振荡的质量源 $q(\boldsymbol{r},t)$、热源 $h(\boldsymbol{r},t)$ 和力源 $\boldsymbol{f}(\boldsymbol{r},t)$；面源一般为振动的固体表面，这一振动表面可作为边界条件来处理. 另一方面，流体的剧烈运动 (如湍流运动) 也可以导致声波的产生，我们将在第 8 章讨论. 研究声波的辐射主要有二个方面内容：给定一个声源，它的声辐射特性如何？所谓辐射特性主要指频率特性和辐射的方向性；一般声辐射由固体的振动产生，那么辐射的声波反过来必定对声源的振动产生影响，这种影响如何刻画？实际的声源或者振动体有各种形状，例如扬声器的振膜、各种机器振动，严格求各种形状的声源辐射的声场是困难的，因此在理论处理时往往把它们理想化，即在一定条件下把它们近似为平面、球面或者柱面声源，这样既避免了复杂的数学运算，又可以揭示声辐射的基本规律.

2.1　多极子展开和 Sommerfeld 辐射条件

由叠加原理，一个复杂的声源可以看成多个点源叠加 (求和或者积分) 而成，故首先研究理想化点声源辐射的声场是十分必要的. 另一方面，在声波频率较低 (即声波波长远大于声源的几何线度) 以及测量点远离声源时，声源可看作点声源或者点声源的组合. 一个典型的例子是，低频段音箱中的扬声器辐射就可以看作点声源辐射；而裸扬声器可近似为二个反相点源 (即偶极子) 的辐射. 事实上，当测量点远离声源时，任意声源的辐射都可以表示成点源或点源组合辐射的叠加，即作多极展开.

2.1.1　单极子和自由空间的 Green 函数

脉动球的声辐射　考虑位于坐标原点、半径为 $r=a$ 的脉动球产生的声辐射 (如图 2.1.1). 设球表面的法向振动速度为 $u_r(t)=U(t)$，由于球表面的振动，引起附近流体的振动，于是产生声波并向外辐射. 由于法向振动速度与极角和方位角无关，如果采用势函数 $\varPhi(r,t)$，则在球坐标中波动方程简化为

$$\frac{1}{r^2}\frac{\partial}{\partial r}\left(r^2\frac{\partial\varPhi}{\partial r}\right)-\frac{1}{c_0^2}\frac{\partial^2\varPhi}{\partial t^2}=0 \tag{2.1.1a}$$

由 1.3.4 小节讨论，行波解为

$$\Phi(r,t)=\frac{1}{r}\left[f\left(t-\frac{r}{c_0}\right)+g\left(t+\frac{r}{c_0}\right)\right] \tag{2.1.1b}$$

注意到脉动球向外辐射声波，故取 $g\equiv 0$. 流体质点的振动速度和声压为

$$\boldsymbol{v}(r,t)=\frac{\partial\Phi}{\partial r}\boldsymbol{e}_r=-\left[\frac{1}{c_0 r}f'\left(t-\frac{r}{c_0}\right)-\frac{1}{r^2}f\left(t-\frac{r}{c_0}\right)\right]\boldsymbol{e}_r \tag{2.1.2a}$$

$$p(r,t)=-\rho_0\frac{\partial\Phi}{\partial t}=-\rho_0\frac{1}{r}f'\left(t-\frac{r}{c_0}\right) \tag{2.1.2b}$$

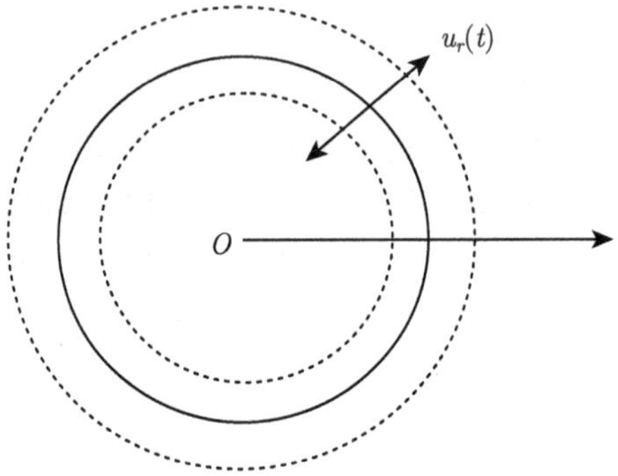

图 2.1.1　半径为 $r=a$ 的脉动球

其中，f' 表示对 $f(\xi)$ 求导：$f'(\xi)=\mathrm{d}f(\xi)/\mathrm{d}\xi$. 在球表面 $r=a$ 处，流体质点的径向振动速度与球表面的法向振动速度相等，即

$$u_r(t)=v_r|_{r=a} \tag{2.1.3a}$$

于是可以得到

$$U(t)=-\left[\frac{1}{c_0 a}f'\left(t-\frac{a}{c_0}\right)+\frac{1}{a^2}f\left(t-\frac{a}{c_0}\right)\right] \tag{2.1.3b}$$

或者写成

$$q(t)=-4\pi\left[\frac{a}{c_0}f'\left(t-\frac{a}{c_0}\right)+f\left(t-\frac{a}{c_0}\right)\right] \tag{2.1.3c}$$

其中，$q(t)\equiv 4\pi a^2U(t)$，因为 $4\pi a^2$ 是球的表面积，故 $q(t)$ 表示球排开的流体体积流量.

单频脉动球　设脉动球作时间简谐振动 $q(t)=q_0\exp(-\mathrm{i}\omega t)$，那么方程 (2.1.3c) 的时间简谐解为

$$f(t)=-\frac{1}{4\pi}\cdot\frac{q_0}{1-\mathrm{i}k_0 a}\exp\left[-\mathrm{i}\omega\left(t+\frac{a}{c_0}\right)\right] \tag{2.1.4}$$

其中，$k_0=\omega/c_0$，上式代入方程 (2.1.2a) 和 (2.1.2b) 得到

$$p(r,t)=\frac{\rho_0c_0q_0k_0}{4\pi r}\cdot\frac{-\mathrm{i}+k_0a}{1+(k_0a)^2}\exp\left[-\mathrm{i}\omega\left(t-\frac{r}{c_0}+\frac{a}{c_0}\right)\right] \tag{2.1.5a}$$

$$\boldsymbol{v}(r,t)=-\frac{1}{4\pi r}\frac{q_0k_0(1+\mathrm{i}k_0a)}{1+(k_0a)^2}\left(\mathrm{i}-\frac{1}{k_0r}\right)\exp\left[-\mathrm{i}\omega\left(t-\frac{r}{c_0}+\frac{a}{c_0}\right)\right]\boldsymbol{e}_r \tag{2.1.5b}$$

显然，远场平均声强和平均声功率分别为

$$\begin{aligned}\boldsymbol{I}_{\mathrm{av}}&=\frac{1}{2}\mathrm{Re}(p\boldsymbol{v}^*)=\frac{\rho_0c_0a^2U_0^2}{2r^2}\frac{(k_0a)^2}{1+(k_0a)^2}\boldsymbol{e}_r\\ P_{\mathrm{av}}&=\frac{1}{2}\frac{\rho_0c_0(k_0a)^2}{1+(k_0a)^2}(4\pi a^2)U_0^2\end{aligned} \tag{2.1.6a}$$

对低频和高频二种特殊情况分析如下.

(1) 低频 $k_0a\ll1$

$$P_{\mathrm{av}}\approx\frac{1}{2}\rho_0c_0(k_0a)_{\mathrm{L}}^2(4\pi a^2)U_0^2 \tag{2.1.6b}$$

式中，$(k_0a)_{\mathrm{L}}$ 的下标表示 (k_0a) 在低频时取值. 上式表明，径向脉动球低频辐射的声功率正比于频率的平方.

(2) 高频 $k_0a\gg1$

$$P_{\mathrm{av}}=\frac{1}{2}\rho_0c_0(4\pi a^2)U_0^2 \tag{2.1.6c}$$

而低频与高频辐射功率之比 $[P_{\mathrm{av}}]_{\mathrm{L}}/[P_{\mathrm{av}}]_{\mathrm{H}}=(k_0a)_{\mathrm{L}}^2\ll1$(球面积固定)，可见脉动球在低频段的辐射功率远远低于高频辐射功率. 为了增加低频段的辐射功率，必须增加脉动球的半径.

辐射阻抗 当球在介质中作径向振动 (脉动) 时，使周围的介质发生了疏密交替的变化，从而向外辐射声波; 另一方面，球本身也处于自己辐射形成的声场中，可以想象，为了保持球的振动速度，必须增加外力. 设球表面的径向位移为 $\xi_r(t)$，径向外力为 $F=F_0\exp(-\mathrm{i}\omega t)$，那么

$$M\frac{\mathrm{d}^2\xi_r(t)}{\mathrm{d}t^2}+R\frac{\mathrm{d}\xi_r(t)}{\mathrm{d}t}+K\xi_r(t)=F_0\exp(-\mathrm{i}\omega t)-S_0p(a,t) \tag{2.1.7a}$$

其中，M，R 和 K 分别是球面振动系统的等效质量 (注意: 不是球本身的质量)、阻尼和弹性恢复系数，$S_0=4\pi a^2$ 是球的表面积. 由方程 (2.1.5a)，设球表面的单频振动为 $\xi_r=\xi_0(\omega)\exp(-\mathrm{i}\omega t)$ 并注意到 $U_0(\omega)=-\mathrm{i}\omega\xi_0(\omega)$，则

$$U_0(\omega)[Z_{\mathrm{m}}(\omega)+Z_{\mathrm{r}}(\omega)]=F_0 \tag{2.1.7b}$$

其中，$Z_{\mathrm{m}}(\omega)$ 是振动系统的**机械阻抗**，而 $Z_{\mathrm{r}}(\omega)$ 是脉动球由于辐射声波附加到系统的阻抗，称为**力辐射阻抗**(或者用**声辐射阻抗**$Z_{\mathrm{a}}(\omega)\equiv Z_{\mathrm{r}}(\omega)/S_0=R_{\mathrm{a}}(\omega)-\mathrm{i}X_{\mathrm{a}}(\omega)$，

其中 $R_{\rm a}(\omega)$ 和 $X_{\rm a}(\omega)$ 称为**声辐射阻**和**声辐射抗**)

$$Z_{\rm m}(\omega) \equiv R - {\rm i}\left(\omega M - \frac{K}{\omega}\right); Z_{\rm r}(\omega) \equiv S_0\rho_0 c_0 (k_0 a)\frac{-{\rm i} + k_0 a}{1 + (k_0 a)^2} \tag{2.1.7c}$$

辐射阻抗 $Z_{\rm r}(\omega) = R_{\rm r}(\omega) - {\rm i}X_{\rm r}(\omega)$(注意：差一个 “−” 号，工程中常用 ${\rm j} = -{\rm i}$ 就没有这个问题) 的实部 $R_{\rm r}(\omega)$ 和虚部 $X_{\rm r}(\omega)$ 分别称为**力辐射阻**和**力辐射抗**

$$R_{\rm r}(\omega) \equiv S_0\rho_0 c_0 \frac{(k_0 a)^2}{1 + (k_0 a)^2}; X_{\rm r}(\omega) \equiv S_0\rho_0 c_0 \frac{k_0 a}{1 + (k_0 a)^2} \tag{2.1.7d}$$

根据能量守恒原理，辐射阻代表向外辐射的声能量，平均声功率应为

$$P_{\rm av} = \frac{1}{2}R_{\rm r}U_0^2 = \frac{1}{2}S_0\rho_0 c_0 \frac{(k_0 a)^2}{1 + (k_0 a)^2}U_0^2 \tag{2.1.7e}$$

上式与方程 (2.1.6a) 的第二式是完全一致的. 因此辐射阻的大小反映了系统辐射声能量的本领，而辐射抗则相当于在声源本身的质量 M 上附加了一个辐射质量 $M_{\rm r} \equiv X_{\rm r}/\omega$，这个质量具有的振动能量不向外辐射声波，而是储存在周围的介质中. 一般希望辐射阻越大越好，而辐射抗则越小越好.

对低频和高频二种特殊情况分析如下.

(1) 低频 $k_0 a \ll 1$

$$R_{\rm r}(\omega) \approx S_0\rho_0 c_0 (k_0 a)^2; X_{\rm r}(\omega) \approx S_0\rho_0 c_0 (k_0 a) \tag{2.1.8a}$$

辐射质量 (称为**同振质量**) 为 $M_{\rm r} \approx 3(4\pi a^3/3)\rho_0 \equiv 3M_0$(其中，$M_0$ 为球源排开同体积介质的质量). 可见，低频声辐射功率甚小，声源振动能量绝大部分变成了周围介质的振动而不向外辐射声波.

(2) 高频 $k_0 a \gg 1$

$$R_{\rm r}(\omega) \approx S_0\rho_0 c_0; X_{\rm r}(\omega) \approx 0 \tag{2.1.8b}$$

辐射抗近似为零，声源振动能量绝大部分向外辐射声波.

图 2.1.2 给出了声辐射阻抗图. 值得说明的是：辐射阻抗的概念对用集中参数 (声源振动速度 $v_0(\omega)$) 来描述的振动体辐射是十分有效的，此时辐射阻抗可以定义为

$$Z_{\rm r}(\omega) \equiv \frac{F_{\rm r}(\omega)}{v_0(\omega)}; F_{\rm r}(\omega) \equiv \iint_S p{\rm d}S \tag{2.1.9}$$

其中，$F_{\rm r}(\omega)$ 为声源辐射的声压对声源振动体的反作用力. 但当声源振动速度与空间有关时，必须严格用耦合方程来讨论声压对声源振动体的反作用，见 2.7 节讨论.

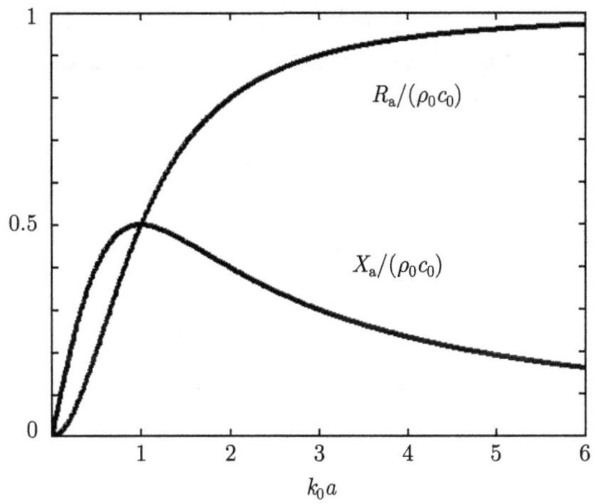

图 2.1.2 脉动球的声辐射阻抗图

单极子声源 我们来考察 $a/c_0\to 0$ 的情况，即假定球足够小，而保持 $q(t)\equiv 4\pi a^2U(t)$ 为常数，那么方程 (2.1.3c) 右边第一项可忽略，于是

$$f(t)=-\frac{1}{4\pi}q(t) \tag{2.1.10a}$$

说明：a/c_0 的量纲为时间，a/c_0 足够小实际上是指方程 (2.1.3c) 右边第一项远比第二项小，设声场变化的特征时间为 τ, 那么要求 $a/c_0\tau\ll 1$，对简谐振动，τ 可取为周期，$c_0\tau$ 等于波长 λ，故要求 $a/\lambda\ll 1$，也就是低频情况. 说明：方程 (2.1.3c) 的严格解为

$$f(t)=-\frac{c_0}{4\pi a}\int_0^t q\left(\tau+\frac{a}{c_0}\right)\exp\left[-\frac{c_0}{a}(t-\tau)\right]\mathrm{d}\tau \tag{2.1.10b}$$

为了求 $a/c_0\to 0$ 的极限，上式作分步积分

$$\begin{aligned}f(t)=&-\frac{1}{4\pi}q\left(t+\frac{a}{c_0}\right)+\frac{1}{4\pi}q\left(\frac{a}{c_0}\right)\exp\left(-\frac{c_0}{a}t\right)\\&+\frac{1}{4\pi}\int_0^t q'\left(\tau+\frac{a}{c_0}\right)\exp\left[-\frac{c_0}{a}(t-\tau)\right]\mathrm{d}\tau\end{aligned} \tag{2.1.10c}$$

当 $a/c_0\to 0$ 时，上式第一项就是方程 (2.1.10a)(第二项随时间很快衰减，第三项可进一步分步积分，出现与 (a/c_0) 幂次成正比的项).

由方程 (2.1.2a) 和 (2.1.2b) 得到声压和速度分布分别为

$$\begin{aligned}p(r,t)&=\frac{\rho_0}{4\pi r}\dot{q}\left(t-\frac{r}{c_0}\right)\\\boldsymbol{v}(r,t)&=\frac{1}{4\pi r}\left[\frac{1}{c_0}\dot{q}\left(t-\frac{r}{c_0}\right)-\frac{1}{r}q\left(t-\frac{r}{c_0}\right)\right]\boldsymbol{e}_r\end{aligned} \tag{2.1.10d}$$

我们从齐次势函数方程 (2.1.1a) 入手，把脉动球的振动作为边界条件 (2.1.3a) 来处理，然后取 $a \to 0$ 极限, 求得了无限小脉动球的声辐射，那么，反过来，声场表达式 (2.1.10d) 满足什么样的方程呢？为了讨论方便，令

$$u = \frac{\rho_0}{4\pi r}; w = \dot{q}\left(t - \frac{r}{c_0}\right) \tag{2.1.11a}$$

利用矢量恒等式

$$\begin{aligned}\nabla^2 p &= \nabla \cdot (\nabla p) = \nabla \cdot [\nabla(uw)] = \nabla \cdot (w\nabla u + u\nabla w) \\ &= 2\nabla w \cdot \nabla u + w\nabla^2 u + u\nabla^2 w\end{aligned} \tag{2.1.11b}$$

通过计算得到

$$\begin{aligned}&2\nabla w \cdot \nabla u = \frac{\rho_0}{2\pi c_0 r^2}\ddot{q}\left(t - \frac{r}{c_0}\right) \\ &u\nabla^2 w = \frac{\rho_0}{4\pi r}\left(\frac{\partial^2 w}{\partial r^2} + \frac{2}{r}\frac{\partial w}{\partial r}\right) = \frac{\rho_0}{4\pi c_0^2 r}\dddot{q}\left(t - \frac{r}{c_0}\right) - \frac{\rho_0}{2\pi c_0 r^2}\ddot{q}\left(t - \frac{r}{c_0}\right) \\ &\frac{1}{c_0^2}\frac{\partial^2 p}{\partial t^2} = \frac{\rho_0}{4\pi c_0^2 r}\dddot{q}\left(t - \frac{r}{c_0}\right)\end{aligned} \tag{2.1.11c}$$

因此

$$\frac{1}{c_0^2}\frac{\partial^2 p}{\partial t^2} - \nabla^2 p = \rho_0 \dot{q}\left(t - \frac{r}{c_0}\right)\nabla^2\left(-\frac{1}{4\pi r}\right) \tag{2.1.12a}$$

显然，当 $r \neq 0$ 时，$\nabla^2(1/r) = 0$, 而 $r = 0$ 是 $1/r$ 的奇点，为此把它写成

$$-\frac{1}{4\pi r} = -\frac{1}{4\pi}\lim_{\varepsilon \to 0}\frac{1}{(r^2 + \varepsilon^2)^{1/2}} \quad (r \geqslant 0) \tag{2.1.12b}$$

这样就排除了 $r = 0$ 的奇性, 然后来求空间导数

$$\nabla^2\left(-\frac{1}{4\pi r}\right) = \lim_{\varepsilon \to 0}\nabla^2\left[-\frac{1}{4\pi(r^2 + \varepsilon^2)^{1/2}}\right] = \lim_{\varepsilon \to 0}\frac{3\varepsilon^2}{4\pi(r^2 + \varepsilon^2)^{5/2}} = \delta(\boldsymbol{r}) \tag{2.1.12c}$$

上式右边的极限在广义函数的意义下，在三维空间中收敛到 Dirac Delta 函数. 事实上，在广义函数的意义下，对任意检验函数 $f(\boldsymbol{r})$，空间的积分都有

$$\lim_{\varepsilon \to 0}\int_V f(\boldsymbol{r})\left[\frac{3\varepsilon^2}{(r^2 + \varepsilon^2)^{5/2}}\right]\mathrm{d}^3\boldsymbol{r} = 4\pi f(\boldsymbol{0})\lim_{\varepsilon \to 0}\int_0^\infty \frac{3\varepsilon^2 r^2 \mathrm{d}r}{(r^2 + \varepsilon^2)^{5/2}} = 4\pi f(\boldsymbol{0}) \tag{2.1.12d}$$

注意: 上式中 $f(\boldsymbol{0})$ 的$\boldsymbol{0}$表示三维空间中的零矢量. 方程 (2.1.12d) 说明序列 $3\varepsilon^2(r^2 + \varepsilon^2)^{-5/2}$ 弱收敛到 Dirac Delta 函数. 因此，在广义函数的意义下，方程 (2.1.12a) 可以表示成

$$\frac{1}{c_0^2}\frac{\partial^2 p}{\partial t^2} - \nabla^2 p = \rho_0\frac{\mathrm{d}q(t)}{\mathrm{d}t}\delta(\boldsymbol{r}) \tag{2.1.13}$$

可见，位于原点的无限小脉动球，可看作位于原点的点质量源，称为**单极子源**，它的辐射场，即方程 (2.1.10d)，称为**单极子辐射场**.

从方程 (2.1.10d) 可知：①单极子辐射是球面波，等值面是球面；②随径向距离 $1/r$ 衰减；③存在推迟时间 r/c_0，即声源的振动经时间 r/c_0 后才能达到 r 处. 单极子辐射场在实际问题中有很大用处，例如，在低频段，音箱中的扬声器辐射就可看成是单极子辐射场.

自由空间的含时 Green 函数 如果取 $\rho_0\dot{q}(t)=Q_0\delta(t-\tau)$，并且点源位于 $\boldsymbol{r}'$ 处，那么声波方程为

$$\frac{1}{c_0^2}\frac{\partial^2 p}{\partial t^2}-\nabla^2 p=Q_0\delta(t-\tau)\delta(\boldsymbol{r}-\boldsymbol{r}') \tag{2.1.14a}$$

当取 $Q_0=1$ 时，此时的声压即为**自由空间的含时 Green 函数**$G(\boldsymbol{r}-\boldsymbol{r}';t-\tau)$. 因为方程 (2.1.10d) 中 r 是声源到观察点的距离，当声源位于 $\boldsymbol{r}'$ 点时，声源到观察点的距离是 $|\boldsymbol{r}-\boldsymbol{r}'|$，故直接由方程 (2.1.10d) 可得到自由空间的含时 Green 函数

$$G(\boldsymbol{r}-\boldsymbol{r}';t-\tau)=\frac{1}{4\pi|\boldsymbol{r}-\boldsymbol{r}'|}\delta\left(t-\tau-\frac{|\boldsymbol{r}-\boldsymbol{r}'|}{c_0}\right) \tag{2.1.14b}$$

上式与方程 (1.3.22c) 是完全一致的. 对任意分布的体源 $\Im(\boldsymbol{r},t)$，方程 (1.3.23a) 同样成立. 注意：三维含时 Green 函数的量纲为 1/(长度 · 时间)，而二维 Green 函数的量纲为 1/ 时间.

2.1.2 偶极子声辐射和点力源的辐射

横向振动刚性球的辐射 考虑位于坐标原点、半径为 $r=a$ 的刚性球 (如图 2.1.3)，设球作 z 方向的横向振动，$\boldsymbol{u}(t)=U(t)\boldsymbol{e}_z$，由于球振动，引起附近流体的振动，于是产生声波并向外辐射. 利用直角坐标与球坐标单位矢量的关系 $\boldsymbol{e}_z=\boldsymbol{e}_r\cos\vartheta-\sin\vartheta\boldsymbol{e}_\vartheta$，可见球表面的径向速度为

$$u_r(a,\vartheta,t)=\boldsymbol{u}(t)\cdot\boldsymbol{e}_r=U(t)\cos\vartheta \tag{2.1.15a}$$

由于径向速度与极角有关，而与方位角无关，势函数也应该与方位角无关 $\varPhi=\varPhi(r,\vartheta,t)$，并且满足

$$\frac{1}{r^2}\frac{\partial}{\partial r}\left(r^2\frac{\partial\varPhi}{\partial r}\right)+\frac{1}{r^2\sin\vartheta}\frac{\partial}{\partial\vartheta}\left(\sin\vartheta\frac{\partial\varPhi}{\partial\vartheta}\right)-\frac{1}{c_0^2}\frac{\partial^2\varPhi}{\partial t^2}=0 \tag{2.1.15b}$$

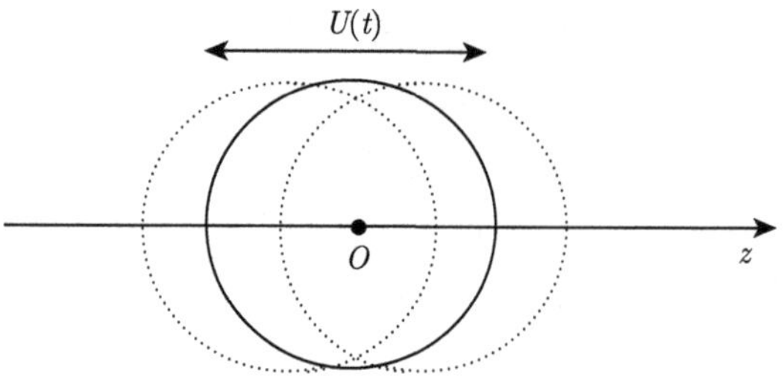

图 2.1.3　横向振动刚性球

在时域求解方程 (2.1.15b) 较复杂，我们来构造满足边界条件 (2.1.15a) 的解. 注意到: ①函数 $f(t-r/c_0)/r$ 必定是方程 (2.1.15b) 的一个解，但不可能满足边界条件 (2.1.15a)，因为方程 (2.1.15a) 中出现 $\cos\vartheta$; ②波动方程 (2.1.15b) 是线性齐次方程，它的任意解的偏导数也是它的解; ③由于 $r^2=x^2+y^2+z^2$, $\partial r/\partial z=z/r=\cos\vartheta$, 即如果对解 $f(t-r/c_0)/r$ 求偏导数 $\partial/\partial z$ 就有可能满足边界条件 (2.1.15a). 因此, 我们构造方程 (2.1.15b) 的解如下

$$\Phi(r,\vartheta,t)=\frac{\partial}{\partial z}\left[\frac{1}{r}f\left(t-\frac{r}{c_0}\right)\right] \tag{2.1.15c}$$

于是，流体元的速度场为

$$\begin{aligned}v_r(r,\vartheta,t)&=\frac{\partial^2}{\partial r\partial z}\left[\frac{1}{r}f\left(t-\frac{r}{c_0}\right)\right]\\ v_\vartheta(r,\vartheta,t)&=\frac{\partial^2}{r\partial\vartheta\partial z}\left[\frac{1}{r}f\left(t-\frac{r}{c_0}\right)\right]\end{aligned} \tag{2.1.16a}$$

径向速度为

$$v_r(r,\vartheta,t)=\left[\frac{2}{r^3}f\left(t-\frac{r}{c_0}\right)+\frac{2}{c_0r^2}f'\left(t-\frac{r}{c_0}\right)+\frac{1}{c_0^2r}f''\left(t-\frac{r}{c_0}\right)\right]\cos\vartheta \tag{2.1.16b}$$

由方程 (2.1.15a) 得到

$$U(t)=\frac{2}{a^3}f\left(t-\frac{a}{c_0}\right)+\frac{2}{c_0a^2}f'\left(t-\frac{a}{c_0}\right)+\frac{1}{c_0^2a}f''\left(t-\frac{a}{c_0}\right) \tag{2.1.17a}$$

即

$$a^3U(t)=2f\left(t-\frac{a}{c_0}\right)+\frac{2a}{c_0}f'\left(t-\frac{a}{c_0}\right)+\frac{a^2}{c_0^2}f''\left(t-\frac{a}{c_0}\right) \tag{2.1.17b}$$

单频横向振动　设球作时间简谐振动 $U(t)=U_0\exp(-\mathrm{i}\omega t)$，那么方程 (2.1.17b) 的时间简谐解为

$$f(t)=\frac{a^3U_0}{2-2\mathrm{i}k_0a-(k_0a)^2}\exp[-\mathrm{i}(\omega t+k_0a)] \tag{2.1.18}$$

远场速度和声压为

$$\begin{aligned} v_r(r,\vartheta,t) &\approx -\frac{1}{r}\cdot\frac{aU_0(k_0a)^2\cos\vartheta}{2-2\mathrm{i}k_0a-(k_0a)^2}\exp[-\mathrm{i}(\omega t-k_0r+k_0a)] \\ v_\vartheta(r,\vartheta,t) &\approx \frac{1}{c_0r^2}\cdot\frac{a^3U_0\sin\vartheta}{2-2\mathrm{i}k_0a-(k_0a)^2}\exp[-\mathrm{i}(\omega t-k_0r+k_0a)] \end{aligned} \tag{2.1.19a}$$

$$p(r,\vartheta,t) \approx -\frac{\rho_0c_0}{r}\cdot\frac{a^3U_0k_0^2\cos\vartheta}{2-2\mathrm{i}k_0a-(k_0a)^2}\exp[-\mathrm{i}(\omega t-k_0r+k_0a)] \tag{2.1.19b}$$

由上式可见：声场与方向有关，这是与脉动球辐射的主要区别. 显然，远场声强的ϑ方向部分 $\sim 1/r^3$ 不是传播的声能量，而远场平均声强的径向部分为

$$I_{\mathrm{av}} = \frac{1}{2}\mathrm{Re}(pv_r^*) = \frac{1}{2}a^2U_0^2\rho_0c_0\frac{(k_0a)^4}{4+(k_0a)^4}\cdot\frac{\cos^2\vartheta}{r^2} \tag{2.1.20a}$$

平均声功率为

$$\begin{aligned} P_{\mathrm{av}} &= \iint_S I_{\mathrm{av}}\mathrm{d}S = a^2U_0^2\rho_0c_0\frac{(k_0a)^4}{4+(k_0a)^4}\int_0^\pi\frac{\cos^2\vartheta}{r^2}2\pi r^2\sin\vartheta\mathrm{d}\vartheta \\ &= \frac{1}{2}\frac{4\pi a^2U_0^2}{3}\rho_0c_0\frac{(k_0a)^4}{4+(k_0a)^4} \end{aligned} \tag{2.2.20b}$$

对低频和高频二种特殊情况分析如下.

(1) 低频 $k_0a \ll 1$

$$P_{\mathrm{av}} \approx \frac{1}{2}\frac{4\pi a^2U_0^2}{3}\frac{(k_0a)_{\mathrm{L}}^4}{4}\rho_0c_0 \tag{2.1.20c}$$

上式表明，横向振动球的低频辐射声功率正比于频率的 4 次方.

(2) 高频 $k_0a \gg 1$

$$P_{\mathrm{av}} \approx \frac{1}{2}\frac{4\pi a^2U_0^2}{3}\rho_0c_0 \tag{2.1.20d}$$

比较方程 (2.1.6b) 和 (2.1.20c) 可知，在低频段，脉动球声辐射功率远远大于作横向振动的刚性球.

辐射阻抗 设使刚性球作横向振动的外力为 $F_z = F_0\exp(-\mathrm{i}\omega t)$($z$ 方向)，那么球作横向振动的运动方程为

$$M\frac{\mathrm{d}^2\xi}{\mathrm{d}t^2} + R\frac{\mathrm{d}^2\xi}{\mathrm{d}t^2} + K\xi = F_0\exp(-\mathrm{i}\omega t) - \iint_S p(r,\vartheta)|_{r=a}\cos\vartheta\mathrm{d}S \tag{2.1.21a}$$

其中，ξ 为 z 方向振动位移 (假定没有 x 和 y 方向的外力)，M 为刚性球的质量，K 和 R 分别是振动系统的恢复力和阻尼系数. 最后一项加 "$-$" 是因为声压为正时，对刚性球的作用力是 $-z$ 方向的 (可取特殊位置 $\vartheta = 0$ 处分析). 注意：方程 (2.1.21a)

中的 $p(r,\vartheta)|_{r=a}$ 必须是近场声压，而不是由方程 (2.1.19b) 表示的远场声压. 由方程 (2.1.15c) 和 (2.1.18) 可以得到

$$\begin{aligned} p(r,t) &= -\rho_0\cos\vartheta\left[-\frac{1}{r^2}f'\left(t-\frac{r}{c_0}\right)-\frac{1}{c_0 r}f''\left(t-\frac{r}{c_0}\right)\right] \\ &= -\frac{\rho_0 c_0 k_0^2 U_0}{r}\cos\vartheta\left(1+\frac{\mathrm{i}}{k_0 r}\right)\frac{a^3\exp\left[\mathrm{i}k_0(r-a)\right]}{2-2\mathrm{i}k_0 a-(k_0 a)^2}\exp(-\mathrm{i}\omega t) \end{aligned} \tag{2.1.21b}$$

于是

$$\begin{aligned} &\iint_S p(r,\vartheta)|_{r=a}\cos\vartheta\mathrm{d}S \\ &= -\frac{\rho_0 c_0 k_0^2}{a}\left(1+\frac{\mathrm{i}}{ka}\right)\frac{2\pi a^3 U_0 a^2}{2-2\mathrm{i}k_0 a-(k_0 a)^2}\int_0^{\pi}\cos^2\vartheta\sin\vartheta\mathrm{d}\vartheta \\ &= -\frac{4\pi\mathrm{i}\omega}{3}a^2\left(1+\frac{\mathrm{i}}{k_0 a}\right)\frac{k_0^2 a^2}{2-2\mathrm{i}k_0 a-(k_0 a)^2}\rho_0 c_0\xi_0(\omega) \end{aligned} \tag{2.1.21c}$$

得到上式，已经注意到 $U_0(\omega) = -\mathrm{i}\omega\xi_0(\omega)$. 设方程 (2.1.21a) 的频域解为 $\xi = \xi_0(\omega)\exp(-\mathrm{i}\omega t)$，把上式代入方程 (2.1.21a)，我们有

$$[Z_{\mathrm{m}} + Z_{\mathrm{r}}(\omega)]U_0(\omega) = F_0 \tag{2.1.22a}$$

其中，振动系统的力阻抗 Z_{m} 和力辐射阻抗 Z_{r} 分别为

$$\begin{aligned} Z_{\mathrm{m}}(\omega) &\equiv R-\mathrm{i}\left(\omega M-\frac{K}{\omega}\right) \\ Z_{\mathrm{r}}(\omega) &\equiv -\frac{\rho_0 c_0}{3}S_0\left(1+\frac{\mathrm{i}}{k_0 a}\right)\frac{k_0^2 a^2}{2-2\mathrm{i}k_0 a-(k_0 a)^2} \end{aligned} \tag{2.1.22b}$$

力辐射阻和力辐射抗分别为

$$\begin{aligned} R_{\mathrm{r}} &\equiv \frac{\rho_0 c_0 S_0}{3}\frac{(k_0 a)^4}{4+(k_0 a)^4} \\ X_{\mathrm{r}} &\equiv \frac{\rho_0 c_0 S_0}{3}\frac{k_0 a}{4+(k_0 a)^4}[2+(k_0 a)^2] \end{aligned} \tag{2.1.22c}$$

其中，$S_0 = 4\pi a^2$ 为球的表面积. 显然，横向振动球的辐射功率为

$$P_{\mathrm{av}} = \frac{1}{2}R_{\mathrm{r}}U_0^2 = \frac{1}{2}\frac{4\pi a^2 U_0^2}{3}\rho_0 c_0\frac{(k_0 a)^4}{4+(k_0 a)^4} \tag{2.1.23a}$$

上式与方程 (2.1.20b) 完全相同. 当低频 $k_0 a \ll 1$ 时

$$R_{\mathrm{a}}(\omega) \approx \frac{\rho_0 c_0 S_0}{3}\frac{(k_0 a)^4}{4};\ X_{\mathrm{a}}(\omega) \approx \frac{\rho_0 c_0 S_0}{3}\frac{k_0 a}{2} \tag{2.1.23b}$$

辐射抗可写成

$$X_{\mathrm{a}}(\omega)=\omega M_{\mathrm{a}};M_{\mathrm{a}}\equiv\frac{1}{2}\cdot\frac{4\pi a^3}{3}\rho_0 \tag{2.1.23c}$$

其中，同振质量 M_{a} 是球排开同体积介质质量的一半；当高频 $k_0a\gg 1$ 时

$$R_{\mathrm{a}}\equiv\frac{4\pi\rho_0c_0}{3};X_{\mathrm{a}}\approx 0 \tag{2.1.23d}$$

偶极子声辐射 与讨论单极子类似, 令 $q(t)=a^3U(t)$，方程 (2.1.17b) 中取 $a/c_0\to 0$，那么 $f(t)=q(t)/2$. 因此，速度势和声压分别为

$$\Phi(r,\vartheta,t)=-\left[\frac{1}{r}q\left(t-\frac{r}{c_0}\right)+\frac{1}{c_0}\dot{q}\left(t-\frac{r}{c_0}\right)\right]\frac{\cos\vartheta}{2r} \tag{2.1.24a}$$

$$p(r,\vartheta,t)=\rho_0\left[\frac{1}{r}\dot{q}\left(t-\frac{r}{c_0}\right)+\frac{1}{c_0}\ddot{q}\left(t-\frac{r}{c_0}\right)\right]\frac{\cos\vartheta}{2r} \tag{2.1.24b}$$

近场: 上式右边第一项远大于第二项, $p\sim 1/r^2$，声能量不能向外辐射；远场: 第二项远大于第一项, $p\sim 1/r$，声能量能脱离源向外辐射，是我们感兴趣的项. 方程 (2.1.24b) 表示的声场称为**偶极子辐射场**.

从方程 (2.1.24b) 也可以导出声压满足的非齐次方程，但比较繁复，我们还是用构造的方法: 因为

$$p(r,\vartheta,t)=-2\pi\frac{\partial}{\partial z}\left[\frac{\rho_0}{4\pi r}\dot{q}\left(t-\frac{r}{c_0}\right)\right]\equiv-2\pi\frac{\partial}{\partial z}[p_1] \tag{2.1.25a}$$

而上式方括号内的函数满足方程

$$\frac{1}{c_0^2}\frac{\partial^2 p_1}{\partial t^2}-\nabla^2 p_1=\rho_0\frac{\mathrm{d}q(t)}{\mathrm{d}t}\delta(\boldsymbol{r}) \tag{2.1.25b}$$

上式对 z 求偏导并乘 (-2π) 得到 p 满足的非齐次方程

$$\frac{1}{c_0^2}\frac{\partial^2 p}{\partial t^2}-\nabla^2 p=-\rho_0\frac{\partial}{\partial z}[2\pi a^3\dot{U}(t)\delta(\boldsymbol{r})] \tag{2.1.25c}$$

显然，如果刚性球的横向振动 $\boldsymbol{u}(t)=\boldsymbol{U}(t)$ 有三个分量，上式可以推广到

$$\frac{1}{c_0^2}\frac{\partial^2 p}{\partial t^2}-\nabla^2 p=-\rho_0\nabla\cdot[2\pi a^3\dot{\boldsymbol{U}}(t)\delta(\boldsymbol{r})] \tag{2.1.26}$$

对照方程波动方程 (1.1.28a) 可知: 横向振动的刚性球相当于强度为 $2\pi a^3\dot{\boldsymbol{U}}(t)$ 的点力源且等效点力的方向为球横向振动方向.

二个反相脉动球的声辐射 偶极子辐射场也可由位于原点附近的二个振动位相相反的脉动球组成. 设二个脉动球分别位于 $\boldsymbol{r}_1'=\Delta\boldsymbol{r}/2$ 和 $\boldsymbol{r}_2'=-\Delta\boldsymbol{r}/2$ 处，由方程 (2.1.13)，二个无限靠近的脉动球相当于存在声源

$$\dot{q}(t)\lim_{\Delta\boldsymbol{r}/2\to 0}\left[\delta\left(\boldsymbol{r}+\frac{\Delta\boldsymbol{r}}{2}\right)-\delta\left(\boldsymbol{r}-\frac{\Delta\boldsymbol{r}}{2}\right)\right]=\boldsymbol{D}(t)\cdot\nabla\delta(\boldsymbol{r}) \tag{2.1.27a}$$

其中, $\dot{\boldsymbol{D}}(t) \equiv \dot{q}(t)\Delta\boldsymbol{r}$ 称为**偶极子强度**. 偶极子场的声波方程为

$$\frac{1}{c_0^2}\frac{\partial^2 p}{\partial t^2} - \nabla^2 p = \rho_0[\dot{\boldsymbol{D}}(t)\cdot\nabla]\delta(\boldsymbol{r}) \tag{2.1.27b}$$

由 Green 函数方程 (2.1.14b) 得到

$$p(\boldsymbol{r},t) = \frac{\rho_0}{4\pi}\int\frac{1}{|\boldsymbol{r}-\boldsymbol{r}'|}\left[\dot{\boldsymbol{D}}\left(t-\frac{|\boldsymbol{r}-\boldsymbol{r}'|}{c_0}\right)\cdot\nabla'\right]\delta(\boldsymbol{r}')\mathrm{d}^3\boldsymbol{r}' \tag{2.1.28a}$$

利用导数关系

$$\frac{1}{|\boldsymbol{r}-\boldsymbol{r}'|}\dot{\boldsymbol{D}}\cdot\nabla'\delta(\boldsymbol{r}') = \nabla'\cdot\left[\frac{\dot{\boldsymbol{D}}\delta(\boldsymbol{r}')}{|\boldsymbol{r}-\boldsymbol{r}'|}\right] - \delta(\boldsymbol{r}')\nabla'\cdot\frac{\dot{\boldsymbol{D}}}{|\boldsymbol{r}-\boldsymbol{r}'|} \tag{2.1.28b}$$

以及

$$\nabla'\cdot\frac{\dot{\boldsymbol{D}}}{|\boldsymbol{r}-\boldsymbol{r}'|} = -\nabla\cdot\frac{\dot{\boldsymbol{D}}}{|\boldsymbol{r}-\boldsymbol{r}'|} \tag{2.1.28c}$$

容易得到

$$p(\boldsymbol{r},t) = \frac{\rho_0}{4\pi}\int\nabla'\cdot\left[\frac{\dot{\boldsymbol{D}}\delta(\boldsymbol{r}')}{|\boldsymbol{r}-\boldsymbol{r}'|}\right]\mathrm{d}^3\boldsymbol{r}' + \frac{\rho_0}{4\pi}\int\delta(\boldsymbol{r}')\nabla\cdot\frac{\dot{\boldsymbol{D}}}{|\boldsymbol{r}-\boldsymbol{r}'|}\mathrm{d}^3\boldsymbol{r}' \tag{2.1.29a}$$

第一个积分可化成面积分，在无限大区域积分应该为零，故

$$p(\boldsymbol{r},t) = \frac{\rho_0}{4\pi}\nabla\cdot\left[\frac{1}{|\boldsymbol{r}|}\dot{\boldsymbol{D}}\left(t-\frac{|\boldsymbol{r}|}{c_0}\right)\right] = \frac{\rho_0}{4\pi}\frac{\partial}{\partial x_j}\left[\frac{1}{|\boldsymbol{r}|}\dot{D}_j\left(t-\frac{|\boldsymbol{r}|}{c_0}\right)\right] \tag{2.1.29b}$$

在远场条件下, 上式近似为

$$p(\boldsymbol{r},t) \approx \frac{\rho_0}{4\pi}\frac{1}{|\boldsymbol{r}|}\sum_{j=1}^{3}\frac{\partial}{\partial x_j}\dot{D}_j\left(t-\frac{|\boldsymbol{r}|}{c_0}\right) = -\frac{\rho_0}{4\pi c_0}\frac{1}{|\boldsymbol{r}|}\sum_{j=1}^{3}\ddot{D}_j\left(t-\frac{|\boldsymbol{r}|}{c_0}\right)\frac{x_j}{|\boldsymbol{r}|} \tag{2.1.29c}$$

点力源的辐射　设在原点存在点力 $\boldsymbol{f}(\boldsymbol{r},t) = \boldsymbol{f}(t)\delta(\boldsymbol{r})$，那么声波方程为

$$\frac{1}{c_0^2}\frac{\partial^2 p}{\partial t^2} - \nabla^2 p = -\rho_0\nabla\cdot\boldsymbol{f}(\boldsymbol{r},t) = -\rho_0\nabla\cdot[\boldsymbol{f}(t)\delta(\boldsymbol{r})] \tag{2.1.30a}$$

因为 $\nabla\cdot[\boldsymbol{f}(t)\delta(\boldsymbol{r})] = [\boldsymbol{f}(t)\cdot\nabla]\delta(\boldsymbol{r})$，对照方程 (2.1.27b) 可知点力源的辐射与偶极子完全相同，力矢量的方向就是偶极子的方向，直接可得到

$$p(\boldsymbol{r},t) = -\frac{\rho_0}{4\pi}\nabla\cdot\left[\frac{1}{|\boldsymbol{r}|}\boldsymbol{f}\left(t-\frac{|\boldsymbol{r}|}{c_0}\right)\right] = -\frac{\rho_0}{4\pi}\sum_{i=1}^{3}\frac{\partial}{\partial x_i}\left[\frac{1}{|\boldsymbol{r}|}f_i\left(t-\frac{|\boldsymbol{r}|}{c_0}\right)\right] \tag{2.1.30b}$$

显然，对任意的力源 $\boldsymbol{f}(\boldsymbol{r},t)$，可看成是偶极子的分布

$$p(\boldsymbol{r},t) = -\frac{\rho_0}{4\pi}\sum_{i=1}^{3}\frac{\partial}{\partial x_i}\int\frac{1}{|\boldsymbol{r}-\boldsymbol{r}'|}f_i\left(\boldsymbol{r}',t-\frac{|\boldsymbol{r}-\boldsymbol{r}'|}{c_0}\right)\mathrm{d}^3\boldsymbol{r}' \tag{2.1.30c}$$

2.1.3 纵向和横向四极子声辐射

两个无限接近的反相偶极子组成的声辐射系统称为**四极子系统**. 设偶极子的矢量为 $\dot{\boldsymbol{D}}(t)=\dot{D}(t)\boldsymbol{d}$，其中 $\boldsymbol{d}$ 为偶极子方向的单位矢量 (由负脉动球指向正脉动球). 二个偶极子相距 $\boldsymbol{l}=\Delta\boldsymbol{r}$(负偶极子指向正偶极子)，一个位于 $\boldsymbol{r}+\Delta\boldsymbol{r}/2$，另一个位于 $\boldsymbol{r}-\Delta\boldsymbol{r}/2$，由方程 (2.1.27a)，四极子系统的声源为

$$\begin{aligned}&\lim_{\Delta\boldsymbol{r}/2\to 0}\dot{\boldsymbol{D}}(t)\cdot\nabla\left[\delta\left(\boldsymbol{r}+\frac{\Delta\boldsymbol{r}}{2}\right)-\delta\left(\boldsymbol{r}-\frac{\Delta\boldsymbol{r}}{2}\right)\right]\\&=\dot{D}(t)(\boldsymbol{d}\cdot\nabla)(\boldsymbol{l}\cdot\nabla)\delta(\boldsymbol{r})\end{aligned}\tag{2.1.31a}$$

或者写成分量形式

$$\dot{D}(t)(\boldsymbol{d}\cdot\nabla)(\boldsymbol{l}\cdot\nabla)\delta(\boldsymbol{r})=d_i l_j\dot{D}(t)\frac{\partial^2\delta(\boldsymbol{r})}{\partial x_i\partial x_j}\tag{2.1.31b}$$

与方程 (2.1.28a) 类似，由 Green 函数方程 (2.1.14b) 得到

$$p(\boldsymbol{r},t)=\frac{\rho_0}{4\pi}\int\frac{1}{|\boldsymbol{r}-\boldsymbol{r}'|}\dot{D}\left(t-\frac{|\boldsymbol{r}-\boldsymbol{r}'|}{c_0}\right)(\boldsymbol{d}\cdot\nabla')(\boldsymbol{l}\cdot\nabla')\delta(\boldsymbol{r}')\mathrm{d}^3\boldsymbol{r}'\tag{2.1.31c}$$

由于上式中 $\delta(\boldsymbol{r}')$ 函数前的微分算子 ∇' 出现二次，故必须二次使用 Green 公式，把 $\delta(\boldsymbol{r}')$ 从微分算子脱离开：①第一次使用 Green 公式，注意到关系

$$\begin{aligned}\frac{\dot{\boldsymbol{D}}\cdot\nabla'(\boldsymbol{l}\cdot\nabla')\delta(\boldsymbol{r}')}{|\boldsymbol{r}-\boldsymbol{r}'|}=&\nabla'\cdot\left[\frac{\dot{\boldsymbol{D}}}{|\boldsymbol{r}-\boldsymbol{r}'|}(\boldsymbol{l}\cdot\nabla')\delta(\boldsymbol{r}')\right]\\&-(\boldsymbol{l}\cdot\nabla')\delta(\boldsymbol{r}')\nabla'\cdot\frac{\dot{\boldsymbol{D}}}{|\boldsymbol{r}-\boldsymbol{r}'|}\end{aligned}\tag{2.1.32a}$$

注意：根据矢量运算关系 $\nabla\cdot(\psi\boldsymbol{A})=\boldsymbol{A}\cdot\nabla\psi+\psi\nabla\cdot\boldsymbol{A}$，取标量 $\psi\equiv(\boldsymbol{l}\cdot\nabla')\delta(\boldsymbol{r}')$ 和矢量 $\boldsymbol{A}\equiv\dot{\boldsymbol{D}}/|\boldsymbol{r}-\boldsymbol{r}'|$ 就得到上式. 方程 (2.1.31c) 变成

$$\begin{aligned}p(\boldsymbol{r},t)=&\frac{\rho_0}{4\pi}\int\nabla'\cdot\left[\frac{\dot{\boldsymbol{D}}}{|\boldsymbol{r}-\boldsymbol{r}'|}(\boldsymbol{l}\cdot\nabla')\delta(\boldsymbol{r}')\right]\mathrm{d}^3\boldsymbol{r}'\\&-\frac{\rho_0}{4\pi}\int[(\boldsymbol{l}\cdot\nabla')\delta(\boldsymbol{r}')]\,\nabla'\cdot\frac{\dot{\boldsymbol{D}}}{|\boldsymbol{r}-\boldsymbol{r}'|}\mathrm{d}^3\boldsymbol{r}'\end{aligned}\tag{2.1.32b}$$

使用 Green 公式，上式第一项体积分化成面积分，在无限大区域积分应该为零；②第二次使用 Green 公式，取标量 $\psi\equiv\nabla'\cdot(\dot{\boldsymbol{D}}/|\boldsymbol{r}-\boldsymbol{r}'|)$ 和矢量 $\boldsymbol{A}\equiv\boldsymbol{l}\delta(\boldsymbol{r}')$，则存在关系

$$\nabla'\cdot\left[\boldsymbol{l}\delta(\boldsymbol{r}')\nabla'\cdot\frac{\dot{\boldsymbol{D}}}{|\boldsymbol{r}-\boldsymbol{r}'|}\right]=\nabla'\cdot\frac{\dot{\boldsymbol{D}}}{|\boldsymbol{r}-\boldsymbol{r}'|}\nabla'\cdot[\boldsymbol{l}\delta(\boldsymbol{r}')]+\delta(\boldsymbol{r}')(\boldsymbol{l}\cdot\nabla')\nabla'\cdot\frac{\dot{\boldsymbol{D}}}{|\boldsymbol{r}-\boldsymbol{r}'|}$$

$$= [(\boldsymbol{l} \cdot \nabla')\delta(\boldsymbol{r}')]\nabla' \cdot \frac{\dot{\boldsymbol{D}}}{|\boldsymbol{r} - \boldsymbol{r}'|} + \delta(\boldsymbol{r}')(\boldsymbol{l} \cdot \nabla')\nabla' \cdot \frac{\dot{\boldsymbol{D}}}{|\boldsymbol{r} - \boldsymbol{r}'|} \tag{2.1.32c}$$

得到上式利用了微分关系 (注意 $\boldsymbol{l}$ 是常矢量，故 $\nabla'\boldsymbol{l} = 0$)

$$\nabla' \cdot [\boldsymbol{l}\delta(\boldsymbol{r}')] = \boldsymbol{l} \cdot \nabla'\delta(\boldsymbol{r}') + \delta(\boldsymbol{r}')\nabla'\boldsymbol{l} = \boldsymbol{l} \cdot \nabla'\delta(\boldsymbol{r}') \tag{2.1.32d}$$

把方程 (2.1.32c) 代入方程 (2.1.32b) 得到

$$p(\boldsymbol{r}, t) = \frac{\rho_0}{4\pi} \int \nabla' \cdot \left[\boldsymbol{l}\delta(\boldsymbol{r}')\nabla' \cdot \frac{\dot{\boldsymbol{D}}}{|\boldsymbol{r} - \boldsymbol{r}'|}\right] \mathrm{d}^3\boldsymbol{r}' + \frac{\rho_0}{4\pi} \int \delta(\boldsymbol{r}')(\boldsymbol{l} \cdot \nabla')\nabla' \cdot \frac{\dot{\boldsymbol{D}}}{|\boldsymbol{r} - \boldsymbol{r}'|} \mathrm{d}^3\boldsymbol{r}' \tag{2.1.32e}$$

然后第二次使用 Green 公式，上式中第一项体积分为零，于是

$$\begin{aligned} p(\boldsymbol{r}, t) &= \frac{\rho_0}{4\pi} \int \delta(\boldsymbol{r}')(\boldsymbol{l} \cdot \nabla')\nabla' \cdot \frac{\dot{\boldsymbol{D}}}{|\boldsymbol{r} - \boldsymbol{r}'|} \mathrm{d}^3\boldsymbol{r}' \\ &= \frac{\rho_0}{4\pi}(\boldsymbol{l} \cdot \nabla)\nabla \cdot \int \delta(\boldsymbol{r}') \frac{\dot{\boldsymbol{D}}}{|\boldsymbol{r} - \boldsymbol{r}'|} \mathrm{d}^3\boldsymbol{r}' \\ &= \frac{\rho_0}{4\pi}(\boldsymbol{l} \cdot \nabla)\nabla \cdot \left[\frac{\boldsymbol{d}}{|\boldsymbol{r}|} D\left(t - \frac{|\boldsymbol{r}|}{c_0}\right)\right] \end{aligned} \tag{2.1.33a}$$

得到上式，利用了方程 (2.1.28c). 注意到 $\boldsymbol{d}$ 是常矢量，$\nabla' \cdot \boldsymbol{d} = 0$，则

$$\nabla \cdot \left(\boldsymbol{d}\frac{\dot{D}}{|\boldsymbol{r}|}\right) = \boldsymbol{d} \cdot \nabla\left(\frac{\dot{D}}{|\boldsymbol{r}|}\right) + \frac{\dot{D}}{|\boldsymbol{r}|}\nabla \cdot \boldsymbol{d} = \boldsymbol{d} \cdot \nabla\left(\frac{\dot{D}}{|\boldsymbol{r}|}\right) \tag{2.1.33b}$$

代入方程 (2.1.33a) 得到四极子辐射声场的表达式

$$p(\boldsymbol{r}, t) = \frac{\rho_0}{4\pi}(\boldsymbol{l} \cdot \nabla)(\boldsymbol{d} \cdot \nabla)\left[\frac{1}{|\boldsymbol{r}|}\dot{D}\left(t - \frac{|\boldsymbol{r}|}{c_0}\right)\right] \tag{2.1.33c}$$

讨论二个简单情况.

(1) 纵向四极子，如图 2.1.4(a), $\boldsymbol{d}$ 和 $\boldsymbol{l}$ 平行，设为 z 方向，则

$$p(\boldsymbol{r}, t) = \frac{\rho_0 l}{4\pi} \frac{\partial^2}{\partial z^2}\left[\frac{1}{|\boldsymbol{r}|}\dot{D}\left(t - \frac{|\boldsymbol{r}|}{c_0}\right)\right] \tag{2.1.34a}$$

设时间简谐振动 $D(t) = D_0 \exp(-\mathrm{i}\omega t)$, 代入上式且考虑远场近似

$$p(\boldsymbol{r}, t) \approx \mathrm{i}\frac{\rho_0 c_0 k_0^3 D_0 l}{4\pi|\boldsymbol{r}|}\cos^2\vartheta \exp\left[-\mathrm{i}\omega\left(t - \frac{|\boldsymbol{r}|}{c_0}\right)\right] \tag{2.1.34b}$$

平均声强为

$$\bar{I}_r = \frac{1}{2}\mathrm{Re}(pv_{\mathrm{r}}^*) \approx \frac{|p(\boldsymbol{r},t)|^2}{2\rho_0 c_0} \approx \frac{\rho_0 c_0 k_0^6 (D_0 l)^2}{2(4\pi)^2|\boldsymbol{r}|^2}\cos^4\vartheta \tag{2.1.34c}$$

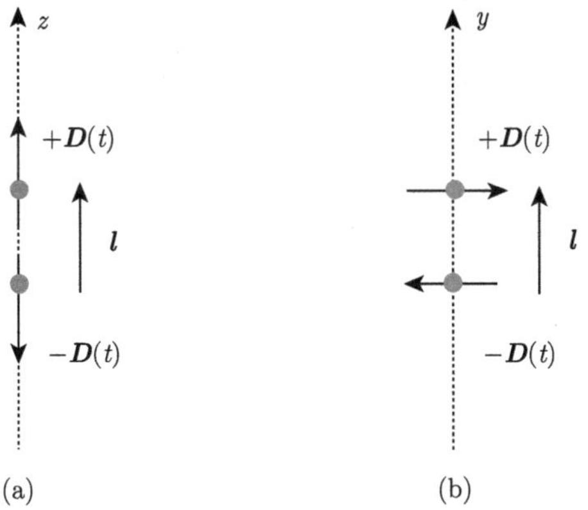

图 2.1.4 (a) 纵向四极子；(b) 横向四极子

(2) 横向四极子，如图 2.1.4(b), $\boldsymbol{d}$ 和 $\boldsymbol{l}$ 垂直，设 $\boldsymbol{d}$ 和 $\boldsymbol{l}$ 的方向分别为 x 和 y 方向，方程 (2.1.33c) 简化为

$$p(\boldsymbol{r},t) = \frac{\rho_0 l}{4\pi}\frac{\partial^2}{\partial x \partial y}\left[\frac{1}{|\boldsymbol{r}|}\dot{D}\left(t - \frac{|\boldsymbol{r}|}{c_0}\right)\right] \tag{2.1.35a}$$

设时间简谐振动 $D(t) = D_0\exp(-\mathrm{i}\omega t)$, 代入上式且考虑远场近似

$$p(\boldsymbol{r},t) \approx \mathrm{i}\frac{\rho_0 c_0 k_0^3 D_0 l}{4\pi|\boldsymbol{r}|}\sin^2\vartheta\sin\varphi\cos\varphi\exp\left[-\mathrm{i}\omega\left(t - \frac{|\boldsymbol{r}|}{c_0}\right)\right] \tag{2.1.35b}$$

平均声强为

$$\bar{I}_r \approx \frac{|p(\boldsymbol{r},t)|^2}{2\rho_0 c_0} \approx \frac{\rho_0 c_0 k_0^6 (D_0 l)^2}{2(4\pi)^2|\boldsymbol{r}|^2}\sin^4\vartheta\sin^2\varphi\cos^2\varphi \tag{2.1.35c}$$

纵向和横向四极子的辐射方向图如图 2.1.5, 其中图 2.1.5(b) 是xOy平面内 ($\vartheta = \pi/2$) 的辐射方向图.

值得记住的是：在低频条件下，单极子(单个脉动球)、偶极子(二个反相脉动球) 和四极子(两个反相偶极子) 的辐射功率分别与频率的平方 (即 $(k_0a)^2$)、4 次方 (即 $(k_0a)^4$) 和 6 次方 (即 $(k_0a)^6$) 成正比.

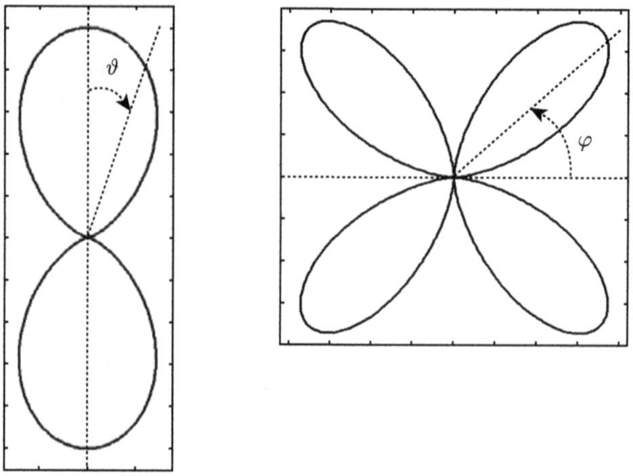

(a)　(b)

图 2.1.5　辐射强度: (a) 纵向四极子; (b) 横向四极子 (xOy 平面内 $\vartheta=\pi/2$)

2.1.4　小区域体源辐射和湍流声辐射

对任意的体源分布, 声场由方程 (1.3.23a) 决定

$$p(\boldsymbol{r},t)=\frac{1}{4\pi}\int\frac{1}{|\boldsymbol{r}-\boldsymbol{r}'|}\Im(\boldsymbol{r}',t')\mathrm{d}^3\boldsymbol{r}' \tag{2.1.36a}$$

式中, 用 $t'=|\boldsymbol{r}-\boldsymbol{r}'|/c_0$ 表示推迟时间. 如果声源位于原点附近的小区域, 且考虑远场的声压分布: $|\boldsymbol{r}|\gg|\boldsymbol{r}'|$, 那么, 方程 (2.1.36a) 可利用 Taylor 展开

$$f(\boldsymbol{r}-\boldsymbol{r}')=f(\boldsymbol{r})-\sum_{i=1}^{3}x_i'\frac{\partial f(\boldsymbol{r})}{\partial x_i}+\frac{1}{2}\sum_{i,j=1}^{3}x_i'x_j'\frac{\partial^2 f(\boldsymbol{r})}{\partial x_i\partial x_j}+\cdots \tag{2.1.36b}$$

上式代入 (2.1.36a) 得到

$$p(\boldsymbol{r},t)=p_{\mathrm{s}}(\boldsymbol{r},t)+p_{\mathrm{d}}(\boldsymbol{r},t)+p_{\mathrm{q}}(\boldsymbol{r},t)+\cdots \tag{2.1.37a}$$

其中, 为了方便定义

$$p_{\mathrm{s}}(\boldsymbol{r},t)\equiv\frac{1}{4\pi|\boldsymbol{r}|}Q\left(t-\frac{|\boldsymbol{r}|}{c_0}\right);Q(t)\equiv\int\Im(\boldsymbol{r}',t)\mathrm{d}^3\boldsymbol{r}' \tag{2.1.37b}$$

$$p_{\mathrm{d}}(\boldsymbol{r},t)\equiv-\frac{1}{4\pi}\sum_{i=1}^{3}\frac{\partial}{\partial x_i}\frac{1}{|\boldsymbol{r}|}D_i\left(t-\frac{|\boldsymbol{r}|}{c_0}\right);D_i(t)\equiv\int x_i'\Im(\boldsymbol{r}',t)\mathrm{d}^3\boldsymbol{r}' \tag{2.1.37c}$$

$$p_{\mathrm{q}}(\boldsymbol{r},t)\equiv\frac{1}{8\pi}\sum_{i,j=1}^{3}\frac{\partial^2}{\partial x_i\partial x_j}\frac{1}{|\boldsymbol{r}|}Q_{ij}\left(t-\frac{|\boldsymbol{r}|}{c_0}\right);Q_{ij}(t)\equiv\int x_i'x_j'\Im(\boldsymbol{r}',t)\mathrm{d}^3\boldsymbol{r}' \tag{2.1.37d}$$

对照方程 (2.1.10d)，(2.1.29c) 和 (2.1.33c)，显然，$p_{\rm s}$，$p_{\rm d}$ 和 $p_{\rm q}$ 分别对应于单极子、偶极子和四极子的声场，Q，D_i 和 Q_{ij} 分别对应于声源的单极矩、偶极矩和四极矩，它们分别是标量、矢量和张量. 利用 $\Im(\boldsymbol{r},t)=\rho_0\partial q/\partial t-\rho_0\nabla\cdot\boldsymbol{f}$，显然

$$Q(t)=\rho_0\frac{\partial}{\partial t}\int q\mathrm{d}^3\boldsymbol{r}'-\rho_0\iint_S\boldsymbol{f}\cdot\boldsymbol{n}'\mathrm{d}S'=\rho_0\frac{\partial}{\partial t}\int q\mathrm{d}^3\boldsymbol{r}' \tag{2.1.38a}$$

其中，S 是包围小区域的任意闭合曲面，在曲面上 $\boldsymbol{f}=0$，故上式中面积分为零，也就是说，单极矩是由质量源的时间变化产生的，如果小区域是封闭的，没有质量流进和流出，那么 $Q(t)=0$，即没有单极子辐射. 对偶极矩有同样关系

$$D_i(t)=\rho_0\frac{\partial}{\partial t}\int q(\boldsymbol{r}',t)x_i'\mathrm{d}^3\boldsymbol{r}'-\rho_0\int x_i'\nabla'\cdot\boldsymbol{f}\mathrm{d}^3\boldsymbol{r}'=\rho_0\int\boldsymbol{f}\cdot\boldsymbol{e}_i\mathrm{d}^3\boldsymbol{r}' \tag{2.1.38b}$$

上式中，我们假定质量源 $q(\boldsymbol{r}',t)$ 产生的矩 $q(\boldsymbol{r}',t)x_i'$ 的体积分为零，见 8.4.1 小节中讨论. 注意：得到方程 (2.1.38b)，利用了 $x_i'\nabla'\cdot\boldsymbol{f}=\nabla'\cdot(x_i'\boldsymbol{f})-\boldsymbol{f}\cdot\boldsymbol{e}_i$ 以及

$$\begin{aligned}\int x_i'\nabla'\cdot\boldsymbol{f}\mathrm{d}^3\boldsymbol{r}'&=\int[\nabla'\cdot(x_i'\boldsymbol{f})-\boldsymbol{f}\cdot\nabla'x_i']\mathrm{d}^3\boldsymbol{r}'\\&=\iint_S x_i'\boldsymbol{f}\cdot\boldsymbol{n}'\mathrm{d}S'-\int\boldsymbol{f}\cdot\boldsymbol{e}_i\mathrm{d}^3\boldsymbol{r}'=-\int\boldsymbol{f}\cdot\boldsymbol{e}_i\mathrm{d}^3\boldsymbol{r}'\end{aligned} \tag{2.1.38c}$$

由牛顿第二定律，力源的作用是引起动量 $\boldsymbol{p}=\rho\boldsymbol{v}$ 的变化，故由方程 (2.1.38b) 得到

$$D_i(t)\sim\rho_0\frac{\partial}{\partial t}\int\boldsymbol{p}\cdot\boldsymbol{e}_i\mathrm{d}^3\boldsymbol{r}' \tag{2.1.38d}$$

因此，偶极矩是由小区域的动量时间变化产生的. 如果小区域封闭，没有动量流进和流出，那么 $D_i(t)=0$，即没有偶极子辐射. 对一个孤立的区域，没有质量和动量的流进、流出，那么必须四极矩辐射，详细讨论见 8.4.1 小节.

单频展开 把方程 (2.1.36b) 代入方程 (1.3.23c) 得到

$$p(\boldsymbol{r},\omega)=p_{\rm s}(\boldsymbol{r},\omega)+p_{\rm d}(\boldsymbol{r},\omega)+p_{\rm q}(\boldsymbol{r},\omega) \tag{2.1.39a}$$

其中，单极子、偶极子和四极子辐射分别为

$$p_{\rm s}(\boldsymbol{r},\omega)=Q(\omega)g(|\boldsymbol{r}|);Q(\omega)\equiv\int\Im(\boldsymbol{r}',\omega)\mathrm{d}^3\boldsymbol{r}' \tag{2.1.39b}$$

$$p_{\rm d}(\boldsymbol{r},\omega)=-\sum_{i=1}^{3}D_i(\omega)\frac{\partial g(|\boldsymbol{r}|)}{\partial x_i};D_i(\omega)\equiv\int x_i'\Im(\boldsymbol{r}',\omega)\mathrm{d}^3\boldsymbol{r}' \tag{2.1.39c}$$

$$p_{\rm q}(\boldsymbol{r},\omega)=\frac{1}{2}\sum_{i,j=1}^{3}Q_{ij}(\omega)\frac{\partial^2 g(|\boldsymbol{r}|)}{\partial x_i\partial x_j};Q_{ij}(\omega)\equiv\int x_i'x_j'\Im(\boldsymbol{r}',\omega)\mathrm{d}^3\boldsymbol{r}' \tag{2.1.39d}$$

湍流的声辐射　由线性化声波方程 (1.1.28a) 以及单极子和偶极子辐射满足的方程 (2.1.13) 和 (2.1.26) 可知，质量源和力源分别对应单极子和偶极子辐射，事实上，对静止的介质，线性化声波方程的体源中并不存在四极子辐射. 然而，当分析流体剧烈运动的湍流声辐射问题时，在导出的声波方程中，声源含有四极子辐射源. 由动量守恒方程 (1.1.15b) 和质量守恒方程 (1.1.13a), 可以得到 (第 8 章将详细讨论)

$$\frac{\partial^2 \rho}{\partial t^2} - \nabla^2 p = \frac{\partial(\rho q)}{\partial t} - \nabla \cdot (\rho \boldsymbol{f}) + \sum_{i,j=1}^{3} \frac{\partial^2(\rho v_i v_j)}{\partial x_i \partial x_j} \tag{2.1.40a}$$

注意: 该方程对理想流体的运动是严格成立的. 对小振幅的声波动，利用 $p \approx c_0^2(\rho - \rho_0)$ 并假定 ρ_0 与时间和空间无关，则

$$\frac{1}{c_0^2}\frac{\partial^2 p}{\partial t^2} - \nabla^2 p = \rho_0 \frac{\partial q}{\partial t} - \rho_0 \nabla \cdot \boldsymbol{f} + \rho_0 \sum_{i,j=1}^{3} \frac{\partial^2 t_{ij}}{\partial x_i \partial x_j} \equiv \Im(\boldsymbol{r}, t) \tag{2.1.40b}$$

其中，$t_{ij} \equiv v_{i0} v_{j0}$，上式右边第三项表明: 流体的湍流产生声辐射源，而且是一个四极子声源. 由方程 (1.3.23a)，空间声场由三部分组成

$$p(\boldsymbol{r}, t) = p_{\mathrm{s}}(\boldsymbol{r}, t) + p_{\mathrm{d}}(\boldsymbol{r}, t) + p_{\mathrm{q}}(\boldsymbol{r}, t) + \cdots \tag{2.1.41a}$$

其中，单极子、偶极子和四极子辐射分别为

$$p_{\mathrm{s}}(\boldsymbol{r}, t) = \frac{\rho_0}{4\pi} \int \frac{1}{|\boldsymbol{r} - \boldsymbol{r}'|} \frac{\partial}{\partial t} q\left(\boldsymbol{r}', t - \frac{|\boldsymbol{r} - \boldsymbol{r}'|}{c_0}\right) \mathrm{d}^3 \boldsymbol{r}' \tag{2.1.41b}$$

$$p_{\mathrm{d}}(\boldsymbol{r}, t) = -\frac{\rho_0}{4\pi} \sum_{i=1}^{3} \frac{\partial}{\partial x_i} \int \frac{1}{|\boldsymbol{r} - \boldsymbol{r}'|} f_i\left(\boldsymbol{r}', t - \frac{|\boldsymbol{r} - \boldsymbol{r}'|}{c_0}\right) \mathrm{d}^3 \boldsymbol{r}' \tag{2.1.41c}$$

$$p_{\mathrm{q}}(\boldsymbol{r}, t) = \frac{\rho_0}{4\pi} \sum_{i,j=1}^{3} \frac{\partial^2}{\partial x_i \partial x_j} \int \frac{1}{|\boldsymbol{r} - \boldsymbol{r}'|} t_{ij}\left(\boldsymbol{r}', t - \frac{|\boldsymbol{r} - \boldsymbol{r}'|}{c_0}\right) \mathrm{d}^3 \boldsymbol{r}' \tag{2.1.41d}$$

对单频情况，可直接对方程 (2.1.41a) 作 Fourier 变换得到

$$p(\boldsymbol{r}, \omega) = p_{\mathrm{s}}(\boldsymbol{r}, \omega) + p_{\mathrm{d}}(\boldsymbol{r}, \omega) + p_{\mathrm{q}}(\boldsymbol{r}, \omega) \tag{2.1.42a}$$

其中，单极子、偶极子和四极子辐射分别为

$$p_{\mathrm{q}}(\boldsymbol{r}, \omega) = -\mathrm{i} k_0 \rho_0 c_0 \int q(\boldsymbol{r}', \omega) g(|\boldsymbol{r} - \boldsymbol{r}'|) \mathrm{d}^3 \boldsymbol{r}' \tag{2.1.42b}$$

$$p_{\mathrm{d}}(\boldsymbol{r}, \omega) = \rho_0 \frac{\partial}{\partial x_i} \int [f_i(\boldsymbol{r}', \omega) g(|\boldsymbol{r} - \boldsymbol{r}'|)] \mathrm{d}^3 \boldsymbol{r}' \tag{2.1.42c}$$

$$p_{\mathrm{q}}(\boldsymbol{r}, \omega) = -\rho_0 \frac{\partial}{\partial x_i \partial x_j} \int t_{ij}(\boldsymbol{r}', \omega) g(|\boldsymbol{r} - \boldsymbol{r}'|) \mathrm{d}^3 \boldsymbol{r}' \tag{2.1.42d}$$

显然，空间声场的三部分分别对应于单极子 (质量源)、偶极子 (力源) 和四极子 (张量源). 注意：这一结论是针对小区域体源得到的，所谓小区域，也就是源的线度 a 远小于声波波长 λ: $a \ll \lambda$; 当源的线度较大 ($a \sim \lambda$) 时，质量源不仅仅产生单极辐射，也产生偶极以上多极辐射，而力源不仅仅产生偶极辐射，也产生四极以上多极辐射；张量源不仅仅产生四极辐射，而且产生更高阶辐射. 详细讨论见 2.4.3 小节.

2.1.5 小区域面源辐射以及 Sommerfeld 辐射条件

如图 2.1.6, 设面源位于坐标原点附近的小区域 G 内，G 的边界面 S 以法向速度

$$v_n(\boldsymbol{r}, t) = v_n(\boldsymbol{r}, \omega)\exp(-\mathrm{i}\omega t), \quad \boldsymbol{r} \in S \tag{2.1.43}$$

作简谐振动.

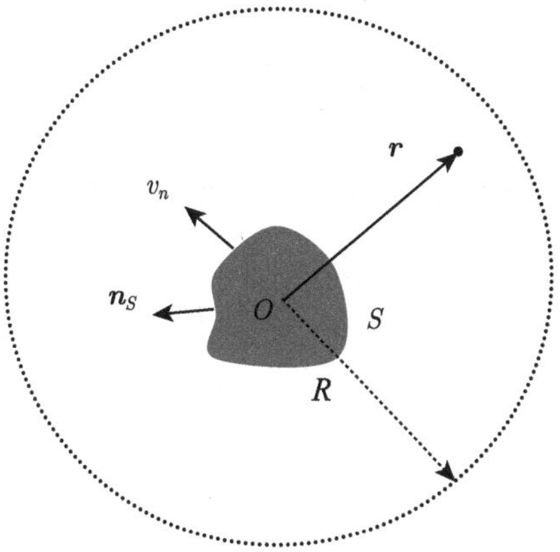

图 2.1.6 面源位于坐标原点附近

Kirchhoff-Helmholtz 积分定理 利用矢量恒等式

$$g(\nabla^2 + k_0^2)p - p(\nabla^2 + k_0^2)g = \nabla \cdot (g\nabla p - p\nabla g) \tag{2.1.44a}$$

取半径为 R 的大球，大球面 S_R 与边界面 S 包围的体积为 V，在 V 内对上式作体积分并使用 Gauss 定理

$$\int_V [g(\nabla^2 + k_0^2)p - p(\nabla^2 + k_0^2)g]\mathrm{d}^3\boldsymbol{r} = \iint_{S+S_R} (g\nabla p - p\nabla g) \cdot \boldsymbol{n}\mathrm{d}S \tag{2.1.44b}$$

上式中，g 和 p 是满足一定微分条件的任意函数，$\boldsymbol{n}$ 是 $S + S_R$ 的外法向单位矢量. 取 p 为声压，并且假定在 V 内不存在其他体源，满足齐次 Helmholtz 方程 $(\nabla^2 + k_0^2)p = 0$; 取 g 为自由空间的 Green 函数，即方程 (1.3.24a) 的形式，它满足

方程 (1.3.24b)，因此得到

$$p(\boldsymbol{r}',\omega)=-\iint_S(g\nabla p-p\nabla g)\cdot\boldsymbol{n}_S\mathrm{d}S+I_R \tag{2.1.44c}$$

注意：上式右边加负号是因为现在 $\boldsymbol{n}_S$ 是指边界面 S 的法向，在 S 面上 $\boldsymbol{n}=-\boldsymbol{n}_S$. 式中

$$I_R=\iint_{S_R}(g\nabla p-p\nabla g)\cdot\boldsymbol{n}\mathrm{d}S \tag{2.1.44d}$$

作运算

$$\nabla g(R)=\frac{\partial g(R)}{\partial R}\nabla R=\frac{\mathrm{i}k_0R-1}{R}g(|\boldsymbol{r}-\boldsymbol{r}'|)\boldsymbol{e}_R \tag{2.1.44e}$$

其中，$R=|\boldsymbol{r}-\boldsymbol{r}'|$，$\boldsymbol{e}_R=\boldsymbol{R}/R$ 是 $\boldsymbol{R}=\boldsymbol{r}-\boldsymbol{r}'$ 方向的单位矢量. 在大球面 S_R 上，$|\boldsymbol{r}|\to\infty$, 而 $|\boldsymbol{r}'|$ 总是有限，因此 $\boldsymbol{R}/R\approx\boldsymbol{e}_r=\boldsymbol{n}$ 和 $R\approx|\boldsymbol{r}|$，故

$$I_R=\lim_{R\to\infty}\iint_{S_R}\left(\frac{\partial p}{\partial r}-\mathrm{i}k_0p\right)g\mathrm{d}S \tag{2.1.45a}$$

注意到：在球坐标中 $\mathrm{d}S\sim r^2\mathrm{d}r$ 以及 $g\sim 1/r$，如果要求

$$\lim_{r\to\infty}r\left(\frac{\partial p}{\partial r}-\mathrm{i}k_0p\right)=0 \tag{2.1.45b}$$

那么 $I_R\to 0$. 方程 (2.1.45b) 称为**Sommerfeld 辐射条件**. 为了进一步了解上式的意义，分析下列二个函数

$$p_1(r)=\frac{1}{4\pi r}\exp(\mathrm{i}k_0r);p_2(r)=\frac{1}{4\pi r}\exp(-\mathrm{i}k_0r) \tag{2.1.46a}$$

显然，$p_1(r)$ 和 $p_2(r)$ 都是波动方程的解，但

$$\begin{aligned}&\lim_{r\to\infty}r\left[\frac{\partial p_1(r)}{\partial r}-\mathrm{i}k_0p_1(r)\right]=-\lim_{r\to\infty}\frac{1}{4\pi r}\exp(\mathrm{i}k_0r)=0\\&\lim_{r\to\infty}r\left[\frac{\partial p_2(r)}{\partial r}-\mathrm{i}k_0p_2(r)\right]=-\frac{\mathrm{i}k}{2\pi}\exp(-\mathrm{i}k_0r)\end{aligned} \tag{2.1.46b}$$

因此 $p_1(r)$ 满足 Sommerfeld 辐射条件，而 $p_2(r)$ 不满足. 事实上，方程 (2.1.46a) 乘上时间项后

$$p_1(r,t)=\frac{1}{4\pi r}\exp[\mathrm{i}(k_0r-\omega t)];p_2(r,t)=\frac{1}{4\pi r}\exp[-\mathrm{i}(k_0r+\omega t)] \tag{2.1.46c}$$

根据 1.3 节的讨论，$p_1(r,t)$ 表示由原点向外传播的解，而 $p_2(r,t)$ 表示由无限远处向原点会聚的波. 因此，当点声源位于原点时，$p_1(r,t)$ 才是辐射解.

注意：①当时间项取形式 $\exp(\mathrm{i}\omega t)$ 时，Sommerfeld 辐射条件应修改为

$$\lim_{r\to\infty} r\left(\frac{\partial p}{\partial r}+\mathrm{i}k_0 p\right)=0 \tag{2.1.47a}$$

此时 $p_2(r)$ 是辐射解; ②由频域到时域的变换关系 $-\mathrm{i}\omega \leftrightarrow \partial/\partial t$，Sommerfeld 辐射条件方程 (2.1.45b) 的时域形式为

$$\lim_{r\to\infty} r\left(\frac{\partial p}{\partial r}+\frac{1}{c_0}\frac{\partial p}{\partial t}\right)=0 \tag{2.1.47b}$$

二维情况 对二维情况，方程 (2.1.44c) 中面积分修改成线积分，方程 (2.1.44d) 中在大球面上的面积分修改成在半径为 R 的大圆的线积分，于是

$$I_R=\int_{S_R}(g\nabla p-p\nabla g)\cdot \boldsymbol{n}\mathrm{d}S \tag{2.1.48a}$$

其中，g 修改为二维 Green 函数 $g(|\boldsymbol{\rho}-\boldsymbol{\rho}'|)=-\mathrm{i}\mathrm{H}_0^{(1)}(k_0|\boldsymbol{\rho}-\boldsymbol{\rho}'|)/4$，在大圆上

$$\nabla g(R)=\frac{\partial g(R)}{\partial R}\nabla R=-\mathrm{i}\frac{k_0}{4}\cdot\frac{\mathrm{d}\mathrm{H}_0^{(1)}(k_0R)}{\mathrm{d}(k_0R)}\nabla R\approx \mathrm{i}\frac{k_0}{4}\cdot \mathrm{H}_1^{(1)}(k_0R)\boldsymbol{e}_\rho \tag{2.1.48b}$$

其中，$R=|\boldsymbol{\rho}-\boldsymbol{\rho}'|$，$\boldsymbol{e}_\rho=\boldsymbol{R}/R$ 是 $\boldsymbol{R}=\boldsymbol{\rho}-\boldsymbol{\rho}'$ 方向的单位矢量. 在二维极坐标中 $\mathrm{d}S\sim 2\pi\rho\mathrm{d}\rho$ 以及利用 Hankel 函数的渐近关系 (见 2.3.1 小节讨论)$\mathrm{H}_0^{(1)}\sim 1/\sqrt{\rho}$ 和 $\mathrm{H}_1^{(1)}\sim 1/\sqrt{\rho}$，方程 (2.1.48a) 近似为

$$I_R\sim 2\pi\lim_{\rho\to\infty}\frac{1}{\sqrt{\rho}}\left(\frac{\partial p}{\partial \rho}-\mathrm{i}k_0 p\right)\rho\to 0 \tag{2.1.48c}$$

故二维情况下的 Sommerfeld 辐射条件为

$$\lim_{\rho\to\infty}\sqrt{\rho}\left(\frac{\partial p}{\partial \rho}-\mathrm{i}k_0 p\right)=0 \tag{2.1.48d}$$

考虑三维情况，设 p 满足 Sommerfeld 辐射条件，则

$$p(\boldsymbol{r}',\omega)=-\iint_S(g\nabla p-p\nabla g)\cdot\boldsymbol{n}_S\mathrm{d}S \tag{2.1.49a}$$

由于 Green 函数的对称性：$g(|\boldsymbol{r}-\boldsymbol{r}'|)=g(|\boldsymbol{r}'-\boldsymbol{r}|)$，上式变量对调：$\boldsymbol{r}\leftrightarrow\boldsymbol{r}'$ 得到

$$p(\boldsymbol{r},\omega)=-\iint_S[g(|\boldsymbol{r}-\boldsymbol{r}'|)\nabla' p(\boldsymbol{r}',\omega)-p(\boldsymbol{r}',\omega)\nabla' g(|\boldsymbol{r}-\boldsymbol{r}'|)]\cdot\boldsymbol{n}'_S\mathrm{d}S' \tag{2.1.49b}$$

注意到：$\nabla p=\mathrm{i}\rho_0\omega\boldsymbol{v}$，故在边界面上：$\nabla' p\cdot\boldsymbol{n}_S=\mathrm{i}\rho_0\omega\boldsymbol{v}\cdot\boldsymbol{n}'_S=\mathrm{i}\rho_0\omega v_n$. 因此

$$\begin{aligned}p(\boldsymbol{r},\omega)=&\rho_0\iint_S g(|\boldsymbol{r}-\boldsymbol{r}'|)(-\mathrm{i}\omega)v_n(\boldsymbol{r},\omega)\mathrm{d}S'\\&+\iint_S p(\boldsymbol{r}',\omega)\nabla' g(|\boldsymbol{r}-\boldsymbol{r}'|)\cdot\boldsymbol{n}'_S\mathrm{d}S'\end{aligned} \tag{2.1.49c}$$

必须说明的是：在 S 上，我们仅给出了法向速度 $v_n(\boldsymbol{r},\omega)$，而没有给出声压 $p(\boldsymbol{r}',\omega)$，因此，方程 (2.1.49c) 是关于声压 $p(\boldsymbol{r}',\omega)$ 的一个积分方程. 利用方程 (2.1.44e) 和 $\nabla' g=-\nabla g$，于是

$$\begin{aligned}p(\boldsymbol{r},\omega)=&\rho_0\iint_S g(|\boldsymbol{r}-\boldsymbol{r}'|)(-\mathrm{i}\omega)v_n(\boldsymbol{r}',\omega)\mathrm{d}S'\\&+\frac{1}{c_0}\iint_S\left(-\mathrm{i}\omega+\frac{c_0}{R}\right)p(\boldsymbol{r}',\omega)g(|\boldsymbol{r}-\boldsymbol{r}'|)\boldsymbol{e}_R\cdot\boldsymbol{n}'_S\mathrm{d}S'\end{aligned}\tag{2.1.49d}$$

上式是单频声压的方程，注意到变换关系：$-\mathrm{i}\omega\leftrightarrow\partial/\partial t$，立即得到时域方程

$$\begin{aligned}p(\boldsymbol{r},t)=&\frac{\rho_0}{4\pi}\iint_S\frac{\dot{v}_n(\boldsymbol{r}',t-R/c_0)}{R}\mathrm{d}S'\\&+\frac{1}{4\pi c_0}\iint_S\left(\frac{\partial}{\partial t}+\frac{c_0}{R}\right)\frac{p(\boldsymbol{r}',t-R/c_0)}{R}\boldsymbol{e}_R\cdot\boldsymbol{n}'_S\mathrm{d}S'\end{aligned}\tag{2.1.49e}$$

Kirchhoff-Helmholtz 积分的多极展开　利用方程 (2.1.36b)，上式变成

$$\begin{aligned}p(\boldsymbol{r},t)=&\frac{1}{4\pi|\boldsymbol{r}|}S\left(t-\frac{|\boldsymbol{r}|}{c_0}\right)-\nabla\cdot\frac{1}{4\pi|\boldsymbol{r}|}\boldsymbol{D}\left(t-\frac{|\boldsymbol{r}|}{c_0}\right)\\&+\sum_{i,j=1}^{3}\frac{\partial^2}{\partial x_i\partial x_j}\frac{1}{4\pi|\boldsymbol{r}|}Q_{ij}\left(t-\frac{|\boldsymbol{r}|}{c_0}\right)+\cdots\end{aligned}\tag{2.1.50a}$$

其中，对应的单极矩、偶极矩和四极矩分别为

$$S(t)=\rho_0\iint_S\dot{v}_n(\boldsymbol{r}',t)\mathrm{d}S'\equiv\rho_0\dot{Q}(t)\tag{2.1.50b}$$

$$\boldsymbol{D}(t)=\iint_S[\rho_0\boldsymbol{r}'\dot{v}_n(\boldsymbol{r}',t)+\boldsymbol{n}_S p(\boldsymbol{r}',t)]\mathrm{d}S'\tag{2.1.50c}$$

$$Q_{ij}(t)=\frac{1}{2}\iint_S[\rho_0x'_ix'_j\dot{v}_n(\boldsymbol{r}',t)+(n_{Sj}x'_i+n_{Si}x'_j)p(\boldsymbol{r}',t)]\mathrm{d}S'\tag{2.1.50d}$$

得到上式，已利用了微分关系

$$\left(\frac{\partial}{\partial t}+\frac{c_0}{R}\right)\frac{p(\boldsymbol{r}',t-R/c_0)}{R}\boldsymbol{e}_R=-c_0\nabla\frac{p(\boldsymbol{r}',t-R/c_0)}{R}\tag{2.1.50e}$$

注意：对一个复杂的振动体，如果单极矩和偶极矩为零，必须考虑四极矩引起的声辐射，具体例子见 2.4.2 小节讨论.

2.2　组合声源和相控阵理论

由 2.1 节讨论可知，低频辐射时，单极子点源辐射的功率与频率平方正比，但辐射没有指向性；偶极子辐射有指向性，但辐射功率与频率四次方正比，辐射功率

太小. 由叠加原理，一个复杂的声源可以看成多个点源叠加而成，故我们能否通过声源的组合，既提高辐射的功率，又可以得到需要的指向性呢? 本节介绍的组合声源方法，特别是相控阵理论，不仅能够很好解决这个问题，而且可以生成各种特殊形式的声场或声束.

2.2.1 两个同相脉动球源的组合辐射

在 2.1.2 小节中我们介绍了二个反相脉动球的声辐射，即偶极子辐射. 现在讨论二个同相小脉动球源的组合辐射，它是构成声柱和声阵辐射的基本模型. 设 z 轴上二个相距为 l 的小脉动球源位于 $(0,0,-l/2)$ 和 $(0,0,l/2)$(如图 2.2.1)，它们具有相同的振动频率、振幅以及相位. 在空间产生的声场为

$$p(\boldsymbol{r},\omega)=\frac{A}{4\pi r_1}\exp(\mathrm{i}k_0r_1)+\frac{A}{4\pi r_2}\exp(\mathrm{i}k_0r_2) \tag{2.2.1a}$$

其中，r_1 和 r_2 分别是脉动球源到场点 P 的距离，$A=-\mathrm{i}\rho_0c_0q_0k_0$ 是与脉动球源强度 q_0 有关的常数. 在远场 $(k_0|\boldsymbol{r}|\gg 1)$

$$r_1\approx r-\varDelta;r_2\approx r+\varDelta \tag{2.2.1b}$$

其中，$\varDelta\equiv l\cos\vartheta/2$ 为二个小球源到场点的声程差的 1/2. 上式代入方程 (2.2.1a) 得

$$p(\boldsymbol{r},\omega)\approx\frac{A\exp(\mathrm{i}k_0r)}{4\pi r}2\cos(k_0\varDelta)=\frac{A\exp(\mathrm{i}k_0r)}{4\pi r}\cdot\frac{\sin(2k_0\varDelta)}{\sin(k_0\varDelta)} \tag{2.2.1c}$$

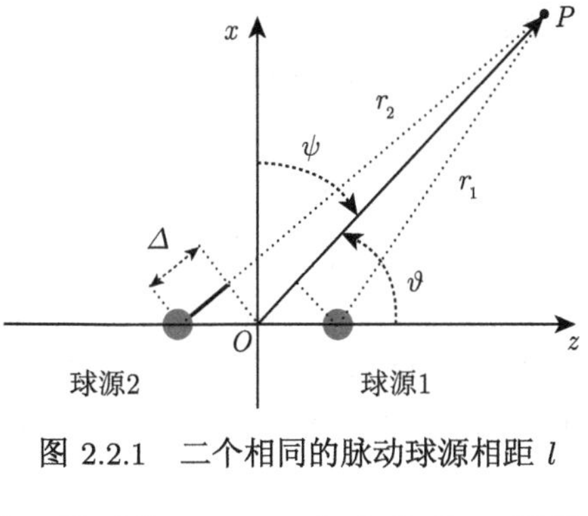

图 2.2.1 二个相同的脉动球源相距 l

由于整个系统关于 z 轴对称，$p(\boldsymbol{r},\omega)$ 与方位角 φ 无关，为了方便，我们限定在 xOz 平面讨论，取 ψ 为连线 OP 与 x 轴的夹角, 在 xOz 平面内 $\psi=\pi/2-\vartheta$(注意: 如果场点 P 不在 xOz 平面内, ψ 与ϑ没有这样简单的关系，例如，场点 P 在 xOy 平面内时，$\vartheta=\pi/2$，而 ψ 可任意变化)，则 $\varDelta=l\sin\psi/2$. 定义方向性因子

$$D(\psi)\equiv\left|\frac{p(\boldsymbol{r},\omega)}{p(\boldsymbol{r},\omega)|_{\psi=0}}\right|=\left|\frac{\sin(2k_0\varDelta)}{2\sin(k_0\varDelta)}\right|=\left|\frac{\sin[2\pi(l/\lambda)\sin\psi]}{2\sin[\pi(l/\lambda)\sin\psi]}\right| \tag{2.2.2a}$$

上式的性质讨论如下.

(1) 当 $k_0\varDelta = m\pi(m=0,1,2,\cdots)$ 或者 $l\sin\psi = m\lambda$ 时，$D(\psi)=1$. 也就是说，在某些方向上，从二个小球源传来的声波，其声程差 $l\sin\psi$ 恰好是波长的整数倍. 在这个方向上振动同相，合成声压的幅值为极大，出现极大的方向为

$$\psi = \arcsin\left(\frac{m\lambda}{l}\right) \quad (m=0,1,2,\cdots) \tag{2.2.2b}$$

其中，$\psi=0$ 方向为**主极大**；其余称为**副极大**. 显然，副极大的个数由 l/λ 的整数部分决定. 如果 $l<\lambda$，那么只有一个主极大. 特别要指出的是，副极大方向和主极大方向的声压幅值是一样的.

(2) 当 $k_0\varDelta=(m+1/2)\pi(m=0,1,2,\cdots)$ 或者 $l\sin\psi=(2m+1)\lambda/2$ 时，即声程差 $l\sin\psi$ 恰好是半波长的奇数倍. 在这个方向上振动反相，合成声压的幅值为零，出现零的方向为

$$\psi = \arcsin\left[(2m+1)\frac{\lambda}{2l}\right] \quad (m=0,1,2,\cdots) \tag{2.2.2c}$$

定义出现第一个零声压的方向为主极大的张角

$$\psi_0 = \arcsin\left(\frac{\lambda}{2l}\right) \tag{2.2.2d}$$

可见，对一定的频率，l 越大，张角越小，即主声束越窄 (这是我们要求的)；当 $l<\lambda/2$ 时，不存在合成声压为零的方向.

(3) 当 $k_0 l \ll 1$，即 $k_0\varDelta \ll 1$ 时，$D(\psi)\approx 1$，故二个小球源靠得很近时，辐射无方向性. 相当于二个声源合成一个.

实际问题中，我们希望主声束尽可能窄，而不出现浪费声能量的副极大. 以上讨论可见：这是矛盾的，l 越大，主声束越窄，但可能出现副极大. 图 2.2.2 给出了 $l=\lambda/2,\lambda,3\lambda/2,2\lambda$ 四个方向图. 为了遏制副极大而得到尽可能窄的主声束，我们提出了多种组合声源的方法，见下面讨论.

自辐射阻抗与互辐射阻抗　空间总声场是二个小球源辐射声场的叠加，因此，每个小球源不仅受到自己辐射声场的反作用力，而且还受到另一个小球源辐射声场的作用力. 以小球源 1 为例，合成声场作用在小球源 1 表面上的合力 (径向作用力) 为

$$F_1 = F_{11} + F_{12} \tag{2.2.3a}$$

其中，F_{11} 是小球源 1 自己辐射声场的反作用力，F_{12} 是小球源 2 辐射声场对小球源 1 的作用力. 由 2.1.1 小节讨论，计及辐射总声场对小球源 1 的合作用力 F_1，就相当于在它的振动系统上附加了一项辐射阻抗

$$Z_1 = \frac{F_1}{u_1} = \frac{F_{11}}{u_1} + \frac{F_{12}}{u_1} \equiv Z_{11} + Z_{12} \tag{2.2.3b}$$

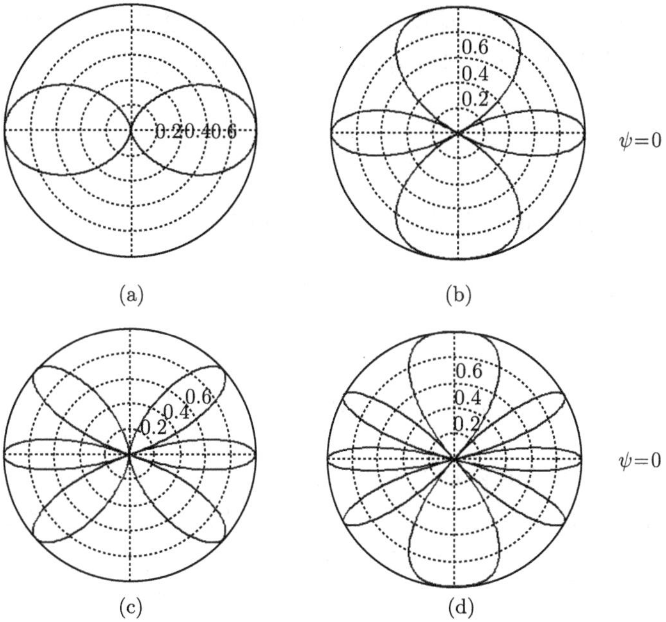

图 2.2.2　二个相同小球源不同间距时的远场辐射方向图

(a) $l=\lambda/2$; (b)$l=\lambda$; (c)$l=3\lambda/2$; (d)$l=2\lambda$

其中，u_1 为小球源 1 表面径向振速幅值，$Z_{11}=F_{11}/u_1$ 为小球源 1 自身的辐射阻抗，故称为**自辐射阻抗**，或者称为**自阻抗**；而 $Z_{12}=F_{12}/u_1$ 为小球源 2 在小球源 1 上产生的辐射阻抗，它反映了声源之间的相互作用，因此称为**互辐射阻抗**，或者称为**互阻抗**. 由方程 (2.1.7d)，自阻抗为

$$Z_{11}=\frac{F_{11}}{u_1}\equiv R_{11}(\omega)-\mathrm{i}X_{11}(\omega) \tag{2.2.3c}$$

其中，$R_{11}(\omega)=S_1\rho_0c_0(k_0a_1)^2; X_{11}(\omega)=S_1\rho_0c_0(k_0a_1)$，$S_1$ 和 a_1 分别为小球源 1 的表面积和半径. 得到上式，已假定小球源足够小，即 $k_0a_1\ll 1$.

现在来计算 Z_{12}. 由于球源很小，对声波的散射可忽略 (见 3.1 节)，小球源 1 近似处于小球源 2 的自由声场中，故由方程 (2.1.5a)，小球源 2 辐射的声场在小球源 1 表面近似为

$$p_{12}=-\mathrm{i}\frac{\rho_0c_0a_2^2k_0u_2}{l}\exp(\mathrm{i}k_0l) \tag{2.2.4a}$$

其中，u_2 为小球源 2 表面径向振速幅值，a_2 为小球源 2 的半径. 因此小球源 2 辐射的声场对小球源 1 的作用力为

$$F_{12}=-p_{12}S_1=-\mathrm{i}\frac{\rho_0c_0a_2^2k_0u_2}{l}S_1\exp(\mathrm{i}k_0l) \tag{2.2.4b}$$

注意：上式有一个 “−” 号，是因为当 $p_{12}>0$ 时，作用力方向与球面法向相反；反之当 $p_{12}<0$ 时，作用力方向与球面法向一致. 故互阻抗为

$$Z_{12}=\frac{F_{12}}{u_1}\equiv R_{12}(\omega)-\mathrm{i}X_{12}(\omega) \tag{2.2.5a}$$

其中，互辐射阻 $R_{12}(\omega)$ 和互辐射抗 $X_{12}(\omega)$ 分别为

$$R_{12}(\omega)=\rho_0c_0(a_2k_0)^2S_1\frac{u_2}{u_1}\frac{\sin(k_0l)}{k_0l} \tag{2.2.5b}$$

$$X_{12}(\omega)=\rho_0c_0(a_2k_0)^2S_1\frac{u_2}{u_1}\frac{\cos(k_0l)}{k_0l} \tag{2.2.5c}$$

可见，互辐射阻抗与距离有密切关系：互辐射阻 $R_{12}(\omega)$ 和互辐射抗 $X_{12}(\omega)$ 可正也可负，依赖于 k_0l 的值. 当 $R_{12}(\omega)>0$ 时，表示小球源 2 对小球源 1 的影响表现为 “阻力”，这时小球源 1 除了要克服自身声场的 “阻力”(即自辐射阻) 外，还必须克服小球源 2 对它的 “阻力”，结果辐射阻增加，从而声功率也增加；当 $R_{12}(\omega)<0$ 时，小球源 1 需要克服的 “阻力” 减小，从而辐射声功率也减小. 当 $X_{12}(\omega)>0$ 时，表示小球源 2 对小球源 1 的影响表现为惯性作用，这时小球源 1 同振质量增加；当 $X_{12}(\omega)<0$ 时，表示小球源 2 对小球源 1 的影响表现为弹性力的作用 (参考方程 (2.1.7c) 中的 Z_{m}，弹性系数 K 与质量 M 对抗的贡献符号相反)，小球源 1 的同振质量减小. 方程 (2.2.5b) 和 (2.2.5c) 结合方程 (2.2.3c) 得到小球源 1 的辐射阻抗 $Z_1=R_1(\omega)-\mathrm{i}X_1(\omega)$ 为

$$\begin{aligned}R_1(\omega)&\equiv R_{11}(\omega)+R_{12}(\omega)=S_1\rho_0c_0(k_0a_1)^2\left[1+\left(\frac{a_2}{a_1}\right)^2\frac{u_2}{u_1}\frac{\sin(k_0l)}{k_0l}\right]\\X_1(\omega)&\equiv X_{11}(\omega)+X_{12}(\omega)=S_1\rho_0c_0(k_0a_1)\left[1+(k_0a_2)\frac{a_2u_2}{a_1u_1}\frac{\cos(k_0l)}{k_0l}\right]\end{aligned} \tag{2.2.6a}$$

当两个小球源完全相同时：$S_1=S_2\equiv S_0$，$u_1=u_2=u_0$ 以及 $a_1=a_2=a$，上式简化成

$$\begin{aligned}R_1(\omega)&=S_0\rho_0c_0(k_0a)^2\left[1+\frac{\sin(k_0l)}{k_0l}\right]\\X_1(\omega)&=S_0\rho_0c_0(k_0a)\left[1+k_0a\frac{\cos(k_0l)}{k_0l}\right]\end{aligned} \tag{2.2.6b}$$

图 2.2.3 给出了 R_1/R_{11} 和 X_1/X_{11} 随 l/λ 的变化关系，显然，抗部分与 k_0a 有关，计算中取 $k_0a\approx1$.

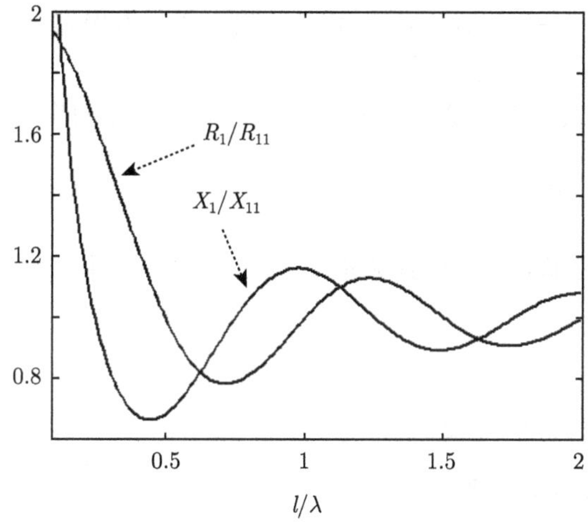

图 2.2.3 小球源 1 的辐射阻抗 (相对值)

小球源 1 的辐射声功率为

$$P_1(\omega) \equiv \frac{1}{2}R_1(\omega)u_0^2 = \frac{1}{2}S_0\rho_0c_0(k_0a)^2u_0^2\left[1+\frac{\sin(k_0l)}{k_0l}\right] \tag{2.2.7a}$$

当 $k_0l \ll 1$ 时

$$P_1(\omega) \approx S_0\rho_0c_0(k_0a)^2u_0^2 \tag{2.2.7b}$$

与方程 (2.1.6b) 比较，可见小球源 1 的辐射声功率是单独存在时辐射声功率的 2 倍. 当 $k_0l \gg 1$ 时

$$P_1(\omega) \approx \frac{1}{2}S_0\rho_0c_0(k_0a)^2u_0^2 \tag{2.2.7c}$$

这就是小球源 1 单独存在时的辐射声功率，因为随距离增加，小球源之间相互作用减弱，这时组合声源辐射功率等于二个小球源单独存在时的辐射声功率之和.

我们也可以直接从方程 (2.2.1c) 得到整个组合声源的辐射声功率，由方程 (2.2.1c) 得到远场平均声强为

$$I_{\rm av}(r,\vartheta,\omega) = \frac{1}{2}{\rm Re}(pv_{\rm r}^*) = \frac{1}{2}\frac{1}{\rho_0c_0}\frac{|A|^2}{4\pi^2r^2}\cos^2(k_0\varDelta) \tag{2.2.8a}$$

故平均声功率为

$$\begin{aligned}P_{\rm av}(\omega) &= \iint I_{\rm av}(r,\vartheta,\omega){\rm d}S\\ &= \frac{1}{\rho_0c_0}\frac{|A|^2}{2\pi}\int_0^{\pi}\cos^2\left(\frac{k_0l}{2}\cos\vartheta\right)\sin\vartheta{\rm d}\vartheta\\ &= S_0\rho_0c_0(k_0a)^2u_0^2\left[1+\frac{\sin(k_0l)}{k_0l}\right]\end{aligned} \tag{2.2.8b}$$

注意:$A=-\mathrm{i}\rho_0c_0q_0k_0=-\mathrm{i}\rho_0c_0(4\pi a^2u_0)k_0$. 比较上式与方程 (2.2.7a)，显然，$P_{\mathrm{av}}(\omega)=2P_1(\omega)$.

互易原理　显然，小球源 1 辐射的声场对小球源 2 的作用力为

$$F_{21}=-p_{21}S_2=-\mathrm{i}\frac{\rho_0c_0a_1^2k_0u_1}{l}S_2\exp(\mathrm{i}k_0l) \tag{2.2.9a}$$

由方程 (2.2.4b) 和上式，不难得到关系 (注意：$S_1=\pi a_1^2$ 和 $S_2=\pi a_2^2$)

$$\frac{F_{12}}{u_2}=\frac{F_{21}}{u_1} \tag{2.2.9b}$$

上式是互易原理的另外一种表示.

2.2.2　线阵的辐射和相控阵

由图 2.2.2 可见，对二个同相辐射的声源，副极大方向和主极大方向的声压幅值是一样的，但我们希望主声束尽可能窄，而不出现浪费声能量的副极大. 为了遏制副极大而得到尽可能窄的主声束，我们提出了多种组合声源的方法，最简单的是线阵，如图 2.2.4，由 N 个同相辐射的声源组成线阵. 设每个声源到观测点的距离为 r_j，则总声压分布为

$$p(r,\psi,\omega)=\sum_{j=1}^{N}\frac{A}{4\pi r_j}\exp(\mathrm{i}k_0r_j) \tag{2.2.10a}$$

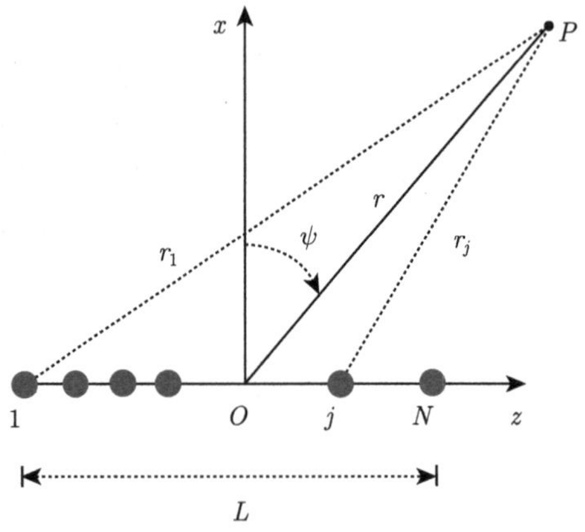

图 2.2.4　N 个相同点声源组成的线阵

在远场条件下，线阵的总长度 $L=(N-1)l\ll r$，l 为每个点声源间的距离，仍然考虑 xOz 平面，那么 $r_2\approx r_1-l\sin\psi$，$r_3\approx r_2-l\sin\psi=r_1-2l\sin\psi,\cdots,r_N\approx r_1-(N-1)l\sin\psi$, 所以第 j 个声源与 P 点的距离为 $r_j\approx r_1-(j-1)\varDelta(j=2,3,\cdots,N)$，

其中，$\varDelta\equiv l\sin\psi$. 当取线阵中间为原点，$r\approx r_1-(L/2)\sin\psi=r_1-(L/2l)\varDelta$，或者 $r_1\approx r+(L/2l)\varDelta$，于是，远场声压为

$$
\begin{aligned}
p(r,\psi,\omega)&\approx\frac{A}{4\pi r}\mathrm{e}^{\mathrm{i}k_0r}\exp[\mathrm{i}k_0L/(2l)\varDelta]\sum_{j=1}^{N}\exp[-\mathrm{i}k_0(j-1)\varDelta]\\
&=\frac{A}{4\pi r}\mathrm{e}^{\mathrm{i}k_0r}\frac{\sin(Nk_0\varDelta/2)}{\sin(k_0\varDelta/2)}
\end{aligned}
\tag{2.2.10b}
$$

得到上式，利用了关系：$L/l=N-1$. 注意到 x 轴上一点 (因为 $\psi=\pi/2-\vartheta$, $\psi=0$, $\vartheta=\pi/2$) 的远场声压为

$$
p(r,0,\omega)\approx\frac{A}{4\pi r}\mathrm{e}^{\mathrm{i}k_0r}\lim_{\varDelta\to0}\frac{\sin(Nk_0\varDelta/2)}{\sin(k_0\varDelta/2)}\approx N\frac{A}{4\pi r}\mathrm{e}^{\mathrm{i}k_0r}
\tag{2.2.10c}
$$

于是，方程 (2.2.10b) 可写成

$$
p(r,\psi,\omega)\approx p(r,0,\omega)D(\psi)
\tag{2.2.11a}
$$

其中，$D(\psi)$ 称为方向性因子

$$
D(\psi)=\frac{1}{N}\cdot\frac{\sin(Nk_0l\sin\psi/2)}{\sin(k_0l\sin\psi/2)}
\tag{2.2.11b}
$$

图 2.2.5 画出了阵元数 $N=8$ 时，$k_0l=\pi$ 和 $3\pi/2$ 辐射方向图，由图可见，若干副极大得到了很大的遏制，频率越高，主极大波束越窄；图 2.2.6 画出了 $k_0l=\pi$ 时，$N=8$ 和 20 时的辐射方向图，由图 2.2.6 可见，阵元越多，主极大波束越窄；当 k_0l

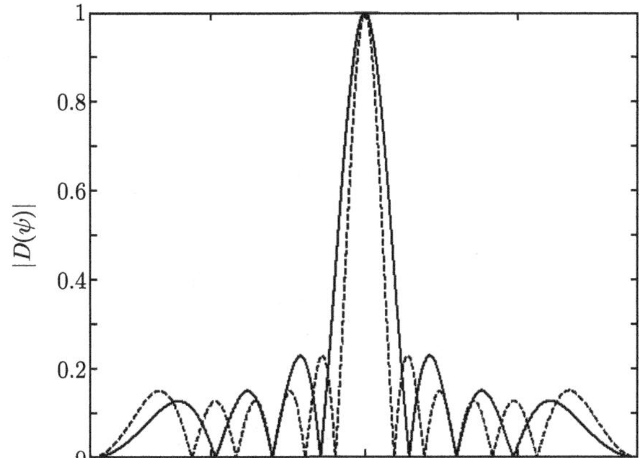

图 2.2.5 线阵的辐射方向图

$k_0l=\pi$(实线); $k_0l=3\pi/2$(虚线)

较大时，除主极大外，将出现与主极大同样幅值的副极大 (见图 2.2.7，取 $N=8$)，而副极大是我们要遏制的，k_0l 越大，副极大越多，由图 2.2.7，当 $k_0l=3\pi$ 时，有 2 个关于 $\psi=0$ 对称的副极大，而当 $k_0l=5\pi$ 时，有 4 个关于 $\psi=0$ 对称的副极大. 因此，一般取 $k_0l<\pi$ 或者 $l<\lambda/2$，即声源间距小于半波长.

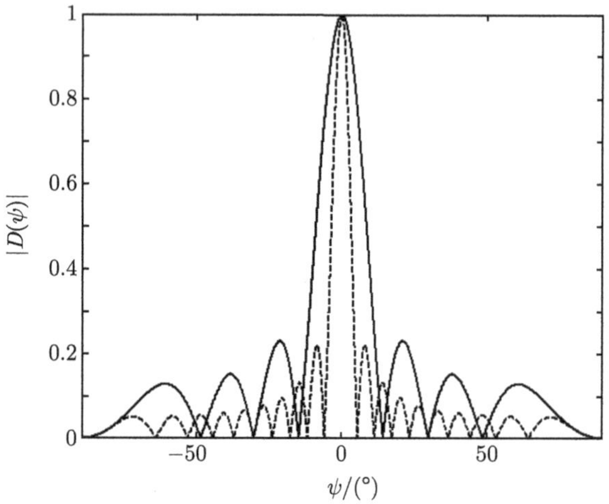

图 2.2.6　线阵的辐射方向图

$N=8$(实线); $N=20$(虚线)

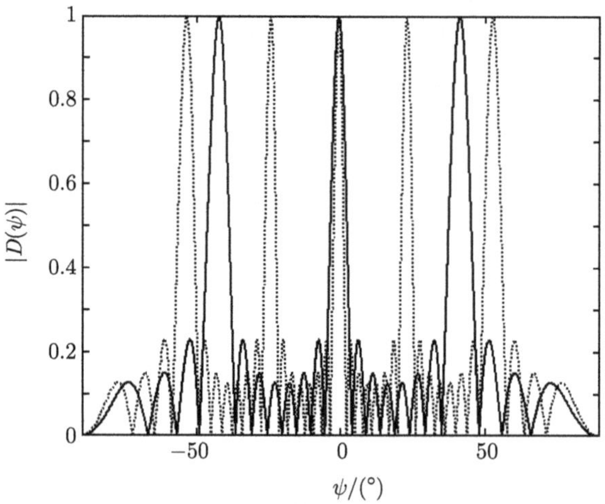

图 2.2.7　线阵的辐射方向图

$k_0l=3\pi$(实线); $k_0l=5\pi$(虚线)

值得指出的是: ①以上我们的讨论都限制在小脉动球源或者由小脉动球源组成的线阵，在低频 ($k_0a\ll 1$，其中 a 是声源的几何线度) 条件下，这种近似是可以的; ②图 2.2.5～ 图 2.2.7 仅画出了 $-90^\circ \sim +90^\circ$ 的曲线，即线阵的前方，线阵的后方辐射与前方的辐射是一样的. 为了遏制后方的辐射，每个阵元本身必须具有方向性. 设每个阵元的方向因子相同且为 $D_1(\psi)$，则线阵的方向性因子为 $D_t(\psi) = D(\psi)D_1(\psi)$，即方向性因子相乘.

相控阵 以上设每个阵元的相位都一样，主极大在 $\psi = 0$ 方向，即阵的正前方. 现在设每个阵元的相位为 ϕ_j，则观测点的总声压分布为

$$p(r,\psi,\omega) = \sum_{j=1}^{N} \frac{A}{4\pi r_j} \exp[\mathrm{i}(k_0 r_j + \phi_j)] \tag{2.2.12a}$$

为了简单，假定阵元的相位延迟是线性变化的，即 $\phi_j = (j-1)\varDelta\phi$，其中 $\varDelta\phi$ 是相邻二个阵元相位差，于是方程 (2.2.10b) 修改成

$$\begin{aligned} p(r,\psi,\omega) &\approx \frac{A}{4\pi r}\mathrm{e}^{\mathrm{i}k_0 r} \exp[\mathrm{i}k_0 L/(2l)\varDelta] \sum_{i=1}^{N} \exp[-\mathrm{i}(j-1)(k_0\varDelta - \varDelta\phi)] \\ &= \frac{A}{4\pi r}\mathrm{e}^{\mathrm{i}k_0 r} \frac{\sin[N(k_0 l \sin\psi - \varDelta\phi)/2]}{\sin[(k_0 l \sin\psi - \varDelta\phi)/2]} \end{aligned} \tag{2.2.12b}$$

可见主极大的位置满足 $k_0 l \sin\psi_0 - \varDelta\phi = 0$ 或者 $\psi_0 = \arcsin[\varDelta\phi/(k_0 l)]$，故改变 $\Delta\phi$ 可以控制主极大的位置，称为**相控阵**(phased array).

2.2.3 声束的聚焦和声棱镜聚焦

事实上，通过控制阵列中各个单元的相位延迟，可生成各种特殊形式的声束. 首先讨论声束聚焦.

声双曲透镜聚焦 为了声场的绘图方便，仅考虑二维声场情况，如图 2.2.8. 注意: 为了讨论方便，图 2.2.8 与图 2.2.1 的坐标系统略有不同，为了便于扩展到三维情况，我们把点源阵置于 x 轴上，三维情况则是 xOy 平面内的面阵. 如果我们

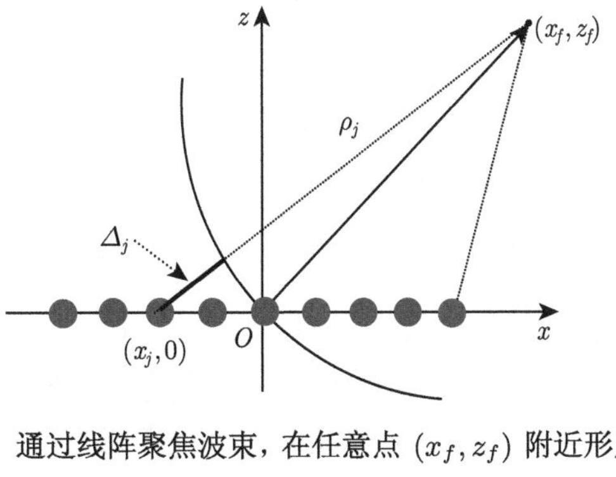

图 2.2.8 通过线阵聚焦波束，在任意点 (x_f, z_f) 附近形成聚焦区

希望在 (x_f, z_f) 附近形成聚焦区域，则位于 x 轴的各个点声源辐射的声波应该同相位到达焦点 (x_f, z_f)，声程差引起的相位差可以通过变化 $\phi_j(j=1,2,\cdots N)$ 来补偿. 位于原点 $(0,0)$ 和位于 $(0, x_j)$ 的第 j 个声源的辐射的声波到达 (x_f, z_f) 的相位变化分别为 $k_0\sqrt{x_f^2+z_f^2}$ 和 $k_0\sqrt{(x_j-x_f)^2+z_f^2}$, 因此第 j 个声源的相位差补偿为 (参考图 2.2.8)

$$\phi_j = k_0(\varDelta_j - \varDelta_0) = k_0\left[\sqrt{(x_j-x_f)^2+z_f^2} - \sqrt{x_f^2+z_f^2}\right] \tag{2.2.13a}$$

故 (x,z) 平面上任意一点的总声压分布为 (注意: ①二维点源实际上是平行于 y 轴的线源，见 1.3.5 小节讨论; ②与方程 (1.4.48b) 或者方程 (5.3.42b) 不同, 下式中的 ϕ_j 是相位差补偿, 故是负的)

$$p(x,z,\omega) = \sum_{j=1}^{N} A_j \exp(-\mathrm{i}\phi_j)\mathrm{H}_0^{(1)}(k_0\rho_j) \tag{2.2.13b}$$

其中，$\rho_j = \sqrt{(x-x_j^2)+z^2}$. 假定每个点源强度相同，则 $A_1 = A_2 = \cdots = A_N \equiv A$(常数). 注意到 $k_0 = 2\pi/\lambda$，对 ϕ_j 和 $k_0\rho_j$ 进行无量纲化处理后得到

$$k_0\rho_j = 2\pi\sqrt{\left(\frac{x-x_j}{\lambda}\right)^2 + \left(\frac{z}{\lambda}\right)^2} \tag{2.2.13c}$$

$$\phi_j = 2\pi\left[\sqrt{\left(\frac{x_j-x_f}{\lambda}\right)^2 + \left(\frac{z_f}{\lambda}\right)^2} - \sqrt{\left(\frac{x_f}{\lambda}\right)^2 + \left(\frac{z_f}{\lambda}\right)^2}\right] \tag{2.2.13d}$$

图 2.2.9 是根据方程 (2.2.13b)，(2.2.13c) 和 (2.2.13d) 计算的声压 $|p(x,z,\omega)|$ 分布，计算中取点源数 $N=40$，源间距 $l=0.1\lambda$，频率 $f=1250\text{Hz}$，以及声速 $c_0 = 343\text{m/s}$.

注意: 如果考虑位于 xOy 平面的面阵，焦点位置为 (x_f, y_f, z_f)，则位于 (x_j, y_j) 的面阵元的相位差补偿

$$\phi_j = k_0\left[\sqrt{(x_j-x_f)^2+(y_j-y_f)^2+z_f^2} - \sqrt{x_f^2+y_f^2+z_f^2}\right] \tag{2.2.13e}$$

表示三维空间 (x_j, y_j, ϕ_j) 上的双曲面，故以上的聚焦方法也称为**双曲透镜聚焦**.

声棱镜聚焦 根据光学中轴棱镜 (axicon) 的原理，为了用 x 轴上的直线阵模拟棱镜的斜边，相位差补偿 ϕ_j 为 (如图 2.2.10(a) 所示)

$$\phi_j = \frac{2\pi}{\lambda}\varDelta_j = \frac{2\pi}{\lambda}|x_j|\sin\beta \quad (j=1,2,\cdots,N) \tag{2.2.14a}$$

其中，β 称为棱镜的**基角**. 图 2.2.10(b) 画出了声压 $|p(x,z,\omega)|$ 分布，计算参数与图 2.2.9 相同, 基角取 $\beta = 0.08\pi/2$. 比较图 2.2.10 可见，声棱镜聚焦能实现较长的带状区域聚焦, 大大降低了带状区域内声波的衍射和声束的扩散.

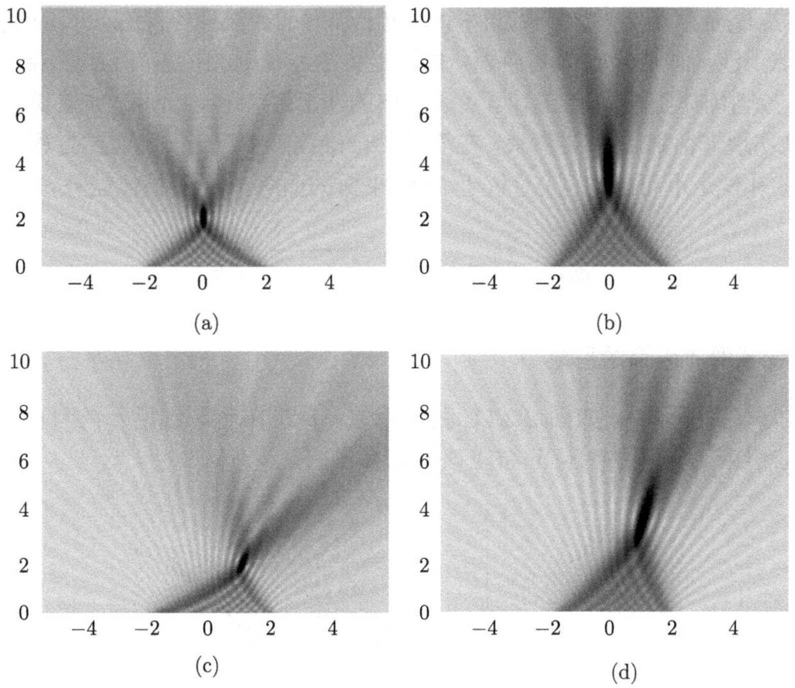

图 2.2.9 声透镜聚焦声场图

(a) 和 (b) 焦点在阵列的正前方，焦点位置分别设为 $(x_f, z_f) = (0, 2\lambda)$ 和 $(x_f, z_f) = (0, 4\lambda)$；(c) 和 (d) 焦点在阵列的右前方，焦点位置分别设为 $(x_f, z_f) = (1.2\lambda, 2\lambda)$ 和 $(x_f, z_f) = (1.2\lambda, 4\lambda)$. 图中纵、横轴分别为 z/λ 和 x/λ

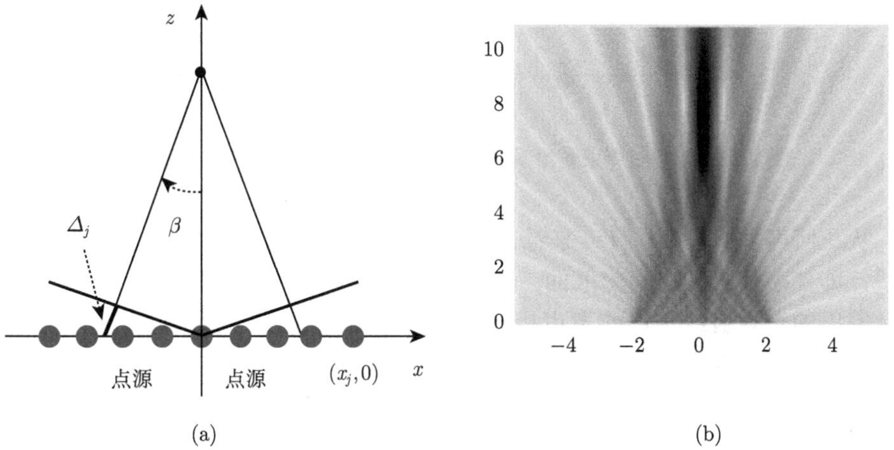

图 2.2.10 通过线阵实现声棱镜聚焦

(a) 相位差原理图；(b) 声场分布. 图中纵、横轴分别为 z/λ 和 x/λ

注意: ①基角不能太大，否则两个棱边上辐射的声波就不能在较长的带状区域内有效地干涉，而是分成两列声束，也不能太小，否则相位差补偿就不起作用了；②真正的光学轴棱镜是三维的，可实现横向的非衍射 Bessel 光束, 如果我们考虑面阵，也能实现非衍射 Bessel 声束，在简单的一维线阵情况，仅仅通过方程 (2.2.14a) 的相位差补偿是不可能的; ③对位于 xOy 平面的面阵 (i,j)，相位差补偿 ϕ_{ij} 为

$$\phi_{ij}=\frac{2\pi}{\lambda}\Delta_{ij}=\frac{2\pi}{\lambda}\sqrt{x_i^2+y_j^2}\sin\beta \tag{2.2.14b}$$

2.2.4 任意弯曲声束的形成

弯曲声束的形成 如图 2.2.11, 我们希望形成图中粗黑线所示的弯曲声束 (称为自弯曲声束)，声源的相位分布应该是怎么样的?

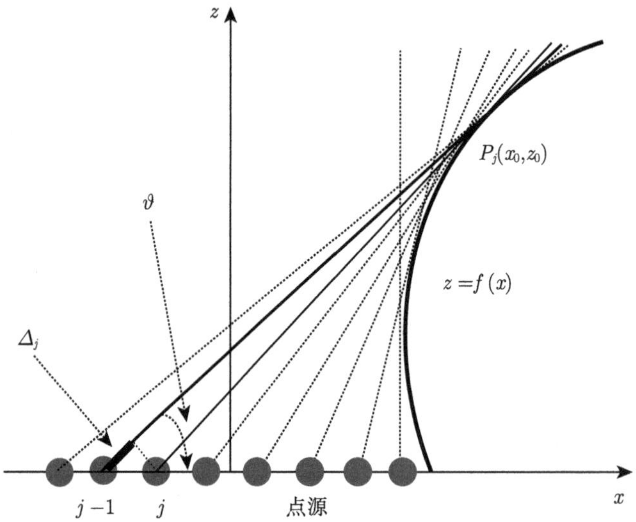

图 2.2.11 弯曲声束是声源发出的一系列射线的包络线 (即焦散线)

从几何声学 (见 7.4 节) 来看，弯曲声束可看作声源发出的一系列射线的包络线，即焦散线 (三维为焦散面, 见 7.4.5 小节讨论). 设位于 $(x_j,0)$ 的第 j 个声源发出的一条射线与弯曲声束相切于 $P_j(x_0,z_0)$，切角ϑ满足 $\tan\vartheta=f'(x_0)=[\mathrm{d}f(x)/\mathrm{d}x]_{x=x_0}$，其中，下标表示在点 (x_0,z_0) 取值, $z=f(x)$ 是我们假定的弯曲声束的轨迹方程. 另一方面，位于 $(x_{j-1},0)$ 的第 $j-1$ 个声源发出的射线也与弯曲声束相切，如果 x_j-x_{j-1} 足够小，那么切点也近似为 $P_j(x_0,z_0)$. 这两条射线的相位差为 $\phi(x_{j-1})-\phi(x_j)=k_0\Delta_j$，其中 Δ_j 为二条射线的声程差 (参考图 2.2.11)，显然，$\Delta_j=(x_j-x_{j-1})\cos\vartheta$. 当 $x_j-x_{j-1}\to 0$ 时，近似存在关系

$$\frac{\mathrm{d}\phi(x)}{\mathrm{d}x} = -k_0 \cos\vartheta \tag{2.2.15a}$$

利用三角关系 $\cos\vartheta = \pm 1/\sqrt{1+\tan^2\vartheta}$，(其中，当 $\cos\vartheta > 0$ 时取 “+”，反之，取 “−”) 上式可以写成

$$\frac{\mathrm{d}\phi(x)}{\mathrm{d}x} = \mp \frac{k_0}{\sqrt{1+\tan^2\vartheta}} \tag{2.2.15b}$$

注意到

$$\tan\vartheta = \frac{z_0}{x_0 - x_j} = \frac{f(x_0)}{x_0 - x_j} \tag{2.2.15c}$$

上式与 $\tan\vartheta = f'(x_0)$ 联立消去 x_0 可以解出 $\tan\vartheta$ 是 x_j 的函数，写成 $\tan\vartheta \equiv g(x_j)$，当 $x_j - x_{j-1} \to 0$ 时，用连续变量 x 表示，即 $\tan\vartheta \equiv g(x)$，代入方程 (2.2.15b) 就得到声源的相位分布满足的方程

$$\frac{\mathrm{d}\phi(x)}{\mathrm{d}x} = \mp \frac{k_0}{\sqrt{1+g^2(x)}} \tag{2.2.15d}$$

近轴近似 当弯曲声束几乎与 z 轴平行时，$P_j(x_0, z_0)$ 点的切线也几乎与 z 轴平行，故切角近似为 $\pi/2$，设为 $\vartheta = \pi/2 + \Delta\vartheta$，于是 $\cos\vartheta = \cos(\pi/2+\Delta\vartheta) = -\sin\Delta\theta$，当 $\Delta\vartheta < 20°$ 时，$\sin\Delta\vartheta \approx \tan\Delta\vartheta$，而 $\tan\vartheta = \tan(\pi/2+\Delta\vartheta) = -1/\tan\Delta\vartheta$. 代入方程 (2.2.15a) 得到近似方程

$$\frac{\mathrm{d}\phi(x)}{\mathrm{d}x} = -\frac{k_0}{g(x)} \tag{2.2.16a}$$

上式比方程 (2.2.15d) 要简单得多. 考虑声束为抛物线 $x = a + bz^2$，当 $b \ll 1$ 时，在 $x \sim a$ 附近，抛物线上的切角ϑ满足

$$\tan\vartheta = \frac{\mathrm{d}z}{\mathrm{d}x} = \frac{1}{2\sqrt{b(x-a)}} \to \infty \tag{2.2.16b}$$

故切线几乎与 z 轴平行. 于是由方程 (2.2.16a) 得到

$$\frac{\mathrm{d}\phi(x)}{\mathrm{d}x} = -2k_0\sqrt{b(x-a)} \tag{2.2.16c}$$

即相位差补偿为

$$\phi(x) = -\frac{4}{3}k_0\sqrt{b}(x-a)^{3/2} \tag{2.2.16d}$$

上式代入 (2.2.13b)，计算的声压 $|p(x,z,\omega)|$ 分布如图 2.2.12 (参数与图 2.2.9 一样).

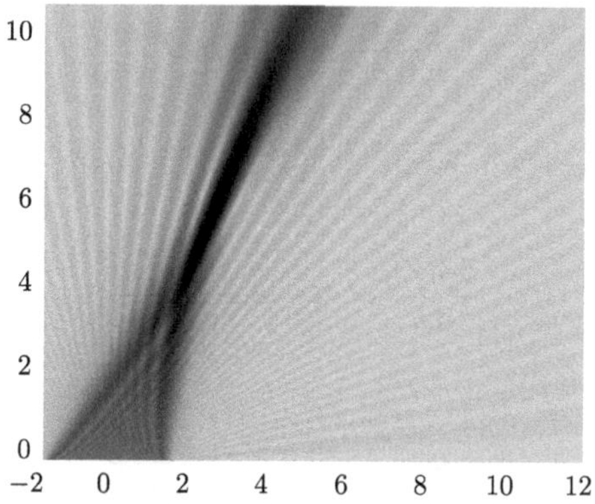

图 2.2.12　近轴抛物线声束声场图

计算中取 $a=2\lambda$ 和 $b=8\times10^{-4}/\lambda$，纵、横轴分别为 z/λ 和 x/λ

圆弧声束　如果我们要求形成圆弧声束，圆的半径为 a，圆心位于 $(b,0)$，则圆的方程为 $(x-b)^2+z^2=a^2$，圆弧方程为 $z=f(x)=\sqrt{a^2-(x-b)^2}(b-a\leqslant x\leqslant b)$. 由 $\tan\vartheta=f'(x_0)$ 和方程 (2.2.15c) 得到 (已用连续变量 x 代替 x_j)

$$\tan\vartheta=-\frac{x_0-b}{\sqrt{a^2-(x_0-b)^2}};\ \tan\vartheta=\frac{1}{x_0-x}\sqrt{a^2-(x_0-b)^2} \tag{2.2.17a}$$

上式消去 x_0 得到

$$\tan\vartheta=\frac{a}{\sqrt{(b-x)^2-a^2}}=g(x) \tag{2.2.17b}$$

代入方程 (2.2.15b) 得到

$$\frac{\mathrm{d}\phi(x)}{\mathrm{d}x}=-\frac{k_0\sqrt{(b-x)^2-a^2}}{b-x} \tag{2.2.17c}$$

完成积分后得到

$$\phi(x)=k_0\sqrt{(x-b)^2-a^2}-k_0a\arccos\frac{a}{|x-b|} \tag{2.2.17d}$$

离散化后，每个声源的相位补偿为

$$\phi_j=k_0\sqrt{(x_j-b)^2-a^2}-k_0a\arccos\frac{a}{|x_j-b|} \tag{2.2.17e}$$

上式代入 (2.2.13b)，计算的声压 $|p(x,z,\omega)|$ 分布如图 2.2.13 (参数与图 2.2.9 一样). 注意：在图 2.2.13 的计算中，声源数有限，故在 1/4 圆弧的上部，没有切线而偏离圆弧.

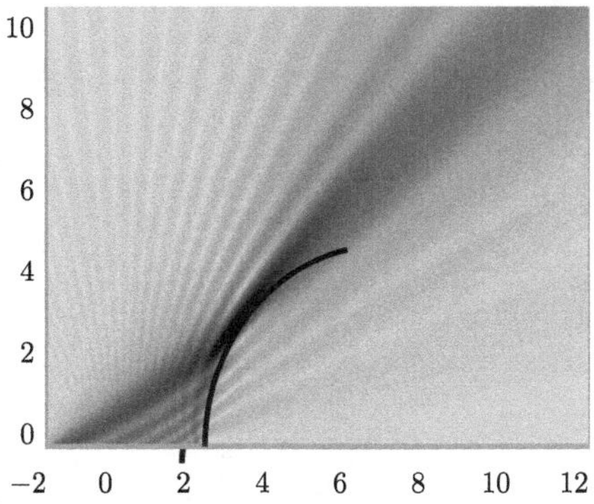

(a)

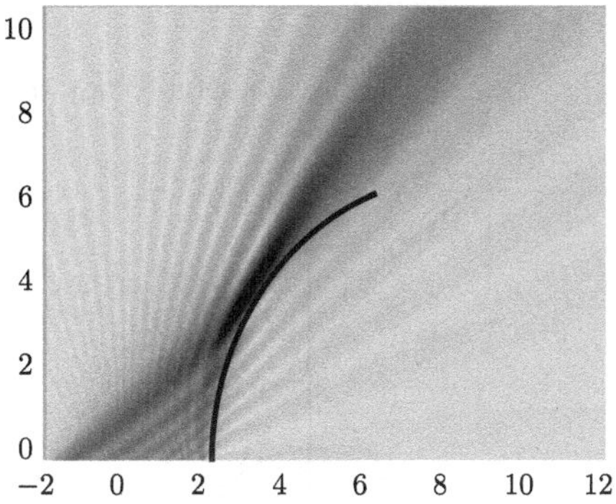

(b)

图 2.2.13 圆弧声束声场图

(a)$a=5\lambda$ 和 $b=7\lambda$; (b)$a=8\lambda$ 和 $b=10\lambda$

声圆轨迹 如图 2.2.14(a), 希望实现半径为 a 的圆区内声场近似为零的静声区，圆的方程为 $\sqrt{x^2+(z-a)^2}=a$，或者 $x=\pm\sqrt{a^2-(z-a)^2}$. 首先考虑 $x>0$ 区域，由方程 $\tan\vartheta=f'(x_0)$ 和方程 (2.2.15c) 得到

$$
\begin{aligned}
\tan\vartheta &= \frac{1}{x'(z_0)}=-\frac{\sqrt{a^2-(z_0-a)^2}}{z_0-a}\\
\tan\vartheta &= \frac{z_0}{\sqrt{a^2-(z_0-a)^2}-x_j}
\end{aligned}
\tag{2.2.18a}
$$

由第一式得到

$$
(z_0-a)^2=\frac{a^2}{1+\tan^2\vartheta} \tag{2.2.18b}
$$

另一方面，把方程 (2.2.18a) 的第一式代入第二式得到

$$
z_0-a=-\frac{a+x_j\tan\vartheta}{1+\tan^2\vartheta} \tag{2.2.18c}
$$

上式代入方程 (2.2.18b) 求得

$$
\tan\vartheta=\frac{2ax_j}{a^2-x_j^2} \tag{2.2.18d}
$$

变量连续化后代入方程 (2.2.15b) 得到

$$
\frac{\mathrm{d}\phi(x)}{\mathrm{d}x}=\mp k_0\frac{\sqrt{(a^2-x^2)^2}}{x^2+a^2} \tag{2.2.19a}
$$

注意到，在 $x>0$ 区域: ①当 $x^2<a^2$ 时，$\cos\vartheta>0$; ②当 $x^2>a^2$ 时，$\cos\vartheta<0$，故恒有

$$
\frac{\mathrm{d}\phi(x)}{\mathrm{d}x}=k_0\frac{x^2-a^2}{x^2+a^2} \tag{2.2.19b}
$$

积分得到

$$\phi(x)=k_0\left[x-2a\arctan\left(\frac{x}{a}\right)\right] \tag{2.2.19c}$$

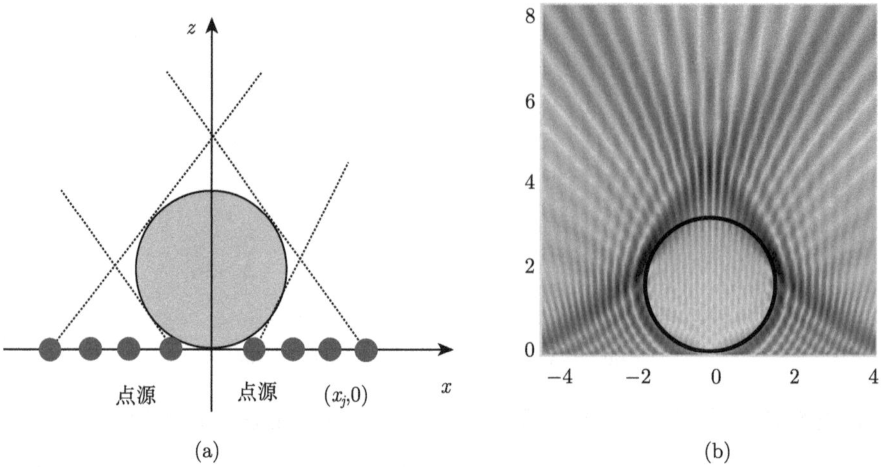

图 2.2.14　声圆轨迹

(a) 相位差原理图；(b) 声场分布. 图中纵、横轴分别为 z/λ 和 x/λ

在 $x<0$ 区域: ①当 $x^2<a^2$ 时，$\cos\vartheta<0$; ②当 $x^2>a^2$ 时，$\cos\vartheta>0$，故恒有

$$\frac{\mathrm{d}\phi(x)}{\mathrm{d}x}=-k_0\frac{x^2-a^2}{x^2+a^2} \tag{2.2.20a}$$

积分得到

$$\phi(x)=k_0\left[-x+2a\arctan\left(\frac{x}{a}\right)\right] \tag{2.2.20b}$$

方程 (2.2.19c) 和 (2.2.20b) 统一写成

$$\phi(x)=k_0\left[|x|-2a\arctan\left(\frac{|x|}{a}\right)\right] \tag{2.2.20c}$$

根据上式的相位补偿关系， 由方程 (2.2.13b) 计算声压 $|p(x,z,\omega)|$ 分布， 如图 2.2.14(b)(声源数 $N=100$, $a=1.6\lambda$，其他参数与图 2.2.9 一样).

2.2.5　Airy 声束和能量有限的 Airy 束

设线阵位于 x 轴，向 $z>0$ 的上半空间辐射声波，声场满足二维 Helmholtz 方程

$$\frac{\partial^2 p}{\partial x^2}+\frac{\partial^2 p}{\partial z^2}+k_0^2 p=0\quad (z>0) \tag{2.2.21a}$$

在抛物近似下 (讨论见 2.6.1 小节)，声场可以近似表示为

$$p(x,z,\omega)\approx \varPhi(x,z,\omega)\exp(\mathrm{i}k_0 z) \tag{2.2.21b}$$

其中，$\Phi(x,z,\omega)$ 满足

$$\mathrm{i}\frac{\partial \Phi}{\partial z'}+\frac{1}{2}\frac{\partial^2 \Phi}{\partial x'^2}=0 \quad (z'>0) \tag{2.2.21c}$$

式中，无量纲坐标为 $x'=x/a$ 和 $z'=z/k_0a^2$，常数 a 为声束在 x 方向变化的标度因子，满足 $k_0a\gg 1$. 方程 (2.2.21c) 类似于自由粒子的 Schrödinger 方程，是典型的色散型波动方程. 注意：当 $a>1$ 时，$x'=x/a$ 起到坐标压缩作用.

考虑方程 (2.2.21c) 的初值问题：$\Phi(x',z',\omega)|_{z'=0}=\Phi(x',0,\omega)$, 设方程 (2.2.21c) 的 Fourier 变换解为

$$\Phi(x',z',\omega)=\int_{-\infty}^{\infty}\Phi(k,z',\omega)\exp(\mathrm{i}kx')\mathrm{d}k \tag{2.2.22a}$$

逆变换为

$$\Phi(k,z',\omega)=\frac{1}{2\pi}\int_{-\infty}^{\infty}\Phi(x',z',\omega)\exp(-\mathrm{i}kx')\mathrm{d}x' \tag{2.2.22b}$$

把方程 (2.2.22a) 代入方程 (2.2.21c) 并且考虑到初始条件得到

$$\mathrm{i}\frac{\mathrm{d}\Phi(k,z',\omega)}{\mathrm{d}z'}+\frac{1}{2}(\mathrm{i}k)^2\Phi(k,z',\omega)=0 \quad (z'>0) \tag{2.2.22c}$$

以及

$$\Phi(k,0,\omega)=\frac{1}{2\pi}\int_{-\infty}^{\infty}\Phi(x',0,\omega)\exp(-\mathrm{i}kx')\mathrm{d}x' \tag{2.2.22d}$$

容易得到方程 (2.2.22c) 和 (2.2.22d) 的解为

$$\Phi(k,z',\omega)=\Phi(k,0,\omega)\exp\left(-\frac{1}{2}\mathrm{i}k^2z'\right) \quad (z'>0) \tag{2.2.22e}$$

上式代入方程 (2.2.22a) 并且注意到方程 (2.2.22d)，得到初值问题的一般解为

$$\Phi(x',z',\omega)=\int_{-\infty}^{\infty}\Phi(s,0,\omega)G(x'-s,z')\mathrm{d}s \tag{2.2.23a}$$

其中，Green 函数为

$$G(x'-s,z')\equiv\frac{1}{2\pi}\int_{-\infty}^{\infty}\exp\left[-\frac{1}{2}\mathrm{i}k^2z'+\mathrm{i}k(x'-s)\right]\mathrm{d}k \tag{2.2.23b}$$

不难得到

$$G(x'-s,z')=\sqrt{\frac{1}{2\pi\mathrm{i}z'}}\exp\left[\mathrm{i}\frac{(s-x')^2}{2z'}\right] \tag{2.2.23c}$$

Airy 声束 设在 x 轴上的初始分布为 Airy 函数，即

$$\Phi(x',z',\omega)|_{z'=0}=\Phi(x',0,\omega)=\mathrm{Ai}(x') \tag{2.2.24a}$$

其中，$\mathrm{Ai}(x')$ 为 Airy 函数 (详细讨论见 7.2.2 小节)，其积分形式为

$$\mathrm{Ai}(x')=\frac{1}{2\pi}\int_{-\infty}^{\infty}\exp\left[\mathrm{i}\left(kx'+\frac{k^3}{3}\right)\right]\mathrm{d}k \tag{2.2.24b}$$

注意：①上式表明 Airy 函数的 Fourier 谱为 $\mathrm{Ai}(k)\equiv\exp(\mathrm{i}k^3/3)$，因 $|\mathrm{Ai}(k)|=1$，故

$$\int_{-\infty}^{\infty}|\mathrm{Ai}(x')|^2\mathrm{d}x'\to\infty \tag{2.2.24c}$$

②本小节讨论的 Airy 函数与图 7.2.2(a) 的形式略有不同，振荡部分在 $x'<0$ 区域，仅需作反演 $x'\to -x'$ 即可，故无本质区别. 把方程 (2.2.24b) 代入方程 (2.2.23a) 并且注意到方程 (2.2.23b) 得到 (作为习题)

$$\varPhi(x',z',\omega)=\frac{1}{2\pi}\int_{-\infty}^{\infty}\exp\left[\mathrm{i}\left(kx'+\frac{k^3}{3}-\frac{k^2z'}{2}\right)\right]\mathrm{d}k \tag{2.2.25a}$$

上式与方程 (2.2.24b) 比较，指数上多了一个 k^2, 为了消去这个因子，作积分变量变换 $k=\beta+z'/2$，上式变成

$$\varPhi(x',z',\omega)=\frac{1}{2\pi}\mathrm{e}^{\mathrm{i}(x'z'/2-z'^3/12)}\int_{-\infty}^{\infty}\exp\left\{\mathrm{i}\left[\beta\left(x'-\frac{z'^2}{4}\right)+\frac{\beta^3}{3}\right]\right\}\mathrm{d}\beta \tag{2.2.25b}$$

由 Airy 函数的积分形式 (即方程 (2.2.24b))，上式可以表示成

$$\varPhi(x',z',\omega)=\mathrm{Ai}\left(x'-\frac{z'^2}{4}\right)\exp\left[\frac{\mathrm{i}}{2}\left(x'z'-\frac{z'^3}{6}\right)\right] \tag{2.2.25c}$$

上式的意义是明显的，即如果声场在 $z'=0$(x 轴上) 是 Airy 函数分布，那么在 $z'>0$ 区域仍然保持是 Airy 函数，不因传播而扩散，为**非衍射声束**(见 2.6 节讨论)，或者**Airy 声束**.

能量有限的 Airy 束　但是，由方程 (2.2.25c) 表示的 Airy 束在物理上是不可实现的，因为由方程 (2.2.24c)，这意味着声能量必须无限大. 为此，引进衰减因子 $\alpha>0$, 以保证初始声能量有限

$$\varPhi(x',z',\omega)|_{z'=0}=\varPhi(x',0,\omega)=\mathrm{Ai}(x')\exp(\alpha x') \tag{2.2.26a}$$

上式保证当 $x'\to-\infty$ 时，$|\varPhi(x',0,\omega)|\to 0$ 足够快. 由方程 (2.2.24b)

$$\mathrm{Ai}(x')\exp(\alpha x')=\frac{1}{2\pi}\int_{-\infty}^{\infty}\exp\left\{\mathrm{i}\left[(k+\gamma)x'+\frac{k^3}{3}\right]\right\}\mathrm{d}k \tag{2.2.26b}$$

其中，$\gamma=-\mathrm{i}\alpha$. 上式代入方程 (2.2.23a) 得到

$$\varPhi(x',z',\omega)=\frac{1}{2\pi}\sqrt{\frac{1}{2\pi\mathrm{i}z'}}\int_{-\infty}^{\infty}\exp\left(\mathrm{i}\frac{k^3}{3}\right)I(k)\mathrm{d}k \tag{2.2.26c}$$

其中，积分 $I(k)$ 定义为

$$\begin{aligned}I(k)&\equiv\int_{-\infty}^{\infty}\exp\left\{\mathrm{i}\left[\frac{(s-x')^2}{2z'}+(k+\gamma)s\right]\right\}\mathrm{d}s\\&=\exp\left[\mathrm{i}(k+\gamma)x'\right]\sqrt{\frac{2\pi z'}{-\mathrm{i}}}\exp\left[-\mathrm{i}\frac{(k+\gamma)^2z'}{2}\right]\end{aligned}\tag{2.2.26d}$$

于是得到 (注意与方程 (2.2.25a) 比较)

$$\varPhi(x',z',\omega)=\frac{1}{2\pi}\int_{-\infty}^{\infty}\exp\left\{\mathrm{i}\left[(k+\gamma)x'+\frac{k^3}{3}-\frac{(k+\gamma)^2z'}{2}\right]\right\}\mathrm{d}k\tag{2.2.27a}$$

上式改写成

$$\varPhi(x',z',\omega)=\frac{1}{2\pi}\mathrm{e}^{\mathrm{i}(\gamma x'-\gamma^2z'/2)}\int_{-\infty}^{\infty}\exp\left[\mathrm{i}\left(kX'+\frac{k^3}{3}-\frac{k^2z'}{2}\right)\right]\mathrm{d}k\tag{2.2.27b}$$

其中，为了方便，令 $X'\equiv x'-\gamma z'$. 与处理方程 (2.2.25a) 类似，作积分变量变换 $k=\beta+z'/2$ 后，不难得到 (作为习题)

$$\varPhi(x',z',\omega)=\mathrm{Ai}\left(x'-\frac{z'^2}{4}+\mathrm{i}\alpha z'\right)\mathrm{e}^{\alpha x'-\alpha z'^2/2}\exp\left[\frac{\mathrm{i}}{2}\left(\alpha^2z'+x'z'-\frac{z'^3}{6}\right)\right]\tag{2.2.27c}$$

由此可见，对初始条件是能量有限的 Airy 函数分布，传播过程中仍然保持 Airy 函数分布，与方程 (2.2.25c) 不同的是，增加了一个指数衰减因子 $\mathrm{e}^{-\alpha z'^2/2}$，当 α 足够小时，在 z' 的较大区域内，可望声波携带的能量还是足够大的.

三维情况 设面线阵位于 xOy 平面，向 $z>0$ 的上半空间辐射声波，声场满足三维 Helmholtz 方程

$$\frac{\partial^2p}{\partial x^2}+\frac{\partial^2p}{\partial y^2}+\frac{\partial^2p}{\partial z^2}+k_0^2p=0\quad(z>0)\tag{2.2.28a}$$

在抛物近似下，声场可以近似表示为

$$p(x,y,z,\omega)\approx\varPhi(x,y,z,\omega)\exp(\mathrm{i}k_0z)\tag{2.2.28b}$$

其中, $\varPhi(x,y,z,\omega)$ 满足

$$\mathrm{i}k_0\frac{\partial\varPhi}{\partial z}+\frac{1}{2}\left(\frac{\partial^2\varPhi}{\partial x^2}+\frac{\partial^2\varPhi}{\partial y^2}\right)=0\quad(z>0)\tag{2.2.28c}$$

设声束在 x 方向和 y 方向的标度因子分别为 a 和 b，则上式变成

$$\mathrm{i}k_0\frac{\partial\varPhi}{\partial z}+\frac{1}{2}\left(a^{-2}\frac{\partial^2\varPhi}{\partial x'^2}+b^{-2}\frac{\partial^2\varPhi}{\partial y'^2}\right)=0\quad(z>0)\tag{2.2.28d}$$

其中，$x' = x/a$ 和 $y' = y/b$. 在 xOy 平面上，初始条件为

$$\varPhi(x',y',z,\omega)|_{z=0} = \varPhi(x',y',0,\omega) \tag{2.2.28e}$$

令方程 (2.2.28d) 的 Fourier 变换解为

$$\begin{aligned}\varPhi(x',y',z,\omega) &= \int_{-\infty}^{\infty}\int_{-\infty}^{\infty}\varPhi(k_x,k_y,z,\omega)\mathrm{e}^{\mathrm{i}(k_x x'+k_y y')}\mathrm{d}k_x\mathrm{d}k_y \\ \varPhi(k_x,k_y,z,\omega) &= \frac{1}{(2\pi)^2}\int_{-\infty}^{\infty}\int_{-\infty}^{\infty}\varPhi(x',y',z,\omega)\mathrm{e}^{-\mathrm{i}(k_x x'+k_y y')}\mathrm{d}x'\mathrm{d}y'\end{aligned} \tag{2.2.29a}$$

把上式代入方程 (2.2.28d) 和 (2.2.28e) 得到

$$\frac{\mathrm{d}\varPhi}{\mathrm{d}z} + \frac{\mathrm{i}}{2k_0}\left(\frac{k_x^2}{a^2} + \frac{k_y^2}{b^2}\right)\varPhi = 0 \quad (z > 0)$$

$$\varPhi(k_x,k_y,0,\omega) = \frac{1}{(2\pi)^2}\int_{-\infty}^{\infty}\int_{-\infty}^{\infty}\varPhi(x',y',0,\omega)\mathrm{e}^{-\mathrm{i}(k_x x'+k_y y')}\mathrm{d}x'\mathrm{d}y' \tag{2.2.29b}$$

解为

$$\varPhi(k_x,k_y,z,\omega) = \varPhi(k_x,k_y,0,\omega)\exp\left[-\frac{\mathrm{i}}{2k_0}\left(\frac{k_x^2}{a^2} + \frac{k_y^2}{b^2}\right)z\right] \tag{2.2.29c}$$

上式代入方程 (2.2.29a) 的第一式

$$\varPhi(x',y',z,\omega) = \int_{-\infty}^{\infty}\int_{-\infty}^{\infty}\varPhi(s_x,s_y,0,\omega)G(x'-s_x,y'-s_y,z)\mathrm{d}s_x\mathrm{d}s_y \tag{2.2.29d}$$

其中，二维 Green 函数为

$$G(x'-s_x,y'-s_y,z) = \frac{1}{(2\pi)^2}\int_{-\infty}^{\infty}\int_{-\infty}^{\infty}\mathrm{e}^{-\frac{\mathrm{i}}{2k_0}\left(\frac{k_x^2}{a^2}+\frac{k_y^2}{b^2}\right)z+\mathrm{i}[k_x(x'-s_x)+k_y(y'-s_y)]}\mathrm{d}k_x\mathrm{d}k_y \tag{2.2.30a}$$

不难得到

$$G(x'-s_x,y'-s_y,z) = \sqrt{\frac{k_0a^2}{2\pi\mathrm{i}z}}\exp\left[\mathrm{i}\frac{k_0a^2(s_x-x')^2}{2z}\right]\cdot\sqrt{\frac{k_0b^2}{2\pi\mathrm{i}z}}\exp\left[\mathrm{i}\frac{k_0b^2(s_y-y')^2}{2z}\right] \tag{2.2.30b}$$

设 xOy 平面上的初始条件为

$$\varPhi(x',y',z,\omega)|_{z=0} = \mathrm{Ai}(x')\mathrm{Ai}(y')\exp(\alpha x')\exp(\beta y') \tag{2.2.31a}$$

代入方程 (2.2.29d) 不难得到 (作为习题)

$$\begin{aligned}\Phi(x',y',z,\omega)=&\mathrm{Ai}\left(x'-\frac{z_x'^2}{4}+\mathrm{i}\alpha z_x'\right)\exp\left[\alpha x'-\alpha\frac{z_x'^2}{2}+\frac{\mathrm{i}}{2}\left(\alpha^2 z_x'+x'z'_x-\frac{z_x'^3}{6}\right)\right]\\&\times\mathrm{Ai}\left(y'-\frac{z_y'^2}{4}+\mathrm{i}\beta z_y'\right)\exp\left[\beta y'-\beta\frac{z_y'^2}{2}+\frac{\mathrm{i}}{2}\left(\beta^2 z_y'+y'z_y'-\frac{z_y'^3}{6}\right)\right]\end{aligned}\tag{2.2.31b}$$

其中，$z_x'\equiv z/k_0a^2$，$z_y'=z/k_0b^2$. 可见，在三维情况下，对二维的结论仍然成立.

数值分析 仍然以二维为例，设 $N=81$，源间距 $l=0.2\lambda$，频率 $f=1250\text{Hz}$，以及声速 $c_0=343\text{m/s}$，在声源区，Airy 函数的分布如图 2.2.15(a). 为了在 x 轴上生成边界条件，即 Airy 函数分布 $\Phi(x',z',\omega)|_{z'=0}=\mathrm{Ai}(x')$(在实际问题中，$x$ 都是有限的，故不存在能量无限问题)，我们假定线阵的每个源以 Airy 函数调制，那么方程 (2.2.13b) 修改为

$$p(x,z,\omega)=\sum_{j=1}^{N}\mathrm{Ai}\left(\frac{x_j}{a}\right)\mathrm{H}_0^{(1)}(k_0\rho_j)\tag{2.2.32a}$$

其中，$\rho_j=\sqrt{(x-x_j^2)+z^2}$, 标度因子取 $a=1$. 根据上式计算的声压 $|p(x,z,\omega)|$ 分布如图 2.2.16(a), 图 2.2.16(b) 分别画出了 $z_1=5\lambda$, $z_2=75\lambda$ 和 $z_3=125\lambda$ 三个位置上的声压幅值. 从图 2.2.16 可见，声压 $|p(x,z,\omega)|$ 分布与 Airy 函数分布非常相近.

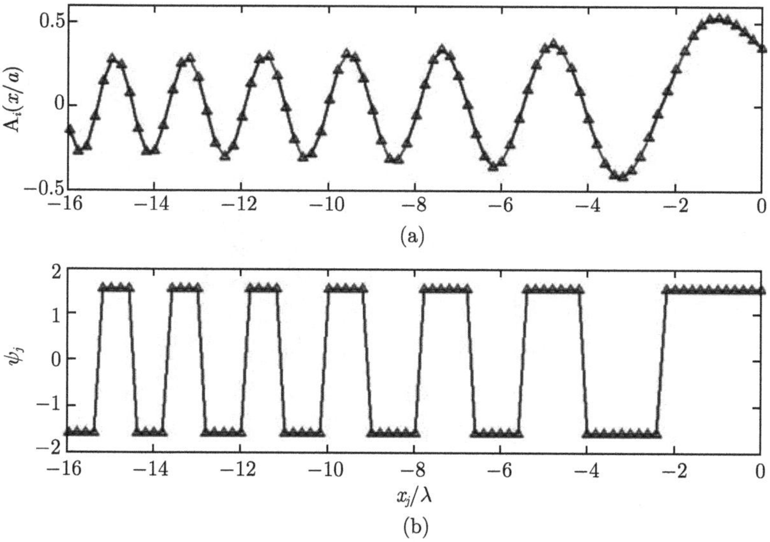

图 2.2.15 (a) 声源区的 Airy 分布 (取 $a=1$); (b) 对应的二值化相位

图中 “△” 表示声源的位置

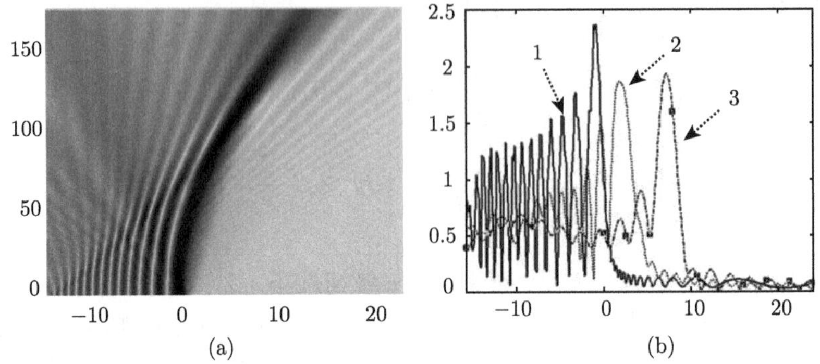

图 2.2.16

(a) 声场 $|p(x,z,\omega)|$ 分布图，图中纵、横轴分别为 z/λ 和 x/λ; (b) 分别对应 $z_1=5\lambda$(曲线 1)，$z_2=75\lambda$(曲线 2) 和 $z_3=125\lambda$(曲线 3) 的声压 $|p(x,z_1,\omega)|$，$|p(x,z_2,\omega)|$ 和 $|p(x,z_3,\omega)|$(纵轴)，横轴为 x/λ

在实际的工程中，实现线阵的每个源以 Airy 函数调制是困难的. 由图 2.2.15(a) 可见，在声源区，Airy 函数的变化主要是相位的变化，我们对图 2.2.15(a) 中的相位进行 $\pi/2$ 或者 $-\pi/2$ 简单的二值化处理，如图 2.2.15(b)，第 j 个声源的相位是 $\pi/2$ 还是 $-\pi/2$，由该声源所处的位置 (图 2.2.15(b) 中的符号 “△”) 简单决定. 方程 (2.2.32a) 修改为

$$p(x,z,\omega)=\sum_{j=1}^{N}\exp(\mathrm{i}\phi_j)\mathrm{H}_0^{(1)}(k_0\rho_j) \tag{2.2.32b}$$

根据上式计算的声压 $|p(x,z,\omega)|$ 分布如图 2.2.17(a)，图 2.2.17(b) 分别画出了

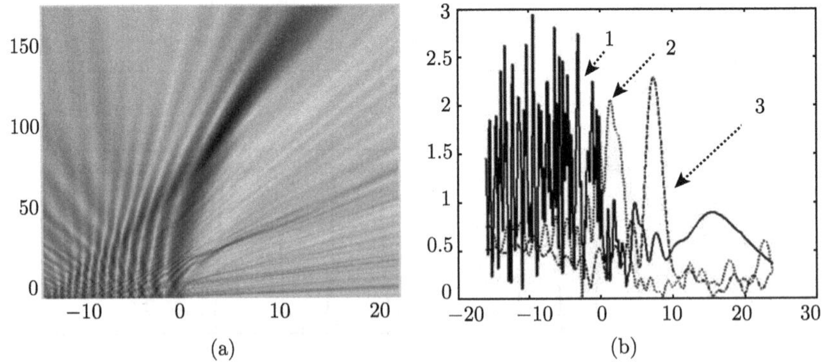

图 2.2.17

(a) 声场 $|p(x,z,\omega)|$ 分布图，图中纵、横轴分别为 z/λ 和 x/λ; (b) 分别对应 $z_1=5\lambda$(曲线 1)，$z_2=75\lambda$(曲线 2) 和 $z_3=125\lambda$(曲线 3) 的声压 $|p(x,z_1,\omega)|$,$|p(x,z_2,\omega)|$ 和 $|p(x,z_3,\omega)|$(纵轴)，横轴为 x/λ

$z_1 = 5\lambda$, $z_2 = 75\lambda$ 和 $z_3 = 125\lambda$ 三个位置上的声压幅值. 从图 2.2.17(a) 可见，声压 $|p(x,z,\omega)|$ 分布与 Airy 函数分布相近, 但三个位置上的具体声压幅值与 Airy 函数差别较大.

2.3 圆柱状声源的辐射

当声源的辐射面 (或者边界面，如散射面，见 3.1.1 小节讨论) 具有柱状对称性时，利用柱坐标求解声场分布是十分方便的. 实际问题中许多声源也可以用柱对称声源来近似：水下潜艇、飞机机身都具有圆柱对称性，在研究圆形管道系统的声传播和噪声控制中，柱坐标更是常用的坐标系统. 在柱坐标中，波动方程的一般解必须用特殊函数，即柱函数 (Bessel 函数和 Hankel 函数) 来表示，因此，我们首先介绍柱函数，然后讨论圆柱体表面振动的辐射声场, 特别是介绍声螺旋波的概念及其产生方法.

2.3.1 柱坐标中分离变量法和 Hankel 变换

由方程 (1.3.35a)，柱坐标中的声波方程为

$$\left[\frac{1}{\rho}\frac{\partial}{\partial\rho}\left(\rho\frac{\partial}{\partial\rho}\right)+\frac{1}{\rho^2}\frac{\partial^2}{\partial\varphi^2}+\frac{\partial^2}{\partial z^2}\right]p-\frac{1}{c_0^2}\frac{\partial^2 p}{\partial t^2}=0 \tag{2.3.1}$$

在 1.3.5 小节中，我们求出了方程 (2.3.1) 在远场条件下的简单行波解. 现在我们用分离变量方法求方程 (2.3.1) 更一般的解，分下列三步.

(1) 时间变量与空间变量的分离，设方程 (2.3.1) 的解具有时间和空间分离变量的形式

$$p(\rho,\varphi,z,t)=p(\rho,\varphi,z)T(t) \tag{2.3.2a}$$

代入方程 (2.3.1) 并二边除以 $p(\rho,\varphi,z)T(t)$ 得到

$$\frac{1}{p(\rho,\varphi,z)}\left[\frac{1}{\rho}\frac{\partial}{\partial\rho}\left(\rho\frac{\partial}{\partial\rho}\right)+\frac{1}{\rho^2}\frac{\partial^2}{\partial\varphi^2}+\frac{\partial^2}{\partial z^2}\right]p(\rho,\varphi,z)=\frac{1}{c_0^2T(t)}\frac{\mathrm{d}^2T(t)}{\mathrm{d}t^2}\equiv -k^2 \tag{2.3.2b}$$

其中，k 是分离变量常数. 上式恒成立的条件是

$$\frac{\mathrm{d}^2T(t)}{\mathrm{d}t^2}+k^2c_0^2T(t)=0 \tag{2.3.2c}$$

$$\left[\frac{1}{\rho}\frac{\partial}{\partial\rho}\left(\rho\frac{\partial}{\partial\rho}\right)+\frac{1}{\rho^2}\frac{\partial^2}{\partial\varphi^2}+\frac{\partial^2}{\partial z^2}\right]p(\rho,\varphi,z)+k^2p(\rho,\varphi,z)=0 \tag{2.3.2d}$$

(2) 轴向与平面方向 (ρ,φ) 的分离，设方程 (2.3.2d) 的解 $p(\rho,\varphi,z)=p(\rho,\varphi)Z(z)$，代入方程 (2.3.2d)

$$\frac{1}{p(\rho,\varphi)}\left[\frac{1}{\rho}\frac{\partial}{\partial\rho}\left(\rho\frac{\partial}{\partial\rho}\right)+\frac{1}{\rho^2}\frac{\partial^2}{\partial\varphi^2}\right]p(\rho,\varphi)+k^2=-\frac{1}{Z(z)}\frac{\mathrm{d}^2Z(z)}{\mathrm{d}z^2}\equiv k_z^2 \tag{2.3.2e}$$

其中，k_z 是分离变量常数, 称为**轴向波数**. 上式恒成立的条件是

$$\frac{\mathrm{d}^2 Z(z)}{\mathrm{d}z^2}+k_z^2 Z(z)=0 \tag{2.3.3a}$$

$$\left[\frac{1}{\rho}\frac{\partial}{\partial\rho}\left(\rho\frac{\partial}{\partial\rho}\right)+\frac{1}{\rho^2}\frac{\partial^2}{\partial\varphi^2}\right]p(\rho,\varphi)+(k^2-k_z^2)p(\rho,\varphi)=0 \tag{2.3.3b}$$

(3) 角度 φ 与径向 ρ 的分离，设方程 (2.3.3b) 的解 $p(\rho,\varphi)=R(\rho)\varPhi(\varphi)$，代入方程 (2.3.3b) 得到

$$\frac{\rho}{R(\rho)}\frac{\mathrm{d}}{\mathrm{d}\rho}\left[\rho\frac{\mathrm{d}R(\rho)}{\mathrm{d}\rho}\right]+(k^2-k_z^2)\rho^2=-\frac{1}{\varPhi(\varphi)}\frac{\mathrm{d}^2\varPhi(\varphi)}{\mathrm{d}\varphi^2}\equiv\nu^2 \tag{2.3.3c}$$

其中，ν 是分离变量常数. 上式恒成立的条件为

$$\frac{\mathrm{d}^2\varPhi(\varphi)}{\mathrm{d}\varphi^2}+\nu^2\varPhi(\varphi)=0 \tag{2.3.4a}$$

$$\frac{1}{\rho}\frac{\mathrm{d}}{\mathrm{d}\rho}\left[\rho\frac{\mathrm{d}R(\rho)}{\mathrm{d}\rho}\right]+\left(k_\rho^2-\frac{\nu^2}{\rho^2}\right)R(\rho)=0 \tag{2.3.4b}$$

其中，$k_\rho=\sqrt{k^2-k_z^2}$ 为称为**径向波数**. 通过这一系列的分离变量，我们把偏微分方程 (2.3.1) 转换成了四个常微分方程，即方程 (2.3.2c)，(2.3.3a)，(2.3.4a) 和 (2.3.4b). 下面分别讨论它们的解.

(1) 时间变化部分：方程 (2.3.2c) 的通解为

$$T(t)=T_1\exp(-\mathrm{i}\omega t)+T_2\exp(+\mathrm{i}\omega t) \tag{2.3.5a}$$

其中，$\omega=c_0 k$. 在以后的讨论中，我们假定随时间变化为 $\exp(-\mathrm{i}\omega t)$(不失一般性) 的简谐振动，于是可取 $T_2\equiv 0$. 对单频稳态问题，圆频率 $\omega=c_0 k$ 是给定的常数，而对瞬态问题，ω 是任意实数，即 $\omega\in(-\infty,\infty)$(但物理上要求 $\omega>0$).

(2) 轴向，即 z 方向：方程 (2.3.3a) 的通解为

$$Z(z)=Z_1\exp(-\mathrm{i}k_z z)+Z_2\exp(\mathrm{i}k_z z) \tag{2.3.5b}$$

注意：k_z 是分离变量常数，可取 $k_z\in(-\infty,\infty)$ 间的任意值，也可以是复数. 上式也可以用三角函数来表示

$$Z(z)=Z_1\cos(k_z z)+Z_2\sin(k_z z) \tag{2.3.5c}$$

一般，如果 z 方向是无限的，那么用方程 (2.3.5b) 的形式比较方便；反之，对有限长的圆柱，方程 (2.3.5c) 更合适，而且这时的 k_z 是离散的.

(3) 方位角 φ 部分：由于 φ 是柱坐标中的角度，物理量的单值性要求 Φ 满足周期性边界条件：$\Phi(\varphi)=\Phi(2\pi+\varphi)$，因此要求 ν 是整数 $\nu=m$

$$\Phi_m(\varphi)=\Phi_0\exp(\mathrm{i}m\varphi)\quad(m=0,\pm1,\pm2,\cdots)\tag{2.3.6a}$$

或者写成实数的形式

$$\Phi_m(\varphi)=\Phi_{0c}\cos(m\varphi)+\Phi_{0s}\sin(m\varphi)\quad(m=0,1,2,\cdots)\tag{2.3.6b}$$

当然，如果考虑有限角问题，周期性边界 $\Phi(\varphi)=\Phi(2\pi+\varphi)$ 不存在，那么分离变量常数 ν 由其他条件决定，见 3.4 节讨论.

(4) 径向 ρ 部分：对频率为 ω 的时间简谐振动，$k=\omega/c_0\equiv k_0$(即**波数**) 一定，而 k_z 任意，因此必须分二种情况讨论：①$k_0>k_z$，$k_\rho=\sqrt{k_0^2-k_z^2}$ 为实数，令 $x=k_\rho\rho$，方程 (2.3.4b) 变成

$$\frac{\mathrm{d}^2R(x)}{\mathrm{d}x^2}+\frac{1}{x}\frac{\mathrm{d}R(x)}{\mathrm{d}x}+\left(1-\frac{\nu^2}{x^2}\right)R(x)=0\tag{2.3.7a}$$

注意：在周期边界条件满足时，$\nu=m$ 为整数，但为了一般性，上式中我们仍然用 ν(任意数) 代替 m(整数). 方程 (2.3.7a) 为标准的**Bessel 方程**，当 $\nu\neq m$(整数) 时，Bessel 方程的二个线性独立解为 Bessel 函数 $\mathrm{J}_\nu(x)$ 和 $\mathrm{J}_{-\nu}(x)$；而当 $\nu=m$ 为整数时，由于 $\mathrm{J}_{-m}(x)=(-1)^m\mathrm{J}_m(x)$，Bessel 方程的另一个独立解可取为 ν 阶**Neumann 函数**$\mathrm{N}_\nu(k_\rho\rho)$(我们将在下面讨论). 不管 m 是否为整数，Bessel 方程的解都可表示为

$$R(k_\rho\rho)=R_1\mathrm{J}_\nu(k_\rho\rho)+R_2\mathrm{N}_\nu(k_\rho\rho)\tag{2.3.7b}$$

② $k_0<k_z$，$k_\rho=\mathrm{i}\sqrt{k_z^2-k_0^2}\equiv\mathrm{i}\gamma_\rho$ 为虚数，方程 (2.3.4b) 变成

$$\frac{\mathrm{d}^2R(\rho)}{\mathrm{d}\rho^2}+\frac{1}{\rho}\frac{\mathrm{d}R(\rho)}{\mathrm{d}\rho}-\left(\gamma_\rho^2+\frac{\nu^2}{\rho^2}\right)R(\rho)=0\tag{2.3.8}$$

称为**虚宗量 Bessel 方程**(方程中也用 ν 代替 m), 其解将在下面讨论.

Bessel 函数和 Neumann 函数 $\pm\nu$ 阶 Bessel 函数和 Neumann 函数的级数形式为

$$\mathrm{J}_\nu(x)=\left(\frac{x}{2}\right)^\nu\sum_{k=0}^\infty\frac{(-1)^k}{k!\Gamma(\nu+k+1)}\left(\frac{x}{2}\right)^{2k}\tag{2.3.9a}$$

$$\mathrm{J}_{-\nu}(x)=\left(\frac{x}{2}\right)^{-\nu}\sum_{k=0}^\infty\frac{(-1)^k}{k!\Gamma(-\nu+k+1)}\left(\frac{x}{2}\right)^{2k}\tag{2.3.9b}$$

$$\mathrm{N}_\nu(x)=\frac{\cos(\nu\pi)\mathrm{J}_\nu(x)-\mathrm{J}_{-\nu}(x)}{\sin(\nu\pi)}\tag{2.3.9c}$$

其中，$\Gamma(\nu)$ 是Γ函数. 当 $\nu = m$ 时，由于 $\mathrm{J}_{-m}(x) = (-1)^m \mathrm{J}_m(x)$，Neumann 函数 $\mathrm{N}_\nu(x)$ 是 0/0 型极限，可以求得

$$\begin{aligned}\mathrm{N}_m(x) = &\frac{2}{\pi}\left(\gamma + \ln\frac{x}{2}\right)\mathrm{J}_m(x) - \frac{1}{\pi}\sum_{k=0}^{m-1}\frac{(m-k-1)!}{k!}\left(\frac{x}{2}\right)^{-m+2k} \\ &-\frac{1}{\pi}\sum_{k=0}^{\infty}\frac{(-1)^k}{k!(m+k)!}[\phi(k+1)+\phi(m+k+1)]\left(\frac{x}{2}\right)^{m+2k}\end{aligned} \tag{2.3.9d}$$

其中，$\gamma = 0.577216\cdots$ 为 Euler 常数，而 $\phi(k) = \sum\limits_{n=1}^{k} 1/n$. 同样不难证明

$$\mathrm{N}_{-m}(x) = (-1)^m \mathrm{N}_m(x) \tag{2.3.9e}$$

Bessel 函数和 Neumann 函数在 $x \to 0$ 和 $x \to \infty$ 时的性质十分重要, 声学中经常用到这些公式.

(1) 当 $x \to 0$ 时，显然有近似公式

$$\begin{aligned}&\mathrm{J}_0(x) \approx 1 - \frac{x^2}{4}; \mathrm{J}_1(x) \approx \frac{x}{2}\left(1 - \frac{x^2}{8}\right) \\ &\mathrm{J}_\nu(x) \approx \left(\frac{x}{2}\right)^\nu \frac{1}{\Gamma(\nu+1)} \quad (\nu \neq -1, -2, -3, \cdots)\end{aligned} \tag{2.3.10a}$$

$$\mathrm{N}_0(x) \approx \frac{2}{\pi}\left(\gamma + \ln\frac{x}{2}\right); \mathrm{N}_\nu(x) \approx -\frac{\Gamma(\nu)}{\pi}\left(\frac{2}{x}\right)^\nu \quad (\nu \neq 0) \tag{2.3.10b}$$

可见：在 $x = 0$，即柱坐标的原点，Bessel 函数有限 $(\mathrm{J}_0(0) = 1)$ 或为零 $[\mathrm{J}_m(0) = 0(m > 0)]$，而 Neumann 函数发散，但 $\mathrm{N}_0(x)$ 的发散速度远小于 $\mathrm{N}_m(x)$，这一点是非常重要的. 图 2.3.1 画出了前几个 Bessel 函数和 Neumann 函数. 注意：$\mathrm{J}_0(0) = 1$，而其他 $\mathrm{J}_m(0) = 0(m > 0)$. 问题是：当 ν 为分数 (即分数阶 Bessel 函数)$\nu = 1/n$，而 n 从 1 增加到 ∞ 时，$\mathrm{J}_{1/n}(0)$ 如何从 0 变化到 1 的? 图 2.3.2(a) 画出了 $\mathrm{J}_1(x)$, $\mathrm{J}_{1/3}(x)$, $\mathrm{J}_{1/10}(x)$ 和 $\mathrm{J}_0(x)$ 四条曲线，图 2.3.2(b) 为零点附近的变化情况，从图中可大致看出曲线的变化情况. 在 3.4 节中将用到分数阶 Bessel 函数.

(2) 当 $x \to \infty$ 时，存在渐近关系

$$\mathrm{J}_\nu(x) \approx \sqrt{\frac{2}{\pi x}}\cos\left(x - \frac{\nu\pi}{2} - \frac{\pi}{4}\right) \tag{2.3.11a}$$

$$\mathrm{N}_\nu(x) \approx \sqrt{\frac{2}{\pi x}}\sin\left(x - \frac{\nu\pi}{2} - \frac{\pi}{4}\right) \tag{2.3.11b}$$

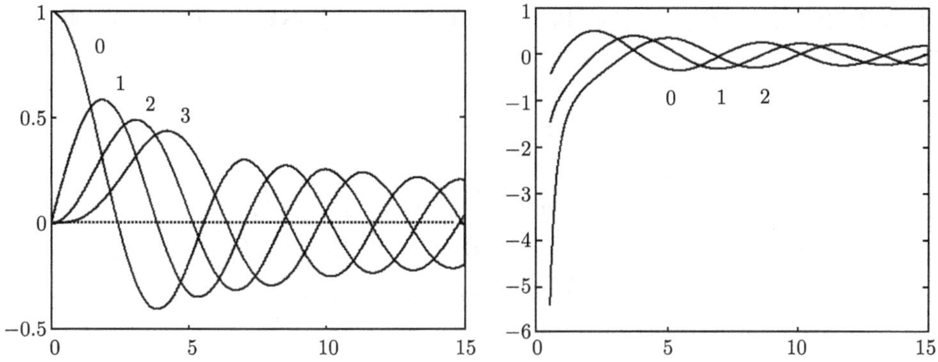

(a) (b)

图 2.3.1

(a) 前 4 个 Bessel 函数:$J_0(x)$(曲线 0)、$J_1(x)$(曲线 1)、$J_2(x)$(曲线 2) 和 $J_3(x)$(曲线 3); (b) 前 3 个 Neumann 函数:$N_0(x)$(曲线 0)、$N_1(x)$(曲线 1) 和 $N_2(x)$(曲线 2)

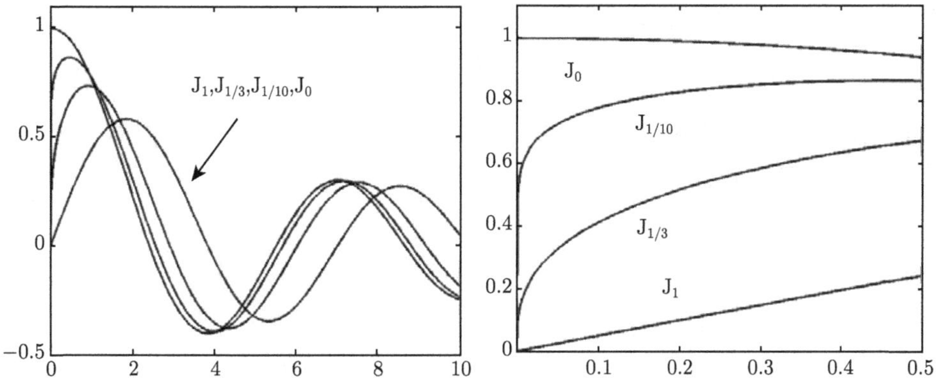

(a) (b)

图 2.3.2

(a)4 个分数阶 Bessel 函数; (b) 零点附近的特性，表明 $J_1(0)=0$ 如何演化到 $J_0(0)=1$

第一和二类 Hankel 函数　由方程 (2.3.11a) 和 (2.3.11b) 可知，Bessel 函数和 Neumann 函数相当于三角余弦和正弦函数，适合于求有限柱体内的驻波声场. 由于方程 (2.3.7a) 是线性的，故 Bessel 函数和 Neumann 函数的线性组合也是方程 (2.3.7a) 的解

$$H_\nu^{(1)}(x)=J_\nu(x)+iN_\nu(x);H_\nu^{(2)}(x)=J_\nu(x)-iN_\nu(x) \tag{2.3.12a}$$

分别称为**第一、二类 Hankel 函数**，显然，第一和二类 Hankel 函数互为复共轭. Bessel 函数、Neumann 函数、第一和二类 Hankel 函数统一称为**柱函数**，用 $Z_\nu(x)$

表示 (必须注意：柱函数一定是 Bessel 方程的解，反之不然). 当 $x \to \infty$ 时, 有渐近表达式

$$\begin{aligned} \mathrm{H}_\nu^{(1)}(x) &\approx \sqrt{\frac{2}{\pi x}} \exp\left[\mathrm{i}\left(x - \frac{\nu\pi}{2} - \frac{\pi}{4}\right)\right] \\ \mathrm{H}_\nu^{(2)}(x) &\approx \sqrt{\frac{2}{\pi x}} \exp\left[-\mathrm{i}\left(x - \frac{\nu\pi}{2} - \frac{\pi}{4}\right)\right] \end{aligned} \tag{2.3.12b}$$

由 Hankel 函数的渐近表达式可知，第一、二类 Hankel 函数相当于指数函数和它的复共轭，适合于求柱体外的辐射或者散射声波. 特别要指出的是, 以上的渐近表达式只有在 $x \gg \nu$ 时才成立，对固定的 x，即使 x 很大，如果 ν 也很大，以至 $x \approx \nu$(即大阶数、大宗量的 Bessel 函数)，上述展开不成立，我们在求声波的高频辐射和散射时将遇到这种情况. 事实上, 在 $x \approx \nu$ 附近, Bessel 函数不是振荡函数, 只有当 $x \gg \nu$, Bessel 函数才有振荡特性，为了理解这点，图 2.3.3 画出了 $\nu = 50$ 及 $x = 50$ 附近 $\mathrm{J}_{50}(x)$ 的曲线，从图可见，只有当 $x > 60$ 时，$\mathrm{J}_{50}(x)$ 才开始振荡，而在 $x < 40$ 区域，函数值近似为零. 事实上，当 $x \approx \nu \to \infty$ 时，令 $x = \nu + x'$，那么 $1 - \nu^2/x^2 \approx 2x'/\nu$，方程 (2.3.7a) 近似为

$$\frac{\mathrm{d}^2 R}{\mathrm{d}x'^2} + \frac{2x'}{\nu} R = 0 \tag{2.3.12c}$$

上式为**Airy 方程**，其解在 $x' < 0$ 区域指数衰减，而在 $x' > 0$ 区域振荡，见 7.2.2 小节讨论. 可见，在 $x \approx \nu$ 附近, Bessel 函数的性态由 Airy 函数描述.

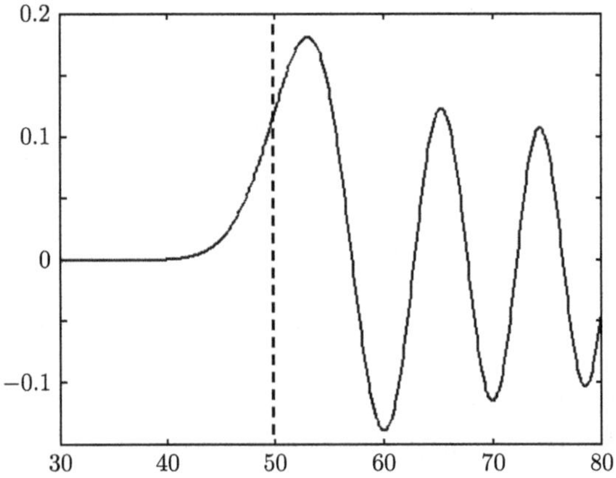

图 2.3.3　$\mathrm{J}_{50}(x)$在 $x = 50$ 附近的图像, 只有当 $x > 60$ 时才呈现振荡特性

由于当 $x \to 0$ 时，$\mathrm{J}_\nu(x)$ 有限而 $\mathrm{N}_\nu(x)$ 无限，因此

$$\begin{aligned} \mathrm{H}_0^{(1)}(x) &\approx \mathrm{i}\mathrm{N}_0(x) \approx \frac{2\mathrm{i}}{\pi} \ln \frac{x}{2} \\ \mathrm{H}_\nu^{(1)}(x) &\approx \mathrm{i}\mathrm{N}_\nu(x) \approx -\frac{\mathrm{i}\Gamma(\nu)}{\pi}\left(\frac{2}{x}\right)^\nu \quad (\nu \neq 0) \end{aligned} \tag{2.3.12d}$$

下列近似表达式在声学问题中也是非常有用 $(x \to 0)$

$$\frac{\mathrm{dH}_0^{(1)}(x)}{\mathrm{d}x} \approx \frac{2\mathrm{i}}{\pi x}; \frac{\mathrm{dH}_\nu^{(1)}(x)}{\mathrm{d}x} \approx \frac{\mathrm{i}\Gamma(\nu)}{2\pi}\left(\frac{2}{x}\right)^{\nu+1} \quad (\nu \neq 0) \tag{2.3.12e}$$

显然，上式可由方程 (2.3.12d) 求导得到.

顺便指出：当声场与 z 方向和φ方向无关时，即取 $k_z = 0$ 和 $m = 0$，行波解为

$$p(\rho, t) = [A\mathrm{H}_0^{(1)}(k_0\rho) + B\mathrm{H}_0^{(2)}(k_0\rho)]\exp(-\mathrm{i}\omega t) \tag{2.3.13a}$$

如 1.3.5 小节所述，二维情况不存在简单的行波解. 在近场区，声压随 ρ 的变化颇为复杂，只有在远场区

$$p(\rho, t) \approx \sqrt{\frac{2}{\pi k\rho}}\left\{A\exp\left[\mathrm{i}\omega\left(\frac{\rho}{c_0} - t\right)\right] + B\exp\left[-\mathrm{i}\omega\left(\frac{\rho}{c_0} + t\right)\right]\right\} \tag{2.3.13b}$$

才是简单的行波解.

总之，Bessel 方程的解也可以表示为行波形式的解

$$R(k_\rho\rho) = R_1\mathrm{H}_\nu^{(1)}(k_\rho\rho) + R_2\mathrm{H}_\nu^{(2)}(k_\rho\rho) \tag{2.3.13c}$$

第一和二类虚宗量 Bessel 函数 虚宗量 Bessel 方程 (2.3.8) 的解可表示

$$R(\gamma_\rho\rho) = R_1\mathrm{I}_\nu(\gamma_\rho\rho) + R_2\mathrm{K}_\nu(\gamma_\rho\rho) \tag{2.3.14a}$$

其中，$\mathrm{I}_\nu(x)$ 和 $\mathrm{K}_\nu(x)$ 分别称为 ν 阶**第一、二类虚宗量 Bessel 函数**，与 Bessel 函数和 Hankel 函数的关系为

$$\mathrm{I}_\nu(x) = \mathrm{i}^{-\nu}\mathrm{J}_\nu(\mathrm{i}x); \mathrm{K}_\nu(x) = \frac{\pi}{2}\mathrm{i}^{\nu+1}\mathrm{H}_\nu^{(1)}(\mathrm{i}x) \tag{2.3.14b}$$

当 $x \to 0$ 时，近似式为

$$\mathrm{I}_0(x) \approx 1 + \frac{x^2}{4}; \mathrm{I}_\nu(x) \approx \frac{1}{\Gamma(\nu+1)}\left(\frac{x}{2}\right)^\nu \quad (\nu \neq -1, -2, -3, \cdots) \tag{2.3.15a}$$

$$\mathrm{K}_0(x) \approx -\gamma + \ln\frac{2}{x}; \mathrm{K}_\nu(x) \approx \frac{1}{2\Gamma(\nu)}\left(\frac{2}{x}\right)^\nu \quad (\nu \neq 0) \tag{2.3.15b}$$

当 $x \to \infty$ 时, 渐近表达式为

$$\mathrm{I}_\nu(x) \approx \frac{1}{\sqrt{2\pi x}}\exp(x); \mathrm{K}_\nu(x) \approx \frac{1}{\sqrt{2\pi x}}\exp(-x) \tag{2.3.15c}$$

图 2.3.4 给出了相应的图像. 从图 2.3.1 和图 2.3.4 可看出，Bessel 函数和 Neumann 函数具有振荡特性，故描述波动过程；而虚宗量 Bessel 函数指数增长或衰减，不描述远场的波动特性，但它们可以描述近场区的倏逝波，见 2.3.3 小节讨论.

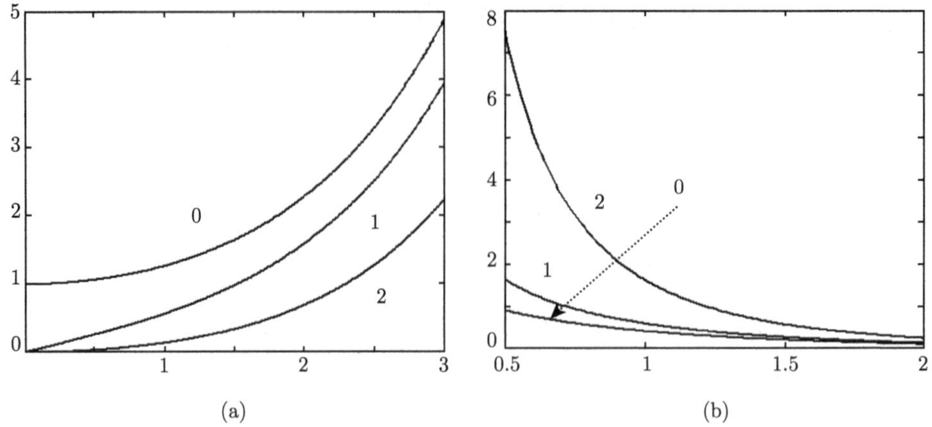

图 2.3.4

(a) 前 3 个第一类虚宗量 Bessel 函数:$\mathrm{I}_0(x)$(曲线 0)、$\mathrm{I}_1(x)$(曲线 1) 和 $\mathrm{I}_2(x)$(曲线 2)；(b) 前 3 个第二类虚宗量 Bessel 函数:$\mathrm{K}_0(x)$(曲线 0)、$\mathrm{K}_1(x)$(曲线 1) 和 $\mathrm{K}_2(x)$(曲线 2)

分离变量解的一般形式　结合方程 (2.3.5a)~(2.3.6b)，(2.3.7b) 和 (2.3.13c)，在柱坐标下，声波方程 (2.3.1) 的一般形式解为

$$p(\rho,\varphi,z,t)=\sum Z(k_z,z)R_m(k_\rho,\rho)\varPhi_m(\varphi)\exp(-\mathrm{i}\omega t) \tag{2.3.16a}$$

其中，求和遍及 ω,k_ρ 和 k_z 所有可允许的值. 下面讨论不同情况下函数的选择.

(1) 时间项的选择：对单频声波 (驻波，辐射或者散射)，ω 是给定的频率，故 $k=\omega/c_0=k_0$ 也给定，径向波数 k_ρ 和轴向波数 k_z 必须满足 $k_\rho^2+k_z^2=k_0^2$；对声场的瞬态激发问题，方程 (2.3.16a) 中对 ω 的求和变成积分, 实际上是对时间作 Fourier 积分，即

$$p(\rho,\varphi,z,t)=\int_{-\infty}^{\infty}\sum Z(k_z,z)R_m(k_\rho,\rho)\varPhi_m(\varphi)\exp(-\mathrm{i}\omega t)\mathrm{d}\omega \tag{2.3.16b}$$

其中，径向波数 k_ρ 和轴向波数 k_z 仍然必须满足 $k_\rho^2+k_z^2=(\omega/c_0)^2$.

(2) $\varPhi_m(\varphi)$ 的选择：根据问题的对称性，如果声场关于 $\varphi=0$ 对称，要求 $p(\rho,\varphi,z,t)=p(\rho,-\varphi,z,t)$，则取 $\varPhi_m(\varphi)=\varPhi_{0c}\cos(m\varphi)$；如果声场关于 $\varphi=0$ 反对称，要求 $p(\rho,\varphi,z,t)=-p(\rho,-\varphi,z,t)$，则取 $\varPhi_m(\varphi)=\varPhi_{0s}\sin(m\varphi)$. 此时关于角度的求和从 $m=0$ 到 $m=\infty$; 如果声场关于 $\varphi=0$ 没有对称性，则取 $\varPhi(\varphi)=\varPhi_0\exp(\mathrm{i}m\varphi)$，求和从 $m=-\infty$ 到 $m=\infty$(当然也可以选择方程 (2.3.6b) 的形式);

(3) $Z(k_z,z)$ 的选择：如果 z 方向有限 (如长度为 L 的圆柱体，考虑圆柱体内部的声场分布)，则取 z 方向的驻波解

$$p(\rho,\varphi,z,t)=\sum[Z_1\cos(k_zz)+Z_2\sin(k_zz)]R_m(k_\rho,\rho)\varPhi_m(\varphi)\mathrm{e}^{-\mathrm{i}\omega t} \tag{2.3.16c}$$

其中，k_z 由 z 方向的边界条件决定，一般是**分立谱**；如果 z 方向无限，则取 z 方向的行波解，此时 $-\infty < k_z < \infty$ 是**连续谱**，方程 (2.3.16a) 中关于 k_z 的求和变成积分 (见 2.3.3 节讨论)，即

$$p(\rho,\varphi,z,t) = \sum \int_{-\infty}^{\infty} A_m(k_z)\mathrm{e}^{\mathrm{i}k_z z} R_m(k_\rho,\rho)\Phi_m(\varphi)\mathrm{e}^{-\mathrm{i}\omega t}\mathrm{d}k_z \tag{2.3.16d}$$

上式实际上是在 z 方向作 Fourier 变换.

(4) $R_m(k_\rho,\rho)$ 的选择: 如果求解柱体内的驻波声场分布 (径向有限)，则取 Bessel 函数和 Neumann 函数表示的解，即

$$p(\rho,\varphi,z,t) = \sum Z(k_z,z)[R_1\mathrm{J}_m(k_\rho\rho) + R_2\mathrm{N}_m(k_\rho\rho)]\Phi_m(\varphi)\exp(-\mathrm{i}\omega t) \tag{2.3.16e}$$

其中，径向波数 k_ρ 一般由径向边界条件决定，为分立谱; 如果求解柱体内的声场分布且考虑的区域包含 $\rho = 0$，则取上式中 $R_2 \equiv 0$；如果求解径向无限的辐射问题或者散射问题，则径向应取 $\mathrm{H}_m^{(1)}(k_\rho\rho)$，即

$$p(\rho,\varphi,z,t) = \sum Z(k_z,z)\mathrm{H}_m^{(1)}(k_\rho\rho)\Phi_m(\varphi)\exp(-\mathrm{i}\omega t) \tag{2.3.16f}$$

因为径向波数和轴向波数必须满足关系: $k_\rho^2 + k_z^2 = (\omega/c_0)^2$，即 $k_\rho = \sqrt{(\omega/c_0)^2 - k_z^2}$，即 k_ρ 可能是虚数，则由方程 (2.3.14b)，Hankel 函数由虚宗量 Hankel 函数代替，表明近场的倏逝波; 当考虑如图 2.3.5 的带状区域时 $(R_1 < \rho < R_2)$，$\mathrm{H}_m^{(1)}(k_\rho\rho)$ 表示带状区域内的声源 Σ_1 向外辐射的波，而 $\mathrm{H}_m^{(2)}(k_\rho\rho)$ 表示带状区域外的声源 Σ_2 向带状区域辐射的波，故在带状区域内通解为

$$p(\rho,\varphi,z,t) = \sum Z(k_z,z)[A_1\mathrm{H}_m^{(1)}(k_\rho\rho) + A_2\mathrm{H}_m^{(2)}(k_\rho\rho)]\Phi_m(\varphi)\mathrm{e}^{-\mathrm{i}\omega t} \tag{2.3.16g}$$

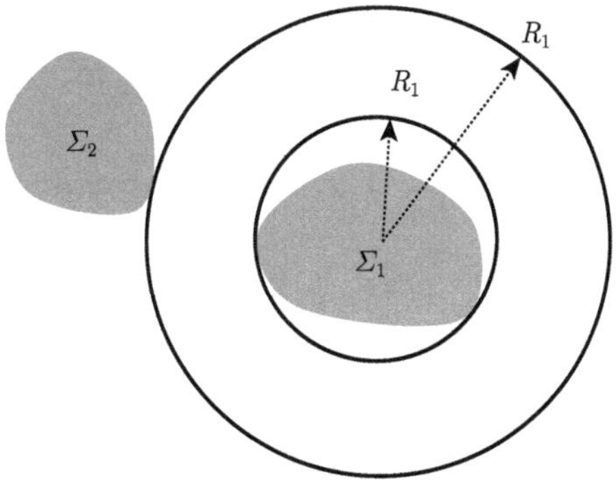

图 2.3.5 带状区域 $(R_1 < \rho < R_2)$ 内的声场表示

如果 $k_\rho = \mathrm{i}\gamma_\rho$ 是虚数，则径向部分应该为 $R_m = A_1\mathrm{K}_m(\gamma_\rho\rho) + A_2\mathrm{I}_m(\gamma_\rho\rho)$. 注意: $\mathrm{H}_m^{(1)}(\mathrm{i}\gamma_\rho\rho) \sim \mathrm{K}_m(\gamma_\rho\rho)$，但 $\mathrm{I}_m(\gamma_\rho\rho) \sim \mathrm{J}_m(\mathrm{i}\gamma_\rho\rho)$，而不是 $\mathrm{H}_m^{(2)}(\mathrm{i}\gamma_\rho\rho)$；当考虑如

图 2.3.6 的所谓 "内部" 区域时 ($0 \leqslant \rho < R$)，即声源 Σ_1 和声源 Σ_2 在区域外，并且所考虑的区域包含原点，因为 Neumann 函数在原点发散，则

$$p(\rho,\varphi,z,t)=\sum Z(k_z,z)\mathrm{J}_m(k_\rho\rho)\varPhi_m(\varphi)\mathrm{e}^{-\mathrm{i}\omega t} \tag{2.3.16h}$$

在以后各节中，我们直接写出解的形式，不再进一步讨论.

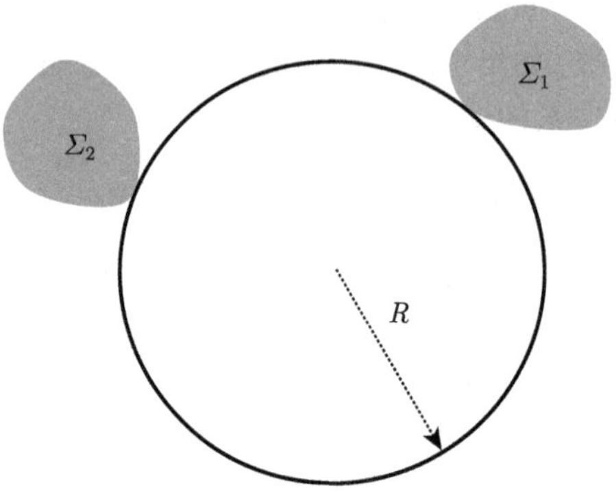

图 2.3.6 包含原点的内部区域 ($0 \leqslant \rho < R$)

Hankel 变换 对满足一定可积条件的函数 $f(\rho)$，存在关系

$$\begin{aligned} f(\rho)&=\int_0^\infty F(\lambda)\mathrm{J}_m(\lambda\rho)\lambda\mathrm{d}\lambda \\ F(\lambda)&=\int_0^\infty f(\rho)\mathrm{J}_m(\lambda\rho)\rho\mathrm{d}\rho \end{aligned} \tag{2.3.17a}$$

称为 ***m*阶 Hankel 变换**，这是二维 Fourier 变换对柱对称函数的直接推广. 由于在声学问题中经常使用 Hankel 变换，这里给出一个简单推导：考虑平方可积的二维函数 $f(x,y)$，二维 Fourier 变换和逆变换定义 (为了方便，写成对称形式) 为

$$\begin{aligned} F(k_x,k_y)&=\frac{1}{2\pi}\int_{-\infty}^{\infty}\int_{-\infty}^{\infty}f(x,y)\mathrm{e}^{\mathrm{i}(k_x x+k_y y)}\mathrm{d}x\mathrm{d}y \\ f(x,y)&=\frac{1}{2\pi}\int_{-\infty}^{\infty}\int_{-\infty}^{\infty}F(k_x,k_y)\mathrm{e}^{-\mathrm{i}(k_x x+k_y y)}\mathrm{d}k_x\mathrm{d}k_y \end{aligned} \tag{2.3.17b}$$

设 $f(x,y)$ 具有特殊形式

$$f(x,y)=f(\rho)\mathrm{e}^{\mathrm{i}m\varphi} \tag{2.3.17c}$$

平方可积条件为

$$\int_0^\infty\int_0^{2\pi}|f(\rho)|^2\rho\mathrm{d}\rho\mathrm{d}\varphi=2\pi\int_0^\infty \rho|f(\rho)|^2\mathrm{d}\rho<\infty \tag{2.3.17d}$$

即要求 $f(\rho)$ 带权 $w(\rho)\equiv\rho$ 平方可积. 设 $k_x=\lambda\cos\alpha$ 及 $k_y=\lambda\sin\alpha$(即取波矢空间 $\boldsymbol{k}=(k_x,k_y)$ 的极坐标 (λ,α)), 则方程 (2.3.17b) 变成

$$\begin{aligned}F(\lambda,\alpha)&=\frac{1}{2\pi}\int_0^\infty f(\rho)\left[\int_0^{2\pi}\mathrm{e}^{\mathrm{i}[\rho\lambda\cos(\varphi-\alpha)+m\varphi]}\mathrm{d}\varphi\right]\rho\mathrm{d}\rho\\ f(\rho)\mathrm{e}^{\mathrm{i}m\varphi}&=\frac{1}{2\pi}\int_0^\infty\left[\int_0^{2\pi}F(\lambda,\alpha)\mathrm{e}^{-\mathrm{i}\rho\lambda\cos(\varphi-\alpha)}\mathrm{d}\alpha\right]\lambda\mathrm{d}\lambda\end{aligned}\tag{2.3.18a}$$

利用 Bessel 函数的下列公式

$$\begin{aligned}&\int_0^{2\pi}\mathrm{e}^{\mathrm{i}[x\cos(\varphi-\alpha)+m\varphi]}\mathrm{d}\varphi=2\pi\mathrm{e}^{\mathrm{i}m(\alpha+\pi/2)}\mathrm{J}_m(x)\\ &\int_0^{2\pi}\mathrm{e}^{\mathrm{i}[-x\cos(\varphi-\alpha)+m(\alpha+\pi/2)]}\mathrm{d}\alpha=2\pi\mathrm{e}^{\mathrm{i}m\varphi}\mathrm{J}_m(x)\end{aligned}\tag{2.3.18b}$$

方程 (2.3.18a) 的第一式变成

$$F(\lambda,\alpha)=\mathrm{e}^{\mathrm{i}m(\alpha+\pi/2)}\int_0^\infty f(\rho)\mathrm{J}_m(\lambda\rho)\rho\mathrm{d}\rho\tag{2.3.18c}$$

代入方程 (2.3.18a) 的第二式得到

$$\begin{aligned}f(\rho)\mathrm{e}^{\mathrm{i}m\varphi}&=\frac{1}{2\pi}\int_0^\infty\lambda\mathrm{d}\lambda\left[\int_0^\infty f(\rho')\mathrm{J}_m(\lambda\rho')\rho'\mathrm{d}\rho'\right]\int_0^{2\pi}\mathrm{e}^{\mathrm{i}[-\rho\lambda\cos(\varphi-\alpha)+m(\alpha+\pi/2)]}\mathrm{d}\alpha\\ &=\mathrm{e}^{\mathrm{i}m\varphi}\int_0^\infty\lambda\mathrm{d}\lambda\left[\int_0^\infty f(\rho')\mathrm{J}_m(\lambda\rho')\rho'\mathrm{d}\rho'\right]\mathrm{J}_m(\lambda\rho)\end{aligned}\tag{2.3.18d}$$

因此，定义函数 $f(\rho)$ 的 Hankel 变换

$$F(\lambda)\equiv\int_0^\infty f(\rho')\mathrm{J}_m(\lambda\rho')\rho'\mathrm{d}\rho'\tag{2.3.19a}$$

则逆 Hankel 变换为

$$f(\rho)\equiv\int_0^\infty F(\lambda)\mathrm{J}_m(\lambda\rho)\lambda\mathrm{d}\lambda\tag{2.3.19b}$$

上二式就是方程 (2.3.17a). 把方程 (2.3.19a) 代入上式得到

$$f(\rho)=\int_0^\infty f(\rho')\rho'\mathrm{d}\rho'\left[\int_0^\infty\mathrm{J}_m(\lambda\rho')\mathrm{J}_m(\lambda\rho)\lambda\mathrm{d}\lambda\right]\tag{2.3.19c}$$

故存在关系

$$\int_0^\infty\mathrm{J}_m(\lambda\rho')\mathrm{J}_m(\lambda\rho)\lambda\mathrm{d}\lambda=\frac{1}{\rho'}\delta(\rho-\rho')\tag{2.3.19d}$$

2.3.2　振动圆柱体向无限空间中的辐射

首先考虑无限长圆柱体的脉动和横向振动. 注意：有限长圆柱体振动产生的辐射解无法求出解析解.

脉动柱体　考虑半径为 a 的无限长脉动柱体，柱体的中心轴为 z 轴，柱体表面的径向脉动速度为 $u_\rho(\omega)=U_0(\omega)$(忽略时间变化因子 $\exp(-\mathrm{i}\omega t)$). 由方程 (2.3.13a) 和 Hankel 函数的渐近表达式可知，空间声压为

$$p(\rho,\omega)=A(\omega)\mathrm{H}_0^{(1)}(k_0\rho)\quad (k_0=\omega/c_0) \tag{2.3.20a}$$

流体元的振动速度为

$$v_\rho(\rho,\omega)=\frac{A(\omega)}{\mathrm{i}\rho_0c_0}\frac{\mathrm{dH}_0^{(1)}(k_0\rho)}{\mathrm{d}(k_0\rho)}=-\frac{A(\omega)}{\mathrm{i}\rho_0c_0}\mathrm{H}_1^{(1)}(k_0\rho) \tag{2.3.20b}$$

式中应用了柱函数的递推公式 (见附录 E)$\mathrm{dH}_0^{(1)}(x)/\mathrm{d}x=-\mathrm{H}_1^{(1)}(x)$. 在柱面上 $v_\rho(a,\omega)=u_\rho(\omega)$, 于是得到 $A=-\mathrm{i}\rho_0c_0U_0/\mathrm{H}_1^{(1)}(k_0a)$. 分析如下.

(1) 低频，即 $k_0a\ll 1$，或者 $a\ll\lambda$，利用方程 (2.3.12d) 得到

$$\begin{aligned}p(\rho,\omega)&\approx\frac{1}{2}(\rho_0c_0U_0\pi k_0a)\mathrm{H}_0^{(1)}(k_0\rho)\\ v_\rho(\rho,\omega)&\approx\mathrm{i}\frac{1}{2}U_0\pi k_0a\mathrm{H}_1^{(1)}(k_0\rho)\end{aligned} \tag{2.3.21a}$$

(2) 低频、远场，即 $k_0\rho\gg 1$，或者 $\rho\gg\lambda$，利用方程 (2.3.12b) 得到

$$\begin{aligned}p(\rho,\omega)&\approx(\rho_0U_0a)\sqrt{\frac{c_0\pi\omega}{2\rho}}\exp\left[\mathrm{i}\left(k_0\rho-\frac{\pi}{4}\right)\right]\\ v_\rho(\rho,\omega)&\approx U_0a\sqrt{\frac{\pi\omega}{2c_0\rho}}\exp\left[\mathrm{i}\left(k_0\rho-\frac{\pi}{4}\right)\right]\end{aligned} \tag{2.3.21b}$$

于是，平均声强 $\bar{I}_\rho$ 和单位长度的平均声功率 $\bar{P}_\mathrm{L}$ 分别为

$$\begin{aligned}\bar{I}_\rho&=\frac{1}{2}\mathrm{Re}(pv_\rho^*)\approx\frac{1}{4\rho}\pi a\rho_0c_0U_0^2(k_0a)_\mathrm{L}\\ \bar{P}_\mathrm{L}&=2\pi\rho\bar{I}_\rho\approx\tfrac{1}{2}\pi^2a\rho_0c_0U_0^2(k_0a)_\mathrm{L}\end{aligned} \tag{2.3.21c}$$

式中 $(k_0a)_\mathrm{L}$ 的下标表示 (k_0a) 在低频时取值；

(3) 高频，即 $k_0a\gg 1$，或者 $\lambda\ll a$，利用方程 (2.3.12b) 得到

$$\begin{aligned}p(\rho,\omega)&\approx\rho_0c_0U_0\sqrt{\frac{\pi k_0a}{2}}\exp\left[-\mathrm{i}\left(k_0a-\frac{\pi}{4}\right)\right]\mathrm{H}_0^{(1)}(k_0\rho)\\ v_\rho(\rho,\omega)&\approx\mathrm{i}U_0\sqrt{\frac{\pi k_0a}{2}}\exp\left[-\mathrm{i}\left(k_0a-\frac{\pi}{4}\right)\right]\mathrm{H}_1^{(1)}(k_0\rho)\end{aligned} \tag{2.3.22a}$$

(4) 高频、远场，即 $k_0\rho \gg 1$，或者 $\rho \gg \lambda$，利用方程 (2.3.12b) 得到

$$\begin{aligned} p(\rho,\omega) &\approx \rho_0 c_0 U_0 \sqrt{\frac{a}{\rho}} \exp[\mathrm{i}k_0(\rho-a)] \\ v_\rho(\rho,t) &\approx U_0 \sqrt{\frac{a}{\rho}} \exp[\mathrm{i}k_0(\rho-a)] \end{aligned} \tag{2.3.22b}$$

故平均声强 $\bar{I}_\rho$ 和单位长度的平均声功率 $\bar{P}_{\mathrm{H}}$ 分别为

$$\bar{I}_\rho = \frac{1}{2}\mathrm{Re}(pv_\rho^*) \approx \frac{1}{2\rho}\rho_0 c_0 U_0^2 a; \bar{P}_{\mathrm{H}} = 2\pi\rho \bar{I}_\rho \approx \rho_0 c_0 \pi a U_0^2 \tag{2.3.22c}$$

显然 $\bar{P}_{\mathrm{L}}/\bar{P}_{\mathrm{H}} \sim (k_0 a)_L \ll 1$(同样的半径 a)，即高频辐射的声功率远大于低频.

横向振动柱体 设无限长刚性圆柱体沿 x 方向作振动，圆柱体中心轴始终与 z 轴平行，图 2.3.7 中画出了平行于xOy平面的截面 (注意与图 2.1.3 的区别：振动方向坐标取不一样，这样才有简单的对称性). 圆柱面上的法向振动速度为

$$u_\rho(a,\varphi,\omega) = \boldsymbol{u}(\omega)\cdot \boldsymbol{e}_\rho = U_0(\omega)\cos\varphi \tag{2.3.23a}$$

显然，为了满足圆柱面上法向速度连续的边界条件，方程 (2.3.6b) 中只能取 m=1，空间声场分布写成

$$\begin{aligned} p(\rho,\varphi,\omega) &= A_1 \mathrm{H}_1^{(1)}(k_0\rho)\cos\varphi \\ v_\rho(\rho,\omega) &= \frac{A_1}{\mathrm{i}\rho_0 c_0}\frac{\mathrm{dH}_1^{(1)}(k_0\rho)}{\mathrm{d}(k_0\rho)}\cos\varphi \end{aligned} \tag{2.3.23b}$$

由方程 (2.3.23a) 得到

$$A_1 = \mathrm{i}\rho_0 c_0 U_0 \left[\frac{\mathrm{dH}_1^{(1)}(k_0\rho)}{\mathrm{d}(k_0\rho)}\right]^{-1}_{\rho=a} \tag{2.3.23c}$$

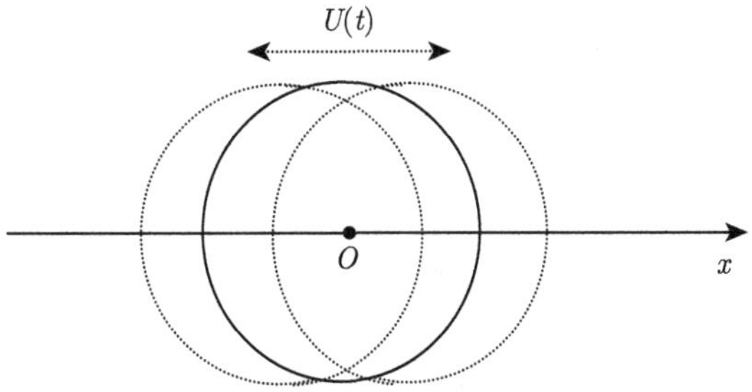

图 2.3.7 横向振动刚性柱体

分析如下.

(1) 低频，即 $k_0a \ll 1$，或者 $a \ll \lambda$, 利用方程 (2.3.12e)

$$A_1 \approx \frac{1}{2}U_0\rho_0c_0\pi(k_0a)^2 \tag{2.3.24a}$$

代入方程 (2.3.23b) 得到

$$p(\rho,\varphi,\omega) \approx \frac{1}{2}U_0\rho_0c_0\pi(k_0a)^2\mathrm{H}_1^{(1)}(k_0\rho)\cos\varphi \tag{2.3.24b}$$

$$v_\rho(\rho,\varphi,\omega) = -\mathrm{i}\frac{1}{2}U_0\pi k_0^2a^2\frac{\mathrm{dH}_1^{(1)}(k_0\rho)}{\mathrm{d}(k_0\rho)}\cos\varphi \tag{2.3.24c}$$

(2) 低频、远场，即 $k_0\rho \gg 1$，或者 $\rho \gg \lambda$，利用方程 (2.3.12b) 得到

$$\begin{aligned} p(\rho,\varphi,\omega) &\approx U_0\rho_0c_0a^2\sqrt{\frac{\pi k_0^3}{2\rho}}\cos\varphi\exp\left[\mathrm{i}\left(k_0\rho-\frac{3\pi}{4}\right)\right] \\ v_\rho(\rho,\varphi,\omega) &\approx U_0a^2\sqrt{\frac{\pi k_0^3}{2\rho}}\cos\varphi\exp\left[\mathrm{i}\left(k_0\rho-\frac{3\pi}{4}\right)\right] \end{aligned} \tag{2.3.25a}$$

故平均声强 $\bar{I}_\rho$ 和单位长度的平均声功率 $\bar{P}_{\mathrm{L}}$ 分别为

$$\begin{aligned} \bar{I}_\rho &= \frac{1}{2}\mathrm{Re}(pv_\rho^*) \approx \frac{1}{4}aU_0^2\rho_0c_0\frac{\pi(k_0a)_{\mathrm{L}}^3}{\rho}\cos^2\varphi \\ \bar{P}_{\mathrm{L}} &= \iint \bar{I}_\rho\mathrm{d}S = \int_0^{2\pi}\bar{I}_\rho\rho\mathrm{d}\varphi \approx \frac{\pi^2}{4}aU_0^2\rho_0c_0(k_0a)_{\mathrm{L}}^3 \end{aligned} \tag{2.3.25b}$$

上式表明：横向振动柱体的辐射声功率与频率的三次方成正比，在低频段远远低于脉动柱体的声辐射，比如，弦振动的效率就很低.

(3) 高频，即 $k_0a \gg 1$，或者 $\lambda \ll a$，利用方程 (2.3.12b) 得到

$$\begin{aligned} A_1 &\approx U_0\mathrm{i}\rho_0c_0\sqrt{\frac{\pi k_0a}{2}}\exp\left[-\mathrm{i}\left(k_0a-\frac{\pi}{4}\right)\right] \\ p(\rho,\varphi,\omega) &= \mathrm{i}\rho_0c_0U_0\sqrt{\frac{\pi k_0a}{2}}\exp\left[-\mathrm{i}\left(k_0a-\frac{\pi}{4}\right)\right]\mathrm{H}_1^{(1)}(k_0\rho)\cos\varphi \\ v_\rho(\rho,\varphi,\omega) &= U_0\sqrt{\frac{\pi k_0a}{2}}\exp\left[-\mathrm{i}\left(k_0a-\frac{\pi}{4}\right)\right]\frac{\mathrm{dH}_1^{(1)}(k_0\rho)}{\mathrm{d}(k_0\rho)}\cos\varphi \end{aligned} \tag{2.3.26a}$$

(4) 高频、远场，即 $k_0\rho \gg 1$，或者 $\rho \gg \lambda$，利用方程 (2.3.12b) 得到

$$\begin{aligned} p(\rho,\varphi,\omega) &\approx \rho_0c_0U_0\sqrt{\frac{a}{\rho}}\exp[\mathrm{i}k_0(\rho-a)]\cos\varphi \\ v_\rho(\rho,\varphi,\omega) &\approx U_0\sqrt{\frac{a}{\rho}}\exp[\mathrm{i}k_0(\rho-a)]\cos\varphi \end{aligned} \tag{2.3.26b}$$

故平均声强 $\bar{I}_\rho$ 和单位长度的平均声功率 $\bar{P}_{\rm H}$ 分别为

$$\bar{I}_\rho=\frac{1}{2}{\rm Re}(pv_\rho^*)\approx\frac{\rho_0c_0aU_0^2}{2\rho}\cos^2\varphi \tag{2.3.26c}$$

$$\bar{P}_{\rm H}=\iint\bar{I}_\rho{\rm d}S=\int_0^{2\pi}\bar{I}_\rho\rho{\rm d}\varphi\approx\frac{\rho_0c_0aU_0^2}{4} \tag{2.3.26d}$$

显然 $\bar{P}_{\rm L}/\bar{P}_{\rm H}\sim(k_0a)_{\rm L}^3\ll 1$, 而且辐射有方向性，在 $\varphi=\pi/2$ 方向，平均声强为零. 注意：与脉动柱体辐射的声场不同，此时速度场的切向分量不为零

$$v_\varphi(\rho,\varphi,\omega)=\frac{1}{{\rm i}\rho_0c_0}\cdot\frac{1}{k_0\rho}\cdot\frac{\partial p(\rho,\varphi,\omega)}{\partial\varphi}=-\frac{1}{{\rm i}\rho_0c_0(k_0\rho)}A_1{\rm H}_1^{(1)}(k_0\rho)\sin\varphi \tag{2.3.26e}$$

但在远场，$v_\varphi(\rho,\varphi,\omega)\to\rho^{-3/2}$ 趋向零, 故仅仅存在于近场.

圆柱体母线振动的辐射 下面考虑较为复杂的情况，即圆柱体母线振动的辐射. 设柱体表面的径向速度为

$$u_\rho(a,\varphi,\omega)=\begin{cases}U_0(\omega), & -\dfrac{\varDelta}{2}<\varphi<\dfrac{\varDelta}{2}\\ 0, & \dfrac{\varDelta}{2}<\varphi<2\pi-\dfrac{\varDelta}{2}\end{cases} \tag{2.3.27a}$$

当 $\varDelta\to 0$，但 $\lim\limits_{\varDelta\to 0}(U_0\varDelta)=$ 有限时，上式可以等效成圆柱的一条母线振动. 由方程 (2.3.16f)，与 z 轴方向无关的辐射解为 (注意：速度场的φ方向分量仍然忽略不写)

$$\begin{aligned}p(\rho,\varphi,\omega)&=\sum_{m=0}^{\infty}A_m{\rm H}_m^{(1)}(k_0\rho)\cos(m\varphi)\\ v_\rho(\rho,\varphi,\omega)&=\frac{1}{{\rm i}\omega\rho_0}\sum_{m=0}^{\infty}A_m\frac{{\rm dH}_m^{(1)}(k_0\rho)}{{\rm d}\rho}\cos(m\varphi)\end{aligned} \tag{2.3.27b}$$

注意：上式中只取余弦函数，因为表面径向速度关于 $\varphi=0$ 对称. 上式与方程 (2.3.27a) 结合得到

$$\frac{1}{{\rm i}\rho_0c_0}\sum_{m=0}^{\infty}A_m\left[\frac{{\rm dH}_m^{(1)}(k_0\rho)}{{\rm d}(k_0\rho)}\right]_{\rho=a}\cos(m\varphi)=\begin{cases}U_0(\omega), & -\dfrac{\varDelta}{2}<\varphi<\dfrac{\varDelta}{2}\\ 0, & \dfrac{\varDelta}{2}<\varphi<2\pi-\dfrac{\varDelta}{2}\end{cases} \tag{2.3.27c}$$

因此

$$\begin{aligned}A_0&={\rm i}\frac{(U_0\varDelta)\rho_0c_0}{2\pi}\left[\frac{{\rm dH}_0^{(1)}(k_0\rho)}{{\rm d}(k_0\rho)}\right]_{\rho=a}^{-1}\quad(m=0)\\ A_m&={\rm i}\frac{(U_0\varDelta)\rho_0c_0}{\pi}\cdot\frac{\sin(m\varDelta/2)}{m\varDelta/2}\cdot\left[\frac{{\rm dH}_m^{(1)}(k_0\rho)}{{\rm d}(k_0\rho)}\right]_{\rho=a}^{-1}\quad(m\geqslant 1)\end{aligned} \tag{2.3.28a}$$

在低频条件下，上式可以近似为

$$A_m \approx \frac{\mathrm{i}(U_0\varDelta)\rho_0 c_0}{\pi}\left[\frac{\mathrm{dH}_m^{(1)}(k_0\rho)}{\mathrm{d}(k_0\rho)}\right]_{\rho=a}^{-1} \tag{2.3.28b}$$

把方程 (2.3.28a) 代入方程 (2.3.27b) 得到

$$\begin{aligned}
p(\rho,\varphi,\omega) &= \frac{\mathrm{i}\rho_0 c_0(U_0\varDelta)}{\pi}\sum_{m=0}^{\infty}\left[\frac{\mathrm{dH}_m^{(1)}(k_0\rho)}{\mathrm{d}(k_0\rho)}\right]_{\rho=a}^{-1}\varepsilon_m\cos(m\varphi)\frac{\sin(m\varDelta/2)}{m\varDelta/2}\cdot\mathrm{H}_m^{(1)}(k_0\rho)\\
v_\rho(\rho,\varphi,\omega) &= \frac{(U_0\varDelta)}{\pi}\sum_{m=0}^{\infty}\left[\frac{\mathrm{dH}_m^{(1)}(k_0\rho)}{\mathrm{d}(k_0\rho)}\right]_{\rho=a}^{-1}\varepsilon_m\cos(m\varphi)\frac{\sin(m\varDelta/2)}{m\varDelta/2}\cdot\frac{\mathrm{dH}_m^{(1)}(k_0\rho)}{\mathrm{d}(k_0\rho)}
\end{aligned} \tag{2.3.28c}$$

其中，$\varepsilon_0 = 1/2$ 和 $\varepsilon_m = 1(m \geqslant 1)$. 分析如下.

(1) 低频，即 $k_0 a \ll 1$，或者 $a \ll \lambda$

$$A_0 = \frac{(U_0\varDelta)\rho_0 c_0}{2}\frac{k_0 a}{2};\ A_m = (U_0\varDelta)\rho_0 c_0\frac{(k_0 a)^{m+1}}{2^m m!}\quad (m \geqslant 1) \tag{2.3.29a}$$

代入方程 (2.3.27b) 得到

$$\begin{aligned}
p(\rho,\varphi,\omega) &= \rho_0 c_0(U_0\varDelta)\sum_{m=0}^{\infty}\frac{(k_0 a)^{m+1}\varepsilon_m}{2^m m!}\mathrm{H}_m^{(1)}(k_0\rho)\cos(m\varphi)\\
&\approx \rho_0 c_0(U_0\varDelta)\frac{k_0 a}{4}\mathrm{H}_0^{(1)}(k_0\rho)\\
v_\rho(\rho,\varphi,\omega) &= -\mathrm{i}(U_0\varDelta)\sum_{m=0}^{\infty}\frac{(k_0 a)^{m+1}\varepsilon_m}{2^m m!}\frac{\mathrm{dH}_m^{(1)}(k_0\rho)}{\mathrm{d}(k_0\rho)}\cos(m\varphi)\\
&\approx -\mathrm{i}(U_0\varDelta)\frac{k_0 a}{4}\frac{\mathrm{dH}_0^{(1)}(k_0\rho)}{\mathrm{d}(k_0\rho)}
\end{aligned} \tag{2.3.29b}$$

(2) 低频、远场，即 $k_0\rho \gg 1$，或者 $\rho \gg \lambda$，利用方程 (2.3.12b) 得到

$$\begin{aligned}
p(\rho,\varphi,\omega) &\approx \rho_0 c_0(U_0\varDelta)\frac{k_0 a}{4}\mathrm{e}^{-\mathrm{i}\pi/4}\sqrt{\frac{2}{\pi k_0\rho}}\exp(\mathrm{i}k_0\rho)\\
v_\rho(\rho,\varphi,\omega) &\approx (U_0\varDelta)\frac{k_0 a}{4}\mathrm{e}^{-\mathrm{i}\pi/4}\sqrt{\frac{2}{\pi k_0\rho}}\exp(\mathrm{i}k_0\rho)
\end{aligned} \tag{2.3.30a}$$

故平均声强 $\bar{I}_\rho$ 和单位长度的平均声功率 $\bar{P}_{\mathrm{L}}$ 分别为

$$\bar{I}_\rho = \frac{1}{2}\mathrm{Re}(pv_\rho^*) \approx \frac{\rho_0 c_0 a (U_0\varDelta)^2 (k_0 a)_\mathrm{L}}{16\pi}\frac{1}{\rho} \tag{2.3.30b}$$

$$\bar{P}_\mathrm{L} = \int_0^{2\pi} \bar{I}_\rho \rho \mathrm{d}\varphi \approx \frac{1}{8}\rho_0 c_0 a (U_0\varDelta)^2 (k_0 a)_\mathrm{L} \tag{2.3.30c}$$

注意：方程 (2.3.30b) 表明，低频辐射的声场没有方向性.

(3) 高频，这时我们要特别小心，因为方程 (2.3.28c) 涉及无限级数求和，当 m 足够大时，即使 $k_0 a \gg 1$ 也有 $k_0 a \approx m$，故涉及大阶数 Hankel 函数展开，不能利用方程 (2.3.12b), 而在低频时, 方程 (2.3.28c) 中无限级数求和只有第一项 $m=0$ 起作用. 但是变量为 $k_0\rho$ 的 Hankel 函数仍然可以用渐近方程 (2.3.12b)，这是因为我们总可以取 $k_0\rho$ 使 $k_0\rho \gg \max(m)$. 另外，在高频情况下，也不能使用近似方程 (2.3.28b)，因为尽管 $\varDelta$ 很小，但 $m\varDelta$ 仍然可以有限.

由方程 (2.3.28c)

$$\begin{aligned} p(\rho,\varphi,\omega) &\approx \frac{\mathrm{i}\rho_0 c_0 (U_0\varDelta)}{\pi}\sqrt{\frac{2}{\pi k_0\rho}}\exp\left[\mathrm{i}\left(k_0\rho - \frac{\pi}{4}\right)\right]\psi(\varphi,\omega) \\ v_\rho(\rho,\varphi,\omega) &\approx \mathrm{i}\frac{(U_0\varDelta)}{\pi}\sqrt{\frac{2}{\pi k_0\rho}}\exp\left[\mathrm{i}\left(k_0\rho - \frac{\pi}{4}\right)\right]\psi(\varphi,\omega) \end{aligned} \tag{2.3.31a}$$

其中，方向性因子定义为

$$\psi(\varphi,\omega) \equiv \sum_{m=0}^{\infty}\frac{\varepsilon_m\cos(m\varphi)}{\mathrm{dH}_m^{(1)}(k_0 a)/\mathrm{d}(k_0 a)}\cdot\frac{\sin(m\varDelta/2)}{m\varDelta/2}\cdot\exp\left(-\mathrm{i}\frac{m\pi}{2}\right) \tag{2.3.31b}$$

辐射强度的一般公式为

$$\bar{I}_\rho = \frac{1}{2}\mathrm{Re}(pv_\rho^*) = \frac{\rho_0 c_0 a (U_0\varDelta)^2}{\pi^3\rho}f(\varphi) \tag{2.3.31c}$$

式中，定义方向函数 $f(\varphi)$ 为

$$f(\varphi) \equiv \frac{1}{k_0 a}\left|\psi(\varphi,\omega)\right|^2 \tag{2.3.31d}$$

图 2.3.8 画出了不同 $k_0 a$ 的辐射方向图 $f(\varphi)$. 从图中可以看出，低频辐射是全向的 $(k_0 a = 0.2)$，随着频率增加，辐射呈现出明显的方向，高频辐射基本是前向的. 计算中取 $\varDelta = 10^{-2}$，图中虚线圆表示等值圆，其值由图中数字表示，从图中也可以看出，低频辐射强度远小于高频.

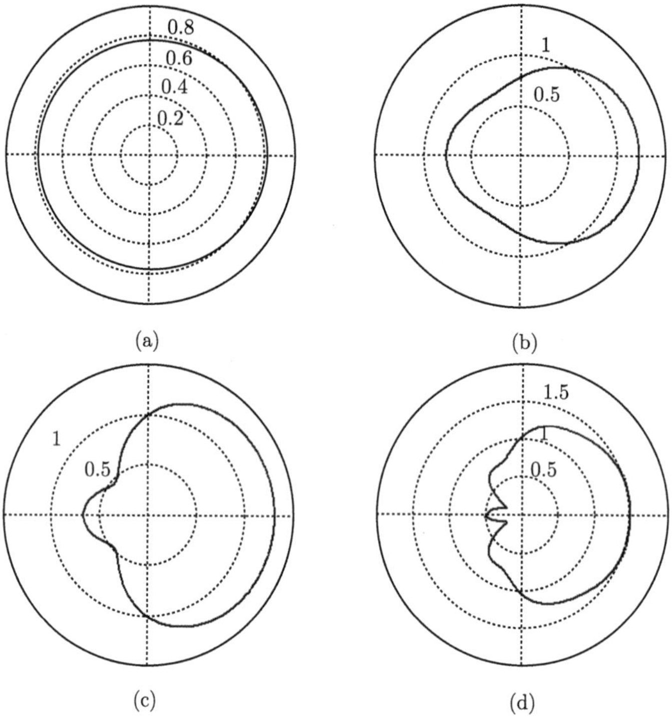

图 2.3.8　不同频率的辐射方向图

(a) $k_0a = 0.2$; (b) $k_0a = 0.6$; (c) $k_0a = 1.2$; (d) $k_0a = 3.0$

2.3.3　圆柱体上的活塞振动和稳相法

设柱面的法向速度为

$$u_\rho(a,\varphi,z,\omega) = \begin{cases} U_0(\omega), & |z| < \dfrac{d}{2}; |\varphi| < \dfrac{\Delta}{2} \\ 0, & \text{其他} \end{cases} \tag{2.3.32a}$$

考虑到问题关于 φ 的对称性，由方程 (2.3.16d)，我们把柱坐标中的辐射解写成

$$\begin{aligned} p(\rho,\varphi,z,\omega) &= \int_{-\infty}^{\infty}\sum_{m=0}^{\infty} A_m(k_z)\mathrm{H}_m^{(1)}(k_\rho\rho)\cos(m\varphi)\exp(\mathrm{i}k_z z)\mathrm{d}k_z \\ v_\rho(\rho,\varphi,z,\omega) &= \frac{1}{\mathrm{i}\omega\rho_0}\int_{-\infty}^{\infty}\sum_{m=0}^{\infty} k_\rho A_m(k_z)\frac{\mathrm{dH}_m^{(1)}(k_\rho\rho)}{\mathrm{d}(k_\rho\rho)}\cos(m\varphi)\exp(\mathrm{i}k_z z)\mathrm{d}k_z \end{aligned} \tag{2.3.32b}$$

注意：$k_\rho=\sqrt{k_0^2-k_z^2}$ 与 $k_0=\omega/c_0$ 不同. 由方程 (2.3.32a) 得到

$$\frac{1}{\mathrm{i}\omega\rho_0}\int_{-\infty}^{\infty}\sum_{m=0}^{\infty}k_\rho A_m(k_z)\left[\frac{\mathrm{dH}_m^{(1)}(k_\rho\rho)}{\mathrm{d}(k_\rho\rho)}\right]_{\rho=a}\cos(m\varphi)\exp(\mathrm{i}k_zz)\mathrm{d}k_z$$
$$=\begin{cases}U_0(\omega), & |z|<\dfrac{d}{2};|\varphi|<\dfrac{\Delta}{2}\\ 0, & 其他\end{cases}\tag{2.3.33a}$$

上式右边对角度部分作 Fourier 级数展开、z 部分作 Fourier 积分展开得到

$$A_m(k_z)=\mathrm{i}\frac{\omega\rho_0(U_0\Delta)d\varepsilon_m}{2\pi^2}\cdot\frac{\sin(k_zd/2)}{k_zd/2}\cdot\frac{\sin(m\Delta/2)}{m\Delta/2}\cdot\frac{1}{k_\rho}\left[\frac{\mathrm{dH}_m^{(1)}(k_\rho\rho)}{\mathrm{d}(k_\rho\rho)}\right]_{\rho=a}^{-1}\tag{2.3.33b}$$

由于 k_z 从 $-\infty$ 变化到 ∞，当 k_z 足够大时，$k_\rho=\sqrt{k_0^2-k_z^2}$ 变成复数 $k_\rho=\mathrm{i}\sqrt{k_z^2-k_0^2}\equiv\mathrm{i}\gamma_\rho$，因此方程 (2.3.32b) 中的积分可表示成二部分

$$p=p_1(\rho,\varphi,z,\omega)+p_2(\rho,\varphi,z,\omega)\tag{2.3.33c}$$

其中，为了方便定义

$$\begin{aligned}p_1(\rho,\varphi,z,\omega)&\equiv\int_{-k_0}^{k_0}\sum_{m=0}^{\infty}A_m(k_z)\mathrm{H}_m^{(1)}(k_\rho\rho)\cos(m\varphi)\exp(\mathrm{i}k_zz)\mathrm{d}k_z\\ p_2(\rho,\varphi,z,\omega)&\equiv\frac{4}{\pi\mathrm{i}^{m+1}}\int_{k_0}^{\infty}\sum_{m=0}^{\infty}A_m(k_z)\mathrm{K}_m(\gamma_\rho\rho)\cos(m\varphi)\cos(k_zz)\mathrm{d}k_z\end{aligned}\tag{2.3.33d}$$

得到上式利用了 $A_m(-k_z)=A_m(k_z)$ 以及方程 (2.3.14b). 讨论如下.

(1) 远场，利用方程 (2.3.12b) 和 (2.3.15c)

$$\begin{aligned}p_1(\rho,\varphi,z,\omega)&\approx\sqrt{\frac{2}{\pi\rho}}\int_{-k_0}^{k_0}\sum_{m=0}^{\infty}\frac{A_m(k_z)}{k_\rho}\mathrm{e}^{\mathrm{i}\left(k_\rho\rho+k_zz-\frac{m\pi}{2}-\frac{\pi}{4}\right)}\cos(m\varphi)\mathrm{d}k_z\\ p_2(\rho,\varphi,z,\omega)&\approx\frac{2}{\pi\mathrm{i}^{m+1}}\sqrt{\frac{2}{\pi\rho}}\int_{k_0}^{\infty}\sum_{m=0}^{\infty}\frac{A_m(k_z)}{\gamma_\rho}\mathrm{e}^{-\gamma_\rho\rho}\cos(m\varphi)\cos(k_zz)\mathrm{d}k_z\end{aligned}\tag{2.3.33e}$$

可见：在远场区域，主要是 p_1 的贡献，即积分区域 $(-k_0,k_0)$ 的贡献，p_2 指数衰减，为倏逝波，只有在圆柱表面附近才存在；

(2) 近场，由方程 (2.3.12d) 和 (2.3.15b)，$\mathrm{H}_m^{(1)}(x)$ 和 $\mathrm{K}_m(x)$ 以相同的速度发散. 故近场区域必须考虑倏逝波的贡献.

驻相法　方程 (2.3.33e) 的第一式中积分可以用驻相法近似计算. 由球坐标与柱坐标的变换关系 $\rho=r\sin\vartheta,z=r\cos\vartheta$(注意：所谓远场，即观测点远离柱体，故

ϑ 不能为零，否则 $\rho=0$，就不是远场了) 代入方程 (2.3.33e) 的第一式得到

$$
\begin{aligned}
p_1(r,\vartheta,\varphi,\omega) &\approx \sqrt{\frac{2}{\pi r\sin\vartheta}}\mathrm{e}^{-\mathrm{i}\pi/4}\sum_{m=0}^{\infty}\mathrm{e}^{-\mathrm{i}m\pi/2}I_m(r,\vartheta)\cos(m\varphi)\\
v_{1\rho}(r,\vartheta,\varphi,\omega) &\approx \frac{1}{\rho_0\omega}\sqrt{\frac{2}{\pi r\sin\vartheta}}\mathrm{e}^{-\mathrm{i}\pi/4}\sum_{m=0}^{\infty}\mathrm{e}^{-\mathrm{i}m\pi/2}J_m(r,\vartheta)\cos(m\varphi)
\end{aligned}
\tag{2.3.34a}
$$

其中，积分定义为

$$
\begin{aligned}
I_m(r,\vartheta) &\equiv \int_{-k_0}^{k_0}\frac{A_m(k_z)}{k_\rho}\exp[\mathrm{i}r(k_\rho\sin\vartheta+k_z\cos\vartheta)]\mathrm{d}k_z\\
J_m(r,\vartheta) &\equiv \int_{-k_0}^{k_0}A_m(k_z)\exp[\mathrm{i}r(k_\rho\sin\vartheta+k_z\cos\vartheta)]\mathrm{d}k_z
\end{aligned}
\tag{2.3.34b}
$$

由于 $r\to\infty$，上式积分中被积函数高速振荡，正和负值对积分的贡献相互抵消. 但在某点附近，正和负值贡献并不相互抵消，这一点称为"**驻相点**"，在"驻相点"，函数

$$
g(k_z)\equiv k_\rho\sin\vartheta+k_z\cos\vartheta \tag{2.3.35a}
$$

达到极值，变化速率为零. 图 2.3.9 给出了取 $r=20$ 和 60(为了说明 $r\to\infty$ 的意义，取二个 r 值计算) 且 $\vartheta=\pi/3$ 以及 $k_0=2$ 时，$\exp[\mathrm{i}rg(k_z)]$ 的曲线 (取实部，虚部有同样的性质). 从图中可看出，在驻相点 (图中箭头处) 附近，正和负值贡献并不相互抵消. 积分正是来自于这点附近. 驻相点满足

$$
\frac{\mathrm{d}g(k_z)}{\mathrm{d}k_z}=-\frac{k_z}{\sqrt{k_0^2-k_z^2}}\sin\vartheta+\cos\vartheta=0 \tag{2.3.35b}
$$

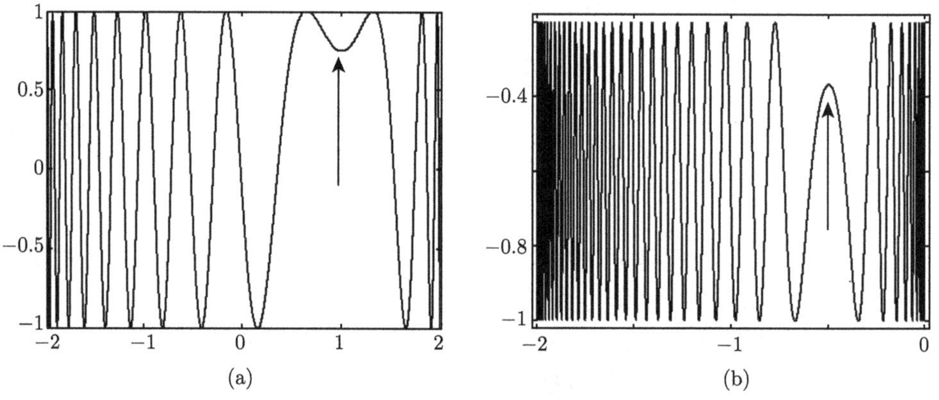

图 2.3.9　驻相点 (箭头处)

(a) $r=20$; (b) $r=60$. 图的纵轴和横轴分别为 $\mathrm{Re}\{\exp[\mathrm{i}rg(k_z)]\}$ 和 k_z

即驻相点为 $k_z^0 = k_0 \cos\vartheta$. 为了讨论方便，把积分统一写成形式

$$I = \int_a^b f(x)\exp[\mathrm{i}rg(x)]\mathrm{d}x \tag{2.3.36a}$$

当 $r \to \infty$ 时，积分主要来自于驻相点 x_0 附近，于是

$$I \approx \int_{x_0-\varepsilon}^{x_0+\varepsilon} f(x)\exp[\mathrm{i}rg(x)]\mathrm{d}x \approx f(x_0)\int_{x_0-\varepsilon}^{x_0+\varepsilon} \exp[\mathrm{i}rg(x)]\mathrm{d}x \tag{2.3.36b}$$

在驻相点 x_0 展开

$$g(x) = g(x_0) + g'(x_0)(x-x_0) + \frac{1}{2}g''(x_0)(x-x_0)^2 + \cdots \tag{2.3.36c}$$

因 x_0 是驻相点，故 $g'(x_0) = 0$. 代入方程 (2.3.36b)

$$I \approx f(x_0)\exp[\mathrm{i}rg(x_0)]\int_{x_0-\varepsilon}^{x_0+\varepsilon} \exp\left[\mathrm{i}\frac{r}{2}g''(x_0)(x-x_0)^2\right]\mathrm{d}x \tag{2.3.37a}$$

令 $u = \sqrt{r|g''(x_0)|/2}(x-x_0)$ 得到

$$I \approx \sqrt{2}f(x_0)\frac{\exp[\mathrm{i}rg(x_0)]}{\sqrt{r|g''(x_0)|}}\int_{-\varepsilon\sqrt{r|g''(x_0)|/2}}^{\varepsilon\sqrt{r|g''(x_0)|/2}} \exp(\pm\mathrm{i}u^2)\mathrm{d}u \tag{2.3.37b}$$

其中，当 $g''(x_0) > 0$ 时，取 "+"；反之，取 "−". 当 $r \to \infty$ 时，上式积分上下限可用无穷大代替

$$I \approx \sqrt{2}f(x_0)\frac{\exp[\mathrm{i}rg(x_0)]}{\sqrt{r|g''(x_0)|}}\int_{-\infty}^{\infty} \exp(\pm\mathrm{i}u^2)\mathrm{d}u \tag{2.3.37c}$$

由一般的积分表可以得到

$$\int_{-\infty}^{\infty} \exp(\pm\mathrm{i}u^2)\mathrm{d}u = 2\int_0^{\infty}\cos(u^2)\mathrm{d}u \pm 2\mathrm{i}\int_0^{\infty}\sin(u^2)\mathrm{d}u = \sqrt{\pi}\mathrm{e}^{\pm\mathrm{i}\pi/4} \tag{2.3.37d}$$

因此

$$I \approx \sqrt{2\pi}f(x_0)\frac{\exp[\mathrm{i}rg(x_0)]}{\sqrt{r|g''(x_0)|}}\mathrm{e}^{\pm\mathrm{i}\pi/4} \tag{3.3.38a}$$

注意：如果驻相点 x_0 恰好是边界点 a 或者 b，那么上式应该除以 2. 因此方程 (3.3.34b) 变成

$$\begin{aligned} I_m(r,\vartheta) &= \sqrt{2\pi}\frac{A_m(k_0\cos\vartheta)}{\sqrt{k_0 r}}\exp(\mathrm{i}k_0 r) \\ J_m(r,\vartheta) &= \sqrt{2\pi}\frac{k_0\sin\vartheta A_m(k_0\cos\vartheta)}{\sqrt{k_0 r}}\exp(\mathrm{i}k_0 r) \end{aligned} \tag{2.3.38b}$$

上式代入方程 (2.3.34a) 得到远场声压及径向速度

$$
\begin{aligned}
p_1(r,\vartheta,\varphi) &\approx \frac{2\mathrm{e}^{-\mathrm{i}\pi/4}}{\sqrt{k_0\sin\vartheta}}\frac{\exp(\mathrm{i}k_0 r)}{r}\sum_{m=0}^{\infty}\mathrm{e}^{-\mathrm{i}m\pi/2}A_m(k_0\cos\vartheta)\cos(m\varphi)\\
v_{1r}(r,\vartheta,\varphi) &\approx \frac{1}{\rho_0 c_0}\frac{2\mathrm{e}^{-\mathrm{i}\pi/4}}{\sqrt{k_0\sin\vartheta}}\frac{\exp(\mathrm{i}k_0 r)}{r}\sum_{m=0}^{\infty}\mathrm{e}^{-\mathrm{i}m\pi/2}A_m(k_0\cos\vartheta)\cos(m\varphi)
\end{aligned}
\tag{2.3.38c}
$$

其中，为了方便定义

$$
A_m(k_0\cos\vartheta)\equiv \mathrm{i}\frac{\omega\rho_0(U_0\Delta)d\varepsilon_m}{2\pi^2}\cdot\mathrm{sinc}\left(\frac{k_0 d\cos\vartheta}{2}\right)\cdot\mathrm{sinc}\left(\frac{m\Delta}{2}\right)\cdot\left[\frac{\mathrm{dH}_m^{(1)}(k_0\rho\sin\vartheta)}{\mathrm{d}\rho}\right]_{\rho=a}^{-1}
\tag{2.3.38d}
$$

其中，$\mathrm{sinc}(x)=\sin(x)/x$. 注意：得到方程 (2.3.38c) 的第二式，利用了关系 $v_{1\rho}(r,\vartheta,\varphi)=v_{1r}(r,\vartheta,\varphi)\sin\vartheta$. 在以上各例中，我们假定圆柱体在 z 方向为无限长，对有限长的圆柱体辐射，求解析解是困难的.

柱面上二个活塞源的声辐射 在实际换能器阵的设计中，为了提高辐射功率和辐射的方向性，一般在柱面上放置多个换能器，为了简单，我们仅考虑二个活塞源情况. 设活塞源 1 和 2 的振动速度分别为

$$
u_\rho^{(j)}(a,\varphi,z,\omega)=\begin{cases} U_0^{(j)}(\omega), & |z-z_j|<\dfrac{d_j}{2};|\varphi|<\dfrac{\Delta_j}{2}\\ 0, & \text{其他}\end{cases}
\tag{2.3.39a}
$$

其中，$j=1$ 和 2. 由叠加原理，可以分别计算二个活塞源辐射的声场

$$
\begin{aligned}
p^{(j)}(\rho,\varphi,z,\omega) &= \int_{-\infty}^{\infty}\sum_{m=0}^{\infty}A_m^{(j)}(k_z)\mathrm{H}_m^{(1)}(k_\rho\rho)\cos(m\varphi)\exp(\mathrm{i}k_z z)\mathrm{d}k_z\\
v_\rho^{(j)}(\rho,\varphi,z,\omega) &= \frac{1}{\mathrm{i}\omega\rho_0}\int_{-\infty}^{\infty}\sum_{m=0}^{\infty}k_\rho A_m^{(j)}(k_z)\frac{\mathrm{dH}_m^{(1)}(k_\rho\rho)}{\mathrm{d}(k_\rho\rho)}\cos(m\varphi)\exp(\mathrm{i}k_z z)\mathrm{d}k_z
\end{aligned}
\tag{2.3.39b}
$$

由方程 (2.3.39a) 和 (2.3.39b) 得到

$$
\begin{aligned}
&\frac{1}{\mathrm{i}\omega\rho_0}\int_{-\infty}^{\infty}\sum_{m=0}^{\infty}k_\rho A_m^{(j)}(k_z)\frac{\mathrm{dH}_m^{(1)}(k_\rho\rho)}{\mathrm{d}(k_\rho\rho)}\cos(m\varphi)\exp(\mathrm{i}k_z z)\mathrm{d}k_z\\
&\quad=\begin{cases} U_0^{(j)}(\omega), & |z-z_j|<\dfrac{d_j}{2};|\varphi|<\dfrac{\Delta_j}{2}\\ 0, & \text{其他}\end{cases}
\end{aligned}
\tag{2.3.39c}
$$

因此，我们得到

$$A_m^{(j)}(k_z)=\frac{\mathrm{i}\omega\rho_0\varepsilon_m}{2\pi^2}\frac{1}{k_\rho}\left[\frac{\mathrm{dH}_m^{(1)}(k_\rho\rho)}{\mathrm{d}(k_\rho\rho)}\right]_{\rho=a}^{-1}U_0^{(j)}(\omega)\int_{-\Delta_j/2}^{\Delta_j/2}\cos(m\varphi)\mathrm{d}\varphi \times\int_{z_j-d_j/2}^{z_j+d_j/2}\exp(-\mathrm{i}k_z z)\mathrm{d}z \tag{2.3.39d}$$

完成积分后得到

$$A_m^{(j)}(k_z)=\frac{\mathrm{i}\omega\rho_0\varepsilon_m}{2\pi^2}\frac{1}{k_\rho}\left[\frac{\mathrm{dH}_m^{(1)}(k_\rho\rho)}{\mathrm{d}(k_\rho\rho)}\right]_{\rho=a}^{-1}\mathrm{e}^{-\mathrm{i}k_z z_j}\Delta_j d_j U_0^{(j)}(\omega) \times\frac{\sin(m\Delta_j/2)}{m\Delta_j/2}\cdot\frac{\sin(k_z d_j/2)}{k_z d_j/2} \tag{2.3.39e}$$

因此，总声压为

$$p(\rho,\varphi,z,\omega)=\frac{\mathrm{i}\omega\rho_0}{2\pi^2}\sum_{j=1}^{2}\Delta_j d_j U_0^{(j)}(\omega)\int_{-\infty}^{\infty}\sum_{m=0}^{\infty}\frac{\varepsilon_m}{k_\rho}\left[\frac{\mathrm{dH}_m^{(1)}(k_\rho\rho)}{\mathrm{d}(k_\rho\rho)}\right]_{\rho=a}^{-1} \times\mathrm{sinc}\left(\frac{m\Delta_j}{2}\right)\mathrm{sinc}\left(\frac{k_z d_j}{2}\right)\mathrm{H}_m^{(1)}(k_\rho\rho)\cos(m\varphi)\mathrm{e}^{\mathrm{i}k_z(z-z_j)}\mathrm{d}k_z \tag{2.3.40a}$$

活塞源 1 表面受到声场的作用力为

$$F_1(\omega)=a\int_{-\Delta_1/2}^{\Delta_1/2}\mathrm{d}\varphi\int_{z_1-d_1/2}^{z_1+d_1/2}p(a,\varphi,z,\omega)\mathrm{d}z \tag{2.3.40b}$$

为了简单，假定 $\Delta_1=\Delta_2\equiv\Delta$ 和 $d_1=d_2\equiv d$，把方程 (2.3.40a) 代入上式得到

$$F_1(\omega)=\frac{\mathrm{i}\omega\rho_0 a}{2\pi^2}(\Delta d)^2\left[U_0^{(1)}(\omega)\Im_1(\omega)+U_0^{(2)}(\omega)\Im_2(\omega)\right] \tag{2.3.40c}$$

其中，为了方便定义

$$\Im_j(\omega)\equiv\int_{-\infty}^{\infty}\sum_{m=0}^{\infty}\frac{\varepsilon_m}{k_\rho}\left[\frac{\mathrm{dH}_m^{(1)}(k_\rho\rho)}{\mathrm{d}(k_\rho\rho)}\right]_{\rho=a}^{-1}\mathrm{H}_m^{(1)}(k_\rho a) \times\mathrm{sinc}^2\left(\frac{m\Delta}{2}\right)\mathrm{sinc}^2\left(\frac{k_z d}{2}\right)\exp[\mathrm{i}k_z(z_1-z_j)]\mathrm{d}k_z \tag{2.3.40d}$$

显然方程 (2.3.40c) 的第二项为活塞源 2 辐射的声场对活塞源 1 的作用力, 活塞源 1 的辐射阻抗

$$Z_1(\omega)=\frac{F_1(\omega)}{U_0^{(1)}(\omega)}\equiv Z_{11}(\omega)+Z_{12}(\omega) \tag{2.3.41a}$$

其中，自辐射阻抗 $Z_{11}(\omega)$ 和互辐射阻抗 $Z_{12}(\omega)$ 分别为

$$\begin{aligned} Z_{11}(\omega) &= \frac{\mathrm{i}\omega\rho_0 a}{2\pi^2}(\Delta d)^2\Im_1(\omega) \\ Z_{12}(\omega) &= \frac{\mathrm{i}\omega\rho_0 a}{2\pi^2}(\Delta d)^2\frac{U_0^{(2)}(\omega)}{U_0^{(1)}(\omega)}\Im_2(\omega) \end{aligned} \tag{2.3.41b}$$

进一步的分析需要数值计算，我们不进一步讨论.

辐射功率　设无限长柱面的法向速度为 $u_\rho(a,\varphi,z,\omega)$，则空间 $(\rho>a)$ 激发的声场的一般形式为

$$\begin{aligned} p(\rho,\varphi,z,\omega) &= \int_{-\infty}^{\infty}\sum_{m=-\infty}^{\infty}A_m(k_z)\mathrm{H}_m^{(1)}(k_\rho\rho)\mathrm{e}^{\mathrm{i}m\varphi}\exp(\mathrm{i}k_z z)\mathrm{d}k_z \\ v_\rho(\rho,\varphi,z,\omega) &= \frac{1}{\mathrm{i}\omega\rho_0}\int_{-\infty}^{\infty}\sum_{m=-\infty}^{\infty}k_\rho A_m(k_z)\frac{\mathrm{dH}_m^{(1)}(k_\rho\rho)}{\mathrm{d}(k_\rho\rho)}\mathrm{e}^{\mathrm{i}m\varphi}\exp(\mathrm{i}k_z z)\mathrm{d}k_z \end{aligned} \tag{2.3.42a}$$

其中，$k_\rho^2=k_0^2-k_z^2$. 不难得到系数 $A_m(k_z)$ 满足的方程

$$\frac{1}{\mathrm{i}\omega\rho_0}\int_{-\infty}^{\infty}\sum_{m=-\infty}^{\infty}k_\rho A_m(k_z)\frac{\mathrm{dH}_m^{(1)}(k_\rho a)}{\mathrm{d}(k_\rho a)}\mathrm{e}^{\mathrm{i}m\varphi}\exp(\mathrm{i}k_z z)\mathrm{d}k_z = u_\rho(a,\varphi,z,\omega) \tag{2.3.42b}$$

因此

$$A_m(k_z) = \frac{\mathrm{i}\omega\rho_0}{(2\pi)^2 k_\rho}\left[\frac{\mathrm{dH}_m^{(1)}(k_\rho a)}{\mathrm{d}(k_\rho a)}\right]^{-1}\int_{-\infty}^{\infty}\int_0^{2\pi}u_\rho(a,\varphi,z,\omega)\mathrm{e}^{-\mathrm{i}(m\varphi+k_z z)}\mathrm{d}\varphi\mathrm{d}z \tag{2.3.42c}$$

上式代入方程 (2.3.42a) 得到

$$\begin{aligned} p(\rho,\varphi,z,\omega) &= \rho_0 c_0\int_{-\infty}^{\infty}\int_0^{2\pi}u_\rho(a,\varphi',z',\omega)g_p(\rho,\varphi-\varphi',z-z',\omega)\mathrm{d}\varphi'\mathrm{d}z' \\ v_\rho(\rho,\varphi,z,\omega) &= \int_{-\infty}^{\infty}\int_0^{2\pi}u_\rho(a,\varphi',z',\omega)g_v(\rho,\varphi-\varphi',z-z',\omega)\mathrm{d}\varphi'\mathrm{d}z' \end{aligned} \tag{2.3.42d}$$

其中，为了方便定义

$$\begin{aligned} g_p &\equiv \frac{\mathrm{i}k_0}{(2\pi)^2}\int_{-\infty}^{\infty}\sum_{m=-\infty}^{\infty}\frac{1}{k_\rho}\left[\frac{\mathrm{dH}_m^{(1)}(k_\rho a)}{\mathrm{d}(k_\rho a)}\right]^{-1}\mathrm{H}_m^{(1)}(k_\rho\rho)\mathrm{e}^{\mathrm{i}[m(\varphi-\varphi')+k_z(z-z')]}\mathrm{d}k_z \\ g_v &\equiv \frac{1}{(2\pi)^2}\int_{-\infty}^{\infty}\sum_{m=-\infty}^{\infty}\left[\frac{\mathrm{dH}_m^{(1)}(k_\rho a)}{\mathrm{d}(k_\rho a)}\right]^{-1}\frac{\mathrm{dH}_m^{(1)}(k_\rho\rho)}{\mathrm{d}(k_\rho\rho)}\mathrm{e}^{\mathrm{i}[m(\varphi-\varphi')+k_z(z-z')]}\mathrm{d}k_z \end{aligned} \tag{2.3.42e}$$

为了方便，令柱表面法向速度的 Fourier 积分和 Fourier 级数展开

$$U_m(k_z) \equiv \frac{1}{(2\pi)^2}\int_{-\infty}^{\infty}\int_0^{2\pi} u_\rho(a,\varphi,z,\omega)\mathrm{e}^{-\mathrm{i}(m\varphi+k_z z)}\mathrm{d}\varphi\mathrm{d}z \tag{2.3.43a}$$

于是，当 $\rho\to\infty$ 时，方程 (2.3.42d) 近似为

$$\begin{aligned}
p(\rho,\varphi,z,\omega) &\approx \mathrm{i}\omega\rho_0\sqrt{\frac{2}{\pi\rho}}\mathrm{e}^{-\mathrm{i}\pi/4}\int_{-k_0}^{k_0}\frac{1}{k_\rho^{3/2}}\sum_{m=-\infty}^{\infty}\frac{U_m(k_z)}{[\mathrm{H}_m^{(1)}(k_\rho a)]'}\mathrm{e}^{\mathrm{i}\left(k_\rho\rho-\frac{m\pi}{2}\right)}\mathrm{e}^{\mathrm{i}(m\varphi+k_z z)}\mathrm{d}k_z\\
v_\rho(\rho,\varphi,z,\omega) &\approx \mathrm{i}\sqrt{\frac{2}{\pi\rho}}\mathrm{e}^{-\mathrm{i}\pi/4}\int_{-\infty}^{\infty}\frac{1}{k_\rho^{1/2}}\sum_{m=-\infty}^{\infty}\frac{U_m(k_z)}{[\mathrm{H}_m^{(1)}(k_\rho a)]'}\mathrm{e}^{\mathrm{i}\left(k_\rho\rho-\frac{m\pi}{2}\right)}\mathrm{e}^{\mathrm{i}(m\varphi+k_z z)}\mathrm{d}k_z
\end{aligned} \tag{2.3.43b}$$

其中，$[\mathrm{H}_m^{(1)}(k_\rho a)]'=\mathrm{dH}_m^{(1)}(k_\rho a)/\mathrm{d}(k_\rho a)$. 上式中已考虑远场而忽略了倏逝波的贡献. 由上式，不难得到圆柱的声辐射功率为

$$\bar{P}=\frac{1}{2}\int_{-\infty}^{\infty}\int_0^{2\pi}\mathrm{Re}(pv_\rho^*)\rho\mathrm{d}z\mathrm{d}\varphi = 4\pi\omega\rho_0\int_{-k_0}^{k_0}\frac{1}{k_\rho^2}\sum_{m=-\infty}^{\infty}\frac{|U_m(k_z)|^2}{|[\mathrm{H}_m^{(1)}(k_\rho a)]'|^2}\mathrm{d}k_z \tag{2.3.43c}$$

其中，$k_\rho=\sqrt{k_0^2-k_z^2}$. 得到上式，利用了正交性关系

$$\frac{1}{2\pi}\int_0^{2\pi}\mathrm{e}^{\mathrm{i}(m-m')\varphi}\mathrm{d}\varphi=\delta_{mm'};\ \frac{1}{2\pi}\int_{-\infty}^{\infty}\mathrm{e}^{\mathrm{i}(k_z-k_z')z}\mathrm{d}z=\delta(k_z-k_z') \tag{2.3.43d}$$

方程 (2.3.43c) 表明，每一个模式的能量是独立的.

如果给定边界条件是柱面上的声压 (例如，通过测量柱面的声压分布得到)

$$p(\rho,\varphi,z,\omega)|_{\rho=a}=p(a,\varphi,z,\omega) \tag{2.3.44a}$$

从方程 (2.3.42a) 的第一式得到

$$p(a,\varphi,z,\omega)=\int_{-\infty}^{\infty}\sum_{m=-\infty}^{\infty}A_m(k_z)\mathrm{H}_m^{(1)}(k_\rho a)\mathrm{e}^{\mathrm{i}m\varphi}\exp(\mathrm{i}k_z z)\mathrm{d}k_z \tag{2.3.44b}$$

因此

$$A_m(k_z)\mathrm{H}_m^{(1)}(k_\rho a)=P_m(k_z) \tag{2.3.44c}$$

其中，$P_m(k_z)$ 是柱表面声压的 Fourier 积分和 Fourier 级数展开

$$P_m(k_z)\equiv\frac{1}{(2\pi)^2}\int_{-\infty}^{\infty}\int_0^{2\pi}p(a,\varphi,z,\omega)\mathrm{e}^{-\mathrm{i}(\mathrm{m}\varphi+\mathrm{k_z z})}\mathrm{d}\varphi\mathrm{d}z \tag{2.3.44d}$$

于是，空间声压场和速度场为

$$p(\rho,\varphi,z,\omega)=\int_{-\infty}^{\infty}\sum_{m=-\infty}^{\infty}P_m(k_z)\frac{\mathrm{H}_m^{(1)}(k_\rho\rho)}{\mathrm{H}_m^{(1)}(k_\rho a)}\mathrm{e}^{\mathrm{i}m\varphi}\exp(\mathrm{i}k_z z)\mathrm{d}k_z$$

$$v_\rho(\rho,\varphi,z,\omega)=\frac{1}{\mathrm{i}\omega\rho_0}\int_{-\infty}^{\infty}\sum_{m=-\infty}^{\infty}k_\rho\frac{P_m(k_z)}{\mathrm{H}_m^{(1)}(k_\rho a)}\frac{\mathrm{dH}_m^{(1)}(k_\rho\rho)}{\mathrm{d}(k_\rho\rho)}\mathrm{e}^{\mathrm{i}m\varphi}\exp(\mathrm{i}k_z z)\mathrm{d}k_z \tag{2.3.45a}$$

当 $\rho\to\infty$ 时，远场展开为

$$p(\rho,\varphi,z,\omega)\approx\sqrt{\frac{2}{\pi\rho}}\mathrm{e}^{-\mathrm{i}\pi/4}\int_{-\infty}^{\infty}\sum_{m=-\infty}^{\infty}\frac{P_m(k_z)}{k_\rho^{1/2}\mathrm{H}_m^{(1)}(k_\rho a)}\mathrm{e}^{\mathrm{i}\left(k_\rho\rho-\frac{m\pi}{2}\right)}\mathrm{e}^{\mathrm{i}(m\varphi+k_z z)}\mathrm{d}k_z$$

$$v_\rho(\rho,\varphi,z,\omega)\approx\frac{1}{\omega\rho_0}\mathrm{e}^{-\mathrm{i}\pi/4}\sqrt{\frac{2}{\pi\rho}}\int_{-\infty}^{\infty}\sum_{m=0}^{\infty}k_\rho^{1/2}\frac{P_m(k_z)}{\mathrm{H}_m^{(1)}(k_\rho a)}\mathrm{e}^{\mathrm{i}\left(k_\rho\rho-\frac{m\pi}{2}\right)}\mathrm{e}^{\mathrm{i}(m\varphi+k_z z)}\mathrm{d}k_z \tag{2.3.45b}$$

不难得到声辐射功率为

$$\bar{P}=\frac{1}{2}\int_{-\infty}^{\infty}\int_{0}^{2\pi}\mathrm{Re}(pv_\rho^*)\rho\mathrm{d}z\mathrm{d}\varphi=\frac{4\pi}{\omega\rho_0}\int_{-k_0}^{k_0}\sum_{m=-\infty}^{\infty}\frac{|P_m(k_z)|^2}{|\mathrm{H}_m^{(1)}(k_\rho a)|^2}\mathrm{d}k_z \tag{2.3.45c}$$

其中，$k_\rho=\sqrt{k_0^2-k_z^2}$.

2.3.4　点源声场的柱函数展开

三维自由空间　在柱坐标中, 位于 (ρ',φ',z') 的单位强度点源产生的声场, 即三维自由空间的 Green 函数, 满足方程

$$\left[\frac{1}{\rho}\frac{\partial}{\partial\rho}\left(\rho\frac{\partial}{\partial\rho}\right)+\frac{1}{\rho^2}\frac{\partial^2}{\partial\varphi^2}+\frac{\partial^2}{\partial z^2}\right]g+k_0^2g=-\frac{1}{\rho}\delta(\rho-\rho')\delta(\varphi-\varphi')\delta(z-z') \tag{2.3.46a}$$

我们分二步求 Green 函数.

(1) 利用 $\varPhi(\varphi)=\varPhi_0\exp(\mathrm{i}m\varphi)$ 的完备性，作展开

$$g(\boldsymbol{r},\boldsymbol{r}')=\sum_{m=-\infty}^{\infty}g_m^1(\rho,z)\exp(\mathrm{i}m\varphi) \tag{2.3.46b}$$

代入方程 (2.3.46a) 得到

$$\begin{aligned}&\sum_{m=-\infty}^{\infty}\left[\frac{1}{\rho}\frac{\partial}{\partial\rho}\left(\rho\frac{\partial}{\partial\rho}\right)+\frac{\partial^2}{\partial z^2}+\left(k_0^2-\frac{m^2}{\rho^2}\right)\right]g_m^1(\rho,z)\exp(\mathrm{i}m\varphi)\\&=-\frac{1}{\rho}\delta(\rho-\rho')\delta(\varphi-\varphi')\delta(z-z')\end{aligned} \tag{2.3.46c}$$

利用 $\exp(\mathrm{i}m\varphi)$ 的正交性得到

$$\left[\frac{1}{\rho}\frac{\partial}{\partial\rho}\left(\rho\frac{\partial}{\partial\rho}\right)+\frac{\partial^2}{\partial z^2}+\left(k_0^2-\frac{m^2}{\rho^2}\right)\right]g_m^1(\rho,z)=-\frac{1}{2\pi\rho}\delta(\rho-\rho')\delta(z-z')\exp(-\mathrm{i}m\varphi') \tag{2.3.46d}$$

(2) 利用方程 (2.3.17a)，对 $g_m^1(\rho, z)$ 作 Hankel 变换

$$g_m^1(\rho, z) = \int_0^\infty g_m^2(\lambda, z)\mathrm{J}_m(\lambda\rho)\lambda\mathrm{d}\lambda \tag{2.3.46e}$$

代入方程 (2.3.46d) 得到

$$\left[\frac{\mathrm{d}^2}{\mathrm{d}z^2} + (k_0^2 - \lambda^2)\right] g_m^2(\lambda, z) = -\frac{1}{2\pi}\delta(z - z')\mathrm{J}_m(\lambda\rho')\mathrm{e}^{-\mathrm{i}m\varphi'} \tag{2.3.46f}$$

显然, $z = z'$ 是函数 $g_m^2(\lambda, z)$ 的奇点，必须满足连接条件

$$\begin{gathered} g_m^2(\lambda, z)|_{z=z'-\varepsilon} = g_m^2(\lambda, z)|_{z=z'+\varepsilon} \\ \left.\frac{\mathrm{d}g_m^2(\lambda, z)}{\mathrm{d}z}\right|_{z=z'+\varepsilon} - \left.\frac{\mathrm{d}g_m^2(\lambda, z)}{\mathrm{d}z}\right|_{z=z'-\varepsilon} = -\frac{1}{2\pi}\mathrm{J}_m(\lambda\rho')\mathrm{e}^{-\mathrm{i}m\varphi'} \end{gathered} \tag{2.3.46g}$$

第一式是因为：如果在 $z = z'$ 点函数 $g_m^2(\lambda, z)$ 不连续，那么一阶导数就出现 δ 函数，二阶导数就出现 δ 函数的导数；对方程 (2.3.46f) 在区域 $(z' - \varepsilon, z' + \varepsilon)$ 积分就得到第二式. 根据方程 (2.3.46f) 取

$$g_m^2(\lambda, z) = \begin{cases} A\exp[\mathrm{i}\sigma(z - z')] & (z > z') \\ B\exp[\mathrm{i}\sigma(z' - z)] & (z < z') \end{cases} \tag{2.3.46h}$$

式中, $\sigma = \sqrt{k_0^2 - \lambda^2}$(当 $k_0 > \lambda$ 时) 或者 $\sigma = \mathrm{i}\sqrt{\lambda^2 - k_0^2}$(当 $k_0 < \lambda$ 时). 由连接条件得到 $A = B$ 并且

$$A = -\frac{1}{4\pi\mathrm{i}\sigma}\mathrm{J}_m(\lambda\rho')\exp(-\mathrm{i}m\varphi') \tag{2.3.47a}$$

于是

$$g_m^2(\lambda, z) = -\frac{1}{4\pi\mathrm{i}\sigma}\mathrm{J}_m(\lambda\rho')\exp(-\mathrm{i}m\varphi')\exp(\mathrm{i}\sigma|z - z'|) \tag{2.3.47b}$$

上式代入方程 (2.3.46e) 和 (2.3.46b) 得到

$$g(\boldsymbol{r}, \boldsymbol{r}') = \frac{\mathrm{i}}{4\pi}\sum_{m=-\infty}^{\infty}\left[\int_0^\infty \frac{1}{\sigma}\mathrm{J}_m(\lambda\rho')\mathrm{J}_m(\lambda\rho)\mathrm{e}^{\mathrm{i}\sigma|z-z'|}\lambda\mathrm{d}\lambda\right]\mathrm{e}^{\mathrm{i}m(\varphi-\varphi')} \tag{2.3.47c}$$

由于积分区间无穷大，当 $\lambda > k_0$ 时，$\mathrm{e}^{-\sqrt{\lambda^2-k_0^2}|z-z'|}$ 随 $|z - z'|$ 指数衰减. 上式就是三维无限大空间的 Green 函数在柱坐标中的表示，因此也有展开关系

$$\frac{\exp(\mathrm{i}k_0R)}{4\pi R} = \frac{\mathrm{i}}{4\pi}\sum_{m=-\infty}^{\infty}\left[\int_0^\infty \frac{1}{\sigma}\mathrm{J}_m(\lambda\rho')\mathrm{J}_m(\lambda\rho)\mathrm{e}^{\mathrm{i}\sigma|z-z'|}\lambda\mathrm{d}\lambda\right]\mathrm{e}^{\mathrm{i}m(\varphi-\varphi')} \tag{2.3.47d}$$

其中, $R = |\boldsymbol{r} - \boldsymbol{r}'|$. 上式用柱函数的展开来表示自由空间的 Green 函数，即点源产生的场，当声学问题既涉及柱对称性 (在柱坐标中讨论问题)，又涉及点源辐射时，

这样的展开是非常有用的. 当 $\boldsymbol{r}' = (0,0,z')$ 时，即点声源在 z 轴上，$\rho' = 0$，上式简化成

$$\frac{\exp\left[\mathrm{i}k_0\sqrt{\rho^2+(z-z')^2}\right]}{4\pi\sqrt{\rho^2+(z-z')^2}} = \frac{\mathrm{i}}{4\pi}\int_0^{\infty}\frac{1}{\sigma}\mathrm{J}_0(\lambda\rho)\exp\left(\mathrm{i}\sigma|z-z'|\right)\lambda\mathrm{d}\lambda \tag{2.3.47e}$$

其中，$\rho^2 = x^2+y^2$. 利用函数关系 $2\mathrm{J}_0(\lambda\rho) = \mathrm{H}_0^{(1)}(\lambda\rho) - \mathrm{H}_0^{(1)}(\lambda\rho\mathrm{e}^{\mathrm{i}\pi})$，上式变成

$$\frac{\exp\left[\mathrm{i}k_0\sqrt{\rho^2+(z-z')^2}\right]}{4\pi\sqrt{\rho^2+(z-z')^2}} = \frac{\mathrm{i}}{8\pi}\int_{-\infty}^{\infty}\frac{1}{\sigma}\mathrm{H}_0^{(1)}(\lambda\rho)\exp\left(\mathrm{i}\sigma|z-z'|\right)\lambda\mathrm{d}\lambda \tag{2.3.47f}$$

二维空间　Green 函数满足方程

$$\left[\frac{1}{\rho}\frac{\partial}{\partial\rho}\left(\rho\frac{\partial}{\partial\rho}\right) + \frac{1}{\rho^2}\frac{\partial^2}{\partial\varphi^2}\right]g + k_0^2 g = -\frac{1}{\rho}\delta(\rho-\rho')\delta(\varphi-\varphi') \tag{2.3.48a}$$

令

$$g(\boldsymbol{r},\boldsymbol{r}') = \sum_{m=-\infty}^{\infty} g_m^1(\rho)\exp(\mathrm{i}m\varphi) \tag{2.3.48b}$$

其中，$\boldsymbol{r} = (\rho,\varphi)$ 和 $\boldsymbol{r}' = (\rho',\varphi')$ 是二维矢量. 代入方程 (2.3.48a)

$$\left[\frac{1}{\rho}\frac{\mathrm{d}}{\mathrm{d}\rho}\left(\rho\frac{\mathrm{d}}{\mathrm{d}\rho}\right) + \left(k_0^2 - \frac{m^2}{\rho^2}\right)\right]g_m^1(\rho) = -\frac{1}{2\pi\rho}\delta(\rho-\rho')\exp(-\mathrm{i}m\varphi') \tag{2.3.48c}$$

分 $\rho > \rho'$ 和 $\rho < \rho'$ 讨论问题，在 $\rho = \rho'$ 存在连接条件

$$\begin{gathered} g_m^1(\rho)|_{\rho=\rho'-\varepsilon} = g_m^1(\rho)|_{\rho=\rho'+\varepsilon} \\ \left.\frac{\mathrm{d}g_m^1(\rho)}{\mathrm{d}\rho}\right|_{\rho=\rho'+\varepsilon} - \left.\frac{\mathrm{d}g_m^1(\rho)}{\mathrm{d}\rho}\right|_{\rho=\rho'-\varepsilon} = -\frac{1}{2\pi\rho'}\exp(-\mathrm{i}m\varphi') \end{gathered} \tag{2.3.49a}$$

在 $\rho \neq \rho'$ 时，取解为

$$g_m^1(\rho) = \begin{cases} A_m\mathrm{H}_m^{(1)}(k_0\rho) & (0<\rho'<\rho) \\ B_m\mathrm{J}_m(k_0\rho) & (0<\rho<\rho') \end{cases} \tag{2.3.49b}$$

上式中，$\rho > \rho'$ 时取向外辐射的解，而 $\rho < \rho'$ 时取原点有限的解. 由方程 (2.3.49a) 得到

$$\begin{gathered} A_m\mathrm{H}_m^{(1)}(k_0\rho') - B_m\mathrm{J}_m(k_0\rho') = 0 \\ A_m\mathrm{H'}_m^{(1)}(k_0\rho') - B_m\mathrm{J'}_m(k_0\rho') = -\frac{1}{2\pi\rho'}\exp(-\mathrm{i}m\varphi') \end{gathered} \tag{2.3.49c}$$

不难求得

$$A_m = \frac{1}{2\pi\rho'}\cdot\frac{\mathrm{J}_m(k_0\rho')\exp(-\mathrm{i}m\varphi')}{\mathrm{J}_m(k_0\rho')\mathrm{H'}_m^{(1)}(k_0\rho') - \mathrm{H}_m^{(1)}(k_0\rho')\mathrm{J'}_m(k_0\rho')} \tag{2.3.50a}$$

$$B_m = -\frac{1}{2\pi\rho'} \cdot \frac{\mathrm{H}_m^{(1)}(k\rho')\exp(-\mathrm{i}m\varphi')}{\mathrm{J}_m(k_0\rho')\mathrm{H'}_m^{(1)}(k_0\rho') - \mathrm{H}_m^{(1)}(k_0\rho')\mathrm{J'}_m(k_0\rho')} \tag{2.3.50b}$$

而 Bessel 函数和 Hankel 函数都是 Bessel 方程的解，不难证明 (作为习题)

$$k_0\rho'[\mathrm{J}_m(k_0\rho')\mathrm{H'}_m^{(1)}(k_0\rho') - \mathrm{H}_m^{(1)}(k_0\rho')\mathrm{J'}_m(k_0\rho')] = 常数C \tag{2.3.50c}$$

利用柱函数的渐近展开不难得到 $C = 2\mathrm{i}/\pi$. 因此，Green 函数为

$$g(\boldsymbol{r},\boldsymbol{r}') = \frac{\mathrm{i}}{4}\sum_{m=-\infty}^{\infty} \mathrm{e}^{\mathrm{i}m(\varphi-\varphi')} \cdot \begin{cases} \mathrm{J}_m(k_0\rho')\mathrm{H}_m^{(1)}(k_0\rho) & (0<\rho'<\rho) \\ \mathrm{H}_m^{(1)}(k_0\rho')\mathrm{J}_m(k_0\rho) & (0<\rho<\rho') \end{cases} \tag{2.3.51a}$$

当点源位于原点时，$\rho' = 0$，取 $\rho > \rho'$ 的解

$$g(\boldsymbol{r},0) = \frac{\mathrm{i}}{4}\mathrm{H}_0^{(1)}(k_0\rho) \tag{2.3.51b}$$

显然，当点源位于任意点 $\boldsymbol{r}' = (\rho', \varphi')$ 时，应该有

$$g(\boldsymbol{r},\boldsymbol{r}') = \frac{\mathrm{i}}{4}\mathrm{H}_0^{(1)}(k_0|\boldsymbol{r}-\boldsymbol{r}'|) \tag{2.3.52a}$$

上式与方程 (1.3.38d) 的结果是一致的. 因此，存在展开关系

$$\mathrm{H}_0^{(1)}(k_0|\boldsymbol{r}-\boldsymbol{r}'|) = \sum_{m=-\infty}^{\infty} \mathrm{e}^{\mathrm{i}m(\varphi-\varphi')} \cdot \begin{cases} \mathrm{J}_m(k_0\rho')\mathrm{H}_m^{(1)}(k_0\rho) & (0<\rho'<\rho) \\ \mathrm{H}_m^{(1)}(k_0\rho')\mathrm{J}_m(k_0\rho) & (0<\rho<\rho') \end{cases} \tag{2.3.52b}$$

注意：在方程 (1.3.45c) 中，我们把 $\mathrm{H}_0^{(1)}(k_0|\boldsymbol{r}-\boldsymbol{r}'|)$ 用直角坐标中的平面波来展开表示；而在方程 (2.3.52b) 中，用柱坐标中的柱面波来展开表示，在实际的声学问题 (特别是声波的散射问题) 中，这些展开表达式都是非常有用的.

注意：方程 (2.3.47d) 的展开形式适用于 z 方向存在不连续界面的情况，例如，1.5.3 小节的讨论. 考虑刚性平面 (位于 $z=0$) 前的点声源辐射问题，设单位强度的点源位于 $(x_\mathrm{s}, y_\mathrm{s}, z_\mathrm{s}) = (0,0,-l_z)$，显然，空间声场由二部分叠加而成：点声源产生的场和刚性平面的反射，与 1.4 节不同的是，本例中的入射波不是平面波，而是点源产生的球面波. 由方程 (2.3.47d)，点声源产生的辐射场为

$$p_\mathrm{i}(\rho,z) = \frac{\exp\left[\mathrm{i}k_0\sqrt{\rho^2+(z+l_z)^2}\right]}{4\pi\sqrt{\rho^2+(z+l_z)^2}} = \frac{\mathrm{i}}{4\pi}\int_0^\infty \frac{1}{\sigma}J_0(\lambda\rho)\exp(\mathrm{i}\sigma|z+l_z|)\,\lambda\mathrm{d}\lambda \tag{2.3.52c}$$

其中，$z<0$. 在柱坐标中，反射波也可表示为 (注意：反射波传播方向为 $-z$)

$$p_\mathrm{r}(\rho,z) = \int_0^\infty A(\lambda)J_0(\lambda\rho)\exp(-\mathrm{i}\sigma z)\lambda\mathrm{d}\lambda \tag{2.3.52d}$$

由刚性平面边界条件，容易得到 (注意：在刚性平面附近，$z+l_z>0$)

$$\left[\frac{\partial p_{\mathrm{i}}(\rho,z)}{\partial z}+\frac{\partial p_{\mathrm{r}}(\rho,z)}{\partial z}\right]_{z=0}=-\int_0^\infty\left[\frac{1}{4\pi}\exp(\mathrm{i}\sigma l_z)+\mathrm{i}\sigma A(\lambda)\right]J_0(\lambda\rho)\lambda\mathrm{d}\lambda=0 \tag{2.3.52e}$$

于是，$A(\lambda)=\mathrm{i}\exp(\mathrm{i}\sigma l_z)\ /\ (4\pi\sigma)$，代入方程 (2.3.52d)

$$p_{\mathrm{r}}(\rho,z)=\frac{\mathrm{i}}{4\pi}\int_0^\infty\frac{1}{\sigma}J_0(\lambda\rho)\exp[\mathrm{i}\sigma(l_z-z)]\lambda\mathrm{d}\lambda=\frac{\exp\left[\mathrm{i}k_0\sqrt{\rho^2+(z-l_z)^2}\right]}{4\pi\sqrt{\rho^2+(z-l_z)^2}} \tag{2.3.52f}$$

显然，反射波相当于位于 $(0,0,l_z)$ 的点源产生的声场，因 $(0,0,l_z)$ 是 $(0,0,-l_z)$ 关于刚性平面的镜像点，故反射波相当于镜像点源辐射的声波，具体讨论见 2.5.1 小节讨论.

如果实际问题中存在径向不连续的界面，例如，2.3.5 小节中讨论的情况，方程 (2.3.47d) 的展开形式就不适合了. 因此，有必要介绍点源声场柱函数展开的另一种形式. 事实上，方程 (2.3.46d) 也可以先对变量 z 作 Fourier 展开，即令

$$g_m^1(\rho,z)=\int_{-\infty}^\infty g_m^2(\rho,k_z)\exp(\mathrm{i}k_z z)\mathrm{d}k_z \tag{2.3.53a}$$

代入方程 (2.3.46d) 得到

$$\left[\frac{1}{\rho}\frac{\mathrm{d}}{\mathrm{d}\rho}\left(\rho\frac{\mathrm{d}}{\mathrm{d}\rho}\right)+\left(k_\rho^2-\frac{m^2}{\rho^2}\right)\right]g_m^2(\rho,k_z)=-\frac{1}{(2\pi)^2\rho}\delta(\rho-\rho')\exp[-\mathrm{i}(m\varphi'+k_z z')] \tag{2.3.53b}$$

其中，$k_\rho^2\equiv k_0^2-k_z^2$. 显然上式与方程 (2.3.48c) 类似，因此

$$g_m^2(\rho,k_z)=\frac{\mathrm{i}}{8\pi}\exp[-\mathrm{i}(m\varphi'+k_z z')]\cdot\begin{cases}\mathrm{J}_m(k_0\rho')\mathrm{H}_m^{(1)}(k_0\rho) & (0<\rho'<\rho)\\ \mathrm{H}_m^{(1)}(k_0\rho')\mathrm{J}_m(k_0\rho) & (0<\rho<\rho')\end{cases} \tag{2.3.53c}$$

上式代入方程 (2.3.53a) 和 (2.3.46b) 得到

$$\begin{aligned}\frac{\exp(\mathrm{i}k_0R)}{4\pi R}=&\frac{\mathrm{i}}{8\pi}\sum_{m=-\infty}^{\infty}\int_{-\infty}^\infty\exp[\mathrm{i}k_z(z-z')]\mathrm{d}k_z\mathrm{e}^{\mathrm{i}m(\varphi-\varphi')}\\&\times\begin{cases}\mathrm{J}_m(k_0\rho')\mathrm{H}_m^{(1)}(k_0\rho) & (0<\rho'<\rho)\\ \mathrm{H}_m^{(1)}(k_0\rho')\mathrm{J}_m(k_0\rho) & (0<\rho<\rho')\end{cases}\end{aligned} \tag{2.3.53d}$$

2.3.5 存在刚性圆柱时空间的 Green 函数

设无限长刚性圆柱半径为 a，柱面刚性边界条件为 $(\partial G/\partial\rho)|_{\rho=a}=0$，无限远处 $(\rho\to\infty)$ 满足 Sommerfeld 辐射条件, Green 函数满足

$$\left[\frac{1}{\rho}\frac{\partial}{\partial\rho}\left(\rho\frac{\partial}{\partial\rho}\right)+\frac{1}{\rho^2}\frac{\partial^2}{\partial\varphi^2}+\frac{\partial^2}{\partial z^2}\right]G+k_0^2G=-\frac{1}{\rho}\delta(\rho-\rho')\delta(\varphi-\varphi')\delta(z-z') \tag{2.3.54a}$$

其中，变量范围为 $(\rho,\rho')>a$. 由于 z 方向无限，故我们把 Green 函数表示为

$$G(\boldsymbol{r},\boldsymbol{r}')=\sum_{m=-\infty}^{\infty}\int_{-\infty}^{\infty}g_m^1(\rho,k_z)\exp(\mathrm{i}m\varphi)\exp(\mathrm{i}k_zz)\mathrm{d}k_z \tag{2.3.54b}$$

代入方程 (2.3.54a)

$$\frac{1}{\rho}\frac{\mathrm{d}}{\mathrm{d}\rho}\left[\rho\frac{\mathrm{d}g_m^1(\rho,k_z)}{\mathrm{d}\rho}\right]+\left(k_\rho^2-\frac{m^2}{\rho^2}\right)g_m^1(\rho,k_z)=-\frac{1}{(2\pi)^2}\frac{\delta(\rho-\rho')}{\rho}\mathrm{e}^{-\mathrm{i}(m\varphi'+k_zz')} \tag{2.3.54c}$$

其中，$k_\rho^2=k_0^2-k_z^2$. 上式的解可以表示成

$$g_m^1(\rho,k_z)=\begin{cases}A_m\mathrm{H}_m^{(1)}(k_\rho\rho) & (a<\rho'<\rho)\\ B_m\tilde{\mathrm{J}}_m(k_\rho\rho) & (a<\rho<\rho')\end{cases} \tag{2.3.54d}$$

其中，为了方便定义

$$\tilde{\mathrm{J}}_m(k_\rho\rho)\equiv\mathrm{J}_m(k_\rho\rho)-\frac{\mathrm{J}'_m(k_\rho a)}{\mathrm{N}'_m(k_\rho a)}\mathrm{N}_m(k_\rho\rho) \tag{2.3.54e}$$

显然，$g_m^1(\rho,k_z)$ 满足柱面刚性边界条件 $\partial g_m^1(\rho,k_z)/\partial\rho|_{\rho=a}=0$ 和无限远处 $(\rho\to\infty)$ 的 Sommerfeld 辐射条件. 系数满足

$$\begin{aligned}A_m&=\frac{1}{(2\pi)^2}\cdot\frac{\tilde{\mathrm{J}}_m(k_\rho\rho')\exp[-\mathrm{i}(m\varphi'+k_zz')]}{\rho'[\tilde{\mathrm{J}}_m(k_\rho\rho')\mathrm{H}'^{(1)}_m(k_\rho\rho')-\mathrm{H}_m^{(1)}(k_\rho\rho')\tilde{\mathrm{J}}'_m(k_\rho\rho')]}\\ B_m&=\frac{1}{(2\pi)^2}\cdot\frac{\mathrm{H}_m^{(1)}(k_\rho\rho')\exp[-\mathrm{i}(m\varphi'+k_zz')]}{\rho'[\tilde{\mathrm{J}}_m(k_\rho\rho')\mathrm{H}'^{(1)}_m(k_\rho\rho')-\mathrm{H}_m^{(1)}(k_\rho\rho')\tilde{\mathrm{J}}'_m(k_\rho\rho')]}\end{aligned} \tag{2.3.55a}$$

利用 (作为习题)

$$\rho'[\tilde{\mathrm{J}}_m(k_\rho\rho')\mathrm{H}'^{(1)}_m(k_\rho\rho')-\mathrm{H}_m^{(1)}(k_\rho\rho')\tilde{\mathrm{J}}'_m(k_\rho\rho')]=-\frac{2}{\pi}\frac{\mathrm{H}'^{(1)}_m(k_\rho a)}{\mathrm{N}'_m(k_\rho a)} \tag{2.3.55b}$$

代入方程 (2.3.55a)

$$\begin{aligned}A_m&=-\frac{1}{8\pi}\frac{\mathrm{N}'_m(k_\rho a)}{\mathrm{H}'^{(1)}_m(k_\rho a)}\tilde{\mathrm{J}}_m(k_\rho\rho')\exp[-\mathrm{i}(m\varphi'+k_zz')]\\ B_m&=-\frac{1}{8\pi}\frac{\mathrm{N}'_m(k_\rho a)}{\mathrm{H}'^{(1)}_m(k_\rho a)}\mathrm{H}_m^{(1)}(k_\rho\rho')\exp[-\mathrm{i}(m\varphi'+k_zz')]\end{aligned} \tag{2.3.55c}$$

把方程 (2.3.54d) 和 (2.3.54c) 代入方程 (2.3.54b)，得到空间存在刚性圆柱时的 Green 函数为

$$\begin{aligned}G(\boldsymbol{r},\boldsymbol{r}')=&-\frac{1}{8\pi}\sum_{m=-\infty}^{\infty}\int_{-\infty}^{\infty}\frac{\mathrm{N}'_m(k_\rho a)}{\mathrm{H}'^{(1)}_m(k_\rho a)}\mathrm{e}^{\mathrm{i}[m(\varphi-\varphi')+k_z(z-z')]}\mathrm{d}k_z\\ &\times\begin{cases}\tilde{\mathrm{J}}_m(k_\rho\rho')\mathrm{H}_m^{(1)}(k_\rho\rho') & (a<\rho'<\rho)\\ \mathrm{H}_m^{(1)}(k_\rho\rho')\tilde{\mathrm{J}}_m(k_\rho\rho) & (a<\rho<\rho')\end{cases}\end{aligned} \tag{2.3.55d}$$

注意到关系 $\mathrm{H}_m^{(1)}(k_\rho\rho)=\mathrm{J}_m(k_\rho\rho)+\mathrm{i}\mathrm{N}_m(k_\rho\rho)$，上式可以改写成

$$G(\boldsymbol{r},\boldsymbol{r}')=\frac{\exp(\mathrm{i}k_0R)}{4\pi R}-\frac{\mathrm{i}}{8\pi}\sum_{m=-\infty}^{\infty}\int_{-\infty}^{\infty}\frac{\mathrm{J}'_m(k_\rho a)}{\mathrm{H}'^{(1)}_m(k_\rho a)}\mathrm{H}_m^{(1)}(k_\rho\rho')\mathrm{H}_m^{(1)}(k_\rho\rho)\times\mathrm{e}^{\mathrm{i}[m(\varphi-\varphi')+k_z(z-z')]}\mathrm{d}k_z \tag{2.3.55e}$$

其中，R 是观察点 $\boldsymbol{r}=(\rho,\varphi,z)$ 到源点 $\boldsymbol{r}'=(\rho',\varphi',z')$ 的距离. 显然，上式第一项表示点源产生的声场，而第二项是刚性圆柱的散射波. 得到上式，利用了方程 (2.3.53d).

刚性圆柱腔中的 Green 函数　设刚性圆柱腔半径为 a, 高为 $2L$，上、下底面为 $z=\pm L$，圆柱侧面为 $\rho=a$. Green 函数仍然满足方程 (2.3.46a)，但变量的范围为：$(0<\rho,\rho'<a)$ 和 $(-L<z,z'<L)$(角度方向相同). 刚性边界条件为

$$\left.\frac{\partial G}{\partial\rho}\right|_{\rho=a}=0;\quad \left.\frac{\partial G}{\partial z}\right|_{z=-L}=\left.\frac{\partial G}{\partial z}\right|_{z=L}=0 \tag{2.3.56a}$$

解的形式取方程 (2.3.46b)，即

$$g(\boldsymbol{r},\boldsymbol{r}')=\sum_{m=-\infty}^{\infty}g_m^1(\rho,z)\exp(\mathrm{i}m\varphi) \tag{2.3.56b}$$

其中，$g_m^1(\rho,z)$ 同样满足方程 (2.3.46d)，即

$$\left[\frac{1}{\rho}\frac{\partial}{\partial\rho}\left(\rho\frac{\partial}{\partial\rho}\right)+\frac{\partial^2}{\partial z^2}+\left(k_0^2-\frac{m^2}{\rho^2}\right)\right]g_m^1(\rho,z)=-\frac{1}{2\pi}\frac{\delta(\rho-\rho')}{\rho}\delta(z-z')\exp(-\mathrm{i}m\varphi') \tag{2.3.56c}$$

为了满足 z 方向的刚性边界条件，我们取 $g_m^1(\rho,z)$ 的形式为

$$g_m^1(\rho,z)=\sum_{n=0}^{\infty}g_{mn}^2(\rho)\cos\left(\frac{n\pi z}{L}\right) \tag{2.3.57a}$$

代入方程 (2.3.56c) 得到

$$\left[\frac{1}{\rho}\frac{\mathrm{d}}{\mathrm{d}\rho}\left(\rho\frac{\mathrm{d}}{\mathrm{d}\rho}\right)+\left(k_\rho^2-\frac{m^2}{\rho^2}\right)\right]g_{mn}^2(\rho)=-\frac{\varepsilon_n}{4\pi L}\frac{\delta(\rho-\rho')}{\rho}\exp(-\mathrm{i}m\varphi')\cos\left(\frac{n\pi z'}{L}\right) \tag{2.3.57b}$$

其中，$\varepsilon_0=1;\varepsilon_n=2(n>0)$，$k_\rho^2\equiv k_0^2-n^2\pi^2/L^2$. 取方程 (2.3.57b) 满足径向边界条件以及 $g_{mn}^2(0)$ 有限的解为

$$g_m^2(\rho)=\begin{cases}A_m\tilde{\mathrm{J}}_m(k_\rho\rho) & (0<\rho'<\rho<a)\\ B_m\mathrm{J}_m(k_\rho\rho) & (0<\rho<\rho'<a)\end{cases} \tag{2.3.58a}$$

其中，为了方便定义

$$\tilde{\mathrm{J}}_m(k_0\rho)\equiv\mathrm{J}_m(k_\rho\rho)-\frac{\mathrm{J}'_m(k_\rho a)}{\mathrm{N}'_m(k_\rho a)}\mathrm{N}_m(k_\rho\rho) \tag{2.3.58b}$$

不难得到

$$
\begin{aligned}
A_m &= \frac{\varepsilon_n}{4\pi L}\cos\left(\frac{n\pi z'}{L}\right)\frac{\exp(-\mathrm{i}m\varphi')\mathrm{J}_m(k_\rho\rho')}{\rho'[\mathrm{J}_m(k_\rho\rho')\tilde{\mathrm{J}}'_m(k_\rho\rho')-\tilde{\mathrm{J}}_m(k_\rho\rho')\mathrm{J}'_m(k_\rho\rho')]}\\
B_m &= \frac{\varepsilon_n}{4\pi L}\cos\left(\frac{n\pi z'}{L}\right)\frac{\exp(-\mathrm{i}m\varphi')\tilde{\mathrm{J}}_m(k_\rho\rho')}{\rho'[\mathrm{J}_m(k_\rho\rho')\tilde{\mathrm{J}}'_m(k_\rho\rho')-\tilde{\mathrm{J}}_m(k_\rho\rho')\mathrm{J}'_m(k_\rho\rho')]}
\end{aligned}
\tag{2.3.58c}
$$

利用关系 (作为习题)

$$
\rho'[\mathrm{J}_m(k_\rho\rho')\tilde{\mathrm{J}}'_m(k_\rho\rho')-\tilde{\mathrm{J}}_m(k_\rho\rho')\mathrm{J}'_m(k_\rho\rho')] = -\frac{2}{\pi}\frac{\mathrm{J}'_m(k_\rho a)}{\mathrm{N}'_m(k_\rho a)} \tag{2.3.58d}
$$

方程 (2.3.58c) 简化为

$$
\begin{aligned}
A_m &= -\frac{\varepsilon_n}{8L}\cos\left(\frac{n\pi z'}{L}\right)\frac{\mathrm{N}'_m(k_\rho a)}{\mathrm{J}'_m(k_\rho a)}\mathrm{J}_m(k_\rho\rho')\exp(-\mathrm{i}m\varphi')\\
B_m &= -\frac{\varepsilon_n}{8L}\cos\left(\frac{n\pi z'}{L}\right)\frac{\mathrm{N}'_m(k_\rho a)}{\mathrm{J}'_m(k_\rho a)}\tilde{\mathrm{J}}_m(k_\rho\rho')\exp(-\mathrm{i}m\varphi')
\end{aligned}
\tag{2.3.59a}
$$

把方程 (2.3.59a), (2.3.58a) 和 (2.3.57a) 代入方程 (2.3.56b) 得到刚性圆柱腔内 Green 函数

$$
\begin{aligned}
g(\boldsymbol{r},\boldsymbol{r}') = &-\frac{1}{8L}\sum_{n=0,m=-\infty}^{\infty}\varepsilon_n\frac{\mathrm{N}'_m(k_\rho a)}{\mathrm{J}'_m(k_\rho a)}\cos\left(\frac{n\pi z'}{L}\right)\cos\left(\frac{n\pi z}{L}\right)\\
&\times\exp[\mathrm{i}m(\varphi-\varphi')]\begin{cases}\mathrm{J}_m(k_\rho\rho')\tilde{\mathrm{J}}_m(k_\rho\rho) & (0<\rho'<\rho<a)\\ \tilde{\mathrm{J}}_m(k_\rho\rho')\mathrm{J}_m(k_\rho\rho) & (0<\rho<\rho'<a)\end{cases}
\end{aligned}
\tag{2.3.59b}
$$

上式与方程 (2.3.55d) 不同之处是: ① ${\mathrm{H}'}_m^{(1)}(k_\rho a)$ 在实轴上没有零点, 而 $\mathrm{J}'_m(k_\rho a)$ 可能为零, 此时发生共振, 满足 $\mathrm{J}'_m(k_\rho a)=0$ 的频率即为共振频率; ②方程 (2.3.59b) 是有限腔体内的 Green 函数, 故可以表示成各个简正模式的叠加求和, 而非积分; ③而方程 (2.3.55d) 是开空间的 Green 函数, z 方向和 ρ 方向都是连续谱, 刚性圆柱的存在仅仅起散射作用 (见 3.1 节讨论).

2.3.6 螺旋波模式及其相控阵生成方法

从方程 (2.3.42a) 和 (2.3.42c) 可以看出: 如果柱面的法向速度关于 z 轴对称, 即 $u_\rho(a,\varphi,z,\omega)=u_\rho(a,z,\omega)$, 则激发的声场也与方位角 φ 无关, 即 $m=0$, 反之则与方位角 φ 有关. 考虑一个特殊的速度分布: $u_\rho(a,\varphi,z,\omega)=u_\rho(a,\omega)\mathrm{e}^{\mathrm{i}(k_c z+l\varphi)}$(其中, l 为正整数, k_c 为柱面上传播波的波数), 则由方程 (2.3.42c) 得到

$$
A_m(k_z) = \frac{\mathrm{i}\omega\rho_0}{k_\rho}\left[\frac{\mathrm{dH}_m^{(1)}(k_\rho a)}{\mathrm{d}(k_\rho a)}\right]^{-1}\delta(k_z-k_c)\delta_{lm} \tag{2.3.60a}
$$

代入方程 (2.3.42a) 得到

$$p(\rho,\varphi,z,\omega)=\frac{\mathrm{i}\omega\rho_0 u_\rho(a,\omega)}{\sqrt{k_0^2-k_c^2}}\left[\frac{\mathrm{dH}_l^{(1)}(k_\rho a)}{\mathrm{d}(k_\rho a)}\right]_{k_\rho=\sqrt{k_0^2-k_c^2}}^{-1}\cdot \mathrm{H}_l^{(1)}(\sqrt{k_0^2-k_c^2}\rho)\mathrm{e}^{\mathrm{i}(k_c z+l\varphi)} \tag{2.3.60b}$$

注意：上式要求 $k_0>k_c$，当 $k_0<k_c$ 时，声场只能是倏逝波；当 $k_0=k_c$ 时，必须考虑柱面与声场的相互作用，见 2.7 节类似的讨论. 在空间的某一个固定的圆柱面 (即 $\rho=R$ 为常数) 上，方程 (2.3.60b) 给出等相位面为 (加上时间因子)

$$k_c z+l\varphi-\omega t=\text{常数} \tag{2.3.61a}$$

对固定的时间，上式表示柱面 R 上的螺旋线，故声波相位绕 z 轴旋转的角速度为

$$\Omega_\varphi=\left.\frac{\partial\varphi}{\partial t}\right|_z=\frac{\omega}{l}(l\neq 0) \tag{2.3.61b}$$

故 $l\neq 0$ 的模式也称为**螺旋模式.** 利用 Hankel 函数的远场展开，远场近似下

$$p(\rho,\varphi,z,\omega)\sim\frac{1}{\left(\sqrt{k_0^2-k_c^2}\rho\right)^{1/2}}\exp\left[\mathrm{i}(\sqrt{k_0^2-k_c^2}\rho+l\varphi+k_c z)\right] \tag{2.3.61c}$$

故等相位面方程为

$$\sqrt{k_0^2-k_c^2}\rho+l\varphi+k_c z-\omega t=\text{常数} \tag{2.3.61d}$$

对固定的时间，上式表示圆锥面上的螺旋线，圆锥的顶角在 z 轴上.

由方程 (2.3.60b)，速度场的切向分量

$$v_\varphi(\rho,\varphi,z,\omega)=\frac{u_\rho(a,\omega)}{\sqrt{k_0^2-k_c^2}}\frac{\mathrm{i}l}{\rho}\left[\frac{\mathrm{dH}_l^{(1)}(k_\rho a)}{\mathrm{d}(k_\rho a)}\right]_{k_\rho=\sqrt{k_0^2-k_c^2}}^{-1}\mathrm{H}_l^{(1)}(\sqrt{k_0^2-k_c^2}\rho)\mathrm{e}^{\mathrm{i}(l\varphi+k_c z)} \tag{2.3.61e}$$

因此，螺旋波模式携带有 z 方向的角动量. 在远场近似下，$v_\varphi\sim\rho^{-3/2}$，故螺旋模式携带的角动量几乎为零而可忽略不计，声波主要是携带线动量. 但是在近场，螺旋模式携带的角动量是非常有意义的, 可以用来控制微粒的旋转. 注意：在理想流体中，线性声场是无旋的 (故速度场线不可能形成闭合的漩涡线)，微粒必须吸收声能量才能旋转.

螺旋波的生成　实际问题中，我们必须产生可控的螺旋波声场，也就是说，要求方程 (2.3.42a) 中关于 m 的求和只有第 l 项存在，这样的螺旋波声场称为 l 阶场. 实验中，产生螺旋波声场的主要方法相控阵法, 下面作简单介绍.

如图 2.3.10，考虑位于平面 $z=0$ 的刚性障板上的 N 个相同的单极子点声源 (图中仅画了 8 个)，它们均匀分布在半径为 a 的圆上，每个声源的相位差为 Δ. 当声源的线度远小于声波波长时，可以假定单极子点声源是活塞振动源，于是边界条件可以写成

$$-\frac{1}{\mathrm{i}\rho_0\omega}\left.\frac{\partial p}{\partial z}\right|_{z=0}=v_z(\rho,\varphi,z,\omega)|_{z=0}=v_0\sum_{n=1}^{N}\frac{\delta(\rho-a)\delta(\varphi-\varphi_n)}{\rho}\exp(\mathrm{i}\psi_n) \quad (2.3.62a)$$

其中，(a,φ_n) 是第 n 个点源的极坐标，设第 1 个点源在正 x 轴上，即 $(a,\varphi_1)=(a,0)$，则

$$\varphi_n=\frac{2\pi}{N}(n-1) \quad (n=1,2,\cdots,N) \quad (2.3.62b)$$

ψ_n 是第 n 个点源的相位，设第 1 个点源的相位 $\psi_1=0$，则

$$\psi_n=(n-1)\varDelta \quad (n=1,2,\cdots,N) \quad (2.3.62c)$$

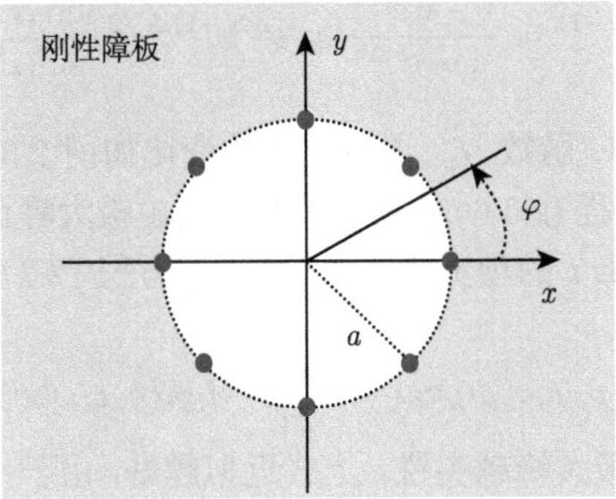

图 2.3.10

N 个单极子声源位于 $z=0$ 的障板上，向 $z>0$ 的半空间辐射声波 (仅给出平面图)

于是，在柱坐标中，空间一点 $(\rho,\varphi,z>0)$ 的声场可以表示成

$$p(\rho,\varphi,z,\omega)=\sum_{m=-\infty}^{\infty}\int_0^{\infty}A_m(k_\rho)\mathrm{J}_m(k_\rho\rho)\exp(\mathrm{i}\sigma z)k_\rho\mathrm{d}k_\rho\exp(\mathrm{i}m\varphi) \quad (2.3.63a)$$

其中，$\sigma\equiv\sqrt{k_0^2-k_\rho^2}$. 利用边界条件方程 (2.3.62a), 展开系数满足

$$\begin{aligned}&-\frac{1}{\rho_0c_0}\sum_{m=-\infty}^{\infty}\int_0^{\infty}\frac{\sigma}{k_0}A_m(k_\rho)\mathrm{J}_m(k_\rho\rho)k_\rho\mathrm{d}k_\rho\exp(\mathrm{i}m\varphi)\\&=v_0\sum_{n=1}^{N}\frac{\delta(\rho-a)\delta(\varphi-\varphi_n)}{\rho}\exp(\mathrm{i}\psi_n)\end{aligned} \quad (2.3.63b)$$

故容易得到

$$A_m(k_\rho)=-\frac{\rho_0c_0k_0v_0}{2\pi\sigma}\mathrm{J}_m(k_\rho a)\sum_{n=1}^{N}\mathrm{e}^{\mathrm{i}(\psi_n-m\varphi_n)} \quad (2.3.63c)$$

上式代入方程 (2.3.63a)

$$p(\rho,\varphi,z,\omega)=-\frac{\rho_0c_0k_0v_0}{2\pi}\sum_{m=-\infty}^{\infty}I_mp_m(\rho,z,\omega)\mathrm{e}^{\mathrm{i}m\varphi} \quad (2.3.64a)$$

其中，为了方便定义

$$p_m(\rho, z, \omega) \equiv \int_0^\infty \frac{1}{\sigma} \mathrm{J}_m(k_\rho \rho) \mathrm{J}_m(k_\rho a) \mathrm{e}^{\mathrm{i}\sigma z} k_\rho \mathrm{d}k_\rho \tag{2.3.64b}$$

以及

$$I_m \equiv \sum_{n=1}^{N} \mathrm{e}^{\mathrm{i}(\psi_n - m\varphi_n)} \tag{2.3.64c}$$

由方程 (2.3.62b) 和 (2.6.62c), 不难得到

$$I_m = \sum_{n=1}^{N} \mathrm{e}^{\mathrm{i}\Delta'(n-1)} = \frac{1 - \mathrm{e}^{\mathrm{i}N\Delta'}}{1 - \mathrm{e}^{\mathrm{i}\Delta'}} = \mathrm{e}^{\mathrm{i}(N-1)\Delta'/2} \frac{\sin(N\Delta'/2)}{\sin(\Delta'/2)} \tag{2.3.65a}$$

其中，$\Delta' \equiv \Delta - 2\pi m/N$. 函数 $|I_m|$ 随 $\Delta'/2$ 的变化如图 2.3.11，可见，当 $\Delta'/2 = 0$ 时，$|I_m|$ 出现极大峰，方程 (2.3.64a) 中的求和主要由极大峰贡献，即 $\Delta - 2\pi m/N = 0$ 或者满足 $m = N\Delta/2\pi \equiv l$ 的项贡献极大，于是，方程 (2.3.64a) 可近似成 l 阶螺旋波场

$$p(\rho, \varphi, z, \omega) \approx -\frac{\rho_0 c_0 k_0 v_0}{2\pi} I_l p_l(\rho, z, \omega) \mathrm{e}^{\mathrm{i}l\varphi} \tag{2.3.65b}$$

由图 2.3.11，N 越大，极大峰越尖锐，上式近似越好. 由于 $l = N\Delta/2\pi$ 是整数，故总的相位差 $N\Delta$ 只能是 2π 的整数倍，才能形成单一阶数的螺旋波场，否则方程 (2.3.64a) 中对 m 的求和必须保留若干项.

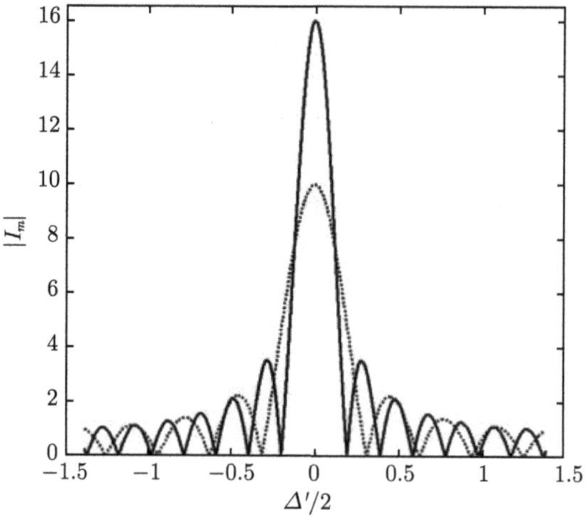

图 2.3.11 函数 $|I_m|$ 随 $\Delta'/2$ 的变化

N=16(实线); N=10(虚线)

旁轴近似 因为螺旋波只在 z 轴附近起作用，而由方程 (2.3.64b) 直接导出 z 轴附近的近似解是困难的. 注意到方程 (2.3.47d)，取 $(\rho', \varphi', z') = (a, 0, 0)$(即第 1 个

点源的位置)，则

$$\frac{\exp(\mathrm{i}k_0R)}{4\pi R}=\frac{\mathrm{i}}{4\pi}\sum_{m=-\infty}^{\infty}p_m(\rho,z,\omega)\mathrm{e}^{\mathrm{i}m\varphi} \tag{2.3.66a}$$

其中，R 是点 $(\rho',\varphi',z')=(a,0,0)$ 到任意观测点 (ρ,φ,z) 的距离

$$R=\sqrt{\rho^2+a^2+z^2-2\rho a\cos\varphi} \tag{2.3.66b}$$

于是，由方程 (2.3.66a) 得到

$$p_m(\rho,z,\omega)=\int_0^{2\pi}\frac{\exp(\mathrm{i}k_0R)}{2\pi\mathrm{i}R}\mathrm{e}^{-\mathrm{i}m\varphi}\mathrm{d}\varphi \tag{2.3.66c}$$

在旁轴近似下，即 $\rho^2\ll a^2+z^2$ 和 $\rho\ll(a^2+z^2)/2a$，方程 (2.3.66b) 近似为

$$R\approx\sqrt{a^2+z^2}\left[1+\frac{1}{2(a^2+z^2)}(\rho^2-2\rho a\cos\varphi)\right] \tag{2.3.67a}$$

代入方程 (2.3.66c)(注意：分母中取近似 $R\approx\sqrt{a^2+z^2}$)

$$\begin{aligned}p_m(\rho,z,\omega)&\approx A(\rho,z)\int_0^{2\pi}\exp\left(-\frac{\mathrm{i}k_0\rho a}{\sqrt{a^2+z^2}}\cos\varphi\right)\mathrm{e}^{-\mathrm{i}m\varphi}\mathrm{d}\varphi\\&=\frac{2\pi}{\mathrm{i}^m}A(\rho,z)\mathrm{J}_m\left(\frac{k_0\rho a}{\sqrt{a^2+z^2}}\right)\end{aligned} \tag{2.3.67b}$$

其中，$A(\rho,z)$ 是与 m 和φ无关的函数

$$A(\rho,z)\equiv\frac{1}{2\pi\mathrm{i}\sqrt{a^2+z^2}}\exp\left[\mathrm{i}k_0\left(\sqrt{a^2+z^2}+\frac{\rho^2}{2\sqrt{a^2+z^2}}\right)\right] \tag{2.3.67c}$$

注意: 得到方程 (2.3.67b) 的第二个等号，已利用了 Bessel 函数的积分关系

$$\mathrm{J}_m(x)=\frac{\mathrm{i}^m}{2\pi}\int_0^{2\pi}\exp[-\mathrm{i}(x\cos\varphi+m\varphi)]\mathrm{d}\varphi \tag{2.3.67d}$$

利用方程 (2.3.10a)，方程 (2.3.67b) 可以进一步近似为

$$p_m(\rho,z,\omega)\approx\frac{2\pi}{\mathrm{i}^m m!}A(\rho,z)\left(\frac{k_0\rho a}{2\sqrt{a^2+z^2}}\right)^m \tag{2.3.68a}$$

上式代入方程 (2.3.64a) 得到旁轴近似为

$$\begin{aligned}p(\rho,\varphi,z,\omega)\approx&-\rho_0c_0k_0v_0A(\rho,z)\mathrm{e}^{\mathrm{i}(N-1)\Delta'/2}\\&\times\sum_{m=-\infty}^{\infty}\frac{1}{\mathrm{i}^m m!}\frac{\sin(N\Delta'/2)}{\sin(\Delta'/2)}\cdot\left(\frac{k_0\rho a}{2\sqrt{a^2+z^2}}\right)^m\mathrm{e}^{\mathrm{i}m\varphi}\end{aligned} \tag{2.3.68b}$$

对上式的讨论与严格解类似，不再重复.

2.4 球状声源的辐射

在 2.1 节中，我们介绍了作简单的径向脉动或者横向振动球辐射的声场，那么，当球的表面法向速度与极角和方位角有较复杂的关系，声场分布又如何？另一方面，在多极子展开中，我们求得了远场的声场，而在实际问题中，远场条件往往很难满足，或者不得不求近场的声压. 研究球状声源的意义还在于：实际复杂形状的声源往往可以用球这样简单几何形状的声源来代替，分析其基本的性质，得到普遍的规律. 另外值得指出的一点是：平面波和柱面波都扩展到无限空间，即总声能量无限大，故严格意义上的平面波和柱面波实际上是不存在 (只有在管道中才能产生平面波，见第 4 章讨论)，而球面波能量有限，是我们经常遇到的波动形式.

2.4.1 球坐标中的分离变量法

球坐标中的声波方程为

$$\nabla^2 p - \frac{1}{c_0^2}\frac{\partial^2 p}{\partial t^2} = 0 \tag{2.4.1a}$$

其中，球坐标中的 Laplace 算子为

$$\nabla^2 \equiv \frac{1}{r^2}\frac{\partial}{\partial r}\left(r^2\frac{\partial}{\partial r}\right) + \frac{1}{r^2\sin\vartheta}\frac{\partial}{\partial\vartheta}\left(\sin\vartheta\frac{\partial}{\partial\vartheta}\right) + \frac{1}{r^2\sin^2\vartheta}\frac{\partial^2}{\partial\varphi^2} \tag{2.4.1b}$$

与柱坐标类似，我们仍然分三步来分离变量.

(1) 设解的时间和空间具有分离变量的形式

$$p(r,\vartheta,\varphi,t) = p(r,\vartheta,\varphi)T(t) \tag{2.4.2a}$$

代入方程 (2.4.1a) 和 (2.4.1b) 并二边除以 $p(r,\vartheta,\varphi)T(t)$ 得到

$$\frac{\nabla^2 p(r,\vartheta,\varphi)}{p(r,\vartheta,\varphi)} = \frac{1}{c_0^2 T(t)}\frac{\mathrm{d}^2 T(t)}{\mathrm{d}t^2} \equiv -k^2 \tag{2.4.2b}$$

其中，k 是分离变量常数. 上式恒成立的条件是

$$\begin{gathered}\frac{\mathrm{d}^2 T(t)}{\mathrm{d}t^2} + k^2 c_0^2 T(t) = 0\\ \nabla^2 p(r,\vartheta,\varphi) + k^2 p(r,\vartheta,\varphi) = 0\end{gathered} \tag{2.4.2c}$$

(2) 进一步作径向和角度变量分离

$$p(r,\vartheta,\varphi) = R(r)Y(\vartheta,\varphi) \tag{2.4.2d}$$

代入方程 (2.4.2c) 的第二式得到

$$-\frac{1}{Y}\left[\frac{1}{\sin\vartheta}\frac{\partial}{\partial\vartheta}\left(\sin\vartheta\frac{\partial Y}{\partial\vartheta}\right)+\frac{1}{\sin^2\vartheta}\frac{\partial^2 Y}{\partial\varphi^2}\right]=\frac{1}{R}\frac{\mathrm{d}}{\mathrm{d}r}\left[r^2\frac{\mathrm{d}R}{\mathrm{d}r}\right]+k^2r^2\equiv\lambda \tag{2.4.3a}$$

其中，λ是分离变量常数. 上式恒成立条件是

$$\frac{1}{r^2}\frac{\mathrm{d}}{\mathrm{d}r}\left[r^2\frac{\mathrm{d}R(r)}{\mathrm{d}r}\right]+\left(k^2-\frac{\lambda}{r^2}\right)R(r)=0 \tag{2.4.3b}$$

$$\left[\frac{1}{\sin\vartheta}\frac{\partial}{\partial\vartheta}\left(\sin\vartheta\frac{\partial}{\partial\vartheta}\right)+\frac{1}{\sin^2\vartheta}\frac{\partial^2}{\partial\varphi^2}\right]Y(\vartheta,\varphi)+\lambda Y(\vartheta,\varphi)=0 \tag{2.4.3c}$$

(3) 对方程 (2.4.3c) 作极角和方位角的分离变量：$Y(\vartheta,\varphi)=\varTheta(\vartheta)\varPhi(\varphi)$ 得到

$$\frac{\sin\vartheta}{\varTheta(\vartheta)}\frac{\mathrm{d}}{\mathrm{d}\vartheta}\left[\sin\vartheta\frac{\mathrm{d}\varTheta(\vartheta)}{\mathrm{d}\vartheta}\right]+\lambda\sin^2\vartheta=-\frac{1}{\varPhi(\varphi)}\frac{\mathrm{d}^2\varPhi(\varphi)}{\mathrm{d}\varphi^2}\equiv\nu^2 \tag{2.4.4a}$$

其中，ν 是分离变量常数. 上式恒成立条件为

$$\frac{\mathrm{d}^2\varPhi(\varphi)}{\mathrm{d}\varphi^2}+\nu^2\varPhi(\varphi)=0 \tag{2.4.4b}$$

$$\frac{1}{\sin\vartheta}\frac{\mathrm{d}}{\mathrm{d}\vartheta}\left[\sin\vartheta\frac{\mathrm{d}\varTheta(\vartheta)}{\mathrm{d}\vartheta}\right]+\left(\lambda-\frac{\nu^2}{\sin^2\vartheta}\right)\varTheta(\vartheta)=0 \tag{2.4.4c}$$

故我们把波动方程 (2.4.1a) 通过分量变量后得到四个常微分方程，即方程 (2.4.2c) 的第一式、(2.4.3b)、(2.4.4b) 和 (2.4.4c)，下面分别讨论.

(1) 时间变化部分：与方程 (2.3.5a) 的讨论相同，取随时间变化为 $\exp(-\mathrm{i}\omega t)$；

(2) 方位角 φ 部分：与方程 (2.3.6a) 的讨论相同，当所考虑的问题要求单值性时，$\nu=m$(m 为整数)；

(3) 极角 ϑ 部分：令 $x=\cos\vartheta$，变量范围：$\vartheta\in[0,\pi]$, $x\in[-1,1]$，并令分离变量常数 $\lambda=l(l+1)$, 则方程 (2.4.4c) 变成

$$\frac{\mathrm{d}}{\mathrm{d}x}\left[(1-x^2)\frac{\mathrm{d}\varTheta}{\mathrm{d}x}\right]+\left[l(l+1)-\frac{\nu^2}{1-x^2}\right]\varTheta=0 \tag{2.4.5a}$$

上式为标准的**连带 Legendre 方程**，其解可表示为

$$\varTheta(\vartheta)=\varTheta_1\mathrm{P}_l^{|\nu|}(\cos\vartheta)+\varTheta_2\mathrm{Q}_l^{|\nu|}(\cos\vartheta) \tag{2.4.5b}$$

其中，$\mathrm{P}_l^{|\nu|}(\cos\vartheta)$ 和 $\mathrm{Q}_l^{|\nu|}(\cos\vartheta)$ 分别称为**第一、二类连带 Legendre 函数**，后面将详细讨论.

(4) 径向 r 部分: 令 $x=kr$，方程 (2.4.3b) 变成

$$\frac{\mathrm{d}^2R}{\mathrm{d}x^2}+\frac{2}{x}\frac{\mathrm{d}R}{\mathrm{d}x}+\left[1-\frac{l(l+1)}{x^2}\right]R=0 \tag{2.4.6a}$$

上式称为**球 Bessel 方程**. 进一步令 $y(x)=\sqrt{x}R(x)$ 得到

$$\frac{\mathrm{d}^2y}{\mathrm{d}x^2}+\frac{1}{x}\frac{\mathrm{d}y}{\mathrm{d}x}+\left[1-\frac{(l+1/2)^2}{x^2}\right]y=0 \tag{2.4.6b}$$

比较方程 (2.3.7a)，上式称为**半奇数阶 Bessel 方程**. 因此，方程 (2.4.6a) 的通解为

$$R(x)=\frac{1}{\sqrt{x}}\left[R_1\mathrm{J}_{l+1/2}(x)+R_2\mathrm{N}_{l+1/2}(x)\right] \tag{2.4.6c}$$

或者写成行波的形式

$$R(x)=\frac{1}{\sqrt{x}}\left[R_1\mathrm{H}^{(1)}_{l+1/2}(x)+R_2\mathrm{H}^{(2)}_{l+1/2}(x)\right] \tag{2.4.6d}$$

Legendre 多项式　首先考虑对称情况，即所考虑的问题与方位角 φ 无关，z 轴是对称轴，那么 $\nu=m=0$，此时的第一、二类连带 Legendre 函数分别称为第一、二类 Legendre 函数

$$\Theta(\vartheta)=\Theta_1\mathrm{P}_l(\cos\vartheta)+\Theta_2\mathrm{Q}_l(\cos\vartheta) \tag{2.4.7a}$$

对任意的 l，方程 (2.4.5a) 的二个独立解为无穷级数，在 $\vartheta=0,\pi$(北极和南极点) 无穷级数发散. 如果物理问题包含北极和南极点，即 $\vartheta\in[0,\pi]$(对仅仅包含北极或者南极点的锥体情况，见 2.4.5 小节讨论)，则要求 $\Theta(\vartheta)|_{\vartheta=0,\pi}$ 必须有限. 这样的条件称为**自然边界条件**. 当要求 $\Theta(\vartheta)|_{\vartheta=0,\pi}=$ 有限时，l 必须为正整数：$l=0,1,2,\cdots$. 此时，第一类 Legendre 函数退化为 l 阶多项式 $\mathrm{P}_l(x)$，称为**Legendre 多项式**，形式为

$$\mathrm{P}_l(x)=\sum_{k=0}^{[l/2]}(-1)^k\frac{(2l-2k)!}{2^lk!(l-k)!(l-2k)!}x^{l-2k} \tag{2.4.7b}$$

其中，$[l/2]$ 表示取 $l/2$ 的整数部分，如果 l 为偶数，$[l/2]=l/2$；如果 l 为奇数，$[l/2]=(l-1)/2$. 前 5 个**Legendre**多项式为 (如图 2.4.1)

$$\begin{aligned}&\mathrm{P}_0(x)=1;\mathrm{P}_1(x)=x;\mathrm{P}_2(x)=\frac{1}{2}(3x^2-1)\\&\mathrm{P}_3(x)=\frac{1}{2}(5x^3-3x);\mathrm{P}_4(x)=\frac{1}{8}(35x^4-30x^2+3)\end{aligned} \tag{2.4.7c}$$

Legendre 多项式重要的性质是**正交性**和**完备性**：①不同 l 的 Legendre 多项式正交

$$\int_{-1}^{1}\mathrm{P}_l(x)\mathrm{P}_{l'}(x)\mathrm{d}x=\frac{2}{2l+1}\delta_{ll'} \tag{2.4.7d}$$

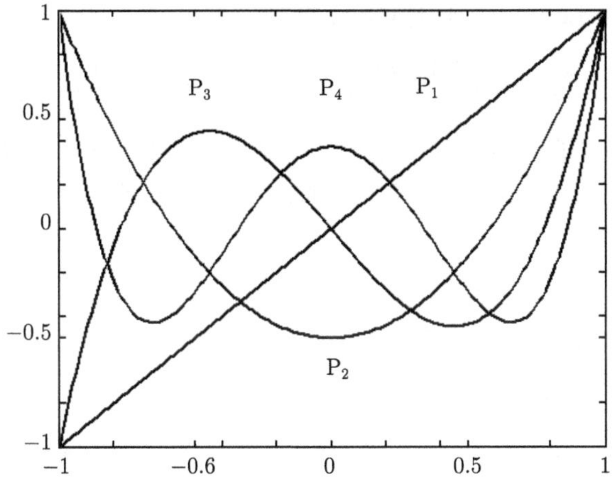

图 2.4.1 四个 Legendre 多项式

②对 $x\in[-1,1]$ 上平方可积的函数 $f(x)$，存在广义 Fourier 级数展开

$$f(x)\approx\sum_{i=0}^{\infty}a_l\mathrm{P}_l(x);a_l=\frac{2l+1}{2}\int_{-1}^{1}f(x)\mathrm{P}_l(x)\mathrm{d}x \tag{2.4.8a}$$

或者写成

$$f(\vartheta)\approx\sum_{i=0}^{\infty}a_l\mathrm{P}_l(\cos\vartheta);a_l=\frac{2l+1}{2}\int_{0}^{\pi}f(\vartheta)\mathrm{P}_l(\cos\vartheta)\sin\vartheta\mathrm{d}\vartheta \tag{2.4.8b}$$

注意: 即使 l 为正整数，第二类 Legendre 函数在 $\vartheta=0,\pi$(即 $x=\pm1$) 仍然是发散的，一般表达式为

$$\mathrm{Q}_l(x)=\frac{1}{2}\mathrm{P}_l(x)\ln\frac{1+x}{1-x}-\sum_{l=0}^{[l/2]}\frac{2l-4k+3}{(2k-1)(l-k+1)}\mathrm{P}_{l-2k+1}(x) \tag{2.4.9a}$$

前 4 个第二类 Legendre 函数为

$$\begin{aligned}
\mathrm{Q}_0(x)&=\frac{1}{2}\ln\frac{1+x}{1-x}\\
\mathrm{Q}_1(x)&=\frac{x}{2}\ln\frac{1+x}{1-x}-1\\
\mathrm{Q}_2(x)&=\frac{1}{4}(3x^2-1)\ln\frac{1+x}{1-x}-\frac{3}{2}x\\
\mathrm{Q}_3(x)&=\frac{1}{4}(5x^3-3x)\ln\frac{1+x}{1-x}-\frac{5}{2}x^2+\frac{2}{3}
\end{aligned} \tag{2.4.9b}$$

球谐函数 当 $m\neq0$ 时，第一、二类连带 Legendre 函数可由 Legendre 多项

式 $\mathrm{P}_l(x)$ 和第二类 Legendre 函数 $\mathrm{Q}_l(x)$ 得到

$$\mathrm{P}_l^{|m|}=(1-x^2)^{|m|/2}\frac{\mathrm{d}^{|m|}\mathrm{P}_l(x)}{\mathrm{d}x^{|m|}};\mathrm{Q}_l^{|m|}=(1-x^2)^{|m|/2}\frac{\mathrm{d}^{|m|}\mathrm{Q}_l(x)}{\mathrm{d}x^{|m|}} \tag{2.4.10a}$$

注意到：$\mathrm{P}_l(x)$ 是 l 阶多项式, 故要求 $|m|\leqslant l$，因此对同一个 l, m 的取值范围是 $(-l,-l+1,\cdots,0,\cdots,l-1,l)$, 即 m 的可能值有 $2l$ 个. 几个常用的第一类连带 Legendre 函数为

$$\begin{aligned}
&\mathrm{P}_1^1(x)=(1-x^2)^{1/2}=\sin\vartheta\\
&\mathrm{P}_2^1(x)=3x(1-x^2)^{1/2}=3\cos\vartheta\sin\vartheta\\
&\mathrm{P}_2^2(x)=3(1-x^2)=3\sin^2\vartheta\\
&\mathrm{P}_3^1(x)=\frac{3}{2}(5x^2-1)(1-x^2)^{1/2}=\frac{3}{2}(5\cos^2\vartheta-1)\sin\vartheta\\
&\mathrm{P}_3^2(x)=15x(1-x^2)=15\cos\vartheta\sin^2\vartheta\\
&\mathrm{P}_3^3(x)=15(1-x^2)^{3/2}=15\sin^3\vartheta
\end{aligned} \tag{2.4.10b}$$

图 2.4.2 给出了 $\mathrm{P}_3^0(x)=\mathrm{P}_3(x)$，$\mathrm{P}_3^1(x)$，$\mathrm{P}_3^2(x)$ 和 $\mathrm{P}_3^3(x)$ 四条曲线. 第一类连带 Legendre 函数也存在正交性关系

$$\int_{-1}^{1}\mathrm{P}_l^{|m|}(x)\mathrm{P}_{l'}^{|m|}(x)\mathrm{d}x=\frac{(l+|m|)!}{(l-|m|)!}\frac{2}{2l+1}\delta_{ll'} \tag{2.4.10c}$$

注意：上式正交关系是对同一个 m 而言.

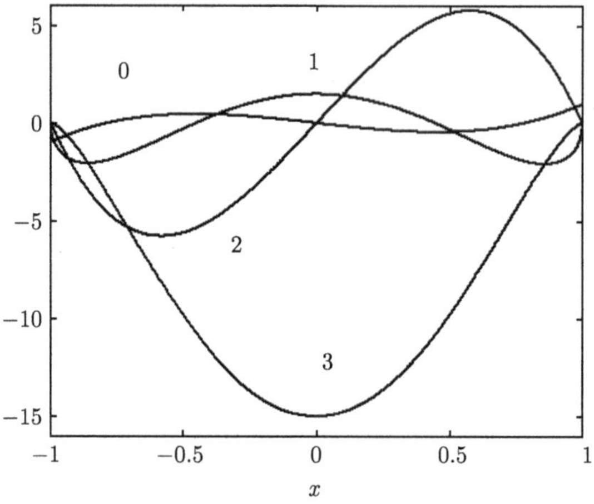

图 2.4.2　$\mathrm{P}_3^0(x)=\mathrm{P}_3(x)$(曲线 0)；$\mathrm{P}_3^1(x)$(曲线 1)；$\mathrm{P}_3^2(x)$(曲线 2)；$\mathrm{P}_3^3(x)$(曲线 3)

极角 ϑ 部分和方位角 φ 部分可以合成为

$$\mathrm{Y}_{lm}(\vartheta,\varphi)=(-1)^m\sqrt{\frac{(2l+1)}{4\pi}\cdot\frac{(l-|m|)!}{(l+|m|)!}}\mathrm{P}_l^{|m|}(\cos\vartheta)\exp(\mathrm{i}m\varphi) \tag{2.4.10d}$$

其中，$l=0,1,2,\cdots;m=0,\pm 1,\pm 2,\cdots,\pm l$. $\mathrm{Y}_{lm}(\vartheta,\varphi)$ 称为**归一化球谐函数**. 图 2.4.3 和图 2.4.4 画出了几个常用的球谐函数图像：$\mathrm{Y}_{11}(\vartheta,\varphi)$(实部和虚部)、$\mathrm{Y}_{20}(\vartheta,\varphi)$、$\mathrm{Y}_{21}(\vartheta,\varphi)$ 以及 $\mathrm{Y}_{22}(\vartheta,\varphi)$(实部). 注意：$\mathrm{Y}_{20}(\vartheta,\varphi)$ 的虚部为零，只有实部.

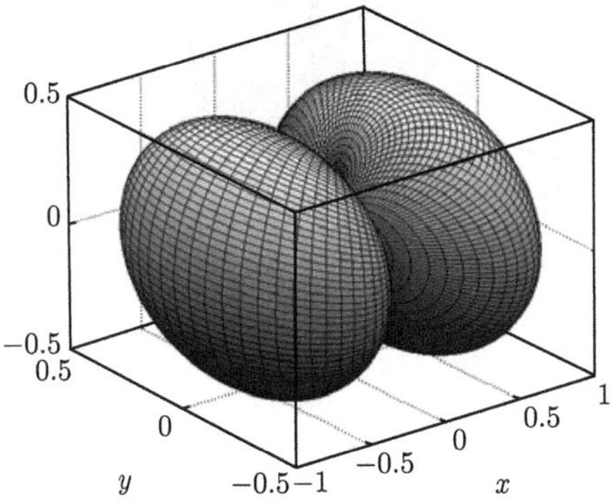

(a)

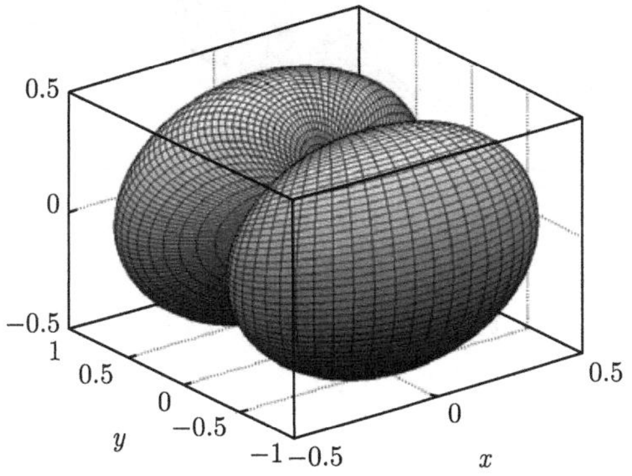

(b)

图 2.4.3

(a) $\mathrm{Re}[\mathrm{Y}_{11}(\vartheta,\varphi)]$; (b) $\mathrm{Im}[\mathrm{Y}_{11}(\vartheta,\varphi)]$

由第一类连带 Legendre 函数的正交性得到球谐函数的正交性

$$\int_0^{2\pi}\int_0^{\pi}\mathrm{Y}_{lm}(\vartheta,\varphi)\mathrm{Y}^*_{l'm'}(\vartheta,\varphi)\sin\vartheta\mathrm{d}\vartheta\mathrm{d}\varphi=\delta_{ll'}\delta_{mm'} \tag{2.4.10e}$$

特别是，单位球面上的平方可积函数 $f(\vartheta,\varphi)$ 存在广义 Fourier 级数展开

$$f(\vartheta,\varphi)\approx\sum_{l=0}^{\infty}\sum_{m=-l}^{m=l}C_{lm}\mathrm{Y}_{lm}(\vartheta,\varphi) \tag{2.4.11a}$$

其中，展开系数为

$$C_{lm}=\int_0^{2\pi}\int_0^{\pi}f(\vartheta,\varphi)\mathrm{Y}^*_{lm}(\vartheta,\varphi)\sin\vartheta\mathrm{d}\vartheta\mathrm{d}\varphi \tag{2.4.11b}$$

如果模拟单位球面上位于 (ϑ_0,φ_0) 的点声源，$f(\vartheta,\varphi)$ 用 Dirac Delta 函数表示

$$f(\vartheta,\varphi)=\frac{1}{\sin\vartheta}\delta(\vartheta,\vartheta_0)\delta(\varphi,\varphi_0) \tag{2.4.11c}$$

则展开关系为

$$\frac{1}{\sin\vartheta}\delta(\vartheta,\vartheta_0)\delta(\varphi,\varphi_0)=\sum_{l=0}^{\infty}\sum_{m=-l}^{m=l}\mathrm{Y}^*_{lm}(\vartheta_0,\varphi_0)\mathrm{Y}_{lm}(\vartheta,\varphi) \tag{2.4.11d}$$

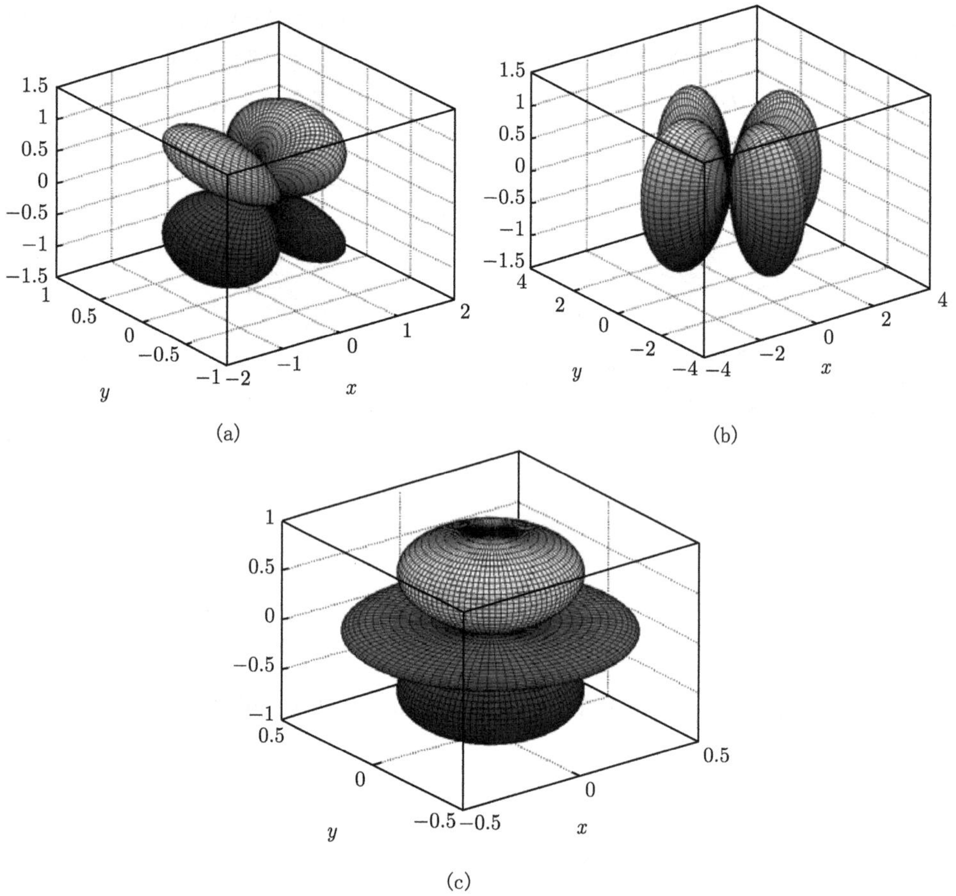

图 2.4.4

(a) $\mathrm{Re}[\mathrm{Y}_{21}(\vartheta,\varphi)]$; (b) $\mathrm{Re}[\mathrm{Y}_{22}(\vartheta,\varphi)]$; (c) $\mathrm{Y}_{20}(\vartheta,\varphi)$

进一步，如果点声源位于单位球面的北极 ($\vartheta_0=0,\varphi_0$ 任意)，则

$$f(\vartheta,\varphi)=\frac{\delta(\vartheta)}{2\pi\sin\vartheta} \tag{2.4.11e}$$

展开系数为

$$C_{lm}=\frac{1}{2\pi}\int_0^{2\pi}\mathrm{Y}_{lm}^*(0,\varphi)\mathrm{d}\varphi=\sqrt{\frac{2l+1}{4\pi}}\delta_{m0} \tag{2.4.11f}$$

因此，位于北极点的点声源可以表示为

$$\frac{\delta(\vartheta)}{2\pi\sin\vartheta}=\sum_{l=0}^{\infty}\frac{2l+1}{4\pi}\mathrm{P}_l(\cos\vartheta) \tag{2.4.11g}$$

得到式 (2.4.11f)，利用了关系 $\mathrm{P}_l^0(1)=\mathrm{P}_l(1)=1$.

球 Bessel 函数和球 Neumann 函数 定义球 Bessel 函数 $\mathrm{j}_l(x)$ 和球 Neumann 函数 $n_l(x)$

$$\mathrm{j}_l(x)=\sqrt{\frac{\pi}{2x}}\mathrm{J}_{l+1/2}(x);\mathrm{n}_l(x)=\sqrt{\frac{\pi}{2x}}\mathrm{N}_{l+1/2}(x) \tag{2.4.12a}$$

那么方程 (2.4.3b) 的解可表示为驻波形式

$$R(r)=A_l\mathrm{j}_l(kr)+B_l\mathrm{n}_l(kr) \tag{2.4.12b}$$

有趣的是，球 Bessel 函数和球 Neumann 函数可用初等函数表示

$$\begin{aligned}&\mathrm{j}_0(x)=\frac{\sin x}{x};\ \mathrm{j}_1(x)=\frac{\sin x}{x^2}-\frac{\cos x}{x}\\&\mathrm{j}_2(x)=\left(\frac{3}{x^3}-\frac{1}{x}\right)\sin x-\frac{3}{x^2}\cos x\end{aligned} \tag{2.4.12c}$$

以及

$$\begin{aligned}&\mathrm{n}_0(x)=-\frac{\cos x}{x};\mathrm{n}_1(x)=-\frac{\cos x}{x^2}-\frac{\sin x}{x}\\&\mathrm{n}_2(x)=-\left(\frac{3}{x^3}-\frac{1}{x}\right)\cos x-\frac{3}{x^2}\sin x\end{aligned} \tag{2.4.12d}$$

由图 2.4.5，显然，在 $x=0$ 点，$\mathrm{j}_0(0)=1;\mathrm{j}_l(0)=0(l>0)$，而 $\mathrm{n}_l(0)\to\infty$ 发散. 近似关系为

$$\mathrm{j}_l(x)\approx\frac{x^l}{(2l+1)!!};\mathrm{n}_l(x)\approx-\frac{(2l-1)!!}{x^{l+1}};\quad(x\to 0) \tag{2.4.13a}$$

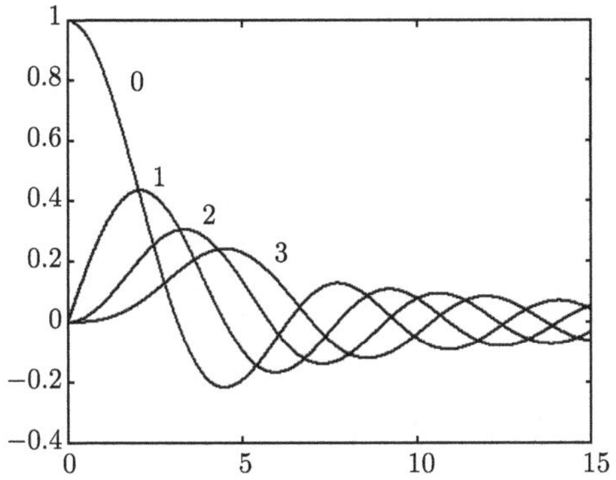

(a)

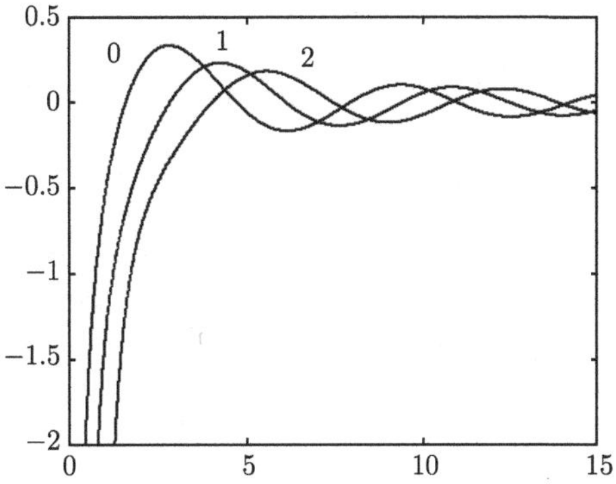

(b)

图 2.4.5

(a) 前 4 个球 Bessel 函数: $\mathrm{j}_0(x)$ (曲线 0)、$\mathrm{j}_1(x)$(曲线 1)、$\mathrm{j}_2(x)$(曲线 2) 和 $\mathrm{j}_3(x)$(曲线 3); (b) 前 3 个球 Neumann 函数: $\mathrm{n}_0(x)$(曲线 0)、$\mathrm{n}_1(x)$(曲线 1) 和 $\mathrm{n}_2(x)$(曲线 2)

而当 $x\to\infty$ 时，渐近关系为

$$\mathrm{j}_l(x)\approx\frac{1}{x}\sin\left(x-\frac{l\pi}{2}\right);\mathrm{n}_l(x)\approx-\frac{1}{x}\cos\left(x-\frac{l\pi}{2}\right) \tag{2.4.13b}$$

球 Hankel 函数　定义第一、二类球 Hankel 函数 $\mathrm{h}_l^{(1)}(x)$ 和 $\mathrm{h}_l^{(2)}(x)$

$$\begin{aligned}\mathrm{h}_l^{(1)}(x)&=\sqrt{\frac{\pi}{2x}}\mathrm{H}_{l+1/2}^{(1)}(x)=\mathrm{j}_l(x)+\mathrm{i}\mathrm{n}_l(x)\\ \mathrm{h}_l^{(2)}(x)&=\sqrt{\frac{\pi}{2x}}\mathrm{H}_{l+1/2}^{(2)}(x)=\mathrm{j}_l(x)-\mathrm{i}\mathrm{n}_l(x)\end{aligned}\tag{2.4.14a}$$

那么方程 (2.4.3b) 的解也可表示为行波形式

$$R(r)=A_l\mathrm{h}_l^{(1)}(kr)+B_l\mathrm{h}_l^{(2)}(kr)\tag{2.4.14b}$$

球 Hankel 函数 $\mathrm{h}_l^{(1)}(x)$ 和 $\mathrm{h}_l^{(2)}(x)$ 的初等函数表示为

$$\begin{aligned}&\mathrm{h}_0^{(1)}(x)=-\frac{\mathrm{i}}{x}\mathrm{e}^{\mathrm{i}x};\mathrm{h}_1^{(1)}(x)=\left(-\frac{1}{x}-\frac{\mathrm{i}}{x^2}\right)\mathrm{e}^{\mathrm{i}x}\\ &\mathrm{h}_2^{(1)}(x)=\left(\frac{\mathrm{i}}{x}-\frac{3}{x^2}-\frac{3\mathrm{i}}{x^3}\right)\mathrm{e}^{\mathrm{i}x}\end{aligned}\tag{2.4.14c}$$

$$\begin{aligned}&\mathrm{h}_0^{(2)}(x)=\frac{\mathrm{i}}{x}\mathrm{e}^{-\mathrm{i}x};\mathrm{h}_1^{(2)}(x)=\left(-\frac{1}{x}+\frac{\mathrm{i}}{x^2}\right)\mathrm{e}^{-\mathrm{i}x}\\ &\mathrm{h}_2^{(2)}(x)=\left(-\frac{\mathrm{i}}{x}-\frac{3}{x^2}+\frac{3\mathrm{i}}{x^3}\right)\mathrm{e}^{-\mathrm{i}x}\end{aligned}\tag{2.4.14d}$$

当 $x\to\infty$ 时，渐近关系为

$$\mathrm{h}_l^{(1)}(x)\approx-\frac{\mathrm{i}}{x}\exp\left[\mathrm{i}\left(x-\frac{l\pi}{2}\right)\right];\mathrm{h}_l^{(2)}(x)\approx\frac{\mathrm{i}}{x}\exp\left[-\mathrm{i}\left(x-\frac{l\pi}{2}\right)\right]\tag{2.4.14e}$$

注意: 与柱函数的渐近展开讨论类似，上式和方程 (2.4.13b) 成立的条件是 $x\gg l$(低阶球 Bessel 函数)，对大宗量、高阶数的球 Bessel 函数，渐近展开较为复杂.

分离变量解的一般形式　在球坐标中，分离变量解相对柱坐标而言要简单一些. 时间项和方位角的选择与柱坐标中情况类似. 假定物理问题包含北极和南极点, 即 $\vartheta\in[0,\pi]$(对仅仅包含北极或者南极点的锥体情况，见 2.4.5 小节讨论).

(1) 在闭空间内，单频驻波解为

$$p(r,\vartheta,\varphi,t)=\sum_{l=0}^{\infty}\sum_{m=-l}^{l}[A_l\mathrm{j}_l(kr)+B_l\mathrm{n}_l(kr)]\mathrm{Y}_{lm}(\vartheta,\varphi)\exp(-\mathrm{i}\omega t)\tag{2.4.14f}$$

如果问题包含原点，则 $B_l=0$. 对瞬态激发，对上式中的 ω 作 Fourier 积分即可.

(2) 当声源向开空间辐射声波时，单频辐射解为

$$p(r,\vartheta,\varphi,t)=\sum_{l=0}^{\infty}\sum_{m=-l}^{l}A_l\mathrm{h}_l^{(1)}(kr)\mathrm{Y}_{lm}(\vartheta,\varphi)\exp(-\mathrm{i}\omega t)\tag{2.4.14g}$$

(3) 把图 2.3.5 看成球坐标，在壳层区域 ($R_1 < r < R_2$)，$\mathrm{h}_l^{(1)}(kr)$ 表示壳层区域内的声源 Σ_1 向外辐射的波，而 $\mathrm{h}_l^{(2)}(kr)$ 表示壳层区域外的声源 Σ_2 向壳层区域辐射的波，故在壳层区域内通解为

$$p(r,\vartheta,\varphi,t)=\sum_{l=0}^{\infty}\sum_{m=-l}^{l}[A_l\mathrm{h}_l^{(1)}(kr)+B_l\mathrm{h}_l^{(2)}(kr)]\mathrm{Y}_{lm}(\vartheta,\varphi)\exp(-\mathrm{i}\omega t) \tag{2.4.14h}$$

当然，在壳层区域 ($R_1 < r < R_2$) 内，解也可以写成方程 (2.4.14f) 的形式；

(4) 把图 2.3.6 看成球坐标，在 "内部" 区域 ($0 \leqslant r < R$)，即声源 Σ_1 和声源 Σ_2 在区域外，并且所考虑的区域包含原点，因为球 Neumann 函数在原点发散，则

$$p(r,\vartheta,\varphi,t)=\sum_{l=0}^{\infty}\sum_{m=-l}^{l}A_l\mathrm{j}_l(kr)\mathrm{Y}_{lm}(\vartheta,\varphi)\exp(-\mathrm{i}\omega t) \tag{2.4.14i}$$

注意: 方程 (2.4.14h) 和 (2.4.14i) 无需满足无限远处的 Sommerfeld 辐射条件，因为它们只是有限区域 ($R_1 < r < R_2$ 或者 $0 \leqslant r < R$) 内的解而已.

2.4.2 球面振动向无限空间的辐射

设球面径向速度可表示为 (考虑频率为 ω 的稳态振动，忽略时间因子)

$$u_r(a,\vartheta,\varphi,\omega)=U_0(\vartheta,\varphi,\omega) \tag{2.4.15a}$$

由方程 (2.4.14g)，球坐标中辐射解的一般形式可表示为

$$p(r,\vartheta,\varphi,\omega)=\sum_{l=0}^{\infty}\sum_{m=-l}^{l}A_{lm}\mathrm{h}_l^{(1)}(k_0r)\mathrm{Y}_{lm}(\vartheta,\varphi) \tag{2.4.15b}$$

其中，$k_0=\omega/c_0$. 径向速度分布为

$$v_r(r,\vartheta,\varphi,\omega)=\frac{1}{\mathrm{i}\rho_0c_0}\sum_{l=0}^{\infty}\sum_{m=-l}^{l}A_{lm}\frac{\mathrm{dh}_l^{(1)}(k_0r)}{\mathrm{d}(k_0r)}\mathrm{Y}_{lm}(\vartheta,\varphi) \tag{2.4.15c}$$

由方程 (2.4.15a)

$$\frac{1}{\mathrm{i}\rho_0c_0}\sum_{l=0}^{\infty}\sum_{m=-l}^{l}A_{lm}\left[\frac{\mathrm{dh}_l^{(1)}(k_0r)}{\mathrm{d}(k_0r)}\right]_{r=a}\mathrm{Y}_{lm}(\vartheta,\varphi)=U_0(\vartheta,\varphi,\omega) \tag{2.4.16a}$$

根据展开方程 (2.4.11b)，我们得到

$$A_{lm}=\mathrm{i}\rho_0c_0\left[\frac{\mathrm{dh}_l^{(1)}(k_0r)}{\mathrm{d}(k_0r)}\right]_{r=a}^{-1}\int_0^{2\pi}\int_0^{\pi}U_0(\vartheta,\varphi)\mathrm{Y}_{lm}^*(\vartheta,\varphi)\sin\vartheta\mathrm{d}\vartheta\mathrm{d}\varphi \tag{2.4.16b}$$

对不同情况的讨论如下.

(1) 低频:$k_0a \ll 1$, 利用方程 (2.4.13a)

$$\mathrm{h}_l^{(1)}(x) \approx \mathrm{i}n_l(x) \approx -\mathrm{i}\frac{(2l-1)!!}{x^{l+1}};\ \frac{\mathrm{dh}_l^{(1)}(x)}{\mathrm{d}x} \approx \mathrm{i}\frac{(2l-1)!!(l+1)}{x^{l+2}} \tag{2.4.17a}$$

可见 $A_{lm} \sim (k_0a)^{l+2}$，方程 (2.4.15b) 中第一项正比于 $(k_0a)^2$，因此仅考虑 $l=0$ 和 $m=0$ 这一项就可以了

$$A_{00} \approx \rho_0c_0(k_0a)^2\sqrt{\frac{1}{4\pi}}\int_0^{2\pi}\int_0^{\pi}U_0(\vartheta,\varphi)\sin\vartheta\mathrm{d}\vartheta\mathrm{d}\varphi = \rho_0c_0(k_0a)^2\sqrt{4\pi}\bar{U}_0 \tag{2.4.17b}$$

其中，球面平均振动速度为

$$\bar{U}_0 \equiv \frac{1}{4\pi}\int_0^{2\pi}\int_0^{\pi}U_0(\vartheta,\varphi)\sin\vartheta\mathrm{d}\vartheta\mathrm{d}\varphi \tag{2.4.17c}$$

于是可以得到声压和径向速度分布分别为

$$p \approx A_{00}\mathrm{h}_0^{(1)}(k_0r)\mathrm{Y}_{00}(\vartheta,\varphi) = \rho_0c_0(k_0a)^2\bar{U}_0\mathrm{h}_0^{(1)}(k_0r) \tag{2.4.18a}$$

$$v_r \approx \frac{1}{\mathrm{i}\rho_0c_0}A_{00}\frac{\mathrm{dh}_0^{(1)}(k_0r)}{\mathrm{d}(k_0r)}\mathrm{Y}_{00}(\vartheta,\varphi) = -\mathrm{i}(k_0a)^2\bar{U}_0\frac{\mathrm{dh}_0^{(1)}(k_0r)}{\mathrm{d}(k_0r)} \tag{2.4.18b}$$

(2) 低频、远场: $k_0a \ll 1$ 和 $k_0r \gg 1$，利用方程 (2.4.14c)，得到声压和径向速度分布为

$$\begin{aligned} p(r,\vartheta,\varphi,\omega) &\approx -4\pi\mathrm{i}\rho_0c_0k_0a^2\bar{U}_0\frac{1}{4\pi r}\exp(\mathrm{i}k_0r) \\ v_r(r,\vartheta,\varphi,\omega) &\approx -4\pi\mathrm{i}k_0a^2\bar{U}_0\frac{1}{4\pi r}\exp(\mathrm{i}k_0r) \end{aligned} \tag{2.4.19a}$$

远场平均声强和辐射功率分别为

$$\begin{aligned} \bar{I}_r &\approx 4\pi\rho_0c_0a^2(k_0a)^2\bar{U}_0^2\frac{1}{8\pi r^2} \\ \bar{P} &\approx 2\pi\rho_0c_0a^2\bar{U}_0^2(k_0a)^2 \end{aligned} \tag{2.4.19b}$$

显然，上式与方程 (2.1.6b) 一致，说明不管球面作多复杂的振动，只要平均振动速度不为零，在低频条件下，相当于以平均振动速度作脉动，其远场辐射与方向无关;

(3) 一般频率、远场:$k_0r \gg 1$, 由渐近方程 (2.4.14e) 得到声压和径向速度分布为

$$p(r,\vartheta,\varphi,\omega) \approx -\frac{\mathrm{i}}{k_0r}\exp(\mathrm{i}k_0r)\sum_{l=0}^{\infty}\sum_{m=-l}^{l}\mathrm{e}^{-\mathrm{i}l\pi/2}A_{lm}\mathrm{Y}_{lm}(\vartheta,\varphi) \tag{2.4.20a}$$

$$v_r(r,\vartheta,\varphi,\omega) \approx \frac{1}{\mathrm{i}\omega\rho_0r}\exp(\mathrm{i}k_0r)\sum_{l=0}^{\infty}\sum_{m=-l}^{l}\mathrm{e}^{-\mathrm{i}l\pi/2}A_{lm}\mathrm{Y}_{lm}(\vartheta,\varphi) \tag{2.4.20b}$$

为了明显，把声压分布的前几项写出

$$p(r,\vartheta,\varphi,\omega)\approx -\frac{\mathrm{i}}{kr}\mathrm{e}^{\mathrm{i}kr}[F_{\mathrm{s}}(\vartheta,\varphi)+F_{\mathrm{d}}(\vartheta,\varphi)+F_{\mathrm{q}}(\vartheta,\varphi)+\cdots] \tag{2.4.20c}$$

其中，为了方便定义

$$\begin{aligned}
&F_{\mathrm{s}}(\vartheta,\varphi)\equiv\sqrt{\frac{1}{4\pi}}A_{00}\\
&F_{\mathrm{d}}(\vartheta,\varphi)\equiv -\mathrm{i}[A_{10}\mathrm{Y}_{10}(\vartheta,\varphi)+A_{11}\mathrm{Y}_{11}(\vartheta,\varphi)+A_{1-1}\mathrm{Y}_{1-1}(\vartheta,\varphi)]\\
&F_{\mathrm{q}}(\vartheta,\varphi)\equiv A_{22}\mathrm{Y}_{22}(\vartheta,\varphi)+A_{2-2}\mathrm{Y}_{2-2}(\vartheta,\varphi)\\
&\qquad +A_{21}\mathrm{Y}_{21}(\vartheta,\varphi)+A_{2-1}\mathrm{Y}_{2-1}(\vartheta,\varphi)+A_{20}\mathrm{Y}_{20}(\vartheta,\varphi)\\
&\qquad \cdots
\end{aligned} \tag{2.4.20d}$$

上式讨论如下.

(1) 显然，$F_{\mathrm{s}}(\vartheta,\varphi)$ 与角度无关，相当于单极子产生的声场.

(2) $F_{\mathrm{d}}(\vartheta,\varphi)$ 中第一项

$$\mathrm{Y}_{10}(\vartheta,\varphi)=\sqrt{\frac{3}{4\pi}}\mathrm{P}_1^0(\cos\vartheta)=\sqrt{\frac{3}{4\pi}}\cos\vartheta \tag{2.4.21a}$$

声压正比于 $\cos\vartheta$，故相当于 z 轴上偶极子产生的声场；$F_{\mathrm{d}}(\vartheta,\varphi)$ 中第二、三项

$$\mathrm{Y}_{1\pm1}(\vartheta,\varphi)=-\sqrt{\frac{3}{8\pi}}\sin\vartheta\exp(\pm\mathrm{i}\varphi) \tag{2.4.21b}$$

因此

$$A_{11}\mathrm{Y}_{11}(\vartheta,\varphi)+A_{1-1}\mathrm{Y}_{1-1}(\vartheta,\varphi)=\sqrt{\frac{3}{8\pi}}\left[(A_{1-1}+A_{11})\frac{x}{r}+\mathrm{i}(A_{11}-A_{1-1})\frac{y}{r}\right] \tag{2.4.21c}$$

由方程 (2.1.29c)，上式相当于 x 和 y 轴上偶极子产生的声场组合. 因此 $l=1$ 表示偶极子辐射产生的声场.

(3) $F_{\mathrm{q}}(\vartheta,\varphi)$ 中

$$\begin{aligned}
&\mathrm{Y}_{2\pm2}(\vartheta,\varphi)=\sqrt{\frac{15}{32\pi}}\sin^2\vartheta\exp(\pm2\mathrm{i}\varphi)\\
&\mathrm{Y}_{2\pm1}(\vartheta,\varphi)=-\sqrt{\frac{15}{8\pi}}\sin\vartheta\cos\vartheta\exp(\pm\mathrm{i}\varphi)\\
&\mathrm{Y}_{20}(\vartheta,\varphi)=\sqrt{\frac{5}{16\pi}}(3\cos^2\vartheta-1)
\end{aligned} \tag{2.4.21d}$$

因此，$F_{\mathrm{q}}(\vartheta,\varphi)$ 相当于四极子产生的声场组合，故 $l=2$ 表示四极子产生的声场. 余类推. 远场平均声强为

$$\bar{I}_r(\vartheta,\varphi)\approx\frac{c_0}{2\omega^2\rho_0}\cdot\frac{1}{r^2}\mathrm{Re}\sum_{l,l'=0}^{\infty}\sum_{m,m'=-l,-l'}^{l,l'}\mathrm{e}^{\mathrm{i}(l'-l)\frac{\pi}{2}}A_{lm}A^*_{l'm'}\mathrm{Y}_{lm}(\vartheta,\varphi)\mathrm{Y}^*_{l'm'}(\vartheta,\varphi) \tag{2.4.22a}$$

平均声功率

$$\bar{P}=\iint_r\bar{I}_r(\vartheta,\varphi)\mathrm{d}S=\frac{c_0}{2\omega^2\rho_0}\sum_{l=0}^{\infty}\sum_{m=-l}^{l}|A_{lm}|^2 \tag{2.4.22b}$$

如果球面上的平均速度为零 ($\bar{U}_0=0$), 则单极辐射为零，必须考虑偶极辐射；如果偶极辐射也为零，则必须考虑四极辐射，以此类推. 一个实际的例子是裸扬声器，振膜的前后相当于振动速度反相，可以简单近似为

$$U_0(\vartheta,\varphi,\omega)=\begin{cases}+U_0, & -\dfrac{\pi}{2}<\varphi<\dfrac{\pi}{2}\\[2mm] -U_0, & \dfrac{\pi}{2}<\varphi<\dfrac{3\pi}{2}\end{cases} \tag{2.4.22c}$$

于是，$\bar{U}_0=0$, 故单极辐射为零. 另一方面，把上式代入方程 (2.4.16b)，容易得到

$$A_{10}=0;A_{1+1}=A_{1-1}=-\rho_0c_0U_0\sqrt{\frac{3\pi}{8}}(k_0a)^3 \tag{2.4.22d}$$

不难得到偶极辐射的功率为

$$\bar{P}_{\mathrm{d}}=\frac{c_0}{2\omega^2\rho_0}\left(|A_{1-1}|^2+|A_{1+1}|^2\right)=\frac{3}{8}\rho_0c_0\pi a^2U_0^2(k_0a)^4 \tag{2.4.22e}$$

故裸扬声器是偶极辐射. 注意到在低频时，$A_{lm}\sim(k_0a)^{l+2}$，单极辐射功率 (正比于 $(k_0a)^2$) 远大于偶极辐射 (正比于 $(k_0a)^4$) 或者四极辐射，故为了提高辐射效率，在裸扬声器上外加一个音箱，使 $\bar{U}_0\neq0$ 而存在单极辐射.

如果设球面速度分布为 (敲响的大钟就可以用下式近似)

$$U_0(\vartheta,\varphi,\omega)=\begin{cases}+U_0, & 0<\varphi<\dfrac{\pi}{2}\\[2mm] -U_0, & \dfrac{\pi}{2}<\varphi<\pi\\[2mm] +U_0, & \pi<\varphi<\dfrac{3\pi}{2}\\[2mm] -U_0, & \dfrac{3\pi}{2}<\varphi<2\pi\end{cases} \tag{2.4.22f}$$

不难验证 $A_{00}=A_{10}=A_{1+1}=A_{1-1}=0$，即单极辐射和偶极辐射都为零. 对四极子，显然，$A_{20}=A_{2\pm1}=0$，而系数 $A_{2\pm2}$ 在低频近似下为

$$A_{2\pm2}=\pm\sqrt{\frac{15}{8\pi}}\rho_0c_0\left[\frac{\mathrm{d}h_2^{(1)}(k_0r)}{\mathrm{d}(k_0r)}\right]_{r=a}^{-1}\approx\pm\frac{\mathrm{i}}{9}\sqrt{\frac{15}{8\pi}}\rho_0c_0U_0(k_0a)^4 \tag{2.4.22g}$$

因此，四极辐射功率为

$$\bar{P}_{\mathrm{q}}=\frac{c_0}{2\omega^2\rho_0}\left(|A_{2-2}|^2+|A_{2+2}|^2\right)=\frac{15}{72\pi}\rho_0c_0a^2U_0^2(k_0a)^6 \tag{2.4.22h}$$

比较方程 (2.4.19b)，(2.4.22e) 和 (2.4.22h)，在低频近似下，单极辐射、偶极辐射和四极辐射与频率的关系分别为 2 次方、4 次方和 6 次方，这与 2.1 节的结论一致.

下面考虑二种特殊的分布，即球面上的点源和活塞辐射，它们在声学中有重要的应用.

球面上的点源辐射 设强度为 $U_0(\omega)$ 的点源位于刚性球面 (ϑ_0,φ_0) 处，球面速度可表示为

$$u_r(a,\vartheta,\varphi,\omega)=\frac{U_0(\omega)}{\sin\vartheta}\delta(\vartheta,\vartheta_0)\delta(\varphi,\varphi_0) \tag{2.4.23a}$$

由方程 (2.4.16b)

$$A_{lm}=\mathrm{i}\rho_0c_0U_0(\omega)\left[\frac{\mathrm{dh}_l^{(1)}(k_0r)}{\mathrm{d}(k_0r)}\right]_{r=a}^{-1}\int_0^{2\pi}\int_0^{\pi}\delta(\vartheta,\vartheta_0)\delta(\varphi,\varphi_0)\mathrm{Y}_{lm}^*(\vartheta,\varphi)\mathrm{d}\vartheta\mathrm{d}\varphi \tag{2.4.23b}$$

即

$$A_{lm}=\mathrm{i}\rho_0c_0U_0(\omega)\left[\frac{\mathrm{dh}_l^{(1)}(k_0r)}{\mathrm{d}(k_0r)}\right]_{r=a}^{-1}\cdot\mathrm{Y}_{lm}^*(\vartheta_0,\varphi_0) \tag{2.4.23c}$$

当点源位于北极时，$\vartheta_0=0$(φ_0 任意)，因 $\mathrm{Y}_{lm}^*(0,\varphi_0)=0(m\neq0)$，故只有 A_{l0} 非零

$$A_{l0}=\mathrm{i}\rho_0c_0U_0(\omega)\sqrt{\frac{2l+1}{4\pi}}\left[\frac{\mathrm{dh}_l^{(1)}(k_0r)}{\mathrm{d}(k_0r)}\right]_{r=a}^{-1} \tag{2.4.23d}$$

于是，空间声场及远场近似为

$$
\begin{aligned}
p(r,\vartheta,\omega) &= \mathrm{i}\frac{\rho_0 c_0 U_0(\omega)}{4\pi}\sum_{l=0}^{\infty}(2l+1)\left[\frac{\mathrm{dh}_l^{(1)}(k_0 r)}{\mathrm{d}(k_0 r)}\right]_{r=a}^{-1}\mathrm{h}_l^{(1)}(k_0 r)\mathrm{P}_l(\cos\vartheta)\\
&\approx \frac{\rho_0 c_0 U_0(\omega)}{4\pi k_0 r}\exp(\mathrm{i}k_0 r)\psi(\vartheta)\\
v_r(r,\vartheta,\omega) &= \frac{U_0(\omega)}{4\pi}\sum_{l=0}^{\infty}(2l+1)\left[\frac{\mathrm{dh}_l^{(1)}(k_0 r)}{\mathrm{d}(k_0 r)}\right]_{r=a}^{-1}\frac{\mathrm{dh}_l^{(1)}(k_0 r)}{\mathrm{d}(k_0 r)}\mathrm{P}_l(\cos\vartheta)\\
&\approx \frac{U_0(\omega)}{4\pi k_0 r}\exp(\mathrm{i}k_0 r)\psi(\vartheta)
\end{aligned}
\tag{2.4.24a}
$$

其中，$\psi(\vartheta)$ 定义为

$$
\psi(\vartheta)\equiv\sum_{l=0}^{\infty}(2l+1)\left[\frac{\mathrm{dh}_l^{(1)}(k_0 r)}{\mathrm{d}(k_0 r)}\right]_{r=a}^{-1}\mathrm{e}^{-\mathrm{i}l\pi/2}\mathrm{P}_l(\cos\vartheta) \tag{2.4.24b}
$$

远场平均声强为

$$
\bar{I}_r(r,\vartheta)=\frac{1}{2}\mathrm{Re}(pv_r^*)\approx\frac{\rho_0 c_0(U_0 a)^2}{4\pi r^2}F_{\mathrm{d}}(\vartheta) \tag{2.4.24c}
$$

其中，$F_{\mathrm{d}}(\vartheta)$ 为点源辐射的方向性因子

$$
F_{\mathrm{d}}(\vartheta)\equiv\frac{1}{8\pi(k_0 a)^2}\left|\psi(\vartheta)\right|^2 \tag{2.4.24d}
$$

图 2.4.6 给出了不同频率的方向性因子曲线图 (注意纵轴的尺度变化). 由图可知，在频率较低时，辐射基本是全向的；当频率升高，辐射呈现复杂的方向性. 球面上的点源辐射模型可以模拟人的讲话，刚性球相当于人头，而人的嘴巴相当于点源. 特别有意义的是，根据互易原理，图 2.4.6 的方向因子图也是人耳 (或者球形麦克风) 对声波接收的方向图.

球面上的活塞辐射　设活塞位于刚性球北极 (如图 2.4.7)，当活塞不是很大时，可近似表达球面径向速度为

$$
u_r(a,\vartheta,\omega)=\begin{cases} U_0(\omega), & 0\leqslant\vartheta\leqslant\varDelta\\ 0, & \varDelta\leqslant\vartheta\leqslant\pi\end{cases} \tag{2.4.25a}
$$

球坐标中辐射解的一般形式为

$$
p(r,\vartheta,\varphi,\omega)=\sum_{l=0}^{\infty}\sum_{m=-l}^{l}A_{lm}\mathrm{h}_l^{(1)}(k_0 r)\mathrm{Y}_{lm}(\vartheta,\varphi) \tag{2.4.25b}
$$

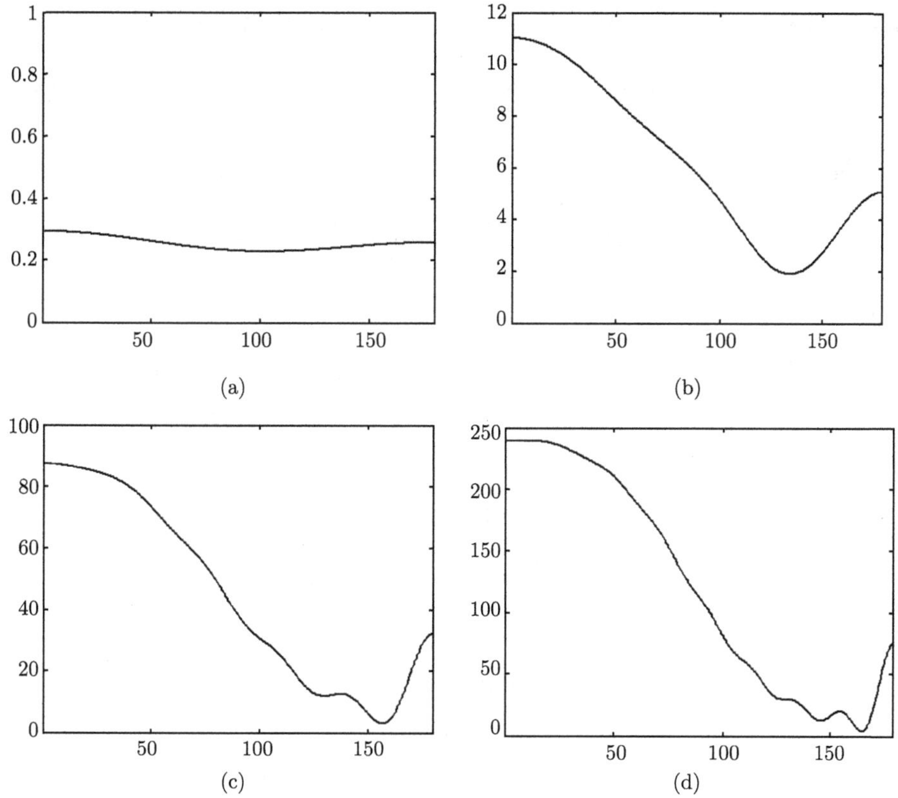

图 2.4.6 不同频率的方向性因子曲线图: 横轴为 $\vartheta/(^\circ)$，纵轴为 $F_{\mathrm{d}}(\vartheta)$

(a)$k_0a=0.5$; (b)$k_0a=2$; (c)$k_0a=5$; (d)$k_0a=8$

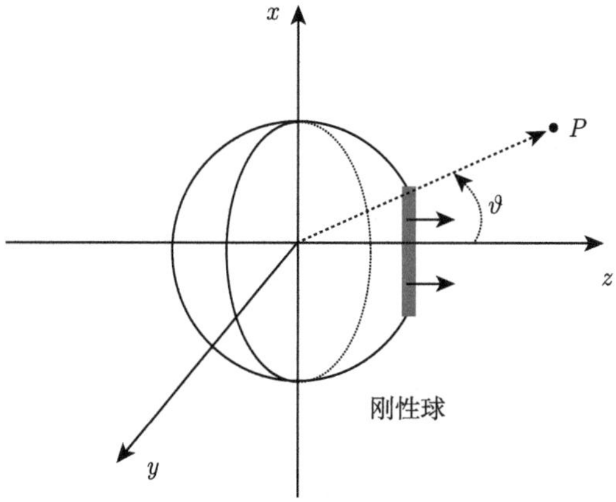

图 2.4.7 刚性球面上的活塞辐射

显然，问题关于 z 轴对称，声压与 φ 无关，故 $m=0$，P 点的声压为

$$p(r,\vartheta,\omega)=\sum_{l=0}^{\infty}A_l\mathrm{h}_l^{(1)}(k_0r)\mathrm{P}_l(\cos\vartheta) \tag{2.4.26a}$$

径向速度分布为

$$v_r(r,\vartheta,\omega)=\frac{1}{\mathrm{i}\rho_0c_0}\sum_{l=0}^{\infty}A_l\frac{\mathrm{dh}_l^{(1)}(k_0r)}{\mathrm{d}(k_0r)}\mathrm{P}_l(\cos\vartheta) \tag{2.4.26b}$$

由方程 (2.4.25a)

$$\frac{1}{\mathrm{i}\rho_0c_0}\sum_{l=0}^{\infty}A_l\left[\frac{\mathrm{dh}_l^{(1)}(k_0r)}{\mathrm{d}(k_0r)}\right]_{r=a}\mathrm{P}_l(\cos\vartheta)=\begin{cases}U_0(\omega), & 0\leqslant\vartheta\leqslant\varDelta\\ 0, & \varDelta\leqslant\vartheta\leqslant\pi\end{cases} \tag{2.4.27a}$$

根据展开方程 (2.4.8b)，我们得到

$$A_l=\mathrm{i}\frac{\rho_0c_0U_0}{2}\left[\frac{\mathrm{dh}_l^{(1)}(k_0r)}{\mathrm{d}(k_0r)}\right]_{r=a}^{-1}\cdot\varDelta_l \tag{2.4.27b}$$

其中，为了方便定义

$$\begin{aligned}\varDelta_l&\equiv-(2l+1)\int_0^{\varDelta}\mathrm{P}_l(\cos\vartheta)\mathrm{d}\cos\vartheta=(2l+1)\int_{\cos\varDelta}^{1}\mathrm{P}_l(x)\mathrm{d}x\\&=\int_{\cos\varDelta}^{1}[\mathrm{P}'_{l+1}(x)-\mathrm{P}'_{l-1}(x)]\mathrm{d}x=[P_{l-1}(\cos\varDelta)-\mathrm{P}_{l+1}(\cos\varDelta)]\\ \varDelta_0&=1-\mathrm{P}_1(\cos\varDelta)=1-\cos\varDelta\approx\frac{1}{2}\varDelta^2\end{aligned} \tag{2.4.27c}$$

对不同情况的讨论如下.

(1) 低频:$k_0a\ll 1$，利用方程 (2.4.17a)

$$A_l\approx\frac{\rho_0c_0U_0\varDelta_l}{2(2l-1)!!(l+1)}(k_0a)^{l+2} \tag{2.4.28a}$$

保留第一项得到声压和径向速度分布分别为

$$p(r,\vartheta,\omega)\approx\frac{1}{4}\rho_0c_0U_0\varDelta^2(k_0a)^2\mathrm{h}_0^{(1)}(k_0r) \tag{2.4.28b}$$

$$v_r(r,\vartheta,\omega)\approx-\mathrm{i}\frac{U_0\varDelta^2}{4}(k_0a)^2\frac{\mathrm{dh}_0^{(1)}(k_0r)}{\mathrm{d}(k_0r)} \tag{2.4.28c}$$

(2) 低频、远场: $k_0a\ll 1$ 和 $k_0r\gg 1$，利用方程 (2.4.14e)，得到声压和径向速度分布为

$$\begin{aligned}p(r,\vartheta,\omega)&\approx-\mathrm{i}\frac{\rho_0c_0k_0U_0a^2\varDelta^2}{4r}\exp(\mathrm{i}k_0r)\\ v_r(r,\vartheta,\omega)&\approx-\mathrm{i}\frac{k_0U_0a^2\varDelta^2}{4r}\exp(\mathrm{i}k_0r)\end{aligned} \tag{2.4.28d}$$

显然，低频远场辐射与方向无关；

(3) 高频、远场: 宗量为 k_0a 的球 Hankel 函数不能用渐近展开，而宗量为 k_0r 的球 Hankel 函数仍然可以用方程 (2.4.14e) 近似，故

$$
\begin{aligned}
p(r,\vartheta,\omega) &\approx \frac{\rho_0 c_0 U_0}{2}\cdot\frac{\exp(\mathrm{i}k_0 r)}{k_0 r}\psi(\vartheta)\\
v_r(r,\vartheta,\omega) &\approx \frac{U_0}{2}\cdot\frac{\exp(\mathrm{i}k_0 r)}{k_0 r}\psi(\vartheta)
\end{aligned}
\tag{2.4.29a}
$$

其中，$\psi(\vartheta)$ 定义为

$$
\psi(\vartheta)\equiv\sum_{l=0}^{\infty}\left[\frac{\mathrm{dh}_l^{(1)}(k_0 r)}{\mathrm{d}(k_0 r)}\right]_{r=a}^{-1}\Delta_l \mathrm{e}^{-\mathrm{i}l\pi/2}\mathrm{P}_l(\cos\vartheta) \tag{2.4.29b}
$$

故远场平均声强为

$$
\bar{I}_r(r,\vartheta)\approx\frac{\rho_0 c_0 (U_0 a)^2}{4\pi r^2}Q_{\mathrm{d}}(\vartheta) \tag{2.4.30a}
$$

其中，方向因子定义为

$$
Q_{\mathrm{d}}(\vartheta)\equiv\frac{\pi}{2(k_0 a)^2}\left|\psi(\vartheta)\right|^2 \tag{2.4.30b}
$$

图 2.4.8 画出了不同 k_0a 值的方向图 $Q_{\mathrm{d}}(\vartheta)$，计算中取 $\Delta=15^\circ$，即张角为 30°. 平均声辐射功率为

$$
\bar{P}=\iint_r \bar{I}_r(r,\vartheta)\mathrm{d}S=\frac{\pi\rho_0 c_0 U_0^2}{2k_0^2}\sum_{l=0}^{\infty}\frac{1}{|\mathrm{h'}_l^{(1)}(k_0 a)|^2}\frac{\Delta_l^2}{2l+1} \tag{2.4.30c}
$$

计算结果如图 2.4.9，图中横轴为 k_0a，纵轴为相对声辐射功率 $\bar{P}/P_0$(其中 $P_0=0.5\pi\rho_0 c_0 U_0^2 a^2$).

辐射阻抗　活塞受到声场的反作用力 (z 方向) 为

$$
\begin{aligned}
F_z &= \iint_{S_0} p(a,\vartheta,\omega)\mathrm{d}S\\
&= \mathrm{i}\pi\rho_0 c_0 a^2 U_0\sum_{l=0}^{\infty}\left[\frac{\mathrm{dh}_l^{(1)}(k_0 r)}{\mathrm{d}(k_0 r)}\right]_{r=a}^{-1}\Delta_l \mathrm{h}_l^{(1)}(k_0 a)\int_0^{\Delta}\mathrm{P}_l(\cos\vartheta)\sin\vartheta\mathrm{d}\vartheta \qquad (2.4.31\mathrm{a})\\
&= \mathrm{i}\pi\rho_0 c_0 a^2 U_0\sum_{l=0}^{\infty}\left[\frac{\mathrm{dh}_l^{(1)}(k_0 r)}{\mathrm{d}(k_0 r)}\right]_{r=a}^{-1}\frac{\mathrm{h}_l^{(1)}(k_0 a)}{(2l+1)}[\mathrm{P}_{l-1}(\cos\Delta)-\mathrm{P}_{l+1}(\cos\Delta)]^2
\end{aligned}
$$

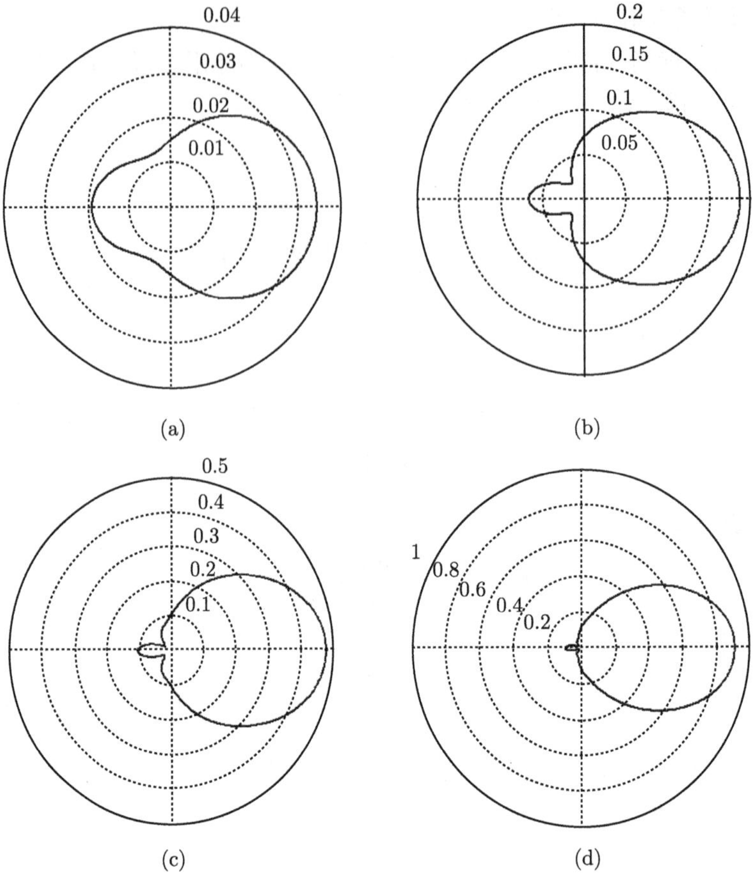

图 2.4.8　不同频率辐射方向图

(a)$k_0a=1$; (b)$k_0a=2$; (c)$k_0a=3$; (d)$k_0a=4$

图中的数值表示等值圆的值，说明当 k_0a 增加，辐射功率增加

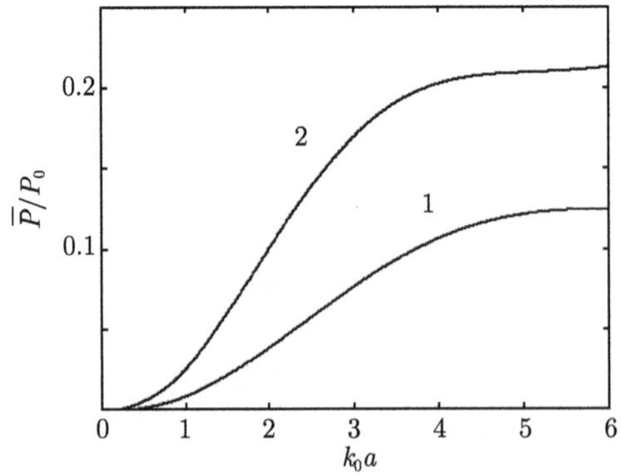

图 2.4.9　不同张角的平均声辐射功率：$\Delta=30^\circ$(曲线 1)；$\Delta=40^\circ$(曲线 2)

其中，取 $\mathrm{P}_{-1}(\cos\Delta)=1$. 故力辐射阻抗为

$$Z_{\mathrm{r}}=\frac{F_z}{U_0}=\rho_0c_0S_{\mathrm{p}}\frac{\mathrm{i}}{4\sin^2(\varDelta/2)}\sum_{l=0}^{\infty}\left[\frac{\mathrm{dh}_l^{(1)}(k_0r)}{\mathrm{d}(k_0r)}\right]_{r=a}^{-1}\mathrm{h}_l^{(1)}(k_0a)\\ \times\frac{1}{(2l+1)}[\mathrm{P}_{l-1}(\cos\varDelta)-\mathrm{P}_{l+1}(\cos\varDelta)]^2 \tag{2.4.31b}$$

其中，$S_{\mathrm{p}}\equiv4\pi a^2\sin^2(\varDelta/2)\equiv\pi a_{\mathrm{p}}^2$ 为活塞的面积，a_{p} 为活塞的等效半径. 图 2.4.10 画出了不同张角的阻抗曲线，横轴坐标为 $2k_0a_{\mathrm{p}}$，图 2.4.10(a) 和图 2.4.10(b) 的纵轴坐标分别为 $\mathrm{Re}(Z_{\mathrm{r}})/\rho_0c_0S_{\mathrm{p}}$ 和 $\mathrm{Im}(Z_{\mathrm{r}})/\rho_0c_0S_{\mathrm{p}}$. 为了增加系统的机械强度，扬声器经常置于类似的刚性球上，扬声器的振膜可近似为活塞. 因此，本例对球形扬声器系统的设计有指导意义.

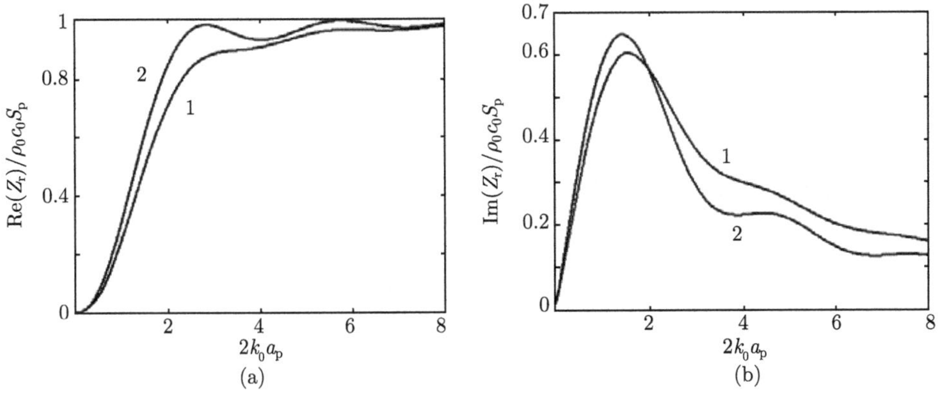

图 2.4.10 不同张角的阻抗曲线

(a) 实部 (阻); (b) 虚部 (抗). $\varDelta=40°$(曲线 1) 和 $\varDelta=20°$(曲线 2)

2.4.3 点源声场的球函数展开

在球坐标中, 位于 (r',ϑ',φ') 的单位强度点源产生的声场, 即三维自由空间的 Green 函数, 满足方程

$$\nabla^2g(\boldsymbol{r},\boldsymbol{r}')+k_0^2g(\boldsymbol{r},\boldsymbol{r}')=-\frac{1}{r^2\sin\vartheta}\delta(r-r')\delta(\vartheta-\vartheta')\delta(\varphi-\varphi') \tag{2.4.32a}$$

其中，球坐标中 Laplace 算子为

$$\nabla^2\equiv\frac{1}{r^2}\frac{\partial}{\partial r}\left(r^2\frac{\partial}{\partial r}\right)+\frac{1}{r^2\sin\vartheta}\frac{\partial}{\partial\vartheta}\left(\sin\vartheta\frac{\partial}{\partial\vartheta}\right)+\frac{1}{r^2\sin^2\vartheta}\frac{\partial^2}{\partial\varphi^2}$$

我们分二步求 Green 函数.

(1) 利用 $\mathrm{Y}_{lm}(\vartheta,\varphi)$ 的完备性，作展开

$$g(\boldsymbol{r},\boldsymbol{r}')=\sum_{l=0}^{\infty}\sum_{m=-l}^{l}g_{lm}(r)\mathrm{Y}_{lm}(\vartheta,\varphi) \tag{2.4.32b}$$

代入方程 (2.4.32a) 得到

$$\sum_{l=0}^{\infty}\sum_{m=-l}^{l}\left[\frac{1}{r^2}\frac{\mathrm{d}}{\mathrm{d}r}\left(r^2\frac{\mathrm{d}}{\mathrm{d}r}\right)+k_0^2-\frac{l(l+1)}{r^2}\right]g_{lm}(r)\mathrm{Y}_{lm}(\vartheta,\varphi) = -\frac{1}{r^2\sin\vartheta}\delta(r-r')\delta(\vartheta-\vartheta')\delta(\varphi-\varphi') \tag{2.4.32c}$$

利用 $\mathrm{Y}_{lm}(\vartheta,\varphi)$ 的正交性得到

$$\left[\frac{1}{r^2}\frac{\mathrm{d}}{\mathrm{d}r}\left(r^2\frac{\mathrm{d}}{\mathrm{d}r}\right)+k_0^2-\frac{l(l+1)}{r^2}\right]g_{lm}(r)=-\frac{1}{r^2}\delta(r-r')\mathrm{Y}_{lm}^*(\vartheta',\varphi') \tag{2.4.32d}$$

(2) 显然，$r=r'$ 点是函数 $g_{lm}(r)$ 的奇点，必须满足连接条件

$$\begin{aligned} g_{lm}(r)|_{r=r'-\varepsilon} &= g_{lm}(r)|_{r=r'+\varepsilon} \\ \left.\frac{\mathrm{d}g_{lm}(r)}{\mathrm{d}r}\right|_{r=r'+\varepsilon}-\left.\frac{\mathrm{d}g_{lm}(r)}{\mathrm{d}r}\right|_{r=r'-\varepsilon} &= -\frac{1}{r^2}\mathrm{Y}_{lm}^*(\vartheta',\varphi') \end{aligned} \tag{2.4.33}$$

根据方程 (2.4.13b) 和 (2.4.14e)，当 $r>r'$ 时，取向外辐射形式的解，而当 $r<r'$ 时，取驻波形式的解 (注意：当 $r<r'$ 时，包含原点，故 $\mathrm{n}_l(k_0r)$ 不能要)

$$g_{lm}(r)=\begin{cases} A_l\mathrm{h}_l^{(1)}(k_0r), & r>r' \\ B_l\mathrm{j}_l(k_0r), & r<r' \end{cases} \tag{2.4.34a}$$

由方程 (2.4.33) 得到

$$\begin{aligned} A_l\mathrm{h}_l^{(1)}(k_0r') &= B_l\mathrm{j}_l(k_0r') \\ A_l\mathrm{h}_l'^{(1)}(k_0r')-B_l\mathrm{j}_l'(k_0r') &= -\frac{1}{k_0r'^2}\mathrm{Y}_{lm}^*(\vartheta',\varphi') \end{aligned} \tag{2.4.34b}$$

因此

$$A_l=-\frac{\mathrm{j}_l(k_0r')}{k_0r'^2[\mathrm{j}_l(k_0r')\mathrm{h}_l'^{(1)}(k_0r')-\mathrm{h}_l^{(1)}(k_0r')\mathrm{j}_l'(k_0r')]}\mathrm{Y}_{lm}^*(\vartheta',\varphi') \tag{2.4.34c}$$

$$B_l=-\frac{\mathrm{h}_l^{(1)}(kr')}{k_0r'^2[\mathrm{j}_l(k_0r')\mathrm{h}_l'^{(1)}(k_0r')-\mathrm{h}_l^{(1)}(k_0r')\mathrm{j}_l'(k_0r')]}\mathrm{Y}_{lm}^*(\vartheta',\varphi') \tag{2.4.34d}$$

而球 Bessel 函数和球 Hankel 函数都是球 Bessel 方程的解，不难证明

$$k_0r'^2[\mathrm{j}_l(k_0r')\mathrm{h}_l'^{(1)}(k_0r')-\mathrm{h}_l^{(1)}(k_0r')\mathrm{j}_l'(k_0r')]=\text{常数}C \tag{2.4.35}$$

利用球 Bessel 函数和球 Hankel 函数的渐近展开不难证明 $C=\mathrm{i}/k_0$. 最后得到

$$g_{lm}(r)=\mathrm{i}k_0\begin{cases} \mathrm{h}_l^{(1)}(k_0r)\mathrm{j}_l(k_0r')\mathrm{Y}_{lm}^*(\vartheta',\varphi'), & r>r' \\ \mathrm{j}_l(k_0r)\mathrm{h}_l^{(1)}(k_0r')\mathrm{Y}_{lm}^*(\vartheta',\varphi'), & r<r' \end{cases} \tag{2.4.36a}$$

代入方程 (2.4.32b) 得到

$$g(\boldsymbol{r},\boldsymbol{r}')=\mathrm{i}k_0\sum_{l=0}^{\infty}\sum_{m=-l}^{l}\mathrm{Y}_{lm}(\vartheta,\varphi)\mathrm{Y}_{lm}^*(\vartheta',\varphi')\begin{cases}\mathrm{h}_l^{(1)}(k_0r)\mathrm{j}_l(k_0r'), & r>r'\\ \mathrm{j}_l(k_0r)\mathrm{h}_l^{(1)}(k_0r'), & r<r'\end{cases}\tag{2.4.36b}$$

上式就是三维无限大空间的 Green 函数在球坐标中的表示，因此也有展开关系

$$\frac{\mathrm{e}^{\mathrm{i}k_0|\boldsymbol{r}-\boldsymbol{r}'|}}{4\pi|\boldsymbol{r}-\boldsymbol{r}'|}=\mathrm{i}k_0\sum_{l=0}^{\infty}\sum_{m=-l}^{l}\mathrm{Y}_{lm}(\vartheta,\varphi)\mathrm{Y}_{lm}^*(\vartheta',\varphi')\begin{cases}\mathrm{h}_l^{(1)}(k_0r)\mathrm{j}_l(k_0r'), & r>r'\\ \mathrm{j}_l(k_0r)\mathrm{h}_l^{(1)}(k_0r'), & r<r'\end{cases}\tag{2.4.36c}$$

如果取 $\boldsymbol{r}'=0$，那么 $\mathrm{j}_0(k_0r')=1, \mathrm{j}_l(k_0r')=0(l\geqslant 1)$，以及 $\mathrm{Y}_{00}(\vartheta,\varphi)=1/\sqrt{4\pi}$，由上式

$$\frac{\mathrm{e}^{\mathrm{i}k_0|\boldsymbol{r}|}}{4\pi|\boldsymbol{r}|}=\frac{\mathrm{i}k_0}{4\pi}\mathrm{h}_0^{(1)}(k_0r)\tag{2.4.36d}$$

由方程 (2.4.14c) 的第一式，上式是一个恒等式.

球坐标中的多极展开 考虑原点附近、在半径为 a 的球内体源产生的辐射, 由方程 (2.1.40b)，单频声场满足

$$\nabla^2p(\boldsymbol{r},\omega)+k_0^2p(\boldsymbol{r},\omega)=\Im(\boldsymbol{r},\omega)\tag{2.4.37a}$$

其中，源项为

$$\Im(\boldsymbol{r},\omega)\equiv\mathrm{i}\rho_0\omega q(\boldsymbol{r},\omega)+\rho_0\nabla\cdot\boldsymbol{f}(\boldsymbol{r},\omega)-\rho_0\sum_{i,j=1}^{3}\frac{\partial^2t_{ij}(\boldsymbol{r},\omega)}{\partial x_i\partial x_j}$$

由方程 (1.3.23c) 和 (2.4.36c)，体源外观察点的声场为

$$p(r,\vartheta,\varphi,\omega)=-\mathrm{i}k_0\rho_0\sum_{l=0}^{\infty}\sum_{m=-l}^{l}\mathrm{Y}_{lm}(\vartheta,\varphi)\mathrm{h}_l^{(1)}(k_0r)(q_{lm}+f_{lm}+t_{lm})\tag{2.4.37b}$$

其中，为了方便定义

$$\begin{aligned}q_{lm}&\equiv\mathrm{i}\omega\iiint_{r'<a}q(\boldsymbol{r}',\omega)\mathrm{Y}_{lm}^*(\vartheta',\varphi')\mathrm{j}_l(k_0r')\mathrm{d}^3\boldsymbol{r}'\\ f_{lm}&\equiv\iiint_{r'<a}\nabla'\cdot\boldsymbol{f}(\boldsymbol{r}',\omega)\mathrm{Y}_{lm}^*(\vartheta',\varphi')\mathrm{j}_l(k_0r')\mathrm{d}^3\boldsymbol{r}'\\ t_{lm}&\equiv-\iiint_{r'<a}\sum_{i,j=1}^{3}\frac{\partial^2t_{ij}(\boldsymbol{r}',\omega)}{\partial x_i'\partial x_j'}\mathrm{Y}_{lm}^*(\vartheta',\varphi')\mathrm{j}_l(k_0r')\mathrm{d}^3\boldsymbol{r}'\end{aligned}\tag{2.4.37c}$$

其中，体积元 $\mathrm{d}^3\boldsymbol{r}'=r'^2\sin\vartheta'\mathrm{d}r'\mathrm{d}\vartheta'\mathrm{d}\varphi'$. 注意：与 2.1 节的多极展开方程 (2.1.39a) 不同，在 2.1 节中，假定源区域 $a\ll\lambda$，得到的结论是：质量源、力源和张量源分

别对应于单极子、偶极子和四极子的声场；而方程 (2.4.37b) 没有 $a \ll \lambda$ 这个要求. 讨论如下.

(1) 质量源的第一项 q_{00} 产生的场与角度无关，为单极子辐射场. 当质量源球对称 $q(\boldsymbol{r}',\omega)=q(r',\omega)$，那么 $q_{lm}=0(l,m\neq 0)$，只有单极辐射. 但如果质量源非球对称，$q_{lm}\neq 0(l,m\neq 0)$，存在多极辐射，辐射强度可由下式估计

$$q_{lm} \sim \mathrm{i}\frac{(k_0a)^l\omega}{(2l+1)!!}\iiint_{r'<a} q(\boldsymbol{r}',\omega)\mathrm{Y}_{lm}^*(\vartheta',\varphi')\mathrm{d}^3\boldsymbol{r}' \tag{2.4.38a}$$

即正比于 $(k_0a)^l$, 当源区域 $a \ll \lambda$ 时，质量源产生的多极辐射可忽略. 但当 $a\sim\lambda$ 时，质量源不仅仅产生单极辐射，也产生偶极以上多极辐射.

(2) 由 Green 公式

$$\begin{aligned} f_{lm} &= \iiint_{r'<a} \{\nabla'\cdot[\boldsymbol{f}(\boldsymbol{r}',\omega)\mathrm{Y}_{lm}^*(\vartheta',\varphi')\mathrm{j}_l(k_0r')] \\ &\quad -\boldsymbol{f}(\boldsymbol{r}',\omega)\cdot\nabla'[\mathrm{Y}_{lm}^*(\vartheta',\varphi')\mathrm{j}_l(k_0r')]\}\,\mathrm{d}^3\boldsymbol{r}' \\ &= -\iiint_{r'<a} \boldsymbol{f}(\boldsymbol{r}',\omega)\cdot\nabla'[\mathrm{Y}_{lm}^*(\vartheta',\varphi')\mathrm{j}_l(k_0r')]\mathrm{d}^3\boldsymbol{r}' \end{aligned} \tag{2.4.38b}$$

上式假定源区域在半径为 a 的球内，球面积分为零. 第一项

$$\begin{aligned} f_{00} &\sim -\iiint_{r'<a} \mathrm{j}_0'(k_0r')\boldsymbol{f}(\boldsymbol{r}',\omega)\cdot\nabla' r'\mathrm{d}^3\boldsymbol{r}' \\ &= -\iiint_{r'<a} \frac{1}{r'}\mathrm{j}_0'(k_0r')\boldsymbol{r}'\cdot\boldsymbol{f}(\boldsymbol{r}',\omega)\mathrm{d}^3\boldsymbol{r}' \end{aligned} \tag{2.4.38c}$$

为偶极辐射，而其他项为更高级辐射. 因此，当 $a\sim\lambda$ 时，力源不仅仅产生偶极辐射，也产生四极以上多极辐射. 对张量源 t_{lm} 可以得到同样的结论，当 $a\sim\lambda$ 时，张量源不仅仅产生四极辐射，也产生更高阶辐射.

2.4.4 存在刚性球时空间的 Green 函数

设半径为 a 的刚性球球心位于原点 (图 2.4.11)，在球坐标下，Green 函数满足

$$\nabla^2 G(\boldsymbol{r},\boldsymbol{r}')+k_0^2G(\boldsymbol{r},\boldsymbol{r}')=-\frac{1}{r^2\sin\vartheta}\delta(r-r')\delta(\vartheta-\vartheta')\delta(\varphi-\varphi') \tag{2.4.39a}$$

其中，球坐标中 Laplace 算子为

$$\nabla^2 \equiv \frac{1}{r^2}\frac{\partial}{\partial r}\left(r^2\frac{\partial}{\partial r}\right)+\frac{1}{r^2\sin\vartheta}\frac{\partial}{\partial\vartheta}\left(\sin\vartheta\frac{\partial}{\partial\vartheta}\right)+\frac{1}{r^2\sin^2\vartheta}\frac{\partial^2}{\partial\varphi^2}$$

变量范围为：$(r,r')>a$. 边界条件为：球面上 $G(\boldsymbol{r},\boldsymbol{r}')$ 的法向导数为零 (刚性边界条件)$[\partial G(\boldsymbol{r},\boldsymbol{r}')/\partial r]_{r=a}=0$；无限远处：满足 Sommerfeld 辐射条件. 利用球谐函数

的正交性，把 $G(\boldsymbol{r},\boldsymbol{r}')$ 展开

$$G(\boldsymbol{r},\boldsymbol{r}')=\sum_{l=0}^{\infty}\sum_{m=-l}^{l}G_{lm}(r,\boldsymbol{r}')\mathrm{Y}_{lm}(\vartheta,\varphi) \tag{2.4.39b}$$

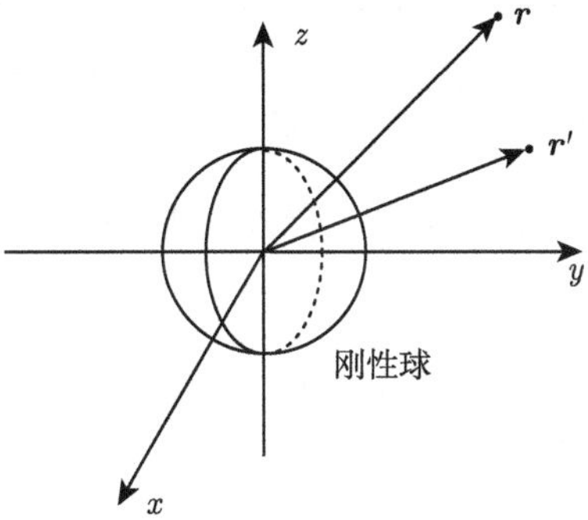

图 2.4.11 原点存在刚性球时空间的 Green 函数

代入方程 (2.4.39a) 得到

$$\left[\frac{1}{r^2}\frac{\mathrm{d}}{\mathrm{d}r}\left(r^2\frac{\mathrm{d}}{\mathrm{d}r}\right)+k_0^2-\frac{l(l+1)}{r^2}\right]G_{lm}(r,\boldsymbol{r}')=-\frac{1}{r^2}\delta(r-r')\mathrm{Y}_{lm}^*(\vartheta',\varphi') \tag{2.4.39c}$$

与 2.4.3 小节不同的是：$G_{lm}(r,\boldsymbol{r}')$ 不仅在 $r=r'$ 处要满足连接条件，而且在 $r=a$ 处要满足刚性边界条件，即满足

$$\begin{gathered}G_{lm}(r,\boldsymbol{r}')|_{r=r'-\varepsilon}=G_{lm}(r,\boldsymbol{r}')|_{r=r'+\varepsilon}\\ \left.\frac{\mathrm{d}G_{lm}}{\mathrm{d}r}\right|_{r=r'+\varepsilon}-\left.\frac{\mathrm{d}G_{lm}}{\mathrm{d}r}\right|_{r=r'-\varepsilon}=-\frac{1}{r^2}\mathrm{Y}_{lm}^*(\vartheta',\varphi')\\ \left.\frac{\mathrm{d}G_{lm}}{\mathrm{d}r}\right|_{r=a}=0\end{gathered} \tag{2.4.40a}$$

故我们取

$$G_{lm}(r,\boldsymbol{r}')=\begin{cases}a_l\mathrm{h}_l^{(1)}(k_0r), & a<r'<r\\ b_l\tilde{\mathrm{j}}_l(k_0r), & a<r<r'\end{cases} \tag{2.4.40b}$$

其中，为了方便定义

$$\tilde{\mathrm{j}}_l(k_0r)\equiv\mathrm{j}_l(k_0r)-\frac{\mathrm{j}_l'(k_0a)}{\mathrm{n}_l'(k_0a)}\mathrm{n}_l(k_0r) \tag{2.4.40c}$$

上式代入方程 (2.4.40a) 得到与方程 (2.4.34b) 类似的方程，故

$$\begin{aligned}a_l&=-\frac{\tilde{\mathrm{j}}_l(k_0r')}{k_0r'^2[\tilde{\mathrm{j}}_l(k_0r')\mathrm{h}_l'^{(1)}(k_0r')-\mathrm{h}_l^{(1)}(k_0r')\tilde{\mathrm{j}}_l'(k_0r')]}\mathrm{Y}_{lm}^*(\vartheta',\varphi')\\ b_l&=-\frac{\mathrm{h}_l^{(1)}(kr')}{k_0r'^2[\tilde{\mathrm{j}}_l(k_0r')\mathrm{h}_l'^{(1)}(k_0r')-\mathrm{h}_l^{(1)}(k_0r')\tilde{\mathrm{j}}_l'(k_0r')]}\mathrm{Y}_{lm}^*(\vartheta',\varphi')\end{aligned} \tag{2.4.41a}$$

与方程 (2.4.35) 类似，$\tilde{\mathrm{j}}_l(k_0 r)$ 也是球 Bessel 方程的解，同样存在关系

$$k_0 r'^2[\tilde{\mathrm{j}}_l(k_0 r')\mathrm{h}_l'^{(1)}(k_0 r') - \mathrm{h}_l^{(1)}(k_0 r')\tilde{\mathrm{j}}'_l(k_0 r')] = 常数C \tag{2.4.41b}$$

利用球 Bessel 函数和球 Hankel 函数的渐近展开不难得到

$$C = \left[\mathrm{i} + \frac{\mathrm{j}_l'(k_0 a)}{\mathrm{n}_l'(k_0 a)}\right]\frac{1}{k_0} = \frac{1}{k_0}\cdot\frac{\mathrm{h}_l'^{(1)}(k_0 a)}{\mathrm{n}_l'(k_0 a)} \tag{2.4.41c}$$

把方程 (2.4.40b)，(2.4.41a) 和 (2.4.41c) 代入方程 (2.4.39b) 得到原点存在刚性球时空间的 Green 函数

$$\begin{aligned}G(\boldsymbol{r},\boldsymbol{r}') = &-k_0\sum_{l=0}^{\infty}\sum_{m=-l}^{l}\frac{\mathrm{n}_l'(k_0 a)}{\mathrm{h}'^{(1)}_l(k_0 a)}\mathrm{Y}_{lm}(\vartheta,\varphi)\mathrm{Y}^*_{lm}(\vartheta',\varphi')\\ &\times\begin{cases}\tilde{\mathrm{j}}_l(k_0 r')\mathrm{h}_l^{(1)}(k_0 r), & a<r'<r\\ \mathrm{h}_l^{(1)}(k_0 r')\tilde{\mathrm{j}}_l(k_0 r), & a<r<r'\end{cases}\end{aligned} \tag{2.4.42a}$$

注意到关系 $\mathrm{h}_l^{(1)}(k_0 r) = \mathrm{j}_l(k_0 r) + \mathrm{i}\mathrm{n}_l(k_0 r)$，利用方程 (2.4.36c)，上式可以表示为

$$\begin{aligned}G(\boldsymbol{r},\boldsymbol{r}') = &\frac{\mathrm{e}^{\mathrm{i}k_0|\boldsymbol{r}-\boldsymbol{r}'|}}{4\pi|\boldsymbol{r}-\boldsymbol{r}'|}\\ &-\mathrm{i}k_0\sum_{l=0}^{\infty}\sum_{m=-l}^{l}\frac{\mathrm{j}'_l(k_0 a)}{\mathrm{h}'^{(1)}_l(k_0 a)}\mathrm{Y}_{lm}(\vartheta,\varphi)\mathrm{Y}^*_{lm}(\vartheta',\varphi')\mathrm{h}_l^{(1)}(k_0 r)\mathrm{h}_l^{(1)}(k_0 r')\end{aligned} \tag{2.4.42b}$$

显然，上式第一项为点源产生的声场，而第二项为刚性球的散射波.

球内 Green 函数 $G(\boldsymbol{r},\boldsymbol{r}')$ 仍然满足方程 (2.4.39a)，但变量范围 $(r,r')<a$，边界条件为：球面上 $G(\boldsymbol{r},\boldsymbol{r}')$ 的法向导数为零 (刚性边界条件)：$[\partial G(\boldsymbol{r},\boldsymbol{r}')/\partial r]_{r=a} = 0$，球心 (原点)：$G(\boldsymbol{r},\boldsymbol{r}')<\infty$ 有限. 此时，我们取

$$\begin{aligned}G_{lm}(r,\boldsymbol{r}') &= \begin{cases}a_l\tilde{\mathrm{j}}_l(k_0 r), & r'<r<a\\ b_l\mathrm{j}_l(k_0 r), & r<r'<a\end{cases}\\ \tilde{\mathrm{j}}_l(k_0 r) &\equiv \mathrm{j}_l(k_0 r) - \frac{\mathrm{j}_l'(k_0 a)}{\mathrm{n}_l'(k_0 a)}\mathrm{n}_l(k_0 r)\end{aligned} \tag{2.4.43a}$$

显然，$G_{lm}(r,r')$ 满足球面刚性边界条件以及球心有限. 类似地 (作为习题)，我们可以得到

$$\begin{aligned}a_l &= -\frac{\mathrm{j}_l(k_0 r')}{k_0 r'^2[\mathrm{j}_l(k_0 r')\tilde{\mathrm{j}}_l'(k_0 r') - \tilde{\mathrm{j}}_l(k_0 r')\mathrm{j}_l'(k_0 r')]}\mathrm{Y}^*_{lm}(\vartheta',\varphi')\\ b_l &= -\frac{\tilde{\mathrm{j}}_l(k_0 r')}{k_0 r'^2[\mathrm{j}_l(k_0 r')\tilde{\mathrm{j}}_l'(k_0 r') - \tilde{\mathrm{j}}_l(k_0 r')\mathrm{j}_l'(k_0 r')]}\mathrm{Y}^*_{lm}(\vartheta',\varphi')\end{aligned} \tag{2.4.43b}$$

而

$$k_0 r'^2[\mathrm{j}_l(k_0r')\tilde{\mathrm{j}}'_l(k_0r')-\tilde{\mathrm{j}}_l(k_0r')\mathrm{j}'_l(k_0r')]=-\frac{1}{k_0}\frac{\mathrm{j}'_l(k_0a)}{\mathrm{n}'_l(k_0a)} \tag{2.4.43c}$$

故刚性球内的 Green 函数为

$$\begin{aligned}G(\boldsymbol{r},\boldsymbol{r}')=&k_0\sum_{l=0}^{\infty}\sum_{m=-l}^{l}\frac{\mathrm{n}'_l(k_0a)}{\mathrm{j}'_l(k_0a)}\mathrm{Y}_{lm}(\vartheta,\varphi)\mathrm{Y}^*_{lm}(\vartheta',\varphi')\\&\times\begin{cases}\mathrm{j}_l(k_0r')\tilde{\mathrm{j}}_l(k_0r), & r'<r<a\\ \tilde{\mathrm{j}}_l(k_0r')\mathrm{j}_l(k_0r), & r<r'<a\end{cases}\end{aligned} \tag{2.4.44a}$$

与 2.3.5 小节类似，上式与方程 (2.4.42a) 最大的不同之处是：$\mathrm{j}'_l(k_0a)$ 可能为零 (而 $\mathrm{h}'^{(1)}_l(k_0a)$ 在实轴上没有零点)，此时发生共振，满足 $\mathrm{j}'_l(k_0a)=0$ 的频率为共振频率.

阻抗球面 如果球面是阻抗型的，那么代替方程 (2.4.40a) 的第三式应该为

$$\left[\frac{\mathrm{d}G_{lm}(\boldsymbol{r},\boldsymbol{r}')}{\mathrm{d}r}-\mathrm{i}\beta(\omega)k_0G_{lm}(\boldsymbol{r},\boldsymbol{r}')\right]\bigg|_{r=a}=0 \tag{2.4.44b}$$

取 $\tilde{\mathrm{j}}_l(k_0r)\equiv\mathrm{j}_l(k_0r)+a\mathrm{n}_l(k_0r)$，代入上式得到

$$[\mathrm{j}'_l(k_0a)-\mathrm{i}\beta(\omega)\mathrm{j}_l(k_0a)]+a[\mathrm{n}'_l(k_0a)-\mathrm{i}\beta(\omega)\mathrm{n}_l(k_0a)]=0 \tag{2.4.44c}$$

即

$$a=-\frac{\mathrm{j}'_l(k_0a)-\mathrm{i}\beta(\omega)\mathrm{j}_l(k_0a)}{\mathrm{n}'_l(k_0a)-\mathrm{i}\beta(\omega)\mathrm{n}_l(k_0a)} \tag{2.4.44d}$$

故取

$$\tilde{\mathrm{j}}_l(k_0r)\equiv\mathrm{j}_l(k_0r)-\left[\frac{\mathrm{j}'_l(k_0a)-\mathrm{i}\beta(\omega)\mathrm{j}_l(k_0a)}{\mathrm{n}'_l(k_0a)-\mathrm{i}\beta(\omega)\mathrm{n}_l(k_0a)}\right]\mathrm{n}_l(k_0r) \tag{2.4.44e}$$

上式也同样适用于阻抗型球内情况. 注意：如果比阻抗 β 与极角和方位角有关，分离变量法本身就不适合了.

2.4.5 圆锥区域内波动方程的解

如图 2.4.12，考虑位于上半空间的圆锥区域，圆锥顶角在坐标原点，关于 z 轴旋转对称，在球坐标内极角的变化范围是 $\vartheta\in[0,\vartheta_0]$(其中 $\vartheta_0\leqslant\pi/2$). 当 $\vartheta_0=\pi/2$ 时，圆锥区域就是球坐标中的上半空间. 在声学中，我们经常会遇到圆锥区域内波动方程的求解问题，例如，求圆锥形喇叭中的声场.

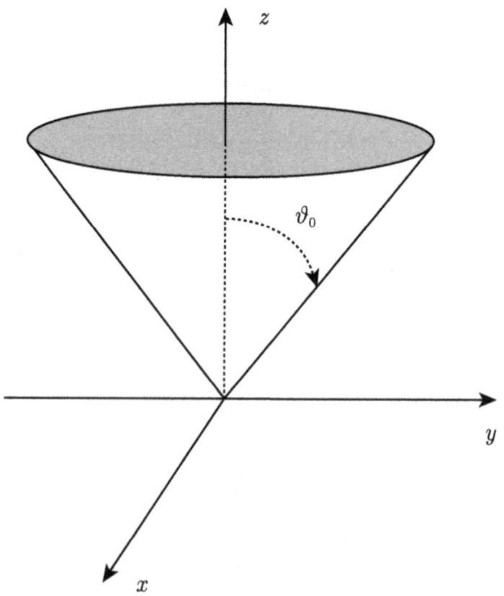

图 2.4.12 位于上半平面的圆锥区域

由 2.4.1 小节，单频解 (时间部分取 $\exp(-\mathrm{i}\omega t)$，波数 $k=\omega/c_0$) 的径向部分 $R(r)$、方位角部分 $\Phi(\varphi)$ 和极角部分 $\Theta(\vartheta)$ 仍然分别满足方程 (2.4.3b)，(2.4.4b) 和 (2.4.4c). 对方位角部分，由于 φ 的变化仍然是 $\varphi\in[0,2\pi]$，周期性条件必须满足，故有

$$\Phi(\varphi)=\Phi_0\exp(\mathrm{i}m\varphi)\quad(m=0,\pm1,\pm2,\cdots)\tag{2.4.45a}$$

对极角部分 $\Theta(\vartheta)$，下面分 3 种情况讨论.

首先，考虑简单情况，辐射的声场关于极轴对称，即 $m=0$，于是方程 (2.4.5a) 简化为 Legendre 方程

$$-\frac{\mathrm{d}}{\mathrm{d}x}\left[(1-x^2)\frac{\mathrm{d}\Theta(x)}{\mathrm{d}x}\right]=\lambda\Theta(x)\tag{2.4.45b}$$

其中，$\lambda=\mu(\mu+1)$ 是分离变量常数 (在 $\vartheta\in[0,\vartheta_0]$ 情况，μ 不一定是正整数了)，变量 $x=\cos\vartheta$ 的变化范围为 $x\in[\cos\vartheta_0,1](\vartheta\in[0,\vartheta_0])$. 如果我们仍然取方程 (2.4.45b) 的解为 Legendre 多项式 $\mathrm{P}_l(\cos\vartheta)$ 和第二类连带 Legendre 函数 $\mathrm{Q}_l(\cos\vartheta)$(其中 $l=0,1,2,\cdots$)

$$\Theta(\vartheta)=\Theta_1\mathrm{P}_l(\cos\vartheta)+\Theta_2\mathrm{Q}_l(\cos\vartheta)\tag{2.4.45c}$$

由于 $\vartheta=0$(即 $x=1$) 在圆锥区域内，自然边界条件 $\Theta(\vartheta)|_{\vartheta=0}=$ 有限仍然必须满足，故要求 $\Theta_2\equiv0$；另一方面，在声辐射问题中，还要求解满足锥面上的边界条件，

例如刚性边界条件 (或者第一类边界，对阻抗型边界，见下面讨论)，即

$$\left.\frac{\partial\Theta(\vartheta)}{\partial\vartheta}\right|_{\vartheta=\vartheta_0}=\Theta_1\left.\frac{\partial \mathrm{P}_l(\cos\vartheta)}{\partial\vartheta}\right|_{\vartheta=\vartheta_0}=0 \tag{2.4.45d}$$

而对任意的锥角 ϑ_0，上式是不可能满足的. 因此，在变量范围 $\vartheta\in[0,\vartheta_0]$ 情况下，我们已经不能用 Legendre 多项式 $\mathrm{P}_l(\cos\vartheta)$ 和第二类连带 Legendre 函数 $\mathrm{Q}_l(\cos\vartheta)$ 作为方程 (2.4.45b) 的通解，必须寻求方程 (2.4.45b) 的新解，使所得新解能够满足锥面上的边界条件.

注意到：当以方程 (2.4.45b) 的一个正则奇点 $x=1$ (即 $\vartheta=0$) 展开时，反而能得到一个收敛区域为 $-1<x<2$ 的无穷级数解 (该级数解在端点 $x=1$ 收敛，但在另外一个端点 $x=-1$ (即 $\vartheta=\pi$) 仍然发散，但这个端点不在问题的区域内). 事实上，设 Legendre 方程 (2.4.45b) 的一个正则解为

$$\Theta(x)=(x-1)^{\rho}\sum_{k=0}^{\infty}c_k(x-1)^k \tag{2.4.46a}$$

代入 Legendre 方程 (2.4.45b) 得到指标 ρ 满足的方程 $\rho(\rho+1)-\rho=0$, 即 $\rho=0$. 也就是说，以 $x=1$ 为展开中心得到的一个解在 $x=1$ 是解析的，不难得到这个解为 (用 $\mathrm{P}_\mu(x)$ 表示)

$$\mathrm{P}_\mu(x)=\sum_{k=0}^{\infty}\frac{1}{(k!)^2}\cdot\frac{\Gamma(\mu+k+1)}{\Gamma(\mu-k+1)}\left(\frac{x-1}{2}\right)^k \tag{2.4.46b}$$

其中，μ 满足方程 $\mu(\mu+1)=\lambda$ (注意：μ 仍然是一个未知的分离变量常数，这个未知常数由圆锥面的边界条件决定). $\mathrm{P}_\mu(x)$ 称为**第一类 Legendre 函数**(注意：上式不是多项式, 而是无限级数). 函数 $\mathrm{P}_\mu(x)$ 及其导数 $\mathrm{P}'_\mu(x)$ 在零点的值为

$$\begin{aligned}\mathrm{P}_\mu(0)&=\frac{1}{\sqrt{\pi}}\frac{\Gamma[(1+\mu)/2]}{\Gamma(1+\mu/2)}\cos\frac{\mu\pi}{2}\\ \mathrm{P}'_\mu(0)&=\frac{2}{\sqrt{\pi}}\frac{\Gamma(1+\mu/2)}{\Gamma[(1+\mu)/2]}\sin\frac{\mu\pi}{2}\end{aligned} \tag{2.4.46c}$$

利用关系 $\Gamma(\mu-k+1)=(\mu-k)\Gamma(\mu-k)$,$\Gamma(0)\to\infty$，当 $\mu=l$ (正整数) 时，$\mathrm{P}_\mu(x)$ 退化为多项式 (利用 $\Gamma(l+1)=l!$)

$$\mathrm{P}_l(x)=\sum_{k=0}^{l}\frac{1}{(k!)^2}\cdot\frac{(l+k)!}{(l-k)!}\left(\frac{x-1}{2}\right)^k \tag{2.4.46d}$$

多项式 $\mathrm{P}_l(x)$ 的最高幂次系数为 $c_l=(2l)!/[(l!)^2 2^l]$，与式 (2.4.7b) 中的 $\mathrm{P}_l(x)$ 完全相同，故上式的 $\mathrm{P}_l(x)$ 就是 Legendre 多项式，不过是用 $x-1$ 的幂次表示而已.

用 Wronski 法，由 $\mathrm{P}_l(x)$ 可以求得另一个在 $x=1$ 发散的解，用 $\mathrm{Q}_\mu(x)$ 表示

$$\mathrm{Q}_\mu(x)=\mathrm{P}_\mu(x)\int_x^\infty \frac{1}{(x^2-1)[\mathrm{P}_\mu(x)]^2}\mathrm{d}x \tag{2.4.47a}$$

当 $\mu=l$ 时，上式与方程 (2.4.9a) 一致, 故 $\mathrm{Q}_\mu(x)$ 也称为**第二类 Legendre 函数**，级数形式

$$\begin{aligned}\mathrm{Q}_\mu(x)=&\frac{1}{2}\mathrm{P}_\mu(x)\left[\ln\frac{1+x}{1-x}-2\gamma-2\frac{\Gamma'(\mu+1)}{\Gamma(\mu+1)}\right]\\&+\sum_{k=0}^{\infty}\frac{1}{(k!)^2}\cdot\frac{\Gamma(\mu+k+1)}{\Gamma(\mu-k+1)}\left(1+\frac{1}{2}+\frac{1}{3}+\cdots+\frac{1}{k}\right)\left(\frac{x-1}{2}\right)^k\end{aligned} \tag{2.4.47b}$$

其中，$\gamma=0.57721566\cdots$ 为 Euler 常数. 最后，我们把 Legendre 方程 (2.4.45b) 的新通解写为

$$\Theta_\mu(\vartheta)=A_\mu\mathrm{P}_\mu(\cos\vartheta)+B_\mu\mathrm{Q}_\mu(\cos\vartheta) \tag{2.4.47c}$$

因为区间包含端点 $x=1$，故取 $B_\mu\equiv 0$.

相应地，径向部分满足的方程为

$$\frac{1}{r^2}\frac{\mathrm{d}}{\mathrm{d}r}\left[r^2\frac{\mathrm{d}R(r)}{\mathrm{d}r}\right]+\left[k_0^2-\frac{\mu(\mu+1)}{r^2}\right]R(r)=0 \tag{2.4.48a}$$

通解为

$$R(r)=A_\mu\mathrm{h}_\mu^{(1)}(k_0r)+B_\mu\mathrm{h}_\mu^{(2)}(k_0r) \tag{2.4.48b}$$

注意：对任意阶球 Hankel 函数 $\mathrm{h}_\mu^{(1)}(x)$ 和 $\mathrm{h}_\mu^{(2)}(x)$，已不能用初等函数表示了.

下面以具体例子说明其应用. 考虑锥形喇叭的声辐射，即在区域 $G:\{r\in[a,\infty],\vartheta\in[0,\vartheta_0],\varphi\in[0,2\pi]\}$ 内求解 Helmholtz 方程，并且假定喇叭喉口的振动与 φ 无关，于是 $m=0$. 因此声场满足

$$\nabla^2p(r,\vartheta,\omega)+k_0^2p(r,\vartheta,\omega)=0,\quad (r,\vartheta)\in G \tag{2.4.49a}$$

其中，$k_0=\omega/c_0$. 圆锥面 $\vartheta=\vartheta_0$ 上满足刚性边界条件

$$\left.\frac{\partial p(r,\vartheta,\omega)}{\partial\vartheta}\right|_{\vartheta=\vartheta_0}=0,\quad r\in(a,\infty) \tag{2.4.49b}$$

而喇叭喉口的振动可近似表达为

$$\left.\frac{1}{\mathrm{i}\rho_0\omega}\frac{\partial p(r,\vartheta,\omega)}{\partial r}\right|_{r=a}=f(\vartheta,\omega),\quad \vartheta\in[0,\vartheta_0) \tag{2.4.49c}$$

根据以上讨论，辐射解写成

$$p(r,\vartheta,\omega)=\sum_{\mu}A_{\mu}\mathrm{h}_{\mu}^{(1)}(k_0r)\mathrm{P}_{\mu}(\cos\vartheta),\quad r\in(a,\infty),\vartheta\in[0,\vartheta_0) \tag{2.4.50a}$$

其中，分离变量常数 μ 由边界条件式 (2.4.49b) 决定

$$\left.\frac{\partial\mathrm{P}_{\mu}(\cos\vartheta)}{\partial\vartheta}\right|_{\vartheta=\vartheta_0}=0 \tag{2.4.50b}$$

设由上式决定的根为 $(\mu_1,\mu_2,\cdots,\mu_j,\cdots)$，函数系 $\{\mathrm{P}_{\mu_j}(\cos\vartheta)\}$ 构成 $\vartheta\in[0,\vartheta_0]$ 上的正交系

$$\int_0^{\vartheta_0}\mathrm{P}_{\mu_j}(\cos\vartheta)\mathrm{P}_{\mu_k}(\cos\vartheta)\sin\vartheta\mathrm{d}\vartheta=||\mathrm{P}_{\mu_j}||^2\delta_{jk} \tag{2.4.50c}$$

其中，模的平方 $||\mathrm{P}_{\mu_j}||^2$ 为

$$||\mathrm{P}_{\mu_j}||^2=\int_0^{\vartheta_0}|\mathrm{P}_{\mu_j}(\cos\vartheta)|^2\sin\vartheta\mathrm{d}\vartheta \tag{2.4.50d}$$

于是，方程 (2.4.50a) 修改为

$$p(r,\vartheta,\omega)=\sum_{j=1}^{\infty}A_{\mu_j}\mathrm{h}_{\mu_j}^{(1)}(k_0r)\mathrm{P}_{\mu_j}(\cos\vartheta),\quad r\in(a,\infty),\vartheta\in[0,\vartheta_0) \tag{2.4.51a}$$

其中，系数 A_{μ_j} 由边界条件式 (2.4.49c) 决定

$$\frac{1}{\mathrm{i}\rho_0c_0}\sum_{j=1}^{\infty}A_{\mu_j}\left.\frac{\mathrm{dh}_{\mu_j}^{(1)}(k_0r)}{\mathrm{d}(k_0r)}\right|_{r=a}\mathrm{P}_{\mu_j}(\cos\vartheta)=f(\vartheta,\omega),\quad \vartheta\in[0,\vartheta_0) \tag{2.4.51b}$$

利用正交性关系式 (2.4.50c) 不难得到

$$A_{\mu_j}=\frac{\mathrm{i}\rho_0c_0}{||\mathrm{P}_{\mu_j}||^2\mathrm{h'}_{\mu_j}^{(1)}(k_0a)}\int_0^{\vartheta_0}\mathrm{P}_{\mu_j}(\cos\vartheta)f(\vartheta,\omega)\sin\vartheta\mathrm{d}\vartheta \tag{2.4.51c}$$

其中，$\mathrm{h'}_{\mu_j}^{(1)}(k_0a)\equiv[\mathrm{dh}_{\mu_j}^{(1)}(k_0r)/\mathrm{d}(k_0r)]_{r=a}$ 为球 Hankel 函数的导数. 把上式代入方程 (2.4.51a) 就得到圆锥区域的声场分布为

$$p(r,\vartheta,\omega)=\mathrm{i}\rho_0c_0\int_0^{\vartheta_0}g(r,\vartheta,\vartheta')f(\vartheta',\omega)\sin\vartheta'\mathrm{d}\vartheta',\quad r\in(a,\infty),\vartheta\in[0,\vartheta_0) \tag{2.4.51d}$$

其中，函数 $g(r,\vartheta,\vartheta')$ 定义为

$$g(r,\vartheta,\vartheta')\equiv\sum_{j=1}^{\infty}\frac{\mathrm{h}_{\mu_j}^{(1)}(k_0r)\mathrm{P}_{\mu_j}(\cos\vartheta)\mathrm{P}_{\mu_j}(\cos\vartheta')}{||\mathrm{P}_{\mu_j}||^2\mathrm{h'}_{\mu_j}^{(1)}(k_0a)} \tag{2.4.51e}$$

其次，考虑一般情况，此时极角方向的方程为连带 Legendre 方程

$$\frac{\mathrm{d}}{\mathrm{d}x}\left[(1-x^2)\frac{\mathrm{d}\Theta}{\mathrm{d}x}\right]+\left[\mu(\mu+1)-\frac{m^2}{1-x^2}\right]\Theta=0 \tag{2.4.52a}$$

与方程 (2.4.10a) 类似，上式的解为

$$\mathrm{P}_\mu^{|m|}(x)=(1-x^2)^{|m|/2}\frac{\mathrm{d}^{|m|}\mathrm{P}_\mu(x)}{\mathrm{d}x^{|m|}};\ \mathrm{Q}_l^{|m|}(x)=(1-x^2)^{|m|/2}\frac{\mathrm{d}^{|m|}\mathrm{Q}_\mu(x)}{\mathrm{d}x^{|m|}} \tag{2.4.52b}$$

与方程 (2.4.10a) 区别是：$\mathrm{P}_\mu(x)$ 已不是 μ 阶多项式, 故不要求 $|m|\leqslant\mu$，因此 m 的取值范围没有限制. 如果边界条件方程 (2.4.49c) 修改为

$$\frac{1}{\mathrm{i}\rho_0\omega}\left.\frac{\partial p(r,\vartheta,\varphi,\omega)}{\partial r}\right|_{r=a}=f(\vartheta,\varphi,\omega),\quad \vartheta\in[0,\vartheta_0),\varphi\in[0,2\pi] \tag{2.4.52c}$$

则辐射解式 (2.4.50a) 修改成

$$p(r,\vartheta,\varphi,\omega)=\sum_\mu\sum_{m=-\infty}^{\infty}A_\mu^m\mathrm{h}_\mu^{(1)}(k_0r)\mathrm{P}_\mu^{|m|}(\cos\vartheta)\exp(\mathrm{i}m\varphi) \tag{2.4.52d}$$

而决定 μ 的方程 (2.4.50b) 修改为

$$\left.\frac{\partial\mathrm{P}_\mu^{|m|}(\cos\vartheta)}{\partial\vartheta}\right|_{\vartheta=\vartheta_0}=0 \tag{2.4.52e}$$

显然，μ 也是 m 的函数：设上式的根为 $(\mu_1^m,\mu_2^m,\cdots,\mu_j^m,\cdots)$，函数系 $\{\mathrm{P}_{\mu_j}^{|m|}(\cos\vartheta)\}$ 构成 $\vartheta\in[0,\vartheta_0]$ 上的正交系. 余下的过程类似，不再重复.

最后，考虑特殊情况，即 $\vartheta_0=\pi/2$, 此时的锥面退化为 xOy 平面，实际上为半空间问题, 在声辐射中也是非常有用的，比如半球面声源向上半空间的声辐射问题. 仅考虑简单的对称情况，由方程 (2.4.50b) 和 (2.4.46c)，对刚性的 xOy 平面 (例如坚硬的地面)，分离变量常数 μ 满足 $\sin(\mu\pi/2)=0$. 因此 μ 是偶数：$\mu=2k(k=0,1,2,\cdots)$. 于是，极角部分又退化为偶数次 Legendre 多项式

$$\Theta_{2k}(\vartheta)=A_{2k}\mathrm{P}_{2k}(\cos\vartheta) \tag{2.4.53a}$$

对柔软的 xOy 平面 (例如雪地或草地)，分离变量常数 μ 满足 $\cos(\mu\pi/2)=0$. 因此 μ 是奇数：$\mu=2k+1(k=0,1,2,\cdots)$. 于是，极角部分又退化为奇数次 Legendre 多项式

$$\Theta_{2k+1}(\vartheta)=A_{2k+1}\mathrm{P}_{2k+1}(\cos\vartheta) \tag{2.4.53b}$$

值得指出的是，对阻抗型锥面边界条件，在球坐标下

$$\left[\frac{1}{r}\frac{\partial p(r,\vartheta,\varphi,\omega)}{\partial\vartheta}-\mathrm{i}k_0\beta(\omega)p(r,\vartheta,\varphi,\omega)\right]_{\vartheta=\vartheta_0}=0 \tag{2.4.54a}$$

以分离变量解 $p(r,\vartheta,\varphi,\omega)=R(r)Y(\vartheta,\varphi)$ 代入后得到

$$\left[\frac{1}{r}\frac{\partial Y(\vartheta,\varphi)}{\partial\vartheta}-\mathrm{i}k_0\beta(\omega)Y(\vartheta,\varphi)\right]_{\vartheta=\vartheta_0}=0 \tag{2.4.54b}$$

上式恒成立的条件是: $Y(\vartheta_0,\varphi)=0$ 和 $[\partial Y(\vartheta,\varphi)/\partial\vartheta]_{\vartheta=\vartheta_0}=0$，而这不满足阻抗型边界条件，说明在球坐标中，阻抗型锥面边界条件是不适合分离变量的.

2.5 平面界面附近的声辐射

边界面的存在对声源辐射的声功率以及空间声场的分布有很大的影响. 一个典型的例子是房间 (如混响室，见第 5 章讨论) 中的声激发问题：为了提高辐射功率且得到尽可能均匀的空间声场，我们往往把扬声器系统放在墙壁的顶角. 界面对声辐射功率的影响是不难理解的：由于界面的存在，改变了空间声场的分布以及声源表面的声压分布，从而改变了辐射阻抗，直接导致了辐射声功率的变化. 本节讨论平面界面的存在对声源辐射声场的影响.

2.5.1 声场的 Green 函数表示以及刚性平面

如图 2.5.1，设：①空间存在界面 $S=S_1+S_2$, 其中 S_1 部分的法向振动速度分布 $v_{n0}(\boldsymbol{r},\omega)$ 已知；②界面 S 包围的区域 V 中存在体声源 $\Im(\boldsymbol{r},\omega)$. 显然，区域 V 中的稳态声场分布满足

$$\begin{aligned}
&\nabla^2 p(\boldsymbol{r},\omega)+k_0^2 p(\boldsymbol{r},\omega)=-\Im(\boldsymbol{r},\omega),\quad \boldsymbol{r}\in V\\
&\frac{\partial p}{\partial n}-\mathrm{i}k_0\beta(\boldsymbol{r},\omega)p=0,\quad \boldsymbol{r}\in S_2\\
&\frac{\partial p}{\partial n}=\mathrm{i}\rho_0 c_0 k_0 v_{n0}(\boldsymbol{r},\omega),\quad \boldsymbol{r}\in S_1
\end{aligned} \tag{2.5.1a}$$

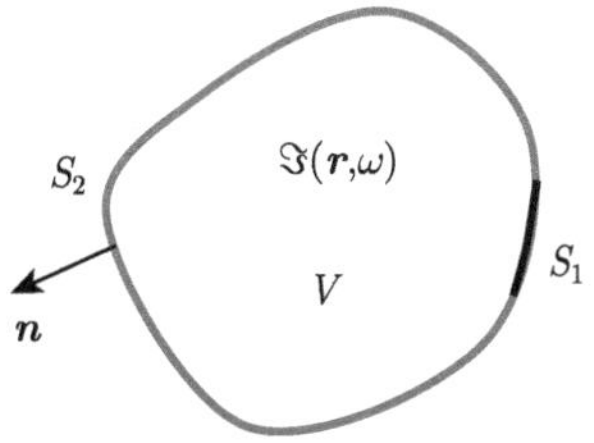

图 2.5.1　闭区域 V 中的声场由表面 S_1 的振动和体源产生

其中，$\beta(\boldsymbol{r},\omega)\equiv\rho_0c_0/z(\boldsymbol{r},\omega)$，$z(\boldsymbol{r},\omega)$ 为界面的法向声阻抗率，可近似为已知：对刚性界面 $z(\boldsymbol{r},\omega)\to\infty$；而对软界面 $z(\boldsymbol{r},\omega)\to 0$，一般情况 $z(\boldsymbol{r},\omega)$ 为复数. 定义

Green 函数满足

$$\begin{aligned}
&\nabla^2 G(\boldsymbol{r},\boldsymbol{r}')+k_0^2G(\boldsymbol{r},\boldsymbol{r}')=-\delta(\boldsymbol{r},\boldsymbol{r}'),\quad \boldsymbol{r},\boldsymbol{r}'\in V\\
&\frac{\partial G(\boldsymbol{r},\boldsymbol{r}')}{\partial n}-\mathrm{i}k_0\beta(\boldsymbol{r},\omega)G(\boldsymbol{r},\boldsymbol{r}')=0,\quad \boldsymbol{r}\in S_2;\boldsymbol{r}'\in V\\
&\frac{\partial G(\boldsymbol{r},\boldsymbol{r}')}{\partial n}=0,\quad \boldsymbol{r}\in S_1;\boldsymbol{r}'\in V
\end{aligned}\tag{2.5.1b}$$

由 Green 公式，仿照方程 (2.1.44b)，我们得到

$$\int_V[G(\nabla^2+k_0^2)p-p(\nabla^2+k_0^2)G]\mathrm{d}^3\boldsymbol{r}=\iint_S\left(G\frac{\partial p}{\partial n}-p\frac{\partial G}{\partial n}\right)\mathrm{d}S\tag{2.5.2a}$$

利用方程 (2.5.1a) 和 (2.5.1b) 的第一式得到

$$\begin{aligned}
p(\boldsymbol{r}',\omega)=&\int_V G(\boldsymbol{r},\boldsymbol{r}')\Im(\boldsymbol{r},\omega)\mathrm{d}^3\boldsymbol{r}\\
&+\iint_S\left[G(\boldsymbol{r},\boldsymbol{r}')\frac{\partial p(\boldsymbol{r},\omega)}{\partial n}-p(\boldsymbol{r},\omega)\frac{\partial G(\boldsymbol{r},\boldsymbol{r}')}{\partial n}\right]\mathrm{d}S
\end{aligned}\tag{2.5.2b}$$

把面积分分成二部分

$$\begin{aligned}
\iint_S\left(G\frac{\partial p}{\partial n}-p\frac{\partial G}{\partial n}\right)\mathrm{d}S=&\iint_{S_2}\left(G\frac{\partial p}{\partial n}-p\frac{\partial G}{\partial n}\right)\mathrm{d}S_2+\iint_{S_1}\left(G\frac{\partial p}{\partial n}-p\frac{\partial G}{\partial n}\right)\mathrm{d}S_1\\
=&\mathrm{i}\rho_0c_0k_0\iint_{S_1}G(\boldsymbol{r},\boldsymbol{r}')v_{n0}(\boldsymbol{r},\omega)\mathrm{d}S_1
\end{aligned}\tag{2.5.2c}$$

得到上式利用了方程 (2.5.1a) 和 (2.5.1b) 的第二式，在界面 S_2 上

$$G(\boldsymbol{r},\boldsymbol{r}')\frac{\partial p(\boldsymbol{r},\omega)}{\partial n}-p(\boldsymbol{r},\omega)\frac{\partial G(\boldsymbol{r},\boldsymbol{r}')}{\partial n}=0\tag{2.5.2d}$$

而在 S_1 上 $\partial G/\partial n=0$. 因此，从方程 (2.5.2b) 和 (2.5.2c) 得到

$$p(\boldsymbol{r}',\omega)=\int_V G(\boldsymbol{r},\boldsymbol{r}')\Im(\boldsymbol{r},\omega)\mathrm{d}^3\boldsymbol{r}+\mathrm{i}\rho_0c_0k_0\iint_{S_1}G(\boldsymbol{r},\boldsymbol{r}')v_{n0}(\boldsymbol{r},\omega)\mathrm{d}S_1\tag{2.5.3a}$$

上式中 $\boldsymbol{r}\leftrightarrow\boldsymbol{r}'$ 得到

$$p(\boldsymbol{r},\omega)=\int_V G(\boldsymbol{r}',\boldsymbol{r})\Im(\boldsymbol{r}',\omega)\mathrm{d}^3\boldsymbol{r}'+\mathrm{i}\rho_0c_0k_0\iint_{S_1}G(\boldsymbol{r}',\boldsymbol{r})v_{n0}(\boldsymbol{r}',\omega)\mathrm{d}S_1'\tag{2.5.3b}$$

但是 $G(\boldsymbol{r}',\boldsymbol{r})$ 中第二个量 $\boldsymbol{r}$ 在 Green 函数方程 (2.5.1b) 的定义中是常量. 因此, 上式作为方程 (2.5.1a) 的一般解仍然是不适合的. 下面讨论 Green 函数的一个基本性质, 即 Green 函数的对称性.

Green 函数的对称性 设 $G(\boldsymbol{r},\boldsymbol{r}_1)$ 和 $G(\boldsymbol{r},\boldsymbol{r}_2)$ 分别满足

$$\begin{aligned}\nabla^2 G(\boldsymbol{r},\boldsymbol{r}_1)+k_0^2 G(\boldsymbol{r},\boldsymbol{r}_1)=-\delta(\boldsymbol{r},\boldsymbol{r}_1)\\ \nabla^2 G(\boldsymbol{r},\boldsymbol{r}_2)+k_0^2 G(\boldsymbol{r},\boldsymbol{r}_2)=-\delta(\boldsymbol{r},\boldsymbol{r}_2)\end{aligned}\tag{2.5.4a}$$

那么由 Green 公式

$$\begin{aligned}&\int_V [G(\boldsymbol{r},\boldsymbol{r}_1)(\nabla^2+k_0^2)G(\boldsymbol{r},\boldsymbol{r}_2)-G(\boldsymbol{r},\boldsymbol{r}_2)(\nabla^2+k_0^2)G(\boldsymbol{r},\boldsymbol{r}_1)]\mathrm{d}^3\boldsymbol{r}\\ &\quad=\iint_S\left[G(\boldsymbol{r},\boldsymbol{r}_1)\frac{\partial G(\boldsymbol{r},\boldsymbol{r}_2)}{\partial n}-G(\boldsymbol{r},\boldsymbol{r}_2)\frac{\partial G(\boldsymbol{r},\boldsymbol{r}_1)}{\partial n}\right]\mathrm{d}S\end{aligned}\tag{2.5.4b}$$

由方程 (2.5.4a) 以及 $G(\boldsymbol{r},\boldsymbol{r}_1)$ 和 $G(\boldsymbol{r},\boldsymbol{r}_2)$ 满足的边界条件得到

$$G(\boldsymbol{r}_1,\boldsymbol{r}_2)-G(\boldsymbol{r}_2,\boldsymbol{r}_1)=\iint_S\left[G(\boldsymbol{r},\boldsymbol{r}_1)\frac{\partial G(\boldsymbol{r},\boldsymbol{r}_2)}{\partial n}-G(\boldsymbol{r},\boldsymbol{r}_2)\frac{\partial G(\boldsymbol{r},\boldsymbol{r}_1)}{\partial n}\right]\mathrm{d}S=0\tag{2.5.4c}$$

即

$$G(\boldsymbol{r}_2,\boldsymbol{r}_1)=G(\boldsymbol{r}_1,\boldsymbol{r}_2)\tag{2.5.4d}$$

Green 函数对称性的物理意义是很明确的：$G(\boldsymbol{r}_2,\boldsymbol{r}_1)$ 表示 $\boldsymbol{r}_1$ 处的点源在 $\boldsymbol{r}_2$ 处产生的场；而 $G(\boldsymbol{r}_1,\boldsymbol{r}_2)$ 表示 $\boldsymbol{r}_2$ 处的点源在 $\boldsymbol{r}_1$ 处产生的场，二者相等. 因此，Green 函数对称性是互易原理的另一种表示.

说明：在阻抗边界条件下，由于 $\nabla^2+k_0^2$ 不是 Hermite 对称的算子 (见第 4、5 章讨论)，由方程 (2.5.1b) 定义的 Green 函数没有共轭对称性，即 $G^*(\boldsymbol{r}_2,\boldsymbol{r}_1)\neq G(\boldsymbol{r}_1,\boldsymbol{r}_2)$, 如果要求共轭对称性，则 Green 函数必须由共轭算子 (包括边界条件) 定义为

$$\begin{aligned}&\nabla^2 G^+(\boldsymbol{r},\boldsymbol{r}')+(k_0^2)^* G^+(\boldsymbol{r},\boldsymbol{r}')=-\delta(\boldsymbol{r},\boldsymbol{r}'),\quad \boldsymbol{r},\boldsymbol{r}'\in V\\ &\frac{\partial G^+(\boldsymbol{r},\boldsymbol{r}')}{\partial n}+\mathrm{i}k_0\beta^*(\boldsymbol{r},\omega)G^+(\boldsymbol{r},\boldsymbol{r}')=0,\quad \boldsymbol{r}\in S_2;\boldsymbol{r}'\in V\\ &\frac{\partial G^+(\boldsymbol{r},\boldsymbol{r}')}{\partial n}=0,\quad \boldsymbol{r}\in S_1;\boldsymbol{r}'\in V\end{aligned}\tag{2.5.5}$$

相应地，方程 (2.5.2a) 和 (2.5.4b) 中的 G 应该用 G^+ 的复共轭 $(G^+)^*$ 代替. 但由方程 (2.5.1b) 和 (2.5.5)，当 k_0 是实数时 (即不考虑介质的损耗)，显然存在关系：$(G^+)^*=G$. 在刚性边界条件下，Green 函数的对称性是指共轭对称性：$G^*(\boldsymbol{r}_2,\boldsymbol{r}_1)=G(\boldsymbol{r}_1,\boldsymbol{r}_2)$；而在阻抗边界条件下，Green 函数的对称性是指：$G^+(\boldsymbol{r}_2,\boldsymbol{r}_1)=G^*(\boldsymbol{r}_1,\boldsymbol{r}_2)$，即 $G(\boldsymbol{r}_2,\boldsymbol{r}_1)=G(\boldsymbol{r}_1,\boldsymbol{r}_2)$. 因此，当 k_0 是实数时，方程 (2.5.2a) 和 (2.5.4b) 是正确的. 进一步讨论见主要参考书目 6.

利用方程 (2.5.4d)，由方程 (2.5.2b) 得到

$$\begin{aligned} p(\boldsymbol{r},\omega)=&\int_V G(\boldsymbol{r},\boldsymbol{r}')\Im(\boldsymbol{r}',\omega)\mathrm{d}^3\boldsymbol{r}' \\ &+\iint_S\left[G(\boldsymbol{r},\boldsymbol{r}')\frac{\partial p(\boldsymbol{r}',\omega)}{\partial n'}-p(\boldsymbol{r}',\omega)\frac{\partial G(\boldsymbol{r},\boldsymbol{r}')}{\partial n'}\right]\mathrm{d}S' \end{aligned} \tag{2.5.6a}$$

由方程 (2.5.3b) 得到

$$p(\boldsymbol{r},\omega)=\int_V G(\boldsymbol{r},\boldsymbol{r}')\Im(\boldsymbol{r}',\omega)\mathrm{d}^3\boldsymbol{r}'+\mathrm{i}\rho_0c_0k_0\iint_{S_1}G(\boldsymbol{r},\boldsymbol{r}')v_{n0}(\boldsymbol{r}',\omega)\mathrm{d}S_1' \tag{2.5.6b}$$

上式的物理意义是明确的：第一和第二项分别表示体源和面源在 $\boldsymbol{r}$ 点产生的声场. 特别要注意的是：我们讲方程 (2.1.49c) 仍然不是声波方程的解，而是积分方程；但方程 (2.5.6b) 是方程 (2.5.1a) 的唯一解. 因为在这里我们要求 Green 函数满足方程 (2.5.1b) 中的齐次边界条件，而方程 (2.1.49c) 中的 g 为自由空间的 Green 函数.

原则上，只要知道 Green 函数，就能由方程 (2.5.6b) 得到声场. 然而，方程 (2.5.1b) 的求解本身就十分困难, 尽管方程 (2.5.1b) 的边界条件是齐次的. 下面介绍二种特殊情况，也是最重要的情况.

刚性平面前点声源的辐射 如图 2.5.2, 刚性平面位于 xOy 平面. 注意到方程 (2.5.6b) 是从有限空间 V 的声辐射推导而得，而本问题的定义域是半空间，不能直接利用. 为此，作有限空间 V 为半径 R 的足够大的半球，半球球面为 S_R，半球底面在刚性平面上，球心为原点，半球包含体源 $\Im(\boldsymbol{r},\omega)$ 和观测点 $\boldsymbol{r}$. 于是，在半球 V 内方程 (2.5.6b) 成立，即

$$p(\boldsymbol{r},\omega)=\int_V G(\boldsymbol{r},\boldsymbol{r}')\Im(\boldsymbol{r}',\omega)\mathrm{d}^3\boldsymbol{r}'+\mathrm{i}\rho_0c_0k_0\iint_{S_R}G(\boldsymbol{r},\boldsymbol{r}')v_{n0}(\boldsymbol{r}',\omega)\mathrm{d}S_R' \tag{2.5.7a}$$

其中，上式右边第二项积分在半球面上进行，但半球上的法向速度 $v_{n0}(\boldsymbol{r}',\omega)$ 是未知的. 当半球半径趋向无限大 (即 $R\to\infty$) 且 $\Im(\boldsymbol{r},\omega)$ 是局域的，下面来说明方程 (2.5.7a) 右边第二项趋向零. 事实上，Green 函数 $G(\boldsymbol{r},\boldsymbol{r}')$ 是点源产生的声压场，也必须满足 Sommerfeld 辐射条件，即当 $R\to\infty$ 时，满足类似于方程 (1.2.30a) 的方程，即 $G\sim(\mathrm{i}k_0)^{-1}\partial G/\partial R$，于是

$$\lim_{R\to\infty}\iint_{S_R}G(\boldsymbol{r},\boldsymbol{r}')v_{n0}(\boldsymbol{r}',\omega)\mathrm{d}S_R'\sim\frac{1}{\mathrm{i}k_0}\iint_{S_R}\frac{\partial G}{\partial R}v_{n0}(\boldsymbol{r}',\omega)\mathrm{d}S_R'\sim\frac{1}{\mathrm{i}k_0R}\to 0 \tag{2.5.7b}$$

因此，由方程 (2.5.7a)，空间一点 $\boldsymbol{r}$ 的声压为

$$p(\boldsymbol{r},\omega)=\int_V G(\boldsymbol{r},\boldsymbol{r}')\Im(\boldsymbol{r}',\omega)\mathrm{d}^3\boldsymbol{r}' \tag{2.5.7c}$$

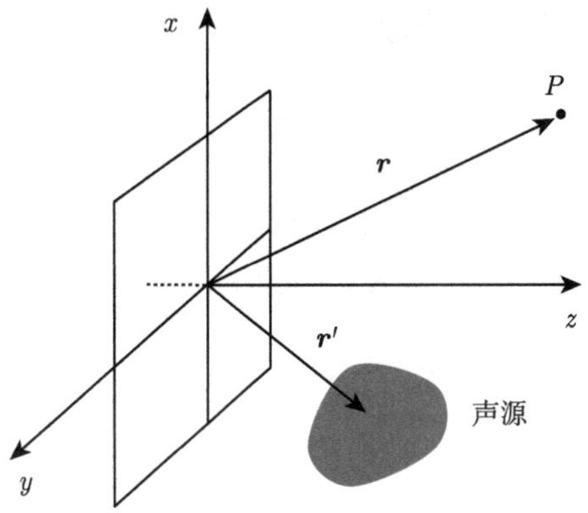

图 2.5.2 刚性平面前的体声源

其中，Green 函数满足

$$\begin{gathered}\nabla^2 G(\boldsymbol{r},\boldsymbol{r}')+k_0^2 G(\boldsymbol{r},\boldsymbol{r}')=-\delta(\boldsymbol{r},\boldsymbol{r}'),\quad z,z'>0\\ \left.\frac{\partial G(\boldsymbol{r},\boldsymbol{r}')}{\partial z}\right|_{z=0}=0\end{gathered}\tag{2.5.7d}$$

用熟知的镜像法求得 Green 函数为

$$G(\boldsymbol{r},\boldsymbol{r}')=\frac{\exp(\mathrm{i}k_0|\boldsymbol{r}-\boldsymbol{r}'|)}{4\pi|\boldsymbol{r}-\boldsymbol{r}'|}+\frac{\exp(\mathrm{i}k_0|\boldsymbol{r}-\boldsymbol{r}''|)}{4\pi|\boldsymbol{r}-\boldsymbol{r}''|}\tag{2.5.7e}$$

其中，$\boldsymbol{r}''=(x',y',-z')$. 为了简单，设源分布是位于 z 轴且距原点为 z_0 的点源

$$\Im(\boldsymbol{r}',\omega)=Q_0\delta(x)\delta(y)\delta(z-z_0)\tag{2.5.8a}$$

那么

$$p(\boldsymbol{r},\omega)=\frac{Q_0}{4\pi R_1}\exp\left(\mathrm{i}k_0R_1\right)+\frac{Q_0}{4\pi R_2}\exp\left(\mathrm{i}k_0R_2\right)\tag{2.5.8b}$$

其中，$R_1\equiv\sqrt{x^2+y^2+(z-z_0)^2}$ 和 $R_2\equiv\sqrt{x^2+y^2+(z+z_0)^2}$.

远场特性 即 $k_0r\gg1$，上式分母上作近似 $R_2\approx R_1\approx\sqrt{x^2+y^2+z^2}=r$，而分子上

$$R_2\approx\sqrt{r^2+2rz_0\cos\vartheta}\approx r\left(1+\frac{z_0}{r}\cos\vartheta\right)\tag{2.5.8c}$$

以及

$$R_1\approx\sqrt{r^2-2rz_0\cos\vartheta}\approx r\left(1-\frac{z_0}{r}\cos\vartheta\right)\tag{2.5.8d}$$

代入方程 (2.5.8a) 得到

$$p(\boldsymbol{r},\omega)\approx2\cdot\frac{Q_0}{4\pi r}\exp(\mathrm{i}k_0r)\cos(k_0z_0\cos\vartheta)\tag{2.5.9a}$$

对低频 $k_0z_0 \to 0$(但远场条件仍然成立)

$$p(\boldsymbol{r},\omega)=2\cdot\frac{Q_0}{4\pi r}\exp(\mathrm{i}k_0r) \tag{2.5.9b}$$

可见: 刚性平面的存在使 P 点的声压增加一倍, 相应的声功率为 4 倍.

绝对软平面界面　即 $\beta(\omega)\to\infty$，因此 Green 函数满足

$$\begin{gathered}\nabla^2G(\boldsymbol{r},\boldsymbol{r}')+k_0^2G(\boldsymbol{r},\boldsymbol{r}')=-\delta(\boldsymbol{r},\boldsymbol{r}'),\quad z,z'>0\\ G(\boldsymbol{r},\boldsymbol{r}')|_{z=0}=0\end{gathered} \tag{2.5.10a}$$

显然，Green 函数取为

$$G(\boldsymbol{r},\boldsymbol{r}')=\frac{\exp(\mathrm{i}k_0|\boldsymbol{r}-\boldsymbol{r}'|)}{4\pi|\boldsymbol{r}-\boldsymbol{r}'|}-\frac{\exp(\mathrm{i}k_0|\boldsymbol{r}-\boldsymbol{r}''|)}{4\pi|\boldsymbol{r}-\boldsymbol{r}''|} \tag{2.5.10b}$$

与方程 (2.5.8b) 和 (2.5.9a) 相对应的方程为

$$\begin{aligned}p(\boldsymbol{r},\omega)&=\frac{Q_0}{4\pi R_1}\exp\left(\mathrm{i}k_0R_1\right)-\frac{Q_0}{4\pi R_2}\exp\left(\mathrm{i}k_0R_2\right)\\ p(\boldsymbol{r},\omega)&\approx-2\cdot\frac{\mathrm{i}Q_0}{4\pi r}\exp(\mathrm{i}k_0r)\sin(k_0z_0\cos\vartheta)\end{aligned} \tag{2.5.10c}$$

对低频 $k_0z_0\to 0$ 情况

$$p(\boldsymbol{r},\omega)\approx-2\cdot\frac{\mathrm{i}Q_0k_0z_0}{4\pi r}\exp(\mathrm{i}k_0r)\cos\vartheta \tag{2.5.10d}$$

可见: 绝对软平面的存在使点源的辐射相当于偶极子的辐射，辐射功率甚小.

空气的特征声阻抗率 $(\rho_0c_0)_{\mathrm{air}}\sim 415\mathrm{N}\cdot\mathrm{s/m}^3$ 远小于水的特征声阻抗 $(\rho_0c_0)_{\mathrm{water}}\sim 1.48\times10^6\mathrm{N}\cdot\mathrm{s/m}^3$ (温度为 20℃)，当声源放在海平面上方而求空气中的辐射声场，海平面就相当于刚性平面，声源应该尽量接近海平面，以提高辐射；如果声源放在海平面下方的水中，求海中声场，那么海平面就相当于软平面，声源应该尽量远离海平面.

2.5.2　阻抗平面前点声源的辐射

首先设声阻抗与空间坐标无关 $\beta(\boldsymbol{r},\omega)=\beta(\omega)$，那么位于 $\boldsymbol{r}_0=(x_0,y_0,z_0)\equiv(\boldsymbol{\rho}_0,z_0)$ 的点声源产生的声场满足

$$\begin{gathered}\nabla^2G(\boldsymbol{r},\omega)+k_0^2G(\boldsymbol{r},\omega)=-\delta(\boldsymbol{r},\boldsymbol{r}_0),\quad z>0\\ \left.\left[\frac{\partial G(\boldsymbol{r},\omega)}{\partial z}+\mathrm{i}\frac{\omega}{c_0}\beta(\omega)G(\boldsymbol{r},\omega)\right]\right|_{z=0}=0\end{gathered} \tag{2.5.11a}$$

注意：在图 2.5.2 所示情况下，区域的法向为 $\boldsymbol{n}=(0,0,-1)$，故 $\partial/\partial n=\boldsymbol{n}\cdot\nabla=-\partial/\partial z$. 为了求解 $G(\boldsymbol{r},\omega)$，考虑到 xOy 平面无限大，作二维 Fourier 变换

$$G(\boldsymbol{r},\omega)=\iint G(\boldsymbol{k}_\rho,z,\omega)\exp(\mathrm{i}\boldsymbol{k}_\rho\cdot\boldsymbol{\rho})\mathrm{d}^2\boldsymbol{k}_\rho \tag{2.5.11b}$$

其中，$\boldsymbol{k}_\rho=(k_x,k_y)$ 和 $\boldsymbol{\rho}=(x,y)$. 上式代入方程 (2.5.11a) 得到

$$\begin{aligned}&\frac{\mathrm{d}^2G(\boldsymbol{k}_\rho,z,\omega)}{\mathrm{d}z^2}+k_z^2G(\boldsymbol{k}_\rho,z,\omega)=-\frac{1}{(2\pi)^2}\Lambda(\boldsymbol{k}_\rho,\boldsymbol{\rho}_0)\delta(z-z_0)\\&\left[\frac{\partial G(\boldsymbol{k}_\rho,z,\omega)}{\partial z}+\mathrm{i}\frac{\omega}{c_0}\beta(\omega)G(\boldsymbol{k}_\rho,z,\omega)\right]\bigg|_{z=0}=0\end{aligned} \tag{2.5.12a}$$

其中，$\Lambda(\boldsymbol{k}_\rho,\boldsymbol{\rho})\equiv\exp(-\mathrm{i}\boldsymbol{k}_\rho\cdot\boldsymbol{\rho})$ 和 $k_z^2=k_0^2-k_\rho^2$. 取解的形式为

$$G(\boldsymbol{k}_\rho,z,\omega)=\begin{cases}A\mathrm{e}^{\mathrm{i}k_z(z-z_0)}, & z_0<z<\infty\\ B\mathrm{e}^{\mathrm{i}k_z(z_0-z)}+C\mathrm{e}^{-\mathrm{i}k_z(z_0-z)}, & 0<z<z_0\end{cases} \tag{2.5.12b}$$

其中，系数 A，B 和 C 由 $z=z_0$ 处的连接条件和 $z=0$ 的边界条件决定

$$\begin{aligned}&A=B+C\\&A+B-C=-\frac{\mathrm{i}}{(2\pi)^2k_z}\Lambda(\boldsymbol{k}_\rho,\boldsymbol{\rho}_0)\\&\left[-k_z+\frac{\omega}{c_0}\beta(\omega)\right]B\exp(2\mathrm{i}k_zz_0)+\left[k_z+\frac{\omega}{c_0}\beta(\omega)\right]C=0\end{aligned} \tag{2.5.12c}$$

不难得到

$$A=\frac{\mathrm{i}}{2(2\pi)^2k_z}\left[1+R(k_z,\omega)\exp(2\mathrm{i}k_zz_0)\right]\Lambda(\boldsymbol{k}_\rho,\boldsymbol{\rho}_0) \tag{2.5.13a}$$

$$B=\frac{\mathrm{i}}{2(2\pi)^2k_z}\Lambda(\boldsymbol{k}_\rho,\boldsymbol{\rho}_0) \tag{2.5.13b}$$

$$C=\frac{\mathrm{i}}{2(2\pi)^2k_z}R(k_z,\omega)\exp(2\mathrm{i}k_zz_0)\Lambda(\boldsymbol{k}_\rho,\boldsymbol{\rho}_0) \tag{2.5.13c}$$

以及

$$\begin{aligned}G(\boldsymbol{k}_\rho,z,\omega)&=\frac{\mathrm{i}\Lambda(\boldsymbol{k}_\rho,\boldsymbol{\rho}_0)}{2(2\pi)^2k_z}\begin{cases}\mathrm{e}^{\mathrm{i}k_z(z-z_0)}+R(k_z,\omega)\mathrm{e}^{\mathrm{i}k_z(z+z_0)}, & z>z_0\\ \mathrm{e}^{\mathrm{i}k_z(z_0-z)}+R(k_z,\omega)\mathrm{e}^{\mathrm{i}k_z(z+z_0)}, & z<z_0\end{cases}\\&=\frac{\mathrm{i}\Lambda(\boldsymbol{k}_\rho,\boldsymbol{\rho}_0)}{2(2\pi)^2k_z}[\mathrm{e}^{\mathrm{i}k_z|z-z_0|}+R(k_z,\omega)\mathrm{e}^{\mathrm{i}k_z(z+z_0)}]\end{aligned} \tag{2.5.14a}$$

其中，为了方便定义

$$R(k_z,\omega)\equiv\frac{k_z-\omega\beta(\omega)/c_0}{k_z+\omega\beta(\omega)/c_0} \tag{2.5.14b}$$

方程 (2.5.14a) 代入方程 (2.5.11b) 得到 Green 函数

$$G(\boldsymbol{r},\omega)=\frac{\mathrm{i}}{2(2\pi)^2}\iint[\mathrm{e}^{\mathrm{i}k_z|z-z_0|}+R(k_z,\omega)\mathrm{e}^{\mathrm{i}k_z(z+z_0)}]\frac{\Lambda^*(\boldsymbol{k}_\rho,\boldsymbol{\rho}-\boldsymbol{\rho}_0)}{k_z}\mathrm{d}^2\boldsymbol{k}_\rho \tag{2.5.15a}$$

显然，上式中积分的第二项源于阻抗表面的反射，当 $\beta(\omega)=0$(刚性界面) 时，$R(k_z,\omega)=+1$；当 $\beta(\omega)\to\infty$(绝对软界面) 时，$R(k_z,\omega)=-1$. 在这二种极限情况，方程 (2.5.15a) 应该与方程 (2.5.7e) 或者 (2.5.10b) 一致. 因此，方程 (2.5.15a) 中的第一项积分应该为点源在无限空间中产生的场

$$\frac{\exp(\mathrm{i}k|\boldsymbol{r}-\boldsymbol{r}_0|)}{4\pi|\boldsymbol{r}-\boldsymbol{r}_0|}=\frac{\mathrm{i}}{2(2\pi)^2}\iint\frac{\mathrm{e}^{\mathrm{i}k_z|z-z_0|}}{k_z}\Lambda^*(\boldsymbol{k}_\rho,\boldsymbol{\rho}-\boldsymbol{\rho}_0)\mathrm{d}^2\boldsymbol{k}_\rho \tag{2.5.15b}$$

上式实际上是无限空间 Green 函数 (或者点源产生的场) 的角谱展开，即方程 (1.3.33b). 因此，方程 (2.5.15a) 可以写成

$$G(\boldsymbol{r},\omega)=\frac{\exp(\mathrm{i}k|\boldsymbol{r}-\boldsymbol{r}_0|)}{4\pi|\boldsymbol{r}-\boldsymbol{r}_0|}+\frac{\mathrm{i}}{2(2\pi)^2}\iint R(k_z,\omega)\mathrm{e}^{\mathrm{i}k_z(z+z_0)}\Lambda^*(\boldsymbol{k}_\rho,\boldsymbol{\rho}-\boldsymbol{\rho}_0)\frac{\mathrm{d}^2\boldsymbol{k}_\rho}{k_z} \tag{2.5.15c}$$

严格求出上式的积分是困难的. 但当测量点 $\boldsymbol{r}$ 远离界面 (一个波长以上)，可以取近似 $k_z=\sqrt{k_0^2-k_\rho^2}\approx k_0\cos\vartheta'$，而 $\cos\vartheta'\approx(z-z_0)/|\boldsymbol{r}-\boldsymbol{r}_0|$ 近似为常数，于是

$$R(k_z,\omega)\approx\frac{k_0\cos\vartheta'-\omega\beta(\omega)/c_0}{k_0\cos\vartheta'+\omega\beta(\omega)/c_0}=\frac{\cos\vartheta'-\beta(\omega)}{\cos\vartheta'+\beta(\omega)}\equiv R(\vartheta',\omega)\approx\text{常数} \tag{2.5.16a}$$

其中，ϑ' 的意义见图 2.5.3. 于是由方程 (2.5.15c)

$$\begin{aligned}G(\boldsymbol{r},\omega)&\approx\frac{\mathrm{e}^{\mathrm{i}k_0|\boldsymbol{r}-\boldsymbol{r}_0|}}{4\pi|\boldsymbol{r}-\boldsymbol{r}_0|}+\frac{\mathrm{i}R(\vartheta',\omega)}{2(2\pi)^2}\iint\mathrm{e}^{\mathrm{i}k_z(z+z_0)}\Lambda^*(\boldsymbol{k}_\rho,\boldsymbol{\rho}-\boldsymbol{\rho}_0)\frac{\mathrm{d}^2\boldsymbol{k}_\rho}{k_z}\\&=\frac{\mathrm{e}^{\mathrm{i}k_0|\boldsymbol{r}-\boldsymbol{r}_0|}}{4\pi|\boldsymbol{r}-\boldsymbol{r}_0|}+R(\vartheta',\omega)\cdot\frac{\mathrm{e}^{\mathrm{i}k_0|\boldsymbol{r}-\boldsymbol{r}'_0|}}{4\pi|\boldsymbol{r}-\boldsymbol{r}'_0|}\end{aligned} \tag{2.5.16b}$$

其中，$\boldsymbol{r}'_0=(x_0,y_0,-z_0)$. 上式的物理意义很明显：对刚性界面，$R(k_z,\omega)=+1$，但对阻抗界面，入射到界面 Q 点 (如图 2.5.3) 的声波具有的反射系数可近似为 $R(\vartheta',\omega)$. 从几何声学的观点来看，只有入射到 Q 点的声线，经过界面的反射才能到达 P 点. 因此，方程 (2.5.15c) 的积分主要贡献来自于 ϑ' 附近，故 $R(\vartheta',\omega)$ 可近似为常数. 但当测量点 $\boldsymbol{r}$ 过于接近界面 (一个波长以内)，用 $k\cos\vartheta'$ 来近似 k_z 就有问题了. 本质上，界面的作用不能仅仅用反射系数来表征. 在远场条件下，方程 (2.5.16b) 也可以用驻相法求得，见 2.5.3 小节讨论.

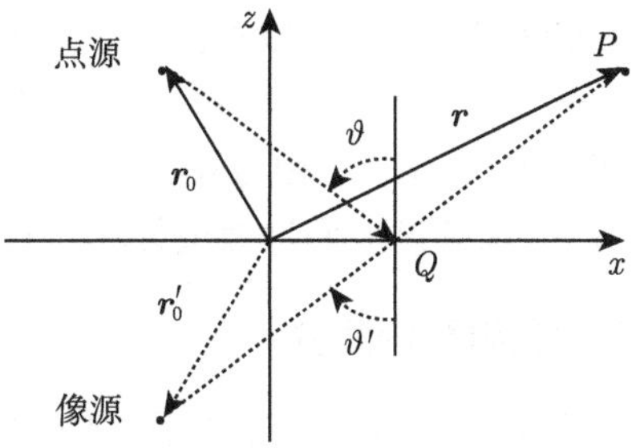

图 2.5.3 阻抗平面前的点声源

非均匀阻抗表面 以上我们假定 xOy 平面的声阻抗与 x 和 y 无关，稍许复杂的例子是非均匀阻抗表面情况，设 $\beta(\boldsymbol{r},\omega)$ 仅是 x 的函数

$$\beta(x,\omega)=\begin{cases}\beta_1(\omega), & |x|\geqslant L\\ \beta_2(\omega), & |x|<L\end{cases} \tag{2.5.17a}$$

即声阻抗在 xOy 平面上有一条宽度为 $2L$ 的带状不均匀区. 这一模型可以模拟高速公路上空的声辐射问题. 取 Green 函数 $G(\boldsymbol{r},\boldsymbol{r}')$ 满足的方程类似方程 (2.5.11a)，即

$$\begin{gathered}\nabla^2 G(\boldsymbol{r},\boldsymbol{r}',\omega)+k_0^2 G(\boldsymbol{r},\boldsymbol{r}',\omega)=-\delta(\boldsymbol{r},\boldsymbol{r}'),\quad z>0\\ \left.\left[\frac{\partial G(\boldsymbol{r},\boldsymbol{r}',\omega)}{\partial z}+\mathrm{i}\frac{\omega}{c_0}\beta_1(\omega)(\boldsymbol{r},\boldsymbol{r}',\omega)\right]\right|_{z=0}=0\end{gathered} \tag{2.5.17b}$$

Green 函数 $G(\boldsymbol{r},\boldsymbol{r}',\omega)$ 可由方程 (2.5.15c) 或者 (2.5.16b) 得到. 设点声源位于上半平面 $\boldsymbol{r}_0=(x_0,y_0,z_0)$，上半平面声场满足 (其中 Q_0 为声源常数)

$$\nabla^2 p(\boldsymbol{r},\omega)+k_0^2 p(\boldsymbol{r},\omega)=-Q_0\delta(\boldsymbol{r},\boldsymbol{r}_0),\quad z>0 \tag{2.5.17c}$$

以及边界条件

$$\begin{gathered}\left.\left[\frac{\partial p(\boldsymbol{r},\omega)}{\partial z}+\mathrm{i}\frac{\omega}{c_0}\beta_1(\omega)p(\boldsymbol{r},\omega)\right]\right|_{z=0}=0,\quad |x|\geqslant L\\ \left.\left[\frac{\partial p(\boldsymbol{r},\omega)}{\partial z}+\mathrm{i}\frac{\omega}{c_0}\beta_2(\omega)p(\boldsymbol{r},\omega)\right]\right|_{z=0}=0,\quad |x|<L\end{gathered} \tag{2.5.17d}$$

由方程 (2.5.6b) 得到上半空间的声场为

$$p(\boldsymbol{r},\omega)=Q_0G(\boldsymbol{r},\boldsymbol{r}_0,\omega)+\mathrm{i}\frac{\omega}{c_0}[\beta_1(\omega)-\beta_2(\omega)]\iint_{|x|<L}G(\boldsymbol{r},\boldsymbol{r}',\omega)p(\boldsymbol{r}',\omega)\mathrm{d}^2\boldsymbol{r}' \tag{2.5.18a}$$

其中，面积分在带状区进行. 取 $\boldsymbol{r}$ 为带状区上的点:$\boldsymbol{r}=(x,y,0)$, 上式给出

$$\begin{aligned}\frac{1}{2}p(x,y,0,\omega)=&Q_0G(x,y,0,\boldsymbol{r}_0,\omega)+\mathrm{i}\frac{\omega}{c_0}[\beta_1(\omega)-\beta_2(\omega)]\\ &\times\iint_{|x|<L}G(x,y,0;x',y',0,\omega)p(x',y',0,\omega)\mathrm{d}x'y'\end{aligned} \tag{2.5.18b}$$

得到上式，利用了方程 (3.2.3d)(特别要注意的是, 上式左边多了个 1/2). 在界面上取值时，显然, 方程 (2.5.18b) 是关于 $p(x,y,0,\omega)$ 的第二类 Fredholm 积分方程，一旦求得带状区内的声压，即 $p(x,y,0,\omega)$，由方程 (2.5.18a) 可以得到整个上半空间的声场. 积分方程 (2.5.18b) 的求解只能通过数值计算进行，我们不进一步讨论.

2.5.3　分层平面前点声源的辐射和侧面波

示意图如图 2.5.3，但平面 $z=0$(即 xOy 平面) 不能用声阻抗来近似，必须考虑声波的透射和反射. 仍然设声源位于 $\boldsymbol{r}_0=(x_0,y_0,z_0)\equiv(\boldsymbol{\rho}_0,z_0)$，方程 (2.5.11b) 仍成立，而方程 (2.5.12a) 修改为

$$\begin{gathered}\frac{\mathrm{d}^2G_1(\boldsymbol{k}_\rho,z,\omega)}{\mathrm{d}z^2}+k_{1z}^2G_1(\boldsymbol{k}_\rho,z,\omega)=-\frac{\Lambda(\boldsymbol{k}_\rho,\boldsymbol{\rho}_0)}{(2\pi)^2}\delta(z-z_0),\quad z>0\\ \frac{\mathrm{d}^2G_2(\boldsymbol{k}_\rho,z,\omega)}{\mathrm{d}z^2}+k_{2z}^2G_2(\boldsymbol{k}_\rho,z,\omega)=0,\quad z<0\end{gathered}\tag{2.5.19a}$$

以及平面 $z=0$ 处的边界条件

$$\begin{gathered}G_1(\boldsymbol{k}_\rho,z,\omega)|_{z=0}=G_2(\boldsymbol{k}_\rho,z,\omega)|_{z=0}\\ \frac{1}{\mathrm{i}\omega\rho_1}\left.\frac{\partial G_1(\boldsymbol{k}_\rho,z,\omega)}{\partial z}\right|_{z=0}=\frac{1}{\mathrm{i}\omega\rho_2}\left.\frac{\partial G_2(\boldsymbol{k}_\rho,z,\omega)}{\partial z}\right|_{z=0}\end{gathered}\tag{2.5.19b}$$

其中，$k_{1z}^2=(\omega/c_1)^2-k_\rho^2$ 和 $k_{2z}^2=(\omega/c_2)^2-k_\rho^2$, 下标 “1” 和 “2” 分别表示上半平面 ($z>0$) 和下半平面 ($z<0$) 的量. 与方程 (2.5.12b) 类似，取解的形式为

$$\begin{aligned}&G_1(\boldsymbol{k}_\rho,z,\omega)=\begin{cases}A\mathrm{e}^{\mathrm{i}k_{1z}(z-z_0)}, & z_0<z<\infty\\ B\mathrm{e}^{\mathrm{i}k_{1z}(z_0-z)}+C\mathrm{e}^{-\mathrm{i}k_{1z}(z_0-z)}, & 0<z<z_0\end{cases}\\ &G_2(\boldsymbol{k}_\rho,z,\omega)=D\mathrm{e}^{-\mathrm{i}k_{2z}z},\qquad -\infty<z<0\end{aligned}\tag{2.5.19c}$$

同样，系数 A, B, C 和 D 由 $z=z_0$ 处的连接条件和 $z=0$ 的边界条件决定

$$\begin{aligned}&A=B+C\\ &A+B-C=-\frac{\mathrm{i}}{(2\pi)^2k_{1z}}\Lambda(\boldsymbol{k}_\rho,\boldsymbol{\rho}_0)\\ &B\exp(\mathrm{i}k_{1z}z_0)+C\exp(-\mathrm{i}k_{1z}z_0)=D\\ &B\exp(\mathrm{i}k_{1z}z_0)-C\exp(-\mathrm{i}k_{1z}z_0)=\frac{k_{2z}\rho_1}{k_{1z}\rho_2}D\end{aligned}\tag{2.5.19d}$$

不难得到诸系数

$$
\begin{aligned}
A &= \frac{\mathrm{i}}{2(2\pi)^2 k_{1z}}[1+\exp(2\mathrm{i}k_{1z}z_0)R(k_\rho)]\Lambda(\boldsymbol{k}_\rho,\boldsymbol{\rho}_0)\\
B &= \frac{\mathrm{i}}{2(2\pi)^2 k_{1z}}\Lambda(\boldsymbol{k}_\rho,\boldsymbol{\rho}_0)\\
C &= \frac{\mathrm{i}}{2(2\pi)^2 k_{1z}}\exp(2\mathrm{i}k_{1z}z_0)R(k_\rho)\Lambda(\boldsymbol{k}_\rho,\boldsymbol{\rho}_0)\\
D &= \frac{\mathrm{i}}{2(2\pi)^2 k_{1z}}[1+R(k_\rho)]\exp(\mathrm{i}k_{1z}z_0)\Lambda(\boldsymbol{k}_\rho,\boldsymbol{\rho}_0)
\end{aligned}
\tag{2.5.20a}
$$

其中，为了方便定义

$$
R(k_\rho) \equiv \frac{k_{1z}\rho_2 - k_{2z}\rho_1}{k_{1z}\rho_2 + k_{2z}\rho_1} \tag{2.5.20b}
$$

代入方程 (2.5.19c) 得到

$$
\begin{aligned}
&G_1(\boldsymbol{k}_\rho,z,\omega) = G_{10}(\boldsymbol{k}_\rho,z,\omega) + G_r(\boldsymbol{k}_\rho,z,\omega), && 0<z<\infty\\
&G_2(\boldsymbol{k}_\rho,z,\omega) = \frac{\mathrm{i}[1+R(k_\rho)]}{2(2\pi)^2 k_{1z}}\mathrm{e}^{\mathrm{i}(k_{1z}z_0-k_{2z}z)}\Lambda(\boldsymbol{k}_\rho,\boldsymbol{\rho}_0), && -\infty<z<0
\end{aligned}
\tag{2.5.21a}
$$

其中，为了方便定义

$$
\begin{aligned}
G_{10}(\boldsymbol{k}_\rho,z,\omega) &\equiv \frac{\mathrm{i}}{2(2\pi)^2 k_{1z}}\exp[\mathrm{i}k_{1z}|z_0-z|]\Lambda(\boldsymbol{k}_\rho,\boldsymbol{\rho}_0)\\
G_r(\boldsymbol{k}_\rho,z,\omega) &\equiv \frac{\mathrm{i}R(k_\rho)}{2(2\pi)^2 k_{1z}}\exp[\mathrm{i}k_{1z}(z_0+z)]\Lambda(\boldsymbol{k}_\rho,\boldsymbol{\rho}_0)
\end{aligned}
\tag{2.5.21b}
$$

首先分析 $G_{10}(\boldsymbol{k}_\rho,z,\omega)$，由方程 (2.5.15b)

$$
G_{10}(\boldsymbol{r},\omega) = \frac{\mathrm{i}}{2(2\pi)^2}\iint \mathrm{e}^{\mathrm{i}k_{1z}|z_0-z|}\Lambda^*(\boldsymbol{k}_\rho,\boldsymbol{\rho}-\boldsymbol{\rho}_0)\frac{\mathrm{d}^2\boldsymbol{k}_\rho}{k_{1z}} = \frac{\exp(\mathrm{i}k_1R_1)}{4\pi R_1} \tag{2.5.22a}
$$

也就是点源产生的场，其中 $R_1=|\boldsymbol{r}-\boldsymbol{r}_0|$ 是源点到场点的距离. 而 $G_r(\boldsymbol{k}_\rho,z,\omega)$ 是平面界面的反射声场

$$
G_r(\boldsymbol{r},\omega) = \frac{\mathrm{i}}{2(2\pi)^2}\iint \frac{R(k_\rho)}{k_{1z}}\mathrm{e}^{\mathrm{i}k_{1z}(z_0+z)}\Lambda^*(\boldsymbol{k}_\rho,\boldsymbol{\rho}-\boldsymbol{\rho}_0)\mathrm{d}^2\boldsymbol{k}_\rho \tag{2.5.22b}
$$

由于 $R(k_\rho)$ 的存在，严格求出上式是非常困难的，考虑下列二种特殊情况讨论.

(1) 局部作用近似: 假设 $c_2 \ll c_1$(例如海中声源的辐射声经海平面的反射，$c_1\approx 1500\text{m/s}$, $c_2=344\text{m/s}$)，作局部反应近似 $k_{2z}\approx k_2$(即透射波近似垂直透射)，把 $R(k_\rho)$ 近似成 (注意关系：$k_2=\omega/c_2=k_1c_1/c_2$)

$$
R(k_\rho) \approx \frac{k_{1z}-k_1\rho_1c_1/\rho_2c_2}{k_{1z}+k_1\rho_1c_1/\rho_2c_2} \equiv \frac{k_{1z}-k_1/Z}{k_{1z}+k_1/Z} \tag{2.5.23a}
$$

其中，$Z\equiv\rho_2c_2/\rho_1c_1$. 显然，上式与方程 (2.5.14b) 有类似的形式. 注意到 $R(k_\rho)$ 可表示成 Laplace 积分的形式

$$R(k_\rho)=\int_{0-}^{\infty}s(q)\exp(-qk_{1z})\mathrm{d}q;s(q)\equiv\delta(q)-2\frac{k_1}{Z}\exp\left(-q\frac{k_1}{Z}\right) \tag{2.5.23b}$$

代入方程 (2.5.22b)，调换积分次序得到

$$\begin{aligned}G_r(\boldsymbol{r},\omega)&=\frac{\mathrm{i}}{2(2\pi)^2}\int_{0-}^{\infty}s(q)\mathrm{d}q\iint\frac{\mathrm{e}^{\mathrm{i}k_{1z}(z+z_0+\mathrm{i}q)}}{k_{1z}}\Lambda^*(\boldsymbol{k}_\rho,\boldsymbol{\rho}-\boldsymbol{\rho}_0)\mathrm{d}^2\boldsymbol{k}_\rho\\&\equiv\int_{0-}^{\infty}s(q)\Pi(q,\boldsymbol{r},\boldsymbol{r}_0,\omega)\mathrm{d}q\end{aligned} \tag{2.5.24a}$$

其中，为了方便定义

$$\Pi(q,\boldsymbol{r},\boldsymbol{r}_0,\omega)\equiv\frac{\exp\left[\mathrm{i}k_1\sqrt{|\boldsymbol{\rho}-\boldsymbol{\rho}_0|^2+(z+z_0+\mathrm{i}q)^2}\right]}{4\pi\sqrt{|\boldsymbol{\rho}-\boldsymbol{\rho}_0|^2+(z+z_0+\mathrm{i}q)^2}} \tag{2.5.24b}$$

得到方程 (2.5.24a) 已用到方程 (2.5.22a). 把方程 (2.5.23b) 的第二式代入上式得到

$$G_r(\boldsymbol{r},\omega)=\frac{\exp(\mathrm{i}k_1R_2)}{4\pi R_2}-2\frac{k_1}{Z}\int_{0-}^{\infty}\exp\left(-q\frac{k_1}{Z}\right)\Pi(q,\boldsymbol{r},\boldsymbol{r}_0,\omega)\mathrm{d}q \tag{2.5.24c}$$

其中，$R_2=\sqrt{|\boldsymbol{\rho}-\boldsymbol{\rho}_0|^2+(z+z_0)^2}$ 是虚源 (源点 $\boldsymbol{r}_0$ 关于平面 $z=0$ 的镜像点 $\boldsymbol{r}'_0=(\boldsymbol{\rho}_0,-z_0)$) 到场点的距离. 因此，由方程 (2.5.21a) 的第一式以及方程 (2.5.22a) 和 (2.5.24c) 得到上半平面的声场为

$$G_1(\boldsymbol{r},\omega)=\frac{\mathrm{e}^{\mathrm{i}k_1R_1}}{4\pi R_1}+\frac{\mathrm{e}^{\mathrm{i}k_1R_2}}{4\pi R_2}-2\frac{k_1}{Z}\int_{0-}^{\infty}\mathrm{e}^{-qk_1/Z}\Pi(q,\boldsymbol{r},\boldsymbol{r}_0,\omega)\mathrm{d}q \tag{2.5.25a}$$

或者写成球面波反射系数的形式

$$G_1(\boldsymbol{r},\omega)=\frac{1}{4\pi R_1}\exp(\mathrm{i}k_1R_1)+\frac{Q}{4\pi R_2}\exp(\mathrm{i}k_1R_2) \tag{2.5.25b}$$

其中，为了方便定义

$$Q\equiv1-2\frac{k_1}{Z}\frac{4\pi R_2}{\exp(\mathrm{i}k_1R_2)}\int_{0-}^{\infty}\exp\left(-q\frac{k_1}{Z}\right)\Pi(q,\boldsymbol{r},\boldsymbol{r}_0,\omega)\mathrm{d}q \tag{2.5.25c}$$

方程 (2.5.25b) 的物理意义很明确：在局部反应近似下，上半平面空间一点 $\boldsymbol{r}$ 的声场由二部分组成：声源发出的直达球面波，虚源发出的、经过平面反射的球面波，这点与方程 (2.5.16b) 的结果类似.

掠入射近似 进一步假定声源和观察点接近分界面，但观察点远离声源，即 $R_2 \gg z+z_0$，此时相当于入射角 $\vartheta \to \pi/2$，即掠入射情况. 作近似

$$\sqrt{|\boldsymbol{\rho}-\boldsymbol{\rho}_0|^2+(z+z_0+\mathrm{i}q)^2} \approx R_2+\mathrm{i}q\cos\vartheta-\frac{q^2}{2R_2} \tag{2.5.26a}$$

其中，$\cos\vartheta=(z+z_0)/R_2$. 得到上式，已注意到：尽管方程 (2.5.25c) 中的积分区间是 $(0,\infty)$，但主要的贡献在 $q=0$ 附近 (即使 Z 是复数，但实部远大于虚部)，因此 $q^2/R_2^2 \ll 1$ 也成立. 方程 (2.5.26a) 代入方程 (2.5.25c) 得到

$$Q \approx 1-2\frac{k_1}{Z}\int_{0-}^{\infty}\exp\left(-q\frac{k_1}{Z}\right)\exp\left[-\left(qk_1\cos\vartheta+\mathrm{i}\frac{q^2k_1}{2R_2}\right)\right]\mathrm{d}q \tag{2.5.26b}$$

即

$$\begin{aligned} Q &\approx 1-2\frac{k_1}{Z}\exp(-d^2)\int_{0-}^{\infty}\exp\left[-\left(q\sqrt{\frac{\mathrm{i}k_1}{2R_2}}-\mathrm{i}d\right)^2\right]\mathrm{d}q \\ &=1+\frac{2\mathrm{i}}{Z}\sqrt{2\mathrm{i}k_1R_2}\exp(-d^2)\int_{-\mathrm{i}d}^{\infty}\exp(-\xi^2)\mathrm{d}\xi \end{aligned} \tag{2.5.26c}$$

其中，为了方便定义

$$d \equiv \sqrt{\frac{\mathrm{i}k_1R_2}{2}}\left(\cos\vartheta+\frac{1}{Z}\right) \tag{2.5.26d}$$

方程 (2.5.26b) 可以进一步改写成

$$Q \approx R_p+(1-R_p)f(d);\ R_p \equiv \frac{Z\cos\vartheta-1}{Z\cos\vartheta+1} \tag{2.5.27a}$$

式中，R_p 是平面波的反射系数,$f(d)$ 称为边界损耗因子

$$f(d) \equiv 1+\mathrm{i}d\sqrt{\pi}\exp(-d^2)\mathrm{erfc}(-\mathrm{i}d) \tag{2.5.27b}$$

其中，$\mathrm{erfc}(z)$ 为余误差函数

$$\mathrm{erfc}(z)=\frac{2}{\sqrt{\pi}}\int_z^{\infty}\exp(-\xi^2)\mathrm{d}\xi \tag{2.5.27c}$$

(2) 一般情况：在一般情况下，$k_{2z} \approx k_2$ 已不成立. 由关系 $k_{1z}^2=k_1^2-k_\rho^2$ 和 $k_{2z}^2=k_2^2-k_\rho^2$ 得到 $k_1^2-k_{1z}^2=k_2^2-k_{2z}^2$，代入方程 (2.5.20b)

$$R(k_\rho)=\frac{k_{1z}\rho_2-\rho_1\sqrt{(k_2^2-k_1^2)+k_{1z}^2}}{k_{1z}\rho_2+\rho_1\sqrt{(k_2^2-k_1^2)+k_{1z}^2}}=\frac{\varepsilon k_{1z}\rho_2-\rho_1\sqrt{\varepsilon^2k_{1z}^2+1}}{\varepsilon k_{1z}\rho_2+\rho_1\sqrt{\varepsilon^2k_{1z}^2+1}} \tag{2.5.28a}$$

其中，$\varepsilon \equiv 1/\sqrt{k_2^2-k_1^2}$. 引进 $\gamma \equiv \rho_1/\sqrt{\rho_2^2-\rho_1^2}$，把上式改写成

$$\begin{aligned}R(k_\rho)=&\frac{\rho_2-\rho_1}{\rho_2+\rho_1}-\frac{\rho_2-\rho_1}{\rho_2+\rho_1}\cdot\frac{\rho_2}{\rho_1}\cdot\frac{\gamma^2}{(\varepsilon k_{1z})^2-\gamma^2}\\&+\frac{\rho_2}{\rho_1}\cdot\frac{\gamma^2}{(\varepsilon k_{1z})^2-\gamma^2}\left[(\varepsilon k_{1z})-\sqrt{\varepsilon^2 k_{1z}^2+1}\right]^2\end{aligned}\tag{2.5.28b}$$

同样，$R(k_\rho)$ 可表示成 Laplace 积分的形式 (见主要参考文献 25)

$$\begin{aligned}&R(k_\rho)=\int_{0-}^{\infty}s(q)\exp(-q\varepsilon k_{1z})\mathrm{d}q\\&s(q)\equiv\frac{\rho_2-\rho_1}{\rho_2+\rho_1}\delta(q)-\gamma\frac{\rho_2}{\rho_1}\cdot\frac{\rho_2-\rho_1}{\rho_2+\rho_1}\sinh(\gamma q)+2\gamma\frac{\rho_2}{\rho_1}\int_0^q\sinh[\gamma(q-q')]\frac{\mathrm{J}_2(q')}{q'}\mathrm{d}q'\end{aligned}\tag{2.5.28c}$$

式中，$\mathrm{J}_2(x)$ 为 2 阶 Bessel 函数. 把上式代入方程 (2.5.22b) 得到反射声场为

$$\begin{aligned}G_{\mathrm{r}}(\boldsymbol{r},\omega)=&\frac{\mathrm{i}}{2(2\pi)^2}\int_{0-}^{\infty}s(q)\iint\frac{1}{k_{1z}}\mathrm{e}^{\mathrm{i}k_{1z}[(z_0+z)+\mathrm{i}\varepsilon q]}\varLambda^*(\boldsymbol{k}_\rho,\boldsymbol{\rho}-\boldsymbol{\rho}_0)\mathrm{d}^2\boldsymbol{k}_\rho\mathrm{d}q\\=&\int_{0-}^{\infty}s(q)\Pi(\varepsilon q,\boldsymbol{r},\boldsymbol{r}_0,\omega)\mathrm{d}q\end{aligned}\tag{2.5.29a}$$

其中，Π 由方程 (2.5.24b) 决定. 由方程 (2.5.28c) 的第二式得到

$$G_{\mathrm{r}}(\boldsymbol{r},\omega)=\frac{\rho_2-\rho_1}{\rho_2+\rho_1}\cdot\frac{\exp(\mathrm{i}k_1R_2)}{4\pi R_2}+\int_{0-}^{\infty}s'(q)\Pi(\varepsilon q,\boldsymbol{r},\boldsymbol{r}_0,\omega)\mathrm{d}q\tag{2.5.29b}$$

其中，为了方便定义

$$s'(q)\equiv-\gamma\frac{\rho_2}{\rho_1}\cdot\frac{\rho_2-\rho_1}{\rho_2+\rho_1}\sinh(\gamma q)+2\gamma\frac{\rho_2}{\rho_1}\int_0^q\sinh[\gamma(q-q')]\frac{\mathrm{J}_2(q')}{q'}\mathrm{d}q'\tag{2.5.29c}$$

因此，由方程 (2.5.22a) 和 (2.5.29b)，得到上半空间的声场

$$G_1(\boldsymbol{r},\omega)=\frac{\mathrm{e}^{\mathrm{i}k_1R_1}}{4\pi R_1}+\frac{\rho_2-\rho_1}{\rho_2+\rho_1}\cdot\frac{\mathrm{e}^{\mathrm{i}k_1R_2}}{4\pi R_2}+\int_{0-}^{\infty}s'(q)\Pi(\varepsilon q,\boldsymbol{r},\boldsymbol{r}_0,\omega)\mathrm{d}q\tag{2.5.30a}$$

仿照方程 (2.5.25b)，上式写成球面波反射系数的形式

$$G_1(\boldsymbol{r},\omega)=\frac{1}{4\pi R_1}\exp(\mathrm{i}k_1R_1)+\frac{Q}{4\pi R_2}\exp(\mathrm{i}k_1R_2)\tag{2.5.30b}$$

其中，球面波反射系数

$$Q\equiv\frac{\rho_2-\rho_1}{\rho_2+\rho_1}+\frac{4\pi R_2}{\exp(\mathrm{i}k_1R_2)}\int_{0-}^{\infty}s'(q)\Pi(\varepsilon q,\boldsymbol{r},\boldsymbol{r}_0,\omega)\mathrm{d}q\tag{2.5.30c}$$

进一步求反射波必须通过数值积分.

远场近似 为了简单但不失一般性，假定 $\boldsymbol{\rho}_0=0$，即点声源位于 z 轴上方 $(0,0,z_0)$，由方程 (2.5.22b)，反射场 $G_r(\boldsymbol{r},\omega)$ 可以表示为

$$G_{\mathrm{r}}(\boldsymbol{r},\omega)=\frac{\mathrm{i}}{2(2\pi)^2}\int_0^{\infty}\frac{R(k_\rho)}{k_{1z}}\mathrm{e}^{\mathrm{i}k_{1z}(z_0+z)}k_\rho\mathrm{d}k_\rho\cdot\int_0^{2\pi}\mathrm{e}^{-\mathrm{i}k_\rho\rho\cos(\varphi-\varphi_k)}\mathrm{d}\varphi_k \tag{2.5.31a}$$

其中，利用了关系 $\boldsymbol{k}_\rho\cdot\boldsymbol{\rho}=k_\rho\rho\cos(\varphi-\varphi_k)$. 利用 Bessel 函数的积分关系

$$\int_0^{2\pi}\exp[-\mathrm{i}x\cos(\varphi-\varphi')]\mathrm{d}\varphi'=2\pi\mathrm{J}_0(x) \tag{2.5.31b}$$

以及函数关系 $2\mathrm{J}_0(\lambda\rho)=\mathrm{H}_0^{(1)}(\lambda\rho)-\mathrm{H}_0^{(1)}(\lambda\rho\mathrm{e}^{\mathrm{i}\pi})$，方程 (2.5.31a) 简化为

$$G_{\mathrm{r}}(\boldsymbol{r},\omega)=\frac{\mathrm{i}}{8\pi}\int_{-\infty}^{\infty}\frac{R(k_\rho)}{k_{1z}}\mathrm{e}^{\mathrm{i}k_{1z}(z_0+z)}\mathrm{H}_0^{(1)}(k_\rho\rho)k_\rho\mathrm{d}k_\rho \tag{2.5.31c}$$

在远场近似下，$\mathrm{H}_0^{(1)}(k_\rho\rho)$ 可以用方程 (2.3.12b) 作近似，于是上式近似为

$$\begin{aligned}G_{\mathrm{r}}(\rho,z,\omega)&\approx\frac{\mathrm{i}\mathrm{e}^{-\mathrm{i}\pi/4}}{8\pi}\sqrt{\frac{2}{\pi\rho}}\int_{-\infty}^{\infty}\frac{R(k_\rho)}{k_{1z}}\mathrm{e}^{\mathrm{i}[k_\rho\rho+k_{1z}(z_0+z)]}\sqrt{k_\rho}\mathrm{d}k_\rho\\&=\frac{\mathrm{i}\mathrm{e}^{-\mathrm{i}\pi/4}}{8\pi}\sqrt{\frac{2}{\pi\rho}}\int_{-\infty}^{\infty}\frac{R(k_\rho)}{k_{1z}}\mathrm{e}^{\mathrm{i}R_1g(k_\rho)}\sqrt{k_\rho}\mathrm{d}k_\rho\end{aligned} \tag{2.5.31d}$$

其中，$g(k_\rho)\equiv k_\rho\sin\vartheta'+k_{1z}\cos\vartheta'$. 为了方便式中引入了符号 $R_1=\sqrt{\rho^2+(z+z_0)^2}$，$\rho=R_1\sin\vartheta'$ 和 $z+z_0=R_1\cos\vartheta'$，其几何意义后面讨论. 当 R_1 很大时，上式积分可用 2.3.3 小节中介绍的驻相法完成，驻相点满足 $\mathrm{d}g(k_\rho)/\mathrm{d}k_\rho=0$，不难求得驻相点为 $k_\rho^0=k_1\sin\vartheta$. 注意到 $g(k_\rho^0)=k_1$ 和 $g''(k_\rho^0)=-1/(k_1\cos^2\vartheta')$，利用方程 (2.3.38a)，直接代入得到

$$G_{\mathrm{r}}(\rho,z,\omega)\approx R(k_0\sin\vartheta')\frac{\exp(\mathrm{i}k_1R_1)}{4\pi R_1} \tag{2.5.32a}$$

其中，为了方便定义

$$R(k_0\sin\vartheta')\equiv\frac{(\rho_2/\rho_1)\cos\vartheta'-\sqrt{c_1^2/c_2^2-\sin^2\vartheta'}}{(\rho_2/\rho_1)\cos\vartheta'+\sqrt{c_1^2/c_2^2-\sin^2\vartheta'}} \tag{2.5.32b}$$

对刚性边界 $\rho_2/\rho_1\to\infty$，故上式近似为 $R(k_0\sin\vartheta)=1$；对软边界 $c_1^2/c_2^2\to\infty$，故 $R(k_0\sin\vartheta)=-1$. 下面分析 R_1 和 ϑ' 的意义：显然，R_1 是观察点 $P(\rho,z)$ 到镜像源点 $(0,0,-z_0)$ 的距离，如图 2.5.4，ϑ' 为镜像点到观察点连线与 z 轴的夹角. 比较图 2.5.3 与图 2.5.4，图 2.5.4 中的 ϑ' 与图 2.5.3 中的是一致的. 因此，$G_{\mathrm{r}}(\rho,z,\omega)$ 实际是声源在界面上的镜面反射，而 $R(k_0\sin\vartheta')$ 是反射系数. 故方程 (2.5.32a) 与 (2.5.16b) 意义相似.

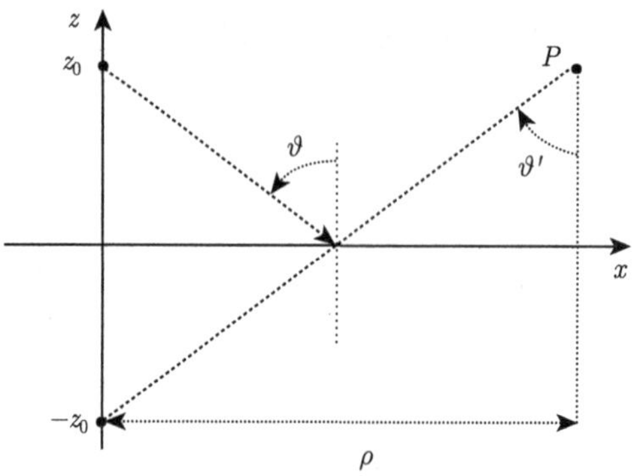

图 2.5.4　平面前点声源: ϑ' 和 R 的关系

侧面波 (lateral wave)　当 $c_2 > c_1$ 时，如图 2.5.5，接收点 P 不仅接收到由界面上反射来的声波 (当然还有由 O 直达到 P 点的声波)，而且还接收到沿路径 $OA-AB-BP$(其中 A 点和 B 点接近平面，但在下半平面介质中) 传播的 "**侧面波**". 我们首先讨论其形成的机理：由方程 (1.3.33b)，球面波可分解成不同方向平面波的叠加 (或者称为球面波分解)，其中必定包含入射角大于和等于临界角 ϑ_c 的平面波，由 1.4.1 小节讨论，那部分平面波引起的透射波为 z 方向的倏逝波，沿界面传播. 倏逝波在沿界面传播过程中又以临界角 ϑ_c 折回平面上方介质，到达接收点 P，从而形成所谓 "侧面波". 侧面波的存在已得到实验的证明，并且得到了实用，例如，石油勘探技术中通过测量侧面波的声速来探测油井壁地质特性.

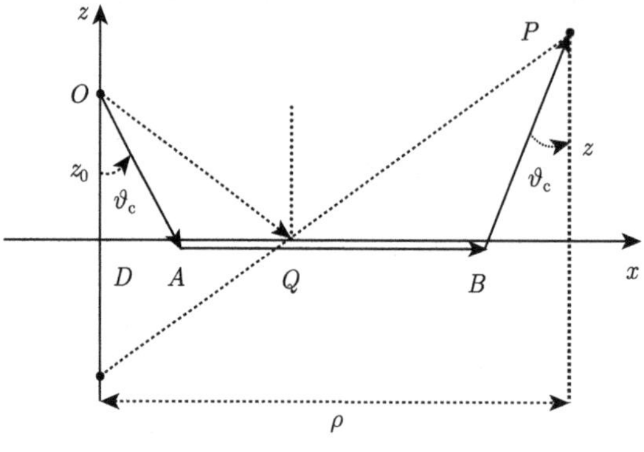

图 2.5.5　平面前点源的反射: 侧面波

侧面波的形成也可以用几何声学中的 Fermat 原理 (见 7.4.2 小节) 得到解释，由 Fermat 原理，声线由 O 点发出经平面上 Q 反射而到达 P 点是最捷路径，从而得到反射定律. 然而，当 $c_2 > c_1$ 时，还有一条最捷路径：声波按临界角 ϑ_c 入射到界面 A 点，进入下半平面后以更高的声速 c_2 沿界面传播到达 B 点，在 B 点又以与界面法向成 ϑ_c 的角度传播到 P 点. 尽管路径 $OA-AB-BP$ 比 OQP(经平面反射) 的路径更长，但传播时间却更短. 在脉冲波情况，侧面波要比通常的反射波更早到达接收点. 如果 $\rho \gg (z+z_0)$，侧面波不仅早于反射波甚至早于直达波 (传播路径为 OP) 到达接收点，故称为 "**头波**" 或者 "**首波**"(head wave).

"侧面波" 当然也包含在方程 (2.5.31d) 的积分中，该积分可看作复平面 k_ρ 上沿实轴的路径积分. 根据复变函数理论，解析函数的路径积分与路径无关，故该积分的路径可作适当的变形而不改变积分的值. 在复数域，驻相法实际上就是选择一条沿经过驻相点的最速下降方向的路径，积分的贡献主要来自驻相点. 但在实数域用驻相法得到方程 (2.5.32a) 过程中，没有考虑积分中枝点的存在，在复数域，如果被积分函数存在极点和枝点，则路径的选择不是任意的，必须绕过极点和枝点以保持函数的解析性，如图 2.5.6. 分析方程 (2.5.31d) 表明：枝点 $k_\rho=0$(来自多值函数 $\sqrt{k_\rho}$) 对积分没有贡献，只要把沿实轴积分的路径稍作变化就可以绕过枝点 $k_\rho=0$；由于 $k_{1z}=\sqrt{k_1^2-k_\rho^2}$ 和 $k_{2z}=\sqrt{k_2^2-k_\rho^2}$，实轴上还存在四个枝点：$\pm k_1=\pm\omega/c_1$ 和 $\pm k_2=\pm\omega/c_2$. 为了保持函数的解析性 (单值性)，必须用连接枝点到无限远点的割线 (如图 2.5.6 中平行于虚轴且从枝点发出的虚线) 把复平面切割开，任何积分路径必须绕过割线 (五个枝点在 $k_\rho=\infty$ 点相连). 图中积分路径与实轴的第一个交点即为驻相点 $k_\rho^0=k_1\sin\vartheta'$. 当 $c_1>c_2$ 时，如图 2.5.6(a)，$k_\rho^0=k_1\sin\vartheta'<+k_1$，故驻相点一定在枝点 $+k_1$ 的左边，积分路径绕过了 4 个枝点且与割线不相交，在远场条件下积分的贡献主要来自驻相点附近, 反射波由方程 (2.5.32a) 唯一决定；然而当 $c_2>c_1$ 时，枝点 $\pm k_2=\pm\omega/c_2$ 比 $\pm k_1=\pm\omega/c_1$ 更靠近原点，如图 2.5.6(b)，有可能 $k_\rho^0=k_1\sin\vartheta'>k_2$，即当 $\sin\vartheta'>c_1/c_2=\sin\vartheta_{\rm c}$(其中 $\vartheta_{\rm c}$ 为临界角，即球面波分解成平面波中，入射角大于临界角的部分) 时，驻相点在枝点 $+k_2$ 的右边，原来的积分路径穿过了割线，而这是不允许的，必须增加新的围线 l_c 把枝点 $+k_2$ 包围起来，绕过割线，如图 2.5.6(b). 这样，积分除原来驻相点的贡献外 (镜面反射部分)，还必须增加新围线 l_c 的贡献，即

$$G_c(\rho,z,\omega)\approx\frac{{\rm i}{\rm e}^{{\rm i}\pi/4}}{8\pi}\sqrt{\frac{2}{\pi\rho}}\int_{l_c}\frac{R(k_\rho)}{k_{1z}}{\rm e}^{{\rm i}[k_\rho\rho+k_{1z}(z_0+z)]}\sqrt{k_\rho}{\rm d}k_\rho \tag{2.5.33a}$$

如图 2.5.6(b) 所示，l_c 由三部分组成：枝点 $+k_2$ 左边和右边的直线段 (分别用 l_{1c} 和 l_{2c} 表示) 以及枝点下部平行于实轴的直线段 l_{3c}，由于 l_c 两侧间距趋近零，故直线段 l_{3c} 长度也趋近零，积分在 l_{3c} 上为零. 在 l_{1c} 上，令 $k_\rho=k_2+{\rm i}\delta$, 则 $k_{2z}\approx\sqrt{-2{\rm i}k_2\delta}\equiv k_{2z}(\delta)$；在 l_{2c} 上，令 $k_\rho=k_2+{\rm i}\delta{\rm e}^{2{\rm i}\pi}$, 则 $k_{2z}\approx\sqrt{-2{\rm i}k_2\delta{\rm e}^{2{\rm i}\pi}}=-\sqrt{-2{\rm i}k_2\delta}=-k_{2z}(\delta)$，故在 l_c 两侧，k_{2z} 的符合相反，而被积函数的其他部分不变. 于是，由方程 (2.5.20b)，两侧的反射系数分别为

$$R(k_\rho)|_{l_{1c}}=\frac{k_{1z}\rho_2-k_{2z}(\delta)\rho_1}{k_{1z}\rho_2+k_{2z}(\delta)\rho_1};R(k_\rho)|_{l_{2c}}=\frac{k_{1z}\rho_2+k_{2z}(\delta)\rho_1}{k_{1z}\rho_2-k_{2z}(\delta)\rho_1} \tag{2.5.33b}$$

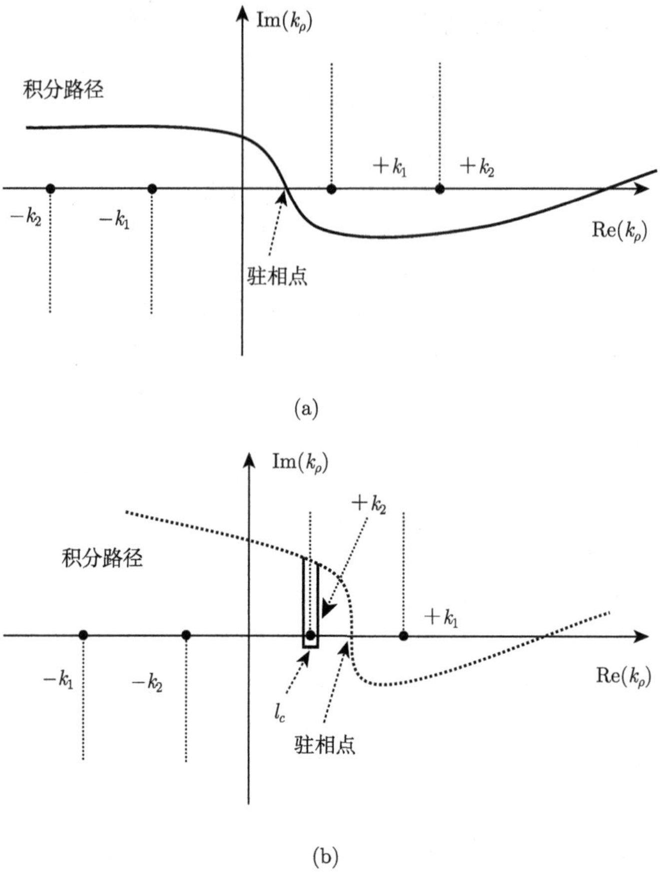

图 2.5.6

(a) 当 $c_1 > c_2$ 时的积分路径; (b) 当 $c_2 > c_1$ 且 $\sin\vartheta' > c_1/c_2$ 时的积分路径

于是，方程 (2.5.33a) 变成

$$\begin{aligned}G_c(\rho,z,\omega)=&\frac{\mathrm{i}\mathrm{e}^{\mathrm{i}\pi/4}}{8\pi}\sqrt{\frac{2}{\pi\rho}}\left[\int_{s_0}^{0}\frac{R(k_\rho)|_{l_{1c}}}{k_{1z}}\mathrm{e}^{\mathrm{i}[k_\rho\rho+k_{1z}(z_0+z)]}\sqrt{k_\rho}\mathrm{d}k_\rho\right.\\&\left.+\int_0^{s_0}\frac{R(k_\rho)|_{l_{2c}}}{k_{1z}}\mathrm{e}^{\mathrm{i}[k_\rho\rho+k_{1z}(z_0+z)]}\sqrt{k_\rho}\mathrm{d}k_\rho\right]\end{aligned}\tag{2.5.34a}$$

其中，s_0 为 l_{1c} 和 l_{2c} 的长度. 注意：两侧的积分路径相反. 上式二个积分合并得到

$$G_c(\rho,z,\omega)=\frac{\mathrm{i}\mathrm{e}^{\mathrm{i}\pi/4}}{8\pi}\sqrt{\frac{2}{\pi\rho}}\int_0^{s_0}\frac{R(k_\rho)|_{l_{2c}}-R(k_\rho)|_{l_{1c}}}{k_{1z}}\mathrm{e}^{\mathrm{i}[k_\rho\rho+k_{1z}(z_0+z)]}\sqrt{k_\rho}\mathrm{d}k_\rho\tag{2.5.34b}$$

其中，反射系数的值在两侧的差为

$$R(k_\rho)|_{l_{2c}} - R(k_\rho)|_{l_{1c}} = \frac{4\rho_1\rho_2 k_{1z}k_{2z}(\delta)}{(\rho_2 k_{1z})^2 - [\rho_1 k_{2z}(\delta)]^2} \tag{2.5.34c}$$

注意到关系

$$\begin{aligned} &k_{1z} = \sqrt{k_1^2 - (k_2 + \mathrm{i}\delta)^2} \approx \sqrt{k_1^2 - k_2^2} - \frac{\mathrm{i}k_2\delta}{\sqrt{k_1^2 - k_2^2}} = k_1\cos\vartheta_\mathrm{c} - \mathrm{i}\delta\tan\vartheta_\mathrm{c} \\ &k_{2z}(\delta) \approx \sqrt{-2\mathrm{i}k_2\delta} = \mathrm{i}\sqrt{2\mathrm{i}k_1\delta\sin\vartheta_\mathrm{c}} \end{aligned} \tag{2.5.35a}$$

不难得到 (忽略 δ 的高级项，并且注意：$k_2 = (k_2/k_1)k_1 = (c_1/c_2)k_1 = k_1\sin\vartheta_\mathrm{c}$))

$$R(k_\rho)|_{l_{2c}} - R(k_\rho)|_{l_{1c}} \approx \frac{4\rho_1\mathrm{i}\sqrt{2\mathrm{i}\delta\sin\vartheta_\mathrm{c}}}{\rho_2\sqrt{k_1}\cos\vartheta_\mathrm{c}} \tag{2.5.35b}$$

以及

$$\begin{aligned} k_\rho\rho + k_{1z}(z_0+z) &= (k_2+\mathrm{i}\delta)\rho + (k_1\cos\vartheta_\mathrm{c} - \mathrm{i}\delta\tan\vartheta_\mathrm{c})(z_0+z) \\ &= k_1R_1\cos(\vartheta'-\vartheta_\mathrm{c}) + \frac{\mathrm{i}\delta R_1}{\cos\vartheta_\mathrm{c}}\sin(\vartheta'-\vartheta_\mathrm{c}) \end{aligned} \tag{2.5.35c}$$

把方程 (2.5.35b) 和 (2.5.35c) 代入方程 (2.5.34b) 得到 (进一步忽略 δ 的高级项)

$$\begin{aligned} G_c(\rho,z,\omega) \approx &-\frac{\mathrm{i}\rho_1c_1}{\pi\rho_2c_2k_1\cos^2\vartheta_\mathrm{c}}\sqrt{\frac{1}{\pi\rho}}\mathrm{e}^{\mathrm{i}k_1R_1\cos(\vartheta'-\vartheta_\mathrm{c})} \\ &\times\int_0^{s_0}\sqrt{\delta}\exp\left[-\frac{R_1\sin(\vartheta'-\vartheta_\mathrm{c})}{\cos\vartheta_\mathrm{c}}\delta\right]\mathrm{d}\delta \end{aligned} \tag{2.5.36a}$$

注意到被积函数的极值点为 $\delta_{\max} = \cos\vartheta_\mathrm{c}/[2R_1\sin(\vartheta'-\vartheta_\mathrm{c})]$，当 R_1 很大 (远场)，只要 $\vartheta' \neq \vartheta_\mathrm{c}$，极值点在零点附近，也就是说，积分的贡献主要来自 $\delta \approx 0$ 附近 (即枝点 $+k_2$ 附近)，因此可以取 $s_0 \to \infty$，于是不难完成上式中的积分得到

$$G_c(\rho,z,\omega) \approx -\frac{\mathrm{i}}{2\pi}\cdot\frac{\rho_1c_1}{\rho_2c_2}\cdot\mathrm{e}^{\mathrm{i}k_1R_1\cos(\vartheta'-\vartheta_\mathrm{c})}\frac{c_1}{\omega\sqrt{\rho R_1^3\cos\vartheta_\mathrm{c}\sin^3(\vartheta'-\vartheta_\mathrm{c})}} \tag{2.5.36b}$$

上式就是枝点 $+k_2$ 对反射波的贡献. 为了看清其物理意义，我们分析 $G_c(\rho,\omega)$ 到达接收点 $P(\rho,z)$ 的相位延迟 (即上式的指数部分)

$$\begin{aligned} k_1R_1\cos(\vartheta'-\vartheta_\mathrm{c}) &= k_1R_1\cos\vartheta'\cos\vartheta_\mathrm{c} + k_1R_1\sin\vartheta'\sin\vartheta_\mathrm{c} \\ &= k_1\frac{R_1\cos\vartheta'}{\cos\vartheta_\mathrm{c}} + k_1\sin\vartheta_\mathrm{c}(R_1\sin\vartheta' - R_1\cos\vartheta'\tan\vartheta_\mathrm{c}) \\ &= k_1\frac{(z+z_0)}{\cos\vartheta_\mathrm{c}} + k_2[\rho - (z+z_0)\tan\vartheta_\mathrm{c}] \end{aligned} \tag{2.5.36c}$$

显然，上式第一项和第二项分别为声波在上方和下方介质中传播引起的相位延迟，对照图 2.5.5, 几何关系为

$$\overline{OA}=z_0/\cos\vartheta_{\rm c};\overline{BP}=z/\cos\vartheta_{\rm c};\overline{AB}=\rho-(z+z_0)\tan\vartheta_{\rm c} \tag{2.5.36d}$$

可见，以上理论计算与上面的定性分析是完全一致的. 当源点 O 到测量点 P 之间的水平距离ρ很大时，即 $\rho\gg z+z_0$，近似有 $R_1=\sqrt{\rho^2+(z+z_0)^2}\approx\rho$，故 $G_c(\rho,\omega)\sim 1/\rho^2$，即侧面波的振幅随距离的平方衰减. 因此，侧面波只有在距声源不很远处才需要考虑. 另外，在 D 点到 A 点间 (见图 2.5.5)，分解的平面波入射方向小于临界角 $\vartheta_{\rm c}$，属于正常的透射波，不存在侧面波，亦即在距离声源很近处，也没有侧面波. 值得指出的是，由于 $G_c(\rho,\omega)\sim 1/\omega$，故侧面波在高频时很小，而直达波和镜面反射波与频率无关.

事实上，即使 $c_2<c_1$，也存在侧面波，其产生原因是: 因为球面波分解成平面波时，由方程 (1.3.33b)，必定在声源附近存在倏逝波，当声源靠近界面 (否则倏逝波很快衰减，到不了平面)，倏逝波在界面上反射，在下方介质中形成沿界面传播的正常折射波，该折射波作为子源向上方介质辐射侧面波. 不同的是，这个侧面波沿垂直于界面的方向按指数规律衰减. 因此，只有在声源和接收点非常接近界面 (一个波长以内) 时，才有显著波幅的侧面波.

下半空间的声场　由方程 (2.5.21a) 的第二式和方程 (2.5.11b) 得到

$$\begin{aligned}G_2(\boldsymbol{r},\omega)=&\frac{\rm i}{2(2\pi)^2}\iint {\rm e}^{{\rm i}(k_{1z}z_0-k_{2z}z)}\Lambda^*(\boldsymbol{k}_\rho,\boldsymbol{\rho}-\boldsymbol{\rho}_0)\frac{{\rm d}^2\boldsymbol{k}_\rho}{k_{1z}}\\&+\frac{\rm i}{2(2\pi)^2}\iint R(k_\rho){\rm e}^{{\rm i}(k_{1z}z_0-k_{2z}z)}\Lambda^*(\boldsymbol{k}_\rho,\boldsymbol{\rho}-\boldsymbol{\rho}_0)\frac{{\rm d}^2\boldsymbol{k}_\rho}{k_{1z}}\end{aligned} \tag{2.5.37a}$$

由于对称性，角度部分可积出

$$\begin{aligned}G_2(\boldsymbol{r},\omega)=&\frac{\rm i}{4(2\pi)}\int_{\infty{\rm e}^{{\rm i}\pi}}^{\infty} {\rm e}^{{\rm i}(k_{1z}z_0-k_{2z}z)}{\rm H}_0(k_\rho|\boldsymbol{\rho}-\boldsymbol{\rho}_0|)\frac{{\rm d}k_\rho}{k_{1z}}\\&+\frac{\rm i}{4(2\pi)^2}\int_{\infty{\rm e}^{{\rm i}\pi}}^{\infty} R(k_\rho){\rm e}^{{\rm i}(k_{1z}z_0-k_{2z}z)}{\rm H}_0(k_\rho|\boldsymbol{\rho}-\boldsymbol{\rho}_0|)\frac{{\rm d}k_\rho}{k_{1z}}\end{aligned} \tag{2.5.37b}$$

可见透射声的计算也是非常复杂的. 由于 $k_{2z}=\sqrt{k_2^2-k_\rho^2}$，而积分区间无限大，故当 $|k_\rho|>k_2$ 时，$k_{2z}={\rm i}\sqrt{k_\rho^2-k_2^2}$, $\exp(-{\rm i}k_{2z}z)=\exp\left(\sqrt{k_\rho^2-k_2^2}z\right)$，这部分为倏逝波 (注意: 下半空间 $z<0$). 在远场条件下，也可以用驻相法和割线法讨论透射波，这里不再详细讨论. 下面我们给一个定性描述.

透射波的定性分析　分二种情况讨论: ①当 $c_2>c_1$ 时，如图 2.5.7(a)，下方接收点的波由两部分叠加而成，球面波分解中入射角 ϑ 小于临界角 $\vartheta_{\rm c}$ 的平面波部

分，按 Snell 定律折射，属于正常折射，如图 2.5.7(a)，沿 OAP 传播到达接收点 P；球面波分解中入射角大于临界角 ϑ_c 的平面波部分，属于倏逝波，沿 OB 传播，在界面上形成指数衰减的透射波，到达接收点 P. 如果接收点 P 远离界面，则这部分贡献可以忽略；②当 $c_1 > c_2$ 时 (此时不存在临界角)，下方接收点也由两部分叠加而成，沿 OAP 传播到达接收点 P 的正常折射波；球面波分解中的倏逝波部分，在界面 D 点折射，形成下方介质中正常的折射波沿 DP 到达接收点 P，如果声源远离界面，则这部分贡献可以忽略.

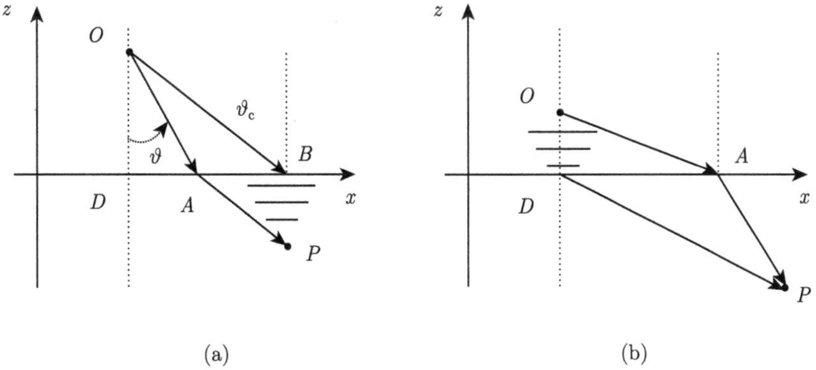

图 2.5.7 平面前点源的透射：(a)$c_2 > c_1$；(b)$c_1 > c_2$

2.5.4 无限大刚性或阻抗障板上的活塞辐射

首先分析无限大刚性障板平面上的活塞辐射问题. 如图 2.5.8，边界条件为

$$-\left.\frac{\partial p}{\partial z}\right|_{z=0} = \mathrm{i}\rho_0 c_0 k_0 \begin{cases} 0, & \rho > a \\ v_{0z}(x,y,\omega), & \rho < a \end{cases} \tag{2.5.38a}$$

注意：区域的外法向在 $-z$ 方向 $\boldsymbol{n} = (0,0,-1)$, $\rho = \sqrt{x^2+y^2}$. 由方程 (2.5.1b)，相应的 Green 函数应该满足边界条件

$$\left.\frac{\partial G(\boldsymbol{r},\boldsymbol{r}')}{\partial z}\right|_{z=0} = 0 \tag{2.5.38b}$$

即 Green 函数满足方程 (2.5.7d), 其解由方程 (2.5.7e) 表示, 由方程 (2.5.6b)，空间一点 P 的声压为

$$p(\boldsymbol{r},\omega) = -\mathrm{i}\rho_0 c_0 k_0 \iint_{\rho<a} G(\boldsymbol{r},\boldsymbol{r}') v_{0z}(\boldsymbol{r}',\omega)\mathrm{d}x'\mathrm{d}y' \tag{2.5.38c}$$

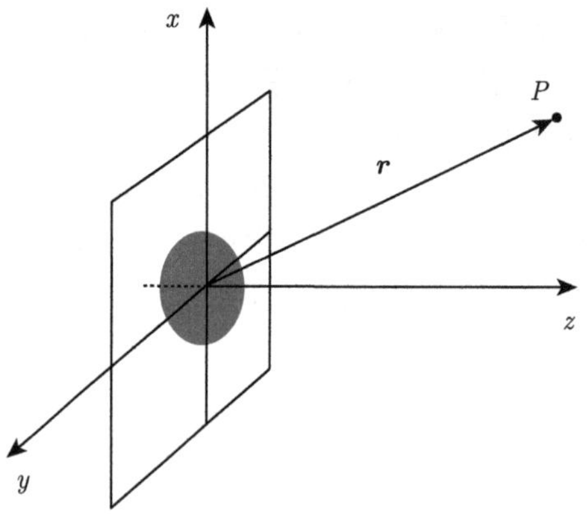

图 2.5.8　刚性障板上的活塞辐射

在刚性平面上 $z'=0$，即 $\boldsymbol{r}''=(x',y',0)=\boldsymbol{r}'$，于是

$$G(\boldsymbol{r},\boldsymbol{r}')|_{z'=0}=2\cdot\frac{1}{4\pi R}\exp(\mathrm{i}k_0R) \tag{2.5.38d}$$

其中，$R=\sqrt{(x-x')^2+(y-y')^2+z^2}$，代入方程 (2.5.38c) 得到

$$p(\boldsymbol{r},\omega)=-2\mathrm{i}\frac{\rho_0c_0k_0}{4\pi}\iint_{\rho<a}v_{0z}(x',y',\omega)\frac{\exp(\mathrm{i}k_0R)}{R}\mathrm{d}x'\mathrm{d}y' \tag{2.5.39}$$

上式称为**Rayleigh 积分**. 下面分别就几种情况讨论 Rayleigh 积分.

(1) 低频、近场：$k_0R\ll 1$, $\exp(\mathrm{i}k_0R)\approx 1+\mathrm{i}k_0R$，代入方程 (2.5.39) 得到

$$p(\boldsymbol{r},\omega)\approx -2\mathrm{i}\frac{\rho_0c_0k_0}{4\pi}\iint_{\rho<a}\frac{v_{0z}(x',y',\omega)}{R}\mathrm{d}x'\mathrm{d}y'+2\frac{\rho_0c_0k_0^2}{4\pi}Q_s(\omega) \tag{2.5.40a}$$

其中, 定义

$$Q_s(\omega)\equiv\iint_{\rho<a}v_{0z}(x',y',\omega)\mathrm{d}x'\mathrm{d}y' \tag{2.5.40b}$$

为**体积流**的振幅 (也称为**源强度**，除以面积后就是平均速度). 方程 (2.5.40a) 的第一项表明：在近场，即辐射面的附近，声压满足 Laplace 方程. 而第二项与空间坐标 $\boldsymbol{r}$ 无关，不代表声的辐射.

(2) 低频、远场：$k_0a\ll 1$(保证可作多极展开)和 $k_0R\gg 1$，利用方程 (2.1.36b)

$$p(\boldsymbol{r},\omega)\approx -2\mathrm{i}\rho_0c_0k_0\left[Q_s(\omega)+\sum_{i=1}^{2}D_i\frac{\partial}{\partial x_i}+\sum_{i,j=1}^{2}Q_{ij}\frac{\partial^2}{\partial x_i\partial x_j}+\cdots\right]\frac{\mathrm{e}^{\mathrm{i}k_0r}}{4\pi r} \tag{2.5.41a}$$

其中, D_i 和 Q_{ij} 分别为偶极矩和四极矩强度

$$\begin{aligned} D_i &= \iint_{\rho<a} x_i' v_{0z}(x',y',\omega)\mathrm{d}x'\mathrm{d}y', \quad i=1,2 \\ Q_{ij} &= \frac{1}{2}\iint_{\rho<a} x_i' x_j' v_{0z}(x',y',\omega)\mathrm{d}x'\mathrm{d}y', \quad i,j=1,2 \end{aligned} \tag{2.5.41b}$$

设振动速度与位置无关, $v_{0z}(x',y',\omega)=v_{0z}(\omega)$，则 $Q_s(\omega)=\pi a^2 v_{0z}(\omega)$，$D_x=D_y=0$，方程 (2.5.41a) 中第一项单极辐射是主要的. 事实上，只要 $Q_s(\omega)\neq 0$，单极辐射总是主要的.

(3) 远场：$k_0 r\gg 1$，$R\approx r-(xx'+yy')/r=r-\rho'\sin\vartheta\cos(\varphi-\varphi')$，代入方程 (2.5.39)

$$p(\eta_x,\eta_y,\omega)\approx -2\mathrm{i}\rho_0 c_0 k_0\frac{\mathrm{e}^{\mathrm{i}k_0 r}}{4\pi r}\iint_{\rho<a} v_{0z}(x',y',\omega)\mathrm{e}^{-\mathrm{i}k_0(\eta_x x'+\eta_y y')}\mathrm{d}x'\mathrm{d}y' \tag{2.5.42a}$$

其中，$\eta_x\equiv x/r;\eta_y\equiv y/r$. 可见，远场声压是活塞面振动速度的 Fourier 变换. 在球坐标中

$$p(r,\vartheta,\varphi,\omega)\approx -2\mathrm{i}\rho_0 c_0 k_0\frac{\exp(\mathrm{i}k_0 r)}{4\pi r}f(\vartheta,\varphi) \tag{2.5.42b}$$

其中, 方向因子为

$$f(\vartheta,\varphi)\equiv\iint_{\rho<a} v_{0z}(\rho'\cos\varphi',\rho'\sin\varphi',\omega)\mathrm{e}^{-\mathrm{i}k_0\rho'\sin\vartheta\cos(\varphi-\varphi')}\rho'\mathrm{d}\rho'\mathrm{d}\varphi' \tag{2.5.42c}$$

注意：没有 $k_0 a\ll 1$ 条件，上式中指数部分不能用 “1” 代替.

圆形刚性活塞 活塞振动速度与位置无关, $v_{0z}(x',y',\omega)=v_{0z}(\omega)$，方向因子为

$$f(\vartheta,\varphi)=v_{0z}(\omega)\int_0^a\int_0^{2\pi}\exp[-\mathrm{i}k_0\rho'\sin\vartheta\cos(\varphi-\varphi')]\rho'\mathrm{d}\rho'\mathrm{d}\varphi' \tag{2.5.43a}$$

利用 Bessel 函数的积分关系, 即方程 (2.5.31b)，从方程 (2.5.43a) 得到

$$f(\vartheta,\varphi)=2\pi v_{0z}(\omega)\int_0^a \mathrm{J}_0(k_0\rho'\sin\vartheta)\rho'\mathrm{d}\rho'=2\pi a^2 v_{0z}(\omega)\frac{\mathrm{J}_1(k_0 a\sin\vartheta)}{k_0 a\sin\vartheta} \tag{2.5.43b}$$

远场声压为

$$p(r,\vartheta,\varphi,\omega)\approx -2\mathrm{i}\rho_0 c_0\pi a^2 v_{0z}(\omega)k_0\cdot\frac{\mathrm{e}^{\mathrm{i}k_0 r}}{4\pi r}\cdot\frac{2\mathrm{J}_1(k_0 a\sin\vartheta)}{k_0 a\sin\vartheta} \tag{2.5.43c}$$

远场平均声强

$$I_r(r,\vartheta)=\frac{|p|^2}{2\rho_0 c_0}=I_r(r,0)D^2(\vartheta) \tag{2.5.44a}$$

其中, 定义

$$I_r(r,0) \equiv \frac{\pi a^2}{8\pi r^2}\rho_0 c_0 v_{0z}^2 (k_0 a)^2; D(\vartheta) \equiv \left|\frac{2\mathrm{J}_1(k_0 a\sin\vartheta)}{k_0 a\sin\vartheta}\right| \tag{2.5.44b}$$

分别是 $\vartheta = 0$ 方向的平均声强和方向因子. 图 2.5.9 画出了不同频率的方向因子 $D(\vartheta)$.

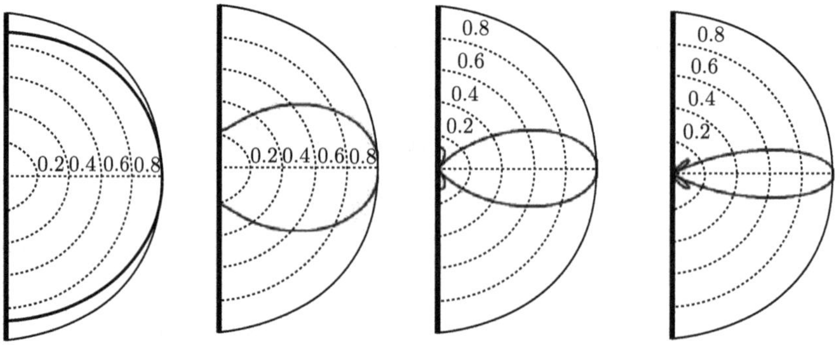

图 2.5.9 不同频率的活塞辐射方向图

(a)$k_0 a = 1$; (b)$k_0 a = 3$; (c)$k_0 a = 5$; (d)$k_0 a = 8$

讨论：当 $k_0 a \leqslant 1$(低频) 时，$I_r(r,\vartheta)/I_r(r,0) \approx 1$, $\mathrm{J}_1(x) \approx x/2$，辐射与方向无关，方程 (2.5.43c) 与方程 (2.5.41a) 的第一项一致；随着频率增高或者活塞面增大，即 $k_0 a$ 变大，指向性越来越尖锐；当 $k_0 a$ 值超过 $J_1(x)$ 的第一个零点 3.83 以后，辐射开始具有更复杂的指向性，第一个零点的角度为

$$\vartheta_{10} = \arcsin\frac{3.83}{k_0 a} = \arcsin\left(0.61\frac{\lambda}{a}\right) \tag{2.5.44c}$$

可见, 对同一频率的声波，要获得较好的指向性，必须增大辐射面的半径. 事实上，这一结论具有普遍性, 即声源的辐射面越大，指向性越好.

即使是比较简单的圆形刚性活塞辐射，近场声场也十分复杂，我们仅讨论二个特殊情况.

(1) 轴上的声场: 如图 2.5.10，在 z 轴上，$x = y = 0$, $R = \sqrt{\rho'^2 + z^2}$，由方程 (2.5.39)，并假定活塞振动速度与位置无关

$$\begin{aligned} p(0,z,\omega) &= -2\mathrm{i}\frac{\rho_0 c_0 k_0 v_{0z}(\omega)}{4\pi}\int_0^{2\pi}\mathrm{d}\varphi'\int_0^a \frac{\exp(\mathrm{i}k_0 R)}{R}\rho'\mathrm{d}\rho' \\ &= -\mathrm{i}\rho_0 c_0 k_0 v_{0z}(\omega)\int_0^a \frac{\exp(\mathrm{i}k_0 R)}{R}\rho'\mathrm{d}\rho' \end{aligned} \tag{2.5.45a}$$

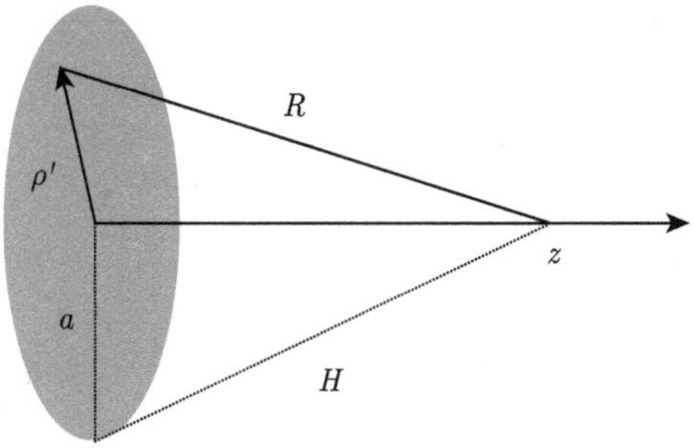

图 2.5.10 活塞辐射轴上一点的场

利用 $R^2=\rho'^2+z^2$, $R\mathrm{d}R=\rho'\mathrm{d}\rho'$，代入上式，并令 $H=\sqrt{a^2+z^2}$(z 轴上一点到活塞边缘的距离)，得到声压的表达式

$$\begin{aligned}p(0,z,\omega)&=-\mathrm{i}\rho_0c_0k_0v_{0z}(\omega)\int_z^H\exp(\mathrm{i}k_0R)\mathrm{d}R\\&=-2\mathrm{i}\rho_0c_0v_{0z}(\omega)\sin\left[\frac{k_0a}{2}\left(\sqrt{1+\frac{z^2}{a^2}}-\frac{z}{a}\right)\right]\mathrm{e}^{\mathrm{i}k_0(H+z)/2}\end{aligned}\tag{2.5.45b}$$

注意：上式是严格的，对轴上的近场点也成立. 可见：轴上一点的声压大小由 $\sin[k_0(H-z)/2]$ 决定. 不同频率 (高频情况) 的曲线如图 2.5.11. 讨论：①在接近活塞面，存在极大和极小，极小条件为 $k_0(H-z)/2=n\pi(n=1,2,\cdots)$，即

$$z_{\min}=\left[\left(\frac{a}{\lambda}\right)^2-n^2\right]\frac{\lambda}{2n}\tag{2.5.45c}$$

上式要求 $n<a/\lambda$，因此极小只有有限个. 在低频条件下，$\lambda>a$，不存在极小；频率越高，a/λ 越大，存在极小越多，如图 2.5.11(c)，可见，在高频情况，近场的声压更复杂；②当 z 较大时

$$\begin{aligned}\sin\left[\frac{k_0}{2}(\sqrt{a^2+z^2}-z)\right]&=\sin\left[\frac{k_0}{2}\left(z\sqrt{1+\frac{a^2}{z^2}}-z\right)\right]\\&\approx\sin\left(\frac{k_0a^2}{4z}\right)\approx\frac{\pi}{2}\frac{a^2/\lambda}{z}\equiv\frac{\pi}{2}\frac{z_{\mathrm{c}}}{z}\end{aligned}\tag{2.5.45d}$$

其中，$z_{\mathrm{c}}=a^2/\lambda$ 称为**临界距离**，当 $z>z_{\mathrm{c}}$ 时，声压 $p(z,\omega)\sim1/z$，即像球面波一样，由 $z=z_{\mathrm{c}}$ 处的极大随距离成反比衰减.

注意：方程 (2.5.45b) 不能外推到 $a\to\infty$. 当 $a\to\infty$ 时，刚性活塞辐射相当于无限大平面辐射，声场为 z 方向传播的平面波，此时 Rayleigh 积分 (即方程 (2.5.39)) 并不成立，因为此时无限大球面上积分不为零.

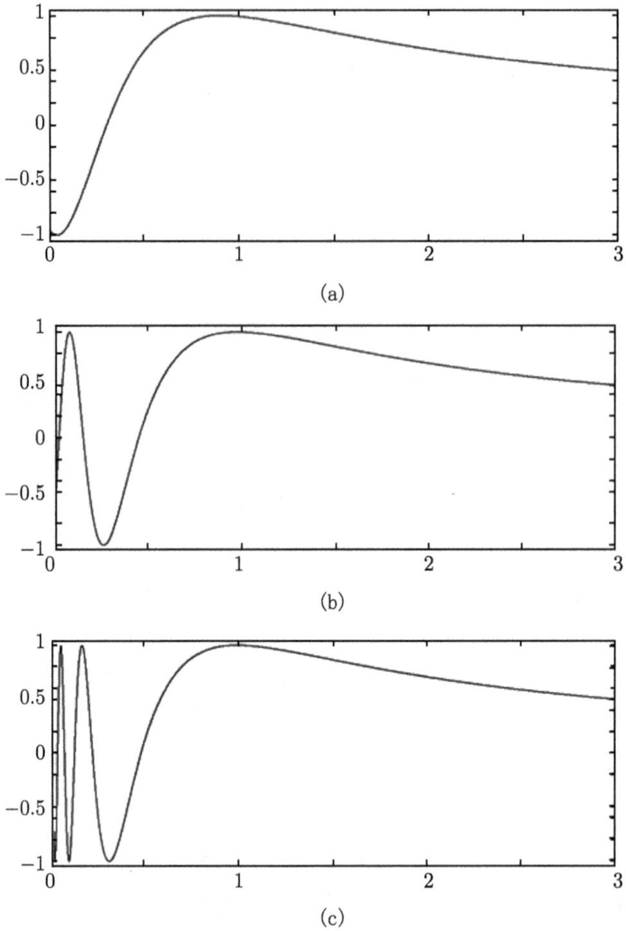

图 2.5.11　不同频率，z 轴上的相对声压幅值分布. 图中横轴为 z/z_{c}

(a)$k_0a=10$; (b)$k_0a=20$; (c)$k_0a=40$

(2) 活塞面上的声场：在活塞面上 $z=0$, 由方程 (2.3.47d)，我们得到 (取 $z=z'=0$)

$$\frac{\exp(\mathrm{i}k_0h)}{h}=\mathrm{i}\sum_{m=-\infty}^{\infty}\left[\int_0^{\infty}\frac{1}{\sigma}\mathrm{J}_m(\lambda\rho')\mathrm{J}_m(\lambda\rho)\lambda\mathrm{d}\lambda\right]\exp[\mathrm{i}m(\varphi-\varphi')] \tag{2.5.46a}$$

其中，$\sigma=\sqrt{k_0^2-\lambda^2}$, h 为活塞面上点 $\boldsymbol{\rho}'=(\rho',\varphi')$ 到点 $\boldsymbol{\rho}=(\rho,\varphi)$ 的距离

$$h=\sqrt{\rho^2+\rho'^2-2\rho\rho'\cos(\varphi-\varphi')} \tag{2.5.46b}$$

方程 (2.5.46a) 代入方程 (2.5.39) 得到活塞平面上的声场表达式

$$p(\rho,z,\omega)|_{z=0}=-2\mathrm{i}\frac{\rho_0c_0k_0v_{0z}(\omega)}{4\pi}\int_0^{2\pi}\int_0^a\frac{\exp(\mathrm{i}k_0h)}{h}\rho'\mathrm{d}\rho'\mathrm{d}\varphi'$$

$$=\rho_0c_0k_0v_{0z}(\omega)\int_0^{\infty}\frac{\mathrm{J}_0(\lambda\rho)}{\sqrt{k_0^2-\lambda^2}}\left[\int_0^a\mathrm{J}_0(\lambda\rho')\rho'\mathrm{d}\rho'\right]\lambda\mathrm{d}\lambda \tag{2.5.46c}$$

$$=\rho_0c_0k_0v_{0z}(\omega)\int_0^{\infty}\frac{\mathrm{J}_0(\lambda\rho)\mathrm{J}_1(\lambda a)}{\sqrt{k_0^2-\lambda^2}}\mathrm{d}\lambda$$

上式也可以写成实部和虚部分开的形式

$$p(\rho,0,\omega)=\rho_0c_0k_0v_{0z}(\omega)\left[\int_0^{k_0}\frac{\mathrm{J}_0(\lambda\rho)\mathrm{J}_1(\lambda a)}{\sqrt{k_0^2-\lambda^2}}\mathrm{d}\lambda-\mathrm{i}\int_{k_0}^{\infty}\frac{\mathrm{J}_0(\lambda\rho)J_1(\lambda a)}{\sqrt{\lambda^2-k_0^2}}\mathrm{d}\lambda\right] \tag{2.5.46d}$$

上式的积分可以通过数值计算得到，我们仅指出：尽管刚性活塞面上的振动速度相同，但活塞面上的声压也不是均匀的.

圆形刚性活塞的辐射阻抗 对刚性活塞，我们也可以像横向振动的刚性球一样，用辐射阻抗概念来讨论辐射声场对刚性活塞振动的影响，特别是求声辐射功率. 由方程 (2.5.39)，刚性活塞面受到声场的反作用力为

$$F_{\mathrm{r}}(\omega)\equiv\iint_S p(\boldsymbol{r},\omega)\mathrm{d}S=-\mathrm{i}\frac{\rho_0c_0k_0v_{0z}(\omega)}{2\pi}\iint_S\iint_{S'}\frac{\exp(\mathrm{i}k_0h)}{h}\mathrm{d}S'\mathrm{d}S \tag{2.5.47a}$$

其中，h 为活塞面上点 $\boldsymbol{\rho}'=(\rho',\varphi')$ 到点 $\boldsymbol{\rho}=(\rho,\varphi)$ 的距离，由方程 (2.5.46b) 给出.

方程 (2.5.47a) 中的积分计算需要一定的技巧. 注意到积分关于 $\boldsymbol{\rho}'=(\rho',\varphi')$ 和 $\boldsymbol{\rho}=(\rho,\varphi)$ 对称，其物理意义是：由于 $\mathrm{d}S'$ 的振动而辐射的声压在 $\mathrm{d}S$ 上产生的作用力等于由于 $\mathrm{d}S$ 的振动而辐射的声压在 $\mathrm{d}S'$ 上产生的作用力. 因此，我们只要求出一个作用力 (比如 $\mathrm{d}S'$ 对 $\mathrm{d}S$)，然后乘 2 倍就可以了. 把活塞面用 ρ' 和 ρ 分成二个区域：$0<\rho<\rho'<a$，我们首先来完成 ρ' 处的面元 $\mathrm{d}S'$ 对 $\rho<\rho'$ 部分活塞面的作用力，如图 2.5.12, 令ϑ为 $\mathrm{d}S'$ 到 $\mathrm{d}S$ 之间直线与通过 $\mathrm{d}S'$ 面元的一条直径之间的夹角，那么 h 的变化范围是：$h\in(0,2\rho'\cos\vartheta)$(在$\vartheta$方向，$h$ 最大为 $2\rho'\cos\vartheta$)，而 $\vartheta\in(-\pi/2,\pi/2)$，以 h 和ϑ为积分变量，当 h 和ϑ在这个范围内变化时，就能覆盖整个 $\rho<\rho'$ 部分活塞面. 因此，位于 ρ' 处的面元 $\mathrm{d}S'$ 对 $\rho<\rho'$ 部分活塞面的作用力

$$\mathrm{d}F_{\mathrm{r}}(\omega)=-\mathrm{i}\frac{\rho_0c_0k_0v_{0z}(\omega)}{2\pi}\int_{-\pi/2}^{\pi/2}\int_0^{2\rho'\cos\vartheta}\frac{\exp(\mathrm{i}k_0h)}{h}h\mathrm{d}h\mathrm{d}\vartheta\mathrm{d}S' \tag{2.5.47b}$$

其中，$\mathrm{d}S=h\mathrm{d}h\mathrm{d}\vartheta$ 是 $\mathrm{d}S$ 的面积. 不难求得上式积分

$$\mathrm{d}F_{\mathrm{r}}(\omega)=-2\cdot\frac{\rho_0c_0v_{0z}(\omega)}{2}\left[\frac{1}{\pi}\int_{-\pi/2}^{\pi/2}\exp(\mathrm{i}k_02\rho'\cos\vartheta)\mathrm{d}\vartheta-1\right]\mathrm{d}S'$$

$$=2\cdot\frac{\rho_0c_0v_{0z}(\omega)}{2}\mathrm{d}S'\left[1-\mathrm{J}_0(2k_0\rho')\ -\mathrm{i}\mathrm{S}_0(2k_0\rho')\right] \tag{2.5.47c}$$

其中，$\mathrm{J}_0(x)$ 和 $\mathrm{S}_0(x)$ 分别是零阶 Bessel 函数和零阶 Struve 函数

$$\mathrm{J}_0(x) \equiv \frac{2}{\pi}\int_0^{\pi/2}\cos(x\cos\vartheta)\mathrm{d}\vartheta;\mathrm{S}_0(x) \equiv \frac{2}{\pi}\int_0^{\pi/2}\sin(x\cos\vartheta)\mathrm{d}\vartheta \tag{2.5.48}$$

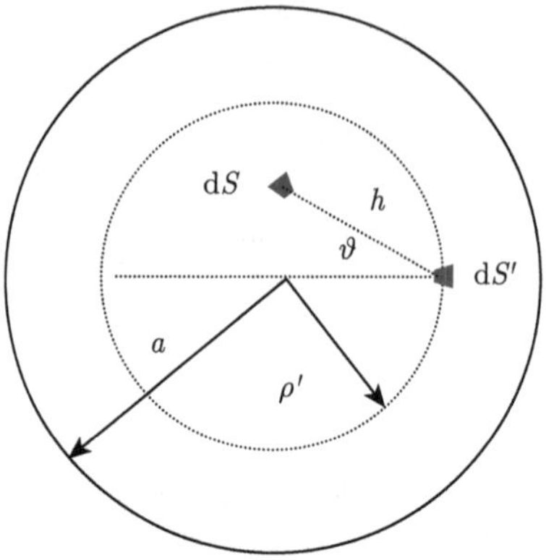

图 2.5.12　面积元 dS' 与面积元 dS 的关系

显然, dS' 的面积为 $\mathrm{d}S' = \rho'\mathrm{d}\rho'\mathrm{d}\varphi$，当 $\rho' \in (0, a)$ 和 $\varphi \in (0, 2\pi)$ 时，dS' 覆盖整个活塞面，于是

$$\begin{aligned} F_{\mathrm{r}}(\omega) &= 2\cdot\frac{\rho_0 c_0 v_{0z}(\omega)}{2}\int_0^a\int_0^{2\pi}[1-\mathrm{J}_0(2k_0\rho')\ -\mathrm{i}\mathrm{S}_0(2k_0\rho')]\,\rho'\mathrm{d}\rho'\mathrm{d}\varphi \\ &= \pi\rho_0 c_0 a^2 v_{0z}(\omega)\left\{\left[1-\frac{2\mathrm{J}_1(2k_0a)}{2k_0a}\right]-\mathrm{i}\frac{2\mathrm{S}_1(2k_0a)}{2k_0a}\right\} \end{aligned} \tag{2.5.49a}$$

其中，$\mathrm{J}_1(x)$ 和 $\mathrm{S}_1(x)$ 分别是一阶 Bessel 函数和 Struve 函数, 满足关系

$$\int_0^x \mathrm{J}_0(x')x'\mathrm{d}x' = x\mathrm{J}_1(x);\ \int_0^x \mathrm{S}_0(x')x'\mathrm{d}x' = x\mathrm{S}_1(x) \tag{2.5.49b}$$

注意: n 阶 Bessel 函数和 Struve 函数可表示为积分形式

$$\left\{\begin{array}{c}\mathrm{J}_n(x)\\ \mathrm{S}_n(x)\end{array}\right\} = \frac{2(2n+1)x^n}{\pi\left[(2n+1)(2n-1)\cdots3\cdot1\right]}\int_0^{\pi/2}\left\{\begin{array}{c}\cos(x\cos\vartheta)\\ \sin(x\cos\vartheta)\end{array}\right\}\sin^{2n}\vartheta\mathrm{d}\vartheta \tag{2.5.50a}$$

特别地，当 $n=1$ 时

$$\mathrm{S}_1(x) = \frac{2x}{\pi}\int_0^{\pi/2}\sin(x\cos\vartheta)\sin^2\vartheta\mathrm{d}\vartheta \tag{2.5.50b}$$

因此，**力辐射阻抗为**

$$Z_{\mathrm{r}} \equiv \frac{F_{\mathrm{r}}(\omega)}{v_{0z}(\omega)} = \rho_0 c_0\pi a^2[R_1(2k_0a)-\mathrm{i}X_1(2k_0a)] \tag{2.5.51a}$$

其中，$R_1(2k_0a)$ 和 $X_1(2k_0a)$ 分别称为活塞辐射的**阻函数和抗函数**

$$R_1(x) \equiv 1 - \frac{2\mathrm{J}_1(x)}{x}; X_1(x) \equiv \frac{2\mathrm{S}_1(x)}{x} \tag{2.5.51b}$$

当 $x \ll 1$ 时，阻函数和抗函数的近似为

$$\begin{aligned} R_1(x) &= \frac{x^2}{4\cdot 2} - \frac{x^4}{6\cdot 4^2\cdot 2} + \cdots \approx \frac{x^2}{8} \\ X_1(x) &= \frac{4}{\pi}\left(\frac{x}{3} - \frac{x^3}{5\cdot 3^2} + \cdots\right) \approx \frac{4x}{3\pi} \end{aligned} \tag{2.5.51c}$$

当 $x \gg 1$(一般至少 $x \geqslant 10$) 时，利用渐近关系

$$\mathrm{J}_1(x) \approx \sqrt{\frac{2}{\pi x}}\cos\left(x - \frac{3}{4}\pi\right); \mathrm{S}_1(x) \approx \frac{2}{\pi} + \sqrt{\frac{2}{\pi x}}\sin\left(x - \frac{3}{4}\pi\right) \tag{2.5.51d}$$

阻函数和抗函数的近似为

$$\begin{aligned} R_1(x) &\approx 1 - \frac{\sqrt{8/\pi}}{x^{3/2}}\cos\left(x - \frac{3}{4}\pi\right) \approx 1 \\ X_1(x) &\approx \frac{4}{\pi x} + \frac{\sqrt{8/\pi}}{x^{3/2}}\sin\left(x - \frac{3}{4}\pi\right) \approx \frac{4}{\pi x} \end{aligned} \tag{2.5.51e}$$

图 2.5.13 给出了阻函数 $R_1(x)$ 和抗函数 $X_1(x)$ 随 x 变化的曲线，其中 $\mathrm{S}_1(x)$ 直接由方程 (2.5.50b) 数值积分得到.

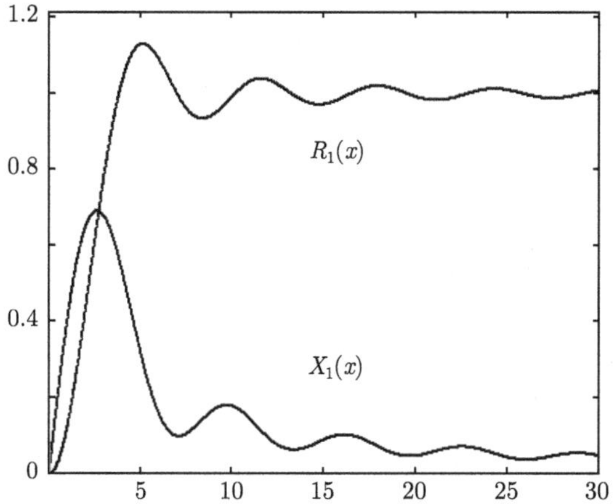

图 2.5.13 阻函数 $R_1(x)$ 和抗函数 $X_1(x)$ 随 x 的变化曲线

(1) 低频近似：$2k_0a \ll 1$, 利用方程 (2.5.51c)，力辐射阻和力辐射抗分别为 (注

意：$Z_{\rm r}\equiv R_{\rm r}-{\rm i}X_{\rm r}$)

$$
\begin{aligned}
R_{\rm r}(\omega)&\equiv\rho_0c_0\pi a^2R_1(\omega)\approx\frac{\rho_0c_0k_0^2}{2\pi}(\pi a^2)^2\\
X_{\rm r}(\omega)&\equiv\rho_0c_0\pi a^2X_1(\omega)\approx\rho_0c_0\pi a^2\left(\frac{8}{3\pi}k_0a\right)
\end{aligned}
\tag{2.5.52a}
$$

故辐射声功率为

$$
P_{\rm av}=\frac{1}{2}R_{\rm r}(\omega)v_{0z}^2(\omega)\approx\frac{\rho_0c_0k_0^2}{4\pi}(\pi a^2)^2v_{0z}^2(\omega)\tag{2.5.52b}
$$

同振质量为

$$
M_{\rm r}\equiv\frac{X_{\rm r}}{\omega}=\frac{8}{3\pi}\rho_0a^3\tag{2.5.52c}
$$

同振质量将使电声系统的共振频率降低，这一现象在电声器件的设计中是不能忽视的.

(2) 高频近似：$2k_0a\geqslant10$(即 $k_0a>5$)

$$
R_{\rm r}(\omega)\approx\rho_0c_0\pi a^2;X_{\rm r}(\omega)\approx\frac{2}{\pi k_0a}\rho_0c_0(\pi a^2)\approx0\tag{2.5.53}
$$

可见，高频时活塞辐射声功率与频率基本无关，而且与活塞面积成正比.

方程 (2.5.47a) 中的四重积分也可用柱函数展开来进行，即利用方程 (2.5.46a)，把方程 (2.5.46a) 代入方程 (2.5.47a) 得到

$$
\begin{aligned}
F_{\rm r}(\omega)&=-2\pi\rho_0c_0k_0v_{0z}(\omega)\int_0^\infty\frac{1}{\sigma}\int_0^a\int_0^a{\rm J}_0(\lambda\rho'){\rm J}_0(\lambda\rho)\rho'{\rm d}\rho'\rho{\rm d}\rho\lambda{\rm d}\lambda\\
&=-2\pi a^2\rho_0c_0k_0v_{0z}(\omega)\int_0^\infty\frac{{\rm J}_1^2(a\lambda)}{\lambda\sqrt{k_0^2-\lambda^2}}{\rm d}\lambda\\
&=-2\pi a^2\rho_0c_0k_0v_{0z}(\omega)\left[\int_0^{k_0}\frac{{\rm J}_1^2(a\lambda)}{\lambda\sqrt{k_0^2-\lambda^2}}{\rm d}\lambda-{\rm i}\int_{k_0}^\infty\frac{{\rm J}_1^2(a\lambda)}{\lambda\sqrt{\lambda^2-k_0^2}}{\rm d}\lambda\right]
\end{aligned}
\tag{2.5.54a}
$$

比较上式与方程 (2.5.49a)，我们可以得到积分关系

$$
\begin{aligned}
&\int_0^{\pi/2}\frac{{\rm J}_1^2(k_0a\sin\vartheta)}{\sin\vartheta}{\rm d}\vartheta=\frac{1}{2}R_1(2k_0a)\\
&\int_0^\infty\frac{{\rm J}_1^2(k_0a\cosh\alpha)}{\cosh\alpha}{\rm d}\alpha=\frac{1}{2}X_1(2k_0a)
\end{aligned}
\tag{2.5.54b}
$$

幂次分布的圆形活塞　设活塞振动速度的分布具有幂次分布的形式

$$
v_{0z}(\rho,\omega)=\begin{cases}v_{0z}\left(1-\dfrac{\rho^2}{a^2}\right)^n, & \rho\leqslant a\\[2ex] 0, & \rho>a\end{cases}\tag{2.5.55a}
$$

上式可以用来近似圆周钳定的薄板振动 (激发频率低于薄板的本征振动频率，也就是薄板作同相位振动，见 2.7.4 小节讨论). 由方程 (2.5.40b)，声源强度为

$$Q_s(\omega) = 2\pi v_{0z}\int_0^a \left(1-\frac{\rho^2}{a^2}\right)^n \rho \mathrm{d}\rho = \frac{Q_0}{n+1} \tag{2.5.55b}$$

其中，$Q_0 \equiv \pi a^2 v_{0z}$ 是刚性圆形活塞振动的源强度. 其次，我们来求远场辐射的方向因子，由方程 (2.5.42c)

$$\begin{aligned} f(\vartheta,\varphi) &= v_{0z}\int_0^a \left(1-\frac{\rho'^2}{a^2}\right)^n \left[\int_0^{2\pi} \exp[-\mathrm{i}k_0\rho'\sin\vartheta\cos(\varphi-\varphi')]\mathrm{d}\varphi'\right]\rho'\mathrm{d}\rho' \\ &= 2\pi v_{0z}\int_0^a \left(1-\frac{\rho^2}{a^2}\right)^n \mathrm{J}_0(k_0\rho\sin\vartheta)\rho\mathrm{d}\rho \\ &= 2\pi v_{0z}a^2\int_0^1 (1-\eta^2)^n\eta\mathrm{J}_0(\eta k_0 a\sin\vartheta)\mathrm{d}\eta \end{aligned} \tag{2.5.55c}$$

得到上式，利用了方程 (2.5.31b)，并且作了积分变换 $\eta=\rho/a$. 利用 Bessel 函数的微分关系 $\mathrm{d}[x^{n+1}\mathrm{J}_{n+1}(x)]/\mathrm{d}x = x^{n+1}\mathrm{J}_n(x)$，对上式进行分步积分得到

$$\begin{aligned} f(\vartheta,\varphi) &= \frac{2Q_0}{k_0 a\sin\vartheta}\int_0^1 (1-\eta^2)^n \mathrm{d}[\eta\mathrm{J}_1(\eta k_0 a\sin\vartheta)] \\ &= 2Q_0\frac{2n}{k_0 a\sin\vartheta}\int_0^1 (1-\eta^2)^{n-1}\eta^2\mathrm{J}_1(\eta k_0 a\sin\vartheta)\mathrm{d}\eta \end{aligned} \tag{2.5.55d}$$

上式进一步分步积分，直到 $(1-\eta^2)^{n-1}$ 的阶次降为零，最后得到

$$\begin{aligned} f(\vartheta,\varphi) &= 2Q_0\frac{2^n n!}{(k_0 a\sin\vartheta)^n}\int_0^1 \eta^{n+1}\mathrm{J}_n(\eta k_0 a\sin\vartheta)\mathrm{d}\eta \\ &= Q_0 2^{n+1}n!\frac{\mathrm{J}_{n+1}(k_0 a\sin\vartheta)}{(k_0 a\sin\vartheta)^{n+1}} \end{aligned} \tag{2.5.56a}$$

当 $\vartheta\to 0$ 时，$f(0,\varphi)\to Q_0/(n+1)$, 故归一化方向因子为

$$D(\vartheta) = 2^{n+1}(n+1)!\left|\frac{\mathrm{J}_{n+1}(k_0 a\sin\vartheta)}{(k_0 a\sin\vartheta)^{n+1}}\right| \tag{2.5.56b}$$

图 2.5.14 画出了当 $n=0,1,2$ 时的 $D(\vartheta)$-ϑ 曲线 (取 $k_0 a=8$)，从图可见：随 n 增加，尽管主极大的宽度增加了，但次极大的幅值也减小了. 在实际问题中，使活塞的中央部分振动增强，而边缘减弱，这样可以有效减小次极大.

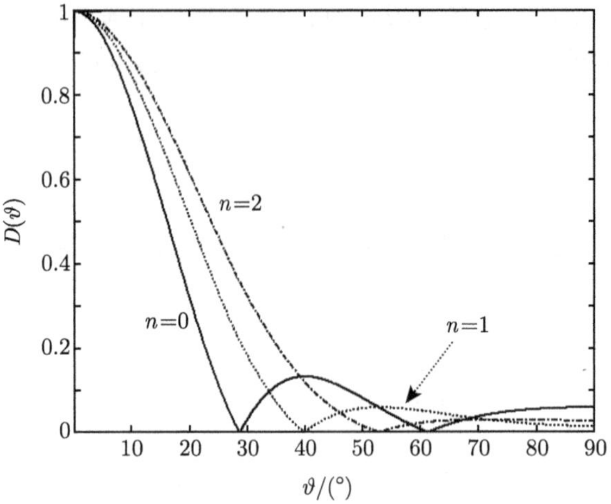

图 2.5.14　$n = 0, 1, 2$ 时的方向因子

长方形刚性活塞　设刚性活塞面为 $(-l_x, l_x) \times (-l_y, l_y)$ 的长方形，由方程 (2.5.42a)，远场声压为

$$p(\eta_x, \eta_y, \omega) \approx -2\mathrm{i}\rho_0 c_0 k_0 \frac{\mathrm{e}^{\mathrm{i}k_0 r}}{4\pi r} \int_{-l_x}^{l_x} \int_{-l_y}^{l_y} \exp[-\mathrm{i}k_0(\eta_x x' + \eta_y y')]\mathrm{d}x'\mathrm{d}y' \tag{2.5.57a}$$

完成积分后得到

$$p(\eta_x, \eta_y, \omega) \approx -2\mathrm{i}\rho_0 c_0 k_0 S_0 \frac{\mathrm{e}^{\mathrm{i}k_0 r}}{4\pi r} \mathrm{sinc}(k_0 \eta_x l_x) \mathrm{sinc}(k_0 \eta_y l_z) \tag{2.5.57b}$$

其中，$\mathrm{sinc}(x) = \sin(x)/x$ 为 sinc 函数，$\eta_x \equiv x/r$, $\eta_y \equiv y/r$, $S_0 = 4l_x l_y$ 是长方形的面积. 为求长方形刚性活塞的辐射阻抗，注意到 Weyl 公式，即方程 (1.3.33b)，方程 (2.5.39) 可以写成

$$\begin{aligned} p(x, y, z, \omega) = &-\frac{\rho_0 c_0 k_0 v_{0z}(\omega)}{4\pi^2} \int_{-l_x}^{l_x} \mathrm{d}x' \int_{-l_y}^{l_y} \mathrm{d}y' \int_{-\infty}^{\infty} \mathrm{d}k_x \int_{-\infty}^{\infty} \mathrm{d}k_y \\ &\times \frac{1}{\xi} \exp\{\mathrm{i}[k_x(x - x') + k_y(y - y') + \xi z]\} \end{aligned} \tag{2.5.58a}$$

其中，$\xi \equiv \sqrt{k_0^2 - (k_x^2 + k_y^2)}$. 上式完成对 x' 和 y' 积分后得到活塞平面上 (注意：在活塞平面上 $z = 0$) 的声压为

$$\begin{aligned} p(x, y, 0, \omega) = &-\frac{\rho_0 c_0 k_0 S_0 v_{0z}(\omega)}{4\pi^2} \int_{-\infty}^{\infty} \mathrm{d}k_x \int_{-\infty}^{\infty} \mathrm{d}k_y \frac{\mathrm{e}^{\mathrm{i}(k_x x + k_y y)}}{\sqrt{k_0^2 - (k_x^2 + k_y^2)}} \\ &\times \mathrm{sinc}(k_x l_x) \mathrm{sinc}(k_y l_y) \end{aligned} \tag{2.5.58b}$$

故活塞面受到声场的作用力为

$$F_{\mathrm{r}}(\omega)=-\frac{\rho_0c_0k_0S_0^2v_{0z}(\omega)}{4\pi^2}\int_{-\infty}^{\infty}\int_{-\infty}^{\infty}\frac{\mathrm{sinc}^2(k_xl_x)\mathrm{sinc}^2(k_yl_y)}{\sqrt{k_0^2-(k_x^2+k_y^2)}}\mathrm{d}k_x\mathrm{d}k_y \tag{2.5.58c}$$

力辐射阻抗为

$$\begin{aligned}Z_{\mathrm{r}}=\frac{F_{\mathrm{r}}(\omega)}{v_{0z}(\omega)}=&-\frac{\rho_0c_0k_0S_0^2}{4\pi^2}\int_0^{2\pi}\int_0^{\infty}\frac{k_\rho}{\sqrt{k_0^2-k_\rho^2}}\mathrm{d}k_\rho\mathrm{d}\varphi\\&\times\mathrm{sinc}^2(l_xk_\rho\cos\varphi)\mathrm{sinc}^2(l_yk_\rho\sin\varphi)\end{aligned} \tag{2.5.58d}$$

其中，对 k_ρ 的积分可分成二个区间：$k_\rho\in(0,k_0)$ 和 $k_\rho\in(k_0,\infty)$ 的积分分别给出辐射阻和辐射抗. 完成上式的积分是困难的，只能通过数值计算进行，有关近似表达式见主要参考书目 10.

非刚性障板 设无限大平面障板的比阻抗率为 $\beta(\omega)$. 此时，非刚性障板的 $S_2(\rho>a,z=0)$ 部分不断吸收声能量，振动速度与声压关系为 $z_n=p/(-v_z)$，或者写成 $v_z+\beta(\omega)p/(\rho_0c_0)=0$，即

$$\left[\frac{\partial p}{\partial z}+\mathrm{i}\frac{\omega}{c_0}\beta(\omega)p\right]\bigg|_{z=0}=0,\quad \rho>a \tag{2.5.59a}$$

而活塞部分 $S_1(\rho<a,z=0)$ 不断辐射声能量，故在活塞部分 S_1 上 $v_z+p\beta(\omega)/(\rho_0c_0)$ 不可能为零，应该等于活塞的驱动速度，即

$$\left[v_z+\frac{\beta(\omega)}{\rho_0c_0}p\right]_{z=0}=\left[\frac{1}{\mathrm{i}k_0\rho_0c_0}\frac{\partial p}{\partial z}+\frac{\beta(\omega)}{\rho_0c_0}p\right]_{z=0}=v_{0z}(x,y,\omega),\quad \rho<a \tag{2.5.59b}$$

方程 (2.5.59a) 和 (2.5.59b) 就是声场满足的边界条件. 此时，我们取 Green 函数满足方程 (2.5.11a)，于是，方程 (2.5.6a) 中面积分变成 (在 S_2 面积分仍然为零)

$$\begin{aligned}\iint_S\left(G\frac{\partial p}{\partial n'}-p\frac{\partial G}{\partial n'}\right)\mathrm{d}S'&=-\iint_{\rho<a}\left(G\frac{\partial p}{\partial z'}-p\frac{\partial G}{\partial z'}\right)\mathrm{d}S_1'\\&=-\mathrm{i}k_0\rho_0c_0\iint_{\rho<a}G\left[\frac{1}{\mathrm{i}k_0\rho_0c_0}\frac{\partial p}{\partial z'}+\frac{\beta(\omega)}{\rho_0c_0}p\right]\mathrm{d}S_1'\\&=-\mathrm{i}k_0\rho_0c_0\iint_{\rho<a}v_{0z}(x',y',\omega)G(\boldsymbol{r},x',y',0)\mathrm{d}S_1'\end{aligned} \tag{2.5.59c}$$

取体源为零 ($\Im(\boldsymbol{r},\omega)=0$) 得到

$$p(\boldsymbol{r},\omega)=-\mathrm{i}k_0\rho_0c_0\iint_{\rho<a}v_{0z}(x',y',\omega)G(\boldsymbol{r},x',y',0)\mathrm{d}x'\mathrm{d}y' \tag{2.5.60a}$$

上式与方程 (2.5.38c) 有相同的形式，但 Green 函数不是由方程 (2.5.7d) 决定了，而应该满足方程 (2.5.11a). 当测量点 $\boldsymbol{r}$ 远离界面 (一个波长以上)，Green 函数近似取方程 (2.5.16b) 的形式，即

$$G(\boldsymbol{r},\boldsymbol{r}')\approx\frac{\mathrm{e}^{\mathrm{i}k_0|\boldsymbol{r}-\boldsymbol{r}'|}}{4\pi|\boldsymbol{r}-\boldsymbol{r}'|}+\frac{\cos\vartheta'-\beta(\omega)}{\cos\vartheta'+\beta(\omega)}\cdot\frac{\mathrm{e}^{\mathrm{i}k_0|\boldsymbol{r}-\boldsymbol{r}''|}}{4\pi|\boldsymbol{r}-\boldsymbol{r}''|}\tag{2.5.60b}$$

其中，$\cos\vartheta'\approx(z-z')/|\boldsymbol{r}-\boldsymbol{r}'|$, 如图 2.5.3 所示. 在平面上 $z'=0$

$$R\equiv|\boldsymbol{r}-\boldsymbol{r}'|_{z'=0}=\sqrt{(x-x')^2+(y-y')+z^2}=|\boldsymbol{r}-\boldsymbol{r}''|_{z'=0}\tag{2.5.60c}$$

以及 $\cos\vartheta'\approx z/R$，方程 (2.5.60b) 简化为

$$G(\boldsymbol{r},\boldsymbol{r}')|_{z'=0}\approx\frac{\mathrm{e}^{\mathrm{i}k_0R}}{4\pi R}+\frac{\cos\vartheta'-\beta(\omega)}{\cos\vartheta'+\beta(\omega)}\cdot\frac{\mathrm{e}^{\mathrm{i}k_0R}}{4\pi R}=\frac{2\cos\vartheta'}{\cos\vartheta'+\beta(\omega)}\cdot\frac{\mathrm{e}^{\mathrm{i}k_0R}}{4\pi R}\tag{2.5.60d}$$

上式代入方程 (2.5.60a) 得到

$$p(\boldsymbol{r},\omega)=-2\mathrm{i}\frac{\rho_0c_0k_0}{4\pi}\iint_{\rho<a}\frac{v_{0z}(x',y',\omega)\cos\vartheta'}{\cos\vartheta'+\beta(\omega)}\cdot\frac{\exp(\mathrm{i}k_0R)}{R}\mathrm{d}x'\mathrm{d}y'\tag{2.5.61a}$$

对刚性障板 $\beta(\omega)\to0$，上式简化为 Rayleigh 积分，即方程 (2.5.39). 在远场条件下，$\cos\vartheta'\approx z/r=\cos\vartheta$，上式简化为

$$\begin{aligned}p(\eta_x,\eta_y,\omega)\approx&-2\mathrm{i}\frac{\rho_0c_0k_0\exp(\mathrm{i}k_0r)}{4\pi r}\cdot\frac{\cos\vartheta}{\cos\vartheta+\beta(\omega)}\\&\times\iint_{\rho<a}v_{0z}(x',y',\omega)\exp[-\mathrm{i}k_0(\eta_xx'+\eta_yy')]\mathrm{d}x'\mathrm{d}y'\end{aligned}\tag{2.5.61b}$$

因此，对非刚性平面障板，多一个方向修正因子 $\cos\vartheta/[\cos\vartheta+\beta(\omega)]$，例如，圆形刚性活塞辐射的方向因子修正为

$$D'(\vartheta)\equiv\left|\frac{\cos\vartheta}{\cos\vartheta+\beta(\omega)}\right|D(\vartheta)\tag{2.5.61c}$$

事实上，一般 β 较小，$D'(\vartheta)$ 主要决定于 $D(\vartheta)$.

2.5.5　圆形刚性活塞辐射的瞬态解

对方程 (2.5.39) 作逆 Fourier 变换就可以得到瞬态辐射解

$$p(\boldsymbol{r},t)=2\frac{\rho_0}{8\pi^2}\frac{\partial}{\partial t}\iint_{\rho<a}\frac{1}{R}\left\{\int_{-\infty}^{\infty}v_{0z}(\omega)\exp\left[\mathrm{i}\omega\left(\frac{R}{c_0}-t\right)\right]\mathrm{d}\omega\right\}\mathrm{d}x'\mathrm{d}y'\tag{2.5.62a}$$

利用 Fourier 变换的卷积特性，上式变成

$$\begin{aligned}p(\boldsymbol{r},t)&=\frac{\rho_0}{2\pi}\frac{\partial}{\partial t}\iint_{\rho<a}\frac{1}{R}\left[\int_{-\infty}^{\infty}v_{0z}(t')\delta\left(\frac{R}{c_0}-t-t'\right)\mathrm{d}t'\right]\mathrm{d}x'\mathrm{d}y'\\&=\frac{\rho_0}{2\pi}\iint_{\rho<a}\frac{1}{R}\dot{v}_{0z}\left(t-\frac{R}{c_0}\right)\mathrm{d}x'\mathrm{d}y'\end{aligned}\tag{2.5.62b}$$

轴上一点的声压 $x=y=0$, $R=\sqrt{\rho'^2+z^2}$，利用 $R\mathrm{d}R=\rho'\mathrm{d}\rho'$，代入上式

$$\begin{aligned}p(0,0,z,t)&=\frac{\rho_0}{2\pi}\int_0^{2\pi}\mathrm{d}\varphi\int_z^H\dot{v}_{0z}\left(t-\frac{R}{c_0}\right)\mathrm{d}R\\&=-\rho_0c_0\int_z^H\frac{\mathrm{d}}{\mathrm{d}R}v_{0z}\left(t-\frac{R}{c_0}\right)\mathrm{d}R\\&=\rho_0c_0\left[v_{0z}\left(t-\frac{z}{c_0}\right)-v_{0z}\left(t-\frac{\sqrt{a^2+z^2}}{c_0}\right)\right]\end{aligned}\tag{2.5.63a}$$

故 z 轴上一点的声波由二个平面波组成：早到达的是由活塞中心发出的平面波，后一个是活塞边缘发出的平面波，但相位相反. 当 $z\gg a$ 时

$$\sqrt{a^2+z^2}=z\sqrt{1+\frac{a^2}{z^2}}\approx z+\frac{a^2}{2z}\tag{2.5.63b}$$

故

$$\begin{aligned}v_{0z}\left(t-\frac{\sqrt{a^2+z^2}}{c_0}\right)&\approx v_{0z}\left(t-\frac{z}{c_0}-\frac{a^2}{2c_0z}\right)\\&\approx v_{0z}\left(t-\frac{z}{c_0}\right)-\dot{v}_{0z}\left(t-\frac{z}{c_0}\right)\frac{a^2}{2c_0z}\end{aligned}\tag{2.5.63c}$$

上式代入方程 (2.5.63a) 得到

$$p(0,0,z,t)\approx\dot{v}_{0z}\left(t-\frac{z}{c_0}\right)\frac{a^2\rho_0}{2z}\tag{2.5.63d}$$

可见：①在远场，声压 $1/z$ 衰减，像球面波一样；②声压正比于活塞的加速度 $\dot{v}_{0z}$，而不是速度 v_{0z}.

单频情况 以 $v_{0z}(t)=v_{0z}(\omega)\exp(-\mathrm{i}\omega t)$ 代入方程 (2.5.63a) 得到

$$p(0,0,z,t)=\rho_0c_0v_{0z}(\omega)\left\{\exp\left[-\mathrm{i}\omega\left(t-\frac{z}{c_0}\right)\right]-\exp\left[-\mathrm{i}\omega\left(t-\frac{H}{c_0}\right)\right]\right\}\tag{2.5.64a}$$

其中，$H=\sqrt{a^2+z^2}$，经简单的代数运算后得到与方程 (2.5.45b) 完全相同的结果

$$\begin{aligned}p(0,0,z,t)&=\rho_0c_0v_{0z}(\omega)\mathrm{e}^{-\mathrm{i}\omega t}[\exp(\mathrm{i}k_0z)-\exp(\mathrm{i}k_0H)]\\&=\rho_0c_0v_{0z}(\omega)\mathrm{e}^{-\mathrm{i}\omega t}[\mathrm{e}^{-\mathrm{i}k_0(H-z)/2}-\mathrm{e}^{\mathrm{i}k_0(H-z)/2}]\mathrm{e}^{\mathrm{i}k_0(H+z)/2}\\&=-2\mathrm{i}\rho_0c_0v_{0z}(\omega)\mathrm{e}^{-\mathrm{i}\omega t}\sin\left[\frac{k_0a}{2}\left(\sqrt{1+\frac{z^2}{a^2}}-\frac{z}{a}\right)\right]\mathrm{e}^{\mathrm{i}k_0(H+z)/2}\end{aligned}\tag{2.5.64b}$$

远场 把 $R\approx r-(xx'+yy')/r=r-\rho'\sin\vartheta\cos(\varphi-\varphi')$ 代入方程 (2.5.62b)

$$p(r,\vartheta,\varphi,t)\approx\frac{\rho_0}{2\pi r}\int_0^{2\pi}\int_0^a\dot{v}_{0z}\left[t-\frac{r}{c_0}+\frac{\rho'\sin\vartheta\cos(\varphi-\varphi')}{c_0}\right]\rho'\mathrm{d}\rho'\mathrm{d}\varphi'\tag{2.5.65a}$$

完成上式积分是困难的. 注意到声压应该与 φ 无关，我们进一步取近似，如图 2.5.15，在活塞面 x 处取平行于 y 轴的带区 (宽度为 $\mathrm{d}x$，面积为 $2\sqrt{a^2-x^2}\mathrm{d}x$)，带区 $\mathrm{d}x$ 到远场点 $P(r,\vartheta)$(与 φ 无关) 的距离近似为 $L\approx r-x\sin\vartheta$(注意：一般，带区中各点到 P 的距离不一样，但当 r 很大时，可以认为近似相等). 于是方程 (2.5.65a) 的面积分可近似为

$$p(r,\vartheta,t)\approx\frac{\rho_0}{\pi r}\int_{-a}^{a}\dot{v}_{0z}\left(t-\frac{r-x\sin\vartheta}{c_0}\right)\sqrt{a^2-x^2}\mathrm{d}x \tag{2.5.65b}$$

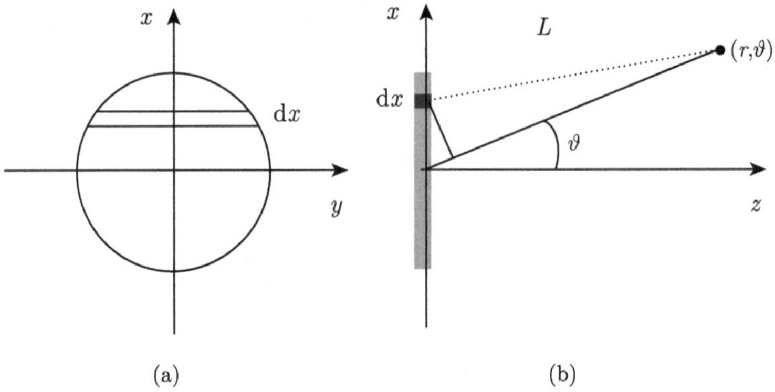

图 2.5.15　计算 Rayleigh 积分中取活塞面上的带区域

(a) 正面；(b) 侧面

令 $t_r\equiv t-r/c_0$, $\mu\equiv x/a$, $b\equiv(a/c_0)\sin\vartheta$ 和 $D_t\equiv\partial/\partial t$，上式变成

$$p(r,\vartheta,t)\approx\frac{\rho_0 a^2}{\pi r}D_t\int_{-1}^{1}v_{0z}(t_r+b\mu)\sqrt{1-\mu^2}\mathrm{d}\mu \tag{2.5.65c}$$

活塞振动速度 $v_{0z}(t_r+b\mu)$ 展开成 Taylor 级数

$$v_{0z}(t_r+b\mu)=\sum_{j=0}^{\infty}\frac{1}{j!}(b\mu)^j D_t^j v_{0z}(t_r) \tag{2.5.65d}$$

代入方程 (2.5.65c) 得到

$$\begin{aligned}p(r,\vartheta,t)&\approx\frac{\rho_0 a^2}{\pi r}D_t\sum_{j=0}^{\infty}\frac{1}{j!}b^j D_t^j v_{0z}(t_r)\int_{-1}^{1}\mu^j\sqrt{1-\mu^2}\mathrm{d}\mu\\&=\frac{2\rho_0 a^2}{\pi r}D_t\sum_{j=0}^{\infty}\frac{1}{(2j)!}b^{2j}D_t^{2j}v_{0z}(t_r)\int_0^1\mu^{2j}\sqrt{1-\mu^2}\mathrm{d}\mu\end{aligned} \tag{2.5.66a}$$

得到上式, 已去掉了积分为零的奇数项，而偶数项关于 $\mu=0$ 对称. 利用积分关系

$$\int_0^1\mu^{2j}\sqrt{1-\mu^2}\mathrm{d}\mu=\frac{\pi(2j)!}{2^{2j+2}j!(j+1)!} \tag{2.5.66b}$$

方程 (2.5.66a) 变成

$$p(r,\vartheta,t)\approx\frac{\rho_0 a^2}{2r}\sum_{j=0}^{\infty}(-1)^j\frac{(\mathrm{i}bD_t/2)^{2j}}{j!(j+1)!}\dot{v}_{0z}(t_r) \tag{2.5.66c}$$

注意：微分算子 D_t 的幂次表示求导的阶数. 根据 Bessel 函数的级数表达式

$$\mathrm{J}_1(x)=\sum_{j=0}^{\infty}(-1)^j\frac{x^{2j+1}}{j!(j+1)!} \tag{2.5.66d}$$

形式上，方程 (2.5.66c) 可写成

$$p(r,\vartheta,t)\approx\frac{\rho_0 a^2}{2r}\frac{2\mathrm{J}_1[\mathrm{i}(a/c_0)\sin\vartheta D_t]}{\mathrm{i}(a/c_0)\sin\vartheta D_t}\dot{v}_{0z}(t_r) \tag{2.5.67a}$$

三个特殊情况是：①$v_{0z}(t)=v_{0z}(\omega)\exp(-\mathrm{i}\omega t)$，微分算子 D_t 为 $D_t=-\mathrm{i}\omega$，上式就是方程 (2.5.43c)；②在 z 轴上 ($\vartheta=0$)，上式给出方程 (2.5.63d) 的结果；③在 z 轴附近 ($\vartheta\approx 0$)，方程 (2.5.67a) 近似为

$$p(r,\vartheta,t)\approx\frac{\rho_0 a^2}{2r}\left[\dot{v}_{0z}(t_r)+\frac{1}{8}\left(\frac{a}{c_0}\sin\vartheta\right)^2 v_{0z}^{(3)}(t_r)+\frac{1}{192}\left(\frac{a}{c_0}\sin\vartheta\right)^4 v_{0z}^{(5)}(t_r)+\cdots\right] \tag{2.5.67b}$$

上式表明：离轴声场与活塞振动的高阶导数有关.

2.5.6 自由空间的圆盘辐射

如图 2.5.16，半径为 a 的无限薄圆盘在 z 方向的外力作用下作振动，向自由空间辐射声波. 由于不存在无限大障板，圆盘正面 (法向为 $\boldsymbol{n}_S=\boldsymbol{e}_z$ 的面，用 S_+ 表示) 与反面 (法向为 $\boldsymbol{n}_S=-\boldsymbol{e}_z$ 的面，用 S_- 表示) 振动产生的声波在空间一点相互干涉，使圆盘辐射的声功率大大下降. 尽管本例中不存在界面，但求解必须用到方程 (2.5.6a).

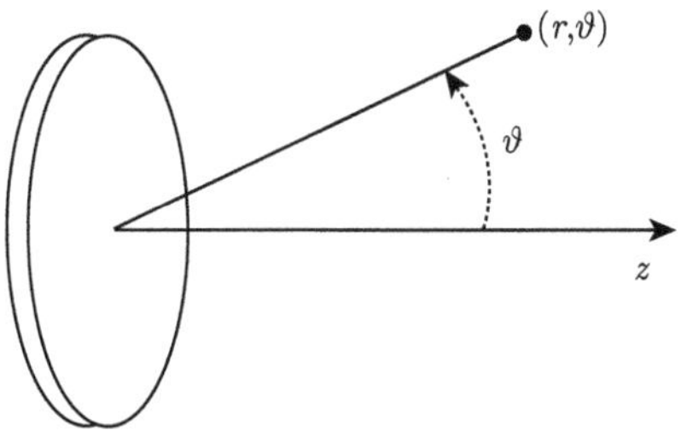

图 2.5.16 自由空间的圆盘辐射

显然方程 (2.5.6a) 中 $\Im(\boldsymbol{r},\omega)=0$，另一方面，取 $S=S_R+S_++S_-$ 为大球面 (无限大) 和圆盘的正、反面，在大球面，声场和 Green 函数满足 Sommerfeld 条件，

故方程 (2.5.6a) 中大球面上的面积分为零，只有圆盘的正、反面的面积分

$$
\begin{aligned}
p(\boldsymbol{r},\omega)=&\iint_{S_+}\left[G(\boldsymbol{r},\boldsymbol{r}')\frac{\partial p_+(\boldsymbol{r}',\omega)}{\partial n'_+}-p_+(\boldsymbol{r}',\omega)\frac{\partial G(\boldsymbol{r},\boldsymbol{r}')}{\partial n'_+}\right]\mathrm{d}S'\\
&+\iint_{S_-}\left[G(\boldsymbol{r},\boldsymbol{r}')\frac{\partial p_-(\boldsymbol{r}',\omega)}{\partial n'_-}-p_-(\boldsymbol{r}',\omega)\frac{\partial G(\boldsymbol{r},\boldsymbol{r}')}{\partial n'_-}\right]\mathrm{d}S'\\
=&\iint_{S_0}G(\boldsymbol{r},\boldsymbol{r}')\left[\frac{\partial p_+(\boldsymbol{r}',\omega)}{\partial n'_+}+\frac{\partial p_-(\boldsymbol{r}',\omega)}{\partial n'_-}\right]\mathrm{d}S'\\
&-\iint_{S_0}\left[p_+(\boldsymbol{r}',\omega)\frac{\partial G(\boldsymbol{r},\boldsymbol{r}')}{\partial n'_+}+p_-(\boldsymbol{r}',\omega)\frac{\partial G(\boldsymbol{r},\boldsymbol{r}')}{\partial n'_-}\right]\mathrm{d}S'
\end{aligned}
\tag{2.5.68a}
$$

得到上式，已注意到当圆盘无限薄时 $S_+=S_-\equiv S_0$, 但圆盘正、反面的法向振动速度满足 $v_{0n}^+(\boldsymbol{r}',\omega)=-v_{0n}^-(\boldsymbol{r}',\omega)\equiv v_0(\omega)$，因此

$$
\begin{aligned}
\frac{\partial p_+(\boldsymbol{r}',\omega)}{\partial n'_+}+\frac{\partial p_-(\boldsymbol{r}',\omega)}{\partial n'_-}&=\mathrm{i}\rho_0\omega[v_{0n}^+(\boldsymbol{r}',\omega)+v_{0n}^-(\boldsymbol{r}',\omega)]\\
&=\mathrm{i}\rho_0\omega[v_0(\omega)-v_0(\omega)]=0
\end{aligned}
\tag{2.5.68b}
$$

而

$$
\begin{aligned}
&p_+(\boldsymbol{r}',\omega)\frac{\partial G(\boldsymbol{r},\boldsymbol{r}')}{\partial n'_+}+p_-(\boldsymbol{r}',\omega)\frac{\partial G(\boldsymbol{r},\boldsymbol{r}')}{\partial n'_-}\\
=&-[p_+(\boldsymbol{r}',\omega)-p_-(\boldsymbol{r}',\omega)]\frac{\partial G(\boldsymbol{r},\boldsymbol{r}')}{\partial z'}\equiv-\frac{\mathrm{d}F}{\mathrm{d}S}\cdot\frac{\partial G(\boldsymbol{r},\boldsymbol{r}')}{\partial z'}
\end{aligned}
\tag{2.5.68c}
$$

其中，$\mathrm{d}F=[p_+(\boldsymbol{r}',\omega)-p_-(\boldsymbol{r}',\omega)]\mathrm{d}S$ 为圆盘上面源受到的力. 注意：上式中的法向是区域的法向. 把方程 (2.5.68b) 和 (2.5.68c) 代入方程 (2.5.68a) 得到

$$
p(\boldsymbol{r},\omega)=\iint_{S_0}\frac{\mathrm{d}F}{\mathrm{d}S'}\cdot\frac{\partial G(\boldsymbol{r},\boldsymbol{r}')}{\partial z'}\mathrm{d}S'=\iint_{S_0}\frac{\mathrm{d}F}{\mathrm{d}S'}\cdot\frac{\partial}{\partial z'}\left[\frac{\exp(\mathrm{i}k_0R)}{4\pi R}\right]_{z'=0}\mathrm{d}x'\mathrm{d}y'
\tag{2.5.69a}
$$

其中，$G(\boldsymbol{r},\boldsymbol{r}')$ 取自由空间的 Green 函数，R 为空间一点 (x,y,z) 到圆盘上一点 $(x',y',z'=0)$ 的距离

$$
R=\sqrt{(x-x')^2+(y-y')^2+(z-z')^2}
\tag{2.5.69b}
$$

远场 $k_0r\gg1(r\gg a)$，取近似

$$
\begin{aligned}
R&=\sqrt{r^2+r'^2-2\boldsymbol{r}\cdot\boldsymbol{r}'}=r-\frac{\boldsymbol{r}\cdot\boldsymbol{r}'}{r}\\
&=r-\rho'\sin\vartheta\cos(\varphi-\varphi')-z'\cos\vartheta
\end{aligned}
\tag{2.5.69c}
$$

代入方程 (2.5.69a)

$$
p(\boldsymbol{r},\omega)\approx-\mathrm{i}k_0\frac{\exp(\mathrm{i}k_0r)}{4\pi r}\cos\vartheta\cdot\iint_{S_0}\frac{\mathrm{d}F}{\mathrm{d}S'}\mathrm{e}^{-\mathrm{i}k_0\rho'\sin\vartheta\cos(\varphi-\varphi')}\mathrm{d}x'\mathrm{d}y'
\tag{2.5.69d}
$$

注意: 必须先求导数再取 $z'=0$. 假定 $\mathrm{d}F/\mathrm{d}S \approx F/\pi a^2$ 与圆盘上的点无关 (其中, F 是圆盘施加在流体上的力)，那么方程 (2.5.69d) 简化成

$$p(\boldsymbol{r},\omega) \approx -\mathrm{i}k_0 F \frac{\exp(\mathrm{i}k_0 r)}{4\pi r} \cdot \frac{2\mathrm{J}_1(k_0 a \sin\vartheta)}{k_0 a \sin\vartheta} \cos\vartheta \tag{2.5.70a}$$

在低频下，上式简化为

$$p(\boldsymbol{r},\omega) \approx -\mathrm{i}k_0 F \frac{\exp(\mathrm{i}k_0 r)}{4\pi r} \cos\vartheta \tag{2.5.70b}$$

故低频时，自由空间的圆盘辐射相当于偶极子辐射，辐射效率很低.

以上讨论较为复杂，下面介绍一种简单方法. 我们可以把薄圆盘的振动等价于对流体施加一个作用力

$$\boldsymbol{f}(\rho,z,\omega) = \boldsymbol{e}_z \frac{F(\omega)}{\rho_0 \pi a^2} \begin{cases} \delta(z), & \rho < a \\ 0, & \rho > a \end{cases} \tag{2.5.71a}$$

把 $\boldsymbol{f}(\rho,z,\omega)$(单位密度的体力) 作为体源来考虑，于是由方程 (1.2.11b)(体质量源和体热源取为零) 和 (2.5.3b)

$$\begin{aligned} p(\boldsymbol{r},\omega) &= -\rho_0 \int_V G(\boldsymbol{r}',\boldsymbol{r}) \nabla' \cdot \boldsymbol{f} \mathrm{d}^3\boldsymbol{r}' \\ &= -\rho_0 \int_V \{\nabla' \cdot [G(\boldsymbol{r}',\boldsymbol{r})\boldsymbol{f}] - \boldsymbol{f} \cdot \nabla' G(\boldsymbol{r}',\boldsymbol{r})\} \mathrm{d}^3\boldsymbol{r}' \\ &= -\rho_0 \iint_S G(\boldsymbol{r}',\boldsymbol{r}) \boldsymbol{f} \cdot \boldsymbol{n} \mathrm{d}S' + \rho_0 \int_V \boldsymbol{f} \cdot \nabla' G(\boldsymbol{r}',\boldsymbol{r}) \mathrm{d}^3\boldsymbol{r}' \\ &= \rho_0 \int_V \boldsymbol{f} \cdot \nabla' G(\boldsymbol{r}',\boldsymbol{r}) \mathrm{d}^3\boldsymbol{r}' \end{aligned} \tag{2.5.71b}$$

其中，面积分当 $S \to 0$ 时为零，$G(\boldsymbol{r},\boldsymbol{r}')$ 取自由空间的 Green 函数. 把方程 (2.5.71a) 代入上式得到

$$\begin{aligned} p(\boldsymbol{r},\omega) &= \frac{F(\omega)}{\pi a^2} \iint_{S_0} \int_{-\infty}^{\infty} \frac{\partial G(\boldsymbol{r}',\boldsymbol{r})}{\partial z'} \delta(z') \mathrm{d}z' \mathrm{d}S' \\ &= \frac{F(\omega)}{\pi a^2} \iint_{S_0} \left. \frac{\partial G(\boldsymbol{r}',\boldsymbol{r})}{\partial z'} \right|_{z'=0} \mathrm{d}S' \end{aligned} \tag{2.5.71c}$$

注意到 $\mathrm{d}F/\mathrm{d}S \approx F/\pi a^2$，上式与方程 (2.5.69a) 完全一致.

2.5.7 平面上非相干源的辐射

考虑平面上非相干振动引起的声辐射是有实际意义的，例如，连接在多台机器上板的振动辐射，就可以看作非相干源的辐射. 设平面振动的法向速度 $v_{0z}(x',y',t)$

随时空坐标 (x',y',t) 随机变化，由方程 (2.5.42a)，远场一点 (r,ϑ,φ) 的声压为

$$p(r,\vartheta,\varphi,\omega)\approx -2\mathrm{i}\rho_0c_0k_0\frac{\mathrm{e}^{\mathrm{i}k_0r}}{4\pi r}\iint_S v_{0z}(x',y',\omega)\mathrm{e}^{-\mathrm{i}(k_xx'+k_yy')}\mathrm{d}x'\mathrm{d}y' \tag{2.5.72a}$$

其中，$k_x\equiv k_0\sin\vartheta\cos\varphi$; $k_y\equiv k_0\sin\vartheta\sin\varphi$. 注意：①上式中积分面在存在振动的区域 S 内进行；②假定不存在振动的部分位于xOy平面的无限大刚性障板上.

于是，远场平均声强 $I_r^\omega(r,\vartheta,\varphi)=|p(r,\vartheta,\varphi,\omega)|^2/2\rho_0c_0$ 为

$$\begin{aligned}I_r^\omega(r,\vartheta,\varphi)\approx&\frac{\rho_0c_0k_0^2}{8\pi^2r^2}\iint_S v_{0z}(x,y,\omega)\\&\times\left\{\iint_S v_{0z}(x',y',\omega)\mathrm{e}^{-\mathrm{i}[k_x(x'-x)+k_y(y'-y)]}\mathrm{d}x'\mathrm{d}y'\right\}\mathrm{d}x\mathrm{d}y\end{aligned} \tag{2.5.72b}$$

注意到上式中对 (x',y') 积分时，(x,y) 是常量，故令积分变换 $L_x=x'-x$ 和 $L_y=y'-y$，则上式变成 (注意：作积分变换后，积分区域也应该变化，但我们假定积分面 S 足够大)

$$I_r^\omega(r,\vartheta,\varphi)=\frac{\rho_0c_0k_0^2S}{8\pi^2r^2}\iint_S \varUpsilon^\omega(L_x,L_y)\mathrm{e}^{-\mathrm{i}(k_xL_x+k_yL_y)}\mathrm{d}L_x\mathrm{d}L_y \tag{2.5.72c}$$

函数 $\varUpsilon^\omega(L_x,L_y)$ 称为振动速度的**空间自相关函数**

$$\varUpsilon^\omega(L_x,L_y)=\frac{1}{S}\iint_S v_{0z}^*(x,y,\omega)v_{0z}(L_x+x,L_y+y,\omega)\mathrm{d}x\mathrm{d}y \tag{2.5.72d}$$

显然

$$\varUpsilon^\omega(0,0)=\frac{1}{S}\iint_S |v_{0z}(x,y,\omega)|^2\mathrm{d}x\mathrm{d}y \tag{2.5.72e}$$

即空间自相关函数在零点的值为 $|v_{0z}(x,y,\omega)|^2$ 的空间平均. 设空间相关函数为

$$\varUpsilon^\omega(L_x,L_y)=\varUpsilon^\omega(0,0)\exp\left(-\frac{L_x^2+L_x^2}{2L_c^2}\right) \tag{2.5.73a}$$

其中，L_c 称为**空间相关长度**. 上式代入方程 (2.5.72c) 得到

$$\begin{aligned}I_r^\omega(r,\vartheta,\varphi)=&\frac{\rho_0c_0k_0^2S}{8\pi^2r^2}\varUpsilon^\omega(0,0)\\&\times\int_{-L_{\max}}^{L_{\max}}\int_{-L_{\max}}^{L_{\max}}\exp\left(-\frac{L_x^2+L_x^2}{2L_c^2}\right)\mathrm{e}^{-\mathrm{i}(k_xL_x+k_yL_y)}\mathrm{d}L_x\mathrm{d}L_y\end{aligned} \tag{2.5.73b}$$

其中，$L_{\max}$ 是存在振动的最大线度. 注意到上式积分的主要贡献在零点附近，故取 $L_{\max}\to\infty$ 得

$$I_r^\omega(r,\vartheta,\varphi)=\frac{\rho_0c_0k_0^2S}{8\pi^2r^2}\varUpsilon^\omega(0,0)\int_{-\infty}^{\infty}\int_{-\infty}^{\infty}\exp\left(-\frac{L_x^2+L_x^2}{2L_c^2}\right)\mathrm{e}^{-\mathrm{i}(k_xL_x+k_yL_y)}\mathrm{d}L_x\mathrm{d}L_y \tag{2.5.73c}$$

完成积分后得到 (注意: 积分可以在极坐标中完成，利用方程 (2.5.31b) 和附录中方程 (E5.1))

$$I_r^\omega(r,\vartheta)=\frac{\rho_0\omega^2L_c^2}{4\pi c_0r^2}\exp\left(-\frac{\omega^2L_c^2}{2c_0^2}\sin^2\vartheta\right)\iint_S|v_{0z}(x,y,\omega)|^2\mathrm{d}x\mathrm{d}y \tag{2.5.73d}$$

另一方面，振动速度 $v_{0z}(x,y,t)$ 随时间变化也是随机的，其 Fourier 变换为

$$v_{0z}(x,y,\omega)=\frac{1}{2\pi}\int_{-\infty}^{\infty}v_{0z}(x,y,t)\exp(\mathrm{i}\omega t)\mathrm{d}t \tag{2.5.74a}$$

上式代入方程 (2.5.73d) 的 $|v_{0z}(x,y,\omega)|^2$ 平均项

$$\iint_S|v_{0z}(x,y,\omega)|^2\mathrm{d}x\mathrm{d}y=\frac{T}{(2\pi)^2}\iint_S\int_{-\infty}^{\infty}U(x,y,\tau)\exp(-\mathrm{i}\omega\tau)\mathrm{d}\tau\mathrm{d}x\mathrm{d}y \tag{2.5.74b}$$

其中，$T\to\infty$ 为平均时间，$U(x,y,\tau)$ 为振动速度的**时间自相关函数**

$$U(x,y,\tau)\equiv\frac{1}{T}\int_{-\infty}^{\infty}v_{0z}(x,y,t)v_{0z}^*(x,y,t+\tau)\mathrm{d}t \tag{2.5.74c}$$

显然

$$U(x,y,0)=\frac{1}{T}\int_{-\infty}^{\infty}|v_{0z}(x,y,t)|^2\mathrm{d}t \tag{2.5.74d}$$

即时间自相关函数在零点的值为 $|v_{0z}(x,y,\omega)|^2$ 的时间平均. 设时间相关函数为

$$U(x,y,\tau)=U(x,y,0)\exp\left(-\frac{\tau^2}{2\tau_c^2}\right) \tag{2.5.75a}$$

其中，τ_c 称为**时间相关长度**. 上式代入方程 (2.5.74b) 得到

$$\iint_S|v_{0z}(x,y,\omega)|^2\mathrm{d}x\mathrm{d}y=\frac{\sqrt{2\pi}\tau_cST}{(2\pi)^2}\left\langle\overline{|v_{0z}|^2}\right\rangle\exp\left(-\frac{\omega^2\tau_c^2}{4}\right) \tag{2.5.75b}$$

其中，$\left\langle\overline{|v_{0z}|^2}\right\rangle$ 为振动速度的时空平均 (从测量得到)

$$\left\langle\overline{|v_{0z}|^2}\right\rangle\equiv\frac{1}{ST}\int_{-\infty}^{\infty}\iint_S|v_{0z}(x,y,t)|^2\mathrm{d}x\mathrm{d}y\mathrm{d}t \tag{2.5.75c}$$

注意: 得到方程 (2.5.75b)，利用了积分关系

$$\int_{-\infty}^{\infty}\exp\left(-\frac{\tau^2}{2\tau_c^2}\right)\exp(-\mathrm{i}\omega\tau)\mathrm{d}\tau=\sqrt{2\pi}\tau_c\exp\left(-\frac{\omega^2\tau_c^2}{4}\right) \tag{2.5.75d}$$

把方程 (2.5.75b) 代入方程 (2.5.73d) 得到远场声强的频率分布

$$I_r^\omega(r,\vartheta)=\frac{\rho_0\omega^2L_c^2}{4\pi c_0r^2}\cdot\frac{\sqrt{2\pi}\tau_cST}{(2\pi)^2}\left\langle\overline{|v_{0z}|^2}\right\rangle\exp\left(-\frac{\omega^2L_c^2}{2c_0^2}\sin^2\vartheta\right)\exp\left(-\frac{\omega^2\tau_c^2}{4}\right) \tag{2.5.76a}$$

于是，在时间 $T \to \infty$ 内，远场声强为

$$I_r(r,\vartheta) = \frac{2\pi}{T}\int_{-\infty}^{\infty} I_r^{\omega}(r,\vartheta)\mathrm{d}\omega \tag{2.5.76b}$$

由方程 (2.5.76a) 得到

$$I_r(r,\vartheta) = \frac{\rho_0 L_c^2}{2c_0 r^2}\cdot\frac{\sqrt{2\pi}\tau_c S}{(2\pi)^2}\left\langle\overline{|v_{0z}|^2}\right\rangle\int_{-\infty}^{\infty}\omega^2\exp\left[-\left(\frac{L_c^2}{2c_0^2}\sin^2\vartheta + \frac{\tau_c^2}{4}\right)\omega^2\right]\mathrm{d}\omega \tag{2.5.76c}$$

注意到积分关系

$$\int_{-\infty}^{\infty}\omega^2\exp(-\beta\omega^2)\mathrm{d}\omega = \frac{\sqrt{\pi}}{2\beta^{3/2}} \tag{2.5.76d}$$

最后，得到远场声强为

$$I_r(r,\vartheta) = \frac{\rho_0 c_0 S}{\sqrt{2\pi} r^2}\cdot\frac{L_c^2}{c_0^2\tau_c^2}\cdot\left\langle\overline{|v_{0z}|^2}\right\rangle\frac{1}{(1+\delta^2\sin^2\vartheta)^{3/2}} \tag{2.5.76e}$$

其中，$\delta^2 \equiv 2L_c^2/c_0^2\tau_c^2$. 上式表明，远场声强正比于随机振动的面积 S, 这是合理的结果. 对机器振动引起的板随机振动，空间相关长度大约是中心频率对应的波长，而时间相关长度大约是中心频率对应的周期，即 $L_c^2/c_0^2\tau_c^2 \sim 1$，因此，声辐射能量大部分集中在 $\vartheta \approx 0$ 方向.

由以上讨论可见，远场声强与相关函数的关系密切, 如果振动速度随时间按方程 (1.6.39a) 作单频随机振动，即

$$v_{0z}(x,y,t) = v_{0z}(x,y)\exp[-\mathrm{i}(\omega_c t + \Theta)] \tag{2.5.77a}$$

则时间相关函数由方程 (1.6.39b) 得到

$$U(x,y,\tau) = |v_{0z}(x,y)|^2\exp(-\mathrm{i}\omega_c\tau) \tag{2.5.77b}$$

代入方程 (2.5.74b) 得到

$$\iint_S |v_{0z}(x,y,\omega)|^2\mathrm{d}x\mathrm{d}y = \frac{ST}{(2\pi)^2}\left\langle\overline{|v_{0z}|^2}\right\rangle_{xy}\delta(\omega-\omega_c) \tag{2.5.77c}$$

其中，$\left\langle\overline{|v_{0z}|^2}\right\rangle_{xy}$ 为振动速度的空间平均 (从测量得到)

$$\left\langle\overline{|v_{0z}|^2}\right\rangle_{xy} \equiv \frac{1}{S}\iint_S |v_{0z}(x,y)|^2\mathrm{d}x\mathrm{d}y \tag{2.5.77d}$$

把方程 (2.5.77c) 代入方程 (2.5.73d) 得到远场声强的频率分布

$$I_r^{\omega}(r,\vartheta) = \frac{\rho_0 L_c^2}{4\pi c_0 r^2}\cdot\frac{ST}{(2\pi)^2}\left\langle\overline{|v_{0z}|^2}\right\rangle_{xy}\omega^2\exp\left(-\frac{\omega^2 L_c^2}{2c_0^2}\sin^2\vartheta\right)\delta(\omega-\omega_c) \tag{2.5.78a}$$

最后，由方程 (2.5.76b) 得到远场声强为

$$I_r(r,\vartheta) \sim \frac{\rho_0 c_0 S L_c^2 \omega_c^2 / c_0^2}{8\pi^2 r^2} \left\langle \overline{|v_{0z}|^2} \right\rangle_{xy} \exp\left(-\frac{\omega_c^2 L_c^2}{2c_0^2}\sin^2\vartheta\right) \tag{2.5.78b}$$

对方程 (1.6.38c) 所表示的自相关函数，也可作相应的计算 (作为习题).

2.6 有限束超声场和非衍射波

从 2.5.4 小节可见, 无限大刚性障板上活塞辐射的声场非常复杂, 表现为: ①近场变化剧烈; ②远场指向性存在旁瓣. 而在超声检测中，声换能器一般是圆形活塞型的，复杂的声场对实际的检测是不利的. 因此，能否设计活塞面上的振动形式，克服刚性活塞辐射的上述缺点？另一方面，衍射和色散 (与介质特性有关) 是波动 (包括电磁波) 的基本特性. 由于衍射，波在空间传播过程中，波束将在空间域展宽，影响检测过程的横向空间分辨率; 而由于色散，波脉冲将在时间域展宽，影响检测过程的时间分辨率. 我们知道，空间声场必须满足波动方程或者 Helmholtz 方程，那么它们是否存在无衍射 (即在波传播过程中，波束不扩散形式) 的解呢？如果存在，如何实现？

2.6.1 有限束超声场和抛物近似

考虑辐射面为 xOy 平面，z 方向 (xOy 平面的法向) 的速度分量为 $U_0(x,y,\omega)$，半空间 ($z>0$) 的声场满足 Helmholtz 方程及边界条件

$$\begin{gathered}\left(\frac{\partial^2}{\partial x^2}+\frac{\partial^2}{\partial y^2}+\frac{\partial^2}{\partial z^2}+k_0^2\right)p(x,y,z,\omega)=0,\quad z>0\\ v_z(x,y,z,\omega)|_{z=0}=\frac{1}{\mathrm{i}\rho_0\omega}\left.\frac{\partial p}{\partial z}\right|_{z=0}=U_0(x,y,\omega)\end{gathered} \tag{2.6.1a}$$

我们不直接用 Rayleigh 积分，即方程 (2.5.39)，而用二维空间 Fourier 变换方法求解上述边值问题. 由于 x 和 y 方向无限，令解为

$$p(x,y,z,\omega)=\int_{-\infty}^{\infty}\int_{-\infty}^{\infty}p(k_x,k_y,z,\omega)\exp[\mathrm{i}(k_x x+k_y y)]\mathrm{d}k_x\mathrm{d}k_y \tag{2.6.1b}$$

把上式代入方程 (2.6.1a) 的第一式

$$\frac{\mathrm{d}^2 p(k_x,k_y,z,\omega)}{\mathrm{d}z^2}+k_z^2 p(k_x,k_y,z,\omega)=0 \tag{2.6.1c}$$

其中，$k_z^2\equiv k_0^2-k_x^2-k_y^2$. 因 $z>0$ 半空间无限，不存在反射声波，故取 z 方向传播的解

$$p(k_x,k_y,z,\omega)=A(k_x,k_y)\exp(\mathrm{i}k_z z) \tag{2.6.2a}$$

上式代入方程 (2.6.1b)，并且利用方程 (2.6.1a) 中第二式边界条件

$$\frac{1}{\rho_0\omega}\int_{-\infty}^{\infty}\int_{-\infty}^{\infty}k_zA(k_x,k_y)\exp[\mathrm{i}(k_xx+k_yy)]\mathrm{d}k_x\mathrm{d}k_y=U_0(x,y,\omega) \tag{2.6.2b}$$

因此得到

$$A(k_x,k_y)=\frac{\rho_0\omega}{(2\pi)^2}\cdot\frac{1}{k_z}\int_{-\infty}^{\infty}\int_{-\infty}^{\infty}U_0(x,y,\omega)\exp[-\mathrm{i}(k_xx+k_yy)]\mathrm{d}x\mathrm{d}y \tag{2.6.2c}$$

在柱坐标下，设

$$U_0(\rho\cos\varphi,\rho\sin\varphi,\omega)=\sum_{m=-\infty}^{\infty}U_m(\rho,\omega)\mathrm{e}^{\mathrm{i}m\varphi} \tag{2.6.3a}$$

注意到：$k_x=k_\rho\cos\varphi_k$ 和 $k_y=k_\rho\sin\varphi_k$(其中，(k_ρ,φ_k) 表示波矢量 $\boldsymbol{k}$ 空间中的极坐标)，方程 (2.6.2c) 和 (2.6.1b) 变成

$$\begin{aligned}A(k_\rho\cos\varphi_k,k_\rho\sin\varphi_k)=&\frac{\rho_0\omega}{(2\pi)^2}\cdot\frac{1}{k_z}\sum_{m=-\infty}^{\infty}\int_0^{\infty}U_m(\rho,\omega)\rho\mathrm{d}\rho\\&\times\int_0^{2\pi}\mathrm{e}^{-\mathrm{i}k_\rho\rho\cos(\varphi-\varphi_k)+\mathrm{i}m\varphi}\mathrm{d}\varphi\\=&\frac{\rho_0\omega}{2\pi k_z}\sum_{m=-\infty}^{\infty}\mathrm{e}^{\mathrm{i}m(\varphi_k-\pi/2)}\int_0^{\infty}\mathrm{J}_m(k_\rho\rho)U_m(\rho,\omega)\rho\mathrm{d}\rho\end{aligned} \tag{2.6.3b}$$

以及

$$\begin{aligned}p=&\frac{\rho_0\omega}{2\pi}\sum_{m=-\infty}^{\infty}\mathrm{e}^{-\mathrm{i}m\pi/2}\int_0^{\infty}\int_0^{\infty}\frac{1}{k_z}\mathrm{J}_m(k_\rho\rho')U_m(\rho',\omega)\rho'\mathrm{d}\rho'\mathrm{e}^{\mathrm{i}k_zz}k_\rho\mathrm{d}k_\rho\\&\times\int_0^{2\pi}\mathrm{e}^{\mathrm{i}k_\rho\rho\cos(\varphi_k-\varphi)+\mathrm{i}m\varphi_k}\mathrm{d}\varphi_k\\=&\rho_0\omega\sum_{m=-\infty}^{\infty}\mathrm{e}^{\mathrm{i}m\varphi}\int_0^{\infty}\frac{1}{k_z}\mathrm{J}_m(k_\rho\rho)\left[\int_0^{\infty}\mathrm{J}_m(k_\rho\rho')U_m(\rho',\omega)\rho'\mathrm{d}\rho'\right]\mathrm{e}^{\mathrm{i}k_zz}k_\rho\mathrm{d}k_\rho\end{aligned} \tag{2.6.3c}$$

其中，$k_z^2\equiv k_0^2-k_\rho^2$. 得到上二式，利用了关系

$$\begin{aligned}&\int_0^{2\pi}\mathrm{e}^{\mathrm{i}[x\cos(\varphi-\varphi_k)+m\varphi_k]}\mathrm{d}\varphi_k=2\pi\mathrm{e}^{\mathrm{i}m(\varphi+\pi/2)}\mathrm{J}_m(x)\\&\int_0^{2\pi}\mathrm{e}^{\mathrm{i}[-x\cos(\varphi-\varphi_k)+m\varphi]}\mathrm{d}\varphi=2\pi\mathrm{e}^{\mathrm{i}m(\varphi_k-\pi/2)}\mathrm{J}_m(x)\end{aligned} \tag{2.6.3d}$$

如果问题与 φ 无关，那么仅需要考虑 $m=0$ 一项，方程 (2.6.3c) 简化成

$$p(\rho,z,\omega)=\rho_0\omega\int_0^\infty\frac{1}{k_z}\mathrm{J}_0(k_\rho\rho)\left[\int_0^\infty\mathrm{J}_0(k_\rho\rho')U_0(\rho',\omega)\rho'\mathrm{d}\rho'\right]\mathrm{e}^{\mathrm{i}k_zz}k_\rho\mathrm{d}k_\rho \tag{2.6.4a}$$

当然，上式也可以直接由方程 (2.3.47d)(取 $m=0$ 和 $|z-z'|=z>0$) 代入 Rayleigh 积分得到.

方程 (2.6.4a) 是边值问题 (2.6.1a) 的严格解，具体计算因涉及二重 Hankel 变换，比较困难. 下面我们分析高频近似下的空间声场分布. 设速度分布 $U_0(x,y,\omega)=U_0(\rho,\omega)$ 仅在有限区域 $\rho\leqslant a$ 内非零，且频率较高 $k_0a\gg1$. 注意到，频率较高时，活塞辐射的声场特性提示我们，声波主要在 z 轴附近区域向 z 方向传播. 因此，我们把随 z 快速变化的因子 $\exp(\mathrm{i}k_0z)$ 分离开，令解的形式为

$$p(\rho,z,\omega)=\varPhi(\rho,z,\omega)\exp(\mathrm{i}k_0z) \tag{2.6.4b}$$

代入柱坐标中的波动方程

$$\frac{1}{\rho}\frac{\partial}{\partial\rho}\left(\rho\frac{\partial p}{\partial\rho}\right)+\frac{\partial^2p}{\partial z^2}+k_0^2p=0 \tag{2.6.4c}$$

得到

$$\frac{1}{\rho}\frac{\partial}{\partial\rho}\left[\rho\frac{\partial\varPhi(\rho,z,\omega)}{\partial\rho}\right]+\frac{\partial^2\varPhi(\rho,z,\omega)}{\partial z^2}+2\mathrm{i}k_0\frac{\partial\varPhi(\rho,z,\omega)}{\partial z}=0 \tag{2.6.5a}$$

为了分析上式中各项的大小，引入无量纲坐标 $\xi=\rho/a$ 和 $\sigma=z/z_0$，其中 $z_0=k_0a^2/2$，z_0 与活塞辐射的临界距离 $z_\mathrm{c}=a^2/\lambda$(见 2.5.4 小节) 关系为 $z_0=\pi z_\mathrm{c}$. 于是方程 (2.6.5a) 变成

$$\frac{1}{\xi}\frac{\partial}{\partial\xi}\left[\xi\frac{\partial\varPhi(\xi,\sigma,\omega)}{\partial\xi}\right]+\frac{4}{(k_0a)^2}\frac{\partial^2\varPhi(\xi,\sigma,\omega)}{\partial\sigma^2}+4\mathrm{i}\frac{\partial\varPhi(\xi,\sigma,\omega)}{\partial\sigma}=0 \tag{2.6.5b}$$

注意: 上式仍然是严格的. 由于 $p(\rho,z,\omega)$ 的快速变化因子 $\exp(\mathrm{i}k_0z)$ 已分离，$\varPhi(\rho,z,\omega)$ 随 z 的变化较缓慢，上式中第二项的二阶导数应该小于第三项的一阶导数，故当 $k_0a\gg1$ 时，我们可以忽略方程 (2.6.5b) 中的第二项，于是

$$\frac{1}{\xi}\frac{\partial}{\partial\xi}\left[\xi\frac{\partial\varPhi(\xi,\sigma,\omega)}{\partial\xi}\right]+4\mathrm{i}\frac{\partial\varPhi(\xi,\sigma,\omega)}{\partial\sigma}\approx0 \tag{2.6.5c}$$

因此，在下列条件下，$\varPhi(\rho,z,\omega)$ 满足方程 (2.6.5c)：①近轴近似；②高频近似. 显然方程 (2.6.5b) 是椭圆形的，而方程 (2.6.5c) 是抛物型，故方程 (2.6.5c) 也称为**抛物近似**(parabolic approximation)，它描写了高频条件下、z 轴附近区域声场的空间变化. 方程 (2.6.5c) 的求解是不困难的，利用 Hankel 变换，令

$$\begin{aligned}\varPhi(\xi,\sigma,\omega)&=\int_0^\infty\tilde{\varPhi}(k_\xi,\sigma,\omega)\mathrm{J}_0(k_\xi\xi)k_\xi\mathrm{d}k_\xi\\ \tilde{\varPhi}(k_\xi,\sigma,\omega)&=\int_0^\infty\varPhi(\xi,\sigma,\omega)\mathrm{J}_0(k_\xi\xi)\xi\mathrm{d}\xi\end{aligned} \tag{2.6.6a}$$

代入方程 (2.6.5c) 得到

$$-k_\xi^2\tilde{\Phi}(k_\xi,\sigma,\omega)+4\mathrm{i}\frac{\mathrm{d}\tilde{\Phi}(k_\xi,\sigma,\omega)}{\mathrm{d}\sigma}\approx 0 \tag{2.6.6b}$$

上式的解为

$$\tilde{\Phi}(k_\xi,\sigma,\omega)=A(k_\xi,\omega)\exp\left(-\mathrm{i}\frac{k_\xi^2\sigma}{4}\right) \tag{2.6.6c}$$

其中，系数 $A(k_\xi,\omega)$ 由边界条件决定，即

$$\frac{1}{\mathrm{i}\rho_0\omega}\left[\frac{1}{z_0}\frac{\partial\Phi(\xi,\sigma,\omega)}{\partial\sigma}+\mathrm{i}k_0\Phi(\xi,\sigma,\omega)\right]_{\sigma=0}=U_0\left(\xi,\omega\right) \tag{2.6.7a}$$

把方程 (2.6.6a) 和 (2.6.6c) 代入上式得到

$$A(k_\xi,\omega)=\frac{\rho_0c_0}{1-k_\xi^2/2(k_0a)^2}\int_0^\infty U_0\left(\xi,\omega\right)\mathrm{J}_0(k_\xi\xi)\xi\mathrm{d}\xi \tag{2.6.7b}$$

当 $k_0a\gg 1$ 时，上式分母作近似 $1-k_\xi^2/2(k_0a)^2\approx 1$，即声压对 z 的导数主要是由快变化项引起的. 于是，结合方程 (2.6.4b), (2.6.6a), (2.6.6c) 和 (2.6.7b) 得到声压的分布

$$\begin{aligned}p(\xi,\sigma,\omega)=&\rho_0c_0\exp(\mathrm{i}k_0z)\int_0^\infty U_0\left(\xi',\omega\right)\xi'\mathrm{d}\xi'\\&\times\left[\int_0^\infty\exp\left(-\mathrm{i}\frac{k_\xi^2}{4}\sigma\right)\mathrm{J}_0(k_\xi\xi)\mathrm{J}_0(k_\xi\xi')k_\xi\mathrm{d}k_\xi\right]\end{aligned} \tag{2.6.8a}$$

利用积分关系

$$\int_0^\infty \mathrm{e}^{-Q^2x^2}\mathrm{J}_0(\alpha x)\mathrm{J}_0(\beta x)x\mathrm{d}x=\frac{1}{2Q^2}\exp\left(-\frac{\alpha^2+\beta^2}{4Q^2}\right)\mathrm{J}_0\left(\mathrm{i}\frac{\alpha\beta}{2Q^2}\right) \tag{2.6.8b}$$

方程 (2.6.8a) 简化成

$$\begin{aligned}p(\xi,\sigma,\omega)=&-\frac{2\mathrm{i}\rho_0c_0}{\sigma}\exp\left[\mathrm{i}\left(k_0z+\frac{\xi^2}{\sigma}\right)\right]\int_0^\infty U_0\left(\xi',\omega\right)\\&\times\exp\left(\mathrm{i}\frac{\xi'^2}{\sigma}\right)\mathrm{J}_0\left(\frac{2\xi\xi'}{\sigma}\right)\xi'\mathrm{d}\xi'\end{aligned} \tag{2.6.8c}$$

注意: 对一般的振动速度分布 $U_0(x,y,\omega)$，上式中的积分也只能通过数值计算得到，但该积分比方程 (2.6.4a) 中的积分要简单得多，因为 $k_z\equiv\sqrt{k_0^2-k_\rho^2}$，方程 (2.6.4a) 中的积分是奇异的.

2.6.2 Gauss 和 Bessel 函数型声场以及非衍射声场

刚性活塞辐射超声场 对刚性的活塞振动，表面法向振动速度为

$$U_0(\xi,\omega)=\begin{cases}u_0(\omega), & 0\leqslant\xi\leqslant 1\\ 0, & \xi>1\end{cases} \tag{2.6.9a}$$

代入方程 (2.6.8c)

$$p(\xi,\sigma,\omega)=\frac{2\rho_0c_0u_0}{\mathrm{i}\sigma}\mathrm{e}^{\mathrm{i}(k_0z+\xi^2/\sigma)}\int_0^1\exp\left(\mathrm{i}\frac{\xi'^2}{\sigma}\right)\mathrm{J}_0\left(\frac{2\xi\xi'}{\sigma}\right)\xi'\mathrm{d}\xi' \tag{2.6.9b}$$

取 $\xi=0$，则得到 z 轴上一点的声压

$$\begin{aligned}p(0,\sigma,\omega)&=\frac{2\rho_0c_0u_0}{\mathrm{i}\sigma}\exp(\mathrm{i}k_0z)\int_0^1\exp\left(\mathrm{i}\frac{\xi'^2}{\sigma}\right)\xi'\mathrm{d}\xi'\\&=-2\mathrm{i}\rho_0c_0u_0\exp(\mathrm{i}k_0z)\sin\left(\frac{1}{2\sigma}\right)\exp\left(\frac{\mathrm{i}}{2\sigma}\right)\end{aligned} \tag{2.6.9c}$$

上式与方程 (2.5.45b) 相比，当 $z\gg 2a$ 时，结果完全一致. 因方程 (2.5.45b) 是严格的，由此也说明，必须离声源较远，方程 (2.6.8c) 才成立. 取 $\sigma\gg 1$，即远场，$\exp(\mathrm{i}\xi'^2/\sigma)\approx 1$，则方程 (2.6.9b) 给出

$$\begin{aligned}p(\xi,\sigma,\omega)&=\frac{2\rho_0c_0u_0}{\mathrm{i}\sigma}\exp\left[\mathrm{i}\left(k_0z+\frac{\xi^2}{\sigma}\right)\right]\int_0^1\mathrm{J}_0\left(\frac{2\xi\xi'}{\sigma}\right)\xi'\mathrm{d}\xi'\\&=\frac{2\rho_0c_0u_0}{\mathrm{i}\sigma}\exp\left[\mathrm{i}\left(k_0z+\frac{\xi^2}{\sigma}\right)\right]\frac{\mathrm{J}_1(2\xi/\sigma)}{2\xi/\sigma}\end{aligned} \tag{2.6.9d}$$

由于上式仅在 z 轴附近成立，故 $\rho/z\ll 1$，$\sin\vartheta\approx\rho/z$，$z\approx r$，取这些近似后，上式与方程 (2.5.43c) 的结果完全一致. 注意: 当 $\xi>1$ 时，$U_0(\xi,\omega)=0$，意味着 $\rho>a$ 区域存在刚性障板，而这是理想化的要求，一般，只要 $k_0a\gg 1$，那么在求 z 轴附近的声场时，可以假定 $\rho>a$ 区域存在刚性障板. 下面的讨论也同样可以应用这一近似.

Gauss 函数型超声场 假定设计声源的振动速度分布为 Gauss 函数

$$U_0(\xi,\omega)=u_0(\omega)\exp(-b\xi^2) \tag{2.6.10a}$$

其中，b 称为声源 Gauss 系数. 声源总是有限的 (半径为 a)，但 $b\gg 1$，故可以把上式中的 ξ 延拓到无限. 于是，把上式代入方程 (2.6.8c) 得到

$$p(\xi,\sigma,\omega)=-\frac{2\mathrm{i}\rho_0c_0u_0(\omega)}{\sigma}\mathrm{e}^{\mathrm{i}(k_0z+\xi^2/\sigma)}\int_0^\infty\mathrm{e}^{(-b+\mathrm{i}/\sigma)\xi'^2}\mathrm{J}_0\left(\frac{2\xi\xi'}{\sigma}\right)\xi'\mathrm{d}\xi' \tag{2.6.10b}$$

注意到积分关系

$$\int_0^{\infty} \exp(-Q^2\xi'^2)\mathrm{J}_0(\beta\xi')\xi'\mathrm{d}\xi' = \frac{1}{2Q^2}\exp\left(-\frac{\beta^2}{4Q^2}\right) \tag{2.6.10c}$$

即 Gauss 函数的 Hankel 变换仍然是 Gauss 函数，方程 (2.6.10b) 简化成

$$p(\xi,\sigma,\omega) = \frac{\rho_0 c_0 u_0(\omega)}{\sqrt{1+b^2\sigma^2}}\exp\left(-\frac{b\xi^2}{1+b^2\sigma^2}\right)\exp[\mathrm{i}(k_0 z+\gamma)] \tag{2.6.11a}$$

其中，为了方便定义

$$\gamma \equiv \frac{b^2\xi^2\sigma}{1+b^2\sigma^2} + \arctan(-b\sigma) \tag{2.6.11b}$$

由方程 (2.6.11a) 可知，这一声场具有一个重要特点，其声压振幅在 ξ 方向 (即 ρ 方向) 分布始终遵循 Gauss 函数规律，不像刚性活塞辐射的声场，在近场具有空间的不均匀性而在远场具有旁瓣辐射. 但是，随着传播距离的增加 (即 z 变大)，由于衍射效应，Gauss 函数的半宽度增加，如图 2.6.1，图中纵轴为相对声压 $|p|/p_0$(其中，$p_0 \equiv \rho_0 c_0 u_0(\omega)$).

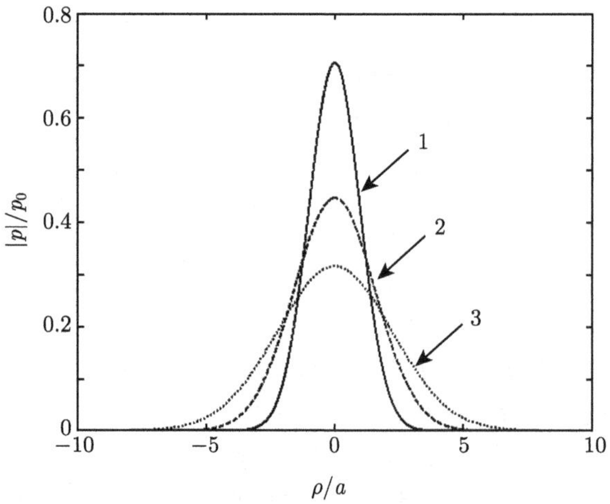

图 2.6.1　不同传播距离的声压径向分布 (取 b=1)

曲线 1, 2, 3 分别对应于 $\sigma = z/z_0$ 取 1, 2, 3

Bessel 函数型超声场　假定设计声源的振动速度分布为 Bessel 函数, 即

$$U_0(\xi,\omega) = u_0(\omega)\mathrm{J}_0(\alpha\xi) \tag{2.6.12a}$$

常数 $\alpha \gg 1$，同样可以把上式中的 ξ 延拓到无限. 上式代入方程 (2.6.8c)

$$p(\xi,\sigma,\omega) = \rho_0 c_0 u_0(\omega)\exp(\mathrm{i}k_0 z)\exp\left(-\mathrm{i}\frac{1}{4}\alpha^2\sigma\right)\mathrm{J}_0(\alpha\xi) \tag{2.6.12b}$$

可见，超声场的声压振幅分布呈与声源同样的 Bessel 函数规律，而且这一分布不随传播距离 z 变化而变化，这一奇特声场也称为**非衍射声场**. 我们在 2.2.5 小节中介绍的 Airy 声束就是非衍射声束.

值得指出的是，从已知的声源振动分布，由方程 (2.6.8c)，通过积分就可以获得空间声场的分布；反过来，也可以从我们特定要求的声场分布，反推声源振动分布 (更有意义). 事实上，由 Hankel 变换对，我们有

$$
\begin{aligned}
p(\xi,\sigma,\omega) &= -\frac{2\mathrm{i}\rho_0c_0}{\sigma}\mathrm{e}^{\mathrm{i}k_0z}\int_0^\infty U_0\left(\xi',\omega\right)\exp\left(\mathrm{i}\frac{\xi'^2+\xi^2}{\sigma}\right)\mathrm{J}_0\left(\frac{2\xi'\xi}{\sigma}\right)\xi'\mathrm{d}\xi' \\
U_0\left(\xi',\omega\right) &= \frac{2\mathrm{i}}{\rho_0c_0\sigma}\mathrm{e}^{-\mathrm{i}k_0z}\int_0^\infty p(\xi,\sigma_0,\omega)\exp\left(-\mathrm{i}\frac{\xi'^2+\xi^2}{\sigma}\right)\mathrm{J}_0\left(\frac{2\xi'\xi}{\sigma}\right)\xi\mathrm{d}\xi
\end{aligned}
\tag{2.6.13}
$$

其中，$p(\xi,\sigma_0,\omega)$ 是轴向 σ_0 处特定要求的声压分布.

2.6.3 非衍射波束的广义谱展开和经典 X 波

在柱坐标下，声波满足方程

$$
\frac{1}{\rho}\frac{\partial}{\partial\rho}\left(\rho\frac{\partial p}{\partial\rho}\right)+\frac{1}{\rho^2}\frac{\partial^2p}{\partial\varphi^2}+\frac{\partial^2p}{\partial z^2}-\frac{1}{c_0^2}\frac{\partial^2p}{\partial t^2}=0 \tag{2.6.14a}
$$

空间的声波场为 $p(\rho,\varphi,z,t)$. 假定声束 (或者声脉冲) 向 z 方向传播，声压与 ρ 的关系给出了波束的变化. 例如，在 Bessel 函数型超声场中，波束的横向变化始终按照 Bessel 函数规律变化，即方程 (2.6.12b)，与传播距离 z 无关，因此我们称 Bessel 型声波束为非衍射波束；而在 Gauss 型声场中，由方程 (2.6.11a) 知道，随着传播距离的增加 (即 z 变大)，Gauss 波束的宽度越来越大，这正是声波衍射的效果，因此 Gauss 波束不是非衍射声束.

非衍射声束的谱展开 设声束在 Δt 时间内沿 z 方向传播距离为 Δz_0，波束传播的速度为 V(不一定是声速 c_0)，那么 $\Delta t=\Delta z_0/V$. 如果声束是非衍射的，即声压振幅在横向 (ρ 方向) 保持不变，$p(\rho,\varphi,z,t)$ 应该满足关系

$$
p\left(\rho,\varphi,z,t\right)=p\left(\rho,\varphi,z+\Delta z_0,t+\frac{\Delta z_0}{V}\right) \tag{2.6.14b}
$$

另一方面，对 $p(\rho,\varphi,z,t)$ 作变换：①对角度 φ 变量作 Fourier 级数展开；②对 z 和时间 t 变量作 Fourier 积分展开；③而对 ρ 变量作 Hankel 变换展开，那么

$$
\begin{aligned}
p(\rho,\varphi,z,t)=&\sum_{m=-\infty}^{\infty}\int_0^\infty k_\rho\mathrm{d}k_\rho\int_{-\infty}^{\infty}\mathrm{d}k_z\int_{-\infty}^{\infty}\mathrm{d}\omega A_m(k_\rho,k_z,\omega)\mathrm{J}_m(k_\rho\rho) \\
&\times\exp[\mathrm{i}(k_zz+m\varphi-\omega t)]
\end{aligned}
\tag{2.6.14c}
$$

方程 (2.6.14b) 代入方程 (2.6.14c)，显然要求

$$\exp\left[\mathrm{i}\left(k_z\Delta z_0-\omega\frac{\Delta z_0}{V}\right)\right]=1 \tag{2.6.15a}$$

即

$$\omega=Vk_z+2n\pi\frac{V}{\Delta z_0},\quad n=0,\pm1,\pm2,\cdots \tag{2.6.15b}$$

这就是 $p(\rho,\varphi,z,t)$ 为非衍射声场的约束条件. 另外，方程 (2.6.14c) 必须满足波动方程 (2.6.14a)，我们得到

$$k_\rho^2=\frac{\omega^2}{c_0^2}-k_z^2 \tag{2.6.16a}$$

也就是，如果方程 (2.6.14c) 满足波动方程 (2.6.13a)，那么方程 (2.6.16a) 必须成立. 因此，$A_m(k_\rho,k_z,\omega)$ 可以写成

$$A_m(k_\rho,k_z,\omega)=B_m(k_z,\omega)\delta\left(k_\rho^2-\frac{\omega^2}{c_0^2}+k_z^2\right) \tag{2.6.16b}$$

其中，$B_m(k_z,\omega)$ 是任意函数. 上式代入方程 (2.6.14c) 得到

$$\begin{aligned}p(\rho,\varphi,z,t)=&\sum_{m=-\infty}^{\infty}\int_0^\infty\mathrm{d}\omega\int_{-\omega/c_0}^{\omega/c_0}\mathrm{d}k_zB_m(k_z,\omega)\mathrm{J}_m\left(\rho\sqrt{\omega^2/c_0^2-k_z^2}\right)\\&\times\exp[\mathrm{i}(k_zz+m\varphi-\omega t)]\end{aligned} \tag{2.6.16c}$$

得到上式，利用了关系

$$\delta\left(k_\rho^2-\frac{\omega^2}{c_0^2}+k_z^2\right)=\frac{1}{2k_\rho}\left[\delta\left(k_\rho-\sqrt{\frac{\omega^2}{c_0^2}-k_z^2}\right)+\delta\left(k_\rho+\sqrt{\frac{\omega^2}{c_0^2}-k_z^2}\right)\right] \tag{2.6.16d}$$

注意：①方程 (2.6.14c) 的诸积分可看成线性叠加，我们无需求积分逆变换，因而方程 (2.6.16c) 中仅考虑正频率部分的积分就可以了；②当 $k_z^2>\omega^2/c_0^2$ 时，方程 (2.6.16c) 中 Bessel 函数的宗量为虚数，其值随 ρ 指数发散，因而对 k_z 的积分也限制在区域 $k_z\in(-\omega/c_0,\omega/c_0)$.

如果方程 (2.6.16c) 表示非衍射声束，还必须满足方程 (2.6.15b)，故函数 $B_m(k_z,\omega)$ 不是任意的，必须满足

$$B_m(k_z,\omega)=\sum_{n=-\infty}^{\infty}S_{mn}(\omega)\delta\left[\omega-\left(Vk_z+2n\pi\frac{V}{\Delta z_0}\right)\right] \tag{2.6.17a}$$

其中，取求和实际上应用了叠加原理，$S_{mn}(\omega)$ 是任意的频谱函数. 上式代入方程 (2.6.16c) 得到非衍射声束的表达式

$$p(\rho,\varphi,z,t)=\sum_{m=-\infty}^{\infty}\sum_{n=-\infty}^{\infty}p_{mn}(\rho,\varphi,z,t) \tag{2.6.17b}$$

其中，每个模式为

$$p_{mn}(\rho,\varphi,z,t)\equiv\frac{1}{V}\exp[-\mathrm{i}(b_nz-m\varphi)]\int_{\omega_{\min}}^{\omega_{\max}}\exp\left[\mathrm{i}\frac{\omega}{V}(z-Vt)\right]\times S_{mn}(\omega)\mathrm{J}_m\left[\rho\sqrt{\left(\frac{1}{c_0^2}-\frac{1}{V^2}\right)\omega^2+\frac{2b_n}{V}\omega-b_n^2}\right]\mathrm{d}\omega \tag{2.6.17c}$$

式中，$b_n\equiv 2n\pi/\Delta z_0$. 得到上式，利用了关系

$$\delta\left[\omega-\left(Vk_z+2n\pi\frac{V}{\Delta z_0}\right)\right]=\frac{1}{V}\delta\left[k_z-\left(\frac{\omega}{V}-\frac{2n\pi}{\Delta z_0}\right)\right] \tag{2.6.17d}$$

为了保证 Bessel 函数中宗量为实数，方程 (2.6.17c) 中频率的积分范围为 $\omega\in(\omega_{\min},\omega_{\max})$，其中 $(\omega_{\min},\omega_{\max})$ 由下面的讨论决定. 令

$$F(\omega)\equiv\left(\frac{1}{c_0^2}-\frac{1}{V^2}\right)\omega^2+\frac{2b_n}{V}\omega-b_n^2 \tag{2.6.18a}$$

积分区域为满足条件 $F(\omega)>0$(且 $\omega>0$) 的区域，该区域与 V 有关，讨论如下.

(1) 当 $V>c_0$ 时 (称为**Superluminal 情况**)，$F(\omega)$ 存在小于零的极小，而 $F(\omega)$ 与 ω 轴的二个交点为

$$\omega_1=\frac{b_nc_0V}{V+c_0};\omega_2=-\frac{b_nc_0V}{V-c_0} \tag{2.6.18b}$$

故积分区域为右边的交点到无限：如果 $b_n>0$，那么 $\omega_{\min}=\omega_1$ 和 $\omega_{\max}=\infty$，如图 2.6.2(a)；如果 $b_n<0$，那么 $\omega_{\min}=\omega_2$ 和 $\omega_{\max}=\infty$, 如图 2.6.2(b).

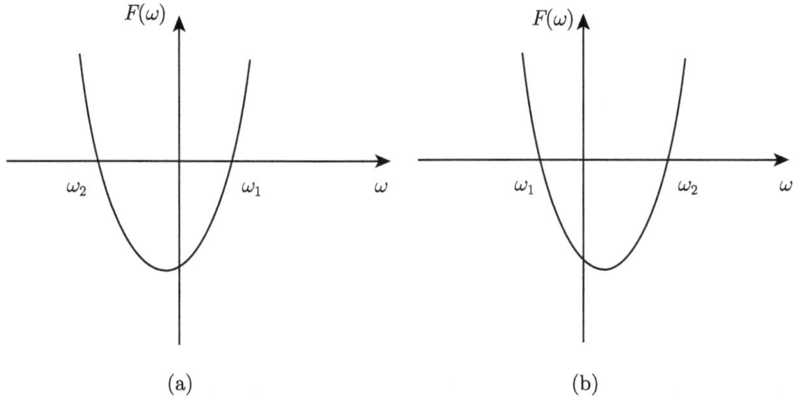

图 2.6.2 Superluminal 情况下，方程 (2.6.17c) 的积分区域

(a) $b_n>0$; (b) $b_n<0$

(2) 当 $V = c_0$ 时 (称为**Luminal 情况**), $F(\omega)$ 与 ω 轴只有一个交点 $\omega_0 = b_n V/2$, 只能 $b_n > 0$(否则没有符合条件的区域, 如图 2.6.3(b)) 且 $\omega_{\min} = \omega_0$ 和 $\omega_{\max} = \infty$, 如图 2.6.3(a).

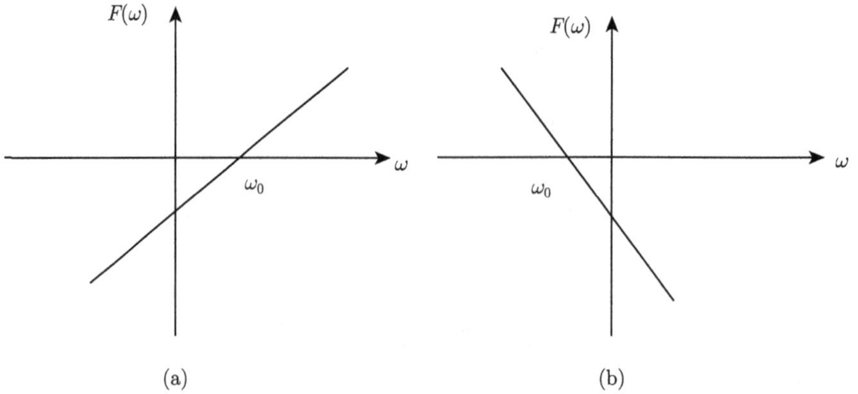

图 2.6.3 Luminal 情况下，方程 (2.6.17c) 的积分区域

(a)$b_n > 0$; (b) $b_n < 0$

(3) 当 $V < c_0$ 时 (称为**Subluminal 情况**), $F(\omega)$ 存在极大，如果 $b_n < 0$，$F(\omega)$ 的极大值小于零，不存在 $F(\omega) > 0$ 的积分区域，如图 2.6.4(a)，故要求 $b_n > 0$，积分区域为：$\omega_{\min} = \omega_1$ 和 $\omega_{\max} = \omega_2$，如图 2.6.4(b).

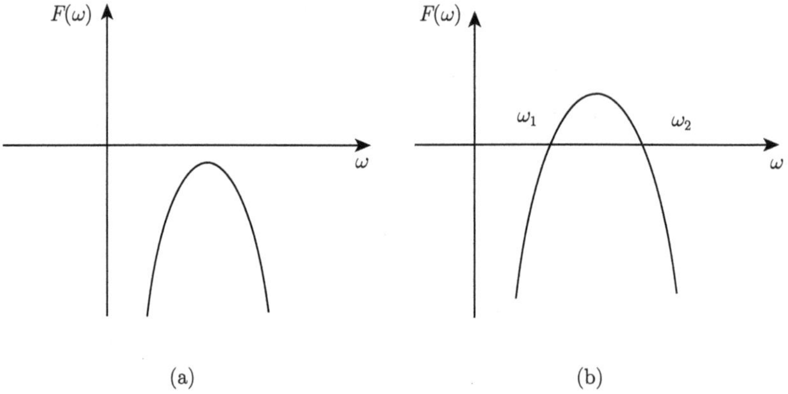

图 2.6.4 Subluminal 情况下，方程 (2.6.17c) 的积分区域

(a)$b_n < 0$; (b)$b_n > 0$

值得指出的是: 方程 (2.6.17b) 是非衍射声束谱展开的一般形式, 它的每一项 $p_{mn}(\rho, \varphi, z, t)$ 也代表一个非衍射声束. 事实上，方程 (2.6.17c) 中对频率的积分可以看成 Bessel 函数型声束的叠加.

广义谱展开 尽管方程 (2.6.17b) 给出了非衍射声束的一般形式，但进一步的讨论是困难的，我们无法从方程 (2.6.17b) 得到非衍射声束的解析表达式. 为此我们直接从方程 (2.6.16c) 出发，结合约束条件 (2.6.15b) 来导出更方便的非衍射声束表达式. 考虑轴对称情况，即取 $m=0$，方程 (2.6.16c) 简化成

$$p(\rho,z,t)=\int_0^\infty \mathrm{d}\omega\int_{-\omega/c_0}^{\omega/c_0}\mathrm{d}k_z B(k_z,\omega)\mathrm{J}_0\left(\rho\sqrt{\omega^2/c_0^2-k_z^2}\right)\exp[\mathrm{i}(k_z z-\omega t)] \tag{2.6.19a}$$

其中，$B(k_z,\omega)\equiv B_0(k_z,\omega)$. 作积分变量变换

$$\alpha=\frac{1}{2V}(\omega+Vk_z);\beta=\frac{1}{2V}(\omega-Vk_z) \tag{2.6.19b}$$

或者 $\omega=V(\alpha+\beta);k_z=\alpha-\beta$, 代入方程 (2.6.19a)

$$\begin{aligned}p(\rho,z,t)=&\int_0^\infty\int_0^\infty B(\alpha,\beta)\mathrm{d}\beta\mathrm{d}\alpha\cdot \mathrm{e}^{\mathrm{i}\alpha(z-Vt)}\cdot\mathrm{e}^{-\mathrm{i}\beta(z+Vt)}\\ &\times\mathrm{J}_0\left[\rho\sqrt{\left(\frac{V^2}{c_0^2}-1\right)(\alpha^2+\beta^2)+2\left(\frac{V^2}{c_0^2}+1\right)\alpha\beta}\right]\end{aligned} \tag{2.6.20a}$$

得到上式，忽略了二重积分变换过程中出现的常数. 当 $V=c_0$ 时，上式简化成

$$p(\rho,z,t)=\int_0^\infty\int_0^\infty B(\alpha,\beta)\mathrm{d}\beta\mathrm{d}\alpha\mathrm{J}_0\left(2\rho\sqrt{\alpha\beta}\right)\mathrm{e}^{\mathrm{i}\alpha(z-c_0t)}\cdot\mathrm{e}^{-\mathrm{i}\beta(z+c_0t)} \tag{2.6.20b}$$

为了保证方程 (2.6.19a) 中的 $p(\rho,z,t)$ 描写非衍射声场，ω 和 k_z 还必须满足方程 (2.6.15b)，即 $\beta=b_n/2$. 因此，必须取

$$B(\alpha,\beta)=S(\alpha)\delta\left(\beta-\frac{b_n}{2}\right) \tag{2.6.20c}$$

上式代入方程 (2.6.20a)

$$\begin{aligned}p(\rho,z,t)=&\mathrm{e}^{-\mathrm{i}b_n(z+Vt)/2}\cdot\int_0^\infty S(\alpha)\mathrm{d}\alpha\cdot\mathrm{e}^{\mathrm{i}\alpha(z-Vt)}\\ &\times\mathrm{J}_0\left[\rho\sqrt{\left(\frac{V^2}{c_0^2}-1\right)\left(\alpha^2+\frac{b_n^2}{4}\right)+b_n\left(\frac{V^2}{c_0^2}+1\right)\alpha}\right]\end{aligned} \tag{2.6.20d}$$

上式代表轴对称情况下的非衍射波束，但指数因子 $\exp[-\mathrm{i}b_n(z+Vt)/2]$ 代表 $-z$ 方向传播的波，故非衍射波束受到一个 $-z$ 方向传播波的调制. 取 $n=0$，即 $b_n=0$. 上式变成

$$p(\rho,z,t)=\int_0^\infty S(\alpha)\mathrm{e}^{\mathrm{i}\alpha(z-Vt)}\mathrm{J}_0(\rho\gamma\alpha)\mathrm{d}\alpha \tag{2.6.21}$$

其中，$\gamma\equiv\sqrt{V^2/c_0^2-1}$. 分三种情况讨论：① $V>c_0$，上式中 Bessel 函数宗量为实数，积分可理解为 Bessel 型声场的线性叠加；② $V=c_0$，方程 (2.6.21) 简化成一般平面波的叠加，平面波当然是非衍射的，但是平凡的，故此时不假定 b_n 为零

$$p(\rho,z,t)=\mathrm{e}^{-\mathrm{i}b_n(z+c_0t)/2}\cdot\int_0^\infty S(\alpha)\mathrm{e}^{\mathrm{i}\alpha(z-c_0t)}\mathrm{J}_0\left(\rho\sqrt{2b_n\alpha}\right)\mathrm{d}\alpha \tag{2.6.22}$$

显然，必须 $b_n>0$；③$V<c_0$, 方程 (2.6.21) 中 Bessel 函数宗量为虚数，随径向 ρ 增长指数发散，故此时也不能假定 b_n 为零. 因此，当 $b_n=0$ 时，我们假定 $V>c_0$.

最简单的例子是取 $S(\alpha)=aV\exp(-aV\alpha)(V>c_0)$，其中 a 是常数. 代入方程 (2.6.21) 得到

$$\begin{aligned}p(\rho,z,t)&=aV\int_0^\infty\exp[-\alpha(aV-\mathrm{i}\xi)]\mathrm{J}_0(\rho\gamma\alpha)\mathrm{d}\alpha\\&=\frac{aV}{\sqrt{(aV-\mathrm{i}\xi)^2+\gamma^2\rho^2}}\equiv X\end{aligned} \tag{2.6.23a}$$

其中，$\xi\equiv z-Vt$. 得到上式的第二个等号，利用了积分关系

$$\int_0^\infty \mathrm{e}^{-A\alpha}\mathrm{J}_0(B\alpha)\mathrm{d}\alpha=\frac{1}{\sqrt{A^2+B^2}} \tag{2.6.23b}$$

图 2.6.5 给出了 $p(\rho,z,t)$ 的实部，由图可见，场的空间分布像字母 "X"，故这样的非衍射波称为**X 波**，方程 (2.6.23a) 表示的 X 波也称为**经典 X 波**. 容易证明，方程 (2.6.23a) 确实满足波动方程 (作为习题).

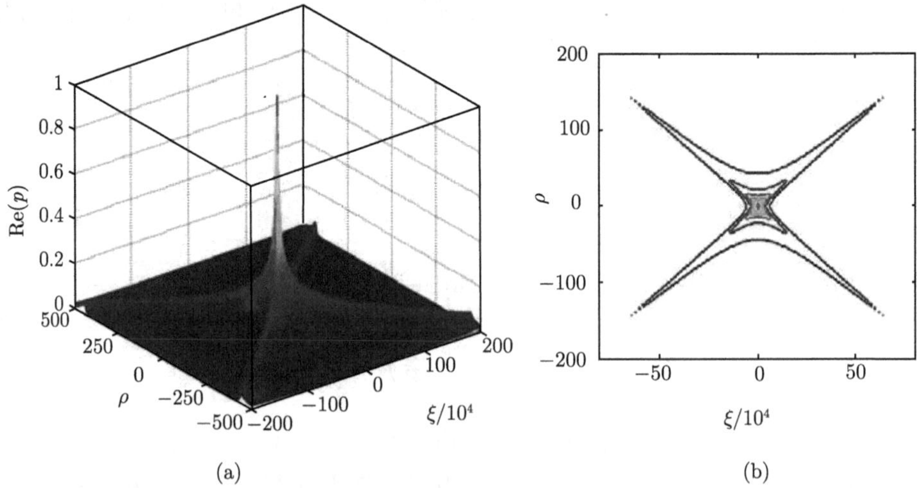

图 2.6.5　经典 X 波

(a) 三维图，纵轴为 Re(p)；(b) 等值线图

2.6.4 等声速非衍射波束和能量有限的波

从方程 (2.6.22)，我们可以得到一系列等声速 ($V=c_0$) 传播的非衍射波 (也称为聚焦波模式). 例如，取 $S(\alpha)=aV\exp(-aV\alpha)(V=c_0)$，代入方程 (2.6.22) 得到

$$\begin{aligned}p(\rho,z,t)&=aV\mathrm{e}^{-\mathrm{i}b_n(z+c_0t)/2}\cdot\int_0^\infty\exp[-\alpha(aV-\mathrm{i}\xi)]\mathrm{J}_0\left(\rho\sqrt{2b_n\alpha}\right)\mathrm{d}\alpha\\&=2aV\mathrm{e}^{-\mathrm{i}b_n(z+c_0t)/2}\cdot\int_0^\infty\exp[-\sigma^2(aV-\mathrm{i}\xi)]\mathrm{J}_0\left(\sigma\rho\sqrt{2b_n}\right)\sigma\mathrm{d}\sigma\\&=aV\mathrm{e}^{-\mathrm{i}b_n(z+c_0t)/2}\frac{1}{aV-\mathrm{i}\xi}\exp\left[-\frac{b_n\rho^2}{2(aV-\mathrm{i}\xi)}\right]\end{aligned}\tag{2.6.24a}$$

其中，积分过程中利用了方程 (2.6.10c). 下面给出一类等声速 ($V=c_0$) 非衍射局域波的表达式

$$\begin{aligned}p(\rho,z,t)&=\frac{1}{a_1-\mathrm{i}(z-c_0t)}f[g(\rho,z,t)]\\g(\rho,z,t)&\equiv a_2+\mathrm{i}(z+c_0t)+\frac{\rho^2}{a_1-\mathrm{i}(z-c_0t)}\end{aligned}\tag{2.6.24b}$$

其中，a_1 和 a_2 为任意正的实常数，$f[\cdot]$ 为任意函数. 选择不同的函数，可以得到不同的非衍射局域波，如选 $f[\cdot]=\exp[-\delta(\cdot)]$(其中 δ 是任意正的实常数)，就得到方程 (2.6.24a)(只要取 $a_1=aV=ac_0$ 和 $\delta=b_n/2$). 然而，$f[\cdot]$ 的选择必须满足物理条件，即波束的能量有限. 不难证明，由方程 (2.6.24a) 表示场的 $|p(\rho,z,t)|^2$ 的时空积分是发散的. 一个能量有限的非衍射局域波是取

$$f[\cdot]=\exp[-b(\cdot)][a_2+(\cdot)]^{-q-1}\tag{2.6.24c}$$

其中，b 和 q 是大于零的常数. 由方程 (2.6.24b) 得到

$$\begin{aligned}p(\rho,z,t)=&\frac{1}{a_1-\mathrm{i}(z-c_0t)}\exp\left[-\frac{b\rho^2}{a_1-\mathrm{i}(z-c_0t)}-\mathrm{i}b(z+c_0t)\right]\\&\times\left[a_2+\frac{\rho^2}{a_1-\mathrm{i}(z-c_0t)}+\mathrm{i}(z+c_0t)\right]^{-q-1}\end{aligned}\tag{2.6.24d}$$

2.6.5 超声速非衍射波束和高阶 X 波

高阶 X 波 当 $V>c_0$ 时，方程 (2.6.21) 表示的非衍射波束一般是 X 波. 方程 (2.6.23a) 是最简单的 X 波，它是波动方程 (2.6.14a) 的解. 由于波动方程 (2.6.14a) 是齐次的线性方程，故方程 (2.6.23a) 的 m 阶偏导数也是波动方程 (2.6.14a) 的解，而且也是 X 波

$$p(\rho,z,t)=(-1)^m\frac{\partial^m}{\partial\beta^m}\frac{aV}{\sqrt{\gamma^2\rho^2+\beta^2(z,t)}}\tag{2.6.25a}$$

其中，$\beta(z,t)\equiv aV-\mathrm{i}(z-Vt)$，上式中加 $(-1)^m$ 仅是为了得到的 X 波前面的系数是正的. 当 $m=1$ 时

$$p(\rho,z,t)=\frac{aV\beta(z,t)}{[\gamma^2\rho^2+\beta^2(z,t)]^{3/2}} \tag{2.6.25b}$$

当 $m=2$ 时

$$\begin{aligned}p(\rho,z,t)&=-\frac{\partial}{\partial\beta}\frac{aV\beta(z,t)}{[\gamma^2\rho^2+\beta^2(z,t)]^{3/2}}\\&=\frac{aV\beta^2(z,t)}{[\gamma^2\rho^2+\beta^2(z,t)]^{5/2}}-\frac{aV}{[\gamma^2\rho^2+\beta^2(z,t)]^{3/2}}\end{aligned} \tag{2.6.25c}$$

其他形式的 X 波 我们可以通过方程 (2.6.21)，选择 $S(\alpha)$ 生成多种形式的 X 波，例如，选取 $S(\alpha)=J_0(2\sqrt{q\alpha})\exp(-aV\alpha)(V>c_0,q$ 是任意大于零的实数)，代入方程 (2.6.21) 得到 X 波

$$p(\rho,z,t)=\int_0^{\infty}\mathrm{J}_0(2d\sqrt{\alpha})\mathrm{J}_0(\rho\gamma\alpha)\exp[-\alpha\beta(z,t)]\mathrm{d}\alpha \tag{2.6.26a}$$

利用方程 (2.6.26d)，完成 Bessel 函数的积分后得到

$$p(\rho,z,t)=\frac{1}{\sqrt{\beta^2(z,t)+\gamma^2\rho^2}}\mathrm{J}_0\left[\frac{\gamma\rho q}{\beta^2(z,t)+\gamma^2\rho^2}\right]\exp\left[-\frac{q\beta(z,t)}{\beta^2(z,t)+\gamma^2\rho^2}\right] \tag{2.6.26b}$$

由于波动方程 (2.6.14a) 是齐次的线性方程，故上式乘权重函数 $\psi(q)$ 且对任意常数 q 积分仍然是齐次波动方程 (2.6.14a) 的解，取 $\psi(q)=\mathrm{J}_0(2\sqrt{\delta q})(\delta>0$ 为常数)，则

$$\begin{aligned}p'(\rho,z,t)&=\frac{1}{\sqrt{\beta^2(z,t)+\gamma^2\rho^2}}\int_0^{\infty}\mathrm{J}_0(2\sqrt{\delta q})\mathrm{J}_0\left[\frac{\gamma\rho q}{\beta^2(z,t)+\gamma^2\rho^2}\right]\\&\quad\times\exp\left[-\frac{\beta(z,t)q}{\beta^2(z,t)+\gamma^2\rho^2}\right]\mathrm{d}q\\&=\mathrm{J}_0(\gamma\delta\rho)\mathrm{e}^{-aV\delta}\exp[\mathrm{i}\delta(z-Vt)]\end{aligned} \tag{2.6.26c}$$

显然，这就是 Bessel 束. 这反过来说明，由 X 波的叠加也可以形成 Bessel 束. 得到方程 (2.6.26b) 和 (2.6.26c), 利用了 Bessel 函数的积分

$$\begin{aligned}\int_0^{\infty}\mathrm{e}^{-\beta x}\mathrm{J}_0(2a\sqrt{x})\mathrm{J}_0(bx)\mathrm{d}x&=\exp\left(-\frac{a^2\beta}{\beta^2+b^2}\right)\mathrm{J}_0\left(\frac{a^2b}{\beta^2+b^2}\right)\\&\quad\times\frac{1}{\sqrt{\beta^2+b^2}}\quad(\mathrm{Re}\beta>0,b>0)\end{aligned} \tag{2.6.26d}$$

X 波的时空聚焦 由于 X 波束的波速 V 的任意性，我们可以利用多个 X 波的叠加来实现时空聚焦：设存在不同时刻发射的 N 个 X 波

$$\psi_j[\rho,z-V_j(t-t_j)],\quad j=1,2,\cdots,N \tag{2.6.27a}$$

其中，X 波的速度满足 $c_0 < V_1 < V_2 < \cdots < V_N$，每个脉冲的中心为 $z = V_j(t - t_j)$. 为了在 t_f 时刻、在 z_f 点得到高度聚焦的声脉冲，我们希望每个 X 波同时在 t_f 时刻到达 z_f 点. 选择最慢的那个 X 波发射时刻为零点，最慢的 X 波到达 z_f 点的时间为 $t_f = z_f/V_1$，因此其他较快的 X 波发射时刻为

$$t_j = \left(\frac{1}{V_1} - \frac{1}{V_j}\right) z_f, \quad j = 2, 3, \cdots, N \tag{2.6.27b}$$

于是，由叠加原理，合成的 X 波为

$$p(\rho, z, t) = \sum_{j=1}^{N} \psi_j \left\{\rho, z - V_j \left[t - \left(\frac{1}{V_1} - \frac{1}{V_j}\right) z_f\right]\right\} \tag{2.6.27c}$$

由于 V 是连续的，上式可改成积分

$$p(\rho, z, t) = \int_{V_{\min}}^{V_{\max}} \mathrm{d}V A(V) \psi \left\{\rho, z - V \left[t - \left(\frac{1}{V_1} - \frac{1}{V}\right) z_f\right]\right\} \tag{2.6.27d}$$

其中，$A(V)$ 是权重因子. 以经典的 X 波为例, 取

$$\psi = \frac{aV}{\sqrt{[aV - \mathrm{i}\{z - V[t - (1/V_{\min} - 1/V)z_f]\}]^2 + (V^2/c_0^2 - 1)\rho^2}} \tag{2.6.28a}$$

上式代入方程 (2.6.27d) 得到 t_f 时刻、在 z_f 点高度聚焦的 X 波

$$p(\rho, z, t) = \int_{V_{\min}}^{V_{\max}} \frac{aVA(V)}{\sqrt{PV^2 + QV + R}} \mathrm{d}V \tag{2.6.28b}$$

其中，为了方便定义

$$\begin{gathered} P \equiv \left[a + \mathrm{i}\left(t - \frac{z_f}{V_{\min}}\right)\right]^2 + \frac{\rho^2}{c_0^2}; R \equiv -(z - z_f)^2 - \rho^2 \\ Q \equiv 2\left(t - \frac{z_f}{V_{\min}} - \mathrm{i}a\right)(z - z_f) \end{gathered} \tag{2.6.28c}$$

作为例子，取 $A(V) = 1$，那么方程给出 (作为习题)

$$\begin{aligned} p(\rho, z, t) = & \frac{a}{P}\left[\sqrt{PV_{\max}^2 + QV_{\max} + R} - \sqrt{PV_{\min}^2 + QV_{\min} + R}\right] \\ & + \frac{aQ}{2P^{3/2}} \ln \frac{2\sqrt{P(PV_{\min}^2 + QV_{\min} + R)} + 2PV_{\min} + Q}{2\sqrt{P(PV_{\max}^2 + QV_{\max} + R)} + 2PV_{\max} + Q} \end{aligned} \tag{2.6.29}$$

数值计算表明，在 t_f 时刻、z_f 点的场是初始时刻 $(t = 0)$ 数十倍，而且脉冲在空间上也是高度聚焦的.

最后必须指出的是，尽管我们证明并且找到了波动方程的各种非衍射 (聚焦波或者 X 波) 波束的形式解，但在实验上实现是困难的，由于非衍射波束在超声无损检测、超声医学成像等方面有潜在的应用，其研究方兴未艾，实验上也取得了重要进展.

2.7 声波与声源的相互作用

在 2.1.1 小节中，我们用辐射阻抗来讨论声场与声源的相互作用. 事实上，只有在频率较低时，这种描述方法是比较有效的. 以活塞辐射为例，在理论计算中，经常用刚性活塞振动来代替扬声器的辐射，如果频率较高，扬声器振动纸盆作分格振动，各点振动速度的大小和相位都不同，用一个平均速度来代替显然是不精确的. 本节考虑一般频率情况下，振动声源与自身辐射的空间声波的相互作用，特别是自身辐射对振动声源的共振频率的影响.

2.7.1 无限大膜横向自由振动的声辐射

膜的横向振动方程 设膜中张力为 $\tau(x,y)$，面密度为 $\sigma(x,y)$，考虑膜在垂直于 xOy 平面上某有界域 G 的外力作用下 (外力密度为 $f(x,y,t)$) 作微小横振动，横向位移为 $u(x,y,t)$(仅有 z 方向分量). 首先不考虑膜振动与其辐射声波的耦合，而仅考虑膜的振动系统，Hamilton 作用量 S_1 为

$$S_1(u)=\int_{t_1}^{t_2}\int_G\left[\frac{\sigma}{2}u_t^2-\frac{\tau}{2}(u_x^2+u_y^2)+fu\right]\mathrm{d}x\mathrm{d}y\mathrm{d}t \tag{2.7.1a}$$

其中，第一、二项分别为膜横向振动的动能和势能，fu 为外力 f 作的功. 如果在 G 的边界 ∂G 上还有线密度 $f_B(s)$(其中 s 是边界 ∂G 上某参考点起始的膜边界长度参量) 的外力作用，并设 $\sigma_B(s)$ 是膜边界 ∂G 上的弹性系数，则边界 ∂G 上的 Hamilton 作用量为

$$S_2(u)=\int_{t_1}^{t_2}\int_{\partial G}\left[f_B(s)u-\frac{1}{2}\sigma_B(s)u^2\right]\mathrm{d}s\mathrm{d}t \tag{2.7.1b}$$

根据 Hamillon 原理，真实运动应使泛函 $S(u)=S_1(u)+S_2(u)$ 取极值. 不难得到 $S(u)$ 的一阶变分

$$\begin{aligned}\delta S(u)=&\int_{t_1}^{t_2}\iint_G\left[\sigma u_t\frac{\partial\delta u}{\partial t}-\tau\left(u_x\frac{\partial\delta u}{\partial x}+u_y\frac{\partial\delta u}{\partial y}\right)+f\delta u\right]\mathrm{d}x\mathrm{d}y\mathrm{d}t\\&+\int_{t_1}^{t_2}\int_{\partial G}[f_B(s)-\sigma_B(s)u]\delta u\mathrm{d}s\mathrm{d}t\end{aligned} \tag{2.7.2a}$$

上式第一项作分步积分

$$\iint_G \int_{t_1}^{t_2} \left(\sigma u_t \frac{\partial \delta u}{\partial t}\right) \mathrm{d}t\mathrm{d}x\mathrm{d}y = \iint_G \left[\sigma u_t \delta u|_{t_1}^{t_2} - \int_{t_1}^{t_2} \sigma \frac{\partial^2 u}{\partial t^2} \delta u \mathrm{d}t\right] \mathrm{d}x\mathrm{d}y \tag{2.7.2b}$$

对时间变量 $\delta u(x, y, t_1) = \delta u(x, y, t_2) \equiv 0$，故有

$$\int_{t_1}^{t_2} \iint_G \left(\sigma u_t \frac{\partial \delta u}{\partial t}\right) \mathrm{d}x\mathrm{d}y\mathrm{d}t = -\int_{t_1}^{t_2} \iint_G \sigma \frac{\partial^2 u}{\partial t^2} \delta u \mathrm{d}x\mathrm{d}y\mathrm{d}t \tag{2.7.2c}$$

方程 (2.7.2a) 中第二项用 Green 公式则可得

$$\begin{aligned} &\int_{t_1}^{t_2} \iint_G \tau \left(u_x \frac{\partial \delta u}{\partial x} + u_y \frac{\partial \delta u}{\partial y}\right) \mathrm{d}x\mathrm{d}y\mathrm{d}t \\ =& \int_{t_1}^{t_2} \iint_G \left[\frac{\partial(\tau u_x)}{\partial x} + \frac{\partial(\tau u_y)}{\partial y}\right] \delta u \mathrm{d}x\mathrm{d}y\mathrm{d}t \\ &- \int_{t_1}^{t_2} \oint_{\partial G} \tau[u_x \cos(n, x) + u_y \cos(n, y)] \delta u \mathrm{d}s\mathrm{d}t \end{aligned} \tag{2.7.2d}$$

把方程 (2.7.2c) 和 (2.7.2d) 代入方程 (2.7.2a) 得到

$$\begin{aligned} \delta S(u) =& \int_{t_1}^{t_2} \iint_G \left[-\sigma \frac{\partial^2 u}{\partial t^2} + \nabla \cdot (\tau \nabla u) + f\right] \delta u \mathrm{d}x\mathrm{d}y\mathrm{d}t \\ &+ \int_{t_1}^{t_2} \oint_{\partial G} \left[f_B(s) - \sigma_B(s) u - \tau \frac{\partial u}{\partial n}\right] \delta u \mathrm{d}s\mathrm{d}t \end{aligned} \tag{2.7.3a}$$

由 $\delta S \equiv 0$ 得到膜横向振动的方程

$$\sigma \frac{\partial^2 u}{\partial t^2} - \nabla \cdot (\tau \nabla u) = f(x, y, t) \tag{2.7.3b}$$

及自然边界条件 (力平衡方程)

$$\tau \frac{\partial u}{\partial n} + \sigma_B(s) u = f_B(s) \tag{2.7.3c}$$

注意：①对边界自由的膜，$\sigma_B(s) = 0$；②对边界固定的膜，$u = 0$.

膜横向自由振动的声辐射 为了简单，仅考虑面密度均匀 $\sigma(x, y) = \sigma$(常数) 和张力均匀 $\tau(x, y) = \tau$(常数) 情况，膜横向自由振动的方程 (2.7.3b) 简化为

$$\sigma \frac{\partial^2 u}{\partial t^2} - \tau \left(\frac{\partial^2}{\partial x^2} + \frac{\partial^2}{\partial y^2}\right) u = 0 \tag{2.7.4a}$$

设膜中存在行波

$$u(x, y, t) = U_0 \exp[\mathrm{i}(K_x x + K_y y - \omega t)] \tag{2.7.4b}$$

其中，$K_x^2+K_y^2=(\omega/c_{\rm M})^2\equiv K^2$，$c_{\rm M}=\sqrt{\tau/\sigma}$ 是膜作横向振动的波速. 设由 $u(x,y,t)$ 产生的空间声波为

$$p(x,y,z,t)=p_0\exp[{\rm i}(k_x x+k_y y+k_z z-\omega t)] \tag{2.7.4c}$$

其中，$k_x^2+k_y^2+k_z^2=(\omega/c_0)^2\equiv k_0^2$. 边界连接条件为界面上膜的横向振动速度等于流体质点的速度，即

$$\frac{\partial u(x,y,t)}{\partial t}=-\frac{1}{\rho_0}\int\frac{\partial p}{\partial z}{\rm d}t=\frac{1}{{\rm i}\omega\rho_0}\left.\frac{\partial p}{\partial z}\right|_{z=0} \tag{2.7.4d}$$

其中，第二个等号对单频简谐波成立. 因此

$$-{\rm i}\omega U_0\exp[{\rm i}(K_x x+K_y y)]=\frac{k_z}{\omega\rho_0}p_0\exp[{\rm i}(k_x x+k_y y)] \tag{2.7.5a}$$

上式恒成立的条件为

$$K_x=k_x;K_y=k_y;\ -{\rm i}\omega U_0=\frac{k_z}{\omega\rho_0}p_0 \tag{2.7.5b}$$

代入方程 (2.7.4c) 得到

$$p(x,y,z,t)=-{\rm i}\frac{\omega^2\rho_0 U_0}{k_z}\exp[{\rm i}(K_x x+K_y y+k_z z-\omega t)] \tag{2.7.5c}$$

其中，$k_z=\omega\sqrt{1/c_0^2-1/c_{\rm M}^2}$. 讨论：①当 $c_{\rm M}>c_0$ 时，k_z 为实数，方程 (2.7.5c) 表示振幅均匀的平面波；②当 $c_{\rm M}<c_0$ 时，k_z 为虚数，方程 (2.7.5c) 表示声波在 z 方向指数衰减；③当 $c_{\rm M}=c_0$，发生共振现象，必须考虑膜与声场的耦合.

2.7.2　膜横向振动与声辐射的耦合

耦合色散关系　考虑声场对膜的反作用力后，膜振动系统和空间声场耦合方程为

$$\begin{aligned}\sigma\frac{\partial^2 u}{\partial t^2}-\tau\left(\frac{\partial^2}{\partial x^2}+\frac{\partial^2}{\partial y^2}\right)u&=-2p(x,y,0,t)\\ \frac{\partial^2 p}{\partial x^2}+\frac{\partial^2 p}{\partial y^2}+\frac{\partial^2 p}{\partial z^2}-\frac{1}{c_0^2}\frac{\partial^2 p}{\partial t^2}&=0\\ \frac{\partial u(x,y,t)}{\partial t}=-\frac{1}{\rho_0}\int\frac{\partial p}{\partial z}{\rm d}t&=\frac{1}{{\rm i}\omega\rho_0}\left.\frac{\partial p}{\partial z}\right|_{z=0}\end{aligned} \tag{2.7.6a}$$

注意：第一个方程出现因子 2 是因为膜向 $+z$ 和 $-z$ 方向都辐射声波. 同样设膜中的行波由方程 (2.7.4b) 表示，而在 $z>0$ 半空间产生的声场由方程 (2.7.4c) 表示，即

$$\begin{aligned}u(x,y,t)&=U_0\exp[{\rm i}(K_x x+K_y y-\omega t)]\\ p(x,y,z,t)&=p_0\exp[{\rm i}(k_x x+k_y y+k_z z-\omega t)]\end{aligned}$$

注意：这时不存在简单的色散关系 $K^2 \equiv K_x^2 + K_y^2 = (\omega/c_{\rm M})^2$，而色散关系 $K(\omega)$ 正是我们要求的. 但必须注意的是，这个色散关系是整个 (膜与流体) 系统的色散关系. 把方程 (2.7.6b) 代入方程 (2.7.6a) 的三个方程，分别得到

$$[-\omega^2\sigma + \tau(K_x^2 + K_y^2)]U_0 \exp[{\rm i}(K_x x + K_y y)] = -2p_0 \exp[{\rm i}(k_x x + k_y y)]$$

$$\left[\left(\frac{\omega}{c_0}\right)^2 - (k_x^2 + k_y^2 + k_z^2)\right] p_0 \exp[{\rm i}(k_x x + k_y y)] = 0 \tag{2.7.6b}$$

$$-{\rm i}\omega U_0 \exp[{\rm i}(K_x x + K_y y)] = \frac{1}{{\rm i}\omega\rho_0}({\rm i}k_z)p_0 \exp[{\rm i}(k_x x + k_y y)]$$

由上式的第二个方程，声波的色散关系仍然是

$$\left(\frac{\omega}{c_0}\right)^2 - (k_x^2 + k_y^2 + k_z^2) = 0 \tag{2.7.6c}$$

而由方程 (2.7.6b) 的第一、三式得到：$K_x = k_x; K_y = k_y$，以及

$$\begin{gathered}[-\omega^2\sigma + \tau(K_x^2 + K_y^2)]U_0 + 2p_0 = 0 \\ {\rm i}\omega U_0 + \frac{1}{{\rm i}\omega\rho_0}({\rm i}k_z)p_0 = 0\end{gathered} \tag{2.7.6d}$$

存在非零解的条件给出决定色散关系 $K = K(\omega)$ 的方程

$$(-\omega^2\sigma + \tau K^2)\frac{1}{{\rm i}\omega\rho_0}({\rm i}k_z) = 2{\rm i}\omega \tag{2.7.6e}$$

其中，$K^2 \equiv K_x^2 + K_y^2$. 注意到 $k_z = \sqrt{k_0^2 - (k_x^2 + k_y^2)} = \sqrt{k_0^2 - (K_x^2 + K_y^2)} = \sqrt{k_0^2 - K^2}$，上式简化为

$$\sqrt{k_0^2 - K^2}(K^2 - K_{\rm M}^2) = \frac{2{\rm i}\rho_0}{\sigma}K_{\rm M}^2 \tag{2.7.7a}$$

其中，$K_{\rm M} \equiv \omega/c_{\rm M}$ 和 $k_0 \equiv \omega/c_0$. 为了方便，进行无量纲处理：二边除以 $k_0 K_{\rm M}^2$ 得到

$$\sqrt{1 - \alpha^2}(\beta^2 - 1) = 2{\rm i}\varepsilon \tag{2.7.7b}$$

其中，$\alpha = K/k_0$, $\beta = K/K_{\rm M}$ 以及 $\varepsilon = \rho_0/(\sigma k_0)$.

轻质流体近似 为了讨论方程 (2.7.7b) 解的一般性质，首先讨论轻质流体近似: 即假定 $\varepsilon \ll 1$(注意: 这一条件与声波波数 k_0 有关，轻质流体近似在高频更好). 显然，当 $\varepsilon = 0$ 时，方程 (2.7.7b) 有二个解：$\alpha_{(0)}^2 = 1$ 和 $\beta_{(0)}^2 = 1$，或者 $K_{(0)}^{\pm} = \pm k_0$ 和 $K_{(0)}^{\pm} = \pm K_{\rm M}$(下标 "(0)" 表示取 $\varepsilon = 0$)，即 K 有 4 个根. 前 2 个根为流体中声波的色散关系，而后 2 个为膜中波的色散关系，二者相互独立.

当 $\varepsilon \ll 1$ 时, 方程 (2.7.7b) 的解可以在 $\alpha_{(0)}^2 = 1$ 或者 $\beta_{(0)}^2 = 1$ 附近作微扰展开求得，直接把方程 (2.7.7b) 写成便于微扰展开的形式

$$\alpha^2 = 1 + \frac{4\varepsilon^2}{[(\alpha k_0/K_{\mathrm{M}})^2 - 1]^2}; \beta^2 = 1 + \frac{2\mathrm{i}\varepsilon}{\sqrt{1-(\beta K_{\mathrm{M}}/k_0)^2}} \tag{2.7.8a}$$

在 $\alpha_{(0)}^2 = 1$ 或者 $\beta_{(0)}^2 = 1$ 附近，微扰解为

$$\alpha^2 \approx 1 + \frac{4\varepsilon^2}{[(k_0/K_{\mathrm{M}})^2 - 1]^2}; \beta^2 \approx 1 + \frac{2\mathrm{i}\varepsilon}{\sqrt{1-(K_{\mathrm{M}}/k_0)^2}} \tag{2.7.8b}$$

即

$$\alpha \approx \pm\sqrt{1 + \frac{4\varepsilon^2}{[(k_0/K_{\mathrm{M}})^2 - 1]^2}} \approx \pm\left\{1 + \frac{2\varepsilon^2}{[(k_0/K_{\mathrm{M}})^2 - 1]^2}\right\} \tag{2.7.8c}$$

$$\beta \approx \pm\sqrt{1 + \frac{2\mathrm{i}\varepsilon}{\sqrt{1-(K_{\mathrm{M}}/k_0)^2}}} \approx \pm\left[1 + \frac{\mathrm{i}\varepsilon}{\sqrt{1-(K_{\mathrm{M}}/k_0)^2}}\right] \tag{2.7.8d}$$

或者

$$K^{\pm} \approx \pm k_0\left\{1 + \frac{2\varepsilon^2}{[(k_0/K_{\mathrm{M}})^2 - 1]^2}\right\} \tag{2.7.9a}$$

$$K^{\pm} \approx \pm K_{\mathrm{M}}\left[1 + \frac{\mathrm{i}\varepsilon}{\sqrt{1-(K_{\mathrm{M}}/k_0)^2}}\right] \tag{2.7.9b}$$

讨论: ①当 $k_0 = K_{\mathrm{M}}$ 或者 $c_0 = c_{\mathrm{M}}$，即使满足轻质流体近似，也不能用微扰展开，而应该严格求解方程 (2.7.7a)，即

$$K^2 = K_{\mathrm{M}}^2 + \left(\frac{2\rho_0}{\sigma}K_{\mathrm{M}}^2\right)^{2/3} \tag{2.7.10a}$$

而

$$k_z = \sqrt{k_0^2 - K^2} = \sqrt{K_{\mathrm{M}}^2 - K^2} = \mathrm{i}\left(\frac{2\rho_0}{\sigma}K_{\mathrm{M}}^2\right)^{1/3} \tag{2.7.10b}$$

为纯虚数，故声波在 z 方向纯衰减 (但衰减系数较小)，传播波数为零，说明声波只能在xOy平面内传播，不能向 $z\to\infty$ 辐射声能量；②当 K 取方程 (2.7.9a) 的二个根时, 尽管 $K^{\pm}$ 为实数, 但

$$k_z = \mathrm{i}\frac{2\varepsilon k_0}{|(k_0/K_{\mathrm{M}})^2 - 1|} \tag{2.7.11a}$$

为纯虚数，故声波在 z 方向纯衰减，也不能向 $z\to\infty$ 辐射声能量；③当 $k_0 > K_{\mathrm{M}}$ 或者 $c_0 < c_{\mathrm{M}}$，由方程 (2.7.9b)，$K^{\pm}$ 为复数，但有较大的实部，说明膜中的横波是衰减的平面波；同时 k_z 也是复数，但是

$$k_z = \sqrt{k_0^2 - K^2} \approx \sqrt{k_0^2 - K_{\mathrm{M}}^2} \tag{2.7.11b}$$

即 k_z 有较大的实部，说明空间中可以传播衰减的平面声波；④当 $k_0 < K_{\rm M}$ 或者 $c_0 > c_{\rm M}$，由方程 (2.7.9b)，$K^{\pm}$ 为实数

$$K^{\pm} \approx \pm K_{\rm M}\left[1+\frac{\varepsilon}{\sqrt{(K_{\rm M}/k_0)^2-1}}\right] \tag{2.7.12a}$$

故膜中能传播平面波，但是

$$k_z = \sqrt{k_0^2 - K^2} \approx \sqrt{k_0^2 - K_{\rm M}^2} = {\rm i}\sqrt{K_{\rm M}^2 - k_0^2} \tag{2.7.12b}$$

即 k_z 有较大的虚部. 因此，声波在 z 方向有较大的衰减，不能向 $z\to\infty$ 辐射声能量. 由以上讨论可见：只有当 $c_0 < c_{\rm M}$ 时，薄膜的振动才能向外辐射声波, 这一结论与方程 (2.7.5c) 的讨论是一致的.

对非轻质流体，微扰解不适合. 但可得到下列一般结论：

(1) 如果 K 存在实根，K^2 为实数，由方程 (2.7.7a)

$$K^2 = \frac{\omega^2}{c_{\rm M}^2}\left(1+\frac{2\rho_0}{\sigma\sqrt{K^2-k_0^2}}\right) > 0 \tag{2.7.13a}$$

故必定 $k_0 < K$，那么 $k_z = \sqrt{k_0^2 - K^2} = {\rm i}\sqrt{K^2 - k_0^2}$ 为虚数，故声波随 z 增加指数衰减，且 z 方向的传播波数为零，只能在xOy平面内传播，不能向 $z\to\infty$ 辐射声能量. 方程 (2.7.13a) 可以写成

$$(K^2 - k_0^2)\left(K^2 - \frac{\omega^2}{c_{\rm M}^2}\right)^2 - \left(\frac{2\rho_0\omega^2}{\sigma c_{\rm M}^2}\right)^2 = 0 \tag{2.7.13b}$$

上式是关于 K^2 的实系数三次方程，结合方程 (2.7.13a)，总存在一个大于零的实根.

(2) 方程 (2.7.13b) 关于 K^2 的另外二个根是共轭复根，故 K 和 k_z 都是复数，因此，膜中和空间只能传播衰减的平面波.

无限大膜的点力源激发 设原点存在点力源 (单频简谐波) 激发，考虑到对称性，膜的横向振动位移 $u(\rho,\omega)$ 和空间声压 $p(\rho,z,\omega)$ 满足的耦合方程在柱坐标中为

$$\begin{aligned}
&\frac{1}{\rho}\frac{\partial}{\partial\rho}\left(\rho\frac{\partial u}{\partial\rho}\right)+\frac{\omega^2}{c_{\rm M}^2}u = -\frac{f_0}{\sigma c_{\rm M}^2}\frac{\delta(\rho)}{2\pi\rho}+\frac{2}{\sigma c_{\rm M}^2}p(\rho,z,\omega)|_{z=0}\\
&\frac{1}{\rho}\frac{\partial}{\partial\rho}\left(\rho\frac{\partial p}{\partial\rho}\right)+\frac{\partial^2 p}{\partial z^2}+\frac{\omega^2}{c_0^2}p = 0;\ -{\rm i}\omega u(\rho,\omega) = \frac{1}{{\rm i}\omega\rho_0}\left.\frac{\partial p}{\partial z}\right|_{z=0}
\end{aligned} \tag{2.7.14a}$$

由 Rayleigh 积分 (2.5.39)，膜振动辐射的声场为

$$p(\rho,z,\omega) = 2\frac{\rho_0\omega^2}{4\pi}\iint u(\rho',\omega)\frac{\exp({\rm i}k_0R_1)}{R_1}{\rm d}S' \tag{2.7.14b}$$

其中，R_1 为膜上一点 $\boldsymbol{\rho}'=(\rho',\varphi')$ 到观测点 $\boldsymbol{r}=(\rho,\varphi,z)$ 的距离:$R_1=|\boldsymbol{r}-\boldsymbol{\rho}'|$，$k_0=\omega/c_0$ 为声波波数. 上式代入方程 (2.7.14a) 第一式得到

$$\frac{1}{\rho}\frac{\partial}{\partial\rho}\left(\rho\frac{\partial u}{\partial\rho}\right)+k_{\rm M}^2u=-\frac{f_0}{\sigma c_{\rm M}^2}\frac{\delta(\rho)}{2\pi\rho}+\frac{4\rho_0\omega^2}{\sigma c_{\rm M}^2}\iint u(\rho',\omega)\frac{\exp({\rm i}k_0R_2)}{4\pi R_2}{\rm d}S' \tag{2.7.14c}$$

其中，R_2 为膜上一点 $\boldsymbol{\rho}'=(\rho',\varphi')$ 到膜上另一点 $\boldsymbol{\rho}=(\rho,\varphi)$ 的距离: $R_2=|\boldsymbol{\rho}-\boldsymbol{\rho}'|$，$k_{\rm M}=\omega/c_{\rm M}$ 为膜的波数. 方程 (2.7.14c) 包含微分和积分，故称为**微分－积分方程**.

为了求解微分–积分方程 (2.7.14c)，二边作零阶 Hankel 变换

$$\begin{aligned}u(\rho,\omega)&=\int_0^\infty u(k_\rho,\omega){\rm J}_0(k_\rho\rho)k_\rho{\rm d}k_\rho\\ u(k_\rho,\omega)&=\int_0^\infty u(\rho,\omega){\rm J}_0(k_\rho\rho)\rho{\rm d}\rho\end{aligned} \tag{2.7.15a}$$

得到

$$\begin{aligned}左&=\int_0^\infty\left[\frac{1}{\rho}\frac{\partial}{\partial\rho}\left(\rho\frac{\partial u}{\partial\rho}\right)+\frac{\omega^2}{c_{\rm M}^2}u\right]{\rm J}_0(k_\rho\rho)\rho{\rm d}\rho=(k_{\rm M}^2-k_\rho^2)u(k_\rho,\omega)\\ 右&=\int_0^\infty\left[-\frac{f_0}{\sigma c_{\rm M}^2}\frac{\delta(\rho)}{2\pi\rho}+\frac{4\rho_0\omega^2}{\sigma c_{\rm M}^2}\iint u(\rho',\omega)\frac{\exp({\rm i}k_0R_2)}{4\pi R_2}{\rm d}S'\right]{\rm J}_0(k_\rho\rho)\rho{\rm d}\rho\\ &=-\frac{f_0}{2\pi\sigma c_{\rm M}^2}+\frac{4\rho_0\omega^2}{\sigma c_{\rm M}^2}\int_0^\infty\left[\iint u(\rho',\omega)\frac{\exp({\rm i}k_0R_2)}{4\pi R_2}{\rm d}S'\right]{\rm J}_0(k_\rho\rho)\rho{\rm d}\rho\end{aligned} \tag{2.7.15b}$$

注意到 $|\boldsymbol{r}-\boldsymbol{\rho}'|_{z=0}=|\boldsymbol{\rho}-\boldsymbol{\rho}'|$，取方程 (2.3.47d) 中 $z=z'=0$

$$\frac{\exp({\rm i}k_0R_2)}{4\pi R_2}=\frac{\rm i}{4\pi}\sum_{m=-\infty}^{\infty}\left[\int_0^\infty\frac{1}{\sqrt{k_0^2-\lambda^2}}{\rm J}_m(\lambda\rho'){\rm J}_m(\lambda\rho)\lambda{\rm d}\lambda\right]{\rm e}^{{\rm i}m(\varphi-\varphi')} \tag{2.7.16a}$$

代入方程 (2.7.15b) 的第三行得到

$$\begin{aligned}右&=-\frac{f_0}{2\pi\sigma c_{\rm M}^2}+\frac{2{\rm i}\rho_0\omega^2}{\sigma c_{\rm M}^2}\frac{1}{\sqrt{k_0^2-k_\rho^2}}\int_0^\infty u(\rho',\omega){\rm J}_0(k_\rho\rho')\rho'{\rm d}\rho'\\ &=-\frac{f_0}{2\pi\sigma c_{\rm M}^2}+\frac{2{\rm i}\rho_0\omega^2}{\sigma c_{\rm M}^2}\frac{1}{\sqrt{k_0^2-k_\rho^2}}u(k_\rho,\omega)\end{aligned} \tag{2.7.16b}$$

其中，用到归一化关系

$$\int_0^\infty{\rm J}_0(\lambda\rho){\rm J}_0(k_\rho\rho)\rho{\rm d}\rho=\frac{1}{k_\rho}\delta(\lambda-k_\rho) \tag{2.7.16c}$$

因此

$$(k_{\mathrm{M}}^2-k_\rho^2)u(k_\rho,\omega)=-\frac{f_0}{2\pi\sigma c_{\mathrm{M}}^2}+\frac{2\mathrm{i}\rho_0\omega^2}{\sigma c_{\mathrm{M}}^2}\cdot\frac{u(k_\rho,\omega)}{\sqrt{k_0^2-k_\rho^2}} \tag{2.7.17a}$$

即

$$u(k_\rho,\omega)=-\frac{f_0}{2\pi\sigma c_{\mathrm{M}}^2}\frac{\sqrt{k_0^2-k_\rho^2}}{F(k_\rho)} \tag{2.7.17b}$$

其中，$F(k_\rho)\equiv(k_{\mathrm{M}}^2-k_\rho^2)\sqrt{k_0^2-k_\rho^2}-2\mathrm{i}\rho_0\omega^2/(\sigma c_{\mathrm{M}}^2)$. 最后得到原点存在点力源时激发的膜位移

$$u(\rho,\omega)=-\frac{f_0}{2\pi\sigma c_{\mathrm{M}}^2}\int_0^\infty\frac{\sqrt{k_0^2-k_\rho^2}}{F(k_\rho)}\mathrm{J}_0(k_\rho\rho)k_\rho\mathrm{d}k_\rho \tag{2.7.18a}$$

注意到被积函数关于 k_ρ 对称，故上式可改成

$$u(\rho,\omega)=-\frac{f_0}{4\pi\sigma c_{\mathrm{M}}^2}\int_{\infty\mathrm{e}^{\mathrm{i}\pi}}^\infty\frac{\sqrt{k_0^2-k_\rho^2}}{F(k_\rho)}\mathrm{H}_0^{(1)}(k_\rho\rho)k_\rho\mathrm{d}k_\rho \tag{2.7.18b}$$

讨论：①当不考虑膜与声场的耦合时，即 $F(k_\rho)\approx(k_{\mathrm{M}}^2-k_\rho^2)\sqrt{k_0^2-k_\rho^2}$

$$u(\rho,\omega)\approx-\frac{f_0}{4\pi\sigma c_{\mathrm{M}}^2}\int_{\infty\mathrm{e}^{\mathrm{i}\pi}}^\infty\frac{1}{k_{\mathrm{M}}^2-k_\rho^2}\mathrm{H}_0^{(1)}(k_\rho\rho)k_\rho\mathrm{d}k_\rho \tag{2.7.18c}$$

上式可用复变函数积分：实轴上有二个一阶极点 $k_\rho^\pm=\pm(k_{\mathrm{M}}+\mathrm{i}\delta)$(注意：引进小的 δ 表示波的衰减)，取上半平面的围道 (如图 2.7.1)，围道中只有一个一阶极点 $k_\rho^+=k_{\mathrm{M}}+\mathrm{i}\delta$, 得到

$$u(\rho,\omega)\approx\mathrm{i}\frac{f_0}{4\sigma c_{\mathrm{M}}^2}\mathrm{H}_0^{(1)}(k_{\mathrm{M}}\rho) \tag{2.7.18d}$$

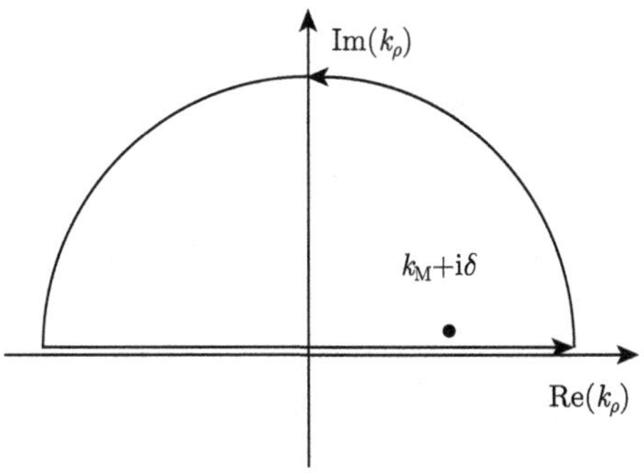

图 2.7.1　上半平面的一个极点

上式与方程 (2.3.51b) 类似，实际上是膜横振动方程的 Green 函数解 (除系数不同外). ②当考虑膜与声场的耦合时，积分由二部分组成：上半平面的极点和分枝点 $k_0+\mathrm{i}\delta$(如图 2.7.2). 极点由下列方程决定

$$F(k_\rho)\equiv(k_{\mathrm{M}}^2-k_\rho^2)\sqrt{k_0^2-k_\rho^2}-\frac{2\mathrm{i}\rho_0\omega^2}{\sigma c_{\mathrm{M}}^2}=0 \tag{2.7.19a}$$

或者

$$(k_{\mathrm{M}}^2-k_\rho^2)^2(k_0^2-k_\rho^2)+4\left(\frac{\rho_0\omega^2}{\sigma c_{\mathrm{M}}^2}\right)^2=0 \tag{2.7.19b}$$

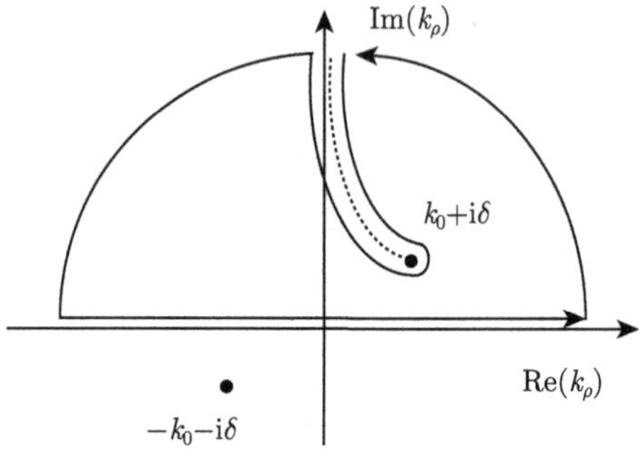

图 2.7.2　上半平面的一个分枝点

显然，上式与方程 (2.7.13b) 完全一样，是一个关于 k_ρ^2 的三次代数方程，至少存在一个实根 $k_\rho^{(1)}$ 和二个共轭复根 $k_\rho^{(2)}$, $k_\rho^{(3)}=[k_\rho^{(2)}]^*$. k_ρ 在实轴上方存在二个极点 $k_\rho^{(1)}+\mathrm{i}\delta$ 和 $k_\rho^{(2)}$ ($\mathrm{Im}k_\rho^{(2)}>0$). 因此

$$u(\rho,\omega)=-\mathrm{i}\frac{f_0}{2\sigma c_{\mathrm{M}}^2}\left\{\sum_{j=1}^{2}\frac{k_\rho^{(j)}\sqrt{k_0^2-k_\rho^{(j)2}}}{[\partial F(k_\rho)/\partial k_\rho]_{k_\rho=k_\rho^{(j)}}}\mathrm{H}_0^{(1)}[k_\rho^{(j)}\rho]+\text{Branch Part}\right\} \tag{2.7.20}$$

枝线积分必须通过数值积分进行.

2.7.3　刚性障板上圆膜振动的耦合声辐射

设圆周固定的膜位于无限大刚性障板，膜受到外力 $f(\rho,\varphi,\omega)$ 的作用而振动. 首先考虑膜振动与辐射的声波不耦合情况，设平衡时膜位于xOy平面，膜横向振动的方程和边界条件为

$$\nabla^2u+\frac{\omega^2}{c_{\mathrm{M}}^2}u=-\frac{1}{\sigma c_{\mathrm{M}}^2}f(\rho,\varphi,\omega)$$
$$u|_{\rho=a}=0 \tag{2.7.21a}$$

其中，∇^2 为二维 Laplace 算子

$$\nabla^2 \equiv \frac{1}{\rho}\frac{\partial}{\partial\rho}\left(\rho\frac{\partial}{\partial\rho}\right)+\frac{1}{\rho^2}\frac{\partial^2}{\partial\varphi^2} \tag{2.7.21b}$$

我们分几步来讨论.

膜的本征振动模式 极坐标下的本征振动方程为

$$\begin{gathered}\nabla^2 u=-k_{\mathrm{M}}^2 u(\rho,\varphi)\\ u(\rho,\varphi)|_{\rho=0}<\infty; u(\rho,\varphi)|_{\rho=a}=0\end{gathered} \tag{2.7.22a}$$

其中，$k_{\mathrm{M}}=\omega/c_{\mathrm{M}}$. 应用分离变量法，以上方程的解为

$$u(\rho,\varphi)=A\mathrm{J}_m(k_{\mathrm{M}}\rho)\exp(\mathrm{i}m\varphi) \quad (m=0,\pm1,\pm2,\cdots) \tag{2.7.22b}$$

由边界条件 $u(\rho,\varphi)|_{\rho=a}=0$，得到本征频率满足的方程 $\mathrm{J}_m(k_{\mathrm{M}}a)=0$，设 m 阶 Bessel 函数的第 n 个根为 x_{mn}，那么, 膜的本征振动模式为

$$u_{mn}(\rho,\varphi)=\mathrm{J}_m\left(\frac{x_{mn}}{a}\rho\right)\exp(\mathrm{i}m\varphi) \quad (m=0,\pm1,\pm2,\cdots) \tag{2.7.22c}$$

相应的本征振动频率为

$$\omega_{mn}=\frac{x_{mn}}{a}c_{\mathrm{M}} \tag{2.7.22d}$$

Green 函数 Green 函数满足

$$\begin{gathered}(\nabla^2+k_{\mathrm{M}}^2)G(\rho,\varphi;\rho_0,\varphi_0)=-\frac{1}{\rho}\delta(\rho,\rho_0)\delta(\varphi,\varphi_0)\\ G(\rho,\varphi;\rho_0,\varphi_0)|_{\rho=a}=0\end{gathered} \tag{2.7.23a}$$

把 Green 函数用本征振动模式展开为

$$G(\rho,\varphi;\rho_0,\varphi_0)=\sum_{m=-\infty}^{\infty}\sum_{n=1}^{\infty}A_{mn}\mathrm{J}_m\left(\frac{x_{mn}}{a}\rho\right)\exp(\mathrm{i}m\varphi) \tag{2.7.23b}$$

代入方程 (2.7.23a)

$$\sum_{m=-\infty}^{\infty}\sum_{n=1}^{\infty}A_{mn}\left[\left(\frac{x_{mn}}{a}\right)^2-k_{\mathrm{M}}^2\right]\mathrm{J}_m\left(\frac{x_{mn}}{a}\rho\right)\mathrm{e}^{\mathrm{i}m\varphi}=\frac{1}{\rho}\delta(\rho,\rho_0)\delta(\varphi,\varphi_0) \tag{2.7.23c}$$

利用本征模式的正交性

$$2\pi A_{mn}\left[\left(\frac{x_{mn}}{a}\right)^2-k_{\mathrm{M}}^2\right]\int_0^a\left[\mathrm{J}_m\left(\frac{x_{mn}}{a}\rho\right)\right]^2\rho\mathrm{d}\rho=\mathrm{J}_m\left(\frac{x_{mn}}{a}\rho_0\right)\mathrm{e}^{-\mathrm{i}m\varphi_0} \tag{2.7.24a}$$

因此

$$A_{mn}=\frac{\exp(-\mathrm{i}m\varphi_0)}{\pi a^2[(x_{mn}/a)^2-k_{\mathrm{M}}^2][\mathrm{J}_{m+1}(x_{mn})]^2}\mathrm{J}_m\left(\frac{x_{mn}}{a}\rho_0\right) \tag{2.7.24b}$$

其中，利用到了 Bessel 函数的积分

$$\int_0^a\left[\mathrm{J}_m\left(\frac{x_{mn}}{a}\rho\right)\right]^2\rho\mathrm{d}\rho=\frac{1}{2}a^2[\mathrm{J}_{m+1}(x_{mn})]^2 \tag{2.7.24c}$$

因此，Green 函数为

$$\begin{aligned}G(\rho,\varphi;\rho_0,\varphi_0)=&\sum_{m=-\infty}^{\infty}\sum_{n=1}^{\infty}\frac{1}{\pi a^2[(x_{mn}/a)^2-k_{\mathrm{M}}^2][\mathrm{J}_{m+1}(x_{mn})]^2}\\&\times\mathrm{J}_m\left(\frac{x_{mn}}{a}\rho_0\right)\mathrm{J}_m\left(\frac{x_{mn}}{a}\rho\right)\exp[\mathrm{i}m(\varphi-\varphi_0)]\end{aligned} \tag{2.7.25}$$

膜的振动　一旦求出 Green 函数，就可以求解方程 (2.7.21a)

$$u(\rho,\varphi,\omega)=\frac{1}{\sigma c_{\mathrm{M}}^2}\iint_{\rho<a}G(\rho,\varphi;\rho_0,\varphi_0)f(\rho_0,\varphi_0,\omega)\rho_0\mathrm{d}\rho_0\mathrm{d}\varphi_0 \tag{2.7.26a}$$

膜表面的速度分布 (只有 z 方向分量) 为

$$v_z(\rho,\varphi,\omega)=-\mathrm{i}\omega\frac{1}{\sigma c_{\mathrm{M}}^2}\iint_{\rho<a}G(\rho,\varphi;\rho_0,\varphi_0)f(\rho_0,\varphi_0,\omega)\rho_0\mathrm{d}\rho_0\mathrm{d}\varphi_0 \tag{2.7.26b}$$

辐射声场　由 Rayleigh 积分，即方程 (2.5.39)，由膜振动产生的辐射声场为

$$p(\rho,\varphi,z,\omega)=2\frac{\rho_0\omega^2}{4\pi}\iint_{\rho<a}u(\rho',\varphi',\omega)\frac{\exp(\mathrm{i}k_0R_1)}{R_1}\rho'\mathrm{d}\rho'\mathrm{d}\varphi' \tag{2.7.27}$$

其中，R_1 为膜上一点 $\boldsymbol{\rho}'=(\rho',\varphi')$ 到观测点 $\boldsymbol{r}=(\rho,\varphi,z)$ 的距离:$R_1=|\boldsymbol{r}-\boldsymbol{\rho}'|$.

辐射声场与膜振动耦合的情况　首先考虑耦合对本征频率的影响，本征模式和本征频率满足耦合方程

$$\begin{aligned}\frac{1}{\rho}\frac{\partial}{\partial\rho}\left(\rho\frac{\partial u}{\partial\rho}\right)+\frac{1}{\rho^2}\frac{\partial^2u}{\partial\varphi^2}+\frac{\omega^2}{c_{\mathrm{M}}^2}u&=\frac{2}{\sigma c_{\mathrm{M}}^2}p(\rho,\varphi,z,\omega)|_{z=0+\varepsilon}\\\frac{1}{\rho}\frac{\partial}{\partial\rho}\left(\rho\frac{\partial p}{\partial\rho}\right)+\frac{1}{\rho^2}\frac{\partial^2p}{\partial\varphi^2}+\frac{\partial^2p}{\partial z^2}+k_0^2p&=0\end{aligned} \tag{2.7.28a}$$

以及边界条件

$$u|_{\rho=a}=0;\ \left.\frac{\partial p}{\partial z}\right|_{z=0+\varepsilon}=\mathrm{i}\rho_0c_0k_0\begin{cases}0, & \rho\geqslant a\\v_z(\rho,\varphi,\omega), & \rho<a\end{cases}$$

其中，$v_z(\rho,\varphi,\omega)=-\mathrm{i}\omega u(\rho,\varphi,\omega)$ 为膜横向振动速度. 由方程 (2.7.27) 得到膜表面的声压 $p(\rho,\varphi,z,\omega)|_{z=0+\varepsilon}$，代入方程 (2.7.28a) 得到微分–积分方程

$$\nabla^2u+\frac{\omega^2}{c_{\mathrm{M}}^2}u-\frac{4\rho_0\omega^2}{\sigma c_{\mathrm{M}}^2}\iint_{\rho<a}u(\rho',\varphi',\omega)\frac{\exp(\mathrm{i}k_0R_2)}{4\pi R_2}\rho'\mathrm{d}\rho'\mathrm{d}\varphi'=0 \tag{2.7.28b}$$

其中，∇^2 是二维 Laplace 算子，$R_2=|\boldsymbol{\rho}-\boldsymbol{\rho}'|$. 利用 Bessel 函数的完备性，作展开

$$u(\rho,\varphi,\omega)=\sum_{m=-\infty}^{\infty}\sum_{n=1}^{\infty}A_{mn}\mathrm{J}_m\left(\frac{x_{mn}}{a}\rho\right)\exp(\mathrm{i}m\varphi) \tag{2.7.28c}$$

代入方程 (2.7.28b) 得到

$$\sum_{n=1}^{\infty}\left[\frac{\omega^2}{c_{\mathrm{M}}^2}-\left(\frac{x_{mn}}{a}\right)^2\right]A_{mn}\mathrm{J}_m\left(\frac{x_{mn}}{a}\rho\right)-\frac{4\rho_0\omega^2}{\sigma c_{\mathrm{M}}^2}\frac{\mathrm{i}}{4\pi}2\pi\sum_{n=1}^{\infty}A_{mn}\lambda_{mn}(\rho)=0 \tag{2.7.29a}$$

其中，积分定义为 (注意：$\lambda_{mn}(\rho)$ 无量纲)

$$\lambda_{mn}(\rho)\equiv\int_0^{\infty}\frac{k_0}{\sqrt{k_0^2-\lambda^2}}\left[\int_0^a\mathrm{J}_m\left(\frac{x_{mn}}{a}\rho'\right)\mathrm{J}_m(\lambda\rho')\rho'\mathrm{d}\rho'\right]\mathrm{J}_m(\lambda\rho)\lambda\mathrm{d}\lambda \tag{2.7.29b}$$

利用 Bessel 函数的正交性得到

$$\left[\frac{\omega^2}{c_{\mathrm{M}}^2}-\left(\frac{x_{ml}}{a}\right)^2\right]A_{ml}-\frac{\omega^2}{c_{\mathrm{M}}^2}\sum_{n=1}^{\infty}\left(\frac{\varDelta_{nml}}{a}\right)^2A_{mn}=0 \tag{2.7.29c}$$

其中，取 $l=1,2,3,\cdots$, 系数 $\varDelta_{mnl}$ 由下式定义

$$(\varDelta_{mnl})^2\equiv\frac{4\mathrm{i}\varepsilon}{[\mathrm{J}_{m+1}(x_{ml})]^2}\int_0^a\lambda_{mn}(\rho)\mathrm{J}_m\left(\frac{x_{ml}}{a}\rho\right)\rho\mathrm{d}\rho \tag{2.7.29d}$$

其中，$\varepsilon=\rho_0/(\sigma k_0)$. 方程 (2.7.29c) 是一个无限联立的齐次线性方程组，系数行列式为零给出本征频率满足的方程. 当声场的耦合可以忽略时，就得到 $\omega_{mn}\approx c_{\mathrm{M}}x_{mn}/a$，这与方程 (2.7.22d) 的结果一致. 把方程 (2.7.29c) 求和项中 $n=l$ 分开，即

$$\left[\frac{\omega^2}{c_{\mathrm{M}}^2}\left(1-\frac{\varDelta_{mll}^2}{a^2}\right)-\left(\frac{x_{ml}}{a}\right)^2\right]A_{ml}-\frac{\omega^2}{c_{\mathrm{M}}^2}\sum_{n\neq l}\left(\frac{\varDelta_{mnl}}{a}\right)^2A_{mn}=0 \tag{2.7.29e}$$

在弱耦合条件下 (即轻质流体 $\varepsilon\ll1$)，上式近似为

$$\left[\frac{\omega^2}{c_{\mathrm{M}}^2}\left(1-\frac{(\varDelta_{mll})^2}{a^2}\right)-\left(\frac{x_{ml}}{a}\right)^2\right]A_{ml}\approx0 \tag{2.7.29f}$$

故在轻质流体近似下，膜的本征振动频率为

$$\omega_{ml}\approx\frac{c_{\mathrm{M}}}{a}x_{ml}\left[1+\frac{(\varDelta_{mll})^2}{2a^2}\right] \tag{2.7.29g}$$

显然，上式中的虚部 $\varDelta_{mll}^2$ 表示膜中横波的衰减.

膜强迫振动的辐射　我们考虑外力 $f(\rho,\varphi,\omega)$ 的激发问题，$u(\rho,\varphi,\omega)$ 和 $p(\rho,\varphi,z,\omega)$ 的耦合方程为

$$\nabla^2 u+\frac{\omega^2}{c_{\rm M}^2}u=-\frac{1}{\sigma c_{\rm M}^2}[f(\rho,\varphi,\omega)-2p(\rho,\varphi,z,\omega)|_{z=0+\varepsilon}]$$

$$\frac{1}{\rho}\frac{\partial}{\partial\rho}\left(\rho\frac{\partial p}{\partial\rho}\right)+\frac{1}{\rho^2}\frac{\partial^2 p}{\partial\varphi^2}+\frac{\partial^2 p}{\partial z^2}+k_0^2 p=0 \tag{2.7.30a}$$

$$u|_{\rho=a}=0;\ \left.\frac{\partial p}{\partial z}\right|_{z=0+\varepsilon}={\rm i}\rho_0 c_0 k_0\begin{cases}0, & \rho\geqslant a\\ v_z(\rho,\varphi,\omega), & \rho<a\end{cases}$$

其中，$p(\rho,\varphi,0,\omega)$ 由 Rayleigh 积分 (2.7.27) 决定. 利用 Green 函数方程 (2.7.25)，方程 (2.7.30a) 变成

$$u(\rho,\varphi,\omega)=\frac{1}{\sigma c_{\rm M}^2}\iint_{\rho<a}G(\rho,\varphi;\rho_0,\varphi_0)[f(\rho_0,\varphi_0,\omega)-2p(\rho_0,\varphi_0,0,\omega)]\rho_0{\rm d}\rho_0{\rm d}\varphi_0 \tag{2.7.30b}$$

把方程 (2.7.27) 代入上式得到

$$v_z(\rho,\varphi,\omega)=v_{0z}(\rho,\varphi,\omega)+\iint_{\rho<a}K(\rho,\varphi;\rho',\varphi')v_z(\rho',\varphi',\omega)\rho'{\rm d}\rho'{\rm d}\varphi' \tag{2.7.30c}$$

其中，非齐次项为

$$v_{0z}(\rho,\varphi,\omega)\equiv-{\rm i}\frac{\omega}{\sigma c_{\rm M}^2}\iint_{\rho<a}G(\rho,\varphi;\rho_0,\varphi_0)f(\rho_0,\varphi_0,\omega)\rho_0{\rm d}\rho_0{\rm d}\varphi_0 \tag{2.7.30d}$$

以及积分核为

$$K(\rho,\varphi;\rho',\varphi')\equiv\frac{\rho_0\omega^2}{\pi\sigma c_{\rm M}^2}\iint_{\rho<a}G(\rho,\varphi;\rho_0,\varphi_0)\frac{\exp({\rm i}k_0R)}{R}\rho_0{\rm d}\rho_0{\rm d}\varphi_0 \tag{2.7.30e}$$

其中，$R\equiv|\boldsymbol{\rho}_0-\boldsymbol{\rho}'|$. 方程 (2.7.30c) 是关于 $v_z(\rho,\varphi,\omega)$ 的第二类积分方程. 当满足一定的收敛条件，可用迭代法求解

$$v_z^{(0)}(\rho,\varphi,\omega)\approx v_{0z}(\rho,\varphi,\omega) \tag{2.7.31a}$$

$$v_z^{(1)}(\rho,\varphi,\omega)\approx v_0(\rho,\varphi,\omega)+\iint_{\rho<a}v_z^{(0)}(\rho',\varphi',\omega)K(\rho,\varphi;\rho',\varphi')\rho'{\rm d}\rho'{\rm d}\varphi' \tag{2.7.31b}$$

以及

$$v_z^{(2)}(\rho,\varphi,\omega)\approx v_{0z}(\rho,\varphi,\omega)+\iint_{\rho<a}v_z^{(1)}(\rho',\varphi',\omega)K(\rho,\varphi;\rho',\varphi')\rho'{\rm d}\rho'{\rm d}\varphi' \tag{2.7.31c}$$

$$\cdots$$

当然，迭代是否收敛，与外力的形式和频率有关. 可以肯定的是，频率越高收敛性越差 (但耦合较弱). 因为，积分核 $K(\rho,\varphi;\rho',\varphi')$ 是频率的平方，而迭代只有在

$$\iint_{\rho<a}\left|K(\rho,\varphi;\rho',\varphi')\right|^2\mathrm{d}\rho\mathrm{d}\varphi\mathrm{d}\rho'\mathrm{d}\varphi'\ll 1 \tag{2.7.32}$$

条件下收敛. 零阶近似相当于忽略膜与声场的耦合. 原则上，一旦求得了方程 (2.7.30c) 的解，就可以由方程 (2.7.27) 得到声场的分布. 当然，利用关系 $v_z(\rho,\varphi,\omega)=-\mathrm{i}\omega u(\rho,\varphi,\omega)$，方程 (2.7.30c) 也可以写成横向位移 $u(\rho,\varphi,\omega)$ 的积分方程，其优点是在高频情况下可能有较好的收敛性质，因为此时积分核 $K(\rho,\varphi;\rho',\varphi')$ 是频率的一次方. 可见，低频用横向速度，高频用横向位移.

2.7.4 无限大薄板中行波的声辐射

薄板弯曲振动方程 设厚度为 h 各向同性的均匀薄板平衡时位于 xOy 平面，薄板二个面位于 $z=x_3=\pm h/2$(如图 2.7.3). 所谓薄板，有两方面意义: ①板的厚度远小于板表面尺寸; ②板的厚度远小于板中传播的弹性波波长. 薄板内应力张量的各个独立分量为 (见主要参考书目 9)

$$\sigma_{11}=\frac{E}{(1+\sigma)(1-2\sigma)}[(1-\sigma)e_{11}+\sigma(e_{22}+e_{33})] \tag{2.7.33a}$$

$$\sigma_{22}=\frac{E}{(1+\sigma)(1-2\sigma)}[(1-\sigma)e_{22}+\sigma(e_{11}+e_{33})] \tag{2.7.33b}$$

$$\sigma_{33}=\frac{E}{(1+\sigma)(1-2\sigma)}[(1-\sigma)e_{33}+\sigma(e_{11}+e_{22})] \tag{2.7.33c}$$

以及

$$\sigma_{12}=\frac{E}{1+\sigma}e_{12}=\sigma_{21};\sigma_{13}=\frac{E}{1+\sigma}e_{13}=\sigma_{31};\sigma_{23}=\frac{E}{1+\sigma}e_{23}=\sigma_{32} \tag{2.7.33d}$$

其中，E 和 σ 分别是薄板的 Young 模量和 Poisson 比，$e_{ij}(i,j=1,2,3)$ 为应变张量

$$e_{ij}=\frac{1}{2}\left(\frac{\partial u_i}{\partial x_j}+\frac{\partial u_j}{\partial x_i}\right) \tag{2.7.34a}$$

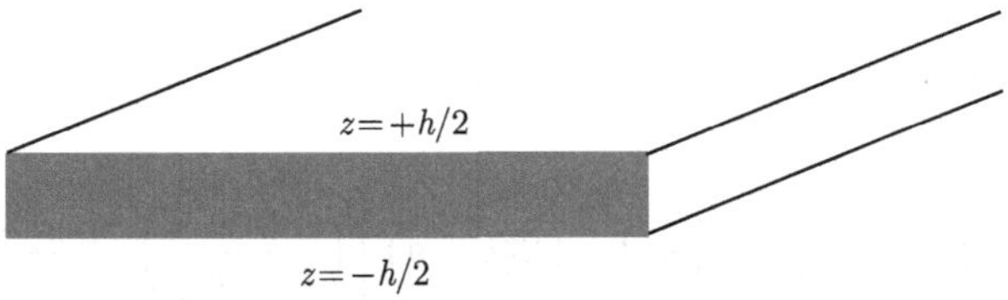

图 2.7.3 平衡时位于xOy平面的薄板，薄板二个面位于 $z=\pm h/2$

式中，(u_1, u_2, u_3) 为薄板内质点的位移矢量. 下面利用 “薄板” 近似：设薄板表面自由，即 $\sigma_{j3} = 0(x_3 = \pm h/2; j = 1, 2, 3)$，由方程 (2.7.33d) 后二式以及方程 (2.7.33c) 得到板表面

$$
\begin{aligned}
&e_{13} = \frac{1}{2}\left(\frac{\partial u_1}{\partial x_3} + \frac{\partial u_3}{\partial x_1}\right) = 0; e_{23} = \frac{1}{2}\left(\frac{\partial u_2}{\partial x_3} + \frac{\partial u_3}{\partial x_2}\right) = 0 \\
&e_{33} = -\frac{\sigma}{1-\sigma}(e_{11} + e_{22})
\end{aligned}
\tag{2.7.34b}
$$

由于板很薄，所有的量可以展开成 x_3 的 Taylor 级数 (在零点附近展开)，且只要保留展开的一阶项 (平衡时位移为零，故展开第一项为零)

$$
\begin{aligned}
u_1 &\approx u_{10} + \left(\frac{\partial u_1}{\partial x_3}\right)_0 x_3 \approx -x_3\frac{\partial u_3}{\partial x_1} = -x_3\frac{\partial u}{\partial x_1} \\
u_2 &\approx u_{20} + \left(\frac{\partial u_2}{\partial x_3}\right)_0 x_3 \approx -x_3\frac{\partial u_3}{\partial x_2} = -x_3\frac{\partial u}{\partial x_2}
\end{aligned}
\tag{2.7.34c}
$$

其中，$u_3 \approx u(x_1, x_2, t)$ 为中心平面 $(z = x_3 = 0)$ 内质点的横向 (z 方向) 位移. 注意：得到上二个式子中的第二个近似，利用了方程 (2.7.43b)，由于板很薄，假定方程 (2.7.34b) 在板内也近似成立. 于是，由方程 (2.7.34b)，在薄板体内，应变张量近似为

$$
\begin{aligned}
&e_{11} = \frac{\partial u_1}{\partial x_1} \approx -x_3\frac{\partial^2 u}{\partial x_1^2}; e_{22} = \frac{\partial u_2}{\partial x_2} \approx -x_3\frac{\partial^2 u}{\partial x_2^2} \\
&e_{33} = \frac{\partial u_3}{\partial x_3} \approx \frac{\sigma x_3}{1-\sigma}\left(\frac{\partial^2 u}{\partial x_1^2} + \frac{\partial^2 u}{\partial x_2^2}\right)
\end{aligned}
\tag{2.7.35a}
$$

以及

$$
e_{12} = \frac{1}{2}\left(\frac{\partial u_1}{\partial x_2} + \frac{\partial u_2}{\partial x_1}\right) \approx -x_3\frac{\partial^2 u}{\partial x_1 \partial x_2}; e_{13} \approx 0; e_{23} \approx 0 \tag{2.7.35b}
$$

因此，我们得到薄板的弹性能量密度 $\varepsilon_e = \dfrac{1}{2}\sum\limits_{i,j=1}^{3} \sigma_{ij} e_{ij}$ 为 (作为习题)

$$
\varepsilon_e = \frac{E x_3^2}{2(1-\sigma^2)}\left\{\left(\frac{\partial^2 u}{\partial x_1^2} + \frac{\partial^2 u}{\partial x_2^2}\right)^2 + 2(1-\sigma)\left[\left(\frac{\partial^2 u}{\partial x_1 \partial x_2}\right)^2 - \frac{\partial^2 u}{\partial x_1^2}\frac{\partial^2 u}{\partial x_2^2}\right]\right\} \tag{2.7.35c}
$$

故薄板的总弹性能量 $E_e = \displaystyle\iint_{-h/2}^{h/2} \varepsilon_e \mathrm{d}x_3 \mathrm{d}x_1 \mathrm{d}x_2$ 为

$$
E_e = \frac{E h^3}{24(1-\sigma^2)} \int_\Gamma \left\{\left(\frac{\partial^2 u}{\partial x_1^2} + \frac{\partial^2 u}{\partial x_2^2}\right)^2 + 2(1-\sigma)\left[\left(\frac{\partial^2 u}{\partial x_1 \partial x_2}\right)^2 - \frac{\partial^2 u}{\partial x_1^2}\frac{\partial^2 u}{\partial x_2^2}\right]\right\} \mathrm{d}x_1 \mathrm{d}x_2 \tag{2.7.36a}
$$

其中，$\varGamma$ 表示薄板的区域，其边界为 $\partial\varGamma$. 另一方面，薄板的总动能为

$$\begin{aligned}E_k &= \frac{1}{2}\iint\int_{-h/2}^{h/2}\rho_P\left[\left(\frac{\partial u_1}{\partial t}\right)^2+\left(\frac{\partial u_2}{\partial t}\right)^2+\left(\frac{\partial u_3}{\partial t}\right)^2\right]\mathrm{d}x_3\mathrm{d}x_1\mathrm{d}x_2\\ &= \frac{\rho_P}{2}\iint\int_{-h/2}^{h/2}\left[x_3^2\left(\frac{\partial^2 u}{\partial x_1\partial t}\right)^2+x_3^2\left(\frac{\partial^2 u}{\partial x_2\partial t}\right)^2+\left(\frac{\partial u}{\partial t}\right)^2\right]\mathrm{d}x_3\mathrm{d}x_1\mathrm{d}x_2 \quad (2.7.36\mathrm{b})\\ &= \frac{\rho_P h^3}{24}\int_\varGamma\left[\left(\frac{\partial^2 u}{\partial x_1\partial t}\right)^2+\left(\frac{\partial^2 u}{\partial x_2\partial t}\right)^2\right]\mathrm{d}x_1\mathrm{d}x_2+\frac{\rho_P h}{2}\int_\varGamma\left(\frac{\partial u}{\partial t}\right)^2\mathrm{d}x_1\mathrm{d}x_2\end{aligned}$$

式中，ρ_P 为薄板的体密度. 注意到上式中正比于 h^3 项可以忽略, 于是，由 Hamilton 原理得到

$$\delta E_e+\delta E_k=\int_\varGamma f\delta u\mathrm{d}x_1\mathrm{d}x_2 \tag{2.7.37a}$$

其中，f 是薄板单位面积上受到的作用力 (z 方向). 经过较复杂的运算，上式给出

$$\begin{aligned}&\int_\varGamma\left[\frac{Eh^3}{12(1-\sigma^2)}\nabla^4 u+\rho_P h\frac{\partial^2 u}{\partial t^2}\right]\delta u\mathrm{d}x_1\mathrm{d}x_2\\ &\quad+\frac{Eh^3}{12(1-\sigma^2)}\int_{\partial\varGamma}\left\{\left[\nabla^2 u-(1-\sigma)\frac{\partial^2 u}{\partial s^2}\right]\delta\frac{\partial u}{\partial n}\right.\\ &\quad\left.-\frac{\partial}{\partial n}\left[(1-\sigma)\frac{\partial^2 u}{\partial s^2}+\nabla^2 u\right]\delta u\right\}\mathrm{d}L=\int_\varGamma f\delta u\mathrm{d}x_1\mathrm{d}x_2\end{aligned} \tag{2.7.37b}$$

其中，$\mathrm{d}L$ 为边界线元, $\partial u/\partial n=\boldsymbol{n}\cdot\nabla u$ 和 $\partial u/\partial s=\boldsymbol{s}\cdot\nabla u$ 分别表示边界的法向和切向导数，$\boldsymbol{n}$ 和 $\boldsymbol{s}$ 为边界的法向和切向单位矢量;$\partial^2 u/\partial s^2=\boldsymbol{s}\cdot\nabla(\boldsymbol{s}\cdot\nabla u)$ 表示切向二阶导数; 微分符号双 Laplace 算子定义为

$$\begin{aligned}\nabla^4 u=\nabla^2(\nabla^2 u)&=\left(\frac{\partial^2}{\partial x^2}+\frac{\partial^2}{\partial y^2}\right)\left(\frac{\partial^2}{\partial x^2}+\frac{\partial^2}{\partial y^2}\right)u\\ &=\left(\frac{\partial^4}{\partial x^4}+2\frac{\partial^4}{\partial x^2\partial y^2}+\frac{\partial^4}{\partial y^4}\right)u\end{aligned} \tag{2.7.37c}$$

由 δu 的任意性，得到 $u(x,y,t)$ 满足的方程，即横向弯曲振动方程

$$h\rho_P\frac{\partial^2 u(x,y,t)}{\partial t^2}+\frac{h^3 E}{12(1-\sigma^2)}\nabla^4 u(x,y,t)=f \tag{2.7.38a}$$

边界条件 根据方程 (2.7.37b)，薄板的边界条件分三类，即

(1) 钳定 (固定) 边界 (clamped boundary)

$$u|_{\partial\varGamma}=\left.\frac{\partial u}{\partial n}\right|_{\partial\varGamma}=0 \tag{2.7.38b}$$

(2) 自由边界 (free boundary)

$$\begin{aligned}&\nabla^2 u-(1-\sigma)\frac{\partial^2 u}{\partial s^2}=0\\&\frac{\partial}{\partial n}\left[(1-\sigma)\frac{\partial^2 u}{\partial s^2}+\nabla^2 u\right]=0\end{aligned}\tag{2.7.38c}$$

(3) 简支边界 (simple supported boundary)

$$u|_{\partial\Gamma}=0;\nabla^2 u-(1-\sigma)\frac{\partial^2 u}{\partial s^2}=0\tag{2.7.38d}$$

注意：① $h\rho_P\equiv\sigma_P$ 为单位面积的质量 (面密度)；②膜振动的恢复力是张力，故膜只有张紧了才能振动，而板振动的恢复力是弹性恢复力；③薄板中的波也称为**弯曲波**(flexural wave). 在频域，方程 (2.7.38a) 变成

$$-\omega^2 h\rho_P u(x,y,\omega)+\frac{h^3E}{12(1-\sigma^2)}\nabla^4 u(x,y,\omega)=0\tag{2.7.39}$$

薄板中行波的辐射　仍然设薄板中行波为

$$u(x,y,\omega)=U_0(\omega)\exp[\mathrm{i}(K_x x+K_y y)]\tag{2.7.40a}$$

代入方程 (2.7.39) 并注意到 $\nabla^4 u=K_P^4 u$，得到薄板的色散关系

$$-\omega^2 h\rho_P+\frac{h^3E}{12(1-\sigma^2)}K_P^4=0\tag{2.7.40b}$$

其中，$K_x^2+K_y^2\equiv K_P^2$，即

$$K_P^4=\omega^2\frac{\sigma_P}{D};D\equiv\frac{h^3E}{12(1-\sigma^2)}\tag{2.7.40c}$$

可见薄板中的弯曲波是严重色散的波. 由 $u(x,y,t)$ 产生的声波仍然可用方程 (2.7.4c) 表示, 即

$$p(x,y,z,\omega)=p_0(\omega)\exp[\mathrm{i}(k_x x+k_y y+k_z z)]\tag{2.7.40d}$$

其中，$k_z^2=k_0^2-(k_x^2+k_y^2)$, 方程 (2.7.5a)，(2.7.5b) 和 (2.7.5c) 也成立. 最后，得到声场的表达式

$$p(x,y,z,t)=-\mathrm{i}\frac{\omega^2\rho_0 U_0}{k_z}\exp[\mathrm{i}(K_x x+K_y y+k_z z-\omega t)]\tag{2.7.41a}$$

其中，z 方向的波数为

$$k_z=\sqrt{\frac{\omega^2}{c_0^2}-\omega\sqrt{\frac{\sigma_P}{D}}}\tag{2.7.41b}$$

可见：当 $\omega=c_0^2\sqrt{\sigma_P/D}$ 时，$k_z\to 0$, $p(x,y,z,\omega)\to\infty$，产生共振辐射. 注意：与膜的共振辐射条件不同，由于弯曲波是严重的色散波，故产生共振辐射的条件也不同，只有在单一的频率点才会发生共振辐射.

2.7.5 薄板振动与声辐射的耦合

耦合色散关系 考虑声场对薄板的反作用力后，薄板振动系统和空间声场的方程为

$$-\omega^2\sigma_P u(x,y,\omega)+D\nabla^4 u(x,y,\omega)=-2p(x,y,0,\omega)$$
$$\frac{\partial^2 p}{\partial x^2}+\frac{\partial^2 p}{\partial y^2}+\frac{\partial^2 p}{\partial z^2}+k_0^2 p=0;\ \frac{1}{\mathrm{i}\omega\rho_0}\left.\frac{\partial p}{\partial z}\right|_{z=0}=-\mathrm{i}\omega u(x,y,\omega) \tag{2.7.42a}$$

注意：上式 ∇^4 是二维的. 注意到 $k_z=\sqrt{k_0^2-(k_x^2+k_y^2)}=\sqrt{k_0^2-K^2}$，把方程 (2.7.40a) 和 (2.7.40d) 代入方程 (2.7.42a) 的第一式得到考虑流体耦合后的色散方程

$$\sqrt{k_0^2-K^2}(K^4-\gamma^4)=2\mathrm{i}\frac{\omega^2\rho_0}{D};\gamma^4\equiv\frac{\sigma_P}{D}\omega^2 \tag{2.7.42b}$$

无量纲化方程后得到

$$\sqrt{1-\alpha^2}(\beta^4-1)=2\mathrm{i}\varepsilon \tag{2.7.42c}$$

其中，$\alpha=K/k_0$，$\beta=K/\gamma$ 以及 $\varepsilon=\rho_0/(\sigma_P k_0)$.

轻质流体近似 即假定 $\varepsilon\ll 1$. 显然，当 $\varepsilon=0$ 时，方程 (2.7.42c) 有二个解：$\alpha_{(0)}^2=1$ 和 $\beta_{(0)}^4=1$，即 $K_{(0)}^{\pm}=\pm k_0$ 和 $K_{(0)}^{1,2}=\pm\gamma;K_{(0)}^{3,4}=\pm\mathrm{i}\gamma$, K 有 6 个根. 前 2 个为流体中声波的色散关系，而后 4 个为薄板中波的色散关系，二者相互独立. 当 $\varepsilon\ll 1$ 时, 方程 (2.7.42c) 的解可以在 $\alpha_{(0)}^2=1$ 或者 $\beta_{(0)}^4=1$ 附近作微扰展开, 或者直接把方程 (2.7.42c) 写成

$$\alpha=\pm\sqrt{1+\frac{4\varepsilon^2}{[(k_0\alpha/\gamma)^4-1]^2}};\beta^4=1+\frac{2\mathrm{i}\varepsilon}{\sqrt{1-(\gamma\beta/k_0)^2}} \tag{2.7.43}$$

在 $\alpha_{(0)}^2=1$ 或者 $\beta_{(0)}^4=1$(注意：$\beta_{(0)}^2=\pm 1$) 附近，微扰解为

$$\alpha\approx\pm\left\{1+\frac{2\varepsilon^2}{[(k_0/\gamma)^4-1]^2}\right\};\beta^4\approx 1+\frac{2\mathrm{i}\varepsilon}{\sqrt{1\pm(\gamma/k_0)^2}} \tag{2.7.44a}$$

因此，由于微扰的作用，原来的 6 个根分裂成 10 个根

$$K^{\pm}\approx\pm k_0\left[1+\frac{2\gamma^8}{(k_0^4-\gamma^4)^2}\varepsilon^2\right];K^{(1-4)}\approx\pm\gamma\left[1+\frac{\mathrm{i}\varepsilon}{2\sqrt{1\pm(\gamma/k_0)^2}}\right]$$
$$K^{(5-8)}\approx\pm\mathrm{i}\gamma\left[1+\frac{\mathrm{i}\varepsilon}{2\sqrt{1\pm(\gamma/k_0)^2}}\right] \tag{2.7.44b}$$

我们来分析每一对根对应的波 (弯曲波和声波) 传播情况.

(1) 第一对根：当 $k_0<\gamma$ 时

$$K^{(1,2)}\approx\pm\gamma\left[1+\frac{\varepsilon}{2\sqrt{(\gamma/k_0)^2-1}}\right] \tag{2.7.45a}$$

由 $k_z=\sqrt{k_0^2-[K^{(1,2)}]^2}$ 得到

$$k_z\approx \mathrm{i}\sqrt{\gamma^2-k_0^2}\left[1+\frac{\gamma^2k_0\varepsilon}{2(\gamma^2-k_0^2)^{3/2}}\right] \tag{2.7.45b}$$

可见:$K^{(1,2)}$ 是实的，但 k_z 是虚的，弯曲波能传播，但辐射的声场纯指数衰减，z 方向的波数为零，声波只能在 xOy 平面内传播. 而条件 $k_0<\gamma$ 即为 $\omega<c_0^2\sqrt{\sigma_P/D}$; 当 $k_0>\gamma$ 时

$$\begin{aligned}K^{(1,2)}&\approx\pm\gamma\left[1+\frac{\mathrm{i}\varepsilon}{2\sqrt{1-(\gamma/k_0)^2}}\right]\\ k_z&\approx\sqrt{k_0^2-\gamma^2}\left[1-\frac{\mathrm{i}\gamma^2\varepsilon}{2(k_0^2-\gamma^2)\sqrt{1-(\gamma/k_0)^2}}\right]\end{aligned} \tag{2.7.45c}$$

可见: $K^{(1,2)}$ 和 k_z 都是复数，故弯曲波和声波都是衰减的平面波，但衰减较小. 条件 $k_0>\gamma$ 即为 $\omega>c_0^2\sqrt{\sigma_P/D}$;

(2) 第二对根：当 $k_0<\gamma$ 时

$$\begin{aligned}K^{(3,4)}&\approx\pm\gamma\left[1+\frac{\mathrm{i}\varepsilon}{2\sqrt{1+(\gamma/k_0)^2}}\right]\\ k_z&\approx \mathrm{i}\sqrt{\gamma^2-k_0^2}\left[1+\frac{\mathrm{i}\gamma^2\varepsilon}{2(\gamma^2-k_0^2)\sqrt{1+(\gamma/k_0)^2}}\right]\end{aligned} \tag{2.7.46a}$$

可见: $K^{(3,4)}$ 是复数，但 $\mathrm{Re}(k_z)<0$，不是向外辐射的解，没有物理意义；当 $k_0>\gamma$ 时，$K^{(3,4)}$ 不变，但

$$k_z\approx\sqrt{k_0^2-\gamma^2}\left[1-\frac{\mathrm{i}\gamma^2\varepsilon}{2(k_0^2-\gamma^2)\sqrt{1+(\gamma/k_0)^2}}\right] \tag{2.7.46b}$$

显然: $\mathrm{Im}(k_z)<0$，当 $z\to\infty$ 时，$p(x,y,z,\omega)\to\infty$，没有物理意义.

(3) 第三对根：当 $k_0<\gamma$ 时

$$\begin{aligned}K^{(5,6)}&\approx\pm \mathrm{i}\gamma\left[1+\frac{\varepsilon}{2\sqrt{(\gamma/k_0)^2-1}}\right]\\ k_z&\approx\sqrt{k_0^2+\gamma^2}\left[1+\frac{\gamma^2\varepsilon}{2(k_0^2+\gamma^2)\sqrt{(\gamma/k_0)^2-1}}\right]\end{aligned} \tag{2.7.47a}$$

可见:$K^{(5,6)}$ 是虚的，但 k_z 是实的，弯曲波指数衰减，但声波能传播. 当 $k_0>\gamma$ 时

$$
\begin{aligned}
K^{(5,6)} &\approx \pm \mathrm{i}\gamma\left[1+\frac{\mathrm{i}\varepsilon}{2\sqrt{1-(\gamma/k_0)^2}}\right]\\
k_z &\approx \sqrt{k_0^2+\gamma^2}\left[1+\frac{\mathrm{i}\gamma^2\varepsilon}{2(k_0^2+\gamma^2)\sqrt{1-(\gamma/k_0)^2}}\right]
\end{aligned}
\tag{2.7.47b}
$$

可见:$K^{(5,6)}$ 和 k_z 都是复数，故弯曲波和声波都衰减，但弯曲波有大的衰减，小的传播波数；而声波衰减较小，传播波数较大. 事实上，像由方程 (2.7.47a) 和 (2.7.47b) 表示的解，在物理上几乎不可能，但在数学上是有意义的. 当系统存在边界时，必须加上这些解，才能满足边界条件.

(4) 第四对根：当 $k_0<\gamma$ 时

$$
\begin{aligned}
K^{(7,8)} &\approx \pm \mathrm{i}\gamma\left[1+\frac{\mathrm{i}\varepsilon}{2\sqrt{1+(\gamma/k_0)^2}}\right]\\
k_z &\approx \sqrt{k_0^2+\gamma^2}\left[1+\frac{\mathrm{i}\gamma^2 k_0\varepsilon}{2(k_0^2+\gamma^2)^{3/2}}\right]
\end{aligned}
\tag{2.7.48a}
$$

上式与方程 (2.7.47b) 类似，讨论结果也类似；当 $k_0>\gamma$ 时，得到与方程 (2.7.47a) 同样的结果.

(5) 第五对根 (即 $K^{\pm}$)：

$$
K^{(9,10)} \approx \pm k_0\left[1+\frac{2\gamma^8}{(k_0^4-\gamma^4)^2}\varepsilon^2\right];k_z\approx \mathrm{i}\frac{\gamma^4 k_0}{|k_0^4-\gamma^4|}\varepsilon \tag{2.7.48b}
$$

可见: $K^{(9,10)}$ 是实的，弯曲波能传播；而 k_z 是虚的，z 方向的波数为零，声波只能在 xOy 平面内.

当 $k_0=\gamma$，即在频率点 $\omega_{\mathrm{r}}=c_0^2\sqrt{\sigma_P/D}$，即使满足轻质流体近似，也不能用微扰展开，而应该严格求解方程 (2.7.42b)，我们不进一步展开讨论.

无限大薄板的点力源激发 设无限大薄板受到位于原点的点力激发，耦合方程为

$$
\begin{aligned}
&-\omega^2\sigma_P u(\rho,\omega)+D\nabla^4 u(\rho,\omega)=f_0\frac{\delta(\rho)}{2\pi\rho}-2p(\rho,z,\omega)|_{z=0}\\
&\frac{1}{\rho}\frac{\partial}{\partial\rho}\left(\rho\frac{\partial p}{\partial\rho}\right)+\frac{\partial^2 p}{\partial z^2}+k_0^2 p=0;\ \frac{1}{\mathrm{i}\omega\rho_0}\left.\frac{\partial p}{\partial z}\right|_{z=0}=-\mathrm{i}\omega u(\rho,\omega)
\end{aligned}
\tag{2.7.49a}
$$

在极坐标中，对称情况下的双 Laplace 算子为

$$
\nabla^4=\frac{1}{\rho}\frac{\partial}{\partial\rho}\left(\rho\frac{\partial}{\partial\rho}\right)\left[\frac{1}{\rho}\frac{\partial}{\partial\rho}\left(\rho\frac{\partial}{\partial\rho}\right)\right] \tag{2.7.49b}
$$

利用方程 (2.7.14b) 得到微分–积分方程

$$-\omega^2\sigma_P u(\rho,\omega)+D\nabla^4 u(\rho,\omega)=f_0\frac{\delta(\rho)}{2\pi\rho}-4\rho_0\omega^2\iint u(\rho',\omega)\frac{\exp(\mathrm{i}k_0R_2)}{4\pi R_2}\mathrm{d}S' \quad (2.7.49c)$$

方程两边作 Hankel 变换 (2.7.15a)，并且注意到双 Laplace 算子的 Hankel 变换相当于乘 k_ρ^4，与得到方程 (2.7.17b) 的过程类似，最后我们得到 (作为习题)

$$u(k_\rho,\omega)=\frac{f_0}{2\pi D}\frac{\sqrt{k_0^2-k_\rho^2}}{\sqrt{k_0^2-k_\rho^2}(k_\rho^4-\gamma^4)+2\mathrm{i}\omega^2\rho_0/D} \quad (2.7.50a)$$

因此，薄板的位移为

$$u(\rho,\omega)=\frac{f_0}{2\pi D}\int_0^\infty\frac{\sqrt{k_0^2-k_\rho^2}\mathrm{J}_0(k_\rho\rho)k_\rho\mathrm{d}k_\rho}{\sqrt{k_0^2-k_\rho^2}(k_\rho^4-\gamma^4)+2\mathrm{i}\omega^2\rho_0/D} \quad (2.7.50b)$$

或者利用被积函数的偶函数性质得到

$$u(\rho,\omega)=\frac{f_0}{4\pi D}\int_{\infty\mathrm{e}^{\mathrm{i}\pi}}^\infty\frac{\sqrt{k_0^2-k_\rho^2}\mathrm{H}_0^{(1)}(k_\rho\rho)k_\rho\mathrm{d}k_\rho}{\sqrt{k_0^2-k_\rho^2}(k_\rho^4-\gamma^4)+2\mathrm{i}\omega^2\rho_0/D} \quad (2.7.50c)$$

讨论：①当不考虑薄板与声场的耦合时

$$u(\rho,\omega)\approx\frac{f_0}{4\pi D}\int_{\infty\mathrm{e}^{\mathrm{i}\pi}}^\infty\frac{1}{k_\rho^4-\gamma^4}\mathrm{H}_0^{(1)}(k_\rho\rho)k_\rho\mathrm{d}k_\rho \quad (2.7.51a)$$

上式在实轴和虚轴上各有二个一阶极点 $k_\rho^\pm=\pm\gamma$ 和 $k_\rho^\pm=\pm\mathrm{i}\gamma$

$$u(\rho,\omega)\approx\frac{f_0}{4\pi D}\int_{\infty\mathrm{e}^{\mathrm{i}\pi}}^\infty\frac{\mathrm{H}_0^{(1)}(k_\rho\rho)k_\rho\mathrm{d}k_\rho}{(k_\rho-\gamma)(k_\rho+\gamma)(k_\rho-\mathrm{i}\gamma)(k_\rho+\mathrm{i}\gamma)} \quad (2.7.51b)$$

取上半平面的围道，积分后得到

$$u(\rho,\omega)\approx\mathrm{i}\frac{f_0}{8D}\frac{1}{\gamma^2}[\mathrm{H}_0^{(1)}(\gamma\rho)-\mathrm{H}_0^{(1)}(\mathrm{i}\gamma\rho)] \quad (2.7.51c)$$

上式实际上就是无限大薄板的 Green 函数；②当考虑薄板与声场的耦合时，积分由二部分组成：上半平面的极点和分枝点 k_0. 极点由下列方程决定

$$\varDelta(k_\rho)\equiv\sqrt{k_0^2-k_\rho^2}(k_\rho^4-\gamma^4)+\frac{2\mathrm{i}\omega^2\rho_0}{D}=0 \quad (2.7.52a)$$

上式与方程 (2.7.42b) 完全一样. 设方程 (2.7.52a) 在实轴和上半平面有 p 个根，那么

$$u(\rho,\omega)=-\mathrm{i}\frac{f_0}{2D}\left\{\sum_{j=1}^p\frac{k_\rho^{(j)}\sqrt{k_0^2-k_\rho^{(j)2}}}{[\partial\Delta(k_\rho)/\partial k_\rho]_{k_\rho=k_\rho^{(j)}}}\mathrm{H}_0^{(1)}[k_\rho^{(j)}\rho]+\text{Branch Part}\right\} \quad (2.7.52b)$$

同样，枝线积分必须通过数值积分才能完成.

2.7.6 刚性障板上薄板振动的耦合声辐射

辐射声场与薄板振动不耦合的情况 设半径为 a 的薄板位于无限大刚性障板上，圆周固定. 在极坐标下，本征振动方程为

$$\begin{aligned}&(\nabla^4 - K^4)u(\rho,\varphi,\omega) = 0\\&u|_{\rho=a} = 0;\ \left.\frac{\partial u}{\partial \rho}\right|_{\rho=a} = 0\end{aligned} \tag{2.7.53a}$$

注意: 薄板圆周固定的条件，不仅要求函数本身在边界上为零，而且一阶导数也为零；注意到方程 (2.7.53a) 可以写成

$$(\nabla^2 - K^2)(\nabla^2 + K^2)u(\rho,\varphi,\omega) = 0 \tag{2.7.53b}$$

因此 $u(\rho,\varphi,\omega)$ 必定是下列方程的解

$$(\nabla^2 + K^2)u_1(\rho,\varphi,\omega) = 0; (\nabla^2 - K^2)u_2(\rho,\varphi,\omega) = 0 \tag{2.7.53c}$$

以上二个方程的解为

$$\begin{aligned}u_1(\rho,\varphi,\omega) &= a_m \mathrm{J}_m(K\rho)\exp(\mathrm{i}m\varphi)\\u_2(\rho,\varphi,\omega) &= b_m \mathrm{I}_m(K\rho)\exp(\mathrm{i}m\varphi)\end{aligned} \tag{2.7.54a}$$

得到上式，已考虑到 $u(\rho,\varphi,\omega)|_{\rho=0} < \infty$. 因此，本征振动解可表示为

$$u(\rho,\varphi,\omega) = [a_m \mathrm{J}_m(K\rho) + b_m \mathrm{I}_m(K\rho)]\exp(\mathrm{i}m\varphi) \tag{2.7.54b}$$

由方程 (2.7.53a) 的第一个边界条件得

$$b_m = -a_m \frac{\mathrm{J}_m(Ka)}{\mathrm{I}_m(Ka)} \tag{2.7.54c}$$

而由方程 (2.7.53a) 的第二个边界条件得到决定本征值的方程

$$\left[\mathrm{I}_m(K\rho)\frac{\mathrm{dJ}_m(K\rho)}{\mathrm{d}\rho} - \mathrm{J}_m(K\rho)\frac{\mathrm{dI}_m(K\rho)}{\mathrm{d}\rho}\right]_{\rho=a} = 0 \tag{2.7.55a}$$

设方程对应于 m 的第 n 个根为 $K_{mn} = \beta_{mn}(\pi/a)$，那么本征振动频率为

$$\omega_{mm} = (\beta_{mn})^2 \frac{\pi^2}{a^2}\sqrt{\frac{D}{\sigma_P}} \tag{2.7.55b}$$

方程 (2.7.55a) 前 9 个根为

$$\begin{aligned}&\beta_{01} = 1.015,\quad \beta_{02} = 2.007,\quad \beta_{03} = 3.000\\&\beta_{11} = 1.468\quad \beta_{12} = 2.483,\quad \beta_{13} = 3.490\\&\beta_{21} = 1.879,\quad \beta_{22} = 2.992,\quad \beta_{23} = 4.000\end{aligned} \tag{2.7.55c}$$

本征振动模式为

$$u_{mn}(\rho,\varphi,\omega)=\varPhi_{mn}(\rho)\exp(\mathrm{i}m\varphi) \tag{2.7.56a}$$

其中, 为了方便定义径向部分

$$\varPhi_{mn}(\rho)\equiv \mathrm{J}_m\left(\frac{\pi\beta_{mn}}{a}\rho\right)-\frac{\mathrm{J}_m(\pi\beta_{mn})}{\mathrm{I}_m(\pi\beta_{mn})}\mathrm{I}_m\left(\frac{\pi\beta_{mn}}{a}\rho\right) \tag{2.7.56b}$$

注意: 该本征函数没有归一化.

Green 函数 Green 函数满足

$$\begin{gathered}\nabla^4 G(\rho,\varphi;\rho_0,\varphi_0)-\gamma^4 G(\rho,\varphi;\rho_0,\varphi_0)=\frac{1}{\rho}\delta(\rho-\rho_0)\delta(\varphi-\varphi_0)\\ G(\rho,\varphi;\rho_0,\varphi_0)|_{\rho=a}=0;\ \left.\frac{\partial G(\rho,\varphi;\rho_0,\varphi_0)}{\partial\rho}\right|_{\rho=a}=0\end{gathered} \tag{2.7.57a}$$

设 Green 函数展开为

$$G(\rho,\varphi;\rho_0,\varphi_0)=\sum_{m=-\infty}^{\infty}\sum_{n=1}^{\infty}A_{mn}\varPhi_{mn}(\rho)\exp(\mathrm{i}m\varphi) \tag{2.7.57b}$$

代入方程 (2.7.57a) 的第一式得到

$$\sum_{m=-\infty}^{\infty}\sum_{n=1}^{\infty}A_{mn}(K_{mn}^4-\gamma^4)\varPhi_{mn}(\rho)\exp(\mathrm{i}m\varphi)=\frac{1}{\rho}\delta(\rho-\rho_0)\delta(\varphi-\varphi_0) \tag{2.7.57c}$$

二边乘 $\varPhi_{mn}(\rho)\exp(-\mathrm{i}m\varphi)$ 并积分得到

$$A_{mn}=\frac{\varPhi_{mn}(\rho_0)}{N_{mn}^2(K_{mn}^4-\gamma^4)}\exp(-\mathrm{i}m\varphi_0) \tag{2.7.57d}$$

其中, N_{mn}^2 为模的平方

$$N_{mn}^2\equiv 2\pi\int_0^a|\varPhi_{mn}(\rho)|^2\rho\mathrm{d}\rho \tag{2.7.57e}$$

因此, Green 函数为

$$G(\rho,\varphi;\rho_0,\varphi_0)=\sum_{m=-\infty}^{\infty}\sum_{n=1}^{\infty}\frac{\varPhi_{mn}(\rho_0)\varPhi_{mn}(\rho)}{N_{mn}^2(K_{mn}^4-\gamma^4)}\exp[\mathrm{i}m(\varphi-\varphi_0)] \tag{2.7.58}$$

薄板振动 设薄板受到外力为 $f(\rho,\varphi,\omega)$ 的作用, 振动方程为

$$\begin{gathered}\nabla^4 u(\rho,\varphi,\omega)-\gamma^4 u(\rho,\varphi,\omega)=\frac{1}{D}f(\rho,\varphi,\omega)\\ u(\rho,\varphi,\omega)|_{\rho=a}=0;\ \left.\frac{\partial u(\rho,\varphi,\omega)}{\partial\rho}\right|_{\rho=a}=0\end{gathered} \tag{2.7.59a}$$

利用 Green 函数 (2.7.58)，方程 (2.7.59a) 的解为

$$u(\rho,\varphi,\omega)=\frac{1}{D}\int_0^a\int_0^{2\pi}f(\rho_0,\varphi_0,\omega)G(\rho,\varphi;\rho_0,\varphi_0)\rho_0\mathrm{d}\rho_0\mathrm{d}\varphi_0 \tag{2.7.59b}$$

辐射声场 由方程 (2.7.27) 决定.

辐射声场与薄板振动耦合情况 首先考虑耦合对本征频率的影响，本征模式和本征频率满足方程

$$\begin{aligned}&(\nabla^4-K^4)u(\rho,\varphi,\omega)=-\frac{2}{D}p(\rho,\varphi,z,\omega)|_{z=0}\\&\frac{1}{\rho}\frac{\partial}{\partial\rho}\left(\rho\frac{\partial p}{\partial\rho}\right)+\frac{1}{\rho^2}\frac{\partial^2p}{\partial\varphi^2}+\frac{\partial^2p}{\partial z^2}+k_0^2p=0\end{aligned} \tag{2.7.60a}$$

$$u|_{\rho=a}=0;\ \left.\frac{\partial u}{\partial\rho}\right|_{\rho=a}=0;\ \left.\frac{\partial p}{\partial z}\right|_{z=0+\varepsilon}=\mathrm{i}\rho_0c_0k_0\begin{cases}0, & \rho\geqslant a\\ v_z(\rho,\varphi,\omega), & \rho<a\end{cases}$$

其中，$v_z(\rho,\varphi,\omega)=-\mathrm{i}\omega u(\rho,\varphi,\omega)$ 为薄板表面的横向振动速度. 由方程 (2.7.27) 得到薄板表面的声压 $p(\rho,\varphi,z,\omega)|_{z=0+\varepsilon}$，代入方程 (2.7.60a) 得到微分–积分方程

$$(\nabla^4-K^4)u(\rho,\varphi,\omega)+4\frac{\rho_0\omega^2}{D}\iint_{\rho<a}u(\rho',\varphi',\omega)\frac{\exp(\mathrm{i}k_0R_2)}{4\pi R_2}\rho'\mathrm{d}\rho'\mathrm{d}\varphi'=0 \tag{2.7.60b}$$

其中，$R_2=|\boldsymbol{\rho}-\boldsymbol{\rho}'|$. 利用本征函数 $\varPhi_{mn}(\rho)\exp(\mathrm{i}m\varphi)$ 的完备性，作展开

$$u(\rho,\varphi,\omega)=\sum_{m=-\infty}^{\infty}\sum_{n=1}^{\infty}A_{mn}\varPhi_{mn}(\rho)\exp(\mathrm{i}m\varphi) \tag{2.7.61a}$$

代入方程 (2.7.60b) 得到

$$\sum_{n=1}^{\infty}A_{mn}\left[\left(\frac{\beta_{mn}\pi}{a}\right)^4-K^4\right]\varPhi_{mn}(\rho)+2\mathrm{i}\frac{\rho_0\omega^2}{D}\sum_{n=1}^{\infty}A_{mn}P_{mn}(\rho)=0 \tag{2.7.61b}$$

其中，为了方便积分定义为

$$P_{mn}(\rho)\equiv\int_0^{\infty}\frac{1}{\sqrt{k_0^2-\lambda^2}}\varLambda_{mn}(\lambda)\mathrm{J}_m(\lambda\rho)\lambda\mathrm{d}\lambda \tag{2.7.61c}$$

以及

$$\varLambda_{mn}(\lambda)\equiv\int_0^a\varPhi_{mn}(\rho')\mathrm{J}_m(\lambda\rho')\rho'\mathrm{d}\rho' \tag{2.7.61d}$$

利用本征函数 $\varPhi_{mn}(\rho)$ 的正交性得到

$$A_{ml}\left[\left(\frac{\beta_{mn}\pi}{a}\right)^4-K^4\right]+4\mathrm{i}\frac{\rho_0\omega^2}{N_{ml}^2D\pi}\sum_{n=1}^{\infty}A_{mn}\int_0^aP_{mn}(\rho)\varPhi_{ml}(\rho)\rho\mathrm{d}\rho=0 \tag{2.7.61e}$$

与膜的情况相同，上式是一个无限联立的齐次线性方程组. 系数行列式为零给出本征频率满足的方程. 当声场的耦合可以忽略时，就得到 $K_{mn} = \beta_{mn}(\pi/a)$.

薄板强迫振动的辐射 我们考虑外力 $f(\rho,\varphi,\omega)$ 的激发问题. 耦合方程为

$$(\nabla^4 - K^4)u(\rho,\varphi,\omega) = \frac{1}{D}[f(\rho,\varphi,\omega) - 2p(\rho,\varphi,z,\omega)|_{z=0}]$$

$$\frac{1}{\rho}\frac{\partial}{\partial\rho}\left(\rho\frac{\partial p}{\partial\rho}\right) + \frac{1}{\rho^2}\frac{\partial^2 p}{\partial\varphi^2} + \frac{\partial^2 p}{\partial z^2} + k_0^2 p = 0 \tag{2.7.62a}$$

$$u|_{\rho=a} = 0;\ \left.\frac{\partial u}{\partial\rho}\right|_{\rho=a} = 0;\ \left.\frac{\partial p}{\partial z}\right|_{z=0+\varepsilon} = \mathrm{i}\rho_0 c_0 k_0 \begin{cases} 0, & \rho \geqslant a \\ v_z(\rho,\varphi,\omega), & \rho < a \end{cases}$$

其中，$p(\rho,\varphi,0,\omega)$ 由 Rayleigh 积分 (2.7.27) 决定. 利用 Green 函数方程 (2.7.58)，方程 (2.7.62a) 变成

$$u(\rho,\varphi,\omega) = \frac{1}{D}\iint_{\rho<a} G(\rho,\varphi;\rho_0,\varphi_0)[f(\rho_0,\varphi_0,\omega) - 2p(\rho_0,\varphi_0,0,\omega)]\rho_0 \mathrm{d}\rho_0 \mathrm{d}\varphi_0 \tag{2.7.62b}$$

把方程 (2.7.27) 代入上式得到薄板表面的横向速度分布

$$v_z(\rho,\varphi,\omega) = v_{0z}(\rho,\varphi,\omega) + \iint_{\rho<a} K(\rho,\varphi;\rho',\varphi')v_z(\rho',\varphi',\omega)\rho'\mathrm{d}\rho'\mathrm{d}\varphi' \tag{2.7.63a}$$

其中，非齐次项和积分核分别为

$$v_{0z}(\rho,\varphi,\omega) \equiv -\mathrm{i}\frac{\omega}{D}\iint_{\rho<a} G(\rho,\varphi;\rho_0,\varphi_0)f(\rho_0,\varphi_0,\omega)\rho_0\mathrm{d}\rho_0\mathrm{d}\varphi_0 \tag{2.7.63b}$$

$$K(\rho,\varphi;\rho',\varphi') \equiv \frac{\rho_0\omega^2}{\pi D}\iint_{\rho<a} G(\rho,\varphi;\rho_0,\varphi_0)\frac{\mathrm{e}^{\mathrm{i}k_0|\boldsymbol{\rho}_0-\boldsymbol{\rho}'|}}{|\boldsymbol{\rho}_0-\boldsymbol{\rho}'|}\rho_0\mathrm{d}\rho_0\mathrm{d}\varphi_0 \tag{2.7.63c}$$

与膜的情况类似，原则上，一旦求得了方程 (2.7.63a) 的解，就可以由方程 (2.7.27) 得到声场的分布.

第 3 章　声波的散射和衍射

当空间传播的声波 (称为入射波) 遇到密度或声速不同的区域 (称为**缺陷**) 时，声波将改变原来传播的路径，向其他方向偏转，这种现象称为声波的**散射**. 散射波定义为实际空间声场与入射波 (它是缺陷不存在时的空间声场) 之差. 最简单的例子是，当流体介质中的一列平面波入射到刚性固体球的情形：空间声场由二部分组成，即入射平面波和散射波，后者是以球为中心向所有方向扩散的球面波，散射波与入射平面波叠加形成畸变的空间声场. 对任意形状的缺陷，严格求解波 (包括声波和电磁波) 的散射问题是困难的，只有几种规则形状的缺陷，散射波能够严格求解，如无限长圆柱 (利用柱坐标) 和球状 (利用球坐标) 缺陷，以及无限长椭圆柱体 (利用椭圆柱坐标) 和椭球 (利用椭球坐标，本书不讨论)，然而声波散射是声学检测的基础. 在声场的测量过程中，也必须考虑声波的散射：在待测量的声场中放置传声器，而传声器对入射波的散射改变了空间声场，实际测量到的是入射波与散射波的叠加. 故必须考虑传声器的散射影响. 因此，本章讨论声波散射的基本特征.

3.1　柱体和球体的散射

无限长圆柱体 (对有限长的圆柱体，不可能求严格解) 或者球体的散射是能够严格求解析解的最简单情况. 当然，现实中完美的无限长柱体或者球体是不存在的. 但是，我们可以把散射体作初步的近似，在零级近似下，用无限长柱体或者球体代替散射体，分析其对入射声波散射的基本规律，如散射体线度与入射波频率的关系. 一般的圆柱体总是有限长的，但如果入射波波长远小于圆柱体的长度，而且入射波波束远离圆柱体的二个端面，那么该有限长的圆柱体就可以用无限长圆柱体来代替. 当然，对裂缝和尖角形的缺陷，用柱或球来近似是不适当的，我们在 3.4 节作专门的讨论.

3.1.1　无限长圆柱体对平面波的散射

如图 3.1.1, 设半径为 a 的圆柱体长度方向与 z 轴平行，圆柱截面的圆心位于 xOy 平面的原点. 平面波沿正 x 方向入射，在柱坐标 (ρ,φ,z) 下，入射波声压和径向速度分别为

$$p_{\mathrm{i}}(\rho,\varphi,\omega)=p_{0\mathrm{i}}(\omega)\exp(\mathrm{i}k_0x)=p_{0\mathrm{i}}(\omega)\exp(\mathrm{i}k_0\rho\cos\varphi)$$
$$=p_{0\mathrm{i}}(\omega)\left[\mathrm{J}_0(k_0\rho)+2\sum_{m=1}^{\infty}\mathrm{i}^m\mathrm{J}_m(k_0\rho)\cos(m\varphi)\right]\tag{3.1.1a}$$

以及

$$v_{\mathrm{i}\rho}(\rho,\varphi,\omega)=\frac{p_{0\mathrm{i}}(\omega)}{\mathrm{i}\rho_0c_0}\left[-\mathrm{J}_1(k_0\rho)+2\sum_{m=1}^{\infty}\mathrm{i}^m\frac{\mathrm{dJ}_m(k_0\rho)}{\mathrm{d}(k_0\rho)}\cos(m\varphi)\right]\tag{3.1.1b}$$

空间总声场 (总声压与总径向速度) 为

$$\begin{aligned}p(\rho,\varphi,\omega)&=p_{\mathrm{i}}(\rho,\varphi,\omega)+p_{\mathrm{s}}(\rho,\varphi,\omega)\\v_\rho(\rho,\varphi,\omega)&=v_{\mathrm{i}\rho}(\rho,\varphi,\omega)+v_{\mathrm{s}\rho}(\rho,\varphi,\omega)\end{aligned}\tag{3.1.1c}$$

散射波声压和径向速度分别为

$$\begin{aligned}p_{\mathrm{s}}(\rho,\varphi,\omega)&=A_0(\omega)\mathrm{H}_0^{(1)}(k_0\rho)+\sum_{m=1}^{\infty}A_m(\omega)\mathrm{H}_m^{(1)}(k_0\rho)\cos(m\varphi)\\v_{\mathrm{s}\rho}(\rho,\varphi,\omega)&=\frac{1}{\mathrm{i}\rho_0c_0}\left[-A_0(\omega)\mathrm{H}_1^{(1)}(k_0\rho)+\sum_{m=1}^{\infty}A_m(\omega)\frac{\mathrm{dH}_m^{(1)}(k_0\rho)}{\mathrm{d}(k_0\rho)}\cos(m\varphi)\right]\end{aligned}\tag{3.1.1d}$$

上式已利用了关系 $\mathrm{dH}_0^{(1)}(x)/\mathrm{d}x=-\mathrm{H}_1^{(1)}(x)$. 注意: 角度方向的速度分量 $v_{\mathrm{i}\varphi}(r,\vartheta,\omega)$ 和 $v_{\mathrm{s}\varphi}(\rho,\varphi,\omega)$ 不为零，但在考虑理想流体中的散射时，角度方向的速度分量不出现在边界条件中，反之则见 6.1.5 小节讨论.

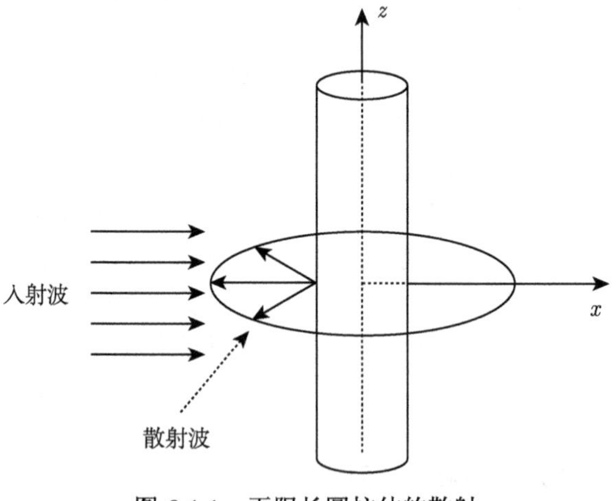

图 3.1.1　无限长圆柱体的散射

固定刚性圆柱体　边界条件为柱面上法向速度为零，即

$$[v_{\mathrm{i}\rho}(\rho,\varphi,\omega)+v_{\mathrm{s}\rho}(\rho,\varphi,\omega)]_{\rho=a}=0\tag{3.1.2a}$$

把方程 (3.1.1b) 和 (3.1.1d) 的第二式代入上式得到

$$
\begin{aligned}
&p_{0\mathrm{i}}(\omega)\left[-\mathrm{J}_1(k_0a)+2\sum_{m=1}^{\infty}\mathrm{i}^m\frac{\mathrm{dJ}_m(k_0a)}{\mathrm{d}(k_0a)}\cos(m\varphi)\right]\\
&=A_0(\omega)\mathrm{H}_1^{(1)}(k_0a)-\sum_{m=1}^{\infty}A_m(\omega)\frac{\mathrm{dH}_m^{(1)}(k_0a)}{\mathrm{d}(k_0a)}\cos(m\varphi)
\end{aligned}
\tag{3.1.2b}
$$

两边比较系数得到

$$
A_0(\omega)=-\frac{\mathrm{J}_1(k_0a)}{\mathrm{H}_1^{(1)}(k_0a)}p_{0\mathrm{i}}(\omega);A_m(\omega)=-2\mathrm{i}^m\frac{\mathrm{J}'_m(k_0a)}{\mathrm{H}_m^{\prime(1)}(k_0a)}p_{0\mathrm{i}}(\omega)
\tag{3.1.2c}
$$

其中，柱函数的导数定义为

$$
\mathrm{J}'_m(k_0a)\equiv\frac{\mathrm{dJ}_m(k_0a)}{\mathrm{d}(k_0a)};\ \mathrm{H}_m^{\prime(1)}(k_0a)\equiv\frac{\mathrm{dH}_m^{(1)}(k_0a)}{\mathrm{d}(k_0a)}
\tag{3.1.2d}
$$

注意：以后遇到特殊函数的导数表示相同的含义. 方程 (3.1.2c) 代入方程 (3.1.1b) 得到散射场为

$$
\begin{aligned}
p_{\mathrm{s}}(\rho,\varphi,\omega)=&-p_{0\mathrm{i}}(\omega)\frac{\mathrm{J}_1(k_0a)}{\mathrm{H}_1^{(1)}(k_0a)}\mathrm{H}_0^{(1)}(k_0\rho)\\
&-2p_{0\mathrm{i}}(\omega)\sum_{m=1}^{\infty}\mathrm{i}^m\frac{\mathrm{J}'_m(k_0a)}{\mathrm{H}_m^{\prime(1)}(k_0a)}\mathrm{H}_m^{(1)}(k_0\rho)\cos(m\varphi)
\end{aligned}
\tag{3.1.3a}
$$

利用 Hankel 函数的渐近表达式，即方程 (2.3.12b)，我们得到远场声场为

$$
\begin{aligned}
p_{\mathrm{s}}(\rho,\varphi,\omega)&\approx-p_{0\mathrm{i}}(\omega)\sqrt{\frac{2}{\pi k_0\rho}}\exp\left[\mathrm{i}\left(k_0\rho-\frac{\pi}{4}\right)\right]\psi_{\mathrm{s}}(\varphi,\omega)\\
v_{\mathrm{s}\rho}(\rho,\varphi,\omega)&\approx-\frac{p_{0\mathrm{i}}(\omega)}{\rho_0c_0}\sqrt{\frac{2}{\pi k_0\rho}}\exp\left[\mathrm{i}\left(k_0\rho-\frac{\pi}{4}\right)\right]\psi_{\mathrm{s}}(\varphi,\omega)
\end{aligned}
\tag{3.1.3b}
$$

其中，$\psi_{\mathrm{s}}(\varphi,\omega)$ 表示散射波的角度分布

$$
\psi_{\mathrm{s}}(\varphi,\omega)\equiv\frac{\mathrm{J}_1(k_0a)}{\mathrm{H}_1^{(1)}(k_0a)}+2\sum_{m=1}^{\infty}\frac{\mathrm{J}'_m(k_0a)}{\mathrm{H}_m^{\prime(1)}(k_0a)}\cos(m\varphi)
\tag{3.1.3c}
$$

故远场散射声强为

$$
I_{\mathrm{s}}(\rho,\varphi,\omega)=\frac{1}{2}\mathrm{Re}(p_{\mathrm{s}}^*v_{\mathrm{s}\rho})=\frac{2I_{0\mathrm{i}}}{\pi k_0\rho}|\psi_{\mathrm{s}}(\varphi,\omega)|^2
\tag{3.1.4a}
$$

其中，$I_{0\mathrm{i}}\equiv|p_{0\mathrm{i}}(\omega)|^2/2\rho_0c_0$ 是入射波的声强. 注意：总的声强应该为

$$
\begin{aligned}
\boldsymbol{I}&=\frac{1}{2}\mathrm{Re}(p^*\boldsymbol{v})=\frac{1}{2}\mathrm{Re}[(p_{\mathrm{i}}^*+p_{\mathrm{s}}^*)(\boldsymbol{v}_{\mathrm{i}}+\boldsymbol{v}_{\mathrm{s}})]\\
&=\frac{1}{2}\mathrm{Re}(p_{\mathrm{i}}^*\boldsymbol{v}_{\mathrm{i}})+\frac{1}{2}\mathrm{Re}(p_{\mathrm{s}}^*\boldsymbol{v}_{\mathrm{s}})+\frac{1}{2}\mathrm{Re}(p_{\mathrm{i}}^*\boldsymbol{v}_{\mathrm{s}})+\frac{1}{2}\mathrm{Re}(p_{\mathrm{s}}^*\boldsymbol{v}_{\mathrm{i}})
\end{aligned}
\tag{3.1.4b}
$$

显然，第一、二项分别是入射波和散射波的声强，第三、四项为交叉项，为了表征散射强度，我们仅讨论散射波的远场声强，因为扩展到整个空间的平面波是不存在的，在足够远的远场，可以假定入射场为零.

当 $k_0a \ll 1$ 时，利用方程 (2.3.10a) 和 (2.3.12d) 得到

$$\psi_{\rm s}(\varphi,\omega) \approx {\rm i}\frac{\pi}{4}(k_0a)^2(1-2\cos\varphi) \tag{3.1.4c}$$

故远场散射声强的分布为

$$I_{\rm s}(\rho,\varphi,\omega) \approx I_{0{\rm i}}\frac{\pi\omega^3a^4}{8c_0^3\rho}(1-2\cos\varphi)^2 \tag{3.1.5a}$$

单位长度柱体的散射功率

$$P_{\rm s}(\omega) = \int_0^{2\pi} I_{\rm s}(\rho,\varphi,\omega)\rho{\rm d}\varphi \approx I_{0{\rm i}}\frac{3\pi^2\omega^3a^4}{4c_0^3} \tag{3.1.5b}$$

刚性圆柱受力为 (只有 x 方向分量)

$$\begin{aligned} F_x &= -a\int_0^{2\pi}[p_{\rm i}(\rho,\varphi,\omega)+p_{\rm s}(\rho,\varphi,\omega)]_{\rho=a}\cos\varphi{\rm d}\varphi \\ &= -2{\rm i}a\pi p_{0{\rm i}}(\omega)\left[{\rm J}_1(k_0a)-\frac{{\rm J}_1'(k_0a){\rm H}_1^{(1)}(k_0a)}{{\rm H}_1'^{(1)}(k_0a)}\right] \end{aligned} \tag{3.1.6a}$$

在低频情况下，利用方程 (2.2.10a) 和 (2.2.12d) 得到

$$F_x \approx -2{\rm i}\frac{\omega\pi a^2}{c_0}p_{0{\rm i}}(\omega) = 2\frac{\omega\pi a^2}{c_0}p_{0{\rm i}}(\omega)\exp\left(-{\rm i}\frac{\pi}{2}\right) \tag{3.1.6b}$$

上式的指数表明：圆柱受到的作用力与入射声波有一个相位滞后. 相对作用力 $|F_x/2a\pi p_{0{\rm i}}(\omega)|$ 随频率的变化如图 3.1.2.

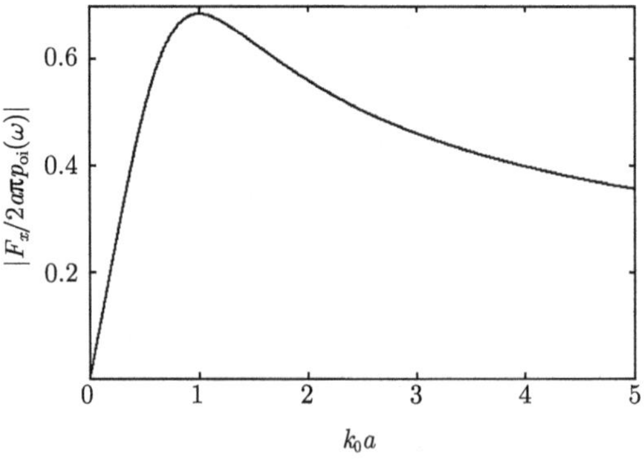

图 3.1.2 相对作用力随频率的变化

对于高频散射 ($k_0a \gg 1$)，从几何声学观点看，柱体前后的声场完全不同：如图 3.1.3, 在柱体前 ($\pi/2 < \varphi < 3\pi/2$，迎着入射波的面) 区域，总声场 (由入射波与反射波叠加而成) 不为零，而在柱体后 ($-\pi/2 < \varphi < \pi/2$) 形成影阴区，在影阴区内总声场近似为零. 因此，如果把声场表示为 $p = p_{\rm i} + p_{\rm s}$，那么散射波在影阴区内应该与入射波相互抵消，即要求级数 (3.1.3a) 在影阴区内收敛到 $-p_{\rm i}$，故必须保留级数中足够多的项. 特别是，如果把 Bessel 函数和 Neumann 函数的渐近表达式代入方程 (3.1.3c)，得到的无限级数并不收敛. 事实上，由于 k_0a 和 m 都足够大，必须利用大阶数、大宗量 Bessel 函数的展开 (见 2.3.1 小节讨论). 故从低频到高频，不能简单地由方程 (3.1.3c) 作渐近展开得到近似表达式，问题变得相当复杂. 讨论高频近似的方法为衍射几何声学理论 (geometrical theory of diffraction，GTD)，这里不进一步讨论，仅画出了几个 k_0a 情况的散射波方向图，即 $|\psi_{\rm s}(\varphi,\omega)|^2$ 随 φ 的变化，如图 3.1.4，由图可见，随着频率增加 (k_0a 变大)，散射波以入射方向 ($\varphi = 0$，即柱体的后面) 为极大，该散射波与入射波反相叠加后形成影阴区.

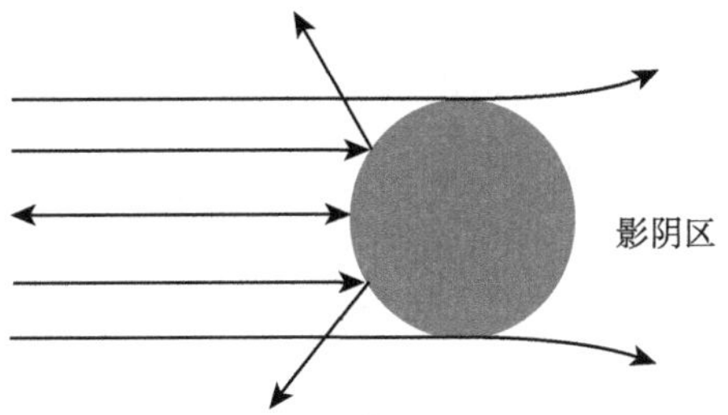

图 3.1.3 高频散射：柱后形成影阴区

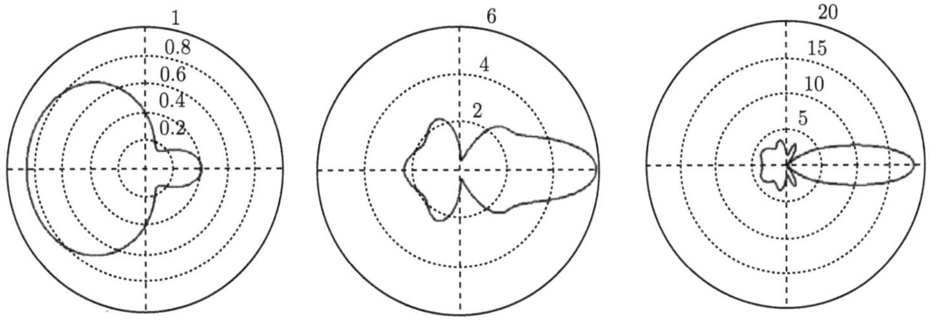

图 3.1.4 圆柱体散射方向图 $|\psi_{\rm s}(\varphi,\omega)|^2$ 随 φ 的变化

(a)$k_0a = 1$; (b)$k_0a = 3$; (c)$k_0a = 5$

可移动刚性圆柱体 对固定的刚性柱体，声波 (入射波和散射波) 产生的作用力与外力 (使柱体固定不移动) 抵消，从而保证柱体不动. 当不存在外力，那么

柱体在声波作用下，必将在入射波方向前后振动. 柱体的这一振动也辐射声波，散射波应该包含这部分的贡献. 设刚性柱体的振动速度为 (入射波方向为 x 方向) $\boldsymbol{w}(t)=\boldsymbol{e}_x w_0(\omega)\exp(-\mathrm{i}\omega t)$ (如图 3.1.5)，则法向分量为

$$w_\rho(t)=w_0(\omega)\cos\varphi\exp(-\mathrm{i}\omega t) \tag{3.1.7a}$$

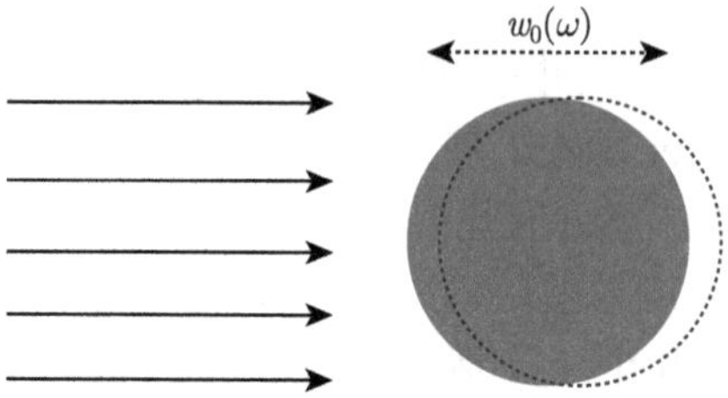

图 3.1.5 可移动刚性柱体：在平衡位置作振动

由柱体表面法向速度连续边界条件得到

$$[v_{\mathrm{i}\rho}(\rho,\varphi,\omega)+v_{\mathrm{s}\rho}(\rho,\varphi,\omega)]_{\rho=a}=w_0(\omega)\cos\varphi \tag{3.1.7b}$$

而柱体的运动方程为 (注意：当 $\varphi=0$ 时，声压产生的力为负 x 方向)

$$-\mathrm{i}\omega m_{\mathrm{c}}w_0(\omega)=F_x=-a\int_0^{2\pi}p(a,\varphi,\omega)\cos\varphi\mathrm{d}\varphi \tag{3.1.7c}$$

其中，m_c 是单位长圆柱体的质量. 入射波和散射波仍然由方程 (3.1.1a) 和 (3.1.1d) 表示，代入方程 (3.1.7b) 得到

$$\begin{aligned}&\sum_{m=1}^{\infty}[\mathrm{i}^m 2p_{0\mathrm{i}}(\omega)\mathrm{J}'_m(k_0a)+A_m(\omega)\mathrm{H}'^{(1)}_m(k_0a)]\cos(m\varphi)\\&\quad-[p_{0\mathrm{i}}(\omega)\mathrm{J}_0(k_0a)+A_0(\omega)\mathrm{H}^{(1)}_0(k_0a)]=\mathrm{i}\rho_0c_0w_0(\omega)\cos\varphi\end{aligned} \tag{3.1.8a}$$

比较 $\cos(m\varphi)$ 的系数得到

$$\begin{aligned}A_0(\omega)&=-\frac{\mathrm{J}_0(k_0a)}{\mathrm{H}^{(1)}_0(k_0a)}p_{0\mathrm{i}}(\omega)\\A_1(\omega)&=\left[w_0(\omega)-\frac{2p_{0\mathrm{i}}(\omega)}{\rho_0c_0}\mathrm{J}'_1(k_0a)\right]\frac{\mathrm{i}\rho_0c_0}{\mathrm{H}'^{(1)}_1(k_0a)}\\A_m(\omega)&=-2\mathrm{i}^m\frac{\mathrm{J}'_m(k_0a)}{\mathrm{H}'^{(1)}_m(k_0a)}p_{0\mathrm{i}}(\omega)\quad(m\geqslant 2)\end{aligned} \tag{3.1.8b}$$

可见，柱体的移动仅对 $m=1$ 的项产生影响. 圆柱受力为

$$F_x=-a\int_0^{2\pi}[p_{\mathrm{i}}(\rho,\varphi,\omega)+p_{\mathrm{s}}(\rho,\varphi,\omega)]_{\rho=a}\cos\varphi\mathrm{d}\varphi \tag{3.1.8c}$$

即

$$F_x = -2\mathrm{i}a\pi p_{0\mathrm{i}}(\omega)R(\omega) - \mathrm{i}a\pi\rho_0 c_0 w_0(\omega)\frac{\mathrm{H}_1^{(1)}(k_0a)}{\mathrm{H}_1'^{(1)}(k_0a)} \tag{3.1.8d}$$

其中，为了方便定义

$$R(\omega) \equiv \mathrm{J}_1(k_0a) - \frac{\mathrm{J}_1'(k_0a)\mathrm{H}_1^{(1)}(k_0a)}{\mathrm{H}_1'^{(1)}(k_0a)} \tag{3.1.8e}$$

方程 (3.1.8d) 代入方程 (3.1.7c) 得到

$$w_0(\omega) = \frac{2a\pi p_{0\mathrm{i}}(\omega)}{\omega m_\mathrm{c} - a\pi\rho_0 c_0 \mathrm{H}_1^{(1)}(k_0a)/\mathrm{H}_1'^{(1)}(k_0a)}R(\omega) \tag{3.1.8f}$$

在低频情况下，上式近似为

$$w_0(\omega) \approx \frac{2\pi a^2 p_{0\mathrm{i}}(\omega)}{c_0(m_\mathrm{c} + \rho_0\pi a^2)} \tag{3.1.8g}$$

分母中 $\rho_0\pi a^2$ 为相同的柱体体积占有的空气质量，相当于同振质量. 把方程 (3.1.8f) 代入方程 (3.1.8b) 和 (3.1.1b)，就可以得到散射声场的表达式.

非刚性圆柱体 此时入射声波可透过柱面进入柱体，在柱体中形成驻波. 设柱体的密度和声速分别为 ρ_e 和 c_e，柱面上的边界条件为声压和法向速度连续，即

$$\begin{aligned} p(\rho,\varphi,\omega)\big|_{\rho=a} &= p_\mathrm{e}(\rho,\varphi,\omega)\big|_{\rho=a} \\ [v_{\mathrm{i}\rho}(\rho,\varphi,\omega) + v_{\mathrm{s}\rho}(\rho,\varphi,\omega)]\big|_{\rho=a} &= v_{\mathrm{e}\rho}(\rho,\varphi,\omega)\big|_{\rho=a} \end{aligned} \tag{3.1.9a}$$

其中，$p(\rho,\varphi,\omega) = p_\mathrm{i}(\rho,\varphi,\omega)+p_\mathrm{s}(\rho,\varphi,\omega)$ 为柱体外总声压，仍然表示成方程 (3.1.1a)，(3.1.1b) 和 (3.1.1d) 的形式，$p_e(\rho,\varphi,\omega)$ 是柱体内形成的驻波场，表示成

$$\begin{aligned} p_\mathrm{e}(\rho,\varphi,\omega) &= B_0(\omega)J_0(k_\mathrm{e}\rho) + \sum_{m=1}^{\infty} B_m(\omega)\mathrm{J}_m(k_\mathrm{e}\rho)\cos(m\varphi) \\ v_{\mathrm{e}\rho}(\rho,\varphi,\omega) &= \frac{1}{\mathrm{i}\rho_\mathrm{e}c_\mathrm{e}}\left[B_0(\omega)\mathrm{J}_0'(k_\mathrm{e}\rho) + \sum_{m=1}^{\infty} B_m(\omega)\frac{\mathrm{dJ}_m(k_\mathrm{e}\rho)}{\mathrm{d}(k_0\rho)}\cos(m\varphi)\right] \end{aligned} \tag{3.1.9b}$$

其中，$k_\mathrm{e} = \omega/c_\mathrm{e}$ 是柱体内的波数. 把方程 (3.1.1a)，(3.1.1b)，(3.1.1d) 和 (3.1.9b) 代入方程 (3.1.9a) 得到

$$\begin{aligned} p_{0\mathrm{i}}(\omega)\mathrm{J}_0(k_0a) + A_0(\omega)\mathrm{H}_0^{(1)}(k_0a) &= B_0(\omega)\mathrm{J}_0(k_\mathrm{e}a) \\ p_{0\mathrm{i}}(\omega)\mathrm{J}_0'(k_0a) + A_0(\omega)\mathrm{H}_0'^{(1)}(k_0a) &= \gamma_\mathrm{e}B_0(\omega)\mathrm{J}_0'(k_\mathrm{e}a) \end{aligned} \tag{3.1.9c}$$

和

$$\begin{aligned} 2p_{0\mathrm{i}}(\omega)\mathrm{i}^m\mathrm{J}_m(k_0a) + A_m(\omega)\mathrm{H}_m^{(1)}(k_0a) &= B_m(\omega)\mathrm{J}_m(k_\mathrm{e}a) \\ 2p_{0\mathrm{i}}(\omega)\mathrm{i}^m\mathrm{J}_m'(k_0a) + A_m(\omega)\mathrm{H}_m'^{(1)}(k_0a) &= \gamma_\mathrm{e}B_m(\omega)\mathrm{J}_m'(k_\mathrm{e}a) \end{aligned} \tag{3.1.9d}$$

其中，$\gamma_{\rm e}\equiv\rho_0c_0/\rho_{\rm e}c_{\rm e}$. 从上二式，不难得到

$$
\begin{aligned}
A_0(\omega)&=-p_{0\rm i}(\omega)\frac{{\rm J}_0'(k_0a)+{\rm i}\beta_0{\rm J}_0(k_0a)}{{\rm H}_0'^{(1)}(k_0a)+{\rm i}\beta_0{\rm H}_0^{(1)}(k_0a)}\\
B_0(\omega)&=\frac{p_{0\rm i}(\omega)}{k_0a\pi{\rm J}_0(k_ea)}\cdot\frac{2{\rm i}}{{\rm H}_0'^{(1)}(k_0a)+{\rm i}\beta_0{\rm H}_0^{(1)}(k_0a)}
\end{aligned}
\tag{3.1.9e}
$$

以及

$$
\begin{aligned}
A_m(\omega)&=-2p_{0\rm i}(\omega){\rm i}^m\frac{{\rm J}_m'(k_0a)+{\rm i}\beta_m{\rm J}_m(k_0a)}{{\rm H}_m'^{(1)}(k_0a)+{\rm i}\beta_m{\rm H}_m^{(1)}(k_ma)}\\
B_m(\omega)&=\frac{2p_{0\rm i}(\omega){\rm i}^m}{k_0a\pi{\rm J}_m(k_{\rm e}a)}\cdot\frac{2{\rm i}}{{\rm H}_m'^{(1)}(k_0a)+{\rm i}\beta_m{\rm H}_m^{(1)}(k_0a)}
\end{aligned}
\tag{3.1.9f}
$$

其中，$\beta_m\equiv[{\rm i}\gamma_{\rm e}{\rm J}_m'(k_{\rm e}a)/{\rm J}_m(k_{\rm e}a)]$. 得到以上诸式，利用了关系

$$
k_0a[{\rm J}_0(k_0a){\rm H}_0'^{(1)}(k_0a)-{\rm J}_0'(k_0a){\rm H}_0^{(1)}(k_0a)]=\frac{2{\rm i}}{\pi}
\tag{3.1.9g}
$$

因此，把方程 (3.1.9e) 和 (3.1.9f) 代入方程 (3.1.1d)，就可以得到散射场的分布

$$
p_{\rm s}(\rho,\varphi,\omega)=-p_{0\rm i}(\omega)\sum_{m=0}^{\infty}\varepsilon_m{\rm i}^m\frac{{\rm J}_m'(k_0a)+{\rm i}\beta_m{\rm J}_m(k_0a)}{{\rm H}_m'^{(1)}(k_0a)+{\rm i}\beta_m{\rm H}_m^{(1)}(k_ma)}{\rm H}_m^{(1)}(k_0\rho)\cos(m\varphi)
\tag{3.1.9h}
$$

由于球体比无限长圆柱更有实际意义，我们将在 3.1.2 小节中详细研究非刚性球的散射, 而对方程 (3.1.9h) 不作进一步讨论.

说明：如果入射波为任意的 $\boldsymbol{k}_0$ 方向，设 $\boldsymbol{k}_0$ 与 z 和 x 轴的夹角分别为 ϑ_0 和 φ_0，则入射声波可表示为

$$
\begin{aligned}
p_{\rm i}&=p_{0\rm i}(\omega)\exp({\rm i}\boldsymbol{k}_0\cdot\boldsymbol{r})=p_{0\rm i}(\omega){\rm e}^{{\rm i}k_0z\cos\vartheta_0}\exp({\rm i}k_0\tilde\rho\cos\tilde\varphi)\\
&=p_{0\rm i}(\omega){\rm e}^{{\rm i}k_0z\cos\vartheta_0}\left[{\rm J}_0(k_0\tilde\rho)+2\sum_{m=1}^{\infty}{\rm i}^m{\rm J}_m(k_0\tilde\rho)\cos(m\tilde\varphi)\right]\\
v_{{\rm i}\rho}&=\frac{p_{0\rm i}(\omega)\sin\vartheta_0{\rm e}^{{\rm i}k_0z\cos\vartheta_0}}{{\rm i}\rho_0c_0}\left[-{\rm J}_1(k_0\tilde\rho)+2\sum_{m=1}^{\infty}{\rm i}^m\frac{{\rm dJ}_m(k_0\tilde\rho)}{{\rm d}(k_0\tilde\rho)}\cos(m\tilde\varphi)\right]
\end{aligned}
\tag{3.1.10a}
$$

其中，$\tilde\rho=\rho\sin\vartheta_0$ 和 $\tilde\varphi\equiv\varphi-\varphi_0$. 令散射声场为

$$
p_{\rm s}(\rho,\varphi,\omega)=\tilde p_{\rm s}(\rho,\varphi){\rm e}^{{\rm i}k_0z\cos\vartheta_0}
\tag{3.1.10b}
$$

由方程 (2.3.3b) 得到 $\tilde p_{\rm s}(\rho,\varphi)$ 满足的方程 (注意：关于 φ 的二阶偏导数形式不变)

$$
\left[\frac{1}{\tilde\rho}\frac{\partial}{\partial\tilde\rho}\left(\tilde\rho\frac{\partial}{\partial\tilde\rho}\right)+\frac{1}{\tilde\rho^2}\frac{\partial^2}{\partial\tilde\varphi^2}\right]\tilde p_{\rm s}(\tilde\rho,\tilde\varphi)+k_0^2\tilde p_{\rm s}(\tilde\rho,\tilde\varphi)=0
\tag{3.1.10c}
$$

于是，散射波声压和径向速度分别表示为

$$p_{\rm s}=\left[A_0(\omega){\rm H}_0^{(1)}(k_0\tilde{\rho})+\sum_{m=1}^{\infty}A_m(\omega){\rm H}_m^{(1)}(k_0\tilde{\rho})\cos(m\tilde{\varphi})\right]{\rm e}^{{\rm i}k_0z\cos\vartheta_0}$$
$$v_{{\rm s}\rho}=\left[-A_0(\omega){\rm H}_1^{(1)}(k_0\tilde{\rho})+\sum_{m=1}^{\infty}A_m(\omega)\frac{{\rm dH}_m^{(1)}(k_0\tilde{\rho})}{{\rm d}(k_0\tilde{\rho})}\cos(m\tilde{\varphi})\right]\frac{\sin\vartheta_0}{{\rm i}\rho_0c_0}{\rm e}^{{\rm i}k_0z\cos\vartheta_0} \tag{3.1.10d}$$

可见，z 方向的传播因子不变，而其他的计算都是类似的.

以上，我们的讨论限于入射波为平面波，对复杂的入射波束 (常见的如 Gauss 波束)，见 7.5.3 小节和 7.5.4 小节详细讨论.

3.1.2 球体对平面波的散射和 Rayleigh 散射

设半径为 a 的球球心位于原点，平面波沿正 z 方向 (注意：与 3.1.1 小节中柱体散射不同，在球坐标中对称轴是 z 轴) 入射，在球坐标 (r,ϑ,φ) 下，入射波声压和径向速度分别为

$$\begin{aligned}p_{\rm i}(r,\vartheta,\omega)&=p_{0{\rm i}}(\omega)\exp({\rm i}k_0z)=p_{0{\rm i}}(\omega)\exp({\rm i}k_0r\cos\vartheta)\\&=p_{0{\rm i}}(\omega)\sum_{l=0}^{\infty}(2l+1){\rm i}^l{\rm P}_l(\cos\vartheta){\rm j}_l(k_0r)\end{aligned} \tag{3.1.11a}$$

$$v_{{\rm i}r}(r,\vartheta,\omega)=\frac{p_{0{\rm i}}(\omega)}{{\rm i}\rho_0c_0}\sum_{l=0}^{\infty}(2l+1){\rm i}^l{\rm P}_l(\cos\vartheta)\frac{{\rm dj}_l(k_0r)}{{\rm d}(k_0r)} \tag{3.1.11b}$$

散射波声压和径向速度分别为

$$\begin{aligned}p_{\rm s}(r,\vartheta,\omega)&=\sum_{l=0}^{\infty}A_l(\omega){\rm P}_l(\cos\vartheta){\rm h}_l^{(1)}(k_0r)\\v_{{\rm s}r}(r,\vartheta,\omega)&=\frac{1}{{\rm i}\rho_0c_0}\sum_{l=0}^{\infty}A_l(\omega){\rm P}_l(\cos\vartheta)\frac{{\rm dh}_l^{(1)}(k_0r)}{{\rm d}(k_0r)}\end{aligned} \tag{3.1.11c}$$

注意：①当取入射波传播方向为 z 方向时，整个散射问题与方位角 φ 无关；②速度分量 $v_{{\rm i}\vartheta}(r,\vartheta,\omega)$ 和 $v_{{\rm s}\vartheta}(r,\vartheta,\omega)$ 不为零，但在考虑理想流体中的散射时，角度方向的速度分量不出现在边界条件中，反之则见 6.1.5 小节讨论.

固定刚性球体 边界条件为球面上法向速度为零，即

$$[v_{{\rm i}r}(r,\vartheta,\omega)+v_{{\rm s}r}(r,\vartheta,\omega)]_{r=a}=0 \tag{3.1.12a}$$

于是，由方程 (3.1.11a)，(3.1.11b) 和 (3.1.11c) 的第二式得到

$$\frac{1}{{\rm i}\rho_0c_0}\sum_{l=0}^{\infty}[p_{0{\rm i}}(\omega)(2l+1){\rm i}^l{\rm j}_l'(k_0a)+A_l(\omega){\rm h}_l'^{(1)}(k_0a)]{\rm P}_l(\cos\vartheta)=0 \tag{3.1.12b}$$

由 $\mathrm{P}_l(\cos\vartheta)$ 的正交性得到

$$A_l(\omega) = -(2l+1)\mathrm{i}^l \frac{\mathrm{j}_l'(k_0a)}{\mathrm{h}_l'^{(1)}(k_0a)} p_{0\mathrm{i}}(\omega) \tag{3.1.12c}$$

代入方程 (3.1.11c) 得到散射场为

$$\begin{aligned} p_\mathrm{s}(r,\vartheta,\omega) &= -p_{0\mathrm{i}}(\omega)\sum_{l=0}^{\infty}(2l+1)\mathrm{i}^l \frac{\mathrm{j}_l'(k_0a)}{\mathrm{h}_l'^{(1)}(k_0a)} \cdot \mathrm{h}_l^{(1)}(k_0r)\mathrm{P}_l(\cos\vartheta) \\ v_{\mathrm{s}r}(r,\vartheta,\omega) &= -\frac{p_{0\mathrm{i}}(\omega)}{\mathrm{i}\rho_0c_0}\sum_{l=0}^{\infty}(2l+1)\mathrm{i}^l \frac{\mathrm{j}_l'(k_0a)}{\mathrm{h}_l'^{(1)}(k_0a)} \cdot \frac{\mathrm{dh}_l^{(1)}(k_0r)}{\mathrm{d}(k_0r)}\mathrm{P}_l(\cos\vartheta) \end{aligned} \tag{3.1.13a}$$

利用球 Hankel 函数的渐近表达式，即方程 (2.4.14e)，我们得到远场声场为

$$\begin{aligned} p_\mathrm{s}(r,\vartheta,\omega) &\approx \mathrm{i}\frac{p_{0\mathrm{i}}(\omega)}{k_0r}\exp(\mathrm{i}k_0r)\psi_\mathrm{s}(\vartheta,\omega) \\ v_{\mathrm{s}r}(r,\vartheta,\omega) &\approx -\frac{p_{0\mathrm{i}}(\omega)}{\mathrm{i}\rho_0c_0k_0r}\exp(\mathrm{i}k_0r)\psi_\mathrm{s}(\vartheta,\omega) \end{aligned} \tag{3.1.13b}$$

其中，方向性因子定义为

$$\psi_\mathrm{s}(\vartheta,\omega) \equiv \sum_{l=0}^{\infty}(2l+1)\frac{\mathrm{j}_l'(k_0a)}{\mathrm{h}_l'^{(1)}(k_0a)}\mathrm{P}_l(\cos\vartheta) \tag{3.1.13c}$$

远场散射声强为

$$I_\mathrm{s}(r,\vartheta,\omega) = \frac{1}{2}\mathrm{Re}(p_\mathrm{s}^*v_{\mathrm{s}r}) = \frac{I_{0\mathrm{i}}}{(k_0r)^2}|\psi_\mathrm{s}(\vartheta,\omega)|^2 \tag{3.1.14a}$$

Rayleigh 散射　当 $k_0a \ll 1$ 时，利用方程 (2.4.12c) 和 (2.4.14c) 中球 Bessel 函数和球 Hankel 函数的表达式 (近似关系：$\mathrm{j}_0(x) \approx 1 - x^2/6$，$\mathrm{j}_1(x) \approx x/3$，以及 $\mathrm{h}_0^{(1)}(x) \approx -\mathrm{i}/x$，$\mathrm{h}_1^{(1)}(x) \approx -\mathrm{i}/x^2$)，容易得到

$$\begin{aligned} \psi_\mathrm{s}(\vartheta,\omega) &\approx \frac{\mathrm{j}_0'(k_0a)}{\mathrm{h}_0'^{(1)}(k_0a)} + 3\frac{\mathrm{j}_1'(k_0a)}{\mathrm{h}_1'^{(1)}(k_0a)}\cos\vartheta \\ &\approx -\frac{(k_0a)^3}{3\mathrm{i}} + \frac{(k_0a)^3}{2\mathrm{i}}\cos\vartheta = -\frac{(k_0a)^3}{3\mathrm{i}}\left(1-\frac{3}{2}\cos\vartheta\right) \end{aligned} \tag{3.1.14b}$$

故远场散射声强的分布为

$$I_\mathrm{s}(r,\vartheta,\omega) \approx I_{0\mathrm{i}}\frac{\omega^4a^6}{9c_0^4r^2}\left(1-\frac{3}{2}\cos\vartheta\right)^2 \tag{3.1.14c}$$

球体的散射功率

$$P_\mathrm{s}(\omega) = \int_0^{2\pi}\int_0^{\pi} I_\mathrm{s}(r,\vartheta,\omega)\cdot r^2\sin\vartheta\mathrm{d}\vartheta\mathrm{d}\varphi \approx I_{0\mathrm{i}}\frac{7\pi\omega^4a^6}{9c_0^4} \tag{3.1.15}$$

上式表明，球的散射功率与频率的 4 次方成正比，这是低频散射的基本特征，称为 **Rayleigh 散射**. 注意：由方程 (3.1.5b)，无限长圆柱体的散射功率与频率的 3 次方成正比.

刚性圆球受力为 (只有 z 方向的分量)

$$\begin{aligned}F_z &= -2\pi a^2 \int_0^{\pi} [p_{\rm i}(r,\vartheta,\omega)+p_{\rm s}(r,\vartheta,\omega)]_{r=a}\cos\vartheta\sin\vartheta{\rm d}\vartheta \\ &= -{\rm i}4\pi a^2 p_{0{\rm i}}(\omega)\left[{\rm j}_1(k_0a)-\frac{{\rm j}_1'(k_0a){\rm h}_1^{(1)}(k_0a)}{{\rm h}_1'^{(1)}(k_0a)}\right]\end{aligned} \tag{3.1.16a}$$

在低频 $k_0a \ll 1$ 情况下

$$F_z \approx -2{\rm i}\frac{\omega\pi a^3}{c_0}p_{0{\rm i}}(\omega) \tag{3.1.16b}$$

得到上式，利用了关系

$$\left[{\rm j}_1(k_0a)-\frac{{\rm j}_1'(k_0a)}{{\rm h}_1'^{(1)}(k_0a)}{\rm h}_1^{(1)}(k_0a)\right] \approx \frac{1}{2}(k_0a) \tag{3.1.16c}$$

相对作用力 $|F_z/4\pi a^2 p_{0{\rm i}}(\omega)|$ 随入射波频率的变化如图 3.1.6.

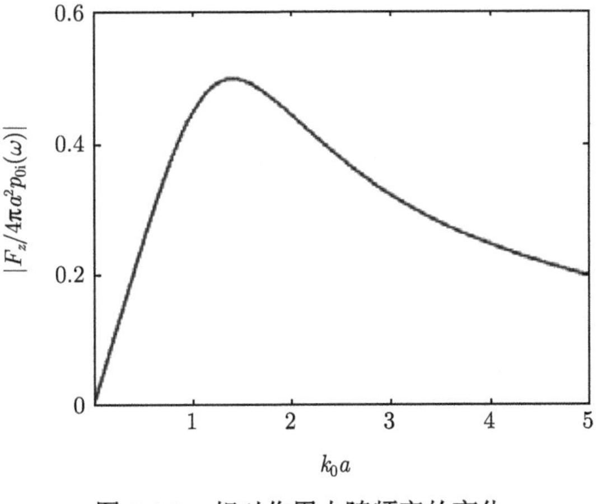

图 3.1.6 相对作用力随频率的变化

对高频情况的讨论与上小节类似，我们也不作进一步的讨论，仅画出了几个 k_0a 情况下散射波的方向图，即 $|\psi_{\rm s}(\vartheta,\omega)|^2$ 随 ϑ 的变化，如图 3.1.7.

球面上的声压 由方程 (3.1.11a) 和 (3.1.13a)，我们得到球面上的声压为

$$p(a,\vartheta,\omega) = p_{0{\rm i}}(\omega)\sum_{l=0}^{\infty}(2l+1){\rm i}^l\left[{\rm j}_l(k_0a)-\frac{{\rm j}_l'(k_0a)}{{\rm h}_l'^{(1)}(k_0a)}{\rm h}_l^{(1)}(k_0a)\right]{\rm P}_l(\cos\vartheta) \tag{3.1.16d}$$

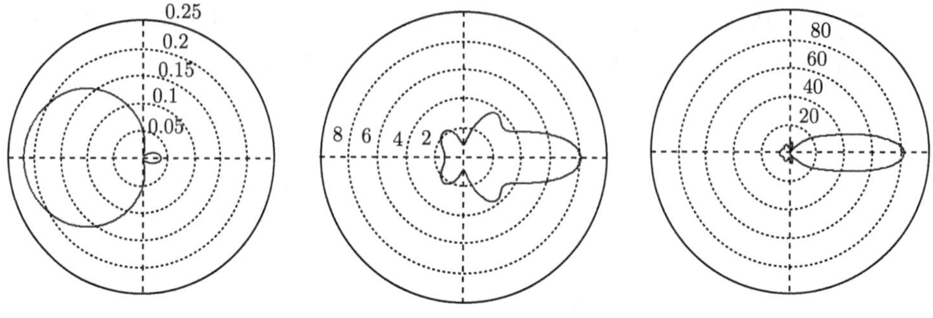

(a)　(b)　(c)

图 3.1.7　球体散射方向图 $|\psi_{\rm s}(\vartheta,\omega)|^2$ 随 ϑ 的变化

(a)$k_0a=1$; (b)$k_0a=3$; (c)$k_0a=5$

当 $k_0a\ll 1$ 时，上式展开到 $(k_0a)^2$

$$p(a,\vartheta,\omega)\approx p_{0\rm i}(\omega)\left[1-\frac{1}{2}(k_0a)^2+\frac{3}{2}{\rm i}(k_0a){\rm P}_1(\cos\vartheta)-\frac{5}{9}(k_0a)^2{\rm P}_2(\cos\vartheta)\right]\quad(3.1.16\text{e})$$

得到上式，利用了方程 (3.1.16c)、近似关系 ${\rm j}_2(x)\approx x^2/15$ 和 ${\rm h}_2^{(1)}(x)\approx -3{\rm i}/x^3$，以及

$$\begin{aligned}&\left[{\rm j}_0(k_0a)-\frac{{\rm j}_0'(k_0a)}{{\rm h}_0'^{(1)}(k_0a)}{\rm h}_0^{(1)}(k_0a)\right]\approx 1-\frac{1}{2}(k_0a)^2\\&\left[{\rm j}_2(k_0a)-\frac{{\rm j}_2'(k_0a)}{{\rm h}_2'^{(1)}(k_0a)}{\rm h}_2^{(1)}(k_0a)\right]\approx \frac{1}{9}(k_0a)^2\end{aligned}\quad(3.1.16\text{f})$$

球面上 $\vartheta=\pi$点的总声压　球面上 $(r=a)$ 迎着入射波面一点 $(\vartheta=\pi)$ 的总声压为

$$\begin{aligned}p(r,\vartheta,\omega)|_{r=a;\vartheta=\pi}&=p_{\rm i}(a,\pi,\omega)+p_{\rm s}(a,\pi,\omega)\\&=p_{0\rm i}(\omega)\sum_{l=0}^{\infty}(2l+1){\rm i}^l\left[{\rm j}_l(k_0a)-\frac{{\rm j}_l'(k_0a)}{{\rm h}_l'^{(1)}(k_0a)}{\rm h}_l^{(1)}(k_0a)\right]{\rm P}_l(\cos\pi)\end{aligned}\quad(3.1.16\text{g})$$

数值计算结果如图 3.1.8. 该结果对声压测量有重要意义：假定测量传声器是半径为 a 的球状传声器，那么当 $k_0a\ll 1$ 时，测量的声压值与入射平面波的声压大致相等；但当 $k_0a\sim 1$ 时，测量值已偏离“真”值；当 $k_0a\gg 1$ 时，测量值是“真”值的二倍. 故对高频测量必须有一个校正值.

可移动刚性球　设刚性球在入射声波和散射声波的作用下，振动速度为 (假定入射波为 z 方向的平面波)$\boldsymbol{w}(t)=\boldsymbol{e}_z w_0(\omega)\exp(-{\rm i}\omega t)$，则法向分量为

$$w_r(t)=w_0(\omega)\cos\vartheta\exp(-{\rm i}\omega t)\quad(3.1.17\text{a})$$

由球表面法向速度连续边界条件得到

$$[v_{\mathrm{ir}}(r,\vartheta,\omega)+v_{\mathrm{sr}}(r,\vartheta,\omega)]_{r=a}=w_0(\omega)\cos\vartheta \tag{3.1.17b}$$

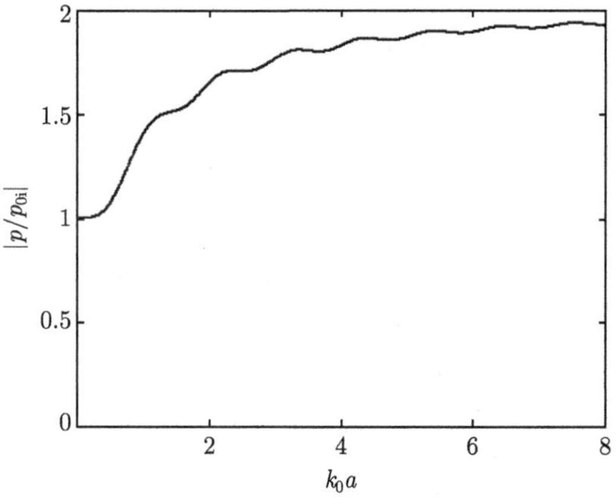

图 3.1.8 球面上 $\vartheta=\pi$ 点的声压有效值随频率的变化

而球体的运动方程为

$$-\mathrm{i}\omega m_{\mathrm{c}}w_0(\omega)=F_z=-\int_0^{\pi}p(a,\vartheta,\omega)\cos\vartheta\mathrm{d}S \tag{3.1.17c}$$

其中，m_{c} 是球的质量，面元 $\mathrm{d}S=a^2\sin\vartheta\mathrm{d}\vartheta\mathrm{d}\varphi$. 入射波和散射波仍然由方程 (3.1.11a)，(3.1.11b) 和 (3.1.11c) 表示，代入方程 (3.1.17b) 得到

$$\frac{1}{\mathrm{i}\rho_0c_0}\sum_{l=0}^{\infty}[(2l+1)\mathrm{i}^lp_{0\mathrm{i}}(\omega)\mathrm{j}_l'(k_0a)+\mathrm{h}_l'^{(1)}(k_0a)A_l(\omega)]\mathrm{P}_l(\cos\vartheta)=w_0(\omega)\cos\vartheta \tag{3.1.17d}$$

由 $\mathrm{P}_l(\cos\vartheta)$ 的正交性质得到

$$\begin{aligned}A_1(\omega)&=\frac{\mathrm{i}\rho_0c_0}{\mathrm{h}_1'^{(1)}(k_0a)}\left[w_0(\omega)-\frac{3p_{0\mathrm{i}}(\omega)}{\rho_0c_0}\mathrm{j}_1'(k_0a)\right]\\A_l(\omega)&=-(2l+1)\mathrm{i}^l\frac{\mathrm{j}_l'(k_0a)}{\mathrm{h}_l'^{(1)}(k_0a)}p_{0\mathrm{i}}(\omega)\quad(l\neq1)\end{aligned} \tag{3.1.18a}$$

可见，球体的移动仅对 $l=1$ 的项产生影响. 球受力为

$$F_z=-2\pi a^2\int_0^{\pi}[p_{\mathrm{i}}(r,\vartheta,\omega)+p_{\mathrm{s}}(r,\vartheta,\omega)]_{r=a}\cos\vartheta\mathrm{d}\vartheta \tag{3.1.18b}$$

即

$$\begin{aligned}F_z&=-\frac{4}{3}\pi a^2[3\mathrm{i}p_{0\mathrm{i}}(\omega)\mathrm{j}_1(k_0a)+A_1(\omega)\mathrm{h}_1^{(1)}(k_0a)]\\&=-4\pi\mathrm{i}a^2p_{0\mathrm{i}}(\omega)R(\omega)-\frac{4}{3}\pi\mathrm{i}a^2\rho_0c_0\frac{\mathrm{h}_1^{(1)}(k_0a)}{\mathrm{h}_1'^{(1)}(k_0a)}w_0(\omega)\end{aligned} \tag{3.1.18c}$$

其中，为了方便定义

$$R(\omega) \equiv \mathrm{j}_1(k_0a) - \frac{\mathrm{h}_1^{(1)}(k_0a)}{\mathrm{h}_1^{\prime(1)}(k_0a)}\mathrm{j}_1'(k_0a) \tag{3.1.18d}$$

方程 (3.1.18c) 代入方程 (3.1.17c) 得到

$$w_0(\omega) = \frac{4\pi a^2 p_{0\mathrm{i}}(\omega)}{m_\mathrm{c}\omega - \dfrac{4}{3}\pi a^2 \rho_0 c_0 \mathrm{h}_1^{(1)}(k_0a)/\mathrm{h}_1^{\prime(1)}(k_0a)} R(\omega) \tag{3.1.19a}$$

在低频情况下，利用近似关系 $\mathrm{j}_1(k_0a) \approx k_0a/3$，$\mathrm{j}_1'(k_0a) \approx 1/3$，$\mathrm{h}_1^{(1)}(k_0a) \approx -\mathrm{i}\,/\,(k_0a)^2$ 和 $\mathrm{h}_1^{\prime(1)}(k_0a) \approx 2\mathrm{i}/(k_0a)^3$，上式近似为

$$w_0(\omega) \approx \frac{4\pi a^3 p_{0\mathrm{i}}(\omega)}{2c_0(m_\mathrm{c} + 2\pi a^3\rho_0/3)} = \frac{3p_{0\mathrm{i}}(\omega)}{c_0(2\rho_\mathrm{c} + \rho_0)} \tag{3.1.19b}$$

其中，$\rho_\mathrm{c} = m_\mathrm{c}/(4\pi a^3/3)$ 是散射球的体密度. 上式与方程 (3.1.8g) 相比，对球体而言，同振质量只有球体体积占有空气的一半. 方程 (3.1.19b) 代入方程 (3.1.18a)

$$A_0(\omega) \approx -\mathrm{i}\frac{(k_0a)^3}{3}p_{0\mathrm{i}}(\omega);\ A_1(\omega) \approx -(k_0a)^3\frac{\rho_\mathrm{c} - \rho_\mathrm{e}}{2\rho_\mathrm{c} + \rho_0}p_{0\mathrm{i}}(\omega) \tag{3.1.19c}$$

注意：与固定的刚性球相比，只有 $A_1(\omega)$ 变化. 于是，球面声压为 (展开到 $(k_0a)^2$ 项)

$$p(a,\vartheta,\omega) \approx p_{0\mathrm{i}}(\omega)\left[1 - \frac{1}{2}(k_0a)^2 + \frac{3}{2}\cdot\frac{\mathrm{i}k_0a}{1+\rho_0/2\rho_c}\mathrm{P}_1(\cos\vartheta) - \frac{5}{9}(k_0a)^2\mathrm{P}_2(\cos\vartheta)\right] \tag{3.1.19d}$$

上式与方程 (3.1.16e) 比较，可知：当球体密度相比介质密度足够大时，散射球的运动可以忽略不计，例如，空气 ($\rho_0 = 1.21\mathrm{kg/m^3}$) 中传播的声波受到悬浮粒子的散射时，散射体 (水滴或者固体)$\rho_\mathrm{c} \sim 10^3\mathrm{kg/m^3}$，$\rho_0/2\rho_\mathrm{c} \sim 10^{-3}$；但对液体中的低密度球体散射，修正是必要的. 上式对悬浮粒子的声散射有重要应用 (见 10.1 节讨论).

非刚性球体　此时入射声波可透过球面进入球体在球中形成驻波. 设球体的密度和声速分别为 ρ_e 和 c_e，球面上的边界条件为声压和法向速度连续，即

$$\begin{gathered} p(r,\vartheta,\omega)|_{r=a} = p_\mathrm{e}(r,\vartheta,\omega)|_{r=a} \\ \frac{1}{\mathrm{i}\rho_0\omega}\left.\frac{\partial p(r,\vartheta,\omega)}{\partial r}\right|_{r=a} = \frac{1}{\mathrm{i}\rho_\mathrm{e}\omega}\left.\frac{\partial p_\mathrm{e}(r,\vartheta,\omega)}{\partial r}\right|_{r=a} \end{gathered} \tag{3.1.20a}$$

其中，$p(r,\vartheta,\omega)$ 是球外的总声压，包括入射波和散射波，而 $p_\mathrm{e}(r,\vartheta,\omega)$ 是球内声压. 入射声波和球外的散射声波仍取方程 (3.1.11a)，(3.1.11b) 和 (3.1.11c) 的形式，而

球内的声波具有驻波形式

$$p_{\mathrm{e}}(r,\vartheta,\omega)=\sum_{l=0}^{\infty}B_l(\omega)\mathrm{P}_l(\cos\vartheta)\mathrm{j}_l(k_{\mathrm{e}}r) \tag{3.1 20b}$$

以及

$$v_{\mathrm{e}r}(r,\vartheta,\omega)=\frac{1}{\mathrm{i}\rho_{\mathrm{e}}c_{\mathrm{e}}}\sum_{l=0}^{\infty}B_l(\omega)\mathrm{P}_l(\cos\vartheta)\frac{\mathrm{dj}_l(k_{\mathrm{e}}r)}{\mathrm{d}(k_{\mathrm{e}}r)} \tag{3.1.20c}$$

其中，$k_{\mathrm{e}}=\omega/c_{\mathrm{e}}$ 是球内声波波数. 把上式与方程 (3.1.11a)，(3.1.11b) 和 (3.1.11c) 代入方程 (3.1.20a) 得到

$$\begin{aligned}B_l(\omega)\mathrm{j}_l(k_{\mathrm{e}}a)-A_l(\omega)\mathrm{h}_l^{(1)}(k_0a)=p_{0\mathrm{i}}(\omega)(2l+1)\mathrm{i}^l\mathrm{j}_l(k_0a)\\ \gamma_{\mathrm{e}}\mathrm{j}_l'(k_{\mathrm{e}}a)B_l(\omega)-\mathrm{h}_l'^{(1)}(k_0a)A_l(\omega)=p_{0\mathrm{i}}(\omega)(2l+1)\mathrm{i}^l\mathrm{j}_l'(k_0a)\end{aligned} \tag{3.1.20d}$$

其中，$\gamma_{\mathrm{e}}\equiv\rho_0c_0/\rho_{\mathrm{e}}c_{\mathrm{e}}$ 为球外与球内介质的声阻抗率之比. 从上式可以得到

$$\begin{aligned}A_l(\omega)&=-p_{0\mathrm{i}}(\omega)(2l+1)\mathrm{i}^l\frac{\mathrm{j}_l'(k_0a)+\mathrm{i}\beta_l\mathrm{j}_l(k_0a)}{\mathrm{h}_l'^{(1)}(k_0a)+\mathrm{i}\beta_l\mathrm{h}_l^{(1)}(k_0a)}\\ B_l(\omega)&=\frac{p_{0\mathrm{i}}(\omega)}{(k_0a)^2\mathrm{j}_l(k_{\mathrm{e}}a)}\cdot\frac{(2l+1)\mathrm{i}^{l+1}}{\mathrm{h}_l'^{(1)}(k_0a)+\mathrm{i}\beta_l\mathrm{h}_l^{(1)}(k_0a)}\end{aligned} \tag{3.1.20e}$$

得到上式中的第二式，利用了关系：$x^2[\mathrm{j}_l(x)\mathrm{h}_l'(x)-\mathrm{j}_l'(x)\mathrm{h}_l(x)]=\mathrm{i}$. 上式中

$$\beta_l\equiv\mathrm{i}\gamma_{\mathrm{e}}\frac{\mathrm{j}_l'(k_{\mathrm{e}}a)}{\mathrm{j}_l(k_{\mathrm{e}}a)} \tag{3.1.20f}$$

比较方程 (3.1.20e) 的第一式与方程 (3.1.12c) 可知，当 $\beta_l=0$ 时，二者一致. 注意：当 $\beta_l=0$ 时，球内的声压场为

$$p_{\mathrm{e}}(r,\vartheta,\omega)\approx\sum_{l=0}^{\infty}\frac{p_{0\mathrm{i}}(\omega)}{(k_0a)^2\mathrm{j}_l(k_{\mathrm{e}}a)}\cdot\frac{(2l+1)\mathrm{i}^{l+1}}{\mathrm{h}_l'^{(1)}(k_0a)}\mathrm{P}_l(\cos\vartheta)\mathrm{j}_l(k_{\mathrm{e}}r) \tag{3.1.20g}$$

注意到对刚性球，$\rho_{\mathrm{e}}\to\infty$ 和 $c_{\mathrm{e}}\to\infty$，故 $k_{\mathrm{e}}=\omega/c_{\mathrm{e}}\to0$，因此，$j_0(k_{\mathrm{e}}r)\to1$，$\mathrm{j}_l(k_{\mathrm{e}}r)\to(k_{\mathrm{e}}r)^l/(2l+1)!!$. 于是，方程 (3.1.20g) 近似为

$$p_{\mathrm{e}}(r,\vartheta,\omega)\approx\sum_{l=0}^{\infty}\frac{p_{0\mathrm{i}}(\omega)}{(k_0a)^2a^l}\cdot\frac{(2l+1)\mathrm{i}^{l+1}}{\mathrm{h}_l'^{(1)}(k_0a)}\mathrm{P}_l(\cos\vartheta)r^l \tag{3.1.20h}$$

显然，上式不表示声波场，而是球内的静态压力场.

把方程 (3.1.20e) 代入方程 (3.1.11c)，由方程 (3.1.11a)，我们得到球外的总声场

$$\begin{aligned}p(r,\vartheta,\omega)=&p_{\mathrm{i}}(r,\vartheta,\omega)+p_{\mathrm{s}}(r,\vartheta,\omega)=p_{0\mathrm{i}}(\omega)\sum_{l=0}^{\infty}(2l+1)\mathrm{i}^{l}\mathrm{P}_{l}(\cos\vartheta)\\&\times\left[\mathrm{j}_{l}(k_{0}r)-\frac{\mathrm{j}_{l}'(k_{0}a)+\mathrm{i}\beta_{l}\mathrm{j}_{l}(k_{0}a)}{\mathrm{h}_{l}'^{(1)}(k_{0}a)+\mathrm{i}\beta_{l}\mathrm{h}_{l}^{(1)}(k_{0}a)}\mathrm{h}_{l}^{(1)}(k_{0}r)\right]\\&=p_{0\mathrm{i}}(\omega)\sum_{l=0}^{\infty}(2l+1)\mathrm{i}^{l}\mathrm{P}_{l}(\cos\vartheta)\left[\mathrm{j}_{l}(k_{0}r)-\frac{1}{2}(1+R_{l})\mathrm{h}_{l}^{(1)}(k_{0}r)\right]\end{aligned}\tag{3.1.21a}$$

其中，系数 R_l 定义为

$$1+R_{l}\equiv2\frac{\mathrm{j}_{l}'(k_{0}a)+\mathrm{i}\beta_{l}\mathrm{j}_{l}(k_{0}a)}{\mathrm{h}_{l}'^{(1)}(k_{0}a)+\mathrm{i}\beta_{l}\mathrm{h}_{l}^{(1)}(k_{0}a)};\ R_{l}=\frac{\mathrm{h}_{l}'^{(1)*}(k_{0}a)+\mathrm{i}\beta_{l}\mathrm{h}_{l}^{(1)*}(k_{0}a)}{\mathrm{h}_{l}'^{(1)}(k_{0}a)+\mathrm{i}\beta_{l}\mathrm{h}_{l}^{(1)}(k_{0}a)}\tag{3.1.21b}$$

为了进一步分析上二式的意义，把方程 (3.1.21a) 作渐近展开，远场空间总声场为

$$p(r,\vartheta,\omega)\approx\mathrm{i}\frac{p_{0\mathrm{i}}(\omega)}{2k_{0}r}\sum_{l=0}^{\infty}(2l+1)\mathrm{P}_{l}(\cos\vartheta)[(-1)^{l}\exp(-\mathrm{i}k_{0}r)+R_{l}\exp(\mathrm{i}k_{0}r)]\tag{3.1.21c}$$

故远场声波由二部分组成：一系列向原点汇聚的球面波 (上式中括号内的第一项) 和一系列由原点向外发散的球面波. 汇聚波级数和发散波级数的每一项称为一个**偏波** (partial wave). 上式表明，汇聚偏波与散射球面无关，而发散偏波相当于由入射的汇聚偏波经球面的反射而形成，反射系数为 R_l. 当 β_l 是纯虚数时 (注意：$\beta_l=\mathrm{i}\gamma_{\mathrm{e}}\mathrm{j}_l'(k_{\mathrm{e}}a)/\mathrm{j}_l(k_{\mathrm{e}}a)$，如果不考虑球内介质的黏滞和热传导，$k_{\mathrm{e}}$ 是实数, 那么 β_l 就是纯虚数)，偏波反射系数

$$R_{l}=\frac{[\mathrm{h}_{l}'^{(1)}(k_{0}a)-\mathrm{Im}(\beta_{l})\mathrm{h}_{l}^{(1)}(k_{0}a)]^{*}}{\mathrm{h}_{l}'^{(1)}(k_{0}a)-\mathrm{Im}(\beta_{l})\mathrm{h}_{l}^{(1)}(k_{0}a)};\ |R_{l}|=1\tag{3.1.21d}$$

故入射偏波经球面的反射仅改变相位，而不改变振幅的大小，在球面反射过程中没有能量损失；如果 $\gamma_{\mathrm{e}}=1$ 和 $c_{\mathrm{e}}=c_0$，那么 $1+R_l=0$，由方程 (3.1.21a)，没有波的散射.

球面吸收功率　当 β_l 的实部不为零 (考虑球内介质由非理想介质构成，k_{e} 为复数，见第 6 章讨论)，$|R_l|<1$，球面吸收的声功率为

$$P_{\mathrm{ab}}(\omega)=-\frac{1}{2}\int_{0}^{2\pi}\int_{0}^{\pi}\mathrm{Re}(pv_{r}^{*})_{r=a}\cdot a^{2}\sin\vartheta\mathrm{d}\vartheta\mathrm{d}\varphi\tag{3.1.22a}$$

其中，球面上的总声压和法向速度为

$$\begin{aligned}p(a,\vartheta,\omega)&=\frac{\mathrm{i}p_{0\mathrm{i}}(\omega)}{(k_{0}a)^{2}}\sum_{l=0}^{\infty}\frac{\mathrm{i}^{l}(2l+1)}{\mathrm{h}_{l}'^{(1)}(k_{0}a)+\mathrm{i}\beta_{l}\mathrm{h}_{l}^{(1)}(k_{0}a)}\mathrm{P}_{l}(\cos\vartheta)\\v_{r}(a,\vartheta,\omega)&=\frac{p_{0\mathrm{i}}(\omega)}{\mathrm{i}\rho_{0}c_{0}(k_{0}a)^{2}}\sum_{l=0}^{\infty}\frac{\mathrm{i}^{l}(2l+1)\beta_{l}}{\mathrm{h}_{l}'^{(1)}(k_{0}a)+\mathrm{i}\beta_{l}\mathrm{h}_{l}^{(1)}(k_{0}a)}\mathrm{P}_{l}(\cos\vartheta)\end{aligned}\tag{3.1.22b}$$

得到上式利用了关系: $x^2[\mathrm{j}_l(x)\mathrm{h}_l'(x)-\mathrm{j}_l'(x)\mathrm{h}_l(x)]=\mathrm{i}$. 上式代入方程 (3.1.22a) 得到

$$\begin{aligned}P_{\mathrm{ab}}(\omega)&=-\frac{1}{2}\int_0^{2\pi}\int_0^{\pi}\mathrm{Re}(pv_r^*)_{r=a}\cdot a^2\sin\vartheta\mathrm{d}\vartheta\mathrm{d}\varphi\\&=\frac{2\pi a^2|p_{0\mathrm{i}}(\omega)|^2}{\rho_0c_0(k_0a)^4}\sum_{l=0}^{\infty}\frac{(2l+1)\mathrm{Re}(\beta_l)}{|\mathrm{h}_l'^{(1)}(k_0a)+\mathrm{i}\beta_l\mathrm{h}_l^{(1)}(k_0a)|^2}\end{aligned}\tag{3.1.22c}$$

注意到: $x^2[\mathrm{h}_l^{(1)*}(x)\mathrm{h}_l'^{(1)}(x)-\mathrm{h}_l^{(1)}(x)\mathrm{h}_l'^{(1)*}(x)]=2\mathrm{i}$ 以及

$$\begin{aligned}1-|R_l|^2&=1-\left|\frac{\mathrm{h}_l'^{(1)*}(k_0a)+\mathrm{i}\beta_l\mathrm{h}_l^{(1)*}(k_0a)}{\mathrm{h}_l'^{(1)}(k_0a)+\mathrm{i}\beta_l\mathrm{h}_l^{(1)}(k_0a)}\right|^2\\&=\frac{2}{(k_0a)^2|\mathrm{h}_l'^{(1)}(k_0a)+\mathrm{i}\beta_l\mathrm{h}_l^{(1)}(k_0a)|^2}\mathrm{Re}(\beta_l)\end{aligned}\tag{3.1.22d}$$

方程 (3.1.22c) 可改变成形式

$$P_{\mathrm{ab}}(\omega)=I_{0\mathrm{i}}\frac{\pi}{k_0^2}\sum_{l=0}^{\infty}(2l+1)(1-|R_l|^2)\tag{3.1.22e}$$

显然，当球内为理想介质时，$P_{\mathrm{ab}}(\omega)=0$，即球面上没有能量吸收.

散射功率 散射波的远场表达式为

$$\begin{aligned}p_{\mathrm{s}}(r,\vartheta,\omega)&\approx\mathrm{i}\frac{p_{0\mathrm{i}}(\omega)}{k_0r}\exp(\mathrm{i}k_0r)\Psi_{\mathrm{s}}(\vartheta,\omega)\\v_{\mathrm{s}r}(r,\vartheta,\omega)&\approx-\frac{1}{\mathrm{i}\rho_0c_0}\frac{p_{0\mathrm{i}}(\omega)}{k_0r}\exp(\mathrm{i}k_0r)\Psi_{\mathrm{s}}(\vartheta,\omega)\end{aligned}\tag{3.1.23a}$$

其中，方向因子为

$$\Psi_{\mathrm{s}}(\vartheta,\omega)\equiv\sum_{l=0}^{\infty}(2l+1)\frac{\mathrm{j}_l'(k_0a)+\mathrm{i}\beta_l\mathrm{j}_l(k_0a)}{\mathrm{h}_l'^{(1)}(k_0a)+\mathrm{i}\beta_l\mathrm{h}_l^{(1)}(k_0a)}\mathrm{P}_l(\cos\vartheta)\tag{3.1.23b}$$

远场散射声强为

$$I_{\mathrm{s}}(r,\vartheta,\omega)=\frac{1}{2}\mathrm{Re}(p_{\mathrm{s}}^*v_{\mathrm{s}r})=\frac{I_{0\mathrm{i}}}{(k_0r)^2}|\Psi_{\mathrm{s}}(\vartheta,\omega)|^2\tag{3.1.23c}$$

球体的散射功率

$$\begin{aligned}P_{\mathrm{s}}(\omega)&=\int_0^{2\pi}\int_0^{\pi}I_{\mathrm{s}}(r,\vartheta,\omega)\cdot r^2\sin\vartheta\mathrm{d}\vartheta\mathrm{d}\varphi\\&=\frac{4\pi I_{0\mathrm{i}}}{k_0^2}\sum_{l=0}^{\infty}(2l+1)\left|\frac{\mathrm{j}_l'(k_0a)+\mathrm{i}\beta_l\mathrm{j}_l(k_0a)}{\mathrm{h}_l'^{(1)}(k_0a)+\mathrm{i}\beta_l\mathrm{h}_l^{(1)}(k_0a)}\right|^2\\&=\frac{\pi I_{0\mathrm{i}}}{k_0^2}\sum_{l=0}^{\infty}(2l+1)|1+R_l|^2\end{aligned}\tag{3.1.23d}$$

因此，入射波损失的总声功率为

$$P_{\text{loss}} = P_{\text{ab}}(\omega) + P_{\text{s}}(\omega) \tag{3.1.24}$$

低频近似 当 $k_0 a \ll 1$ 和 $|k_\text{e} a| \ll 1$ 时

$$\beta_0 = \mathrm{i}\gamma_\text{e}\frac{\mathrm{j}_0'(k_\text{e}a)}{\mathrm{j}_0(k_\text{e}a)} \approx -\frac{1}{3}\mathrm{i}\gamma_\text{e} k_\text{e} a;\ \beta_1 = \mathrm{i}\gamma_\text{e}\frac{\mathrm{j}_1'(k_\text{e}a)}{\mathrm{j}_1(k_\text{e}a)} \approx \mathrm{i}\frac{\gamma_\text{e}}{k_\text{e}a} \tag{3.1.25a}$$

上式代入方程 (3.1.23b) 并保留前二项

$$\begin{aligned}\Psi_\text{s}(\vartheta,\omega) \approx & \frac{\mathrm{j}_0'(k_0a)/\mathrm{h}_0'^{(1)}(k_0a) + \mathrm{i}\beta_0 \mathrm{j}_0(k_0a)/\mathrm{h}_0'^{(1)}(k_0a)}{1 + \mathrm{i}\beta_0 \mathrm{h}_0^{(1)}(k_0a)/\mathrm{h}_0'^{(1)}(k_0a)} \\ & + 3\frac{\mathrm{j}_1'(k_0a)/\mathrm{h}_1'^{(1)}(k_0a) + \mathrm{i}\beta_1 \mathrm{j}_1(k_0a)/\mathrm{h}_1'^{(1)}(k_0a)}{1 + \mathrm{i}\beta_1 \mathrm{h}_1^{(1)}(k_0a)/\mathrm{h}_1'^{(1)}(k_0a)}\cos\vartheta \\ \approx & -\frac{(k_0a)^3}{3\mathrm{i}}\left[\frac{\kappa_0 - \kappa_\text{e}}{\kappa_0} - \frac{3(\rho_\text{e} - \rho_0)}{2\rho_\text{e} + \rho_0}\cos\vartheta\right]\end{aligned} \tag{3.1.25b}$$

其中，κ_0 和 κ_e 分别是球外介质与球内介质的压缩系数. 上式与方程 (3.1.14b) 比较，当 $\kappa_\text{e} \to 0$(不可压缩，即刚性) 和 $\rho_\text{e} \gg \rho_0$ 时，与方程 (3.1.14b) 一致.

其他低频近似表达式如下.

(1) 散射功率

$$P_\text{s}(\omega) \approx \frac{4\pi I_{0\text{i}}}{9}\frac{\omega^4 a^6}{c_0^4}\left[\left(\frac{\kappa_0 - \kappa_\text{e}}{\kappa_0}\right)^2 + \frac{1}{3}\left(\frac{3\rho_\text{e} - 3\rho_0}{2\rho_\text{e} + \rho_0}\right)^2\right] \tag{3.1.25c}$$

注意: 低频散射功率仍然保持 Rayleigh 散射的基本特征;

(2) 球面声压 (展开到 $(k_0a)^2$)

$$\begin{aligned}p(a,\vartheta,\omega) \approx p_{0\text{i}}(\omega)\Bigg[& 1 - \frac{(k_0a)^2}{6} - \frac{1}{3}(k_0a)^2\left(1 - \frac{\kappa_\text{e}}{\kappa_0}\right) \\ & + \frac{3}{2}\mathrm{i}(k_0a)\left(\frac{1}{1 + \rho_0/2\rho_\text{e}}\right)\mathrm{P}_1(\cos\vartheta) \\ & - \frac{5}{9}(k_0a)^2\left(\frac{1}{1 + 2\rho_0/3\rho_\text{e}}\right)\mathrm{P}_2(\cos\vartheta)\Bigg]\end{aligned} \tag{3.1.25d}$$

得到上式，利用了近似关系

$$\begin{aligned}&\left[\mathrm{j}_0(k_0a) - \frac{\mathrm{j}_0'(k_0a) + \mathrm{i}\beta_0 \mathrm{j}_0(k_0a)}{\mathrm{h}_0'^{(1)}(k_0a) + \mathrm{i}\beta_0 \mathrm{h}_0^{(1)}(k_0a)}\mathrm{h}_0^{(1)}(k_0a)\right] \approx 1 - \frac{(k_0a)^2}{6} - \frac{1}{3}\left(1 - \frac{\kappa_\text{e}}{\kappa_0}\right)(k_0a)^2 \\ &\left[\mathrm{j}_1(k_0a) - \frac{\mathrm{j}_1'(k_0a) + \mathrm{i}\beta_1 \mathrm{j}_1(k_0a)}{\mathrm{h}_1'^{(1)}(k_0a) + \mathrm{i}\beta_1 \mathrm{h}_1^{(1)}(k_0a)}\mathrm{h}_1^{(1)}(k_0a)\right] \approx \frac{k_0a}{2}\frac{1}{1 + \rho_0/2\rho_\text{e}} \\ &\left[\mathrm{j}_2(k_0a) - \frac{\mathrm{j}_2'(k_0a) + \mathrm{i}\beta_2 \mathrm{j}_2(k_0a)}{\mathrm{h}_2'^{(1)}(k_0a) + \mathrm{i}\beta_2 \mathrm{h}_2^{(1)}(k_0a)}\mathrm{h}_2^{(1)}(k_0a)\right] \approx \frac{(k_0a)^2}{9}\left(\frac{1}{1 + 2\rho_0/3\rho_\text{e}}\right)\end{aligned} \tag{3.1.25e}$$

(3) 球外散射波的系数

$$
\begin{aligned}
A_0(\omega) &\approx -\mathrm{i}\frac{(k_0a)^3}{3}\frac{(\kappa_0-\kappa_\mathrm{e})}{\kappa_0}p_{0\mathrm{i}}(\omega)\\
A_1(\omega) &\approx -(k_0a)^3\frac{(\rho_\mathrm{e}-\rho_0)}{2\rho_\mathrm{e}+\rho_0}p_{0\mathrm{i}}(\omega)\\
A_2(\omega) &\approx -\mathrm{i}\frac{2(k_0a)^5}{9}\frac{(\rho_\mathrm{e}-\rho_0)}{3\rho_\mathrm{e}+2\rho_0}p_{0\mathrm{i}}(\omega)
\end{aligned}
\tag{3.1.25f}
$$

讨论.

(1) 方程 (3.1.25b) 表明，在低频近似下，压缩系数的差引起的散射场相当于单极辐射，与方向无关. 这是容易理解的：入射声波引起介质球的压缩和膨胀在低频近似下各个方向相同，因而散射波相当于脉动球的再辐射，故相当于单极辐射. 而密度差引起的散射场相当于偶极辐射，事实上，由方程 (3.3.7b)(见 3.3.1 小节讨论) 可知，密度的分布对散射而言，相当于一个偶极力源；

(2) 比较方程 (3.1.16e)，(3.1.19d) 和 (3.1.25d)，可知：在低频条件下，球面声压主要决定于比值 ρ_0/ρ_e，当 ρ_0/ρ_e 较小时 (例如空气中的水滴或者固体球)，就可以把散射球视为刚性球，但对液体中的液体球，$\rho_\mathrm{e}\sim\rho_0$，修正是必须的；

(3) 如果 $\rho_\mathrm{e}=\rho_0$(但 $\kappa_\mathrm{e}\neq\kappa_0$，否则就没有散射了)，方程 (3.1.25d) 变成

$$
\begin{aligned}
p(a,\vartheta,\omega) &\approx p_{0\mathrm{i}}(\omega)\left[1-\frac{(k_0a)^2}{6}+\mathrm{i}(k_0a)\mathrm{P}_1(\cos\vartheta)\ -\frac{1}{3}(k_0a)^2\mathrm{P}_2(\cos\vartheta)\right]\\
&\approx p_{0\mathrm{i}}(\omega)\exp(\mathrm{i}k_0a\cos\vartheta)+p_{0\mathrm{i}}(\omega)\left[-\frac{1}{3}(k_0a)^2\left(1-\frac{\kappa_\mathrm{e}}{\kappa_0}\right)\right]
\end{aligned}
\tag{3.1.25g}
$$

上式右边第二项是压缩系数的差别引起的全向散射，必须展开到 $(k_0a)^2$.

注意：以上我们仅仅讨论了平面波入射的散射，对复杂的入射波，详细讨论见 7.5.5 小节和 10.1.5 小节.

3.1.3 水中气泡的散射和共振散射

当散射球相对于外部介质较 “硬”(即 $\rho_\mathrm{e}>\rho_0$ 和 $\kappa_\mathrm{e}<\kappa_0$) 时，方程 (3.1.25b) 和 (3.1.25c) 成立，如空气中水滴的散射. 然而，当散射球足够 “软”(即 $\rho_0\gg\rho_\mathrm{e}$ 和 $\kappa_\mathrm{e}\gg\kappa_0$)，低频近似展开中必须保留相关的项. 典型的例子是水中气泡对声波的散射，水的密度 $\rho_0\equiv\rho_\mathrm{w}$ 远大于气泡中气体的密度 $\rho_\mathrm{e}\equiv\rho_\mathrm{b}$，而气泡中气体的压缩系数 $\kappa_\mathrm{e}\equiv\kappa_\mathrm{b}$ 远大于水的压缩系数 $\kappa_0\equiv\kappa_\mathrm{w}$.

当 $k_0a\ll1$ 和 $k_\mathrm{e}a\ll1$ 时，方程 (3.1.23b) 的第一、二项近似关系为

$$
\begin{aligned}
\frac{\mathrm{j}_0'(k_0a)+\mathrm{i}\beta_0\mathrm{j}_0(k_0a)}{\mathrm{h}_0'^{(1)}(k_0a)+\mathrm{i}\beta_0\mathrm{h}_0^{(1)}(k_0a)} &\approx -\frac{1}{3}\cdot\frac{(k_0a)^3(\kappa_0-\kappa_\mathrm{e})/\kappa_0}{[1-(k_0a)^2\kappa_\mathrm{e}/3\kappa_0]\mathrm{i}+(k_0a)^3\kappa_\mathrm{e}/3\kappa_0}\\
\frac{\mathrm{j}_1'(k_0a)+\mathrm{i}\beta_1\mathrm{j}_1(k_0a)}{\mathrm{h}_1'^{(1)}(k_0a)+\mathrm{i}\beta_1\mathrm{h}_1^{(1)}(k_0a)} &\approx \frac{(k_0a)^3}{3\mathrm{i}}\cdot\frac{(\rho_\mathrm{e}-\rho_0)}{2\rho_\mathrm{e}+\rho_0}
\end{aligned}
\tag{3.1.26a}
$$

当 $\kappa_e < \kappa_0$ 时，$1-(k_0a)^2\kappa_e/3\kappa_0 \approx 1$，即可得到 (3.1.25b) 和 (3.1.25c)；但如果 $\kappa_e \gg \kappa_0$，方程 (3.1.26a) 第一式中分母 $[1-(k_0a)^2\kappa_e/3\kappa_0]\mathrm{i}$ 就不能近似为 i. 这正是气泡散射发生共振的原因. 显然，共振条件为 $1-(k_0a)^2\kappa_e/3\kappa_0=0$，故共振频率为

$$\omega_R = \frac{c_0}{a}\sqrt{\frac{3\kappa_0}{\kappa_e}} = \frac{1}{a}\sqrt{\frac{3\rho_b c_b^2}{\rho_w}} \tag{3.1.26b}$$

把方程 (3.1.26a) 代入方程 (3.1.23b) 和 (3.1.23d) 得到方向因子

$$\Psi_s(\vartheta,\omega) \approx -\frac{1}{3}\frac{(k_0a)^3(\kappa_0-\kappa_e)/\kappa_0}{[1-(k_0a)^2\kappa_e/3\kappa_0]\mathrm{i}+(k_0a)^3\kappa_e/3\kappa_0} + \frac{(k_0a)^3}{3\mathrm{i}}\frac{3(\rho_e-\rho_0)}{2\rho_e+\rho_0}\cos\vartheta \tag{3.1.27a}$$

以及散射功率

$$P_s(\omega) \approx \left\{\frac{(\kappa_0-\kappa_e)^2/\kappa_0^2}{[1-(k_0a)^2\kappa_e/3\kappa_0]^2+[(k_0a)^3\kappa_e/3\kappa_0]^2} + 3\left(\frac{\rho_e-\rho_0}{2\rho_e+\rho_0}\right)^2\right\}\frac{4\pi I_{0i}\omega^4a^6}{9c_0^4} \tag{3.1.27b}$$

注意到 $\kappa_e \gg \kappa_0$ 和 $\rho_e \ll \rho_0$, 方向性因子近似为

$$\Psi_s(\vartheta,\omega) \approx \begin{cases} \mathrm{i}(k_0a)^3\kappa_e/3\kappa_0 & (\omega \ll \omega_R) \\ -1 & (\omega = \omega_R) \\ \mathrm{i}(k_0a) & (\omega \gg \omega_R) \end{cases} \tag{3.1.27c}$$

故气泡的声散射几乎是全向的. 由方程 (3.1.26b) 得到 $\kappa_e/3\kappa_0 = (\omega_R a/c_0)^{-2}$，代入方程 (3.1.27b)

$$P_s(\omega) \approx \left\{\frac{(\kappa_0-\kappa_e)^2/\kappa_0^2}{[1-(\omega/\omega_R)^2]^2+[(k_0a)^3\kappa_e/3\kappa_0]^2} + 3\left(\frac{\rho_e-\rho_0}{2\rho_e+\rho_0}\right)^2\right\}\frac{4\pi a^2 I_{0i}\omega^4a^4}{9c_0^4} \tag{3.1.27d}$$

上式讨论如下.

(1) 当 $\omega=\omega_R$ 时，$1-(\omega/\omega_R)^2=0$，上式中的第一项分母必须保留 $(k_0a)^3$，即

$$P_s(\omega) \approx \left\{\frac{(\kappa_e/\kappa_0)^2}{[(k_0a)^3\kappa_e/3\kappa_0]^2}+3\right\}\frac{4\pi a^2 I_{0i}\omega^4a^4}{9c_0^4} \tag{3.1.27e}$$

因为当 $\omega=\omega_R$ 时，$1-(k_0a)^2\kappa_e/3\kappa_0=0$，故 $(k_0a)^2=3\kappa_0/\kappa_e \ll 1$ 仍然成立，因此

$$P_s(\omega) \approx \frac{4\pi a^2}{(k_0a)^2}I_{0i} \tag{3.1.27f}$$

(2) 当 $\omega \ll \omega_R$ 或 $\omega \gg \omega_R$ 时，注意到低频条件 $(k_0a)^2 \ll 1$ 仍然成立，但 $1-(\omega/\omega_R)^2 \neq 0$，故方程 (3.1.27d) 的分母上只要保留 $(k_0a)^2$，而略去 $(k_0a)^3$，故

$$P_s(\omega) \approx \left\{\frac{(\kappa_0-\kappa_e)^2/\kappa_0^2}{[1-(\omega/\omega_R)^2]^2}+3\right\}\frac{4\pi a^2\omega^4a^4}{9c_0^4}I_{0i} \tag{3.1.27g}$$

当 $\omega \ll \omega_{\mathrm{R}}$ 时，$1-(\omega/\omega_{\mathrm{R}})^2 \approx 1$，故

$$P_{\mathrm{s}}(\omega) \approx 4\pi a^2 I_{0\mathrm{i}}(k_0 a)^4 \frac{\kappa_{\mathrm{e}}^2}{9\kappa_0^2} \tag{3.1.27h}$$

当 $\omega \gg \omega_{\mathrm{R}}$ 时，$1-(\omega/\omega_{\mathrm{R}})^2 \approx -(\omega/\omega_{\mathrm{R}})^2 = -(k_0 a)^2\kappa_{\mathrm{e}}/3\kappa_0$，故 $P_{\mathrm{s}}(\omega) \approx 4\pi I_{0\mathrm{i}} a^2$.

最后，我们得到散射功率的近似

$$P_{\mathrm{s}}(\omega) \approx 4\pi a^2 I_{0\mathrm{i}} \begin{cases} (k_0 a)^4 \cdot (\kappa_{\mathrm{e}}/3\kappa_0)^2 & (\omega \ll \omega_{\mathrm{R}}) \\ 1/(k_0 a)^2 & (\omega = \omega_{\mathrm{R}}) \\ 1 & (\omega \gg \omega_{\mathrm{R}}) \end{cases} \tag{3.1.27i}$$

比较上式与方程 (3.1.15)，由于 $\kappa_{\mathrm{e}} \gg \kappa_0$，即使在 $\omega \ll \omega_{\mathrm{R}}$ 区域，气泡的散射功率远大于刚性球的散射功率; 由于 $k_0 a \ll 1$，当 $\omega = \omega_{\mathrm{R}}$ 时，散射功率很大.

共振频率估计 设气泡中的气体是空气，则当温度为 20°C时，密度 $\rho_{\mathrm{b}} \approx 1.21\mathrm{kg/m^3}$ 和声速 $c_{\mathrm{b}} \approx 344\mathrm{m/s}$，而水的密度 $\rho_{\mathrm{w}} \approx 0.988 \times 10^3\mathrm{kg/m^3}$，代入方程 (3.1.26b) 得到 (取 $a = 10\mu\mathrm{m}$)

$$f_{\mathrm{R}} \approx \frac{c_{\mathrm{b}}}{2\pi a}\sqrt{\frac{3\rho_{\mathrm{b}}}{\rho_{\mathrm{w}}}} \approx 3.3 \times 10^5\mathrm{Hz} \tag{3.1.28a}$$

由于 $c_{\mathrm{b}} \ll c_{\mathrm{w}}$，故低频条件为 $k_{\mathrm{e}} a \ll 1$，即要求 $f \ll c_{\mathrm{b}}/(2\pi a) \sim 5.47\mathrm{MHz} \sim 16 f_{\mathrm{R}}$. 如果入射声波频率恰好为共振频率 $f = f_{\mathrm{R}}$，那么 $k_{\mathrm{e}} a \approx 1/16$，可认为满足条件 $k_{\mathrm{e}} a \ll 1$；即使 $f = 4 f_{\mathrm{R}}$，$k_{\mathrm{e}} a \approx 1/4$，以上讨论也有一定的适用性.

表面张力的影响 设气泡内的气体是理想气体，那么 $\rho_{\mathrm{b}} c_{\mathrm{b}}^2 = \gamma P_0$(其中 P_0 是气泡位置处的静压强，如果气泡在水面附近，P_0 近似为大气压，否则要计及水的静压强)，方程 (3.1.26b) 也可以写出

$$\omega_{\mathrm{R}} = \frac{1}{a}\sqrt{\frac{3\gamma P_0}{\rho_{\mathrm{w}}}} \tag{3.1.28b}$$

当考虑到气泡表面张力的影响时，共振频率的表达式比较复杂，而不是简单地用 $P_0 + 2\sigma/a$(其中 σ 为气泡的表面张力系数) 代替上式中的 P_0. 但可大致估计：取水中气泡的表面张力系数 $\sigma \approx 7.2 \times 10^{-2}\mathrm{N/m}(20°\mathrm{C})$, 当 $a \geqslant 10\mu\mathrm{m}$ 时，气泡的表面张力为 $2\sigma/a \leqslant 1.4 \times 10^4\mathrm{Pa}$，而大气压 $P_0 \approx 10^5\mathrm{Pa}$, 可见，对半径在 10μm 以上的大气泡，表面张力的影响可忽略；但对小气泡 ($a < 10\mu\mathrm{m}$)，不得不考虑表面张力对共振频率的影响.

3.1.4 刚性和阻抗型球体对球面波的散射

考虑球面波由位于 $\boldsymbol{r}_s \equiv (r_s, \vartheta_s, \varphi_s)$ 的单极点源 (频率为 ω，强度为 $q_0(\omega)$) 发出，半径为 a 的刚性球球心位于原点. 我们来计算刚性球体对球面波的散射. 显然，单极点源产生的入射波为

$$p_{\mathrm{i}}(r,\vartheta,\varphi,\omega)=-\mathrm{i}q_0(\omega)\rho_0c_0k_0\frac{\exp(\mathrm{i}k_0|\boldsymbol{r}-\boldsymbol{r}_s|)}{4\pi|\boldsymbol{r}-\boldsymbol{r}_s|}\tag{3.1.29a}$$

而散射波表示为

$$\begin{aligned}p_{\mathrm{s}}(r,\vartheta,\varphi,\omega)&=\sum_{l=0}^{\infty}\sum_{m=-l}^{l}A_{lm}(\omega)\mathrm{Y}_{lm}(\vartheta,\varphi)\mathrm{h}_l^{(1)}(k_0r)\\v_{\mathrm{s}r}(r,\vartheta,\varphi,\omega)&=\frac{1}{\mathrm{i}\rho_0c_0}\sum_{l=0}^{\infty}\sum_{m=-l}^{l}A_{lm}(\omega)\mathrm{Y}_{lm}(\vartheta,\varphi)\frac{\mathrm{dh}_l^{(1)}(k_0r)}{\mathrm{d}(k_0r)}\end{aligned}\tag{3.1.29b}$$

注意：上式与方程 (3.1.11c) 相比，没有关于 z 轴的对称性，故声场与方位角 φ 有关. 由方程 (2.4.36c)，入射声场可写成

$$\begin{aligned}p_{\mathrm{i}}(r,\vartheta,\varphi,\omega)=&-q_0(\omega)\rho_0c_0k_0^2\sum_{l=0}^{\infty}\sum_{m=-l}^{l}\mathrm{Y}_{lm}(\vartheta,\varphi)\mathrm{Y}_{lm}^*(\vartheta_s,\varphi_s)\\&\times\begin{cases}\mathrm{h}_l^{(1)}(k_0r)\mathrm{j}_l(k_0r_s), & r>r_s>a\\ \mathrm{j}_l(k_0r)\mathrm{h}_l^{(1)}(k_0r_s), & a<r<r_s\end{cases}\end{aligned}\tag{3.1.30a}$$

以及

$$\begin{aligned}v_{\mathrm{i}r}(r,\vartheta,\varphi,\omega)=&\,\mathrm{i}q_0(\omega)k_0^2\sum_{l=0}^{\infty}\sum_{m=-l}^{l}\mathrm{Y}_{lm}(\vartheta,\varphi)\mathrm{Y}_{lm}^*(\vartheta_s,\varphi_s)\\&\times\begin{cases}\mathrm{h}_l^{\prime(1)}(k_0r)\mathrm{j}_l(k_0r_s), & r>r_s>a\\ \mathrm{j}_l^{\prime}(k_0r)\mathrm{h}_l^{(1)}(k_0r_s), & a<r<r_s\end{cases}\end{aligned}\tag{3.1.30b}$$

另一方面，由刚性边界条件 $[v_{\mathrm{i}r}(r,\vartheta,\varphi,\omega)+v_{\mathrm{s}r}(r,\vartheta,\varphi,\omega)]_{r=a}=0$ 得到 (取上式中 $r<r_s$ 的表达式)

$$\begin{aligned}&\mathrm{i}q_0(\omega)k_0^2\sum_{l=0}^{\infty}\sum_{m=-l}^{l}\mathrm{Y}_{lm}(\vartheta,\varphi)\mathrm{Y}_{lm}^*(\vartheta_s,\varphi_s)\mathrm{j}_l^{\prime}(k_0a)\mathrm{h}_l^{(1)}(k_0r_s)\\&=-\frac{1}{\mathrm{i}\rho_0c_0}\sum_{l=0}^{\infty}\sum_{m=-l}^{l}A_{lm}(\omega)\mathrm{Y}_{lm}(\vartheta,\varphi)\mathrm{h}_l^{\prime(1)}(k_0a)\end{aligned}\tag{3.1.31a}$$

得到

$$A_{lm}(\omega)=q_0(\omega)\rho_0c_0k_0^2\frac{\mathrm{j}_l^{\prime}(k_0a)\mathrm{h}_l^{(1)}(k_0r_s)}{\mathrm{h}_l^{\prime(1)}(k_0a)}\mathrm{Y}_{lm}^*(\vartheta_s,\varphi_s)\tag{3.1.31b}$$

故总声压和总的径向速度为

$$
\begin{aligned}
p(r,\vartheta,\varphi,\omega) &= p_{\mathrm{i}}(r,\vartheta,\varphi,\omega)+p_{\mathrm{s}}(r,\vartheta,\varphi,\omega)\\
&= -q_0(\omega)\rho_0 c_0 k_0^2\sum_{l=0}^{\infty}\sum_{m=-l}^{l}\Im_l(k_0 r_s)\mathrm{h}_l^{(1)}(k_0 r)\mathrm{Y}_{lm}^{*}(\vartheta_s,\varphi_s)\mathrm{Y}_{lm}(\vartheta,\varphi)\\
v_r(r,\vartheta,\varphi,\omega) &= \mathrm{i}q_0(\omega)k_0^2\sum_{l=0}^{\infty}\sum_{m=-l}^{l}\Im_l(k_0 r_s)\mathrm{h}_l^{\prime(1)}(k_0 r)\mathrm{Y}_{lm}(\vartheta,\varphi)\mathrm{Y}_{lm}^{*}(\vartheta_s,\varphi_s)
\end{aligned}
\tag{3.1.31c}
$$

其中，为了方便定义

$$
\Im_l(k_0 r_s)\equiv \mathrm{j}_l(k_0 r_s)-\frac{\mathrm{j}_l'(k_0 a)\mathrm{h}_l^{(1)}(k_0 r_s)}{\mathrm{h}_l^{\prime(1)}(k_0 a)} \tag{3.1.31d}
$$

注意：上述结果与方程 (2.4.42b) 是一致的.

为了简单，设点源位于正 z 轴且距原点 z_s，则 $\boldsymbol{r}_s\equiv(z_s,0,\varphi_s)$($\varphi_s$ 任意取值). 由于对称性，入射场和散射场与 φ 无关，即 $m=0$，注意到 $\mathrm{P}_l^m(1)=0(m\neq 0)$ 和 $\mathrm{P}_l^0(1)=\mathrm{P}_l(1)=1$，方程 (3.1.31c) 简化成

$$
p(r,\vartheta,\omega)=-\frac{q_0(\omega)\rho_0 c_0 k_0^2}{4\pi}\sum_{l=0}^{\infty}(2l+1)\Im_l(k_0 r_s)\mathrm{h}_l^{(1)}(k_0 r)\mathrm{P}_l(\cos\vartheta) \tag{3.1.32a}
$$

以及

$$
v_r(r,\vartheta,\omega)=\frac{\mathrm{i}q_0(\omega)k_0^2}{4\pi}\sum_{l=0}^{\infty}(2l+1)\Im_l(k_0 r_s)\mathrm{h}_l^{\prime(1)}(k_0 r)\mathrm{P}_l(\cos\vartheta) \tag{3.1.32b}
$$

远场近似 ($k_0 r\gg 1$) 利用方程 (2.4.14e)，上式简化为

$$
p(r,\vartheta,\omega)\approx\frac{q_0(\omega)\rho_0 c_0 k_0}{4\pi r}\exp(\mathrm{i}k_0 r)\cdot\Psi(\vartheta,\omega) \tag{3.1.33a}
$$

以及

$$
v_r(r,\vartheta,\omega)\approx\frac{q_0(\omega)k_0}{4\pi r}\exp(\mathrm{i}k_0 r)\cdot\Psi(\vartheta,\omega) \tag{3.1.33b}
$$

其中，方向性因子为

$$
\Psi(\vartheta,\omega)\equiv\sum_{l=0}^{\infty}(-\mathrm{i})^{l+1}(2l+1)\Im_l(k_0 r_s)\mathrm{P}_l(\cos\vartheta) \tag{3.1.33c}
$$

如果散射球非刚性，而是阻抗型的，则边界条件修改为

$$
\left[\frac{\partial p(\boldsymbol{r},\omega)}{\partial r}+\mathrm{i}k_0\beta(\omega)p(\boldsymbol{r},\omega)\right]_{r=a}=0 \tag{3.1.34a}
$$

由方程 (3.1.30a) 和方程 (3.1.29b) 的第一式得到

$$-q_0(\omega)\rho_0 c_0 k_0^3 \sum_{l=0}^{\infty}\sum_{m=-l}^{l}[\mathrm{j}_l'(k_0a)+\mathrm{i}\beta(\omega)\mathrm{j}_l(k_0a)]\,\mathrm{h}_l^{(1)}(k_0r_s)\mathrm{Y}_{lm}^*(\vartheta_s,\varphi_s)\mathrm{Y}_{lm}(\vartheta,\varphi)$$
$$+\sum_{l=0}^{\infty}\sum_{m=-l}^{l}k_0A_{lm}(\omega)[\mathrm{h}_l'^{(1)}(k_0a)+\mathrm{i}\beta(\omega)\mathrm{h}_l^{(1)}(k_0a)]\mathrm{Y}_{lm}(\vartheta,\varphi)=0 \tag{3.1.34b}$$

因此展开系数为

$$A_{lm}(\omega)=q_0(\omega)\rho_0c_0k_0^2\left[\frac{\mathrm{j}_l'(k_0a)+\mathrm{i}\beta(\omega)\mathrm{j}_l(k_0a)}{\mathrm{h}_l'^{(1)}(k_0a)+\mathrm{i}\beta(\omega)\mathrm{h}_l^{(1)}(k_0a)}\right]\mathrm{h}_l^{(1)}(k_0r_s)\mathrm{Y}_{lm}^*(\vartheta_s,\varphi_s) \tag{3.1.34c}$$

注意：球体对球面波的散射在研究工作中是经常遇到的实际问题，例如，在模拟人工头对近场声波 (声源离人工头较近) 的散射时，作为第一步近似，可以把人工头近似为球体.

3.1.5　椭圆柱体的散射和修正 Mathieu 函数

在阅读本小节前，建议先阅读 4.1.5 小节关于椭圆柱坐标的内容. 如图 3.1.9, 设散射柱体截面为椭圆，其长轴 $2a$，短轴 $2b(a>b)$, 椭圆截面方程 Γ: $x^2/a^2+y^2/b^2=1$，z 方向无限长. 为了简单，假定刚性柱面，即在柱面上满足

$$\left.\frac{\partial p}{\partial \xi}\right|_{\xi=\xi_0}=0 \tag{3.1.35}$$

其中，$\xi=\xi_0$ 为椭圆面在椭圆柱坐标系中的方程.

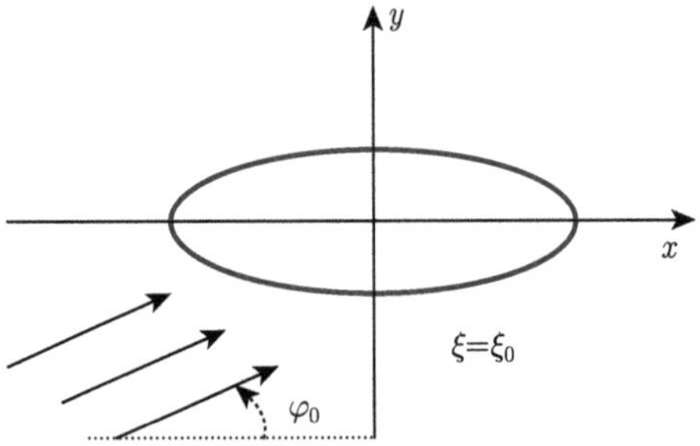

图 3.1.9　平面波入射到椭圆柱体上，图中仅画出了垂直于柱体的一个截面

各类修正 Mathieu 函数　如 4.1.5 小节所述，由于刚性体散射问题研究的是椭圆外部声场，故必须求修正 Mathieu 方程 (4.1.68a) 的第二个线性独立解，即第二类修正 Mathieu 函数，它们可以通过 Neumann 函数展开得到，只要把方程 (4.1.69a)~(4.1.69d) 中的 Bessel 函数换成 Neumann 函数即可得到第二类修正 Mathieu 函数 $\mathrm{Mc}_n^{(2)}(\xi,q)$ 和 $\mathrm{Ms}_n^{(2)}(\xi,q)$. 然后，与得到 Hankel 函数类似，组合成第

三、四类修正 Mathieu 函数

$$\begin{aligned}\mathrm{Mc}_n^{(3),(4)}(\xi,q)&=\mathrm{Mc}_n^{(2)}(\xi,q)\pm\mathrm{iMc}_n^{(2)}(\xi,q)\\\mathrm{Ms}_n^{(3),(4)}(\xi,q)&=\mathrm{Ms}_n^{(2)}(\xi,q)\pm\mathrm{iMs}_n^{(2)}(\xi,q)\end{aligned}\tag{3.1.36a}$$

四类修正 Mathieu 函数可统一表示如下.

(1) 对 $\lambda=a_n$，$n=0,1,2,\cdots,(p=0$ 或 $1)$

$$\mathrm{Mc}_{2l+p}^{(j)}(\xi,q)=\frac{1}{\mathrm{ce}_{2l+p}(0,q)}\sum_{m=0}^{\infty}(-1)^{m+l}A_{2m+p}^{(2l+p)}(q)Z_{2m+p}^{(j)}(2\sqrt{q}\cosh\xi)\tag{3.1.36b}$$

(2) 对 $\lambda=b_n$，$n=0,1,2,\cdots,(p=1$ 或 $2)$

$$\begin{aligned}\mathrm{Ms}_{2l+p}^{(j)}(\xi,q)=&\frac{1}{\mathrm{se}'_{2l+p}(0,q)}\tanh\xi\\&\times\sum_{m=0}^{\infty}(-1)^{m+l}(2m+p)B_{2m+p}^{(2l+p)}(q)Z_{2m+p}^{(j)}(2\sqrt{q}\cosh\xi)\end{aligned}\tag{3.1.36c}$$

其中，$j=1,2,3,4$ 表示四类修正 Mathieu 函数，相应的四类圆柱函数为

$$\begin{aligned}Z_m^{(1)}(\rho)=\mathrm{J}_m(\rho);\ Z_m^{(2)}(\rho)=\mathrm{N}_m(\rho)\\Z_m^{(3)}(\rho)=\mathrm{H}_m^{(1)}(\rho);\ Z_m^{(4)}(\rho)=\mathrm{H}_m^{(2)}(\rho)\end{aligned}\tag{3.1.37}$$

由圆柱函数的性质，当时间因子取 $\exp(-\mathrm{i}\omega t)$ 时，我们可以推论：第三类修正 Mathieu 函数 $\mathrm{Mc}_n^{(3)}(\xi,q)$ 和 $\mathrm{Ms}_n^{(3)}(\xi,q)$ 表示散射波；而第四类修正 Mathieu 函数 $\mathrm{Mc}_n^{(4)}(\xi,q)$ 和 $\mathrm{Ms}_n^{(4)}(\xi,q)$ 表示汇聚波. 故在散射问题中，我们仅需要考虑第三类修正 Mathieu 函数.

平面波展开 设入射波为与 x 轴夹角 φ_0 方向传播的平面波，在直角坐标系和椭圆柱坐标内可表示为

$$\begin{aligned}p_{\mathrm{i}}(x,y)&=p_{0\mathrm{i}}\exp[\mathrm{i}k_0(x\cos\varphi_0+y\sin\varphi_0)]\\&=p_{0\mathrm{i}}\exp[\mathrm{i}k_0cw(\xi,\eta,\varphi_0)]\equiv p_{\mathrm{i}}(\xi,\eta)\end{aligned}\tag{3.1.38a}$$

其中，$w(\xi,\eta,\varphi)=\cosh\xi\cos\eta\cos\varphi_0+\sinh\xi\sin\eta\sin\varphi_0$. 得到上式第二个等号，利用了变换关系：$x=c\cosh\xi\cos\eta$；$y=c\sinh\xi\sin\eta$(见方程 (4.1.56a)). 由于 Mathieu 函数是完备的正交系，故关于变量 φ_0 的周期函数 $p_{\mathrm{i}}(\xi,\eta)$ 可以展开成

$$\begin{aligned}p_{\mathrm{i}}(\xi,\eta)&=p_{0\mathrm{i}}\exp[\mathrm{i}k_0cw(\xi,\eta,\varphi_0)]\\&=p_{0\mathrm{i}}\sum_{n=0}^{\infty}[C_n\mathrm{ce}_n(\varphi_0,q)+D_n\mathrm{se}_n(\varphi_0,q)]\end{aligned}\tag{3.1.38b}$$

其中，展开系数为

$$\begin{aligned} C_n &= \frac{1}{\pi}\int_0^{2\pi} \exp[\mathrm{i}k_0 cw(\xi,\eta,\varphi_0)]\mathrm{ce}_n(\varphi_0,q)\mathrm{d}\varphi_0 \\ D_n &= \frac{1}{\pi}\int_0^{2\pi} \exp[\mathrm{i}k_0 cw(\xi,\eta,\varphi_0)]\mathrm{se}_n(\varphi_0,q)\mathrm{d}\varphi_0 \end{aligned} \tag{3.1.38c}$$

通过复杂的运算 (见主要参考书目 9)，我们得到

$$\begin{aligned} C_n &= 2\mathrm{i}^n \mathrm{ce}_n(\eta,q)\mathrm{Mc}_n^{(1)}(\xi,q) \\ D_n &= 2\mathrm{i}^n \mathrm{se}_n(\eta,q)\mathrm{Ms}_n^{(1)}(\xi,q) \end{aligned} \tag{3.1.38d}$$

代入方程 (3.1.38b) 得到平面波用椭圆柱函数展开的表达式

$$\begin{aligned} \exp[\mathrm{i}k_0 cw(\xi,\eta,\varphi_0)] =& 2\sum_{n=0}^{\infty} \mathrm{i}^n [\mathrm{ce}_n(\eta,q)\mathrm{Mc}_n^{(1)}(\xi,q)\mathrm{ce}_n(\varphi_0,q) \\ &+\mathrm{se}_n(\eta,q)\mathrm{Ms}_n^{(1)}(\xi,q)\mathrm{se}_n(\varphi_0,q)] \end{aligned} \tag{3.1.39a}$$

二个特殊情况是：①$\varphi_0 = 0$，即入射波方向与椭圆长轴平行

$$\exp(\mathrm{i}k_0 c\cosh\xi\cos\eta) = 2\sum_{n=0}^{\infty} \mathrm{i}^n \mathrm{ce}_n(0,q)\mathrm{Mc}_n^{(1)}(\xi,q)\mathrm{ce}_n(\eta,q) \tag{3.1.39b}$$

②$\varphi_0 = \pi/2$, 入射波方向与椭圆短轴平行

$$\begin{aligned} \exp(\mathrm{i}k_0 c\sinh\xi\sin\eta) =& 2\sum_{m=0}^{\infty} (-1)^m \left[\mathrm{ce}_n\left(\frac{\pi}{2},q\right)\mathrm{Mc}_{2m}^{(1)}(\xi,q)\,\mathrm{ce}_{2m}(\eta,q)\right. \\ &\left.+\mathrm{i}\mathrm{se}_{2m+1}\left(\frac{\pi}{2},q\right)\mathrm{Ms}_{m+1}^{(1)}(\xi,q)\mathrm{se}_{2m+1}(\eta,q)\right] \end{aligned} \tag{3.1.39c}$$

刚性椭圆柱的散射　总声场为入射波与散射波之和，即

$$p(\xi,\eta) = p_{0\mathrm{i}}\exp[\mathrm{i}k_0 cw(\xi,\eta,\varphi_0)] + p_{\mathrm{s}}(\xi,\eta) \tag{3.1.40a}$$

而散射波满足方程 (4.1.58a)，即

$$\frac{1}{c^2 J^2}\left(\frac{\partial^2 p_{\mathrm{s}}}{\partial\xi^2} + \frac{\partial^2 p_{\mathrm{s}}}{\partial\eta^2}\right) + \frac{\partial^2 p_{\mathrm{s}}}{\partial z^2} + k_0^2 p_{\mathrm{s}} = 0 \tag{3.1.40b}$$

故散射波可以写成

$$p_{\mathrm{s}}(\xi,\eta) = \sum_{n=0}^{\infty}\left[O_n\mathrm{Mc}_n^{(3)}(\xi,q)\mathrm{ce}_n(\eta,q) + P_n\mathrm{Ms}_n^{(3)}(\xi,q)\mathrm{se}_n(\eta,q)\right] \tag{3.1.40c}$$

把方程 (3.1.40a)，(3.1.39a) 和 (3.1.40c) 代入方程 (3.1.35) 得到

$$\begin{aligned}&\sum_{n=0}^{\infty}\left[2p_{0\mathrm{i}}\mathrm{i}^n\mathrm{ce}_n(\varphi_0,q)\mathrm{Mc}_n'^{(1)}(\xi_0,q)+O_n\mathrm{Mc}_n'^{(3)}(\xi_0,q)\right]\mathrm{ce}_n(\eta,q)\\&+\sum_{n=0}^{\infty}\left[2p_{0\mathrm{i}}\mathrm{i}^n\mathrm{se}_n(\varphi_0,q)\mathrm{Ms}_n'^{(1)}(\xi_0,q)+P_n\mathrm{Ms}_n'^{(3)}(\xi_0,q)\right]\mathrm{se}_n(\eta,q)=0\end{aligned}\tag{3.1.41a}$$

其中，$\mathrm{Mc}_n'^{(1)}(\xi_0,q)=[\mathrm{dMc}_n^{(1)}(\xi,q)/\mathrm{d}\xi]_{\xi_0}$ 等. 由 $\mathrm{ce}_n(\eta,q)$ 与 $\mathrm{se}_n(\eta,q)$ 的正交性，容易得到

$$\begin{aligned}&2p_{0\mathrm{i}}\mathrm{i}^n\mathrm{ce}_n(\varphi_0,q)\mathrm{Mc}_n'^{(1)}(\xi_0,q)+O_n\mathrm{Mc}_n'^{(3)}(\xi_0,q)=0\\&2p_{0\mathrm{i}}\mathrm{i}^n\mathrm{se}_n(\varphi_0,q)\mathrm{Ms}_n'^{(1)}(\xi_0,q)+P_n\mathrm{Ms}_n'^{(3)}(\xi_0,q)=0\end{aligned}\tag{3.1.41b}$$

因此

$$\begin{aligned}O_n&=-2\mathrm{i}^np_{0\mathrm{i}}\frac{\mathrm{ce}_n(\varphi_0,q)\mathrm{Mc}_n'^{(1)}(\xi_0,q)}{\mathrm{Mc}_n'^{(3)}(\xi_0,q)}\\P_n&=-2p_{0\mathrm{i}}\mathrm{i}^n\frac{\mathrm{se}_n(\varphi_0,q)\mathrm{Ms}_n'^{(1)}(\xi_0,q)}{\mathrm{Ms}_n'^{(3)}(\xi_0,q)}\end{aligned}\tag{3.1.41c}$$

代入方程 (3.1.40c)，可以得到散射场的表达式.

非刚性椭圆柱体 对非刚性的椭圆柱体，声波可透入柱体内，必须同时写出椭圆内部 (驻波解，径向用 $\mathrm{Mc}_n^{(1)}$ 和 $\mathrm{Ms}_n^{(1)}$) 和外部解 (行波解，径向用 $\mathrm{Mc}_n^{(3)}$ 和 $\mathrm{Ms}_n^{(3)}$)，然后利用边界条件和角度方向本征函数的正交性决定相应的系数. 对圆柱体情况，角度方向本征函数 $\sin m\varphi$ 和 $\cos m\varphi$ 或 $\exp(\mathrm{i}m\varphi)$，与介质的参数无关，内、外部是同一组角度方向本征函数；然而，在椭圆柱坐标中，角度方向本征函数 $\mathrm{ce}_n(\eta,q)$ 和 $\mathrm{se}_n(\eta,q)$(其中 $q=c^2(\omega^2/c_0^2-k_z^2)/4$) 与介质中的声速有关. 如果内、外部介质的声速不一样，内、外部角度方向本征函数不正交，无法得到简洁的系数表达式, 而是一组无限联立的线性代数方程. 设椭圆体内、外部介质的密度和声速分别为 (ρ_{01},ρ_{02}) 和 (c_{01},c_{02})，椭圆内部 $(\xi<\xi_0)$ 用驻波形式的解

$$p_1(\xi,\eta)=\sum_{n=0}^{\infty}\left[O_{cn}\mathrm{Mc}_n^{(1)}(\xi,q_1)\mathrm{ce}_n(\eta,q_1)+O_{sn}\mathrm{Ms}_n^{(1)}(\xi,q_1)\mathrm{se}_n(\eta,q_1)\right]\tag{3.1.42a}$$

其中，$q_1=c^2(\omega^2/c_{01}^2-k_z^2)/4$. 椭圆外部 $(\xi>\xi_0)$ 用行波形式的解

$$\begin{aligned}p_2(\xi,\eta)=&p_{0\mathrm{i}}\exp[\mathrm{i}k_0cw(\xi,\eta,\varphi_0)]\\&+\sum_{n=0}^{\infty}\left[P_{cn}\mathrm{Mc}_n^{(3)}(\xi,q_2)\mathrm{ce}_n(\eta,q_2)+P_{sn}\mathrm{Ms}_n^{(3)}(\xi,q_2)\mathrm{se}_n(\eta,q_2)\right]\end{aligned}\tag{3.1.42b}$$

其中，$q_2=c^2(\omega^2/c_{02}^2-k_z^2)/4$. 柱面上的连接条件为声压连续和法向速度连续，由

方程 (4.1.71b)

$$
\begin{aligned}
&p_1(\xi,\eta)|_{\xi=\xi_0}=p_2(\xi,\eta)|_{\xi=\xi_0}\\
&\frac{1}{\mathrm{i}\omega\rho_{01}cJ}\cdot\left.\frac{\partial p_1(\xi,\eta)}{\partial\xi}\right|_{\xi=\xi_0}=\frac{1}{\mathrm{i}\omega\rho_{02}cJ}\left.\frac{\partial p_2(\xi,\eta)}{\partial\xi}\right|_{\xi=\xi_0}
\end{aligned}
\tag{3.1.42c}
$$

为了方便，考虑比较简单的情况：$\varphi_0=0$，入射波方向与椭圆长轴平行，入射波由方程 (3.1.39b) 表示 (q 用 q_2 代替)，此外，声场关于 $\eta=0,\pi$ 对称，故 $O_{sn}=P_{sn}=0$. 把方程 (3.1.42a) 和 (3.1.42b) 代入方程 (3.1.42c) 得到

$$
\begin{aligned}
&\sum_{n=0}^{\infty}O_{cn}\mathrm{Mc}_n^{(1)}(\xi_0,q_1)\mathrm{ce}_n(\eta,q_1)\\
&=\sum_{n=0}^{\infty}\left[2p_{0\mathrm{i}}\mathrm{i}^n\mathrm{ce}_n(0,q_2)\mathrm{Mc}_n^{(1)}(\xi_0,q_2)+P_{cn}\mathrm{Mc}_n^{(3)}(\xi_0,q_2)\right]\mathrm{ce}_n(\eta,q_2)\\
&\sum_{n=0}^{\infty}\frac{\rho_{02}}{\rho_{01}}O_{cn}\mathrm{Mc}_n^{\prime(1)}(\xi_0,q_1)\mathrm{ce}_n(\eta,q_1)\\
&=\sum_{n=0}^{\infty}\left[2p_{0\mathrm{i}}\mathrm{i}^n\mathrm{ce}_n(0,q_2)\mathrm{Mc}_n^{\prime(1)}(\xi_0,q_2)+P_{cn}\mathrm{Mc}_n^{\prime(3)}(\xi_0,q_2)\right]\mathrm{ce}_n(\eta,q_2)
\end{aligned}
\tag{3.1.43a}
$$

其中，$\mathrm{Mc}_n^{\prime(1)}(\xi_0,q_1)=[\mathrm{dMc}_n^{(1)}(\xi,q_1)/\mathrm{d}\xi]_{\xi=\xi_0}$ 等. 由于 $\mathrm{ce}_n(\eta,q_1)$ 与 $\mathrm{ce}_n(\eta,q_2)$ 不存在正交关系，无法从方程 (3.1.43a) 得到 O_{cn} 和 P_{cn} 的简单表达式. 但方程 (3.1.43a) 两边乘 $\mathrm{ce}_m(\eta,q_2)$ 并从 0 到 2π 积分得到

$$
\begin{aligned}
&2p_{0\mathrm{i}}\mathrm{i}^m\mathrm{ce}_m(0,q_2)\mathrm{Mc}_m^{(1)}(\xi_0,q_2)+P_{cm}\mathrm{Mc}_m^{(3)}(\xi_0,q_2)\\
&\qquad=\sum_{n=0}^{\infty}\mathrm{Mc}_n^{(1)}(\xi_0,q_1)\rho_{nm}(q_1,q_2)O_{cn}\\
&2p_{0\mathrm{i}}\mathrm{i}^m\mathrm{ce}_m(0,q_2)\mathrm{Mc}_m^{\prime(1)}(\xi_0,q_2)+P_{cm}\mathrm{Mc}_m^{\prime(3)}(\xi_0,q_2)\\
&\qquad=\sum_{n=0}^{\infty}\frac{\rho_{02}}{\rho_{01}}\mathrm{Mc}_n^{\prime(1)}(\xi_0,q_1)\rho_{nm}(q_1,q_2)O_{cn}
\end{aligned}
\tag{3.1.43b}
$$

其中，积分定义为

$$
\rho_{nm}(q_1,q_2)\equiv\frac{1}{\pi}\int_0^{2\pi}\mathrm{ce}_n(\eta,q_1)\mathrm{ce}_m(\eta,q_2)\mathrm{d}\eta \tag{3.1.43c}
$$

从方程 (3.1.43b) 的第一式得到

$$
\begin{aligned}
P_{cm}=&-2p_{0\mathrm{i}}\mathrm{i}^m\mathrm{ce}_m(0,q_2)\frac{\mathrm{Mc}_m^{(1)}(\xi_0,q_2)}{\mathrm{Mc}_m^{(3)}(\xi_0,q_2)}\\
&+\frac{1}{\mathrm{Mc}_m^{(3)}(\xi_0,q_2)}\sum_{n=0}^{\infty}\mathrm{Mc}_n^{(1)}(\xi_0,q_1)\rho_{nm}(q_1,q_2)O_{cn}
\end{aligned}
\tag{3.1.43d}
$$

上式代入方程 (3.1.43b) 的第二式

$$\sum_{n=0}^{\infty} E_{nm}(q_1,q_2)O_{cn} = B_m(q_1,q_2) \quad (m=0,1,2,\cdots) \tag{3.1.44a}$$

其中，为了方便定义

$$\begin{aligned} E_{nm}(q_1,q_2) &\equiv \left[\frac{\rho_{02}}{\rho_{01}}\mathrm{Mc}_n^{\prime(1)}(\xi_0,q_1) - b_m(q_1,q_2)\right]\rho_{nm}(q_1,q_2) \\ B_m(q_1,q_2) &\equiv 2p_{0\mathrm{i}}\mathrm{i}^m \mathrm{ce}_m(0,q_2)\left[\mathrm{Mc}_m^{\prime(1)}(\xi_0,q_2) - b_m(q_1,q_2)\right] \\ b_m(q_1,q_2) &\equiv \frac{\mathrm{Mc}_n^{(1)}(\xi_0,q_1)\mathrm{Mc}_m^{\prime(3)}(\xi_0,q_2)}{\mathrm{Mc}_m^{(3)}(\xi_0,q_2)} \end{aligned} \tag{3.1.44b}$$

显然，方程 (3.1.44a) 是无限联立的代数方程，一旦得到 O_{cn}，代入方程 (3.1.43d) 就得到 P_{cm}. 方程 (3.1.43a) 两边也可以乘 $\mathrm{ce}_m(\eta,q_1)$ 并从 0 到 2π 积分，得到 P_{cm} 的联立方程 (作为习题).

3.2 任意形状散射体的散射

当散射体具有任意形状时，利用边界条件连接决定系数是困难的. 此时我们一般把散射的微分方程形式转化成便于数值计算的积分方程. 对刚性或“柔软”的空穴散射体，由于声波不能进入散射体，我们可以利用 **Kirchhoff 积分公式**，建立空间一点的总声场与散射体表面总声场 (或声场的法向导数) 的积分关系，得到相应的积分方程，从而利用离散化数值方法求得散射场的近似解, 这种近似方法称为**边界元近似**.

3.2.1 Kirchhoff 积分公式

散射场 如图 3.2.1，设散射体 G 的表面为 S. 入射波和散射波分别为 $p_{\mathrm{i}}(\boldsymbol{r},\omega)$ 和 $p_{\mathrm{s}}(\boldsymbol{r},\omega)$，总的声场为

$$p(\boldsymbol{r},\omega) = p_{\mathrm{i}}(\boldsymbol{r},\omega) + p_{\mathrm{s}}(\boldsymbol{r},\omega) \tag{3.2.1a}$$

由于散射场 $p_{\mathrm{s}}(\boldsymbol{r},\omega)$ 满足 Sommerfeld 辐射条件，即满足方程 (2.1.45b), 故方程 (2.1.49b) 也成立，即 (用散射体表面法向表示)

$$p_{\mathrm{s}}(\boldsymbol{r},\omega) = \iint_S \left[p_{\mathrm{s}}(\boldsymbol{r}',\omega)\frac{\partial g(|\boldsymbol{r}-\boldsymbol{r}'|)}{\partial n_S'} - g(|\boldsymbol{r}-\boldsymbol{r}'|)\frac{\partial p_{\mathrm{s}}(\boldsymbol{r}',\omega)}{\partial n_S'}\right]\mathrm{d}S' \tag{3.2.1b}$$

其中，$\boldsymbol{n}_S'$ 是曲面 S 的外法向，$g(|\boldsymbol{r}-\boldsymbol{r}'|)$ 为无限大空间的 Green 函数

$$g(|\boldsymbol{r}-\boldsymbol{r}'|) = \frac{\exp(\mathrm{i}k_0|\boldsymbol{r}-\boldsymbol{r}'|)}{4\pi|\boldsymbol{r}-\boldsymbol{r}'|} \tag{3.2.1c}$$

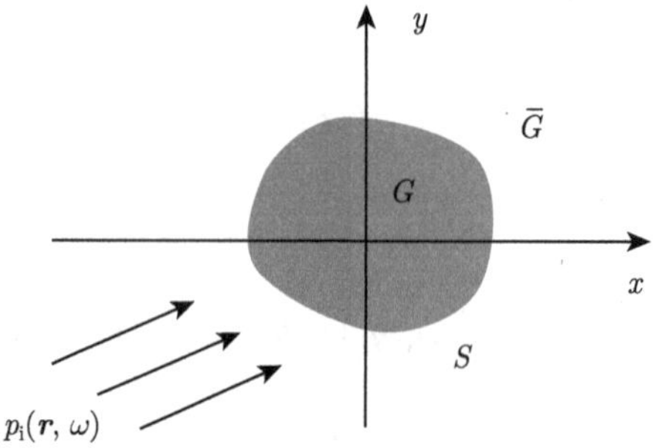

图 3.2.1　具有任意形状的散射体对入射波的散射. 为了方便，图中仅画出二维截面

注意：入射波 $p_{\rm i}(\boldsymbol{r},\omega)$ 不一定满足 Sommerfeld 辐射条件 (如平面波)，故总的声场 $p(\boldsymbol{r},\omega)$ 也不一定满足 Sommerfeld 辐射条件，方程 (2.1.45b) 中只能是散射场 $p_{\rm s}(\boldsymbol{r},\omega)$，而不是总声场 $p(\boldsymbol{r},\omega)$. 这里与 2.1.5 小节的区别是：2.1.5 小节的声场是有限的面元产生，在无限远处满足 Sommerfeld 辐射条件，而这里的总声场包含入射波 (如平面波)，可能不满足 Sommerfeld 辐射条件.

入射场　由于入射波 $p_{\rm i}(\boldsymbol{r},\omega)$ 在整个空间都满足齐次波动方程，即 $\nabla^2 p_{\rm i}(\boldsymbol{r},\omega)+k_0^2 p_{\rm i}(\boldsymbol{r},\omega)=0$ (对入射波而言，不存在散射体，例如平面波入射)，空间声场中任意取 S 面包围的体积 G(也可以与散射体占有的体积不一致)，在体积 G 内使用 Green 公式

$$\begin{aligned}&\int_G \left[p_{\rm i}(\boldsymbol{r}',\omega)\nabla'^2 g(|\boldsymbol{r}-\boldsymbol{r}'|)-g(|\boldsymbol{r}-\boldsymbol{r}'|)\nabla'^2 p_{\rm i}(\boldsymbol{r}',\omega)\right]{\rm d}^3\boldsymbol{r}'\\&=\iint_S \left[p_{\rm i}(\boldsymbol{r}',\omega)\frac{\partial g(|\boldsymbol{r}-\boldsymbol{r}'|)}{\partial n'_S}-g(|\boldsymbol{r}-\boldsymbol{r}'|)\frac{\partial p_{\rm i}(\boldsymbol{r}',\omega)}{\partial n'_S}\right]{\rm d}S'\end{aligned} \tag{3.2.2a}$$

因为观测点 $\boldsymbol{r}$ 在积分区域 G 之外，$\boldsymbol{r}'\neq\boldsymbol{r}$，故 $\nabla'^2 g(|\boldsymbol{r}-\boldsymbol{r}'|)+k_0^2 g(|\boldsymbol{r}-\boldsymbol{r}'|)=0$，于是方程 (3.2.2a) 给出

$$0=\iint_S \left[p_{\rm i}(\boldsymbol{r}',\omega)\frac{\partial g(|\boldsymbol{r}-\boldsymbol{r}'|)}{\partial n'_S}-g(|\boldsymbol{r}-\boldsymbol{r}'|)\frac{\partial p_{\rm i}(\boldsymbol{r}',\omega)}{\partial n'_S}\right]{\rm d}S' \tag{3.2.2b}$$

上式与方程 (3.2.1b) 相加，且注意到 $p(\boldsymbol{r},\omega)=p_{\rm i}(\boldsymbol{r},\omega)+p_{\rm s}(\boldsymbol{r},\omega)$，我们得到

$$p(\boldsymbol{r},\omega)=p_{\rm i}(\boldsymbol{r},\omega)+\iint_S \left[p(\boldsymbol{r}',\omega)\frac{\partial g(|\boldsymbol{r}-\boldsymbol{r}'|)}{\partial n'_S}-g(|\boldsymbol{r}-\boldsymbol{r}'|)\frac{\partial p(\boldsymbol{r}',\omega)}{\partial n'_S}\right]{\rm d}S' \tag{3.2.2c}$$

式中，$\boldsymbol{r}\in\overline{G}$, 即观测点 $\boldsymbol{r}$ 在散射体之外. 上式是关于总场 $p(\boldsymbol{r},\omega)$ 的积分方程, 然而，为了求空间一点 $\boldsymbol{r}$ 的场，必须知道散射体表面的总场及其法向导数. 但当上式中 $\boldsymbol{r}$ 在散射体表面取值 $\boldsymbol{r}_S$ 时，因为积分变量 $\boldsymbol{r}'$ 遍及整个散射体表面，当 $\boldsymbol{r}'=\boldsymbol{r}_S$ 时，$g(|\boldsymbol{r}-\boldsymbol{r}'|)$ 及其法向导数发散，故方程 (3.2.1b) 不成立，必须单独考虑，具体方法如下.

Kirchhoff 积分公式 如图 3.2.2，当观测点 $\boldsymbol{r}$ 由区域 G 外趋近 S 面上的点 $\boldsymbol{r}_S$ 时，如果点 $\boldsymbol{r}_S$ 不在边界的尖角点上 (见下面讨论)，我们可以用球心位于 $\boldsymbol{r}_S$、半径为 ε 的半球包围点 $\boldsymbol{r}_S$，那么，在区域 $\boldsymbol{r}\in\overline{G}+\varepsilon$ 内，$\boldsymbol{r}'\neq\boldsymbol{r}_S$，故方程 (3.2.2c) 仍然成立

$$p(\boldsymbol{r}_S,\omega)=p_{\mathrm{i}}(\boldsymbol{r}_S,\omega)+\iint_{\Sigma}\left[p(\boldsymbol{r}',\omega)\frac{\partial g(|\boldsymbol{r}_S-\boldsymbol{r}'|)}{\partial n'_{\Sigma}}-g(|\boldsymbol{r}_S-\boldsymbol{r}'|)\frac{\partial p(\boldsymbol{r}',\omega)}{\partial n'_{\Sigma}}\right]\mathrm{d}\Sigma'$$

其中，Σ 是区域 $\overline{G}+\varepsilon$ 的边界面. 当 $\varepsilon\to0$ 时，上式取极限

$$\begin{aligned}p(\boldsymbol{r}_S,\omega)=&p_{\mathrm{i}}(\boldsymbol{r}_S,\omega)+P\iint_{S}\left[p(\boldsymbol{r}',\omega)\frac{\partial g(|\boldsymbol{r}_S-\boldsymbol{r}'|)}{\partial n'_S}-g(|\boldsymbol{r}_S-\boldsymbol{r}'|)\frac{\partial p(\boldsymbol{r}',\omega)}{\partial n'_S}\right]\mathrm{d}S'\\&+\lim_{\varepsilon\to0}\iint_{\varepsilon}\left[p(\boldsymbol{r}',\omega)\frac{\partial g(|\boldsymbol{r}_S-\boldsymbol{r}'|)}{\partial n'_\varepsilon}-g(|\boldsymbol{r}_S-\boldsymbol{r}'|)\frac{\partial p(\boldsymbol{r}',\omega)}{\partial n'_\varepsilon}\right]\mathrm{d}S'\end{aligned}\tag{3.2.3a}$$

其中，第一个积分为主值积分，由积分号前符号 “P” 表示. 第二个积分在半球面上进行，可作近似

$$\begin{aligned}\frac{\partial g(|\boldsymbol{r}_S-\boldsymbol{r}'|)}{\partial n'_\varepsilon}&=-\boldsymbol{e}_R\cdot\nabla' g(R)=-\frac{\mathrm{d}g(R)}{\mathrm{d}R}(\boldsymbol{e}_R\cdot\nabla' R)\\&=-\boldsymbol{e}_R\cdot\boldsymbol{e}_R\frac{\mathrm{i}k_0R-1}{R}g(R)=-\frac{\mathrm{i}k_0\varepsilon-1}{4\pi\varepsilon^2}\exp(\mathrm{i}\varepsilon)\end{aligned}\tag{3.2.3b}$$

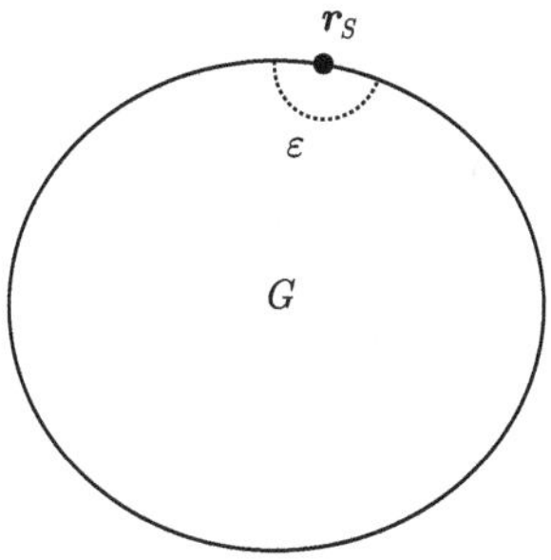

图 3.2.2 观测点 $\boldsymbol{r}$ 由区域 G 外趋近 S 面上的点 $\boldsymbol{r}_S$

其中，$R=|\boldsymbol{r}_S-\boldsymbol{r}'|=\varepsilon$，$\boldsymbol{e}_R=(\boldsymbol{r}'-\boldsymbol{r}_S)/R$ 是半球面的法向单位矢量 (注意：半球表面法向 $\boldsymbol{n}'_\varepsilon$ 与 $\boldsymbol{e}_R$ 相反，故上式增加一个负号)，于是

$$\begin{aligned}&\lim_{\varepsilon\to0}\iint_{\varepsilon}\left[p(\boldsymbol{r}',\omega)\frac{\partial g(|\boldsymbol{r}-\boldsymbol{r}'|)}{\partial n'_\varepsilon}-g(|\boldsymbol{r}-\boldsymbol{r}'|)\frac{\partial p(\boldsymbol{r}',\omega)}{\partial n'_\varepsilon}\right]\mathrm{d}S'\\&=\lim_{\varepsilon\to0}\left[-p(\boldsymbol{r}_S+\boldsymbol{\varepsilon},\omega)\frac{\mathrm{i}k_0\varepsilon-1}{4\pi\varepsilon^2}\exp(\mathrm{i}\varepsilon)-\frac{1}{4\pi\varepsilon}\exp(\mathrm{i}\varepsilon)\frac{\partial p(\boldsymbol{r}_S+\boldsymbol{\varepsilon},\omega)}{\partial R}\right]2\pi\varepsilon^2\\&=\frac{1}{2}p(\boldsymbol{r}_S,\omega)-\lim_{\varepsilon\to0}\varepsilon\frac{\partial p(\boldsymbol{r}_S,\omega)}{\partial R}=\frac{1}{2}p(\boldsymbol{r}_S,\omega)\end{aligned}\tag{3.2.3c}$$

其中，$\boldsymbol{\varepsilon}\equiv\boldsymbol{r}'-\boldsymbol{r}_S$ 是半球上的矢量. 上式代入方程 (3.2.3a) 得到

$$p_{\rm i}(\boldsymbol{r}_S,\omega)+P\iint_S\left[p(\boldsymbol{r}',\omega)\frac{\partial g(|\boldsymbol{r}_S-\boldsymbol{r}'|)}{\partial n'_S}-g(|\boldsymbol{r}_S-\boldsymbol{r}'|)\frac{\partial p(\boldsymbol{r}',\omega)}{\partial n'_S}\right]{\rm d}S'=\frac{1}{2}p(\boldsymbol{r}_S,\omega)\tag{3.2.3d}$$

边界的尖角点的处理　当点 $\boldsymbol{r}_S$ 恰好位于边界面 S 的尖角点时，我们不能用图 3.2.2 那样的半球包围点 $\boldsymbol{r}_S$，而只能用所张立体角为 $\vartheta(\boldsymbol{r}_S)$ 的球冠包围点 $\boldsymbol{r}_S$. 设尖角由边界面 S 向外突出构成，如图 3.2.3(a), 则半径为 ε 的球冠上积分为

$$\begin{aligned}&\lim_{\varepsilon\to0}\iint_\varepsilon\left[p(\boldsymbol{r}',\omega)\frac{\partial g(|\boldsymbol{r}-\boldsymbol{r}'|)}{\partial n'_\varepsilon}-g(|\boldsymbol{r}-\boldsymbol{r}'|)\frac{\partial p(\boldsymbol{r}',\omega)}{\partial n'_\varepsilon}\right]{\rm d}S'\\&=\lim_{\varepsilon\to0}\left[-p(\boldsymbol{r}_S+\boldsymbol{\varepsilon},\omega)\frac{{\rm i}k_0\varepsilon-1}{4\pi\varepsilon^2}\exp({\rm i}\varepsilon)-\frac{1}{4\pi\varepsilon}\exp({\rm i}\varepsilon)\frac{\partial p(\boldsymbol{r}_S+\boldsymbol{\varepsilon},\omega)}{\partial R}\right]\vartheta(\boldsymbol{r}_S)\varepsilon^2\\&=\frac{\vartheta(\boldsymbol{r}_S)}{4\pi}p(\boldsymbol{r}_S,\omega)\end{aligned}\tag{3.2.4a}$$

于是，由方程 (3.2.3a) 得到

$$\begin{aligned}p_{\rm i}(\boldsymbol{r}_S,\omega)+&P\iint_S\left[p(\boldsymbol{r}',\omega)\frac{\partial g(|\boldsymbol{r}_S-\boldsymbol{r}'|)}{\partial n'_S}-g(|\boldsymbol{r}_S-\boldsymbol{r}'|)\frac{\partial p(\boldsymbol{r}',\omega)}{\partial n'_S}\right]{\rm d}S'\\&=\frac{1}{2}C(\boldsymbol{r}_S)p(\boldsymbol{r}_S,\omega)\end{aligned}\tag{3.2.4b}$$

其中，$C(\boldsymbol{r}_S)=[4\pi-\vartheta(\boldsymbol{r}_S)]/2\pi$. 当 $\vartheta(\boldsymbol{r}_S)=2\pi$ 时，$C(\boldsymbol{r}_S)=1$，即边界点 $\boldsymbol{r}_S$ 是光滑点. 当尖角由边界面 S 向内突出构成，点 $\boldsymbol{r}_S$ 所张立体角 $\vartheta(\boldsymbol{r}_S)$ 定义为如图 3.2.3(b) 所示, 则方程 (3.2.4b) 仍然成立.

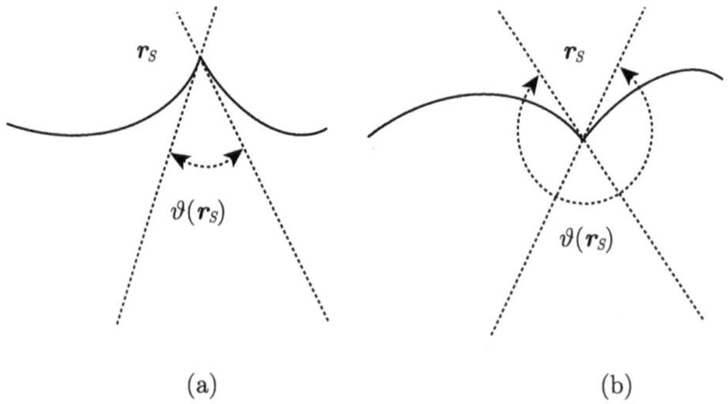

图 3.2.3　点 $\boldsymbol{r}_S$ 在尖角上：(a) 尖角向外；(b) 尖角向内

因此，方程 (3.2.2c)，(3.2.3d) 和 (3.2.4b) 可以统一写成

$$p_{\rm i}(\boldsymbol{r},\omega)+P\iint_S\left[p(\boldsymbol{r}',\omega)\frac{\partial g(|\boldsymbol{r}-\boldsymbol{r}'|)}{\partial n'_S}-g(|\boldsymbol{r}-\boldsymbol{r}'|)\frac{\partial p(\boldsymbol{r}',\omega)}{\partial n'_S}\right]{\rm d}S' \\ =\begin{cases}p(\boldsymbol{r},\omega) & (\boldsymbol{r}\in\overline{G})\\ \dfrac{1}{2}C(\boldsymbol{r})p(\boldsymbol{r},\omega) & (\boldsymbol{r}\in S)\end{cases} \tag{3.2.4c}$$

上式称为散射问题的 **Kirchhoff 积分公式**. 在以后的讨论中，我们假定边界面是光滑的，即取 $C(\boldsymbol{r})=1$.

二维问题 对二维散射问题，方程 (3.2.4c) 仍然成立，但 $g(|\boldsymbol{r}-\boldsymbol{r}'|)$ 换成二维无限大空间的 Green 函数

$$g_{\rm 2D}(|\boldsymbol{r}-\boldsymbol{r}'|)=\frac{\rm i}{4}{\rm H}_0^{(1)}(k_0|\boldsymbol{r}-\boldsymbol{r}'|) \tag{3.2.4d}$$

而 $\vartheta(\boldsymbol{r}_S)$ 为尖角点 $\boldsymbol{r}_S$ 的二条切线的张角, 当 $\vartheta(\boldsymbol{r}_S)=\pi$ 时，$C(\boldsymbol{r}_S)=1$，即边界点 $\boldsymbol{r}_S$ 是光滑点.

3.2.2 散射的积分方程方法

为了结合散射体表面的边界条件，必须给出散射体表面的法向导数. 对方程 (3.2.2c) 简单微分可以得到

$$\frac{\partial p(\boldsymbol{r},\omega)}{\partial n}=\frac{\partial}{\partial n}\iint_S\left[p(\boldsymbol{r}',\omega)\frac{\partial g(|\boldsymbol{r}-\boldsymbol{r}'|)}{\partial n'_S}-g(|\boldsymbol{r}-\boldsymbol{r}'|)\frac{\partial p(\boldsymbol{r}',\omega)}{\partial n'_S}\right]{\rm d}S' \\ +\frac{\partial p_{\rm i}(\boldsymbol{r},\omega)}{\partial n}\quad(\boldsymbol{r}\in\bar{G}) \tag{3.2.5a}$$

其中，方向导数理解为 $\partial/\partial n=\boldsymbol{n}\cdot\nabla$. 当观测点 $\boldsymbol{r}$ 接近表面 S 时，$g(|\boldsymbol{r}-\boldsymbol{r}'|)$ 存在奇性，仿照得到方程 (3.2.3d) 的过程，上式修改为

$$\frac{1}{2}\frac{\partial p(\boldsymbol{r},\omega)}{\partial n_S}=\frac{\partial}{\partial n_S}\iint_S\left[p(\boldsymbol{r}',\omega)\frac{\partial g(|\boldsymbol{r}-\boldsymbol{r}'|)}{\partial n'_S}-g(|\boldsymbol{r}-\boldsymbol{r}'|)\frac{\partial p(\boldsymbol{r}',\omega)}{\partial n'_S}\right]{\rm d}S' \\ +\frac{\partial p_{\rm i}(\boldsymbol{r},\omega)}{\partial n_S}\quad(\boldsymbol{r}\in S) \tag{3.2.5b}$$

式中，先求法向导数 $\partial/\partial n$，然后在 S 上取值. 注意：方程 (3.2.5b) 不能简单地理解为对方程 (3.2.3d) 微分得到，因为方程 (3.2.3d) 中的变量 $\boldsymbol{r}$ 已经在 S 上取值，不能再进行微分运算得到法向导数，而是直接对方程 (3.2.5a)，仿照得到方程 (3.2.3d) 的过程求极限而得.

为了简单，首先设散射体是刚性或“柔软”的空穴，在散射体表面满足边界条件

$$\left.\frac{\partial p(\boldsymbol{r},\omega)}{\partial n}\right|_{\boldsymbol{r}\in S}=0\quad(刚性) \tag{3.2.6a}$$

$$p(\boldsymbol{r},\omega)|_{\boldsymbol{r}\in S}=0\quad(空穴) \tag{3.2.6b}$$

对刚性散射体，方程 (3.2.6a) 代入方程 (3.2.5b) 和 (3.2.3d) 得到

$$-\frac{\partial p_{\mathrm{i}}(\boldsymbol{r},\omega)}{\partial n_S}=\frac{\partial}{\partial n_S}\iint_S p(\boldsymbol{r}',\omega)\frac{\partial g(|\boldsymbol{r}-\boldsymbol{r}'|)}{\partial n'_S}\mathrm{d}S'\quad(\boldsymbol{r}\in S)\tag{3.2.7a}$$

$$p_{\mathrm{i}}(\boldsymbol{r},\omega)=\frac{1}{2}p(\boldsymbol{r},\omega)-\iint_S p(\boldsymbol{r}',\omega)\frac{\partial g(|\boldsymbol{r}-\boldsymbol{r}'|)}{\partial n'_S}\mathrm{d}S'\quad(\boldsymbol{r}\in S)\tag{3.2.7b}$$

注意：这二个方程不独立，只要其中一个就能够决定散射体表面的声压. 对空穴散射体，方程 (3.2.6b) 代入方程 (3.2.5b) 和 (3.2.3d) 得到

$$p_{\mathrm{i}}(\boldsymbol{r},\omega)=\iint_S g(|\boldsymbol{r}-\boldsymbol{r}'|)\frac{\partial p(\boldsymbol{r}',\omega)}{\partial n'_S}\mathrm{d}S'\quad(\boldsymbol{r}\in S)\tag{3.2.8a}$$

$$\frac{\partial p_{\mathrm{i}}(\boldsymbol{r},\omega)}{\partial n_S}=\frac{1}{2}\frac{\partial p(\boldsymbol{r},\omega)}{\partial n_S}+\frac{\partial}{\partial n_S}\iint_S g(|\boldsymbol{r}-\boldsymbol{r}'|)\frac{\partial p(\boldsymbol{r}',\omega)}{\partial n'_S}\mathrm{d}S'\quad(\boldsymbol{r}\in S)\tag{3.2.8b}$$

与刚性情况相同，这二个方程不独立，只要其中一个就能够决定散射体表面的声压.

显然，以上二组方程都是积分方程，由于方程的积分核 $g(|\boldsymbol{r}-\boldsymbol{r}'|)$ 和 $\partial g(|\boldsymbol{r}-\boldsymbol{r}'|)/\partial n'_S$ 在 $\boldsymbol{r}=\boldsymbol{r}'$ 处存在奇性，对任意表面 S 还没有一般解析方法求解，只能用数值计算方法，即**边界元近似**(见主要参考书 6).

注意：从积分方程的角度，由式 (3.2.1c)，三维 Green 函数 $g(\boldsymbol{r},\boldsymbol{r}')$ 的奇性为 $g(\boldsymbol{r},\boldsymbol{r}')\sim 1/|\boldsymbol{r}-\boldsymbol{r}'|$，故 $\partial g(\boldsymbol{r},\boldsymbol{r}')/\partial n'_S\sim 1/|\boldsymbol{r}-\boldsymbol{r}'|^{\alpha}$ $(\alpha<3)$. 因此方程 (3.2.7b) 是弱奇异积分方程; 但是 $\partial^2 g(\boldsymbol{r},\boldsymbol{r}')/\partial n'_S\partial n_S\sim 1/|\boldsymbol{r}-\boldsymbol{r}'|^{\alpha}$ $(\alpha>3)$，故方程 (3.2.7a) 是奇异或者超奇性积分方程，在利用边界元近似方法求积分时比较困难.

阻抗边界　当散射体满足阻抗边界条件时，即

$$\left[\frac{\partial p(\boldsymbol{r},\omega)}{\partial n_S}+\mathrm{i}k_0\beta p(\boldsymbol{r},\omega)\right]_S=0\tag{3.2.8c}$$

积分方程 (3.2.7a) 和 (3.2.7b) 修改成 (其中 $\boldsymbol{r}\in S$)

$$p_{\mathrm{i}}(\boldsymbol{r},\omega)=\frac{1}{2}p(\boldsymbol{r},\omega)-\iint_S\left[\frac{\partial g(|\boldsymbol{r}-\boldsymbol{r}'|)}{\partial n'_S}+\mathrm{i}k_0\beta g(|\boldsymbol{r}-\boldsymbol{r}'|)\right]p(\boldsymbol{r}',\omega)\mathrm{d}S'\tag{3.2.8d}$$

以及 (其中 $\boldsymbol{r}\in S$)

$$-\frac{\partial p_{\mathrm{i}}(\boldsymbol{r},\omega)}{\partial n_S}=\frac{\partial}{\partial n_S}\iint_S\left[\frac{\partial g(|\boldsymbol{r}-\boldsymbol{r}'|)}{\partial n'_S}+\mathrm{i}k_0\beta g(|\boldsymbol{r}-\boldsymbol{r}'|)\right]p(\boldsymbol{r}',\omega)\mathrm{d}S'+\frac{1}{2}\mathrm{i}k_0\beta p(\boldsymbol{r},\omega)\tag{3.2.8e}$$

下面我们利用积分方程 (3.2.7a) 来讨论刚性球体的散射. 入射波和 Green 函数分别由方程 (3.1.11a) 和 (2.4.36b) 表示，于是

$$\left.\frac{\partial p_{\mathrm{i}}(r,\vartheta,\omega)}{\partial r}\right|_{r=a}=k_0p_{0\mathrm{i}}(\omega)\sum_{l=0}^{\infty}(2l+1)\mathrm{i}^l\mathrm{P}_l(\cos\vartheta)\left.\frac{\mathrm{d}\mathrm{j}_l(k_0r)}{\mathrm{d}(k_0r)}\right|_{r=a}\tag{3.2.9a}$$

$$\frac{\partial g(|\boldsymbol{r}-\boldsymbol{r}'|)}{\partial r'} = \mathrm{i}k_0^2\sum_{l=0}^{\infty}\sum_{m=-l}^{+l}\mathrm{Y}_{lm}(\vartheta,\varphi)\mathrm{Y}_{lm}^*(\vartheta',\varphi')\mathrm{h}_l^{(1)}(k_0 r)\left.\frac{\mathrm{dj}_l(k_0 r')}{\mathrm{d}(k_0 r')}\right|_{r'=a} \tag{3.2.9b}$$

得到上二式已注意到 $\partial/\partial n'_S = \boldsymbol{e}_r\cdot\nabla' = \partial/\partial r'$ 和 $\partial/\partial n_S = \boldsymbol{e}_r\cdot\nabla = \partial/\partial r$. 由于对称性，总声场与 φ 无关，在球面上可展开成

$$p(\boldsymbol{r}',\omega)|_{r'=a} = \sum_{n=0}^{\infty} B_n\mathrm{P}_n(\cos\vartheta') \tag{3.2.10a}$$

把以上三式代入方程 (3.2.7a) 得到 (作为习题，注意在半径为 a 的球面上，$\mathrm{d}S' = a^2\sin\vartheta'\mathrm{d}\vartheta'\mathrm{d}\varphi'$)

$$p_{0\mathrm{i}}(\omega)\sum_{n=0}^{\infty}(2n+1)\mathrm{i}^{n+1}\mathrm{j}'_n(k_0 a)\mathrm{P}_n(\cos\vartheta) = k_0^2 a^2\sum_{n=0}^{\infty}B_n\mathrm{h}_n^{\prime(1)}(k_0 a)\mathrm{j}'_n(k_0 a)\mathrm{P}_n(\cos\vartheta) \tag{3.2.10b}$$

其中，特殊函数的导数定义为 $\mathrm{h}_n^{\prime(1)}(k_0 a) = [\mathrm{dh}_n^{(1)}(k_0 r)/\mathrm{d}(k_0 r)]_{r=a}$ 等. 得到上式，利用了下列关系

$$\begin{aligned}
&\int_0^{2\pi}\mathrm{Y}_{lm}^*(\vartheta',\varphi')\mathrm{d}\varphi' = \begin{cases} 0, & m>0 \\ 2\pi\sqrt{\dfrac{2l+1}{4\pi}}\mathrm{P}_l(\cos\vartheta'), & m=0 \end{cases} \\
&\int_0^{\pi}\mathrm{P}_l(\cos\vartheta')\mathrm{P}_n(\cos\vartheta')\sin\vartheta'\mathrm{d}\vartheta' = \begin{cases} 0, & l\neq n \\ \dfrac{2}{2l+1}, & l=n \end{cases}
\end{aligned} \tag{3.2.10c}$$

由 $\mathrm{P}_n(\cos\vartheta)$ 的正交性，从方程 (3.2.10b) 得到

$$p_{0\mathrm{i}}(\omega)(2n+1)\mathrm{i}^{n+1} = k_0^2 a^2 B_n\mathrm{h}_n^{\prime(1)}(k_0 a) \tag{3.2.10d}$$

因此

$$B_n = -\frac{p_{0\mathrm{i}}(\omega)}{k_0^2 a^2\mathrm{h}_n^{\prime(1)}(k_0 a)}(2n+1)\mathrm{i}^{n+1} \tag{3.2.11a}$$

进一步，把上式代入方程 (3.2.10a) 得到球面上的声压 $p(\boldsymbol{r}',\omega)|_{r'=a}$，然后再代入方程 (3.2.2c) 得到散射场为 (作为习题，注意刚性条件)

$$\begin{aligned}
p_\mathrm{s}(\boldsymbol{r},\omega) &= \iint_S p(\boldsymbol{r}',\omega)\frac{\partial g(|\boldsymbol{r}-\boldsymbol{r}'|)}{\partial n'_S}\mathrm{d}S' \\
&= -p_{0\mathrm{i}}(\omega)\sum_{l=0}^{\infty}(2l+1)\mathrm{i}^l\frac{\mathrm{j}_l(k_0 a)}{\mathrm{h}_l^{\prime(1)}(k_0 a)}\mathrm{h}_l^{(1)}(k_0 r)\mathrm{P}_l(\cos\vartheta)
\end{aligned} \tag{3.2.11b}$$

上式与方程 (3.1.13a) 是完全一致的. 由此可见，在用积分方程方法求散射场时，过程比较复杂，优点是对复杂形状的散射体，积分方程方法比较适合数值计算 (见主要参考书 6). 对无限长圆柱体，讨论是类似的 (作为习题).

3.2.3　可穿透散射体的散射

当散射体介质的密度和声速与背景差别不大时，必须考虑声波透入散射体. 仍然考虑图 3.2.1 情况，设散射体的密度和声速分别为 ρ_{e} 和 c_{e}，在散射体 G 内空间一点 $\boldsymbol{r}\in G$ 的声压为

$$p_{\mathrm{e}}(\boldsymbol{r},\omega)=\iint_S\left[p_{\mathrm{e}}(\boldsymbol{r}',\omega)\frac{\partial g_{\mathrm{e}}(|\boldsymbol{r}-\boldsymbol{r}'|)}{\partial m'_S}-g_{\mathrm{e}}(|\boldsymbol{r}-\boldsymbol{r}'|)\frac{\partial p_{\mathrm{e}}(\boldsymbol{r}',\omega)}{\partial m'_S}\right]\mathrm{d}S' \tag{3.2.12a}$$

其中，下标 "e" 表示散射体 G 内部的量, $\boldsymbol{m}_S$ 是边界的法向矢量 (对散射体 G 内的区域而言，边界面的法向 $\boldsymbol{m}_S$ 指向散射体内部, 即 $\boldsymbol{m}_S=-\boldsymbol{n}_S$)，Green 函数为

$$g_{\mathrm{e}}(|\boldsymbol{r}-\boldsymbol{r}'|)=\frac{\exp(\mathrm{i}k_{\mathrm{e}}|\boldsymbol{r}-\boldsymbol{r}'|)}{4\pi|\boldsymbol{r}-\boldsymbol{r}'|} \tag{3.2.12b}$$

上式中，$k_{\mathrm{e}}=\omega/c_{\mathrm{e}}$ 为散射体 G 内的声波波数. 与方程 (3.2.3d) 和 (3.2.5b) 类似，当 $\boldsymbol{r}$ 由内部区域趋向边界点 $\boldsymbol{r}_S$ 时

$$\frac{1}{2}p_{\mathrm{e}}(\boldsymbol{r}_S,\omega)=\iint_S\left[p_{\mathrm{e}}(\boldsymbol{r}',\omega)\frac{\partial g_{\mathrm{e}}(|\boldsymbol{r}_S-\boldsymbol{r}'|)}{\partial m'_S}-g_{\mathrm{e}}(|\boldsymbol{r}_S-\boldsymbol{r}'|)\frac{\partial p_{\mathrm{e}}(\boldsymbol{r}',\omega)}{\partial m'_S}\right]\mathrm{d}S' \tag{3.2.13a}$$

以及

$$\frac{1}{2}\frac{\partial p_{\mathrm{e}}(\boldsymbol{r}_S,\omega)}{\partial m_S}=\frac{\partial}{\partial m_S}\iint_S\left[p_{\mathrm{e}}(\boldsymbol{r}',\omega)\frac{\partial g_{\mathrm{e}}(|\boldsymbol{r}_S-\boldsymbol{r}'|)}{\partial m'_S}-g_{\mathrm{e}}(|\boldsymbol{r}-\boldsymbol{r}'|)\frac{\partial p_{\mathrm{e}}(\boldsymbol{r}',\omega)}{\partial m'_S}\right]\mathrm{d}S' \tag{3.2.13b}$$

对散射体 G 的外部区域 $\boldsymbol{r}\in\overline{G}$，方程 (3.2.2c)，(3.2.3d) 和 (3.2.5b) 仍然成立. 界面 S 上的声压和法向速度连续条件为

$$\begin{gathered}p(\boldsymbol{r},\omega)|_{\boldsymbol{r}=\boldsymbol{r}_S}=p_{\mathrm{e}}(\boldsymbol{r},\omega)|_{\boldsymbol{r}=\boldsymbol{r}_S}\\ \frac{1}{\mathrm{i}\rho_0\omega}\left.\frac{\partial p(\boldsymbol{r},\omega)}{\partial n}\right|_{\boldsymbol{r}=\boldsymbol{r}_S}=\frac{1}{\mathrm{i}\rho_{\mathrm{e}}\omega}\left.\frac{\partial p_{\mathrm{e}}(\boldsymbol{r},\omega)}{\partial n}\right|_{\boldsymbol{r}=\boldsymbol{r}_S}\end{gathered} \tag{3.2.14a}$$

由方程 (3.2.3d)，(3.2.13a) 和 (3.2.14a) 得到

$$p_{\mathrm{i}}(\boldsymbol{r}_S,\omega)+\iint_S\left[p(\boldsymbol{r}',\omega)\frac{\partial\tilde{g}(|\boldsymbol{r}_S-\boldsymbol{r}'|)}{\partial n'_S}-\tilde{q}_1(|\boldsymbol{r}_S-\boldsymbol{r}'|)\frac{\partial p(\boldsymbol{r}',\omega)}{\partial n'_S}\right]\mathrm{d}S'=0 \tag{3.2.14b}$$

其中，为了方便定义

$$\begin{aligned}\tilde{g}(|\boldsymbol{r}_S-\boldsymbol{r}'|)&\equiv g(|\boldsymbol{r}_S-\boldsymbol{r}'|)+g_{\mathrm{e}}(|\boldsymbol{r}_S-\boldsymbol{r}'|)\\ \tilde{q}_1(|\boldsymbol{r}_S-\boldsymbol{r}'|)&\equiv g(|\boldsymbol{r}_S-\boldsymbol{r}'|)+\frac{\rho_{\mathrm{e}}}{\rho_0}g_{\mathrm{e}}(|\boldsymbol{r}_S-\boldsymbol{r}'|)\end{aligned} \tag{3.2.14c}$$

而由方程 (3.2.5b)，(3.2.13b) 和 (3.2.14a) 得到

$$\frac{\partial}{\partial n_S}\iint_S\left[p(\boldsymbol{r}',\omega)\frac{\partial\tilde{q}_2(|\boldsymbol{r}_S-\boldsymbol{r}'|)}{\partial n'_S}-\tilde{g}(|\mathbf{r}-\boldsymbol{r}'|)\frac{\partial p(\boldsymbol{r}',\omega)}{\partial n'_S}\right]\mathrm{d}S'=-\frac{\partial p_{\mathrm{i}}(\boldsymbol{r}_S,\omega)}{\partial n_S} \tag{3.2.15a}$$

其中，为了方便定义

$$\tilde{q}_2(|\boldsymbol{r}_S-\boldsymbol{r}'|)\equiv g(|\boldsymbol{r}_S-\boldsymbol{r}'|)+\frac{\rho_0}{\rho_{\rm e}}g_{\rm e}(|\boldsymbol{r}_S-\boldsymbol{r}'|) \tag{3.2.15b}$$

方程 (3.2.14b) 和 (3.2.15a) 是联立的积分方程，决定散射面上的声压 $p(\boldsymbol{r},\omega)$ 及其法向导数 $\partial p(\boldsymbol{r},\omega)/\partial n_S$，一旦求得这二个参量，则空间一点 $\boldsymbol{r}\in\overline{G}$(散射体外) 或 $\boldsymbol{r}\in G$(散射体内) 可分别由方程 (3.2.2c) 和 (3.2.12a) 决定.

下面分析三个特殊情况.

(1) 刚性散射体，即 $\rho_{\rm e}\gg\rho_0$，忽略方程 (3.2.14b) 中不包含 $\rho_{\rm e}/\rho_0$ 的项，近似为

$$\iint_S\left[g_{\rm e}(|\boldsymbol{r}_S-\boldsymbol{r}'|)\frac{\rho_{\rm e}}{\rho_0}\frac{\partial p(\boldsymbol{r}',\omega)}{\partial n'_S}\right]{\rm d}S'\approx 0 \tag{3.2.16a}$$

当 $\rho_{\rm e}/\rho_0\to\infty$ 时，由散射体的任意性，必须要求

$$\left.\frac{\partial p(\boldsymbol{r}',\omega)}{\partial n'_S}\right|_S=0 \tag{3.2.16b}$$

上式即为刚性条件. 把上式代入方程 (3.2.15a)，近似得到

$$\frac{\partial}{\partial n_S}\iint_S p(\boldsymbol{r}',\omega)\frac{\partial g(|\boldsymbol{r}_S-\boldsymbol{r}'|)}{\partial n'_S}{\rm d}S'=-\frac{\partial p_{\rm i}(\boldsymbol{r}_S,\omega)}{\partial n_S} \tag{3.2.16c}$$

与方程 (3.2.7a) 一致；

(2) 空穴散射体，即 $\rho_{\rm e}\ll\rho_0$，忽略方程 (3.2.15a) 中不包含 $\rho_0/\rho_{\rm e}$ 的项，近似为

$$\frac{\partial}{\partial n_S}\iint_S\frac{\rho_0}{\rho_{\rm e}}p(\boldsymbol{r}',\omega)g_{\rm e}(|\boldsymbol{r}_S-\boldsymbol{r}'|){\rm d}S'\approx 0 \tag{3.2.17a}$$

当 $\rho_0/\rho_{\rm e}\to\infty$ 时，由散射体的任意性，必须要求 $p(\boldsymbol{r}',\omega)|_S=0$，即散射体表面满足压力释放条件. 把 $p(\boldsymbol{r}',\omega)|_S=0$ 代入方程 (3.2.14b) 得到近似方程

$$p_{\rm i}(\boldsymbol{r}_S,\omega)=\iint_S g(|\boldsymbol{r}_S-\boldsymbol{r}'|)\frac{\partial p(\boldsymbol{r}',\omega)}{\partial n'_S}{\rm d}S' \tag{3.2.17b}$$

上式与方程 (3.2.8a) 一致.

(3) 不存在散射体，即 $\rho_{\rm e}=\rho_0$ 和 $c_{\rm e}=c_0$，方程 (3.2.14b) 和 (3.2.15a) 简化为

$$\frac{1}{2}p_{\rm i}(\boldsymbol{r}_S,\omega)+\iint_S\left[p(\boldsymbol{r}',\omega)\frac{\partial g(|\boldsymbol{r}_S-\boldsymbol{r}'|)}{\partial n'_S}-g(|\boldsymbol{r}_S-\boldsymbol{r}'|)\frac{\partial p(\boldsymbol{r}',\omega)}{\partial n'_S}\right]{\rm d}S'=0 \tag{3.2.18a}$$

$$\frac{\partial}{\partial n_S}\iint_S\left[p(\boldsymbol{r}',\omega)\frac{\partial g(|\boldsymbol{r}_S-\boldsymbol{r}'|)}{\partial n'_S}-g(|\boldsymbol{r}-\boldsymbol{r}'|)\frac{\partial p(\boldsymbol{r}',\omega)}{\partial n'_S}\right]{\rm d}S'=-\frac{1}{2}\frac{\partial p_{\rm i}(\boldsymbol{r}_S,\omega)}{\partial n_S} \tag{3.2.18b}$$

当不存在散射体时，总声场等于入射场，即 $p(\boldsymbol{r},\omega)=p_{\mathrm{i}}(\boldsymbol{r},\omega)$，代入方程 (3.2.3d) 和 (3.2.5b) 得到等式

$$\frac{1}{2}p_{\mathrm{i}}(\boldsymbol{r}_S,\omega)+P\iint_S\left[p_{\mathrm{i}}(\boldsymbol{r}',\omega)\frac{\partial g(|\boldsymbol{r}_S-\boldsymbol{r}'|)}{\partial n'_S}-g(|\boldsymbol{r}_S-\boldsymbol{r}'|)\frac{\partial p_{\mathrm{i}}(\boldsymbol{r}',\omega)}{\partial n'_S}\right]\mathrm{d}S'=0 \tag{3.2.18c}$$

$$\frac{\partial}{\partial n_S}\iint_S\left[p_{\mathrm{i}}(\boldsymbol{r}',\omega)\frac{\partial g(|\boldsymbol{r}_S-\boldsymbol{r}'|)}{\partial n'_S}-g(|\boldsymbol{r}_S-\boldsymbol{r}'|)\frac{\partial p_{\mathrm{i}}(\boldsymbol{r}',\omega)}{\partial n'_S}\right]\mathrm{d}S'=-\frac{1}{2}\frac{\partial p_{\mathrm{i}}(\boldsymbol{r}_S,\omega)}{\partial n_S} \tag{3.2.18d}$$

上二式实际上是入射场满足的 Kirchhoff 积分公式. 通过比较以上四个方程，积分方程 (3.2.18a) 和 (3.2.18b) 的解为 $p(\boldsymbol{r},\omega)=p_{\mathrm{i}}(\boldsymbol{r},\omega)$，即总声场等于入射场，散射场为零.

为了进一步验证方程 (3.2.14b) 和 (3.2.15a)，考虑球心位于原点、半径为 a 的球区域对平面波的散射，平面波传播方向为 z 轴方向, 参见 3.1.2 小节. 由方程 (3.1.11a)，入射平面波为

$$\begin{aligned}p_{\mathrm{i}}(r,\vartheta,\omega)&=p_{0\mathrm{i}}(\omega)\exp(\mathrm{i}k_0z)=p_{0\mathrm{i}}(\omega)\exp(\mathrm{i}k_0r\cos\vartheta)\\&=p_{0\mathrm{i}}(\omega)\sum_{l=0}^{\infty}(2l+1)\mathrm{i}^l\mathrm{P}_l(\cos\vartheta)\mathrm{j}_l(k_0r)\end{aligned} \tag{3.2.19a}$$

由方程 (2.4.36c)，球外和球内的 Green 函数用球函数表示分别为

$$\begin{aligned}g(|\boldsymbol{r}-\boldsymbol{r}'|)&=\mathrm{i}k_0\sum_{l=0}^{\infty}\sum_{m=-l}^{+l}\mathrm{Y}_{lm}(\vartheta,\varphi)\mathrm{Y}^*_{lm}(\vartheta',\varphi')\mathrm{h}_l^{(1)}(k_0r)\mathrm{j}_l(k_0r')\\g_{\mathrm{e}}(|\boldsymbol{r}-\boldsymbol{r}'|)&=\mathrm{i}k_{\mathrm{e}}\sum_{l=0}^{\infty}\sum_{m=-l}^{+l}\mathrm{Y}_{lm}(\vartheta,\varphi)\mathrm{Y}^*_{lm}(\vartheta',\varphi')\mathrm{j}_l(k_{\mathrm{e}}r)\mathrm{h}_l^{(1)}(k_{\mathrm{e}}r')\end{aligned} \tag{3.2.19b}$$

注意: 球面上 $r'=a$，故对球外区域，取方程 (2.4.36c) 中 $r>r'$ 的解；对球内区域，取方程 (2.3.46c) 中 $r<r'$ 的解. 不难得到

$$\begin{aligned}\left.\frac{\partial\tilde{g}(|\boldsymbol{r}-\boldsymbol{r}'|)}{\partial r'}\right|_{\substack{r'=a\\r=a}}=&\,\mathrm{i}\sum_{l=0}^{\infty}\sum_{m=-l}^{+l}\mathrm{Y}_{lm}(\vartheta,\varphi)\mathrm{Y}^*_{lm}(\vartheta',\varphi')\\&\times[k_0^2\mathrm{h}_l^{(1)}(k_0a)\mathrm{j}'_l(k_0a)+k_{\mathrm{e}}^2\mathrm{j}_l(k_{\mathrm{e}}a)\mathrm{h}_l'^{(1)}(k_{\mathrm{e}}a)]\end{aligned}$$

$$\begin{aligned}\tilde{q}_1(|\boldsymbol{r}_S-\boldsymbol{r}'|)=&\,\mathrm{i}\sum_{l=0}^{\infty}\sum_{m=-l}^{+l}\mathrm{Y}_{lm}(\vartheta,\varphi)\mathrm{Y}^*_{lm}(\vartheta',\varphi')\\&\times\left[k_0\mathrm{h}_l^{(1)}(k_0a)\mathrm{j}_l(k_0a)+\frac{\rho_{\mathrm{e}}}{\rho_0}k_{\mathrm{e}}\mathrm{j}_l(k_{\mathrm{e}}a)\mathrm{h}_l^{(1)}(k_{\mathrm{e}}a)\right]\end{aligned}$$

设积分方程 (3.2.14b) 的解为

$$p(\boldsymbol{r}',\omega)|_{r'=a}=\sum_{n=0}^{\infty}B_n\mathrm{P}_n(\cos\vartheta');\quad\left.\frac{\partial p(\boldsymbol{r}',\omega)}{\partial n'_S}\right|_{r'=a}=\sum_{n=0}^{\infty}C_n\mathrm{P}_n(\cos\vartheta') \tag{3.2.19c}$$

把以上诸式代入积分方程 (3.2.14b)，利用方程 (3.2.10c)，整理后得到

$$-a_{11}B_l + a_{21}C_l = -p_{0\mathrm{i}}(\omega)a^{-2}(2l+1)\mathrm{i}^{l+1}\mathrm{j}_l(k_0a) \tag{3.2.20a}$$

其中，为了方便定义

$$\begin{aligned}a_{11} &\equiv k_0^2\mathrm{h}_l^{(1)}(k_0a)\mathrm{j}_l'(k_0a) + k_\mathrm{e}^2\mathrm{j}_l(k_\mathrm{e}a)\mathrm{h}_l'^{(1)}(k_\mathrm{e}a)\\ a_{21} &\equiv k_0\mathrm{h}_l^{(1)}(k_0a)\mathrm{j}_l(k_0a) + \frac{\rho_1}{\rho_0}k_\mathrm{e}\mathrm{h}_l^{(1)}(k_\mathrm{e}r)\mathrm{j}_l(k_\mathrm{e}a)\end{aligned} \tag{3.2.20b}$$

另一方面，不难得到

$$\begin{aligned}\left.\frac{\partial\tilde{g}(|\boldsymbol{r}-\boldsymbol{r}'|)}{\partial r}\right|_{\substack{r'=a\\r=a}} &= \mathrm{i}\sum_{l=0}^{\infty}\sum_{m=-l}^{+l}\mathrm{Y}_{lm}(\vartheta,\varphi)\mathrm{Y}_{lm}^*(\vartheta',\varphi')\\ &\quad\times\left[k_0^2\mathrm{h}_l'^{(1)}(k_0a)\mathrm{j}_l(k_0a) + k_\mathrm{e}^2\mathrm{j}_l'(k_\mathrm{e}a)\mathrm{h}_l^{(1)}(k_\mathrm{e}a)\right]\\ \left.\frac{\partial^2\tilde{q}_2(|\boldsymbol{r}-\boldsymbol{r}'|)}{\partial r\partial r'}\right|_{\substack{r'=a\\r=a}} &= \mathrm{i}\sum_{l=0}^{\infty}\sum_{m=-l}^{+l}\mathrm{Y}_{lm}(\vartheta,\varphi)\mathrm{Y}_{lm}^*(\vartheta',\varphi')\\ &\quad\times\left[k_0^3\mathrm{h}_l'^{(1)}(k_0a)\mathrm{j}_l'(k_0a) + \frac{\rho_0}{\rho_\mathrm{e}}k_\mathrm{e}^3\mathrm{j}_l'(k_\mathrm{e}a)\mathrm{h}_l'^{(1)}(k_\mathrm{e}a)\right]\end{aligned}$$

把以上二式代入积分方程 (3.2.15a)，利用方程 (3.2.10c)，整理后得到

$$-a_{21}B_l + a_{22}C_l = -k_0a^{-2}p_{0\mathrm{i}}(\omega)(2l+1)\mathrm{i}^{l+1}\mathrm{j}_l'(k_0a) \tag{3.2.21a}$$

其中，为了方便定义

$$\begin{aligned}a_{21} &\equiv k_0^3\mathrm{h}_l'^{(1)}(k_0a)\mathrm{j}_l'(k_0a) + \frac{\rho_0}{\rho_\mathrm{e}}k_\mathrm{e}^3\mathrm{h}_l'^{(1)}(k_\mathrm{e}a)\mathrm{j}_l'(k_\mathrm{e}a)\\ a_{22} &\equiv k_0^2\mathrm{h}_l'^{(1)}(k_0a)\mathrm{j}_l(k_0a) + k_\mathrm{e}^2\mathrm{h}_l^{(1)}(k_\mathrm{e}a)\mathrm{j}_l'(k_\mathrm{e}a)\end{aligned} \tag{3.2.21b}$$

联立方程 (3.2.20a) 和 (3.2.21a) 得到系数

$$\begin{aligned}B_l &= \frac{p_{0\mathrm{i}}(\omega)(2l+1)\mathrm{i}^{l+1}}{(k_0a)^2[\mathrm{h}_l'^{(1)}(k_0a) + \mathrm{i}\beta_l\mathrm{h}_l^{(1)}(k_0a)]}\\ C_l &= -\mathrm{i}\frac{p_{0\mathrm{i}}(\omega)(2l+1)\mathrm{i}^{l+1}k_0\beta_l}{(k_0a)^2[\mathrm{h}_l'^{(1)}(k_0a) + \mathrm{i}\beta_l\mathrm{h}_l^{(1)}(k_0a)]}\end{aligned} \tag{3.2.22a}$$

其中，$\beta_l \equiv \mathrm{i}\gamma_\mathrm{e}\mathrm{j}_l'(k_\mathrm{e}a)/\mathrm{j}_l(k_\mathrm{e}a)$ 和 $\gamma_\mathrm{e} \equiv \rho_0c_0/\rho_\mathrm{e}c_\mathrm{e}$. 注意，得到上式，利用了球 Bessel 函数关系：$x^2[\mathrm{j}_l(x)\mathrm{h}_l'(x) - \mathrm{j}_l'(x)\mathrm{h}_l(x)] = \mathrm{i}$，即

$$\begin{aligned}k_0^2a^2\mathrm{j}_l'(k_0a)\mathrm{h}_l^{(1)}(k_0a) &= -\mathrm{i} + k_0^2a^2\mathrm{j}_l(k_0a)\mathrm{h}_l'^{(1)}(k_0a)\\ k_\mathrm{e}^2a^2\mathrm{h}_l'^{(1)}(k_\mathrm{e}a)\mathrm{j}_l(k_\mathrm{e}a) &= \mathrm{i} + k_\mathrm{e}^2a^2\mathrm{h}_l'^{(1)}(k_\mathrm{e}a)\mathrm{j}_l(k_\mathrm{e}a)\end{aligned} \tag{3.2.22b}$$

把方程 (3.2.22a) 代入方程 (3.2.19c)，然后再代入方程 (3.2.2c) 得到空间一点 $\boldsymbol{r}\in\overline{G}$ 的声场

$$\begin{aligned}p(\boldsymbol{r},\omega)&=p_{\rm i}(\boldsymbol{r},\omega)+a^2{\rm i}k_0\sum_{l=0}^{\infty}{\rm P}_l(\cos\vartheta)[B_lk_0{\rm j}_l'(k_0a)-C_l{\rm j}_l(k_0a)]{\rm h}_l^{(1)}(k_0r)\\&=p_{0{\rm i}}(\omega)\sum_{l=0}^{\infty}(2l+1){\rm i}^l{\rm P}_l(\cos\vartheta)\left[{\rm j}_l(k_0a)-\frac{{\rm j}_l'(k_0a)+{\rm i}\beta_l{\rm j}_l(k_0a)}{{\rm h}_l'^{(1)}(k_0a)+{\rm i}\beta_l{\rm h}_l^{(1)}(k_0a)}{\rm h}_l^{(1)}(k_0r)\right]\end{aligned}\tag{3.2.22c}$$

上式与方程 (3.1.21a) 的结果完全一致.

3.2.4　存在多个散射体情况以及多重散射

设空间存在 N 个散射体 G_μ $(\mu=1,2,\cdots,N)$，密度和声速分别为 ρ_μ 和 c_μ. 考虑第ν个散射体 G_ν，在 G_ν 内空间一点 $\boldsymbol{r}\in G_\nu$ 的声压为 (忽略频率 ω)

$$p_\nu(\boldsymbol{r})=\iint_{S_\nu}\left[p_\nu(\boldsymbol{r}')\frac{\partial g_\nu(|\boldsymbol{r}-\boldsymbol{r}'|)}{\partial m_\nu'}-g_\nu(|\boldsymbol{r}-\boldsymbol{r}'|)\frac{\partial p_\nu(\boldsymbol{r}')}{\partial m_\nu'}\right]{\rm d}S_\nu'\tag{3.2.23a}$$

其中，$\nu=1,2,\cdots,N$，Green 函数为

$$g_\nu(|\boldsymbol{r}-\boldsymbol{r}'|)=\frac{\exp({\rm i}k_\nu|\boldsymbol{r}-\boldsymbol{r}'|)}{4\pi|\boldsymbol{r}-\boldsymbol{r}'|}\tag{3.2.23b}$$

上式中，$k_\nu=\omega/c_\nu$ 为散射体 G_ν 内的声波波数. 当 $\boldsymbol{r}$ 由 G_ν 的内部区域趋向 G_ν 的边界点 $\boldsymbol{r}_\nu$ 时，方程 (3.2.13a) 和 (3.2.13b) 修改为

$$\frac{1}{2}p_\nu(\boldsymbol{r}_\nu)=\iint_{S_\nu}\left[p_\nu(\boldsymbol{r}')\frac{\partial g_\nu(|\boldsymbol{r}_\nu-\boldsymbol{r}'|)}{\partial m_\nu'}-g_\nu(|\boldsymbol{r}_\nu-\boldsymbol{r}'|)\frac{\partial p_\nu(\boldsymbol{r}')}{\partial m_\nu'}\right]{\rm d}S_\nu'\tag{3.2.24a}$$

以及

$$\frac{1}{2}\frac{\partial p_\nu(\boldsymbol{r}_\nu)}{\partial m_\nu}=\frac{\partial}{\partial m_\nu}\iint_{S_\nu}\left[p_\nu(\boldsymbol{r}')\frac{\partial g_\nu(|\boldsymbol{r}_\nu-\boldsymbol{r}'|)}{\partial m_\nu'}-g_\nu(|\boldsymbol{r}_\nu-\boldsymbol{r}'|)\frac{\partial p_\nu(\boldsymbol{r}')}{\partial m_\nu'}\right]{\rm d}S_\nu'\tag{3.2.24b}$$

另外，空间一点 $\boldsymbol{r}\in\overline{G}$(所有散射体的外部) 的场修改为

$$p(\boldsymbol{r})=p_{\rm i}(\boldsymbol{r})+\sum_{\mu=1}^{N}\iint_{S_\mu}\left[p(\boldsymbol{r}')\frac{\partial g(|\boldsymbol{r}-\boldsymbol{r}'|)}{\partial n_\mu'}-g(|\boldsymbol{r}-\boldsymbol{r}'|)\frac{\partial p(\boldsymbol{r}')}{\partial n_\mu'}\right]{\rm d}S_\mu'\tag{3.2.25a}$$

其中，Green 函数由方程 (3.2.1c) 决定. 当 $\boldsymbol{r}$ 由 G_ν 的外部区域趋向 G_ν 的边界点 $\boldsymbol{r}_\nu$ 时

$$\begin{aligned}\frac{1}{2}p(\boldsymbol{r}_\nu)=&p_{\rm i}(\boldsymbol{r}_\nu)+\sum_{\mu\neq\nu}^{N}\iint_{S_\mu}\left[p(\boldsymbol{r}')\frac{\partial g(|\boldsymbol{r}_\nu-\boldsymbol{r}'|)}{\partial n_\mu'}-g(|\boldsymbol{r}_\nu-\boldsymbol{r}'|)\frac{\partial p(\boldsymbol{r}')}{\partial n_\mu'}\right]{\rm d}S_\mu'\\&+\iint_{S_\nu}\left[p(\boldsymbol{r}')\frac{\partial g(|\boldsymbol{r}_\nu-\boldsymbol{r}'|)}{\partial n_\nu'}-g(|\boldsymbol{r}_\nu-\boldsymbol{r}'|)\frac{\partial p(\boldsymbol{r}')}{\partial n_\nu'}\right]{\rm d}S_\nu'\end{aligned}\tag{3.2.25b}$$

以及

$$\frac{1}{2}\frac{\partial p(\boldsymbol{r}_\nu)}{\partial n_\nu}=\sum_{\mu\neq\nu}^{N}\frac{\partial}{\partial n_\nu}\iint_{S_\mu}\left[p(\boldsymbol{r}')\frac{\partial g(|\boldsymbol{r}_\nu-\boldsymbol{r}'|)}{\partial n'_\mu}-g(|\boldsymbol{r}_\nu-\boldsymbol{r}'|)\frac{\partial p(\boldsymbol{r}')}{\partial n'_\mu}\right]\mathrm{d}S'_\mu$$
$$+\frac{\partial}{\partial n_\nu}\iint_{S_\nu}\left[p(\boldsymbol{r}')\frac{\partial g(|\boldsymbol{r}_\nu-\boldsymbol{r}'|)}{\partial n'_\nu}-g(|\boldsymbol{r}_\nu-\boldsymbol{r}'|)\frac{\partial p(\boldsymbol{r}')}{\partial n'_\nu}\right]\mathrm{d}S'_\nu+\frac{\partial p_{\mathrm{i}}(\boldsymbol{r}_\nu)}{\partial n_\nu} \tag{3.2.25c}$$

第 ν 个散射体 G_ν 的界面 S_ν 的声压和法向速度连续条件为

$$\begin{gathered}p(\boldsymbol{r},\omega)|_{\boldsymbol{r}=\boldsymbol{r}_\nu}=p_\nu(\boldsymbol{r},\omega)|_{\boldsymbol{r}=\boldsymbol{r}_\nu}\\ \frac{1}{\mathrm{i}\rho_0\omega}\left.\frac{\partial p(\boldsymbol{r},\omega)}{\partial n_\nu}\right|_{\boldsymbol{r}=\boldsymbol{r}_\nu}=\frac{1}{\mathrm{i}\rho_\nu\omega}\left.\frac{\partial p_\nu(\boldsymbol{r},\omega)}{\partial n_\nu}\right|_{\boldsymbol{r}=\boldsymbol{r}_\nu}\end{gathered} \tag{3.2.26a}$$

由方程 (3.2.24a) 和 (3.2.25b) 得到

$$\tilde{p}_{\mathrm{i}}(\boldsymbol{r}_\nu)+\iint_{S_\nu}\left[p(\boldsymbol{r}')\frac{\partial\tilde{g}_\nu(|\boldsymbol{r}_\nu-\boldsymbol{r}'|)}{\partial n'_\nu}-\tilde{q}_{1\nu}(|\boldsymbol{r}_\nu-\boldsymbol{r}'|)\frac{\partial p(\boldsymbol{r}')}{\partial n'_\nu}\right]\mathrm{d}S'_\nu=0 \tag{3.2.26b}$$

其中，$\tilde{p}_{\mathrm{i}}(\boldsymbol{r}_\nu)$ 可以看作由于多重散射而引起的等效入射场

$$\tilde{p}_{\mathrm{i}}(\boldsymbol{r}_\nu)\equiv p_{\mathrm{i}}(\boldsymbol{r}_\nu)+\sum_{\mu\neq\nu}^{N}\iint_{S_\mu}\left[p(\boldsymbol{r}')\frac{\partial g(|\boldsymbol{r}_\nu-\boldsymbol{r}'|)}{\partial n'_\mu}-g_\mu(|\boldsymbol{r}_\nu-\boldsymbol{r}'|)\frac{\partial p(\boldsymbol{r}')}{\partial n'_\mu}\right]\mathrm{d}S'_\mu \tag{3.2.26c}$$

等效 Green 函数为

$$\begin{gathered}\tilde{g}_\nu(|\boldsymbol{r}_\nu-\boldsymbol{r}'|)\equiv g(|\boldsymbol{r}_\nu-\boldsymbol{r}'|)+g_\nu(|\boldsymbol{r}_\nu-\boldsymbol{r}'|)\\ \tilde{q}_{1\nu}(|\boldsymbol{r}_\nu-\boldsymbol{r}'|)\equiv g(|\boldsymbol{r}_\nu-\boldsymbol{r}'|)+\frac{\rho_\nu}{\rho_0}g_\nu(|\boldsymbol{r}_\nu-\boldsymbol{r}'|)\end{gathered} \tag{3.2.26d}$$

由方程 (3.2.24b) 和 (3.2.25c) 得到

$$\frac{\partial}{\partial n_\nu}\iint_{S_\nu}\left[p(\boldsymbol{r}')\frac{\partial\tilde{q}_{2\nu}(|\boldsymbol{r}_\nu-\boldsymbol{r}'|)}{\partial n'_\nu}-\tilde{g}_\nu(|\boldsymbol{r}_\nu-\boldsymbol{r}'|)\frac{\partial p(\boldsymbol{r}')}{\partial n'_\nu}\right]\mathrm{d}S'_\nu=-\frac{\partial\tilde{p}_{\mathrm{i}}(\boldsymbol{r}_\nu)}{\partial n_\nu} \tag{3.2.27a}$$

其中，为了方便定义

$$\tilde{q}_{2\nu}(|\boldsymbol{r}_\nu-\boldsymbol{r}'|)\equiv g(|\boldsymbol{r}_\nu-\boldsymbol{r}'|)+\frac{\rho_0}{\rho_\nu}g_\nu(|\boldsymbol{r}_\nu-\boldsymbol{r}'|) \tag{3.2.27b}$$

当取遍 $\nu=1,2,\cdots,N$ 时，方程 (3.2.26b) 和 (3.2.27a) 给出 $2N$ 个方程，决定每个散射体表面的声压值 $p(\boldsymbol{r'}_\mu)$ $(\mu=1,2,\cdots,N)$ 及其法向导数 $\partial p(\boldsymbol{r'}_\mu)/\partial n_\mu(\mu=1,2,\cdots,N)$，然后代入方程 (3.2.25a) 就可以求得空间一点 $\boldsymbol{r}\in\overline{G}$ 的声场 $p(\boldsymbol{r})$.

3.2.5　散射体附近的声辐射

设空间声场 $p(\boldsymbol{r},\omega)$ 由局部体源 $\Im(\boldsymbol{r},\omega)$ 和面源 S_0(振动体 G_0 的表面法向振动速度为 $v_n(\boldsymbol{r},\omega)$) 产生，在源附近存在刚性散射体 G，其边界面为 S，如图 3.2.4. 声场 $p(\boldsymbol{r},\omega)$ 满足的方程和边界条件分别为

$$\begin{aligned}&\nabla^2 p(\boldsymbol{r},\omega)+k_0^2 p(\boldsymbol{r},\omega)=-\Im(\boldsymbol{r},\omega)\quad(\boldsymbol{r}\in\overline{G})\\&\frac{\partial p(\boldsymbol{r},\omega)}{\partial n}=\mathrm{i}\rho_0 c_0 k_0 v_n(\boldsymbol{r},\omega)\quad(\boldsymbol{r}\in S_0)\end{aligned}\tag{3.2.28a}$$

以及

$$\frac{\partial p(\boldsymbol{r},\omega)}{\partial n}=0\ (\boldsymbol{r}\in S);\quad\lim_{|\boldsymbol{r}|\to\infty}|\boldsymbol{r}|\left(\frac{\partial p}{\partial|\boldsymbol{r}|}-\mathrm{i}k_0 p\right)=0\tag{3.2.28b}$$

其中，$\overline{G}$ 为 G_0 和 G 的外部空间. 由 Green 公式

$$\int_{\overline{G}}(u\nabla'^2 v-v\nabla'^2 u)\mathrm{d}\tau'=\iint_{\partial\overline{G}}\left(u\frac{\partial v}{\partial n'}-v\frac{\partial u}{\partial n'}\right)\mathrm{d}S'\tag{3.2.28c}$$

其中，$\partial\overline{G}$ 的边界面由三部分组成: ①散射体的边界面 S; ②振动体 G_0 的边界面 S_0; ③半径无限大的球面. 取 $u=p(\boldsymbol{r}',\omega)$ 满足方程 (3.2.28a) 的第一式和 $v=g(|\boldsymbol{r}-\boldsymbol{r}'|)$ 为自由空间的 Green 函数 (即方程 (3.2.1c))，则

$$\begin{aligned}p(\boldsymbol{r},\omega)=&\int_{\overline{G}}g(|\boldsymbol{r}-\boldsymbol{r}'|)\Im(\boldsymbol{r}',\omega)\mathrm{d}\tau'\\&-\iint_{\partial\overline{G}}\left[p(\boldsymbol{r}',\omega)\frac{\partial g(|\boldsymbol{r}-\boldsymbol{r}'|)}{\partial n'}-g(|\boldsymbol{r}-\boldsymbol{r}'|)\frac{\partial p(\boldsymbol{r}',\omega)}{\partial n'}\right]\mathrm{d}S'\end{aligned}\tag{3.2.29a}$$

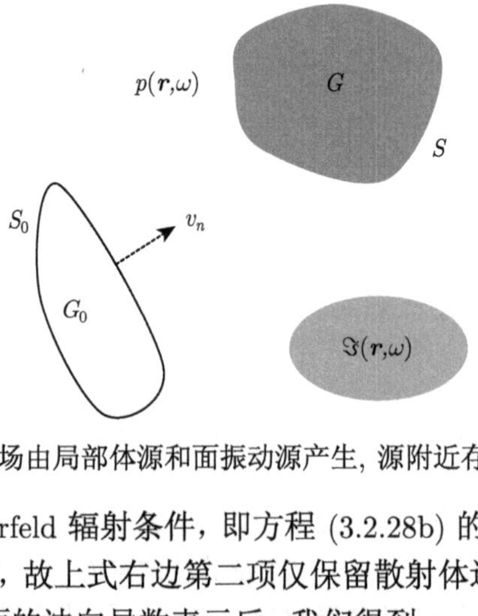

图 3.2.4　空间声场由局部体源和面振动源产生, 源附近存在刚性散射体 G

由于 $p(\boldsymbol{r},\omega)$ 满足 Somerfeld 辐射条件，即方程 (3.2.28b) 的第二式，在半径无限大的球面上的面积分为零，故上式右边第二项仅保留散射体边界面 S 和振动体边界面 S_0 的积分，并用曲面的法向导数表示后，我们得到

$$p(\boldsymbol{r},\omega)=\int_{\overline{G}}g(|\boldsymbol{r}-\boldsymbol{r}'|)\Im(\boldsymbol{r}',\omega)\mathrm{d}\tau' + \iint_S\left[p(\boldsymbol{r}',\omega)\frac{\partial g(|\boldsymbol{r}-\boldsymbol{r}'|)}{\partial n_S'} - g(|\boldsymbol{r}-\boldsymbol{r}'|)\frac{\partial p(\boldsymbol{r}',\omega)}{\partial n_S'}\right]\mathrm{d}S' + \iint_{S_0}\left[p(\boldsymbol{r}',\omega)\frac{\partial g(|\boldsymbol{r}-\boldsymbol{r}'|)}{\partial n_S'} - g(|\boldsymbol{r}-\boldsymbol{r}'|)\frac{\partial p(\boldsymbol{r}',\omega)}{\partial n_S'}\right]\mathrm{d}S' \tag{3.2.29b}$$

利用刚性散射体和振动源表面边界条件，即方程 (3.2.28a) 的第二式和方程 (3.2.28b) 的一式，得到

$$p(\boldsymbol{r},\omega)=\int_{\overline{G}}g(|\boldsymbol{r}-\boldsymbol{r}'|)\Im(\boldsymbol{r}',\omega)\mathrm{d}\tau' + \mathrm{i}\rho_0c_0k_0\iint_{S_0}g(|\boldsymbol{r}-\boldsymbol{r}'|)v_n(\boldsymbol{r},\omega)\mathrm{d}S' + \iint_{\Sigma}p(\boldsymbol{r}',\omega)\frac{\partial g(|\boldsymbol{r}-\boldsymbol{r}'|)}{\partial n_S'}\mathrm{d}S' \tag{3.2.30a}$$

其中，$\Sigma = S + S_0$ 为散射体和振动源表面边界. 由上式可见，空间一点 $\boldsymbol{r}\in\overline{G}$ 的声场由二部分组成：直达声，即体源和面源辐射的声波直接到达点 $\boldsymbol{r}\in\overline{G}$；散射声，即由散射体和振动体的散射而到达点 $\boldsymbol{r}\in\overline{G}$ 的声波. 比较方程 (3.2.2c)(取刚性散射体后) 与方程 (3.2.30a)，由体源和面源辐射的声波相当于方程 (3.2.2c) 中的入射波. 故本小节中的散射体附近声辐射问题与 3.2.2 小节的声散射问题是类似的.

然而，对空穴散射体 $p(\boldsymbol{r}',\omega)|_G=0$，由方程 (3.2.29b)

$$p(\boldsymbol{r},\omega)=\int_{\overline{G}}g(|\boldsymbol{r}-\boldsymbol{r}'|)\Im(\boldsymbol{r}',\omega)\mathrm{d}\tau' + \mathrm{i}\rho_0c_0k_0\iint_{S_0}g(|\boldsymbol{r}-\boldsymbol{r}'|)v_n(\boldsymbol{r},\omega)\mathrm{d}S' - \iint_S g(|\boldsymbol{r}-\boldsymbol{r}'|)\frac{\partial p(\boldsymbol{r}',\omega)}{\partial n_S'}\mathrm{d}S' + \iint_{S_0}p(\boldsymbol{r}',\omega)\frac{\partial g(|\boldsymbol{r}-\boldsymbol{r}'|)}{\partial n_S'}\mathrm{d}S' \tag{3.2.30b}$$

故在振动体表面仍然是声压未知；而在散射体表面，声压的法向导数未知.

3.2.6 表面散射和声景的设计

首先考虑阻抗不均匀表面引起的散射，如图 3.2.5, 设表面平行于 xOy 平面，法向为 $+z$ 方向，平面的法向阻抗率为 $z_n(x,y,\omega)$，故声压满足边界条件

$$\frac{\partial p(x,y,0,\omega)}{\partial z} + \mathrm{i}k_0\beta(x,y,\omega)p(x,y,0,\omega)=0 \tag{3.2.31a}$$

式中，$\beta(x,y,\omega)=\rho_0c_0/z_n$. 入射波可表示为

$$p_i(\boldsymbol{r},\omega)=A\exp[\mathrm{i}(k_xx+k_yy+k_zz)] = A\exp[\mathrm{i}k_0(x\sin\vartheta_\mathrm{i}\cos\varphi_\mathrm{i}+y\sin\vartheta_\mathrm{i}\sin\varphi_\mathrm{i}-z\cos\vartheta_\mathrm{i})] \tag{3.2.31b}$$

其中，ϑ_i 为入射波矢 $\boldsymbol{k}_0$ 与 z 轴的夹角 (如图 3.2.5 所示)，而 φ_i 为 $\boldsymbol{k}_0$ 在 xOy 平面上的投影与 x 轴的夹角 (图 3.2.5 中未画出). 设 $\beta(x,y,\omega)$ 的平均值为 $\beta_0(\omega)$，故

$\beta(x,y,\omega)$ 可表示为 $\beta(x,y,\omega)=\beta_0+\tilde{\beta}(x,y,\omega)$，而 $|\tilde{\beta}(x,y,\omega)|\ll\beta_0(\omega)$. 进一步假定在有限的区域 A(包含 xOy 平面的原点 O) 内，$\beta(x,y,\omega)-\beta_0$ 不为零，而在 A 外，$\beta(x,y,\omega)=\beta_0$. 上半空间 $(z>0)$ 的声场可看成由三部分组成：①入射波；②均匀阻抗平面的反射波，由方程 (1.4.12b)

$$p_{\rm r}(\boldsymbol{r},\omega)=A\frac{\cos\vartheta_{\rm i}-\beta_0}{\cos\vartheta_{\rm i}+\beta_0}\exp[{\rm i}k_0(x\sin\vartheta_{\rm r}\cos\varphi_{\rm r}+y\sin\vartheta_{\rm r}\sin\varphi_{\rm r}+z\cos\vartheta_{\rm r})] \tag{3.2.31c}$$

其中，反射角 $\vartheta_{\rm r}$ 等于入射角 $\vartheta_{\rm i}=\vartheta_{\rm r}$；③区域 A 引起的散射波 $p_{\rm s}(r,\vartheta,\varphi)$. 取以 O 点为球心，球面为 S(半径为 $R\to\infty$)、底面 D 为阻抗表面的半球，由方程 (2.5.6a)，上半空间任意一点的声场满足 (注意，这时体源为零)

$$\begin{aligned}p(\boldsymbol{r},\omega)&=\iint_{S+D}\left[G(\boldsymbol{r},\boldsymbol{r}')\frac{\partial p(\boldsymbol{r}',\omega)}{\partial n'}-p(\boldsymbol{r}',\omega)\frac{\partial G(\boldsymbol{r},\boldsymbol{r}')}{\partial n'}\right]{\rm d}S'\\&=p_{\rm i}(\boldsymbol{r},\omega)+p_{\rm r}(\boldsymbol{r},\omega)-\iint_D\left[G(\boldsymbol{r},\boldsymbol{r}')\frac{\partial p(\boldsymbol{r}',\omega)}{\partial z'}-p(\boldsymbol{r}',\omega)\frac{\partial G(\boldsymbol{r},\boldsymbol{r}')}{\partial z'}\right]{\rm d}x'{\rm d}y'\\&=p_{\rm i}(\boldsymbol{r},\omega)+p_{\rm r}(\boldsymbol{r},\omega)+{\rm i}k_0\iint_A[\beta(x',y',\omega)-\beta_0]p(x',y',0,\omega)G(\boldsymbol{r}|x',y',0){\rm d}x'{\rm d}y'\end{aligned} \tag{3.2.32a}$$

其中，Green 函数由方程 (2.5.15c) 决定. 注意：当 $R\to\infty$ 时，S 上的面积分应该等于入射波和反射波. 得到上式，利用了 Green 函数满足的边界条件

$$\left[\frac{\partial G(\boldsymbol{r}|x',y',z')}{\partial z'}+{\rm i}k_0\beta_0G(\boldsymbol{r}|x',y',z')\right]_{z'=0}=0 \tag{3.2.32b}$$

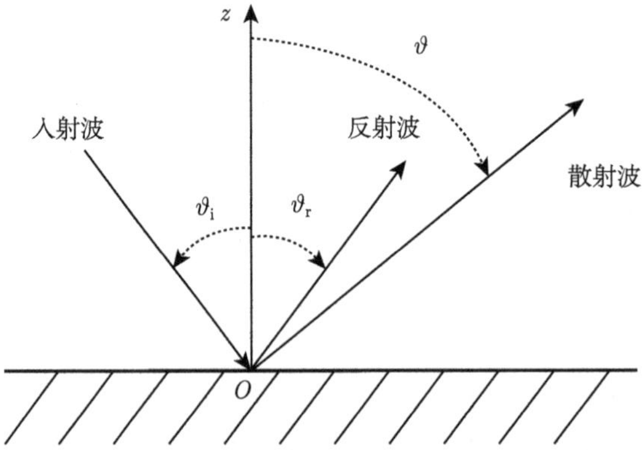

图 3.2.5　粗糙表面的散射

远场近似　当测量点 $\boldsymbol{r}$ 远离 A 且远离界面 (一个波长以上)，由方程 (2.5.16b)

得到 Green 函数的近似表达式

$$G(\boldsymbol{r},\boldsymbol{r}')\approx\frac{\exp(\mathrm{i}k_0|\boldsymbol{r}-\boldsymbol{r}'|)}{4\pi|\boldsymbol{r}-\boldsymbol{r}'|}+\frac{\cos\vartheta-\beta_0(\omega)}{\cos\vartheta+\beta_0(\omega)}\cdot\frac{\exp(\mathrm{i}k_0|\boldsymbol{r}-\boldsymbol{r}'')}{4\pi|\boldsymbol{r}-\boldsymbol{r}''|}$$
$$\approx\left[\exp(-\mathrm{i}k_0z'\cos\vartheta)+\frac{\cos\vartheta-\beta_0(\omega)}{\cos\vartheta+\beta_0(\omega)}\exp(\mathrm{i}k_0z'\cos\vartheta)\right]\quad(3.2.33\mathrm{a})$$
$$\times\frac{\exp(\mathrm{i}k_0|\boldsymbol{r}|)}{4\pi|\boldsymbol{r}|}\exp[-\mathrm{i}k_0(x'\sin\vartheta\cos\varphi+y'\sin\vartheta\sin\varphi)]$$

得到上式已利用了关系

$$\begin{aligned}\boldsymbol{r}\cdot\boldsymbol{r}'&=|\boldsymbol{r}|(x'\sin\vartheta\cos\varphi+y'\sin\vartheta\sin\varphi+z'\cos\vartheta)\\\boldsymbol{r}\cdot\boldsymbol{r}''&=|\boldsymbol{r}|(x'\sin\vartheta\cos\varphi+y'\sin\vartheta\sin\varphi-z'\cos\vartheta)\end{aligned}\quad(3.2.33\mathrm{b})$$

其中，$\boldsymbol{r}''=(x',y',-z')$. 注意：因为 Green 函数在 $z'=0$ 平面上取值，当区域 A 较小时，方程 (2.5.16b) 中的 $\vartheta'\approx\vartheta$. 把方程 (3.2.33a) 代入方程 (3.2.32a) 得到远场散射声压 (注意，这里的散射场不包含镜面反射场 $p_{\mathrm{r}}(\boldsymbol{r},\omega)$)

$$\begin{aligned}p_{\mathrm{s}}(r,\vartheta,\varphi)\approx&\frac{\mathrm{i}k_0\mathrm{e}^{\mathrm{i}k_0|\boldsymbol{r}|}}{2\pi|\boldsymbol{r}|}\frac{\cos\vartheta}{\cos\vartheta+\beta_0(\omega)}\iint_A(\beta-\beta_0)p(x',y',0,\omega)\mathrm{d}x'\mathrm{d}y'\\&\times\exp[-\mathrm{i}k_0(x'\sin\vartheta\cos\varphi+y'\sin\vartheta\sin\varphi)]\end{aligned}\quad(3.2.34\mathrm{a})$$

在 Born 近似下 (见 3.3.3 小节讨论)，上式中的总声场 $p(x',y',0,\omega)\approx p_{\mathrm{i}}(x',y',0,\omega)+p_{\mathrm{r}}(x',y',0,\omega)$，于是得到

$$p_{\mathrm{s}}(r,\vartheta,\varphi)\approx A\frac{\exp(\mathrm{i}k_0|\boldsymbol{r}|)}{|\boldsymbol{r}|}\varPhi(\vartheta,\varphi,\omega)\quad(3.2.34\mathrm{b})$$

以及

$$\varPhi(\vartheta,\varphi,\omega)\equiv\frac{\mathrm{i}k_0\cos\vartheta\cos\vartheta_{\mathrm{i}}}{\pi[\cos\vartheta+\beta_0(\omega)][\cos\vartheta_{\mathrm{i}}+\beta_0(\omega)]}\iint_A(\beta-\beta_0)\mathrm{e}^{\mathrm{i}(\mu_xx'+\mu_yy')}\mathrm{d}x'\mathrm{d}y'\quad(3.2.34\mathrm{c})$$

其中，定义

$$\begin{aligned}\mu_x&\equiv k_0(\sin\vartheta_{\mathrm{i}}\cos\varphi_{\mathrm{i}}-\sin\vartheta\cos\varphi)\\\mu_y&\equiv k_0(\sin\vartheta_{\mathrm{i}}\sin\varphi_{\mathrm{i}}-\sin\vartheta\sin\varphi)\end{aligned}\quad(3.2.34\mathrm{d})$$

可见，远场散射波近似正比于不均匀区域比阻抗率 $(\beta-\beta_0)$ 的二维 Fourier 积分. 注意到由方程 (3.2.31c) 和 Snell 定律 $\vartheta_{\mathrm{r}}=\vartheta_{\mathrm{i}}$ 以及 $\varphi_{\mathrm{r}}=\varphi_{\mathrm{i}}$，反射波和散射波波矢量分别为

$$\begin{aligned}\boldsymbol{k}_{\mathrm{r}}&=k_0(\sin\vartheta_{\mathrm{i}}\cos\varphi_{\mathrm{i}},\sin\vartheta_{\mathrm{i}}\sin\varphi_{\mathrm{i}},\cos\vartheta_{\mathrm{i}})\\\boldsymbol{k}_{\mathrm{s}}&=k_0(\sin\vartheta\cos\varphi,\sin\vartheta\sin\varphi,\cos\vartheta)\end{aligned}\quad(3.2.34\mathrm{e})$$

故方程 (3.2.34c) 的指数部分可表示为：$\mu_xx'+\mu_yy'=(\boldsymbol{k}_{\mathrm{r}}-\boldsymbol{k}_{\mathrm{s}})\cdot\boldsymbol{r}'$，其中，$\boldsymbol{r}'=(x',y',0)$. 一般来说，当 $\boldsymbol{k}_{\mathrm{r}}-\boldsymbol{k}_{\mathrm{s}}=0$ 时，方程 (3.2.34c) 中积分达到极大，也就是说，

散射波主要集中在反射波方向 (但有例外，如周期不均匀区情况，见下面讨论). 如果不均匀区 A 的线度远小于波长，散射几乎是各向同性的；反之，如果不均匀区 A 的线度远大于波长，散射波几乎集中在反射波方向 (注意：尽管这时 Born 近似不一定成立了，但结论却是合理的).

矩形不均匀区　设 A 为面积 $l_x\times l_y$ 的矩形：$A=[-l_x/2,l_x/2]\times[-l_y/2,l_y/2]$，并且在 A 内 $(\beta-\beta_0)$ 为常数，由方程 (3.2.34c) 得到

$$\varPhi(\vartheta,\varphi,\omega)=\frac{\mathrm{i}k_0l_xl_y(\beta-\beta_0)\cos\vartheta\cos\vartheta_\mathrm{i}}{\pi(\cos\vartheta+\beta_0)\cos\vartheta_\mathrm{i}+\beta_0}\left[\frac{\sin(\mu_xl_x/2)}{\mu_xl_x/2}\cdot\frac{\sin(\mu_yl_y/2)}{\mu_yl_y/2}\right]\qquad(3.2.35\text{a})$$

当矩形两边满足 $k_0l_x/2\ll 1$ 和 $k_0l_y/2\ll 1$，上式中括号内近似为 1，散射与 φ 角无关；当 $k_0l_x/2\sim\pi/2$ 和 $k_0l_y/2\sim\pi/2$，上式中括号内的项必须保留，最大散射角满足

$$\begin{aligned}\sin\vartheta_\mathrm{i}\cos\varphi_\mathrm{i}-\sin\vartheta\cos\varphi=0\\ \sin\vartheta_\mathrm{i}\sin\varphi_\mathrm{i}-\sin\vartheta\sin\varphi=0\end{aligned}\qquad(3.2.35\text{b})$$

上式分别要求 $\boldsymbol{k}_\mathrm{s}$ 与 $\boldsymbol{k}_\mathrm{r}$ 在 x 和 y 方向的分量相等，而 $|\boldsymbol{k}_\mathrm{s}|=|\boldsymbol{k}_\mathrm{r}|=k_0$，故二个矢量的 z 方向分量也必须相等，即 $\boldsymbol{k}_\mathrm{s}=\boldsymbol{k}_\mathrm{r}$. 因此散射波几乎集中在反射波方向. 当仅仅矩形的 x 方向边 l_x 满足 $k_0l_x/2\ll 1$，或者当仅仅矩形的 y 方向边 l_y 满足 $k_0l_y/2\ll 1$ 时，讨论略为复杂.

圆形不均匀区　设 A 是半径为 a 的圆，圆内 $(\beta-\beta_0)$ 为常数，由方程 (3.2.34c) 得到

$$\varPhi(\vartheta,\varphi,\omega)\equiv\frac{\mathrm{i}k_0\pi a^2(\beta-\beta_0)\cos\vartheta\cos\vartheta_\mathrm{i}}{\pi(\cos\vartheta+\beta_0)\cos\vartheta_\mathrm{i}+\beta_0}\left[\frac{2\mathrm{J}_1(\gamma k_0a)}{\gamma k_0a}\right]\qquad(3.2.36\text{a})$$

其中，γ 的定义为

$$\gamma^2\equiv\sin^2\vartheta_\mathrm{i}+\sin^2\vartheta-2\sin\vartheta\sin\vartheta_\mathrm{i}\cos(\varphi-\varphi_\mathrm{i})\qquad(3.2.36\text{b})$$

而 $\mu_x^2+\mu_y^2=k_0^2\gamma^2$. 显然，当 $k_0a\ll 1$ 时，方程 (3.2.36a) 中括号内近似为 1，散射与 φ 角无关；当 $k_0a\gg 1$ 时，最大散射角满足

$$\sin^2\vartheta_\mathrm{i}+\sin^2\vartheta-2\sin\vartheta\sin\vartheta_\mathrm{i}\cos(\varphi-\varphi_\mathrm{i})=0\qquad(3.2.36\text{c})$$

上式的一个解为 $\vartheta=\vartheta_\mathrm{i}$ 和 $\varphi=\varphi_\mathrm{i}$，因此散射波几乎集中在反射波方向. 当然，由于 $\mathrm{J}_1(x)$ 的振荡特性，还存在散射波的次极大方向.

周期不均匀区　设在矩形 $A=l_x\times l_y$ 内，$\beta-\beta_0$ 的变化为

$$\beta-\beta_0=B\cos\frac{2\pi x}{d};x\in\left(-\frac{l_x}{2},+\frac{l_x}{2}\right),y\in\left(-\frac{l_y}{2},+\frac{l_y}{2}\right)\qquad(3.2.37\text{a})$$

上式代入方程 (3.2.34c) 得到

$$\Phi(\vartheta,\varphi,\omega)\equiv\frac{\mathrm{i}Bk_0l_xl_y\cos\vartheta\cos\vartheta_\mathrm{i}}{2\pi(\cos\vartheta+\beta_0)\cos\vartheta_\mathrm{i}+\beta_0}\cdot\frac{\sin(\mu_yl_y/2)}{\mu_yl_y/2}\\ \times\left[\frac{\sin[l_x(\pi/d+\mu_x/2)]}{l_x(\pi/d+\mu_x/2)}+\frac{\sin[l_x(\pi/d-\mu_x/2)]}{l_x(\pi/d-\mu_x/2)}\right] \tag{3.2.37b}$$

散射极大的方向为 $\pi/d-\mu_x/2=0$ 或者 $\pi/d+\mu_x/2=0$，即

$$\pm\frac{2\pi}{d}=k_0(\sin\vartheta_\mathrm{i}\cos\varphi_\mathrm{i}-\sin\vartheta\cos\varphi) \tag{3.2.37c}$$

而不是反射波方向.

表面起伏引起的散射 如果区域 A 不仅比阻抗率不同，而且形状也不同，区域 A 表面高度方程可用 $z=\xi(x,y)$ 表示. 方程 (3.2.32a) 写为

$$p(\boldsymbol{r},\omega)=p_\mathrm{i}(\boldsymbol{r},\omega)+p_\mathrm{r}(\boldsymbol{r},\omega)\\ +\iint_A\left[G(\boldsymbol{r},\boldsymbol{r}')\frac{\partial p(\boldsymbol{r}',\omega)}{\partial n'}-p(\boldsymbol{r}',\omega)\frac{\partial G(\boldsymbol{r},\boldsymbol{r}')}{\partial n'}\right]\mathrm{d}S' \tag{3.2.38a}$$

其中，面积分在区域 A 表面 $\xi=\xi(x,y)$ 上进行. 注意到曲面 $F(x,y,z)=\xi(x,y)-z=0$ 的法向单位矢量为

$$\boldsymbol{n}=(n_x,n_y,n_z)=\frac{1}{\sqrt{F_x^2+F_y^2+F_z^2}}\left(\frac{\partial F}{\partial x},\frac{\partial F}{\partial y},\frac{\partial F}{\partial z}\right)\\ =\frac{1}{\sqrt{1+\xi_x^2+\xi_y^2}}\left(\frac{\partial\xi}{\partial x},\frac{\partial\xi}{\partial y},-1\right) \tag{3.2.38b}$$

故曲面的法向导数为

$$\frac{\partial}{\partial n}=\boldsymbol{n}\cdot\nabla=n_x\frac{\partial}{\partial x}+n_y\frac{\partial}{\partial y}+n_z\frac{\partial}{\partial z}\\ =\frac{1}{\sqrt{1+\xi_x^2+\xi_y^2}}\left(-\frac{\partial}{\partial z}+\frac{\partial\xi}{\partial x}\frac{\partial}{\partial x}+\frac{\partial\xi}{\partial y}\frac{\partial}{\partial y}\right) \tag{3.2.38c}$$

另一方面，法向 $\boldsymbol{n}$ 的空间面元 $\mathrm{d}S$ 在 xOy 平面上的投影为

$$\mathrm{d}S=\frac{\mathrm{d}x\mathrm{d}y}{\cos\gamma}=-\frac{\mathrm{d}x\mathrm{d}y}{\boldsymbol{n}\cdot\boldsymbol{e}_z}=\sqrt{1+\xi_x^2+\xi_y^2}\mathrm{d}x\mathrm{d}y \tag{3.2.38d}$$

注意：$\boldsymbol{n}$ 是区域边界面的法向 (在 z 轴上的投影为负)，与表面法向 (在 z 轴上的投影为正) 相反. Green 函数仍然满足 (3.2.32b)，但方程 (3.2.38a) 中面积分在 $z'=\xi(x',y')$ 取值 (而不是 $z'=0$)，故在表面取

$$p_\mathrm{i}(\boldsymbol{r}',\omega)+p_\mathrm{r}(\boldsymbol{r}',\omega)\approx2A\frac{\cos\vartheta_\mathrm{i}(1-\mathrm{i}k_0\beta_0z')}{\cos\vartheta_\mathrm{i}+\beta_0}\mathrm{e}^{\mathrm{i}k_0(x'\sin\vartheta_\mathrm{i}\cos\varphi_\mathrm{i}+y'\sin\vartheta_\mathrm{i}\sin\varphi_\mathrm{i})} \tag{3.2.39a}$$

$$G(\boldsymbol{r},\boldsymbol{r}')\approx 2\frac{\exp(\mathrm{i}k_0|\boldsymbol{r}|)}{4\pi|\boldsymbol{r}|}\frac{\cos\vartheta(1-\mathrm{i}k_0\beta_0 z')}{\cos\vartheta+\beta_0}\mathrm{e}^{-\mathrm{i}k_0(x'\sin\vartheta\cos\varphi+y'\sin\vartheta\sin\varphi)} \tag{3.2.39b}$$

由方程 (3.2.38c) 和 (3.2.38d)，方程 (3.2.38a) 变成

$$\begin{aligned}p_{\mathrm{s}}(\boldsymbol{r},\omega)\approx\iint_A&\left[\mathrm{i}k_0(\beta-\beta_0)+G\left(\frac{\partial\xi}{\partial x'}\frac{\partial p}{\partial x'}+\frac{\partial\xi}{\partial y'}\frac{\partial p}{\partial y'}\right)\right.\\&\left.-p\left(\frac{\partial\xi}{\partial x'}\frac{\partial G}{\partial x'}+\frac{\partial\xi}{\partial y'}\frac{\partial G}{\partial y'}\right)\right]_{z'=0}\mathrm{d}x'\mathrm{d}y'\end{aligned} \tag{3.2.40a}$$

式中，$p\equiv p(x',y',z',\omega)$ 和 $G\equiv G(\boldsymbol{r},x',y',z')$. 在 Born 近似下，利用方程 (3.3.39a) 和 (3.2.39b), 上式变成

$$p_{\mathrm{s}}(\boldsymbol{r},\omega)\approx A\frac{\exp(\mathrm{i}k_0|\boldsymbol{r}|)}{|\boldsymbol{r}|}\Psi(\vartheta,\varphi) \tag{3.2.40b}$$

以及

$$\begin{aligned}\Psi(\vartheta,\varphi)\equiv&\frac{\mathrm{i}\cos\vartheta\cos\vartheta_{\mathrm{i}}}{\pi(\cos\vartheta+\beta_0)(\cos\vartheta_{\mathrm{i}}+\beta_0)}\\&\times\iint_A\left[k_0(\beta-\beta_0)+\left(\mu_x\frac{\partial\xi}{\partial x'}+\mu_x\frac{\partial\xi}{\partial y'}\right)\right]\mathrm{e}^{\mathrm{i}(\mu_x x'+\mu_y y')}\mathrm{d}x'\mathrm{d}y'\end{aligned} \tag{3.2.40c}$$

上式与方程 (3.2.34c) 比较可知：面积分的第一项相同，而第二项表示表面起伏引起的散射. 作为例子，考虑矩形隆起：设 A 为面积 $l_x\times l_y$ 的矩形, 隆起为 h, 仅考虑表面起伏引起的散射 ($\beta=\beta_0$)，那么

$$\begin{aligned}\frac{\partial\xi}{\partial x'}&\approx h\left[\delta\left(x'+\frac{l_x}{2}\right)-\delta\left(x'-\frac{l_x}{2}\right)\right];\ y'\in\left(-\frac{l_y}{2},+\frac{l_y}{2}\right)\\\frac{\partial\xi}{\partial y'}&\approx h\left[\delta\left(y'+\frac{l_y}{2}\right)-\delta\left(y'-\frac{l_y}{2}\right)\right];\ x'\in\left(-\frac{l_x}{2},+\frac{l_x}{2}\right)\end{aligned} \tag{3.2.41a}$$

代入方程 (3.2.40c) 得到

$$\Psi(\vartheta,\varphi)\approx\frac{\mathrm{i}hl_xl_yk_0^2\cos\vartheta\cos\vartheta_{\mathrm{i}}}{\pi(\cos\vartheta+\beta_0)(\cos\vartheta_{\mathrm{i}}+\beta_0)}\left[\gamma^2\frac{\sin(\mu_xl_x/2)}{\mu_xl_x/2}\cdot\frac{\sin(\mu_yl_y/2)}{\mu_yl_y/2}\right] \tag{3.2.41b}$$

其中，γ^2 由方程 (3.2.36b) 表示.

周期台阶表面的散射和空间滤波　以上我们讨论了表面散射在 Born 近似下的远场特性，当散射波足够强时，必须数值求解积分方程. 下面以一个有趣的物理问题为例，说明其过程. 如图 3.2.6，高度为 h_{s} 的声源发出一个声脉冲 (如爆竹爆炸声，可看作为 δ 脉冲，其频谱为常数)，高度为 h_{r} 的观察者除接收到直达声外，还有经过地面反射的声波和经过台阶 (置于刚性地面) 的散射声. 有趣的是，散射声与直达声具有完全不同的频率特征，可模拟不同的声音. 注意：图 3.2.6 中，我

们给出的是直角三角形台阶的二条直边, 这是为了模拟自然景观中斜坡上的真实的台阶，h 和 l 就是真实台阶的高度和宽度 (在二维情况，长度为无限). 显然，台阶反射对不同频率成分的声波具有不同的反射特性. 为了简单，仅考虑二维问题，此时，声源为平行于 z 轴的线源.

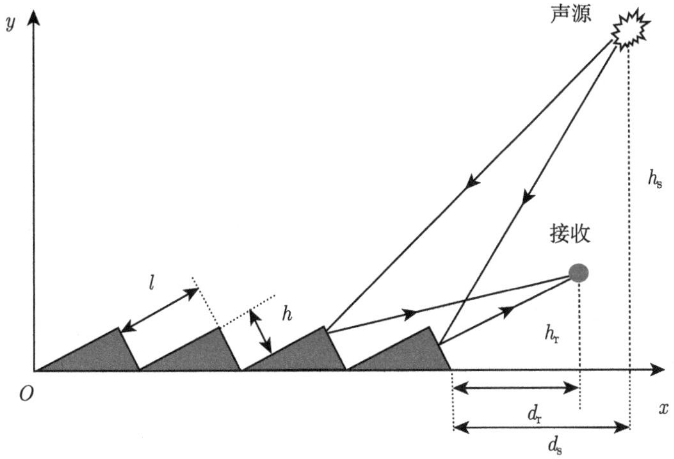

图 3.2.6 高度为 h_s 的声源发出一个声脉冲，经台阶反射后传播到观察者, 设台阶为直角三角形，二条直角边分别为 l 和 h，观察者和声源距台阶的 x 方向距离分别为 d_r 和 d_s，台阶置于刚性地面

在频率域讨论问题，由方程 (3.2.38a)，上半空间 $(y>0)$ 任一点的声场为

$$p(\boldsymbol{r},\omega)=p_{\rm i}(\boldsymbol{r},\omega)+p_{\rm r}(\boldsymbol{r},\omega)+p_{\rm s}(\boldsymbol{r},\omega) \tag{3.2.42a}$$

其中，入射场和刚性地面反射场分别为

$$\begin{aligned}p_{\rm i}(\boldsymbol{r},\omega)&=Q_0{\rm H}_0^{(1)}(k_0|\boldsymbol{r}-\boldsymbol{r}_{\rm s}|)\\p_{\rm r}(\boldsymbol{r},\omega)&=Q_0{\rm H}_0^{(1)}(k_0|\boldsymbol{r}-\boldsymbol{r}'_{\rm s}|)\end{aligned} \tag{3.2.42b}$$

其中，Q_0 是位于 $\boldsymbol{r}_{\rm s}=(x_{\rm s},h_{\rm s})$ 点声源的强度 (对 δ 脉冲，Q_0 与频率无关，计算中取 $Q_0=1$)，$|\boldsymbol{r}-\boldsymbol{r}_{\rm s}|$ 和 $|\boldsymbol{r}-\boldsymbol{r}'_{\rm s}|$ 分别是声源和镜像源到观测点的距离

$$\begin{aligned}|\boldsymbol{r}-\boldsymbol{r}_{\rm s}|&=\sqrt{(x-x_{\rm s})^2+(y-h_{\rm s})^2}\\|\boldsymbol{r}-\boldsymbol{r}'_{\rm s}|&=\sqrt{(x-x_{\rm s})^2+(y+h_{\rm s})^2}\end{aligned} \tag{3.2.42c}$$

台阶散射场为

$$p_{\rm s}(\boldsymbol{r},\omega)=\int_{\Gamma+D}\left[G(\boldsymbol{r},\boldsymbol{r}')\frac{\partial p(\boldsymbol{r}',\omega)}{\partial n'}-p(\boldsymbol{r}',\omega)\frac{\partial G(\boldsymbol{r},\boldsymbol{r}')}{\partial n'}\right]{\rm d}\Gamma' \tag{3.2.43a}$$

其中，Γ 和 D 分别表示台阶和地面，Green 函数为

$$G(\boldsymbol{r},\boldsymbol{r}')=\frac{\mathrm{i}}{4}\mathrm{H}_0^{(1)}(k_0|\boldsymbol{r}-\boldsymbol{r}'|)+\frac{\mathrm{i}}{4}\mathrm{H}_0^{(1)}(k_0|\boldsymbol{r}-\boldsymbol{r}''|) \tag{3.2.43b}$$

其中，$|\boldsymbol{r}-\boldsymbol{r}'|=\sqrt{(x-x')^2+(y-y')^2}$ 和 $|\boldsymbol{r}-\boldsymbol{r}''|=\sqrt{(x-x')^2+(y+y')^2}$. 注意到在刚性地面上 $\left.\dfrac{\partial G(\boldsymbol{r},\boldsymbol{r}')}{\partial n'}\right|_{y'=0}=\left.\dfrac{\partial p(\boldsymbol{r}',\omega)}{\partial n'}\right|_{y'=0}=0$，而在刚性台阶线上，$\left.\dfrac{\partial p(\boldsymbol{r}',\omega)}{\partial n'}\right|_{\boldsymbol{r}'\in\Gamma}=0$，于是，方程 (3.2.43a) 简化成

$$p_{\mathrm{s}}(\boldsymbol{r},\omega)=-\int_\Gamma p(\boldsymbol{r}',\omega)\frac{\partial G(\boldsymbol{r},\boldsymbol{r}')}{\partial n'}\mathrm{d}\Gamma' \tag{3.2.43c}$$

注意到在二维情况下 (结合图 3.2.6)，方程 (3.2.38c) 和 (3.2.38d) 修改为

$$\frac{\partial}{\partial n}=\frac{1}{\sqrt{1+\xi_x^2}}\left(-\frac{\partial}{\partial y}+\frac{\partial \xi}{\partial x}\frac{\partial}{\partial x}\right);\ \mathrm{d}\Gamma=\sqrt{1+\xi_x^2}\mathrm{d}x \tag{3.2.44a}$$

其中，$\xi(x)$ 是台阶的高度，例如，对第 1 个台阶

$$\xi(x)=\begin{cases}\dfrac{h}{l}x, & 0<x\leqslant D\\ -\dfrac{l}{h}(x-L), & D<x\leqslant L\end{cases} \tag{3.2.44b}$$

其中，$L=\sqrt{h^2+l^2}$(台阶在 x 方向的长度) 和 $D=l^2/L$，其他台阶是上式的平移. 于是，方程 (3.2.43c) 可以写成

$$p_{\mathrm{s}}(x,y,\omega)=\int_0^{L_0}p[x',\xi(x'),\omega]\left(\frac{\partial G}{\partial y'}-\frac{\partial \xi}{\partial x'}\frac{\partial G}{\partial x'}\right)_{y'=\xi(x')}\mathrm{d}x' \tag{3.2.44c}$$

其中，$G\equiv G(x,y|x',y')$，L_0 是台阶的总长度. 上式表明，一旦知道了台阶表面的声场 $p[x',\xi(x'),\omega]$，就可以得到空间任意一点 (x,y) 的声场分布 $p_{\mathrm{s}}(x,y,\omega)$. 由方程 (3.2.4c), 在台阶表面，$p[x',\xi(x'),\omega]$ 满足积分方程

$$\begin{aligned}\frac{1}{2}C(x)p[x,\xi(x),\omega]=&p_{\mathrm{i}}[x,\xi(x),\omega]+p_{\mathrm{r}}[x,\xi(x),\omega]\\&+\int_0^{L_0}p[x',\xi(x'),\omega]\left(\frac{\partial G}{\partial y'}-\frac{\partial \xi}{\partial x'}\frac{\partial G}{\partial x'}\right)_{y'=\xi(x')}\mathrm{d}x'\end{aligned} \tag{3.2.44d}$$

其中，x 在台阶上取值，即 $x\in(0,L_0)$.

数值计算　数值计算中，把台阶区域离散化为 M 个节点：$(x_1,x_2,\cdots,x_j,\cdots,x_M)$，离散步长为 $\varDelta_j=x_{j+1}-x_j$，于是，积分方程 (3.2.44d) 可以离散化为

$$\begin{aligned}&\sum_{j=1}^{M}p(x_j)\left[\frac{\partial G}{\partial y}(x_i|x_j)-\frac{\partial \xi}{\partial x}(x_j)\frac{\partial G}{\partial x}(x_i|x_j)\right]\varDelta_j\\&=\frac{1}{2}C(x_i)p(x_i)-p_{\mathrm{i}}(x_i)-p_{\mathrm{r}}(x_i)\quad(i=1,2,\cdots,M)\end{aligned} \tag{3.2.45a}$$

其中，为了方便，令

$$p(x_i) \equiv p[x_i, \xi(x_i), \omega];\ p_{\rm i}(x_i) \equiv p_{\rm i}[x_i, \xi(x_i), \omega]$$
$$p_{\rm r}(x_i) \equiv p_{\rm r}[x_i, \xi(x_i), \omega];\ \frac{\partial \xi}{\partial x}(x_j) \equiv \left.\frac{\partial \xi(x)}{\partial x}\right|_{x=x_j} \tag{3.2.45b}$$

以及

$$\frac{\partial G}{\partial y}(x_i|x_j) \equiv \left.\frac{\partial G[x_i, \xi(x_i)|x_j, y]}{\partial y}\right|_{y=\xi(x_j)}$$
$$\frac{\partial G}{\partial x}(x_i|x_j) \equiv \left.\frac{\partial G[x_i, \xi(x_i)|x, \xi(x_j)]}{\partial x}\right|_{x=x_j} \tag{3.2.45c}$$

注意：在具体的离散过程中，只要避免取点在台阶的顶角点和连接点，则可以取 $C(x_i) \equiv 1$，以下我们取 $C(x_i) = 1$. 方程 (3.2.45a) 写成矩阵的形式为

$$\frac{1}{2}\boldsymbol{P} - \boldsymbol{P}_{\rm i} - \boldsymbol{P}_{\rm r} = \boldsymbol{AP} \tag{3.2.46a}$$

其中，$\boldsymbol{P}$，$\boldsymbol{P}_{\rm i}$ 和 $\boldsymbol{P}_{\rm r}$ 分别是以 $p(x_i)$，$p_{\rm i}(x_i)$ 和 $p_{\rm r}(x_i)$ 为矩阵元的 $M \times 1$ 列矩阵，A 是下列 $M \times M$ 方阵

$$(\boldsymbol{A})_{ij} \equiv \left[\frac{\partial G}{\partial y}(x_i|x_j) - \frac{\partial \xi}{\partial x}(x_j)\frac{\partial G}{\partial x}(x_i|x_j)\right]\Delta_j \tag{3.2.46b}$$

于是，可以得到方程 (3.2.46a) 的解为

$$\boldsymbol{P} = 2(\boldsymbol{I} - 2\boldsymbol{A})^{-1}(\boldsymbol{P}_{\rm i} + \boldsymbol{P}_{\rm r}) \tag{3.2.46c}$$

一旦得到台阶面上声压的值，由方程 (3.2.44c) 得到空间任意一点的散射场为

$$p_{\rm s}(x, y, \omega) = \sum_{j=1}^{M} p(x_j)\Delta_j \left[\frac{\partial G(x, y|x_j, y')}{\partial y'} - \frac{\partial \xi(x')}{\partial x'}\frac{\partial G[x, y|x', \xi(x_j)]}{\partial x'}\right]_{x'=x_j; y'=\xi(x_j)} \tag{3.2.46d}$$

取 $(x, y) = (L_0 + d_{\rm r}, h_{\rm r})$ 就可以得到观察点的接收声压值. 图 3.2.7 给出了观察点的频率响应，计算中取 10 个台阶，台阶参数为 $h = 0.125\text{m}$ 和 $l = 0.315\text{m}$，台阶总长度为 $L_0 = 10\sqrt{l^2 + h^2} \approx 3.39\text{m}$，脉冲点声源和观察点的位置分别为 $(d_{\rm s}, h_{\rm s}) =$ (5.5m, 2.0m) 和 $(d_{\rm r}, h_{\rm r}) =$ (2.0m, 1.0m). 从图 3.2.7 可见，台阶的散射具有空间滤波的作用，通带中心频率位于 $f_0 \approx 534\text{Hz}$ 以及它的谐波位置. 取声速度 $c_0 =$ 340m / s，则 f_0 对应的波长为 $\lambda_0 = c_0/f_0 \approx 0.64\text{m}$，显然大于台阶的线度 (每个台阶长度 $L \approx 0.339\text{m}$). 由于台阶的空间滤波作用，可以设计需要高度和宽度的台阶，调控观测点的散射声，使观察点接收到不同的、需要的声音. 与风景点设计类似，这种调控声音的设计称为**“声景”设计**.

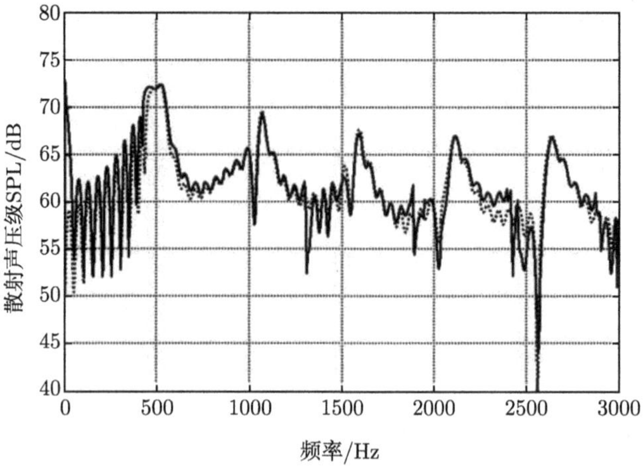

图 3.2.7　观察点的频率响应，虚线是商用软件计算得到的计算结果

计算表明，对不同形状 (正弦或者其他形状) 的台阶，中心频率 f_0 主要由台阶的周期决定，f_0 对应波长大约为周期的 2 倍，台阶的形状和高度仅仅影响中心频率 f_0 及谐波的振幅. 因此，空间滤波作用实质上是声波与表面周期结构的相互作用引起的.

3.3　非均匀区域的散射

在 3.1 和 3.2 节中，我们主要讨论了均匀介质中存在一个缺陷 (当存在多个缺陷时，必须考虑多重散射，如 3.2.4 小节的讨论) 时的声散射特性，缺陷本身是均匀介质，而缺陷与周围介质有明显的分界面. 在分界面上，声压和法向速度必须连续 (声压的法向导数不连续). 事实上，当声波入射到一个非均匀介质区域 (密度和压缩系数与空间坐标有关)，也将引起声波的散射，从而导致入射方向声压的衰减. 简单的例子是大气中湍流区域对声波的散射. 值得一提的是，非均匀区与周围均匀区的密度必须是连续变化的，否则在不连续的边界就形成界面 (参见 3.3.3 小节讨论)，将引起强烈的声散射.

3.3.1　非均匀区域的声波方程及其散射形式

设不均匀散射区的密度、压缩系数和声速分别为 $\rho_e(\boldsymbol{r})$，$\kappa_e(\boldsymbol{r})$ 和 $c_e(\boldsymbol{r})=1/\sqrt{\rho_e(\boldsymbol{r})\kappa_e(\boldsymbol{r})}$，它们是空间位置的函数. 周围均匀介质的密度、压缩系数和声速分别为 ρ_0，κ_0 和 $c_0=1/\sqrt{\rho_0\kappa_0}$. 首先，我们来导出不均匀散射区的波动方程.

质量守恒方程　显然，质量守恒方程仍然成立，即

$$\frac{\partial\rho}{\partial t}+\nabla\cdot(\rho\boldsymbol{v})=\rho q \tag{3.3.1a}$$

令 $\rho(\boldsymbol{r},t)=\rho_{\rm e}(\boldsymbol{r})+\rho'(\boldsymbol{r},t)$ 和 $\boldsymbol{v}(\boldsymbol{r},t)=\boldsymbol{v}_{\rm e}(\boldsymbol{r})+\boldsymbol{v}'(\boldsymbol{r},t)=\boldsymbol{v}'(\boldsymbol{r},t)$(设平衡时，流体静止，即 $\boldsymbol{v}_{\rm e}(\boldsymbol{r})\equiv 0$，对运动介质情况，见第 8 章)，上式的线性化形式为

$$\frac{\partial\rho'}{\partial t}+\rho_{\rm e}\nabla\cdot\boldsymbol{v}'+\boldsymbol{v}'\cdot\nabla\rho_{\rm e}\approx\rho_{\rm e}q \tag{3.1.1b}$$

运动方程 线性化运动方程仍然为

$$\rho_{\rm e}\frac{\partial\boldsymbol{v}'}{\partial t}\approx-\nabla p'-\nabla P_0+\rho_{\rm e}(\boldsymbol{g}+\boldsymbol{f}) \tag{3.3.1c}$$

其中，$\boldsymbol{g}$ 是维持静压 $P_0=P_0(\boldsymbol{r})$ 分布的外力 (例如重力)，$\boldsymbol{f}$ 是激发声波的力源，以及 $p'(\boldsymbol{r},t)=P(\boldsymbol{r},t)-P_0(\boldsymbol{r})$. 因为假定 $P_0=P_0(\boldsymbol{r})$ 与时间无关，注意到不存在声波时，$\boldsymbol{v}'=0, p'=0$，以及 $\boldsymbol{f}=0$，于是由方程 (3.1.1c) 得到

$$\nabla P_0=\rho_{\rm e}\boldsymbol{g} \tag{3.3.1d}$$

一般在小尺度范围内，可忽略重力对声传播的影响，即取 $\boldsymbol{g}\approx 0$(注意：如果考虑大尺度范围内，如大气中的声传播，重力的影响不可忽略)，那么由方程 (3.3.1c) 得到

$$\rho_{\rm e}\frac{\partial\boldsymbol{v}'}{\partial t}\approx-\nabla p'+\rho_{\rm e}\boldsymbol{f} \tag{3.3.1e}$$

熵守恒方程 在准静态条件下，理想流体在运动中保持流体元的熵不随时间变化，是一个等熵过程，即方程 (1.1.20b) 仍然成立，或者写成

$$\frac{{\rm d}s}{{\rm d}t}=\frac{\partial s}{\partial t}+\boldsymbol{v}\cdot\nabla s=0 \tag{3.3.2a}$$

利用 $s(\boldsymbol{r},t)=s_{\rm e}(\boldsymbol{r})+s'(\boldsymbol{r},t)$ 和 $\boldsymbol{v}(\boldsymbol{r},t)=\boldsymbol{v}_{\rm e}(\boldsymbol{r})+\boldsymbol{v}'(\boldsymbol{r},t)$ 和 $s(\boldsymbol{r},t)=s_{\rm e}(\boldsymbol{r})+s'(\boldsymbol{r},t)$，上式线性化成

$$\frac{\partial s'}{\partial t}+\boldsymbol{v}'\cdot\nabla s_{\rm e}+\boldsymbol{v}_{\rm e}\cdot\nabla s'=0 \tag{3.3.2b}$$

对平衡时静止的均匀介质，$\boldsymbol{v}_{\rm e}(\boldsymbol{r})=0$ 和 $\nabla s_{\rm e}(\boldsymbol{r})=0$，$\partial s'/\partial t\approx 0$，即 $s'=s'(\boldsymbol{r})$ 与时间无关，而当不存在声波时 $s'=s'(\boldsymbol{r})=0$，故恒有 $s'\equiv 0$. 但对平衡时静止的非均匀介质，$\nabla s_{\rm e}(\boldsymbol{r})\neq 0$，方程 (3.3.2b) 的第二项必须保留，熵守恒方程为

$$\frac{\partial s'}{\partial t}+\boldsymbol{v}'\cdot\nabla s_{\rm e}\approx 0 \tag{3.3.2c}$$

或者，我们必须用一般的熵守恒方程，即方程 (3.3.2a). 另外由状态方程 $P=P(\rho,s)$，对时间求全导数得到

$$\frac{{\rm d}P}{{\rm d}t}=\left(\frac{\partial P}{\partial\rho}\right)_s\frac{{\rm d}\rho}{{\rm d}t}+\left(\frac{\partial P}{\partial s}\right)_\rho\frac{{\rm d}s}{{\rm d}t} \tag{3.3.3a}$$

注意：上式是复合函数求导，而非平衡点附近展开. 利用方程 (3.3.2a) 得到

$$\frac{\mathrm{d}P}{\mathrm{d}t}=c_{\mathrm{e}}^{2}\frac{\mathrm{d}\rho}{\mathrm{d}t}=c_{\mathrm{e}}^{2}\left(\frac{\partial\rho}{\partial t}+\boldsymbol{v}\cdot\nabla\rho\right)=\frac{\partial P}{\partial t}+\boldsymbol{v}\cdot\nabla P \tag{3.3.3b}$$

上式的线性化方程为

$$c_{\mathrm{e}}^{2}\left(\frac{\partial\rho'}{\partial t}+\boldsymbol{v}'\cdot\nabla\rho_{\mathrm{e}}\right)\approx\frac{\partial p'}{\partial t}+\boldsymbol{v}'\cdot\nabla P_{0} \tag{3.3.3c}$$

如果忽略重力对声传播的影响，那么由方程 (3.3.3c) 得到

$$\frac{\partial p'}{\partial t}\approx c_{\mathrm{e}}^{2}\left(\frac{\partial\rho'}{\partial t}+\boldsymbol{v}'\cdot\nabla\rho_{\mathrm{e}}\right) \tag{3.3.3d}$$

上式就是代替均匀介质中状态方程 $p'\approx c_{\mathrm{e}}^{2}\rho'$ 的新方程，该方程由状态方程 $P=P(\rho,s)$ 和熵守恒方程 $\mathrm{d}s/\mathrm{d}t=0$ 得到.

能量关系　对方程 (3.3.1b) 二边乘标量 p'/ρ_{e}，而对方程 (3.3.1e) 二边点乘矢量 $\boldsymbol{v}'$，并且把所得二式相加得到

$$\frac{p'}{\rho_{\mathrm{e}}}\frac{\partial\rho'}{\partial t}+\frac{\partial}{\partial t}\left(\frac{1}{2}\rho_{\mathrm{e}}\boldsymbol{v}'^{2}\right)+\nabla\cdot\boldsymbol{I}_{\mathrm{e}}+\frac{p'}{\rho_{\mathrm{e}}}\boldsymbol{v}'\cdot\nabla\rho_{\mathrm{e}}=\rho_{\mathrm{e}}\boldsymbol{v}'\cdot\boldsymbol{f}+p'q \tag{3.3.3e}$$

其中，$\boldsymbol{I}_{\mathrm{e}}\equiv p'\boldsymbol{v}'$ 为声能流矢量. 利用方程 (3.3.3d)

$$\frac{p'}{\rho_{\mathrm{e}}}\frac{\partial\rho'}{\partial t}=\frac{1}{2\rho_{\mathrm{e}}c_{\mathrm{e}}^{2}}\frac{\partial p'^{2}}{\partial t}-\frac{p'}{\rho_{\mathrm{e}}}\boldsymbol{v}'\cdot\nabla\rho_{\mathrm{e}} \tag{3.3.3f}$$

上式代入方程 (3.3.3e) 得到

$$\frac{\partial w_{\mathrm{e}}}{\partial t}+\nabla\cdot\boldsymbol{I}_{\mathrm{e}}+=\rho_{\mathrm{e}}\boldsymbol{v}'\cdot\boldsymbol{f}+p'q \tag{3.3.3g}$$

其中，w_{e} 为声能量密度

$$w_{\mathrm{e}}\equiv\frac{p'^{2}}{2\rho_{\mathrm{e}}c_{\mathrm{e}}^{2}}+\frac{1}{2}\rho_{\mathrm{e}}\boldsymbol{v}'^{2} \tag{3.3.3h}$$

可见，对稳态的非均匀介质，声能流矢量和能量密度与均匀介质相同.

声波方程　方程 (3.3.1b)，(3.3.1e) 和 (3.3.3d) 就是决定非均匀介质中声波方程的三个基本方程. 把方程 (3.3.1b) 代入方程 (3.3.3d) 得到

$$\frac{1}{\rho_{\mathrm{e}}c_{\mathrm{e}}^{2}}\frac{\partial p'}{\partial t}+\nabla\cdot\boldsymbol{v}'\approx q \tag{3.3.4a}$$

上式结合方程 (3.3.1e) 消去 $\boldsymbol{v}'$ 得到关于声压的方程

$$\frac{\partial}{\partial t}\left(\frac{1}{\rho_{\mathrm{e}}c_{\mathrm{e}}^{2}}\frac{\partial p'}{\partial t}\right)-\nabla\cdot\left(\frac{1}{\rho_{\mathrm{e}}}\nabla p'\right)\approx\frac{\partial q}{\partial t}-\nabla\cdot\boldsymbol{f} \tag{3.3.4b}$$

或者写成

$$\nabla^2 p(\boldsymbol{r},t)-\frac{1}{c_{\rm e}^2(\boldsymbol{r})}\frac{\partial^2 p(\boldsymbol{r},t)}{\partial t^2}\approx\nabla\ln\rho_{\rm e}(\boldsymbol{r})\cdot\nabla p(\boldsymbol{r},t)+\rho_{\rm e}\left[\frac{\partial q(\boldsymbol{r},t)}{\partial t}-\nabla\cdot\boldsymbol{f}(\boldsymbol{r},t)\right] \quad (3.3.4c)$$

这就是非均匀介质中的声波方程 (已去掉上标 “ ′ ”). 注意：上式表明，密度 $\rho_{\rm e}(\boldsymbol{r})$ 随空间应该是连续的变化，否则在界面上就会出现 Dirac Delta 函数，引起声波在界面上的强烈反射，此时必须像 3.2 节那样分区域讨论问题, 把不连续的面作为边界处理. 但把微分方程 (3.3.4c) 转化成积分方程后，就能够处理这个问题，见 3.3.2 小节讨论.

顺便指出，在频率域上，方程 (3.3.1e) 和 (3.3.4a) 与方程 (1.2.27a) 类似，故通过与 1.2.5 小节类似的方法，不难证明对非均匀的介质，互易原理仍然成立.

速度场声波方程 如果方程 (3.3.4a) 和 (3.3.1e) 结合消去 p' 就得到用速度场表示的声波方程

$$\rho_{\rm e}\frac{\partial^2\boldsymbol{v}'}{\partial t^2}=\nabla\left(\frac{1}{\kappa_{\rm e}}\nabla\cdot\boldsymbol{v}'\right)-\nabla\left(\frac{q}{\kappa_{\rm e}}\right)+\rho_{\rm e}\frac{\partial\boldsymbol{f}}{\partial t} \quad (3.3.4d)$$

其中，$\kappa_{\rm e}=1/\rho_{\rm e}c_{\rm e}^2$ 为流体压缩系数. 注意：上式与方程 (3.3.4b) 比较，如果采用声压场为变量，密度 $\rho_{\rm e}(\boldsymbol{r})$ 出现在导数中，而如果采用速度场为变量，则导数中包含压缩系数 $\kappa_{\rm e}(\boldsymbol{r})$.

密度缓变情况 当密度随空间的变化比较缓慢时 (例如，海洋中的声传播就可以取这种近似)，令 $\tilde{p}(\boldsymbol{r},t)=p(\boldsymbol{r},t)/\sqrt{\rho_{\rm e}(\boldsymbol{r})}$，代入方程 (3.3.4c) 得到

$$\nabla^2\tilde{p}(\boldsymbol{r},t)-\frac{1}{c_{\rm e}^2(\boldsymbol{r})}\frac{\partial^2\tilde{p}(\boldsymbol{r},t)}{\partial t^2}=\frac{\tilde{p}(\boldsymbol{r},t)}{2}\left\{\frac{3}{2}[\nabla\ln\rho_{\rm e}(\boldsymbol{r})]^2-\frac{\nabla^2\rho_{\rm e}(\boldsymbol{r})}{\rho_{\rm e}(\boldsymbol{r})}\right\} \quad (3.3.5a)$$

忽略密度变化的二级量 $\nabla^2\rho_{\rm e}(\boldsymbol{r})$ 和 $[\nabla\ln\rho_{\rm e}(\boldsymbol{r})]^2$ 得到

$$\nabla^2\tilde{p}(\boldsymbol{r},t)-\frac{1}{c_{\rm e}^2(\boldsymbol{r})}\frac{\partial^2\tilde{p}(\boldsymbol{r},t)}{\partial t^2}\approx 0 \quad (3.3.5b)$$

上式说明，密度变化主要对声压的振幅变化有影响. 上式在频率域简化成

$$\nabla^2\tilde{p}(\boldsymbol{r},\omega)+k_0^2 n^2(\boldsymbol{r})\tilde{p}(\boldsymbol{r},\omega)=0 \quad (3.3.5c)$$

其中，$n(\boldsymbol{r})=c_0/c_{\rm e}(\boldsymbol{r})$ 称为介质的**折射率**. 上式也可以写成散射形式

$$\nabla^2\tilde{p}(\boldsymbol{r},\omega)+k_0^2\tilde{p}(\boldsymbol{r},\omega)=k_0^2 Q(\boldsymbol{r})\tilde{p}(\boldsymbol{r},\omega) \quad (3.3.5d)$$

其中，函数 $Q(\boldsymbol{r})\equiv 1-c_0^2/c_{\rm e}^2(\boldsymbol{r})=1-n^2(\boldsymbol{r})$ 表征由于声速的空间变化而引起的非均匀特性，而密度空间变化可归入声压振幅的变化，即 $\tilde{p}(\boldsymbol{r},t)=p(\boldsymbol{r},t)/\sqrt{\rho_{\rm e}(\boldsymbol{r})}$.

散射形式方程　设非均匀区域 V 的外部为均匀介质，其密度、压缩系数和声速分别为 ρ_0，κ_0 和 $c_0=1/\sqrt{\rho_0\kappa_0}$. 注意到 $\rho_0 c_0^2=1/\kappa_0$ 和 $\rho_e c_e^2=1/\kappa_e$，那么非均匀区内、外的波动方程分别为 (无源情况)

$$\nabla\cdot\left(\frac{1}{\rho_e}\nabla p\right)\approx\kappa_e\frac{\partial^2 p}{\partial t^2};\ \nabla\cdot\left(\frac{1}{\rho_0}\nabla p\right)-\kappa_0\frac{\partial^2 p}{\partial t^2}\approx 0 \tag{3.3.6a}$$

方程 (3.3.6a) 的第一式两边减第二式左边部分得到

$$\nabla\cdot\left(\frac{1}{\rho_e}\nabla p\right)-\frac{1}{\rho_0}\nabla^2 p+\kappa_0\frac{\partial^2 p}{\partial t^2}\approx\kappa_e\frac{\partial^2 p}{\partial t^2}-\frac{1}{\rho_0}\nabla^2 p+\kappa_0\frac{\partial^2 p}{\partial t^2} \tag{3.3.6b}$$

上式两边乘 ρ_0 得到非均匀区内、外部统一的方程

$$\nabla^2 p-\frac{1}{c_0^2}\frac{\partial^2 p}{\partial t^2}\approx\gamma_\kappa(\boldsymbol{r})\frac{1}{c_0^2}\frac{\partial^2 p}{\partial t^2}+\nabla\cdot[\gamma_\rho(\boldsymbol{r})\nabla p] \tag{3.3.6c}$$

其中，$\gamma_\kappa(\boldsymbol{r})$ 和 $\gamma_\rho(\boldsymbol{r})$ 分别为表征密度和压缩系数不均匀的参数 (值得注意的是 $\rho_e(\boldsymbol{r})$ 出现在 $\gamma_\rho(\boldsymbol{r})$ 的分母上，而 $\kappa_e(\boldsymbol{r})$ 出现在 $\gamma_\kappa(\boldsymbol{r})$ 的分子上，其意义见 3.3.3 小节和 3.3.5 小节)

$$\gamma_\kappa(\boldsymbol{r})\equiv\begin{cases}\dfrac{\kappa_e(\boldsymbol{r})-\kappa_0}{\kappa_0}, & V\text{的内部}\\ 0, & V\text{的外部}\end{cases};\gamma_\rho(\boldsymbol{r})\equiv\begin{cases}\dfrac{\rho_e(\boldsymbol{r})-\rho_0}{\rho_e(\boldsymbol{r})}, & V\text{的内部}\\ 0, & V\text{的外部}\end{cases} \tag{3.3.6d}$$

再一次指出：如果在非均匀区与均匀区的界面上密度不连续，则 $\nabla\rho_e$ 将出现 Dirac Delta 函数，故此时必须把不连续面作为边界来处理，或者找到适当的变换消去这一困难 (参见 8.3.2 小节讨论). 在频率域，方程 (3.3.6c) 变成简单的形式

$$\nabla^2 p(\boldsymbol{r},\omega)+k_0^2 p(\boldsymbol{r},\omega)\approx -k_0^2\gamma_\kappa(\boldsymbol{r})p(\boldsymbol{r},\omega)+\nabla\cdot[\gamma_\rho(\boldsymbol{r})\nabla p(\boldsymbol{r},\omega)]\equiv-\Im(\boldsymbol{r},\omega) \tag{3.3.7a}$$

其中，为了方便令

$$\Im(\boldsymbol{r},\omega)\equiv k_0^2\gamma_\kappa(\boldsymbol{r})p(\boldsymbol{r},\omega)-\nabla\cdot[\gamma_\rho(\boldsymbol{r})\nabla p(\boldsymbol{r},\omega)] \tag{3.3.7b}$$

注意：上式表明，$\gamma_\kappa(\boldsymbol{r})$ 和 $\gamma_\rho(\boldsymbol{r})$ 引起的散射分别类似于单极辐射和偶极辐射.

非稳态情况　如果 $\rho_e=\rho_e(\boldsymbol{r},t)$ 和 $c_e=c_e(\boldsymbol{r},t)$(但 $\boldsymbol{v}_e$ 仍然假定为零，否则就是运动介质了，见第 8 章讨论)，那么方程 (3.3.1b) 和 (3.3.3d) 应该修改为 (无源情况)

$$\frac{\partial\rho'}{\partial t}+\frac{\partial\rho_e}{\partial t}+\rho_e\nabla\cdot\boldsymbol{v}'+\boldsymbol{v}'\cdot\nabla\rho_e\approx 0 \tag{3.3.8a}$$

$$\frac{\partial p'}{\partial t}\approx c_e^2\left(\frac{\partial\rho'}{\partial t}+\frac{\partial\rho_e}{\partial t}+\boldsymbol{v}'\cdot\nabla\rho_e\right) \tag{3.3.8b}$$

从上二式仍然得到方程 (3.3.4a)，结合方程 (3.3.1c) 消去 $\boldsymbol{v}'$ 得到

$$\frac{\partial}{\partial t}\left(\kappa_e \frac{\partial p'}{\partial t}\right) \approx \nabla \cdot \left(\frac{1}{\rho_e}\nabla p'\right) \tag{3.3.8c}$$

方程 (3.3.6c) 应该修改为

$$\nabla^2 p - \frac{1}{c_0^2}\frac{\partial^2 p}{\partial t^2} \approx \frac{1}{c_0^2}\frac{\partial}{\partial t}\left[\gamma_\kappa(\boldsymbol{r},t)\frac{\partial p}{\partial t}\right] + \nabla \cdot [\gamma_\rho(\boldsymbol{r},t)\nabla p] \tag{3.3.8d}$$

包含湍流项 一般非均匀区的密度和压缩系数随时间变化，意味着无规湍流的存在，由方程 (2.1.40b), 包括湍流项的方程为

$$\begin{aligned}\nabla^2 p - \frac{1}{c_0^2}\frac{\partial^2 p}{\partial t^2} \approx & \frac{1}{c_0^2}\frac{\partial}{\partial t}\left[\gamma_\kappa(\boldsymbol{r},t)\frac{\partial p}{\partial t}\right] + \nabla \cdot [\gamma_\rho(\boldsymbol{r},t)\nabla p] \\ & -\rho_0 \sum_{i,j=1}^{3} \frac{\partial^2 (v_i + U_{0i})(v_j + U_{0j})}{\partial x_i \partial x_j}\end{aligned} \tag{3.3.9a}$$

其中，$v_i(\boldsymbol{r},t)$ 和 $U_{0i}(\boldsymbol{r},t)$ 分别为声波引起的速度场和湍流的速度场. 注意: 上式中 $U_{0i}U_{0j}$ 与 $p(\boldsymbol{r},t)$ 无关，这是声源项，即湍流产生声波 (见第 8 章讨论). 因此，在讨论散射问题时，只要考虑 $2v_iU_{0j}$ 项，而忽略二阶小量 v_iv_j

$$\nabla^2 p - \frac{1}{c_0^2}\frac{\partial^2 p}{\partial t^2} \approx \frac{1}{c_0^2}\frac{\partial}{\partial t}\left[\gamma_\kappa(\boldsymbol{r},t)\frac{\partial p}{\partial t}\right] + \nabla \cdot [\gamma_\rho(\boldsymbol{r},t)\nabla p] - 2\rho_0 \sum_{i,j=1}^{3} \frac{\partial^2 (v_i U_{0j})}{\partial x_i \partial x_j} \tag{3.3.9b}$$

3.3.2 Lippmann-Schwinger 积分方程

如图 3.3.1 取以不均匀散射区为中心，作半径为 R 的大球 (球面为 S), 在大球内使用 Green 公式和方程 (3.3.7a) 得到 (注意: 与 3.2.1 小节不同，这里的积分面仅仅是大球球面, 因为方程 (3.3.7a) 中非均匀项是作为源项 $\Im(\boldsymbol{r},\omega)$ 出现的)

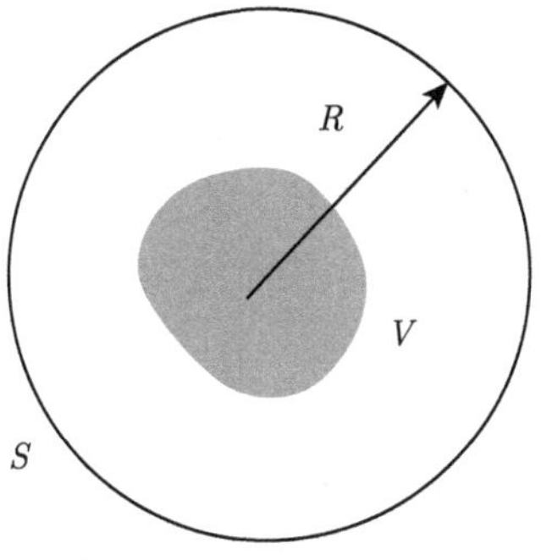

图 3.3.1 以不均匀散射区为中心，作半径为 R 的大球

$$p(\boldsymbol{r},\omega)=\int_V g(\boldsymbol{r},\boldsymbol{r}')\Im(\boldsymbol{r}',\omega)\mathrm{d}^3\boldsymbol{r}' \\ +\iint_S\left[g(\boldsymbol{r},\boldsymbol{r}')\frac{\partial p(\boldsymbol{r}',\omega)}{\partial n'}-p(\boldsymbol{r}',\omega)\frac{\partial g(\boldsymbol{r},\boldsymbol{r}')}{\partial n'}\right]\mathrm{d}S' \tag{3.3.10a}$$

其中，$g(\boldsymbol{r},\boldsymbol{r}')$ 为无界空间的 Green 函数

$$g(\boldsymbol{r},\boldsymbol{r}')=\frac{\exp(\mathrm{i}k_0|\boldsymbol{r}-\boldsymbol{r}'|)}{4\pi|\boldsymbol{r}-\boldsymbol{r}'|} \tag{3.3.10b}$$

在散射问题中，当取 $R\to\infty$ 时，方程 (3.3.10a) 的面积分部分不能取为零，它表示从无限远处入射的声波 $p_\mathrm{i}(\boldsymbol{r},\omega)$，故由方程 (3.3.7b)，方程 (3.3.10a) 变成

$$p(\boldsymbol{r},\omega)=p_\mathrm{i}(\boldsymbol{r},\omega)+\int_V\left\{k_0^2\gamma_\kappa(\boldsymbol{r}')p(\boldsymbol{r}',\omega)\,g(\boldsymbol{r},\boldsymbol{r}')-g(\boldsymbol{r},\boldsymbol{r}')\nabla'\cdot[\gamma_\rho(\boldsymbol{r}')\nabla'p(\boldsymbol{r}',\omega)]\right\}\mathrm{d}^3\boldsymbol{r}' \tag{3.3.10c}$$

利用矢量恒等式 $g\nabla'\cdot(\gamma_\rho\nabla'p)=\nabla'\cdot(g\gamma_\rho\nabla'p)-\gamma_\rho\nabla'p\cdot\nabla'g$ 和 Gauss 定理，上式变为

$$p(\boldsymbol{r},\omega)=p_\mathrm{i}(\boldsymbol{r},\omega)+\int_V\left[k_0^2\gamma_\kappa(\boldsymbol{r}')p(\boldsymbol{r}',\omega)g(\boldsymbol{r},\boldsymbol{r}')+\gamma_\rho(\boldsymbol{r}')\nabla'p(\boldsymbol{r}',\omega)\cdot\nabla'g(\boldsymbol{r},\boldsymbol{r}')\right]\mathrm{d}^3\boldsymbol{r}' \\ -\iint_{S_V}\gamma_\rho(\boldsymbol{r}')g(\boldsymbol{r},\boldsymbol{r}')\nabla'p(\boldsymbol{r}',\omega)\cdot\boldsymbol{n}'\mathrm{d}S' \tag{3.3.10d}$$

其中，S_V 是包含不均匀散射区域的表面，其法向为 $\boldsymbol{n}'$. 如果 $\gamma_\rho(\boldsymbol{r}')$ 在 S_V 上为零 (因而也要求，当 $\boldsymbol{r}$ 由散射区域内部趋近边界面 S_V 时，$\gamma_\rho(\boldsymbol{r}')\to0$)，则上式简化为

$$p(\boldsymbol{r},\omega)=p_\mathrm{i}(\boldsymbol{r},\omega)+\int_V\left[k_0^2\gamma_\kappa(\boldsymbol{r}')p(\boldsymbol{r}',\omega)g(\boldsymbol{r},\boldsymbol{r}')+\gamma_\rho(\boldsymbol{r}')\nabla'p(\boldsymbol{r}',\omega)\cdot\nabla'g(\boldsymbol{r},\boldsymbol{r}')\right]\mathrm{d}^3\boldsymbol{r}' \tag{3.3.10e}$$

上式称为 **Lippmann-Schwinger 积分方程**. 注意：上式中的微分运算对 $\boldsymbol{r}'$ 变量进行. 方程 (3.3.10e) 的物理意义很明显：积分项表示不均匀区域对入射波 $p_\mathrm{i}(\boldsymbol{r},\omega)$ 的散射，第一、二项分别表示压缩系数和密度不均匀引起的声波散射. 必须注意的是，积分号中的 $p(\boldsymbol{r}',\omega)$ 就是待求的声压，故方程 (3.3.1e) 是第二类积分方程.

如果散射区域 V 内部存在 $\gamma_\rho(\boldsymbol{r})$ 的不连续界面 S_0 把 V 分成 V_1 和 V_2 二部分，则方程 (3.3.10c) 修改为

$$p(\boldsymbol{r},\omega)=p_\mathrm{i}(\boldsymbol{r},\omega)+\int_{V_1}\left\{k_0^2\gamma_\kappa(\boldsymbol{r}')p(\boldsymbol{r}',\omega)\,g(\boldsymbol{r},\boldsymbol{r}')-g(\boldsymbol{r},\boldsymbol{r}')\nabla'\cdot[\gamma_\rho(\boldsymbol{r}')\nabla'p(\boldsymbol{r}',\omega)]\right\}\mathrm{d}^3\boldsymbol{r}' \\ +\int_{V_2}\left\{k_0^2\gamma_\kappa(\boldsymbol{r}')p(\boldsymbol{r}',\omega)\,g(\boldsymbol{r},\boldsymbol{r}')-g(\boldsymbol{r},\boldsymbol{r}')\nabla'\cdot[\gamma_\rho(\boldsymbol{r}')\nabla'p(\boldsymbol{r}',\omega)]\right\}\mathrm{d}^3\boldsymbol{r}' \tag{3.3.11a}$$

在区域 V_1 和 V_2 上，Gauss 定理成立，故

$$
\begin{aligned}
p(\boldsymbol{r},\omega)=&p_{\rm i}(\boldsymbol{r},\omega)+\int_V\left[k_0^2\gamma_\kappa(\boldsymbol{r}')p(\boldsymbol{r}',\omega)g(\boldsymbol{r},\boldsymbol{r}')+\gamma_\rho(\boldsymbol{r}')\nabla'p(\boldsymbol{r}',\omega)\cdot\nabla'g(\boldsymbol{r},\boldsymbol{r}')\right]{\rm d}^3\boldsymbol{r}'\\
&-\iint_{S_0^+}\gamma_\rho^+(\boldsymbol{r}')g(\boldsymbol{r},\boldsymbol{r}')\nabla'p(\boldsymbol{r}',\omega)\cdot\boldsymbol{n}'_+{\rm d}S'\\
&-\iint_{S_0^-}\gamma_\rho^-(\boldsymbol{r}')g(\boldsymbol{r},\boldsymbol{r}')\nabla'p(\boldsymbol{r}',\omega)\cdot\boldsymbol{n}'_-{\rm d}S'
\end{aligned}
\tag{3.3.11b}
$$

其中，$\gamma_\rho^+(\boldsymbol{r}')$ 和 $\gamma_\rho^-(\boldsymbol{r}')$ 分别表示不连续界面 S_0 的二个侧面 S_0^+ 和 S_0^- 上的值，$\boldsymbol{n}'_+$ 和 $\boldsymbol{n}'_-$ 分别表示二个侧面 S_0^+ 和 S_0^- 的法向 ($\boldsymbol{n}'_+=-\boldsymbol{n}'_-$). 在不连续界面 S_0 上法向速度连续 (注意：声压连续，但声压的法向导数不连续), 即

$$
\frac{1}{{\rm i}\rho^+(\boldsymbol{r}')\omega}\nabla'p(\boldsymbol{r}',\omega)\cdot\boldsymbol{n}'_+=\frac{1}{{\rm i}\rho^-(\boldsymbol{r}')\omega}\nabla'p(\boldsymbol{r}',\omega)\cdot\boldsymbol{n}'_-
\tag{3.3.11c}
$$

于是，方程 (3.3.11b) 变化成

$$
\begin{aligned}
p(\boldsymbol{r},\omega)=&p_{\rm i}(\boldsymbol{r},\omega)+\int_V\left[k_0^2\gamma_\kappa(\boldsymbol{r}')p(\boldsymbol{r}',\omega)g(\boldsymbol{r},\boldsymbol{r}')+\gamma_\rho(\boldsymbol{r}')\nabla'g(\boldsymbol{r},\mathbf{r}')\cdot\nabla'p(\boldsymbol{r}',\omega)\right]{\rm d}^3\boldsymbol{r}'\\
&-\iint_{S_0^+}\left[\gamma_\rho^+(\boldsymbol{r}')-\gamma_\rho^-(\boldsymbol{r}')\frac{\rho^-(\boldsymbol{r}')}{\rho^+(\boldsymbol{r}')}\right]g(\boldsymbol{r},\boldsymbol{r}')\nabla'p(\boldsymbol{r}',\omega)\cdot\boldsymbol{n}'_+{\rm d}S'
\end{aligned}
\tag{3.3.11d}
$$

其中，$\rho^+(\boldsymbol{r}')$ 和 $\rho^-(\boldsymbol{r}')$ 表示界面 S_0 二侧的密度值.

远场近似 设非均匀区在半径为 a 的球内，当 $r\gg a$ 时

$$
|\boldsymbol{r}-\boldsymbol{r}'|=\sqrt{|\boldsymbol{r}|^2+|\boldsymbol{r}'|^2-2\boldsymbol{r}\cdot\boldsymbol{r}'}\approx|\boldsymbol{r}|-\boldsymbol{e}_{\rm s}\cdot\boldsymbol{r}'
\tag{3.3.12a}
$$

其中，$\boldsymbol{e}_{\rm s}=\boldsymbol{r}/|\boldsymbol{r}|$ 为原点到观察点 $\boldsymbol{r}$ 的单位矢量. 上式代入方程 (3.3.10b) 得到 Green 函数和它的梯度的近似表达式

$$
\begin{aligned}
g(\boldsymbol{r},\boldsymbol{r}')&\approx\frac{{\rm e}^{{\rm i}k_0|\boldsymbol{r}|}}{4\pi|\boldsymbol{r}|}\exp(-{\rm i}k_0\boldsymbol{e}_{\rm s}\cdot\boldsymbol{r}')\\
\nabla'g(\boldsymbol{r},\boldsymbol{r}')&\approx-{\rm i}k_0\boldsymbol{e}_{\rm s}\frac{{\rm e}^{{\rm i}k_0|\boldsymbol{r}|}}{4\pi|\boldsymbol{r}|}\exp(-{\rm i}k_0\boldsymbol{e}_{\rm s}\cdot\boldsymbol{r}')
\end{aligned}
\tag{3.3.12b}
$$

设入射波为 $\boldsymbol{k}_0$ 方向传播的平面波 $p_{\rm i}(\boldsymbol{r},\omega)=A\exp({\rm i}\boldsymbol{k}_0\cdot\boldsymbol{r})$，由方程 (3.3.10e) 和上式得

$$
p(\boldsymbol{r},\omega)\approx A\exp({\rm i}\boldsymbol{k}_0\cdot\boldsymbol{r})+A\frac{{\rm e}^{{\rm i}k_0|\boldsymbol{r}|}}{|\boldsymbol{r}|}\varPhi(\boldsymbol{e}_{\rm s},\omega)
\tag{3.3.12c}
$$

其中，$\varPhi(\boldsymbol{e}_{\rm s},\omega)$ 定义为

$$
\varPhi(\boldsymbol{e}_{\rm s},\omega)\equiv\frac{k_0^2}{4\pi A}\int_V\left[\gamma_\kappa(\boldsymbol{r}')p(\boldsymbol{r}',\omega)-\frac{\rm i}{k_0}\gamma_\rho(\boldsymbol{r}')\boldsymbol{e}_{\rm s}\cdot\nabla'p(\boldsymbol{r}',\omega)\right]{\rm e}^{-{\rm i}k_0\boldsymbol{e}_{\rm s}\cdot\boldsymbol{r}'}{\rm d}^3\boldsymbol{r}'
\tag{3.3.12d}
$$

称为**散射振幅**(scattering amplitude)，只要知道了总声场，原则上就可以求散射振幅.

3.3.3 Born 级数和 Born 近似

严格求解积分方程 (3.3.10e) 是困难的，当散射比较 "弱"(意义后面讨论)，我们可以用迭代法求解方程 (3.3.10e), 第一次近似为

$$p(\boldsymbol{r},\omega)\approx p_{\mathrm{i}}(\boldsymbol{r},\omega)+p_1(\boldsymbol{r},\omega) \tag{3.3.13a}$$

其中，$p_1(\boldsymbol{r},\omega)\equiv\int_V\Im_1(\boldsymbol{r},\boldsymbol{r}')\mathrm{d}^3\boldsymbol{r}'$, 以及

$$\Im_1(\boldsymbol{r},\boldsymbol{r}')\equiv k_0^2\gamma_\kappa(\boldsymbol{r}')p_{\mathrm{i}}(\boldsymbol{r}',\omega)g(\boldsymbol{r},\boldsymbol{r}')+\gamma_\rho(\boldsymbol{r}')\nabla'p_{\mathrm{i}}(\boldsymbol{r}',\omega)\cdot\nabla'g(\boldsymbol{r},\boldsymbol{r}') \tag{3.3.13b}$$

第二次近似为

$$p(\boldsymbol{r},\omega)\approx p_{\mathrm{i}}(\boldsymbol{r},\omega)+p_1(\boldsymbol{r},\omega)+p_2(\boldsymbol{r},\omega) \tag{3.3.13c}$$

其中，$p_2(\boldsymbol{r},\omega)\equiv\int_V\Im_2(\boldsymbol{r},\boldsymbol{r}')\mathrm{d}^3\boldsymbol{r}'$, 以及

$$\Im_2(\boldsymbol{r},\boldsymbol{r}')\equiv k_0^2\gamma_\kappa(\boldsymbol{r}')p_1(\boldsymbol{r},\omega)g(\boldsymbol{r},\boldsymbol{r}')+\gamma_\rho(\boldsymbol{r}')\nabla'p_1(\boldsymbol{r},\omega)\cdot\nabla'g(\boldsymbol{r},\boldsymbol{r}') \tag{3.3.13d}$$

第 N 次近似为

$$p(\boldsymbol{r},\omega)=p_{\mathrm{i}}(\boldsymbol{r},\omega)+\sum_{j=1}^{N}p_j(\boldsymbol{r},\omega) \tag{3.3.14a}$$

其中，$p_N(\boldsymbol{r},\omega)\equiv\int_V\Im_N(\boldsymbol{r},\boldsymbol{r}')\mathrm{d}^3\boldsymbol{r}'$, 以及

$$\Im_N(\boldsymbol{r},\boldsymbol{r}')\equiv k_0^2\gamma_\kappa(\boldsymbol{r}')p_{N-1}(\boldsymbol{r}',\omega)g(\boldsymbol{r},\boldsymbol{r}')+\gamma_\rho(\boldsymbol{r}')\nabla'p_{N-1}(\boldsymbol{r}',\omega)\cdot\nabla'g(\boldsymbol{r},\boldsymbol{r}') \tag{3.3.14b}$$

当 $N\to\infty$ 时，由 $(p_1,p_2,\cdots,p_N,\cdots)$ 形成的级数称为 **Born 级数**. 讨论 Born 级数的收敛条件在数学上是十分困难的，仅仅指出，当满足下列二个条件时，Born 级数有较好的收敛性: ①频率足够低，即 $(k_0a)^2\ll 1$，因为迭代方程 (即方程 (3.3.14b) 正比于 k_0^2；②$||\gamma_\kappa(\boldsymbol{r})||\ll 1$ 和 $||\gamma_\rho(\boldsymbol{r})||\ll 1$. 这二个条件也可以合成

$$(k_0a)^2\cdot\max\{||\gamma_\kappa(\boldsymbol{r})||,||\gamma_\rho(\boldsymbol{r})||\}\ll 1 \tag{3.3.15a}$$

当然，这一条件仅仅是充分条件，而非必要条件. 这里 $||\gamma_\kappa(\boldsymbol{r})||$ 或 $||\gamma_\rho(\boldsymbol{r})||$ 为不均匀区的均方平均

$$||\gamma_{\kappa,\rho}(\boldsymbol{r})||=\frac{1}{V}\sqrt{\int_V\gamma_{\kappa,\rho}^2(\boldsymbol{r})\mathrm{d}^3\boldsymbol{r}} \tag{3.3.15b}$$

Born 近似 如果取 Born 级数的第一项，即方程 (3.3.13a)，称为 **Born 近似**. 在 Born 近似下，散射振幅的近似相当简单，由方程 (3.3.12d)

$$\begin{aligned}\Phi(\boldsymbol{e}_{\rm s},\omega)&\approx\frac{k_0^2}{4\pi A}\int_V\left[\gamma_\kappa(\boldsymbol{r}')p_{\rm i}(\boldsymbol{r}',\omega)-\frac{\rm i}{k_0}\gamma_\rho(\boldsymbol{r}')\boldsymbol{e}_{\rm s}\cdot\nabla'p_{\rm i}(\boldsymbol{r}',\omega)\right]{\rm e}^{-{\rm i}k_0\boldsymbol{e}_{\rm s}\cdot\boldsymbol{r}'}{\rm d}^3\boldsymbol{r}'\\&=\frac{k_0^2}{4\pi}\int_V[\gamma_\kappa(\boldsymbol{r}')+\gamma_\rho(\boldsymbol{r}')\boldsymbol{e}_{\rm s}\cdot\boldsymbol{e}_{\rm i}]\exp[-{\rm i}k_0(\boldsymbol{e}_{\rm s}-\boldsymbol{e}_{\rm i})\cdot\boldsymbol{r}']{\rm d}^3\boldsymbol{r}'\end{aligned}\tag{3.3.16a}$$

其中，$\boldsymbol{e}_{\rm i}=\boldsymbol{k}_0/k_0$ 为入射波方向的单位矢量. 设入射波方向 $\boldsymbol{e}_{\rm i}$ 与 $\boldsymbol{e}_{\rm s}$ 的夹角为 ϑ(取 $\boldsymbol{e}_{\rm i}$ 为 z 轴方向，ϑ 就是球坐标中的极角)，则上式可表示为

$$\begin{aligned}\Phi(\boldsymbol{e},\omega)&\approx\frac{k_0^2}{4\pi}\int_V[\gamma_\kappa(\boldsymbol{r}')+\gamma_\rho(\boldsymbol{r}')\cos\vartheta]\exp(-{\rm i}k_0\boldsymbol{e}\cdot\boldsymbol{r}'){\rm d}^3\boldsymbol{r}'\\&\approx2\pi^2k_0^2[\varGamma_\kappa(k_0\boldsymbol{e})+\varGamma_\rho(k_0\boldsymbol{e})\cos\vartheta]\end{aligned}\tag{3.3.16b}$$

其中，$\boldsymbol{e}\equiv(\boldsymbol{e}_{\rm s}-\boldsymbol{e}_{\rm i})$, $\varGamma_\kappa(k_0\boldsymbol{e})$ 和 $\varGamma_\rho(k_0\boldsymbol{e})$ 分别是 $\gamma_\kappa(\boldsymbol{r})$ 和 $\gamma_\rho(\boldsymbol{r})$ 的三维空间 Fourier 变换

$$\begin{aligned}\varGamma_\kappa(\boldsymbol{K})&\equiv\frac{1}{(2\pi)^3}\int_V\gamma_\kappa(\boldsymbol{r}')\exp(-{\rm i}\boldsymbol{K}\cdot\mathbf{r}'){\rm d}^3\boldsymbol{r}'\\\varGamma_\rho(\boldsymbol{K})&\equiv\frac{1}{(2\pi)^3}\int_V\gamma_\rho(\boldsymbol{r}')\exp(-{\rm i}\boldsymbol{K}\cdot\mathbf{r}'){\rm d}^3\boldsymbol{r}'\end{aligned}\tag{3.3.16c}$$

在 $\boldsymbol{K}$ 空间球面 $|\boldsymbol{K}|^2=k_0^2$ 上的值.

一个特殊情况是: $\gamma_\kappa(\boldsymbol{r})$ 和 $\gamma_\rho(\boldsymbol{r})$ 仅仅是 r 的函数，即散射体是球对称的，方程 (3.3.16a) 给出

$$\Phi(\boldsymbol{e},\omega)\approx\frac{k_0^2}{4\pi}\int_0^{2\pi}\int_0^{\pi}\int_0^{a}[\gamma_\kappa(r')+\gamma_\rho(r')\cos\vartheta]{\rm e}^{-{\rm i}k_0\boldsymbol{e}\cdot\boldsymbol{r}'}r'^2\sin\vartheta'{\rm d}r'{\rm d}\vartheta'{\rm d}\varphi'\tag{3.3.17a}$$

注意到在积分过程中，$\boldsymbol{e}$ 是常矢量，取 $\boldsymbol{e}$ 方向为 z' 轴方向，那么 $\boldsymbol{e}\cdot\boldsymbol{r}'=|\boldsymbol{e}|r'\cos\vartheta'$, 代入上式

$$\begin{aligned}\Phi(\boldsymbol{e},\omega)&\approx\frac{k_0^2}{2}\int_0^{a}[\gamma_\kappa(r')+\gamma_\rho(r')\cos\vartheta]\left[\int_0^{\pi}{\rm e}^{-{\rm i}k_0|\boldsymbol{e}|r'\cos\vartheta'}\sin\vartheta'{\rm d}\vartheta'\right]r'^2{\rm d}r'\\&\approx\frac{k_0}{|\boldsymbol{e}|}(\tilde{\varGamma}_\kappa+\tilde{\varGamma}_\rho\cos\vartheta)\end{aligned}\tag{3.3.17b}$$

其中，$|\boldsymbol{e}|=|\boldsymbol{e}_{\rm s}-\boldsymbol{e}_{\rm i}|=2\sin(\vartheta/2)$，以及

$$\begin{aligned}\tilde{\varGamma}_\kappa&\equiv\int_0^{a}\gamma_\kappa(r')\sin(k_0|\boldsymbol{e}|r')r'{\rm d}r'\\\tilde{\varGamma}_\rho&\equiv\int_0^{a}\gamma_\rho(r')\sin(k_0|\boldsymbol{e}|r')r'{\rm d}r'\end{aligned}\tag{3.3.18a}$$

因为 $(k_0a)^2 \ll 1$，故 $k_0|\boldsymbol{e}|a \ll 1$，可取近似 $\sin(k_0|\boldsymbol{e}|r') \approx k_0|\boldsymbol{e}|r'$，上式简化为

$$\tilde{\varGamma}_\kappa = \frac{1}{3}a^3k_0|\boldsymbol{e}|\left\langle\frac{\kappa_e-\kappa_0}{\kappa_0}\right\rangle;\ \tilde{\varGamma}_\rho = \frac{1}{3}a^3k_0|\boldsymbol{e}|\left\langle\frac{\rho_e-\rho_0}{\rho_e}\right\rangle \tag{3.3.18b}$$

其中，为了方便定义

$$\begin{aligned}\left\langle\frac{\kappa_e-\kappa_0}{\kappa_0}\right\rangle &\equiv \frac{1}{4\pi a^3/3}\int_0^a \gamma_\kappa(r')4\pi r'^2\mathrm{d}r' \\ \left\langle\frac{\rho_e-\rho_0}{\rho_e}\right\rangle &\equiv \frac{1}{4\pi a^3/3}\int_0^a \gamma_\rho(r')4\pi r'^2\mathrm{d}r'\end{aligned} \tag{3.3.18c}$$

为球内平均. 把方程 (3.3.18b) 代入方程 (3.3.17b) 得到

$$\varPhi(\boldsymbol{e},\omega) \approx -\frac{1}{3}a^3k_0^2\left(\left\langle\frac{\kappa_0-\kappa_e}{\kappa_0}\right\rangle - \left\langle\frac{\rho_e-\rho_0}{\rho_e}\right\rangle\cos\vartheta\right) \tag{3.3.18d}$$

上式与方程 (3.1.25b) 的散射因子相比具有相似的形式 (注意：散射振幅 $\varPhi$ 与散射因子 $\varPsi_\mathrm{s}$ 相差因子 k_0/i). 注意：如果把方程 (3.3.18c) 改写成

$$\langle\kappa_e\rangle = \frac{1}{4\pi a^3/3}\int_0^a \kappa_e(r')4\pi r'^2\mathrm{d}r' \tag{3.3.18e}$$

$$\left\langle\frac{1}{\rho_e}\right\rangle = \frac{1}{4\pi a^3/3}\int_0^a \frac{1}{\rho_e(r')}4\pi r'^2\mathrm{d}r' \tag{3.3.18f}$$

容易看出：等效压缩系数 $\bar{\kappa}_e \equiv \langle\kappa_e\rangle$ 相当于串联，而等效密度 $\bar{\rho}_e \equiv 1/\langle 1/\rho_e\rangle$ 相当于并联.

3.3.4　非稳态不均匀区对声波的散射

设湍流区对入射波的散射强度足够弱，满足 Born 近似的条件. 由于湍流区的密度和压缩系数随时间变化，必须直接用时域方程 (3.3.9b) 来讨论散射问题，因为对方程 (3.3.9b) 作时域 Fourier 变换时，所得方程包含 $\gamma_{\kappa,\rho}(\boldsymbol{r},\omega)$ 与 $p(\boldsymbol{r},\omega)$ 的卷积. 仍然假定入射波为单频平面波

$$p_\mathrm{i}(\boldsymbol{r},t) = A\exp[\mathrm{i}(\boldsymbol{k}_\mathrm{i}\cdot\boldsymbol{r}-\omega_\mathrm{i}t)] \quad (k_\mathrm{i}=\omega_\mathrm{i}/c_0) \tag{3.3.19a}$$

由方程 (1.3.23a)，微分方程 (3.3.9b) 化成积分方程

$$p(\boldsymbol{r},t) = A\exp[\mathrm{i}(\boldsymbol{k}_\mathrm{i}\cdot\boldsymbol{r}-\omega_\mathrm{i}t)] + \frac{1}{4\pi}\int_V \frac{1}{|\boldsymbol{r}-\boldsymbol{r}'|}\Im(\boldsymbol{r}',t_\mathrm{R})\mathrm{d}^3\boldsymbol{r}' \tag{3.3.19b}$$

其中，推迟时间 $t_\mathrm{R} \equiv t-|\boldsymbol{r}-\boldsymbol{r}'|/c_0$，源分布为 (同时考虑湍流的散射部分)

$$\Im(\boldsymbol{r},t) \equiv -\frac{1}{c_0^2}\frac{\partial}{\partial t}\left[\gamma_\kappa(\boldsymbol{r},t)\frac{\partial p}{\partial t}\right] - \nabla\cdot[\gamma_\rho(\boldsymbol{r},t)\nabla p] + \rho_0\sum_{\mu,\nu=1}^{3}\frac{\partial^2(2v_\mu U_{0\nu})}{\partial x_\mu\partial x_\nu} \tag{3.3.19c}$$

下面分别讨论三项的贡献.

压缩系数时空变化对散射的贡献 首先考虑上式的第一项，即压缩率变化对声散射的贡献. 在 Born 近似下，压缩率变化导致的散射声为

$$
\begin{aligned}
p_\kappa(\boldsymbol{r},t) &\equiv -\frac{1}{4\pi c_0^2}\int_V \frac{1}{|\boldsymbol{r}-\boldsymbol{r}'|}\frac{\partial}{\partial t}\left[\gamma_\kappa(\boldsymbol{r}',t)\frac{\partial p_{\mathrm{i}}(\boldsymbol{r}',t)}{\partial t}\right]_{t=t_{\mathrm{R}}}\mathrm{d}^3\boldsymbol{r}' \\
&= \frac{A}{4\pi c_0^2}\int_V \frac{\mathrm{e}^{\mathrm{i}(\boldsymbol{k}_{\mathrm{i}}\cdot\boldsymbol{r}'-\omega_{\mathrm{i}}t_{\mathrm{R}})}}{|\boldsymbol{r}-\boldsymbol{r}'|}\left[\mathrm{i}\omega_{\mathrm{i}}\frac{\partial\gamma_\kappa(\boldsymbol{r}',t)}{\partial t}+\omega_{\mathrm{i}}^2\gamma_\kappa(\boldsymbol{r}',t)\right]_{t=t_{\mathrm{R}}}\mathrm{d}^3\boldsymbol{r}'
\end{aligned}
\tag{3.3.20a}
$$

远场近似为

$$
p_\kappa(\boldsymbol{r},t) \approx \frac{A\mathrm{e}^{\mathrm{i}k_{\mathrm{i}}|\boldsymbol{r}|}}{4\pi|\boldsymbol{r}|}\int_V\left[\mathrm{i}\frac{\omega_{\mathrm{i}}}{c_0^2}\frac{\partial\gamma_\kappa(\boldsymbol{r}',t)}{\partial t}+k_{\mathrm{i}}^2\gamma_\kappa(\boldsymbol{r}',t)\right]_{t=t_{\mathrm{R}}}\mathrm{e}^{\mathrm{i}k_{\mathrm{i}}(\boldsymbol{e}_{\mathrm{i}}-\boldsymbol{e}_{\mathrm{s}})\cdot\boldsymbol{r}'-\mathrm{i}\omega_{\mathrm{i}}t)}\mathrm{d}^3\boldsymbol{r}'
\tag{3.3.20b}
$$

其中，推迟时间的远场近似为

$$
t_{\mathrm{R}} = t-\frac{|\boldsymbol{r}-\boldsymbol{r}'|}{c_0}\approx t-\frac{|\boldsymbol{r}|}{c_0}+\frac{\boldsymbol{e}_{\mathrm{s}}\cdot\boldsymbol{r}'}{c_0}
\tag{3.3.20c}
$$

$p_\kappa(\boldsymbol{r},t)$ 的谱分布为方程 (3.3.20b) 的时域 Fourier 变换

$$
\begin{aligned}
p_\kappa(\boldsymbol{r},\omega) \approx \frac{A\mathrm{e}^{\mathrm{i}k_{\mathrm{i}}|\boldsymbol{r}|}}{8\pi^2|\boldsymbol{r}|}\int_{-\infty}^{\infty}\int_V&\left[\mathrm{i}\frac{\omega_{\mathrm{i}}}{c_0^2}\frac{\partial\gamma_\kappa(\boldsymbol{r}',t)}{\partial t}+k_{\mathrm{i}}^2\gamma_\kappa(\boldsymbol{r}',t)\right]_{t=t_{\mathrm{R}}} \\
&\times\exp[\mathrm{i}k_{\mathrm{i}}(\boldsymbol{e}_{\mathrm{i}}-\boldsymbol{e}_{\mathrm{s}})\cdot\boldsymbol{r}'+\mathrm{i}(\omega-\omega_{\mathrm{i}})t]\mathrm{d}^3\boldsymbol{r}'\mathrm{d}t
\end{aligned}
\tag{3.3.21a}
$$

对时间积分变量作变换

$$
t = t'+\frac{|\boldsymbol{r}|}{c_0}-\frac{\boldsymbol{e}_{\mathrm{s}}\cdot\boldsymbol{r}'}{c_0}
\tag{3.3.21b}
$$

方程 (3.3. 21a) 变成

$$
\begin{aligned}
p_\kappa(\boldsymbol{r},\omega) \approx \frac{A\mathrm{e}^{\mathrm{i}\omega|\boldsymbol{r}|/c_0}}{8\pi^2|\boldsymbol{r}|}\int_{-\infty}^{\infty}\int_V&\left[\mathrm{i}\frac{\omega_{\mathrm{i}}}{c_0^2}\frac{\partial\gamma_\kappa(\boldsymbol{r}',t')}{\partial t'}+k_{\mathrm{i}}^2\gamma_\kappa(\boldsymbol{r}',t')\right] \\
&\times\exp\left[-\mathrm{i}\left(\frac{\omega}{c_0}\boldsymbol{e}_{\mathrm{s}}-k_{\mathrm{i}}\boldsymbol{e}_{\mathrm{i}}\right)\cdot\boldsymbol{r}'+\mathrm{i}(\omega-\omega_{\mathrm{i}})t'\right]\mathrm{d}^3\boldsymbol{r}'\mathrm{d}t'
\end{aligned}
\tag{3.3.21c}
$$

注意到关系

$$
\int_{-\infty}^{\infty}\frac{\partial\gamma_\kappa(\boldsymbol{r}',t')}{\partial t'}\mathrm{e}^{\mathrm{i}(\omega-\omega_{\mathrm{i}})t'}\mathrm{d}t' = -\mathrm{i}(\omega-\omega_{\mathrm{i}})\int_{-\infty}^{\infty}\gamma_\kappa(\boldsymbol{r}',t')\mathrm{e}^{\mathrm{i}(\omega-\omega_{\mathrm{i}})t'}\mathrm{d}t'
\tag{3.3.21d}
$$

方程 (3.3.21c) 变成

$$
p_\kappa(\boldsymbol{r},\omega) \approx \frac{2\pi^2k_{\mathrm{i}}^2A\exp(\mathrm{i}\omega|\boldsymbol{r}|/c_0)}{|\boldsymbol{r}|}\cdot\frac{\omega}{\omega_{\mathrm{i}}}\varGamma_\kappa\left(\frac{\omega}{c_0}\boldsymbol{e}_{\mathrm{s}}-k_{\mathrm{i}}\boldsymbol{e}_{\mathrm{i}},\omega-\omega_{\mathrm{i}}\right)
\tag{3.3.22a}
$$

函数 $\Gamma_\kappa(\boldsymbol{K},\omega)$ 是 $\gamma_\kappa(\boldsymbol{r},t)$ 的 4 维时空 Fourier 变换

$$\Gamma_\kappa(\boldsymbol{K},\omega)=\frac{1}{(2\pi)^4}\int_{-\infty}^{\infty}\int_V\gamma_\kappa(\boldsymbol{r}',t')\exp(-\mathrm{i}\boldsymbol{K}\cdot\boldsymbol{r}'+\mathrm{i}\omega t')\mathrm{d}^3\boldsymbol{r}'\mathrm{d}t' \tag{3.3.22b}$$

当 $\gamma_\kappa(\boldsymbol{r},t)=\gamma_\kappa(\boldsymbol{r})$ 与时间无关 (即稳态) 时，利用 Dirac Delta 函数的性质得到

$$\Gamma_\kappa(\boldsymbol{K},\omega)=\frac{1}{(2\pi)^3}\delta(\omega)\int_V\gamma_\kappa(\boldsymbol{r}')\exp(-\mathrm{i}\boldsymbol{K}\cdot\boldsymbol{r}')\mathrm{d}^3\boldsymbol{r}' \tag{3.3.22c}$$

代入方程 (3.3.22a)

$$p_\kappa(\boldsymbol{r},\omega)\approx\frac{2\pi^2k_\mathrm{i}^2A\exp(\mathrm{i}\omega|\boldsymbol{r}|/c_0)}{|\boldsymbol{r}|}\delta(\omega-\omega_\mathrm{i})\Gamma_\kappa[k_\mathrm{i}(\boldsymbol{e}_\mathrm{s}-\boldsymbol{e}_\mathrm{i})] \tag{3.3.22d}$$

上式与方程 (3.3.16a) 给出的结果一样, 表明：稳态散射的散射波频率与入射波频率相同，不产生新的频率分量. 而方程 (3.3.22a) 表明，对非稳态散射，散射波包含新的频率分量.

密度时空变化对散射的贡献　考虑 $\Im(\boldsymbol{r},t)$ 的第二项，在 Born 近似下，由方程 (3.3.19b) 和 (3.3.19c) 得到

$$p_\rho(\boldsymbol{r},t)\equiv\frac{1}{4\pi}\int\frac{1}{|\boldsymbol{r}-\boldsymbol{r}'|}[k_\mathrm{i}^2\gamma_\rho(\boldsymbol{r}',t_\mathrm{R})-\mathrm{i}\boldsymbol{k}_\mathrm{i}\cdot\nabla'\gamma_\rho(\boldsymbol{r}',t_\mathrm{R})]p_\mathrm{i}(\boldsymbol{r}',t_\mathrm{R})\mathrm{d}^3\boldsymbol{r}' \tag{3.3.23a}$$

得到上式利用了关系

$$\begin{aligned}\nabla\cdot[\gamma_\rho(\boldsymbol{r},t)\nabla p]&\approx\nabla\cdot[\gamma_\rho(\boldsymbol{r},t)\nabla p_\mathrm{i}]=\gamma_\rho(\boldsymbol{r},t)\nabla^2p_\mathrm{i}+\nabla\gamma_\rho(\boldsymbol{r},t)\cdot\nabla p_\mathrm{i}\\&=[-k_\mathrm{i}^2\gamma_\rho(\boldsymbol{r},t)+\mathrm{i}\boldsymbol{k}_\mathrm{i}\cdot\nabla\gamma_\rho(\boldsymbol{r},t)]p_\mathrm{i}(\boldsymbol{r},t)\end{aligned} \tag{3.2.23b}$$

与方程 (3.3.20b) 类似，远场散射声压为

$$\begin{aligned}p_\rho(\boldsymbol{r},t)&\approx\frac{A}{4\pi}\int_V\frac{1}{|\boldsymbol{r}-\boldsymbol{r}'|}[k_\mathrm{i}^2\gamma_\rho(\boldsymbol{r}',t_\mathrm{R})-\mathrm{i}\boldsymbol{k}_\mathrm{i}\cdot\nabla'\gamma_\rho(\boldsymbol{r}',t_\mathrm{R})]\mathrm{e}^{\mathrm{i}(\boldsymbol{k}_\mathrm{i}\cdot\boldsymbol{r}'-\omega_\mathrm{i}t_\mathrm{R})}\mathrm{d}^3\boldsymbol{r}'\\&\approx\frac{A\mathrm{e}^{\mathrm{i}k_\mathrm{i}|\boldsymbol{r}|}}{4\pi|\boldsymbol{r}|}\int_V[k_\mathrm{i}^2\gamma_\rho(\boldsymbol{r}',t_\mathrm{R})-\mathrm{i}\boldsymbol{k}_\mathrm{i}\cdot\nabla'\gamma_\rho(\boldsymbol{r}',t_\mathrm{R})]\mathrm{e}^{\mathrm{i}k_\mathrm{i}(\boldsymbol{e}_\mathrm{i}-\boldsymbol{e}_\mathrm{s})\cdot\boldsymbol{r}'-\mathrm{i}\omega_\mathrm{i}t}\mathrm{d}^3\boldsymbol{r}'\end{aligned} \tag{3.3.24a}$$

散射波的频谱为

$$\begin{aligned}p_\rho(\boldsymbol{r},\omega)\approx&\frac{A\mathrm{e}^{\mathrm{i}k_\mathrm{i}|\boldsymbol{r}|}}{8\pi^2|\boldsymbol{r}|}\int_{-\infty}^{\infty}\int_V[k_\mathrm{i}^2\gamma_\rho(\boldsymbol{r}',t_\mathrm{R})-\mathrm{i}\boldsymbol{k}_\mathrm{i}\cdot\nabla'\gamma_\rho(\boldsymbol{r}',t_\mathrm{R})]\\&\times\exp[\mathrm{i}k_\mathrm{i}(\boldsymbol{e}_\mathrm{i}-\boldsymbol{e}_\mathrm{s})\cdot\boldsymbol{r}'+\mathrm{i}(\omega-\omega_\mathrm{i})t]\mathrm{d}^3\boldsymbol{r}'\mathrm{d}t\end{aligned} \tag{3.3.24b}$$

利用方程 (2.4.21b), 上式变成

$$\begin{aligned}p_\rho(\boldsymbol{r},\omega)\approx&\frac{A\exp(\mathrm{i}\omega|\boldsymbol{r}|/c_0)}{8\pi^2|\boldsymbol{r}|}\int_{-\infty}^{\infty}\int_V[k_\mathrm{i}^2\gamma_\rho(\boldsymbol{r}',t')-\mathrm{i}\boldsymbol{k}_\mathrm{i}\cdot\nabla'\gamma_\rho(\boldsymbol{r}',t')]\\&\times\exp\left[-\mathrm{i}\left(\frac{\omega}{c_0}\boldsymbol{e}_\mathrm{s}-k_\mathrm{i}\boldsymbol{e}_\mathrm{i}\right)\cdot\boldsymbol{r}'+\mathrm{i}(\omega-\omega_\mathrm{i})t'\right]\mathrm{d}^3\boldsymbol{r}'\mathrm{d}t'\end{aligned} \tag{3.3.24c}$$

注意到积分关系

$$\int_V [\boldsymbol{k}_{\rm i}\cdot\nabla'\gamma_\rho(\boldsymbol{r}',t')]{\rm e}^{-{\rm i}\boldsymbol{K}\cdot\boldsymbol{r}'}{\rm d}^3\boldsymbol{r}' = {\rm i}(\boldsymbol{k}_{\rm i}\cdot\boldsymbol{K})\int_V \gamma_\rho(\boldsymbol{r}',t'){\rm e}^{-{\rm i}\boldsymbol{K}\cdot\boldsymbol{r}'}{\rm d}^3\boldsymbol{r}' \tag{3.3.24d}$$

方程 (3.3.24c) 变成

$$p_\rho(\boldsymbol{r},\omega)\approx\frac{2\pi^2 A{\rm e}^{{\rm i}\omega|\boldsymbol{r}|/c_0}}{|\boldsymbol{r}|}\left(\frac{\omega}{c_0}k_{\rm i}\cos\vartheta\right)\Gamma_\rho\left(\frac{\omega}{c_0}\boldsymbol{e}_{\rm s}-k_{\rm i}\boldsymbol{e}_{\rm i},\omega-\omega_{\rm i}\right) \tag{3.3.25}$$

函数 $\Gamma_\rho(\boldsymbol{K},\omega)$ 与 $\Gamma_\kappa(\boldsymbol{K},\omega)$ 类似，是 $\gamma_\rho(\boldsymbol{r},t)$ 的 4 维时空 Fourier 变换.

湍流的速度场对散射的贡献 由方程 (3.3.19b) 和 (3.3.19c) 得到

$$p_M(\boldsymbol{r},t)\equiv\frac{\rho_0}{2\pi}\sum_{\mu,\nu=1}^{3}\int_V\frac{1}{|\boldsymbol{r}-\boldsymbol{r}'|}\left[\frac{\partial^2(v_\mu U_{0\nu})}{\partial x'_\mu\partial x'_\nu}\right]_{t=t_{\rm R}}{\rm d}^3\boldsymbol{r}' \tag{3.3.26a}$$

在 Born 近似下，上式中的 v_μ 用入射波的速度场 $v_{{\rm i}\mu}$ 代替，并且注意到微分关系

$$\begin{aligned}\frac{\partial^2(v_{{\rm i}\mu}U_{0\nu})}{\partial x'_\mu\partial x'_\nu}&=v_{{\rm i}\mu}\frac{\partial^2 U_{0\nu}}{\partial x'_\mu\partial x'_\nu}+U_{0\nu}\frac{\partial^2 v_{{\rm i}\mu}}{\partial x'_\mu\partial x'_\nu}+\frac{\partial v_{{\rm i}\mu}}{\partial x'_\mu}\frac{\partial U_{0\nu}}{\partial x'_\nu}+\frac{\partial v_{{\rm i}\mu}}{\partial x'_\nu}\frac{\partial U_{0\nu}}{\partial x'_\mu}\\&=v_{{\rm i}\mu}\left[\frac{\partial^2 U_{0\nu}}{\partial x'_\mu\partial x'_\nu}-U_{0j}k_{\rm i}^2e_{{\rm i}\mu}e_{{\rm i}\nu}+{\rm i}k_{\rm i}\left(e_{{\rm i}\mu}\frac{\partial U_{0\nu}}{\partial x'_\nu}+e_{{\rm i}\nu}\frac{\partial U_{0\nu}}{\partial x'_\mu}\right)\right]\end{aligned} \tag{3.3.26b}$$

其中，入射波速度场的三个分量 $v_{{\rm i}\mu}$ $(\mu=x_1,x_2,x_3)$ 为

$$v_{{\rm i}\mu}=\frac{Ae_{{\rm i}\mu}}{\rho_0c_0}\exp[{\rm i}(\boldsymbol{k}_{\rm i}\cdot\boldsymbol{r}-\omega_{\rm i}t)] \tag{3.3.26c}$$

在远场条件下，方程 (3.3.26a) 简化为

$$\begin{aligned}p_M(\boldsymbol{r},t)\approx&\frac{A{\rm e}^{{\rm i}k_{\rm i}|\boldsymbol{r}|}}{2\pi c_0|\boldsymbol{r}|}\sum_{\mu,\nu=1}^{3}\int_V e_{{\rm i}\mu}\exp[{\rm i}k_{\rm i}(\boldsymbol{e}_{\rm i}-\boldsymbol{e}_{\rm s})\cdot\boldsymbol{r}'-{\rm i}\omega_{\rm i}t]{\rm d}^3\boldsymbol{r}'\\&\times\left[\frac{\partial^2 U_{0\nu}}{\partial x'_\mu\partial x'_\nu}-U_{0\nu}k_{\rm i}^2e_{{\rm i}\mu}e_{{\rm i}\nu}+{\rm i}k_{\rm i}\left(e_{{\rm i}\mu}\frac{\partial U_{0\nu}}{\partial x'_\nu}+e_{{\rm i}\nu}\frac{\partial U_{0\nu}}{\partial x'_\mu}\right)\right]_{t=t_{\rm R}}\end{aligned} \tag{3.3.27a}$$

散射波的频谱为

$$\begin{aligned}p_M(\boldsymbol{r},\omega)\approx&\frac{A{\rm e}^{{\rm i}k_{\rm i}|\boldsymbol{r}|}}{4\pi^2c_0|\boldsymbol{r}|}\sum_{\mu,\nu=1}^{3}\int_{-\infty}^{\infty}\int_V e_{{\rm i}\mu}\exp[{\rm i}k_{\rm i}(\boldsymbol{e}_{\rm i}-\boldsymbol{e}_{\rm s})\cdot\boldsymbol{r}'+{\rm i}(\omega-\omega_{\rm i})t]\\&\times\left[\frac{\partial^2 U_{0\nu}}{\partial x'_\mu\partial x'_\nu}-k_{\rm i}^2e_{{\rm i}\mu}e_{{\rm i}\nu}+{\rm i}k_{\rm i}\left(e_{{\rm i}\mu}\frac{\partial U_{0\nu}}{\partial x'_\nu}+e_{{\rm i}\nu}\frac{\partial U_{0\nu}}{\partial x'_\mu}\right)\right]_{t=t_{\rm R}}{\rm d}^3\boldsymbol{r}'{\rm d}t\end{aligned} \tag{3.3.27b}$$

利用方程 (3.3. 21b)，上式变成

$$p_M(\boldsymbol{r},\omega)\approx f(|\boldsymbol{r}|)\sum_{\mu,\nu=1}^{3}\int_{-\infty}^{\infty}\int_V e_{\mathrm{i}\mu}\exp\left[-\mathrm{i}\left(\frac{\omega}{c_0}\boldsymbol{e}_{\mathrm{s}}-k_{\mathrm{i}}\boldsymbol{e}_{\mathrm{i}}\right)\cdot\boldsymbol{r}'+\mathrm{i}(\omega-\omega_{\mathrm{i}})t'\right]$$
$$\times\left[\frac{\partial^2}{\partial x'_\mu\partial x'_\nu}+\mathrm{i}k_{\mathrm{i}}e_{\mathrm{i}\mu}\frac{\partial}{\partial x'_\nu}+\mathrm{i}k_{\mathrm{i}}e_{\mathrm{i}\nu}\frac{\partial}{\partial x'_\mu}-k_{\mathrm{i}}^2e_{\mathrm{i}\mu}e_{\mathrm{i}\nu}\right]U_{0\nu}(\boldsymbol{r}',t')\mathrm{d}^3\boldsymbol{r}'\mathrm{d}t' \tag{3.3.27c}$$

其中，为了方便，令

$$f(|\boldsymbol{r}|)\equiv\frac{A\exp(\mathrm{i}\omega|\boldsymbol{r}|/c_0)}{4\pi^2c_0|\boldsymbol{r}|} \tag{3.3.27d}$$

由 Fourier 变换的性质，方程 (3.3.27c) 中每一个偏微分对应于一个 $\mathrm{i}(\omega\boldsymbol{e}_{\mathrm{s}}/c_0-k_{\mathrm{i}}\boldsymbol{e}_{\mathrm{i}})$，并且注意到关系

$$\sum_{\nu=1}^{3}e_{\mathrm{s}\nu}U_{0\nu}(\boldsymbol{r}',t')=\boldsymbol{e}_{\mathrm{s}}\cdot\boldsymbol{U}_0(\boldsymbol{r}',t');\quad\sum_{\mu=1}^{3}e_{\mathrm{s}\mu}e_{\mathrm{i}\mu}=\boldsymbol{e}_{\mathrm{s}}\cdot\boldsymbol{e}_{\mathrm{i}}=\cos\vartheta \tag{3.3.27e}$$

从方程 (3.3.27c) 可以得到

$$p_M(\boldsymbol{r},\omega)\approx-\frac{4\pi^2A\mathrm{e}^{\mathrm{i}\omega|\boldsymbol{r}|/c_0}}{|\boldsymbol{r}|}\left(\frac{\omega}{c_0}\right)^2\cos\vartheta\cdot\varGamma_M\left(\frac{\omega}{c_0}\boldsymbol{e}_{\mathrm{s}}-k_{\mathrm{i}}\boldsymbol{e}_{\mathrm{i}},\omega-\omega_{\mathrm{i}}\right) \tag{3.3.28a}$$

其中，$\varGamma_M(\boldsymbol{K},\omega)$ 为湍流速度在 $\boldsymbol{e}_{\mathrm{s}}$ 的投影 $\boldsymbol{e}_{\mathrm{s}}\cdot\boldsymbol{U}_0/c_0$(即 Mach 数) 的 4 维时空 Fourier 变换

$$\varGamma_M(\boldsymbol{K},\omega)\equiv\frac{1}{(2\pi)^4}\int_{-\infty}^{\infty}\int_V\left[\boldsymbol{e}_{\mathrm{s}}\cdot\frac{\boldsymbol{U}_0(\boldsymbol{r}',t')}{c_0}\right]\exp(-\mathrm{i}\boldsymbol{K}\cdot\boldsymbol{r}'+\mathrm{i}\omega t')\mathrm{d}^3\boldsymbol{r}'\mathrm{d}t' \tag{3.3.28b}$$

最后，由方程 (3.3.22a)，(3.3.25) 和 (3.3.28a)，得到总的远场散射波为

$$p_{\mathrm{s}}(\boldsymbol{r},\omega)\approx\frac{2\pi^2A\exp(\mathrm{i}\omega|\boldsymbol{r}|/c_0)}{|\boldsymbol{r}|}\left[k_{\mathrm{i}}^2\frac{\omega}{\omega_{\mathrm{i}}}\varGamma_\kappa(\Delta\boldsymbol{k},\Delta\omega)\right.$$
$$\left.+\frac{\omega}{c_0}k_{\mathrm{i}}\cos\vartheta\cdot\varGamma_\rho(\Delta\boldsymbol{k},\Delta\omega)-2\left(\frac{\omega}{c_0}\right)^2\cos\vartheta\cdot\varGamma_M(\Delta\boldsymbol{k},\Delta\omega)\right] \tag{3.3.29a}$$

其中，$\Delta\boldsymbol{k}=(\omega\boldsymbol{e}_{\mathrm{s}}-\omega_{\mathrm{i}}\boldsymbol{e}_{\mathrm{i}})/c_0$ 和 $\Delta\omega\equiv\omega-\omega_{\mathrm{i}}$. 一般 $\gamma_\kappa(\boldsymbol{r},t)$，$\gamma_\rho(\boldsymbol{r},t)$ 以及 $\boldsymbol{U}_0(\boldsymbol{r},t)$ 的时空变化是随机的，故在计算远场散射声强时，$\varGamma_\kappa$，$\varGamma_\rho$ 和 $\varGamma_M$ 的交叉项的时间平均为零，于是远场散射声强近似为

$$I_{\mathrm{s}}(\boldsymbol{r},\omega)\approx\frac{4\pi^4|A|^2}{2\rho_0c_0|\boldsymbol{r}|^2}\left[k_{\mathrm{i}}^4\left(\frac{\omega}{\omega_{\mathrm{i}}}\right)^2|\varGamma_\kappa(\Delta\boldsymbol{k},\Delta\omega)|^2\right.$$
$$\left.+\left(\frac{\omega}{c_0}k_{\mathrm{i}}\right)^2\cos^2\vartheta\cdot|\varGamma_\rho(\Delta\boldsymbol{k},\Delta\omega)|^2+4\left(\frac{\omega}{c_0}\right)^4\cos^2\vartheta\cdot|\varGamma_M(\Delta\boldsymbol{k},\Delta\omega)|^2\right] \tag{3.3.29b}$$

其中，$|\Gamma_{\kappa,\rho,M}(\Delta\boldsymbol{k},\Delta\omega)|^2$ 称为**谱密度**. 由方程 (3.3.22b), 我们可以得到

$$|\Gamma_\kappa(\boldsymbol{K},\omega)|^2=\frac{1}{(2\pi)^8}\int_{-\infty}^{\infty}\int_V\gamma_\kappa^*(\boldsymbol{r}'',t'')\mathrm{d}^3\boldsymbol{r}''\mathrm{d}t''\times\left[\int_{-\infty}^{\infty}\int_V\gamma_\kappa(\boldsymbol{r}',t')\exp[-\mathrm{i}\boldsymbol{K}\cdot(\boldsymbol{r}'-\boldsymbol{r}'')+\mathrm{i}\omega(t'-t'')]\mathrm{d}^3\boldsymbol{r}'\mathrm{d}t'\right]\tag{3.3.30a}$$

在作上式中括号内的积分时，$\boldsymbol{r}''$ 和 t'' 是常量，故令 $\boldsymbol{L}\equiv\boldsymbol{r}'-\boldsymbol{r}'';\tau\equiv t'-t''$，于是上式变为

$$|\Gamma_\kappa(\boldsymbol{K},\omega)|^2=\frac{1}{(2\pi)^8}\int_{-\infty}^{\infty}\int_V\Upsilon(\boldsymbol{L},\tau)\exp(-\mathrm{i}\boldsymbol{K}\cdot\boldsymbol{L}+\mathrm{i}\omega\tau)\mathrm{d}^3\boldsymbol{L}\mathrm{d}\tau\tag{3.3.30b}$$

其中，$\Upsilon(\boldsymbol{L},\tau)$ 为 $\gamma_\kappa(\boldsymbol{r},t)$ 的**时空相关函数**

$$\Upsilon(\boldsymbol{L},\tau)\equiv\int_{-\infty}^{\infty}\int_V\gamma_\kappa(\boldsymbol{L}+\boldsymbol{r}'',\tau+t'')\gamma_\kappa^*(\boldsymbol{r}'',t'')\mathrm{d}^3\boldsymbol{r}''\mathrm{d}t''\tag{3.3.30c}$$

当 $\boldsymbol{L}=0$ 和 $\tau=0$ 时

$$\Upsilon(0,0)\equiv\int_{-\infty}^{\infty}\int_V|\gamma_\kappa(\boldsymbol{r}'',t'')|^2\mathrm{d}^3\boldsymbol{r}''\mathrm{d}t''\tag{3.3.31a}$$

故相关函数 $\Upsilon(0,0)$ 与 $\gamma_\kappa(\boldsymbol{r},t)$ 的时空均方平均相联系，令

$$\langle\gamma_\kappa^2\rangle\equiv\frac{1}{VT}\int_{-T}^{T}\int_V|\gamma_\kappa(\boldsymbol{r}'',t'')|^2\mathrm{d}^3\boldsymbol{r}''\mathrm{d}t''\tag{3.3.31b}$$

其中，V 是非均匀区的体积，T 为平均时间 (足够大 $T\to\infty$)，那么 $\Upsilon(0,0)\approx VT\langle\gamma_\kappa^2\rangle$. 设：①$\gamma_\kappa(\boldsymbol{r},t)$ 的空间、时间相关长度分别为 L_c 和 τ_c；②$\gamma_\kappa(\boldsymbol{r},t)$ 是空间各向同性性的，那么相关函数可表示为

$$\Upsilon(\boldsymbol{L},\tau)=VT\langle\gamma_\kappa^2\rangle\exp\left[-\frac{1}{2}\left(\frac{L}{L_c}\right)^2-\frac{1}{2}\left(\frac{\tau}{\tau_c}\right)^2\right]\tag{3.3.32a}$$

上式代入方程 (3.3.30b) 得到

$$\begin{aligned}|\Gamma_\kappa(\boldsymbol{K},\omega)|^2=&\frac{VT\langle\gamma_\kappa^2\rangle}{(2\pi)^7}\int_{-\infty}^{\infty}\mathrm{d}\tau\int_0^{\pi}\sin\vartheta\mathrm{d}\vartheta\int_0^{L_{\max}}L^2\mathrm{d}L\\&\times\exp\left[-\frac{1}{2}\left(\frac{L}{L_c}\right)^2-\frac{1}{2}\left(\frac{\tau}{\tau_c}\right)^2\right]\exp(-\mathrm{i}|\boldsymbol{K}|L\cos\vartheta+\mathrm{i}\omega\tau)\\&=\frac{VT\langle\gamma_\kappa^2\rangle\tau_cL_c^3}{(2\pi)^6}\exp\left(-\frac{|\boldsymbol{K}|^2L_c^2}{2}-\frac{\omega^2\tau_c^2}{2}\right)\end{aligned}\tag{3.3.32b}$$

得到上式，已假定区域的最大值半径 $L_{\max} \gg L_c$，取 $L_{\max} \to \infty$. 对 Γ_ρ 和 Γ_M 可以得到类似的关系式. 假定 $\gamma_\kappa(\boldsymbol{r},t)$，$\gamma_\rho(\boldsymbol{r},t)$ 和 $\boldsymbol{U}_0(\boldsymbol{r},t)$ 的时间与空间相关长度近似相等，于是，远场散射声强为

$$I_s(\boldsymbol{r},\omega) \approx I_i \frac{VT\tau_c L_c^3}{16\pi^2|\boldsymbol{r}|^2}\left[k_i^4\left(\frac{\omega}{\omega_i}\right)^2\langle\gamma_\kappa^2\rangle + \left(\frac{\omega}{c_0}k_i\right)^2\langle\gamma_\rho^2\rangle\cos^2\vartheta + 4\left(\frac{\omega}{c_0}\right)^4\langle M^2\rangle\cos^2\vartheta\right] \times \exp\left[-\frac{(\omega\boldsymbol{e}_s - \omega_i\boldsymbol{e}_i)^2L_c^2}{2c_0^2} - \frac{(\omega-\omega_i)^2\tau_c^2}{2}\right] \tag{3.3.33a}$$

其中，$I_i \equiv |A|^2/2\rho_0 c_0$ 为入射声强，$M = \boldsymbol{e}_s\cdot\boldsymbol{U}_0/c_0$，$\langle M^2\rangle$ 是它的时空均方平均，其定义与方程 (3.3.31b) 类似

$$\langle M^2\rangle \equiv \frac{1}{VT}\int_{-T}^{T}\int_V |M(\boldsymbol{r}'',t'')|^2 \mathrm{d}^3\boldsymbol{r}''\mathrm{d}t'' \tag{3.3.33b}$$

由方程 (3.3.33a) 可见：①散射场中包含多个频率成分，但以入射波频率为主 (Gauss 分布)；②在入射波频率点，散射强度正比于频率的 4 次方，这是低频散射的一般规律，另一方面，这也说明了 Born 近似只有在低频条件下才成立；③压缩系数时空变化 $\langle\gamma_\kappa^2\rangle$ 引起的散射波与方向无关，这一点与严格计算得到的方程 (3.1.25b) 是一致的 (远场条件下).

3.3.5　随机分布散射体的散射和相干散射

水中的气泡群或空气中雾滴都可以看作 N 个随机分布的散射体. 当声波入射到这样的不均匀区时，每个散射体产生散射**子波**(wavelet)，这些散射子波作为入射波又被其他散射体散射，如此等等. 严格求出散射波场是非常困难的. 但在 Born 近似下，我们假定每个散射体的散射足够 “弱”，可以忽略散射子波的再散射，远场的总散射波可看作是每个散射子波的叠加. 这样的近似称为**单次散射近似**. 散射子波由二部分构成：相干部分和非相干部分. 相干部分位相相同，它们相干叠加，故产生的远场散射强度正比于 N^2，称为**相干散射**(coherent scattering)；而非相干部分位相随机变化，它们的叠加就是简单的强度相加，故产生的远场散射强度正比于 N，称为**非相干散射**(incoherent scattering).

下面的讨论假定：①每个散射体的散射足够 “弱”，并且散射体足够稀少 (单次散射近似)；②非均匀区 R 的线度远小于波长 λ(低频近似条件)；③测量点到非均匀区 R(包含所有散射体) 的距离远大于非均匀区 R 的线度和波长 λ(远场近似条件).

相干散射　当散射体周期分布时 (例如晶格对 X 光的散射)，散射子波在某些方向有相同的相位，叠加后形成衍射束；但当散射体随机分布时，只有在入射波传

播方向，散射子波相位一致，形成较强的散射波. 这一较强的散射波又相干叠加到入射波上，改变入射波. 就好像入射波通过了另一个具有不同密度和声速的区域. 因此，作为近似的第一步，我们可以用**等效密度**和**等效压缩系数**来描述声波在非均匀区 R 中的传播.

设: ①非均匀区 R 包含 N 个散射体; ②每个散射体都是球体，第 n 个球体的半径为 a_n，密度和压缩系数分别为 ρ_n 和 κ_n; ③散射体之间的背景介质具有密度和压缩系数分别为 ρ_0 和 κ_0. 为了求出等效密度和等效声速，我们用平均值 $\bar{\gamma}_\kappa$ 和 $\bar{\gamma}_\rho$ 来代替积分方程 (3.3.10c) 中的 $\gamma_\kappa(\boldsymbol{r})$ 和 $\gamma_\rho(\boldsymbol{r})$. 在第 n 个球体的球内, 由方程 (3.3.6d)，$\gamma_\kappa(\boldsymbol{r})=\kappa_n/\kappa_0-1$ 和 $\gamma_\rho(\boldsymbol{r})=1-\rho_0/\rho_n$，而在球体之间 $\gamma_\kappa(\boldsymbol{r})=\gamma_\rho(\boldsymbol{r})=0$，因此，平均值 $\bar{\gamma}_\kappa$ 和 $\bar{\gamma}_\rho$ 分别为

$$\bar{\gamma}_\kappa=\frac{1}{V}\sum_{n=1}^{N}\frac{4}{3}\pi a_n^2\left(\frac{\kappa_n}{\kappa_0}-1\right);\bar{\gamma}_\rho=\frac{1}{V}\sum_{n=1}^{N}\frac{4}{3}\pi a_n^2\left(1-\frac{\rho_0}{\rho_n}\right) \tag{3.3.34a}$$

上式代入方程 (3.3.10c) 得到

$$p(\boldsymbol{r},\omega)\approx p_{\rm i}(\boldsymbol{r},\omega)+\bar{\gamma}_\kappa k_0^2\int_V p(\boldsymbol{r}',\omega)g(\boldsymbol{r},\boldsymbol{r}'){\rm d}^3\boldsymbol{r}'-\bar{\gamma}_\rho\int_V g(\boldsymbol{r},\boldsymbol{r}')\nabla'^2p(\boldsymbol{r}',\omega){\rm d}^3\boldsymbol{r}' \tag{3.3.34b}$$

其中，$k_0=\omega/c_0=\sqrt{\rho_0\kappa_0}\omega$. 上式是声波的积分方程形式，改写成微分形式为

$$\nabla^2p(\boldsymbol{r},\omega)+k_0^2p(\boldsymbol{r},\omega)\approx -k_0^2\bar{\gamma}_\kappa p(\boldsymbol{r},\omega)+\bar{\gamma}_\rho\nabla^2p(\boldsymbol{r},\omega) \tag{3.3.34c}$$

或者写成

$$\frac{(1-\bar{\gamma}_\rho)}{\rho_0}\nabla^2p(\boldsymbol{r},\omega)-\kappa_0(1+\bar{\gamma}_\kappa)\frac{\partial^2p(\boldsymbol{r},t)}{\partial t^2}\approx 0 \tag{3.3.34d}$$

因此，等效密度 ρ_R 和等效压缩系数 κ_R 分别为

$$\begin{aligned}\frac{1}{\rho_R}&\equiv\frac{(1-\bar{\gamma}_\rho)}{\rho_0}=\frac{1}{\rho_0}+\frac{1}{V}\sum_{n=1}^{N}\frac{4}{3}\pi a_n^2\left(\frac{1}{\rho_n}-\frac{1}{\rho_0}\right)\\ \kappa_R&\equiv\kappa_0(1+\bar{\gamma}_\kappa)=\kappa_0+\frac{1}{V}\sum_{n=1}^{N}\frac{4}{3}\pi a_n^2(\kappa_n\equiv\kappa_0)\end{aligned} \tag{3.3.35a}$$

如果每个球的密度和压缩系数相同 ($\rho_n\equiv\rho_{\rm b},\kappa_n\equiv\kappa_{\rm b}$)，那么

$$\rho_R=\frac{\rho_0\rho_{\rm b}}{(1-f)\rho_{\rm b}+\rho_0 f};\ \kappa_R\equiv\kappa_0(1+\bar{\gamma}_\kappa)=(1-f)\kappa_0+f\kappa_{\rm b} \tag{3.3.35b}$$

其中，f 为散射体的体积占有比

$$f\equiv\frac{1}{V}\sum_{n=1}^{N}\frac{4}{3}\pi a_n^2\approx\frac{N}{V}\frac{4}{3}\pi a^2 \tag{3.3.35c}$$

上式第二个等式假定所有的球半径相同且为 a. 分析二个极端情况：①背景介质的密度远远小于散射球的密度 (如空气中的水滴散射，或者其他刚性散射体)，即 $\rho_0 \ll \rho_b$，此时一般有 $\kappa_0 \gg \kappa_b$，故由方程 (3.3.35b)

$$\rho_R \approx \frac{\rho_0}{1-f};\ \kappa_R \approx (1-f)\kappa_0 \tag{3.3.35d}$$

而有效声速 $c_R = 1/\sqrt{\rho_R\kappa_R} \approx 1/\sqrt{\rho_0\kappa_0}$ 由背景介质的声速决定, 上式可以外推到 $f \to 0$ 情况，其意义非常清楚；②背景介质的密度远远大于散射球的密度 (如水中空气泡的散射，或者其他软散射体)，即 $\rho_0 \gg \rho_b$，此时一般有 $\kappa_0 \ll \kappa_b$，但是方程 (3.3.35b) 中第一式分母上取近似 $(1-f)\rho_b \ll \rho_0 f$ 需特别小心，因为当 $f \to 0$ 时，近似不成立. 一旦 $f \neq 0$，则

$$\rho_R \approx \frac{\rho_b}{f};\ \kappa_R \approx f\kappa_b \tag{3.3.35e}$$

故有效声速 $c_R = 1/\sqrt{\rho_R\kappa_R} \approx 1/\sqrt{\rho_b\kappa_b}$ 由背景介质的声速决定.

图 3.3.2 给出了背景介质为水、散射体为空气泡时的等效声速

$$c_R = \frac{1}{\sqrt{\rho_R\kappa_R}} = \sqrt{\frac{(1-f)\rho_b + \rho_0 f}{(1-f)\rho_b c_0^{-2} + \rho_0 f c_b^{-2}}} \tag{3.3.35f}$$

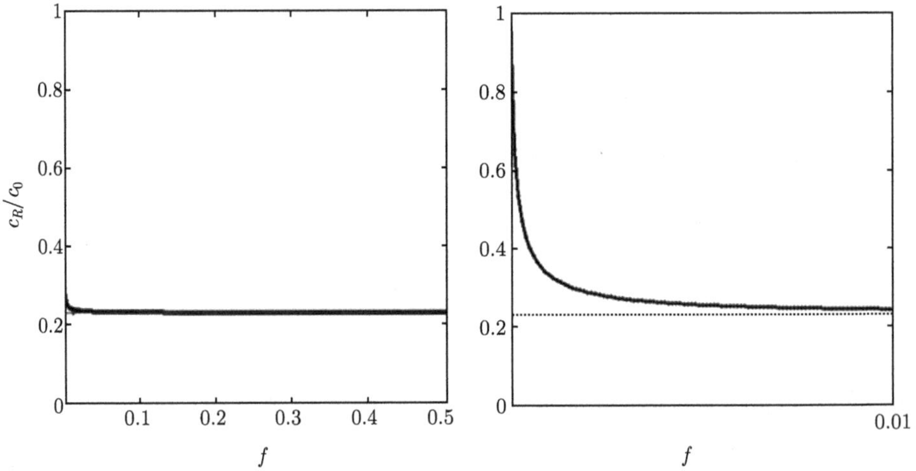

图 3.3.2　水中含有随机分布空气泡时的等效声速随 f 的变化, 当 f 一旦不为零，有效声速就由空气中声速决定. 右图为 f 很小时的放大

由图 3.3.2 可见，当 $f = 0$ 时，$c_R = c_0 = 1483\text{m/s}$ 为水中声速，但一旦 $f \neq 0$，$c_R \approx c_b = 344\text{m/s}$ 为空气泡中的声速，变化非常剧烈 (计算中取水的密度 $\rho_0 = 988\text{kg/m}^3$，

空气密度 $\rho_{\rm b}=1.2{\rm kg}/{\rm m}^3$)；然而，当背景介质为空气、散射体为水滴时，声速基本不变，主要由空气中声速决定. 由此可见，水中的气泡对声波的散射是非常强烈的, 进一步的讨论见 3.5.2 小节和 9.3.5 小节.

在等效介质近似下，入射波遇到包含多个散射体的非均匀区 R 的散射就可以等效成遇到密度为 ρ_R、压缩系数为 κ_R 的均匀区 R 的散射. 设散射区为半径 R 的球体，由方程 (3.1.25c)，散射功率为

$$P_{\rm s}(\omega)\approx\frac{4\pi I_{0{\rm i}}}{9}\frac{\omega^4R^6}{c_0^4}\left[\left(1-\frac{\kappa_R}{\kappa_0}\right)^2+3\left(\frac{\rho_R-\rho_0}{2\rho_R+\rho_0}\right)^2\right] \tag{3.3.36}$$

即散射功率正比于 $(\kappa_R-\kappa_0)^2$，而 $(\kappa_R-\kappa_0)$ 正比于 N, 故散射功率正比于 N^2，而不是 N. 因为每个散射子波存在位相相同部分，这部分散射子波的叠加是相干叠加，故称为**相干散射**. 可见等效介质近似描述了随机分布散射体散射的相干部分.

非相干散射 在相干散射的讨论中，我们用平均值 $\bar{\gamma}_\kappa$ 和 $\bar{\gamma}_\rho$ 来代替 $\gamma_\kappa(\boldsymbol{r})$ 和 $\gamma_\rho(\boldsymbol{r})$，忽略了 $\gamma_\kappa(\boldsymbol{r})$ 和 $\gamma_\rho(\boldsymbol{r})$ 在平均值 $\bar{\gamma}_\kappa$ 和 $\bar{\gamma}_\rho$ 附近的涨落，考虑涨落后，$\gamma_\kappa(\boldsymbol{r})$ 和 $\gamma_\rho(\boldsymbol{r})$ 的表达式应该为

$$\gamma_\kappa(\boldsymbol{r})=\bar{\gamma}_\kappa+\tilde{\gamma}_\kappa(\boldsymbol{r});\ \gamma_\rho(\boldsymbol{r})=\bar{\gamma}_\rho+\tilde{\gamma}_\rho(\boldsymbol{r}) \tag{3.3.37a}$$

至于涨落部分对入射声波的散射，可看作入射声波在等效介质 (ρ_R 和 κ_R) 中遇到空间随机的分布 $\tilde{\gamma}_\kappa(\boldsymbol{r})$ 和 $\tilde{\gamma}_\rho(\boldsymbol{r})$ 的散射. 由方程 (3.3.16b)

$$|\varPhi(\boldsymbol{e},\omega)|^2\approx4\pi^4k_R^4\left[|\tilde{\varGamma}_\kappa(k_R\boldsymbol{e})|^2+|\tilde{\varGamma}_\rho(k_R\boldsymbol{e})|^2\cos^2\vartheta\right] \tag{3.3.37b}$$

其中，$\tilde{\varGamma}_{\kappa,\rho}(\boldsymbol{K})$ 的定义与方程 (3.3.16c) 类似，只要把 $\gamma_\kappa(\boldsymbol{r})$ 和 $\gamma_\rho(\boldsymbol{r})$ 改成 $\tilde{\gamma}_\kappa(\boldsymbol{r})$ 和 $\tilde{\gamma}_\rho(\boldsymbol{r})$ 即可，即

$$\tilde{\varGamma}_\kappa(\boldsymbol{K})\equiv\frac{1}{(2\pi)^3}\int_V\tilde{\gamma}_\kappa(\boldsymbol{r}')\exp(-{\rm i}\boldsymbol{K}\cdot\boldsymbol{r}'){\rm d}^3\boldsymbol{r}' \tag{3.3.37c}$$

以及

$$\tilde{\varGamma}_\rho(\boldsymbol{K})\equiv\frac{1}{(2\pi)^3}\int_V\tilde{\gamma}_\rho(\boldsymbol{r}')\exp(-{\rm i}\boldsymbol{K}\cdot\boldsymbol{r}'){\rm d}^3\boldsymbol{r}' \tag{3.3.37d}$$

由于涨落的随机性，方程 (3.3.37b) 中已忽略了交叉项. 由方程 (3.3.37c) 和 (3.3.37d)，得到与方程 (3.3.30b) 类似的关系

$$|\tilde{\varGamma}_{\kappa,\rho}(\boldsymbol{K})|^2=\frac{1}{(2\pi)^6}\int_V\tilde{\varUpsilon}_{\kappa,\rho}(\boldsymbol{L})\exp(-{\rm i}\boldsymbol{K}\cdot\boldsymbol{L}){\rm d}^3\boldsymbol{L} \tag{3.3.38a}$$

其中，$\tilde{\varUpsilon}_{\kappa,\rho}(\boldsymbol{L})$ 为涨落 $\tilde{\gamma}_\kappa(\boldsymbol{r})$ 和 $\tilde{\gamma}_\rho(\boldsymbol{r})$ 的空间相关函数

$$\tilde{\varUpsilon}_{\kappa,\rho}(\boldsymbol{L})\equiv\int_V\tilde{\gamma}_{\kappa,\rho}(\boldsymbol{L}+\boldsymbol{r}'')\tilde{\gamma}^*_{\kappa,\rho}(\boldsymbol{r}'')\,{\rm d}^3\boldsymbol{r}'' \tag{3.3.38b}$$

由于 $\gamma_{\kappa,\rho}(\boldsymbol{r})$ 的空间平均 $\langle\gamma_{\kappa,\rho}(\boldsymbol{r})\rangle=\bar{\gamma}_{\kappa,\rho}+\langle\tilde{\gamma}_{\kappa,\rho}(\boldsymbol{r})\rangle=\bar{\gamma}_{\kappa,\rho}$，故 $\langle\tilde{\gamma}_{\kappa,\rho}(\boldsymbol{r})\rangle=0$，因此也要求空间相关函数的空间平均为零，即

$$\langle\tilde{\varUpsilon}_{\kappa,\rho}(\boldsymbol{L})\rangle=\int_V\langle\tilde{\gamma}_{\kappa,\rho}(\boldsymbol{L}+\boldsymbol{r}'')\rangle\tilde{\gamma}^*_{\kappa,\rho}(\boldsymbol{r}'')\mathrm{d}^3\boldsymbol{r}''=0 \tag{3.3.38c}$$

这样就不能取 $\tilde{\varUpsilon}_{\kappa,\rho}(\boldsymbol{L})$ 为单纯指数衰减的形式，为了保证 $\langle\tilde{\varUpsilon}_{\kappa,\rho}(\boldsymbol{L})\rangle=0$，当 $|\boldsymbol{L}|$ 足够大时，$\tilde{\varUpsilon}_{\kappa,\rho}(\boldsymbol{L})$ 必须为负值. 满足这一条件的最简单函数是

$$\tilde{\varUpsilon}_{\kappa,\rho}(\boldsymbol{L})=V\langle\tilde{\gamma}^2_{\kappa,\rho}\rangle\left(1-\frac{L^2}{3a^2}\right)\exp\left[-\frac{1}{2}\left(\frac{L}{a}\right)^2\right] \tag{3.3.39a}$$

上式中取相关长度为散射球的平均半径 a. 上式代入方程 (3.3.38a) 得到

$$|\tilde{\varGamma}_{\kappa,\rho}(\boldsymbol{K})|^2=\frac{\sqrt{2\pi}a^3}{6(2\pi)^5}V\langle\tilde{\gamma}^2_{\kappa,\rho}\rangle|\boldsymbol{K}|^2a^2\exp\left(-\frac{|\boldsymbol{K}|^2a^2}{2}\right) \tag{3.3.39b}$$

因此，远场散射声强为

$$\begin{aligned}I_{\mathrm{s}}(\boldsymbol{e},\omega)\approx&\frac{I_{0\mathrm{i}}}{6\sqrt{2\pi}}\frac{Vk_R^6a^5}{|\boldsymbol{r}|^2}\left(\langle\tilde{\gamma}^2_{\kappa}\rangle+\langle\tilde{\gamma}^2_{\rho}\rangle\cos^2\vartheta\right)\sin^2\left(\frac{\vartheta}{2}\right)\\&\times\exp\left[-2\sin^2\left(\frac{\vartheta}{2}\right)k_R^2a^2\right]\end{aligned} \tag{3.3.40a}$$

另一方面，涨落值的平方平均应该正比于散射球的浓度 N/V 和体积

$$\begin{aligned}\langle\tilde{\gamma}^2_{\kappa}\rangle&\equiv\frac{1}{V}\int_V|\tilde{\gamma}_{\kappa}(\boldsymbol{r}'')|^2\mathrm{d}^3\boldsymbol{r}''\sim\frac{N}{V}\frac{4}{3}\pi a^3\\\langle\tilde{\gamma}^2_{\rho}\rangle&\equiv\frac{1}{V}\int_V|\tilde{\gamma}_{\rho}(\boldsymbol{r}'')|^2\mathrm{d}^3\boldsymbol{r}''\sim\frac{N}{V}\frac{4}{3}\pi a^3\end{aligned} \tag{3.3.40b}$$

代入方程 (3.3.40a) 可见，涨落引起的散射强度正比于 N. 它表示散射子波相位无规部分，这部分散射波的叠加是简单的强度相加，故称为**非相干散射**. 除这一重要区别，由方程 (3.3.40a)，可知：①非相干散射在入射波方向 ($\vartheta=0$) 的散射强度为零；②非相干散射强度正比于 $\omega a/c_0$ 的 6 次方，远小于相干散射强度 (正比于 $\omega R/c_0$ 的 4 次方).

多重散射　以上讨论要求满足单次散射条件，即要求散射体的密度 (N/V) 足够小，以至每个散射子波的再散射可以忽略不计. 对相反的情况，我们不得不考虑每个散射子波在其他散射体上的再散射，以及再散射波又作为入射波，在其他散射体上再散射，等等. 这样的散射称为**多重散射**(multiple scattering). 对随机分布散射体的多重散射，目前还没有严格解，而对散射体周期排列的结构，多重散射可以严格求解，但比较复杂，在 3.5 节中，我们将专门介绍另外一种方法，即平面波展开法分析周期结构中声波传播特性.

3.4 刚性屏和楔的声衍射

当声波频率甚高时，或者散射物的线度远远大于波长时 (如 3.1 中柱的半径或球的半径远大于入射波波长)，大量的声波能量被散射物反射，在散射物前面和侧面形成 “亮区”，而在散射物背后形成 “影阴区”(几何声学近似)，如图 3.1.3. 但当声波频率不是足够高时，有一部分声波从散射物的侧面绕射到 “影阴区”，这种现象称为**衍射**，声波波长越长 (频率越低)，衍射效果越明显 (即声波更容易绕射到散射物背后). 在 “影阴区” 的边缘 (即 “亮区” 与 “影阴区” 交界处)，衍射波声场十分复杂，必须严格求解波动方程，或者用衍射几何声学理论. 最典型的例子是屏或者楔形物的声衍射，在屏或者楔形物的边缘形成复杂的衍射声场.

3.4.1 刚性半无限大屏对平面波的衍射

如图 3.4.1, 设刚性半无限大屏 (屏的厚度远小于波长，可看作厚度为零) 的直边位于 $x=y=0$，即与 z 轴重合，屏与 $+x$ 轴的夹角为 $(3\pi/2-\psi)$. 平面波向 $-x$ 方向传播. 为了讨论方便，我们把 xOy 平面分成三个区域来讨论：区域 (I): $-2\psi<\varphi<\pi$; 区域 (II): $-(\pi/2+\psi)<\varphi<-2\psi$; 区域 (III): $\pi<\varphi<3\pi/2-\psi$.

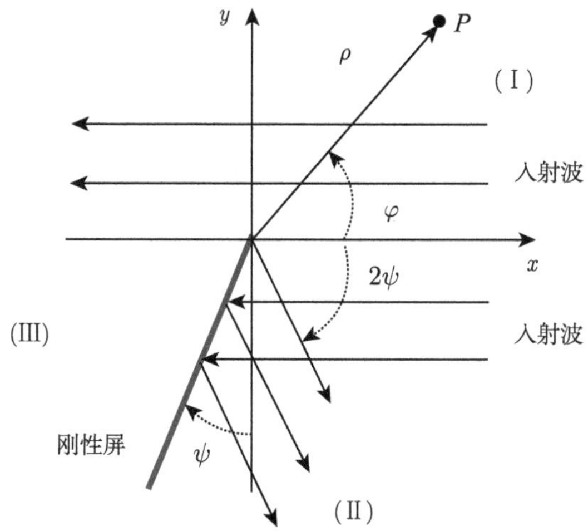

图 3.4.1 半无限刚性屏对平面入射波的衍射

按照几何声学的观点，空间三个区域的声场应该如下.

区域 (I)：仅为入射场

$$p_{\mathrm{I}}(\rho,\varphi,\omega)=p_{\mathrm{i}}(\rho,\varphi,\omega)=A\exp(-\mathrm{i}k_0x)=A\exp(-\mathrm{i}k_0\rho\cos\varphi) \tag{3.4.1a}$$

区域 (Ⅱ): 由入射场和反射场 (刚性半无限屏的反射)

$$\begin{aligned} p_{\mathrm{II}}(\rho,\varphi,\omega) &= p_{\mathrm{i}}(\rho,\varphi,\omega)+p_{\mathrm{r}}(\rho,\varphi,\omega) \\ &= A\exp(-\mathrm{i}k_0\rho\cos\varphi)+A\exp[\mathrm{i}k_0\rho\cos(\varphi+2\psi)] \end{aligned} \tag{3.4.1b}$$

区域 (Ⅲ): 没有声场

$$p_{\mathrm{III}}(\rho,\varphi,\omega)=0 \tag{3.4.1c}$$

显然, 区域 (Ⅰ) 和区域 (Ⅱ) 为声波照射区, 故为 "亮" 区; 区域 (Ⅲ) 没有声场, 故为 "暗" 区. 但是由于直边的衍射, 区域 (Ⅲ) 中的声场并不完全为零, 必须严格求解波动方程. 事实上, 空间任意一点的声场满足下列边值问题

$$\begin{aligned} &\left[\frac{1}{\rho}\frac{\partial}{\partial\rho}\left(\rho\frac{\partial}{\partial\rho}\right)+\frac{1}{\rho^2}\frac{\partial^2}{\partial\varphi^2}\right]p(\rho,\varphi,\omega)+k_0^2p(\rho,\varphi,\omega)=0 \\ &\left.\frac{\partial p(\rho,\varphi,\omega)}{\partial\varphi}\right|_{\varphi\to-(\pi/2+\psi)}=0;\quad \left.\frac{\partial p(\rho,\varphi,\omega)}{\partial\varphi}\right|_{\varphi\to(3\pi/2-\psi)}=0 \end{aligned} \tag{3.4.2a}$$

在远场处, 衍射场可以忽略, 即声场在无限远处满足的边界条件为

区域 (Ⅰ): 远场只存在入射波

$$\lim_{\rho\to\infty}p_{\mathrm{I}}(\rho,\varphi,\omega)=A\exp(-\mathrm{i}k_0\rho\cos\varphi),\quad -2\psi<\varphi<\pi \tag{3.4.2b}$$

区域 (Ⅱ): 远场由入射波和反射波叠加而成

$$\begin{aligned} \lim_{\rho\to\infty}p_{\mathrm{II}}(\rho,\varphi,\omega) &= A\exp(-\mathrm{i}k_0\rho\cos\varphi)+A\exp[\mathrm{i}k_0\rho\cos(\varphi+2\psi)] \\ &-\left(\frac{\pi}{2}+\psi\right)<\varphi<-2\psi \end{aligned} \tag{3.4.2c}$$

区域 (Ⅲ): 远场没有声场

$$\lim_{\rho\to\infty}p_{\mathrm{III}}(\rho,\varphi,\omega)=0,\quad \pi<\varphi<\left(\frac{3}{2}\pi-\psi\right) \tag{3.4.2d}$$

令方程 (3.4.2a) 第一式的分离变量解为 $p(\rho,\varphi,\omega)=R(\rho)\Phi(\varphi)$, 则径向部分满足

$$\frac{1}{\rho}\frac{\mathrm{d}}{\mathrm{d}\rho}\left[\rho\frac{\mathrm{d}R(\rho)}{\mathrm{d}\rho}\right]+\left(k_0^2-\frac{\lambda^2}{\rho^2}\right)R(\rho)=0 \tag{3.4.3a}$$

而方位角部分满足方程

$$\frac{\mathrm{d}^2\Phi(\varphi)}{\mathrm{d}\varphi^2}+\lambda^2\Phi(\varphi)=0 \tag{3.4.3b}$$

其中, λ 为分离变量常数.

方位角部分 如果问题涉及的区域包括 $\varphi\in(0,2\pi)$(如无限长圆柱体的辐射和散射)，φ 和 $\varphi+2\pi n$(n 是任意整数) 表示平面上的同一点，要求 $\Phi(\varphi)$ 是周期为 2π 的周期函数，由周期性边界条件 $\Phi(\varphi)=\Phi(2\pi+\varphi)$，$\lambda$ 是整数 m. 现在由于半无限屏的存在，φ 只能从 $-(\pi/2+\psi)$ 变化到 $3\pi/2-\psi$(不能越过刚性屏). 当 φ 在区域 (Ⅱ) 趋近 $-(\pi/2+\psi)$ 或者 φ 在区域 (Ⅲ) 趋近 $(3\pi/2-\psi)$，声压不连续. 对刚性的屏, 由方程 (3.4.2a) 的第二式，要求

$$\left.\frac{\mathrm{d}\Phi(\varphi)}{\mathrm{d}\varphi}\right|_{\varphi\to-(\pi/2+\psi)}=0;\quad \left.\frac{\mathrm{d}\Phi(\varphi)}{\mathrm{d}\varphi}\right|_{\varphi\to(3\pi/2-\psi)}=0 \tag{3.4.3c}$$

设方程 (3.4.3b) 的解为

$$\Phi(\varphi)=S\sin\lambda\varphi+C\cos\lambda\varphi \tag{3.4.4a}$$

代入边界条件方程 (3.4.3c) 得到

$$\begin{aligned}&\lambda S\cos\left[\lambda\left(\frac{\pi}{2}+\psi\right)\right]+\lambda C\sin\left[\lambda\left(\frac{\pi}{2}+\psi\right)\right]=0\\&\lambda S\cos\left[\lambda\left(\frac{3\pi}{2}-\psi\right)\right]-\lambda C\sin\left[\lambda\left(\frac{3\pi}{2}-\psi\right)\right]=0\end{aligned} \tag{3.4.4b}$$

上式存在非零解的条件为系数行列式为零，即

$$\cos\left[\lambda\left(\frac{\pi}{2}+\psi\right)\right]\sin\left[\lambda\left(\frac{3\pi}{2}-\psi\right)\right]+\sin\left[\lambda\left(\frac{\pi}{2}+\psi\right)\right]\cos\left[\lambda\left(\frac{3\pi}{2}-\psi\right)\right]=0 \tag{3.4.4c}$$

容易得到：$\sin(2\pi\lambda)=0$，故方位角方向的本征值为

$$\lambda=\frac{m}{2}\quad(m=0,1,2,\cdots) \tag{3.4.4d}$$

取 $\lambda=m/2$ 代入方程 (3.4.4b) 的第二式 (或者第一式) 得到 S 和 C 的关系

$$S\cos\left[\frac{m}{2}\left(\frac{3\pi}{2}-\psi\right)\right]=C\sin\left[\frac{m}{2}\left(\frac{3\pi}{2}-\psi\right)\right] \tag{3.4.5a}$$

代入方程 (3.4.4a)

$$\begin{aligned}\Phi(\varphi)&=S\sin\left(\frac{m}{2}\varphi\right)+C\cos\left(\frac{m}{2}\varphi\right)\\&=\frac{S}{\sin[m(3\pi/2-\psi)/2]}\cos\left[\frac{m}{2}\left(\varphi-\frac{3\pi}{2}+\psi\right)\right]\end{aligned} \tag{3.4.5b}$$

为了清楚，令 $\alpha\equiv m\varphi/2$，$\beta\equiv m(3\pi-\varphi-2\psi)/2$，那么

$$\frac{(\alpha+\beta)}{2}=\frac{m}{2}\left(\frac{3\pi}{2}-\psi\right);\quad \frac{(\alpha-\beta)}{2}=\frac{m}{2}\left(\varphi-\frac{3\pi}{2}+\psi\right) \tag{3.4.5c}$$

方程 (3.4.5b) 改变形式得到

$$\begin{aligned}\Phi(\varphi)&=\frac{S}{\sin[m(3\pi/2-\psi)]}2\cos\left[\frac{(\alpha+\beta)}{2}\right]\cos\left[\frac{(\alpha-\beta)}{2}\right]\\&=\frac{S}{\sin[m(3\pi/2-\psi)]}\left\{\cos\left(\frac{m}{2}\varphi\right)+\cos\left[\frac{m}{2}(3\pi-\varphi-2\psi)\right]\right\}\end{aligned}\tag{3.4.6a}$$

注意到方程 (3.4.3b) 是齐次方程，$\Phi(\varphi)$ 可差任意常数，故取方位角方向的本征函数为 (注意：没有归一化)

$$\Phi_{m/2}(\varphi)\equiv\cos\left(\frac{m}{2}\varphi\right)+\cos\left[\frac{m}{2}(3\pi-\varphi-2\psi)\right]\tag{3.4.6b}$$

径向部分　由方程 (3.4.4d)，径向方程 (3.4.3a) 变为

$$\frac{1}{\rho}\frac{\mathrm{d}}{\mathrm{d}\rho}\left[\rho\frac{\mathrm{d}R(\rho)}{\mathrm{d}\rho}\right]+\left[k_0^2-\frac{(m/2)^2}{\rho^2}\right]R(\rho)=0\tag{3.4.7a}$$

其解 $\mathrm{J}_\lambda(k_0\rho)=\mathrm{J}_{m/2}(k_0\rho)$(另一个解 Neumann 函数在 $\rho=0$ 处有奇点，故忽略) 包含半奇数阶 Bessel 函数.

因此，由方程 (3.4.2a) 决定的空间声场为

$$p(\rho,\varphi,\omega)=\sum_{m=0}^{\infty}A_m(\omega)\Phi_{m/2}(\varphi)\mathrm{J}_{m/2}(k_0\rho)\tag{3.4.7b}$$

其中，系数 $A_m(\omega)$ 可由远场边界条件方程 (3.4.2b)，(3.4.2c) 和 (3.4.2d) 得到. 对方程 (3.4.7b) 两边乘 $\Phi_{n/2}(\varphi)$ 并从 $-(\pi/2+\psi)$ 到 $(3\pi/2-\psi)$ 积分得到

$$||\Phi_{n/2}(\varphi)||^2A_n(\omega)\mathrm{J}_{n/2}(k_0\rho)=\int_{-(\pi/2+\psi)}^{3\pi/2-\psi}p(\rho,\varphi,\omega)\Phi_{n/2}(\varphi)\mathrm{d}\varphi\tag{3.4.8a}$$

得到上式，利用本征函数 $\Phi_{n/2}(\varphi)$ 的正交性关系

$$\begin{aligned}\int_{-(\pi/2+\psi)}^{3\pi/2-\psi}\Phi_{m/2}(\varphi)\Phi_{n/2}(\varphi)\mathrm{d}\varphi&=||\Phi_{n/2}(\varphi)||^2\delta_{mn}\\||\Phi_{n/2}(\varphi)||^2&\equiv\int_{-(\pi/2+\psi)}^{3\pi/2-\psi}[\Phi_{n/2}(\varphi)]^2\mathrm{d}\varphi\end{aligned}\tag{3.4.8b}$$

在远场条件下 ($\rho\to\infty$)，利用方程 (3.4.2b)，(3.4.2c) 和 (3.4.2d), 方程 (3.4.8a) 可表示成

$$\begin{aligned}\lim_{\rho\to\infty}||\Phi_{n/2}(\varphi)||^2A_n(\omega)\mathrm{J}_{n/2}(k_0\rho)=&\int_{-(\pi/2+\psi)}^{-2\psi}p_{\mathrm{II}}(\rho,\varphi,\omega)\Phi_{n/2}(\varphi)\mathrm{d}\varphi\\&+\int_{-2\psi}^{\pi}p_{\mathrm{I}}(\rho,\varphi,\omega)\Phi_{n/2}(\varphi)\mathrm{d}\varphi\end{aligned}\tag{3.4.8c}$$

首先考虑系数 $A_0(\omega)$，由方程 (3.4.6b)，注意到 $\Phi_0(\varphi)=2$ 并且

$$||\Phi_0(\varphi)||^2=4\int_{-(\pi/2+\psi)}^{3\pi/2-\psi}\mathrm{d}\varphi=4\left[\frac{3}{2}\pi-\psi+\left(\frac{\pi}{2}+\psi\right)\right]=8\pi \tag{3.4.9a}$$

对 $n=0$ 情况，方程 (3.4.8c) 简化成

$$4\pi A_0(\omega)\mathrm{J}_0(k_0\rho)=\int_{-(\pi/2+\psi)}^{-2\psi}p_{\mathrm{II}}(\rho,\varphi,\omega)\mathrm{d}\varphi+\int_{-2\psi}^{\pi}p_{\mathrm{I}}(\rho,\varphi,\omega)\mathrm{d}\varphi \tag{3.4.9b}$$

把方程 (3.4.2b) 和 (3.4.2c) 代入上式得到

$$\begin{aligned}4\pi A_0(\omega)\mathrm{J}_0(k_0\rho)=&A\int_{-(\pi/2+\psi)}^{-2\psi}\mathrm{e}^{-\mathrm{i}k_0\rho\cos\varphi}\mathrm{d}\varphi+A\int_{-(\pi/2+\psi)}^{-2\psi}\mathrm{e}^{\mathrm{i}k_0\rho\cos(\varphi+2\psi)}\mathrm{d}\varphi\\&+A\int_{-2\psi}^{\pi}\mathrm{e}^{-\mathrm{i}k_0\rho\cos\varphi}\mathrm{d}\varphi\end{aligned} \tag{3.4.9c}$$

注意到

$$\begin{aligned}&\int_{-(\pi/2+\psi)}^{-2\psi}\exp(-\mathrm{i}k_0\rho\cos\varphi)\mathrm{d}\varphi+\int_{-2\psi}^{\pi}\exp(-\mathrm{i}k_0\rho\cos\varphi)\mathrm{d}\varphi\\&=\int_{-(\pi/2+\psi)}^{\pi}\exp(-\mathrm{i}k_0\rho\cos\varphi)\mathrm{d}\varphi=\int_{\pi/2-\psi}^{2\pi}\exp(\mathrm{i}k_0\rho\cos\varphi)\mathrm{d}\varphi\end{aligned} \tag{3.4.10a}$$

得到上式第二个等式，已取积分变化 $\varphi'=\pi+\varphi$，以及

$$\begin{aligned}&\int_{-(\pi/2+\psi)}^{-2\psi}\exp[\mathrm{i}k_0\rho\cos(\varphi+2\psi)]\mathrm{d}\varphi=\int_{-\pi/2+\psi}^{0}\exp(\mathrm{i}k_0\rho\cos\varphi)\mathrm{d}\varphi\\&=-\int_{\pi/2-\psi}^{0}\exp(\mathrm{i}k_0\rho\cos\varphi)\mathrm{d}\varphi=\int_0^{\pi/2-\psi}\exp(\mathrm{i}k_0\rho\cos\varphi)\mathrm{d}\varphi\end{aligned} \tag{3.4.10b}$$

于是，方程 (3.4.9c) 变化成

$$\begin{aligned}4\pi A_0(\omega)\mathrm{J}_0(k_0\rho)&=A\int_{\pi/2-\psi}^{2\pi}\exp(\mathrm{i}k_0\rho\cos\varphi)\mathrm{d}\varphi+A\int_0^{\pi/2-\psi}\exp(\mathrm{i}k_0\rho\cos\varphi)\mathrm{d}\varphi\\&=A\int_0^{2\pi}\exp(\mathrm{i}k_0\rho\cos\varphi)\mathrm{d}\varphi=2A\pi\mathrm{J}_0(k_0\rho)\end{aligned} \tag{3.4.10c}$$

因此不难得到 $A_0(\omega)=A/2$. 从方程 (3.4.8c) 也可以推出其他系数，但运算较为麻烦，我们用简单的方法来导出 $A_n(\omega)$. 注意到一个十分有意义的结果：$A_0(\omega)$ 与 ψ 无关. 事实上，其他系数 $A_n(\omega)$ $(n\geqslant 1)$ 也与 ψ 无关 (我们不直接证明这一性质).

于是，我们可以取一个特殊的 ψ 来求 $A_n(\omega)$. 注意到：当 $\psi=\pi/2$ 时，无限薄的屏与入射波平行，对入射波没有任何影响. 因此，当取 $\psi=\pi/2$ 时，方程 (3.4.7b) 应该与入射波的柱函数展开完全相同, 即

$$p_{\mathrm{i}}(\rho,\varphi,\omega)=A\left[\mathrm{J}_0(k_0\rho)+\sum_{m=1}^{\infty}2(-\mathrm{i})^m\mathrm{J}_m(k_0\rho)\cos(m\varphi)\right] \tag{3.4.11a}$$

由方程 (3.4.7b)，当 $\psi=\pi/2$ 时

$$p(\rho,\varphi,\omega)|_{\psi=\pi/2}=2A_0\mathrm{J}_0(k_0\rho)+\sum_{m=1}^{\infty}A_m(\omega)\left\{\cos\left(\frac{m}{2}\varphi\right)+\cos\left[\frac{m}{2}(2\pi-\varphi)\right]\right\}\mathrm{J}_{m/2}(k_0\rho) \tag{3.4.11b}$$

显然，求和中的奇数 $(m=2k+1)$ 项

$$\cos\left(\frac{m}{2}\varphi\right)+\cos\left[\frac{m}{2}(2\pi-\varphi)\right]=\cos\left[\left(k+\frac{1}{2}\right)\varphi\right]+\cos\left[\left(k+\frac{1}{2}\right)(2\pi-\varphi)\right]=0 \tag{3.4.11c}$$

而对偶数项 $(m=2k)$，有关系

$$\cos\left(\frac{m}{2}\varphi\right)+\cos\left[\frac{m}{2}(2\pi-\varphi)\right]=\cos(k\varphi)+\cos[k(2\pi-\varphi)]=2\cos(k\varphi) \tag{3.4.11d}$$

故

$$\begin{aligned}p(\rho,\varphi,\omega)|_{\psi=\pi/2}&=2A_0\mathrm{J}_0(k_0\rho)+\sum_{k=1}^{\infty}2A_{2k}(\omega)\mathrm{J}_k(k_0\rho)\cos(k\varphi)\\&=2A_0\mathrm{J}_0(k_0\rho)+\sum_{m=1}^{\infty}2A_{2m}(\omega)\mathrm{J}_m(k_0\rho)\cos(m\varphi)\end{aligned} \tag{3.4.12a}$$

上式与方程 (3.4.11a) 比较可知：$A_0=A/2$(与从方程 (3.4.10c) 得到的结果完全一致) 以及 $2A(-\mathrm{i})^m=2A_{2m}(\omega)$ $(m\geqslant 1)$，或者

$$A_m(\omega)=\frac{1}{2}(2-\delta_{m0})(-\mathrm{i})^{m/2}A \tag{3.4.12b}$$

由于假定 $A_m(\omega)$ 与 ψ 无关，故上式对一般的 ψ 都成立. 因此，我们得到任意角度 ψ 时，整个空间的声场分布为

$$p(\rho,\varphi,\omega)\equiv A[U(\rho,\varphi,\omega)+U(\rho,3\pi-\varphi-2\psi,\omega)] \tag{3.4.13a}$$

其中，函数 $U(\rho,\varphi,\omega)$ 定义为

$$U(\rho,\varphi,\omega)\equiv\frac{1}{2}\sum_{m=0}^{\infty}(2-\delta_{m0})(-\mathrm{i})^{m/2}\cos\left(\frac{m}{2}\varphi\right)\mathrm{J}_{m/2}(k_0\rho) \tag{3.4.13b}$$

称为**辅助函数**. 方程 (3.4.13a) 给出了空间总声场 (包括入射波，反射波和衍射波) 的级数表达式，物理意义不是很明显. 可以推导出 $U(\rho,\varphi,\omega)$ 的非级数表达式，从而求得三个区域声场的分布. 由于推导过程过于复杂，我们仅给出远场 $(k_0\rho\to\infty)$ 的渐近表达式 (见主要参考书目 10):

区域 (I)，即 $-2\psi<\varphi<\pi$: 包括入射声场和衍射声场

$$p_{\mathrm{I}}(\rho,\varphi,\omega)\approx A\exp(-\mathrm{i}k_0\rho\cos\varphi)+p_{\mathrm{d}}(\rho,\varphi,\omega) \tag{3.4.14a}$$

区域 (II)，即 $-(\pi/2+\psi)<\varphi<-2\psi$：包括入射场、反射场和衍射声场

$$p_{\mathrm{II}}(\rho,\varphi,\omega)\approx A\exp(-\mathrm{i}k_0\rho\cos\varphi)+A\exp[\mathrm{i}k_0\rho\cos(\varphi+2\psi)]+p_{\mathrm{d}}(\rho,\varphi,\omega) \tag{3.4.14b}$$

区域 (III)，即 $\pi<\varphi<3\pi/2-\psi$，仅存在衍射声场

$$p_{\mathrm{III}}(\rho,\varphi,\omega)\approx p_{\mathrm{d}}(\rho,\varphi,\omega) \tag{3.4.14c}$$

其中，衍射场的近似表达式为

$$p_{\mathrm{d}}(\rho,\varphi,\omega)\approx\frac{1}{\sqrt{8\pi\mathrm{i}k_0\rho}}\left[\frac{1}{\sin(\varphi/2+\psi)}-\frac{1}{\cos(\varphi/2)}\right]\exp(\mathrm{i}k_0\rho) \tag{3.4.14d}$$

显然，当 $\varphi=\pi$ 或者 $\varphi=-2\psi$，上式中分母为零，故近似展开在“阴影区”边缘 $(\varphi=\pi)$ 或者反射场的边缘不成立. 注意：$p_{\mathrm{d}}(\rho,\varphi,\omega)\sim1/\sqrt{k_0\rho}$，当 $\rho\to\infty$ 时，$p_{\mathrm{d}}\to0$，故方程 (3.4.14a)，(3.4.14b) 和 (3.4.14c) 与方程 (3.4.2b)，(3.4.2c) 和 (3.4.2d) 是吻合的.

图 3.4.2 给出了当 $\psi=0$ 时，由级数解方程 (3.4.13a) 计算得到的 $x=-l$ 直

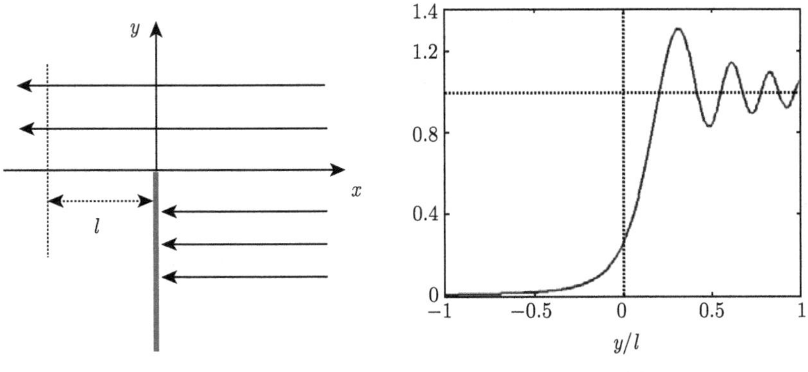

图 3.4.2 当 $\psi=0$ 时，直线 $x=-l$ 上的空间声场分布

(a) 直线 $x=-l$ 示意图; (b) 总声场振幅的平方

线上的归一化声场分布 (取入射波振幅 $A=1$)，计算中取 $k_0l=50$. 由图可见：在 $y/l<0$ 区，声场很小，仅只有衍射场；而在 $y/l>0$ 区，总声场振幅呈衰减的震动，当 y/l 较大时，声场振幅趋于入射场的振幅 (常数 1).

3.4.2 刚性屏对二维柱面波的衍射

上述方法也可以用于刚性屏对二维点源产生声波的衍射问题. 设强度为 $q_0(\omega)$ 的线源位于 (x_s,y_s) 或者 (ρ_s,φ_s) 处，空间总声场 $p(\rho,\varphi,\omega)$(包括线源产生的入射波、反射波和衍射波) 满足

$$\left[\frac{1}{\rho}\frac{\partial}{\partial\rho}\left(\rho\frac{\partial}{\partial\rho}\right)+\frac{1}{\rho^2}\frac{\partial^2}{\partial\varphi^2}+\right]p+k_0^2p=\mathrm{i}\omega\rho_0q_0(\omega)\frac{\delta(\rho,\rho_s)\delta(\varphi,\varphi_s)}{\rho}$$
$$\left.\frac{\partial p}{\partial\varphi}\right|_{\varphi\to-(\pi/2+\psi)}=0;\quad\left.\frac{\partial p}{\partial\varphi}\right|_{\varphi\to(3\pi/2-\psi)}=0 \tag{3.4.15a}$$

为了满足边界条件，我们用方程 (3.4.6b) 的本征函数系 $\varPhi_{m/2}(\varphi)$ 作展开

$$p(\rho,\varphi,\omega)=\sum_{m=0}^{\infty}A_m(\rho,\omega)\varPhi_{m/2}(\varphi) \tag{3.4.15b}$$

注意：本征函数系 $\varPhi_{m/2}(\varphi)$ 是正交的，但没有归一化. 把上式代入方程 (3.4.15a) 第一式得到

$$\sum_{m=0}^{\infty}\left[\frac{1}{\rho}\frac{\partial}{\partial\rho}\left(\rho\frac{\partial}{\partial\rho}\right)+k_0^2-\frac{(m/2)^2}{\rho^2}\right]A_m(\rho,\omega)\varPhi_{m/2}(\varphi)=\mathrm{i}\omega\rho_0q_0(\omega)\frac{\delta(\rho,\rho_s)\delta(\varphi,\varphi_s)}{\rho} \tag{3.4.16a}$$

利用 $\varPhi_{m/2}(\varphi)$ 的正交性

$$\frac{1}{\rho}\frac{\mathrm{d}}{\mathrm{d}\rho}\left[\rho\frac{\mathrm{d}A_m(\rho,\omega)}{\mathrm{d}\rho}\right]+\left[k_0^2-\frac{(m/2)^2}{\rho^2}\right]A_m(\rho,\omega)=\frac{\mathrm{i}\omega\rho_0q_0(\omega)\varPhi_{m/2}(\varphi_s)}{||\Phi_{m/2}||^2}\frac{\delta(\rho,\rho_s)}{\rho} \tag{3.4.16b}$$

其中，模的平方为

$$||\varPhi_{m/2}||^2=\int_{-(\pi/2+\psi)}^{3\pi/2-\psi}\varPhi_{m/2}^2(\varphi)\mathrm{d}\varphi \tag{3.4.16c}$$

问题归结为求解方程 (3.4.16b)：当 $\rho\neq\rho_s$ 时，$A_m(\rho,\omega)$ 满足齐次方程

$$\frac{1}{\rho}\frac{\mathrm{d}}{\mathrm{d}\rho}\left[\rho\frac{\mathrm{d}A_m(\rho,\omega)}{\mathrm{d}\rho}\right]+\left[k_0^2-\frac{(m/2)^2}{\rho^2}\right]A_m(\rho,\omega)=0 \tag{3.4.17a}$$

令上式的解为

$$A_m(\rho,\omega)=\begin{cases}A_<\mathrm{J}_{m/2}(k_0\rho) & (\rho<\rho_s)\\ A_>\mathrm{H}_{m/2}^{(1)}(k_0\rho) & (\rho>\rho_s)\end{cases} \tag{3.4.17b}$$

决定二个系数的方程为

$$A_m(\rho,\omega)|_{\rho=\rho_s-\varepsilon}=A_m(\rho,\omega)|_{\rho=\rho_s+\varepsilon}$$

$$\left.\frac{\mathrm{d}A_m(\rho,\omega)}{\mathrm{d}\rho}\right|_{\rho=\rho_s+\varepsilon}-\left.\frac{\mathrm{d}A_m(\rho,\omega)}{\mathrm{d}\rho}\right|_{\rho=\rho_s-\varepsilon}=\frac{\mathrm{i}\omega\rho_0 q_0(\omega)\varPhi_{m/2}(\varphi_s)}{||\varPhi_{m/2}||^2\rho_s} \tag{3.4.17c}$$

把方程 (3.4.17b) 代入上式得到

$$A_<=\frac{\pi\rho_0\omega q_0(\omega)\mathrm{H}^{(1)}_{m/2}(k_0\rho_s)\varPhi_{m/2}(\varphi_s)}{2||\varPhi_{m/2}||^2}$$

$$A_>=\frac{\pi\rho_0\omega q_0(\omega)\mathrm{J}_{m/2}(k_0\rho_s)\varPhi_{m/2}(\varphi_s)}{2||\varPhi_{m/2}||^2} \tag{3.4.18a}$$

得到上式利用了关系

$$\mathrm{J}'_{m/2}(k_0\rho_s)\mathrm{H}^{(1)}_{m/2}(k_0\rho_s)-\mathrm{J}_{m/2}(k_0\rho_s)\mathrm{H}'^{(1)}_{m/2}(k_0\rho_s)=\frac{2}{\mathrm{i}\pi k_0\rho_s} \tag{3.4.18b}$$

最后，由方程 (3.4.15b)，(3.4.17b) 和 (3.4.18a) 得到空间总声场分布的级数形式

$$p(\rho,\varphi,\omega)=\frac{\pi\rho_0\omega q_0(\omega)}{2}\sum_{m=0}^{\infty}\frac{\varPhi_{m/2}(\varphi)\varPhi_{m/2}(\varphi_s)}{||\varPhi_{m/2}||^2}\times\begin{cases}\mathrm{H}^{(1)}_{m/2}(k_0\rho_s)\mathrm{J}_{m/2}(k_0\rho) & (\rho<\rho_s)\\ \mathrm{J}_{m/2}(k_0\rho_s)\mathrm{H}^{(1)}_{m/2}(k_0\rho) & (\rho>\rho_s)\end{cases} \tag{3.4.19}$$

解析分析上式非常困难，只能进行数值计算.

3.4.3 刚性楔对二维和三维声波的衍射

二维线声源 如图 3.4.3，设无限长刚性楔张角为 2α，顶角位于 z 轴，平行于 z 轴的线声源位于 S:(ρ_s,φ_s)，空间总声场 $p(\rho,\varphi,\omega)$ 满足

$$\left[\frac{1}{\rho}\frac{\partial}{\partial\rho}\left(\rho\frac{\partial}{\partial\rho}\right)+\frac{1}{\rho^2}\frac{\partial^2}{\partial\varphi^2}\right]p+k_0^2p=\mathrm{i}\rho_0\omega q_0(\omega)\frac{\delta(\rho,\rho_s)\delta(\varphi,\varphi_s)}{\rho} \tag{3.4.20a}$$

以及刚性边界条件

$$\left.\frac{\partial p}{\partial\varphi}\right|_{\varphi\to-(\pi/2-\alpha)}=0;\quad \left.\frac{\partial p}{\partial\varphi}\right|_{\varphi\to(3\pi/2-\alpha)}=0 \tag{3.4.20b}$$

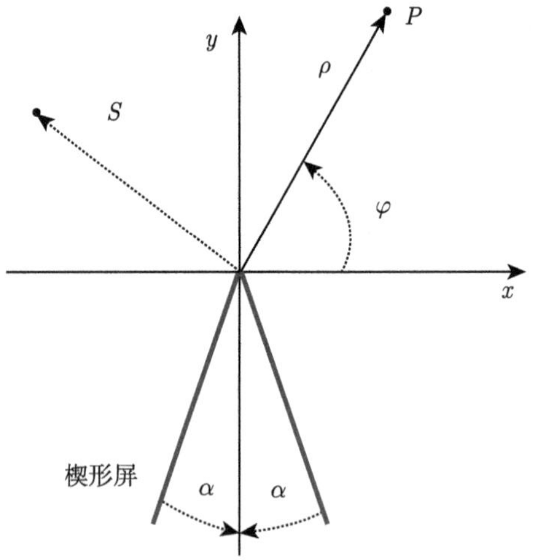

图 3.4.3　无限刚性楔对入射波的衍射

为了求解上式，首先考虑本征方程

$$\frac{\mathrm{d}^2\tilde{\varPhi}(\varphi)}{\mathrm{d}\varphi^2}+\lambda^2\tilde{\varPhi}(\varphi)=0$$
$$\left.\frac{\mathrm{d}\tilde{\varPhi}(\varphi)}{\mathrm{d}\varphi}\right|_{\varphi\to-(\pi/2-\alpha)}=0;\quad \left.\frac{\mathrm{d}\tilde{\varPhi}(\varphi)}{\mathrm{d}\varphi}\right|_{\varphi\to(3\pi/2-\alpha)}=0 \tag{3.4.21a}$$

设方程 (3.4.21a) 第一式的解 $\tilde{\varPhi}(\varphi)=S\sin\lambda\varphi+C\cos\lambda\varphi$, 代入方程 (3.4.21a) 第二式

$$S\lambda\cos\left[\lambda\left(\frac{\pi}{2}-\alpha\right)\right]+C\lambda\sin\left[\lambda\left(\frac{\pi}{2}-\alpha\right)\right]=0$$
$$S\lambda\cos\left[\lambda\left(\frac{3\pi}{2}-\alpha\right)\right]-C\lambda\sin\left[\lambda\left(\frac{3\pi}{2}-\alpha\right)\right]=0 \tag{3.4.21b}$$

上式存在非零解的条件是系数行列式为零，得到 $\sin[2\lambda(\pi-\alpha)]=0$, 因此本征值为

$$\lambda=\frac{m}{2(1-\alpha/\pi)}\quad(m=0,1,2,\cdots) \tag{3.4.21c}$$

故取方位角方向的本征函数为

$$\tilde{\varPhi}_m(\varphi)=\cos\left[\frac{m}{2(1-\alpha/\pi)}\left(\varphi-\frac{3\pi}{2}+\alpha\right)\right] \tag{3.4.22}$$

因此，与得到方程 (3.4.19) 的过程类似，得到空间总声场的分布为

$$p(\rho,\varphi,\omega)=\frac{\pi\rho_0\omega q_0(\omega)}{2}\sum_{m=0}^{\infty}\frac{\tilde{\varPhi}_m(\varphi)\tilde{\varPhi}_m(\varphi_s)}{||\tilde{\varPhi}_m||^2}\times\begin{cases}\mathrm{H}^{(1)}_{\nu(m)}(k_0\rho_s)\mathrm{J}_{\nu(m)}(k_0\rho) & (\rho<\rho_s)\\ \mathrm{J}_{\nu(m)}(k_0\rho_s)\mathrm{H}^{(1)}_{\nu(m)}(k_0\rho) & (\rho>\rho_s)\end{cases} \tag{3.4.23a}$$

其中，Bessel 函数和 Hankel 函数的阶数为

$$\nu(m) \equiv \frac{m}{2(1-\alpha/\pi)} \tag{3.4.23b}$$

特殊情况讨论如下.

(1) 当取 $\alpha \to 0$ 时，上述结果就是刚性屏 (当 $\psi = 0$ 时) 的衍射;

(2) 当 $\alpha \to \pi/2$ 时，相当于求刚性边界条件下上半平面的声场. 此时 $\nu(m) = m$ 以及

$$\tilde{\Phi}_m(\varphi) = (-1)^m \cos(m\varphi); ||\tilde{\Phi}_m(\varphi)||^2 = \frac{\pi}{2-\delta_{m0}} \tag{3.4.24a}$$

由方程 (3.4.23a)

$$p(\rho,\varphi,\omega) = \mathrm{i}\rho_0\omega q_0(\omega)[g(\rho,\varphi|\rho_s,\varphi_s) + g(\rho,\varphi|\rho_s,-\varphi_s)] \tag{3.4.24b}$$

其中，$g(\rho,\varphi|\rho_s,\varphi_s)$ 是位于点 $\boldsymbol{\rho}_s = (\rho_s,\varphi_s)$ 的线源产生的场

$$\begin{aligned} g(\rho,\varphi|\rho_s,\varphi_s) &= \frac{\mathrm{i}}{4}\sum_{m=0}^{\infty}(2-\delta_{m0})\cos[m(\varphi-\varphi_s)]\begin{cases} \mathrm{H}_m^{(1)}(k_0\rho_s)\mathrm{J}_m(k_0\rho) & (\rho<\rho_s) \\ \mathrm{J}_m(k_0\rho_s)\mathrm{H}_m^{(1)}(k_0\rho) & (\rho>\rho_s) \end{cases} \\ &= \frac{\mathrm{i}}{4}\mathrm{H}_0^{(1)}(k_0|\boldsymbol{\rho}-\boldsymbol{\rho}_{\mathrm{s}}|) \end{aligned} \tag{3.4.24c}$$

而 $g(\rho,\varphi|\rho_s,-\varphi_s)$ 是位于点 $\boldsymbol{\rho}'_{\mathrm{s}} = (\rho_{\mathrm{s}},-\varphi_{\mathrm{s}})$ 的镜像线源产生的场

$$\begin{aligned} g(\rho,\varphi|\rho_s,-\varphi_s) &= \frac{\mathrm{i}}{4}\sum_{m=0}^{\infty}(2-\delta_{m0})\cos[m(\varphi+\varphi_s)]\begin{cases} \mathrm{H}_m^{(1)}(k_0\rho_s)\mathrm{J}_m(k_0\rho) & (\rho<\rho_s) \\ \mathrm{J}_m(k_0\rho_s)\mathrm{H}_m^{(1)}(k_0\rho) & (\rho>\rho_s) \end{cases} \\ &= \frac{\mathrm{i}}{4}\mathrm{H}_0^{(1)}(k_0|\boldsymbol{\rho}-\boldsymbol{\rho}'_s|) \end{aligned} \tag{3.4.24d}$$

得到方程 (3.4.24c) 和 (3.4.24d) 的第二个等式，利用了方程 (2.3.52b);

(3) 当线声源位于楔的棱边时 ($\rho_{\mathrm{s}} = 0$ 和 φ_s 任意)，注意到 $\mathrm{J}_0(0) = 1, \mathrm{J}_{\nu(m)}(0) = 0 \quad (m \neq 0)$ 和 $\tilde{\Phi}_0(\varphi) = 1$ 以及

$$||\tilde{\Phi}_0(\varphi)||^2 = \int_{-(\pi/2-\alpha)}^{3\pi/2-\alpha} |\tilde{\Phi}_0(\varphi)|^2 \mathrm{d}\varphi = 2(\pi-\alpha) \tag{3.4.25a}$$

得到

$$p(\rho,\varphi,\omega) = \frac{\mathrm{i}\rho_0\omega q_0(\omega)}{(1-2\alpha/2\pi)}\frac{\mathrm{i}}{4}\mathrm{H}_0^{(1)}(k_0\rho) \tag{3.4.25b}$$

因此，当线声源位于楔的棱边时，相当于向 $2(\pi-\alpha)$ 空间辐射声波，且不存在衍射.

三维点源 设点源位于 S: $\boldsymbol{r}_s = (\rho_s,\varphi_s,z_s)$，则空间声场 $p(\rho,\varphi,z)$ 与 z 有关，且满足

$$\left[\frac{1}{\rho}\frac{\partial}{\partial\rho}\left(\rho\frac{\partial}{\partial\rho}\right) + \frac{1}{\rho^2}\frac{\partial^2}{\partial\varphi^2} + \frac{\partial^2}{\partial z^2}\right]p + k_0^2 p = \mathrm{i}\rho_0\omega q_0(\omega)\delta(\boldsymbol{r},\boldsymbol{r}_s) \tag{3.4.26a}$$

以及边界条件

$$\left.\frac{\partial p}{\partial \varphi}\right|_{\varphi\to-(\pi/2-\alpha)}=0;\quad \left.\frac{\partial p}{\partial \varphi}\right|_{\varphi\to(3\pi/2-\alpha)}=0 \tag{3.4.26b}$$

其中，柱坐标中 Dirac Delta 函数为

$$\delta(\boldsymbol{r},\boldsymbol{r}_s)=\frac{\delta(\rho,\rho_s)\delta(\varphi,\varphi_s)\delta(z,z_s)}{\rho} \tag{3.4.26c}$$

由于 z 方向不存在边界，故取上式的解为

$$p(\rho,\varphi,z)=\frac{1}{2\pi}\int_{-\infty}^{\infty}\sum_{m=0}^{\infty}A_m(\rho,k_z)\tilde{\Phi}_m(\varphi)\exp(\mathrm{i}k_z z)\mathrm{d}k_z \tag{3.4.27a}$$

代入方程 (3.4.26a) 得到

$$\begin{aligned}&\frac{1}{\rho}\frac{\mathrm{d}}{\mathrm{d}\rho}\left[\rho\frac{\mathrm{d}A_m(\rho,k_z)}{\mathrm{d}\rho}\right]+\left[k_\rho^2-\frac{\nu^2(m)}{\rho^2}\right]A_m(\rho,k_z)\\&=\frac{\mathrm{i}\omega\rho_0 q_0(\omega)\tilde{\Phi}_m(\varphi_s)}{\|\tilde{\Phi}_m\|^2}\exp(-\mathrm{i}k_z z_s)\frac{\delta(\rho,\rho_s)}{\rho}\end{aligned} \tag{3.4.27b}$$

其中，$k_\rho^2=k_0^2-k_z^2$. 上式与方程 (3.4.16b) 类似, 因此得到

$$\begin{aligned}p(\rho,\varphi,z)=&\frac{1}{4}\rho_0\omega q_0(\omega)\int_{-\infty}^{\infty}\exp[\mathrm{i}k_z(z-z_s)]\mathrm{d}k_z\sum_{m=0}^{\infty}\frac{\tilde{\Phi}_m(\varphi)\tilde{\Phi}_m(\varphi_s)}{\|\tilde{\Phi}_m\|^2}\\&\times\begin{cases}\mathrm{H}_{\nu(m)}^{(1)}(k_\rho\rho_s)\mathrm{J}_{\nu(m)}(k_\rho\rho) & (\rho<\rho_s)\\ \mathrm{J}_{\nu(m)}(k_\rho\rho_s)\mathrm{H}_{\nu(m)}^{(1)}(k_\rho\rho) & (\rho>\rho_s)\end{cases}\end{aligned} \tag{3.4.28a}$$

特殊情况讨论如下.

(1) 当点声源位于楔的棱边时 ($\rho_s=0$ 和 φ_s 任意)

$$p(\rho,\varphi,z)=-\frac{\rho_0\omega q_0(\omega)}{8(\pi-\alpha)}\int_{-\infty}^{\infty}\mathrm{H}_0^{(1)}(k_\rho\rho)\exp[\mathrm{i}k_z(z-z_s)]\mathrm{d}k_z \tag{3.4.28b}$$

注意到关系 $2\mathrm{J}_0(z)=\mathrm{H}_0^{(1)}(z)-\mathrm{H}_0^{(1)}(z\mathrm{e}^{\mathrm{i}\pi})$，上式化成

$$\begin{aligned}p(\rho,\varphi,z)=&\frac{\rho_0\omega q_0(\omega)}{8(\pi-\alpha)}\int_0^{\infty}\frac{k_\rho}{\sigma}[\mathrm{H}_0^{(1)}(k_\rho\rho)-\mathrm{H}_0^{(1)}(\mathrm{e}^{\mathrm{i}\pi}k_\rho\rho)]\exp(\mathrm{i}\sigma|z-z_s|)\mathrm{d}k_\rho\\=&\frac{\rho_0\omega q_0(\omega)}{4(\pi-\alpha)}\int_0^{\infty}\frac{k_\rho}{\sigma}\mathrm{J}_0(k_\rho\rho)\exp(\mathrm{i}\sigma|z-z_s|)\mathrm{d}k_\rho\end{aligned} \tag{3.4.28c}$$

其中，$\sigma=\sqrt{k_0^2-k_\rho^2}$. 由方程 (2.3.47d)，取 $\rho_s=0$ 时

$$\frac{1}{4\pi R}\exp(\mathrm{i}k_0R)=\frac{\mathrm{i}}{4\pi}\int_0^{\infty}\frac{k_\rho}{\sigma}\mathrm{J}_0(k_\rho\rho)\exp(\mathrm{i}\sigma|z-z_s|)\mathrm{d}k_\rho \tag{3.4.28d}$$

其中，R 为声源到测量点的距离：$R=\sqrt{x^2+y^2+(z-z_s)^2}$. 上式代入方程 (3.4.28c) 得到

$$p(\rho,\varphi,z)=\frac{\mathrm{i}\rho_0\omega q_0(\omega)}{1-2\alpha/2\pi}\cdot\frac{1}{4\pi R}\exp(\mathrm{i}k_0R) \tag{3.4.28e}$$

可见：即使是点声源，只要位于楔的棱边就没有衍射；

(2) 当 $\alpha\to\pi/2$ 时，把方程 (3.4.24a) 代入方程 (3.4.28a) 得到

$$p(\rho,\varphi,z)=\mathrm{i}\omega\rho_0q_0(\omega)[g(\rho,\varphi,z|\rho_s,\varphi_s,z_s)+g(\rho,\varphi,z|\rho_s,-\varphi_s,z_s)] \tag{3.4.29a}$$

其中，$g(\rho,\varphi,z|\rho_s,\varphi_s,z_s)$ 是位于点 $\boldsymbol{r}_s=(\rho_s,\varphi_s,z_s)$ 的点源产生的场

$$\begin{aligned}g(\rho,\varphi,z|\rho_s,\varphi_s,z_s)\equiv&\frac{\mathrm{i}}{8\pi}\int_{-\infty}^{\infty}\exp[\mathrm{i}k_z(z-z_s)]\mathrm{d}k_z\sum_{m=0}^{\infty}(2-\delta_{m0})\cos[m(\varphi-\varphi_s)]\\&\times\begin{cases}\mathrm{H}_m^{(1)}(k_\rho\rho_s)\mathrm{J}_m(k_\rho\rho) & (\rho<\rho_s)\\ \mathrm{J}_m(k_\rho\rho_s)\mathrm{H}_m^{(1)}(k_\rho\rho) & (\rho>\rho_s)\end{cases}\end{aligned} \tag{3.4.29b}$$

而 $g(\rho,\varphi,z|\rho_s,-\varphi_s,z_s)$ 是位于点 $\boldsymbol{r}'_s=(\rho_s,-\varphi_s,z_s)$ 的镜像点源产生的场

$$\begin{aligned}g(\rho,\varphi,z|\rho_s,-\varphi_s,z_s)\equiv&\frac{\mathrm{i}}{8\pi}\int_{-\infty}^{\infty}\exp[\mathrm{i}k_z(z-z_s)]\mathrm{d}k_z\sum_{m=0}^{\infty}(2-\delta_{m0})\cos[m(\varphi+\varphi_s)]\\&\times\begin{cases}\mathrm{H}_m^{(1)}(k_\rho\rho_s)\mathrm{J}_m(k_\rho\rho) & (\rho<\rho_s)\\ \mathrm{J}_m(k_\rho\rho_s)\mathrm{H}_m^{(1)}(k_\rho\rho) & (\rho>\rho_s)\end{cases}\end{aligned} \tag{3.4.29c}$$

事实上，通过积分变量变换 $k_\rho^2=k_0^2-k_z^2$，方程 (3.4.29b) 变成

$$\begin{aligned}g(\rho,\varphi,z|\rho_s,\varphi_s,z_s)=&\frac{\mathrm{i}}{8\pi}\sum_{m=0}^{\infty}(2-\delta_{m0})\cos[m(\varphi-\varphi_s)]\int_0^{\infty}\frac{k_\rho}{\sigma}\exp[\mathrm{i}\sigma|z-z_s|]\mathrm{d}k_\rho\\&\times\begin{cases}[\mathrm{H}_m^{(1)}(k_\rho\rho_s)-(-1)^m\mathrm{H}_m^{(1)}(\mathrm{e}^{\mathrm{i}\pi}k_\rho\rho_s)]\mathrm{J}_m(k_\rho\rho) & (\rho<\rho_s)\\ [\mathrm{H}_m^{(1)}(k_\rho\rho)-(-1)^m\mathrm{H}_m^{(1)}(\mathrm{e}^{\mathrm{i}\pi}k_\rho\rho)]\mathrm{J}_m(k_\rho\rho_s) & (\rho>\rho_s)\end{cases}\end{aligned}$$

利用关系 $2\mathrm{J}_m(z)=\mathrm{H}_m^{(1)}(z)-(-1)^m\mathrm{H}_m^{(1)}(z\mathrm{e}^{\mathrm{i}\pi})$ 以及方程 (2.3.47d)

$$\begin{aligned}g(\rho,\varphi,z|\rho_s,\varphi_s,z_s)=&\frac{\mathrm{i}}{4\pi}\sum_{m=0}^{\infty}(2-\delta_{m0})\cos[m(\varphi-\varphi_s)]\\&\times\int_0^{\infty}\frac{k_\rho}{\sigma}\mathrm{e}^{\mathrm{i}\sigma|z-z_s|}\mathrm{d}k_\rho\mathrm{J}_m(k_\rho\rho_s)\mathrm{J}_m(k_\rho\rho)\\=&\frac{1}{4\pi|\boldsymbol{r}-\boldsymbol{r}_s|}\exp(\mathrm{i}k_0|\boldsymbol{r}-\boldsymbol{r}_s|)\end{aligned} \tag{3.4.29d}$$

对 $g(\rho,\varphi,z|\rho_s,-\varphi_s,z_s)$ 可以得到类似的结果.

3.4.4 楔形区内的声场和镜像法

如图 3.4.4, 设声源 S 和接收点 P 都在无限刚性楔形区内部，P 点接收到的声波包括三部分: ①由声源直接到达 P 点的直达波；②从声源发出经过楔面反射的声波；③楔形棱边的衍射波.

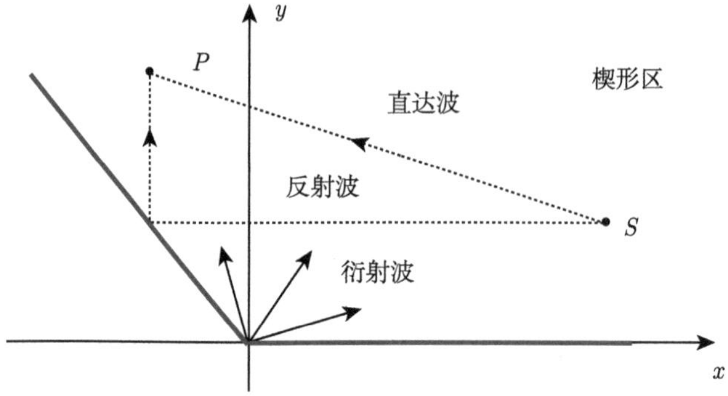

图 3.4.4 无限刚性楔形区内的声场

二维线声源 设线声源位于 S:(ρ_s, φ_s)，楔形区内的总声场 $p(\rho, \varphi)$ 满足方程和边界条件

$$\left[\frac{1}{\rho}\frac{\partial}{\partial\rho}\left(\rho\frac{\partial}{\partial\rho}\right)+\frac{1}{\rho^2}\frac{\partial^2}{\partial\varphi^2}\right]p+k_0^2p=\mathrm{i}\rho_0\omega q_0(\omega)\frac{\delta(\rho,\rho_s)\delta(\varphi,\varphi_s)}{\rho}$$
$$\left.\frac{\partial p}{\partial\varphi}\right|_{\varphi=0}=0;\quad \left.\frac{\partial p}{\partial\varphi}\right|_{\varphi=\beta}=0 \tag{3.4.30a}$$

其中，$0<\beta<\pi$(如果 $\beta>\pi$ 就是上节的情况) 为楔形区的张角. 显然，满足刚性边界条件的本征函数应该取为

$$\varPhi_{m\pi/\beta}(\varphi)=\sqrt{\frac{2-\delta_{m0}}{\beta}}\cos\left(\frac{m\pi}{\beta}\varphi\right) \tag{3.4.30b}$$

与得到方程 (3.4.19) 的过程类似，我们得到空间的声场分布为

$$p(\rho,\varphi)=\frac{\pi}{2}\omega\rho_0q_0(\omega)\sum_{m=0}^{\infty}\varPhi_{m\pi/\beta}(\varphi)\varPhi_{m\pi/\beta}(\varphi_s)$$
$$\times\begin{cases}\mathrm{H}^{(1)}_{m\pi/\beta}(k_0\rho_s)\mathrm{J}_{m\pi/\beta}(k_0\rho) & (\rho<\rho_s)\\ \mathrm{J}_{m\pi/\beta}(k_0\rho_s)\mathrm{H}^{(1)}_{m\pi/\beta}(k_0\rho) & (\rho>\rho_s)\end{cases} \tag{3.4.30c}$$

注意: 这里的本征函数 $\varPhi_{m\pi/\beta}(\varphi)$ 已经归一化，而 Bessel 函数和 Hankel 函数的阶数为 $m\pi/\beta$.

特殊情况讨论如下.

(1) 当 $\beta\to\pi$ 时，即求刚性边界条件下，上半平面线声源激发的声场，其结果与方程 (3.4.24b) 完全相同；

(2) 当 $\pi/\beta\equiv\nu$ 为整数时 ($\beta\to\pi$ 是 $\nu=1$ 情况)，问题变得相当简单，可以用镜像法求得楔形区内的总声场. 镜像点的个数为 $2\nu-1$；当 $\beta=\pi/2$ 时，有 3 个镜像点，分别位于: $\boldsymbol{\rho}'_{s1}=(\rho_s,\pi-\varphi_s)$，$\boldsymbol{\rho}'_{s2}=(\rho_s,\pi+\varphi_s)$ 和 $\boldsymbol{\rho}'_{s3}=(\rho_s,-\varphi_s)$. 事实上，因为

$$\begin{aligned}f_m(\varphi,\varphi_s)\equiv&\cos[m(\varphi-\pi+\varphi_s)]+\cos[m(\varphi-\pi-\varphi_s)]\\&+\cos[m(\varphi+\varphi_s)]+\cos[m(\varphi-\varphi_s)]\\=&[(-1)^m+1]\cos[m(\varphi-\varphi_s)]+[(-1)^m+1]\cos[m(\varphi+\varphi_s)]\end{aligned}\tag{3.4.31a}$$

当 m 为奇数时，上式为零，故方程 (3.4.30c) 可写成

$$\begin{aligned}p(\rho,\varphi)=&\mathrm{i}\omega\rho_0q_0(\omega)\frac{\mathrm{i}}{4}\sum_{m=0}^{\infty}(2-\delta_{m0})f_m(\varphi,\varphi_s)\begin{cases}\mathrm{H}_m^{(1)}(k_0\rho_s)\mathrm{J}_m(k_0\rho) & (\rho<\rho_s)\\ \mathrm{J}_m(k_0\rho_s)\mathrm{H}_m^{(1)}(k_0\rho) & (\rho>\rho_s)\end{cases}\\=&\mathrm{i}q_0\rho_0\omega\left[g(\rho,\varphi|\rho_s,\varphi_s)+\sum_{j=1}^{3}g(\rho,\varphi|\boldsymbol{\rho}'_{sj})\right]\end{aligned}\tag{3.4.31b}$$

而方程 (3.4.31a) 中 $f_m(\varphi,\varphi_s)$ 的 4 项表示 3 个镜像点和 1 个声源点.

当 $\beta=\pi/3$ 时，有 5 个镜像点，如图 3.4.5，声源 S 和 5 个镜像点 $S_j(j=1,2,\cdots,5)$ 关于楔面 l_1 和 l_2 互为对称 (3 个点构成一组对称点)，以保证楔面 l_1 和 l_2 上的刚性条件. 如 S 关于楔面 l_1 和 l_2 的对称点分别为镜像点 S_1 和 S_2；镜像点 S_5 关于楔面 l_1 和 l_2 的对称点分别为镜像点 S_2 和 S_4，等等，对称点形成一个封闭系统，只有有限个镜像点. 设声源在点 $\boldsymbol{\rho}_s=(\rho_s,\varphi_s)$，则 5 个镜像点的位置矢量分别为 (注意: 镜像点一定在楔形区外，而且在直径为 ρ_s 的圆上)

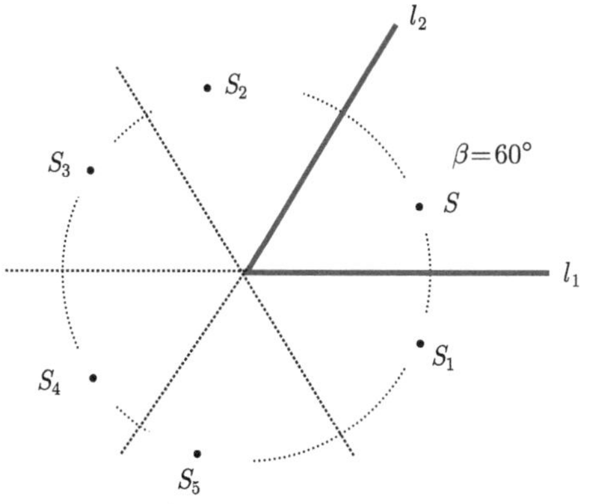

图 3.4.5　当 $\beta=\pi/3=60^\circ$ 时的 5 个镜像源

$$S_1:\boldsymbol{\rho}'_{s1}=(\rho_s,-\varphi_s);\quad S_2:\boldsymbol{\rho}'_{s2}=(\rho_s,2\pi/3-\varphi_s);\quad S_3:\boldsymbol{\rho}'_{s3}=(\rho_s,2\pi/3+\varphi_s)$$

$$S_4:\boldsymbol{\rho}'_{s4}=(\rho_s,4\pi/3-\varphi_s);\quad S_5:\boldsymbol{\rho}'_{s5}=(\rho_s,4\pi/3+\varphi_s)$$

因此，楔形区内的总声场为

$$p(\rho,\varphi)=\mathrm{i}\omega\rho_0q_0(\omega)\left[g(\rho,\varphi|\rho_s,\varphi_s)+\sum_{j=1}^{5}g(\rho,\varphi|\boldsymbol{\rho}'_{sj})\right] \tag{3.4.32a}$$

方程 (3.4.31b) 和 (3.4.32a) 中 $g(\rho,\varphi|\boldsymbol{\rho}'_{sj})$ 为二维 Green 函数

$$g(\rho,\varphi|\boldsymbol{\rho}'_{sj})=\frac{\mathrm{i}}{4}\mathrm{H}_0^{(1)}\left(k_0\left|\boldsymbol{\rho}-\boldsymbol{\rho}'_{sj}\right|\right) \tag{3.4.32b}$$

(3) 当 $\pi/\beta\neq$ 整数时, 镜像点不互相对称，故镜像点有无限多，无法形成有限的封闭系统，空间声场只能用无限级数 (即方程 (3.4.30c)) 表示.

三维点源　设点源位于 S:(ρ_s,φ_s,z_s)，空间总声场 $p(\rho,\varphi,z)$ 满足

$$\left[\frac{1}{\rho}\frac{\partial}{\partial\rho}\left(\rho\frac{\partial}{\partial\rho}\right)+\frac{1}{\rho^2}\frac{\partial^2}{\partial\varphi^2}+\frac{\partial^2}{\partial z^2}\right]p+k_0^2p=\mathrm{i}\omega\rho_0q_0(\omega)\frac{\delta(\rho,\rho_s)\delta(\varphi,\varphi_s)\delta(z,z_s)}{\rho}$$
$$\left.\frac{\partial p}{\partial\varphi}\right|_{\varphi\to0}=0;\quad\left.\frac{\partial p}{\partial\varphi}\right|_{\varphi\to\beta}=0 \tag{3.4.33a}$$

方程 (3.4.30c) 修改为

$$p(\rho,\varphi,z)=\frac{1}{4}\omega\rho_0q_0(\omega)\int_{-\infty}^{\infty}\mathrm{e}^{\mathrm{i}k_z(z-z_s)}\sum_{m=0}^{\infty}\varPhi_{m\pi/\beta}(\varphi)\varPhi_{m\pi/\beta}(\varphi_s)\mathrm{d}k_z$$
$$\times\begin{cases}\mathrm{H}_{m\pi/\beta}^{(1)}(k_\rho\rho_s)\mathrm{J}_{m\pi/\beta}(k_\rho\rho) & (\rho<\rho_s)\\ \mathrm{J}_{m\pi/\beta}(k_\rho\rho_s)\mathrm{H}_{m\pi/\beta}^{(1)}(k_\rho\rho) & (\rho>\rho_s)\end{cases} \tag{3.4.33b}$$

而方程 (3.4.31b) 和 (3.4.32a) 修改为:

(1) 当 $\beta=\pi/2$ 时

$$p(\rho,\varphi,z)=\mathrm{i}\omega\rho_0q_0(\omega)\left[g(\rho,\varphi,z|\rho_s,\varphi_s,z_s)+\sum_{j=1}^{3}g(\rho,\varphi,z|\boldsymbol{\rho}'_{sj},z_s)\right] \tag{3.4.34a}$$

(2) 当 $\beta=\pi/3$ 时

$$p(\rho,\varphi,z)=\mathrm{i}\omega\rho_0q_0(\omega)\left[g(\rho,\varphi,z|\rho_s,\varphi_s,z_s)+\sum_{j=1}^{5}g(\rho,\varphi,z|\boldsymbol{\rho}'_{sj},z_s)\right] \tag{3.4.34b}$$

以上二式中三维 Green 函数为

$$g(\rho,\varphi,z|\boldsymbol{\rho}'_{sj},z_s)=\frac{1}{4\pi|\boldsymbol{r}-\boldsymbol{r}'_{sj}|}\exp\left(\mathrm{i}k_0|\boldsymbol{r}-\boldsymbol{r}'_{sj}|\right) \tag{3.4.34c}$$

其中，三维镜像点的位置为 $\boldsymbol{r}'_{sj}=(\boldsymbol{\rho}'_{sj},z_s)$.

3.4.5 刚性地面上的有限屏及数值计算

如图 3.4.6, 设高为 h 的刚性屏 B 位于刚性地面上，下棱边与 z 轴重合. 点声源 S 位于屏的左侧 $\boldsymbol{r}_s=(x_s,y_s,z_s)$ $(x_s<0)$，测量点 P 位于屏的右侧 $\boldsymbol{r}=(x,y,z)$. 图 3.4.6 给出了二维平面图. 我们把空间分成下列二个区域来考虑

区域 (Ⅰ): $x<0,y>0,-\infty<z<\infty$, 声压为 $p^{(\mathrm{I})}(x,y,z)$;

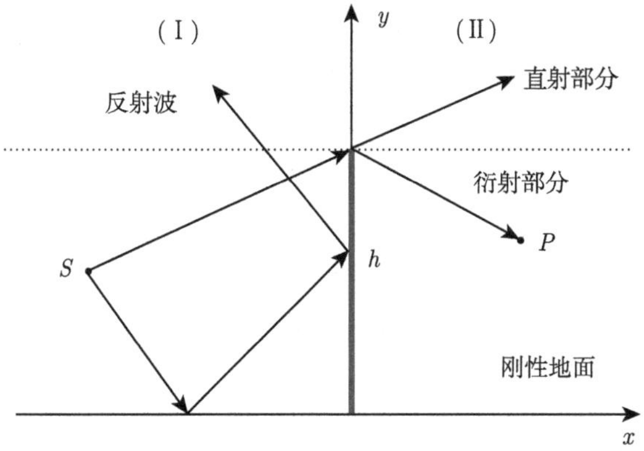

图 3.4.6 刚性地面上的有限屏

区域 (Ⅱ):$x>0,y>0,-\infty<z<\infty$, 声压为 $p^{(\mathrm{II})}(x,y,z)$. 声压 $p^{(\mathrm{I})}(x,y,z)$ 和 $p^{(\mathrm{II})}(x,y,z)$ 分别满足

$$\begin{gathered}\left(\frac{\partial^2}{\partial x^2}+\frac{\partial^2}{\partial y^2}+\frac{\partial^2}{\partial z^2}\right)p^{(\mathrm{I})}+k_0^2p^{(\mathrm{I})}=\mathrm{i}\omega\rho_0q_0(\omega)\delta(\boldsymbol{r},\boldsymbol{r}_s)\\ \left.\frac{\partial p^{(\mathrm{I})}}{\partial y}\right|_{y=0,x<0}=0;\quad \left.\frac{\partial p^{(\mathrm{I})}}{\partial x}\right|_{x=0,y<h}=0\end{gathered} \tag{3.4.35a}$$

和

$$\begin{gathered}\left(\frac{\partial^2}{\partial x^2}+\frac{\partial^2}{\partial y^2}+\frac{\partial^2}{\partial z^2}\right)p^{(\mathrm{II})}+k_0^2p^{(\mathrm{II})}=0\\ \left.\frac{\partial p^{(\mathrm{II})}}{\partial y}\right|_{y=0,x>0}=0;\quad \left.\frac{\partial p^{(\mathrm{II})}}{\partial x}\right|_{x=0,y<h}=0\end{gathered} \tag{3.4.35b}$$

注意：方程 (3.4.35a) 和 (3.4.35b) 中边界条件分别对应于刚性地面 $(y=0,-\infty<x<\infty)$ 和刚性屏 $(x=0,0<y<h)$. 声压 $p^{(\mathrm{I})}(x,y,z)$ 和 $p^{(\mathrm{II})}(x,y,z)$ 在屏上方的

面上 ($x=0, y>h$) 还必须满足连续性条件，即声压和法向速度连续 (注意：区域 (Ⅰ) 与区域 (Ⅱ) 的介质相同)

$$\begin{aligned} p^{(\mathrm{I})}(x,y,z)|_{x=0,y>h} &= p^{(\mathrm{II})}(x,y,z)|_{x=0,y>h} \\ \left.\frac{\partial p^{(\mathrm{I})}}{\partial x}\right|_{x=0,y>h} &= \left.\frac{\partial p^{(\mathrm{II})}}{\partial x}\right|_{x=0,y>h} \end{aligned} \tag{3.4.35c}$$

在区域 (Ⅰ)，取以原点为球心，半径为 R 的 1/4 大球 V^-，1/4 球的球面为 S_R, 底面为刚性地面 D，侧面为刚性屏 B 和屏上方部分平面 $\Sigma(x=0, y>h)$，如图 3.4.7 在 1/4 球内，声压满足积分方程

$$p^{(\mathrm{I})}(\boldsymbol{r}) = p_{\mathrm{i}}(\boldsymbol{r}) + \iint_{S_R+D+B+\Sigma}\left[G(\boldsymbol{r}|\boldsymbol{r}')\frac{\partial p^{(\mathrm{I})}(\boldsymbol{r}')}{\partial n'} - p^{(\mathrm{I})}(\boldsymbol{r}')\frac{\partial G(\boldsymbol{r}|\boldsymbol{r}')}{\partial n'}\right]\mathrm{d}S' \tag{3.4.36a}$$

其中，$G(\boldsymbol{r}|\boldsymbol{r}')$ 为 Green 函数，$p_{\mathrm{i}}(\boldsymbol{r},\omega)$ 为涉及声源的体积分项

$$p_{\mathrm{i}}(\boldsymbol{r}) \equiv \mathrm{i}\omega\rho_0 q_0(\omega)\int_{V^-}\delta(\boldsymbol{r},\boldsymbol{r}_s)G(\boldsymbol{r}|\boldsymbol{r}')\mathrm{d}^3\boldsymbol{r} = \mathrm{i}\omega\rho_0 q_0(\omega)G(\boldsymbol{r}|\boldsymbol{r}_s) \tag{3.4.36b}$$

取 Green 函数 $G(\boldsymbol{r}|\boldsymbol{r}')$ 在地面 D 以及 $B+\Sigma$ 上满足刚性边界条件，即

$$\left.\frac{\partial G(\boldsymbol{r}|\boldsymbol{r}')}{\partial y'}\right|_D = \left.\frac{\partial G(\boldsymbol{r}|\boldsymbol{r}')}{\partial x'}\right|_B = \left.\frac{\partial G(\boldsymbol{r}|\boldsymbol{r}')}{\partial x'}\right|_\Sigma = 0 \tag{3.4.36c}$$

而在地面 D 和刚性屏 B 上

$$\left.\frac{\partial p(\boldsymbol{r}')}{\partial y'}\right|_D = \left.\frac{\partial p(\boldsymbol{r}')}{\partial x'}\right|_B = 0 \tag{3.4.36d}$$

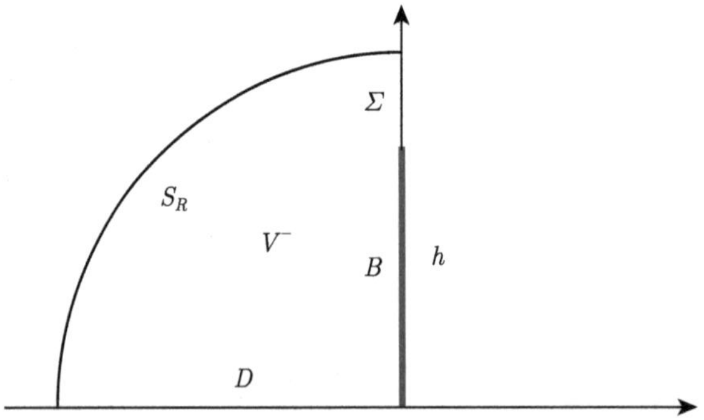

图 3.4.7 原点为球心，半径为 R 的 1/4 大球 V^-(仅画出平面图)

另一方面，当 $R \to \infty$ 时，方程 (3.4.36a) 中对球面 S_R 的面积分项为零. 因此，最后得到

$$p^{(\mathrm{I})}(\boldsymbol{r}) = p_{\mathrm{i}}(\boldsymbol{r}) + \int_{-\infty}^{\infty} \mathrm{d}z' \int_{h}^{\infty} G(\boldsymbol{r}|0, y', z') \left.\frac{\partial p^{(\mathrm{I})}(x', y', z')}{\partial x'}\right|_{x'=0} \mathrm{d}y' \tag{3.4.37a}$$

注意: 在 Σ 面上，法向导数 $[\partial p^{(\mathrm{I})}/\partial n']_{\Sigma} = [\partial p^{(\mathrm{I})}/\partial x']_{\Sigma}$(区域的外法向为 x 方向). 满足边界条件方程 (3.4.36c) 的 Green 函数 $G(\boldsymbol{r}|\boldsymbol{r}')$ 可由镜像法得到

$$G(\boldsymbol{r}|\boldsymbol{r}') = g_0(\boldsymbol{r}|\boldsymbol{r}') + \sum_{j=1}^{3} g_0(\boldsymbol{r}|\boldsymbol{r}'_j) \tag{3.4.37b}$$

其中，$\boldsymbol{r}'_j$ $(j = 1, 2, 3)$ 为三个镜像点的位置

$$\boldsymbol{r}'_1 = (x', -y', z'); \boldsymbol{r}'_2 = (-x', y', z'); \boldsymbol{r}'_3 = (-x', -y', z') \tag{3.4.37c}$$

而 $g_0(\boldsymbol{r}|\boldsymbol{r}')$ 为自由空间的 Green 函数，由方程 (3.4.34c) 决定.

对区域 (Ⅱ), 同样得到

$$p^{(\mathrm{II})}(\boldsymbol{r}) = -\int_{-\infty}^{\infty} \mathrm{d}z' \int_{h}^{\infty} G(\boldsymbol{r}|0, y', z') \left.\frac{\partial p^{(\mathrm{II})}(x', y', z')}{\partial x'}\right|_{x'=0} \mathrm{d}y' \tag{3.4.38a}$$

注意: ①区域 (Ⅱ) 不存在声源，体积分项为零；②法向导数

$$\left.\frac{\partial p^{(\mathrm{II})}}{\partial n'}\right|_{\Sigma} = -\left.\frac{\partial p^{(\mathrm{II})}}{\partial x'}\right|_{\Sigma} \tag{3.4.38b}$$

即区域的外法向为 $-x$ 方向.

由连接条件 (3.4.35c) 得到

$$p_{\mathrm{i}}(0, y, z) + 2\int_{-\infty}^{\infty} \mathrm{d}z' \int_{h}^{\infty} G(0, y, z|0, y', z') f(y', z') \mathrm{d}y' = 0 \tag{3.4.39a}$$

其中，$h < y < \infty$, $-\infty < z < \infty$，以及

$$f(y', z') \equiv \left.\frac{\partial p^{(\mathrm{I})}(x', y', z')}{\partial x'}\right|_{x'=0, y'>h} = \left.\frac{\partial p^{(\mathrm{II})}(x', y', z')}{\partial x'}\right|_{x'=0, y'>h} \tag{3.4.39b}$$

方程 (3.4.39a) 就是决定函数 $f(y', z')$ 的积分方程，一旦求得 $f(y', z')$，就可由方程 (3.4.37a) 和 (3.4.38a) 分别决定区域 (Ⅰ) 和 (Ⅱ) 的空间场分布.

数值模拟 我们把积分平面，即 $(x = 0,\ h < y < \infty,\ -\infty < z < \infty)$ 作离散化处理: ①不失一般性，设声源 S 位于 $z = 0$ 平面，即 $\boldsymbol{r}_s = (x_s, y_s, 0)$，取足够大的长度 L, 把方程 (3.4.39a) 中的无限大区域 $(h < y < \infty,\ -\infty < z < \infty)$ 上的积

分近似为足够大的有限区域 $(h<y<h+L,\ -L<z<L)$ 上的求和；②把有限平面区域 $(h<y<h+L,\ -L<z<L)$ 分割成 N 个面积为 $\Delta y_n\times\Delta z_n$ 的小矩形，其中心点坐标为 (y_n,z_n). 于是，积分方程 (3.4.39a) 可离散为代数方程

$$2\sum_{n=1}^{N}G(0,y_m,z_m|0,y'_n,z'_n)f(y'_n,z'_n)\Delta y'_n\Delta z'_n=-\mathrm{i}\omega\rho_0q_0(\omega)G(0,y_m,z_m,|\boldsymbol{r}_s) \tag{3.4.40a}$$

其中,$m=1,2,\cdots,N$. 注意：①上式实际上是用中心点 (y_n,z_n) 的值 $f(y_n,z_n)$ 代替小矩形 $\Delta y_n\times\Delta z_n$ 上的积分，只有当小矩形 $\Delta y_n\times\Delta z_n$ 上值 $f(y,z)$ 比较均匀时，这样的近似才有意义，故小矩形的边长必须远远小于波长；②当方程 (3.4.40a) 中 $n=m$ 时，因为 $(y_m,z_m)=(y'_n,z'_n)$，故 $G(0,y_m,z_m|0,y'_n,z'_n)\to\infty$，为了避免这类奇性，当 $n=m$ 时，我们取偏离中心点的一点 $(y_m,z_m)=(y'_n+\Delta y'_n/2,z'_n+\Delta z'_n/2)$ 上的值近似代替, 以避免无限大.

方程 (3.4.40a) 写成矩阵形式为

$$\boldsymbol{A}\boldsymbol{x}=\boldsymbol{b}q_0(\omega) \tag{3.4.40b}$$

其中, 列矢量 $\boldsymbol{x}=[x_1,x_2,\cdots,x_N]^{\mathrm{T}}$ 和 $\boldsymbol{b}=[b_1,b_2,\cdots,b_N]^{\mathrm{T}}$ 以及矩阵 $\boldsymbol{A}=[a_{nm}]_{N\times N}$ 的元分别为

$$\begin{aligned}&x_n=\Delta y'_n\Delta z'_nf(y'_n,z'_n)\quad(n=1,2,\cdots,N)\\&b_n=-\frac{\mathrm{i}}{2}\omega\rho_0G(0,y_n,z_n|\boldsymbol{r}_s)\quad(n=1,2,\cdots,N)\\&a_{mn}=G(0,y_m,z_m|0,y'_n,z'_n)\quad(n,m=1,2,\cdots,N)\end{aligned} \tag{3.4.40c}$$

一旦求得方程 (3.4.40b) 的解 $\boldsymbol{x}=\boldsymbol{A}^{-1}\boldsymbol{b}q_0(\omega)$，则由方程 (3.4.37a) 和 (3.4.38a) 可求得空间区域 (Ⅰ) 和区域 (Ⅱ) 的声压分布分别为

$$\begin{aligned}&p^{(\mathrm{I})}(\boldsymbol{r})\approx p_{\mathrm{i}}(\boldsymbol{r})+\sum_{n=1}^{N}G(\boldsymbol{r}|0,y'_n,z'_n)x_n\\&p^{(\mathrm{II})}(\boldsymbol{r})\approx-\sum_{n=1}^{N}G(\boldsymbol{r}|0,y'_n,z'_n)x_n\end{aligned} \tag{3.4.40d}$$

在具体计算例子中, 取声源强度 $A\equiv\mathrm{i}\omega\rho_0q_0(\omega)/(4\pi)=0.1$，屏高 $h=1.0\mathrm{m}$，声源坐标 $S:(-0.8h,-0.5h,0)$，如图 3.4.8 所示. 此外，取 N 个小矩形为小正方形且边长相同，即 $d\equiv\Delta y_n=\Delta z_n$. 计算中，$d$ 和 L 是二个十分重要的参数，原则上要求 $d\ll\lambda$ 和 $L\gg\lambda$(其中 λ 为声波波长)，但 d 过小或者 L 过大，则计算量大大增加，反之则影响计算精度.

图 3.4.9(a) 和 (b) 计算了当声波频率为 500Hz 和 2000Hz 时，不同分割长度 d(固定积分长度 $L=10\lambda$) 和不同积分长度 L(固定分割长度 $d=0.1\lambda$) 时，R_1 点声

压级 SPL(dB) 的收敛情况，从图 3.4.9 可见：当取 $d = 0.1\lambda$ 和 $L = 10\lambda$ 时，R_1 点声压级有较好的收敛性，故以下的计算取这二个值.

图 3.4.10 和图 3.4.11 分别表示声波频率为 125Hz 和 500Hz 时，直线 C 上的声压级和相位的变化，图中 “▲” 为根据方程 (3.4.40d) 的计算结果，而虚线是基于有限元方法 (FEM) 的商用软件包的计算结果. 结果表明，二种计算方法给出的结果基本一致，振幅和相位的偏差分别小于 1dB 和 3.5%，但在图 3.4.11(a) 的 “谷” 点，偏差较大，可能原因是，二种方法的离散化过程不同，然后本方法的计算速度远远快于 FEM 方法. 图 3.4.12 给出了 R_1 和 R_2 点声压级随频率的变化. 本方法计算结果的详细讨论见参考文献 36.

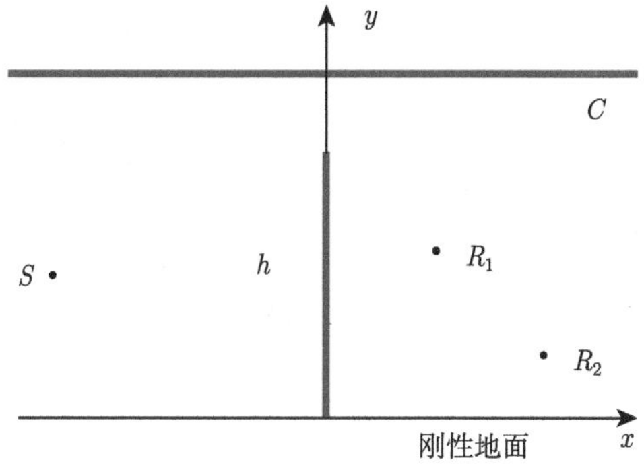

图 3.4.8 具体计算中的参数

屏高 $h = 1.0$m; 声源坐标 $S : (-0.8h, -0.5h, 0)$; 计算点 $R_1 : (0.5h, 0.8h, 0)$，$R_2 : (h, 0.2h, 0)$; 计算线 $C : (-2h \leqslant x \leqslant +2h, y = 1.5h, z = 0)$

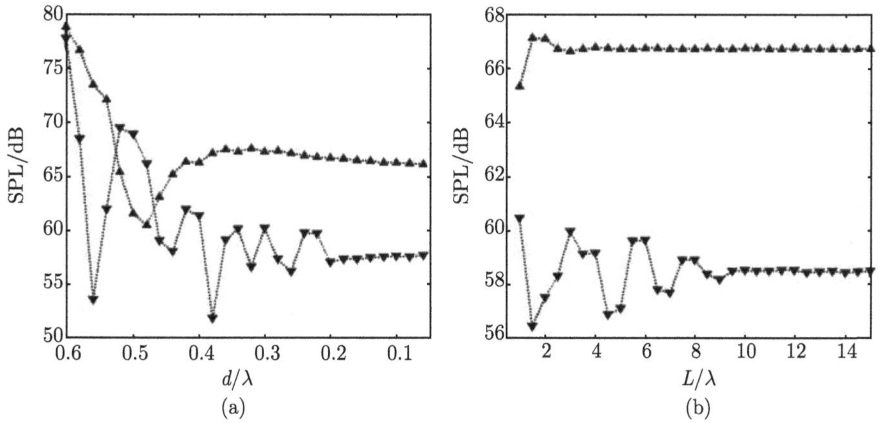

图 3.4.9 R_1 点的声压级

(a) 随分割长度 d(固定积分长度 $L = 10\lambda$); (b) 积分长度 L(固定分割长度 $d = 0.1\lambda$) 的变化. 符号 “▲” 和 “▼” 分别表示 500Hz 和 2000Hz 数据

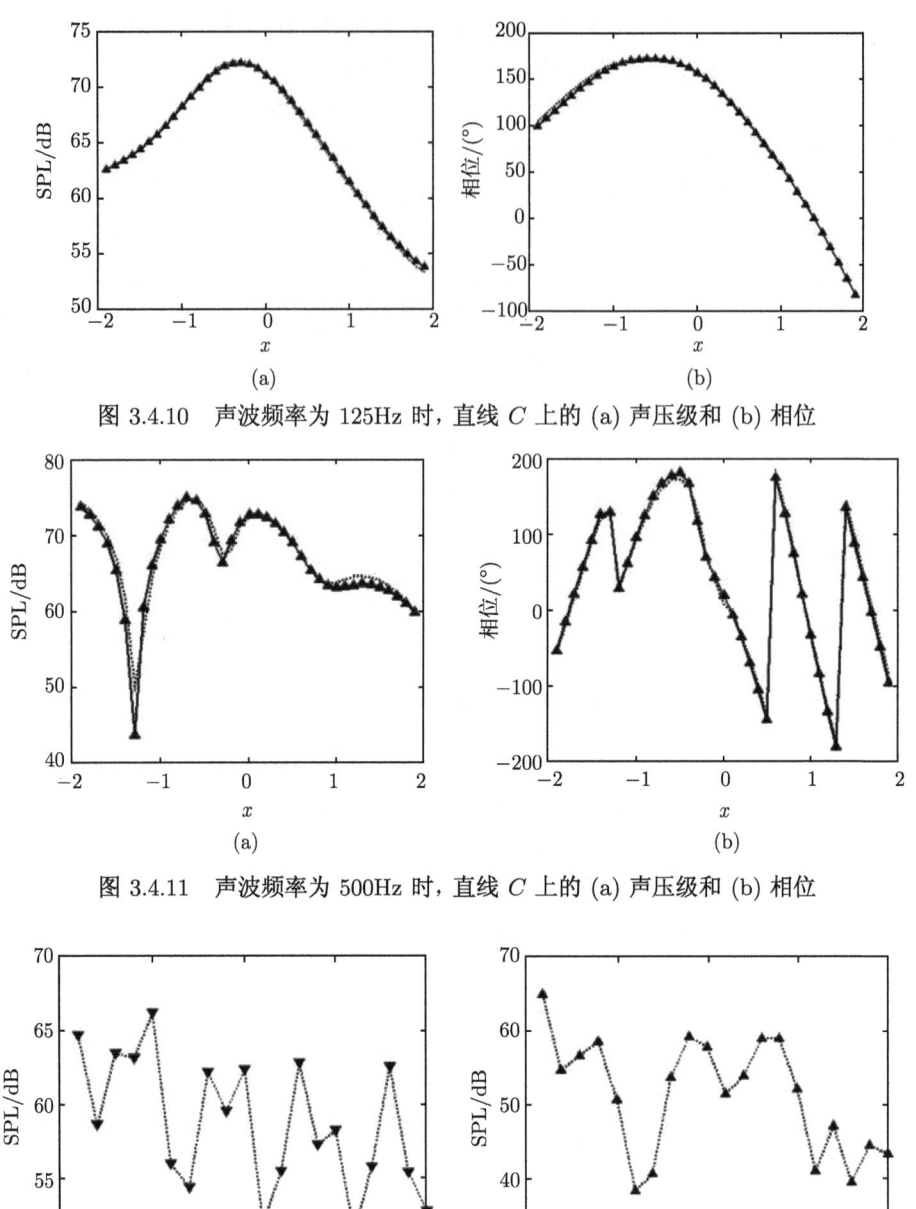

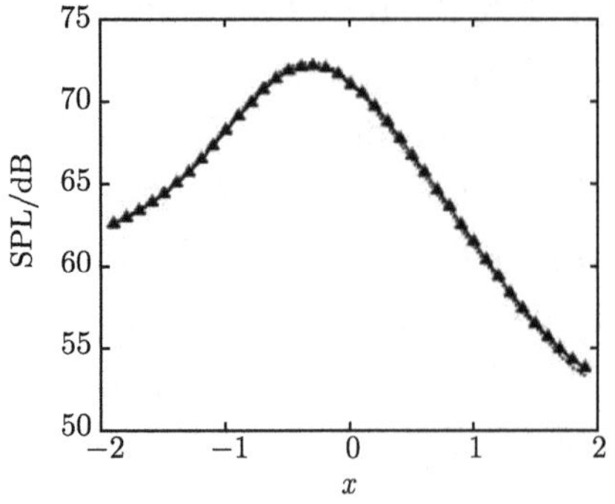

(a)　　(b)

图 3.4.10　声波频率为 125Hz 时，直线 C 上的 (a) 声压级和 (b) 相位

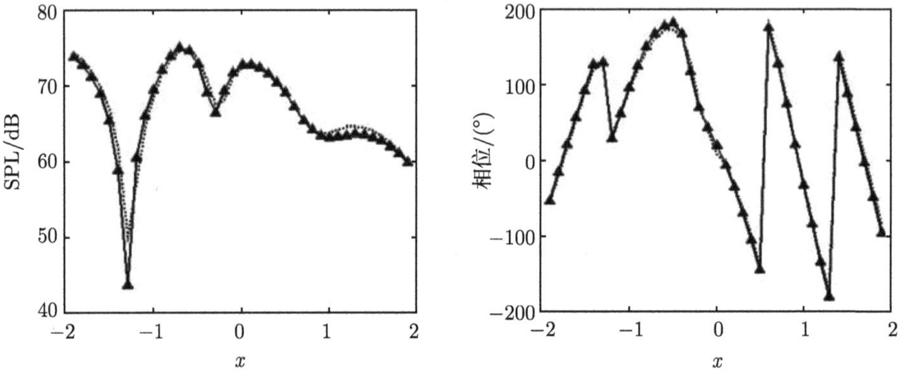

(a)　　(b)

图 3.4.11　声波频率为 500Hz 时，直线 C 上的 (a) 声压级和 (b) 相位

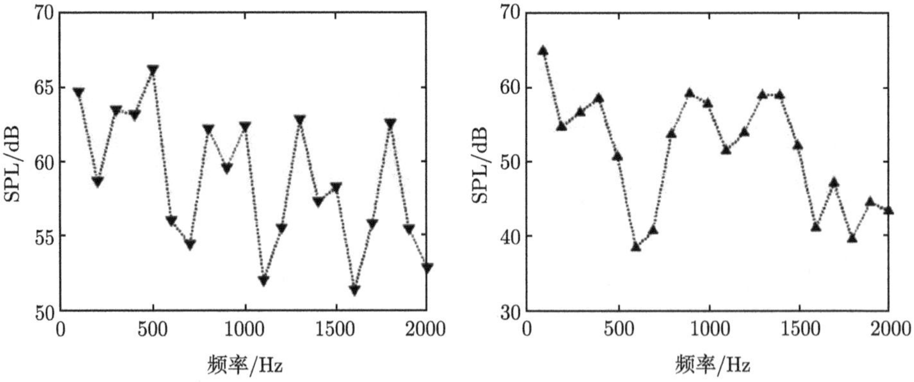

(a)　　(b)

图 3.4.12　区域 (Ⅱ) 中衍射波声压级随频率的变化：(a)R_1 点；(b)R_2 点

3.5 周期结构中声波的散射和低频近似

由本章前面各节的讨论可知，散射体的存在可改变声的传播方向，因此可以设计特殊形式的散射体结构，实现声传播的调控. 这样的结构称为**声人工结构**. 人工结构一般是周期性的，例如，1.5.6 小节介绍的层状周期介质是最简单的形式. 声人工结构的声学性质不仅仅由组成单元的性能决定，而且与结构的形式有密切关系. 当声波在这种周期结构中传播时，表现出丰富的波动现象, 特别是存在波传播的禁带，我们将在 3.5.1 小节中介绍. 由于在流体介质中排列流体散射体是不现实的，散射体一般为固体，在空气中，由于空气的声阻抗远远小于固体，一般的固体材料都可以看作为刚性体，而在水中，必须考虑固体材料中弹性波激发，把固体看作弹性体，故在 3.5.3 小节中，我们简单介绍固体周期结构中的弹性波. 最后, 在 3.5.4 小节和 3.5.5 小节，我们介绍基于多尺度展开的均质化近似理论.

3.5.1 周期介质和能带结构

如图 3.5.1，考虑简单的长方体周期结构，介质由不同声速和密度的二种材料组成，嵌入散射体以长方体排列 (二维为长方形). 如果二种材料是不同流体，则只要考虑标量声波方程即可；反之，如果二种材料是不同固体，则需要考虑弹性波的散射问题 (见 3.5.3 小节讨论). 另外一种可能的情况是，在空气基底中周期性嵌入固体散射体，由于固体的特征声阻抗率远大于空气，固体可以看成刚体. 为了简单，我们假定二种材料为流体，基底和嵌入散射体的压缩系数和密度分别为 (κ_0,κ_e) 和 (ρ_0,ρ_e)(如果嵌入体为刚体，只要取 $\rho_e\to\infty$ 和 $\kappa_e\to 0$).

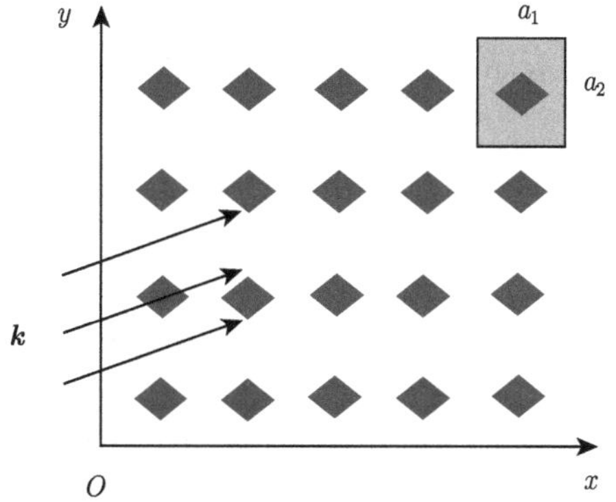

图 3.5.1 介质由不同压缩系数和密度的二种材料组成. 图中仅画出一个二维截面

设 $(\boldsymbol{e}_1,\boldsymbol{e}_2,\boldsymbol{e}_3)$ 分别是直角坐标 (x,y,z) 三个方向的单位矢量，(a_1,a_2,a_3) 分别是 $(\boldsymbol{e}_1,\boldsymbol{e}_2,\boldsymbol{e}_3)$ 方向的周期，则整个结构的压缩系数和密度分布是空间的周期函数，

平移 $\boldsymbol{R}_{mnl}=ma_1\boldsymbol{e}_1+na_2\boldsymbol{e}_2+la_3\boldsymbol{e}_3\ (m,n,l=0,\pm1,\pm2,\cdots)$ 后，压缩系数和密度相等，即满足

$$\kappa(\boldsymbol{r})=\kappa(\boldsymbol{r}+\boldsymbol{R}_{mnl});\ \rho(\boldsymbol{r})=\rho(\boldsymbol{r}+\boldsymbol{R}_{mnl}) \tag{3.5.1a}$$

当声波在周期结构中传播时，也必须满足 Bloch 定理 (见 1.5.6 小节). 事实上，由方程 (3.3.4b)，把整个周期结构看作非均匀介质，那么声波方程为

$$\kappa(\boldsymbol{r})\frac{\partial^2 p(\boldsymbol{r},t)}{\partial t^2}=\nabla\cdot\left[\frac{1}{\rho(\boldsymbol{r})}\nabla p(\boldsymbol{r},t)\right] \tag{3.5.1b}$$

如果介质均匀，即 $\kappa(\boldsymbol{r})=\kappa_0=\kappa_{\rm e}$(常数) 和 $\rho(\boldsymbol{r})=\rho_0=\rho_{\rm e}$(常数)，从平面波解 $\exp[\mathrm{i}(\boldsymbol{k}\cdot\boldsymbol{r}-\omega t)]$ 可以得到简单的线性色散关系 $|\boldsymbol{k}|=\omega/c_0$. 然而，当 $\kappa_0\neq\kappa_{\rm e}$ 和 $\rho_0\neq\rho_{\rm e}$ 时，简单的平面波 $\exp[\mathrm{i}(\boldsymbol{k}\cdot\boldsymbol{r}-\omega t)]$ 已经不可能满足方程 (3.5.1b), 因而也得不到简单的线性色散关系. 但可以设想，此时的平面波应该修改为具有一个调幅因子的形式

$$p(\boldsymbol{r},t)=\exp[\mathrm{i}(\boldsymbol{k}\cdot\boldsymbol{r}-\omega t)]u_{\boldsymbol{k}}(\boldsymbol{r}) \tag{3.5.2a}$$

其中，调幅因子具有空间周期性 $u_{\boldsymbol{k}}(\boldsymbol{r})=u_{\boldsymbol{k}}(\boldsymbol{r}+\boldsymbol{R}_{mnl})$. 这就是二维或者三维形式的 **Bloch** 波的形式，是方程 (1.5.28b) 的直接推广. 最简单且物理意义清晰的求色散关系 $\omega=\omega(\boldsymbol{k})$ 的方法是所谓**平面波展开法**，下面作简单介绍.

平面波展开法　我们来尝试方程 (3.5.2a) 形式的解能否满足 (3.5.1b)，并给出有意义的色散关系 $\omega=\omega(\boldsymbol{k})$. 由于 $\kappa(\boldsymbol{r})$，$\rho(\boldsymbol{r})$ 以及 $u_{\boldsymbol{k}}(\boldsymbol{r})$ 的空间周期性，可以展开成 Fourier 级数 (即无限个平面波的叠加)

$$\begin{aligned}\kappa(\boldsymbol{r})&=\sum_{\boldsymbol{G}}\kappa(\boldsymbol{G})\exp(\mathrm{i}\boldsymbol{G}\cdot\boldsymbol{r})\\ \rho^{-1}(\boldsymbol{r})&=\sum_{\boldsymbol{G}}\rho^{-1}(\mathbf{G})\exp(\mathrm{i}\boldsymbol{G}\cdot\boldsymbol{r})\\ u_{\boldsymbol{k}}(\boldsymbol{r})&=\sum_{\boldsymbol{G}}u_{\boldsymbol{k}}(\boldsymbol{G})\exp(\mathrm{i}\boldsymbol{G}\cdot\boldsymbol{r})\end{aligned} \tag{3.5.2b}$$

其中，$\boldsymbol{G}$ 称为**倒格子矢量**

$$\boldsymbol{G}=2\pi\left(\frac{m}{a_1}\boldsymbol{e}_1+\frac{n}{a_2}\boldsymbol{e}_2+\frac{l}{a_3}\boldsymbol{e}_3\right)\quad(m,n,l=0,\pm1,\pm2,\cdots) \tag{3.5.2c}$$

而 $\kappa(\boldsymbol{G})$ 和 $\rho^{-1}(\boldsymbol{G})$ 是在一个周期 (称为**原胞**) 内的 Fourier 积分

$$g(\boldsymbol{G})=\frac{1}{V}\int_V g(\boldsymbol{r})\exp(-\mathrm{i}\boldsymbol{G}\cdot\boldsymbol{r})\mathrm{d}^3\boldsymbol{r} \tag{3.5.2d}$$

其中，$g(\boldsymbol{r})$ 分别表示 $\kappa(\boldsymbol{r})$ 和 $\rho^{-1}(\boldsymbol{r})$，$g(\boldsymbol{G})$ 是对应量的 Fourier 积分，$V=a_1a_2a_3$ 为原胞的体积. 把方程 (3.5.2b) 的第三式代入方程 (3.5.2a) 得到

$$p(\boldsymbol{r},t)=\mathrm{e}^{-\mathrm{i}\omega t}\sum_{\boldsymbol{G}}u_{\boldsymbol{k}}(\boldsymbol{G})\exp[\mathrm{i}(\boldsymbol{G}+\boldsymbol{k})\cdot\boldsymbol{r}] \tag{3.5.3a}$$

把上式和方程 (3.5.2b) 的第一、二式代入方程 (3.5.1b) 得到

$$\begin{aligned}&\sum_{\boldsymbol{G},\boldsymbol{G}'}(\boldsymbol{G}+\boldsymbol{k})\cdot(\boldsymbol{G}+\boldsymbol{G}'+\boldsymbol{k})\rho^{-1}(\boldsymbol{G}')u_{\boldsymbol{k}}(\boldsymbol{G})\exp[\mathrm{i}(\boldsymbol{G}+\boldsymbol{G}')\cdot\boldsymbol{r}]\\&\quad=\omega^2\sum_{\boldsymbol{G},\boldsymbol{G}'}\kappa(\boldsymbol{G}')u_{\boldsymbol{k}}(\boldsymbol{G})\exp[\mathrm{i}(\boldsymbol{G}+\boldsymbol{G}')\cdot\boldsymbol{r}]\end{aligned} \tag{3.5.3b}$$

令 $\boldsymbol{G}''=\boldsymbol{G}'+\boldsymbol{G}$，上式变成

$$\begin{aligned}&\sum_{\boldsymbol{G}''}\sum_{\boldsymbol{G}}(\boldsymbol{G}+\boldsymbol{k})\cdot(\boldsymbol{G}''+\boldsymbol{k})\rho^{-1}(\boldsymbol{G}''-\boldsymbol{G})u_{\boldsymbol{k}}(\boldsymbol{G})\exp(\mathrm{i}\boldsymbol{G}''\cdot\boldsymbol{r})\\&\quad=\omega^2\sum_{\boldsymbol{G}''}\sum_{\boldsymbol{G}}\kappa(\boldsymbol{G}''-\boldsymbol{G})u_{\boldsymbol{k}}(\boldsymbol{G})\exp(\mathrm{i}\boldsymbol{G}''\cdot\boldsymbol{r})\end{aligned} \tag{3.5.3c}$$

由 Fourier 级数基函数的正交性, 得到

$$\sum_{\boldsymbol{G}}[\omega^2\kappa(\boldsymbol{G}''-\boldsymbol{G})-(\boldsymbol{G}+\boldsymbol{k})\cdot(\boldsymbol{G}''+\boldsymbol{k})\rho^{-1}(\boldsymbol{G}''-\boldsymbol{G})]u_{\boldsymbol{k}}(\boldsymbol{G})=0 \tag{3.5.3d}$$

其中，$\boldsymbol{G}''$ 的取值为

$$\boldsymbol{G}''=2\pi\left(\frac{m}{a_1}\boldsymbol{e}_1+\frac{n}{a_2}\boldsymbol{e}_2+\frac{l}{a_3}\boldsymbol{e}_3\right)\quad(m,n,l=0,\pm1,\pm2,\cdots) \tag{3.5.3e}$$

显然，方程 (3.5.3d) 是关于 $u_{\boldsymbol{k}}(\boldsymbol{G})$ 的线性齐次方程，存在非零解的条件为系数行列式等于零, 从而可以得到决定色散关系 $\omega=\omega(\boldsymbol{k})$ 的代数方程. 对于给定的 $\boldsymbol{k}$, 可以求得无限多个根 $\omega=\omega_n(\boldsymbol{k})$ $(n=1,2,\cdots)$. 以波矢 $\boldsymbol{k}$ 为横坐标，频率 ω 为纵坐标，就可以构成所谓**能带图**(见图 3.5.3). 数值计算表明，当二种介质的常数相差足够大，且周期 (a_1,a_2,a_3) 满足一定条件时，色散曲线上存在禁带，就像自然晶体中的电子能带一样，频率位于禁带内的声波不能通过周期介质 (故周期介质也称为**声子晶体**). 禁带的产生是由声波的相干散射形成的，这是波动的基本特性.

Brillouin 区 对给定的 n, 在倒格子空间中 (即 $\boldsymbol{G}$ 形成的格点空间), $\omega_n(\boldsymbol{k})$ 是波数 $\boldsymbol{k}$ 的周期函数

$$\omega_n(\boldsymbol{k})=\omega_n(\boldsymbol{k}+\boldsymbol{G}) \tag{3.5.4a}$$

事实上，注意到

$$\exp[\mathrm{i}(\boldsymbol{k}+\boldsymbol{G})\cdot\boldsymbol{r}]u_{\boldsymbol{k}+\boldsymbol{G}}(\boldsymbol{r})=\exp(\mathrm{i}\boldsymbol{k}\cdot\boldsymbol{r})\tilde{u}_{\boldsymbol{k}+\boldsymbol{G}}(\boldsymbol{r}) \tag{3.5.4b}$$

而 $\tilde{u}_{\boldsymbol{k}+\boldsymbol{G}}(\boldsymbol{r})\equiv\exp(\mathrm{i}\boldsymbol{G}\cdot\boldsymbol{r})u_{\boldsymbol{k}+\boldsymbol{G}}(\boldsymbol{r})$ 仍然是以 $\boldsymbol{R}_{mnl}$ 为周期的函数，故可以令

$$p^n_{\boldsymbol{k}+\boldsymbol{G}}(\boldsymbol{r},t)=\exp\{\mathrm{i}[\boldsymbol{k}\cdot\boldsymbol{r}-\omega_n(\boldsymbol{k}+\boldsymbol{G})t\}\tilde{u}^n_{\boldsymbol{k}+\boldsymbol{G}}(\boldsymbol{r}) \tag{3.5.4c}$$

把上式代入方程 (3.5.1b) 得到决定 $\omega_n(\boldsymbol{k}+\boldsymbol{G})$ 的方程就是方程 (3.5.3d)，故方程 (3.5.4a) 成立. 因此，我们可以将 $\boldsymbol{k}$ 限制在倒格子空间的一个周期内取值就可以了，包含倒格子空间原点的第一个区域称为**第一 Brillouin 区**.

结构函数　由方程 (3.5.2d)，积分 $g(\boldsymbol{G})$ 与散射体的具体形状有关. 首先考虑 $\boldsymbol{G}=(0,0,0)$(即方程 (3.5.2c) 中 m,n,l 同时为零) 情况

$$g(\boldsymbol{G}=0)=\frac{1}{V}\int_V g(\boldsymbol{r})\mathrm{d}^3\boldsymbol{r}=fg_{\mathrm{e}}+(1-f)g_0 \tag{3.5.5a}$$

其中，g_{e} 和 g_0 分别表示散射体 (κ_{e} 和 ρ_{e}^{-1}) 和基底 (κ_0 和 ρ_0^{-1}) 的参数，$f=V_{\mathrm{e}}/V$ 为一个原胞内散射体体积 V_{e} 与原胞体积 V 之比，称为**占有比**. 由上式

$$\begin{aligned}&\kappa(\boldsymbol{G}=0)=f\kappa_{\mathrm{e}}+(1-f)\kappa_0\\&\rho^{-1}(\boldsymbol{G}=0)=f\rho_{\mathrm{e}}^{-1}+(1-f)\rho_0^{-1}\end{aligned} \tag{3.5.5b}$$

上式比较方程 (3.3.35b) 可知，$\kappa(\boldsymbol{G}=0)$ 和 $\rho^{-1}(\boldsymbol{G}=0)$ 实际上给出了散射体随机分布时的低频等效参数. 当 $\boldsymbol{G}\neq(0,0,0)$ 时

$$\begin{aligned}g(\boldsymbol{G}\neq 0)&=\frac{g_{\mathrm{e}}}{V}\int_{V_{\mathrm{e}}}\exp(-\mathrm{i}\boldsymbol{G}\cdot\boldsymbol{r})\mathrm{d}^3\boldsymbol{r}+\frac{g_0}{V}\int_{V_0}\exp(-\mathrm{i}\boldsymbol{G}\cdot\boldsymbol{r})\mathrm{d}^3\boldsymbol{r}\\&=\frac{g_{\mathrm{e}}-g_0}{V}\int_{V_{\mathrm{e}}}\exp(-\mathrm{i}\boldsymbol{G}\cdot\boldsymbol{r})\mathrm{d}^3\boldsymbol{r}+\frac{g_0}{V}\int_{V}\exp(-\mathrm{i}\boldsymbol{G}\cdot\boldsymbol{r})\mathrm{d}^3\boldsymbol{r}\end{aligned} \tag{3.5.5c}$$

其中，$V_0=V-V_{\mathrm{e}}$ 是一个原胞内基底材料的体积. 注意到周期性边界条件，当 $\boldsymbol{G}\neq 0$ 时，$\int_V\exp(-\mathrm{i}\boldsymbol{G}\cdot\boldsymbol{r})\mathrm{d}^3\boldsymbol{r}=0$. 故上式简化成

$$g(\boldsymbol{G}\neq 0)=\frac{g_e-g_0}{V}\int_{V_{\mathrm{e}}}\exp(-\mathrm{i}\boldsymbol{G}\cdot\boldsymbol{r})\mathrm{d}^3\boldsymbol{r}=\Delta gP(\boldsymbol{G}) \tag{3.5.5d}$$

其中，$\Delta g\equiv g_e-g_0$, $P(\boldsymbol{G})$ 定义为

$$P(\boldsymbol{G})\equiv\frac{1}{V}\int_{V_{\mathrm{e}}}\exp(-\mathrm{i}\boldsymbol{G}\cdot\boldsymbol{r})\mathrm{d}^3\boldsymbol{r} \tag{3.5.5e}$$

上式积分在散射体上进行，与散射体的形状有关，故称为**结构函数**.

考虑下列二种简单的散射体情况.

(1) 散射体为半径等于 a 的球，则

$$\begin{aligned}P(\boldsymbol{G})&=\frac{1}{V}\int_0^{\pi}\int_0^{2\pi}\int_0^{a}\exp(-\mathrm{i}|\boldsymbol{G}|r\cos\vartheta)r^2\sin\vartheta\mathrm{d}r\mathrm{d}\vartheta\mathrm{d}\varphi\\&=3f\frac{\sin(|\boldsymbol{G}|a)-|\boldsymbol{G}|a\cos(|\boldsymbol{G}|a)}{(|\boldsymbol{G}|a)^3}\end{aligned} \tag{3.5.6a}$$

其中，占有比 $f=4\pi a^3/3V$.

(2) 散射体为边长分别为 $2a,2b$ 和 $2c$ 的长方体，则

$$\begin{aligned}P(\boldsymbol{G})&=\frac{1}{V}\int_{-a}^{a}\mathrm{e}^{-\mathrm{i}G_x x}\mathrm{d}x\cdot\int_{-b}^{b}\mathrm{e}^{-\mathrm{i}G_y y}\mathrm{d}y\cdot\int_{-c}^{c}\mathrm{e}^{-\mathrm{i}G_z z}\mathrm{d}z\\&=f\frac{\sin(G_x a)}{G_x a}\cdot\frac{\sin(G_y b)}{G_y b}\cdot\frac{\sin(G_z c)}{G_z c}\end{aligned}\tag{3.5.6b}$$

其中，(G_x,G_y,G_z) 是 $\boldsymbol{G}$ 的三个分量, 占有比 $f=8abc/V$. 注意：在情况 (1)，占有比 $f<1$，而在情况 (2)，占有比 $f\leqslant 1$.

二维周期结构 下面考虑二维情况，只要取方程 (3.5.2c) 中 $l=0$, 散射体为平行于 z 轴的等截面柱体，声波在 xOy 平面内传播. 方程 (3.5.2d) 修改成

$$g(\boldsymbol{G})=\frac{1}{S}\iint_S g(\boldsymbol{r})\exp(-\mathrm{i}\boldsymbol{G}\cdot\boldsymbol{r})\mathrm{d}^2\boldsymbol{r}\tag{3.5.7a}$$

其中，$S=a_1a_2$ 为原胞的面积. 当 $\boldsymbol{G}=(0,0)$ 时

$$g(\boldsymbol{G}=0)=\frac{1}{S}\iint_S g(\boldsymbol{r})\mathrm{d}^2\boldsymbol{r}=fg_{\mathrm{e}}+(1-f)g_0\tag{3.5.7b}$$

其中，占有比 $f=S_{\mathrm{e}}/S$ 为一个原胞内散射体的面积 S_{e} 与原胞面积之比. 当 $\boldsymbol{G}\neq(0,0)$ 时，方程 (3.5.5d) 修改成

$$g(\boldsymbol{G}\neq 0)=\frac{g_{\mathrm{e}}-g_0}{S}\iint_{S_{\mathrm{e}}}\exp(-\mathrm{i}\boldsymbol{G}\cdot\boldsymbol{r})\mathrm{d}^2\boldsymbol{r}=\Delta gP(\boldsymbol{G})\tag{3.5.7c}$$

其中，结构函数 $P(\boldsymbol{G})$ 为

$$P(\boldsymbol{G})\equiv\frac{1}{S}\iint_{S_{\mathrm{e}}}\exp(-\mathrm{i}\boldsymbol{G}\cdot\boldsymbol{r})\mathrm{d}^2\boldsymbol{r}\tag{3.5.7d}$$

考虑下列二种简单的散射体情况.

(1) 半径为 a 的无限长圆柱体，方程 (3.5.7d) 的积分可在极坐标中完成

$$\begin{aligned}P(\boldsymbol{G})&=\frac{1}{S}\int_0^a\int_0^{2\pi}\exp(-\mathrm{i}|\boldsymbol{G}|\rho\cos\varphi)\rho\mathrm{d}\rho\mathrm{d}\varphi\\&=\frac{2\pi}{S}\int_0^a\mathrm{J}_0(|\boldsymbol{G}|\rho)\rho\mathrm{d}\rho=2f\frac{J_1(|\boldsymbol{G}|a)}{|\boldsymbol{G}|a}\end{aligned}\tag{3.5.8a}$$

其中，占有比为 $f=\pi a^2/S$.

(2) 边长分别为 $2a$ 和 $2b$ 的长方形，则

$$P(\boldsymbol{G})=\frac{1}{V}\int_{-a}^{a}\mathrm{e}^{-\mathrm{i}G_x x}\mathrm{d}x\cdot\int_{-b}^{b}\mathrm{e}^{-\mathrm{i}G_y y}\mathrm{d}y=f\frac{\sin(G_x a)}{G_x a}\cdot\frac{\sin(G_y b)}{G_y b}\tag{3.5.8b}$$

其中，占有比为 $f=4ab/S$.

根据方程 (3.5.5a)，(3.5.7b)，(3.5.5d) 以及 (3.5.7c)，在二维和三维情况下，方程 (3.5.3d) 可以统一表示为

$$\sum_{\boldsymbol{G}\neq\boldsymbol{G}''}[\omega^2\Delta\kappa-(\boldsymbol{G}+\boldsymbol{k})\cdot(\boldsymbol{G}''+\boldsymbol{k})\Delta\rho^{-1}]P(\boldsymbol{G}''-\boldsymbol{G})u_{\boldsymbol{k}}(\boldsymbol{G}) \\ +[\omega^2\bar{\kappa}-\bar{\rho}^{-1}||\boldsymbol{G}''+\boldsymbol{k}||^2]u_{\boldsymbol{k}}(\boldsymbol{G}'')=0 \tag{3.5.9a}$$

其中，为了方便定义

$$\Delta\kappa\equiv\kappa_{\mathrm{e}}-\kappa_0;\ \Delta\rho^{-1}\equiv\rho_{\mathrm{e}}^{-1}-\rho_0^{-1} \\ \bar{\kappa}\equiv f\kappa_{\mathrm{e}}+(1-f)\kappa_0;\ \bar{\rho}^{-1}\equiv f\rho_{\mathrm{e}}^{-1}+(1-f)\rho_0^{-1} \tag{3.5.9b}$$

利用 Kroneker Delta 函数，方程 (3.5.9a) 可以写成

$$\sum_{\boldsymbol{G}}M_{\boldsymbol{G}\boldsymbol{G}''}u_{\boldsymbol{k}}(\boldsymbol{G})=\omega^2\sum_{\boldsymbol{G}}N_{\boldsymbol{G}\boldsymbol{G}''}u_{\boldsymbol{k}}(\boldsymbol{G}) \tag{3.5.9c}$$

其中，为了方便定义

$$N_{\boldsymbol{G}\boldsymbol{G}''}\equiv\Delta\kappa P(\boldsymbol{G}''-\boldsymbol{G})(1-\delta_{\boldsymbol{G}\boldsymbol{G}''})+\bar{\kappa}\delta_{\boldsymbol{G}\boldsymbol{G}''} \\ M_{\boldsymbol{G}\boldsymbol{G}''}\equiv(\boldsymbol{G}+\boldsymbol{k})\cdot(\boldsymbol{G}''+\boldsymbol{k})\Delta\rho^{-1}P(\boldsymbol{G}''-\boldsymbol{G})(1-\delta_{\boldsymbol{G}\boldsymbol{G}''})+\bar{\rho}^{-1}||\boldsymbol{G}+\boldsymbol{k}||^2\delta_{\boldsymbol{G}\boldsymbol{G}''} \tag{3.5.9d}$$

或者把方程 (3.5.9c) 写成矩阵的形式

$$\boldsymbol{M}\boldsymbol{U}_{\boldsymbol{k}}=\omega^2\boldsymbol{N}\boldsymbol{U}_{\boldsymbol{k}} \tag{3.5.10a}$$

其中，$\boldsymbol{M}$ 和 $\boldsymbol{N}$ 分别是以 $M_{\boldsymbol{G}\boldsymbol{G}''}$ 和 $N_{\boldsymbol{G}\boldsymbol{G}''}$ 为矩阵元的矩阵，$\boldsymbol{U}_{\boldsymbol{k}}$ 是以 $u_{\boldsymbol{k}}(\boldsymbol{G})$ 为元的列矩阵. 于是，方程 (3.5.9a) 可以写成标准的矩阵本征值问题

$$\sum_{\boldsymbol{G}}A_{\boldsymbol{G}\boldsymbol{G}''}u_{\boldsymbol{k}}(\boldsymbol{G})=\omega^2u_{\boldsymbol{k}}(\boldsymbol{G}'') \tag{3.5.10b}$$

其中，$A_{\boldsymbol{G}\boldsymbol{G}''}$ 是矩阵 $\boldsymbol{N}^{-1}\boldsymbol{M}$ 的元，即 $A_{\boldsymbol{G}\boldsymbol{G}''}\equiv(\boldsymbol{N}^{-1}\boldsymbol{M})_{\boldsymbol{G}\boldsymbol{G}''}$.

对二维正方形排列的周期结构 (周期为 $d\equiv a_1=a_2$)，其第一 Brillouin 区如图 3.5.2 所示，三个特征点 Γ，X 和 M 分别为：$\boldsymbol{k}_\Gamma=(0,0)$，$\boldsymbol{k}_{\boldsymbol{X}}=(\pi/d,0)$ 和 $\boldsymbol{k}_M=(\pi/d,\pi/d)$. 由于对称性，波矢量 $\boldsymbol{k}$ 在第一 Brillouin 区的三角形区 ΓXM 的三条边扫描就可以表征色散关系 $\omega=\omega_n(\boldsymbol{k})$ $(n=1,2,\cdots)$.

在实际的数值计算中，方程 (3.5.10b) 中 $\boldsymbol{G}$(以及 $\boldsymbol{G}''$) 只能取有限个，即

$$\boldsymbol{G}=2\pi\left(\frac{m}{a}\boldsymbol{e}_1+\frac{n}{a}\boldsymbol{e}_2\right)\quad(m,n,=0,\pm1,\pm2,\cdots,\pm N) \tag{3.5.11}$$

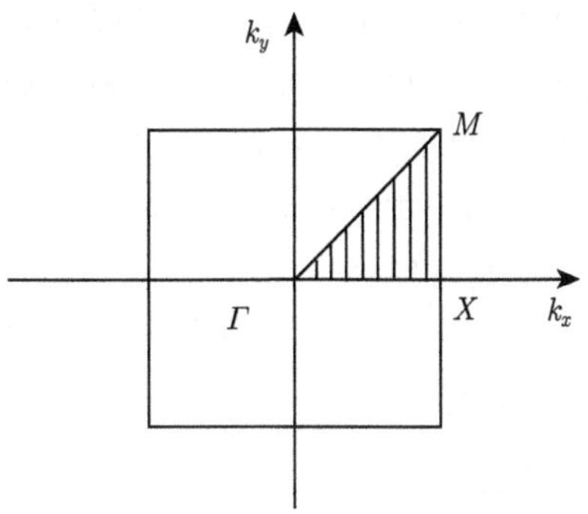

图 3.5.2 二维正方形周期结构的第一 Brillouin 区

则 $\boldsymbol{M}$ 和 $\boldsymbol{N}$ 是 $(2N+1)^2\times(2N+1)^2$ 阶方阵，例如，取 $N=10$(即 441 个平面波)，则方阵阶数为 441. 作为例子，图 3.5.3 给出了基底为空气，散射体为不锈钢圆柱体组成的正方形周期结构的能带图，由于不锈钢可以看成刚体，即 $\kappa_{\rm e}\to 0$ 和 $\rho_{\rm e}\to\infty$，于是，由方程 (3.5.9b)，$\bar{\kappa}\approx(1-f)\kappa_0$ 和 $\bar{\rho}^{-1}\approx(1-f)\rho_0^{-1}$. 从图 3.5.3(a) 可见，当 $f=0.066$(对应于不锈钢圆柱直径 2.9cm) 时，在频率 6.4kHz 下，能带图上不存在**完全禁带**(即在第一 Brillouin 区内，所有传播方向和不同波数的声波都不能通过的频带，称为完全禁带，否则称为**部分禁带**)；而当 $f=0.55$(对应于不锈钢圆柱直径 8.3cm) 时，能带图上存在二条完全禁带 (禁带 I：位于 2kHz 附近，禁带 II：位于 6.5kHz 附近，见图 3.5.3(b) 的阴影区)，可见禁带的产生与占有比密切相关，当 f 较小时，散射波不足以抵消入射波而形成禁带.

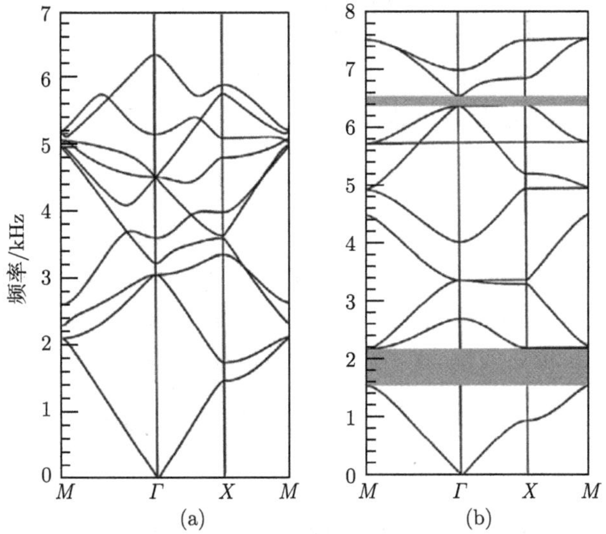

图 3.5.3 二维正方形周期结构的能带图，周期 $d=10$cm

(a) 占有比 $f=0.066$; (b) 占有比 $f=0.55$

值得指出的是：①以上我们仅仅讨论了长方体或立方体 (二维为长方形或正方形) 周期排列结构的能带特性，像自然晶体一样，周期排列的方法有多种，如三维的面心立方和体心立方结构，二维的三角形和六角形 (蜂窝) 结构等. 这些不同的排列具有不同的能带结构，呈现出丰富的物理现象，对声波传播的调控具有十分重要的应用意义；②当基底介质与散射体介质参数相差很大时 (如图 3.5.3 的例子，以及 3.5.2 小节介绍的水–气泡介质或者空气–水滴介质)，平面波展开法的级数收敛较慢，需要计算近 1000 个平面波.

3.5.2　低频有效声速和各向异性

在 3.3.5 小节中，我们讨论了随机分布散射体的等效参数模型，下面给出当散射体周期分布时，长波近似 (即低频近似) 下的等效声速. 注意到在静态情况下 (即 $\omega=0$ 和 $k=0$)，由方程 (3.5.3d)

$$\sum_{\boldsymbol{G}\neq 0}\boldsymbol{G}\cdot\boldsymbol{G}''\rho^{-1}(\boldsymbol{G}''-\boldsymbol{G})u_{\boldsymbol{k}}(\boldsymbol{G})=0 \tag{3.5.12a}$$

上式是关于 $u_{\boldsymbol{k}}(\boldsymbol{G}\neq 0)$ 的齐次方程，只有零解. 也就是说，在静态情况下，$u_{\boldsymbol{k}}(\boldsymbol{G}\neq 0)\equiv 0$，而 $u_{\boldsymbol{k}}(\boldsymbol{G}=0)$ 前面的系数恒为零，故 $u_{\boldsymbol{k}}(\boldsymbol{G}=0)$ 可以为任意常数，即 $u_{\boldsymbol{k}}(\boldsymbol{G}=0)=u_0$ 为静态压强. 换言之，在低频近似下 ($\omega\to 0$ 和 $k\to 0$)，$u_{\boldsymbol{k}}(\boldsymbol{G}\neq 0)$ 相对于 $u_{\boldsymbol{k}}(\boldsymbol{G}=0)$ 而言是更高级无限小，即当 $\omega\to 0$ 和 $k\to 0$ 时，方程 (3.5.1b) 的近似解为平面波，可以表示为

$$p(\boldsymbol{r},t)\approx \mathrm{e}^{-\mathrm{i}\omega t}\left\{u_0\exp(\mathrm{i}\boldsymbol{k}\cdot\boldsymbol{r})+\sum_{\boldsymbol{G}\neq 0}u_{\boldsymbol{k}}(\boldsymbol{G})\exp[\mathrm{i}(\boldsymbol{G}+\boldsymbol{k})\cdot\boldsymbol{r}]\right\} \tag{3.5.12b}$$

上式的主要贡献由第一项给出，第二项无限求和是小量，而且随 $k\to 0$，线性趋向于零. 定义长波近似下的等效声速为

$$C_{\text{eff}}=\lim_{k\to 0}\left(\frac{\omega}{k}\right) \tag{3.5.12c}$$

其中，$\omega(\boldsymbol{k})$ 由方程 (3.5.3d) 决定. 事实上，由能带结构图 3.5.3 可以看出，当 $\omega\to 0$ 和 $k\to 0$ 时 (即在 $\varGamma$ 点附近)，$\omega\sim k$ 是线性关系，比例系数就是我们要求的相速度 C_{eff}(注意：由于 $\omega\sim k$ 是线性关系，相速度等于群速度). 根据以上讨论，当 $\omega\to 0$ 和 $k\to 0$ 时，ω，k 和 $u_{\boldsymbol{k}}(\boldsymbol{G}\neq 0)$ 是同阶小量，为了清楚，令

$$u_0\sim\varepsilon^0u_0,\ \omega\sim\varepsilon^1\omega,\ k\sim\varepsilon^1k,\ u_{\boldsymbol{k}}(\boldsymbol{G}\neq 0)\sim\varepsilon^1u_{\boldsymbol{k}}(\boldsymbol{G}\neq 0) \tag{3.5.13a}$$

代入方程 (3.5.3d) 得到

$$\begin{aligned}&\sum_{\boldsymbol{G}\neq 0}[\varepsilon^2\omega^2\kappa(\boldsymbol{G}''-\boldsymbol{G})-(\boldsymbol{G}+\varepsilon\boldsymbol{k})\cdot(\boldsymbol{G}''+\varepsilon\boldsymbol{k})\rho^{-1}(\boldsymbol{G}''-\boldsymbol{G})]\varepsilon u_{\boldsymbol{k}}(\boldsymbol{G})\\&\qquad+[\varepsilon^2\omega^2\kappa(\boldsymbol{G}'')-\varepsilon\boldsymbol{k}\cdot(\boldsymbol{G}''+\varepsilon\boldsymbol{k})\rho^{-1}(\boldsymbol{G}'')]u_0=0\end{aligned} \tag{3.5.13b}$$

上式展开且保留到 ε^2

$$\varepsilon\left[(\boldsymbol{k}\cdot\boldsymbol{G}'')\rho^{-1}(\boldsymbol{G}'')u_0+\sum_{\boldsymbol{G}\neq 0}(\boldsymbol{G}\cdot\boldsymbol{G}'')\rho^{-1}(\boldsymbol{G}''-\boldsymbol{G})u_{\boldsymbol{k}}(\boldsymbol{G})\right]$$
$$+\varepsilon^2\left[|\boldsymbol{k}|^2\rho^{-1}(\boldsymbol{G}'')-\omega^2\kappa(\boldsymbol{G}'')]u_0+\sum_{\boldsymbol{G}\neq 0}\boldsymbol{k}\cdot(\boldsymbol{G}+\boldsymbol{G}'')\rho^{-1}(\boldsymbol{G}''-\boldsymbol{G})u_{\boldsymbol{k}}(\boldsymbol{G})\right]\approx 0 \tag{3.5.13c}$$

取 ε 和 ε^2 的系数为零分别得到

$$\begin{aligned}&(\boldsymbol{k}\cdot\boldsymbol{G}'')\rho^{-1}(\boldsymbol{G}'')u_0+\sum_{\boldsymbol{G}\neq 0}(\boldsymbol{G}\cdot\boldsymbol{G}'')\rho^{-1}(\boldsymbol{G}''-\boldsymbol{G})u_{\boldsymbol{k}}(\boldsymbol{G})=0\\&[k^2\rho^{-1}(\boldsymbol{G}'')-\omega^2\kappa(\boldsymbol{G}'')]u_0+\sum_{\boldsymbol{G}\neq 0}\boldsymbol{k}\cdot(\boldsymbol{G}+\boldsymbol{G}'')\rho^{-1}(\boldsymbol{G}''-\boldsymbol{G})u_{\boldsymbol{k}}(\boldsymbol{G})=0\end{aligned} \tag{3.5.13d}$$

注意：当 Fourier 级数取 M_0 个平面波时 (即取 $\boldsymbol{G}''=\boldsymbol{G}''_1,\boldsymbol{G}''_2,\cdots,\boldsymbol{G}''_{M_0}$)，方程 (3.5.13b) 实际上是 M_0 个线性组方程，而作微扰展开后，得到的方程 (3.5.13d) 包含 $2M_0$ 个线性方程，是超定的. 但是由于 Fourier 级数的收敛性，当 $\omega\to 0$ 和 $k\to 0$ 时，在 Γ 点附近，$\boldsymbol{G}''\approx 0$, 方程 (3.5.13d) 的第二式取 $\boldsymbol{G}''=0$ 的一个方程就足够了 (注意: 第二式本身就是 ε 的二阶近似，当 $\boldsymbol{G}''\neq 0$ 时，得到的其他 M_0-1 个方程可忽略不计)，而当取 $\boldsymbol{G}''=0$ 时，方程 (3.5.13d) 的第一式为恒等式. 于是，方程 (3.5.13d) 的第二式简化成一个方程

$$(k^2\bar{\rho}^{-1}-\omega^2\bar{\kappa})u_0+\sum_{\boldsymbol{G}\neq 0}\boldsymbol{k}\cdot\boldsymbol{G}\rho^{-1}(-\boldsymbol{G})u_{\boldsymbol{k}}(\boldsymbol{G})=0 \tag{3.5.13e}$$

其中，$\bar{\rho}^{-1}\equiv\rho^{-1}(\boldsymbol{G}''=0)$ 和 $\bar{\kappa}\equiv\kappa(\boldsymbol{G}''=0)$，由方程 (3.5.5b)

$$\begin{aligned}\bar{\kappa}&=\kappa(\boldsymbol{G}''=0)=f\kappa_{\rm e}+(1-f)\kappa_0\\\bar{\rho}^{-1}&=\rho^{-1}(\boldsymbol{G}''=0)=f\rho_{\rm e}^{-1}+(1-f)\rho_0^{-1}\end{aligned} \tag{3.5.13f}$$

方程 (3.5.13e) 结合方程 (3.5.13d) 的第一式，消去 u_0 得到

$$\begin{aligned}&(C_{\rm eff}^2\bar{\kappa}-\bar{\rho}^{-1})\sum_{\mathbf{G}\neq 0}(\boldsymbol{G}\cdot\boldsymbol{G}'')\rho^{-1}(\boldsymbol{G}''-\boldsymbol{G})u_{\boldsymbol{k}}(\boldsymbol{G})\\&+\sum_{\boldsymbol{G}\neq 0}(\hat{\boldsymbol{k}}\cdot\boldsymbol{G}'')(\hat{\boldsymbol{k}}\cdot\boldsymbol{G})\rho^{-1}(\boldsymbol{G}'')\rho^{-1}(-\boldsymbol{G})u_{\boldsymbol{k}}(\boldsymbol{G})=0\end{aligned} \tag{3.5.14a}$$

其中，倒格矢 $\boldsymbol{G}''\neq 0$，$\hat{\boldsymbol{k}}\equiv\boldsymbol{k}/k$ 为声波传播方向的单位矢量. 当取不同的 $\boldsymbol{G}''$ 时，上式就是一组关于 $u_{\boldsymbol{k}}(\boldsymbol{G})$ 的齐次方程组，存在解的条件是系数行列式为零，即

$$\det[\varLambda\boldsymbol{G}\cdot\boldsymbol{G}''\rho^{-1}(\boldsymbol{G}''-\boldsymbol{G})+\hat{\boldsymbol{k}}\cdot\boldsymbol{G}''\rho^{-1}(\boldsymbol{G}'')\hat{\boldsymbol{k}}\cdot\boldsymbol{G}\rho^{-1}(-\boldsymbol{G})]=0 \tag{3.5.14b}$$

其中，$\Lambda \equiv C_{\text{eff}}^2\bar{\kappa} - \bar{\rho}^{-1}$. 把方程 (3.5.14a) 写成矩阵形式为

$$\boldsymbol{M}\boldsymbol{U}_{\boldsymbol{k}} = \Lambda \boldsymbol{N}\boldsymbol{U}_{\boldsymbol{k}} \tag{3.5.15a}$$

其中，$\boldsymbol{M}$ 和 $\boldsymbol{N}$ 分别是以 $M_{\boldsymbol{G}\boldsymbol{G}''}$ 和 $N_{\boldsymbol{G}\boldsymbol{G}''}$ 为元的矩阵，$\boldsymbol{U}_{\boldsymbol{k}}$ 是以 $u_{\boldsymbol{k}}(\boldsymbol{G})$ 为元的列矩阵

$$\begin{aligned} N_{\boldsymbol{G}\boldsymbol{G}''} &= \boldsymbol{G}\cdot\boldsymbol{G}''\rho^{-1}(\boldsymbol{G}''-\boldsymbol{G}) \\ M_{\boldsymbol{G}\boldsymbol{G}''} &= -\hat{\boldsymbol{k}}\cdot\boldsymbol{G}''\rho^{-1}(\boldsymbol{G}'')\hat{\boldsymbol{k}}\cdot \mathrm{G}\rho^{-1}(-\boldsymbol{G}) \end{aligned} \tag{3.5.15b}$$

于是，Λ 是矩阵 $\boldsymbol{N}^{-1}\boldsymbol{M}$ 的特征根

$$\det[(\boldsymbol{N}^{-1}\boldsymbol{M})_{\boldsymbol{G}\boldsymbol{G}''} - \Lambda\delta_{\boldsymbol{G}\boldsymbol{G}''}] = 0 \tag{3.5.15c}$$

其中，$(\boldsymbol{N}^{-1}\boldsymbol{M})_{\boldsymbol{G}\boldsymbol{G}''}$ 是矩阵 $\boldsymbol{N}^{-1}\boldsymbol{M}$ 的元，即

$$(\boldsymbol{N}^{-1}\boldsymbol{M})_{\boldsymbol{G}\boldsymbol{G}''} \equiv -[\boldsymbol{G}\cdot\boldsymbol{G}''\rho^{-1}(\boldsymbol{G}''-\boldsymbol{G})]^{-1}\hat{\boldsymbol{k}}\cdot\boldsymbol{G}''\rho^{-1}(\boldsymbol{G}'')\hat{\boldsymbol{k}}\cdot\boldsymbol{G}\rho^{-1}(-\boldsymbol{G}) \tag{3.5.15d}$$

其中，$[\boldsymbol{G}\cdot\boldsymbol{G}''\rho^{-1}(\boldsymbol{G}''-\boldsymbol{G})]^{-1} = \boldsymbol{N}^{-1}$ 表示 $\boldsymbol{N}$ 的逆矩阵. 当取 M_0 个平面波进行数值计算时，$\boldsymbol{N}^{-1}\boldsymbol{M}$ 是 (M_0-1) 阶方阵 (去掉 $\boldsymbol{G}=\boldsymbol{G}''=0$)，因此，方程 (3.5.15c) 实际上是关于本征值 Λ 的 M_0-1 次代数方程. 可以证明 (数值计算也表明)，方程 (3.5.15c) 仅存在一个非零根, 由矩阵本征值与矩阵迹的关系得到 $C_{\text{eff}}^2\bar{\kappa} - \bar{\rho}^{-1} = \mathrm{Tr}(\boldsymbol{N}^{-1}\boldsymbol{M})$，即

$$C_{\text{eff}}^2 = \frac{\bar{\rho}^{-1}}{\bar{\kappa}} + \frac{1}{\bar{\kappa}}\mathrm{Tr}(\boldsymbol{N}^{-1}\boldsymbol{M}) = \frac{1}{\bar{\kappa}}[\bar{\rho}^{-1} + \mathrm{Tr}(\boldsymbol{N}^{-1}\boldsymbol{M})] \tag{3.5.16a}$$

如果引进等效压缩系数 κ_{eff} 和等效密度 ρ_{eff}，上式可以写成

$$C_{\text{eff}}^2 = \frac{1}{\kappa_{\text{eff}}\rho_{\text{eff}}};\ \kappa_{\text{eff}} \equiv \bar{\kappa};\ \frac{1}{\rho_{\text{eff}}} \equiv \bar{\rho}^{-1} + \mathrm{Tr}(\boldsymbol{N}^{-1}\boldsymbol{M}) \tag{3.5.16b}$$

注意: 上式与方程 (3.3.35b) 比较可见, 当散射体周期排列时，低频等效声速的第一项 (即方程 (3.5.16a) 的第一项) 与散射体随机分布情况相同，在随机分布情况，密度和压缩系数的等效值来自相干散射，非相干散射远远小于相干散射，其贡献可忽略不计；而在周期排列时，所有的散射波都是相干的，对等效值都有贡献.

值得指出的是: ①由方程 (3.5.16b) 可见，压缩系数的等效值相对简单，主要由平均值 $\bar{\kappa}$ 决定，且是各向同性的 (与 3.5.3 小节的 SH 波比较)，而密度的等效值较复杂，涉及 $\boldsymbol{G}$ 的高阶量；②由方程 (3.5.15d) 可见，等效密度 $1/\rho_{\text{eff}}$ 与波传播方向 $\hat{\boldsymbol{k}}$ 有关，因而等效密度的倒数是各向异性的，这一性质与散射体排列的结构有很大

关系，以二维长方周期结构 (a_1, a_2) 为例，当 $a_1 = a_2$ 时 (即正方周期结构)，各向异性可以忽略，等效声速 C_{eff}^2 基本上是各向同性的，而当 $a_1 \gg a_2$(或者 $a_1 \ll a_2$) 时，等效声速 C_{eff}^2 的各向异性非常明显.

为了与 3.3.5 小节中散射体随机的情况作比较 (特别是图 3.3.2 的结果)，假定基底为水介质，空气泡为球形且立方排列 (而不是随机排列，这实际上是很难做到的)，图 3.5.4 给出了由方程 (3.5.16a) 计算得到的有效声速随占有比 f 的变化关系，计算中取水中声速 $c_0 = 1500\mathrm{m/s}$，空气中声速 $c_{\mathrm{e}} = 330\mathrm{m/s}$. 注意：①占有比 f 的最大值为 $f = \pi/6 \approx 0.524$；②在三维立方体结构情况 (周期 $d = a_1 = a_2 = a_3$)

$$\boldsymbol{G} = \frac{2\pi}{d}(m\boldsymbol{e}_1 + n\boldsymbol{e}_2 + l\boldsymbol{e}_3) \quad (m, n, l = 0, \pm1, \pm2, \cdots, \pm N) \tag{3.5.17}$$

当散射体为半径等于 a 的球时，由方程 (3.5.6a)，$g(\boldsymbol{G} \neq 0)$ 仅仅与比值 a/d 有关，而 a/d 可用占有比表示为 $a/d = (3f/4\pi)^{1/3}$, 所以有效声速 C_{eff} 仅仅是占有比 f 的函数 (各向异性可以忽略). 比较图 3.5.4 与图 3.3.2 可见，当空气泡周期排列时，有效声速甚至低于空气中的声速，这一点与气泡随机分别情况是完全不同的.

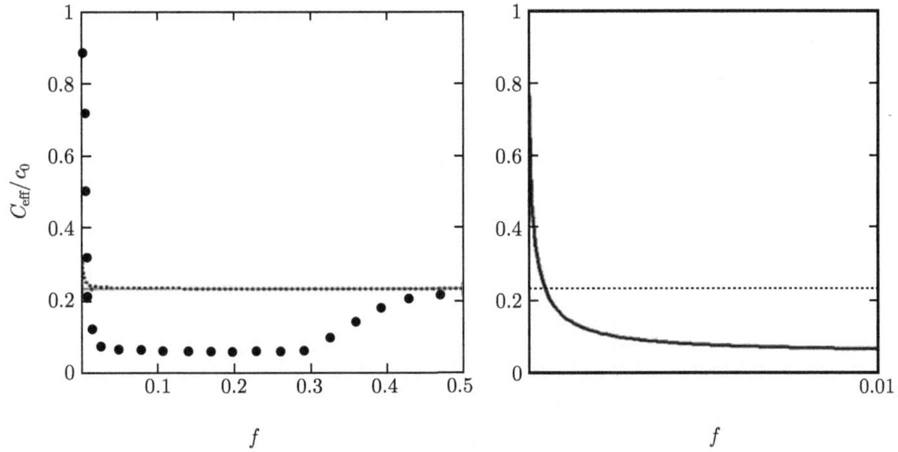

图 3.5.4 含周期排列气泡的水中有效声速随占有比 f 的变化关系 (“•” 表示)，图中虚线是根据方程 (3.3.35f) 的计算结果，右图是 f 很小时的放大，横线为气体声速

对相反的情况，即基底为空气，散射体为水滴的情况，计算得到的有效声速随 f 的变化基本不变，由空气中声速决定，这一点与 3.3.5 小节的结论一致.

3.5.3 二维固体周期结构中的弹性波

本书主要讨论流体中的声波，基本不涉及固体材料中的弹性波, 仅在本小节中作简单介绍. 固体与流体不同，在理想流体中 (非理想流体见第 6 章讨论)，流体中任意一个面元受到的相邻流体的作用力 $\boldsymbol{f}_n = -P\boldsymbol{n}$(其中 P 为压强，负号表示压力) 在面元的法向 $\boldsymbol{n}$. 但由于弹性体可承受切应力，体内任意一个面元受到的相邻质点的作用力不在面元的法向 $\boldsymbol{n}$，故必须用应力张量来描述弹性体内部一点的**应力**.

对弹性体的有限运动，常用的描述方法是 Lagrange 方法 (见 1.1.1 小节讨论)，而对线性弹性波，质点偏离平衡位置的振动可看作无限小运动，故 Lagrange 方法与 Euler 方法给出相同的近似结果. 由于本书主要采用 Euler 方法，故我们介绍在 Euler 坐标系内的弹性体动力学方程.

应力张量　考察弹性体内任一小六面体，如图 3.5.5，以平行于 x_1Ox_2 平面的小面 c 为例，它的法向为 $\boldsymbol{n} = (0,0,1)$，但应力 $\boldsymbol{F}_3$(单位面积上受到的力) 的方向与 $\boldsymbol{n}$ 并不一致. $\boldsymbol{F}_3$ 可表示成

$$\boldsymbol{F}_3 = \sigma_{13}\boldsymbol{e}_1 + \sigma_{23}\boldsymbol{e}_2 + \sigma_{33}\boldsymbol{e}_3 \tag{3.5.18a}$$

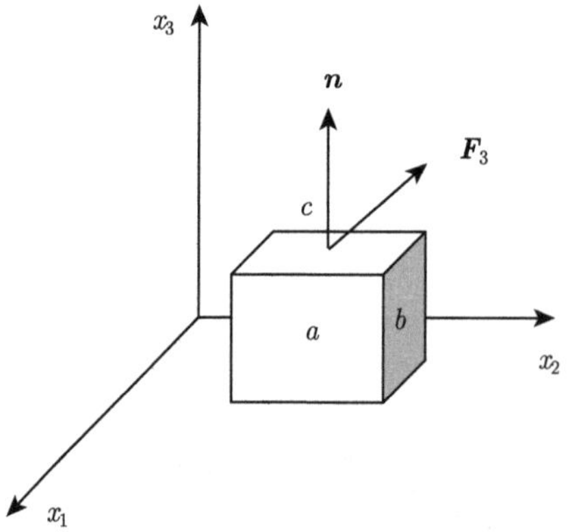

图 3.5.5　弹性体内小六面体的应力

其中，σ_{ij} 下标的第一个指标表示力的三个方向，第二个指标表示 c 面的法向 (在 x_3 方向)；同样，对小面 b 和 a 上的力可以写成

$$\begin{aligned}\boldsymbol{F}_2 &= \sigma_{12}\boldsymbol{e}_1 + \sigma_{22}\boldsymbol{e}_2 + \sigma_{32}\boldsymbol{e}_3\\ \boldsymbol{F}_1 &= \sigma_{11}\boldsymbol{e}_1 + \sigma_{21}\boldsymbol{e}_2 + \sigma_{31}\boldsymbol{e}_3\end{aligned} \tag{3.5.18b}$$

至于其他的三个面，与上述三个面上的应力大小相等、方向相反 (力平衡条件). 由此，只需引入上面的 9 个应力分量就可以完全描述小六面体的受力情况. 当小六面体缩小为一个点时，这 9 个应力分量完全描述弹性体内一点的应力分布. 9 个应力

分量可以写成矩阵的形式

$$\boldsymbol{\sigma} = \begin{bmatrix} \sigma_{11} & \sigma_{12} & \sigma_{13} \\ \sigma_{21} & \sigma_{22} & \sigma_{23} \\ \sigma_{31} & \sigma_{32} & \sigma_{33} \end{bmatrix} \tag{3.5.18c}$$

其中，$\boldsymbol{\sigma}$ 称为**应力张量**(stress tensor). 对空间任一法向为 $\boldsymbol{n} = (n_1, n_2, n_3)$ 的面，应力为

$$\boldsymbol{F} = \boldsymbol{\sigma} \cdot \boldsymbol{n}^t \tag{3.5.18d}$$

可以证明应力张量是一个对称张量，即 $\sigma_{ij} = \sigma_{ji}$ $(i, j = 1, 2, 3)$.

应变张量 考察弹性体中相邻二点 M(位置矢量为 $\boldsymbol{r}$) 和 N(位置矢量为 $\boldsymbol{r} + \mathrm{d}\boldsymbol{r}$)，当弹性体在外力作用下发生形变时，$M$ 和 N 点分别移动到 M' 和 N' 点，二点分别移动 $\boldsymbol{u}$ 和 $\boldsymbol{u} + \mathrm{d}\boldsymbol{u}$，如图 3.5.6，相邻二点的位移差为 $\mathrm{d}\boldsymbol{u}$. 显然，$\mathrm{d}\boldsymbol{u}$ 是空间各点的函数，即 (利用 Einstein 求和规则)

$$\mathrm{d}u_i = \sum_{k=1}^{3} \frac{\partial u_i}{\partial x_k} \mathrm{d}x_k = \frac{\partial u_i}{\partial x_k} \mathrm{d}x_k \quad (i = 1, 2, 3) \tag{3.5.19a}$$

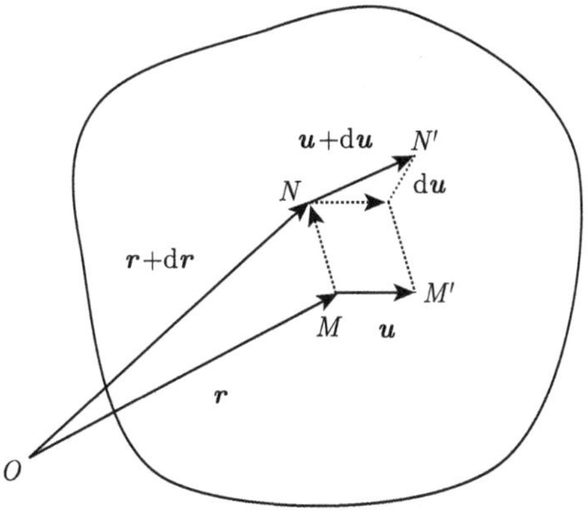

图 3.5.6 相邻二点的位移矢量

式中，$\mathrm{d}\boldsymbol{u} \equiv (\mathrm{d}u_1, \mathrm{d}u_2, \mathrm{d}u_3)$ 称为**微分位移**. 但是微分位移与弹性体的形变不是一一对应的. 一个例子是: 当刚体转动时，微分位移不为零，但形变为零. 研究表明: 弹性体内无限邻近两点在形变前后距离变化与弹性体的形变一一对应，因而将它作为弹性体形变的度量是可以的. 显然，形变前后的距离平方变化为

$$\begin{aligned} \varDelta \equiv \overline{M'N'}^2 - \overline{MN}^2 &= |(\boldsymbol{r} + \mathrm{d}\boldsymbol{r} + \boldsymbol{u} + \mathrm{d}\boldsymbol{u}) - (\boldsymbol{r} + \boldsymbol{u})|^2 - |\mathrm{d}\boldsymbol{r}|^2 \\ &= |\mathrm{d}\boldsymbol{r} + \mathrm{d}\boldsymbol{u}|^2 - |\mathrm{d}\boldsymbol{r}|^2 = 2\mathrm{d}\boldsymbol{r} \cdot \mathrm{d}\boldsymbol{u} + |\mathrm{d}\boldsymbol{u}|^2 \end{aligned} \tag{3.5.19b}$$

由方程 (3.5.19a)，上式变成

$$\Delta = 2\frac{\partial u_i}{\partial x_k}\mathrm{d}x_i\mathrm{d}x_k + \frac{\partial u_i}{\partial x_k}\frac{\partial u_i}{\partial x_l}\mathrm{d}x_k\mathrm{d}x_l \tag{3.5.19c}$$

当考虑小形变时，上式第二项可以忽略

$$\Delta = 2\frac{\partial u_i}{\partial x_k}\mathrm{d}x_i\mathrm{d}x_k = 2e_{ik}\mathrm{d}x_i\mathrm{d}x_k \tag{3.5.19d}$$

其中，定义

$$e_{ik} = \frac{1}{2}\left(\frac{\partial u_i}{\partial x_k} + \frac{\partial u_k}{\partial x_i}\right)\ (i,k = 1,2,3) \tag{3.5.19e}$$

以 e_{ik} 为元的矩阵 $\boldsymbol{e}$ 称为**应变张量**(strain tensor)，显然，它是一个对称张量. 应变张量完全描述了弹性体的应变状态, 元素 e_{11}，e_{22} 和 e_{33} 分别表示 x_1，x_2 和 x_3 坐标轴方向的相对伸缩形变，而 $e_{23}=e_{32}$，$e_{13}=e_{31}$ 和 $e_{12}=e_{21}$ 分别代表 x_2x_3，x_1x_3 和 x_1x_2 平面内的剪切形变.

本构关系　在弹性体中，应力与应变存在一一对应关系. 一般应力是应变的函数，即 $\boldsymbol{\sigma}=\boldsymbol{\sigma}(\boldsymbol{e})$，或者写成分量的形式 $\sigma_{ik}=\sigma_{ik}(e_{lm})$. 在平衡点 (应变为零) 附近作 Taylor 展开

$$\sigma_{ik} = \sigma_{ik}(0) + \left(\frac{\partial \sigma_{ik}}{\partial e_{lm}}\right)_{e_{lm}=0} e_{lm} + \frac{1}{2}\left(\frac{\partial^2 \sigma_{ik}}{\partial e_{lm}\partial e_{rs}}\right)_{\substack{e_{lm}=0\\ e_{rs}=0}} e_{lm}e_{rs} + \cdots \tag{3.5.20a}$$

在应变为零的点 $\sigma_{ik}(0)=0$，故在一阶近似下

$$\sigma_{ik} = c_{iklm}e_{lm} \tag{3.5.20b}$$

其中，系数

$$c_{iklm} = \left(\frac{\partial \sigma_{ik}}{\partial e_{lm}}\right)_{e_{lm}=0} \tag{3.5.20c}$$

称为**弹性常数**. 方程 (3.5.20b) 称为**广义 Hooke 定律**. 因应力和应变都是 2 阶张量，因此弹性常数为 4 阶张量，有 $3^4=81$ 个分量，由于应力和应变张量的对称性，即 $e_{ik}=e_{ki}$ 和 $e_{lm}=e_{ml}$，所以弹性常数当交换 i 和 k 或者 l 和 m 时应保持不变，即 $c_{iklm}=c_{kilm}$ 和 $c_{iklm}=c_{ikml}$. 事实上，可以证明弹性常数是完全对称的四阶张量，即满足 $c_{iklm}=c_{kilm}=c_{ikml}=c_{lmik}$. 这样弹性常数一般只有 21 个独立的常数. 对各向同性弹性体，独立的弹性常数为 2 个，可以证明弹性常数张量为

$$c_{ijpq} = \lambda\delta_{ij}\delta_{pq} + \mu(\delta_{ip}\delta_{jq} + \delta_{iq}\delta_{jp}) \tag{3.5.21a}$$

而应力–应变关系，即**本构关系**，简化成

$$\sigma_{ik} = \lambda e_{ll}\delta_{ik} + 2\mu e_{ik} \tag{3.5.21b}$$

其中，λ 和 μ 称为弹性介质的 Lame 常数或者简单称为**弹性常数**，对非均匀、各向同性的介质，它们都是空间坐标的函数，即 $\lambda=\lambda(\boldsymbol{r})$ 和 $\mu=\mu(\boldsymbol{r})$. 方程 (3.5.21b) 写成张量形式为

$$\boldsymbol{\sigma}=\lambda(\nabla\cdot\boldsymbol{u})\boldsymbol{I}+2\mu\boldsymbol{e} \tag{3.5.21c}$$

弹性波动方程 弹性体中由于存在弹性恢复力，当弹性体的某一部分受到小的扰动，扰动以波的形式传播. 在 Euler 坐标中，设 P 点位于弹性体内，取包含 P 点的固定小体元 V，V 的边界面为 S，于是质量守恒定律必须成立，由方程 (1.1.13a)(假定无质量源情况，固体与流体不同，体内一般不存在质量源)

$$\frac{\partial\rho}{\partial t}+\nabla\cdot\boldsymbol{j}=0 \tag{3.5.22a}$$

其中，质量流矢量 $\boldsymbol{j}=\rho\boldsymbol{v}$($\boldsymbol{v}$ 是质点的速度)，ρ 是密度分布. 动量守恒方程 (1.1.14a) 修改为

$$\frac{\partial}{\partial t}\int_V\rho\boldsymbol{v}\mathrm{d}^3\boldsymbol{r}=-\iint_S\boldsymbol{J}\cdot\mathrm{d}\boldsymbol{S}+\iint_{\partial D}\boldsymbol{\sigma}\cdot\boldsymbol{n}^t\mathrm{d}S+\int_V\rho\boldsymbol{f}\mathrm{d}^3\boldsymbol{r} \tag{3.5.22b}$$

其中，动量流张量 $\boldsymbol{J}=\rho\boldsymbol{v}\boldsymbol{v}$. 上式的微分形式为

$$\frac{\partial(\rho\boldsymbol{v})}{\partial t}+\nabla\cdot\boldsymbol{J}=\nabla\cdot\boldsymbol{\sigma}+\rho\boldsymbol{f} \tag{3.5.22c}$$

因此，方程 (1.1.16a) 修改为

$$\rho\frac{\mathrm{d}\boldsymbol{v}}{\mathrm{d}t}=\nabla\cdot\boldsymbol{\sigma}+\rho\boldsymbol{f} \tag{3.5.22d}$$

在 Euler 坐标中，质点速度 $\boldsymbol{v}$ 与位移 $\boldsymbol{u}$ 的微分关系为

$$\begin{aligned}&\frac{\mathrm{d}\boldsymbol{v}}{\mathrm{d}t}=\left[\frac{\partial}{\partial t}+(\boldsymbol{v}\cdot\nabla)\right]\boldsymbol{v};\ \boldsymbol{v}=\frac{\mathrm{d}\boldsymbol{u}}{\mathrm{d}t}=\left[\frac{\partial}{\partial t}+(\boldsymbol{v}\cdot\nabla)\right]\boldsymbol{u}\\&\frac{\mathrm{d}\boldsymbol{v}}{\mathrm{d}t}=\left[\frac{\partial}{\partial t}+(\boldsymbol{v}\cdot\nabla)\right]\left[\frac{\partial}{\partial t}+(\boldsymbol{v}\cdot\nabla)\right]\boldsymbol{u}\end{aligned} \tag{3.5.23a}$$

注意，方程 (3.5.23a) 的第三式右边仍然含有 $\boldsymbol{v}$，故实际上是决定 $\boldsymbol{v}$ 的方程 (所以说在 Euler 坐标中，动力学方程是非常复杂的，用 Lagrange 方法则相对简单，参考主要书目 34). 考虑弹性体的无限小应变，全导数近似等于偏导数，得到相当简单的关系

$$\frac{\mathrm{d}\boldsymbol{v}}{\mathrm{d}t}\approx\frac{\partial\boldsymbol{v}}{\partial t}\approx\frac{\partial^2\boldsymbol{u}}{\partial t^2} \tag{3.5.23b}$$

另一方面，在线性化方程 (3.5.22d) 过程中，可以取密度变量 $\rho=\rho_0(\boldsymbol{r})+\rho'(\boldsymbol{r},t)\approx\rho_0(\boldsymbol{r})$(这一点与流体中的声场方程完全不同，流体中的声波由流体密度的

疏密交流变化而产生，而在固体中，密度变化可忽略不计). 于是，线性化的弹性波动力学方程为

$$\rho_0\frac{\partial^2\boldsymbol{u}}{\partial t^2}=\nabla\cdot\boldsymbol{\sigma}+\rho\boldsymbol{f} \tag{3.5.24a}$$

或者写成分量形式

$$\rho_0\frac{\partial^2 u_i}{\partial t^2}=\sum_{k=1}^{3}\frac{\partial\sigma_{ik}}{\partial x_k}+\rho f_i\quad(i=1,2,3) \tag{3.5.24b}$$

对各向同性的非均匀弹性体，利用方程 (3.5.21b)，上式写成 (假定无外力，即 $f_i=0$)

$$\rho_0\frac{\partial^2 u_i}{\partial t^2}=\frac{\partial}{\partial x_i}(\lambda\nabla\cdot\boldsymbol{u})+\nabla\cdot(\mu\nabla u_i)+\nabla\cdot\left(\mu\frac{\partial\boldsymbol{u}}{\partial x_i}\right)\quad(i=1,2,3) \tag{3.5.24c}$$

上式就是非均匀、各向同性介质中的弹性波动力学方程.

一维情况　设 $\rho_0(\boldsymbol{r})=\rho_0(x)$，$\lambda(\boldsymbol{r})=\lambda(x)$ 和 $\mu(\boldsymbol{r})=\mu(x)$，假定位移场与 $x_2=y$ 和 $x_3=z$ 也无关，即 $u_i(\boldsymbol{r})=u_i(x)$ $(i=1,2,3)$，弹性波仅仅沿 x 方向传播. 由方程 (3.5.24c)，得到位移场满足的方程

$$\begin{gathered}\rho_0\frac{\partial^2 u_x}{\partial t^2}=\frac{\partial}{\partial x}\left[(\lambda+2\mu)\frac{\partial u_x}{\partial x}\right]\\ \rho_0\frac{\partial^2 u_y}{\partial t^2}=\frac{\partial}{\partial x}\left(\mu\frac{\partial u_y}{\partial x}\right);\ \rho_0\frac{\partial^2 u_z}{\partial t^2}=\frac{\partial}{\partial x}\left(\mu\frac{\partial u_z}{\partial x}\right)\end{gathered} \tag{3.5.24d}$$

可见，不同极化方向的振动方程是完全解耦的，但在不连续的界面上可能相互耦合 (依赖于入射波的极化方向).

二维情况　设 $\rho_0(\boldsymbol{r})=\rho_0(x,y)$，$\lambda(\boldsymbol{r})=\lambda(x,y)$ 和 $\mu(\boldsymbol{r})=\mu(x,y)$，并且假定位移场与 $x_3=z$ 也无关，即 $u_i(\boldsymbol{r})=u_i(x,y)$ $(i=1,2,3)$，弹性波仅仅在 xOy 平面内传播 (但仍然有 z 方向的位移). 当取 $i=3$ 时，方程 (3.5.24c) 给出 z 方向的极化分量 $u_z(x,y,t)$ 满足方程

$$\rho_0\frac{\partial^2 u_z}{\partial t^2}=\nabla_T\cdot(\mu\nabla_T u_z) \tag{3.5.25a}$$

其中，∇_T 是 xOy 平面上的二维梯度算子

$$\nabla_T\equiv\frac{\partial}{\partial x}\boldsymbol{e}_x+\frac{\partial}{\partial y}\boldsymbol{e}_y \tag{3.5.25b}$$

在地球物理中，经常取 xOy 平面为地层剖面方向，z 方向为水平方向，故 z 方向极化的弹性横波也称为 **SH 波**(shear horizontal wave). 当取 $i=1,2$ 时，方程 (3.5.24c)

给出 xOy 平面内极化模式满足的方程

$$
\begin{aligned}
\rho_0\frac{\partial^2 u_x}{\partial t^2}&=\frac{\partial}{\partial x}(\lambda\nabla_T\cdot\boldsymbol{u}_T)+\nabla_T\cdot(\mu\nabla_T u_x)+\nabla_T\cdot\left(\mu\frac{\partial\boldsymbol{u}_T}{\partial x}\right)\\
\rho_0\frac{\partial^2 u_y}{\partial t^2}&=\frac{\partial}{\partial y}(\lambda\nabla_T\cdot\boldsymbol{u}_T)+\nabla_T\cdot(\mu\nabla_T u_y)+\nabla_T\cdot\left(\mu\frac{\partial\boldsymbol{u}_T}{\partial y}\right)
\end{aligned}
\tag{3.5.25c}
$$

其中，$\boldsymbol{u}_T$ 是位移场 $\boldsymbol{u}=(u_x,u_y,u_z)$ 在 xOy 平面内的位移矢量，$\boldsymbol{u}_T=(u_x,u_y)$. 一般把位移矢量 $\boldsymbol{u}_T$ 也分解成二个独立的分量：平行于波传播矢量 $\boldsymbol{k}$ 的部分称为**纵波**(也称为 L 波或者 P 波)；垂直于波传播矢量 $\boldsymbol{k}$ 的那部分横波称为 **SV 波**(shear vertical wave). 方程 (3.5.25a) 和 (3.5.25c) 表明：u_z 与 $\boldsymbol{u}_T=(u_x,u_y)$ 是完全解耦的. 注意：在非均匀介质中，由方程 (3.5.25c)，xOy 平面内极化的模式 (L 波和 SV 波) 是相互耦合的，故也称为**耦合模式**. 注意：只有在无限大均匀介质中，纵波与横波是解耦的.

方程 (3.5.25a) 和 (3.5.25c) 也经常用弹性常数 $C_{11}=\lambda$ 和 $C_{44}=\lambda+2\mu$ 表示成

$$
\rho_0\frac{\partial^2 u_z}{\partial t^2}=\nabla_T\cdot(C_{44}\nabla_T u_z)
\tag{3.5.25d}
$$

$$
\begin{aligned}
\rho_0\frac{\partial^2 u_x}{\partial t^2}&=\frac{\partial}{\partial x}\left[(C_{11}-2C_{44})\nabla_T\cdot\boldsymbol{u}_T\right]+\nabla_T\cdot(C_{44}\nabla_T u_x)+\nabla_T\cdot\left(C_{44}\frac{\partial\boldsymbol{u}_T}{\partial x}\right)\\
\rho_0\frac{\partial^2 u_y}{\partial t^2}&=\frac{\partial}{\partial y}\left[(C_{11}-2C_{44})\nabla_T\cdot\boldsymbol{u}_T\right]+\nabla_T\cdot(C_{44}\nabla_T u_y)+\nabla_T\cdot\left(C_{44}\frac{\partial\boldsymbol{u}_T}{\partial y}\right)
\end{aligned}
\tag{3.5.25e}
$$

对照方程 (3.5.1b) 与 (3.5.25a)，在二维情况，SH 波与流体中的声波满足同样的标量方程. 通过代换

$$
\frac{1}{\rho(x,y)}\to\mu(x,y);\quad \kappa(x,y)\to\rho_0(x,y)
\tag{3.5.26a}
$$

二者满足的波动方程完全一样，因此讨论周期结构形成的能带图是类似的. 值得指出的是：在作低频等效近似时，SH 波切变模量的等效值 μ_{eff} 是各向异性的，而密度的等效值 ρ_{eff} 反而是各向同性的. 进一步的讨论见 3.5.4 小节和 3.5.5 小节.

注意：①方程 (3.5.1b) 仅适用于流–流周期介质 (或者流–刚性体，如空气中嵌入固体，空气的声阻抗远远小于固体，固体可以看作刚性散射体)，对固–固周期结构，必须考虑弹性波；②对流–固周期结构，有时必须考虑嵌入固体中的弹性波场 (如水中嵌入固体，水的声阻抗比空气大得多，水中嵌入固体时，固体一般不能作为刚性散射体)，由于固体中的弹性波用位移场 (矢量场) 作为变量，而流体中的声场 (标量场) 用声压作为变量，必须写成统一的形式，此时可以把流体中的声场用质点的位移场表示为 (由方程 (3.3.4d)，注意到：$\boldsymbol{v}=\mathrm{d}\boldsymbol{u}/\mathrm{d}t\approx\partial\boldsymbol{u}/\partial t$，其中 $\boldsymbol{u}$ 是流

体中的位移矢量场)

$$\rho_e\frac{\partial^2\boldsymbol{u}}{\partial t^2}=\nabla\left(\frac{1}{\kappa_e}\nabla\cdot\boldsymbol{u}\right) \tag{3.5.26b}$$

对照方程 (3.5.24c)，我们可以把流–固周期系统的波动方程可以统一写成

$$\tilde{\rho}\frac{\partial^2 u_i}{\partial t^2}=\frac{\partial}{\partial x_i}(\tilde{\lambda}\nabla\cdot\boldsymbol{u})+\nabla\cdot(\tilde{\mu}\nabla u_i)+\nabla\cdot\left(\tilde{\mu}\frac{\partial\boldsymbol{u}}{\partial x_i}\right)\quad (i=1,2,3) \tag{3.5.26c}$$

其中，密度 $\tilde{\rho}$、弹性常数 $\tilde{\lambda}$ 和 $\tilde{\mu}$ 的分布为

$$\tilde{\rho}(\boldsymbol{r})=\begin{cases}\rho_e, & \text{流体中}\\ \rho_0, & \text{固体中}\end{cases};\quad \tilde{\lambda}(\boldsymbol{r})=\begin{cases}\kappa_e^{-1}, & \text{流体中}\\ \lambda, & \text{固体中}\end{cases};\quad \tilde{\mu}(\boldsymbol{r})=\begin{cases}0, & \text{流体中}\\ \mu, & \text{固体中}\end{cases} \tag{3.5.26d}$$

③对二维的流–固周期结构，如果考虑在 xOy 平面内波传播，则不能激发 SH 波.

二维长方晶格 考虑图 3.5.7 的二维长方晶格, 嵌入体为无限长圆柱. 假定平面波在 xOy 平面内波传播且位移场与 z 无关. 位移场、密度和弹性常数分别用平面波展开为

$$\boldsymbol{u}(\boldsymbol{r},t)=\mathrm{e}^{-\mathrm{i}\omega t}\sum_{\boldsymbol{G}}\boldsymbol{U}(\boldsymbol{G})\exp[\mathrm{i}(\boldsymbol{G}+\boldsymbol{k})\cdot\boldsymbol{r}] \tag{3.5.27a}$$

以及

$$\begin{aligned}\rho_0(\boldsymbol{r})&=\sum_{\boldsymbol{G}}\rho(\boldsymbol{G})\exp(\mathrm{i}\boldsymbol{G}\cdot\boldsymbol{r})\\ C_{11}(\boldsymbol{r})&=\sum_{\boldsymbol{G}}C_{11}(\boldsymbol{G})\exp(\mathrm{i}\boldsymbol{G}\cdot\boldsymbol{r})\\ C_{44}(\boldsymbol{r})&=\sum_{\boldsymbol{G}}C_{44}(\boldsymbol{G})\exp(\mathrm{i}\boldsymbol{G}\cdot\boldsymbol{r})\end{aligned} \tag{3.5.27b}$$

其中，$\boldsymbol{r}=(x,y)$,$\boldsymbol{G}$ 为**倒格子矢量**

$$\boldsymbol{G}=2\pi\left(\frac{m}{a_1}\boldsymbol{e}_1+\frac{n}{a_2}\boldsymbol{e}_2\right)\quad (m,n=0,\pm1,\pm2,\cdots) \tag{3.5.27c}$$

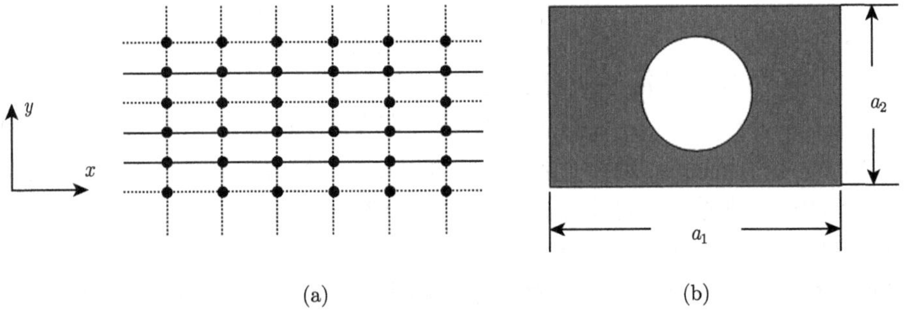

图 3.5.7 (a) 二维长方晶格；(b) 一个原胞

由方程 (3.5.3d)，我们直接得到 SH 波的本征方程

$$\sum_{\boldsymbol{G}}[\omega^2\rho(\mathbf{G}''-\boldsymbol{G})-(\boldsymbol{G}+\boldsymbol{k})\cdot(\boldsymbol{G}''+\boldsymbol{k})C_{44}(\boldsymbol{G}''-\boldsymbol{G})]U_z(\boldsymbol{G})=0 \tag{3.5.27d}$$

对 xOy 平面内极化模式, 相应的本征方程为

$$\begin{aligned}\omega^2\sum_{\boldsymbol{G}}\rho(\boldsymbol{G}''-\boldsymbol{G})\boldsymbol{U}_T(\boldsymbol{G})=&\sum_{\boldsymbol{G}}C_{11}(\boldsymbol{G}''-\boldsymbol{G})\boldsymbol{U}_T(\boldsymbol{G})\cdot(\boldsymbol{G}+\boldsymbol{k})(\boldsymbol{G}''+\boldsymbol{k})\\&+\sum_{\boldsymbol{G}}C_{44}(\boldsymbol{G}''-\boldsymbol{G})[(\boldsymbol{G}+\boldsymbol{k})\cdot(\boldsymbol{G}''+\boldsymbol{k})]\boldsymbol{U}_T(\boldsymbol{G})\\&+\sum_{\boldsymbol{G}}C_{44}(\boldsymbol{G}''-\boldsymbol{G})\{(\boldsymbol{G}+\boldsymbol{k})[(\boldsymbol{G}''+\boldsymbol{k})\cdot\boldsymbol{U}_T(\boldsymbol{G})]\\&-2(\boldsymbol{G}''+\boldsymbol{k})[(\boldsymbol{G}+\boldsymbol{k})\cdot\boldsymbol{U}_T(\boldsymbol{G})]\}\end{aligned} \tag{3.5.27e}$$

其中，$\boldsymbol{U}_T(\boldsymbol{G})=[U_x(\boldsymbol{G}),U_y(\boldsymbol{G})]$. 从方程 (3.5.27d) 和 (3.5.27e) 可以计算二维固–固周期结构的能带图, 我们不再重复这方面的计算，仅讨论晶格结构对低频有效声速各向异性的影响. 注意：从能带图 3.5.3 可见，低频有效声速实际上就是 Γ 点附近色散关系的斜率，只要由方程 (3.5.27d) 和 (3.5.27e) 求出当 $k\to 0$ 时的色散关系 $\omega=\omega(\boldsymbol{k})$，则 $C_{\text{eff}}=\omega/k$. 图 3.5.8 给出了不同晶格常数，二维固–固周期结构的低频有效声速的倒速度图，计算中设基低和嵌入材料分别为 PVC 和钢柱，材料参数为：$\rho_{\text{PVC}}=143\text{kg/m}^3$, $C_{11\text{PVC}}=8.1\times10^9\text{Pa}$, $C_{44\text{PVC}}=1.35\times10^9\text{Pa}$；$\rho_{\text{steel}}=7900\text{kg/m}^3$, $C_{11\text{steel}}=36.3\times10^{10}\text{Pa}$, $C_{44\text{steel}}=8.29\times10^{10}\text{Pa}$. 由图 3.5.8 可见：对 xOy 平面内极化模式，L 波和 SV 波模式都是各向异性的. 对正方晶格，SH 波模式的各向异性基本可以忽略 (与 3.5.2 小节的结果一致)，而对长方晶格，各向异性是明显的.

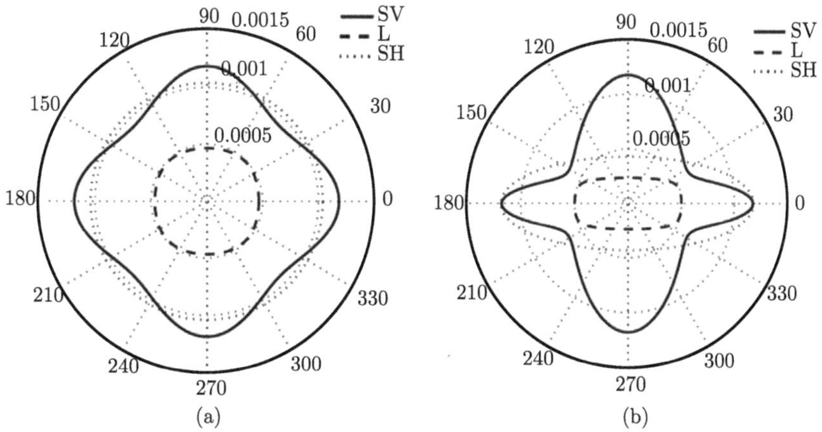

图 3.5.8 L 波、SV 波和 SH 波的低频有效声速的倒速度图

(a) 正方晶格，$a_2/a_1=1$；(b) 长方晶格 $a_2/a_1=0.5$. 计算中取占有比 $f=0.35$

3.5.4　一维均质化近似的多尺度展开理论

周期结构介质中存在二个不同的尺度：①声波波长 λ；②晶格大小 a. 在低频近似下，$\lambda \gg a$. 因此, 可以把周期结构的参数变化看作随空间的快尺度变化，而把波动过程看作随空间的慢尺度变化，然后通过微扰展开理论用等效的物理参数来近似表征周期结构的波动过程. 这种近似称为**均质化近似**(homogenization).

由于等效介质近似只有在低频才有意义，故我们在频域上考虑声波的传播问题. 为了具有一般性，假定介质的非均匀性由二部分组成：①变化尺度与声波波长在同一数量级；②变化尺度远远小于波长. 则方程 (3.5.1b) 或者 (3.5.25a) 可以统一写成

$$\nabla \cdot \left[\alpha\left(\boldsymbol{r}, \frac{\boldsymbol{r}}{\varepsilon}\right) \nabla \psi(\boldsymbol{r}, \omega)\right] + \omega^2 q\left(\boldsymbol{r}, \frac{\boldsymbol{r}}{\varepsilon}\right) \psi(\boldsymbol{r}, \omega) = 0 \tag{3.5.28a}$$

其中，$\varepsilon \to 0$, $\alpha(\boldsymbol{r}, \boldsymbol{r}/\varepsilon)$ 和 $q(\boldsymbol{r}, \boldsymbol{r}/\varepsilon)$ 的二个变量 $\boldsymbol{r}$ 和 $\boldsymbol{r}/\varepsilon$ 分别表示上述的二部分变化，例如，对均匀基底介质嵌入散射体的周期结构，物理参数仅仅是快尺度 (晶格大小尺度) 变量的函数, 即 $\alpha(\boldsymbol{r}, \boldsymbol{r}/\varepsilon) = \alpha(\boldsymbol{r}/\varepsilon)$ 和 $q(\boldsymbol{r}, \boldsymbol{r}/\varepsilon) = q(\boldsymbol{r}/\varepsilon)$. 均质化近似的目的是：在 $\varepsilon \to 0$ 条件下，求 $\bar{\alpha}(\boldsymbol{r})$ 和 $\bar{q}(\mathbf{r})$，使 $\psi(\boldsymbol{r}, \omega)$ 的零级近似 $\psi_0(\boldsymbol{r}, \omega)$ 满足

$$\nabla \cdot [\bar{\alpha}(\boldsymbol{r}) \nabla] \psi_0(\boldsymbol{r}, \omega) + \omega^2 \bar{q}(\boldsymbol{r}) \psi_0(\boldsymbol{r}, \omega) = 0 \tag{3.5.28b}$$

其中, $\bar{\alpha}(\boldsymbol{r})$ 和 $\bar{q}(\boldsymbol{r})$ 就是我们要求的**等效系数**，包含了快尺度变化部分对零级近似 $\psi_0(\boldsymbol{r}, \omega)$ 的贡献. 注意：当 $\alpha(\boldsymbol{r}, \boldsymbol{r}/\varepsilon) = \alpha(\boldsymbol{r}/\varepsilon)$ 和 $q(\boldsymbol{r}, \boldsymbol{r}/\varepsilon) = q(\boldsymbol{r}/\varepsilon)$ 时，等效系数 $\bar{\alpha}(\boldsymbol{r}) = \bar{\alpha}$ 和 $\bar{q}(\boldsymbol{r}) = \bar{q}$ 为常数，例如，均匀基底中嵌入散射体这是这种情况.

一维问题　以简单的一维问题为例，说明均质化近似的过程

$$\frac{\mathrm{d}}{\mathrm{d}x}\left[\alpha(x, y) \frac{\mathrm{d}\psi(x, \omega)}{\mathrm{d}x}\right] + \omega^2 q(x, y) \psi(x, \omega) = 0 \tag{3.5.28c}$$

其中，$y = x/\varepsilon$ 为快尺度变量, $\alpha(x, y)$ 和 $q(x, y)$ 是快尺度变量 $y = x/\varepsilon$ 的周期函数

$$\alpha(x, y) = \alpha(x, y + l_\varepsilon);\ q(x, y) = q(x, y + l_\varepsilon) \tag{3.5.28d}$$

其中，l_ε 是周期. 对方程 (3.5.28c) 进行二个尺度 $x = x$ 和 $y = x/\varepsilon$ 变换，利用导数关系

$$\frac{\mathrm{d}}{\mathrm{d}x} = \frac{\partial}{\partial x} + \frac{1}{\varepsilon} \frac{\partial}{\partial y} \tag{3.5.28e}$$

不难得到

$$\left(\varepsilon \frac{\partial}{\partial x} + \frac{\partial}{\partial y}\right) \left[\alpha(x, y) \left(\varepsilon \frac{\partial \psi}{\partial x} + \frac{\partial \psi}{\partial y}\right)\right] + \varepsilon^2 \omega^2 q(x, y) \psi = 0 \tag{3.5.28f}$$

作多尺度展开

$$\psi = \psi_0(x,y) + \varepsilon\psi_1(x,y) + \varepsilon^2\psi_2(x,y) + \cdots \tag{3.5.29a}$$

上式代入方程 (3.5.28f), 并且令 $\varepsilon^0, \varepsilon^1, \varepsilon^2$ 前面系数为零得到

(1) 零级近似满足的方程

$$\frac{\partial}{\partial y}\left[\alpha(x,y)\frac{\partial\psi_0(x,y)}{\partial y}\right] = 0 \tag{3.5.29b}$$

容易得到上式的解为

$$\psi_0(x,y) = C_1(x) + C_0(x)\int_{y_0}^{y}\frac{\mathrm{d}s}{\alpha(x,s)} \tag{3.5.29c}$$

其中，y_0 为任意参考点，$C_1(x)$ 和 $C_0(x)$ 是待定函数. 由于 $y = x/\varepsilon$，当 $\varepsilon \to 0$ 时，$y \to \infty$，而如果 $\alpha(x,s)$ 是有限的函数并且大于零，则

$$\int_{y_0}^{y}\frac{\mathrm{d}s}{\alpha(x,s)} \geqslant \frac{1}{\mathrm{Max}[\alpha(x,s)]}\int_{y_0}^{y}\mathrm{d}s = \frac{y-y_0}{\mathrm{Max}[\alpha(x,s)]} \to \infty \tag{3.5.29d}$$

其中，$\mathrm{Max}[\alpha(x,s)]$ 是 $\alpha(x,y)$ 关于变量 y 的最大值. 为了保证 $\psi_0(x,y)$ 有界，必须取 $C_0(x) \equiv 0$，故 $\psi_0(x,y) = C_1(x) \equiv \psi_0(x)$ 与 y 无关. 注意: 零级近似方程的作用就是表明 ψ_0 与快尺度变量无关.

(2) 一级近似满足的方程

$$\frac{\partial}{\partial y}\left[\alpha(x,y)\frac{\partial\psi_1(x,y)}{\partial y}\right] = -\frac{\partial\alpha(x,y)}{\partial y}\frac{\mathrm{d}\psi_0(x)}{\mathrm{d}x} \tag{3.5.30a}$$

注意: 得到上式利用了 $\psi_0(x,y) = \psi_0(x)$ 与 y 无关的事实，此时不难得到上式的解为

$$\begin{aligned}\psi_1(x,y) &= B_1(x) + B_0(x)\int_{y_0}^{y}\frac{\mathrm{d}s}{\alpha(x,s)} - y\frac{\mathrm{d}\psi_0(x)}{\mathrm{d}x}\\ &= B_1(x) + y\left[\frac{B_0(x)}{y}\int_{y_0}^{y}\frac{\mathrm{d}s}{\alpha(x,s)} - \frac{\mathrm{d}\psi_0(x)}{\mathrm{d}x}\right]\end{aligned} \tag{3.5.30b}$$

其中，$B_1(x)$ 和 $B_0(x)$ 是待定函数. 由方程 (3.5.29c)，为了保证 $\psi_1(x,y)$ 有界，必须要求

$$\lim_{y\to\infty}\left[\frac{B_0(x)}{y}\int_{y_0}^{y}\frac{\mathrm{d}s}{\alpha(x,s)} - \frac{\mathrm{d}\psi_0(x)}{\mathrm{d}x}\right] = 0 \tag{3.5.30c}$$

上式可以改写成

$$\frac{\mathrm{d}\psi_0(x)}{\mathrm{d}x} = B_0(x)\lim_{y\to\infty}\frac{1}{y}\int_{y_0}^{y}\frac{\mathrm{d}s}{\alpha(x,s)} \tag{3.5.30d}$$

(3) 二级近似满足的方程

$$\frac{\partial}{\partial y}\left[\alpha(x,y)\frac{\partial\psi_2(x,y)}{\partial y}\right]=-B_0'(x)-\omega^2 q(x,y)\psi_0(x)-\frac{\partial}{\partial y}\left[\alpha(x,y)\frac{\partial\psi_1(x,y)}{\partial x}\right] \tag{3.5.31a}$$

注意：得到上式，利用了方程 (3.5.30b). 不难得到方程 (3.5.31a) 的解为

$$\psi_2(x,y)=D_1(x)+D_0(x)\int_{y_0}^{y}\frac{\mathrm{d}s}{\alpha(x,s)}-\int_{y_0}^{y}\frac{\partial\psi_1(x,s)}{\partial x}\mathrm{d}s-B_0'(x)\int_{y_0}^{y}\frac{s\mathrm{d}s}{\alpha(x,s)}-\omega^2\psi_0(x)\int_{y_0}^{y}\frac{1}{\alpha(x,t)}\int^{t}q(x,s)\mathrm{d}s\mathrm{d}t \tag{3.5.31b}$$

其中，$D_1(x)$ 和 $D_0(x)$ 是待定函数. 由于 $q(x,y)$ 是快尺度变量 $y=x/\varepsilon$ 的周期函数，我们用一个周期的平均 $\bar{q}(x)$ 来代替上式中的 $q(x,s)$

$$\bar{q}(x)=\frac{1}{l_\varepsilon}\int_{l_\varepsilon}q(x,s)\mathrm{d}s \tag{3.5.31c}$$

于是，方程 (3.5.31b) 近似为

$$\psi_2(x,y)\approx D_1(x)+D_0(x)\int_{y_0}^{y}\frac{\mathrm{d}s}{\alpha(x,s)}-\int_{y_0}^{y}\frac{\partial\psi_1(x,s)}{\partial x}\mathrm{d}s-[B_0'(x)+\omega^2\bar{q}(x)\psi_0(x)]\int_{y_0}^{y}\frac{s\mathrm{d}s}{\alpha(x,s)} \tag{3.5.31d}$$

显然，上式中前二个积分都是 y 的一次函数 (由方程 (3.5.29d))，通过选择适当的待定函数 $D_0(x)$，可以保证积分有限，但第三个积分是 y^2 增长的，故这项就是多尺度展开的奇异项. 为了保证 $\psi_2(x,y)$ 有界，必须取

$$B_0'(x)+\omega^2\bar{q}(x)\psi_0(x)=0 \tag{3.5.32a}$$

上式代入方程 (3.5.30d) 得到

$$\frac{\mathrm{d}}{\mathrm{d}x}\left[\bar{\alpha}(x)\frac{\mathrm{d}\psi_0(x)}{\mathrm{d}x}\right]+\omega^2\bar{q}(x)\psi_0(x)=0 \tag{3.5.32b}$$

其中，$\bar{\alpha}(x)$ 与快尺度 $y=x/\varepsilon$ 变量无关

$$\bar{\alpha}(x)\equiv\left[\lim_{y\to\infty}\frac{1}{y}\int_{y_0}^{y}\frac{\mathrm{d}s}{\alpha(x,s)}\right]^{-1} \tag{3.5.32c}$$

方程 (3.5.32b) 就是我们要求的均质化近似方程，$\bar{q}(x)$ 和 $\bar{\alpha}(x)$ 为等效介质参数.

对 1.5.6 小节的一维周期结构，讨论如下.

(1) 如果二种材料为流体介质，$\alpha(x,y)=\alpha(y)=\rho^{-1}(y)$ 和 $q(x,y)=q(y)=\kappa_s(y)$，于是，由方程 (3.5.31c) 得到等效压缩系数为 (注意：$l_\varepsilon=d_1+d_2$)

$$\bar{\kappa}=\frac{1}{d_1+d_2}(\kappa_{s1}d_1+\kappa_{s2}d_2)=f\kappa_{s1}+(1-f)\kappa_{s2} \tag{3.5.33a}$$

而对方程 (3.5.32c)，由于 $\alpha(x,y)=\alpha(y)=\rho^{-1}(y)$ 的周期性，积分只要在一个周期上进行，设二种材料构成 M 个周期，方程 (3.5.32c) 修改成 (取 $y_0=0$)

$$\bar{\rho}^{-1}=\left[\lim_{M\to\infty}\frac{M}{Ml_\varepsilon}\int_{y_0}^{l_\varepsilon+y_0}\frac{\mathrm{d}s}{\rho^{-1}(s)}\right]^{-1}=\left[\frac{1}{l_\varepsilon}\int_0^{l_\varepsilon}\frac{\mathrm{d}s}{\rho^{-1}(s)}\right]^{-1}=\left[\frac{f}{\rho_1^{-1}}+\frac{1-f}{\rho_2^{-1}}\right]^{-1} \tag{3.5.33b}$$

故等效密度为

$$\bar{\rho}=f\rho_1+(1-f)\rho_2 \tag{3.5.33c}$$

与方程 (1.5.33d) 的结果一致. 注意：在三维随机分布散射体或者二维周期结构情况，等效密度由"并联"公式决定 (见方程 (3.3.35b) 的第一式或方程 (3.5.16b) 的第二式). 这一点是可以理解的，在一维情况，如果一种组分是刚性材料，则声波根本无法通过，而在高维情况，刚性的嵌入体仅仅散射声波而改变方向.

(2) 如果二种材料为固体介质，$\alpha(x,y)=\alpha(y)=E(y)$(对纵波 $E=\lambda+2\mu$，对切变波 $E=\mu$) 和 $q(x,y)=q(y)=\rho_0(y)$(见方程 (3.5.24d))，于是

$$\bar{\rho}_0=\frac{1}{d_1+d_2}(\rho_1d_1+\rho_2d_2)=f\rho_1+(1-f)\rho_2 \tag{3.5.33d}$$

而等效弹性模量 $\bar{E}$ 为

$$\bar{E}=\left(\frac{f}{E_1}+\frac{1-f}{E_2}\right)^{-1} \tag{3.5.33e}$$

故低频等效密度近似仍然满足串联公式，但等效弹性模量满足"并联"公式.

(3) 如果一种材料是流体 (例如材料 1)，另外一种材料是固体 (例如材料 2)，因为流体中的声波 (只存在纵波) 用声压为物理量 (方程 (3.5.1b))，而固体中的纵波用质点位移为物理量 (方程 (3.5.24d) 的第一式)，二者不统一，必须写成统一的一个方程. 注意到在一维且仅存在纵波情况下，固体中非零的应力张量元只有 (由方程 (3.5.21b))

$$\sigma_{11}=(\lambda+2\mu)\frac{\partial u_x}{\partial x} \tag{3.5.34a}$$

故令方程 (3.5.24d) 的第一式中 $p\equiv\sigma_{11}$，得到固体中的波动方程

$$\frac{1}{(\lambda+2\mu)}\frac{\partial^2 p}{\partial t^2}=\frac{\partial}{\partial x}\left(\frac{1}{\rho_0}\frac{\partial p}{\partial x}\right) \tag{3.5.34b}$$

于是，一维流–固周期系统的波动方程可以统一写成

$$\tilde{\kappa}(x)\frac{\partial^2 p}{\partial t^2}=\frac{\partial}{\partial x}\left[\frac{1}{\tilde{\rho}(x)}\frac{\partial p}{\partial x}\right] \tag{3.5.34c}$$

其中，密度倒数和压缩系数的分布为

$$\frac{1}{\tilde{\rho}(x)}=\begin{cases}\rho_1^{-1}, & \text{流体中}\\ \rho_2^{-1}, & \text{固体中}\end{cases};\quad \tilde{\kappa}(x)=\begin{cases}\kappa_{s1}, & \text{流体中}\\ E_2^{-1}, & \text{固体中}\end{cases} \tag{3.5.34d}$$

其中，$E_2=\lambda+2\mu$ 和 $\rho_2\equiv\rho_0$. 于是，一维流–固周期系统的等效参数为

$$\bar{\kappa}=f\kappa_{s1}+\frac{(1-f)}{E_2};\quad \bar{\rho}=f\rho_1+(1-f)\rho_2 \tag{3.5.34e}$$

这就是方程 (1.5.34c) 的结果.

3.5.5　高维均质化近似和各向异性

以上均质化过程同样可以应用到高维问题. 考虑 n 维区域 G 上的周期结构中的波动方程 (3.5.28a)，即

$$\nabla\cdot\left[\alpha\left(\boldsymbol{r},\frac{\boldsymbol{r}}{\varepsilon}\right)\nabla\psi(\boldsymbol{r},\omega)\right]+\omega^2 q\left(\boldsymbol{r},\frac{\boldsymbol{r}}{\varepsilon}\right)\psi(\boldsymbol{r},\omega)=0 \tag{3.5.35a}$$

假定 $\alpha(\boldsymbol{r},\boldsymbol{y})$ 关于快尺度变量是周期性函数，即存在矢量 $\boldsymbol{y}_p$(周期矢量)，对区域 G 内的所有 $\boldsymbol{r}$ 和 $\boldsymbol{y}$，成立关系

$$\alpha(\boldsymbol{r},\boldsymbol{y})=\alpha(\boldsymbol{r},\boldsymbol{y}+\boldsymbol{y}_p);\ q(\boldsymbol{r},\boldsymbol{y})=q(\boldsymbol{r},\boldsymbol{y}+\boldsymbol{y}_p) \tag{3.5.35b}$$

上式意味着区域 G 中的子结构是周期性的，每个子结构可以看作相同的原胞 Ω_0. 我们仍然用多尺度展开法求相应的均质化方程. 引进二个尺度的变量：$\boldsymbol{r}=(x_1,x_2,\cdots,x_n)$ 和 $\boldsymbol{y}=\boldsymbol{r}/\varepsilon=(y_1,y_2,\cdots,y_n)$ 后，梯度算子的变换关系为

$$\nabla\to\nabla_{\boldsymbol{r}}+\frac{1}{\varepsilon}\nabla_{\boldsymbol{y}} \tag{3.5.35c}$$

其中，$\nabla_{\boldsymbol{r}}$ 和 $\nabla_{\boldsymbol{y}}$ 分别表示对变量 $\boldsymbol{r}$ 和 $\boldsymbol{y}=\boldsymbol{r}/\varepsilon$ 作用. 上式的分量形式为

$$\frac{\partial}{\partial x_j}\to\frac{\partial}{\partial x_j}+\frac{1}{\varepsilon}\frac{\partial}{\partial y_j} \tag{3.5.35d}$$

把方程 (3.5.35c) 代入方程 (3.5.35a) 得到

$$(\nabla_{\boldsymbol{y}}+\varepsilon\nabla_{\boldsymbol{r}})\cdot[\alpha(\boldsymbol{r},\boldsymbol{y})(\nabla_{\boldsymbol{y}}+\varepsilon\nabla_{\boldsymbol{r}})\psi]+\varepsilon^2\omega^2 q(\boldsymbol{r},\boldsymbol{y})\psi=0 \tag{3.5.36a}$$

另一方面，对 ψ 作多尺度展开

$$\psi(\boldsymbol{r},\omega)=\psi_0(\boldsymbol{r},\boldsymbol{y})+\varepsilon\psi_1(\boldsymbol{r},\boldsymbol{y})+\varepsilon^2\psi_2(\boldsymbol{r},\boldsymbol{y})+\cdots \tag{3.5.36b}$$

由于 $\alpha(\boldsymbol{r},\boldsymbol{y})$ 和 $q(\boldsymbol{r},\boldsymbol{y})$ 的周期性，我们要求上式各项对快变量 $\boldsymbol{y}$ 也是周期函数. 上式代入方程 (3.5.36a) 得到 ε 的各级近似为:

(1) 零级近似满足的方程

$$\nabla_{\boldsymbol{y}}\cdot[\alpha(\boldsymbol{r},\boldsymbol{y})\nabla_{\boldsymbol{y}}\psi_0(\boldsymbol{r},\boldsymbol{y})]=0 \tag{3.5.37a}$$

显然，零级近似方程表明，ψ_0 与快尺度变量 $\boldsymbol{y}$ 无关，即取 $\psi_0(\boldsymbol{r},\boldsymbol{y})=\psi_0(\boldsymbol{r},\omega)$ 既满足方程 (3.5.37a)，又满足周期性条件;

(2) 一级近似满足的方程

$$\nabla_{\boldsymbol{y}}\cdot[\alpha(\boldsymbol{r},\boldsymbol{y})\nabla_{\boldsymbol{y}}\psi_1(\boldsymbol{r},\boldsymbol{y})]=-\nabla_{\boldsymbol{y}}\alpha(\boldsymbol{r},\boldsymbol{y})\cdot\nabla_{\boldsymbol{r}}\psi_0(\boldsymbol{r},\omega) \tag{3.5.37b}$$

上式是关于快尺度变量 $\boldsymbol{y}$ 的偏微分方程，由于 $\psi_1(\boldsymbol{r},\boldsymbol{y})$ 关于 $\boldsymbol{y}$ 的周期性，仅需在周期单元 Ω_0 内求解即可. 注意到 $\nabla_{\boldsymbol{r}}\psi_0(\boldsymbol{r},\omega)$ 与 $\boldsymbol{y}$ 无关，且 $\psi_1(\boldsymbol{r},\boldsymbol{y})$ 与 $\nabla_{\boldsymbol{r}}\psi_0(\boldsymbol{r},\omega)$ 是线性关系，故把方程 (3.5.37b) 的解写成

$$\psi_1(\boldsymbol{r},\boldsymbol{y})=\boldsymbol{a}\cdot\nabla_{\boldsymbol{r}}\psi_0(\boldsymbol{r},\omega)+c(\boldsymbol{r}) \tag{3.5.37c}$$

其中，$\boldsymbol{a}=\boldsymbol{a}(\boldsymbol{r},\boldsymbol{y})=(a_1,a_2,\cdots,a_n)$ 是矢量场. 上式代入方程 (3.5.37b) 得到

$$\nabla_{\boldsymbol{y}}\cdot[\alpha(\boldsymbol{r},\boldsymbol{y})\nabla_{\boldsymbol{y}}(\boldsymbol{a}\cdot\boldsymbol{b})]=-[\nabla_{\boldsymbol{y}}\alpha(\boldsymbol{r},\boldsymbol{y})]\cdot\boldsymbol{b} \tag{3.5.38a}$$

其中，$\boldsymbol{b}\equiv\nabla_{\boldsymbol{r}}\psi_0(\boldsymbol{r})=(b_1,b_2,\cdots,b_n)$ 与 $\boldsymbol{y}$ 无关. 上式的分量形式为

$$\sum_{j=1}^{n}b_j\left[\nabla_{\boldsymbol{y}}\cdot(\alpha\nabla_{\boldsymbol{y}}a_j)+\frac{\partial\alpha}{\partial y_j}\right]=0 \tag{3.5.38b}$$

其中，$n=2$(二维) 或者 3(三维). 取矢量场 $\boldsymbol{a}=\boldsymbol{a}(\boldsymbol{r},\boldsymbol{y})$ 满足的方程

$$\nabla_{\boldsymbol{y}}\cdot(\alpha\nabla_{\boldsymbol{y}}a_j)=-\frac{\partial\alpha}{\partial y_j},\ \boldsymbol{y}\in\Omega_0\quad(j=1,2,\cdots,n) \tag{3.5.38c}$$

则 $\boldsymbol{a}=\boldsymbol{a}(\boldsymbol{r},\boldsymbol{y})$ 必定是方程 (3.5.38a) 的一个解; 注意：a_j 仅与子结构原胞有关.

(3) 二级近似满足的方程

$$\begin{aligned}\nabla_{\boldsymbol{y}}\cdot(\alpha\nabla_{\boldsymbol{y}}\psi_2)=&-\nabla_{\boldsymbol{y}}\cdot(\alpha\nabla_{\boldsymbol{r}}\psi_1)-\nabla_{\boldsymbol{r}}\cdot(\alpha\nabla_{\boldsymbol{y}}\psi_1)\\&-\nabla_{\boldsymbol{r}}\cdot(\alpha\nabla_{\boldsymbol{r}}\psi_0)-\omega^2q(\boldsymbol{r},\boldsymbol{y})\psi_0,\ \boldsymbol{y}\in\Omega_0\end{aligned} \tag{3.5.39a}$$

为了得到 $\psi_0(\boldsymbol{r})$ 满足的均质化方程，定义函数 $\phi(\boldsymbol{r},\boldsymbol{y})$ 在原胞 Ω_0 内对 $\boldsymbol{y}$ 的平均

$$\langle\phi\rangle=\frac{1}{|\Omega_0|}\int_{\Omega_0}\phi(\boldsymbol{r},\boldsymbol{y})\mathrm{d}\Omega_0 \tag{3.5.39b}$$

其中，$|\Omega_0|$ 是原胞 Ω_0 的面积 (二维) 或体积 (三维), $\mathrm{d}\Omega_0$ 是原胞 Ω_0 的面元 (二维) 或体元 (三维). 对方程 (3.5.39a) 二边在原胞 Ω_0 内对 $\boldsymbol{y}$ 平均

$$\begin{aligned}\langle\nabla_{\boldsymbol{y}}\cdot(\alpha\nabla_{\boldsymbol{y}}\psi_2)\rangle=&-\langle\nabla_{\boldsymbol{y}}\cdot(\alpha\nabla_{\boldsymbol{r}}\psi_1)\rangle-\langle\nabla_{\boldsymbol{r}}\cdot(\alpha\nabla_{\boldsymbol{y}}\psi_1)\rangle\\&-\langle\nabla_{\boldsymbol{r}}\cdot(\alpha\nabla_{\boldsymbol{r}}\psi_0)\rangle-\left\langle\omega^2q(\boldsymbol{r},\boldsymbol{y})\psi_0\right\rangle\end{aligned}\tag{3.5.39c}$$

注意到: ①上式左边项为

$$\begin{aligned}\langle\nabla_{\boldsymbol{y}}\cdot(\alpha\nabla_{\boldsymbol{y}}\psi_2)\rangle&=\frac{1}{|\Omega_0|}\int_{\Omega_0}\nabla_{\boldsymbol{y}}\cdot(\alpha\nabla_{\boldsymbol{y}}\psi_2)\mathrm{d}\Omega_0\\&=\frac{1}{|\Omega_0|}\iint_{\Omega_0}\alpha\frac{\partial\psi_2}{\partial n_y}\mathrm{d}S_0=0\end{aligned}\tag{3.5.40a}$$

其中，$\mathrm{d}S_0$ 是原胞 Ω_0 边界上的线元 (二维) 或者面元 (三维). 因 α 和 ψ_2 为周期性函数，故上式中面积分或线积分为零; 同理，$\langle\nabla_{\boldsymbol{y}}\cdot(\alpha\nabla_{\boldsymbol{r}}\psi_1)\rangle=0$. ②由方程 (3.5.38c)

$$\langle\alpha\nabla_{\boldsymbol{y}}\psi_1\rangle_i=\left\langle\alpha\frac{\partial\psi_1}{\partial y_i}\right\rangle=\sum_{j=1}^{n}\left\langle\alpha\frac{\partial a_j}{\partial y_i}\right\rangle b_j=\sum_{j=1}^{n}\left\langle\alpha\frac{\partial a_j}{\partial y_i}\right\rangle\frac{\partial\psi_0}{\partial x_j}\tag{3.5.40b}$$

故

$$\langle\nabla_{\boldsymbol{r}}\cdot(\alpha\nabla_{\boldsymbol{y}}\psi_1)\rangle=\sum_{i=1}^{n}\frac{\partial}{\partial x_i}\langle\alpha\nabla_{\boldsymbol{y}}\psi_1\rangle_i=\sum_{i,j=1}^{n}\frac{\partial}{\partial x_i}\left\langle\alpha\frac{\partial a_j}{\partial y_i}\right\rangle\frac{\partial\psi_0}{\partial x_j}\tag{3.5.40c}$$

③方程 (3.5.39c) 的右边最后二项为 $\left\langle\omega^2q(\boldsymbol{r},\boldsymbol{y})\psi_0\right\rangle=\omega^2\langle q(\boldsymbol{r},\boldsymbol{y})\rangle\psi_0(\boldsymbol{r},\omega)$ 以及

$$\langle\nabla_{\boldsymbol{r}}\cdot(\alpha\nabla_{\boldsymbol{r}}\psi_0)\rangle=\sum_{i=1}^{n}\frac{\partial}{\partial x_i}\langle\alpha\rangle\frac{\partial\psi_0}{\partial x_i}\tag{3.5.40d}$$

把以上诸式代入方程 (3.5.39c)，最后得到 $\psi_0(\boldsymbol{r},\omega)$ 满足的均质化方程

$$\sum_{i,j=1}^{n}\frac{\partial}{\partial x_i}\left[\bar{\alpha}_{ij}(\boldsymbol{r})\frac{\partial\psi_0(\boldsymbol{r},\omega)}{\partial x_j}\right]+\omega^2\bar{q}(\boldsymbol{r})\psi_0(\boldsymbol{r},\omega)=0\tag{3.5.41a}$$

其中，等效参数为

$$\bar{\alpha}_{ij}(\boldsymbol{r})\equiv\langle\alpha(\boldsymbol{r},\boldsymbol{y})\rangle\delta_{ij}+\left\langle\alpha\frac{\partial a_j}{\partial y_i}\right\rangle;\ \bar{q}(\boldsymbol{r})\equiv\langle q(\boldsymbol{r},\boldsymbol{y})\rangle\tag{3.5.41b}$$

而函数 a_j 是方程 (3.5.38c) 的解. 对二维或三维周期结构，严格求解方程 (3.5.38c) 是非常困难的，我们不开展进一步的讨论. 从以上推导，得到的有意义的结果是: 从子结构尺度看 (称为 “**微尺度**”)，声波满足的是各向同性的非均匀介质的方程 (3.5.35a)，而均质化后得到的是各向异性、非均匀介质的方程 (3.5.41b)，也可以

说，“微尺度” 的具有周期结构的各向同性材料，在 “大尺度”来看，材料是各向异性的. 这个结论与 3.5.2 小节中低频有效声速的各向异性结果是一致的.

如果 $\alpha(\boldsymbol{r},\boldsymbol{y})=\alpha(\boldsymbol{y})$ 和 $q(\boldsymbol{r},\boldsymbol{y})=q(\boldsymbol{y})$，则 $\bar{\alpha}_{ij}(\boldsymbol{r})=\bar{\alpha}_{ij}$ 和 $\bar{q}(\boldsymbol{r})=\bar{q}$ 与空间变量 $\boldsymbol{r}$ 无关，于是，均质化方程 (3.5.41a) 简化为各向异性、均匀介质中的波动方程

$$\sum_{i,j=1}^{n}\bar{\alpha}_{ij}\frac{\partial^2\psi_0(\boldsymbol{r},\omega)}{\partial x_i\partial x_j}+\omega^2\bar{q}\psi_0(\boldsymbol{r},\omega)=0 \tag{3.5.41c}$$

必须指出的是：①对流体组成的周期介质，$\bar{q}$ 是绝热压缩系数 $\bar{q}=\bar{\kappa}_s$，故绝热压缩系数是各向同性的，并且是原胞 Ω_0 中算术平均，满足 “串联” 公式

$$\bar{\kappa}_s=\langle\kappa_s(\boldsymbol{y})\rangle=\frac{1}{|\Omega_0|}\int_{\Omega_0}\kappa_s(\boldsymbol{y})\mathrm{d}\Omega_0 \tag{3.5.42a}$$

而密度的倒数是各向异性的

$$\bar{\rho}_{ij}^{-1}=\left\langle\rho^{-1}(\boldsymbol{y})\right\rangle\delta_{ij}+\left\langle\rho^{-1}(\boldsymbol{y})\frac{\partial a_j}{\partial y_i}\right\rangle \tag{3.5.42b}$$

②对二维固体周期介质中的 SH 波，密度是各向同性的，并且是原胞 Ω_0 中算术平均，满足 “串联” 公式

$$\bar{\rho}_0=\langle\rho_0(\boldsymbol{y})\rangle=\frac{1}{|\Omega_0|}\int_{\Omega_0}\rho_0(\boldsymbol{y})\mathrm{d}\Omega_0 \tag{3.5.42c}$$

而切变模量是各向异性的

$$\bar{\mu}_{ij}=\langle\mu(\boldsymbol{y})\rangle\delta_{ij}+\left\langle\mu(\boldsymbol{y})\frac{\partial a_j}{\partial y_i}\right\rangle \tag{3.5.42d}$$

3.6 逆散射和衍射 CT 理论

假定总的声场为入射场与散射场之和，散射理论的正问题是：根据入射场和声波方程以及相应的边界决定散射场. 而我们更感兴趣的是散射理论的逆问题: 从测量到的散射场，或者散射场的远场性质，反演非均匀介质的特性或重构声波方程，或者决定声波方程的定义区域. 本节主要介绍声波方程逆散射的一些主要概念和结果. 首先介绍基于 Kirchhoff 积分公式 (见 3.2.1 小节) 的边界反演方法，即 Kirchhoff 近似; 3.6.2 小节介绍非均匀介质反演的 Born 和 Rytov 近似; 3.6.3 小节和 3.6.4 小节分别介绍二维透射和反射形式的衍射 CT (computerized tomgraphy) 理论；最后在 3.6.5 小节中，我们介绍另一类声学的逆问题，即声源分布的逆散射.

3.6.1 边界反演的 Kirchhoff 近似和背向散射

对刚性、“柔软” 的空穴，或者阻抗型表面的不可穿透的散射体 G(表面为 S)，当入射场为 $p_{\rm i}(\boldsymbol{r},\boldsymbol{e}_{\rm i})$(其中 $\boldsymbol{e}_{\rm i}$ 表示入射场的方向) 时，空间一点 (观测点 $\boldsymbol{r}$ 在刚性散射体之外) 的总声场为 (由方程 (3.2.2c))

$$p(\boldsymbol{r},\omega)=p_{\rm i}(\boldsymbol{r},\boldsymbol{e}_{\rm i})+\iint_S\left[p(\boldsymbol{r}',\omega)\frac{\partial g}{\partial n'_S}-g\frac{\partial p(\boldsymbol{r}',\omega)}{\partial n'_S}\right]{\rm d}S' \tag{3.6.1a}$$

其中，Green 函数 $g=g(|\boldsymbol{r}-\boldsymbol{r}'|)$ 由方程 (3.2.1c) 决定. 总声场 $p(\boldsymbol{r},\omega)$ 为入射场和散射场之和 $p(\boldsymbol{r},\omega)=p_{\rm i}(\boldsymbol{r},\boldsymbol{e}_{\rm i})+p_{\rm s}(\boldsymbol{r},\omega)$，故散射场为

$$p_{\rm s}(\boldsymbol{r},\omega)=\iint_S\left[p(\boldsymbol{r}',\omega)\frac{\partial g}{\partial n'_S}-g\frac{\partial p(\boldsymbol{r}',\omega)}{\partial n'_S}\right]{\rm d}S' \tag{3.6.1b}$$

远场特性　当 $|\boldsymbol{r}|\gg|\boldsymbol{r}'|$ 时，由近似 $|\boldsymbol{r}-\boldsymbol{r}'|\approx|\boldsymbol{r}|-\boldsymbol{e}_{\rm s}\cdot\boldsymbol{r}'$(其中 $\boldsymbol{e}_{\rm s}$ 为测量点 $\boldsymbol{r}$ 的单位方向矢量，$\boldsymbol{e}_{\rm s}=\boldsymbol{r}/|\boldsymbol{r}|$) 可得

$$\begin{aligned}&g(|\boldsymbol{r}-\boldsymbol{r}'|)\approx\frac{\exp({\rm i}k_0|\boldsymbol{r}|)}{4\pi|\boldsymbol{r}|}\exp(-{\rm i}k_0\boldsymbol{e}_{\rm s}\cdot\boldsymbol{r}')\\&\frac{\partial g(|\boldsymbol{r}-\boldsymbol{r}'|)}{\partial n'_S}\approx\frac{\exp({\rm i}k_0|\boldsymbol{r}|)}{4\pi|\boldsymbol{r}|}\frac{\partial\exp(-{\rm i}k_0\boldsymbol{e}_{\rm s}\cdot\boldsymbol{r}')}{\partial n'_S}\end{aligned} \tag{3.6.2a}$$

代入方程 (3.6.1b) 得到散射场的远场表达式

$$p_{\rm s}(\boldsymbol{r},\omega)\approx\frac{\exp({\rm i}k_0|\boldsymbol{r}|)}{|\boldsymbol{r}|}\varPsi(\boldsymbol{e}_{\rm s})\quad(|\boldsymbol{r}|\to\infty) \tag{3.6.2b}$$

其中，远场角分布 $\varPsi(\boldsymbol{e}_{\rm s})$ 为

$$\varPsi(\boldsymbol{e}_{\rm s})=\frac{1}{4\pi}\iint_S\left[p(\boldsymbol{r}',\omega)\frac{\partial{\rm e}^{-{\rm i}k_0\boldsymbol{e}_{\rm s}\cdot\boldsymbol{r}'}}{\partial n'_s}-\frac{\partial p(\boldsymbol{r}',\omega)}{\partial n'_S}{\rm e}^{-{\rm i}k_0\boldsymbol{e}_{\rm s}\cdot\boldsymbol{r}'}\right]{\rm d}S' \tag{3.6.2c}$$

对不同的散射体边界条件，上式分别简化如下.

(1) 刚性散射体，边界条件为 $[\partial p(\boldsymbol{r}',\omega)/\partial n'_S]|_S=0$，于是，方程 (3.6.2c) 简化成

$$\varPsi(\boldsymbol{e}_{\rm s})=\frac{1}{4\pi}\iint_S p(\boldsymbol{r}',\omega)\frac{\partial{\rm e}^{-{\rm i}k_0\boldsymbol{e}_{\rm s}\cdot\boldsymbol{r}'}}{\partial n'_S}{\rm d}S' \tag{3.6.3a}$$

(2)“柔软” 的空穴，边界条件为 $p(\boldsymbol{r}',\omega)|_S=0$，于是, 方程 (3.6.2c) 简化成

$$\varPsi(\boldsymbol{e}_{\rm s})=-\frac{1}{4\pi}\iint_S\frac{\partial p(\boldsymbol{r}',\omega)}{\partial n'_S}{\rm e}^{-{\rm i}k_0\boldsymbol{e}_{\rm s}\cdot\boldsymbol{r}'}{\rm d}S' \tag{3.6.3b}$$

(3) 阻抗型散射体，边界条件为 $[\partial/\partial n'_S+\mathrm{i}k_0\beta(\boldsymbol{r}',\omega)]p(\boldsymbol{r}',\omega)|_S=0$，于是，方程 (3.6.2c) 简化成

$$\varPsi(\boldsymbol{e}_\mathrm{s})=\frac{1}{4\pi}\iint_S p(\boldsymbol{r}',\omega)\left[\frac{\partial \mathrm{e}^{-\mathrm{i}k_0\boldsymbol{e}_\mathrm{s}\cdot\boldsymbol{r}'}}{\partial n'_s}+\mathrm{i}k_0\beta(\boldsymbol{r}',\omega)\mathrm{e}^{-\mathrm{i}k_0\boldsymbol{e}_\mathrm{s}\cdot\boldsymbol{r}'}\right]\mathrm{d}S' \tag{3.6.3c}$$

二维情况 无限大平面的 Green 函数为

$$g(|\boldsymbol{\rho}-\boldsymbol{\rho}'|)=\frac{\mathrm{i}}{4}\mathrm{H}_0^{(1)}(k_0|\boldsymbol{\rho}-\boldsymbol{\rho}'|) \tag{3.6.4a}$$

当 $|\rho|\to\infty$ 时，远场近似为

$$g(|\boldsymbol{\rho}-\boldsymbol{\rho}'|)\approx\sqrt{\frac{2}{\pi k_0\rho}}\exp\left[\mathrm{i}k_0(\rho-\boldsymbol{e}_\mathrm{s}\cdot\boldsymbol{\rho}')-\mathrm{i}\frac{\pi}{4}\right] \tag{3.6.4b}$$

与方程 (3.6.2b) 相应的远场表达式为

$$p_s(\boldsymbol{\rho},\omega)=\frac{\exp(\mathrm{i}k_0\rho)}{\sqrt{\rho}}\varPsi(\boldsymbol{e}_\mathrm{s})\quad(\rho\to\infty) \tag{3.6.4c}$$

其中，远场角分布 $\varPsi(\boldsymbol{e}_\mathrm{s})$ 为

$$\varPsi(\boldsymbol{e}_\mathrm{s})=\frac{\mathrm{e}^{-\mathrm{i}\pi/4}}{\sqrt{8\pi k_0}}\int_\varGamma\left[p(\boldsymbol{\rho}',\omega)\frac{\partial \mathrm{e}^{-\mathrm{i}k_0\boldsymbol{e}_\mathrm{s}\cdot\boldsymbol{\rho}'}}{\partial n'_S}-\frac{\partial p(\boldsymbol{\rho}',\omega)}{\partial n'_S}\mathrm{e}^{-\mathrm{i}k_0\boldsymbol{e}_\mathrm{s}\cdot\boldsymbol{\rho}'}\right]\mathrm{d}\varGamma' \tag{3.6.4d}$$

其中，$\varGamma$ 是散射体的边界曲线.

从方程 (3.6.3a)(或者方程 (3.6.3b) 和 (3.6.3c)) 的 $\varPsi(\boldsymbol{e}_\mathrm{s})$($\boldsymbol{e}_\mathrm{s}$ 覆盖整个单位球面) 可反演出散射体的边界，而且数学上可证明反演结果是唯一的，但这是十分困难的，相关的研究也不成熟，我们不进一步展开讨论，有兴趣可参考主要书目 6. 下面首先介绍一种有用的近似方法，即 **Kirchhoff 近似**，它能给出比较简洁的边界反演表达式.

Kirchhoff 近似 设散射物为刚性的凸散射物：$(\partial p/\partial n)|_S=0$，远场分布由方程 (3.6.3a) 决定，即

$$\varPsi(\boldsymbol{e}_\mathrm{s})=\frac{1}{4\pi}\iint_S[p(\boldsymbol{r}',\omega)\nabla'\exp(-\mathrm{i}k_0\boldsymbol{e}_\mathrm{s}\cdot\boldsymbol{r}')]\cdot\boldsymbol{n}'_S\mathrm{d}S' \tag{3.6.5a}$$

在高频近似下，入射波在边界上的散射可看作平面反射, 如图 3.6.1, 在入射波的另一个面形成无法探测的阴影区. 在刚性平面上, 反射波与入射波的振幅和相位都相等，因此在边界 S 正对入射波的部分 S_1 上，可近似为

$$p(\boldsymbol{r},\omega)|_{S_1}=p_\mathrm{i}(\boldsymbol{r},\boldsymbol{e}_\mathrm{i})+p_\mathrm{s}(\boldsymbol{r},\omega)|_{S_1}\approx 2p_\mathrm{i}(\boldsymbol{r},\boldsymbol{e}_\mathrm{i})|_{S_1} \tag{3.6.5b}$$

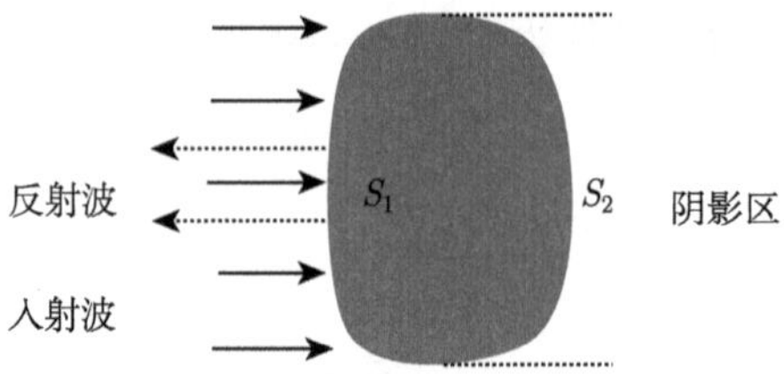

图 3.6.1　Kirchhoff 近似, 在入射波的另一侧形成阴影区 (波场近似为零)

而在阴影区的部分 S_2, 忽略衍射效应：$p(\boldsymbol{r},\omega)|_{S_2}=0$. 于是

$$\Psi(\boldsymbol{e}_\mathrm{s})=\frac{1}{2\pi}\iint_{S_1}[p_\mathrm{i}(\boldsymbol{r},\boldsymbol{e}_\mathrm{i})\nabla\exp(-\mathrm{i}k_0\boldsymbol{e}_\mathrm{s}\cdot\boldsymbol{r}')]\cdot\boldsymbol{n}'_S\mathrm{d}S' \tag{3.6.5c}$$

设入射波为 $\boldsymbol{k}_0=k_0\boldsymbol{e}_\mathrm{i}$ 方向传播的平面波: $p_\mathrm{i}(\boldsymbol{r},\boldsymbol{e}_\mathrm{i})=p_0(\omega)\exp(\mathrm{i}k_0\boldsymbol{e}_\mathrm{i}\cdot\boldsymbol{r})$, 代入上式

$$\Psi(\boldsymbol{e}_\mathrm{s},\boldsymbol{e}_\mathrm{i})=-\frac{\mathrm{i}k_0p_0(\omega)}{2\pi}\iint_{S_1}\exp[\mathrm{i}k_0(\boldsymbol{e}_\mathrm{i}-\boldsymbol{e}_\mathrm{s})\cdot\boldsymbol{r}']\ \boldsymbol{e}_\mathrm{s}\cdot\boldsymbol{n}'_S\mathrm{d}S' \tag{3.6.6a}$$

如果测量的是**背向散射**(backscattering), 即发射和接收为同一换能器: $\boldsymbol{e}_\mathrm{s}=-\boldsymbol{e}_\mathrm{i}$ 和 $\boldsymbol{e}_\mathrm{i}-\boldsymbol{e}_\mathrm{s}=2\boldsymbol{e}_\mathrm{i}$, 代入方程 (3.6.6a) 得到

$$\Psi(\boldsymbol{e}_\mathrm{s},\boldsymbol{e}_\mathrm{i})=\frac{\mathrm{i}k_0p_0(\omega)}{2\pi}\iint_{S_1}\exp(2\mathrm{i}k_0\boldsymbol{e}_\mathrm{i}\cdot\boldsymbol{r}')\ \boldsymbol{e}_\mathrm{i}\cdot\boldsymbol{n}'_S\mathrm{d}S' \tag{3.6.6b}$$

同样, 如果在物体的另一面 S_2 用相同的平面波照射, 则有

$$\Psi(\boldsymbol{e}_\mathrm{s},-\boldsymbol{e}_\mathrm{i})=\frac{\mathrm{i}k_0p_0(\omega)}{2\pi}\iint_{S_2}\exp(-2\mathrm{i}k_0\boldsymbol{e}_\mathrm{i}\cdot\boldsymbol{r}')(-\boldsymbol{e}_\mathrm{i})\cdot\boldsymbol{n}'_S\mathrm{d}S' \tag{3.6.6c}$$

显然有 $S=S_1+S_2$. 上式取复共轭并与方程 (3.6.6b) 相加

$$\Psi(\boldsymbol{e}_\mathrm{s},\boldsymbol{e}_\mathrm{i})+\Psi^*(\boldsymbol{e}_\mathrm{s},-\boldsymbol{e}_\mathrm{i})=\frac{\mathrm{i}k_0p_0(\omega)}{2\pi}\iint_{S}\exp(2\mathrm{i}k_0\boldsymbol{e}_\mathrm{i}\cdot\boldsymbol{r}')\ \boldsymbol{e}_\mathrm{i}\cdot\boldsymbol{n}'{}_S\mathrm{d}S' \tag{3.6.7a}$$

利用 Gauss 定理, 上述面积分化为 G 上的体积分 (注意: $\boldsymbol{n}'_S=-\boldsymbol{n}'$)

$$\begin{aligned}\Psi(\boldsymbol{e}_\mathrm{s},\boldsymbol{e}_\mathrm{i})+\Psi^*(\boldsymbol{e}_\mathrm{s},-\boldsymbol{e}_\mathrm{i})&=-\frac{\mathrm{i}k_0p_0(\omega)}{2\pi}\int_G\nabla\cdot[\boldsymbol{e}_\mathrm{i}\exp(2\mathrm{i}k_0\boldsymbol{e}_\mathrm{i}\cdot\boldsymbol{r}')]\mathrm{d}^3\boldsymbol{r}'\\&=\frac{k_0^2p_0(\omega)}{\pi}\int_G\exp(2\mathrm{i}k_0\boldsymbol{e}_\mathrm{i}\cdot\boldsymbol{r}')\mathrm{d}^3\boldsymbol{r}'\end{aligned} \tag{3.6.7b}$$

定义形状函数

$$\gamma(\boldsymbol{r})\equiv\begin{cases}1, & \boldsymbol{r}\in G\\0, & \boldsymbol{r}\notin G\end{cases} \tag{3.6.7c}$$

并且令

$$\boldsymbol{K} \equiv 2k_0\boldsymbol{e}_\mathrm{i};\quad \varGamma(\boldsymbol{K}) \equiv 4\pi\left[\frac{\varPsi(\boldsymbol{e}_\mathrm{s},\boldsymbol{e}_\mathrm{i})+\varPsi^*(\boldsymbol{e}_\mathrm{s},-\boldsymbol{e}_\mathrm{i})}{p_0(\omega)\boldsymbol{K}^2}\right] \tag{3.6.7d}$$

方程 (3.6.7b) 成为

$$\varGamma(\boldsymbol{K}) = \int_G \gamma(\boldsymbol{r}')\exp(\mathrm{i}\boldsymbol{K}\cdot\boldsymbol{r}')\mathrm{d}^3\boldsymbol{r}' \tag{3.6.8a}$$

因此，形状函数 $\gamma(\boldsymbol{r})$ 是 $\varGamma(\boldsymbol{K})$ 的 Fourier 变换

$$\gamma(\boldsymbol{r}) = \frac{1}{(2\pi)^3}\int_K \varGamma(\boldsymbol{K})\exp(-\mathrm{i}\boldsymbol{K}\cdot\boldsymbol{r})\mathrm{d}^3\boldsymbol{K} \tag{3.6.8b}$$

该等式给出了从远场散射数据重构凸散射物 (刚性) 边界的方法. 注意：如果散射物边界有凹面，那么在凹面区，方程 (3.6.5b) 不成立. 此外，我们还面临二个困难: ①与 Kirchhoff 近似条件的矛盾，在导出方程 (3.6.8b) 时, 假定高频近似成立, 即入射波长远小于散射体尺寸，但方程 (3.6.8b) 的积分包括了低频在内的一切频率; ②实际测量的困难，方程 (3.6.8b) 要求从所有方位角测量背向散射场，而实际情况只能在有限方位角和频率范围取得散射信息. 通过信号处理的方法可以大大改善反演质量，见 3.6.4 小节中讨论.

3.6.2 非均匀介质反演的 Born 和 Rytov 近似

上小节讨论边界 S 不可穿透的情况，本小节考虑非均匀区 V 的反演，即从远场测量的散射场反演介质的密度 $\gamma_\rho(\boldsymbol{r})$ 和压缩系数 $\gamma_\kappa(\boldsymbol{r})$. 由方程 (3.3.12c) 和 (3.3.12d)，远场近似下

$$p(\boldsymbol{r},\omega) \approx A\exp(\mathrm{i}\boldsymbol{k}_0\cdot\boldsymbol{r}) + A\frac{\mathrm{e}^{\mathrm{i}k_0|\boldsymbol{r}|}}{|\boldsymbol{r}|}\varPhi(\boldsymbol{e}_\mathrm{s},\omega)\quad (|\boldsymbol{r}|\to\infty) \tag{3.6.9a}$$

其中，散射振幅为

$$\varPhi(\boldsymbol{e}_\mathrm{s},\omega) \equiv \frac{k_0^2}{4\pi A}\int_V\left[\gamma_\kappa(\boldsymbol{r}')p(\boldsymbol{r}',\omega) - \frac{\mathrm{i}}{k_0}\gamma_\rho(\boldsymbol{r}')\boldsymbol{e}_\mathrm{s}\cdot\nabla' p(\boldsymbol{r}',\omega)\right]\mathrm{e}^{-\mathrm{i}k_0\boldsymbol{e}_\mathrm{s}\cdot\boldsymbol{r}'}\mathrm{d}^3\boldsymbol{r}' \tag{3.6.9b}$$

在 Born 近似下，散射振幅由方程 (3.3.16b) 给出

$$\begin{aligned}\varPhi(\vartheta,\boldsymbol{K}) &\approx \frac{k_0^2}{4\pi}\int_V[\gamma_\kappa(\boldsymbol{r}')+\gamma_\rho(\boldsymbol{r}')\cos\vartheta]\exp(-\mathrm{i}\boldsymbol{K}\cdot\boldsymbol{r}')\mathrm{d}^3\boldsymbol{r}'\\ &= 2\pi^2k_0^2[\varGamma_\kappa(\boldsymbol{K})+\varGamma_\rho(\boldsymbol{K})\cos\vartheta]\end{aligned} \tag{3.6.10a}$$

注意：上式中改用 ϑ 和 $\boldsymbol{K}$ 作为散射振幅的变量是为了强调散射振幅与 ϑ(入射方向与散射方向的夹角) 以及 $\boldsymbol{K}\equiv\omega(\boldsymbol{e}_\mathrm{s}-\boldsymbol{e}_\mathrm{i})/c_0$ 的关系. 上式中

$$\begin{aligned}\varGamma_\kappa(\boldsymbol{K}) &\equiv \frac{1}{(2\pi)^3}\int_V \gamma_\kappa(\boldsymbol{r}')\exp(-\mathrm{i}\boldsymbol{K}\cdot\boldsymbol{r}')\mathrm{d}^3\boldsymbol{r}'\\ \varGamma_\rho(\boldsymbol{K}) &\equiv \frac{1}{(2\pi)^3}\int_V \gamma_\rho(\boldsymbol{r}')\exp(-\mathrm{i}\boldsymbol{K}\cdot\boldsymbol{r}')\mathrm{d}^3\boldsymbol{r}'\end{aligned} \tag{3.6.10b}$$

显然，只要从远场测量的散射场 $\varPhi(\vartheta,\boldsymbol{K})$ 中分离出 $\varGamma_\kappa(\boldsymbol{K})$ 和 $\varGamma_\rho(\boldsymbol{K})$，通过逆 Fourier 变换就能得到 $\gamma_\rho(\boldsymbol{r})$ 和 $\gamma_\kappa(\boldsymbol{r})$. 为了同时决定 $\gamma_\rho(\boldsymbol{r})$ 和 $\gamma_\kappa(\boldsymbol{r})$ 二个参量，必须给出更多的散射场信息. 我们考虑二种测量结构：①测量背向散射，即发射和接收为同一换能器: $\boldsymbol{e}_{\rm s}=-\boldsymbol{e}_{\rm i}$ 和 $\vartheta=\pi$，由方程 (3.6.10a) 得到

$$\varPhi(\pi,\boldsymbol{K})\approx 2\pi^2k_0^2[\varGamma_\kappa(\boldsymbol{K})-\varGamma_\rho(\boldsymbol{K})] \tag{3.6.11a}$$

其中，$\boldsymbol{K}=-2\omega\boldsymbol{e}_{\rm i}/c_0$. 因此，通过测量所有频率和所有入射方向的背向散射振幅，可以决定 $\varGamma_\kappa(\boldsymbol{K})$ 与 $\varGamma_\rho(\boldsymbol{K})$ 之差；②测量垂直方向散射，即发射换能器与接收换能器相互垂直，即 $\vartheta=\pi/2$，由方程 (3.6.10a) 得到

$$\varPhi\left(\frac{\pi}{2},\boldsymbol{K}\right)=2\pi^2k_0^2\varGamma_\kappa(\boldsymbol{K}) \tag{3.6.11b}$$

可见，在与入射波垂直的方向上，散射场与密度变化无关 (在 Born 近似下). 需要注意的是，上式中 $\boldsymbol{K}\equiv\omega(\boldsymbol{e}_{\rm s}-\boldsymbol{e}_{\rm i})/c_0$ 与方程 (3.611a) 中 $\boldsymbol{K}=-2\omega\boldsymbol{e}_{\rm i}/c_0$ 是不一样的. 故上式不能直接代入方程 (3.6.11a) 得到 $\varGamma_\rho(\boldsymbol{K})$. 但是，可以直接由方程 (3.6.11b)，通过逆 Fourier 变换得到 $\gamma_\kappa(\boldsymbol{r})$，而由方程 (3.6.11a) 得到 $\gamma_{\kappa\rho}(\boldsymbol{r})\equiv\gamma_\kappa(\boldsymbol{r})-\gamma_\rho(\boldsymbol{r})$，从而得到 $\gamma_\rho(\boldsymbol{r})=\gamma_\kappa(\boldsymbol{r})-\gamma_{\kappa\rho}(\boldsymbol{r})$.

但是，与 Kirchhoff 近似存在的矛盾一样，我们同样面临二个困难: ①Born 近似成立的条件是低频 (且非均匀区域较小)，而我们要求方程 (3.6.11a) 和 (3.6.11b) 覆盖整个频率区域; ②要求从所有方位角测量散射场 (背向散射和垂直方向散射). 必须注意的是，Born 近似给出 $\boldsymbol{K}$ 空间低频区的分布，相当于对 $\gamma_\rho(\boldsymbol{r})$ 和 $\gamma_\kappa(\boldsymbol{r})$ 作低通滤波，而 Kirchhoff 近似恰好相反.

Rytov 近似 Born 近似成立的条件是相当苛刻的. 通过适当的数学处理，我们可以得到条件较为宽松的近似方法. 考虑较为简单的情况，即忽略介质密度的变化，由方程 (3.3.7a)，在无源情况下

$$\nabla^2p(\boldsymbol{r},\omega)+k_0^2p(\boldsymbol{r},\omega)\approx -k_0^2\gamma_\kappa(\boldsymbol{r})p(\boldsymbol{r},\omega) \tag{3.6.12a}$$

首先作变换

$$p(\boldsymbol{r},\omega)=p_{\rm i}(\boldsymbol{r},\omega)\exp[w(\boldsymbol{r},\omega)] \tag{3.6.12b}$$

代入方程 (3.6.12a) 得到 $w(\boldsymbol{r},\omega)$ 的非线性方程

$$\nabla^2w(\boldsymbol{r},\omega)+\nabla w(\boldsymbol{r},\omega)\cdot\nabla w(\boldsymbol{r},\omega)+2\nabla\ln p_{\rm i}(\boldsymbol{r})\cdot\nabla w(\boldsymbol{r},\omega)+k_0^2\gamma_\kappa(\boldsymbol{r})=0 \tag{3.6.13a}$$

进一步令 $\xi(\boldsymbol{r},\omega)\equiv p_{\rm i}(\boldsymbol{r},\omega)w(\boldsymbol{r},\omega)$ 代入上式得到

$$\nabla^2\xi(\boldsymbol{r},\omega)+k_0^2\xi(\boldsymbol{r},\omega)=p_{\rm i}(\boldsymbol{r},\omega)[-k_0^2\gamma_\kappa(\boldsymbol{r})-|\nabla w(\boldsymbol{r},\omega)|^2] \tag{3.6.13b}$$

因此，利用无限空间的 Green 函数得到

$$p_{\rm i}(\boldsymbol{r},\omega)w(\boldsymbol{r},\omega)=\int_V p_{\rm i}(\boldsymbol{r}',\omega)[k_0^2\gamma_\kappa(\boldsymbol{r}')+|\nabla w(\boldsymbol{r}',\omega)|^2]g(|\boldsymbol{r}-\boldsymbol{r}'|)\mathrm{d}^3\boldsymbol{r}' \tag{3.6.14a}$$

取 Rytov 近似 (意义见后面讨论)

$$|k_0^2\gamma_\kappa(\boldsymbol{r}')|\gg|\nabla w(\boldsymbol{r}',\omega)|^2 \tag{3.6.14b}$$

于是

$$p_{\rm i}(\boldsymbol{r},\omega)w(\boldsymbol{r},\omega)\approx k_0^2\int_V \gamma_\kappa(\boldsymbol{r}')p_{\rm i}(\boldsymbol{r}',\omega)g(|\boldsymbol{r}-\boldsymbol{r}'|)\mathrm{d}^3\boldsymbol{r}' \tag{3.6.14c}$$

而忽略密度变化的 Born 近似由方程 (3.3.13a) 和 (3.3.13b) 为

$$\begin{aligned}p(\boldsymbol{r},\omega)&\approx p_{\rm i}(\boldsymbol{r},\omega)+p_{\rm s}(\boldsymbol{r},\omega)\\&=p_{\rm i}(\boldsymbol{r},\omega)+k_0^2\int_V \gamma_\kappa(\boldsymbol{r}')p_{\rm i}(\boldsymbol{r}',\omega)g(\boldsymbol{r},\boldsymbol{r}')\mathrm{d}^3\boldsymbol{r}'\end{aligned} \tag{3.6.15a}$$

比较以上二式，右边积分项完全相同，分别用 $p_{\rm s}^{(\rm B)}(\boldsymbol{r},\omega)$ 和 $w^{(\rm R)}(\boldsymbol{r},\omega)$ 表示二种近似解, 显然有关系

$$w^{(\rm R)}(\boldsymbol{r},\omega)=\frac{p_{\rm s}^{(\rm B)}(\boldsymbol{r},\omega)}{p_{\rm i}(\boldsymbol{r},\omega)} \tag{3.6.15b}$$

由方程 (3.6.12b)，Rytov 近似下的总声场为

$$p^{(\rm R)}(\boldsymbol{r},\omega)=p_{\rm i}(\boldsymbol{r},\omega)\exp\left[\frac{p_{\rm s}^{(\rm B)}(\boldsymbol{r},\omega)}{p_{\rm i}(\boldsymbol{r},\omega)}\right] \tag{3.6.15c}$$

有趣的是，上式可由方程 (3.6.15a) 通过 “重整化” 得到. 把方程 (3.6.15a) 写成

$$p(\boldsymbol{r},\omega)\approx p_{\rm i}(\boldsymbol{r},\omega)\left[1+\frac{p_{\rm s}^{(\rm B)}(\boldsymbol{r},\omega)}{p_{\rm i}(\boldsymbol{r},\omega)}\right] \tag{3.6.15d}$$

利用指数展开关系 $\exp(x)\approx 1+x$ $(x\ll 1)$，不难把上式 “重整化” 成方程 (3.6.15c).

对二维问题，得到类似的公式，只要把变量 $\boldsymbol{r}$ 换成变量 $\boldsymbol{\rho}$ 即可.

研究表明：Rytov 近似对较高频率和较大非均匀区的散射体也能给出较好的近似结果. 事实上，由 Rytov 近似条件，即方程 (3.6.14b)，$|\nabla w(\boldsymbol{r},\omega)|$ 表示单位波长上相位的变化，它与成像区的大小关系不大，仅取决于 $\gamma_\kappa(\boldsymbol{r})$ 的变化大小，因此 Rytov 近似对 $\gamma_\kappa(\boldsymbol{r})$ 的变化较敏感. 但是，在 Born 近似成立的区域，Rytov 近似又略差于 Born 近似.

3.6.3　二维近场衍射 CT 理论和滤波反传播方法

考虑二维情况，即假定系统与 z 无关, 并且忽略密度变化，二维声波方程为

$$\nabla^2 p(\boldsymbol{\rho},\omega)+k_0^2 p(\boldsymbol{\rho},\omega)\approx -k_0^2\gamma_\kappa(\boldsymbol{\rho})p(\boldsymbol{\rho},\omega) \tag{3.6.16a}$$

如图 3.6.2，设入射声波为 $\boldsymbol{k}_0=(k_{x0},k_{y0})$ 方向 (在 xOy 平面内) 传播的平面波

$$p_{\rm i}(\boldsymbol{r},\omega)=A\exp({\rm i}\boldsymbol{k}_0\cdot\boldsymbol{\rho}) \tag{3.6.16b}$$

其中，$\boldsymbol{\rho}=(x,y)$. 假如在测量直线 (或平面) 上测得散射场 $p_{\rm s}(\boldsymbol{\rho},\omega)$(Born 近似) 或 $w(\boldsymbol{\rho},\omega)$(Rytov 近似)，逆问题为: 能否从这些测量数据反演出分布函数 $\gamma_\kappa(\boldsymbol{\rho})$ 呢?

以物体中心一点为坐标原点，建立坐标 (x,y)，并作坐标旋转，形成新的坐标系统 (η,ξ)，η 轴的方向即为 $\boldsymbol{k}_0$ 的方向，x 轴与 ξ 轴的夹角为 φ，显然，φ 与入射波方向角有关系 $\varphi_0=\varphi+\pi/2$. 二维声波方程的 Green 函数由方程 (3.6.4a) 给出，因此在 Born 近似下，散射波为

$$p_{\rm s}(\boldsymbol{\rho},\omega)\approx\frac{{\rm i}k_0^2}{4}\iint_G\gamma_\kappa(\boldsymbol{\rho}')p_{\rm i}(\boldsymbol{\rho}',\omega){\rm H}_0^{(1)}(k_0|\boldsymbol{\rho}-\boldsymbol{\rho}'|){\rm d}^2\boldsymbol{\rho}' \tag{3.6.16c}$$

利用 Hankel 函数的 Fourier 展开式，即方程 (1.3.44b)

$${\rm H}_0^{(1)}(k_0|\boldsymbol{\rho}-\boldsymbol{\rho}'|)=\frac{\rm i}{\pi^2}\iint_\infty\frac{\exp[{\rm i}\boldsymbol{k}\cdot(\boldsymbol{\rho}-\boldsymbol{\rho}')]}{k_0^2-k^2}{\rm d}^2\boldsymbol{k} \tag{3.6.16d}$$

代入方程 (3.6.16c)

$$p_{\rm s}(\boldsymbol{\rho},\omega)\approx-\frac{Ak_0^2}{4\pi^2}\iint_\infty\frac{{\rm d}^2\boldsymbol{k}}{k_0^2-k^2}\iint_G\gamma_\kappa(\boldsymbol{\rho}')\exp[{\rm i}(\boldsymbol{k}_0-\boldsymbol{k})\cdot\boldsymbol{\rho}'+{\rm i}\boldsymbol{k}\cdot\boldsymbol{\rho}]{\rm d}^2\boldsymbol{\rho}' \tag{3.6.17a}$$

注意到在图 3.6.2 情形下，$\boldsymbol{k}_0\cdot\boldsymbol{\rho}'=k_0\eta'$ 以及 $\boldsymbol{k}\cdot\boldsymbol{\rho}=k_\xi\xi+k_\eta\eta$，其中 (k_ξ,k_η) 是对应于坐标系统 (ξ,η) 的波矢量. 于是上式可写成

$$\begin{aligned}p_{\rm s}(\boldsymbol{\rho},\omega)=&-\frac{Ak_0^2}{4\pi^2}\iint_G\gamma_\kappa(\boldsymbol{\rho}'){\rm d}^2\boldsymbol{\rho}'\exp({\rm i}k_0\eta')\int_{-\infty}^{\infty}\exp[{\rm i}k_\xi(\xi-\xi')]{\rm d}k_\xi\\&\times\left[\int_{-\infty}^{\infty}\frac{\exp[{\rm i}k_\eta(\eta-\eta')]}{(k_0^2-k_\xi^2)-k_\eta^2}{\rm d}k_\eta\right]\end{aligned} \tag{3.6.17b}$$

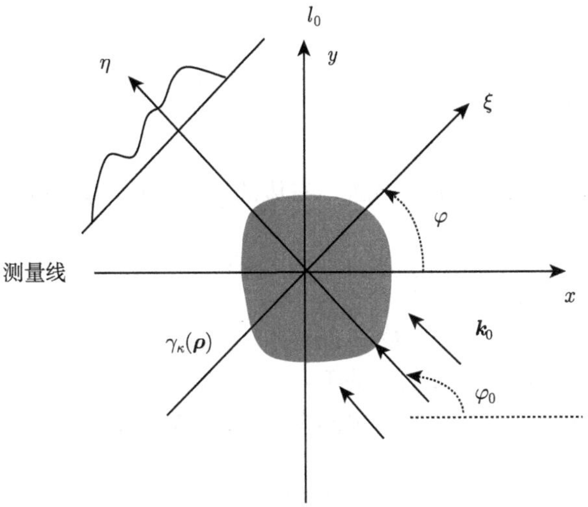

图 3.6.2 入射波为 $\boldsymbol{k}_0$ 方向传播的平面波, 在测量线上测散射场

利用复变函数可求得积分, 即方程 (1.3.45a)

$$\int_{-\infty}^{\infty}\frac{\exp[\mathrm{i}k_\eta(\eta-\eta')]}{(k_0^2-k_\xi^2)-k_\eta^2}\mathrm{d}k_\eta=\frac{\pi}{\mathrm{i}}\frac{\exp(\mathrm{i}\gamma|\eta-\eta'|)}{\gamma} \tag{3.6.17c}$$

其中, $\gamma=\sqrt{k_0^2-k_\xi^2}$. 因 $\eta>\eta'$, 上式代入方程 (3.6.17b) 并在测量线取值

$$p_\mathrm{s}(\xi,\eta)|_{\eta=l_0}=\frac{\mathrm{i}Ak_0^2}{4\pi}\int_{-\infty}^{\infty}\frac{\mathrm{e}^{\mathrm{i}\gamma l_0}}{\gamma}\iint_G\gamma_\kappa(\boldsymbol{\rho}')\mathrm{e}^{-\mathrm{i}[k_\xi\xi'+(\gamma-k_0)\eta']}\mathrm{d}^2\boldsymbol{\rho}'\exp(\mathrm{i}k_\xi\xi)\mathrm{d}k_\xi \tag{3.6.18a}$$

上式对 ξ 作 Fourier 变换, 可得

$$\int_{-\infty}^{\infty}D_{\varphi_0}(\xi)\exp(-\mathrm{i}k_\xi\xi)\mathrm{d}\xi=\iint_G\gamma_\kappa(\boldsymbol{\rho}')\exp\{-\mathrm{i}[k_\xi\xi'+(\gamma-k_0)\eta']\}\,\mathrm{d}^2\boldsymbol{\rho}' \tag{3.6.18b}$$

其中, 为了方便定义

$$D_{\varphi_0}(\xi)\equiv-\frac{2\mathrm{i}\gamma}{Ak_0^2}\exp(-\mathrm{i}\gamma l_0)p_\mathrm{s}(\xi,\eta)|_{\eta=l_0} \tag{3.6.18c}$$

下标 φ_0 表示该函数与入射波的方向有关.

定义单位矢量 $\boldsymbol{S}$ 和 $\boldsymbol{S}_0$: $\boldsymbol{S}\equiv(k_\xi\boldsymbol{k}_\xi+\gamma\boldsymbol{k}_\eta)/k_0$ 和 $\boldsymbol{S}_0\equiv\boldsymbol{k}_0/k_0$, 于是有

$$\boldsymbol{S}\cdot\boldsymbol{\rho}=\frac{1}{k_0}(k_\xi\xi+\gamma\eta);\ \ \boldsymbol{S}_0\cdot\boldsymbol{\rho}=\eta \tag{3.6.19a}$$

方程 (3.6.18b) 可写成

$$\int_{-\infty}^{\infty} D_{\varphi_0}(\xi)\exp(-\mathrm{i}k_\xi\xi)\mathrm{d}\xi = \iint_G \gamma_\kappa(\boldsymbol{\rho}')\exp[-\mathrm{i}k_0(\boldsymbol{S}-\boldsymbol{S}_0)\cdot\boldsymbol{\rho}']\mathrm{d}^2\boldsymbol{\rho}' \tag{3.6.19b}$$

分别用 $D_{\varphi_0}(k_\xi)$ 和 $\gamma_\kappa(\boldsymbol{k})$ 表示上式左、右边的 Fourier 积分，则上式可表达成

$$D_{\varphi_0}(k_\xi) = \gamma_\kappa[k_0(\boldsymbol{S}-\boldsymbol{S}_0)] \tag{3.6.20a}$$

上式的意义很明显，它把成像函数 $\gamma_\kappa(\boldsymbol{\rho})$ 的 Fourier 积分与测得的散射场联系起来. 下面分析每一次入射提供给我们的关于 $\gamma_\kappa(\boldsymbol{\rho})$ 的谱 $\gamma_\kappa(\boldsymbol{k})$ 的信息. 在谱平面 (k_ξ, k_η) 上，由方程 (3.6.20a) 知，$\boldsymbol{k}$ 的取值限制在半圆上 (如图 3.6.3)

$$\boldsymbol{k} = k_0(\boldsymbol{S}-\boldsymbol{S}_0) \tag{3.6.20b}$$

半圆圆心在 $-k_0\boldsymbol{S}_0$ 处，且半径为 k_0. 由于 $\gamma > 0$, 当 $\boldsymbol{S}$ 变化时，它在 $\boldsymbol{k}_\eta$ 方向的分量大于零，因此半圆是通过坐标原点的那一部分.

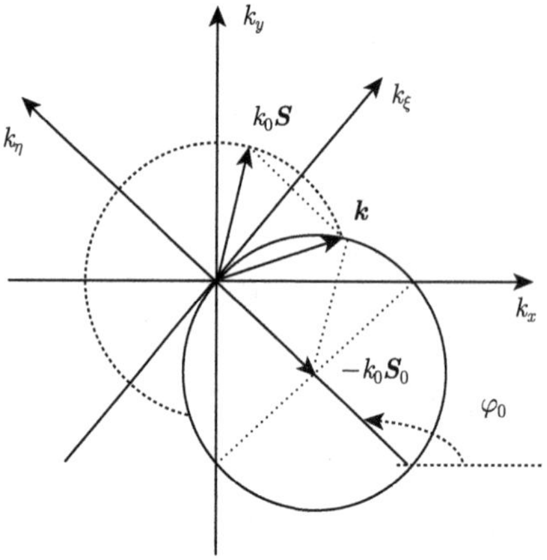

图 3.6.3　通过坐标原点的那一部分半圆 (实线)

由以上讨论，对每一次入射，可求得 $\gamma_\kappa(\boldsymbol{\rho})$ 的谱 $\tilde{\gamma}_\kappa(\boldsymbol{k})$ 在半圆 $\boldsymbol{k} = k_0(\boldsymbol{S}-\boldsymbol{S}_0)$ 上的值. 为了从 $\gamma_\kappa(\boldsymbol{k})$ 求 $\gamma_\kappa(\boldsymbol{\rho})$，必须知道整个谱平面 (k_ξ, k_η) 上的 $\gamma_\kappa(\boldsymbol{k})$. 为此, 必须变化入射波的方向 $\boldsymbol{k}_0$ 一周 (注意: 测量线始终垂直于入射波方向)，这时可以求得图 3.6.4 中半径为 $\sqrt{2}k_0$ 的圆内 $\gamma_\kappa(\boldsymbol{k})$ 的值. 因此，Born 近似相当于对 $\gamma_\kappa(\boldsymbol{k})$ 作低通滤波，故像函数仅仅是真实函数 $\gamma_\kappa(\boldsymbol{\rho})$ 的 “粗” 的部分，因为 $\gamma_\kappa(\boldsymbol{\rho})$ 的精细结构由 $\gamma_\kappa(\boldsymbol{k})$ 的高频部分描叙.

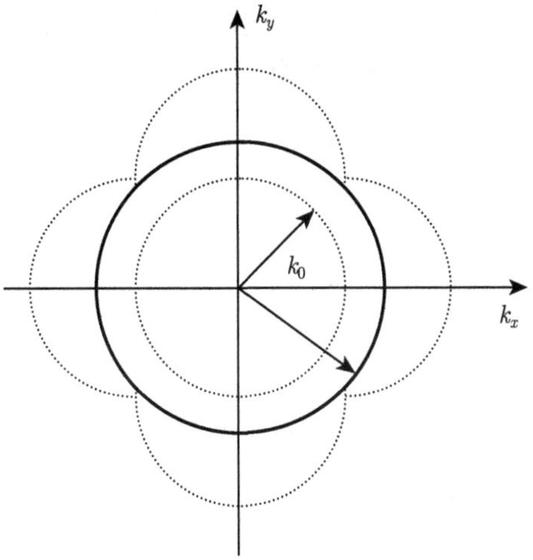

图 3.6.4 半径为 $\sqrt{2}k_0$ 的圆 (实线) 内 $\gamma_\kappa(\boldsymbol{k})$ 已知

对 Rytov 近似也可作类似的讨论，写成统一的公式

$$D_{\varphi_0}(\xi) \equiv \frac{2\gamma}{k_0} \exp[-\mathrm{i}(\gamma - k_0)l_0] \Gamma_{\varphi_0}(\xi) \tag{3.6.21a}$$

其中，为方便定义

$$\Gamma_{\varphi_0}(\xi) \equiv \begin{cases} -\dfrac{\mathrm{i}}{Ak_0} \exp(-\mathrm{i}k_0 l_0) p_{\mathrm{s}}^{(\mathrm{B})}(\xi, \eta)|_{\eta=l_0}, & \text{Born 近似} \\ -\dfrac{\mathrm{i}}{Ak_0} w^{(\mathrm{R})}(\xi, \eta)|_{\eta=l_0}, & \text{Rytov 近似} \end{cases} \tag{3.6.21b}$$

滤波反传播方法 下面介绍滤波反传播方法从 $\tilde{\gamma}_\kappa(\boldsymbol{k})$ 求 $\gamma_\kappa(\boldsymbol{\rho})$. 记由 Born 或 Rytov 近似求得的分布为 $\gamma_\kappa^{(\mathrm{LP})}(\boldsymbol{\rho})$，其中，上标 “(LP)” 表示低通滤波

$$\gamma_\kappa^{(\mathrm{LP})}(\boldsymbol{\rho}) = \frac{1}{4\pi^2} \iint_\infty \gamma_\kappa^{(\mathrm{LP})}(\boldsymbol{k}) \exp(\mathrm{i}\boldsymbol{k} \cdot \boldsymbol{\rho}) \mathrm{d}^2\boldsymbol{k} \tag{3.6.22a}$$

其中，定义空间谱函数为

$$\gamma_\kappa^{(\mathrm{LP})}(\boldsymbol{k}) = \begin{cases} \gamma_\kappa(\boldsymbol{k}), & |\boldsymbol{k}| \leqslant \sqrt{2}k_0 \\ 0, & |\boldsymbol{k}| > \sqrt{2}k_0 \end{cases} \tag{3.6.22b}$$

图 3.6.4 中半圆上各点坐标 (k_x, k_y) 与参数 (k_ξ, φ_0) 的关系为

$$\begin{aligned} k_x &= k_\xi \cos\varphi - k_\eta \sin\varphi \\ k_y &= k_\xi \sin\varphi + k_\eta \cos\varphi \end{aligned} \tag{3.6.22c}$$

其中，$k_\eta = \sqrt{k_0^2 - k_\xi^2} - k_0$，$\varphi_0 = \varphi + \pi/2$. 对方程 (3.6.22a) 作积分变换，新的独立变量为 $(k_\xi, \varphi_0)(|k_\xi| < k_0,\ |\varphi_0| < \pi)$，变换方程 (3.6.22c) 的 Jacobi 行列式为

$$\left|\frac{\partial(k_x, k_y)}{\partial(k_\xi, \varphi_0)}\right| = \frac{|k_0 k_\xi|}{\sqrt{k_0^2 - k_\xi^2}} \tag{3.6.22d}$$

另一方面，容易求得

$$\boldsymbol{k} \cdot \boldsymbol{\rho} = k_x x + k_y y = k_\xi \xi + k_\eta \eta = k_\xi \xi + (\gamma - k_0)\eta \tag{3.6.22e}$$

上二式代入方程 (3.6.22a) 并利用 (3.6.20a) 得到

$$\gamma_\kappa^{(\mathrm{LP})}(x, y) = \frac{k_0}{4\pi^2}\int_{-\pi}^{\pi}\mathrm{d}\varphi_0\int_{-k_0}^{k_0}\frac{\mathrm{d}k_\xi}{\gamma}|k_\xi| D_{\varphi_0}(k_\xi)\mathrm{e}^{\mathrm{i}[k_\xi\xi + (\gamma - k_0)\eta]} \tag{3.6.23a}$$

其中，$\xi = x\sin\varphi_0 - y\cos\varphi_0$ 和 $\eta = x\cos\varphi_0 + y\sin\varphi_0$. 利用 $\varGamma_{\varphi_0}(\xi)$ 表示，上式即为

$$\gamma_\kappa^{(\mathrm{LP})}(x, y) = \frac{1}{4\pi^2}\int_{-\pi}^{\pi}\mathrm{d}\varphi_0\int_{-k_0}^{k_0}\mathrm{d}k_\xi |k_\xi| \varGamma_{\varphi_0}(k_\xi)\mathrm{e}^{\mathrm{i}[k_\xi\xi + (\gamma - k_0)(\eta - l_0)]} \tag{3.6.23b}$$

其中，函数 $\varGamma_{\varphi_0}(k_\xi)$

$$\varGamma_{\varphi_0}(k_\xi) \equiv \int_{-\infty}^{\infty}\varGamma_{\varphi_0}(\xi)\exp(-\mathrm{i}k_\xi\xi)\mathrm{d}\xi \tag{3.6.23c}$$

是 $\varGamma_{\varphi_0}(\xi)$ 的 Fourier 变换，可由测量数据求得. 进一步记

$$\Pi_{\varphi_0}(\xi, \eta) \equiv \frac{1}{\pi}\int_{-\infty}^{\infty}\varGamma_{\varphi_0}(k_\xi)H(k_\xi)G_\eta(k_\xi)\exp(\mathrm{i}k_\xi\xi)\mathrm{d}k_\xi \tag{3.6.24a}$$

以及滤波函数

$$\begin{aligned} H(k_\xi) &\equiv \begin{cases} |k_\xi|, & |k_\xi| \leqslant k_0 \\ 0, & |k_\xi| > k_0 \end{cases} \\ G_\eta(k_\xi) &\equiv \begin{cases} \exp[\mathrm{i}(\gamma - k_0)(\eta - l_0)], & |k_\xi| \leqslant k_0 \\ 0, & |k_\xi| > k_0 \end{cases} \end{aligned} \tag{3.6.24b}$$

于是，方程 (3.6.23b) 可写成反传播形式

$$\gamma_\kappa^{(\mathrm{LP})}(x, y) = \frac{1}{2\pi}\int_{-\pi}^{\pi}\Pi_{\varphi_0}(x\sin\varphi_0 - y\cos\varphi_0, x\cos\varphi_0 + y\sin\varphi_0)\mathrm{d}\varphi_0 \tag{3.6.24c}$$

由上式可见，$\gamma_\kappa^{(\mathrm{LP})}(x, y)$ 由滤波和反传播算子作用于 $\varGamma_{\varphi_0}(\xi)$ 而得到. 具体计算过程总结为:

(1) 根据不同方向 φ_0 的入射波测量得到的散射场，计算 $\Gamma_{\varphi_0}(\xi)$ 和它的 Fourier 积分 $\Gamma_{\varphi_0}(k_\xi)$;

(2) 不同的 η 值确定不同的滤波函数 $N_\eta(k_\xi) \equiv H(k_\xi)G_\eta(k_\xi)$，与 $\Gamma_{\varphi_0}(k_\xi)$ 相乘后求 Fourier 逆变换得到 $\Pi_{\varphi_0}(\xi,\eta)$;

(3) 反传播，把不同角度 φ_0 得到的 (x,y) 点的函数值相加作为 $\gamma_\kappa^{(\mathrm{LP})}(x,y)$ 的值.

3.6.4 反射模式的衍射 CT 和谱估计技术

由上小节的讨论可知，为了得到圆内的空间谱 $\gamma(\boldsymbol{k})$，入射波与测量线必须在被测量物的两边，这在实际应用中颇为不便. 能否做到发射与接收为同一组换能器，即测量散射物的背向散射而实现 CT 成像？本小节介绍反射模式的衍射 CT，如图 3.6.5，发射与接收为同一组换能器，测量线在入射波的同一侧，我们来分析这种测量系统给出空间谱 $\gamma(\boldsymbol{k})$ 的情况.

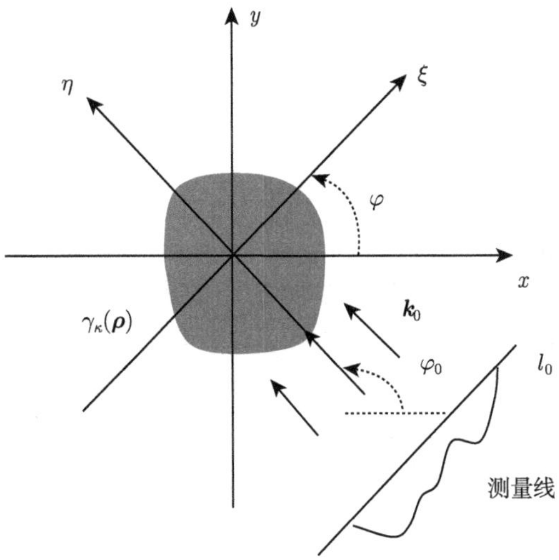

图 3.6.5 测量线与入射波在同一侧

由方程 (3.6.17c)，注意到此时 $\eta' > l_0$，$|l_0 - \eta'| = \eta' - l_0$，故方程 (3.6.18a) 应修改为

$$p_{\mathrm{s}}(\xi,\eta)|_{\eta=l_0} = \frac{\mathrm{i}Ak_0^2}{4\pi}\int_{-\infty}^{\infty}\frac{\exp(-\mathrm{i}\gamma l_0)}{\gamma}\iint_G \gamma_\kappa(\boldsymbol{\rho}')\mathrm{e}^{-\mathrm{i}[k_\xi\xi' - (\gamma+k_0)\eta']}\mathrm{d}^2\boldsymbol{\rho}'\exp(\mathrm{i}k_\xi\xi)\mathrm{d}k_\xi \tag{3.6.25a}$$

定义单位矢量 $\boldsymbol{S}^R$ 和 $\boldsymbol{S}_0$: $\boldsymbol{S}^R \equiv (k_\xi\boldsymbol{k}_\xi - \gamma\boldsymbol{k}_\eta)/k_0$,$\boldsymbol{S}_0 \equiv \boldsymbol{k}_0/k_0$，于是有

$$k_0(\boldsymbol{S}^R - \boldsymbol{S}_0) = k_\xi\boldsymbol{k}_\xi - (\gamma + k_0)\boldsymbol{k}_\eta \tag{3.6.25b}$$

故 $k_0(\boldsymbol{S}^R-\boldsymbol{S}_0)\cdot\boldsymbol{\rho}'=k_\xi\xi'-(\gamma+k_0)\eta'$，代入方程 (3.6.25a) 得到

$$p_{\mathrm{s}}(\xi,\eta)|_{\eta=l_0}=\frac{\mathrm{i}Ak_0^2}{4\pi}\int_{-\infty}^{\infty}\frac{\exp(-\mathrm{i}\gamma l_0)}{\gamma}\gamma_\kappa[k_0(\boldsymbol{S}^R-\boldsymbol{S}_0)]\exp(\mathrm{i}k_\xi\xi)\mathrm{d}k_\xi \tag{3.6.26a}$$

其中，空间谱定义为

$$\gamma_\kappa[k_0(\boldsymbol{S}^R-\boldsymbol{S}_0)]\equiv\iint_G\gamma_\kappa(\boldsymbol{\rho}')\exp[-\mathrm{i}k_0(\boldsymbol{S}^R-\boldsymbol{S}_0)\cdot\boldsymbol{\rho}']\mathrm{d}^2\boldsymbol{\rho}' \tag{3.6.26b}$$

与方程 (3.6.20a) 相似，我们得到

$$D_{\varphi_0}^R(k_\xi)=\gamma_\kappa[k_0(\boldsymbol{S}^R-\boldsymbol{S}_0)] \tag{3.6.27a}$$

其中，$D_{\varphi_0}^R(k_\xi)$ 为 $D_{\varphi_0}^R(\xi)\equiv-2\mathrm{i}\gamma(Ak_0^2)^{-1}\exp(\mathrm{i}\gamma l_0)p_s(\xi,\eta)|_{\eta=l_0}$ 的 Fourier 积分

$$D_{\varphi_0}^R(k_\xi)\equiv\int_{-\infty}^{\infty}D_{\varphi_0}^R(\xi)\exp(-\mathrm{i}k_\xi\xi)\mathrm{d}\xi \tag{3.6.27b}$$

同上小节类似，在谱平面 (k_ξ,k_η) 上，由方程 (3.6.27a) 知，$\boldsymbol{k}$ 的取值限制在半圆上

$$\boldsymbol{k}=k_0(\boldsymbol{S}^R-\boldsymbol{S}_0) \tag{3.6.27c}$$

半圆圆心在 $-k_0\boldsymbol{S}_0$ 处，且半径为 k_0. 但是，由于 $\gamma>0$，当 $\boldsymbol{S}^R\equiv(k_\xi\boldsymbol{k}_\xi-\gamma\boldsymbol{k}_\eta)/k_0$ 变化时，$\boldsymbol{S}^R$ 在 $\boldsymbol{k}_\eta$ 轴的投影 $k_0\boldsymbol{S}^R\cdot\boldsymbol{k}_\eta=-\gamma<0$，如图 3.6.6. 因此，与上小节情况相反，反射模式中一次测量 (固定频率) 给出的是不经过原点那部分半圆上的谱，变化入射波的方向 $\boldsymbol{k}_0$ 一周，求得的是图 3.6.7 中环内 $\sqrt{2}k_0<|\boldsymbol{k}|<2k_0$ 的 $\gamma_\kappa(\boldsymbol{k})$ 值，不可能覆盖低频区域，而且覆盖区域很小. 为了增加覆盖区域，必须使用多频信号. 如果换能器的带宽为 $(\omega_{\mathrm{H}},\omega_{\mathrm{L}})$，那么图 3.6.7 中内圆半径为 $\sqrt{2}\omega_{\mathrm{L}}$，当 $\omega_{\mathrm{L}}\to0$ 时，就能够覆盖低频区域，但在实际测量中，这是不可能的.

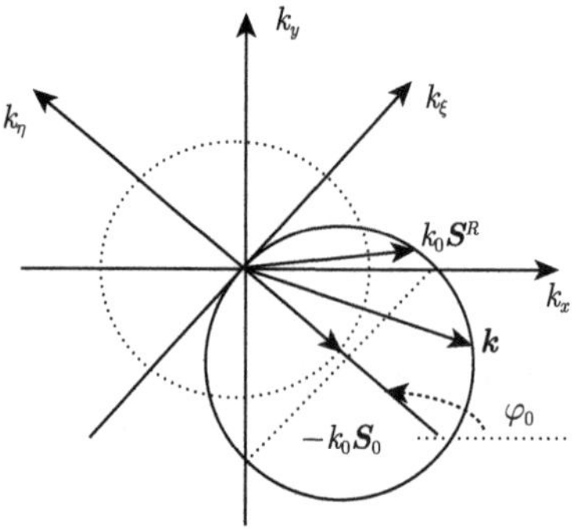

图 3.6.6　不经过原点的那部分半圆

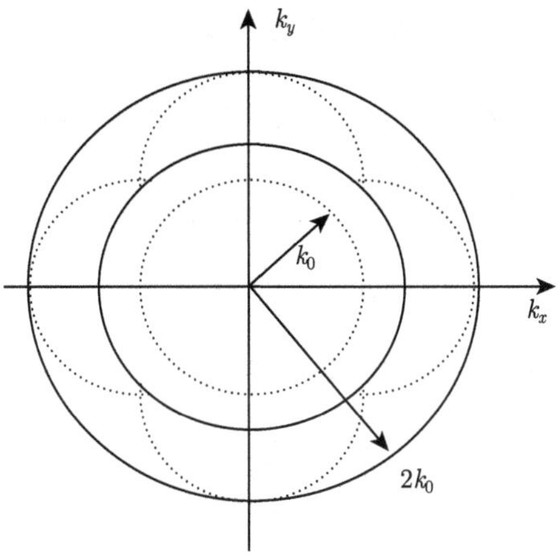

图 3.6.7 半径为 $\sqrt{2}k_0$ 和 $2k_0$ 的环内 $\gamma_\kappa(\boldsymbol{k})$ 已知

谱估计技术 为了重建 $\gamma_\kappa(\boldsymbol{\rho})$，必须利用谱估计技术来外推低频区的 $\gamma_\kappa(\boldsymbol{k})$ 的值. 下面介绍一种谱估计的迭代方法，该方法的原理是基于解析函数的重要定理: 区域 D 中的解析函数由 D 中任一子区域 D' 上的值，或者 D 中任一弧上的值唯一决定. 我们结合谱的解析性质及成像区域的先验知识，利用迭代法从不完整的谱求出整个空间谱的分布情况. 具体步骤如下.

(1) 假定已知被成像区域的边界 (先验知识)，用 K 表示测得的谱区域，取整个谱分布的零级近似为

$$\gamma_\kappa^{(0)}(\boldsymbol{k})=\begin{cases}\gamma_\kappa(\boldsymbol{k}), & \boldsymbol{k}\in K\\ 0, & \boldsymbol{k}\in K_{外}\end{cases} \tag{3.6.28a}$$

注意: $K_{外}$ 表示谱的不完整部分，仅为有限的低频区，而不能外推到无限区域. 对上式作逆 Fourier 变换，求得成像函数的零级近似

$$\gamma_\kappa^{(0)}(\boldsymbol{\rho})=\frac{1}{4\pi^2}\iint\gamma_\kappa^{(0)}(\boldsymbol{k})\exp(\mathrm{i}\boldsymbol{k}\cdot\boldsymbol{\rho})\mathrm{d}^2\boldsymbol{k} \tag{3.6.28b}$$

(2) 设成像区为 Ω，用支撑函数

$$P(\boldsymbol{\rho})=\begin{cases}1, & \boldsymbol{\rho}\in\Omega\\ 0, & \boldsymbol{\rho}\notin\Omega\end{cases} \tag{3.6.29a}$$

乘以 $\gamma_\kappa^{(0)}(\boldsymbol{\rho})$ 得到 $\Lambda_0(\boldsymbol{\rho})$

$$\Lambda_0(\boldsymbol{\rho})\equiv\gamma_\kappa^{(0)}(\boldsymbol{\rho})P(\boldsymbol{\rho}) \tag{3.6.29b}$$

对 $\Lambda_0(\boldsymbol{\rho})$ 求 Fourier 变换，给出的谱记为 $\Lambda_0(\boldsymbol{k})$，令

$$\gamma_\kappa^{(1)}(\boldsymbol{k})=\begin{cases}\gamma_\kappa(\boldsymbol{k}), & \boldsymbol{k}\in K\\ \Lambda_0(\boldsymbol{k}), & \boldsymbol{k}\in K_{外}\end{cases} \tag{3.6.29c}$$

对 $\gamma_\kappa^{(1)}(\boldsymbol{k})$ 作逆 Fourier 变换，得到一级近似像函数

$$\gamma_\kappa^{(1)}(\boldsymbol{\rho})=\frac{1}{4\pi^2}\iint\gamma_\kappa^{(1)}(\boldsymbol{k})\exp(\mathrm{i}\boldsymbol{k}\cdot\boldsymbol{\rho})\mathrm{d}^2\boldsymbol{k} \tag{3.6.29d}$$

(3) 重复第二步，对第 n 次迭代，用 $P(\boldsymbol{\rho})$ 乘 $(n-1)$ 迭代得到的 $\gamma_\kappa^{(n-1)}(\boldsymbol{\rho})$

$$\varLambda_{n-1}(\boldsymbol{\rho})\equiv\gamma_\kappa^{(n-1)}(\boldsymbol{\rho})P(\boldsymbol{\rho}) \tag{3.6.30a}$$

求 $\varLambda_{n-1}(\boldsymbol{\rho})$ 的 Fourier 变换给出谱的第 $(n-1)$ 次近似 $\varLambda_{n-1}(\boldsymbol{k})$，令

$$\gamma_\kappa^{(n)}(\boldsymbol{k})=\begin{cases}\gamma_\kappa(\boldsymbol{k}), & \boldsymbol{k}\in K\\ \varLambda_{n-1}(\boldsymbol{k}), & \boldsymbol{k}\in K_{外}\end{cases} \tag{3.6.30b}$$

(4) 最后得到第 n 次迭代的像函数

$$\gamma_\kappa^{(n)}(\boldsymbol{\rho})=\frac{1}{4\pi^2}\iint\gamma_\kappa^{(n)}(\boldsymbol{k})\exp(\mathrm{i}\boldsymbol{k}\cdot\boldsymbol{\rho})\mathrm{d}^2\boldsymbol{k} \tag{3.6.30c}$$

迭代停止的判据可用平方误差来决定

$$\iint_\varOmega\left|\gamma_\kappa^{(n)}(\boldsymbol{\rho})-\gamma_\kappa^{(n-1)}(\boldsymbol{\rho})\right|^2\mathrm{d}^2\boldsymbol{\rho}<\varepsilon \tag{3.6.30d}$$

其中，ε 是给定的小正数. 该迭代法进行谱外推的分辨率与已知频谱的精度关系很大，但对噪声不敏感. 当用 Fourier 变换求像函数时，存在的问题之一是，要同时处理空间局域和频谱有限的函数对. 我们知道空间局域函数的谱总是无限的，如果对谱作切断近似，必然破坏其解析函数的性质. 但是，如果谱能量主要分布在低频区域，则这种切断近似还是有效的. 余下的重要问题是: 迭代是否收敛? 在什么条件下收敛? 收敛的解是否是真正的解? 我们简单讨论之. 由方程 (3.6.30c) 得

$$\gamma_\kappa^{(n)}(\boldsymbol{\rho})=\frac{1}{4\pi^2}\iint_K\gamma_\kappa(\boldsymbol{k})\exp(\mathrm{i}\boldsymbol{k}\cdot\boldsymbol{\rho})\mathrm{d}^2\boldsymbol{k}+\frac{1}{4\pi^2}\iint_{K_{外}}\varLambda_{n-1}(\boldsymbol{k})\exp(\mathrm{i}\boldsymbol{k}\cdot\boldsymbol{\rho})\mathrm{d}^2\boldsymbol{k} \tag{3.6.31a}$$

上式右边第一项即为零级近似，而第二项利用方程 (3.6.30a) 得到

$$\begin{aligned}\gamma_\kappa^{(n)}(\boldsymbol{\rho})&=\gamma_\kappa^{(0)}(\boldsymbol{\rho})+\frac{1}{4\pi^2}\iint_{K_{外}}\left[\iint_\varOmega\gamma_\kappa^{(n-1)}(\boldsymbol{\rho})\exp(-\mathrm{i}\boldsymbol{k}\cdot\boldsymbol{\rho}')\mathrm{d}^2\boldsymbol{\rho}'\right]\exp(\mathrm{i}\boldsymbol{k}\cdot\boldsymbol{\rho})\mathrm{d}^2\boldsymbol{k}\\&=\gamma_\kappa^{(0)}(\boldsymbol{\rho})+\frac{1}{4\pi^2}\iint_\varOmega\gamma_\kappa^{(n-1)}(\boldsymbol{\rho})\left[\iint_{K_{外}}\exp[-\mathrm{i}\boldsymbol{k}\cdot(\boldsymbol{\rho}'-\boldsymbol{\rho})]\mathrm{d}^2\boldsymbol{k}\right]\mathrm{d}^2\boldsymbol{\rho}'\end{aligned} \tag{3.6.31b}$$

当 $n\to\infty$ 时，上式化成第二类 Fredholm 积分方程

$$\gamma_\kappa(\boldsymbol{\rho})=\gamma_\kappa^{(0)}(\boldsymbol{\rho})+\frac{1}{4\pi^2}\iint_\varOmega\gamma_\kappa(\boldsymbol{\rho}')K(\boldsymbol{\rho},\boldsymbol{\rho}')\mathrm{d}^2\boldsymbol{\rho}' \tag{3.6.32a}$$

其中，积分核定义为

$$K(\boldsymbol{\rho},\boldsymbol{\rho}')\equiv\iint_{K_{外}}\exp[-\mathrm{i}\boldsymbol{k}\cdot(\boldsymbol{\rho}'-\boldsymbol{\rho})]\mathrm{d}^2\boldsymbol{k} \tag{3.6.32b}$$

因此，积分核 $K(\boldsymbol{\rho},\boldsymbol{\rho}')$ 及区域 $\boldsymbol{\Omega}$ 的性质决定解的唯一性和迭代过程的收敛性. 由积分方程的理论知，当积分核满足

$$\iiiint_{\Omega}|K(\boldsymbol{\rho},\boldsymbol{\rho}')|^2\mathrm{d}^2\boldsymbol{\rho}'\mathrm{d}^2\boldsymbol{\rho}<1 \tag{3.6.32c}$$

时迭代过程收敛，且收敛到真正的解 $\gamma_\kappa(\boldsymbol{\rho})$. 由于积分核 $K(\boldsymbol{\rho},\boldsymbol{\rho}')$ 与谱的不完整区域有关，因此迭代法的收敛性与谱的不完整区域大小密切相关. 注意：方程 (3.6.32c) 仅仅是充分条件.

3.6.5 声源反演和 Tikhonov 正则化方法

在 3.6.1 小节中，我们希望通过测量远场的散射声波来反演刚性散射体 G 的形状，从数学的角度讲，就是反演偏微分方程的定义域 (称为**边界逆问题**)，这是逆问题中最为困难的；而在 3.6.2~3.6.4 小节中，通过测量散射声波 (远场或近场) 来反演非均匀介质的密度或压缩系数的分布，称为方程系数的逆问题. 由方程 (3.6.2c)(或者 (3.6.9b))，从远场数据反演边界 (或者系数)，必须同时决定总声场和边界 (或者系数)，故边界逆问题和系数逆问题都是非线性的逆问题，下面我们结合具体的声学问题，介绍另外一类逆问题，即**逆源问题**，它是一类线性逆问题. 声逆源问题希望通过测量散射场来反演声源的分布，这在噪声治理工程中是非常有实际意义的.

设在封闭空间 V(可看作工厂的厂房，也可在开空间讨论问题，见下面的讨论)，有一个噪声源的分布 $\Im(\boldsymbol{r},\omega)$(我们在频域讨论问题，这样就避免了时域阻抗边界条件，见 1.2.2 小节讨论)，空间的声场分布满足方程，即

$$\begin{gathered}\nabla^2p(\boldsymbol{r},\omega)+k_0^2p(\boldsymbol{r},\omega)=-\Im(\boldsymbol{r},\omega),\quad \boldsymbol{r}\in V\\ \frac{\partial p}{\partial n}-\mathrm{i}k_0\beta(\boldsymbol{r},\omega)p=0,\quad \boldsymbol{r}\in S\end{gathered} \tag{3.6.33a}$$

其中，$\beta(\boldsymbol{r},\omega)$ 是封闭空间 V 的壁面 S 的比阻抗率. 测量面 (图 3.6.8 中仅画出一个截面) 为 B，即面 B(可以封闭，也可以不封闭) 上声压已知

$$p(\boldsymbol{r},\omega)|_B=p_B(\boldsymbol{r}_i,\omega),\quad \boldsymbol{r}_i\in B \tag{3.6.33b}$$

其中，$\boldsymbol{r}_i$ $(i=1,\cdots,M)$ 为 M 个测量点的位置矢量. 与方程 (2.5.1b) 类似，定义 Green 函数 $G(\boldsymbol{r},\boldsymbol{r}')$

$$\begin{gathered}\nabla^2G(\boldsymbol{r},\boldsymbol{r}')+k_0^2G(\boldsymbol{r},\boldsymbol{r}')=-\delta(\boldsymbol{r},\boldsymbol{r}'),\quad \boldsymbol{r},\boldsymbol{r}'\in V\\ \frac{\partial G(\boldsymbol{r},\boldsymbol{r}')}{\partial n}-\mathrm{i}k_0\beta(\boldsymbol{r},\omega)G(\boldsymbol{r},\boldsymbol{r}')=0,\quad \boldsymbol{r}\in S;\boldsymbol{r}'\in V\end{gathered} \tag{3.6.33c}$$

空间 V 内任意一点的声压为

$$p(\boldsymbol{r},\omega)=\int_V G(\boldsymbol{r},\boldsymbol{r}')\Im(\boldsymbol{r}',\omega)\mathrm{d}^3\boldsymbol{r}' \tag{3.6.34a}$$

上式在测量面 B 取值，则有

$$\int_V G(\boldsymbol{r}_i,\boldsymbol{r}')\Im(\boldsymbol{r}',\omega)\mathrm{d}^3\boldsymbol{r}'=p_B(\boldsymbol{r}_i,\omega),\quad \boldsymbol{r}_i\in B\ (i=1,\cdots,M) \tag{3.6.34b}$$

注意：实际测量的是 $\boldsymbol{r}_i$ 点的声压级，故上式中相位不能给出任何信息. 方程 (3.6.34b) 为第一类积分方程，它是不适定的. 为了得到方程 (3.6.34b) 的较精确解，一般要求测量点足够多，使离散化后得到的代数方程是超定的.

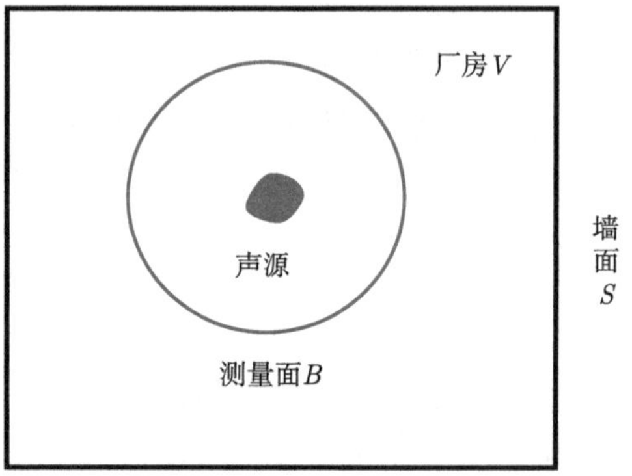

图 3.6.8　封闭空间中噪声源的反演

正则化方法　考虑一个较为简单的情况，即噪声源 $\Im(\boldsymbol{r},\omega)$ 由位于 $\boldsymbol{r}\in V_j(j=1,2,\cdots,N)$ 且强度为 $Q_j(\omega)(j=1,\cdots,N)$ 的 N 个体源组成

$$\Im(\boldsymbol{r},\omega)=\sum_{j=1}^{N}Q_j(\omega)\Delta_j(\boldsymbol{r}) \tag{3.6.35a}$$

其中，当 $\boldsymbol{r}\in V_j$ 时，$\Delta_j(\boldsymbol{r})=1$；当 $\boldsymbol{r}\notin V_j$ 时，$\Delta_j(\boldsymbol{r})=0$. 由方程 (3.6.34b)

$$\sum_{j=1}^{N}g_{ij}(\omega)Q_j(\omega)=p_B(\boldsymbol{r}_i,\omega)\quad (i=1,\cdots,M) \tag{3.6.35b}$$

其中，$g_{ij}(\omega)\equiv\int_{V_j}G(\boldsymbol{r}_i,\boldsymbol{r}')\mathrm{d}^3\boldsymbol{r}'$. 为了保证从测量数据反演源的强度 $Q_j(\omega)$，一般取 $M\gg N$，故方程 (3.6.35b) 是超定的线性代数方程，由于测量数据 $p_B(\boldsymbol{r}_i,\omega)$ 含有噪声，其解一般是不稳定的，也就是说，测量误差的微小变化将引起解的很大变化，故常用正则化方法求近似解，下面作简单介绍.

把方程 (3.6.35b) 写成矩阵的形式

$$\boldsymbol{A}\boldsymbol{x}=\boldsymbol{b} \tag{3.6.36a}$$

其中，$\boldsymbol{A}$ 是以 $g_{ij}(\omega)$ 为矩阵元的 $M\times N$ 矩阵，$\boldsymbol{x}=[Q_1(\omega),Q_2(\omega),\cdots,Q_N(\omega)]^t$ 是 $N\times 1$ 列矩阵，$\boldsymbol{b}=[p_B(\boldsymbol{r}_1,\omega),p_B(\boldsymbol{r}_2,\omega),\cdots,p_B(\boldsymbol{r}_M,\omega)]^t$ 是 $M\times 1$ 列矩阵. 由于方程 (3.6.36a) 是超定的代数方程且非齐次项 $\boldsymbol{b}$ 含有噪声，故代替直接求方程 (3.6.36a) 的解，我们求 $\boldsymbol{x}$ 使下列泛函极小

$$J_\alpha(\boldsymbol{x})=||\boldsymbol{A}\boldsymbol{x}-\boldsymbol{b}||^2+\alpha||\boldsymbol{x}||^2 \tag{3.6.36b}$$

其中，距离函数定义为

$$||\boldsymbol{A}\boldsymbol{x}-\boldsymbol{b}||^2\equiv\sum_{i=1}^{M}\left|\sum_{j=1}^{N}g_{ij}(\omega)Q_j(\omega)-p_B(\boldsymbol{r}_i,\omega)\right|^2 \tag{3.6.36c}$$

以及 $||\boldsymbol{x}||^2\equiv\sum\limits_{j=1}^{N}|Q_j(\omega)|^2$. 参数 α 称为**正则化参数**. 求泛函式 (3.6.36b) 极小作为方程 (3.6.36a) 的近似解方法称为 **Tikhonov 正则化方法**. 由方程 (3.6.36b) 得到一阶变分为

$$\begin{aligned}\delta J_\alpha=&2\mathrm{Re}\left\{\sum_{j=1}^{N}\left[\sum_{k=1}^{N}\sum_{i=1}^{M}g_{ij}^*(\omega)g_{ik}(\omega)Q_k(\omega)-\sum_{i=1}^{M}g_{ij}^*(\omega)p_B(\boldsymbol{r}_i,\omega)\right]\delta Q_j^*(\omega)\right\}\\&+2\alpha\mathrm{Re}\sum_{j=1}^{N}Q_j(\omega)\delta Q_j^*(\omega)\end{aligned} \tag{3.6.36d}$$

于是，由 $\delta J_\alpha=0$ 得到 $Q_j(\omega)$ 满足的方程

$$\alpha Q_j(\omega)+\sum_{k=1}^{N}\sum_{i=1}^{M}g_{ij}^*(\omega)g_{ik}(\omega)Q_k(\omega)=\sum_{i=1}^{M}g_{ij}^*(\omega)p_B(\boldsymbol{r}_i,\omega) \tag{3.6.37a}$$

其中，$j=1,2,\cdots,N$. 上式写成矩阵的形式

$$\alpha\boldsymbol{x}+\boldsymbol{A}^+\boldsymbol{A}\boldsymbol{x}=\boldsymbol{A}^+\boldsymbol{b} \tag{3.6.37b}$$

其中，矩阵 $\boldsymbol{A}^+$ 是矩阵 $\boldsymbol{A}$ 的共轭矩阵 (转置和复共轭，注意：$\boldsymbol{A}$ 和 $\boldsymbol{A}^+$ 分别是 $M\times N$ 和 $N\times M$ 矩阵，$\boldsymbol{A}^+\boldsymbol{A}$ 是 $N\times N$ 方阵). 因此，代替求解方程 (3.6.36a)，我们转而求解正则化方程 (3.6.37b)，其解为

$$\boldsymbol{x}=(\alpha\boldsymbol{I}+\boldsymbol{A}^+\boldsymbol{A})^{-1}\boldsymbol{A}^+\boldsymbol{b} \tag{3.6.37c}$$

其中，$(\alpha\boldsymbol{I}+\boldsymbol{A}^{+}\boldsymbol{A})^{-1}$ 表示 $(\alpha\boldsymbol{I}+\boldsymbol{A}^{+}\boldsymbol{A})$ 的逆矩阵. 正则化参数 α 不能太小，如果取 $\alpha=0$，上式就是方程 (3.6.36a) 的广义解，由于非齐次项 $\boldsymbol{b}$ 含有噪声，解不稳定; 反之，如果 α 太大，则求解误差过大. 正则化参数 α 的选择方法是使下列误差函数极小

$$E(\alpha)=\frac{1}{||p_B||}\sum_{i=1}^{M}|p(\boldsymbol{r}_i,\omega,\alpha)-p_B(\boldsymbol{r}_i,\omega)|^2 \tag{3.6.37d}$$

其中，$p(\boldsymbol{r}_i,\omega,\alpha)$ 是正则化参数取 α 时，测量点 $\boldsymbol{r}_i$ 的计算声压值，$||p_B||$ 为测量点声压的均方平均

$$||p_B||=\sqrt{\sum_{i=1}^{M}|p_B(\boldsymbol{r}_i,\omega)|^2} \tag{3.6.37e}$$

值得指出的是: ①如果测量源 (机器) 置于刚性地面上且在开空间测量，则 Green 函数 $G(\boldsymbol{r},\boldsymbol{r}')$ 就相对简单，由方程 (2.5.7e) 决定，半消声实验室就是这种理想情况的近似; ②如果在消声实验室 (见第 5 章讨论) 中测量，则 Green 函数 $G(\boldsymbol{r},\boldsymbol{r}')$ 就是无限空间中的 Green 函数，由方程 (1.3.24a) 决定; ③如果测量源 (机器) 置于阻抗地面上且在开空间测量，则 Green 函数 $G(\boldsymbol{r},\boldsymbol{r}')$ 由方程 (2.5.15c) 或者 (2.5.16b) 决定.

第 4 章　管道中的声传播和激发

我们经常遇到声波在管道中的激发和传播问题，例如，许多发声器件本身就做成管状 (如号筒式扬声器). 由于现代工业技术的发展，特别是大型强力风机、燃气轮机、喷气装置的利用，带来了日益严重的强噪声危害，消除或减弱由这些系统和设备的进、排气管道传播的强噪声，即管道消声问题已成为管道传声研究的一个重要课题. 另一方面，在 1.3 节和 1.4 节中，我们假定已经存在一个平面波，但由第 2 章的讨论，声源在自由空间中只能激发振幅随距离衰减的球面波，而不可能获得真正的平面波. 讨论表明，只有在管道中才可能获得平面波，因此管道已成为声学中一个重要的研究环境.

4.1　等截面波导中声波的传播

严格求解任意形状管道 (弯曲的管道、变截面的管道) 中的声传播是非常困难的，一般只能数值求解. 等截面的直管道是较为简单的情况，特别是当管道截面是矩形或者圆形时，我们能够给出波动方程的严格解，如果截面是椭圆形，必须用椭圆柱坐标 (见 4.1.5 小节). 等截面管道的简单之处在于：在截面方向形成本征值问题，存在正交、完备的本征函数系，故声场可以用函数系作展开，大大简化了问题的讨论.

4.1.1　刚性壁面的等截面波导和截止频率

设波导壁是刚性的，截面用 S 表示，如图 4.1.1, 截面平行于 xOy 平面，可用方程 $\Gamma: g(x,y)=0$ 表示，$+z$ 方向延至无限，声波由 $z=0$ 处进入波导，或者在 $z=0$ 处存在声源，向波导内 $z>0$ 辐射声波 (见 4.2 节讨论). 如果仅考虑声波在波导中的传播，声压满足方程和刚性边界条件

$$\begin{gathered}\frac{\partial^2 p}{\partial x^2}+\frac{\partial^2 p}{\partial y^2}+\frac{\partial^2 p}{\partial z^2}+k_0^2 p=0\\ \left.\frac{\partial p}{\partial n}\right|_{\Gamma}=0;k_0=\frac{\omega}{c_0}\end{gathered}\tag{4.1.1a}$$

由于壁面方程 $\Gamma: g(x,y)=0$ 与 z 无关, 故方程 (4.4.1a) 可分离变量

$$p(x,y,z,\omega)=\psi(x,y)Z(z)\tag{4.1.1b}$$

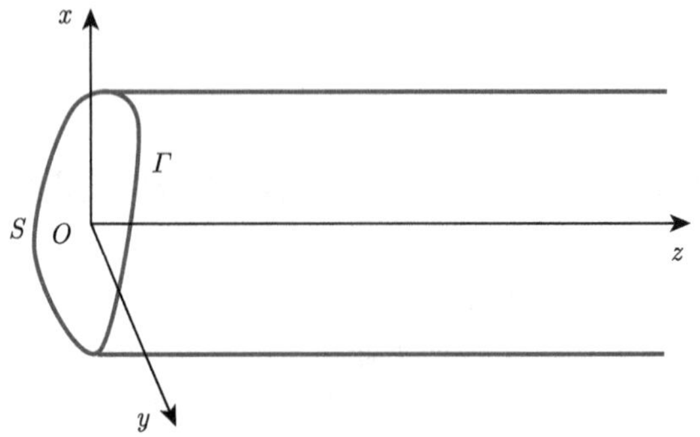

图 4.1.1　等截面波导

代入方程 (4.1.1a) 得到

$$\left(\frac{\partial^2}{\partial x^2}+\frac{\partial^2}{\partial y^2}\right)\psi(x,y)+k_t^2\psi(x,y)=0;\ \left.\frac{\partial\psi(x,y)}{\partial n}\right|_{\Gamma}=0 \tag{4.1.1c}$$

以及

$$\frac{\mathrm{d}^2Z(z)}{\mathrm{d}z^2}+k_z^2Z(z)=0 \tag{4.1.1d}$$

其中, $k_t^2=k_0^2-k_z^2$，下标 “t” 表示横截面，k_z 是分离变量常数. 方程 (4.1.1d) 的解为

$$Z(z)=A\exp(-\mathrm{i}k_zz)+B\exp(\mathrm{i}k_zz) \tag{4.1.2}$$

由于 $z>0$，声波仅沿 z 方向传播，故取 $A\equiv 0$(假定时间因子为 $\mathrm{e}^{-\mathrm{i}\omega t}$).

方程 (4.1.1c) 构成本征值问题，只有当 k_t 为一系列特定值 $k_t=k_{t\lambda}(\lambda=0,1,2,\cdots)$ 时，方程 (4.1.1c) 才有非零解 $\psi_\lambda(x,y,k_{t\lambda})(\lambda=0,1,2,\cdots)$. 注意：指标 λ 表示一个指标集, 对二维问题，有二个指标. ψ_λ 和 $k_{t\lambda}$ 分别称为**简正模式**和**简正波数**(或者称 $\omega_\lambda\equiv c_0k_{t\lambda}$ 为**简正频率**). 对满足方程 (4.1.1c) 的刚性边界，简正模式 ψ_λ 和简正频率 ω_λ 的三个基本性质是：① 简正频率 ω_λ 是实数；② 简正模式 ψ_λ 相互正交；③ 简正系 $\{\psi_\lambda(x,y,k_{t\lambda}),\lambda=0,1,2,\cdots\}$ 构成完备系.

证明：事实上，对区域 S 内二次可微、边界 Γ 上一次可微的任何函数 $u(x,y)$ 和 $v(x,y)$，由平面 Green 公式，存在积分关系

$$\iint_S(u\nabla^2v-v\nabla^2u)\mathrm{d}S=\iint_S\nabla\cdot(u\nabla v-v\nabla u)\mathrm{d}S=\int_\Gamma\left(u\frac{\partial v}{\partial n}-v\frac{\partial u}{\partial n}\right)\mathrm{d}\Gamma \tag{4.1.3a}$$

式中, 二维 Laplace 算子为

$$\nabla_t^2\equiv\frac{\partial^2}{\partial x^2}+\frac{\partial^2}{\partial y^2} \tag{4.1.3b}$$

取 $u=\psi_\lambda^*$ 和 $v=\psi_\mu$，在刚性边界条件下, 边界积分为零，于是

$$\iint_S\psi_\lambda^*(-\nabla_t^2)\psi_\mu\mathrm{d}S=\iint_S\psi_\mu(-\nabla_t^2)\psi_\lambda^*\mathrm{d}S \tag{4.1.3c}$$

故 Laplace 算子 $-\nabla_t^2$ 在刚性边界条件下是 **Hermite 对称算子**. 把方程 (4.1.1c) 代入上式得到

$$(k_{t\mu}^2 - k_{t\lambda}^{*2})\iint_S \psi_\lambda^* \psi_\mu \mathrm{d}S = 0 \tag{4.1.3d}$$

当 $\lambda = \mu$ 时，$k_{t\mu}^2 = (k_{t\mu}^2)^*$，因此简正频率 ω_λ 是实数；当 $\lambda \neq \mu$ 时，$k_{t\mu}^2 \neq k_{t\lambda}^2$，只有

$$\iint_S \psi_\lambda^* \psi_\mu \mathrm{d}S = 0 \ \ (\mu \neq \lambda) \tag{4.1.3e}$$

即简正模式 $\psi_\lambda(x,y,k_{t\lambda})$ 相互正交. 简正系 $\{\psi_\lambda(x,y,k_{t\lambda}), \lambda = 0,1,2,\cdots\}$ 的完备性意味着：对区域 S 内平方可积的函数 $f(x,y)$，可作广义 Fourier 展开

$$f(x,y) \cong \sum_{\lambda=0}^{\infty} a_\lambda \psi_\lambda(x,y,k_{t\lambda}) \tag{4.1.4a}$$

其中，展开系数为

$$a_\lambda = \iint_S f(x,y)\psi_\lambda^*(x,y,k_{t\lambda})\mathrm{d}S \tag{4.1.4b}$$

如果 $f(x,y)$ 在区域 S 内连续并且在边界上的法向导数为零，方程 (4.1.4a) 的等号严格成立. 否则，在边界上，方程右边的级数并不收敛到真正的值. 得到方程 (4.1.4b)，已假定简正系 $\{\psi_\lambda(x,y,k_{t\lambda}), \lambda = 0,1,2,\cdots\}$ 是正交、归一化的，即满足

$$\iint_S \psi_\lambda^* \psi_\mu \mathrm{d}S = \delta_{\lambda\mu} \tag{4.1.4c}$$

又利用矢量恒等式 $\nabla\psi_\lambda^* \cdot \nabla\psi_\mu = \nabla\cdot(\psi_\lambda^*\nabla\psi_\mu) - \psi_\lambda^*\nabla^2\psi_\mu$ 并二边积分得到关系式

$$\iint_S \nabla\psi_\lambda^* \cdot \nabla\psi_\mu \mathrm{d}S = k_{t\lambda}k_{t\mu}\iint_S \psi_\lambda^*\psi_\mu \mathrm{d}S = k_{t\mu}^2 \delta_{\lambda\mu} \tag{4.1.4d}$$

方程 (4.1.4a) 和 (4.1.4b) 的证明，即完备性的证明较复杂，这里不进一步展开.

因此，波导中的声场可表示为

$$p(x,y,z,\omega) = \sum_{\lambda=0}^{\infty} A_\lambda \psi_\lambda(x,y,k_{t\lambda}) \exp\left(\mathrm{i}\sqrt{k_0^2 - k_{t\lambda}^2}\, z\right) \tag{4.1.5a}$$

可见，波导中的声场由各个简正模式 $\psi_\lambda(x,y,k_{t\lambda})$ 叠加而成，系数 A_λ 由 $z=0$ 处的声源决定，见 4.2 节讨论.

截止频率 从方程 (4.1.5a)，我们可以得到声波在波导中传播的一个重要性质，即存在截止频率：由方程 (4.1.5a)，对声源激发频率 ω 一定的声波，当 $(\omega/c_0)^2 - k_{t\lambda}^2 < 0$，简正模式 $\psi_\lambda(x,y,k_{t\lambda})$ 对声场的贡献随 z 指数衰减，在离开声源一定的距离后，就可以忽略不计，故称 $\omega_\mathrm{c} \equiv k_{t\lambda}c_0$ 为简正模式 $\psi_\lambda(x,y,k_{t\lambda})$ 的**截止频率**. 当

$(\omega/c_0)^2-k_{t1}^2<0$($k_{t1}$ 是最小的非零本征值) 时，波导中只能传播简正波数为 $k_{t0}=0$ 的声波，这时

$$p(x,y,z,\omega)\approx A_0\psi_0\exp(\mathrm{i}k_0 z) \tag{4.1.5b}$$

与横向坐标 (x,y) 无关，为一平面波，称为**主波**. 注意：当声压满足方程 (4.1.1a) 第二式的第二类边界条件时，$k_{t0}=0$ 总是一个本征值，相应的本征函数为 $\psi_0=1/\sqrt{S}$，其中 S 为波导截面面积；反之，如果边界是压力释放的，即 $p|_\Gamma=0$，则不然.

相速度　由方程 (4.1.5a)，每个简正模式对声场的贡献为

$$p_\lambda(x,y,z,t)=A_\lambda\psi_\lambda(x,y,k_{t\lambda})\exp\left[\mathrm{i}\left(\sqrt{k_0^2-k_{t\lambda}^2}z-\omega t\right)\right] \tag{4.1.6a}$$

等相位面方程为:$\sqrt{k_0^2-k_{t\lambda}^2}z-\omega t=$ 常数，故相速度为

$$c_{\mathrm{phase}}=\frac{\mathrm{d}z}{\mathrm{d}t}=\frac{\omega}{\sqrt{k_0^2-k_{t\lambda}^2}}=\frac{c_0}{\sqrt{1-k_{t\lambda}^2/k_0^2}}>c_0 \tag{4.1.6b}$$

可见: ① 相速度与频率有关，波导中的声波是频散波，这种频散不是由声波的耗散引起的 (见第 6 章讨论)，而是几何结构 (即波导面) 对声波传播的约束而引起的频散；② 波导中的相速度 c_{phase} 大于自由空间的声速 c_0，而且当 $(\omega/c_0)^2-k_{t\lambda}^2=0$ 时，即在截止频率点，$c_{\mathrm{phase}}\to\infty$，其物理图像将在 4.1.3 节中结合具体例子介绍.

群速度　能量传播的速度

$$c_{\mathrm{group}}=\frac{\mathrm{d}\omega}{\mathrm{d}k_{z\lambda}}=\left(\frac{\mathrm{d}k_{z\lambda}}{\mathrm{d}\omega}\right)^{-1}=c_0\sqrt{1-\frac{k_{t\lambda}^2}{k_0^2}} \tag{4.1.6c}$$

称为**群速度**. 为了解释其物理意义，考虑情况：假定声源处 $(z=0)$ 发出一个声脉冲

$$p_\lambda(x,y,0,t)=\psi_\lambda(x,y,k_{t\lambda})\int_{-\infty}^{\infty}A_\lambda(\omega)\exp(-\mathrm{i}\omega t)\mathrm{d}\omega \tag{4.1.7a}$$

传播距离 z 后，时域的声场分布为

$$p_\lambda(x,y,z,t)=\psi_\lambda(x,y,k_{t\lambda})\int_{-\infty}^{\infty}A_\lambda(\omega)\exp[\mathrm{i}(k_{z\lambda}z-\omega t)]\mathrm{d}\omega \tag{4.1.7b}$$

假定脉冲的频谱以 ω_0 为中心 (即当 $\omega=\omega_0$ 时，$A_\lambda(\omega)$ 取极大)，则上式积分贡献主要由 ω_0 附近贡献，故把 $k_{z\lambda}$ 在 ω_0 附近展开得到

$$k_{z\lambda}(\omega)=k_{z\lambda}(\omega_0)+\left.\frac{\mathrm{d}k_{z\lambda}(\omega)}{\mathrm{d}\omega}\right|_{\omega=\omega_0}(\omega-\omega_0)+\cdots \tag{4.1.7c}$$

保留展开的一阶项代入方程 (4.1.7b) 得到

$$p_\lambda(x,y,z,t)\approx\psi_\lambda(x,y,k_{t\lambda})\mathrm{e}^{\mathrm{i}k_{z\lambda}(\omega_0)z}\exp\left[-\mathrm{i}\frac{\mathrm{d}k_{z\lambda}(\omega)}{\mathrm{d}\omega}\bigg|_{\omega=\omega_0}\omega_0 z\right]\\ \times\int_{-\infty}^{\infty}A_\lambda(\omega)\exp\left\{-\mathrm{i}\omega\left[t-\frac{\mathrm{d}k_{z\lambda}(\omega)}{\mathrm{d}\omega}\bigg|_{\omega=\omega_0}z\right]\right\}\mathrm{d}\omega \tag{4.1.7d}$$

由 Fourier 变换的性质，上式简化为

$$p_\lambda(x,y,z,t)\approx\psi_\lambda(x,y,k_{t\lambda})\mathrm{e}^{\mathrm{i}k_{z\lambda}(\omega_0)z}\exp\left[-\mathrm{i}\frac{\mathrm{d}k_{z\lambda}(\omega)}{\mathrm{d}\omega}\bigg|_{\omega=\omega_0}\omega_0 z\right]\\ \times A_\lambda\left[t-\frac{\mathrm{d}k_{z\lambda}(\omega)}{\mathrm{d}\omega}\bigg|_{\omega=\omega_0}z\right] \tag{4.1.8a}$$

其中，$A_\lambda(t)$ 是 $A_\lambda(\omega')$ 的逆 Fourier 变换，即声源处的时域脉冲包络

$$A_\lambda(t)\equiv\int_{-\infty}^{\infty}A_\lambda(\omega')\exp(-\mathrm{i}\omega' t)\mathrm{d}\omega' \tag{4.1.8b}$$

从方程 (4.1.8a) 可见，脉冲包络 $A_\lambda(t)$ 传播的速度为

$$c_{\text{group}}=\frac{\mathrm{d}z}{\mathrm{d}t}=\left(\frac{\mathrm{d}k_{z\lambda}}{\mathrm{d}\omega}\right)^{-1}_{\omega=\omega_0} \tag{4.1.8c}$$

即为**群速度**. 注意：在波导中，各个模式的相速度和群速度是不一样的.

能量密度　单位长度波导的时间平均能量为

$$\bar{E}=\frac{1}{4}\iint_S\left(\rho_0|\boldsymbol{v}|^2+\frac{1}{\rho_0c_0^2}|p|^2\right)\mathrm{d}S\equiv\bar{E}_{\mathrm{d}}+\bar{E}_{\mathrm{p}} \tag{4.1.9a}$$

其中，动能项为

$$\bar{E}_{\mathrm{d}}=\frac{1}{4}\rho_0\iint_S|\boldsymbol{v}|^2\mathrm{d}S=\frac{1}{4\rho_0c_0^2}\sum_{\lambda=0}^{\infty}|A_\lambda|^2 \tag{4.1.9b}$$

得到上式，已利用了正交性关系 (4.1.4c) 和 (4.1.4d); 势能为

$$\bar{E}_{\mathrm{p}}=\frac{1}{4\rho_0c_0^2}\iint_S|p|^2\mathrm{d}S=\frac{1}{4\rho_0c_0^2}\sum_{\lambda=0}^{\infty}|A_\lambda|^2 \tag{4.1.9c}$$

可见，平均能量密度是每个模式的叠加. 在求 $\bar{E}_{\mathrm{d}}$ 和 $\bar{E}_{\mathrm{p}}$ 过程中，我们假定 $(\omega/c_0)^2-k_{t\lambda}^2>0$，事实上，由于截止频率的存在，对一定的频率 ω，总存在 λ_{c}，当 $\lambda=\lambda_{\mathrm{c}}$ 时，$(\omega/c_0)^2-k_{t\lambda}^2<0$. 因此，我们把方程 (4.1.5a) 写成

$$p(x,y,z,\omega)=\sum_{\lambda=0}^{\lambda_{\mathrm{c}}}A_\lambda\psi_\lambda(x,y,k_\lambda)\mathrm{e}^{\mathrm{i}\sqrt{k_0^2-k_{t\lambda}^2}z}+\sum_{\lambda=\lambda_{\mathrm{c}}+1}^{\infty}A_\lambda\psi_\lambda(x,y,k_\lambda)\mathrm{e}^{-\sqrt{k_{t\lambda}^2-k_0^2}z} \tag{4.1.10a}$$

于是，动能和势能分别为

$$\bar{E}_{\mathrm{d}}=\frac{1}{4\rho_0c_0^2}\sum_{\lambda=0}^{\lambda_{\mathrm{c}}}|A_\lambda|^2+\frac{1}{4\omega^2\rho_0}\sum_{\lambda=\lambda_{\mathrm{c}}+1}^{\infty}(2k_{t\lambda}^2-k_0^2)|A_\lambda|^2\mathrm{e}^{-2\sqrt{k_{t\lambda}^2-k_0^2}z} \tag{4.1.10b}$$

$$\bar{E}_{\mathrm{p}}=\frac{1}{4\rho_0c_0^2}\left[\sum_{\lambda=0}^{\lambda_{\mathrm{c}}}|A_\lambda|^2+\sum_{\lambda=\lambda_{\mathrm{c}}+1}^{\infty}|A_\lambda|^2\mathrm{e}^{-2\sqrt{k_{t\lambda}^2-(\omega/c_0)^2}z}\right] \tag{4.1.10c}$$

可见，对 $\lambda>\lambda_{\mathrm{c}}$ 以上的模式，声能量主要集中在声源附近，当离声源足够大距离，声场的能量密度为

$$\bar{E}=\sum_{\lambda=0}^{\lambda_{\mathrm{c}}}(\bar{E})_\lambda;\quad (\bar{E})_\lambda\equiv\frac{1}{2\rho_0c_0^2}|A_\lambda|^2 \tag{4.1.10d}$$

其中，$(\bar{E})_\lambda$ 为模式 λ 的能量密度.

声能流通量　为了更清楚认识群速度的含义，我们来计算通过波导截面的声能流通量

$$\varPhi_z=\iint_S\boldsymbol{I}\cdot\mathrm{d}\boldsymbol{S}=\frac{1}{2}\iint_S\mathrm{Re}(pv_z^*)\mathrm{d}S \tag{4.1.11a}$$

由方程 (4.1.10a)

$$\begin{aligned}v_z(x,y,z,\omega)=\frac{1}{\mathrm{i}\rho_0\omega}\frac{\partial p}{\partial z}&=\frac{1}{\rho_0\omega}\sum_{\lambda=0}^{\lambda_{\mathrm{c}}}\sqrt{k_0^2-k_{t\lambda}^2}A_\lambda\psi_\lambda(x,y,k_\lambda)\mathrm{e}^{\mathrm{i}\sqrt{k_0^2-k_{t\lambda}^2}z}\\&+\frac{\mathrm{i}}{\rho_0\omega}\sum_{\lambda=\lambda_{\mathrm{c}}+1}^{\infty}\sqrt{k_{t\lambda}^2-k_0^2}A_\lambda\psi_\lambda(x,y,k_\lambda)\mathrm{e}^{-\sqrt{k_{t\lambda}^2-k_0^2}z}\end{aligned} \tag{4.1.11b}$$

把上式和方程 (4.1.10a) 代入方程 (4.1.11a) 得到

$$\varPhi_z=\frac{1}{2\rho_0c_0}\sum_{\lambda=0}^{\lambda_{\mathrm{c}}}\sqrt{1-\frac{k_{t\lambda}^2}{k_0^2}}|A_\lambda|^2 \tag{4.1.12a}$$

可见：① 截止频率以上的倏逝波对能流通量没有贡献；② 声能流通量是每个模式的声能流通量之和

$$\varPhi_z=\sum_{\lambda=0}^{\lambda_{\mathrm{c}}}(\varPhi_z)_\lambda;(\varPhi_z)_\lambda\equiv\frac{1}{2\rho_0c_0}\sqrt{1-\frac{k_{t\lambda}^2}{k_0^2}}|A_\lambda|^2 \tag{4.1.12b}$$

由方程 (4.1.10d)

$$(\varPhi_z)_\lambda=c_0\sqrt{1-\frac{k_{t\lambda}^2}{k_0^2}}(\bar{E})_\lambda \tag{4.1.13a}$$

于是，能量传播的速度为

$$c_{\mathrm{group}}\equiv\frac{(\varPhi_z)_\lambda}{(\bar{E})_\lambda}=c_0\sqrt{1-\frac{k_{t\lambda}^2}{k_0^2}} \tag{4.1.13b}$$

上式与方程 (4.1.6c) 完全一致. 可见，群速度确实是能量传播的速度.

4.1.2 阻抗壁面的等截面波导和模式衰减

考虑波导壁面是由局部反应材料组成的，声压满足方程和阻抗边界条件

$$\begin{aligned}&\frac{\partial^2 p}{\partial x^2}+\frac{\partial^2 p}{\partial y^2}+\frac{\partial^2 p}{\partial z^2}+k_0^2 p=0\\&\left.\left[\frac{\partial p}{\partial n}-\mathrm{i}k_0\beta(x,y,z,\omega)p\right]\right|_{\varGamma}=0\end{aligned}\tag{4.1.14a}$$

上式中我们特别写出了 β 的函数关系，如果 β 与 z 有关，我们就得不到简单的分离变量解，故设 β 与 z 无关:$\beta(x,y,z,\omega)=\beta(x,y,\omega)$, 方程 (3.4.14a) 可分离变量：$p(x,y,z,\omega)=\varPsi(x,y)Z(z)$，代入方程 (3.4.14a) 得到 $\varPsi(x,y)$ 满足的齐次方程和边界条件

$$\begin{aligned}&\left(\frac{\partial^2}{\partial x^2}+\frac{\partial^2}{\partial y^2}\right)\varPsi(x,y)+\kappa_t^2\varPsi(x,y)=0\\&\left.\left[\frac{\partial\varPsi(x,y)}{\partial n}-\mathrm{i}k_0\beta(x,y,\omega)\varPsi(x,y)\right]\right|_{\varGamma}=0\end{aligned}\tag{4.1.14b}$$

其中，$\kappa_t^2+k_z^2=k_0^2$，而 $Z(z)$ 的形式与方程 (4.1.2) 相同. 与方程 (4.1.1c) 的解类似，只有当 κ_t 为一系列特定值 $\kappa_t=\kappa_{t\lambda}(\lambda=0,1,\cdots)$ 时，方程 (4.1.14b) 才有非零解 $\varPsi_\lambda(x,y,\kappa_{t\lambda})(\lambda=0,1,2,\cdots)$. 但是，必须指出的是，阻抗边界条件下定义的简正模式 $\varPsi_\lambda(x,y,\kappa_{t\lambda})$ 和简正复波数 $\kappa_{t\lambda}$ 与外加激励频率 ω 有关，而不是系统固有的特性. 从这个意义上讲，在阻抗边界情况下，简正模式和简正频率是广义的. 更为重要的是：Laplace 算子 $-\nabla_t^2$ 在阻抗边界条件下是非 Hermite 对称的算子，简正频率一般是复数，而且简正模式 $\varPsi_\lambda$ 一般不正交. 但是，叠加原理仍然成立，我们仍可以把波导中的声场写成各个简正模式 $\varPsi_\lambda(x,y,\kappa_{t\lambda})(\lambda=0,1,2,\cdots)$ 的叠加

$$p(x,y,z,\omega)=\sum_{\lambda=0}^{\infty}A_\lambda\varPsi_\lambda(x,y,\kappa_{t\lambda})\exp\left(\mathrm{i}\sqrt{k_0^2-\kappa_{t\lambda}^2}z\right)\tag{4.1.15}$$

我们介绍简正模式 $\varPsi_\lambda(x,y,\kappa_{t\lambda})$ 的一个重要关系，这个关系在求系数 A_λ 过程中有用 (见 4.2.1 小节讨论)

$$\iint_S\varPsi_\lambda\varPsi_\mu\mathrm{d}S=0\quad(\mu\neq\lambda)\tag{4.1.16a}$$

注意：上式不能称为正交性关系，根据二个函数的正交定义，在复数空间中，$\varPsi_\mu$ 应该是复共轭，而

$$\iint_S\varPsi_\lambda\varPsi_\mu^*\mathrm{d}S\neq 0\quad(\mu\neq\lambda)\tag{4.1.16b}$$

取 $u=\varPsi_\lambda(x,y,\kappa_{t\lambda})$ 和 $v=\varPsi_\mu(x,y,\kappa_{t\mu})$，由方程 (4.1.3a)

$$\iint_S(\varPsi_\lambda\nabla_t^2\varPsi_\mu-\varPsi_\mu\nabla_t^2\varPsi_\lambda)\mathrm{d}S=\int_\varGamma\left(\varPsi_\lambda\frac{\partial\varPsi_\mu}{\partial n}-\varPsi_\mu\frac{\partial\varPsi_\lambda}{\partial n}\right)\mathrm{d}\varGamma\tag{4.1.16c}$$

把方程 (4.1.14b) 代入上式左、右边得到

$$(\kappa_\lambda^2-\kappa_\mu^2)\iint_S \Psi_\lambda\Psi_\mu \mathrm{d}S = k_0\int_\Gamma \mathrm{i}\beta\,(\Psi_\lambda\Psi_\mu-\Psi_\mu\Psi_\lambda)\mathrm{d}\Gamma = 0 \tag{4.1.16d}$$

当 $\lambda=\mu$ 时，上式自动满足；当 $\lambda\neq\mu$ 时，就得到方程 (4.1.16a).

然而，如果边界是准刚性的，即 $\beta\to 0$，仍然有近似的正交关系

$$\iint_S \Psi_\lambda\Psi_\mu^*\mathrm{d}S \approx N_\lambda^2\delta_{\lambda\mu} \tag{4.1.17a}$$

其中，模的平方为

$$N_\lambda^2 \equiv \iint_S |\Psi_\mu|^2\mathrm{d}S \tag{4.1.17b}$$

另一个需要注意的问题是：在阻抗边界条件下，$\kappa_{t0}\neq 0$，即零一定不是一个本征值，而且，严格地，常数也不是本征函数，故严格意义上的平面波不存在.

纯模式展开 为了求解方程 (4.1.14b)，我们也可用刚性边界条件下的简正系 $\{\psi_\lambda(x,y,k_\lambda)\}$(下面称为**纯模式**) 作近似展开

$$\Psi(x,y,\kappa_t) \approx \sum_{\lambda=0}^{\infty} b_\lambda\psi_\lambda(x,y,k_{t\lambda}) \tag{4.1.18a}$$

其中，展开系数为

$$b_\lambda = \iint_S \Psi(x,y,\kappa_t)\psi_\lambda^*(x,y,k_{t\lambda})\mathrm{d}S \tag{4.1.18b}$$

由方程 (4.1.3a) 且取 $u=\Psi(x,y,\kappa_t)$ 和 $v=\psi_\mu^*(x,y,k_{t\mu})\quad(\mu=0,1,2,\cdots)$

$$\iint_S (\Psi\nabla_t^2\psi_\mu^*-\psi_\mu^*\nabla_t^2\Psi)\mathrm{d}S = \int_\Gamma\left(\Psi\frac{\partial\psi_\mu^*}{\partial n}-\psi_\mu^*\frac{\partial\Psi}{\partial n}\right)\mathrm{d}\Gamma \tag{4.1.19a}$$

由方程 (4.1.1c)，(4.1.14b) 和 (4.1.18b)，上式给出

$$(\kappa_t^2-k_{t\mu}^2)b_\mu = -\mathrm{i}k_0\sum_{\lambda=0}^{\infty} b_\lambda\int_\Gamma \beta(x,y,\omega)\psi_\lambda\psi_\mu^*\mathrm{d}\Gamma \tag{4.1.19b}$$

令

$$\chi_{\lambda\mu} \equiv \mathrm{i}k_0\int_\Gamma \beta(x,y,\omega)\psi_\lambda\psi_\mu^*\mathrm{d}\Gamma \tag{4.1.20a}$$

方程 (4.1.19b) 简化成

$$(\kappa_t^2-k_{t\mu}^2)b_\mu = -\sum_{\lambda=0}^{\infty}\chi_{\lambda\mu}b_\lambda\quad(\mu=0,1,2,\cdots) \tag{4.1.20b}$$

或者写成

$$\sum_{\lambda=0}^{\infty}[(\kappa_t^2-k_{t\mu}^2)\delta_{\lambda\mu}+\chi_{\lambda\mu}]b_\lambda=0\quad(\mu=0,1,2,\cdots)\tag{4.1.20c}$$

上式是关于 $\{b_\lambda\}$ 的无穷联立的齐次线性代数方程, 存在非零解的条件是系数行列式为零，于是可得到关于 κ_t 的代数方程

$$\Delta(\Omega)\equiv\det[(\kappa_t^2-k_{t\mu}^2)\delta_{\lambda\mu}+\chi_{\lambda\mu}]=0\tag{4.1.20d}$$

设该方程第 $\gamma(\gamma=0,1,2,\cdots)$ 个根为 $\kappa_{t\gamma}$，对每一个 $\kappa_{t\gamma}$，可由方程 (4.1.20c) 得到一组 $\{b_\lambda\}_\gamma$，一旦求得 $\{b_\lambda\}_\gamma$ 的近似解，由方程 (4.1.8a) 就可得到简正系 $\{\Psi_\lambda(x,y,\kappa_{t\lambda})\}$.

方程 (4.1.20c) 表明：阻抗边界条件下的简正模式可表示成纯模式的叠加，但每个纯模式是相互耦合的. 必须注意的是：我们用近似等号表示方程 (4.1.18a) 的左、右边相等关系. 根据广义 Fourier 级数展开理论，在区域 Γ 的内部点 (x_0,y_0)，方程 (4.1.18a) 右边的无限级数收敛到真正的 $\Psi(x_0,y_0,\kappa_t)$，而在区域 Γ 的边界上 (即波导壁面上)，右边的无限级数并不收敛到真正的 $\Psi(x,y,\kappa_t)$，而是收敛到某个值. 事实上，在波导壁面上，方程 (4.1.18a) 右边的无限级数收敛速度很差，因为 $\{\psi_\lambda(x,y,k_\lambda)\}$ 在波导壁面上的法向导数为零，当内部点 (x_0,y_0) 趋近波导壁面时，必须有无限多个无限小量，才能相加成一个有限量. 因此，在讨论某些问题时，用纯模式系 $\{\psi_\lambda(x,y,k_\lambda)\}$ 作展开就不合适了 (见 4.2.1 小节中声波的激发问题). 但对下面我们讨论的模式衰减问题，这样的展开是可行的.

一级近似 在边界刚性较大的情况下，纯模式的相互耦合较弱，可以取 $\chi_{\lambda\mu}\approx 0(\lambda\neq\mu)$，而

$$\chi_{\lambda\lambda}=\mathrm{i}k_0\int_\Gamma\beta(x,y,\omega)|\psi_\lambda|^2\mathrm{d}\Gamma\neq 0\tag{4.1.21a}$$

代入方程 (4.1.20c) 得到

$$[(\kappa_t^2-k_{t\mu}^2)+\chi_{\mu\mu}]b_\mu\approx 0\quad(\mu=0,1,2,\cdots)\tag{4.1.21b}$$

因此

$$\kappa_{t\mu}^2\equiv\kappa_t^2\approx k_{t\mu}^2-\chi_{\mu\mu}\quad(\mu=0,1,2,\cdots)\tag{4.1.21c}$$

上式就是阻抗边界条件下，简正波数的一级微扰解. 相应地，取 $b_\mu\neq 0$，而其他 $b_\lambda=0(\lambda\neq\mu)$，因此在一级近似下，简正模式不变：$\Psi_\lambda(x,y,\kappa_{t\lambda})\approx\psi_\lambda(x,y,k_{t\lambda})$. 于是，波导中的声场可近似表达为

$$p(x,y,z,t)\approx\sum_{\lambda=0}^{\infty}A_\lambda\psi_\lambda(x,y,k_{t\lambda})\exp\left[\mathrm{i}\left(\sqrt{k_0^2-\kappa_{t\lambda}^2}z-\omega t\right)\right]\tag{4.1.22a}$$

设 $\beta(x,y,\omega)=\sigma(x,y,\omega)+\mathrm{i}\delta(x,y,\omega)$(注意：见 1.4.2 小节讨论)，由方程 (4.1.21a)

$$\chi_{\lambda\lambda}\equiv \mathrm{i}k_0[\sigma_\lambda(\omega)+\mathrm{i}\delta_\lambda(\omega)] \tag{4.1.22b}$$

其中，为了方便定义

$$\begin{aligned}\sigma_\lambda&\equiv\int_\Gamma \sigma(x,y,\omega)|\psi_\lambda|^2\mathrm{d}\Gamma\\ \delta_\lambda&\equiv\int_\Gamma \delta(x,y,\omega)|\psi_\lambda|^2\mathrm{d}\Gamma\end{aligned} \tag{4.1.22c}$$

故复传播因子为

$$\sqrt{k_0^2-\kappa_{t\lambda}^2}\approx\sqrt{k_0^2-k_{t\lambda}^2+\chi_{\lambda\lambda}}\approx\sqrt{k_0^2-k_{t\lambda}^2}+\frac{\chi_{\lambda\lambda}}{2\sqrt{k_0^2-k_{t\lambda}^2}}\equiv k_{z\lambda}+\mathrm{i}\alpha_\lambda \tag{4.1.23a}$$

其中，$k_{z\lambda}$ 为模式 λ 的 z 方向 “有效” 传播波数

$$k_{z\lambda}\equiv\sqrt{k_0^2-k_{t\lambda}^2}+\frac{k_0\delta_\lambda(\omega)}{2\sqrt{k_0^2-k_{t\lambda}^2}}\approx\sqrt{k_0^2-k_{t\lambda}^2} \tag{4.1.23b}$$

α_λ 为模式 λ 的衰减系数

$$\alpha_\lambda\equiv\frac{k_0\sigma_\lambda(\omega)}{2\sqrt{k_0^2-k_{t\lambda}^2}} \tag{4.1.23c}$$

以上二式代入方程 (4.1.22a) 得到

$$p(x,y,z,t)\approx\sum_{\lambda=0}^{\infty}A_\lambda \mathrm{e}^{-\alpha_\lambda z}\psi_\lambda(x,y,k_{t\lambda})\exp[\mathrm{i}(k_{z\lambda}z-\omega t)] \tag{4.1.24}$$

上式表明，在准刚性条件下，边界阻抗的主要作用是引进了模式的衰减系数，而模式形式和传播因子基本不变. 因而，也可以说，边界阻抗作为微扰是稳定的. 然而，在截止频率点 $k_0^2-k_{t\lambda}^2=0$，方程 (4.1.23b) 和 (4.1.23c) 不成立. 此时，复传播因子为

$$\sqrt{k_0^2-\kappa_{t\lambda}^2}\approx\sqrt{k_0^2-k_{t\lambda}^2}\approx\sqrt{\chi_{\lambda\lambda}}=\sqrt{|\chi_{\lambda\lambda}|}\mathrm{e}^{\mathrm{i}\phi_\lambda} \tag{4.1.25}$$

其中，$\tan\phi_\lambda=\sigma_\lambda(\omega)/\delta_\lambda(\omega)$. 于是模式 λ 的 z 方向 “有效” 传播波数和衰减系数分别为 $k_{z\lambda}\approx\sqrt{|\chi_{\lambda\lambda}|}\cos\phi_\lambda$; $\alpha_\lambda\approx\sqrt{|\chi_{\lambda\lambda}|}\sin\phi_\lambda$. 当 $\beta\to0$ 时，$k_{z\lambda}\to0$; $\alpha_\lambda\to0$，趋向刚性结果，故 $k_{z\lambda}$ 和 α_λ 都是小量而可忽略，仍然可以认为声波在横向多次反射而不向 z 方向传播 (见 4.1.3 小节讨论).

4.1.3　刚性和阻抗壁面的矩形波导以及平面波条件

刚性壁面　设 Γ 为矩形：$x\in[0,l_x]$ 和 $y\in[0,l_y]$. 显然方程 (4.1.1c) 简化为

$$\begin{aligned}&\left(\frac{\partial^2}{\partial x^2}+\frac{\partial^2}{\partial y^2}\right)\psi(x,y)+k_t^2\psi(x,y)=0\\ &\left.\frac{\partial\psi}{\partial x}\right|_{x=0,l_x}=\left.\frac{\partial\psi}{\partial y}\right|_{y=0,l_y}=0\end{aligned} \tag{4.1.26a}$$

以上本征值问题的解为

$$\begin{aligned}\psi_{pq}(x,y,\lambda_{pq})&=\sqrt{\frac{\varepsilon_p\varepsilon_q}{S}}\cos\left(\frac{p\pi}{l_x}x\right)\cos\left(\frac{q\pi}{l_y}y\right)\\k_{pq}^2&=\left(\frac{p\pi}{l_x}\right)^2+\left(\frac{q\pi}{l_y}\right)^2\quad(p,q=0,1,2,\cdots)\end{aligned}\tag{4.1.26b}$$

其中，$\varepsilon_p=\varepsilon_q=1(p=0;q=0)$，而 $\varepsilon_p=\varepsilon_q=2(p\neq 0;q\neq 0)$. 注意：对矩形波导，$\lambda$ 表示二个指标 (p,q).

平面波条件 截止频率由方程 $(\omega/c_0)^2-k_1^2<0$ 决定，显然 $k_1=\min[\pi/l_x,\pi/l_y]$. 故截止频率或者截止半波长为

$$f_{\rm c}=\frac{c_0}{2\max[l_x,l_y]};\quad\frac{\lambda_{\rm c}}{2}=\frac{c_0}{2f_{\rm c}}=\max[l_x,l_y]\tag{4.1.27}$$

上式的物理意义非常明显：当声波的半波长大于波导的长边时，波导中只能传播 $(p,q)=(0,0)$ 的平面波，或者**主波**. 如果 p 或者 q 有一个不为零，就称为**高次模式**.

高次模式传播的图像 为了清楚，考虑较简单的模式 $(p,0)$ 对声场贡献

$$\begin{aligned}p(x,y,z,t)&=A_{p0}\sqrt{\frac{\varepsilon_p}{S}}\cos\left(\frac{p\pi}{l_x}x\right)\exp[\mathrm{i}(k_zz-\omega t)]\\&\sim\exp\left[\mathrm{i}\left(\frac{p\pi}{l_x}x+k_zz-\omega t\right)\right]+\exp\left[\mathrm{i}\left(-\frac{p\pi}{l_x}x+k_zz-\omega t\right)\right]\end{aligned}\tag{4.1.28a}$$

其中，z 方向的波数为

$$k_z=\sqrt{\left(\frac{\omega}{c_0}\right)^2-k_{p0}^2}=\sqrt{\left(\frac{\omega}{c_0}\right)^2-\left(\frac{p\pi}{l_x}\right)^2}\tag{4.1.28b}$$

对高次模式传播的波，由于 $k_z>0$，可令

$$k_x\equiv k_0\cos\vartheta\equiv\frac{p\pi}{l_x};k_z=k_0\sqrt{1-\cos^2\vartheta}=k_0\sin\vartheta\tag{4.1.28c}$$

于是方程 (4.1.28a) 可写成

$$p(x,y,z,t)\sim\exp[\mathrm{i}k_0(x\cos\vartheta+z\sin\vartheta-\omega t)]+\exp[\mathrm{i}k_0(-x\cos\vartheta+z\sin\vartheta-\omega t)]\tag{4.1.28d}$$

上式第一和二项分别表示沿正 x 方向 (与 x 轴夹角为 ϑ) 和负 x 方向 (与 x 轴夹角为 $\pi-\vartheta$) 方向传播的平面波. 因此，模式 $(p,0)$ 可看成二部分平面波的叠加 (如图 4.1.2)：沿正 x 方向传播的声波经 $x=l_x$ 处的刚性壁面反射形成沿负 x 方向的平面波，该平面波又经 $x=0$ 处的刚性壁面反射形成沿正 x 方向的平面波，等等. 这样，平面波经二个刚性壁面不断反射而向 $+z$ 方向传播. 当 $\vartheta=0$ 时，模式 $(p,0)$

只能在 $x=0$ 和 $x=l_x$ 二个刚性面之间来回反射而不能向 z 方向传播，这一条件就是模式 $(p,0)$ 的截止频率：$\omega_{\rm c}=p\pi c_0/l_x$. 以上讨论可推广到模式 $(0,q)$ 和 (p,q).

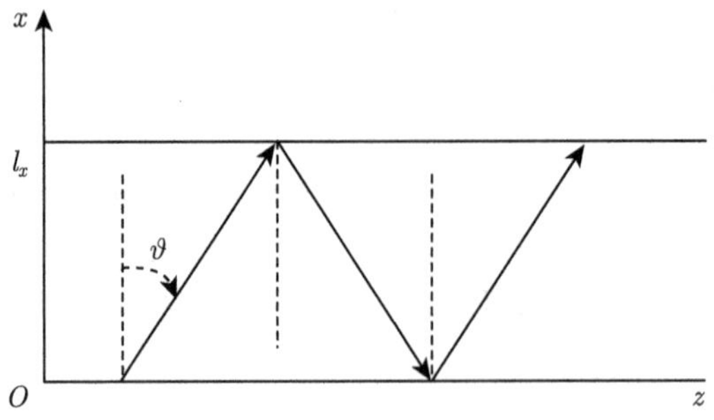

图 4.1.2　模式 $(p,0)$ 的传播

相速度　由方程 (4.1.28a) 的第一个等式，模式 $(p,0)$ 的等相位面为 $k_z z-\omega t=$ 常数，因此相速度为

$$c_{\rm phase}\equiv\frac{{\rm d}z}{{\rm d}t}=\frac{\omega}{k_z}=\frac{c_0}{\sqrt{1-\left(\dfrac{p\pi}{k_0 l_x}\right)^2}}>c_0 \tag{4.1.29a}$$

同样，对模式 (p,q)

$$c_{\rm phase}\equiv\frac{{\rm d}z}{{\rm d}t}=\frac{\omega}{\sqrt{k_0^2-k_{pq}^2}}=\frac{c_0}{\sqrt{1-\left[\left(\dfrac{p\pi}{k_0 l_x}\right)^2+\left(\dfrac{q\pi}{k_0 l_y}\right)^2\right]}}>c_0 \tag{4.1.29b}$$

可见相速度大于无限空间的声速 c_0，当高频 $\omega\to\infty$ 时，$c_{\rm phase}\to c_0$. 为了说明相速度的意义，作图 4.1.3，设在某一时刻，波阵面 L_1 通过原点，单位时间波阵面传播距离 c_0 后变成 L_2，L_2 与 z 轴交于 Q. 实际上, 相速度就是 Q 点传播的速度，显然

$$c_{\rm phase}=\frac{c_0}{\sin\vartheta}=c_0\frac{k_0}{k_z}=\frac{c_0}{\sqrt{1-\left(\dfrac{p\pi}{k_0 l_x}\right)^2}} \tag{4.1.29c}$$

与方程 (4.1.29a) 的结果一致. 当频率恰好是模式 $(p,0)$ 的截止频率，$c_{\rm phase}\to\infty$，也就是 $\vartheta=0$，意味着平面波在二个刚性面之间不断反射，而不形成向 z 方向传播的声能量.

群速度　实际声能量的传播速度应该是图 4.1.3 中 P 点传播的速度，也就是 c_0 在 z 方向投影

$$c_{\rm group}=c_0\sin\vartheta=c_0\frac{k_z}{k_0}=c_0\sqrt{1-\left(\frac{p\pi}{k_0 l_x}\right)^2}<c_0 \tag{4.1.30a}$$

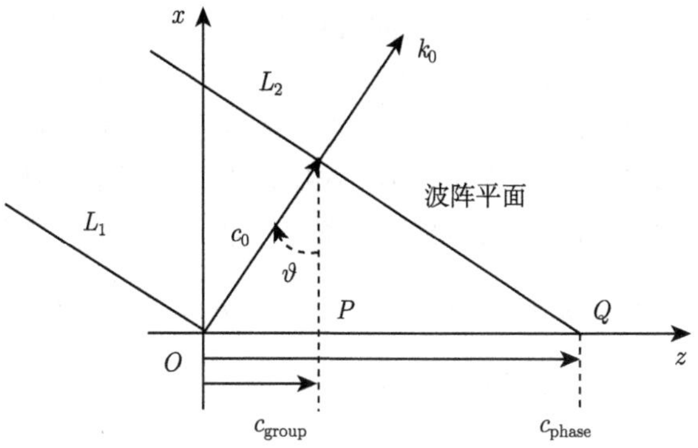

图 4.1.3 模式 $(p,0)$ 的相速度和群速度

对模式 (p,q)

$$c_{\text{group}}=c_0\sqrt{1-\left[\left(\frac{p\pi}{k_0l_x}\right)^2+\left(\frac{q\pi}{k_0l_y}\right)^2\right]}<c_0 \tag{4.1.30b}$$

声能流通量 我们直接从方程 (4.1.11a) 和 (4.1.26b) 出发

$$\begin{aligned}\varPhi_z&=\frac{1}{2}\iint_S\text{Re}(pv_z^*)\text{d}S=\frac{1}{2\rho_0\omega}\sum_{pq=0}^{p_\text{c}q_\text{c}}\sqrt{\frac{\omega^2}{c_0^2}-k_{pq}^2}|A_{pq}|^2=\sum_{pq=0}^{p_\text{c}q_\text{c}}(\varPhi_z)_{pq}\\(\varPhi_z)_{pq}&=\frac{1}{2\rho_0c_0}\sqrt{1-\frac{k_{pq}^2}{k_0^2}}|A_{pq}|^2=c_0\sqrt{1-\frac{k_{pq}^2}{k_0^2}}(\bar{E})_{pq}\end{aligned} \tag{4.1.31a}$$

于是，能量传播的速度为

$$c_{\text{group}}\equiv\frac{(\varPhi_z)_{pq}}{(\bar{E})_{pq}}=c_0\sqrt{1-\frac{k_{pq}^2}{k_0^2}} \tag{4.1.31b}$$

上式与方程 (4.1.30b) 是一致的.

阻抗壁面 方程 (4.1.26a) 修正为

$$\left(\frac{\partial^2}{\partial x^2}+\frac{\partial^2}{\partial y^2}\right)\varPsi(x,y)+\kappa^2\varPsi(x,y)=0 \tag{4.1.32a}$$

以及边界条件

$$\left.\frac{\partial\varPsi}{\partial x}\right|_{x=0}+\text{i}k_0\beta_{x0}(\omega)\varPsi(0,y)=0;\ \left.\frac{\partial\varPsi}{\partial x}\right|_{x=l_x}-\text{i}k_0\beta_{xl}(\omega)\varPsi(l_x,y)=0 \tag{4.1.32b}$$

$$\left.\frac{\partial\varPsi}{\partial y}\right|_{y=0}+\text{i}k_0\beta_{y0}(\omega)\varPsi(x,0)=0;\ \left.\frac{\partial\varPsi}{\partial y}\right|_{y=l_y}-\text{i}k_0\beta_{yl}(\omega)\varPsi(x,l_y)=0 \tag{4.1.32c}$$

其中，$\kappa^2+k_z^2=k_0^2$. 注意：在 $x=0$ 的直边上，区域的法向为 $(n_x,n_y)=(-1,0)$，而在 $x=l_x$ 的直边上，区域的法向为 $(n_x,n_y)=(1,0)$，故边界条件中相差一个负号，对 y 方向的讨论类似，以后经常遇到类似的问题，不再说明. 方程 (4.1.32b) 已假定每个面的阻抗均匀，但 4 个面上各不相同. 否则，无法得到解析形式的解. 显然，当所有的 β 都为零时，上式的解应该就是方程 (4.1.26b)，故取解的形式为

$$\Psi(x,y,\kappa)=A\cos(\kappa_x x+\delta_x)\cos(\kappa_y y+\delta_y) \tag{4.1.33}$$

其中，$\kappa^2=\kappa_x^2+\kappa_y^2$. 由 x 方向的边界条件得到

$$\begin{aligned}\kappa_x\tan(\delta_x)&=\mathrm{i}k_0\beta_{x0}(\omega)\\-\kappa_x\tan(\kappa_x l_x+\delta_x)&=\mathrm{i}k_0\beta_{xl}(\omega)\end{aligned} \tag{4.1.34a}$$

利用三角函数关系，从上式可推得

$$\begin{gathered}\tan(\delta_x)=\frac{\mathrm{i}k_0}{\kappa_x}\beta_{x0}(\omega)\\{}[k_0^2\beta_{xl}(\omega)\beta_{x0}(\omega)+\kappa_x^2]\tan(\kappa_x l_x)=-\mathrm{i}k_0\kappa_x[\beta_{x0}(\omega)+\beta_{xl}(\omega)]\end{gathered} \tag{4.1.34b}$$

上式就是决定 x 方向的本征值 κ_x 和相位因子 δ_x 的超越方程.

在准刚性近似下：① 零级近似，$\tan(\delta_x)=0$ 和 $\tan(\kappa_x^0 l_x)=0$，故取 $\delta_x=0$ 以及 $\kappa_x^0=p\pi/l_x(p=0,1,2,\cdots)$；② 一级近似，令 $\kappa_x\approx\kappa_x^0+\varepsilon$，注意到

$$\tan(\kappa_x^0 l_x+\varepsilon l_x)=\frac{\tan(\kappa_x^0 l_x)+\tan(\varepsilon l_x)}{1-\tan(\kappa_x^0 l_x)\tan(\varepsilon l_x)}=\tan(\varepsilon l_x)\approx\varepsilon l_x \tag{4.1.35a}$$

上式代入方程 (4.1.34b) 第二式且忽略 2 级量 $\beta_{xl}(\omega)\beta_{x0}(\omega)$，得到

$$(\kappa_x^0+\varepsilon)\varepsilon l_x\approx-\mathrm{i}k_0[\beta_{x0}(\omega)+\beta_{xl}(\omega)] \tag{4.1.35b}$$

因此，当 $\kappa_x^0\neq0$ 时，上式可以忽略 ε^2 得到

$$\varepsilon\approx-\mathrm{i}\frac{k_0}{\kappa_x^0 l_x}[\beta_{x0}(\omega)+\beta_{xl}(\omega)] \tag{4.1.35c}$$

故

$$\kappa_x\approx\kappa_x^0+\varepsilon=\kappa_x^0-\mathrm{i}\frac{k_0}{\kappa_x^0 l_x}[\beta_{x0}(\omega)+\beta_{xl}(\omega)] \tag{4.1.36a}$$

其平方近似为

$$\kappa_x^2\approx(\kappa_x^0+\varepsilon)^2\approx(\kappa_x^0)^2-2\mathrm{i}\frac{k_0}{l_x}[\beta_{x0}(\omega)+\beta_{xl}(\omega)] \tag{4.1.36b}$$

当 $\kappa_x^0=0$(即 $p=0$) 时，从方程 (4.1.35b) 得到

$$\varepsilon^2\approx-\mathrm{i}\frac{k_0}{l_x}[\beta_{x0}(\omega)+\beta_{xl}(\omega)] \tag{4.1.36c}$$

上式和方程 (4.1.36b) 可以统一写成

$$\kappa_x^2 \approx \left(\frac{p\pi}{l_x}\right)^2 - \mathrm{i}\varepsilon_p \frac{k_0}{l_x}[\beta_{x0}(\omega) + \beta_{xl}(\omega)] \tag{4.1.37}$$

其中，$\varepsilon_0 = 1$ 和 $\varepsilon_p = 2(p \geqslant 1)$. 另一方面，由方程 (4.1.34b) 第一式得到

$$\delta_x \approx \mathrm{i}\frac{k_0\beta_{x0}(\omega)}{\kappa_x} \tag{4.1.38}$$

同理，由 y 方向的边界条件, 我们可以得

$$\kappa_y^2 \approx \left(\frac{q\pi}{l_y}\right)^2 - \mathrm{i}\varepsilon_q \frac{k_0}{l_y}[\beta_{y0}(\omega) + \beta_{yl}(\omega)]; \delta_y \approx \mathrm{i}\frac{k_0\beta_{y0}(\omega)}{\kappa_y} \tag{4.1.39}$$

最后，在准刚性近似下，我们得到复简正模式和复本征值分别为

$$\Psi_{pq}(x,y,\kappa_{pq}) \approx \begin{cases} A_{pq}C_p(x)C_q(y) & (p,q \neq 0) \\ A_{00} & (p=q=0) \end{cases} \tag{4.1.40a}$$

$$\begin{aligned}\kappa_{pq}^2 \approx& \left(\frac{p\pi}{l_x}\right)^2 + \left(\frac{q\pi}{l_y}\right)^2 - \mathrm{i}\varepsilon_p \frac{k_0}{l_x}[\beta_{x0}(\omega) + \beta_{xl}(\omega)] \\ &-\mathrm{i}\varepsilon_q \frac{k_0}{l_y}[\beta_{y0}(\omega) + \beta_{yl}(\omega)] \quad (p,q = 0,1,2,\cdots)\end{aligned} \tag{4.1.40b}$$

其中，为了方便定义函数

$$\begin{aligned} C_p(x) &\equiv \cos\left[\frac{p\pi}{l_x}x + \mathrm{i}\frac{k_0 l_x \beta_{x0}(\omega)}{p\pi}\right] \quad (p \neq 0) \\ C_q(y) &\equiv \cos\left[\frac{q\pi}{l_y}y + \mathrm{i}\frac{k_0 l_y \beta_{y0}(\omega)}{q\pi}\right] \quad (q \neq 0) \end{aligned} \tag{4.1.40c}$$

注意: ① 严格地，即使 $p = q = 0$，简正模式 $\Psi_{00}(x,y,\kappa_{00})$ 也不为常数，而与坐标 (x,y) 有关，因为在非刚性边界条件下，常数不是本征值问题 (4.1.32a) 和 (4.1.32b) 的解，真正严格的平面波是不存在的；② 方程 (4.1.40a) 中，当 $p = q = 0$ 时，只有取零级近似，A_{00} 才是常数.

主波的衰减 为了方便，令 $\beta_{x0}(\omega) = \beta_{xl}(\omega) = \beta_{y0}(\omega) = \beta_{yl}(\omega) = \beta(\omega)$，主波的传播方程为

$$p_{00}(x,y,z,t) \approx A_{00}\exp\left[\mathrm{i}\left(\sqrt{k_0^2 - \kappa_{00}^2}z - \omega t\right)\right] \tag{4.1.41a}$$

主波复传播因子

$$\begin{aligned} k_z^{00} &\approx \sqrt{\left(\frac{\omega}{c_0}\right)^2 + 2\mathrm{i}\beta(\omega)k_0\left(\frac{1}{l_x} + \frac{1}{l_y}\right)} \\ &\approx \frac{\omega}{c_0} + \mathrm{i}\beta(\omega)\left(\frac{1}{l_x} + \frac{1}{l_y}\right) = \frac{\omega}{c_0} + \mathrm{i}\frac{\beta(\omega)L}{2S} \end{aligned} \tag{4.1.41b}$$

其中，$L=2(l_x+l_y)$ 为矩形截面周长. 用 $\beta=\sigma+\mathrm{i}\delta$ 表示

$$k_z^{00}\approx\left(\frac{\omega}{c_0}-\frac{\delta L}{2S}\right)+\frac{\sigma L}{2S}\mathrm{i} \tag{4.1.41c}$$

于是，由方程 (4.1.41a)

$$p_{00}(x,y,z,t)\approx A_{00}\mathrm{e}^{-\frac{\sigma L}{2S}z}\exp\left\{\mathrm{i}\left[\left(\frac{\omega}{c_0}-\frac{\delta L}{2S}\right)z-\omega t\right]\right\} \tag{4.1.42a}$$

由于 $z_n=R_n-\mathrm{i}X_n$，故

$$\begin{gathered}\beta=\sigma+\mathrm{i}\delta=\frac{\rho_0c_0}{z}=\frac{\rho_0c_0}{R_n-\mathrm{i}X_n}\\ \sigma=\frac{\rho_0c_0R_n}{R_n^2+X_n^2};\delta=\frac{\rho_0c_0X_n}{R_n^2+X_n^2}\end{gathered} \tag{4.1.42b}$$

衰减系数 $\alpha_{00}=\sigma L/(2S)$ 与阻抗的阻部正比，这就是管道阻性消声器设计的基本原理.

高次模式　高次模式 (p,q) 的传播方程为

$$p_{pq}(x,y,z,t)=A_{pq}C_p(x)C_q(y)\exp\left[\mathrm{i}\left(\sqrt{k_0^2-\kappa_{pq}^2}z-\omega t\right)\right] \tag{4.1.43a}$$

由方程 (4.1.40b)

$$\sqrt{k_0^2-\kappa_{pq}^2}\approx\sqrt{k_0^2-\left[\left(\frac{p\pi}{l_x}\right)^2+\left(\frac{q\pi}{l_y}\right)^2\right]}+\mathrm{i}\chi(p,q) \tag{4.1.43b}$$

其中，$\chi(p,q)$ 定义为

$$\chi(p,q)\equiv\frac{k_0\beta(\omega)L/S}{\sqrt{k_0^2-\left[\left(\frac{p\pi}{l_x}\right)^2+\left(\frac{q\pi}{l_y}\right)^2\right]}} \tag{4.1.43c}$$

把方程 (4.1.43b) 代入方程 (4.1.43a)

$$\begin{aligned}p_{pq}(x,y,z,t)&\approx A_{pq}C_p(x)C_q(y)\mathrm{e}^{-\alpha_{pq}z}\exp[\mathrm{i}(k_z^{pq}z-\omega t)]\\&\approx A_{pq}\cos\left(\frac{p\pi}{l_x}x\right)\cos\left(\frac{q\pi}{l_y}y\right)\mathrm{e}^{-\alpha_{pq}z}\exp[\mathrm{i}(k_z^{pq}z-\omega t)]\end{aligned} \tag{4.1.44a}$$

其中，传播因子和衰减系数分别为

$$k_z^{pq}\approx\sqrt{k_0^2-\left[\left(\frac{p\pi}{l_x}\right)^2+\left(\frac{q\pi}{l_y}\right)^2\right]} \tag{4.1.44b}$$

以及

$$\alpha_{pq} \approx \frac{k_0 \sigma L/S}{\sqrt{k_0^2 - \left[\left(\frac{p\pi}{l_x}\right)^2 + \left(\frac{q\pi}{l_y}\right)^2\right]}} \tag{4.1.44c}$$

上式与 $\alpha_{00} = \sigma L/(2S)$ 相比，显然有关系 $\alpha_{pq} > \alpha_{00}$，即高次模式衰减更快. 与 4.1.2 小节末尾的讨论相同，在截止频率点，方程 (4.1.43c) 和 (4.1.44c) 不成立. 值得指出的是，无论主波还是高次模式，其衰减系数都与 L/S(即周长与面积之比)，对固定的周长，正方形的面积最大，而 L/S 最小，故在管道消声的设计中，尽量把管道设计成偏平形状，提高比值 L/S.

4.1.4 刚性和阻抗壁面的圆形波导

刚性壁面 设半无限长、刚性壁面的圆形 (半径为 R) 波导长度方向为 z 轴，截面圆心为 xOy 平面坐标原点，在柱坐标 (ρ, z, φ) 下，简正模式满足下列方程和刚性边界条件

$$\begin{gathered}\left[\frac{1}{\rho}\frac{\partial}{\partial\rho}\left(\rho\frac{\partial}{\partial\rho}\right) + \frac{1}{\rho^2}\frac{\partial^2}{\partial\varphi^2} + k_t^2\right]\psi = 0 \quad (\rho < R, 0 \leqslant \varphi \leqslant 2\pi) \\ \left.\frac{\partial\psi}{\partial\rho}\right|_{\rho=R} = 0 \quad (0 \leqslant \varphi \leqslant 2\pi)\end{gathered} \tag{4.1.45a}$$

上式的解为

$$\psi^{s,c}(\rho, \varphi, k_t) = \mathrm{J}_m(k_t\rho)\left\{\begin{array}{c}\sin(m\varphi) \\ \cos(m\varphi)\end{array}\right\} \quad (m = 0, 1, 2, \cdots) \tag{4.1.45b}$$

或者写成复数形式

$$\psi(\rho, \varphi, k_t) = \mathrm{J}_{|m|}(k_t\rho)\exp(\mathrm{i}m\varphi) \quad (m = 0, \pm1, \pm2, \cdots) \tag{4.1.45c}$$

由刚性边界条件得到决定简正波数的方程：$\mathrm{J}'_{|m|}(k_t\rho) = 0$，即

$$\begin{gathered}\mathrm{J}_{|m|-1}(k_tR) = \mathrm{J}_{|m|+1}(k_tR) \quad (|m| \geqslant 1) \\ \mathrm{J}_1(k_tR) = 0 \quad (m = 0)\end{gathered} \tag{4.1.46a}$$

对应于一定的 $|m|$，方程 $\mathrm{J}_1(x) = 0$ 或 $\mathrm{J}_{|m|-1}(x) = \mathrm{J}_{|m|+1}(x)(|m| \geqslant 1)$ 存在一系列根，用指标 $\nu = 0, 1, 2, \cdots$ 表示，即 $x_{|m|\nu}$，于是，简正波数为 $k_{t|m|\nu} = x_{|m|\nu}/R$. 前 12 个根 $(m = 0, 1, 2; \nu = 0, 1, 2, 3)$ 分别为

$$\begin{gathered}[x_{00}; x_{01}; x_{02}; x_{03}] = [0.00; 3.83; 7.02; 10.17] \\ [x_{10}; x_{11}; x_{12}; x_{13}] = [1.84; 5.33; 8.54; 11.71] \\ [x_{20}; x_{21}; x_{22}; x_{23}] = [3.05; 6.71; 9.97; 13.17]\end{gathered} \tag{4.1.46b}$$

特别要注意的是：最小的非零根由 $x_{10} \approx 1.84$ 给出，而不是 $x_{01} \approx 3.83$. 故平面波条件是

$$f < f_{\mathrm{c}} = \frac{x_{10}}{2\pi R} c_0 = \frac{1.84}{2\pi R} c_0 \tag{4.1.47a}$$

当然，如果声源是轴对称的，激发的声场与 φ 无关，则 $m \equiv 0$，此时最小的非零根就是 $x_{01} \approx 3.83$，平面波条件为

$$f < f_{\mathrm{c}} = \frac{x_{01}}{2\pi R} c_0 = \frac{3.83}{2\pi R} c_0 \tag{4.1.47b}$$

截止频率可提高约一倍. 简正模式为

$$\psi_{|m|\nu}(\rho, \varphi, k_{t|m|\nu}) = \begin{cases} \mathrm{J}_{|m|}\left(\dfrac{x_{|m|\nu}}{R}\rho\right)\exp(\mathrm{i}m\varphi) & (m = \pm 1, \pm 2, \cdots; \nu = 1, 2, \cdots) \\ 1 & (m = \nu = 0) \end{cases} \tag{4.1.48a}$$

注意：这个简正模式没有归一化. 于是，波导中总的声场可表示成各个模式 (m, ν) 的求和

$$p(\rho, z, \varphi, \omega) = \sum_{m,\nu=0}^{\infty} A_{m\nu} \mathrm{J}_{|m|}\left(\frac{x_{|m|\nu}}{R}\rho\right) \mathrm{e}^{\mathrm{i}m\varphi} \exp\left[\mathrm{i}\sqrt{k_0^2 - \left(\frac{x_{|m|\nu}}{R}\right)^2} z\right] \tag{4.1.48b}$$

每个模式的相速度和群速度分别为

$$c_{\text{phase}} = \frac{\omega}{k_z} = \frac{c_0}{\sqrt{1 - \left(x_{|m|\nu}/k_0 R\right)^2}}; \quad c_{\text{group}} = \frac{1}{\partial k_z / \partial \omega} = c_0 \sqrt{1 - \left(\frac{x_{|m|\nu}}{k_0 R}\right)^2} \tag{4.1.48c}$$

声能流通量 根据 Bessel 函数的正交性，容易得到

$$\varPhi_z = \frac{1}{2} \int_0^{2\pi} \int_0^R \mathrm{Re}(p v_z^*) \rho \mathrm{d}\rho \mathrm{d}\varphi = \frac{1}{2\rho_0 \omega} \sum_{|m|,\nu=0}^{|m_{\mathrm{c}}|,\nu_{\mathrm{c}}} N_{|m|\nu}^2 \sqrt{k_0^2 - \left(\frac{x_{|m|\nu}}{R}\right)^2} |A_{|m|\nu}|^2 \tag{4.1.49a}$$

其中，模的平方为

$$\begin{aligned} N_{|m|\nu}^2 &= 2\pi \int_0^R \left[\mathrm{J}_{|m|}\left(\frac{x_{|m|\nu}}{R}\rho\right)\right]^2 \rho \mathrm{d}\rho \\ &= \begin{cases} \pi R^2 \left(1 - \dfrac{m^2}{x_{|m|\nu}^2}\right) [\mathrm{J}_{|m|}(x_{|m|\nu})]^2 & (m, \nu \neq 0) \\ \pi R^2 & (m = \nu = 0) \end{cases} \end{aligned} \tag{4.1.49b}$$

说明：方程 (4.1.49a) 与 (4.1.12a) 略有差别，因为 $\psi_{|m|\nu}(\rho, \varphi, k_{t|m|\nu})$ 没有归一化，只要把 $N_{|m|\nu}^2$ 归进 $A_{m\nu}$，两者就没有差别了.

螺旋 (Helicoidal) 模式 把方程 (4.148b) 写成形式

$$p(\rho,z,\varphi,t)=\sum_{m,\nu=0}^{\infty}A_{m\nu}\mathrm{J}_{|m|}\left(\frac{x_{|m|\nu}}{R}\rho\right)\exp\left\{\mathrm{i}\left[\sqrt{k_0^2-\left(\frac{x_{|m|\nu}}{R}\right)^2}z-\omega t+m\varphi\right]\right\} \tag{4.1.50a}$$

模式 (m,ν) 的等相位面方程为

$$\sqrt{k_0^2-\left(\frac{x_{|m|\nu}}{R}\right)^2}z-\omega t+m\varphi=\text{常数} \tag{4.1.50b}$$

故声波在 z 方向传播的相速度为

$$(c_{\text{phase}})_z\equiv\left.\frac{\partial z}{\partial t}\right|_{\varphi}=\frac{\omega}{\sqrt{k_0^2-(x_{|m|\nu}/R)^2}} \tag{4.1.50c}$$

而围绕 z 轴旋转的角速度为

$$\Omega_{\varphi}=\left.\frac{\partial\varphi}{\partial t}\right|_{z}=\pm\frac{\omega}{|m|}\quad(m\neq 0) \tag{4.1.50d}$$

其中，"±" 分别表示逆时针和顺时针旋转，图 4.1.4 画出了螺旋模式等相位点的轨迹. 注意: 模式 (0,0) 不存在螺旋模式.

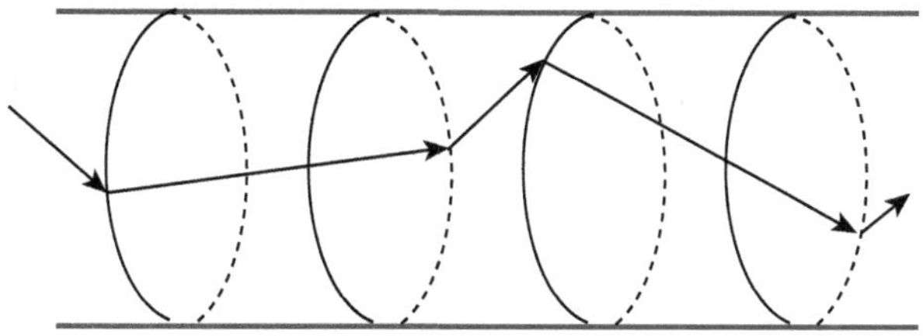

图 4.1.4 螺旋模式等相位点轨迹

阻抗壁面 方程 (4.1.45a) 修改为

$$\begin{gathered}\left[\frac{1}{\rho}\frac{\partial}{\partial\rho}\left(\rho\frac{\partial}{\partial\rho}\right)+\frac{1}{\rho^2}\frac{\partial^2}{\partial\varphi^2}+\kappa_t^2\right]\psi=0\quad(\rho<R,0\leqslant\varphi\leqslant 2\pi)\\ \left.\frac{\partial\psi}{\partial\rho}\right|_{\rho=R}=\mathrm{i}k_0\beta\psi\end{gathered} \tag{4.1.51a}$$

注意: 区域的法向为 $\boldsymbol{n}=\boldsymbol{e}_{\rho}$. 决定简正波数 κ_t 的方程为

$$\left.\frac{\mathrm{dJ}_{|m|}(\kappa_t\rho)}{\mathrm{d}\rho}\right|_{\rho=R}=\mathrm{i}k_0\beta\mathrm{J}_{|m|}(\kappa_t R) \tag{4.1.51b}$$

注意: 现在 κ_t 是复数. 设上述方程的解为 $\kappa_{t|m|\nu}(m=0,\pm1,\pm2,\cdots;\nu=0,1,2,\cdots)$. 考虑 $\beta\to 0$ 时 $\kappa_{tm|\nu|}=x_{|m|\nu}/R$，令 $\kappa_{tm|\nu|}R\approx x_{|m|\nu}+\varepsilon_{|m|\nu}$，其中 $x_{|m|\nu}$ 满足方程 $\mathrm{J}'_{|m|}(x_{|m|\nu})=0$. 对方程 (4.1.51b) 作展开且保留 $\varepsilon_{|m|\nu}$ 的一阶量得到

(1) 当 $|m|=\nu=0$ 时，$x_{00}=0$

$$\kappa_{00}\mathrm{J}_0'(\kappa_{00}R)=\frac{1}{R}\varepsilon_{00}\mathrm{J}_0'(\varepsilon_{00})=\mathrm{i}k_0\beta\mathrm{J}_0(\varepsilon_{00}) \tag{4.1.51c}$$

利用 Bessel 函数的近似式 $\mathrm{J}_0'(\varepsilon_{00})=-\mathrm{J}_1(\varepsilon_{00})\approx-\varepsilon_{00}/2$ 和 $\mathrm{J}_0(\varepsilon_{00})\approx 1$，我们得到 $\varepsilon_{00}^2\approx-2\mathrm{i}Rk_0\beta$. 因此, 平面波模式 (0,0) 的声压为

$$\begin{aligned}p_{00}(\rho,z,\varphi,t)&=A_{00}\exp\left[\mathrm{i}\left(\sqrt{k_0^2-\varepsilon_{00}^2}z-\omega t\right)\right]\\&\approx A_{00}\exp\left\{\mathrm{i}\left[\left(k_0+\mathrm{i}\frac{\beta}{R}\right)z-\omega t\right]\right\}\\&\approx A_{00}\mathrm{e}^{-(\sigma/R)z}\exp\left\{\mathrm{i}\left[\left(k_0+\frac{\delta}{R}\right)z-\omega t\right]\right\}\end{aligned} \tag{4.1.51d}$$

其中，利用了方程 (4.1.42b). 可见，主波的衰减系数 $\alpha_{00}\approx\sigma/R=\sigma L/2S$(其中截面面积 $S=\pi R^2$，截面周长 $L=2\pi R$)，与矩形波导结果是一致的.

(2) 当 $|m|\neq 0$ 或者 $\nu\neq 0$，方程 (4.1.51b) 变为

$$\frac{x_{|m|\nu}+\varepsilon_{|m|\nu}}{R}\mathrm{J}_{|m|}'(x_{|m|\nu}+\varepsilon_{|m|\nu})=\mathrm{i}k_0\beta\mathrm{J}_{|m|}(x_{|m|\nu}+\varepsilon_{|m|\nu}) \tag{4.1.52a}$$

注意到

$$\begin{aligned}(x_{|m|\nu}+\varepsilon_{|m|\nu})\mathrm{J}_{|m|}'(x_{|m|\nu}+\varepsilon_{|m|\nu})&\approx x_{|m|\nu}[\mathrm{J}_{|m|}'(x_{|m|\nu})+\varepsilon_{|m|\nu}\mathrm{J}_{|m|}''(x_{|m|\nu})]\\&=x_{|m|\nu}\varepsilon_{|m|\nu}\mathrm{J}_{|m|}''(x_{|m|\nu})\end{aligned} \tag{4.1.52b}$$

代入方程 (4.1.52a) 得到

$$\frac{1}{R}x_{|m|\nu}\varepsilon_{|m|\nu}\mathrm{J}_{|m|}''(x_{|m|\nu})\approx\mathrm{i}k_0\beta\mathrm{J}_{|m|}(x_{|m|\nu}) \tag{4.1.52c}$$

另一方面，Bessel 函数满足 Bessel 方程

$$\kappa_{tm|\nu}^2\mathrm{J}_{|m|}''(\kappa_{t|m|\nu}\rho)+\frac{1}{\rho}\kappa_{t|m|\nu}\mathrm{J}_{|m|}'(\kappa_{t|m|\nu}\rho)+\left(\kappa_{t|m|\nu}^2-\frac{m^2}{\rho^2}\right)\mathrm{J}_{|m|}(\kappa_{t|m|\nu}\rho)=0 \tag{4.1.53a}$$

在 $\rho=R$ 点取值，且作近似 $\kappa_{t|m|\nu}\approx x_{|m|\nu}/R$ 得到

$$\frac{x_{m|\nu}^2}{R^2}\mathrm{J}_{|m|}''(x_{|m|\nu})\approx-\frac{1}{R^2}x_{|m|\nu}\mathrm{J}_{|m|}'(x_{|m|\nu})-\left(\frac{x_{m|\nu}^2}{R^2}-\frac{m^2}{R^2}\right)\mathrm{J}_{|m|}(x_{|m|\nu}) \tag{4.1.53b}$$

注意到 $\mathrm{J}_{|m|}'(x_{|m|\nu})=0$，因此

$$\frac{\mathrm{J}_{|m|}''(x_{|m|\nu})}{\mathrm{J}_{|m|}(x_{|m|\nu})}\approx-\left(1-\frac{m^2}{x_{|m|\nu}^2}\right) \tag{4.1.53c}$$

于是由方程 (4.1.52b) 得到

$$\varepsilon_{|m|\nu} \approx \mathrm{i}\frac{k_0 R\beta}{x_{|m|\nu}}\frac{\mathrm{J}_{|m|}(x_{|m|\nu})}{\mathrm{J}''_{|m|}(x_{|m|\nu})} \approx -\mathrm{i}\frac{k_0 R\beta}{x_{|m|\nu}} \cdot \frac{1}{1-m^2/x^2_{|m|\nu}} \tag{4.1.54a}$$

因此

$$\begin{aligned} \kappa_{t|m|\nu} &\approx \frac{x_{|m|\nu}}{R} - \mathrm{i}\frac{k_0\beta}{x_{|m|\nu}} \cdot \frac{1}{1-m^2/x^2_{|m|\nu}} \\ (\kappa_{t|m|\nu})^2 &\approx \left(\frac{x_{|m|\nu}}{R}\right)^2 - 2\mathrm{i}\frac{k_0\beta}{R} \cdot \frac{1}{1-m^2/x^2_{|m|\nu}} \end{aligned} \tag{4.1.54b}$$

故模式 (m,ν) 的声压为

$$\begin{aligned} p_{m\nu}(\rho,z,\varphi,\omega) &= A_{m\nu}\mathrm{J}_{|m|}(\kappa_{|m|\nu}\rho)\mathrm{e}^{\mathrm{i}m\varphi}\exp\left(\mathrm{i}\sqrt{k_0^2-\kappa^2_{|m|\nu}}z\right) \\ &\approx A_{m\nu}\mathrm{e}^{-\alpha_{|m|\nu}z}\mathrm{J}_{|m|}\left(\frac{x_{|m|\nu}}{R}\rho\right)\mathrm{e}^{\mathrm{i}m\varphi}\exp(\mathrm{i}k_{|m|\nu z}z) \end{aligned} \tag{4.1.55a}$$

其中，衰减系数和 z 方向的传播因子分别为

$$\alpha_{|m|\nu} \equiv \frac{k_0\sigma}{R}\frac{1}{(1-m^2/x^2_{|m|\nu})\sqrt{k_0^2-x^2_{|m|\nu}/R^2}} \tag{4.1.55b}$$

以及

$$\begin{aligned} k_{|m|\nu z} &\equiv \sqrt{k_0^2-\left(\frac{x_{|m|\nu}}{R}\right)^2} + \frac{k_0\delta/R}{(1-m^2/x^2_{|m|\nu})\sqrt{k_0^2-x^2_{|m|\nu}/R^2}} \\ &\approx \sqrt{k_0^2-\left(\frac{x_{|m|\nu}}{R}\right)^2} \end{aligned} \tag{4.1.55c}$$

与矩形波导情况相同，在截止频率点，方程 (4.1.55b) 不成立.

4.1.5 刚性壁面的椭圆柱体波导和 Mathieu 方程

椭圆柱坐标系 如图 4.1.5，设波导截面为椭圆，其长轴 $2a$，短轴 $2b(a>b)$，波导截面方程 $\varGamma$：$x^2/a^2+y^2/b^2=1$. 二个焦点之间的距离为 $2c$(其中 $c=\sqrt{a^2-b^2}$)，离心率 $e=c/a$. 作变数变换

$$x = c\cosh\xi\cos\eta;\ y = c\sinh\xi\sin\eta;\ z = z \tag{4.1.56a}$$

其中，变量的取值范围为 $(0<\xi<\infty; 0<\eta<2\pi; -\infty<z<\infty)$. 由方程 (4.1.56a) 的前二式消去变量 η 得到

$$\frac{x^2}{c^2\cosh^2\xi} + \frac{y^2}{c^2\sinh^2\xi} = 1 \tag{4.1.56b}$$

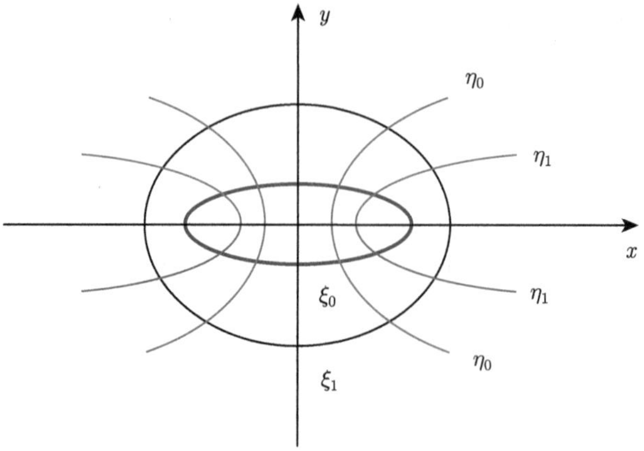

图 4.1.5　椭圆柱坐标系统：椭圆焦距为 $2c$

显然，对给定的 ξ, 上式表示 xOy 平面上的一个椭圆，故对一系列 ξ，上式定义 $z=$ 常数平面上的一个椭圆族，椭圆族中每个椭圆的二个焦点之间距离为 $2\sqrt{c^2\cosh^2\xi-c^2\sinh^2\xi}=2c$，与 ξ 无关，故椭圆族共焦点；由方程 (4.1.56a) 的前二式消去变量 ξ

$$\frac{x^2}{c^2\cos^2\eta}-\frac{y^2}{c^2\sin^2\eta}=1 \tag{4.1.56c}$$

上式定义平面 $z=$ 常数上的一个双曲线族，双曲线族中每条双曲线的二个焦点之间距离 $2\sqrt{c^2\cos^2\eta+c^2\sin^2\eta}=2c$，故双曲线族与椭圆族共焦点，而且可以证明：由方程 (4.1.56c) 定义的双曲线族正交于由方程 (4.1.56b) 定义的椭圆族，故 (ξ,η,z) 定义了一个正交曲线坐标系，称为**椭圆柱坐标系**. 事实上，变换方程 (4.1.56a)(可以不考虑 z 方向) 可以写成从复平面 $(x+\mathrm{i}y)$ 到复平面 $(\xi+\mathrm{i}\eta)$ 的映射

$$\xi+\mathrm{i}\eta=\cosh^{-1}\left(\frac{x+\mathrm{i}y}{c}\right) \tag{4.1.57a}$$

故映射

$$\xi=\mathrm{Re}\left[\cosh^{-1}\left(\frac{x+\mathrm{i}y}{c}\right)\right];\ \eta=\mathrm{Im}\left[\cosh^{-1}\left(\frac{x+\mathrm{i}y}{c}\right)\right] \tag{4.1.57b}$$

分别为解析函数 $\cosh^{-1}[(x+\mathrm{i}y)/c]$ 的实部和虚部，根据复变函数理论，$\xi=$ 常数的曲线族必定正交于 $\eta=$ 常数的曲线族. 此外，在椭圆柱坐标系内，波导截面方程可以写成简单的形式, 即 Γ：$\xi=\xi_0$(其中 $\xi_0=\mathrm{ar}\cosh(a/c)$ 或者 $\xi_0=\mathrm{ar}\sinh(b/c)$，如图 4.1.5 所示)，就像圆柱坐标系内，半径为 ρ_0 的截面圆方程可以写成 $\rho=\rho_0$. 显然，在椭圆柱坐标系内，空间一点可由 (ξ,η,z) 表示，故 ξ 和 η 分别类似于圆柱坐

标系的 ρ 和 φ，它们的关系为

$$\begin{aligned}\rho = c\sqrt{\sinh^2\xi + \cos^2\eta} = c\sqrt{\cosh^2\xi - \sin^2\eta}\\ \varphi = \tan^{-1}(\tanh\xi\tan\eta)\end{aligned} \tag{4.1.57c}$$

Mathieu 方程 在椭圆柱坐标系内，三维稳态波动方程为 (作为习题)

$$\frac{1}{c^2J^2}\left(\frac{\partial^2 p}{\partial\xi^2} + \frac{\partial^2 p}{\partial\eta^2}\right) + \frac{\partial^2 p}{\partial z^2} + k_0^2 p = 0 \tag{4.1.58a}$$

其中，为了方便定义

$$J^2 = \cosh^2\xi - \cos^2\eta = \sinh^2\xi + \sin^2\eta = \frac{1}{2}(\cosh 2\xi - \cos 2\eta) \tag{4.1.58b}$$

设方程 (4.1.58a) 的分离变数解为 $p(\xi,\eta,z) = F(\xi)G(\eta)Z(z)$，代入方程 (4.1.58a) 得到三个分离变量方程

$$\frac{\mathrm{d}^2 Z(z)}{\mathrm{d}z^2} + k_z^2 Z(z) = 0 \tag{4.1.59a}$$

$$\frac{\mathrm{d}^2 G(\eta)}{\mathrm{d}\eta^2} + \left(\lambda - \frac{\alpha^2}{2}\cos 2\eta\right) G(\eta) = 0 \tag{4.1.59b}$$

$$\frac{\mathrm{d}^2 F(\xi)}{\mathrm{d}\xi^2} - \left(\lambda - \frac{\alpha^2}{2}\cosh 2\xi\right) F(\xi) = 0 \tag{4.1.59c}$$

其中，$\alpha^2 \equiv c^2(k_0^2 - k_z^2)$，$k_z^2$ 和 λ 为分离常数. 显然，方程 (4.1.59a) 给出 z 方向的传播因子

$$Z(z) = Z_{0+}\exp(\mathrm{i}k_z z) + Z_{0-}\exp(-\mathrm{i}k_z z) \tag{4.1.60}$$

对 $+z$ 方向传播的声波，取 $Z_{0-} = 0$；而对 $-z$ 方向传播的声波，取 $Z_{0+} = 0$. 方程 (4.1.59b) 称为**Mathieu 方程**，令 $q \equiv \alpha^2/4 = c^2(k_0^2 - k_z^2)/4$，则方程 (4.1.59b) 可以写成标准的 Mathieu 方程

$$\frac{\mathrm{d}^2 G(\eta)}{\mathrm{d}\eta^2} + (\lambda - 2q\cos 2\eta)G(\eta) = 0 \tag{4.1.61a}$$

至于方程 (4.1.59c)，只要令 $\xi = \pm\mathrm{i}\zeta$，就可以把它化成标准的 Mathieu 方程

$$\frac{\mathrm{d}^2 F(\zeta)}{\mathrm{d}\zeta^2} + (\lambda - 2q\cos 2\zeta)F(\zeta) = 0 \tag{4.1.61b}$$

故称方程 (4.1.59c) 为**修正的 Mathieu 方程**.

Mathieu 方程的周期解 一般，求解 Mathieu 方程的问题分二类: ① 给定常数 λ 和 q，求 Mathieu 方程的解，讨论解的稳定性区域; ② 根据对解的性质要求 (由问题的物理要求决定)，决定参数 λ 和 q(即决定 k_z)，以及求相应的解，这一类

问题显然是本征值问题，但与我们已经遇到的本征值问题不同，Mathieu 方程的本征值问题必须同时决定二个参数 λ 和 q(比较柱坐标：角度方向的本征值和径向本征值的决定是独立的)，故称为**双参数本征值问题**. 因为变量 η 类似于圆柱坐标中的角度 φ，出现在三角函数的正弦和余弦中，故同样存在周期性边界条件

$$G(\eta)=G(\eta+2\pi) \tag{4.1.62}$$

因此，我们必须求 Mathieu 方程的周期解，其周期为 2π. 此外，Mathieu 方程还存在周期为 π 的周期解 (显然也满足方程 (4.1.62). 事实上，只有当参数 λ 和 q 满足一定关系时，Mathieu 方程才具有周期解. 我们不详细介绍如何求解, 仅指出 Mathieu 方程的周期解可表示为

(1) 周期为 π

$$\mathrm{ce}_{2l}(\eta,q)=\sum_{m=0}^{\infty}A_{2m}^{(2l)}(q)\cos(2m\eta),\quad 当\lambda=a_{2l}(q)时 \tag{4.1.63a}$$

$$\mathrm{se}_{2l+2}(\eta,q)=\sum_{m=0}^{\infty}B_{2m+2}^{(2l+2)}(q)\sin(2m+2)\eta,\quad 当\lambda=b_{2l+2}(q)时 \tag{4.1.63b}$$

(2) 周期为 2π

$$\mathrm{ce}_{2l+1}(\eta,q)=\sum_{m=0}^{\infty}A_{2m+1}^{(2l+1)}(q)\cos(2m+1)\eta,\quad 当\lambda=a_{2l+1}(q)时 \tag{4.1.64a}$$

$$\mathrm{se}_{2l+1}(\eta,q)=\sum_{m=0}^{\infty}B_{2m+1}^{(2l+1)}(q)\sin(2m+1)\eta,\quad 当\lambda=b_{2l+1}(q)时 \tag{4.1.64b}$$

可以统一用 $\mathrm{ce}_n(\eta,q)$ 和 $\mathrm{se}_n(\eta,q)$ 表示 Mathieu 方程的周期解：当 n 取偶数 $n=2l$ 或者 $2l+2$ 时，$\mathrm{ce}_{2l}(\eta,q)$ 和 $\mathrm{se}_{2l+2}(\eta,q)$ 由方程 (4.1.63a) 和 (4.1.63b) 表示；当 n 取奇数 $n=2l+1$ 时，$\mathrm{ce}_{2l+1}(\eta,q)$ 和 $\mathrm{se}_{2l+1}(\eta,q)$ 由方程 (4.1.64a) 和 (4.1.64b) 表示. 以上诸式中 $\lambda=a_n(q)$ 或 $\lambda=b_n(q)$ 表示参数 λ 和 q 满足的关系，这样的关系有无限多个 $(n=0,1,2,\cdots)$. 以 $\lambda=a_{2l}(q)$ 和 $\lambda=b_{2l+2}(q)$ 为例，得到它们的具体过程为：设 Mathieu 方程有周期为 π 的解

$$G(\eta)=\sum_{m=0}^{\infty}\left[A_{2m}\cos(2m\eta)+B_{2m}\sin(2m\eta)\right] \tag{4.1.65a}$$

代入方程 (4.1.61a)，然后令余弦和正弦项前的系数分别为零，得到关于 $\{A_{2m}\}$ 和 $\{B_{2m}\}$ 的线性齐次方程组

$$\begin{aligned}&\lambda A_0-qA_2=0\\&(\lambda-4)A_2-q(A_4+2A_0)=0\\&\cdots\cdots\\&(\lambda-4m^2)A_{2m}-q(A_{2m+2}+A_{2m-2})=0\quad(m\geqslant 2)\end{aligned}\tag{4.1.65b}$$

以及

$$\begin{aligned}&B_0=0\\&(\lambda-4)B_2-qB_4=0\\&\cdots\cdots\\&(\lambda-4m^2)B_{2m}-q(B_{2m+2}+B_{2m-2})=0\quad(m\geqslant 2)\end{aligned}\tag{4.1.65c}$$

首先考虑 $\{A_{2m}\}$，由 $\{A_{2m}\}$ 存在非零解的条件，系数行列式为零，可以得到一个关于 λ 的无穷阶代数方程，这个方程有无穷多个根，每个根是 q 的函数，用 $\lambda=a_{2l}(q)(l=0,1,2,\cdots)$ 表示. 然后，再把 $\lambda=a_{2l}(q)$(其中一个根) 回代到方程 (4.1.65b)，可以用 A_0 表示其他的系数，而 A_0 可由归一化条件决定，故系数 $\{A_{2m}\}$ 由 $\lambda=a_{2l}(q)$ 唯一决定；注意：对每一个根 $\lambda=a_{2l}(q)$，都有一套系数 $\{A_{2m}\}$，故系数 A_{2m} 与 $2l$ 有关，而且是 q 的函数，故表示成 $A_{2m}^{(2l)}(q)$. 类似地，可以从方程 (4.1.65c) 得到 $\lambda=b_{2l+2}(q)$，但略有不同的是：方程 (4.1.65a) 中关于正弦求和的第一项 $B_0=0$，故求和从 $m=1$ 开始，如果统一从 $m=0$ 开始，则修改 $\sin(2m\eta)$ 成 $\sin(2m+2)\eta$ 就可以了. 把方程 (4.1.65a) 的余弦和正弦部分分开就得到方程 (4.1.63a) 和 (4.1.63b). 对周期 2π 的解，讨论过程类似.

函数 ce_n 和 se_n 称为**第一类 Mathieu 函数**(简称为**Mathieu 函数**). 显然，$\mathrm{ce}_n(\eta,q)$ 为偶 Mathieu 函数，$\mathrm{se}_n(\eta,q)$ 为奇 Mathieu 函数；偶数阶 $(n=2l,2l+2)$Mathieu 函数的周期为 π，而奇数阶 $(n=2l+1)$Mathieu 函数的周期为 2π.

第一类 Mathieu 函数的正交性关系为

$$\begin{aligned}&\int_0^{2\pi}\mathrm{ce}_n(\eta,q)\mathrm{ce}_m(\eta,q)\mathrm{d}\eta=0\quad(n\neq m)\\&\int_0^{2\pi}\mathrm{se}_n(\eta,q)\mathrm{se}_m(\eta,q)\mathrm{d}\eta=0\quad(n\neq m)\\&\int_0^{2\pi}\mathrm{ce}_n(\eta,q)\mathrm{se}_m(\eta,q)\mathrm{d}\eta=0\quad(n\neq m)\end{aligned}\tag{4.1.66a}$$

而归一化条件选择为

$$\int_0^{2\pi}[\mathrm{ce}_n(\eta,q)]^2\mathrm{d}\eta=\int_0^{2\pi}[\mathrm{se}_n(\eta,q)]^2\mathrm{d}\eta=\pi\tag{4.1.66b}$$

此外，我们仅指出，Mathieu 函数也是完备的正交函数系.

注意：由方程 (4.1.63a)~(4.1.64b) 表示的四个周期解是参数 λ 与 q 具有不同关系 ($\lambda = a_n(q)$ 和 $\lambda = b_n(q)$) 时 Mathieu 方程的解，对应于每个周期解，Mathieu 方程还存在另外一个线性独立的非周期解 (因二阶常微分方程一定有二个线性独立解)，这四个非周期解称为**第二类 Mathieu 函数**，因不满足函数周期性要求，故我们不进一步讨论.

当系数 $q < 0$ 时，令 $q_1 = -q > 0$，方程 (4.1.61a) 变成

$$\frac{\mathrm{d}^2 G(\eta)}{\mathrm{d}\eta^2} + (\lambda + 2q_1 \cos 2\eta)\, G(\eta) = 0 \tag{4.1.67a}$$

进一步作变量变换：$\eta_1 = \eta \pm \pi/2$，由于 $q_1 \cos 2\eta = -q_1 \cos 2\eta_1$，上式变成标准的 Mathieu 方程

$$\frac{\mathrm{d}^2 G(\eta_1)}{\mathrm{d}\eta_1^2} + (\lambda - 2q_1 \cos 2\eta_1)\, G(\eta_1) = 0 \tag{4.1.67b}$$

修正 Mathieu 方程的解 修正的 Mathieu 方程可表示为

$$\frac{\mathrm{d}^2 F(\xi)}{\mathrm{d}\xi^2} - (\lambda - 2q \cosh 2\xi)\, F(\xi) = 0 \tag{4.1.68a}$$

由于只要令 $\xi = \pm \mathrm{i}\zeta$，上式变成标准的 Mathieu 方程. 故我们需要的解为

$$\mathrm{Ce}_n(\xi, q) \equiv \mathrm{ce}_n(\mathrm{i}\xi, q), \quad 当\lambda = a_n(q) 时 \tag{4.1.68b}$$

$$\mathrm{Se}_n(\xi, q) \equiv \mathrm{ise}_n(\mathrm{i}\xi, q), \quad 当\lambda = b_n(q)时 \tag{4.1.68c}$$

注意：n 可取偶数 $2l$ 和 $2l+2$，也可以取奇数 $2l+1$，故以上二式实际上代表四个解，即 $\mathrm{Ce}_{2l}(\xi, q)$，$\mathrm{Se}_{2l+2}(\xi, q)$，$\mathrm{Ce}_{2l+1}(\xi, q)$ 和 $\mathrm{Se}_{2l+1}(\xi, q)$.

对声波或电磁波的传播问题，习惯上使用 Bessel 函数展开形式的修正 Mathieu 方程解，即

$$\mathrm{Mc}_{2l}^{(1)}(\xi, q) = \frac{1}{\mathrm{ce}_{2l}(0, q)} \sum_{m=0}^{\infty} (-1)^{m+l} A_{2m}^{(2l)}(q) \mathrm{J}_{2m}\left(2\sqrt{q}\cosh\xi\right) \tag{4.1.69a}$$
$$当\lambda = a_{2l}(q)时$$

$$\begin{aligned}\mathrm{Ms}_{2l+2}^{(1)}(\xi, q) = \frac{1}{\mathrm{se'}_{2l+2}(0, q)} \tanh\xi \sum_{m=0}^{\infty} (-1)^{m+l}(2m+2) \\ \times B_{2m+2}^{(2l+2)}(q) \mathrm{J}_{2m+2}\left(2\sqrt{q}\cosh\xi\right), 当\lambda = a_{2l+2}(q)时\end{aligned} \tag{4.1.69b}$$

$$\mathrm{Mc}_{2l+2}^{(1)}(\xi, q) = \frac{1}{\mathrm{ce}_{2l+1}(0, q)} \sum_{m=0}^{\infty} (-1)^{m+l} A_{2m+1}^{(2l+1)}(q) \mathrm{J}_{2m+1}\left(2\sqrt{q}\cosh\xi\right) \tag{4.1.69c}$$
$$当\lambda = a_{2l+1}(q)时$$

$$\mathrm{Ms}_{2l+1}^{(1)}(\xi,q)=\frac{1}{\mathrm{se}'_{2l+1}(0,q)}\tanh\xi\sum_{m=0}^{\infty}(-1)^{m+l}(2m+1)\times B_{2m+1}^{(2l+1)}(q)\mathrm{J}_{2m+1}\left(2\sqrt{q}\cosh\xi\right),\quad 当\lambda=a_{2l+1}(q)时 \tag{4.1.69d}$$

其中，$\mathrm{se}'_n(0,q)=[\mathrm{dse}_n(\eta,q)/\mathrm{d}\eta]_{\eta=0}(n=2l+1;2l+2)$ 等. 以上各式前面的系数与 $\mathrm{ce}_n(\mathrm{i}\xi,q)$ 和 $\mathrm{se}_n(\mathrm{i}\xi,q)$ 略为不同，增加了相应的比例系数，但它们仍然是修正 Mathieu 方程的解. 函数 $\mathrm{Mc}_n^{(1)}(\xi,q)$ 和 $\mathrm{Ms}_n^{(1)}(\xi,q)$ 称为**第一类修正 Mathieu 函数**(上标 “(1)” 的意义，简称为**修正 Mathieu 函数**)，它们不具有周期性. 同样要注意的是：方程 (4.1.69a)~(4.1.69d) 中的四个解是参数 λ 与 q 具有不同关系 ($\lambda=a_n(q)$ 和 $\lambda=b_n(q)$) 时的解, 对应于以上的每个解，修正 Mathieu 方程还存在另外一个线性独立解，称为**第二类修正 Mathieu 函数.** 第二类修正 Mathieu 函数不满足在焦面 $\xi=0$ 处函数的连续性要求 (见下面讨论)，故我们在本节中不进一步讨论，但当所考虑的问题不包含焦面 (如散射问题)，或者在焦面上存在声源时，必须考虑第二类修正 Mathieu 函数. 在 3.1.5 小节的散射问题中，必须讨论第二类修正 Mathieu 函数.

注意：对单独的一个方程 (4.1.61b)，ζ 并不存在周期性边界条件，对 λ 和 q 没有限制，故对任意的 λ 和 q，方程 (4.1.68a) 都有二个线性独立解；但 η 方向已经对 λ 和 q 进行了限制，我们只求方程 (4.1.68a) 满足 $\lambda=a_n(q)$ 和 $\lambda=b_n(q)$ 的解就可以了.

极限情况讨论　当椭圆的长半轴与短半轴相等 ($a=b$) 时，椭圆柱坐标应该趋近圆柱坐标. 事实上，当 $a\to b$ 时，$c\to 0$，即 $q\to 0$，而当 $q\to 0$ 时，由方程 (4.1.65b) 或 (4.1.65c)，方程 (4.1.63a) 或 (4.1.63b) 中只有一项 $A_{2l}^{(2l)}$ 或 $B_{2l+2}^{(2l+2)}$ 不为零，此时 $\lambda=(2l)^2$；对方程 (4.1.64a) 或 (4.1.64b) 讨论的结论类似：只有一项 $A_{2l+1}^{(2l+1)}$ 或 $B_{2l+1}^{(2l+1)}$ 不为零，此时 $\lambda=(2l+1)^2$. 故

$$\begin{aligned}&\mathrm{ce}_0(\eta,0)\to A_0^{(0)}=1/\sqrt{2}\\&\mathrm{ce}_n(\eta,0)\to A_n^{(n)}\cos n\eta=A_n^{(n)}\cos n\varphi\\&\mathrm{se}_n(\eta,0)\to B_n^{(n)}\sin n\eta=B_n^{(n)}\sin n\varphi\end{aligned} \tag{4.1.70a}$$

得到上式，已注意到：当 $c\to 0$ 时，为了保证 $a=c\cosh\xi$ 和 $a=c\sinh\xi$ 有限，必须 $\xi\to\infty$，故由方程 (4.1.57c) 的第二式：$\varphi\to\eta$.

对径向部分，方程 (4.1.69a)~(4.1.69d) 的 4 个式中只有下标等于上标时的一项系数才不为零，故

$$\begin{aligned}&\mathrm{Mc}_{2l}^{(1)}(\xi,0)\to \mathrm{J}_{2l}\left(2\sqrt{q}\cosh\xi\right)\\&\mathrm{Mc}_{2l+2}^{(1)}(\xi,0)\to \mathrm{J}_{2l+2}\left(2\sqrt{q}\cosh\xi\right)\end{aligned}$$

$$\begin{aligned} &\mathrm{Mc}_{2l+1}^{(1)} \to \mathrm{J}_{2l+1}\left(2\sqrt{q}\cosh\xi\right) \\ &\mathrm{Ms}_{2l+1}^{(1)}(\xi,0) \to \mathrm{J}_{2l+1}\left(2\sqrt{q}\cosh\xi\right) \end{aligned} \tag{4.1.70b}$$

由此可见，不同种类的修正 Mathieu 函数趋近不同阶数的 Bessel 函数. 由此可以理解为什么要定义四种修正 Mathieu 函数了. 另一方面，当 $c\to 0$ 和 $\xi\to\infty$ 时，$\rho=c\sqrt{\sinh^2\xi+\cos^2\eta}\to c\cosh\xi$(尽管 $c\to 0$, 但 $\xi\to\infty$)，故

$$2\sqrt{q}\cosh\xi=\sqrt{k_0^2-k_z^2}(c\cosh\xi)\to\sqrt{k_0^2-k_z^2}\rho \tag{4.1.70c}$$

由此

$$\mathrm{Mc}_n^{(1)}(\xi,0)=\mathrm{Ms}_n^{(1)}(\xi,0)\to\mathrm{J}_n(k_\rho\rho) \tag{4.1.70d}$$

其中，$k_\rho=\sqrt{k_0^2-k_z^2}\rho$. 可见第一类修正 Mathieu 函数趋近 Bessel 函数，那么第二类修正 Mathieu 函数应该趋近 Neumann 函数. 事实上，第二类修正 Mathieu 函数可用 Neumann 函数展开得到. 与圆柱坐标一样，也可定义类似于 Hankel 函数的第三、四类修正 Mathieu 函数用来描述行波，例如，在椭圆柱体的散射问题中就必须这样 (见 3.1.5 小节讨论). 关于 Mathieu 函数的进一步讨论，见主要参考书目 9.

刚性边界条件　为了简单，仅考虑椭圆柱面为刚性边界，在椭圆柱坐标中，梯度算子的表达式为 (作为习题)

$$\nabla=\frac{1}{cJ}\left(\boldsymbol{e}_\xi\frac{\partial}{\partial\xi}+\boldsymbol{e}_\eta\frac{\partial}{\partial\eta}\right)+\boldsymbol{e}_z\frac{\partial}{\partial z} \tag{4.1.71a}$$

故椭圆柱面 $\xi=\xi_0$ 的法向导数为

$$\left.\frac{\partial p}{\partial n}\right|_\Gamma=(\nabla p)\cdot\boldsymbol{e}_\xi=\left.\frac{1}{cJ}\frac{\partial p}{\partial\xi}\right|_{\xi=\xi_0} \tag{4.1.71b}$$

对刚性边界，显然有关系 (注意：如果是阻抗边界条件，因子 J 就消不了)

$$\left.\frac{\partial p}{\partial\xi}\right|_{\xi=\xi_0}=0 \tag{4.1.71c}$$

本征方程　在椭圆柱坐标内，方程 (4.1.58a) 的通解为

$$p(\xi,\eta,z)=\mathrm{e}^{\mathrm{i}k_z z}\cdot\begin{cases}\mathrm{Mc}_n^{(1)}(\xi,q)\mathrm{ce}_n(\eta,q), & \lambda=a_n(q)\\ \mathrm{Ms}_n^{(1)}(\xi,q)\mathrm{se}_n(\eta,q), & \lambda=b_n(q)\end{cases} \tag{4.1.72a}$$

注意：在圆柱坐标系中，方程 (4.1.45b) 仅用 Bessel 函数 $\mathrm{J}_m(k_t\rho)$，而舍去 Bessel 方程的第二个独立解 Neumann 函数 $\mathrm{N}_m(k_t\rho)$，因为在原点 $N_m(k_t\rho)\to\infty$. 而在方程 (4.1.72a) 中，我们舍去了修正 Mathieu 方程的第二个独立解，其原因是第二个独立

解在 $\xi=0$(即 $x=c\cos\eta; y=0$，为柱面椭圆的焦线) 不满足连续性条件 (详细讨论见主要参考书目 9)

$$
\begin{aligned}
&p(\xi,\eta,z)|_{\xi=0}=p(\xi,-\eta,z)|_{\xi=0}\\
&\left.\frac{\partial p(\xi,\eta,z)}{\partial\xi}\right|_{\xi=0}=-\left.\frac{\partial p(\xi,-\eta,z)}{\partial\xi}\right|_{\xi=0}
\end{aligned}
\tag{4.1.72b}
$$

即当跨越焦面 (三维为一个面)，函数及其法向导数连续. 注意：方程 (4.1.72b) 中第二式出现一个 “−” 号，因为焦面的上、下面法向相反.

把方程 (4.1.72a) 代入方程 (4.1.71c) 得到决定 q 的本征方程

$$
\begin{aligned}
&\left.\frac{\mathrm{dMc}_n^{(1)}(\xi,q)}{\mathrm{d}\xi}\right|_{\xi=\xi_0}=0,\ \lambda=a_n(q)\\
&\left.\frac{\mathrm{dMs}_n^{(1)}(\xi,q)}{\mathrm{d}\xi}\right|_{\xi=\xi_0}=0,\ \lambda=b_n(q)
\end{aligned}
\tag{4.1.72c}
$$

设方程 (4.1.72c) 的解为 $q_m(m=0,1,2,\cdots)$，则横向本征函数可表示为

$$
\psi_{nm}(\xi,\eta)=\begin{cases}\mathrm{Mc}_n^{(1)}(\xi,q_m)\mathrm{ce}_n(\eta,q_m),\lambda_{nm}=a_n(q_m)\\ \mathrm{Ms}_n^{(1)}(\xi,q_m)\mathrm{se}_n(\eta,q_m),\lambda_{nm}=b_n(q_m)\end{cases}
\tag{4.1.73}
$$

值得指出的是：方程 (4.1.72c) 实际上是四个方程，当椭圆柱波导趋近圆柱波导时，四个方程合并成一个，即 $\mathrm{J}_n'(k_\rho a)=0$($a$ 为截面圆的半径)，它的根远远少于方程 (4.1.72c) 的根，也就是说椭圆柱波导有更丰富的横向振动模式.

4.2 等截面波导中声波的激发

在 4.1 节中，我们假定声波已经产生，分析它在等截面管道中传播的基本特征. 本节讨论等截面管道中声波的激发. 与自由空间中不同，由于壁面的存在，管道中激发的声场相当复杂，截面可看作横向驻波场的叠加，而管道方向为传播的行波. 对瞬态激发问题，由于高次波的结构色散，波形在传播过程中不断加宽.

4.2.1 波导中单频声波的振动面激发

考虑图 4.1.1 所示的半无限长等截面波导 (壁面刚性)，声场由 $z=0$ 处的振动面产生，且设 z 方向振动速度为 $v_0(x,y,\omega)\exp(-\mathrm{i}\omega t)$，在 $z=0$ 处存在边界条件

$$
v_z(x,y,z,\omega)|_{z=0}=\frac{1}{\mathrm{i}\omega\rho_0}\left.\frac{\partial p}{\partial z}\right|_{z=0}=v_0(x,y,\omega)
\tag{4.2.1a}
$$

由方程 (4.1.5a) 得到

$$\frac{1}{\omega\rho_0}\sum_{\lambda=0}^{\infty}A_\lambda\sqrt{(\omega/c_0)^2-k_{t\lambda}^2}\psi_\lambda(x,y,k_{t\lambda})=v_0(x,y,\omega) \tag{4.2.1b}$$

利用正交归一化性质，即方程 (4.1.4c)，得到

$$A_\lambda=\frac{\omega\rho_0 B_\lambda(\omega)}{\sqrt{(\omega/c_0)^2-k_{t\lambda}^2}};B_\lambda(\omega)\equiv\iint_S v_0(x,y,\omega)\psi_\lambda^*(x,y,k_{t\lambda})\mathrm{d}x\mathrm{d}y \tag{4.2.1c}$$

因此，波导中声场分布为

$$p(x,y,z,\omega)=\sum_{\lambda=0}^{\infty}\frac{\omega\rho_0 B_\lambda(\omega)}{\sqrt{(\omega/c_0)^2-k_{t\lambda}^2}}\psi_\lambda(x,y,k_{t\lambda})\mathrm{e}^{\mathrm{i}\sqrt{(\omega/c_0)^2-k_{t\lambda}^2}z} \tag{4.2.2a}$$

上式中把主波、高次波和倏逝波分开得到，并且注意到 $\psi_0(x,y)=1/\sqrt{S}$

$$\begin{aligned}p(x,y,z,\omega)=&\rho_0c_0\bar{v}_0\exp\left(\mathrm{i}\frac{\omega}{c_0}z\right)+\sum_{\lambda=1}^{\lambda_c}\frac{\omega\rho_0 B_\lambda(\omega)}{\sqrt{(\omega/c_0)^2-k_{t\lambda}^2}}\psi_\lambda(x,y,k_{t\lambda})\mathrm{e}^{\mathrm{i}\sqrt{(\omega/c_0)^2-k_{t\lambda}^2}z}\\&+\sum_{\lambda=\lambda_c+1}^{\infty}\frac{\omega\rho_0 B_\lambda(\omega)}{\mathrm{i}\sqrt{k_{t\lambda}^2-(\omega/c_0)^2}}\psi_\lambda(x,y,k_{t\lambda})\mathrm{e}^{-\sqrt{k_{t\lambda}^2-(\omega/c_0)^2}z}\end{aligned} \tag{4.2.2b}$$

其中，$\bar{v}_0$ 是壁面振动的平均速度

$$\bar{v}_0\equiv\frac{1}{S}\iint_S v_0(x,y,\omega)\mathrm{d}x\mathrm{d}y \tag{4.2.2c}$$

因此，我们得到结论：① 平面波与振动面的平均速度成正比，也就是说，测量平面波只能给出振动面的平均速度；② 高次波与振动面的高阶谱分量 (B_λ 可看作 $v_0(x,y,\omega)$ 的空间谱) 有关，测量高次波，能给出振动面的较精细结构；③ 只有在声源的附近，才存在倏逝波，而倏逝波的 $\lambda>\lambda_c$, $B_\lambda(\omega)$ 包含声源的更精细振动结构，从这个意义上来讲，测量远场声压是无法知道声源的更精细振动结构的.

等面积刚性活塞　一个特殊情况是，振动体是刚性的活塞，并且活塞的面积与管道截面面积相同 (如图 4.2.1)，则 $v_0(x,y,\omega)=v_0(\omega)$, 利用正交性关系

$$\begin{aligned}B_\lambda(\omega)&=v_0(\omega)\iint_S\psi_\lambda^*(x,y,k_{t\lambda})\mathrm{d}x\mathrm{d}y\\&=v_0(\omega)\sqrt{S}\iint_S\psi_0(x,y)\psi_\lambda^*(x,y,k_{t\lambda})\mathrm{d}x\mathrm{d}y=0\quad(\lambda\neq0)\end{aligned} \tag{4.2.3a}$$

因此，在刚性壁面的波导中，刚性活塞振动仅激发平面波，而没有高次波. 物理图像可由图 4.2.1(a) 看出：刚性活塞推动活塞面附近的空气质点运动形成平面波，由于壁面刚性而不吸收能量，平面波能保持向前传播，即

$$p(x,y,z,\omega)=\rho_0c_0v_0(\omega)\exp\left[\mathrm{i}\omega\left(\frac{z}{c_0}-t\right)\right] \tag{4.2.3b}$$

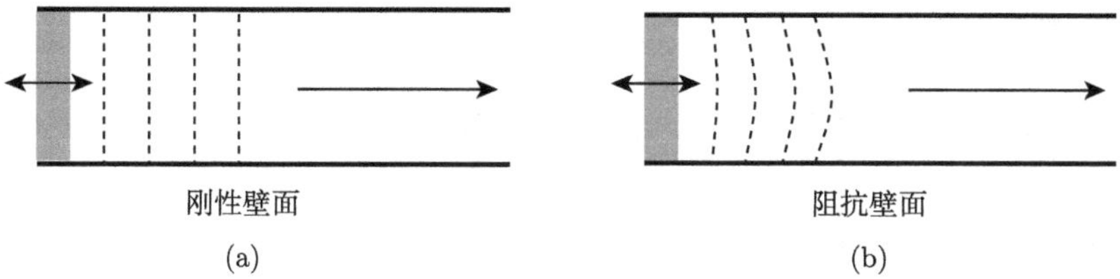

图 4.2.1　刚性活塞振动: (a) 刚性壁面; (b) 阻抗壁面

刚性活塞面积小于管道截面　设活塞的面积 S_h 小于管道截面 S，剩余部分 $(S-S_h)$ 假定完全刚性. 于是边界条件为

$$\frac{1}{\mathrm{i}\omega\rho_0}\frac{\partial p}{\partial z}\bigg|_{z=0}=\begin{cases}v_0(\omega), & (x,y)\in S_h\\ 0, & (x,y)\in S-S_h\end{cases}\tag{4.2.3c}$$

由方程 (4.2.1c) 第二式

$$B_\lambda(\omega)=v_0(\omega)\iint_{S_h}\psi_\lambda^*(x,y,k_{t\lambda})\mathrm{d}x\mathrm{d}y\tag{4.2.3d}$$

注意：上式与方程 (4.2.3a) 比较说明，当刚性活塞面积小于管道截面时，必然激发高价模式，除非激发频率在截止频率以下.

辐射阻抗　由方程 (4.2.2a)，等面积刚性活塞表面受到的声场反作用力为

$$F_\mathrm{r}(\omega)\equiv\iint_S p|_{z=0}\mathrm{d}S=S\rho_0c_0v_0\tag{4.2.4a}$$

故 $Z_\mathrm{r}(\omega)=S\rho_0c_0$. 可见，因为等面积刚性活塞在刚性壁面管道中仅激发平面波，故辐射阻抗只有实部并且与空气的声阻抗率 ρ_0c_0 成正比. 对面积小于截面的活塞

$$\begin{aligned}Z_\mathrm{r}(\omega)&=\frac{F_\mathrm{r}(\omega)}{v_0}=\iint_{S_h}p|_{z=0}\mathrm{d}S\\&=S\rho_0c_0\sum_{\lambda=0}^{\infty}\frac{1}{\sqrt{1-c_0^2k_{t\lambda}^2/\omega^2}}\cdot\frac{1}{S}\iint_{S_h}\psi_\lambda^*(x,y,k_{t\lambda})\psi_\lambda(x,y,k_{t\lambda})\mathrm{d}x\mathrm{d}y\end{aligned}\tag{4.2.4b}$$

从辐射阻抗也可以看出截止频率的意义：在截止频率以下，$Z_\mathrm{r}(\omega)$ 是实数，声能量能够向外辐射；而在截止频率以上，$Z_\mathrm{r}(\omega)$ 是虚数，能量不能辐射出去.

阻抗壁面　根据以上讨论，等面积刚性活塞在刚性波导中只能激发平面波. 而对阻抗壁面的波导，即使是刚性活塞振动，也得不到纯的平面波，必然激发高次模式. 如图 4.2.1(b)，当刚性活塞推动活塞面附近的空气质点运动形成平面波向前传播时，由于壁面不断吸收能量，波阵面不断变化，从而必将产生高次分量. 设声波由 $z=0$ 处的振动体产生，且设 z 方向振动速度为 $v_0(x,y,\omega)\exp(-\mathrm{i}\omega t)$. 由方程

(4.1.15)，声场为

$$p(x,y,z,\omega)=\sum_{\lambda=0}^{\infty}A_\lambda\varPsi_\lambda(x,y,\kappa_{t\lambda})\exp\left[\mathrm{i}\sqrt{(\omega/c_0)^2-\kappa_{t\lambda}^2}z\right] \tag{4.2.5a}$$

由边界方程 (4.2.1a) 得到

$$\frac{1}{\omega\rho_0}\sum_{\lambda=0}^{\infty}A_\lambda\sqrt{(\omega/c_0)^2-\kappa_{t\lambda}^2}\varPsi_\lambda(x,y,\kappa_{t\lambda})=v_0(x,y,\omega) \tag{4.2.5b}$$

上式二边乘 $\varPsi_\mu(x,y,\kappa_{t\mu})(\mu=0,1,2,\cdots)$ 并积分，且利用方程 (4.1.16a)，得到

$$A_\mu=\frac{B_\mu\omega\rho_0}{\varTheta_{\mu\mu}\sqrt{(\omega/c_0)^2-\kappa_{t\mu}^2}}\quad(\mu=0,1,\cdots) \tag{4.2.5c}$$

其中，为了方便定义

$$\begin{aligned}B_\mu&\equiv\iint_S v_0(x,y,\omega)\varPsi_\mu(x,y,\kappa_{t\mu})\mathrm{d}S\\ \varTheta_{\mu\mu}&\equiv\iint_S\varPsi_\mu(x,y,\kappa_{t\mu})\varPsi_\mu(x,y,\kappa_{t\mu})\mathrm{d}S\end{aligned} \tag{4.2.5d}$$

即使对刚性的活塞振动，一般

$$A_\lambda=\frac{\omega\rho_0v_0(\omega)}{\varTheta_{\lambda\lambda}\sqrt{(\omega/c_0)^2-\kappa_{t\lambda}^2}}\iint_S\varPsi_\lambda(x,y,\kappa_{t\lambda})\mathrm{d}S\neq0\quad(\lambda\neq0) \tag{4.2.6a}$$

故必定存在高次模式. 对矩形波导，即使简正模式取方程 (4.1.40a) 的近似表达式，$A_{pq}\neq0(p,q>0)$，事实上，容易验证

$$\iint_S\varPsi_{pq}(x,y,\kappa_{pq})\mathrm{d}x\mathrm{d}y=\iint_S\varPsi_{00}\varPsi_{pq}(x,y,\kappa_{pq})\mathrm{d}x\mathrm{d}y\sim\beta_{x0}\beta_{y0}\neq0 \tag{4.2.6b}$$

必须注意的是，在这种情况下，高次模式的激发是不能忽略的. 特别是当声源激发频率满足 $(\omega/c_0)^2-|\kappa_{pq}|^2\sim0$ 时，模式 (p,q) 达到共振状态，其幅值很大，可能影响平面波的测量.

纯模式展开　如果直接用纯模式 $\{\psi_\lambda\}$ 为基函数作广义 Fourier 级数展开

$$\begin{aligned}p(x,y,z,\omega)&\cong\sum_{\lambda=0}^{\infty}Z_\lambda(z)\psi_\lambda(x,y,k_{t\lambda})\\ Z_\lambda(z)&=\iint_S p(x,y,z,\omega)\psi_\lambda^*(x,y,k_{t\lambda})\mathrm{d}S\end{aligned} \tag{4.2.7a}$$

取 $u=p;v=\psi_\lambda^*$，代入方程 (4.1.3a) 得到

$$\iint_S(p\nabla_t^2\psi_\lambda^*-\psi_\lambda^*\nabla_t^2p)\mathrm{d}S=\int_\varGamma\left(p\frac{\partial\psi_\lambda^*}{\partial n}-\psi_\lambda^*\frac{\partial p}{\partial n}\right)\mathrm{d}\varGamma \tag{4.2.7b}$$

注意到三维波动方程 $\nabla^2 p + k_0^2 p = 0$ 可以写成

$$\nabla_t^2 p = -k_0^2 p - \frac{\partial^2 p}{\partial z^2} \tag{4.2.7c}$$

利用方程 (4.2.7a)，(4.1.1c) 和上式，方程 (4.2.7b) 给出

$$\frac{\mathrm{d}^2 Z_\lambda(z)}{\mathrm{d}z^2} + (k_0^2 - k_{t\lambda}^2 + \chi_{\lambda\lambda}) Z_\lambda(z) + \sum_{\mu\neq\lambda}^{\infty} \chi_{\lambda\mu} Z_\mu(z) = 0 \tag{4.2.7d}$$

其中，$\chi_{\lambda\mu}$ 由方程 (4.1.20a) 表示. 故对阻抗壁面波导，当用纯模式 $\{\psi_\lambda\}$ 展开时，z 方向部分满足无限联立的微分方程. 设方程 (4.2.7d) 的解具有形式：$Z_\lambda(z) = Z_{0\lambda}(\omega)\mathrm{e}^{\mathrm{i}\xi z}$，代入方程得到

$$\sum_{\mu=0}^{\infty} \left\{[\xi^2 - (k_0^2 - k_{t\lambda}^2 + \chi_{\lambda\lambda})]\delta_{\lambda\mu} - \chi_{\lambda\mu}\right\} Z_{0\mu}(\omega) = 0 \tag{4.2.8a}$$

上式存在非零解的条件是

$$\det\left\{[\xi^2 - (k_0^2 - k_{t\lambda}^2 + \chi_{\lambda\lambda})]\delta_{\lambda\mu} - \chi_{\lambda\mu}\right\} = 0 \tag{4.2.8b}$$

因此在壁面阻抗情况，z 方向部分仍然是指数形式，但传播因子 ξ 是复的 (包含衰减部分). 设上式的解为 $\xi_\lambda(\lambda = 0, 1, 2, \cdots)$，代入方程 (4.2.7a) 得到

$$p(x, y, z, \omega) = \sum_{\lambda=0}^{\infty} Z_{0\lambda}(\omega)\psi_\lambda(x, y, k_{t\lambda}) \exp(\mathrm{i}\xi_\lambda z) \tag{4.2.9a}$$

注意: 如果 ξ_λ 是方程 (4.2.8b) 的解，ξ_λ^* 必定也是, 上式中必须取 $\mathrm{Re}(\xi_\lambda) > 0, \mathrm{Im}(\xi_\lambda) > 0$ 的根，以保证声波在 z 方向传播并且衰减，而不是随 z 增加而指数增加. 由边界条件 (4.2.1a)，得到

$$Z_{0\lambda}(\omega) = \frac{\omega\rho_0}{\xi_\lambda} \iint_S v_0(x, y, \omega)\psi_\lambda^*(x, y, k_\lambda)\mathrm{d}x\mathrm{d}y \tag{4.2.9b}$$

必须注意的是，对刚性活塞，我们由上式得到结论：$Z_{0\lambda}(\omega) = 0(\lambda \neq 0)$，即刚性活塞振动也不激发高次模式, 而这与方程 (4.2.6a) 得到的结论是矛盾的. 问题出在用纯模式 $\{\psi_\lambda\}$ 作为基函数作广义 Fourier 级数展开本身，与讨论方程 (4.1.18a) 一样，在阻抗壁面上，这样的展开是不合适的. 因而，在这个问题上得不到正确的结论. 同样，也不能用方程 (4.2.9a) 来求刚性活塞的辐射阻抗. 但在讨论模式的衰减特性方面，这样的展开是可行的.

一阶近似 在壁面近似为刚性条件下，$\chi_{\lambda\mu} \approx 0(\lambda \neq \mu)$，由方程 (4.2.8b)

$$\xi_\lambda \approx \sqrt{k_0^2 - k_{t\lambda}^2 + \chi_{\lambda\lambda}} \approx k_{z\lambda} + \mathrm{i}\alpha_\lambda \tag{4.2.10a}$$

其中，$k_{z\lambda}$ 和 α_λ 由方程 (4.1.23b) 和 (4.1.23c) 决定. 故一阶近似的声场为

$$p(x,y,z,\omega)\approx\sum_{\lambda=0}^{\infty}Z_{0\lambda}(\omega)\mathrm{e}^{-\alpha_\lambda z}\psi_\lambda(x,y,k_{t\lambda})\exp(\mathrm{i}k_{z\lambda}z) \tag{4.2.10b}$$

4.2.2　振动面激发的瞬态波形及其特征

刚性波导　设 $z=0$ 处的振动体产生一个 Dirac Delta 脉冲：$v_0(x,y,t)=v_0(x,y)\delta(t)$，那么 $v_0(x,y,\omega)=v_0(x,y)/2\pi$，对方程 (4.2.2b) 作 Fourier 变换得到时域波形 (忽略截止频率以上的部分)

$$\begin{aligned}p(x,y,z,t)=&\frac{\rho_0c_0\bar{v}_0}{2\pi}\int_{-\infty}^{\infty}\exp\left[\mathrm{i}\omega\left(\frac{z}{c_0}-t\right)\right]\mathrm{d}\omega\\&+\mathrm{i}\rho_0c_0\sum_{\lambda=1}^{\lambda_c}B_\lambda\psi_\lambda(x,y,k_\lambda)\frac{\mathrm{d}U_\lambda(t)}{\mathrm{d}t}\end{aligned} \tag{4.2.11a}$$

其中，为了方便定义

$$B_\lambda\equiv\frac{1}{2\pi}\iint_S v_0(x,y)\psi_\lambda^*(x,y,k_\lambda)\mathrm{d}x\mathrm{d}y\quad(\lambda\neq0) \tag{4.2.11b}$$

$$U_\lambda(t)\equiv\int_{-\infty}^{\infty}\frac{1}{\sqrt{\omega^2-\omega_\lambda^2}}\exp\left[\mathrm{i}\left(\sqrt{\omega^2-\omega_\lambda^2}\frac{z}{c_0}-\omega t\right)\right]\mathrm{d}\omega\quad(\lambda\neq0) \tag{4.2.11c}$$

利用关系

$$\int_{-\infty}^{\infty}\exp\left[\mathrm{i}\omega\left(\frac{z}{c_0}-t\right)\right]\mathrm{d}\omega=2\pi\delta\left(\frac{z}{c_0}-t\right) \tag{4.2.11d}$$

得到主波部分

$$p_0(x,y,z,t)=\rho_0c_0\bar{v}_0\delta\left(t-\frac{z}{c_0}\right) \tag{4.2.12}$$

故零阶模式 (主波) 仍然是一个 Dirac Delta 脉冲的平面波. 对高阶模式 $\lambda\neq0$，关键是求方程 (4.2.11c) 中的积分. 利用方程 (2.3.47f)(取 $z'=0$)，通过积分变量变换，我们有关系

$$\frac{\exp(\mathrm{i}k_0r)}{4\pi r}=\frac{\mathrm{i}}{8\pi}\int_{-\infty}^{\infty}\mathrm{H}_0^{(1)}(k_\rho\rho)\exp(\mathrm{i}k_zz)\mathrm{d}k_z \tag{4.2.13a}$$

其中，$r=\sqrt{\rho^2+z^2}$ 和 $k_\rho=\sqrt{k_0^2-k_z^2}$. 作代换:$z\to\omega$ 和 $\rho\to\mathrm{i}\omega_\lambda$，那么 $r=\sqrt{\omega^2-\omega_\lambda^2}$；$k_z\to t$ 和 $k_0\to z/c_0$，于是，$k_\rho=\sqrt{(z/c_0)^2-t^2}$. 代入方程 (4.2.13a) 得到

$$\frac{\exp\left[\mathrm{i}\sqrt{\omega^2-\omega_\lambda^2}(z/c_0)\right]}{\sqrt{\omega^2-\omega_\lambda^2}}=\frac{\mathrm{i}}{2}\int_{-\infty}^{\infty}\mathrm{H}_0^{(1)}\left(\mathrm{i}\omega_\lambda\sqrt{\frac{z^2}{c_0^2}-t^2}\right)\exp(\mathrm{i}\omega t)\mathrm{d}t \tag{4.2.13b}$$

上式恰好是一个 Fourier 变换，逆变换为

$$\frac{\mathrm{i}}{2}\mathrm{H}_0^{(1)}\left(\mathrm{i}\omega_\lambda\sqrt{\frac{z^2}{c_0^2}-t^2}\right)=\frac{1}{2\pi}\int_{-\infty}^{\infty}\frac{\exp\left[\mathrm{i}\sqrt{\omega^2-\omega_\lambda^2}(z/c_0)\right]}{\sqrt{\omega^2-\omega_\lambda^2}}\mathrm{e}^{-\mathrm{i}\omega t}\mathrm{d}\omega \tag{4.2.13c}$$

于是，我们求得了方程 (4.2.11c) 的积分

$$U_\lambda(t)=\mathrm{i}\pi\mathrm{H}_0^{(1)}\left(\mathrm{i}\omega_\lambda\sqrt{\frac{z^2}{c_0^2}-t^2}\right) \tag{4.2.14a}$$

当 $t<z/c_0$ 时

$$U_\lambda(t)=2\mathrm{K}_0\left(\omega_\lambda\sqrt{\frac{z^2}{c_0^2}-t^2}\right) \tag{4.2.14b}$$

如果取 $\psi_\lambda(x,y,k_\lambda)$ 为实函数 (总可以这样做，因为如果 $\psi_\lambda(x,y,k_\lambda)$ 是复的，实部和虚部都是方程 (4.1.1c) 的解, 故下面总假定它是实的)，那么由方程 (4.2.11a)，声压 p 的高次模式贡献为纯虚数，$\mathrm{Re}(p)=0$；当 $t>z/c_0$ 时，利用关系 $\mathrm{H}_0^{(1)}(\mathrm{e}^{\mathrm{i}\pi}x)=-\mathrm{J}_0(x)+\mathrm{i}\mathrm{N}_0(x)$，方程 (4.2.14a) 改写成

$$\begin{aligned}U_\lambda(t)&=\mathrm{i}\pi\mathrm{H}_0^{(1)}\left(\mathrm{e}^{\mathrm{i}\pi}\omega_\lambda\sqrt{t^2-\frac{z^2}{c_0^2}}\right)\\&=\mathrm{i}\pi\left[-\mathrm{J}_0\left(\omega_\lambda\sqrt{t^2-\frac{z^2}{c_0^2}}\right)+\mathrm{i}\mathrm{N}_0\left(\omega_\lambda\sqrt{t^2-\frac{z^2}{c_0^2}}\right)\right]\end{aligned} \tag{4.2.15a}$$

由方程 (4.2.11a)，高次模式的贡献为

$$\begin{aligned}\mathrm{Re}(p_\lambda)&=\rho_0c_0\pi B_\lambda\mathrm{H}\left(t-\frac{z}{c_0}\right)\psi_\lambda(x,y,k_\lambda)\frac{\mathrm{d}}{\mathrm{d}t}\mathrm{J}_0\left(\omega_\lambda\sqrt{t^2-\frac{z^2}{c_0^2}}\right)\\&=-\rho_0c_0\pi\omega_\lambda B_\lambda\mathrm{H}\left(t-\frac{z}{c_0}\right)\psi_\lambda(x,y,k_\lambda)\frac{t\mathrm{J}_1\left(\omega_\lambda\sqrt{t^2-z^2/c_0^2}\right)}{\sqrt{t^2-z^2/c_0^2}}\end{aligned} \tag{4.2.15b}$$

其中，$\mathrm{H}(t)$ 为 Heaviside 阶跃函数. 因此，总的波形为

$$\begin{aligned}\mathrm{Re}(p)=&\frac{\rho_0c_0}{S}\iint_S v_0(x',y')\mathrm{d}x'\mathrm{d}y'\delta\left(t-\frac{z}{c_0}\right)\\&-\rho_0c_0\pi\mathrm{H}\left(t-\frac{z}{c_0}\right)\sum_{\lambda=1}^{\lambda_c}\omega_\lambda B_\lambda\psi_\lambda(x,y,k_\lambda)\frac{t\mathrm{J}_1\left(\omega_\lambda\sqrt{t^2-z^2/c_0^2}\right)}{\sqrt{t^2-z^2/c_0^2}}\end{aligned} \tag{4.2.16a}$$

对固定的 z，当足够长时间后

$$\frac{t\mathrm{J}_1\left(\omega_\lambda\sqrt{t^2-z^2/c_0^2}\right)}{\sqrt{t^2-z^2/c_0^2}}\sim\frac{1}{\sqrt{\omega_\lambda t}}\cos\left(\omega_\lambda\sqrt{t^2-\frac{z^2}{c_0^2}}-\frac{3\pi}{4}\right) \tag{4.2.16b}$$

因此，我们得到结论：① 时域波形有明显的波前，对固定的 z，当 $t < z/c_0$ 时，声压为零；② 当 $t = z/c_0$ 时，平面波 Dirac Delta 脉冲到达，然后随时间振荡衰减.

4.2.3 频率域 Green 函数和脉动球的辐射阻抗

刚性波导　假定等截面波导无限长，波导中存在体源 $\Im(x,y,z,\omega)$

$$\left(\frac{\partial^2}{\partial x^2}+\frac{\partial^2}{\partial y^2}+\frac{\partial^2}{\partial z^2}\right)p(x,y,z,\omega)+k_0^2 p(x,y,z,\omega)=-\Im(x,y,z,\omega)$$
$$\boldsymbol{n}\cdot\nabla\, p(x,y,z,\omega)\equiv\left.\frac{\partial p(x,y,z,\omega)}{\partial n}\right|_{\Gamma}=0 \tag{4.2.17a}$$

为了求声场分布，定义 Green 函数

$$\left(\frac{\partial^2}{\partial x^2}+\frac{\partial^2}{\partial y^2}+\frac{\partial^2}{\partial z^2}\right)g_\omega+k_0^2 g_\omega=-\delta(x,x')\delta(y,y')\delta(z,z')$$
$$\boldsymbol{n}\cdot\nabla\, g_\omega\equiv\left.\frac{\partial g_\omega}{\partial n}\right|_{\Gamma}=0 \tag{4.2.17b}$$

于是，方程 (4.2.17a) 的解为

$$p(x,y,z,\omega)=\int_V g_\omega(x,y,z,x',y',z')\Im(x',y',z',\omega)\mathrm{d}x'\mathrm{d}y'\mathrm{d}z' \tag{4.2.17c}$$

因此，问题的关键是求出 Green 函数 g_ω. 由于截面 (x,y) 方向形成本征值问题，即方程 (4.1.1c)，故在 (x,y) 方向作广义 Fourier 级数展开

$$g_\omega=\sum_{\lambda=0}^{\infty}Z_\lambda(z)\psi_\lambda(x,y,k_{t\lambda}) \tag{4.2.18a}$$

因 $\psi_\lambda(x,y,k_\lambda)$ 满足刚性边界条件，故 g_ω 也满足. 把上式代入方程 (4.2.17b) 得到

$$\sum_{\lambda=0}^{\infty}\left[(k_0^2-k_{t\lambda}^2)Z_\lambda(z)+\frac{\mathrm{d}^2 Z_\lambda(z)}{\mathrm{d}z^2}\right]\psi_\lambda(x,y,k_{t\lambda})=-\delta(x,x')\delta(y,y')\delta(z,z') \tag{4.2.18b}$$

利用简正模式 $\psi_\lambda(x,y,k_\lambda)$ 的正交归一性得到

$$\frac{\mathrm{d}^2 Z_\lambda(z)}{\mathrm{d}z^2}+(k_0^2-k_{t\lambda}^2)Z_\lambda(z)=-\psi_\lambda^*(x',y',k_{t\lambda})\delta(z,z') \tag{4.2.18c}$$

求解过程：当 $z\neq z'$ 时

$$\frac{\mathrm{d}^2 Z_\lambda(z)}{\mathrm{d}z^2}+(k_0^2-k_{t\lambda}^2)Z_\lambda(z)=0 \tag{4.2.18d}$$

故取解的形式

$$Z_\lambda(z)=\begin{cases}A\exp\left[\mathrm{i}\sqrt{k_0^2-k_{t\lambda}^2}(z-z')\right], & z>z'\\ B\exp\left[\mathrm{i}\sqrt{k_0^2-k_{t\lambda}^2}(z'-z)\right], & z'>z\end{cases} \tag{4.2.19a}$$

由函数 $Z_\lambda(z)$ 连续性条件，$Z_\lambda(z)|_{z=z'+0}=Z_\lambda(z)|_{z=z'-0}$ 以及 $Z'_\lambda(z)$ 的跳跃条件

$$\left.\frac{\mathrm{d}Z_\lambda(z)}{\mathrm{d}z}\right|_{z'+0}-\left.\frac{\mathrm{d}Z_\lambda(z)}{\mathrm{d}z}\right|_{z'-0}=-\psi_\lambda^*(x',y',k_{t\lambda}) \tag{4.2.19b}$$

得到

$$A=B=-\frac{\psi_\lambda^*(x',y',k_{t\lambda})}{2\mathrm{i}\sqrt{k_0^2-k_{t\lambda}^2}} \tag{4.2.19c}$$

因此

$$Z_\lambda(z)=\frac{\mathrm{i}}{2}\frac{1}{\sqrt{k_0^2-k_{t\lambda}^2}}\exp\left(\mathrm{i}\sqrt{k_0^2-k_{t\lambda}^2}|z-z'|\right)\psi_\lambda^*(x',y',k_{t\lambda}) \tag{4.2.19d}$$

故 Green 函数为

$$g_\omega=\frac{\mathrm{i}}{2}\sum_{\lambda=0}^{\infty}\frac{1}{\sqrt{k_0^2-k_{t\lambda}^2}}\exp\left(\mathrm{i}\sqrt{k_0^2-k_{t\lambda}^2}|z-z'|\right)\psi_\lambda^*(x',y',k_{t\lambda})\psi_\lambda(x,y,k_{t\lambda}) \tag{4.2.20a}$$

把平面波、高次波和倏逝波分开得到

$$\begin{aligned}g_\omega=&\frac{\mathrm{i}}{2Sk_0}\exp\left(\mathrm{i}k_0|z-z'|\right)\\&+\frac{\mathrm{i}}{2}\sum_{\lambda=1}^{\lambda_c}\frac{1}{\sqrt{k_0^2-k_{t\lambda}^2}}\mathrm{e}^{\mathrm{i}\sqrt{k_0^2-k_{t\lambda}^2}|z-z'|}\psi_\lambda^*(x',y',k_{t\lambda})\psi_\lambda(x,y,k_{t\lambda})\\&+\frac{1}{2}\sum_{\lambda=\lambda_c+1}^{\infty}\frac{1}{\sqrt{k_{t\lambda}^2-k_0^2}}\mathrm{e}^{-\sqrt{k_{t\lambda}^2-k_0^2}|z-z'|}\psi_\lambda^*(x',y',k_{t\lambda})\psi_\lambda(x,y,k_{t\lambda})\end{aligned} \tag{4.2.20b}$$

脉动球的辐射阻抗 在 2.1.1 小节中，我们讨论了无限大空间中脉动球的声辐射阻抗 (如图 2.1.2 所示)，在管道中脉动球的辐射阻抗是完全不同的. 我们仅考虑无限小脉动球情况，即低频. 设 (x_0,y_0,z_0) 存在一个无限小脉动球，在频率域，其强度为 $-\mathrm{i}\rho_0\omega q_0(q_0=4\pi a^2U_0$，$a$ 为脉动球半径，U_0 为脉动球表面的径向速度，它在管道中辐射的声场由方程 (4.2.20a) 给出

$$\begin{aligned}p(x,y,z,\omega)=&\frac{1}{2}\omega\rho_0q_0\sum_{\lambda=0}^{\infty}\frac{1}{\sqrt{k_0^2-k_{t\lambda}^2}}\exp\left(\mathrm{i}\sqrt{k_0^2-k_{t\lambda}^2}|z-z_0|\right)\\&\times\psi_\lambda^*(x_0,y_0,k_{t\lambda})\psi_\lambda(x,y,k_{t\lambda})\end{aligned} \tag{4.2.21a}$$

相应的速度场 z 方向分量为

$$\begin{aligned}v_z(x,y,z,\omega)=&\frac{q_0}{2}\sum_{\lambda=0}^{\infty}\pm\exp\left(\mathrm{i}\sqrt{k_0^2-k_{t\lambda}^2}|z-z_0|\right)\\&\times\psi_\lambda^*(x_0,y_0,k_{t\lambda})\psi_\lambda(x,y,k_{t\lambda})\end{aligned} \tag{4.2.21b}$$

式中，当 $z > z_0$ 时，v_z 中取 "+"；反之取 "−". 声强的 z 方向分量为 $I_z = \mathrm{Re}(pv_z^*)/2$. 取二个截面：$S_1 : z = z_1 > z_0$ 和 $S_2 : z = z_2 < z_0$，则这二个截面上 I_z 的面积分就是脉动球辐射的声功率 (不难证明，刚性壁面上透过的声功率为零，作为习题)

$$P_{\mathrm{av}} = \iint_{S_1} I_z|_{z=z_1} \mathrm{d}S - \iint_{S_2} I_z|_{z=z_2} \mathrm{d}S \tag{4.2.22a}$$

式中负号是因为 S_2 面的法向在 $-z$ 方向. 由方程 (4.2.21a) 和 (4.2.22a), 不难得到

$$\begin{aligned} I_z = & \pm\frac{\omega\rho_0 q_0^2}{8}\mathrm{Re}\sum_{\lambda,\mu=0}^{\infty}\frac{1}{\sqrt{k_0^2-k_{t\lambda}^2}}\exp\left[\mathrm{i}\left(\sqrt{k_0^2-k_{t\lambda}^2}-\sqrt{k_0^2-k_{t\mu}^2}\right)|z-z_0|\right] \\ & \times\psi_\mu(x_0,y_0,k_{t\mu})\psi_\lambda^*(x_0,y_0,k_{t\lambda})\psi_\mu^*(x,y,k_{t\mu})\psi_\lambda(x,y,k_{t\lambda}) \end{aligned} \tag{4.2.22b}$$

上式代入方程 (4.2.22a) 得到

$$P_{\mathrm{av}} = \frac{(4\pi a^2)^2\rho_0\omega U_0^2}{4}\mathrm{Re}\sum_{\lambda=0}^{\infty}\frac{1}{\sqrt{k_0^2-k_{t\lambda}^2}}|\psi_\lambda(x_0,y_0,k_{t\lambda})|^2 \tag{4.2.22c}$$

由 $P_{\mathrm{av}} = R_{\mathrm{r}}U_0^2/2$，我们得到脉动球的辐射阻为

$$R_{\mathrm{r}} = \frac{(4\pi a^2)^2\rho_0 c_0}{2S} + \frac{(4\pi a^2)^2\rho_0 c_0}{2}\cdot\mathrm{Re}\sum_{\lambda=1}^{\infty}\frac{k_0}{\sqrt{k_0^2-k_{t\lambda}^2}}|\psi_\lambda(x_0,y_0,k_{t\lambda})|^2 \tag{4.2.23a}$$

当激发频率小于第一个非零简正频率时，上式第二项为零，于是

$$R_{\mathrm{r}} = \frac{(4\pi a^2)^2\rho_0 c_0}{2S} \tag{4.2.23b}$$

上式与方程 (2.1.8a) 比较可知：在无限大空间，低频脉动球的辐射阻正比于 ω^2，而在管道中为常数; 当激发频率增高时，高阶模式出现. 值得指出的是，我们从辐射的声场求辐射阻，但无法求抗部分. 事实上，当脉动球半径 $a \ll \lambda$ 时，由方程 (4.2.21a)，脉动球附近的声场近似为

$$p(x_0,y_0,z_0,\omega) = \frac{1}{2}\rho_0 c_0 q_0\sum_{\lambda=0}^{\infty}\frac{k_0}{\sqrt{k_0^2-k_{t\lambda}^2}}|\psi_\lambda(x_0,y_0,k_{t\lambda})|^2 \tag{4.2.23c}$$

于是，脉动球面受到的力为

$$F_{\mathrm{r}} = 4\pi a^2 p(x_0,y_0,z_0,\omega) = \frac{1}{2}(4\pi a^2)^2\rho_0 c_0 U_0\sum_{\lambda=0}^{\infty}\frac{k_0}{\sqrt{k_0^2-k_{t\lambda}^2}}|\psi_\lambda(x_0,y_0,k_{t\lambda})|^2 \tag{4.2.23d}$$

故脉动小球的力阻抗为

$$Z_{\mathrm{r}} = \frac{F_{\mathrm{r}}}{U_0} = \frac{(4\pi a^2)^2}{2S}\rho_0 c_0 + \frac{(4\pi a^2)^2\rho_0 c_0}{2}\sum_{\lambda=1}^{\infty}\frac{k_0}{\sqrt{k_0^2-k_{t\lambda}^2}}|\psi_\lambda(x_0,y_0,k_{t\lambda})|^2 \tag{4.2.23e}$$

显然，上式的实部给出辐射阻，即方程 (4.2.23a)，而虚部为辐射抗部分

$$X_{\rm r} = \frac{(4\pi a^2)^2\rho_0 c_0}{2}\cdot {\rm Im}\sum_{\lambda=1}^{\infty}\frac{k_0}{\sqrt{k_0^2-k_{t\lambda}^2}}|\psi_\lambda(x_0,y_0,k_{t\lambda})|^2 \tag{4.2.23f}$$

设 $\lambda_{\rm c}$ 为截止频率对应的简正频率，则方程 (4.2.23a) 和 (4.2.23e) 可以写成

$$\begin{aligned} R_{\rm r} &= \frac{(4\pi a^2)^2\rho_0 c_0}{2S} + \frac{(4\pi a^2)^2\rho_0 c_0}{2}\sum_{\lambda=1}^{\lambda_{\rm c}}\frac{k_0}{\sqrt{k_0^2-k_{t\lambda}^2}}|\psi_\lambda(x_0,y_0,k_{t\lambda})|^2 \\ X_{\rm r} &= \frac{(4\pi a^2)^2\rho_0 c_0}{2}\sum_{\lambda=\lambda_{\rm c}+1}^{\infty}\frac{k_0}{\sqrt{k_{t\lambda}^2-k_0^2}}|\psi_\lambda(x_0,y_0,k_{t\lambda})|^2 \end{aligned} \tag{4.2.23g}$$

可见，倏逝波模式提供了辐射抗的部分, 表示能量只能局域在声源附近，而不能向管道的远处辐射.

阻抗波导　此时，Green 函数定义为

$$\begin{gathered} \left(\frac{\partial^2}{\partial x^2}+\frac{\partial^2}{\partial y^2}+\frac{\partial^2}{\partial z^2}\right)g_\omega + k_0^2 g_\omega = -\delta(x,x')\delta(y,y')\delta(z,z') \\ \left.\left[\frac{\partial g_\omega}{\partial n} - {\rm i}k_0\beta(x,y,\omega)g_\omega\right]\right|_{\Gamma} = 0 \end{gathered} \tag{4.2.24a}$$

与方程 (4.2.18a) 类似，但用函数系 $\{\varPsi_\lambda(x,y,\kappa_{t\lambda})\}$ 作展开

$$g_\omega = \sum_{\lambda=0}^{\infty} Z_\lambda(z)\varPsi_\lambda(x,y,\kappa_{t\lambda}) \tag{4.2.24b}$$

因 $\varPsi_\lambda(x,y,\kappa_{t\lambda})$ 满足阻抗边界条件，故 g_ω 也满足. 上式代入方程 (4.2.24a) 的第一式得

$$\sum_{\lambda=0}^{\infty}\left[(k_0^2-\kappa_{t\lambda}^2)Z_\lambda(z)+\frac{{\rm d}^2 Z_\lambda(z)}{{\rm d}z^2}\right]\varPsi_\lambda(x,y,\kappa_{t\lambda}) = -\delta(x,x')\delta(y,y')\delta(z,z') \tag{4.2.24c}$$

上式二边乘 $\varPsi_\mu(x,y,\kappa_{t\mu})(\mu=0,1,2,\cdots)$ 并积分得到

$$(k_0^2-\kappa_{t\mu}^2)Z_\mu(z)+\frac{{\rm d}^2 Z_\mu(z)}{{\rm d}z^2} = -\frac{\varPsi_\mu(x',y',\kappa_{t\mu})}{\varTheta_{\mu\mu}}\delta(z,z') \quad (\mu=0,1,2,\cdots) \tag{4.2.24d}$$

其中，$\varTheta_{\mu\mu}$ 由方程 (4.2.5d) 第二式决定. 因此，形式上，我们得到

$$\frac{{\rm d}^2 Z_\lambda(z)}{{\rm d}z^2}+(k_0^2-\kappa_{t\lambda}^2)Z_\lambda(z) = -\frac{\varPsi_\lambda(x',y',\kappa_{t\lambda})}{\varTheta_{\lambda\lambda}}\delta(z,z') \tag{4.2.24e}$$

上式与方程 (4.2.18c) 相似，故由方程 (4.2.19d) 得到

$$Z_\lambda(z) = \frac{\rm i}{2}\frac{1}{\sqrt{k_0^2-\kappa_{t\lambda}^2}}\frac{\varPsi_\lambda(x',y',\kappa_{t\lambda})}{\varTheta_{\lambda\lambda}}\exp\left({\rm i}\sqrt{k_0^2-\kappa_{t\lambda}^2}|z-z'|\right) \tag{4.2.24f}$$

代入方程 (4.2.24b)，形式上得到了阻抗壁面的 Green 函数

$$g_\omega = \frac{\mathrm{i}}{2}\sum_{\lambda=0}^{\infty}\frac{\Psi_\lambda(x',y',\kappa_{t\lambda})\Psi_\lambda(x,y,\kappa_{t\lambda})}{\Theta_{\lambda\lambda}\sqrt{k_0^2-\kappa_{t\lambda}^2}}\exp\left(\mathrm{i}\sqrt{k_0^2-\kappa_{t\lambda}^2}|z-z'|\right) \tag{4.2.24g}$$

纯模式展开　如果我们仅分析波导内声波的衰减特性，而无需严格知道壁面的声场分布，g_ω 也用纯模式系 $\{\psi_\lambda(x,y,k_\lambda)\}$ 作广义 Fourier 级数展开

$$g_\omega \cong \sum_{\lambda}^{\infty} Z_\lambda(z)\psi_\lambda(x,y,k_\lambda); Z_\lambda(z) = \int_S g_\omega\psi_\lambda^*(x,y,k_\lambda)\mathrm{d}S \tag{4.2.25a}$$

取 $u=g_\omega$ 和 $v=\psi_\lambda^*$，代入方程 (4.1.3a) 得到

$$\iint_S (g_\omega\nabla^2\psi_\lambda^* - \psi_\lambda^*\nabla^2 g_\omega)\mathrm{d}S = \int_\Gamma \left(g_\omega\frac{\partial\psi_\lambda^*}{\partial n} - \psi_\lambda^*\frac{\partial g_\omega}{\partial n}\right)\mathrm{d}\Gamma \tag{4.2.25b}$$

利用方程 (4.2.25a) 和 (4.1.1c), 上式给出

$$\frac{\mathrm{d}^2 Z_\lambda(z)}{\mathrm{d}z^2} + (k_0^2 - k_{t\lambda}^2 + \chi_{\lambda\lambda})Z_\lambda(z) + \sum_{\mu\neq\lambda}^{\infty}\chi_{\lambda\mu}Z_\mu(z) = -\psi_\lambda^*(x',y',k_{t\lambda})\delta(z,z') \tag{4.2.25c}$$

其中，$\chi_{\lambda\mu}$ 由方程 (4.1.20a) 表示. 方程 (4.2.25c) 的求解过程如下.

第一步: 求齐次方程, 即方程 (4.2.7d) 的基本解, 归结为求解代数方程 (4.2.8b). 故基本解为 $Z_\lambda(z) = Z_{0\lambda}\mathrm{e}^{\mathrm{i}\xi_\lambda z}$；

第二步：构造方程 (4.2.25c) 的解

$$Z_\lambda(z) = \begin{cases} A_\lambda\exp[\mathrm{i}\xi_\lambda(z-z')] & (z>z') \\ A_\lambda\exp[\mathrm{i}\xi_\lambda(z'-z)] & (z'>z)\end{cases} \tag{4.2.26a}$$

其中, 必须取 $\mathrm{Re}(\xi_\lambda)>0$ 和 $\mathrm{Im}(\xi_\lambda)>0$ 的根. 决定 A_λ 和 B_λ 的条件与方程 (4.2.19b) 类似. 最后得到

$$Z_\lambda(z) = \frac{\mathrm{i}}{2\xi_\lambda}\exp(\mathrm{i}\xi_\lambda|z-z'|)\,\psi_\lambda^*(x',y',k_{t\lambda}) \tag{4.2.26b}$$

因此，Green 函数为

$$g_\omega = \frac{\mathrm{i}}{2}\sum_{\lambda=0}^{\infty}\frac{1}{\xi_\lambda}\exp(\mathrm{i}\xi_\lambda|z-z'|)\,\psi_\lambda^*(x',y',k_{t\lambda})\psi_\lambda(x,y,k_{t\lambda}) \tag{4.2.26c}$$

讨论: ① 零级近似，如果 $\beta=0$，$\xi_\lambda\approx\sqrt{k_0^2-k_{t\lambda}^2}$ 为实数或虚数，方程 (4.2.26c) 与 (4.2.20a) 完全一致；② 一阶近似，准刚性条件下，由方程 (4.2.10a)，方程 (4.2.26b) 近似为

$$Z_\lambda(z) \approx \frac{\mathrm{i}}{2}\frac{1}{\sqrt{k_0^2-k_{t\lambda}^2}}\mathrm{e}^{-\alpha_\lambda|z-z'|}\exp(\mathrm{i}k_{z\lambda}|z-z'|)\,\psi_\lambda^*(x',y',k_{t\lambda}) \tag{4.2.27a}$$

其中，传播波数和衰减系数分别为

$$k_{z\lambda} \approx \sqrt{\frac{\omega^2}{c_0^2} - k_{t\lambda}^2}; \quad \alpha_\lambda \approx \frac{k_0\sigma_\lambda(\omega)}{2\sqrt{(\omega/c_0)^2 - k_{t\lambda}^2}} \tag{4.2.27b}$$

代入方程 (4.2.25a) 得到阻抗波导的 Green 函数

$$g_\omega \approx \frac{\mathrm{i}}{2}\sum_{\lambda=0}^{\infty}\frac{\psi_\lambda^*(x',y',k_{t\lambda})\psi_\lambda(x,y,k_{t\lambda})}{\sqrt{k_0^2 - k_{t\lambda}^2}}\mathrm{e}^{-\alpha_\lambda|z-z'|}\exp\left(\mathrm{i}k_{z\lambda}|z-z'|\right) \tag{4.2.28}$$

上式包含了壁面阻抗对声波传播的主要影响，即衰减.

4.2.4 波导中的时间域 Green 函数

刚性波导 求方程 (4.2.20a) 的 Fourier 积分

$$\begin{aligned} G(x,y,z;x',y',z',t) &= \int_{-\infty}^{\infty} g_\omega \mathrm{e}^{-\mathrm{i}\omega t}\mathrm{d}\omega \\ &= \frac{c_0}{2\mathrm{i}S}U_0(t) + \frac{c_0}{2\mathrm{i}}\sum_{\lambda=1}^{\infty}U_\lambda(t)\psi_\lambda^*(x',y',k_{t\lambda})\psi_\lambda(x,y,k_{t\lambda}) \end{aligned} \tag{4.2.29a}$$

其中，第一个积分为阶跃函数

$$\begin{aligned} U_0(t) &\equiv \int_{-\infty}^{\infty}\frac{1}{\omega}\exp\left\{\mathrm{i}\omega\left[\frac{|z-z'|}{c_0} - t\right]\right\}\mathrm{d}\omega \\ &= -\mathrm{i}\int\int_{-\infty}^{\infty}\exp\left\{\mathrm{i}\omega\left[\frac{|z-z'|}{c_0} - t\right]\right\}\mathrm{d}\omega\mathrm{d}t \\ &= -2\pi\mathrm{i}\int\delta\left(t - \frac{|z-z'|}{c_0}\right)\mathrm{d}t = -2\pi\mathrm{i}\mathrm{H}\left(t - \frac{|z-z'|}{c_0}\right) \end{aligned} \tag{4.2.29b}$$

方程 (4.2.29a) 中第二个积分 $U_\lambda(t)$ 即为方程 (4.2.11c). 于是，由方程 (4.2.15a)

$$\begin{aligned} \mathrm{Re}(G) = &-\frac{c_0\pi}{S}\mathrm{H}\left(t - \frac{|z-z'|}{c_0}\right) - \frac{c_0\pi}{2}\mathrm{H}\left(t - \frac{|z-z'|}{c_0}\right) \\ &\times\sum_{\lambda=1}^{\infty}\mathrm{J}_0\left(\omega_\lambda\sqrt{t^2 - \frac{|z-z'|^2}{c_0^2}}\right)\psi_\lambda^*(x',y',k_\lambda)\psi_\lambda(x,y,k_\lambda) \end{aligned} \tag{4.2.29c}$$

事实上，上式是源函数为 $-\delta(x,x')\delta(y,y')\delta(z,z')\delta(t)$ 时，含时波动方程的解，对 Green 函数，源函数应该是 $-\delta(x,x')\delta(y,y')\delta(z,z')\delta(t-t')$. 故方程 (4.2.29c) 应改 t 为 $t-t'$.

体质量点源 设体质量源位于点 (x',y',z')，在 $t=0$ 时刻发出一个 δ 脉冲可表示为：$q(x,y,z,t) = q_0\delta(x,x')\delta(y,y')\delta(z,z')\delta(t)$. 由波动方程 (1.1.28a)，我们知道，

体质量源作为波动方程的源函数出现的形式是 $q(x,y,z,t)$ 对时间一阶偏导数，因此，体质量点源 δ 脉冲产生的声场为

$$\begin{aligned}\operatorname{Re}[p(x,y,z,x',y',z',t)] &= \frac{\partial}{\partial t}\int_{-\infty}^{\infty} g_\omega \mathrm{e}^{-\mathrm{i}\omega t}\mathrm{d}\omega = -\frac{c_0\pi}{S}\delta\left(t-\frac{|z-z'|}{c_0}\right)\\ &+\frac{c_0\pi}{2}\mathrm{H}\left(t-\frac{|z-z'|}{c_0}\right)\sum_{\lambda=1}^{\infty}\frac{t\mathrm{J}_1\left(\omega_\lambda\sqrt{t^2-|z-z'|^2/c_0^2}\right)}{\sqrt{t^2-|z-z'|^2/c_0^2}}\\ &\times\psi_\lambda^*(x',y',k_\lambda)\psi_\lambda(x,y,k_\lambda)\end{aligned} \tag{4.2.30}$$

上式与方程 (4.2.16a) 有类似的形式.

阻抗波导　求方程 (4.2.28) 的 Fourier 积分，我们得到

$$\begin{aligned}G(x,y,z,x',y',z',t) &= \int_{-\infty}^{\infty} g_\omega \mathrm{e}^{-\mathrm{i}\omega t}\mathrm{d}\omega\\ &\approx \frac{c_0}{2\mathrm{i}S}U_{0\alpha}(t)+\frac{c_0}{2\mathrm{i}}\sum_{\lambda=1}^{\infty}\psi_\lambda^*(x',y',k_{t\lambda})\psi_\lambda(x,y,k_{t\lambda})U_{\lambda\alpha}(t)\end{aligned} \tag{4.2.31a}$$

其中，为了方便定义

$$\begin{aligned}U_{0\alpha}(t) &\equiv \int_{-\infty}^{\infty}\frac{1}{\omega}\mathrm{e}^{-\alpha_0(\omega)|z-z'|}\exp\left[\mathrm{i}\omega\left(\frac{|z-z'|}{c_0}-t\right)\right]\mathrm{d}\omega\\ U_{\lambda\alpha}(t) &\equiv \int_{-\infty}^{\infty}\frac{\mathrm{e}^{-\alpha_\lambda(\omega)|z-z'|}}{\sqrt{\omega^2-\omega_\lambda^2}}\exp\left[\mathrm{i}\left(\sqrt{\omega^2-\omega_\lambda^2}\frac{|z-z'|}{c_0}-\omega t\right)\right]\mathrm{d}\omega\end{aligned} \tag{4.2.31b}$$

以上二个积分依赖于 β 与频率的关系. 假定 β 与频率无关 (事实上是不可能的)

$$\sigma_0=\int_\Gamma \sigma(x,y)|\psi_0|^2\mathrm{d}\Gamma=\frac{1}{S}\int_\Gamma\sigma(x,y)\mathrm{d}\Gamma;\alpha_0=\frac{\sigma_0}{2} \tag{4.2.31c}$$

那么

$$\begin{aligned}U_{0\alpha}(t) &= \mathrm{e}^{-\alpha_0|z-z'|}\int_{-\infty}^{\infty}\frac{1}{\omega}\exp\left[\mathrm{i}\omega\left(\frac{|z-z'|}{c_0}-t\right)\right]\mathrm{d}\omega\\ &= -2\pi\mathrm{i}\mathrm{H}\left(t-\frac{|z-z'|}{c_0}\right)\mathrm{e}^{-\alpha_0|z-z'|}\end{aligned} \tag{4.2.32a}$$

因此，Green 函数的平面波部分为

$$G_0(z,z',t)\approx-\frac{c_0\pi}{S}\mathrm{H}\left(t-\frac{|z-z'|}{c_0}\right)\mathrm{e}^{-\alpha_0|z-z'|} \tag{4.2.32b}$$

上式的意义是非常明显的: 波前随传播距离增加而衰减. 对高次模式，即使 β 与频率无关，α_λ 与频率也有复杂的关系，求出一个明显的表达式比较困难.

4.2.5 管道壁面振动激发的声场

在实际工程中，声换能器往往耦合在壁面向管道内辐射声波，这样的优点是不影响管道内流体的流动. 如果考虑管道内流体的流动，Green 函数见 8.1.5 小节讨论，本节仍不考虑流体流动. 取闭合曲面 Σ 由二部分组成: ① 管道的刚性壁面 (假定除耦合声换能器部分振动外，管道的其余部分是刚性的)；② 无限长管道二端的端面. 在闭合曲面 Σ 上作类似于方程 (2.5.2a) 的积分，由于假定管道无限长，声波存在一定的吸收，距声源处足够远距离后声压近似为零, 故二端面上对面积分的贡献为零，于是由方程 (2.5.6b)(取体源为零，$\Im(\boldsymbol{r}',\omega)=0$)

$$p(\boldsymbol{r},\omega)=\mathrm{i}\rho_0c_0k_0\iint_{\Sigma_0}g_\omega(\boldsymbol{r},\boldsymbol{r}',\omega)v_{0n}(\boldsymbol{r}',\omega)\mathrm{d}S' \tag{4.2.33a}$$

其中，Green 函数 $g_\omega(\boldsymbol{r},\boldsymbol{r}',\omega)$ 由方程 (4.2.28) 给出，Σ_0 为管道壁面耦合振动部分，法向振动速度为 $v_{0n}(\boldsymbol{r}',\omega)$.

矩形管道 设 Σ_0 为位于 $y=l_y$ 面上，$x'\in(0,l_x)$(与波导 x 方向的边相同，如图 4.2.2) 和 $z'\in(0,b)$ 的长方形. 本征函数由方程 (4.1.26b) 决定，方程 (4.2.33a) 简化为

$$\begin{aligned}p(x,y,z,\omega)=&\frac{1}{2}\rho_0c_0k_0v_{0n}(\omega)\sum_{p,q=0}^{\infty}\frac{(-1)^q}{\sqrt{k_0^2-k_{tpq}^2}}\frac{\varepsilon_p\varepsilon_q}{S}\cos\left(\frac{p\pi}{l_x}x\right)\cos\left(\frac{q\pi}{l_y}y\right)\\&\times\int_0^{l_x}\cos\left(\frac{p\pi}{l_x}x'\right)\mathrm{d}x'\int_0^b\exp\left(\mathrm{i}k_{zpq}|z-z'|\right)\mathrm{d}z'\end{aligned} \tag{4.2.33b}$$

对 x' 积分后，并且注意到

$$\int_0^b\exp\left(\mathrm{i}k_{zpq}|z-z'|\right)\mathrm{d}z'=\frac{2}{k_{zpq}}\sin\left(\frac{k_{zpq}b}{2}\right)\exp\left(\mathrm{i}k_{zpq}|z-b/2|\right) \tag{4.2.34a}$$

方程 (4.2.33b) 简化成

$$\begin{aligned}p(x,y,z,\omega)=&\frac{l_x\rho_0c_0k_0}{S}v_{0n}(\omega)\sum_{q=0}^{\infty}\frac{\varepsilon_q}{k_{z0q}}\sin\left(\frac{k_{z0q}b}{2}\right)(-1)^q\\&\times\frac{1}{\sqrt{k_0^2-k_{t0q}^2}}\cos\left(\frac{q\pi}{l_y}y\right)\exp\left(\mathrm{i}k_{z0q}|z-b/2|\right)\end{aligned} \tag{4.2.34b}$$

把平面波项分开

$$\begin{aligned}p(x,y,z,\omega)=&\frac{l_x\rho_0c_0}{Sk_0}v_{0n}(\omega)\sin\left(\frac{k_0b}{2}\right)\exp\left(\mathrm{i}k_0|z-b/2|\right)\\&+\frac{l_x\rho_0c_0k_0}{S}v_{0n}(\omega)\sum_{q=1}^{\infty}\frac{\varepsilon_q}{k_{z0q}}(-1)^q\sin\left(\frac{k_{z0q}b}{2}\right)\end{aligned}$$

$$\times \frac{1}{\sqrt{k_0^2 - k_{t0q}^2}} \cos\left(\frac{q\pi}{l_y} y\right) \exp\left(\mathrm{i} k_{z0q}|z - b/2|\right) \tag{4.2.34c}$$

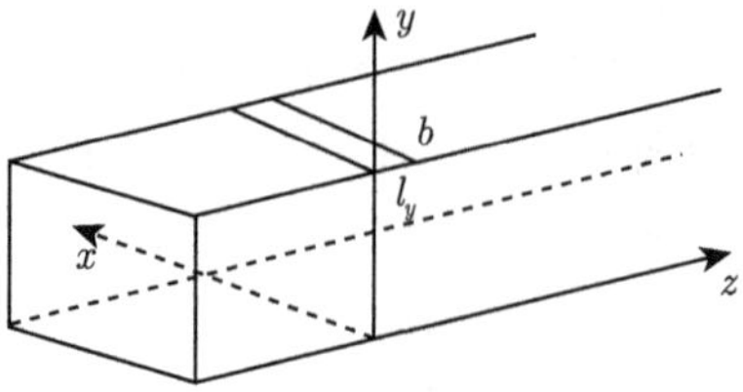

图 4.2.2　矩形波导壁面激发

圆形管道　设 Σ_0 为位于壁面 $\rho = R$, $\varphi' \in (0, \varphi_0)$ 和 $z' \in (0, b)$ 部分. Green 函数为

$$g_\omega \approx \frac{1}{2\mathrm{i}} \sum_{m,\nu=0}^{\infty} \frac{1}{N_{|m|\nu}^2 \sqrt{k_0^2 - k_{t\lambda}^2}} \mathrm{J}_{|m|}\left(\frac{x_{|m|\nu}}{R} \rho'\right) \mathrm{J}_{|m|}\left(\frac{x_{|m|\nu}}{R} \rho\right) \times \exp(\mathrm{i} k_{z\lambda}|z - z'|) \exp[\mathrm{i} m(\varphi' - \varphi)] \tag{4.2.35a}$$

其中, 模的平方 $N_{|m|\nu}^2$ 由方程 (4.1.49b) 给出. 上式代入方程 (4.2.33a) 得到

$$p(\rho, \varphi, \omega) = \frac{1}{2} \rho_0 c_0 k_0 R v_{0n}(\omega) \sum_{m,\nu=0}^{\infty} \frac{1}{N_{|m|\nu}^2 \sqrt{k_0^2 - k_{t|m|\nu}^2}} \mathrm{J}_{|m|}\left(\frac{x_{|m|\nu}}{R} \rho\right) \exp(\mathrm{i} m\varphi) \times \int_0^b \exp(\mathrm{i} k_{z|m|\nu}|z - z'|) \mathrm{d}z' \int_0^{\varphi_0} \exp(-\mathrm{i} m\varphi') \mathrm{d}\varphi' \tag{4.2.35b}$$

把方程 (4.2.34a) 代入上式得到

$$p(\rho, \varphi, z, \omega) = 2\rho_0 c_0 k_0 R v_{0n}(\omega) \sum_{m,\nu=0}^{\infty} \frac{\exp(\mathrm{i} m\varphi)}{m k_{z|m|\nu} N_{|m|\nu}^2 \sqrt{k_0^2 - k_{t|m|\nu}^2}} \sin\left(\frac{k_{z|m|\nu} b}{2}\right) \times \sin\left(\frac{m\varphi_0}{2}\right) \exp\left(-\mathrm{i} \frac{m\varphi_0}{2}\right) \mathrm{J}_{|m|}\left(\frac{x_{|m|\nu}}{R} \rho\right) \exp\left(\mathrm{i} k_{z|m|\nu}|z - b/2|\right) \tag{4.2.36a}$$

上式中把平面波项分开, 则得到

$$\begin{aligned} p(\rho, \varphi, z, \omega) = & \frac{\rho_0 c_0 \varphi_0 v_{0n}(\omega)}{\pi k_0 R} \sin\left(\frac{k_0 b}{2}\right) \exp\left(\mathrm{i} k_0|z - b/2|\right) \\ & + 2\rho_0 c_0 k_0 R v_{0n}(\omega) \sum_{m,\nu=1}^{\infty} \frac{\exp(\mathrm{i} m\varphi)}{m k_{z|m|\nu} N_{|m|\nu}^2 \sqrt{k_0^2 - k_{t|m|\nu}^2}} \sin\left(\frac{k_{z|m|\nu} b}{2}\right) \\ & \times \mathrm{J}_{|m|}\left(\frac{x_{|m|\nu}}{R} \rho\right) \sin\left(\frac{m\varphi_0}{2}\right) \exp\left(-\mathrm{i} \frac{m\varphi_0}{2}\right) \mathrm{e}^{\mathrm{i} k_{z|m|\nu}|z - b/2|} \end{aligned} \tag{4.2.36b}$$

显然，当 $\varphi_0 = 2\pi$ 时，只激发平面波

$$p(\rho,\varphi,z,\omega) = \rho_0 c_0 v_{0n}(\omega)\frac{\varphi_0}{\pi k_0 R}\sin\left(\frac{k_0 b}{2}\right)\exp\left(\mathrm{i}k_0|z-b/2|\right) \tag{4.2.36c}$$

如果不考虑声波的吸收，组成闭合曲面 Σ 的二端端面上的面积分就不为零，激发的声场只能通过数值方法给出.

4.2.6　有限长管道中的驻波和非均匀阻抗的反射

在以上的讨论中，我们假定管道的 $+z$ 方向无限，声波向 $+z$ 方向传播. 当管道有限长时，声波在管道的端面将产生反射而向 $-z$ 方向传播，二者干涉形成驻波. 考虑具体的问题: 设刚性管道长 $L \gg \lambda$(否则管道就可以近似成腔体，见第 5 章讨论)，在 $z = L$ 处的振动源为刚性活塞振动，边界条件为

$$v_z(x,y,z,\omega)|_{z=L} = \frac{1}{\mathrm{i}\omega\rho_0}\frac{\partial p}{\partial z}\bigg|_{z=L} = v_0(\omega) \tag{4.2.37a}$$

而在端面 $z = 0$ 的阻抗边界条件为

$$\left[\frac{\partial p}{\partial z} + \mathrm{i}k_0\beta_0(x,y,\omega)p\right]\bigg|_{z=0} = 0 \tag{4.2.37b}$$

即端面 $z = 0$ 的声阻抗率为 $z_n(x,y,\omega) = \rho_0 c_0/\beta_0(x,y,\omega)$(注意: 这里的 $\beta_0(x,y,\omega)$ 是管道端面 $z = 0$ 上的比阻抗率，而方程 (4.1.14b) 中的 $\beta(x,y,\omega)|_\Gamma$ 是管壁面上的比阻抗率). 注意: 为了与 4.3.4 小节一致，我们假定端面 $z = 0$ 为阻抗边界 (吸声材料)，而刚性活塞源位于 $z = L$ 处, 如图 4.2.3. 于是，管道中声场表达式由方程 (4.1.5a) 和 (4.1.2) 修改为形式

$$p(x,y,z,\omega) = \sum_{\lambda=0}^{\infty}\psi_\lambda(x,y,k_{t\lambda})\left(A_\lambda \mathrm{e}^{-\mathrm{i}\sqrt{k_0^2-k_{t\lambda}^2}z} + B_\lambda \mathrm{e}^{\mathrm{i}\sqrt{k_0^2-k_{t\lambda}^2}z}\right) \tag{4.2.37c}$$

上式代入方程 (4.2.37a) 和 (4.2.37b) 得到决定系数 A_λ 和 B_λ 的方程，分三种情况讨论.

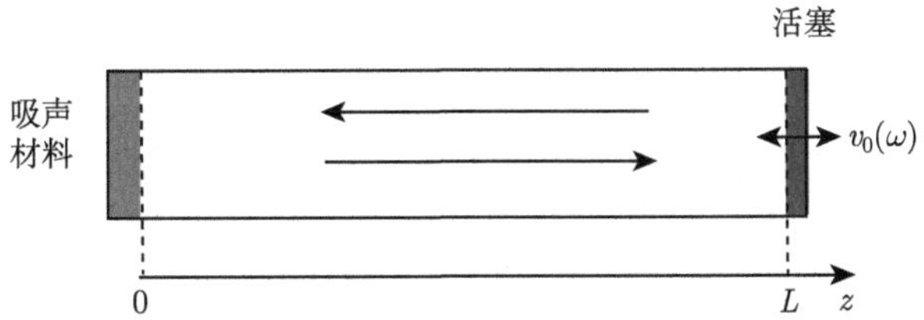

图 4.2.3　有限长管道中的驻波

(1) 管道端面 $z=0$ 为刚性，即 $\beta_0(x,y,\omega)\to 0$，于是，在刚性活塞激发条件下，系数 A_λ 和 B_λ 满足的方程为

$$\begin{gathered}\sum_{\lambda=0}^{\infty}\mathrm{i}k_z^\lambda\psi_\lambda(x,y,k_{t\lambda})\left(-A_\lambda+B_\lambda\right)=0\\ \frac{1}{\mathrm{i}\omega\rho_0}\sum_{\lambda=0}^{\infty}\mathrm{i}k_z^\lambda\psi_\lambda(x,y,k_{t\lambda})\left(-A_\lambda\mathrm{e}^{-\mathrm{i}k_z^\lambda L}+B_\lambda\mathrm{e}^{\mathrm{i}k_z^\lambda L}\right)=v_0(\omega)\end{gathered}\tag{4.2.38a}$$

其中，$k_z^\lambda\equiv\sqrt{k_0^2-k_{t\lambda}^2}$. 由以上方程得到

$$\begin{gathered}-A_\lambda+B_\lambda=0\\ \frac{1}{\omega\rho_0}k_z^\lambda\left(-A_\lambda\mathrm{e}^{-\mathrm{i}k_z^\lambda L}+B_\lambda\mathrm{e}^{\mathrm{i}k_z^\lambda L}\right)=\sqrt{S}v_0(\omega)\delta_{0\lambda}\end{gathered}\tag{4.2.38b}$$

因此

$$A_\lambda=B_\lambda=\frac{\mathrm{i}\omega\rho_0\sqrt{S}}{2k_z^\lambda\sin(k_z^\lambda L)}v_0(\omega)\delta_{0\lambda}\tag{4.2.38c}$$

注意到 $k_z^0=\sqrt{k_0^2-k_{t0}^2}=k_0$，故

$$A_\lambda=B_\lambda=\begin{cases}\dfrac{\mathrm{i}\rho_0c_0\sqrt{S}}{2\sin(k_0L)}v_0(\omega), & \lambda=0\\ 0, & \lambda\neq 0\end{cases}\tag{4.2.38d}$$

上式代入方程 (4.2.37c)

$$p(x,y,z,\omega)=\mathrm{i}\rho_0c_0v_0(\omega)\frac{\cos(k_0z)}{\sin(k_0L)}\tag{4.2.38e}$$

可见，刚性活塞在有限长刚性管道中激发的是理想的平面驻波 (即与 x 和 y 无关，且每一个极大值 $|p|_{\max}$ 与极小值 $|p|_{\min}$ 之比为无限大). 当 $\sin(k_0L)=0$ 时，即管长 $L=n\lambda\ (n=1,2,\cdots)$(波长的整数倍) 时发生共振，声压无限大. 当然，由于管道壁面和端面不可能是理想的刚性体，实际的声压不可能无限大.

(2) 管道端面 $z=0$ 为均匀的阻抗材料，即 $\beta_0(x,y,\omega)=\beta_0(\omega)$. 于是，在刚性活塞激发条件下，不难得到系数 A_λ 和 B_λ 满足的方程

$$\begin{gathered}(-k_z^\lambda+k_0\beta_0)A_\lambda+(k_z^\lambda+k_0\beta_0)B_\lambda=0\\ \frac{1}{\omega\rho_0}k_z^\lambda\left(-A_\lambda\mathrm{e}^{-\mathrm{i}k_z^\lambda L}+B_\lambda\mathrm{e}^{\mathrm{i}k_z^\lambda L}\right)=\sqrt{S}v_0(\omega)\delta_{0\lambda}\end{gathered}\tag{4.2.39a}$$

显然，当 $\lambda\neq 0$ 时，$A_\lambda=B_\lambda=0$，而当 $\lambda=0$ 时

$$\begin{gathered}(-1+\beta_0)A_0+(1+\beta_0)B_0=0\\ -A_0\mathrm{e}^{-\mathrm{i}k_0L}+B_0\mathrm{e}^{\mathrm{i}k_0L}=\sqrt{S}\rho_0c_0v_0(\omega)\end{gathered}\tag{4.2.39b}$$

因此

$$A_0 = \frac{\rho_0 c_0 \sqrt{S}}{2} \frac{(1+\beta_0)v_0(\omega)}{\mathrm{isin}(k_0 L) - \beta_0 \cos(k_0 L)}; B_0 = \left(\frac{1-\beta_0}{1+\beta_0}\right) A_0 \tag{4.2.39c}$$

上式代入方程 (4.2.37c) 得到管道内的声场

$$p(x,y,z,\omega) = \frac{\rho_0 c_0}{2} \frac{(1+\beta_0)v_0(\omega)}{\mathrm{i}\sin(k_0 L) - \beta_0 \cos(k_0 L)} \left[\mathrm{e}^{-\mathrm{i}k_0 z} + \left(\frac{1-\beta_0}{1+\beta_0}\right) \mathrm{e}^{\mathrm{i}k_0 z}\right] \tag{4.2.39d}$$

注意: 上式中 $\mathrm{e}^{-\mathrm{i}k_0 z}$ 可看作入射到阻抗界面 $(z=0)$ 的单位平面波，而 $\mathrm{e}^{\mathrm{i}k_0 z}$ 可看作由阻抗界面 $(z=0)$ 反射的平面波，声压反射系数为

$$r_p \equiv \frac{1-\beta_0}{1+\beta_0} \tag{4.2.39e}$$

这种情况下驻波场仍然与 x 和 y 无关，但每一个极大值 $|p|_{\max}$ 或极小值 $|p|_{\min}$ 之比有限, 通过测量比值 $G \equiv |p|_{\max}/|p|_{\min}$(称为**驻波比**)，可以推出阻抗材料的法向吸收系数，详细讨论见 4.3.4 小节.

(3) 管道端面 $z=0$ 为非均匀的阻抗材料，即 $\beta_0(x,y,\omega)$ 与 x 和 y 有关. 显然，由 $z=L$ 处的边界条件 (即方程 (4.2.37a))，我们仍然得到方程 (4.2.39a) 的第二式

$$\frac{1}{\omega\rho_0} k_z^\lambda \left(-A_\lambda \mathrm{e}^{-\mathrm{i}k_z^\lambda L} + B_\lambda \mathrm{e}^{\mathrm{i}k_z^\lambda L}\right) = \sqrt{S} v_0(\omega) \delta_{0\lambda} \tag{4.2.40a}$$

然而，另外一个方程比较复杂, 把方程 (4.2.37c) 代入方程 (4.2.37b) 得到

$$\sum_{\lambda=0}^{\infty} \psi_\lambda(x,y,k_{t\lambda}) \left\{[-k_z^\lambda + k_0\beta_0(x,y,\omega)]A_\lambda + [k_z^\lambda + k_0\beta_0(x,y,\omega)]B_\lambda\right\} = 0 \tag{4.2.40b}$$

上式二边乘以 $\psi_\mu^*(x,y,k_{t\mu})(\mu=0,1,2,\cdots)$，在管道截面上积分，且利用正交性关系 (即方程 (4.1.4c)) 得到

$$k_z^\delta(-A_\mu + B_\mu) + k_0 \sum_{\lambda=0}^{\infty} \beta_0^{\lambda\mu}(A_\lambda + B_\lambda) = 0 \tag{4.2.40c}$$

其中，为了方便定义

$$\beta_0^{\lambda\mu} \equiv \iint_S \beta_0(x,y,\omega)\psi_\lambda(x,y,k_{t\lambda})\psi_\mu^*(x,y,k_{t\mu})\mathrm{d}S \tag{4.2.40d}$$

方程 (4.2.40c) 表明，由于阻抗材料的非均匀性，管道中不仅存在高次模式，而且所有的模式是相互耦合的，模式系数只能通过数值求解才能得到. 下面讨论近似方法.

当 $\mu=0$ 时，由方程 (4.2.40c) 和 (4.2.40a)

$$\begin{aligned}(-1+\bar{\beta}_0)A_0+(1+\bar{\beta}_0)B_0&=-\sum_{\lambda=1}^{\infty}\beta_0^{\lambda 0}(A_\lambda+B_\lambda)\\ -A_0\mathrm{e}^{-\mathrm{i}k_0L}+B_0\mathrm{e}^{\mathrm{i}k_0L}&=\sqrt{S}\rho_0c_0v_0(\omega)\end{aligned}\tag{4.2.41a}$$

其中，$\bar{\beta}_0$ 是端面 $z=0$ 的平均比阻抗率 (注意：比阻抗率的平均意味声阻抗率的并联)

$$\bar{\beta}_0\equiv\beta_0^{00}=\frac{1}{S}\iint_S\beta_0(x,y,\omega)\mathrm{d}S\tag{4.2.41b}$$

显然，方程 (4.2.41a) 的左边与方程 (4.2.39b) 的左边类似, 不过是用平均比阻抗率 $\bar{\beta}_0(\omega)$ 代替均匀的比阻抗率 $\beta_0(\omega)$. 这一点提醒我们，如果 $\beta_0(x,y,\omega)$ 的非均匀性不是太大，则零级近似可以忽略高次模式及其耦合，即近似取 $A_\lambda\approx B_\lambda\approx 0(\lambda>0)$，而 A_0 和 B_0 满足

$$\begin{aligned}(-1+\bar{\beta}_0)A_0+(1+\bar{\beta}_0)B_0&\approx 0\\ -A_0\mathrm{e}^{-\mathrm{i}k_0L}+B_0\mathrm{e}^{\mathrm{i}k_0L}&=\sqrt{S}\rho_0c_0v_0(\omega)\end{aligned}\tag{4.2.41c}$$

即

$$A_0\approx\frac{\rho_0c_0\sqrt{S}}{2}\cdot\frac{(1+\bar{\beta}_0)v_0(\omega)}{\mathrm{i}\sin(k_0L)-\bar{\beta}_0\cos(k_0L)};B_0\approx\left(\frac{1-\bar{\beta}_0}{1+\bar{\beta}_0}\right)A_0\tag{4.2.41d}$$

当 $\mu\geqslant 1$ 时，由方程 (4.2.40c)，高次模式近似满足

$$(-k_z^\mu+k_0\beta_0^{\mu\mu})A_\mu+(k_z^\mu+k_0\beta_0^{\mu\mu})B_\mu=-k_0\sum_{\lambda\neq\mu}^{\infty}\beta_0^{\lambda\mu}(A_\lambda+B_\lambda)\tag{4.2.42a}$$

注意到零级近似关系 $A_\lambda\approx 0$ 和 $B_\lambda\approx 0(\lambda>0)$，上式可以近似为

$$(-k_z^\mu+k_0\beta_0^{\mu\mu})A_\mu+(k_z^\mu+k_0\beta_0^{\mu\mu})B_\mu=-k_0\beta_0^{0\mu}(A_0+B_0)\tag{4.2.42b}$$

另一方面，当 $\mu\geqslant 1$ 时，方程 (4.2.40a) 给出

$$-A_\mu\mathrm{e}^{-\mathrm{i}k_z^\mu L}+B_\mu\mathrm{e}^{\mathrm{i}k_z^\mu L}=0\tag{4.2.42c}$$

结合方程 (4.2.42b) 和 (4.2.42c)，我们可以求得高次模式的系数为

$$A_\mu\approx\frac{1}{1+\bar{\beta}_0}\cdot\frac{\beta_0^{0\mu}A_0\mathrm{e}^{\mathrm{i}k_z^\mu L}}{\mathrm{i}(k_z^\mu/k_0)\sin(k_z^\mu L)-\beta_0^{\mu\mu}\cos(k_z^\mu L)};B_\mu=A_\mu\mathrm{e}^{-2\mathrm{i}k_z^\mu L}\tag{4.2.42d}$$

于是，管道中的声压场在一级近似下为

$$\begin{aligned}p(x,y,z,\omega)\approx&\frac{A_0}{\sqrt{S}}\left[\mathrm{e}^{-\mathrm{i}k_0z}+\left(\frac{1-\bar{\beta}_0}{1+\bar{\beta}_0}\right)\mathrm{e}^{\mathrm{i}k_0z}\right]\\ &+\frac{2A_0}{(1+\bar{\beta}_0)}\sum_{\lambda=1}^{\infty}\frac{\beta_0^{0\lambda}\psi_\lambda(x,y,k_{t\lambda})\cos[k_z^\lambda(L-z)]}{\mathrm{i}(k_z^\lambda/k_0)\sin(k_z^\lambda L)-\beta_0^{\lambda\lambda}\cos(k_z^\lambda L)}\end{aligned}\tag{4.2.42e}$$

值得指出的是: 以方程 (4.2.41d) 和 (4.2.42d) 作为初值, 由方程 (4.2.41a) 和 (4.2.42a) 可以通过迭代求更高级的项.

倏逝波 方程 (4.2.42e) 中截止频率以上的模式部分贡献为

$$p_{\rm c}(x,y,z,\omega)\equiv-\frac{2A_0}{(1+\bar\beta_0)}\sum_{\lambda>\lambda_{\rm c}}^{\infty}\frac{\beta_0^{0\lambda}\psi_\lambda(x,y,k_{t\lambda})\cosh[\kappa_z^\lambda(L-z)]}{{\rm i}(\kappa_z^\lambda/k_0)\sinh(\kappa_z^\lambda L)+\beta_0^\lambda\cosh(\kappa_z^\lambda L)} \tag{4.2.43a}$$

其中，$\kappa_z^\lambda\equiv\sqrt{k_{t\lambda}^2-k_0^2}$. 当 $\lambda\to\infty$ 时，$\kappa_z^\lambda\approx k_{t\lambda}\to\infty$,$\sinh(\kappa_z^\lambda L)\approx\cosh(\kappa_z^\lambda L)\to{\rm e}^{\kappa_z^\lambda L}/2$，于是，大本征值部分的倏逝波趋向

$$\frac{\cosh[\kappa_z^\lambda(L-z)]}{{\rm i}(\kappa_z^\lambda/k_0)\sinh(\kappa_z^\lambda L)+\beta_0^\lambda\cosh(\kappa_z^\lambda L)}\to\frac{\beta_0^{0\lambda}\psi_\lambda(x,y,k_{t\lambda}){\rm e}^{-\kappa_z^\lambda z}}{{\rm i}(\kappa_z^\lambda/k_0)+\beta_0^{\lambda\lambda}} \tag{4.2.43b}$$

上式表明，这一部分的倏逝波仅仅存在于非均匀阻抗材料的表面附近. 为了看清楚这一事实，考虑 $L\to\infty$ 的特殊情况，假定在无限远处 $(z\to\infty)$ 入射一个平面波 $p_{\rm i}(z,\omega)=p_0{\rm e}^{-{\rm i}k_0z}$ 到非均匀阻抗材料的表面，则管道内的声场必须写成

$$p(x,y,z,\omega)=p_0{\rm e}^{-{\rm i}k_0z}+\sum_{\lambda=0}^{\infty}B_\lambda\psi_\lambda(x,y,k_{t\lambda}){\rm e}^{{\rm i}\sqrt{k_0^2-k_{t\lambda}^2}z} \tag{4.2.44a}$$

由 $z=0$ 的边界条件，即 (4.2.37b)，得到

$$-{\rm i}k_0p_0[1-\beta_0(x,y,\omega)]+\sum_{\lambda=0}^{\infty}{\rm i}\left[\sqrt{k_0^2-k_{t\lambda}^2}+k_0\beta_0(x,y,\omega)\right]B_\lambda\psi_\lambda(x,y,k_{t\lambda})=0 \tag{4.2.44b}$$

上式二边乘以 $\psi_\mu^*(x,y,k_{t\mu})(\mu=0,1,2,\cdots)$，在管道截面上积分，且利用正交性关系 (即方程 (4.1.4c)) 得到

$$-{\rm i}k_0\sqrt{S}p_0(\delta_{0\mu}-\beta_0^{0\mu})+{\rm i}\sqrt{k_0^2-k_{t\mu}^2}B_\mu+\sum_{\lambda=0}^{\infty}{\rm i}k_0\beta_0^{\lambda\mu}B_\lambda=0 \tag{4.2.44c}$$

当 $\mu=0$ 时, 上式简化为

$$-\sqrt{S}p_0(1-\bar\beta_0)+(1+\bar\beta_0)B_0+\sum_{\lambda=1}^{\infty}\beta_0^{\lambda\mu}B_\lambda=0 \tag{4.2.45a}$$

即

$$B_0=\left(\frac{1-\bar\beta_0}{1+\bar\beta_0}\right)\sqrt{S}p_0-\sum_{\lambda=1}^{\infty}\frac{\beta_0^{\lambda\mu}}{1+\bar\beta_0}B_\lambda \tag{4.2.45b}$$

故零级近似取为

$$B_0\approx\left(\frac{1-\bar\beta_0}{1+\bar\beta_0}\right)\sqrt{S}p_0 \tag{4.2.45c}$$

当 $\mu\geqslant 1$ 时，由方程 (4.2.44c)，高次模式近似满足

$$\left(k_z^{\mu}/k_0+\beta_0^{\mu\mu}\right)B_{\mu}=-\sqrt{S}p_0\beta_0^{0\mu}-\beta_0^{0\mu}B_0-\sum_{\lambda\geqslant 1,\lambda\neq\mu}^{\infty}\beta_0^{\lambda\mu}B_{\lambda} \tag{4.2.46a}$$

故一级近似为

$$B_{\mu}\approx-\frac{2\sqrt{S}p_0}{k_z^{\mu}/k_0+\beta_0^{\mu\mu}}\cdot\frac{\beta_0^{0\mu}}{1+\bar{\beta}_0} \tag{4.2.46b}$$

于是，管道中的声压场在一级近似下为

$$\begin{aligned}p(x,y,z,\omega)=&\,p_0\mathrm{e}^{-\mathrm{i}k_0z}+p_0\left(\frac{1-\bar{\beta}_0}{1+\bar{\beta}_0}\right)\mathrm{e}^{\mathrm{i}k_0z}\\&-\frac{2\sqrt{S}p_0}{1+\bar{\beta}_0}\sum_{\lambda=1}^{\infty}\frac{\beta_0^{0\lambda}\psi_{\lambda}(x,y,k_{t\lambda})}{k_z^{\lambda}/k_0+\beta_0^{\lambda\lambda}}\mathrm{e}^{\mathrm{i}\sqrt{k_0^2-k_{t\lambda}^2}z}\end{aligned} \tag{4.2.46c}$$

显然，当 $\lambda>\lambda_{\mathrm{c}}$ 时，$\mathrm{e}^{\mathrm{i}\sqrt{k_0^2-k_{t\lambda}^2}z}\sim\mathrm{e}^{-\kappa_z^{\lambda}z}$，即倏逝波只能存在于非均匀阻抗材料的表面附近.

4.3　突变截面波导及平面波近似

变截面管道包括：几何变化，即横截面面积随长度变化；物理参数变化，如壁面的阻抗随长度变化；更复杂的变化，如分流型管道. 当不同口径的管道连接在一起形成更长的管道时 (如图 4.3.1)，我们称其为**突变截面管道**. 声波在这样的管道中传播时，就像遇到不均匀的介质，将引起波的反射和透射. 即使截面管道截面是突变的，得到声传播的严格解也是困难的. 然而，当声波频率在最小截止频率以下，高次模式仅存在于声源附近和截面突变处，我们可以用所谓**平面波近似**得到有意义的解.

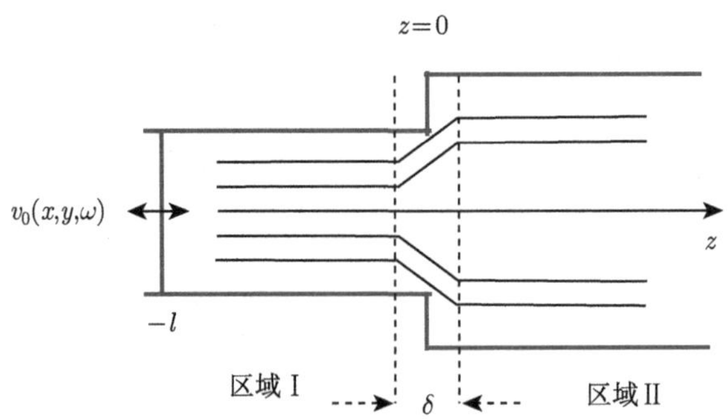

图 4.3.1　在 z=0 截面突变的波导

4.3.1 模式展开法和积分方程方法

模式展开法 突变截面指横截面面积在某处 (如 $z=0$ 处) 有突然的变化，如图 4.3.1. 我们统一用上标 (1) 和 (2) 分别表示区域 I 和 II 的量, 声压可表示成

$$p(x,y,z,\omega)=\begin{cases} p^{(1)}(x,y,z,\omega), & (x,y)\in S_1, z<0 \\ p^{(2)}(x,y,z,\omega), & (x,y)\in S_2, z>0 \end{cases} \tag{4.3.1a}$$

其中，S_1 和 S_2 分别是区域 I 和 II 波导的截面积. 分别用区域 I 和 II 的简正模式 $\psi_\lambda^{(1)}(x,y)$ 和 $\psi_\lambda^{(2)}(x,y)$(仅考虑刚性壁面) 展开

$$p^{(l)}(x,y,z,\omega)=\sum_{\lambda=0}^{\infty}[A_\lambda^{(l)}\exp(\mathrm{i}k_{z\lambda}^{(l)}z)+B_\lambda^{(l)}\exp(-\mathrm{i}k_{z\lambda}^{(l)}z)]\psi_\lambda^{(l)}(x,y)\quad (l=1,2) \tag{4.3.1b}$$

设时间项为 $\exp(-\mathrm{i}\omega t)$，则上式各项的意义：① $A_\lambda^{(1)}$ 表示向 $+z$ 方向传播的波，在 $z=0$ 处遇到突变截面引起反射而形成向 $-z$ 方向传播的波 $B_\lambda^{(1)}$；② $A_\lambda^{(2)}$ 表示入射波 $A_\lambda^{(1)}$ 透过突变截面的波，而 $B_\lambda^{(2)}$ 是由管道右边边界 (图 4.3.1 未画出) 引起的反射波.

四组系数 $A_\lambda^{(1)}$，$B_\lambda^{(1)}$，$A_\lambda^{(2)}$ 和 $B_\lambda^{(2)}$ 由下述 4 个边界条件决定：

(1) 左端边界条件，例如，假定声波由位于 $z=-l$ 的振动面产生 (见图 4.3.1)，振动面的速度为 $v_0(x,y,\omega)$，那么在 $z=-l$ 处存在边界条件

$$v_z^{(1)}(x,y,z,\omega)|_{z=-l}=\frac{1}{\mathrm{i}\omega\rho_0}\frac{\partial p^{(1)}}{\partial z}\bigg|_{z=-l}=v_0(x,y,\omega) \tag{4.3.2a}$$

由方程 (4.3.1b)

$$\frac{1}{\omega\rho_0}\sum_{\lambda=0}^{\infty}k_{z\lambda}^{(1)}[A_\lambda^{(1)}\exp(-\mathrm{i}k_{z\lambda}^{(1)}l)-B_\lambda^{(1)}\exp(\mathrm{i}k_{z\lambda}^{(1)}l)]\psi_\lambda^{(1)}(x,y)=v_0(x,y,\omega) \tag{4.3.2b}$$

即

$$k_{z\mu}^{(1)}[A_\mu^{(1)}\exp(-\mathrm{i}k_{z\mu}^{(1)}l)-B_\mu^{(1)}\exp(\mathrm{i}k_{z\mu}^{(1)}l)]=\omega\rho_0\iint_{S_1}v_0(x,y,\omega)\psi_\mu^{(1)*}(x,y)\mathrm{d}S_1 \tag{4.3.2c}$$

(2) 右端边界条件，例如，假定波导右边延伸至无限以至不存在反射，则 $B_\lambda^{(2)}=0$；

(3) 在突变截面处，要求声压连续

$$p^{(1)}(x,y,z,\omega)|_{z=0}=p^{(2)}(x,y,z,\omega)|_{z=0},\quad (x,y)\in S_1 \tag{4.3.3a}$$

由方程 (4.3.1b) 得到

$$\sum_{\lambda=0}^{\infty}[A_{\lambda}^{(1)}+B_{\lambda}^{(1)}]\psi_{\lambda}^{(1)}(x,y)=\sum_{\lambda=0}^{\infty}[A_{\lambda}^{(2)}+B_{\lambda}^{(2)}]\psi_{\lambda}^{(2)}(x,y) \tag{4.3.3b}$$

上式二边乘 $\psi_{\mu}^{(1)*}(x,y)$ 并且在面积 S_1 上积分得到

$$A_{\mu}^{(1)}+B_{\mu}^{(1)}=\sum_{\lambda=0}^{\infty}[A_{\lambda}^{(2)}+B_{\lambda}^{(2)}]\iint_{S_1}\psi_{\lambda}^{(2)}(x,y)\psi_{\mu}^{(1)*}(x,y)\mathrm{d}S_1 \tag{4.3.3c}$$

其中，用到了正交归一性条件 (注意：二个本征函数系定义域不同，它们相互不正交)

$$\iint_{S_1}\psi_{\lambda}^{(1)}(x,y)\psi_{\mu}^{(1)*}(x,y)\mathrm{d}S_1=\delta_{\lambda\mu} \tag{4.3.3d}$$

(4) 在突变截面处，要求法向 (z 方向) 速度连续

$$v_z^{(1)}(x,y,z,\omega)|_{z=0}=v_z^{(2)}(x,y,z,\omega)|_{z=0} \tag{4.3.4a}$$

假定 $S_2>S_1$，z 方向的速度连续方程应该修正为

$$v_z^{(2)}(x,y,z,\omega)|_{z=0}=\begin{cases} v_z^{(1)}(x,y,z,\omega)|_{z=0}, & (x,y)\in S_1\\ 0, & (x,y)\in S_2-S_1\end{cases} \tag{4.3.4b}$$

即

$$\begin{aligned}&\frac{1}{\omega\rho_0}\sum_{\lambda=0}^{\infty}k_{z\lambda}^{(2)}[A_{\lambda}^{(2)}-B_{\lambda}^{(2)}]\psi_{\lambda}^{(2)}(x,y)\\ &=\begin{cases}\dfrac{1}{\omega\rho_0}\displaystyle\sum_{\lambda=0}^{\infty}k_{z\lambda}^{(1)}[A_{\lambda}^{(1)}-B_{\lambda}^{(1)}]\psi_{\lambda}^{(1)}(x,y), & (x,y)\in S_1\\ 0, & (x,y)\in S_2-S_1\end{cases}\end{aligned} \tag{4.3.4c}$$

上式二边乘 $\psi_{\mu}^{(2)*}(x,y)$ 并且在面积 S_2 上积分得到

$$k_{z\mu}^{(2)}[A_{\mu}^{(2)}-B_{\mu}^{(2)}]=\sum_{\lambda=0}^{\infty}k_{z\lambda}^{(1)}[A_{\lambda}^{(1)}-B_{\lambda}^{(1)}]\iint_{S_1}\psi_{\lambda}^{(1)}(x,y)\psi_{\mu}^{(2)*}(x,y)\mathrm{d}S_1 \tag{4.3.4d}$$

得到上式利用了正交归一性条件

$$\iint_{S_2}\psi_{\lambda}^{(2)}(x,y)\psi_{\mu}^{(2)*}(x,y)\mathrm{d}S_2=\delta_{\lambda\mu} \tag{4.3.4e}$$

因此，我们得到了决定四组系数 $A_{\mu}^{(1)}$，$B_{\mu}^{(1)}$，$A_{\mu}^{(2)}$ 和 $B_{\mu}^{(2)}$ 的四个联立方程，即方程 (4.3.2c)，(4.3.3c)，(4.3.4d)，以及方程 $B_{\lambda}^{(2)}=0$. 值得指出的是，上述的模式展开方

法在低频时较为有效，因为无限求和仅需要求几项就可以了，高次模式大部分处于截止频率之上；但对较高的频率，情况正好相反.

积分方程方法 为了简单，设波导左右延伸至无限，平面波 $p_{\rm i}(z,\omega)=p_0{\rm e}^{{\rm i}k_0z}$ 由左边 $(z<0)$ 入射，引起突变截面处 $(z=0)$ 的振动速度 (z 方向分量) 为 $U_z(x,y,\omega)$. 注意：$U_z(x,y,\omega)=v_z^{(1)}(x,y,z,\omega)|_{z=0^-}$，而与 $v_z^{(2)}(x,y,z,\omega)|_{z=0^+}$ 的关系为

$$v_z^{(2)}(x,y,z,\omega)|_{z=0^+}=\begin{cases}U_z(x,y,\omega), & (x,y)\in S_1\\ 0, & (x,y)\in S_2-S_1\end{cases}\tag{4.3.5a}$$

于是，透射波可看作振动速度 $U_z(x,y,\omega)$ 向区域II $(z>0)$ 辐射的声波

$$p^{(2)}(x,y,z,\omega)=\sum_{\lambda=0}^{\infty}A_\lambda\exp({\rm i}k_{z\lambda}^{(2)}z)\psi_\lambda^{(2)}(x,y),\quad (x,y)\in S_2\tag{4.3.5b}$$

其中，系数 A_λ 由下列方程决定

$$\frac{1}{k_0\rho_0c_0}\sum_{\lambda=0}^{\infty}k_{z\lambda}^{(2)}A_\lambda\psi_\lambda^{(2)}(x,y)=\begin{cases}U_z(x,y,\omega), & (x,y)\in S_1\\ 0, & (x,y)\in S_2-S_1\end{cases}\tag{4.3.5c}$$

上式二边乘 $\psi_\mu^{(2)*}(x,y)$ 并且在面积 S_2 上积分得到

$$A_\lambda=\frac{k_0\rho_0c_0}{k_{z\lambda}^{(2)}}\iint_{S_1}U_z(x,y,\omega)\psi_\lambda^{(2)*}(x,y){\rm d}S\tag{4.3.5d}$$

注意：当不存在突变截面时，$S_1=S_2$，$U_z(x,y,\omega)=$ 常数 $=p_0/\rho_0c_0$，不难验证 $p^{(2)}(x,y,z,\omega)=p_0{\rm e}^{{\rm i}k_0z}$，即声波全透射. 把方程 (4.3.5d) 代入方程 (4.3.5b) 得到

$$p^{(2)}(x,y,z,\omega)=\rho_0c_0\iint_{S_1}U_z(x',y',\omega)G^{(2)}(x',y';x,y,z){\rm d}S',\quad (x,y)\in S_2\tag{4.3.5e}$$

其中，定义函数

$$G^{(2)}(x',y';x,y,z)\equiv\sum_{\lambda=0}^{\infty}\frac{k_0}{k_{z\lambda}^{(2)}}\psi_\lambda^{(2)*}(x',y')\psi_\lambda^{(2)}(x,y)\exp({\rm i}k_{z\lambda}^{(2)}z)\tag{4.3.5f}$$

为区域II的 Green 函数; 在区域 I，总声场可表示为

$$p^{(1)}(x,y,z,\omega)=\sum_{\lambda=0}^{\infty}[B_\lambda\exp({\rm i}k_{z\lambda}^{(1)}z)+C_\lambda\exp(-{\rm i}k_{z\lambda}^{(1)}z)]\psi_\lambda^{(1)}(x,y)\tag{4.3.6a}$$

沿 $+z$ 方向传播的只有入射波 $p_{\rm i}(z,\omega)=p_0{\rm e}^{{\rm i}k_0z}$，故必须取 $B_\lambda=0(\lambda\neq0)$ 和 $B_0=\sqrt{S_1}p_0$, 而上式中的第二项表示反射波. 于是，区域 I 的总声场为

$$p^{(1)}(x,y,z,\omega)=p_0\exp({\rm i}k_0z)+\sum_{\lambda=0}^{\infty}C_\lambda\exp(-{\rm i}k_{z\lambda}^{(1)}z)\psi_\lambda^{(1)}(x,y)\tag{4.3.6b}$$

注意：上式和 (4.3.5b) 也表明倏逝波模式仅仅存在于突变截面处厚度为 δ 的区域. 区域 I 相应的速度场为

$$v_z^{(1)}(x,y,z,\omega)=\frac{p_0}{\rho_0c_0}\exp(\mathrm{i}k_0z)-\frac{1}{\rho_0c_0}\sum_{\lambda=0}^{\infty}\frac{k_{z\lambda}^{(1)}}{k_0}C_\lambda\exp(-\mathrm{i}k_{z\lambda}^{(1)}z)\psi_\lambda^{(1)}(x,y) \quad (4.3.6c)$$

在突变截面处 $(z=0^-)$ 取值

$$U_z(x,y,\omega)\equiv v_z^{(1)}(x,y,0^-,\omega)=\frac{p_0}{\rho_0c_0}-\frac{1}{\rho_0c_0}\sum_{\lambda=0}^{\infty}\frac{k_{z\lambda}^{(1)}}{k_0}C_\lambda\psi_\lambda^{(1)}(x,y),\quad (x,y)\in S_1 \quad (4.3.6d)$$

上式表明，反射波可看作振动速度 $[U_z(x,y,\omega)-p_0/\rho_0c_0]$ 向区域 I $(z<0)$ 辐射的声波，故区域 I 的总声压场为

$$p^{(1)}(x,y,z,\omega)=p_0\mathrm{e}^{\mathrm{i}k_0z}-\rho_0c_0\iint_{S_1}\left[U_z(x',y',\omega)-\frac{p_0}{\rho_0c_0}\right]G^{(1)}(x',y';x,y,z)\mathrm{d}S' \quad (4.3.7a)$$

其中，定义函数

$$G^{(1)}(x',y';x,y,z)\equiv\sum_{\lambda=0}^{\infty}\frac{k_0}{k_{z\lambda}^{(1)}}\psi_\lambda^{(1)*}(x',y')\psi_\lambda^{(1)}(x,y)\exp(-\mathrm{i}k_{z\lambda}^{(1)}z) \quad (4.3.7b)$$

为区域 I 的 Green 函数.

另一方面，在突变截面处要求声压连续, 即满足方程 (4.3.3a)，由方程 (4.3.5e) 和 (4.3.7a) 得到突变截面处的振动速度 $U_z(x,y,\omega)$ 满足的积分方程

$$\iint_{S_1}U_z(x',y',\omega)[G^{(1)}(x',y';x,y,0)+G^{(2)}(x',y';x,y,0)]\mathrm{d}S'=\frac{2p_0}{\rho_0c_0} \quad (4.3.7c)$$

其中，$(x,y)\in S_1$. 一旦由上式求得 $U_z(x,y,\omega)$，就可由方程 (4.3.5e) 和 (4.3.7a) 求得区域 I 和 II 中的声压场分布. 特殊情况：如果管道是等截面的，即 $S_2=S_1$，则方程 (4.3.7c) 存在一个 $U_z(x,y,\omega)=p_0/\rho_0c_0$ 的解，这是入射平面波引起的速度场.

如果入射波 $p_\mathrm{i}(x,y,z,\omega)$ 不是简单的平面波，方程 (4.3.5e) 仍然成立，而方程 (4.3.6b) 修改为

$$p^{(1)}(x,y,z,\omega)=p_\mathrm{i}(x,y,z,\omega)+\sum_{\lambda=0}^{\infty}C_\lambda\exp[-\mathrm{i}k_{z\lambda}^{(1)}z]\psi_\lambda^{(1)}(x,y) \quad (4.3.8a)$$

方程 (4.3.7c) 修改为

$$\iint_{S_1}U_z(x',y',\omega)[G^{(2)}(x',y';x,y,0)+G^{(2)}(x',y';x,y,0)]dS'=\Im(x,y,\omega) \quad (4.3.8b)$$

其中，定义非齐次项为

$$\Im(x,y,\omega)\equiv\frac{1}{\rho_0c_0}\left[p_{\rm i}(x,y,0,\omega)+\frac{1}{{\rm i}k_0}\iint_{S_1}\left.\frac{\partial p_{\rm i}}{\partial z}\right|_{z=0}\cdot G^{(1)}(x',y';x,y,0){\rm d}S'\right] \quad (4.3.8c)$$

方程 (4.3.8b) 可用本征函数展开法求解，设 (其中 $(x,y)\in S_1$)

$$U_z(x,y,\omega)=\sum_{\lambda=0}^{\infty}U_z^{\lambda}\psi_{\lambda}^{(1)}(x,y) \quad (4.3.9a)$$

代入方程 (4.3.8b) 且利用方程 (4.3.5f) 和 (4.3.7b) 得到

$$\sum_{\lambda=0}^{\infty}\frac{k_0}{k_{z\lambda}^{(1)}}U_z^{\lambda}\psi_{\lambda}^{(1)}(x,y)+\sum_{\lambda,\mu=0}^{\infty}\frac{k_0}{k_{z\lambda}^{(2)}}U_z^{\mu}\chi_{\mu\lambda}\psi_{\lambda}^{(2)}(x,y)=\Im(x,y,\omega) \quad (4.3.9b)$$

其中，为了方便定义

$$\chi_{\mu\lambda}\equiv\iint_{S_1}\psi_{\mu}^{(1)}(x',y')\psi_{\lambda}^{(2)*}(x',y'){\rm d}S' \quad (4.3.9c)$$

方程 (4.3.9b) 二边乘 $\psi_{\varepsilon}^{(1)*}(x,y)(\varepsilon=0,1,2,\cdots)$ 且在 S_1 上积分得到

$$U_z^{\varepsilon}+\sum_{\mu=0}^{\infty}a_{\varepsilon\mu}U_z^{\mu}=\frac{k_{z\varepsilon}^{(1)}}{k_0}\iint_{S_1}\Im(x,y,\omega)\psi_{\varepsilon}^{(1)*}(x,y){\rm d}S \quad (4.3.9d)$$

其中，$\varepsilon=0,1,2,\cdots$，以及 $a_{\varepsilon\mu}\equiv k_{z\varepsilon}^{(1)}\sum\limits_{\lambda=0}^{\infty}\chi_{\mu\lambda}\chi_{\varepsilon\lambda}^{*}/k_{z\lambda}^{(2)}$. 上式是一个无限联立的代数方程, 必须由数值计算方法来完成，我们仅讨论简单情况，即平面波近似.

零级近似 考虑平面波入射 (即方程 (4.3.7c)). 当取 $\varepsilon=0$ 时，方程 (4.3.9d) 简化成

$$(1+a_{00})U_z^0+\sum_{\mu>0}^{\infty}a_{0\mu}U_z^{\mu}=\frac{2p_0}{\rho_0c_0}\sqrt{S_1} \quad (4.3.10a)$$

在零级近似下，忽略高阶模式的贡献，注意到

$$\begin{aligned}\chi_{00}&\equiv\iint_{S_1}\psi_0^{(1)}(x',y')\psi_0^{(2)*}(x',y'){\rm d}S'=\sqrt{\frac{S_1}{S_2}}\\ a_{00}&\equiv k_{z0}^{(1)}\sum_{\lambda=0}^{\infty}\frac{\chi_{0\lambda}\chi_{0\lambda}^{*}}{k_{z\lambda}^{(2)}}\approx k_{z0}^{(1)}\frac{\chi_{00}\chi_{00}^{*}}{k_{z0}^{(2)}}\approx|\chi_{00}|^2\end{aligned} \quad (4.3.10b)$$

由方程 (4.3.10a) 得到

$$U_z^0\approx\frac{2p_0\sqrt{S_1}}{\rho_0c_0}\cdot\frac{1}{1+S_1/S_2} \quad (4.3.10c)$$

故在零级近似下，由方程 (4.3.9a) 得到

$$U_z(x,y,\omega)\approx U_z^0\psi_0^{(1)}(x,y)\approx\frac{p_0}{\rho_0c_0}\cdot\frac{2}{1+S_1/S_2}\tag{4.3.10d}$$

于是，由方程 (4.3.7a) 和 (4.3.7b)，我们得到

$$p^{(1)}(x,y,z,\omega)\approx p_0\mathrm{e}^{\mathrm{i}k_0z}+r_pp_0\exp(-\mathrm{i}k_0z)\tag{4.3.10e}$$

得到上式已经利用 $G^{(1)}(x',y';x,y,z)\approx\exp(-\mathrm{i}k_0z)/S_1$. 同样，由方程 (4.3.5e) 和 (4.3.5f) 得到 $G^{(2)}(x',y';x,y,z)\approx\exp(\mathrm{i}k_0z)/S_2$ 以及

$$p^{(2)}(x,y,z,\omega)=t_pp_0\exp(\mathrm{i}k_0z)\tag{4.3.10f}$$

其中，系数

$$r_p\equiv\frac{S_1/S_2-1}{S_1/S_2+1};\quad t_p\equiv\frac{2S_1/S_2}{1+S_1/S_2}\tag{4.3.10g}$$

为平面波反射系数和透射系数. 比较上式与方程 (4.3.13a)(见 4.3.2 小节) 可知，零级近似就是平面波近似. 由方程 (4.3.10b) 的第二式，零级近似成立的条件是 a_{00} 中高阶模式的贡献可以忽略，即取 $\chi_{0\lambda}\approx0(\lambda>0)$，由方程 (4.3.9c)，当 $S_1=S_2$ 时，$\chi_{0\lambda}=0(\lambda>0)$，故只有当 $S_1\approx S_2$ 时 (即截面变化不太大时)，零级近似才能成立.

一级近似　当取 $\varepsilon\geqslant1$ 时，方程 (4.3.9d) 简化成 (注意：对平面波入射，当取 $\varepsilon>0$ 时，方程 (4.3.9d) 右边积分为零)

$$(1+a_{\varepsilon\varepsilon})U_z^\varepsilon+\sum_{\mu\neq0,\mu\neq\varepsilon}^{\infty}a_{\varepsilon\mu}U_z^\mu=-a_{\varepsilon0}U_z^0\tag{4.3.11a}$$

上式右边项说明，高阶模式是由零阶模式在突变截面处耦合而产生的. 注意到上式左边的第二项表示高阶模式之间的相互耦合，当 $S_1\approx S_2$ 时，在一级近似中忽略这种耦合，则由方程 (4.3.11a) 可以近似得到

$$U_z^\varepsilon\approx-\frac{a_{\varepsilon0}}{1+a_{\varepsilon\varepsilon}}U_z^0\approx-\frac{a_{\varepsilon0}}{1+a_{\varepsilon\varepsilon}}\cdot\frac{2p_0}{\rho_0c_0}\cdot\frac{\sqrt{S_1}}{1+S_1/S_2}\quad(\varepsilon\geqslant1)\tag{4.3.11b}$$

把上式和方程 (4.3.10c) 代入方程 (4.3.7a) 和 (4.3.5e) 得到

$$p^{(1)}(x,y,z,\omega)\approx p_0\mathrm{e}^{\mathrm{i}k_0z}+r_pp_0\mathrm{e}^{-\mathrm{i}k_0z}-\rho_0c_0U_z^0\sum_{\varepsilon=1}^{\infty}\frac{k_0}{k_{z\varepsilon}^{(1)}}\cdot\frac{a_{\varepsilon0}\psi_\varepsilon^{(1)}(x,y)}{1+a_{\varepsilon\varepsilon}}\mathrm{e}^{-\mathrm{i}k_{z\varepsilon}^{(1)}z}\tag{4.3.11c}$$

和

$$p^{(2)}(x,y,z,\omega)\approx t_p'p_0\mathrm{e}^{\mathrm{i}k_0z}-\rho_0c_0U_z^0\sum_{\lambda=1}^{\infty}\frac{k_0}{k_{z\lambda}^{(2)}}\left(\sum_{\varepsilon=0}^{\infty}\frac{a_{\varepsilon0}\chi_{\varepsilon\lambda}}{1+a_{\varepsilon\varepsilon}}\right)\psi_\lambda^{(2)}(x,y)\mathrm{e}^{\mathrm{i}k_{z\lambda}^{(2)}z}\tag{4.3.11d}$$

其中，平面波透射系数修改为

$$t'_p \equiv \left(1 - \sqrt{\frac{S_2}{S_1}} \sum_{\varepsilon=1}^{\infty} \frac{a_{\varepsilon 0}\chi_{\varepsilon 0}}{1 + a_{\varepsilon\varepsilon}}\right) t_p \tag{4.3.11e}$$

当 $S_1 = S_2$ 时，$\chi_{\mu\lambda} = \delta_{\mu\lambda}$，故 $a_{\varepsilon 0} = 0(\varepsilon > 0)$，不存在高阶模式.

4.3.2 平面波近似和体积速度连续

如果声源激发频率在波导 (包括区域 I 和 II) 的最小截止频率以下，除声源和突变处附近外，倏逝波基本上可以忽略. 需要注意的是，在截面突变处，必定存在高次模式，否则突变处的连续性条件无法满足. 当接收点远离声源和突变处时，可推出截面突变处近似满足的连接条件.

注意到 $\psi_0^{(1)}(x,y) = 1/\sqrt{S_1}$，$k_{z0}^{(1)} = k_0 = \omega/c_0$ 和 $\psi_0^{(2)}(x,y) = 1/\sqrt{S_2}$，$k_{z0}^{(2)} = k_0 = \omega/c_0$，由方程 (4.3.1b)，忽略高次模式的倏逝波, 声压场和速度场分别为

$$p(z,\omega) \approx \begin{cases} \dfrac{1}{\sqrt{S_1}}[A_0^{(1)}\exp(\mathrm{i}k_0 z) + B_0^{(1)}\exp(-\mathrm{i}k_0 z)] & (z<0) \\ \dfrac{1}{\sqrt{S_2}}[A_0^{(2)}\exp(\mathrm{i}k_0 z) + B_0^{(2)}\exp(-\mathrm{i}k_0 z)] & (z>0) \end{cases} \tag{4.3.12a}$$

以及

$$v_z(z,\omega) \approx \begin{cases} \dfrac{1}{\rho_0 c_0\sqrt{S_1}}[A_0^{(1)}\exp(\mathrm{i}k_0 z) - B_0^{(1)}\exp(-\mathrm{i}k_0 z)] & (z<0) \\ \dfrac{1}{\rho_0 c_0\sqrt{S_2}}[A_0^{(2)}\exp(\mathrm{i}k_0 z) - B_0^{(2)}\exp(-\mathrm{i}k_0 z)] & (z>0) \end{cases} \tag{4.3.12b}$$

注意：在截面突变处，切向速度显然不为零. 另一方面，在截面突变处，由方程 (4.3.3c) 和 (4.3.4d) 得到

$$\frac{1}{\sqrt{S_1}}[A_0^{(1)} + B_0^{(1)}] = [A_0^{(2)} + B_0^{(2)}]\frac{1}{\sqrt{S_2}} \tag{4.3.12c}$$

$$S_2\left\{\frac{1}{\sqrt{S_2}}[A_0^{(2)} - B_0^{(2)}]\right\} = S_1\left\{\frac{1}{\sqrt{S_1}}[A_0^{(1)} - B_0^{(1)}]\right\} \tag{4.3.12d}$$

比较方程 (4.3.12a)，方程 (4.3.12c) 意味着：在 $z=0$ 处，声压连续

$$p^{(1)}(z,\omega)|_{z=0} = p^{(2)}(z,\omega)|_{z=0} \tag{4.3.12e}$$

而由方程 (4.3.12b)，方程 (4.3.12d) 意味着

$$S_2 v_z^{(2)}(z,\omega)|_{z=0} = S_1 v_z^{(1)}(z,\omega)|_{z=0} \tag{4.3.12f}$$

上式的意义很明确：在 $z=0$ 处，质点由区域 I 流入区域 II，或者由区域 II 流入区域 I，保持体积速度 $U\equiv Sv_z$(即波导截面面积乘以速度) 不变. 如果方程 (4.3.12f) 二边乘以流体密度 ρ_0 就意味着通过截面的总动量 (z 方向分量) 守恒.

必须注意的是：严格地，在截面突变 $z=0$ 处的连续条件应该是法向速度连续方程 (4.3.4a) 或者 (4.3.4d)，只有在忽略高次波 (倏逝波) 情况下，才有体积速度连续方程 (4.3.12f)，此时速度 v_z 在 $z=0$ 处反而不连续了.

声阻抗连续　定义**声阻抗**(acoustic impedance) 为 $Z_A=p/U$，则连续性方程 (4.3.12e) 和 (4.3.12f) 可以写成声阻抗连续

$$Z_{A1}|_{z=0}=Z_{A2}|_{z=0} \tag{4.3.12g}$$

设波导右边延伸至无限，因而不存在反射波：$B_0^{(2)}=0$，$A_0^{(1)}$ 是左边 $z=-\infty$ 处的入射波，则由于存在截面突变而引起的声压反射和透射系数分别为

$$r_p\equiv\frac{B_0^{(1)}/\sqrt{S_1}}{A_0^{(1)}/\sqrt{S_1}}=\frac{\zeta-1}{\zeta+1};\ \ t_p\equiv\frac{A_0^{(2)}/\sqrt{S_2}}{A_0^{(1)}/\sqrt{S_1}}=\frac{2\zeta}{\zeta+1} \tag{4.3.13a}$$

其中，$\zeta=S_1/S_2$ 为面积比. 显然，当 $S_1\gg S_2$ 时，即 $\zeta\gg 1$ 时，$r_p\to 1$，相当于声波遇到刚性边界，而 $t_p\to 2$，这相当于“刚性边界”受到的静态压力，而没有声波能量的传递，见方程 (4.3.13c) 的讨论；当 $S_1\ll S_2$ 时，即 $\zeta\ll 1$ 时，$r_p\to -1$，相当于声波遇到软性边界，而“软性边界”是不能承受压力的，故 $t_p\to 0$.

相应的声强反射和透射系数分别为

$$r_I\equiv r_p^2=\left(\frac{\zeta-1}{\zeta+1}\right)^2;\ \ t_I\equiv t_p^2=\frac{4\zeta^2}{(\zeta+1)^2} \tag{4.3.13b}$$

以及通过截面的平均声能流 (声功率) 反射和透射系数

$$r_W\equiv\frac{S_1}{S_1}r_I=\left(\frac{\zeta-1}{\zeta+1}\right)^2;\ \ t_W\equiv\frac{S_2}{S_1}t_I=\frac{4\zeta}{(\zeta+1)^2} \tag{4.3.13c}$$

不难验证 $r_W+r_W=1$，即能量守恒. 显然，当 $S_1\gg S_2$，即 $\zeta\gg 1$ 时，$r_W\to 1$，而 $t_W\to 0$, 相当于声波遇到刚性边界而全部反射，这是不难理解的；当 $S_1\ll S_2$，即 $\zeta\ll 1$ 时, $r_W\to 1$，而 $t_W\to 0$ 也成立. 这个重要的结果表明：当波导截面 S_1 与 S_2 相差较大时, 波导 S_1 向波导 S_2 内辐射的声能量与反射的声能量相比是很小的. 但必须注意的是，随着 S_2 变大，平面波截止频率变小，当 $S_2\to\infty$ 时，右端相当于在无限大刚性障板上的开口端向右半无限大空间辐射声波 (见图 4.3.2)，这时，用平面波来描述右半无限大空间的声波显然是不恰当的.

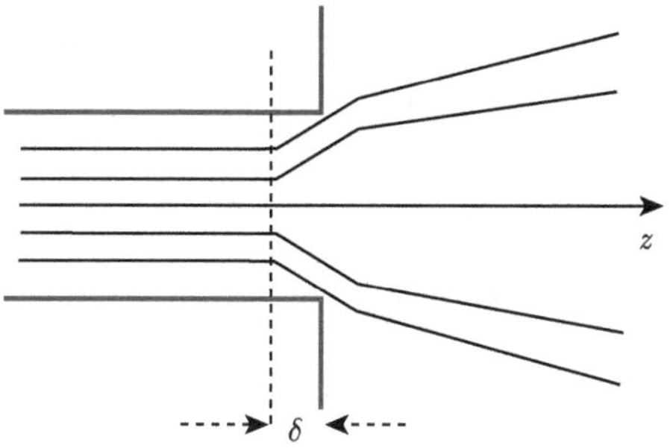

图 4.3.2 波导右端变为无限大刚性障板上的活塞辐射

如图 4.3.2，考虑 $S_2 \to \infty$ 情况，如果我们仍然忽略 δ 区域 (见图 4.3.2) 内的倏逝波，波导内的声压场和速度场分别为

$$
\begin{aligned}
p(z,\omega) &\approx \frac{1}{\sqrt{S_1}}[A_0^{(1)}\exp(\mathrm{i}k_0 z)+B_0^{(1)}\exp(-\mathrm{i}k_0 z)] \quad (z<0)\\
v_z(z,\omega) &\approx \frac{1}{\rho_0 c_0\sqrt{S_1}}[A_0^{(1)}\exp(\mathrm{i}k_0 z)-B_0^{(1)}\exp(-\mathrm{i}k_0 z)] \quad (z<0)
\end{aligned} \tag{4.3.14a}
$$

在 $z=0$ 处，振动 $v_z(0,\omega)$ 向右半空间辐射声波，由方程 (2.5.39)，半空间 $z>0$ 中的声场为

$$
p(x,y,z,\omega)=-2\mathrm{i}\frac{\rho_0 c_0 k_0}{4\pi}\frac{1}{\rho_0 c_0\sqrt{S_1}}[A_0^{(1)}-B_0^{(1)}]\cdot\iint_{S_1}\frac{\exp(\mathrm{i}k_0 R)}{R}\mathrm{d}x'\mathrm{d}y' \tag{4.3.14b}
$$

其中，$R=\sqrt{(x-x')^2+(y-y')^2+z^2}$. 显然，即使 $v_z(0,\omega)$ 与 x 和 y 无关，在波导开口处 $(z=0)$ 产生的声压 $p(x,y,z,\omega)|_{z=0+}$ 也与 x 和 y 有关. 因而，无法用声压连续的条件决定出反射系数. 但作为低频近似，可用开口处的平均声压 $\bar{p}(z,\omega)|_{z=0+}$ 来代替 $p(x,y,z,\omega)|_{z=0+}$，即近似取 $p(x,y,z,\omega)|_{z=0+}\approx\bar{p}(z,\omega)|_{z=0+}$，平均声压为

$$
\bar{p}(z,\omega)|_{z=0+}=\frac{1}{S_1}\iint_{S_1}p(x,y,z,\omega)\mathrm{d}x\mathrm{d}y=-\frac{1}{\sqrt{S_1}}[A_0^{(1)}-B_0^{(1)}]\varDelta \tag{4.3.14c}
$$

其中，为了方便定义

$$
\varDelta\equiv\mathrm{i}\frac{k_0}{2\pi S_1}\iint_{S_1}\mathrm{d}x\mathrm{d}y\iint_{S_1}\frac{\exp(\mathrm{i}k_0 h)}{h}\mathrm{d}x'\mathrm{d}y' \tag{4.3.14d}
$$

上式中 $h=\sqrt{(x-x')^2+(y-y')^2}$ 是开口面上点 (x,y) 到点 (x',y') 的距离. 对截面为半径 a 的圆形波导，由方程 (2.5.49a) 得到

$$
\varDelta=-\left[1-\frac{2\mathrm{J}_1(2k_0 a)}{2k_0 a}-\mathrm{i}\frac{2\mathrm{S}_1(2k_0 a)}{2k_0 a}\right] \tag{4.3.14e}
$$

于是，由开口处声压连续 $p(z,\omega)|_{z=0-}=\bar{p}(z,\omega)|_{z=0+}$ 得到

$$A_0^{(1)}+B_0^{(1)}=-[A_0^{(1)}-B_0^{(1)}]\varDelta \tag{4.3.14f}$$

故声压反射系数

$$r_p\equiv\frac{B_0^{(1)}}{A_0^{(1)}}=\frac{\varDelta+1}{\varDelta-1} \tag{4.3.14g}$$

当 $k_0a\ll 1$ 时，即低频情况，利用方程 (2.5.51c), $\varDelta\approx-(k_0a)^2/2+\mathrm{i}8k_0a/3\pi$，声压反射系数为

$$r_p\approx-\left(1+\frac{2\mathrm{i}\omega M_{\mathrm{r}}}{\rho_0c_0S_1}\right) \tag{4.3.14h}$$

其中，$M_{\mathrm{r}}=8\rho_0a^3/3\pi$ 为同振质量. 因此，管开口端相当于存在一个质量抗. 而右半空间的声场为

$$p(x,y,z,\omega)\approx-\mathrm{i}\frac{A_0^{(1)}(k_0a)}{\sqrt{\pi}S_1}\left(1+\frac{\mathrm{i}\omega M_{\mathrm{r}}}{\rho_0c_0S_1}\right)\iint_{S_1}\frac{\exp(\mathrm{i}k_0R)}{R}\mathrm{d}x'\mathrm{d}y' \tag{4.3.14i}$$

由于 $k_0a\ll 1$，因此管开口端向右半空间辐射的声能量较小.

缓慢变化结区 考虑如图 4.3.3 的波导，二段不同截面的波导通过一段缓慢变化的结区连接，连接区长度 $\Delta l\ll\lambda$(声波波长). 为了一般性，假定左、右边波导中流体的声学性质 (特性声阻抗率) 不同，分别为 $\rho_{10}c_{10}$ 和 $\rho_{20}c_{20}$. 在这种情况下，连续性条件又如何呢？如图 4.3.3，作包含结区的体积 V，其边界面为 S_1+S_2+B，B 为波导面. 由频域质量守恒方程：$-\mathrm{i}\omega\rho'+\nabla\cdot(\rho_0\boldsymbol{v})=0$, 二边作体积分

$$\begin{aligned}\mathrm{i}\omega\int_V\rho'\mathrm{d}V&=\int_V\nabla\cdot(\rho_0\boldsymbol{v})\mathrm{d}V=\iint_{S_1+S_2+B}\rho_0\boldsymbol{v}\cdot\boldsymbol{n}\mathrm{d}S\\&=\iint_{S_1}\rho_{10}\boldsymbol{v}\cdot\boldsymbol{n}\mathrm{d}S+\iint_{S_2}\rho_{20}\boldsymbol{v}\cdot\boldsymbol{n}\mathrm{d}S+\iint_B\rho_0\boldsymbol{v}\cdot\boldsymbol{n}\mathrm{d}S\\&\approx-\iint_{S_1}\rho_{10}v_z\mathrm{d}S+\iint_{S_2}\rho_{20}v_z\mathrm{d}S\end{aligned} \tag{4.3.15a}$$

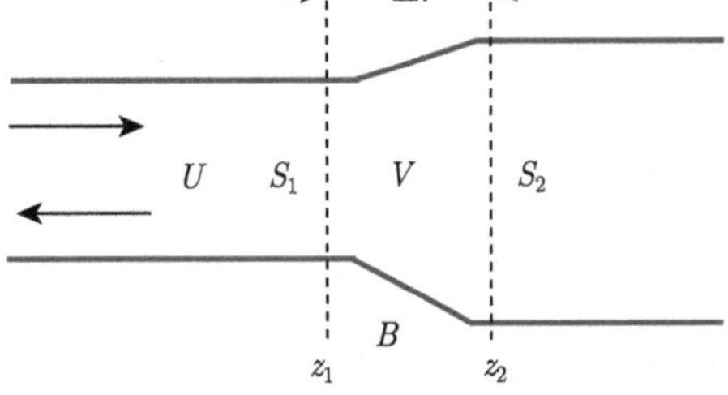

图 4.3.3 变截面波导的结区

注意：① 面 S_1 和 S_2 上的法向矢量相反；② 假定波导壁为刚性，于是波导面上法向速度为零. 注意到方程 (4.3.15a) 左边可近似为

$$\mathrm{i}\omega\int_V\rho'\mathrm{d}V\approx\mathrm{i}\omega\bar{\rho}'\cdot\bar{S}\Delta l\approx\mathrm{i}\frac{\bar{p}}{\bar{c}_0\bar{\rho}_0}\bar{\rho}_0\bar{S}(\bar{k}_0\Delta l)\approx\mathrm{i}\bar{\rho}_0\bar{v}\cdot\bar{S}(\bar{k}_0\Delta l)\tag{4.3.15b}$$

其中，$\bar{S}$ 为结区 Δl 的平均面积，$\bar{k}=\omega/\bar{c}_0$ 为平均波数 (带一横的量表示结区相应量的平均值). 因此

$$\rho_{20}\iint_{S_2}v_z\mathrm{d}S-\rho_{10}\iint_{S_1}v_z\mathrm{d}S\approx\mathrm{i}\bar{\rho}_0\bar{v}\cdot\bar{S}(\bar{k}_0\Delta l)\tag{4.3.15c}$$

而 $\bar{v}$ 与 v_z 同一数量级，只要 $\bar{S}$ 与 S_1 和 S_2 也在同一数量级，那么当 $\bar{k}_0\Delta l\ll 1$，即低频时，上式右边近似为零. 如果进一步假定管中传播的是平面波，v_z 与 x 和 y 无关，那么

$$\rho_{20}S_2v_z(z,\omega)|_{z_2}\approx\rho_{10}S_1v_z(z,\omega)|_{z_1}\tag{4.3.15d}$$

上式是比方程 (4.3.12f) 更一般的连续性条件，即通过截面的质量流连续 (即动量守恒). 当 $\rho_{20}=\rho_{10}$ 时，就是方程 (4.3.12f). 当然，如果 $\bar{S}\gg S_1,S_2$，这个条件就不成立了，如图 4.3.4, 在结区存在一个 "泡泡" 状区域，这时该区域有 "存储" 体积速度的能力，体积速度就不连续了 (如中间插扩张管情形，见下面讨论).

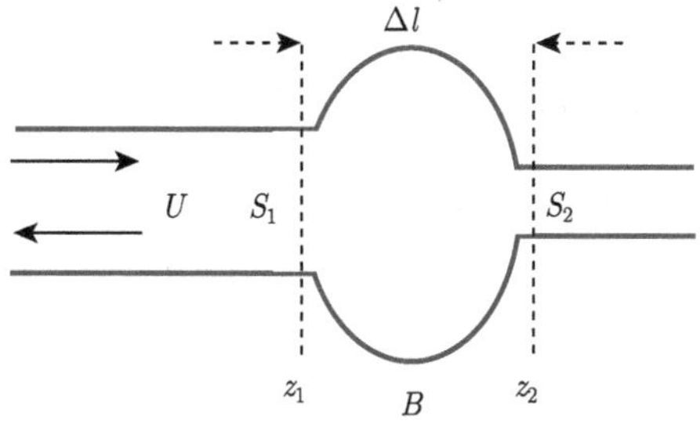

图 4.3.4　存在 "泡泡" 区域

对频域方程 $\mathrm{i}\omega\rho_0\boldsymbol{v}=\nabla p$，在图 4.3.3 的体积 V 内，从 z_2 到 z_1 积分

$$\mathrm{i}\omega\int_{z_1}^{z_2}\rho_0v_z\mathrm{d}z=\int_{z_1}^{z_2}\frac{\partial p}{\partial z}\mathrm{d}z=p|_{z_2}-p|_{z_1}\tag{4.3.15e}$$

上式右边可近似为 $\mathrm{i}\omega\bar{\rho}_0\bar{v}_z\Delta l=\mathrm{i}\bar{\rho}_0\bar{c}_0(\bar{k}_0\Delta l)\bar{v}_z$，于是

$$\mathrm{i}\bar{\rho}_0\bar{c}_0(\bar{k}_0\Delta l)\bar{v}_z\approx p|_{z_2}-p|_{z_1}\tag{4.3.15f}$$

注意到体积速度连续性条件, 存在数量级关系

$$\bar{S}\cdot\bar{v}_z\sim\frac{S_1}{\rho_{10}c_{10}}p|_{z_1}\sim\frac{S_2}{\rho_{20}c_{20}}p|_{z_2}\tag{4.3.15g}$$

上式结合方程 (4.3.15f) 得到

$$p|_{z_2} - p|_{z_1} \approx \mathrm{i}\frac{\bar{\rho}_0\bar{c}_0}{\bar{S}}(\bar{k}_0\Delta l)\bar{S}\cdot\bar{v}_z \sim \begin{cases} \mathrm{i}(\bar{k}_0\Delta l)\dfrac{S_1}{\bar{S}}\bar{p} \\ \mathrm{i}(\bar{k}_0\Delta l)\dfrac{S_2}{\bar{S}}\bar{p} \end{cases} \tag{4.3.15h}$$

因此，只要 $\bar{S} \sim S_1, S_2$，在低频条件下，$p|_{z_2} \approx p|_{z_1}$，即声压连续. 除非 $\bar{S} \ll S_1, S_2$，如图 4.3.5，结区是 “瓶颈” 区，由于截面积变得很小，为了满足体速度连续条件，流体很快加速，故存在很大的压力梯度，压力连续条件就不满足了 (如中间插收缩管情形，见下面讨论).

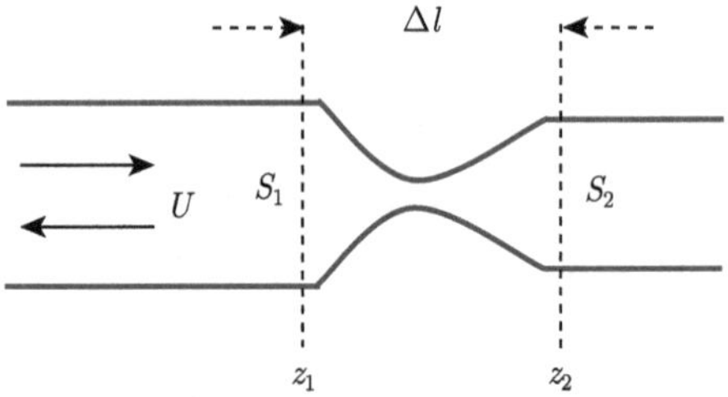

图 4.3.5　存在 “瓶颈” 区域

4.3.3　常见的管道系统和声阻抗转移公式

中间扩张或收缩的管道　如图 4.3.6(a)，在截面积为 S_0 的主管道中间插长度为 l、截面积为 S_1 的扩张管道. 当 $k_0 l \sim 1$ 时，必须考虑扩张管中声场和体积速度的空间分布. 设管道右边延至无限，因而没有反射

$$\begin{aligned} p_0(z,\omega) &= A_0\exp(\mathrm{i}k_0 z) + B_0\exp(-\mathrm{i}k_0 z) \\ U_0(z,\omega) &= \frac{S_0}{\rho_0 c_0}[A_0\exp(\mathrm{i}k_0 z) - B_0\exp(-\mathrm{i}k_0 z)] \end{aligned} \quad (z<0) \tag{4.3.16a}$$

$$\begin{aligned} p_1(z,\omega) &= A_1\exp(\mathrm{i}k_0 z) + B_1\exp(-\mathrm{i}k_0 z) \\ U_1(z,\omega) &= \frac{S_1}{\rho_0 c_0}[A_1\exp(\mathrm{i}k_0 z) - B_1\exp(-\mathrm{i}k_0 z)] \end{aligned} \quad (0<z<l) \tag{4.3.16b}$$

$$\begin{aligned} p_2(z,\omega) &= A_2\exp[\mathrm{i}k_0(z-l)] \\ U_2(z,\omega) &= \frac{S_0}{\rho_0 c_0}A_2\exp[\mathrm{i}k_0(z-l)] \end{aligned} \quad (z>l) \tag{4.3.16c}$$

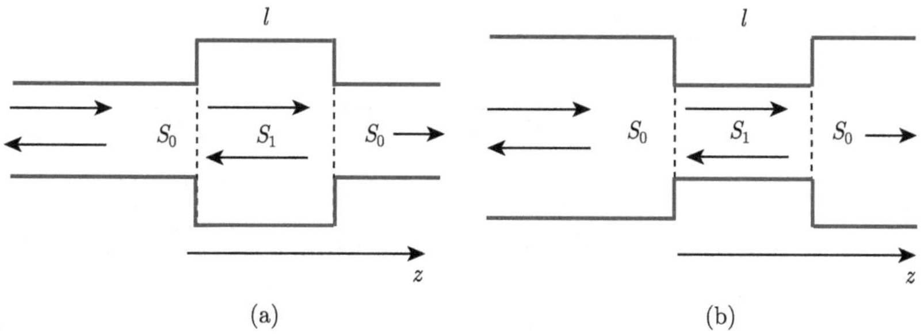

图 4.3.6 (a) 中间扩张的管道；(b) 中间收缩的管道

在界面 $z=0,l$ 处，声压和体积速度连续，得到

$$
\begin{gathered}
A_0+B_0=A_1+B_1\\
\frac{S_0}{\rho_0c_0}(A_0-B_0)=\frac{S_1}{\rho_0c_0}(A_1-B_1)\\
A_1\exp(\mathrm{i}k_0l)+B_1\exp(-\mathrm{i}k_0l)=A_2\\
\frac{S_1}{\rho_0c_0}[A_1\exp(\mathrm{i}k_0l)-B_1\exp(-\mathrm{i}k_0l)]=\frac{S_0}{\rho_0c_0}A_2
\end{gathered}
\tag{4.3.16d}
$$

由上式的前二个方程得到

$$
\begin{aligned}
2A_1&=(1+\sigma)A_0+(1-\sigma)B_0\\
2B_1&=(1-\sigma)A_0+(1+\sigma)B_0
\end{aligned}
\tag{4.3.16e}
$$

其中，$\sigma=S_0/S_1$ 为面积比. 上式代入方程 (4.3.16d) 的后二式消去 A_1 和 B_1 得到入射振幅 A_0、反射振幅 B_0 以及透射振幅 A_2 的关系

$$
\begin{aligned}
&[\cos(k_0l)+\mathrm{i}\sigma\sin(k_0l)]A_0+[\cos(k_0l)-\mathrm{i}\sigma\sin(k_0l)]B_0=A_2\\
&[\mathrm{i}\sin(k_0l)+\sigma\cos(k_0l)]A_0+[\mathrm{i}\sin(k_0l)-\sigma\cos(k_0l)]B_0=\sigma A_2
\end{aligned}
\tag{4.3.16f}
$$

于是，不难得到反射系数和透射系数分别为

$$
\begin{aligned}
r_p&=\frac{B_0}{A_0}=\frac{\mathrm{i}(1/\sigma-\sigma)\sin(k_0l)}{2\cos(k_0l)-\mathrm{i}(\sigma+1/\sigma)\sin(k_0l)}\\
t_p&=\frac{A_2}{A_0}=\frac{2}{2\cos(k_0l)-\mathrm{i}(\sigma+1/\sigma)\sin(k_0l)}
\end{aligned}
\tag{4.3.16g}
$$

因此，声强反射系数和透射系数分别为

$$
\begin{aligned}
r_I&=|r_p|^2=\frac{(\sigma-1/\sigma)^2\sin^2(k_0l)}{4\cos^2(k_0l)+(\sigma+1/\sigma)^2\sin^2(k_0l)}\\
t_I&=|t_p|^2=\frac{4}{4\cos^2(k_0l)+(\sigma+1/\sigma)^2\sin^2(k_0l)}
\end{aligned}
\tag{4.3.16h}
$$

注意：$r_I+t_I=1$. 把透射系数改写成

$$t_I=\frac{1}{1+[(\sigma+1/\sigma)^2-4]\sin^2(k_0l)/4}=\frac{1}{1+(\sigma-1/\sigma)^2\sin^2(k_0l)/4} \tag{4.3.16i}$$

注意：上式与方程 (1.5.4b) 完全类似，说明了扩张 (或收缩) 管道的隔声作用. 因此：① 当 $k_0l=(2n-1)\pi/2$ 或者 $l=(2n-1)\lambda/4$ 时，即插管长度为 1/4 波长的奇数倍，透射系数极小

$$(t_I)_{\min}=\frac{4}{(\sigma+1/\sigma)^2} \tag{4.3.16j}$$

② 当 $k_0l=n\pi$ 或者 $l=n\lambda/2$ 时，即插管长度为 1/2 波长的整数倍，透射系数极大 $(t_I)_{\max}=1$，即声波全透射. 注意：方程 (4.3.16i) 与中间管道的扩张或收缩无关，因此扩张或收缩有同样的效果.

有限长管道　设管道面积为 S，长为 l，尾端为声阻抗 Z_e 的吸声材料，如图 4.3.7, 管口 ($z=0$) 一般连接在其他管道上，或者为声源，故必须求出管口 ($z=0$) 的声阻抗 Z_0. 由于管道为有限长，尾端将反射声波，故有限长管道内将形成驻波，故设声场为

$$\begin{aligned}&p(z)=A\exp(\mathrm{i}k_0z)+B\exp(-\mathrm{i}k_0z)\\&U(z)=\frac{S}{\rho_0c_0}[A\exp(\mathrm{i}k_0z)-B\exp(-\mathrm{i}k_0z)]\end{aligned} \tag{4.3.17a}$$

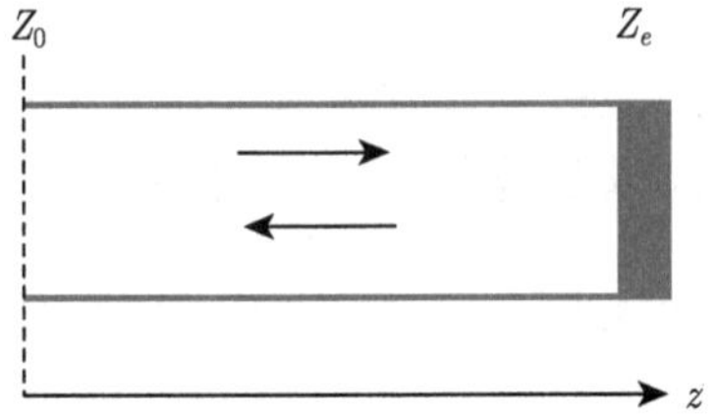

图 4.3.7　有限长管道：尾端为声阻抗

于是，由尾端边界条件

$$Z_e=\left.\frac{p(z,\omega)}{U(z,\omega)}\right|_{z=l}=\frac{\rho_0c_0}{S}\frac{A\exp(\mathrm{i}k_0l)+B\exp(-\mathrm{i}k_0l)}{A\exp(\mathrm{i}k_0l)-B\exp(-\mathrm{i}k_0l)} \tag{4.3.17b}$$

即

$$\frac{B}{A}=-\frac{\exp(2\mathrm{i}k_0l)(1-Z_eS/\rho_0c_0)}{1+Z_eS/\rho_0c_0} \tag{4.3.17c}$$

因此，管口 ($z=0$) 的声阻抗为

$$Z_0=\left.\frac{p(z)}{U(z)}\right|_{z=0}=\frac{\rho_0c_0}{S}\frac{A+B}{A-B}=\frac{\rho_0c_0}{S}\frac{1+B/A}{1-B/A} \tag{4.3.18a}$$

即

$$Z_0 = \frac{\rho_0 c_0}{S} \cdot \frac{(S/\rho_0 c_0) - \mathrm{i} Z_e^{-1} \tan(k_0 l)}{Z_e^{-1} - \mathrm{i}(S/\rho_0 c_0)\tan(k_0 l)} \tag{4.3.18b}$$

上式称为**声阻抗转移公式**，由管尾端的声阻抗可以求出管口 ($z = 0$) 的声阻抗. 作为例子，考虑二种特殊情况.

(1) 管尾端刚性，即 $Z_e \to \infty$，方程 (4.3.18b) 简化为

$$Z_0 \approx \mathrm{i}\frac{\rho_0 c_0}{S} \cdot \frac{1}{\tan(k_0 l)} \tag{4.3.18c}$$

当 $k_0 l \ll 1$ 时，利用展开关系 $\tan^{-1}(x) \approx x^{-1} - x/3$，上式近似为

$$Z_0 \approx \mathrm{i}\frac{\rho_0 c_0}{S} \cdot \left(\frac{1}{k_0 l} - \frac{k_0 l}{3}\right) = -\frac{1}{\mathrm{i}\omega C_{\mathrm{A}}} - \mathrm{i}\omega M_{\mathrm{A}} \tag{4.3.18d}$$

其中, $C_{\mathrm{A}} = V/(\rho_0 c_0^2)$ 和 $M_{\mathrm{A}} = M/(3S^2)$ 分别称为**声容**(acoustic capacitance) 和**声质量**(acoustic inertance) (见 4.4 节讨论)，$M \equiv \rho_0 V$ 为管内流体的质量，$V \equiv lS$ 为管的体积. 可见，封闭短管相当于一个声容和一个声质量的串联；当声波频率提高，且满足 $k_0 l = n\pi (n = 1, 2, \cdots)$ 时，$Z_0 \to \infty$，即管口 ($z = 0$) 声阻抗为无限大；当声波频率满足 $k_0 l = (2n-1)\pi/2$ 时，$Z_0 = 0$. 为了理解其意义，设想管口 ($z = 0$) 有一声源向外辐射声波 (如图 4.3.8)，阻抗无限大相当于 “开路”，这将导致声源的制动而停止声辐射，阻抗为零相当于 “短路”，辐射功率为零. 最典型的例子是背壁没有铺设吸声材料的闭箱式扬声器，其辐射的高频常会出现一系列谷点，其原因就在此，为了解决此问题，必须在背壁铺设吸声材料，也就是改变了 Z_e.

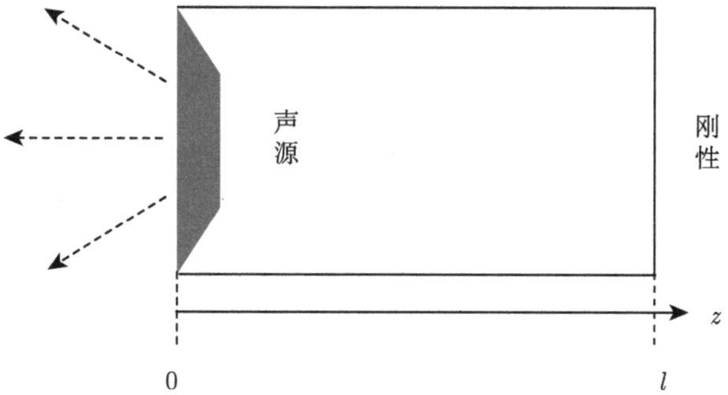

图 4.3.8 管口为向外辐射声波的声源

(2) 管尾端开口：为了简单分析，假定尾端开口装在无限大刚性障板上且假定开口是半径为 a 的圆，这样，尾端的声阻抗可以直接用活塞辐射的声阻抗，即方程 (2.5.51a) 来代替，注意到力辐射阻抗 Z_{r} 与声阻抗的关系 $Z_{\mathrm{a}} = Z_{\mathrm{r}}/S^2$，尾端的声阻抗为

$$Z_e = \frac{\rho_0 c_0 \pi a^2}{S^2}[R_1(2k_0 a) - \mathrm{i}X_1(2k_0 a)] \tag{4.3.19a}$$

在低频条件下 ($k_0a \ll 1$，注意：指管口半径满足低频条件)，由方程 (2.5.52a)，尾端声阻抗 Z_e 的虚部和实部分别为

$$R_e(\omega)=\frac{R_a}{S^2}\approx\frac{\rho_0c_0}{2S}(k_0a)^2;X_e(\omega)=\frac{X_a(\omega)}{S^2}\approx\frac{8\rho_0c_0}{3\pi S}k_0a \tag{4.3.19b}$$

当 $k_0l \ll 1$ 时，由方程 (4.3.18b)(注意：在低频条件 $k_0a \ll 1$ 和 $k_0l \ll 1$ 时，该式分母上第一项 $Z_e^{-1} \sim (S/\rho_0c_0)(k_0a)^{-2}$，远大于第二项 $(S/\rho_0c_0)(k_0l)$，故第二项可以忽略) 管口 $(z=0)$ 声阻抗为

$$\begin{aligned}Z_0&\approx\frac{\rho_0c_0}{S}\cdot\frac{(S/\rho_0c_0)-\mathrm{i}Z_e^{-1}k_0l}{Z_e^{-1}}=Z_e-\mathrm{i}\frac{\rho_0c_0k_0l}{S}\\&\approx\frac{\rho_0c_0}{2S}(k_0a)^2-\mathrm{i}\omega\frac{\rho_0l}{S}\left(l+\frac{8}{3\pi}a\right)\end{aligned} \tag{4.3.19c}$$

忽略阻的部分 (保留 (k_0a) 一次项，忽略二次项)

$$Z_0\approx-\mathrm{i}\omega M_{\mathrm{A}} \tag{4.3.19d}$$

其中，声质量为 $M_{\mathrm{A}}=M/S^2$，流体质量 $M=\rho_0Sl'$，$l'=l+8a/3\pi$ 为有效长度，而 $\Delta l=8a/3\pi\approx0.85a$ 为**管端修正**. 当频率满足 $k_0l=(2n-1)\pi/2$ 时，由方程 (4.3.18b)

$$Z_0=\frac{(\rho_0c_0)^2}{S^2Z_e}=\frac{(\rho_0c_0)^2}{S^2}\cdot\frac{1}{R_e(\omega)-\mathrm{i}X_e(\omega)} \tag{4.3.20a}$$

故管口 $(z=0)$ 的声阻抗 $Z_0\equiv R_0-\mathrm{i}X_0$ 的声阻和声抗部分分别为

$$\begin{aligned}R_0&\equiv\mathrm{Re}Z_0=\frac{(\rho_0c_0)^2}{S^2}\cdot\frac{R_e(\omega)}{R_e^2(\omega)+X_e^2(\omega)}\approx\frac{(\rho_0c_0)^2}{S^2}\cdot\frac{R_e(\omega)}{X_e^2(\omega)}\\X_0&\equiv\mathrm{Im}Z_0=-\frac{(\rho_0c_0)^2}{S^2}\cdot\frac{X_e(\omega)}{R_e^2(\omega)+X_e^2(\omega)}\approx-\frac{(\rho_0c_0)^2}{S^2X_e(\omega)}\end{aligned} \tag{4.3.20b}$$

式中忽略了分母中的 $(k_0a)^2$ 项. 设想管口 $(z=0)$ 有一个活塞辐射源，振动速度为 $v_{0z}\mathrm{e}^{-\mathrm{i}\omega t}$，那么活塞辐射源向管内辐射的功率为

$$(P_{\mathrm{av}})_l=\frac{1}{2}(S^2R_0)v_0^2=\frac{1}{4}S\rho_0c_0\left(\frac{3\pi}{8}\right)^2v_{0z}^2 \tag{4.3.20c}$$

而如果不存在短管，无限大刚性障板上活塞的辐射功率由方程 (2.5.52b) 为

$$P_{\mathrm{av}}\approx\frac{\rho_0c_0}{4}(k_0a)^2Sv_{0z}^2 \tag{4.3.20d}$$

由于假定 $k_0a \ll 1$，因此 $(P_{\rm av})_l \gg P_{\rm av}$. 这一结果表明，当声源的振幅恒定时，在声源前加一长度等于 1/4 波长奇数倍的管子，可以大大提高声的辐射功率，显然，这可作为一种较为简单的提高单频辐射功率的办法，在声学测量技术中已被广泛应用.

Y 型管道　图 4.3.9 画出了二个分流情况的 Y 型管道. 取 z，z' 和 z'' 轴分别平行于区域 0、区域 I 和区域 II 的管道且原点在交汇处的同一点 O 点，则区域 0、区域 I 和区域 II 的声压和速度可写为

$$\begin{aligned} p_0(z,\omega) &= A_0\exp(\mathrm{i}k_0z)+B_0\exp(-\mathrm{i}k_0z) \quad (k_0=\omega/c_0) \\ U_0(z,\omega) &= \frac{S_0}{\rho_0c_0}[A_0\exp(\mathrm{i}k_0z)-B_0\exp(-\mathrm{i}k_0z)] \end{aligned} \quad (\text{区域 } 0) \tag{4.3.21a}$$

$$\begin{aligned} p_1(z',\omega) &= A_1\exp(\mathrm{i}k_1z')+B_1\exp(-\mathrm{i}k_1z') \quad (k_1=\omega/c_1) \\ U_1(z',\omega) &= \frac{S_1}{\rho_1c_1}[A_1\exp(\mathrm{i}k_1z')-B_1\exp(-\mathrm{i}k_1z')] \end{aligned} \quad (\text{区域 I}) \tag{4.3.21b}$$

$$\begin{aligned} p_2(z'',\omega) &= A_2\exp(\mathrm{i}k_2z'')+B_2\exp(\mathrm{i}k_2z'') \quad (k_2=\omega/c_2) \\ U_2(z'',\omega) &= \frac{S_2}{\rho_2c_2}[A_2\exp(\mathrm{i}k_2z'')+B_2\exp(-\mathrm{i}k_2z'')] \end{aligned} \quad (\text{区域 II}) \tag{4.3.21c}$$

假定：① 区域 I 和区域 II 在 z' 和 z'' 方向无限，于是 $B_1=B_2=0$；② 为了一般性，假定每个区域具有不同的声阻抗率；③ 每个区域都满足平面波条件. 当 $k_i\delta \ll 1(i=0,1,2)$，在交汇处，即 $z=z'=z''=0$ 点，声压和体速度连续

$$\begin{aligned} p_0(z,\omega)|_{z=0} &= p_1(z',\omega)|_{z'=0} = p_2(z'',\omega)|_{z''=0} \\ U_0(z,\omega)|_{z=0} &= U_1(z',\omega)|_{z'=0} + U_2(z'',\omega)|_{z''=0} \end{aligned} \tag{4.3.22a}$$

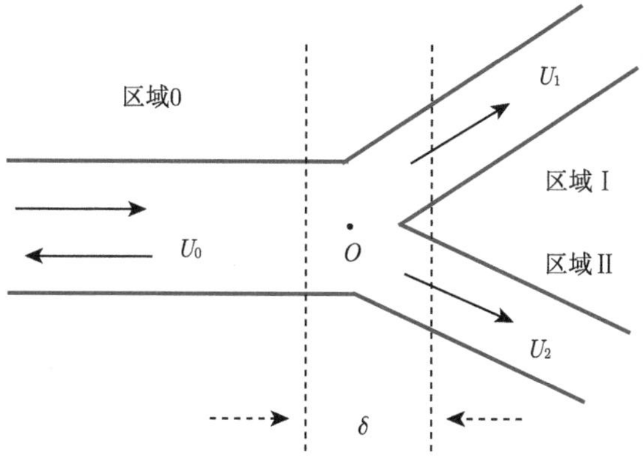

图 4.3.9　Y 型管道

注意: 上式中第二个方程可写成 $U_0(z,\omega)|_{z=0}-U_1(z',\omega)|_{z'=0}-U_2(z'',\omega)|_{z''=0}=0$，与电路中的 Kirchhoff 定理一样，如果定义进入交汇点的体速度为正，离开交汇点的体速度为负，那么交汇点的体速度之和为零. 由方程 (4.3.22a)

$$\begin{aligned}&A_0+B_0=A_1=A_2\\&\frac{S_0}{\rho_0c_0}(A_0-B_0)=\frac{S_1A_1}{\rho_1c_1}+\frac{S_2A_2}{\rho_2c_2}\end{aligned}\tag{4.3.22b}$$

因此，声压反射系数和透射系数分别为

$$\begin{aligned}r_p&\equiv\frac{B_0}{A_0}=\frac{Y_0-(Y_1+Y_2)}{Y_0+Y_1+Y_2}\\t_p&\equiv\frac{A_1}{A_0}=\frac{A_2}{A_0}=1+\frac{B_0}{A_0}=\frac{2Y_0}{Y_0+Y_1+Y_2}\end{aligned}\tag{4.3.22c}$$

其中，诸比值

$$Y_0\equiv\frac{S_0}{\rho_0c_0};Y_1\equiv\frac{S_1}{\rho_1c_1};Y_2\equiv\frac{S_2}{\rho_2c_2}\tag{4.3.22d}$$

分别是区域 0、区域 I 和区域 II 内平面行波的**声导纳**(acoustic admittance，声阻抗的倒数). 有意义的是，二个分流管道的透射系数是一样的. 如果存在 N 个分流，方程 (4.3.22c) 可推广

$$r_p\equiv\frac{B_0}{A_0}=\frac{Y_0-\sum\limits_{i=1}^{N}Y_i}{Y_0+\sum\limits_{i=1}^{N}Y_i};\quad t_p\equiv\frac{A_1}{A_0}=\frac{A_2}{A_0}=\cdots=\frac{A_N}{A_0}=\frac{2Y_0}{Y_0+\sum\limits_{i=1}^{N}Y_i}\tag{4.3.23}$$

对有限长 Y 型管道，如图 4.3.10，设分流管道 I 和 II 在交汇口的声阻抗分别为 Z_1 和 Z_2(如果给出分流管道 I 的尾端的声阻抗 Z_{1e}，则可通过公式 (4.3.18b) 求出 Z_1，对分流管道 II 可以同样处理). 由方程 (4.3.14a)，管口 ($z=-L$, 区别于方程 (4.3.18a) 中的 l) 的声阻抗为

$$Z_0=\left.\frac{p_0(z,\omega)}{U_0(z,\omega)}\right|_{z=-L}=\frac{\rho_0c_0}{S_0}\frac{A_0\exp(-\mathrm{i}k_0L)+B_0\exp(\mathrm{i}k_0L)}{A_0\exp(-\mathrm{i}k_0L)-B_0\exp(\mathrm{i}k_0L)}\tag{4.3.24a}$$

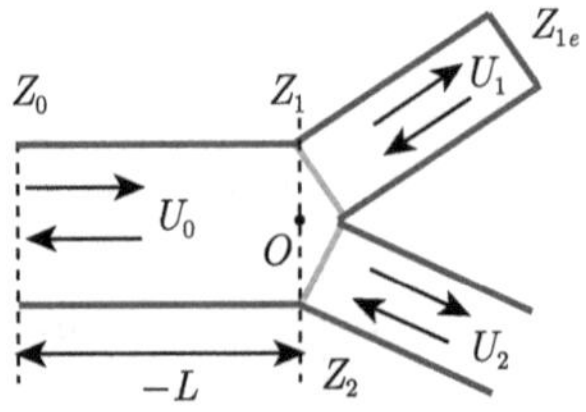

图 4.3.10　有限长 Y 型管道

另一方面，分流管道 I 和 II 在分流口 $z'=z''=0$ 的声阻抗分别为

$$Z_1=\left.\frac{p_1(z',\omega)}{U_1(z',\omega)}\right|_{z'=0};\quad Z_2=\left.\frac{p_2(z'',\omega)}{U_2(z'',\omega)}\right|_{z''=0} \tag{4.3.24b}$$

而由分流口 $z'=z''=0$ 的声压和体积速度连续得到

$$\begin{aligned}&A_0+B_0=p_1(z',\omega)|_{z'=0}=p_2(z'',\omega)|_{z''=0}\\&\frac{S_0}{\rho_0c_0}(A_0-B_0)=U_1(z',\omega)|_{z'=0}+U_2(z'',\omega)|_{z''=0}\end{aligned} \tag{4.3.24c}$$

由上式和方程 (4.3.21b)，(4.3.21c) 得到

$$\frac{B_0}{A_0}=\left[\frac{S_0}{\rho_0c_0}-\left(\frac{1}{Z_1}+\frac{1}{Z_2}\right)\right]\left[\frac{S_0}{\rho_0c_0}+\left(\frac{1}{Z_1}+\frac{1}{Z_2}\right)\right]^{-1} \tag{4.3.25a}$$

代入方程 (4.3.24a) 得到

$$Z_0=\frac{\rho_0c_0}{S_0}\frac{(S_0/\rho_0c_0)-\mathrm{i}(Z_1^{-1}+Z_2^{-1})\tan(k_0L)}{(Z_1^{-1}+Z_2^{-1})-\mathrm{i}(S_0/\rho_0c_0)\tan(k_0L)} \tag{4.3.25b}$$

比较方程 (4.3.18b) 和 (4.3.25b) 可知，当存在二个分流管道时，相当于把 Z_e^{-1} 改成 $Z_1^{-1}+Z_2^{-1}$，因此作推广：如果存在 N 个分流，那么声阻抗转移公式为

$$Z_0=\frac{\rho_0c_0}{S_0}\frac{(S_0/\rho_0c_0)-\mathrm{i}\sum\limits_{i=1}^{N}Z_i^{-1}\tan(k_0L)}{\sum\limits_{i=1}^{N}Z_i^{-1}-\mathrm{i}(S_0/\rho_0c_0)\tan(k_0L)} \tag{4.3.25c}$$

4.3.4 驻波管及吸声材料法向系数的测量

吸声材料的法向系数是指它的法向吸声系数和法向声阻抗率，测量一般在管道中进行，为了保证入射波垂直入射到材料的表面，必须保证管道中只传播平面波. 因此，工作频率必须在管道的截止频率以下；此外，由于通过测量管道中的驻波比来推导法向吸声系数，又必须保证有足够多的驻波，工作频率又不能太低.

首先我们介绍测量原理. 如图 4.3.11，刚性管道一端放置待测吸声材料 (图中左端, 吸声材料的背衬为刚性材料，如一定厚度的钢，也可看作为刚性管道的刚性一端)，取材料表面为原点 ($z=0$)；另一端 ($z=L$) 放置扬声器，工作在管道的截止频率以下，在管道中产生平面波. 扬声器面与待测材料面形成二个反射面，因而管道中形成驻波声场 (故称为**驻波管**). 在截止频率以下, 扬声器辐射面可等效成振动速度为 $\bar{v}_0(\omega)$(为扬声器面的平均速度，见 4.2.1 小节讨论) 的刚性活塞辐射面，故二端的边界条件可写为

$$\left.\left[\frac{\partial p}{\partial z}+\mathrm{i}k_0\beta_0(\omega)p\right]\right|_{z=0}=0;\quad \left.\frac{1}{\mathrm{i}\omega\rho_0}\frac{\partial p}{\partial z}\right|_{z=L}=\bar{v}_0(\omega) \tag{4.3.26a}$$

其中，$\beta_0(\omega)$ 为材料表面的比阻抗率. 设管道中形成的声压场为

$$p(z,\omega) = p_0\exp(-\mathrm{i}k_0 z) + r_p p_0 \exp(\mathrm{i}k_0 z) \tag{4.3.26b}$$

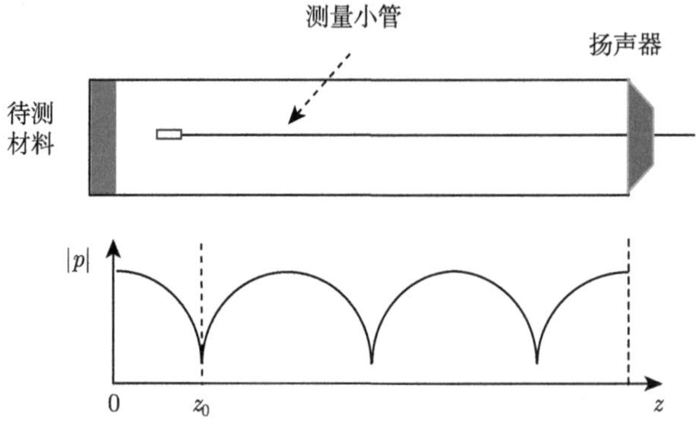

图 4.3.11　驻波管测量材料的法向吸声系数和法向声阻抗

由方程 (4.2.39c) 得到

$$p_0 = \frac{\rho_0 c_0 \bar{v}_0(\omega)}{2}\frac{1+\beta_0(\omega)}{\mathrm{i}\sin(k_0L) - \beta_0(\omega)\cos(k_0L)}; r_p = \frac{1-\beta_0(\omega)}{1+\beta_0(\omega)} \tag{4.3.26c}$$

由方程 (1.4.12b)，上式中 p_0 和 $r_p p_0$ 分别可看成入射波和反射波振幅 (注意：取待测材料面为原点时，入射波沿 $-z$ 方向传播，即方程 (4.3.26b) 的第一项)，故 r_p 为反射系数. 于是吸声系数为

$$\alpha = 1 - |r_p|^2 \tag{4.3.26d}$$

反射系数一般为复数，可以写成 $r_p = |r_p|\mathrm{e}^{\mathrm{i}\delta}$，进一步把方程 (4.3.26b) 也写成驻波场的形式

$$p(z,\omega) = |p|\exp(\mathrm{i}\psi) \tag{4.3.26e}$$

其中，驻波场振幅为

$$|p| = p_0\sqrt{1+|r_p|^2 + 2|r_p|\cos\left[2k_0\left(z+\frac{\delta\lambda}{4\pi}\right)\right]} \tag{4.3.26f}$$

相位因子 ψ 在测量中不给出有用的信息，故不讨论. 从方程 (4.3.26f) 可见：① 当 z 点满足

$$2k_0\left(z+\frac{\delta\lambda}{4\pi}\right) = 2n\pi \quad (n=0,1,2,\cdots) \tag{4.3.27a}$$

时，为驻波场的峰点，声压极大值为

$$|p|_{\max} = p_0\sqrt{1+2|r_p|+|r_p|^2} = p_0(1+|r_p|) \tag{4.3.27b}$$

② 当 z 点满足

$$2k_0\left(z+\frac{\delta\lambda}{4\pi}\right)=\pm(2n+1)\pi \quad (n=0,1,2,\cdots) \tag{4.3.27c}$$

时，为驻波场的谷点，声压极小值为

$$|p|_{\min}=p_0\sqrt{1-2|r_p|+|r_p|^2}=p_0(1-|r_p|) \tag{4.3.27d}$$

定义驻波比 $G\equiv|p|_{\max}/|p|_{\min}$，则

$$G=\frac{1+|r_p|}{1-|r_p|}\ \text{或者}\ |r_p|=\frac{G-1}{G+1} \tag{4.3.28a}$$

测量中，拉动测量小管，测出驻波的峰值和谷值，然后算出 G，就能得到 $|r_p|$. 由方程 (4.3.26d)，法向吸声系数为

$$\alpha(\omega,0)=1-|r_p|^2=\frac{4G}{(G+1)^2} \tag{4.3.28b}$$

法向声阻抗测量 驻波管也能测量吸收材料的表面法向声阻抗率或者表面法向声阻抗. 由方程 (4.3.26c) 的第二式，待测材料的法向比声阻抗率为 $\beta_0(\omega)=(1-r_p)/(1+r_p)$, 故法向声阻抗率为

$$z_n(\omega)=\frac{\rho_0c_0}{\beta_0(\omega)}=\rho_0c_0\left(\frac{1+|r_p|\mathrm{e}^{\mathrm{i}\delta}}{1-|r_p|\mathrm{e}^{\mathrm{i}\delta}}\right) \tag{4.3.29a}$$

或者法向声阻抗

$$Z_{\mathrm{a}}(\omega)=\frac{\rho_0c_0}{S}\left(\frac{1+|r_p|\mathrm{e}^{\mathrm{i}\delta}}{1-|r_p|\mathrm{e}^{\mathrm{i}\delta}}\right) \tag{4.3.29b}$$

从上式可见，$|r_p|$ 可以通过测量驻波比得到，只要再测出 δ，就能由上式算出 $Z_{\mathrm{a}}(\omega)$. 由方程 (4.3.27c)，出现谷点的位置为

$$z_n=[\pm(2n+1)-\delta']\frac{\lambda}{4} \tag{4.3.29c}$$

其中 $\delta'\equiv\delta/\pi$. 注意到：如果不存在吸声材料时，$z=0$ 处为刚性，$r_p=1$，$\delta'=0$ 或者 $\delta=0$；如果 $z=0$ 处为软性边界，$r_p=-1$，$\delta'=1$ 或 $\delta=\pi$，因此对一般的吸声材料，$\delta'\in(0,1)$ 或者反射系数的相角 $\delta\in(0,\pi)$. 为了保证 $z_n>0$(见图 4.3.11)，必须取方程 (4.3.29c) 中 "+" 号，当 $n=0$ 时，$z_0=(1-\delta')\lambda/4$ 为第一个谷点的位置 (即最靠近待测材料的谷点). 因此 $\delta'=1-4z_0/\lambda$，或者

$$\delta=\left(1-4\frac{z_0}{\lambda}\right)\pi \tag{4.3.29d}$$

代入方程 (4.3.29b) 就可以得到 $Z_{\mathrm{a}}(\omega)$.

测量频率范围的讨论：① 低频限制，由于通过测量管道中的驻波比来推导法向吸收系数，驻波场的峰和谷至少出现二次，故驻波管长度 L 必须大于 $3\lambda/4$，即低频限为 $f_{\mathrm{L}}=0.75c_0/L$，例如，一个 1.5m 长的驻波管，$f_{\mathrm{L}}=172\mathrm{Hz}$; ② 高频限制，由管道的截止频率决定，与驻波管的截面形状有关，对截面为半径 a 的圆管，由方程 (4.1.47a)，$f_{\mathrm{H}}=1.84c_0/(2\pi a)$，例如，半径为 6cm 的驻波管，$f_{\mathrm{H}}=1679\mathrm{Hz}$. 如果激发声源作轴对称振动，则由方程 (4.1.47b)，$f_{\mathrm{H}}=3.83c_0/(2\pi a)$, 截止频率可提高约一倍；对截面为 $l_x\times l_y$ 的矩形管，由方程 (4.1.27)，$f_{\mathrm{H}}=0.5c_0/\max[l_x,l_y]$.

值得指出的是：① 由方程 (1.4.14a)，我们看出法向吸声系数定义为平面波垂直入射到阻抗界面时，吸收声能量与入射声能量之比，而引入阻抗界面意味着透入界面的声能量被吸声材料全部吸收，一般只有在吸声材料是半无限大时才能实现. 在实际测量中，吸声材料总有一定的厚度，为了表征该材料的吸声性能，我们把被测材料紧贴在刚性背衬上，实际上，通过测量反射系数 r_p 而测得的吸声系数 $\alpha(\omega)$ 与材料厚度有密切的关系 (见 6.3.2 小节讨论). 因此，这样测量得到的吸声系数必须表明材料的厚度才有意义; ② 在空气中，背衬材料取一定厚度的钢板就能满足刚性要求. 然而，当把驻波管法运用到测量水声材料的法向吸收系数时，一般厚度的金属材料 (例如，厚度为厘米量级的钢板) 都难以满足刚性要求，仍然有部分声能量透射出去 (而不是全部反射进入吸声材料)，特别是当声波频率较低时 (例如水声 1000Hz 以下)，这部分透射出去的声能量并不是材料吸收了的. 解决的可能方法是，同时测量材料的反射系数 r_p 和透射系数 t_p，于是吸声系数定义为 $\alpha=1-|r_p|^2-|t_p|^2$；③ 如果吸声材料的表面是非均匀的，由 4.2.6 小节的讨论可知，以上方法仅仅是测量材料的平均比阻抗率, 如果要测量比阻抗率的分布 $\beta_0(x,y,\omega)$，则必须测量高次模式，而这是非常困难的, 不进一步讨论.

4.3.5 具有 N 节扩张/收缩管 (或周期截面) 的管道

传递矩阵法 如图 4.3.12，在截面面积为 S_0 的无限长管道的 $z\in(0,L_N)$ 的区间装有 N 节扩张/收缩的管道 (假定所有的管道都满足平面波条件)，第 j 个扩张/收缩管的长度和截面面积分别为 $(d_j\equiv L_j-L_{j-1},S_j)(j=1,2,\cdots,N)$(其中取 $L_0=0$). 平面波由图 4.3.12 的左端 $(z<0)$ 入射至第 1 节扩张/收缩管，经过 N 节扩张/收缩管后由图 4.3.12 的右端 $(z>L_N)$ 透射. 与 1.5.4 小节类似，设第 $j-1$ 和 j 节扩张/收缩管中的声压和体积速度分别为

$$p_{j-1}(z,\omega)=p^+_{j-1}(\omega)\exp[\mathrm{i}k_0(z-L_{j-1})]+p^-_{j-1}(\omega)\exp[-\mathrm{i}k_0(z-L_{j-1})]$$

$$U_{j-1}(z,\omega)=\frac{S_{j-1}}{\rho_0c_0}\left\{p^+_{j-1}(\omega)\exp[\mathrm{i}k_0(z-L_{j-1})]-p^-_{j-1}(\omega)\exp[-\mathrm{i}k_0(z-L_{j-1})]\right\}$$

$$
\begin{aligned}
&p_j(z,\omega)=p_j^+(\omega)\exp[\mathrm{i}k_0(z-L_j)]+p_j^-(\omega)\exp[-\mathrm{i}k_0(z-L_j)]\\
&U_j(z,\omega)=\frac{S_j}{\rho_0c_0}\left\{p_j^+(\omega)\exp[\mathrm{i}k_0(z-L_j)]-p_j^-(\omega)\exp[-\mathrm{i}k_0(z-L_j)]\right\}
\end{aligned}
\tag{4.3.30a}
$$

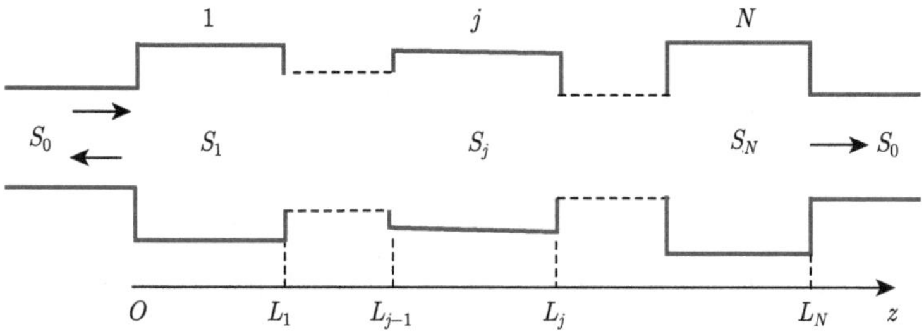

图 4.3.12 具有 N 节扩张管的波导

由界面 $z=L_{j-1}$ 上声压和体速度连续得到

$$
\begin{aligned}
&p_{j-1}^+(\omega)+p_{j-1}^-(\omega)=p_j^+(\omega)\mathrm{e}^{-\mathrm{i}k_0d_j}+p_j^-(\omega)\mathrm{e}^{\mathrm{i}k_0d_j}\\
&\frac{1}{Z_{j-1}}[p_{j-1}^+(\omega)-p_{j-1}^-(\omega)]=\frac{1}{Z_j}[p_j^+(\omega)\mathrm{e}^{-\mathrm{i}k_0d_j}-p_j^-(\omega)\mathrm{e}^{\mathrm{i}k_0d_j}]
\end{aligned}
\tag{4.3.30b}
$$

其中，$Z_{j-1}=\rho_0c_0/S_{j-1}$ 和 $Z_j=\rho_0c_0/S_j$ 分别为第 $j-1$ 和 j 节扩张/收缩管中的声阻抗. 显然，方程 (4.3.30b) 与方程 (1.5.20a) 类似，所不同的是：我们假定管道中流体相同，声波波数相同 $k_j=k_0$. 因此，由方程 (1.5.23b) 得到具有 N 节扩张/收缩管的声压反射系数和透射系数为

$$
\begin{aligned}
&r_p\equiv\frac{p_0^-(\omega)}{p_0^+(\omega)}=\frac{M_{21}(m_{11})_{N+1}+M_{22}(m_{21})_{N+1}}{M_{11}(m_{11})_{N+1}+M_{12}(m_{21})_{N+1}}\\
&t_p\equiv\frac{p_{N+1}^+(\omega)}{p_0^+(\omega)}=\frac{1}{M_{11}(m_{11})_{N+1}+M_{12}(m_{21})_{N+1}}
\end{aligned}
\tag{4.3.30c}
$$

其中，M_{11},M_{12},M_{21} 和 M_{22} 为矩阵 $\boldsymbol{M}=\boldsymbol{M}_1\boldsymbol{M}_2\cdots\boldsymbol{M}_N$ 的 4 个元，传递矩阵 $\boldsymbol{M}_j(2\times2$ 矩阵) 的 4 个矩阵元分别为 $(j=1,2,\cdots,N)$

$$
\begin{aligned}
&(m_{11})_j\equiv\frac{1}{2}\left(1+\frac{Z_{j-1}}{Z_j}\right)\mathrm{e}^{-\mathrm{i}k_0d_j};(m_{12})_j\equiv\frac{1}{2}\left(1-\frac{Z_{j-1}}{Z_j}\right)\mathrm{e}^{\mathrm{i}k_0d_j}\\
&(m_{21})_j\equiv\frac{1}{2}\left(1-\frac{Z_{j-1}}{Z_j}\right)\mathrm{e}^{-\mathrm{i}k_0d_j};(m_{22})_j\equiv\frac{1}{2}\left(1+\frac{Z_{j-1}}{Z_j}\right)\mathrm{e}^{\mathrm{i}k_0d_j}
\end{aligned}
\tag{4.3.30d}
$$

当 $j=N+1$ 时

$$
(m_{11})_{N+1}\equiv\frac{1}{2}\left(1+\frac{Z_N}{Z_{N+1}}\right);(m_{21})_{N+1}\equiv\frac{1}{2}\left(1-\frac{Z_N}{Z_{N+1}}\right)
\tag{4.3.30e}
$$

如果区域 $z<0$ 与 $z>L_N$ 的管道截面相同且为 S_0 时，$Z_{N+1}=Z_0=\rho_0c_0/S_0$. 考虑图 4.3.6 的简单情况, 即 $N=1$ 和 $j=1$. 由方程 (4.3.30d) 和 (4.3.30e)(其中取 $d_1=l$)

$$\begin{aligned}M_{11}&=(m_{11})_1=\frac{1}{2}(1+\sigma^{-1})\mathrm{e}^{-\mathrm{i}k_0l};M_{12}=(m_{12})_1=\frac{1}{2}(1-\sigma^{-1})\mathrm{e}^{\mathrm{i}k_0l}\\M_{21}&=(m_{21})_1=\frac{1}{2}(1-\sigma^{-1})\mathrm{e}^{-\mathrm{i}k_0l};M_{22}=(m_{22})_1=\frac{1}{2}(1+\sigma^{-1})\mathrm{e}^{\mathrm{i}k_0l}\end{aligned}\tag{4.3.31a}$$

以及

$$(m_{11})_2\equiv\frac{1}{2}(1+\sigma);(m_{21})_2\equiv\frac{1}{2}(1-\sigma)\tag{4.3.31b}$$

其中，$\sigma\equiv S_0/S_1$. 把以上诸式代入方程 (4.3.30c) 的第一式得到反射系数和透射系数

$$\begin{aligned}r_p&=\frac{M_{21}(m_{11})_2+M_{22}(m_{21})_2}{M_{11}(m_{11})_2+M_{12}(m_{21})_2}=\frac{\mathrm{i}(1/\sigma-\sigma)\sin(k_0l)}{2\cos(k_0l)-\mathrm{i}(\sigma+1/\sigma)\sin(k_0l)}\\t_p&=\frac{1}{M_{11}(m_{11})_2+M_{12}(m_{21})_2}=\frac{2}{2\cos(k_0l)-\mathrm{i}(\sigma+\sigma^{-1})\sin(k_0l)}\end{aligned}\tag{4.3.31c}$$

上式与方程 (4.3.16g) 完全相同.

阻抗传递法　方程 (1.5.24a) 仍然成立. 故总声压透射系数可以由方程 (1.5.25b) 修改得到为

$$t_p=\frac{p_{N+1}^{+}(\omega)}{p_0^{+}(\omega)}=\frac{2Z_{N+1}}{Z_N+Z_{N+1}}\prod_{j=1}^{N}\frac{(Z_A)_{j-1}+Z_j}{(Z_A)_{j-1}+Z_{j-1}}\mathrm{e}^{\mathrm{i}k_0d_j}\tag{4.3.32a}$$

其中，$(Z_A)_{j-1}$ 为界面 $z=L_{j-1}$ 的声阻抗

$$(Z_A)_{j-1}\equiv\left.\frac{p_{j-1}(z,\omega)}{U_{j-1}(z,\omega)}\right|_{z=L_{j-1}}\tag{4.3.32b}$$

满足声阻抗的递推公式

$$(Z_A)_{j-1}=Z_j\frac{(Z_A)_j-\mathrm{i}Z_j\tan(k_0d_j)}{Z_j-\mathrm{i}(Z_A)_j\tan(k_0d_j)}\tag{4.3.32c}$$

其中，$j=1,2,\cdots,N$. 由 $(Z_A)_N=Z_{N+1}$ 可以递推出 $(Z_A)_{N-1},(Z_A)_{N-2},\cdots,(Z_A)_0$. 而反射系数由方程 (1.5.26e) 修改得到

$$r_p=\frac{p_0^{-}(\omega)}{p_0^{+}(\omega)}=\frac{(Z_A)_0-Z_0}{(Z_A)_0+Z_0}\tag{4.3.32d}$$

考虑图 4.3.6 的简单情况 ($N=1$ 和 $j=1$)，$(Z_A)_1=Z_2=\rho_0c_0/S_0=Z_0$，代入方程 (4.3.32c) 得到 (其中取 $d_1=l$)

$$(Z_A)_0=Z_1\frac{(Z_A)_1-\mathrm{i}Z_1\tan(k_0d_1)}{Z_1-\mathrm{i}(Z_A)_1\tan(k_0d_1)}=Z_1\frac{Z_0-\mathrm{i}Z_1\tan(k_0l)}{Z_1-\mathrm{i}Z_0\tan(k_0l)}\tag{4.3.33a}$$

上式代入方程 (4.3.32a) 得到

$$t_p = \frac{2Z_2}{Z_1 + Z_2} \cdot \frac{(Z_A)_0 + Z_1}{(Z_A)_0 + Z_0} \mathrm{e}^{\mathrm{i}k_0 l} = \frac{2}{2\cos(k_0 l) - \mathrm{i}(\sigma + \sigma^{-1})\sin(k_0 l)} \tag{4.3.33b}$$

把方程 (4.3.33a) 代入方程 (4.3.32d) 得到反射系数

$$r_p = \frac{\mathrm{i}(1/\sigma - \sigma)\sin(k_0 l)}{2\cos(k_0 l) - \mathrm{i}(\sigma + 1/\sigma)\sin(k_0 l)} \tag{4.3.33c}$$

上式和方程 (4.3.33b) 与方程 (4.3.31c 的) 的结果完全一样.

周期截面波导 无限长波导由周期截面的管道组成，如图 4.3.13，为了简单，假定一个周期由扩张管 S_1(长度为 $d_1 = L_{j+1} - L_j$) 和收缩管 S_2(长度为 $d_2 = L_j - L_{j-1}$) 组成, 故周期为 $d_1 + d_2 = L_{j+1} - L_{j-1}$.

与方程 (1.5.31c) 的推导类似，我们得到周期截面波导中 Bloch 波数 k 满足的方程

$$\cos[k(d_1 + d_2)] = \cos(k_0 d_1)\cos(k_0 d_2) - \frac{1}{2}\left(\frac{S_1}{S_2} + \frac{S_2}{S_1}\right)\sin(k_0 d_1)\sin(k_0 d_2) \tag{4.3.34a}$$

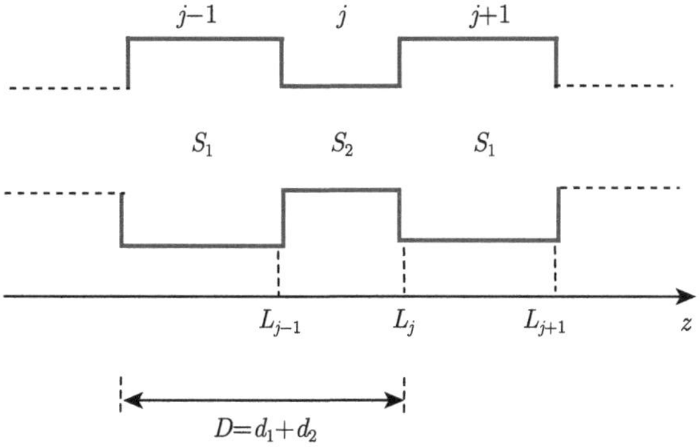

图 4.3.13 由截面面积分别为 S_1 和 S_2 的管道组成一个周期

低频近似 由上式得到与方程 (1.5.33b) 类似的等效声速 $\bar{c} \equiv \omega/k$ 满足

$$\frac{c_0^2}{\bar{c}^2} \approx f^2 + (1-f)^2 + \left(\frac{S_1}{S_2} + \frac{S_2}{S_1}\right) f(1-f) \tag{4.3.34b}$$

其中，占有比为 $f = d_1/(d_1 + d_2)$.

能带结构 与 1.5.6 小节的讨论类似.

4.4 集中参数模型

为了改善管道的声传输性质，除插入扩张 (收缩) 管，或者 Y 型分流 (见 4.3 节介绍) 外，还可以在管道上设计更多类型的子结构 (如旁支开口、短管、一个或者多

个 Helmholtz 共振腔). 当然，我们可以建立整个管道系统的声波方程来讨论其声学传输特性，但这是非常困难的，也不现实. 注意到这些子结构的线度一般远小于声波波长，子结构内部的声压可认为处处相同，于是可以用**集中参数模型** (lumped parameter model) 来描述其声学特性. 但主管道声波的传播仍然必须用声波方程描述.

4.4.1 典型子结构的集中参数模型和 Helmholtz 共振腔

封闭短管和腔体 如图 4.4.1(a)，在管道上旁支长度为 $l \ll \lambda$，面积为 $S_{\rm d}(\lambda \gg \sqrt{S_{\rm d}}$，为了与主管道的面积 S 区别，这里用 $S_{\rm d}$ 表示旁支管的面积) 的刚性封闭短管，设管口 $(z=0)$ 的体积速度为 $U(z)|_{z=0}$，声压为 $p(z)|_{z=0}$，那么管口 $(z=0)$ 的声阻抗为多少？在 4.3 节的讨论中，我们已求出了管口 $(z=0)$ 的声阻抗 Z_0，由方程 (4.3.18d) 表示. 由于 $k_0 l \ll 1$，方程 (4.3.18d) 中声质量部分可忽略，于是管口 $(z=0)$ 的声阻抗为 $Z_0 \approx -\rho_0 c_0^2/({\rm i}\omega V)$，其中 $V = S_{\rm d} l$ 为短管的体积. 有意义的是：Z_0 仅与体积 V 有关，而与短管的长度和截面积无关 (与形状无关)，故这一结果可以推广到管道上旁支体积为 V 的腔体情况, 如图 4.4.1(b). 事实上，对体积为 V 的腔体，对质量守恒方程两边作体积分得到

$$-\frac{1}{\rho_0 c_0^2}\int_V \frac{\partial p}{\partial t}{\rm d}^3\boldsymbol{r} = \int_V \nabla\cdot\boldsymbol{v}{\rm d}^3\boldsymbol{r} = \iint_\Sigma \boldsymbol{v}\cdot\boldsymbol{n}{\rm d}^2\boldsymbol{r} = \iint_{S_{\rm d}} \boldsymbol{v}\cdot\boldsymbol{n}{\rm d}^2\boldsymbol{r} = -vS_{\rm d} = -U \tag{4.4.1a}$$

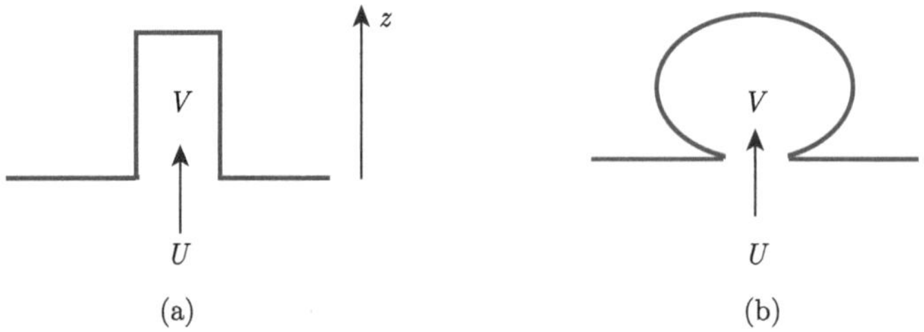

图 4.4.1 (a) 管道上旁支长度为 l 的封闭短管; (b) 等效于体积为 V 的腔

其中，Σ 包括腔体 V 的内表面和腔体口面积 $S_{\rm d}$，注意：① 在腔体口，$\boldsymbol{n}$(腔体的法向, 向腔体外) 与 $\boldsymbol{v}$ 反向；② 腔体 V 的内表面上 $\boldsymbol{v}\cdot\boldsymbol{n}=0$(刚性壁). 上式在单频情况简化为

$$\frac{{\rm i}\omega}{\rho_0 c_0^2}\int_V p{\rm d}^3\boldsymbol{r} = -U \tag{4.4.1b}$$

由于假定腔体线度远小于波长，腔内声压为常数，故

$$\frac{{\rm i}\omega p}{\rho_0 c_0^2}V = -U \text{ 或者 } Z_0 = \frac{p}{U} = -\frac{\rho_0 c_0^2}{{\rm i}\omega V} \tag{4.4.1c}$$

这一结果对任意形状的腔体都适用.

开口短管 如图 4.4.2(a)，设短管开口在无限大刚性障板上，当 $k_0\sqrt{S_\mathrm{d}/\pi}\ll 1$ 时 (如果短管不是圆形，用等效半径 $a\sim\sqrt{S_\mathrm{d}/\pi}$)，管口 $(z=0)$ 声阻抗由方程 (4.3.19d) 给出，即 $Z_0\approx -\mathrm{i}\omega\rho_0(l+\Delta l)/S$，其中 $\Delta l=8a/3\pi\approx 0.85a$ **为管端修正**.

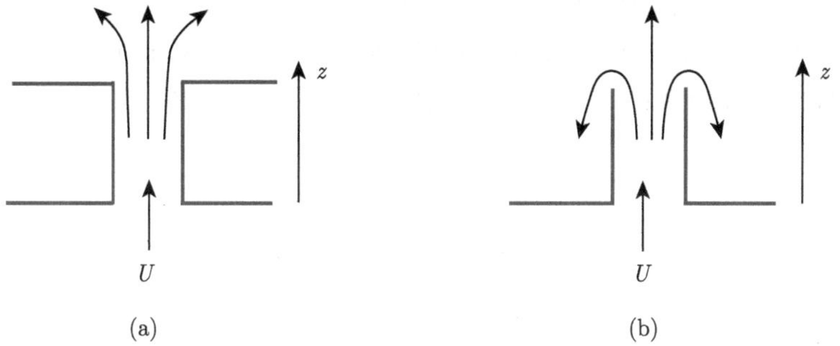

图 4.4.2 管道上旁支开口短管: (a) 尾端在无限大障板上; (b) 尾端为自由管口

如果管的尾端为自由开口，如图 4.4.2(b)，问题较为复杂，严格求 Z_0 是困难的. 但近似计算和实验表明，如果管端修正改为 $\Delta l\approx 0.6a$，则管口 $(z=0)$ 声阻抗 $Z_0\approx -\mathrm{i}\omega\rho_0(l+\Delta l)/S$ 同样成立.

Helmholtz 共振腔 共振腔由二部分组成，即体积为 V 的腔体和长度为 l 的短管 (假定截面是半径为 a 的圆管，面积为 $S_\mathrm{d}=\pi a^2$)，如图 4.4.3，因此可以直接用声阻抗转移公式 (即方程 (4.3.18b)) 求管口 $(z=0)$ 的声阻抗. 由方程 (4.3.18b)，腔体 V 口部 $(z=l$, 见图 4.4.3) 处的声阻抗为 $Z_e\approx -\rho_0c_0^2/(\mathrm{i}\omega V)$，这一声阻抗作为短管尾端的声阻抗，转移到管口 $(z=0)$ 为

$$Z_0\approx\frac{\rho_0c_0}{S_\mathrm{d}}\cdot\frac{(S_\mathrm{d}/\rho_0c_0)-\mathrm{i}Z_e^{-1}(k_0l)}{Z_e^{-1}-\mathrm{i}(S_\mathrm{d}/\rho_0c_0)(k_0l)}\approx \mathrm{i}\rho_0c_0^2\cdot\frac{1-\omega^2Vl/S_\mathrm{d}c_0^2}{\omega(V+lS_\mathrm{d})}\tag{4.4.2}$$

得到上式已利用关系 $\tan(k_0l)\approx k_0l$. 当 $Z_0\to 0$ 时，得到 Helmholtz 共振腔的共振频率 $\omega_\mathrm{R}=\sqrt{S_\mathrm{d}c_0^2/Vl}$.

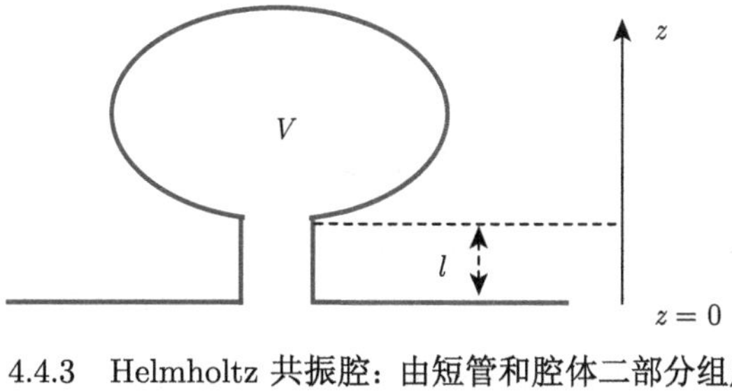

图 4.4.3 Helmholtz 共振腔：由短管和腔体二部分组成

Helmholtz 共振腔实际上可看作一个振动系统，短管 l 内的空气质量 $M=\rho_0S_\mathrm{d}l$

在管口 ($z=0$) 声压 $p_0\exp(-\mathrm{i}\omega t)$ 的作用下作振动

$$M\frac{\mathrm{d}^2\xi}{\mathrm{d}t^2}=-R\frac{\mathrm{d}\xi}{\mathrm{d}t}-K\xi+p_0S_{\mathrm{d}}\exp(-\mathrm{i}\omega t) \tag{4.4.3a}$$

其中，ξ 为短管内质量的整体位移，R 是短管内空气与管壁的摩擦阻尼，$-K\xi$ 是恢复力，由腔体的膨胀和压缩提供 (忽略短管的膨胀和压缩，即短管的体积远小于 V). 由气体绝热方程 $PV^\gamma=P_0V_0^\gamma=$ 常数，于是 $(P_0+p)(V+\delta V)^\gamma=P_0V_0^\gamma$, 故得到近似

$$p\approx-\rho_0c_0^2\frac{\delta V}{V} \tag{4.4.3b}$$

因此 (注意 $\delta V=-S_{\mathrm{d}}\xi$) 短管内质量受到的作用力为

$$F\approx-pS_{\mathrm{d}}\approx-\rho_0c_0^2S_{\mathrm{d}}^2\frac{\xi}{V}\equiv-K\xi \tag{4.4.3c}$$

即 $K=\rho_0c_0^2S_{\mathrm{d}}^2/V$. 令体积速度为 $U=S_{\mathrm{d}}v=S_{\mathrm{d}}\dot{\xi}$，于是

$$\frac{M}{S_{\mathrm{d}}^2}\frac{\mathrm{d}^2U}{\mathrm{d}t^2}+\frac{R}{S_{\mathrm{d}}^2}\frac{\mathrm{d}U}{\mathrm{d}t}+\frac{\rho_0c_0^2}{V}U=-\mathrm{i}\omega p_0\exp(-\mathrm{i}\omega t) \tag{4.4.4a}$$

因此，管口 ($z=0$) 处声阻抗为

$$\begin{aligned}Z_0=\frac{p}{U}&=\mathrm{i}\rho_0c_0^2\frac{1-\omega^2Vl/S_{\mathrm{d}}c_0^2-\mathrm{i}RV\omega/(S_{\mathrm{d}}^2\rho_0c_0^2)}{\omega V}\\&\approx\mathrm{i}\rho_0c_0^2\frac{1-\omega^2Vl/S_{\mathrm{d}}c_0^2}{\omega V}\end{aligned} \tag{4.4.4b}$$

当忽略短管内空气与管壁的摩擦阻尼时，上式与方程 (4.4.2) 比较，当 $V\gg lS_{\mathrm{d}}$ 时，结果一致，故方程 (4.4.2) 也适合 $lS_{\mathrm{d}}\sim V$ 情况.

注意到短管内空气整体振动就像活塞，应该考虑其向外辐射声波而引起的管端修正. 短管的 $z=l$ 端的振动向腔体内辐射声波管端修正为 $\Delta l\approx0.85a$(见 5.4.2 小节的讨论)；而短管 $z=0$ 端如果连接管道，其振动向管道辐射声波，如果近似看作无限大刚性障板上活塞向半空间辐射，也必须作 $\Delta l\approx0.85a$ 的修正. 故管端修正近似为 $\Delta l\approx2\times0.85a=1.7a$. 于是 Helmholtz 共振腔的共振频率应该为 $\omega_{\mathrm{R}}=\sqrt{S_{\mathrm{d}}c_0^2/Vl'}$(其中 $l'=l+\Delta l$). 注意：管端修正对共振频率的计算是重要的. 如果截面不是半径为 a 的圆，则取近似 $a\approx\sqrt{S_{\mathrm{d}}/\pi}$.

4.4.2 具有子结构的管道系统和声滤波器

如图 4.4.4, 假定子结构 (如腔体、开口短管或 Helmholtz 共振腔) 与主管道连接处的声阻抗为 Z_{b}，在平面波近似下，管道中的声场和体积速度为

$$\begin{aligned}p_0(z,\omega)&=A_0\exp(\mathrm{i}k_0z)+B_0\exp(-\mathrm{i}k_0z)\\U_0(z,\omega)&=\frac{S}{\rho_0c_0}[A_0\exp(\mathrm{i}k_0z)-B_0\exp(-\mathrm{i}k_0z)]\end{aligned} \tag{4.4.5a}$$

$$p_2(z,\omega) = A_2 \exp(\mathrm{i}k_0 z);\quad U_2(z,\omega) = \frac{S}{\rho_0 c_0} A_2 \exp(\mathrm{i}k_0 z) \tag{4.4.5b}$$

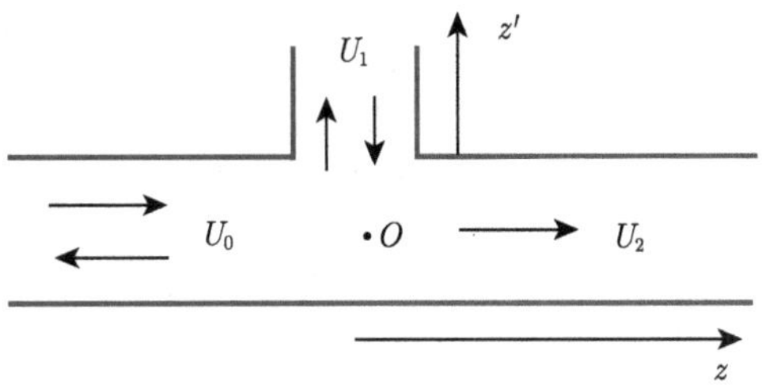

图 4.4.4 具有子结构的管道系统

注意：这里的 S 是主管道的面积，而方程 (4.4.2) 和 (4.4.4b) 的 S_{d} 是子结构中短管的面积，两者不要混淆. 在 $z'=0$ 处

$$\frac{p_1(z')|_{z'=0}}{U_1(z')|_{z'=0}} = Z_{\mathrm{b}} \tag{4.4.6a}$$

在连接处 $(z=z'=0)$，声压和体积速度连续

$$\begin{aligned} A_0 + B_0 = A_2 = p_1(z')|_{z'=0} \\ \frac{S}{\rho_0 c_0}(A_0 - B_0) = U_1(z')|_{z'=0} + \frac{S}{\rho_0 c_0} A_2 \end{aligned} \tag{4.4.6b}$$

于是得到声压反射系数和透射系数分别为

$$r_p \equiv \frac{B_0}{A_0} = -\frac{\rho_0 c_0/2S}{Z_{\mathrm{b}} + \rho_0 c_0/2S};\quad t_p \equiv \frac{A_2}{A_0} = \frac{Z_{\mathrm{b}}}{Z_{\mathrm{b}} + \rho_0 c_0/2S} \tag{4.4.7a}$$

声强透射系数为

$$t_I = |t_p|^2 = \frac{|Z_{\mathrm{b}}|^2}{|Z_{\mathrm{b}} + \rho_0 c_0/2S|^2} = \frac{R_{\mathrm{b}}^2 + X_{\mathrm{b}}^2}{(R_{\mathrm{b}} + \rho_0 c_0/2S)^2 + X_{\mathrm{b}}^2} \tag{4.4.7b}$$

式中已取 $Z_{\mathrm{b}} = R_{\mathrm{b}} + \mathrm{i}X_{\mathrm{b}}$. 下面根据具体的子结构讨论几种典型的情况.

(1) 子结构为体积 V 的腔体，由方程 (4.4.1c)

$$Z_{\mathrm{b}} \approx \mathrm{i}\frac{\rho_0 c_0^2}{\omega V}; R_{\mathrm{b}} = 0; X_{\mathrm{b}} = \frac{\rho_0 c_0^2}{\omega V} \tag{4.4.8a}$$

代入方程 (4.4.7b) 得到

$$t_I \approx \frac{1}{1 + \omega^2 (V/2Sc_0)^2} \tag{4.4.8b}$$

当频率 $\omega \to 0$ 时，$t_I \to 1$; 当频率 $\omega V/2Sc_0 \gg 1$ 时 (当然，频率必须满足平面波条件以及集中参数使用条件，下同)，$t_I \to 0$，故具有这样子结构的管道系统是低通的，可作为**低通滤波器**. 图 4.4.5 画出了 $V/2Sc_0 = 0.01$，0.02 和 0.04 时声强透射系数 t_I 与频率 ω 的关系.

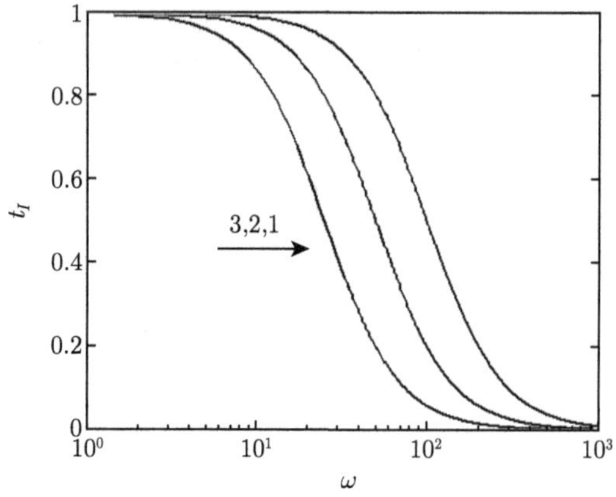

图 4.4.5　当 $V/2Sc_0$=0.01(曲线 1)，0.02(曲线 2) 和 0.04(曲线 3) 时，声强透射系数 t_I 与频率 ω 的关系

(2) 子结构为开口短管，假定开口在无限大刚性障板上且满足 $k_0\sqrt{S_\mathrm{d}/\pi} \ll 1$，则

$$Z_\mathrm{b} \approx -\mathrm{i}\frac{\rho_0\omega}{S_\mathrm{d}}l'; R_\mathrm{b} = 0; X_\mathrm{b} = -\frac{\rho_0\omega}{S_\mathrm{d}}l' \tag{4.4.9a}$$

代入方程 (4.4.7b) 得到

$$t_I \approx \frac{\omega^2}{\omega^2 + (S_\mathrm{d}c_0/2l'S)^2} = \frac{1}{1 + (S_\mathrm{d}c_0/2\omega l'S)^2} \tag{4.4.9b}$$

当频率 $\omega \to 0$ 时，$t_I \to 0$；当频率较高时，$t_I \to 1$，故这样的子结构是高通的，可作为**高通滤波器**. 图 4.4.6 画出了当 $S_\mathrm{d}c_0/2l'S = 50$，100 和 150 时声强透射系数 t_I 与频率 ω 的关系.

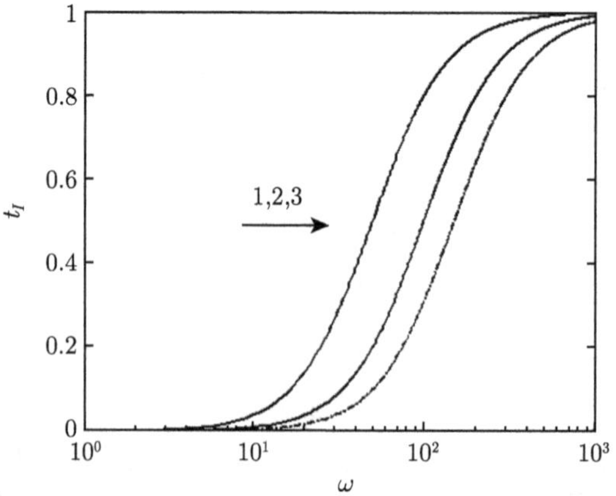

图 4.4.6　当 $S_\mathrm{d}c_0/2l'S = 50$ (曲线 1)，100(曲线 2) 和 150(曲线 3) 时，声强透射系数 t_I 与频率 ω 的关系

(3) 子结构为 Helmholtz 共振腔，由方程 (4.4.4b)

$$\begin{aligned}Z_\mathrm{b} &\approx \mathrm{i}\rho_0 c_0^2 \frac{1-\omega^2 Vl'/S_\mathrm{d}c_0^2}{\omega V}; R_\mathrm{b}=0\\ X_\mathrm{b} &= \rho_0 c_0^2 \frac{1-\omega^2 Vl'/S_\mathrm{d}c_0^2}{\omega V}\end{aligned} \tag{4.4.10a}$$

代入方程 (4.4.7b) 得到

$$t_I \approx \frac{(1-\omega^2/\omega_\mathrm{R}^2)^2}{(1-\omega^2/\omega_\mathrm{R}^2)^2+(\omega V/2c_0S)^2} = \frac{1}{1+\left(\dfrac{c_0/2S}{c_0^2/\omega V-\omega l'/S_\mathrm{d}}\right)^2} \tag{4.4.10b}$$

其中，$\omega_\mathrm{R}=\sqrt{S_\mathrm{d}c_0^2/Vl'}$. 当频率 $\omega\to 0$ 时，$t_I\to 1$；当频率较高时，$t_I\to 1$；而当 $\omega=\omega_\mathrm{R}$ 时，$t_I=0$，故这样的子结构是带阻的，可作为**带阻滤波器**. 图 4.4.7 画出了当 $V/(2Sc_0)=0.1$ 时，$\omega_\mathrm{R}=20$，40 和 60 时，声强透射系数 t_I 与频率 ω 的关系.

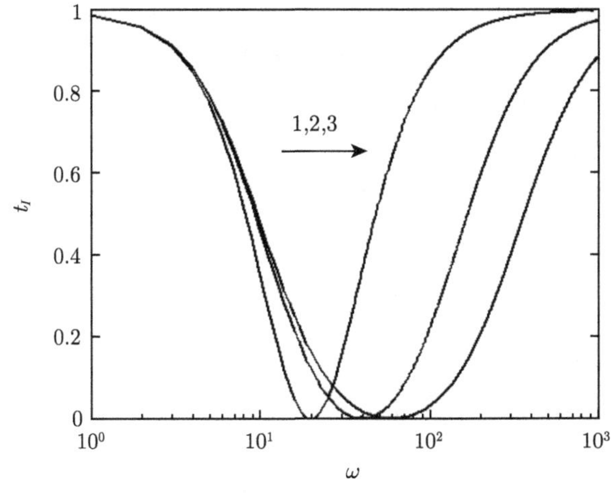

图 4.4.7 当 $V/(2Sc_0)=0.1$ 时, $\omega_\mathrm{R}=20$(曲线 1)，40(曲线 2) 和 60(曲线 3) 声强透射系数 t_I 与频率 ω 的关系

注意：在 Helmholtz 共振腔情况，方程 (4.4.10b) 决定于二个参数，即 ω_R 和 $V/(2Sc_0)$. 图 4.4.8 画出了当 $\omega_\mathrm{R}=40$ 时，$V/(2Sc_0)=0.06$，0.12 和 0.24 声强透射系数 t_I 与频率 ω 的关系. 从图 4.4.7 和 4.4.8 可见，我们可以通过改变参数 ω_R 和 $V/(2Sc_0)$ 来调节带阻的中心位置和带宽.

特别要指出的是，由于我们取 $R_\mathrm{b}=0$，故以上三种滤波器都是抗性的，它们的滤波作用均是通过子结构把声能量反射回去，而不是耗散能量.

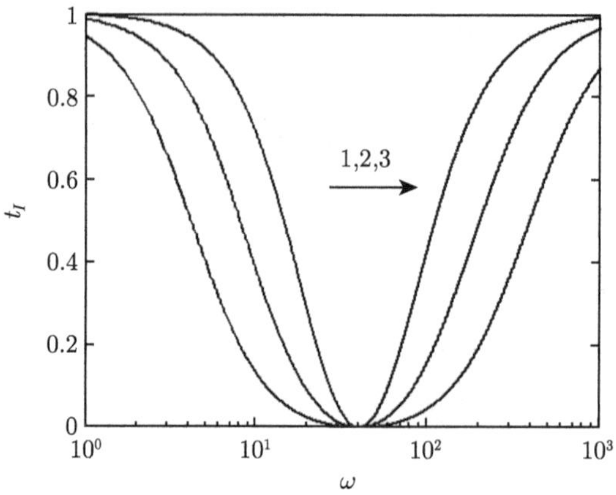

图 4.4.8　当 $\omega_{\rm R}=10$ 时，$V/(2Sc_0)=0.06$(曲线 1)，0.12(曲线 2) 和 0.24(曲线 3) 声强透射系数 t_I 与频率 ω 的关系

4.4.3　声学二端口网路和集中参数系统

在上小节中，我们仅假定管道的旁支部分线度远小于声波波长，用一个集中参数 (声阻抗) 来描述旁支部分对主管道传声的影响，但主管道声波的传播仍然必须用声波方程描述 (分布参数). 本小节讨论当声学系统的每个结构线度都远小于波长时的集中参数模型 (注意：整个声学系统的线度可能大于波长)，这时，声压和速度仅是时间的函数. 类似于电学中电流和电压，声学中取体积速度 $U_1(t)$ 和加权声压 $p_1(t)$

$$U_1(t)\equiv\iint_{S_1}\boldsymbol{v}\cdot\boldsymbol{n}{\rm d}S_1;p_1(t)\equiv\frac{1}{U_1}\iint_{S_1}p\boldsymbol{v}\cdot\boldsymbol{n}{\rm d}S_1 \tag{4.4.11}$$

作为参量来描述系统的状态. 当 $\boldsymbol{v}$ 和 p 在 S_1 面上近似均匀时：$U_1=S_1v$ 和 $p_1=p$. 上式中这样定义压力变量是因为 p_1U_1 刚好是通过面 S_1 的声功率，物理意义明显. 在实际应用中，一般取 S_1 面上的声压尽量均匀.

声学二端口网路　如图 4.4.9，考虑一个入口和一个出口的二端口网络，入口处管道面积、体积速度和声压分别为 S_1，$U_1(t)$ 和 $p_1(t)$；出口处相应的量分别为 S_2，$U_2(t)$ 和 $p_2(t)$. 入口和出口之间的 “黑箱” 可以包括 Helmholtz 共振腔、短管以及腔体等复杂的声学器件，但这些声学器件的线度远小于声波波长，可以用集中参量声阻抗来描述其传播的影响. 就像电学中，电压 (电位差) 引起电流，声学中是声压差引起体积速度，因此根据线性性质，$[U_1(t),U_2(t)]^{\rm t}$(上标 “t” 表示转置) 一定是 $[p_1(t),p_2(t)]^{\rm t}$ 的线性函数，即

$$\begin{bmatrix} U_1(t)\\ U_2(t)\end{bmatrix}=\begin{bmatrix} D_{11} & D_{12}\\ D_{21} & D_{22}\end{bmatrix}\begin{bmatrix} p_1(t)\\ p_2(t)\end{bmatrix} \tag{4.4.12a}$$

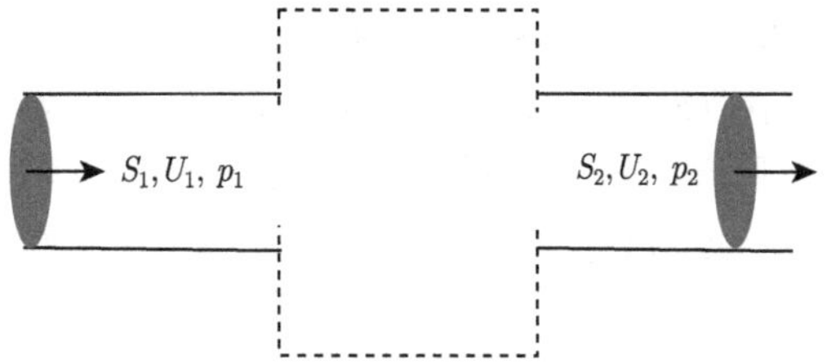

图 4.4.9 声学二端口模型

声学二端口网路可以用类似于电学中的 π− 型网络表示，称为**等效电路**，如图 4.4.10，“黑箱” 可以用声阻抗 $Z_{\rm L}$，$Z_{\rm M}$ 和 $Z_{\rm R}$ 表示. 不难得到

$$\begin{aligned}U_1&=\frac{p_1-p_2}{Z_{\rm M}}+\frac{p_1}{Z_{\rm L}}=\left(\frac{1}{Z_{\rm M}}+\frac{1}{Z_{\rm L}}\right)p_1-\frac{1}{Z_{\rm M}}p_2\\U_2&=U_{\rm M}-\frac{p_2}{Z_{\rm R}}=\frac{1}{Z_{\rm M}}p_1-\left(\frac{1}{Z_{\rm M}}+\frac{1}{Z_{\rm R}}\right)p_2\end{aligned}\tag{4.4.12b}$$

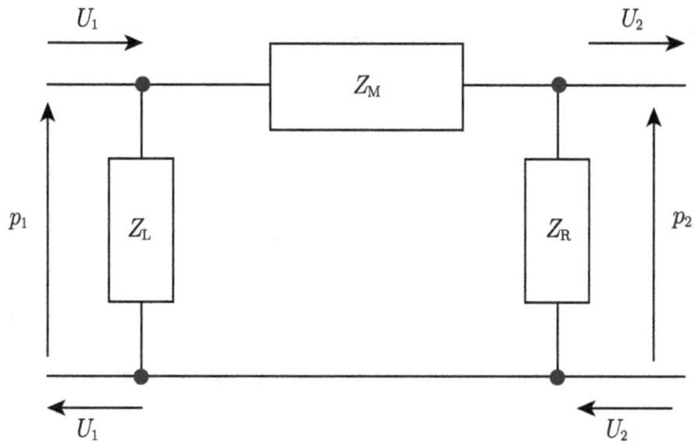

图 4.4.10 声学二端口网路类似于电学中的 π− 型网络

二个特殊情况讨论如下.

(1) 二端体速度相等 (或者称为体速度连续)，$Z_{\rm L}\to\infty$ 和 $Z_{\rm R}\to\infty$，方程 (4.4.12b) 简化成

$$U_1=\frac{1}{Z_{\rm M}}(p_1-p_2)=U_2\equiv U\tag{4.4.12c}$$

最简单的例子是中间 “黑箱” 相当于 “短管”，“短管” 内的流体在两边的压力差作用下作整体振动，或者也可以认为中间为充满不可压缩的腔体，且左、右开口. 设 “短管” 的长度为 l，则由 Euler 方程 $\mathrm{i}\omega\rho_0\boldsymbol{v}=\nabla p$，在 “短管” 内作线积分得

$$\mathrm{i}\omega\rho_0\int_0^l\boldsymbol{v}\cdot\mathrm{d}\boldsymbol{l}=\int_0^l\nabla p\cdot\mathrm{d}\boldsymbol{l}\tag{4.4.13a}$$

上式左边近似为 $\mathrm{i}\omega\rho_0 l v_n = (\mathrm{i}\omega\rho_0 l/S_\mathrm{d})U$(其中 S_d 为 “短管” 的面积)；右边近似为 p_2-p_1，故 $Z_\mathrm{M}=-\mathrm{i}\omega\rho_0 l/S_\mathrm{d}=-\mathrm{i}\omega M/S_\mathrm{d}^2$，其中 $M=\rho_0 V_\mathrm{d}$ 为 “短管” 内流体的质量，$M_\mathrm{A}=M/S_\mathrm{d}^2$ 为声质量，相当于电学中的电感；

(2) 二端声压相等 (或者称为声压连续)，$Z_\mathrm{M}\to 0$，由图 4.4.10,Z_L 和 Z_R 并联，Z_M 上没有声压降，$p_1=p_2$，方程 (4.4.12b) 简化成

$$U_1=\frac{p_1}{Z_\mathrm{L}};U_2=-\frac{p_1}{Z_\mathrm{R}} \text{ 或者 } U_1-U_2=\left(\frac{1}{Z_\mathrm{L}}+\frac{1}{Z_\mathrm{R}}\right)p_1 \tag{4.4.13b}$$

最简单的例子是中间 “黑箱” 相当于体积为 V 的腔体，腔体左右开口. 由质量守恒方程两边在腔体内作体积分

$$\begin{aligned}\frac{\mathrm{i}\omega}{\rho_0 c_0^2}\int_V p\mathrm{d}^3\boldsymbol{r}&=\int_V\nabla\cdot\boldsymbol{v}\mathrm{d}^3\boldsymbol{r}=\iint_S\boldsymbol{v}\cdot\boldsymbol{n}\mathrm{d}^2\boldsymbol{r}\\&=\iint_S\boldsymbol{v}\cdot\boldsymbol{n}\mathrm{d}^2\boldsymbol{r}=U_2-U_1\end{aligned} \tag{4.4.13c}$$

注意：上式与方程 (4.4.1b) 的区别，这里的腔体上有左右二个开口，左边开口连接二端网络的入口，$\boldsymbol{n}$ 与 $\boldsymbol{v}$ 方向相反；右边开口连接二端网络的出口，$\boldsymbol{n}$ 与 $\boldsymbol{v}$ 方向相同，故面积分为正. 由方程 (4.4.13c) 得到

$$-\frac{\mathrm{i}\omega V}{\rho_0 c_0^2}p=U_1-U_2 \tag{4.4.13d}$$

因此，由方程 (4.4.13b) 得到

$$-\frac{\mathrm{i}\omega}{\rho_0 c_0^2}=\frac{1}{Z_\mathrm{L}}+\frac{1}{Z_\mathrm{R}}\equiv\frac{1}{Z_\mathrm{p}},\text{ 或者 } Z_\mathrm{p}=-\frac{\rho_0 c_0^2}{\mathrm{i}\omega V}\equiv\frac{1}{-\mathrm{i}\omega C_\mathrm{A}} \tag{4.4.13e}$$

其中，$C_\mathrm{A}=V/(\rho c_0^2)$ 为声容，相当于电学中的电容.

下面介绍二个典型的用集中参数来描述的系统. 作为第一个例子，考虑图 4.4.11(a) 的声学系统，该系统由多个 Helmholtz 共振腔旁支在主管道上，入口处到左边第一个 Helmholtz 共振腔的管道、出口处到右边第一个 Helmholtz 共振腔的管道, 以及二个 Helmholtz 共振腔之间的管道，其长度均小于波长 (从入口处到出口处的距离可能大于波长)，相当于一系列短管，故可以用集中参数声质量 $Z_{\mathrm{M}j}=-\mathrm{i}\omega M_{\mathrm{A}j}(j=1,2,\cdots,N+1)$(其中 N 为 Helmholtz 共振腔的个数) 来描述，而 Helmholtz 共振腔由短管和腔体组成，集中参量为一系列声质量 $Z_j=-\mathrm{i}\omega M_{aj}(j=1,2,\cdots,N)$ 和声容 $Z_{pj}=1/(-\mathrm{i}\omega C_{aj})(j=1,2,\cdots,N)$. 图 4.4.11(b) 画出了只有三个 Helmholtz 共振腔情况的等效电路.

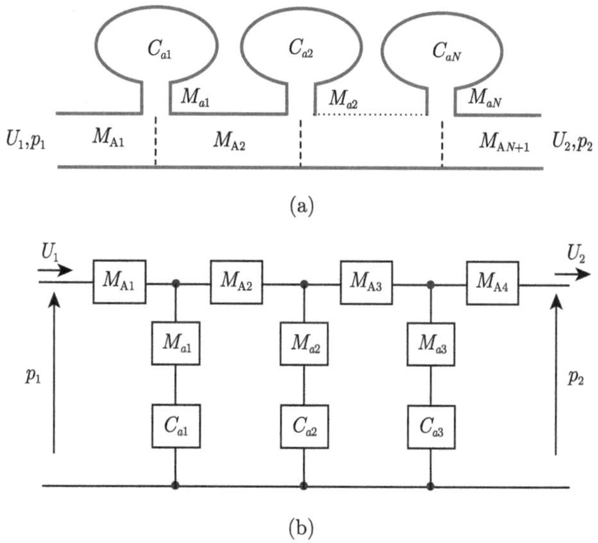

图 4.4.11

(a) 具有 N 个旁支 Helmholtz 共振腔的管道; (b) 相应的等效电路 (只有三个 Helmholtz 共振腔情况)

第二例子是分析人在发出不同声音时的集中参数模型. 人在发音时，从肺部来的直流气流在喉头声门处被声带所调制，成为一串随时间周期变化的三角形波，此后这股气流经过声门到口唇之间的声道时，实际上就是通过了一个声滤波系统. 舌位高度不一样，滤波器的尺寸就不一样，由口唇发出的声音也就不一样. 例如，发汉语元音 [i:] 时，舌部的前面部分比较高，因而声道的前腔 (口腔部分) 直径很小，已退化为一段管子，而后腔 (咽腔部分) 仍然是一个腔体，这时发音系统可简化成短管—腔体—短管系统，如图 4.4.12(a)，相应的等效电路图为图 4.4.12(b); 当发汉语元音 [u] 时，舌位后面部分比较高，舌头把声道分隔成两个腔体，即咽腔和口腔，成为一个双腔共振器, 可简化成短管— 腔体—短管—腔体—短管系统，如图 4.4.13(a)，相应的等效电路图为图 4.4.13(b).

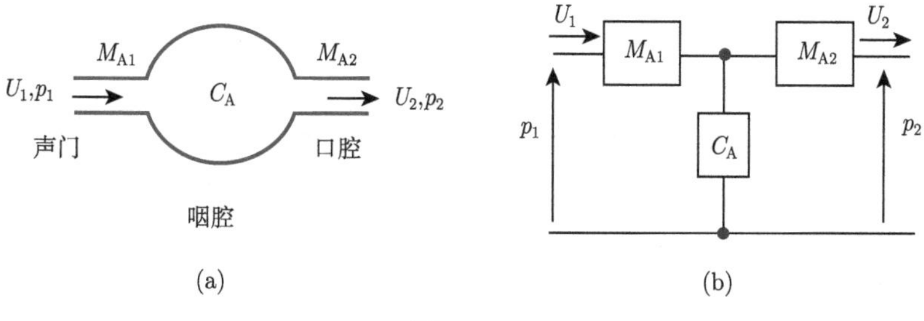

图 4.4.12

(a) 发汉语元音 [i:] 时简化的声学系统; (b) 等效的二端口网路图

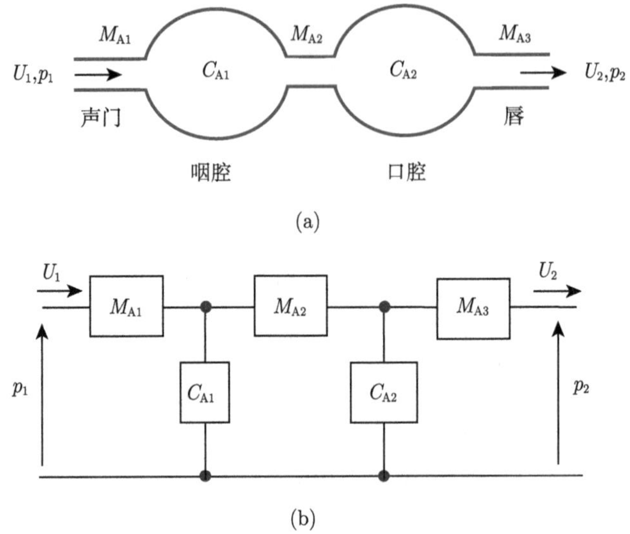

图 4.4.13

(a) 发汉语元音 [u] 时简化的声学系统；(b) 等效的二端口网路图

三种阻抗的讨论　我们定义了三类阻抗，在不同的问题中，定义不同的阻抗，简单讨论如下.

(1)**声阻抗率**(specific acoustic impendance) $z_n = p/v_n$，即声压与质点法向速度的比值，与流体性质和传播的波型 (如平面波、球面波或者柱面波) 有关，常用于计算声波在不同介质界面上的反射和透射等问题中；

(2)**声阻抗**(acoustic impendanc) $Z_\mathrm{a} = p/U$，即声压与体速度的比值，常用于管道中声的传播以及振动表面的声辐射等问题，与声阻抗率的关系为 $Z_\mathrm{a} = z_n/S$；

(3)**力辐射阻抗**(radiation impendance) $Z_\mathrm{r} = F/v_n$, 即辐射面受到的力与辐射面振动速度的比值，用于分析辐射源与辐射声波的相互作用，与声阻抗及声阻抗率的关系为 $Z_\mathrm{r} = Sz_n = S^2 Z_\mathrm{a}$.

4.4.4　具有N个旁支结构的管道

传递矩阵法　如图 4.4.14，在截面面积为 S_0 的无限长管道的 $z \in (0, L_N)$ 的区间装有 N 个旁支结构 (假定所有的旁支结构线度远小于波长，可用集中参数描述)，第 j 个旁支结构位于 L_j $(j = 1, 2, \cdots, N)$. 注意：假定相邻旁支结构的距离 $L_j - L_{j-1}$ 不一定远小于波长，故 $L_j - L_{j-1}$ 不能用集中参数模型，而必须考虑平面波的传播. 平面波由图 4.4.14 的左端 $(z < 0)$ 入射至第 1 个节旁支结构，经过 N 个旁支结构后由图 4.4.14 的右端 $(z > L_N)$ 透射. 考虑第 j 个旁支结构：设该旁支结构左区域 $(L_{j-1} < z < L_j)$ 和右区域 $(L_j < z < L_{j+1})$ 的声压与体速度分

别为

$$
\begin{aligned}
p_{j-0}(z,\omega) &= p_{j-0}^{+}\exp[\mathrm{i}k_0(z-L_j)] + p_{j-0}^{-}\exp[-\mathrm{i}k_0(z-L_j)] \\
U_{j-0}(z,\omega) &= \frac{S}{\rho_0 c_0}\left\{p_{j-0}^{+}\exp[\mathrm{i}k_0(z-L_j)] - p_{j-0}^{-}\exp[-\mathrm{i}k_0(z-L_j)]\right\}
\end{aligned} \tag{4.4.14a}
$$

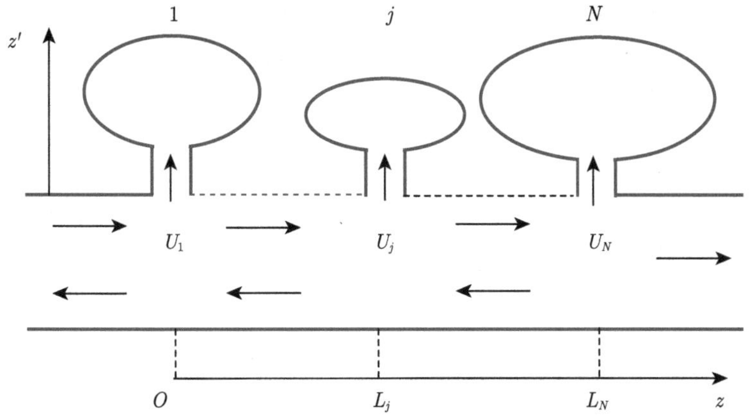

图 4.4.14 具有 N 个旁支结构的管道

其中，$(L_{j-1} < z < L_j)$，以及

$$
\begin{aligned}
p_{j+0}(z,\omega) &= p_{j+0}^{+}\exp[\mathrm{i}k_0(z-L_{j+1})] + p_{j+0}^{-}\exp[-\mathrm{i}k_0(z-L_{j+1})] \\
U_{j+0}(z,\omega) &= \frac{S}{\rho_0 c_0}\left\{p_{j+0}^{+}\exp[\mathrm{i}k_0(z-L_{j+1})] - p_{j+0}^{-}\exp[-\mathrm{i}k_0(z-L_{j+1})]\right\}
\end{aligned} \tag{4.4.14b}
$$

其中，$(L_j < z < L_{j+1})$.

设第 j 个旁支结构口 $(z'=0)$ 的体速度和声压分别为 $U_j(z',\omega)|_{z'=0}$ 和 $p_j(z', \omega)|_{z'=0}$，则

$$
\frac{p_j(z',\omega)|_{z'=0}}{U_j(z',\omega)|_{z'=0}} = (Z_\mathrm{b})_j \tag{4.4.15a}
$$

其中，$(Z_\mathrm{b})_j$ 为第 j 个旁支结构口 $(z'=0)$ 的声阻抗. 在连接处 $(z=L_j, z'=0)$，声压和体积速度连续，于是

$$
\begin{aligned}
&p_{j-0}^{+} + p_{j-0}^{-} = p_{j+0}^{+}\exp(-\mathrm{i}k_0 d_j) + p_{j+0}^{-}\exp(\mathrm{i}k_0 d_j) = p_j(z',\omega)|_{z'=0} \\
&\frac{S}{\rho_0 c_0}(p_{j-0}^{+} - p_{j-0}^{-}) = U_j(z',\omega)|_{z'=0} + \frac{S}{\rho_0 c_0}[p_{j+0}^{+}\exp(-\mathrm{i}k_0 d_j) - p_{j+0}^{-}\exp(\mathrm{i}k_0 d_j)]
\end{aligned} \tag{4.4.15b}
$$

其中，$d_j = L_{j+1} - L_j$ 是第 $j+1$ 个旁支结构口到第 j 个旁支结构口的距离. 由上

式整理得到

$$\begin{bmatrix} p_{j-0}^{+} \\ p_{j-0}^{-} \end{bmatrix} = \boldsymbol{P}_j \begin{bmatrix} p_{j+0}^{+} \\ p_{j+0}^{-} \end{bmatrix} \tag{4.4.15c}$$

其中，传递矩阵 $\boldsymbol{P}_j$ 为

$$\boldsymbol{P}_j = \begin{bmatrix} \left[1 + \dfrac{\rho_0 c_0}{2(Z_{\rm b})_j S}\right] \exp(-{\rm i}k_0 d_j) & \dfrac{\rho_0 c_0}{2(Z_{\rm b})_j S} \exp({\rm i}k_0 d_j) \\ -\dfrac{\rho_0 c_0}{2(Z_{\rm b})_j S} \exp(-{\rm i}k_0 d_j) & \left[1 - \dfrac{\rho_0 c_0}{2(Z_{\rm b})_j S}\right] \exp({\rm i}k_0 d_j) \end{bmatrix} \tag{4.4.15d}$$

方程 (4.4.15c) 中取 $j = 1$，并且重复传递得到

$$\begin{bmatrix} p_{1-0}^{+} \\ p_{1-0}^{-} \end{bmatrix} = \boldsymbol{P}_1 \begin{bmatrix} p_{1+0}^{+} \\ p_{1+0}^{-} \end{bmatrix} = \boldsymbol{P}_1 \boldsymbol{P}_2 \begin{bmatrix} p_{2+0}^{+} \\ p_{2+0}^{-} \end{bmatrix} = \cdots = \boldsymbol{P}_1 \boldsymbol{P}_2 \cdots \boldsymbol{P}_2 \begin{bmatrix} p_{N+0}^{+} \\ p_{N+0}^{-} \end{bmatrix} \tag{4.4.16a}$$

其中，注意到关系

$$\begin{bmatrix} p_{j-1+0}^{+} \\ p_{j-1+0}^{-} \end{bmatrix} = \begin{bmatrix} p_{j-0}^{+} \\ p_{j-0}^{-} \end{bmatrix} \tag{4.4.16b}$$

由于在 $z > L_N$ 区域不存在反射波，故 $p_{N+0}^{-} = 0$，p_{N+0}^{+} 为透射波振幅；而 $z < 0$ 区域为第一个旁支结构左边的区域，故 p_{1-0}^{+} 和 p_{1-0}^{-} 分别为入射波和反射波振幅. 于是，方程 (4.4.16a) 给出反射系数和透射波系数分别为

$$r_p \equiv \frac{p_{1-0}^{-}}{p_{1-0}^{+}} = \frac{(\boldsymbol{P})_{21}}{(\boldsymbol{P})_{11}}; t_p \equiv \frac{p_{N+0}^{+}}{p_{1-0}^{+}} = \frac{1}{(\boldsymbol{P})_{11}} \tag{4.4.16c}$$

其中，$\boldsymbol{P} \equiv \boldsymbol{P}_1 \boldsymbol{P}_2 \cdots \boldsymbol{P}_2$ 为总的传递矩阵，$(\boldsymbol{P})_{11}$ 和 $(\boldsymbol{P})_{21}$ 为 2×2 矩阵 $\boldsymbol{P}$ 第一列的二个元. 当 $N = 1$ 时，取 $d_1 = 0$ 和 $(Z_{\rm b})_1 = Z_{\rm b}$，由方程 (4.4.16d)

$$(\boldsymbol{P})_{11} = 1 + \frac{\rho_0 c_0}{2Z_{\rm b}S}; (\boldsymbol{P})_{21} = -\frac{\rho_0 c_0}{2Z_{\rm b}S} \tag{4.4.16d}$$

上式代入方程 (4.4.16c) 得到仅有一个旁支结构时反射系数和透射波系数分别为

$$r_p = -\frac{\rho_0 c_0/2S}{Z_{\rm b} + \rho_0 c_0/2S}; t_p = \frac{Z_{\rm b}}{Z_{\rm b} + \rho_0 c_0/2S} \tag{4.4.16e}$$

显然，上式与方程 (4.4.7a) 是完全一致的.

4.4.5　周期旁支结构的管道和能带结构

设无限长管道具有周期旁支结构 (参看图 4.4.14)，其间距为 $d_j = L_{j+1} - L_j = d$(常数)，所有的旁支结构相同，即 $(Z_{\rm b})_j = Z_{\rm b}$(常数). 仍然考虑第 j 个旁支结构，

其左、右区域的声场满足方程 (4.4.15c). 在周期旁支条件下，Bloch 定理，即方程 (1.5.28a) 仍然成立，在无限长周期旁支结构管道中，修改为

$$p_{j+0}(z,\omega)=\mathrm{e}^{\mathrm{i}kd}p_{j-0}(z-d,\omega)\quad (L_j<z<L_{j+1}) \tag{4.4.17a}$$

注意到 $L_{j+1}=d+L_j$，把方程 (4.4.14a) 和 (4.4.14b) 的第一式代入上式得 (其中 $(L_j<z<L_{j+1})$)

$$\begin{aligned}&p_{j+0}^{+}\mathrm{e}^{\mathrm{i}k_0(z-L_{j+1})}+p_{j+0}^{-}\mathrm{e}^{-\mathrm{i}k_0(z-L_{j+1})}\\&=\mathrm{e}^{\mathrm{i}kd}\left[p_{j-0}^{+}\mathrm{e}^{\mathrm{i}k_0(z-L_{j+1})}+p_{j-0}^{-}\mathrm{e}^{-\mathrm{i}k_0(z-L_{j+1})}\right]\end{aligned} \tag{4.4.17b}$$

由 z 的任意性，上式给出

$$\begin{bmatrix} p_{j+0}^{+} \\ p_{j+0}^{-} \end{bmatrix}=\mathrm{e}^{\mathrm{i}kd}\begin{bmatrix} p_{j-0}^{+} \\ p_{j-0}^{-} \end{bmatrix} \tag{4.4.17c}$$

上式结合方程 (4.4.15c) 得到

$$(\mathrm{e}^{\mathrm{i}kd}\boldsymbol{P}-\boldsymbol{I})\begin{bmatrix} p_{j+0}^{+} \\ p_{j+0}^{-} \end{bmatrix}=0 \tag{4.4.17d}$$

其中，传递矩阵修改为

$$\boldsymbol{P}=\begin{bmatrix} \left(1+\dfrac{\rho_0c_0}{2Z_\mathrm{b}S}\right)\exp(-\mathrm{i}k_0d) & \dfrac{\rho_0c_0}{2Z_\mathrm{b}S}\exp(\mathrm{i}k_0d) \\ -\dfrac{\rho_0c_0}{2Z_\mathrm{b}S}\exp(-\mathrm{i}k_0d) & \left(1-\dfrac{\rho_0c_0}{2Z_\mathrm{b}S}\right)\exp(\mathrm{i}k_0d) \end{bmatrix} \tag{4.4.17e}$$

由方程 (4.4.17d) 存在非零解的条件，Bloch 波数 k 满足的方程为

$$\det(\mathrm{e}^{\mathrm{i}kd}\boldsymbol{P}-\boldsymbol{I})=0 \tag{4.4.17f}$$

展开后得到

$$\cos(kd)=\cos(k_0d)-\frac{\mathrm{i}\rho_0c_0}{2Z_\mathrm{b}S}\sin(k_0d) \tag{4.4.17g}$$

上式就是 Bloch 波数 k 满足的方程, 由于 k 必须是实数，声波才能在管道中传播，为了保证上式的解是实数，Z_b 必须是抗性的 (即实部为零)，如果 Z_b 的实部不为零，由于能量在每个旁支结构中的吸收，声波不能传播. 由要求 $|\cos(kd)|\leqslant 1$，只有满足该条件的频率才能传播. 下面分 3 种情况讨论:

(1) 子结构为体积 V 的腔体，由方程 (4.4.8a)，方程 (4.4.17g) 简化为

$$\cos(kd)=\cos(k_0d)-\frac{\omega V}{2c_0S}\sin(k_0d) \tag{4.4.18a}$$

图 4.4.15 给出了相应的能带图，计算中取 $V/2Sd = 0.2$，在 $k_0d < 20$ 的区域，存在 6 条明显的禁带，但仍然是低通的 (见图 4.4.5).

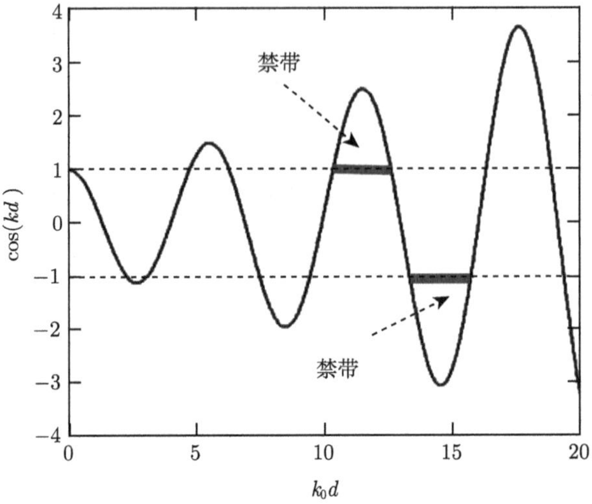

图 4.4.15　腔体周期旁支时的能带图

在低频条件下 ($kd \ll 1$ 和 $k_0d \ll 1$, 即声波波长远大于周期)，方程 (4.4.18a) 近似为

$$1 - \frac{1}{2}(kd)^2 \approx 1 - \frac{1}{2}(k_0d)^2 - \frac{\omega V}{2c_0S}(k_0d) \tag{4.4.18b}$$

令 $k = \omega/\bar{c}$，则等效声速 $\bar{c}$ 满足关系

$$\bar{c} \approx c_0\left(1 + \frac{V}{Sd}\right)^{-1/2} \tag{4.4.18c}$$

(2) 子结构为开口短管，由方程 (4.4.9a)，方程 (4.4.17g) 简化为

$$\cos(kd) = \cos(k_0d) + \frac{c_0S_{\rm d}}{2\omega l'S}\sin(k_0d) \tag{4.4.19a}$$

图 4.4.16 给出了相应的能带图，计算中取 $dS_{\rm d}/2l'S = 12$，在 $k_0d < 20$ 的区域，存在 7 条明显的禁带，特别是第一条禁带出现在低频，故低频是禁通的，这一点与图 4.4.6 情况一致. 注意：由于低频是禁带位置，故讨论低频近似没有意义，事实上，在低频条件下，方程 (4.4.17g) 简化为

$$(kd)^2 \approx (k_0d)^2 - \frac{dS_{\rm d}}{l'S} \tag{4.4.19b}$$

当 $k_0d \ll 1$ 或者 $\omega \to 0$ 时，上式右边第二项大于第一项，故 k 是虚数.

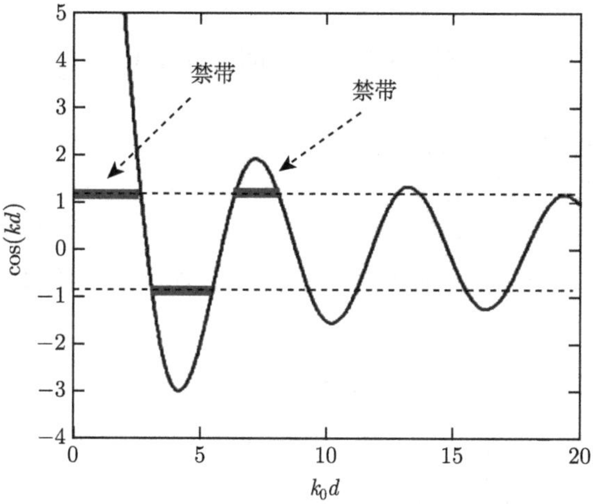

图 4.4.16 开口短管周期旁支时的能带图

(3) 子结构为 Helmholtz 共振腔，由方程 (4.4.10a)，方程 (4.4.17b) 简化为

$$\cos(kd) = \cos(k_0d) - \frac{\omega V/2c_0S}{1-\omega^2/\omega_R^2}\sin(k_0d) \tag{4.4.20}$$

其中，$\omega_R = \sqrt{S_d c_0^2/Vl'}$ 是单个 Helmholtz 共振腔的共振频率. 图 4.4.17 给出了相应的能带图，计算中取 $V/2Sd = 0.125$ 和 $Vl'/d^2S_d = 0.025$，在 $k_0d < 20$ 的区域，存在 5 条明显的禁带，特别是第一条禁带出现在共振频率附近，对应于图 4.4.7 的带阻，而其他禁带是由周期结构的 Bragg 反射引起的.

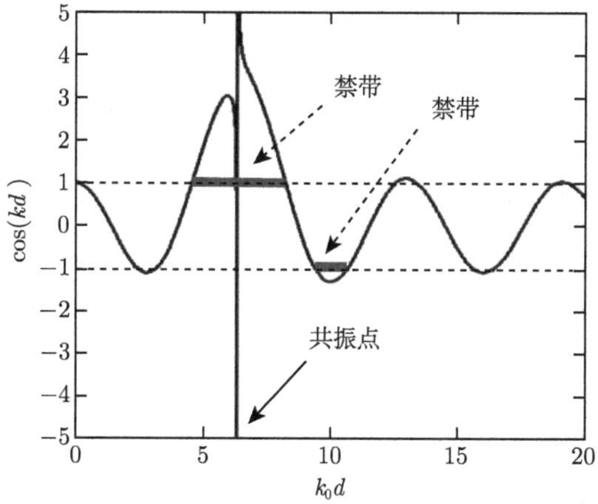

图 4.4.17 Helmholtz 共振腔周期旁支时的能带图

4.5 缓变截面管道中的平面波

当管道的截面连续变化时，求一般形式的解是困难的. 只有几种特殊形式的截面变化能给出严格的解析表达式，如圆锥形管道 (见 2.4.5 小节讨论). 但是当声波波长较长 (或者频率较低) 且管道的截面变化较缓慢时，可以假定声波的波阵面也按管道的截面连续变化，这时我们可以得到比较简单的一维波动方程，讨论管道 (特别是号筒) 中声传播的基本性质.

4.5.1 Webster 方程和 Salmon 号筒

Webster 方程 如图 4.5.1，取管中截面积为 $S(x)$ 和 $S(x+\Delta x)$ 一段区域 D，在 D 内运用积分形式质量守恒方程 (1.1.12a) 的线性化方程 (取 $q=0$，即假定管中无质量源)

$$\frac{\partial}{\partial t}\int_D \rho' \mathrm{d}^3\boldsymbol{r} = -\rho_0 \iint_{S_0} \boldsymbol{v}\cdot \mathrm{d}\boldsymbol{S} \tag{4.5.1a}$$

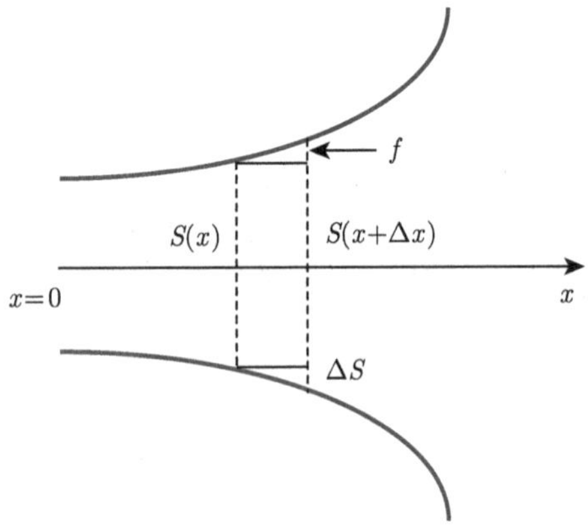

图 4.5.1 连续变化截面的号筒: 取号筒中 Δx 小段

其中，S_0 由四个面组成: $S(x)$，$S(x+\Delta x)$ 和两侧管壁 (假定刚性). 在两侧管壁上 $v_n=0$，于是上式变成

$$\frac{\partial \rho'}{\partial t}S(x) \approx -\rho_0\left[\frac{v(x+\Delta x,t)S(x+\Delta x)-v(x,t)S(x)}{\Delta x}\right] \tag{4.5.1b}$$

得到上式，已假定流体元的速度仅有 x 方向分量且仅与 x 有关. 事实上，流体元的横向速度不可能为零，如管道向外膨胀，流体元必有向外的横向速度；反之，如果管道向内收缩，流体元必有向内的横向速度. 但当管道截面变化较缓慢时，横向速度很小，可以忽略，这也是我们的基本假定. 当 $\Delta x \to 0$ 时，从上式得到质量守恒

的方程

$$S(x)\frac{\partial\rho'}{\partial t}=-\rho_0\frac{\partial(Sv)}{\partial x} \tag{4.5.1c}$$

另一方面，运用积分形式动量守恒分方程 (1.1.14a) 的线性化方程 (假定管道中无源)

$$\rho_0\frac{\partial}{\partial t}\int_D v\mathrm{d}^3\boldsymbol{r}=-\iint_{S_0}P\mathrm{d}\boldsymbol{S} \tag{4.5.2a}$$

在 D 内积分得到

$$\begin{aligned}\rho_0\frac{\partial v}{\partial t}\Delta xS(x)&\approx S(x)P(x,t)-S(x+\Delta x)P(x+\Delta x,t)+S_x\bar{P}\\&\approx -S(x)\frac{\partial P}{\partial x}\Delta x-P(x,t)\Delta S+S_x\bar{P}\end{aligned} \tag{4.5.2b}$$

注意：面积元 d$\boldsymbol{S}$ 的方向是面的外法向. 其中 S_x 是管壁面积在 x 方向的投影：$S_x=\Delta S$(就是增加的面积，如图 4.5.1)，$\bar{P}$ 是 Δx 段内的平均压强，当 $\Delta x\to 0$ 时，$\bar{P}\to P(x,t)$. 物理上，$P(x,t)\Delta S$ 是由于管道截面积的变化而产生的作用力，这个力应该与管壁的反作用力抵消，即 $-P(x,t)\Delta S+S_x\bar{P}\approx 0$. 因此，管道中流体的运动方程为 ($p=P-P_0$, 而静压 P_0 与 x 无关)

$$\rho_0\frac{\partial v}{\partial t}=-\frac{\partial P}{\partial x}=-\frac{\partial p}{\partial x} \tag{4.5.2c}$$

运动方程与管道截面积无关，这是合理的结果. 第三个方程仍然是本构方程，即

$$p=c_0^2\rho' \tag{4.5.3}$$

方程 (4.5.1c)，(4.5.2c) 和 (4.5.3) 就是决定管道中声传播的三个基本方程. 容易得到声压满足的方程为 (作为习题)

$$\frac{1}{c_0^2}\frac{\partial^2 p}{\partial t^2}=\frac{\partial^2 p}{\partial x^2}+\frac{1}{S(x)}\frac{\mathrm{d}S(x)}{\mathrm{d}x}\frac{\partial p}{\partial x} \tag{4.5.4a}$$

上式称为 **Webster 方程**. 对时谐解

$$\frac{\mathrm{d}^2p(x,\omega)}{\mathrm{d}x^2}+\frac{1}{S(x)}\frac{\mathrm{d}S(x)}{\mathrm{d}x}\frac{\mathrm{d}p(x,\omega)}{\mathrm{d}x}+k_0^2p(x,\omega)=0 \tag{4.5.4b}$$

Salmon 号筒 为了消去上式中的一阶导数，令 $\tilde{p}(x,\omega)=\sqrt{S(x)}p(x,\omega)$，方程 (4.5.4b) 变成

$$\frac{\mathrm{d}^2\tilde{p}(x,\omega)}{\mathrm{d}x^2}+\frac{1}{4S^2(x)}\left\{[S'(x)]^2-2S(x)S''(x)\right\}\tilde{p}(x,\omega)+k_0^2\tilde{p}(x,\omega)=0 \tag{4.5.4c}$$

显然，上式仍然是一个变系数方程. 但是，当截面变化满足

$$\frac{1}{4S^2(x)}\left\{[S'(x)]^2 - 2S(x)S''(x)\right\} \equiv -\alpha^2 \tag{4.5.4d}$$

时 (其中 α 为常数)，方程 (4.5.4c) 就变成一维 Helmholtz 方程. 满足该条件的管道称为 **Salmon 号筒**(horn). 设号筒的侧面是半径为 $y(x)$ 的旋转曲面，那么 $S(x)=\pi y^2(x)$，于是，由方程 (4.5.4d)，Salmon 号筒给出

$$\frac{\mathrm{d}^2 y(x)}{\mathrm{d}x^2} = \alpha^2 y(x) \tag{4.5.5a}$$

上式的解为

$$y(x) = \begin{cases} r_0[\cosh(\alpha x) + T\sinh(\alpha x)] & (\alpha \neq 0) \\ r_0\left(1+\dfrac{x}{x_0}\right) & (\alpha = 0) \end{cases} \tag{4.5.5b}$$

显然，r_0 是 $x=0$ 处 (号筒喉口) 的半径. 讨论：① 当 $\alpha=0$ 时，号筒截面半径随 x 线性增加，号筒是圆锥形的，x_0 是圆锥顶到喉口的距离；② 当 $\alpha\neq 0$ 并且 $T=0$，$y(x)=r_0\cosh(\alpha x)$，称为**悬链曲线号筒**；③ 当 $\alpha \neq 0$ 并且 $T=1$，$y(x)=r_0\exp(mx)$，称为**指数曲线号筒**，α 称为**蜿展指数**，表示面积变化的快慢.

顺便指出，从方程 (4.5.1b) 和 (4.5.2b) 可以得到界面不连续处的边界条件. 如图 4.5.2，取号筒中 Δx 小段包括不连续截面，二侧面积分别为 S_1 和 S_2(为了方便，假定二侧到不连续截面的距离均为 $\Delta x/2$)，在不连续截面运用方程 (4.5.1b)

$$\frac{\partial\bar\rho}{\partial t}\Delta x\bar S \approx -\rho_0(v_2S_2 - v_1S_1) \tag{4.5.6a}$$

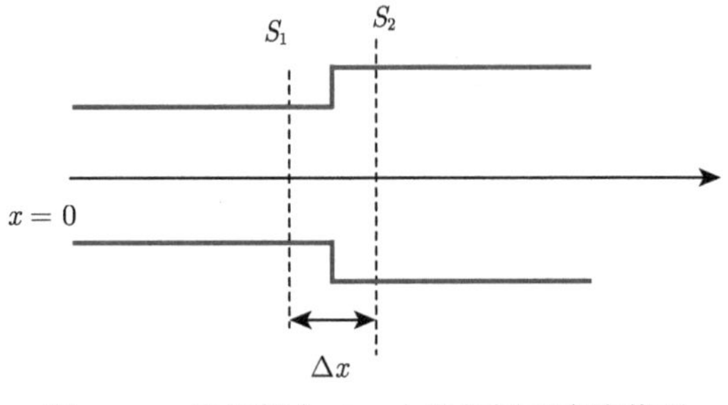

图 4.5.2　取号筒中 Δx 小段包括不连续截面

其中，$\bar\rho$ 为 Δx 小段内的平均密度，$\bar S\Delta x \equiv S_2\Delta x/2 + S_1\Delta x/2 = (S_2+S_1)\Delta x/2$. 当 $\Delta x\to 0$ 时，因 $\partial\bar\rho/\partial t$ 有限，只有 $v_2S_2=v_1S_1$，该式就是方程 (4.3.12f). 如果在不连续截面运用方程 (4.5.2b)，那么

$$\begin{aligned}\rho_0\frac{\partial\bar v}{\partial t}\Delta x\bar S &\approx S_1P_1 - S_2P_2 + \Delta SP_2 = S_1P_1 - S_2P_2 + (S_2-S_1)P_2 \\ &= S_1(P_1-P_2) = S_1(p_1-p_2)\end{aligned} \tag{4.5.6b}$$

其中，$\Delta S = S_2 - S_1$ 是二侧的面积差 (假定 $S_2 > S_1$). 同理，得到 $p_1 = p_2$，

4.5.2 指数曲线形号筒和出声口的声阻抗

首先讨论指数曲线号筒

$$S(x) = S_0 \exp(2\alpha x) \tag{4.5.7a}$$

其中，$S_0 = \pi y_0^2$ 为喉口面积. 方程 (4.5.4a) 变成

$$\frac{1}{c_0^2}\frac{\partial^2 p}{\partial t^2} = \frac{\partial^2 p}{\partial x^2} + \alpha\frac{\partial p}{\partial x} \tag{4.5.7b}$$

设简谐解为

$$p(x,t) = p(x,\omega)\exp(-\mathrm{i}\omega t) = p_0(\omega)\exp[\mathrm{i}(\gamma x - \omega t)] \tag{4.5.7c}$$

代入方程 (4.5.7b) 得到

$$-\frac{\omega^2}{c_0^2} = -\gamma^2 + 2\mathrm{i}\alpha\gamma \tag{4.5.8a}$$

故

$$\gamma = \mathrm{i}\alpha \pm \sqrt{k_0^2 - \alpha^2} \tag{4.5.8b}$$

其中，$k_0 = \omega/c_0$. 故指数号筒内的声场的一般解为

$$p(x,\omega) = \mathrm{e}^{-\alpha x}\left[p_{0+}(\omega)\exp\left(\mathrm{i}\sqrt{k_0^2 - \alpha^2}x\right) + p_{0-}(\omega)\exp\left(-\mathrm{i}\sqrt{k_0^2 - \alpha^2}x\right)\right] \tag{4.5.8c}$$

上式第一、二项分别代表 $+x$ 和 $-x$ 方向传播的波.

无限长指数号筒 设在无限长号筒的喉部，即 $x = 0$ 处存在一个刚性活塞声源

$$v(x=0,t) = u_0(\omega)\exp(-\mathrm{i}\omega t) \tag{4.5.9a}$$

因号筒无限长，不存在 $-x$ 方向传播的反射波，故方程 (4.5.8c) 中 $p_{0-}(\omega) = 0$，而由方程 (4.5.2c), 声压和速度场分别为

$$\begin{aligned} p(x,\omega) &= p_{0+}(\omega)\exp\left(-\alpha x + \mathrm{i}\sqrt{k_0^2 - \alpha^2}x\right) \\ v(x,\omega) &= \frac{1}{\mathrm{i}\rho_0\omega}\frac{\partial p}{\partial x} = \frac{p_{0+}(\omega)}{\mathrm{i}\rho_0\omega}\left(-\alpha + \mathrm{i}\sqrt{k_0^2 - \alpha^2}\right)\exp\left(-\alpha x + \mathrm{i}\sqrt{k_0^2 - \alpha^2}x\right) \end{aligned} \tag{4.5.9b}$$

由 $x = 0$ 处边界条件得到

$$p_{0+}(\omega) = \frac{\mathrm{i}\rho_0\omega u_0(\omega)}{-\alpha + \mathrm{i}\sqrt{k_0^2 - \alpha^2}} \tag{4.5.9c}$$

故刚性活塞声源的力辐射阻抗为

$$Z_{\rm r}(\omega)=\frac{p(0,\omega)S_0}{u_0(\omega)}=\frac{{\rm i}\rho_0\omega S_0}{-\alpha+{\rm i}\sqrt{k_0^2-\alpha^2}} \tag{4.5.10a}$$

讨论: ① 当 $k_0<\alpha$ 或者 $\lambda>2\pi/\alpha$, 辐射阻 $R_{\rm r}={\rm Re}Z_{\rm r}(\omega)=0$ 为零，不可能有声波辐射出去. 因此无限长指数型号筒存在低频截止频率 $f_{\rm c}=c_0\alpha/2\pi$，只有高于截止频率的声波能够辐射出去；② 当 $k_0>\alpha$ 或者 $\lambda<2\pi/\alpha$, 辐射阻和辐射抗分别为

$$R_{\rm r}(\omega)=\rho_0c_0S_0\sqrt{1-\frac{\alpha^2}{k_0^2}};\quad X_{\rm r}(\omega)=\frac{\rho_0c_0S_0}{k_0}\alpha \tag{4.5.10b}$$

故辐射功率为

$$P_{\rm av}=\frac{1}{2}R_{\rm r}(\omega)u_0^2=\frac{1}{2}\rho_0c_0S_0u_0^2\sqrt{1-\frac{\alpha^2}{k_0^2}}\approx\frac{1}{2}\rho_0c_0S_0u_0^2 \tag{4.5.10c}$$

上式第二个等式在 $k_0\gg\alpha$ 时成立. 我们设想，如果在活塞声源前没有加装指数号筒，利用刚性平面上活塞辐射的声功率表达式，即方程 (2.5.52b)，当 $k_0a<0.5$ 时，辐射声功率正比于 $(k_0a)^2$，远小于加装指数号筒时的声功率，即方程 (4.5.10c). 可见，加装指数号筒大大提高了活塞声源的辐射效率，而不仅仅是提高声能流密度. 注意：条件 $k_0\gg\alpha$ 与 $k_0a<0.5$ 并不矛盾.

有限长指数号筒 假定指数号筒有限长且长度为 l，即在 $x=l$ 处存在出声口. 这一出声口对号筒来说就是管的末端，根据 4.3.3 小节的讨论，末端的负载将影响号筒喉部 $(x=0)$ 的声阻抗. 由于存在末端负载，在号筒中存在反射波，故取方程 (4.5.8c) 为号筒中声压表达式，管中速度为

$$\begin{aligned}v(x,\omega)=\frac{1}{{\rm i}\rho_0\omega}\{&(-\alpha+{\rm i}\beta)p_{0+}(\omega)\exp[(-\alpha+{\rm i}\beta)x]\\&+(-\alpha-{\rm i}\beta)\,p_{0-}(\omega)\exp[(-\alpha-{\rm i}\beta)x]\}\end{aligned} \tag{4.5.11}$$

其中，$\beta\equiv\sqrt{k_0^2-\alpha^2}$. 设出声口 $(x=l)$ 的声阻抗为 $Z_{{\rm a}l}(\omega)=[p(x,\omega)/S_lv(x,\omega)]_{x=l}$，其中 S_l 是出声口的面积，而在喉部 $(x=0)$，刚性活塞声源的振速为 $u_0(\omega)$，那么决定系数 $p_{0+}(\omega)$ 和 $p_{0-}(\omega)$ 的方程为

$$\begin{aligned}&\frac{1}{\rho_0c_0}[{\rm e}^{{\rm i}\vartheta}p_{0+}(\omega)-{\rm e}^{-{\rm i}\vartheta}p_{0-}(\omega)]=u_0(\omega)\\&Z_{{\rm a}l}(\omega)=\frac{\rho_0c_0}{S_l}\cdot\frac{p_{0+}(\omega)\exp({\rm i}\beta l)+p_{0-}(\omega)\exp(-{\rm i}\beta l)}{{\rm e}^{{\rm i}\vartheta}p_{0+}(\omega)\exp({\rm i}\beta l)-{\rm e}^{-{\rm i}\vartheta}p_{0-}(\omega)\exp(-{\rm i}\beta l)}\end{aligned} \tag{4.5.12a}$$

得到上式，已注意到 $\beta+{\rm i}\alpha\equiv k_0{\rm e}^{{\rm i}\vartheta}$, 其中 $\vartheta=\arctan(\alpha/\beta)$. 于是，从方程 (4.5.12a) 的第二式求得

$$\frac{p_{0+}(\omega)}{p_{0-}(\omega)}=\frac{Z_{{\rm a}l}(\omega){\rm e}^{-{\rm i}\vartheta}+\rho_0c_0/S_l}{Z_{{\rm a}l}(\omega){\rm e}^{{\rm i}\vartheta}-\rho_0c_0/S_l}\cdot\exp(-2{\rm i}\beta l) \tag{4.5.12b}$$

故喉部 $(x=0)$ 声源的力辐射阻抗为

$$\begin{aligned} Z_{\mathrm{r}}(\omega) &= \frac{[p_{0+}(\omega)+p_{0-}(\omega)]S_0}{u_0(\omega)} \\ &= \rho_0 c_0 S_0 \frac{Z_{\mathrm{a}l}(\omega)\cos(\beta l+\vartheta)-\mathrm{i}(\rho_0 c_0/S_l)\sin(\beta l)}{(\rho_0 c_0/S_l)\cos(\beta l-\vartheta)-\mathrm{i}Z_{\mathrm{a}l}(\omega)\sin(\beta l)} \end{aligned} \tag{4.5.12c}$$

可见，喉部声源的力辐射阻抗 $Z_{\mathrm{r}}(\omega)$ 不仅依赖于号筒长度 l、蜿展指数 α 以及出声口面积 S_l 等参数, 而且与出声口的声阻抗 $Z_{\mathrm{a}l}(\omega)$ 密切相关. 为了简单，假定: ① 出声口装在一个无限大障板上，故 $Z_{\mathrm{a}l}(\omega)$ 可用无限大障板上半径为 $y_l\equiv y(l)$ 的活塞辐射声阻抗来近似; ② 出声口面积足够大，以至 $k_0 y_l>5$，故由方程 (2.5.53)，$Z_{\mathrm{a}l}(\omega)=Z_{\mathrm{r}}(\omega)/S_l^2\approx\rho_0 c_0/S_l$；③ 频率远大于截止频率，即 $k_0\gg\alpha$，$\tan\vartheta=\alpha/\sqrt{k_0^2-\alpha}\approx 0$，即 $\vartheta\approx 0$. 于是，方程 (4.5.12c) 近似为

$$Z_{\mathrm{r}}(\omega)\approx\rho_0 c_0 S_0 \tag{4.5.13}$$

上式与方程 (4.5.10b) (取 $k_0\gg\alpha$) 就完全一样了. 因此，可以得出结论: ① 只要出声口面积足够大; ② 工作频率足够高，那么对无限长号筒分析得到的许多结果对有限长号筒也同样适用.

4.5.3 其他 Salmon 号筒和一般 Salmon 号筒

无限长圆锥形号筒 由方程 (4.5.5b), $\alpha=0$, 圆锥形号筒截面面积与 x 关系为

$$S(x)=S_0\left(1+\frac{x}{x_0}\right)^2;\ S_0\equiv\pi r_0^2 \tag{4.5.14a}$$

由方程 (4.5.4c) 并且结合方程 (4.5.14a)

$$p(x,\omega)=\frac{1}{\sqrt{S_0}(1+x/x_0)}[p_{0+}(\omega)\exp(\mathrm{i}k_0 x)+p_{0-}(\omega)\exp(-\mathrm{i}k_0 x)] \tag{4.5.14b}$$

对无限长圆锥形号筒，$p_{0-}(\omega)=0$，故声压和速度场分别为

$$\begin{aligned} p(x,\omega) &= \frac{p_{0+}(\omega)}{\sqrt{S_0}(1+x/x_0)}\exp(\mathrm{i}k_0 x) \\ v(x,\omega) &= \frac{1}{\mathrm{i}\rho_0\omega}\frac{\partial p}{\partial x}=\frac{p_{0+}(\omega)}{\rho_0 c_0\sqrt{S_0}(1+x/x_0)}\left[1+\frac{\mathrm{i}}{k_0 x_0(1+x/x_0)}\right]\exp(\mathrm{i}k_0 x) \end{aligned} \tag{4.5.15a}$$

喉部刚性活塞声源的力辐射阻抗为

$$Z_{\mathrm{r}}(\omega)=\frac{p(0,\omega)S_0}{u_0(\omega)}=\rho_0 c_0 S_0\frac{k_0 x_0-\mathrm{i}}{1+k_0^2 x_0^2} \tag{4.5.15b}$$

活塞声源辐射的声功率为

$$P_{\text{av}} = \frac{1}{2}R_{\text{r}}(\omega)u_0^2 = \frac{1}{2}\rho_0 c_0 S(0)\frac{k_0 x_0}{1+k_0^2 x_0^2}u_0^2 \tag{4.5.15c}$$

可见，尽管圆锥形号筒不存在截止频率，但在频率较高，即 $k_0 x_0 \gg 1$ 时，辐射功率大大下降. 说明：对圆锥形号筒，波动方程可以严格求解，但是严格解甚为复杂，见 2.4.5 小节讨论.

无限长悬链号筒　由方程 (4.5.5b)，$T=0$，悬链曲线号筒截面面积与 x 关系为

$$S(x) = S_0[\cosh(\alpha x)]^2 \tag{4.5.16a}$$

由方程 (4.5.4c) 并且结合方程 (4.5.16a)

$$p(x,\omega) = \frac{1}{\sqrt{S_0}\cosh(\alpha x)}[p_{0+}(\omega)\exp(\mathrm{i}\beta x) + p_{0-}(\omega)\exp(-\mathrm{i}\beta x)] \tag{4.5.16b}$$

其中，$\beta = \sqrt{k_0^2 - \alpha^2}$. 对无限长悬链曲线号筒，声压和速度场分别为

$$\begin{aligned} p(x,\omega) &= \frac{p_{0+}(\omega)}{\sqrt{S_0}\cosh(\alpha x)}\exp(\mathrm{i}\beta x) \\ v(x,\omega) &= \frac{1}{\mathrm{i}\rho_0\omega}\frac{\partial p}{\partial x} = \frac{p_{0+}(\omega)}{\rho_0\omega\sqrt{S_0}}\cdot\frac{\beta}{\cosh(\alpha x)}\left[1+\mathrm{i}\frac{\alpha\sinh(\alpha x)}{\beta\cosh(\alpha x)}\right]\exp(\mathrm{i}\beta x) \end{aligned} \tag{4.5.17a}$$

喉部刚性活塞声源的力辐射阻抗为

$$Z_{\text{r}}(\omega) = \frac{p(0,\omega)S_0}{u_0(\omega)} = \frac{\rho_0 c_0 S_0}{\sqrt{1-\alpha^2/k_0^2}} \tag{4.5.17b}$$

可见，悬链曲线号筒也存在截止频率，但在截止频率以上，力辐射抗为零. 因此说悬链曲线号筒的声学性能优于指数号筒，而圆锥形号筒最差.

一般 Salmon 号筒　对方程 (4.5.5b) 中 T 不严格等于零或者 1 情况，号筒中声压和速度场分别为

$$\begin{aligned} p(x,\omega) &= \frac{p_{0+}(\omega)}{\sqrt{S_0}}\frac{1}{\cosh(\alpha x)+T\sinh(\alpha x)}\exp(\mathrm{i}\beta x) \\ v(x,\omega) &= \frac{p_{0+}(\omega)}{\rho_0\omega\sqrt{S_0}}\frac{\beta}{\cosh(\alpha x)+T\sinh(\alpha x)} \\ &\quad\times\left[1+\mathrm{i}\frac{\alpha}{\beta}\frac{\sinh(\alpha x)+T\cosh(\alpha x)}{\cosh(\alpha x)+T\sinh(\alpha x)}\right]\exp(\mathrm{i}\beta x) \end{aligned} \tag{4.5.18a}$$

于是，喉部刚性活塞声源的力辐射阻抗为

$$Z_{\text{r}}(\omega) = \frac{p(0,\omega)S_0}{u_0(\omega)} = \frac{\rho_0\omega S_0}{\beta+\mathrm{i}\alpha T} \tag{4.5.18b}$$

显然，上式包含了指数号筒与悬链曲线号筒二个特殊情况.

对有限长为 l 的一般 Salmon 号筒，号筒中声压和速度场分别为

$$\begin{aligned} p(x,\omega) &= \frac{1}{\sqrt{S_0}g(x)}[p_{0+}(\omega)\exp(\mathrm{i}\beta x)+p_{0-}(\omega)\exp(-\mathrm{i}\beta x)] \\ v(x,\omega) &= \frac{1}{\mathrm{i}\rho_0\omega\sqrt{S_0}}\frac{\mathrm{i}\beta}{g(x)}\left\{\left[1+\mathrm{i}\frac{g'(x)}{\beta g(x)}\right]p_{0+}(\omega)\exp(\mathrm{i}\beta x)\right. \\ &\quad \left.-\left[1-\mathrm{i}\frac{g'(x)}{\beta g(x)}\right]p_{0-}(\omega)\exp(-\mathrm{i}\beta x)\right\} \end{aligned} \tag{4.5.19a}$$

其中，$g(x)=\cosh(\alpha x)+T\sinh(\alpha x)(\alpha\neq 0)$. 设出声口的声阻抗为 $Z_{\mathrm{a}l}(\omega)$, 那么

$$Z_{\mathrm{a}l}(\omega)=\frac{\rho_0c_0}{S_l}\frac{p_{0+}(\omega)+p_{0-}(\omega)\exp(-2\mathrm{i}\beta l)}{\xi_l(\omega)\mathrm{e}^{\mathrm{i}\vartheta_l}p_{0+}(\omega)-\xi_l(\omega)\mathrm{e}^{-\mathrm{i}\vartheta_l}p_{0-1}(\omega)\exp(-2\mathrm{i}\beta l)} \tag{4.5.19b}$$

其中，为了方便定义

$$\begin{aligned} &\delta\equiv\frac{\beta}{k_0}=\sqrt{1-\frac{\alpha^2}{k_0^2}};\ \ \xi_l(\omega)\mathrm{e}^{\mathrm{i}\vartheta_l}\equiv\delta+\mathrm{i}\frac{g'(l)}{g(l)k_0} \\ &\xi_l(\omega)\equiv\sqrt{\delta^2+\left[\frac{g'(l)}{g(l)k_0}\right]^2};\ \ \vartheta_l\equiv\arctan\left[\frac{g'(l)}{g(l)k_0\delta}\right] \end{aligned} \tag{4.5.19c}$$

从方程 (4.5.19b) 不难得到

$$\frac{p_{0+}(\omega)}{p_{0-}(\omega)}=\frac{Z_{\mathrm{a}l}(\omega)\xi_l(\omega)\mathrm{e}^{-\mathrm{i}\vartheta_l}+\rho_0c_0/S_l}{Z_{\mathrm{a}l}(\omega)\xi_l(\omega)\mathrm{e}^{\mathrm{i}\vartheta_l}-\rho_0c_0/S_l}\exp(-2\mathrm{i}\beta l) \tag{4.5.20a}$$

故喉部刚性活塞声源的力辐射阻抗为

$$Z_{\mathrm{r}}(\omega)=\frac{\rho_0c_0S_0[Z_{\mathrm{a}l}\xi_l\cos(\beta l+\vartheta_l)-\mathrm{i}\sin(\beta l)\rho_0c_0/S_l]}{\cos(\beta l-\vartheta_0)\xi_0\rho_0c_0/S_l-\mathrm{i}Z_{\mathrm{a}l}\xi_0\xi_l\sin(\beta l+\vartheta_l-\vartheta_0)} \tag{4.5.20b}$$

其中，为了方便定义

$$\begin{aligned} &\xi_0(\omega)\mathrm{e}^{\mathrm{i}\vartheta_0}\equiv\delta+\mathrm{i}\frac{\alpha T}{k_0};\xi_0(\omega)\equiv\sqrt{1-(1-T^2)\frac{\alpha^2}{k_0^2}} \\ &\vartheta_0\equiv\arctan\left(\frac{\alpha T}{k_0\delta}\right) \end{aligned} \tag{4.5.20c}$$

对指数型号筒:$T=1$，$\xi_l=\xi_0=1$，$\vartheta_l=\vartheta_0=\vartheta$，故方程 (4.5.20b) 与 (4.5.12c) 完全一致；对悬链曲线号筒：$T=0$

$$\xi_l(\omega)=\sqrt{1-[1-\tanh^2(\alpha l)]\frac{\alpha^2}{k_0^2}};\vartheta_l=\arctan\left[\tanh(\alpha l)\frac{\alpha}{\beta}\right]$$
$$\xi_0(\omega)=\sqrt{1-\frac{\alpha^2}{k_0^2}}=\delta;\vartheta_0=0 \tag{4.5.20d}$$

4.5.4 Webster 方程的WKB 近似

对截面积 $S(x)$ 为一般情况, 只能求方程 (4.5.4b) 的数值解或者近似解. 近似解中最重要的是所谓 WKB 近似，对 WKB 近似的详细讨论见 7.3 节. 把方程 (4.5.4b) 写成

$$\frac{d^2p(x,\omega)}{dx^2}+q(x)\frac{dp(x,\omega)}{dx}+k_0^2p(x,\omega)=0 \tag{4.5.21a}$$

其中，$q(x)\equiv[\ln S(x)]'$. 由 $q(x)=0$ 时解的形式，提示我们令 $q(x)\neq 0$ 时解为

$$p(x,\omega)=A\exp[\mathrm{i}\varPhi(x,\omega)] \tag{4.5.21b}$$

其中，A 为常数. 上式代入方程 (4.5.21a)

$$\left\{\mathrm{i}\varPhi''(x,\omega)+\mathrm{i}q(x)\varPhi'(x,\omega)-[\varPhi'(x,\omega)]^2+k_0^2\right\}A(x,\omega)=0 \tag{4.5.22a}$$

因此 $\varPhi(x,\omega)$ 满足

$$\mathrm{i}\varPhi''(x,\omega)+\mathrm{i}q(x)\varPhi'(x,\omega)-[\varPhi'(x,\omega)]^2+k_0^2=0 \tag{4.5.22b}$$

注意: 方程 (4.5.22b) 是严格成立的. 如果忽略方程 (4.5.22b) 中的 $\varPhi''(x,\omega)$(即 WKB 近似)，那么

$$[\varPhi'(x,\omega)]^2-\mathrm{i}q(x)\varPhi'(x,\omega)-k_0^2\approx 0 \tag{4.5.22c}$$

或者

$$\varPhi'(x,\omega)=\mathrm{i}\frac{q(x)}{2}\pm\sqrt{k_0^2-\frac{q^2(x)}{4}} \tag{4.5.22d}$$

因此

$$\varPhi(x,\omega)=\int\left[\mathrm{i}\frac{q(x)}{2}\pm\sqrt{k_0^2-\frac{q^2(x)}{4}}\right]dx \tag{4.5.22e}$$

把 $q(x)=[\ln S(x)]'$ 代入上式得到

$$\varPhi(x,\omega)=\mathrm{i}\ln\sqrt{S(x)}\pm\int\sqrt{k_0^2-\left[\frac{S'(x)}{2S(x)}\right]^2}dx \tag{4.5.23a}$$

上式代入方程 (4.5.21b) 得到 WKB 近似解为

$$p(x,\omega)\approx\frac{A}{\sqrt{S(x)}}\exp\left[\pm\mathrm{i}\int\sqrt{k_0^2-\left[\frac{S'(x)}{2S(x)}\right]^2}\mathrm{d}x\right]\tag{4.5.23b}$$

故在 WKB 近似下，号筒中的声场和速度场可以分别表示为

$$\begin{aligned}p(x,\omega)&\approx\frac{1}{\sqrt{S(x)}}\{A_+\exp[\mathrm{i}k_0\Psi(x,\omega)]+A_-\exp[-\mathrm{i}k_0\Psi(x,\omega)]\}\\v(x,\omega)&\approx\frac{1}{\rho_0c_0\sqrt{S(x)}}\{[\alpha(x,\omega)+\mathrm{i}\beta(x,\omega)]A_+\exp[\mathrm{i}k_0\Psi(x,\omega)]\\&\quad-[\alpha(x,\omega)-\mathrm{i}\beta(x,\omega)]A_-\exp[-\mathrm{i}k_0\Psi(x,\omega)]\}\end{aligned}\tag{4.5.24a}$$

其中，为了方便定义

$$\begin{aligned}&\Psi(x,\omega)\equiv\int_0^x\sqrt{1-\left[\frac{S'(x)}{2k_0S(x)}\right]^2}\mathrm{d}x\\&\alpha(x,\omega)\equiv\sqrt{1-\left[\frac{S'(x)}{2k_0S(x)}\right]^2};\beta(x,\omega)\equiv\frac{1}{2}\frac{S'(x)}{k_0S(x)}\end{aligned}\tag{4.5.24b}$$

必须注意的是: ① 当号筒截面积随 x 不是单调增加时，存在反射波; ② 对指数型的号筒，方程 (4.5.24a) 与严格解一致，这是非常有趣的.

如果假定出声口的声阻抗为 $Z_{\mathrm{al}}(\omega)$，那么比值 A_+/A_- 为

$$\frac{A_+}{A_-}=\frac{[\alpha(l,\omega)-\mathrm{i}\beta(l,\omega)]Z_{\mathrm{al}}(\omega)+\rho_0c_0/S_l}{[\alpha(l,\omega)+\mathrm{i}\beta(l,\omega)]Z_{\mathrm{al}}(\omega)-\rho_0c_0/S_l}\exp[-2\mathrm{i}k_0\Psi(l,\omega)]\tag{4.5.25a}$$

可以求得喉部刚性活塞声源的力辐射阻抗为

$$\begin{aligned}Z_{\mathrm{r}}(\omega)&=\rho_0c_0S_0\frac{A_++A_-}{[\alpha(0,\omega)+\mathrm{i}\beta(0,\omega)]A_+-[\alpha(0,\omega)-\mathrm{i}\beta(0,\omega)]A_-}\\&=\frac{\rho_0c_0S_0[Z_{\mathrm{al}}\xi_l\cos(k_0\Psi_l+\vartheta_l)-\mathrm{i}\sin(k_0\Psi_l)\rho_0c_0/S_l]}{\cos(k_0\Psi_l-\vartheta_0)\xi_0\rho_0c_0/S_l-\mathrm{i}Z_{\mathrm{al}}\xi_0\xi_l\sin(k_0\Psi_l+\vartheta_l-\vartheta_0)}\end{aligned}\tag{4.5.25b}$$

其中，$\alpha(l,\omega)+\mathrm{i}\beta(l,\omega)\equiv\xi_le^{\mathrm{i}\vartheta_l};\alpha(0,\omega)+\mathrm{i}\beta(0,\omega)\equiv\xi_0e^{\mathrm{i}\vartheta_0}$，$\Psi_l\equiv\Psi(l,\omega)$.

修正的 WKB 近似 如果号筒的侧面是半径为 $y(x)$ 的旋转曲面，$S(x)=\pi y^2(x)$ 代入方程 (4.5.21a)

$$\frac{\mathrm{d}^2p(x,\omega)}{\mathrm{d}x^2}+\frac{2y'(x)}{y(x)}\frac{\mathrm{d}p(x,\omega)}{\mathrm{d}x}+k_0^2p(x,\omega)=0\tag{4.5.26a}$$

根据方程 (4.5.23b) 的形式，我们取解的形式为

$$p(x,\omega)=\frac{A}{y(x)}\exp[\mathrm{i}\Phi(x,\omega)] \tag{4.5.26b}$$

代入方程 (4.5.26a) 得到

$$[\Phi'(x,\omega)]^2=k_0^2-\frac{y''(x)}{y(x)}+\mathrm{i}\Phi''(x,\omega) \tag{4.5.27a}$$

忽略二阶导数得到

$$\Phi(x,\omega)\approx\pm\int_0^x\sqrt{k_0^2-\frac{y''(x)}{y(x)}}\mathrm{d}x \tag{4.5.27b}$$

因此，我们得到 WKB 近似解

$$p(x,\omega)=\frac{1}{y(x)}\{A_+\exp[\mathrm{i}k_0\Psi(x,\omega)]+A_-\exp[-\mathrm{i}k_0\Psi(x,\omega)]\} \tag{4.5.27c}$$

其中，函数 $\Psi(x,\omega)$ 定义为

$$\Psi(x,\omega)\equiv\int_0^x\sqrt{1-\frac{y''(x)}{k_0y(x)}}\mathrm{d}x \tag{4.5.27d}$$

有意思的是：方程 (4.5.27c) 对满足方程 (4.5.5a) 的 Salmon 号筒都是严格解. 因此，对旋转曲面形式的号筒，对方程 (4.5.26a) 作 WKB 近似得到的结果更好.

4.5.5 一般管道的 WKB 近似以及转折点

我们也可以直接对方程 (4.5.4c) 作WKB 近似，把方程 (4.5.4c) 写出

$$\begin{gathered}\frac{\mathrm{d}^2\tilde{p}(x,\omega)}{\mathrm{d}x^2}+k_0^2q(x,\omega)\tilde{p}(x,\omega)=0\\ q(x,\omega)\equiv1+\frac{1}{4k_0^2S^2(x)}\left\{[S'(x)]^2-2S(x)S''(x)\right\}\end{gathered} \tag{4.5.28a}$$

令 $\tilde{p}(x,\omega)=A\exp[\mathrm{i}k_0\Phi(x,\omega)]$ 代入方程 (4.5.28a) 得到

$$\mathrm{i}\Phi''(x,\omega)-k_0[\Phi'(x,\omega)]^2+k_0q(x,\omega)=0 \tag{4.5.28b}$$

忽略二阶导数，我们得到

$$\Phi(x,\omega)\approx\pm\int_0^x\sqrt{q(x,\omega)}\mathrm{d}x \tag{4.5.28c}$$

显然，对 Salmon 号筒上式也给出了严格解.

下面分析二阶导数的影响. 把方程 (4.5.28b) 写成形式

$$[\varPhi'(x,\omega)]^2 = q(x,\omega) + \frac{\mathrm{i}}{k_0}\varPhi''(x,\omega) \tag{4.5.29a}$$

由一级近似，即方程 (4.5.28c)，我们有

$$\varPhi''(x,\omega) \approx \pm\frac{1}{2}\frac{q'(x,\omega)}{\sqrt{q(x,\omega)}} \tag{4.5.29b}$$

上式代入方程 (4.5.29a) 的二阶导数

$$\begin{aligned}\varPhi'(x,\omega) &= \pm\sqrt{q(x,\omega) \pm \frac{\mathrm{i}}{2k_0}\frac{q'(x,\omega)}{\sqrt{q(x,\omega)}}} \\ &\approx \pm\sqrt{q(x,\omega)} + \frac{\mathrm{i}}{4k_0}\frac{q'(x,\omega)}{q(x,\omega)}\end{aligned} \tag{4.5.29c}$$

得到上式，已注意到一级量 $q(x,\omega)$ 应该远大于二级修正量 $q'(x,\omega)/k_0\sqrt{q(x,\omega)}$. 因此由方程 (4.5.29c) 得到

$$\begin{aligned}\varPhi(x,\omega) &\approx \pm\int_0^x \sqrt{q(x,\omega)}\mathrm{d}x + \frac{\mathrm{i}}{4k_0}\int\frac{q'(x,\omega)}{q(x,\omega)}\mathrm{d}x \\ &= \pm\int_0^x \sqrt{q(x,\omega)}\mathrm{d}x + \frac{\mathrm{i}}{4k_0}\ln q(x,\omega)\end{aligned} \tag{4.5.29d}$$

因此在二级近似下，方程 (4.5.28a) 的解为

$$\tilde{p}(x,\omega) \approx \frac{A}{q^{1/4}(x,\omega)}\exp\left[\pm\mathrm{i}k_0\int_0^x \sqrt{q(x,\omega)}\mathrm{d}x\right] \tag{4.5.30a}$$

故管中声场为

$$\begin{aligned}p(x,\omega) \approx \frac{1}{\sqrt{S(x)}q^{1/4}(x,\omega)}&\left\{A_+\exp\left[\mathrm{i}k_0\int_0^x \sqrt{q(x,\omega)}\mathrm{d}x\right]\right. \\ &\left.+A_-\exp\left[-\mathrm{i}k_0\int_0^x \sqrt{q(x,\omega)}\mathrm{d}x\right]\right\}\end{aligned} \tag{4.5.30b}$$

可见，二级近似对振幅有所修正. 对 Salmon 号筒，$q(x,\omega)=1-\alpha^2/k_0^2$ 为常数，可归入待求系数 A_+ 和 A_- 中.

对一般截面的管道，有可能存在这样的点 x_t，使 $q(x_\mathrm{t},\omega)=0$(如图 4.5.3). 显然在该点 WKB 近似不再成立了，这样的点称为**转折点**. 需要注意的是，x_t 与频率有关. 最简单的例子是我们讨论的 Salmon 号筒 ($\alpha\neq 0$)，显然，$q(x,\omega)=1-\alpha^2/k_0^2$，当 $k_0=\alpha$ 时，$q(x,\omega)=0$，而且与 x 无关, 也就是说管道中处处是转折点.

我们来讨论在转折点附近解的性质. 把 $q(x,\omega)$ 在转折点附近展开，并且保留线性项，我们有

$$q(x,\omega)=q(x_{\mathrm{t}},\omega)+q'(x_{\mathrm{t}},\omega)(x-x_{\mathrm{t}})+\frac{1}{2}q''(x_{\mathrm{t}},\omega)(x-x_{\mathrm{t}})^2+\cdots\approx q'(x_{\mathrm{t}},\omega)(x-x_{\mathrm{t}}) \tag{4.5.31a}$$

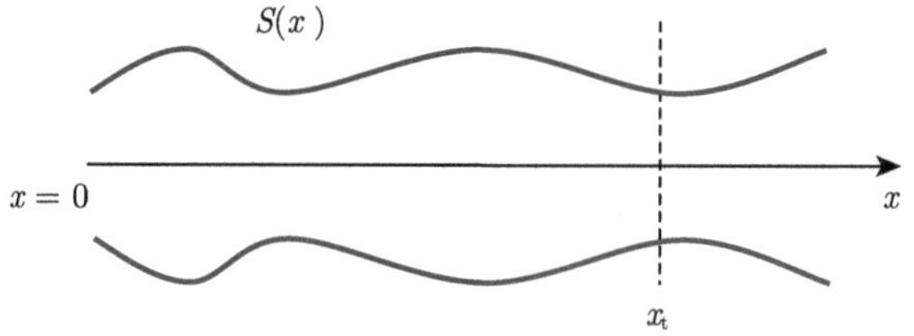

图 4.5.3　存在转折点的管道

当然，如果 $q'(x_{\mathrm{t}},\omega)=0$，必须保留二次项，以此类推 (称为**高价转折点**，见 7.3 节讨论). 在 x_{t} 左边 ($x<x_{\mathrm{t}}$)，$q(x,\omega)>0$，而右边 $q(x,\omega)<0$，则一定有 $q'(x_{\mathrm{t}},\omega)<0$. 上式代入方程 (4.5.28a) 的第一式得到在转折点 x_{t} 附近声压满足的方程

$$\frac{\mathrm{d}^2\tilde{p}(x,\omega)}{\mathrm{d}x^2}+k_0^2q'(x_{\mathrm{t}},\omega)(x-x_{\mathrm{t}})\tilde{p}(x,\omega)=0 \tag{4.5.31b}$$

上式作变量变化

$$\eta=[k_0^2q'(x_{\mathrm{t}},\omega)]^{1/3}(x-x_{\mathrm{t}}) \tag{4.5.31c}$$

方程 (4.5.31b) 化成

$$\frac{\mathrm{d}^2\tilde{p}(\eta,\omega)}{\mathrm{d}\eta^2}+\eta\tilde{p}(\eta,\omega)=0 \tag{4.5.31d}$$

该方程称为**Airy 方程**，我们将在 7.2.2 小节详细讨论其解的性质. 本节仅仅指出：① 当 $\eta>0$(即转折点 x_{t} 的左边 $x<x_{\mathrm{t}}$)，$\tilde{p}(\eta,\omega)$ 随 $\eta>0$ 的变化是振荡的；② 而在转折点 x_{t} 的右边 ($x>x_{\mathrm{t}}$，$\eta<0$)，$\tilde{p}(\eta,\omega)$ 随 $|\eta|$ 指数衰减. 因此，声波穿过转折点 x_{t} 就很快衰减了, 转折点 x_{t} 就像一个反射面，声波只能在区间 $(0,x_{\mathrm{t}})$ 形成驻波. 在远离转折点 x_{t} 的区域，声波的表达式为

$$p(x,\omega)\approx\frac{1}{\sqrt{S(x)}q^{1/4}(x,\omega)}\left\{A_+\exp\left[\mathrm{i}k_0\int_0^x\sqrt{q(x,\omega)}\mathrm{d}x\right]+A_-\exp\left[-\mathrm{i}k_0\int_0^x\sqrt{q(x,\omega)}\mathrm{d}x\right]\right\}\quad(0<x<x_{\mathrm{t}}) \tag{4.5.32a}$$

$$p(x,\omega)\approx\frac{B}{\sqrt{S(x)}|q(x,\omega)|^{1/4}}\exp\left[-k_0\int_0^x\sqrt{|q(x,\omega)|}\mathrm{d}x\right]\quad(x>x_{\mathrm{t}})$$

而在转折点 x_{t} 附近，方程 (4.5.31d) 的解用 Airy 函数来表示

$$p(\eta,\omega)\approx\frac{C}{\sqrt{S(\eta)}}\mathrm{Ai}(\eta) \tag{4.5.32b}$$

其中，$\eta=[k_0^2q'(x_{\mathrm{t}},\omega)]^{1/3}(x-x_{\mathrm{t}})$ 和 $S(\eta)\equiv S(x)|_{x=x_{\mathrm{t}}+[k_0^2q'(x_{\mathrm{t}},\omega)]^{-1/3}\eta}$. 系数 $A_{\pm}$，B 和 C 的决定要用到 7.3.3 小节的渐近匹配方法，本节不详细讨论.

《现代声学科学与技术丛书》已出版书目

(按出版时间排序)

1. 创新与和谐——中国声学进展	程建春、田静 等编	2008.08
2. 通信声学	J.布劳尔特 等编　李昌立 等译	2009.04
3. 非线性声学（第二版）	钱祖文 著	2009.08
4. 生物医学超声学	万明习 等编	2010.05
5. 城市声环境论	康健 著 戴根华 译	2011.01
6. 汉语语音合成——原理和技术	吕士楠、初敏、许洁萍、贺琳 著	2012.01
7. 声表面波材料与器件	潘峰 等编著	2012.05
8. 声学原理	程建春 著	2012.05
9. 声呐信号处理引论	李启虎 著	2012.06
10. 颗粒介质中的声传播及其应用	钱祖文 著	2012.06
11. 水声学（第二版）	汪德昭、尚尔昌 著	2013.06
12. 空间听觉	J.布劳尔特　著	
——人类声定位的心理物理学	戴根华、项宁 译 李晓东 校	2013.06
13. 工程噪声控制	D. A. 比斯、C. H. 汉森 著	
——理论和实践（第4版）	邱小军、于淼、刘嘉俊 译校	2013.10
14. 水下矢量声场理论与应用	杨德森 等著	2013.10
15. 声学测量与方法	吴胜举、张明铎 编著	2014.01
16. 医学超声基础	章东、郭霞生、马青玉、屠娟 编著	2014.03
17. 铁路噪声与振动	David Thompson 著	
——机理、模型和控制方法	中国铁道科学研究院节能	
	环保劳卫研究所 译	2014.05
18. 环境声的听觉感知与自动识别	陈克安 著	2014.06
19. 磁声成像技术		
上册：超声检测式磁声成像	刘国强 著	2014.06
20. 声空化物理	陈伟中 著	2014.08
21. 主动声呐检测信息原理	朱埜 著	
——上册：主动声呐信号和系统分析基础		2014.12
22. 主动声呐检测信息原理	朱埜 著	
——下册：主动声呐信道特性和系统优化原理		2014.12
23. 人工听觉	曾凡钢 等编 平利川 等译	
——新视野	冯海泓 等校	2015.05

24. 磁声成像技术

下册：电磁检测式磁声成像　刘国强 著　2016.03

25. 传感器阵列超指向性原理及应用　杨益新、汪勇、何正耀、马远良 著　2018.01

26. 声学超构材料

——负折射、成像、透镜和隐身

阚威威、吴宗森、黄柏霖　译　2019.05

27. 声学原理(第二版・上卷)　程建春 著　2019.05

28. 声学原理(第二版・下卷)　程建春 著　2019.05